pH-Wert-Messung (S. 55, S. 118)

Universal-Indikatorpapier mit Wasser anfeuchten und auf den Untergrund legen. Verfärbung des Indikatorpapiers mithilfe der pH-Wert-Skala auf der Verpackung prüfen: Werte über 8 weisen auf Alkalität hin.

Alternativ: Nachweis von Alkalität mit Indikatorflüssigkeit, z. B. Phenolphtalein-Lösung.

Reibeprobe (S. 117)

Mit der Hand leicht über den Putz reiben, um mögliches Absanden zu bemerken und die Festigkeit einzuschätzen.

Schichtdickenmessung (S. 95)

Die Schichtdicken von Beschichtungssystemen sind vor allem bei besonderen Belastungen verbindlich vorgeschrieben.

Trockenfilm

1. Mit einem scharfen Gegenstand (Messer) den Untergrund an einer Stelle freilegen.
2. Die Füße des Schichtdickenmessers werden so auf die trockene Beschichtung gestellt, dass der Taster den Untergrund berühren kann.
3. Der Zeigerausschlag gibt die Trockenschichtdicke in µm an.

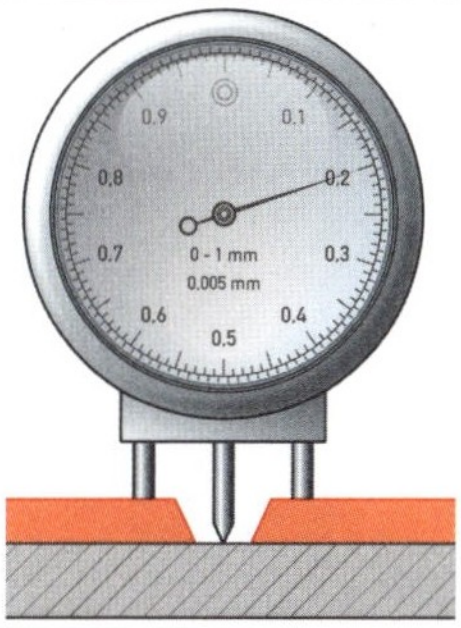

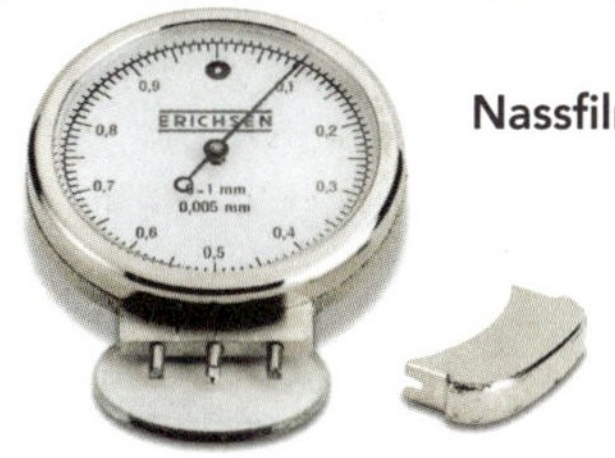

Nassfilm

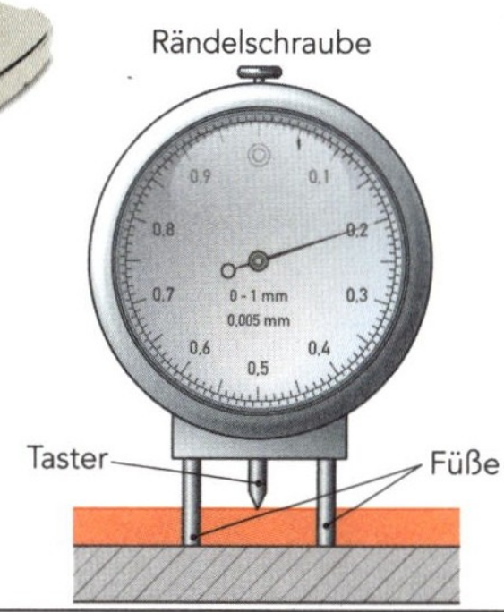

1. Beide Füße in den Nassfilm eindrücken, bis sie auf dem Untergrund stehen.
2. Durch Drehen an der Rändelschraube wird der Taster an die Oberfläche der Beschichtung herangeführt.
3. Der Zeigerausschlag gibt die Nassschichtdicke in µm an.

Schichtdickenmessung magnetisch

Eignet sich nur für Stahlblech und andere eisenhaltige Metalluntergründe. Das Schichtdickenmessgerät ist so geeicht, dass es beim Aufsetzen auf die Oberfläche der Beschichtung die Filmdicke auf einer Skala anzeigt.

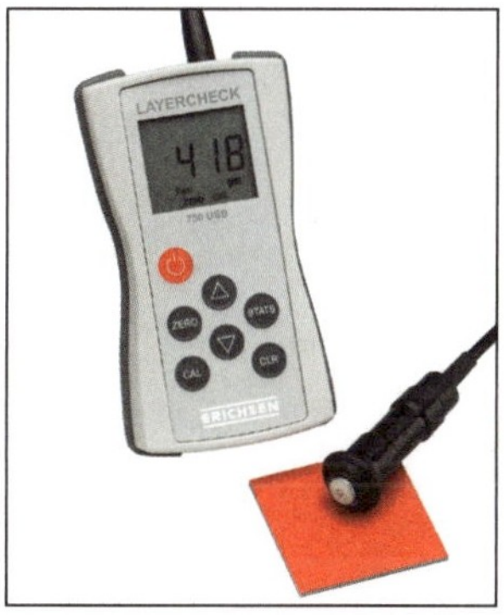

Schichtdickenmessung nach Roßmann

Gerät senkrecht in den Nassfilm stellen und wieder herausnehmen: Schichtdicke entspricht dem Wert, der über dem letzten mit Beschichtungsmittel eingefärbten Zahn steht.

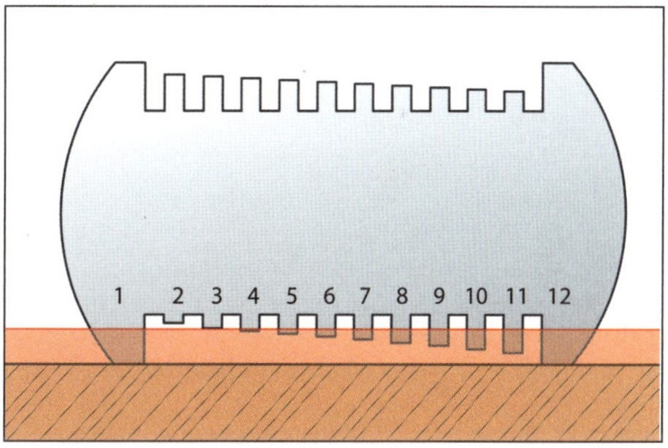

Lernfeldbuch für Maler/-innen und Lackierer/-innen

von

Verena Bittner
Melanie Bubelach
Andreas Deuling
Markus Ense
Hans Jörg Fahrner
Ingo Gericke
Kerstin Gößling-Bohlen
Michael Reitz

3., überarbeitete und erweiterte Auflage

HANDWERK UND TECHNIK – HAMBURG

ISBN 978-3-582-**00096**-5
Die Normblattangaben werden wiedergegeben mit Erlaubnis des DIN Deutsches Institut für Normung e.V. Maßgebend für das Anwenden der Norm ist deren Fassung mit dem neuesten Ausgabedatum, die bei der Beuth Verlag GmbH, Burggrafenstraße 6, 10787 Berlin, erhältlich ist.

Verlag Handwerk und Technik GmbH,
Lademannbogen 135, 22339 Hamburg; Postfach 63 05 00, 22331 Hamburg – 2015
E-Mail: info@handwerk-technik.de – Internet: www.handwerk-technik.de

Satz: KCS GmbH · Verlagsservice & Medienproduktion, Stelle/Hamburg
Umschlagsbilder: Fotolia Berlin ©mouse_md – Fotolia.com (1); Nikolai Tsvetkov / Shutterstock.com (2); Fotolia Berlin ©Marco2811 – Fotolia.com (3); Handwerk und Technik GmbH unter Verwendung einer Vorlage von Ingo Gericke, Münster (4)
Druck: Himmer GmbH Druckerei, 86167 Augsburg

Vorwort

Berufliches Handeln steht im Mittelpunkt der Ausbildung im Maler- und Lackiererhandwerk. Daran orientiert sich das Lernen und Arbeiten mit dem vorliegenden Lernfeldbuch. Es befähigt im handlungsorientierten Unterricht, in der Ausbildung und in der beruflichen Praxis zum selbstständigen Arbeiten.
Das Fachbuch ist nach der Ausbildungsordnung und dem Rahmenlehrplan der Kultusministerkonferenz für Maler/-innen und Lackierer/-innen erarbeitet.

Jedem der zwölf Lernfelder liegt ein konkreter Kundenauftrag zugrunde.
Die Bearbeitung der Kundenaufträge erfolgt in allen Lernfeldern nach sechs Schritten:

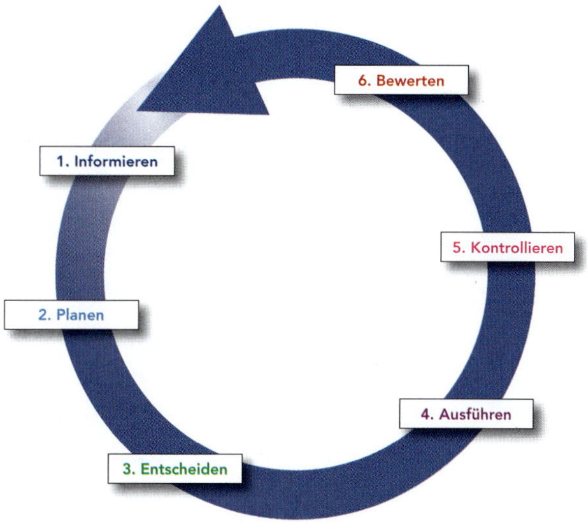

Lernsituationen strukturieren und unterstützen das Arbeiten in Lernfeldern. Um selbstständig lernen und arbeiten zu können, ist jedem Kundenauftrag ein ausführlicher Informationsteil zugeordnet. Zu jedem Lernfeld bietet das Buch umfangreiche Wiederholungs- und Mathematikaufgaben.

Den zwölf Lernfeldern ist ein Grundlagenkapitel vorangestellt. Darin wird in komprimierter Form Wissenswertes zur beruflichen Ausbildung, zum Lernen in Lernfeldern, zu physikalischen und chemischen Grundlagen sowie zum Umweltschutz vermittelt.

Ein umfangreiches Glossar unterstützt das selbstständige Lernen.

An ausgewählten Stellen sind über QR-Codes weitere Fach- und Produktinformationen verfügbar. Mit dem Smartphone oder Tablet scannen Sie den QR-Code mittels QR-Code-Scanner. Das Zusatzmaterial wird sofort auf Ihrem Gerät dargestellt. An Ihrem Computer geben Sie im Browser folgenden Web-Link ein:

handwerk-technik.de/links/96

Anschließend wählen Sie das gewünschte Zusatzmaterial per Maus-Klick aus.

Wir danken Herrn Edgar Brändle, dem Mitautor des Vorgängerwerkes; auf seiner erfolgreichen Arbeit konnten wir aufbauen. Unser Dank gilt außerdem unserem Autorenkollegen Michael Reitz, den wir viel zu früh verloren haben.

Wir danken allen, die uns bei der Arbeit unterstützt und uns kritisch begleitet haben. Hinweise und Ergänzungen, die zur Weiterentwicklung des Buches beitragen, nehmen wir unter der Verlagsadresse oder per E-Mail (info@handwerk-technik.de) gerne entgegen.

Autoren und Verlag

Lernfeldkompass zum Lernfeldbuch für Maler/-innen und Lackierer/-innen

Fachinhalt	Lernfelder
Baustelle einrichten	1
Beschichtung	
-, Fassadenflächen	6
-, Holzuntergründe	2, 6
-, Industrieböden	11
-, Kunststoffuntergründe	2
-, Metalluntergründe	1
-, mineralische Untergründe, Beton	2, 5
Bodenbeläge	8
Brandschutz	5
Chemie	G
Dekorative Techniken	9
Dichtungsmassen	6
Fachwerk	6
Farbenlehre, Formenlehre	G, 4
Farbgestaltung	
-, Innenräume	4, 8, 9
-, Fassaden	10
-, Straßenzüge	10
Fenster	6
Gerüste	6
Glas, Verglasung	6, 7
Innenausbau	7
Korrosion, Korrosionsschutz	1
Lacke	5
Leitern	2
Mauerwerk	6

Fachinhalt	Lernfelder
Physik	G
Putze	2, 7
Recht	G
Sanierung	
-, Beton	5, 11
-, Industrieböden	11
-, Putze	6
-, Risse	6
Schriftkunde	4, 12
Signalfarben	11
Spritzen	3
Stilkunde	10
Tapezierarbeiten	2, 8
Technisches Zeichnen	4
Trockenbau	7
Unfallschutz	2
Untergrundprüfung, -bearbeitung, -vorbereitung	1, 6, 11
Vergoldung	9
Wandbekleidungen	8
Wärmedämmung	7
Werkzeuge/Geräte	
-, elektrische Maschinen	1
-, Tapezieren	8
-, Vergoldung	9
-, Beschichtung	3
-, Schleifen	6

Inhaltsverzeichnis

G Grundlagen

G.1 Beruf Maler/-in und Lackierer/-in

G.1.1 Aufgaben und Tätigkeiten

Die Aufgaben und Tätigkeiten von Malern/Malerinnen und Lackierern/Lackiererinnen lassen sich in fünf Bereiche unterteilen:

- Gestaltung von Räumen und deren Instandhaltung
- Schutz von Bauten, insbesondere Korrosionsschutz
- Ausbau/Trockenbau und Oberflächengestaltung
- Maßnahmen zur Energieeinsparung
- Kirchenmalerei und Denkmalpflege

Fahrzeuglackierer/-innen erhalten spätestens ab dem 3. Ausbildungsjahr eine gesonderte berufsbezogene Fachbildung. Die aktuell gültige Ausbildungsordnung für Maler/-innen und Lackierer/-innen untergliedert die Berufsausbildung in drei Fachrichtungen:

- **Gestaltung und Instandhaltung:** Beschichten und Bekleiden von Innenwänden, Decken, Böden und Fassaden. Dabei werden die Flächen mit unterschiedlichen Materialien neu beschichtet oder instand gesetzt.
- **Bauten- und Korrosionsschutz:** Schützen und Sanieren von Gebäuden, Gebäudeteilen, Objekten und Anlagen. Überwiegend werden Beton, Stahl und Metall beschichtet, Fugen abgedichtet und Korrosions- und Brandschutzmaßnahmen durchgeführt.
- **Kirchenmalerei und Denkmalpflege:** Sanieren und Rekonstruieren von Wänden, Decken, Fassaden und Wandmalereien von historischen Gebäuden. Die Maler und Lackierer formen und gestalten Ornamente und Profile, bemalen Skulpturen. Sie stellen damit durch Rekonstruktion und Reproduktion nach Vorlagen den ursprünglichen baulichen Zustand wieder her.

Der Erfolg von Fachleuten ist wesentlich vom Umgang mit dem Kunden abhängig. Maler/-innen und Lackierer/-innen sind Fachleute auf ihrem Gebiet und möchten den Kunden von ihren Entscheidungen überzeugen.
Die Kunden wiederum vertrauen auf kompetentes Handeln der Spezialistinnen und Spezialisten, welches mit einer professionellen Beratung beginnt.

- Mit den Kunden werden erforderliche Arbeitsschritte besprochen, der Zeitaufwand wird beurteilt, Arbeitstechniken werden erläutert und geeignete Materialien vorgeschlagen.
- Komplizierte fachliche Zusammenhänge werden verständlich erläutert und begründet.
- Als Entscheidungsgrundlage für die Kunden werden Kalkulationen zu den Aufträgen und Angebote erstellt.
- Wünsche der Kunden werden umgesetzt und auftretende Probleme werden gelöst.

Hierzu müssen Maler/-innen und Lackierer/-innen nicht nur über das fachliche Wissen verfügen, sie müssen souverän auftreten, den richtigen Ton treffen, zuhören und sich mit den Argumenten anderer auseinandersetzen können.

Kunde als Auftraggeber ⟷ Kommunikation ⟷ **Maler und Lackierer** als Auftragnehmer und Ansprechpartner ⟷ Fachkompetenz ⟷ **Handlungsfelder** gestalten und bearbeiten

1 Raumgestaltung und Instandhaltung

2 Kirchenmalerei und Denkmalpflege

3 Bauten- und Korrosionsschutz

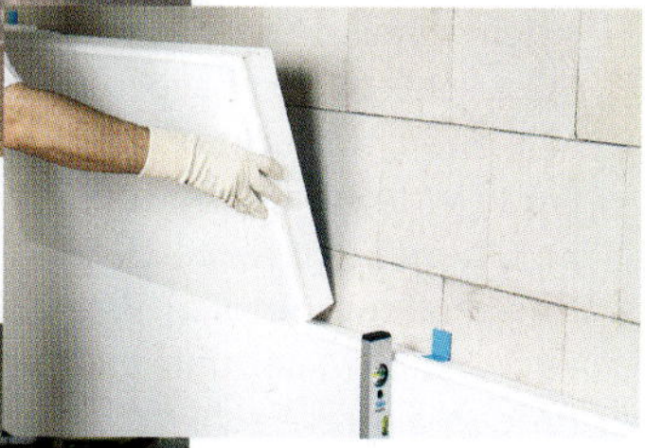

4 Energieeffizienz und Gestaltungstechnik

5 Ausbautechnik und Oberflächengestaltung (Putz, Stuck, Trockenbau)

G.1.2 Kompetentes Handeln

Kompetentes Handeln beschreibt die Fähigkeit des Malers und Lackierers, verschiedenartige Aufträge erfolgreich zu bearbeiten und neue Anforderungssituationen zu bewältigen. Hierzu benötigt er
- besonderes Fachwissen,
- das Verständnis von Zusammenhängen,
- handwerkliches Können,
- Berufserfahrung und
- Motivation.

Umfassende Handlungskompetenz setzt sich zusammen aus den folgenden drei Kompetenzbereichen:

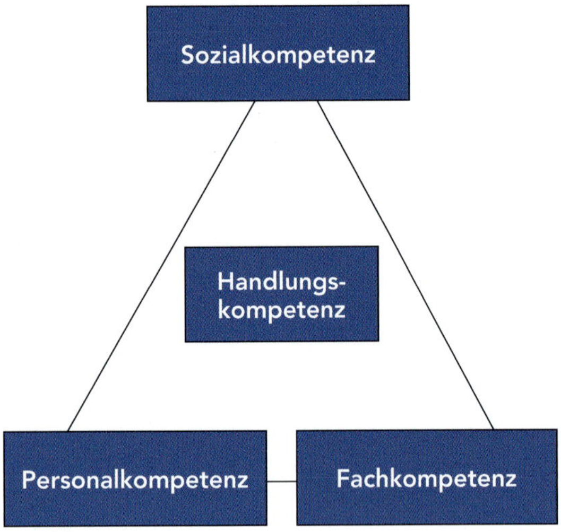

1 Kompetenzen von Malern/Malerinnen und Lackierern/Lackiererinnen

- **Fachkompetenz** ermöglicht dem Maler und Lackierer, auf der Grundlage fachlichen Wissens und Könnens Aufgaben und Probleme zielorientiert, sachgerecht, methodengeleitet und selbstständig zu lösen sowie das Ergebnis zu beurteilen. Hierzu gehören die alten Kenntnisse und Fertigkeiten wie auch moderne Anstrichtechniken und Beschichtungsmethoden. Mit Einfallsreichtum und Fachkompetenz können neue Möglichkeiten entdeckt und Lösungen umgesetzt werden. Neue Werkstoffe erfordern neue Verarbeitungstechniken, berufliche Weiterbildung ist unumgänglich.
- **Personalkompetenz:** Wie in jedem Beruf kommt es auch beim Maler und Lackierer darauf an, die Erfahrungen älterer Fachkräfte zu nutzen, von ihnen zu lernen und für Neues aufgeschlossen zu sein. Es ist notwendig, dauerhaft Freude am Erlernen und Anwenden zu gewinnen. Durch ständige berufliche Weiterbildung übernimmt der Maler und Lackierer Verantwortung für seine eigene Entwicklung und sein berufliches Fortkommen. Er arbeitet selbstständig und zuverlässig, ist kritikfähig und erlangt Selbstvertrauen.
- **Sozialkompetenz:** Der Maler und Lackierer arbeitet im Team. Er entwickelt nicht nur in der Beziehung zum Kunden, sondern auch in der Absprache und Zusammenarbeit mit Arbeitskollegen bzw. anderen Gewerken die Bereitschaft und Fähigkeit, soziale Beziehungen zu leben und zu gestalten. Seine soziale Kompetenz zeigt er in der Einhaltung von Absprachen, in der Kooperation mit anderen und nicht zuletzt im verantwortungsvollen und umweltgerechten Umgang mit Werkzeugen und Materialien.

G.1.3 Berufe im Bereich Farbtechnik und Raumgestaltung

Der Ausbildungsberuf Maler/-in und Lackierer/-in gehört zu den Berufen im Bereich Farbtechnik und Raumgestaltung. Da sich bei Berufen in diesem Bereich einige Aufgabengebiete überschneiden, ist ein Berufswechsel zu Beginn der Ausbildungszeit zwischen den einzelnen Berufen möglich.

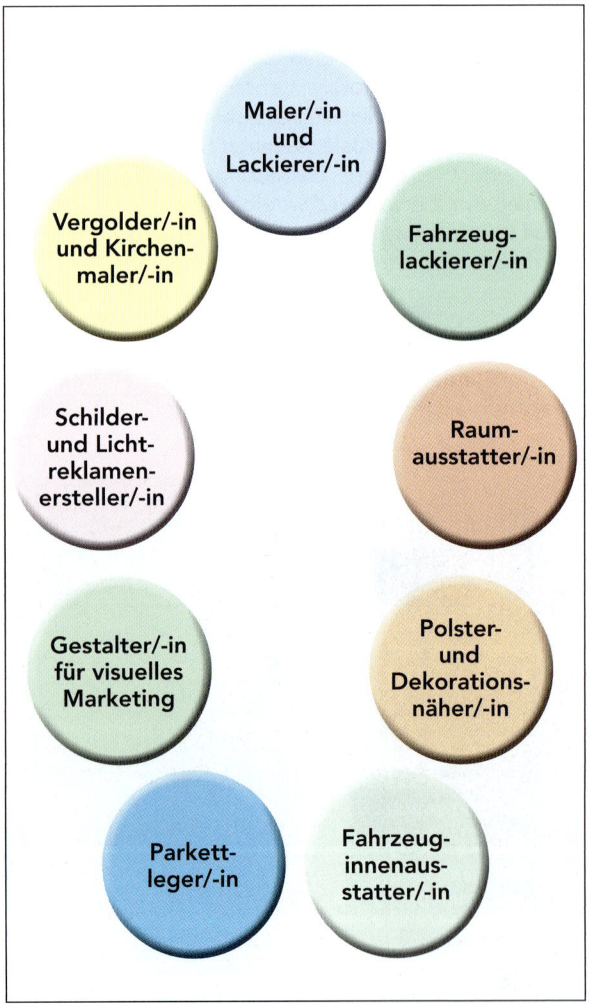

2 Berufe im Bereich Farbtechnik- und Raumgestaltung

G.1.4 Ausbildung zum Maler und Lackierer

Die Ausbildung für Maler und Lackierer ist in drei Stufen gegliedert:
- Grundstufe – 1. Ausbildungsjahr
- Fachstufe 1 – 2. Ausbildungsjahr
- Fachstufe 2 – 3. Ausbildungsjahr

Die Grundbildung erfolgt
- in der dualen Ausbildung nebeneinander im Ausbildungsbetrieb und in der Berufsschule oder aber
- im Berufsgrundschuljahr im Rahmen einer schulischen oder kooperativen Ausbildung.

Die Ausbildungsinhalte sind identisch.
Auszubildende, die keine Gesellenprüfung anstreben, schließen nach zwei Jahren als Bauten- und Objektbeschichter ab. Hierfür wird die Zwischenprüfung bereits nach der Grundstufe abgelegt.
Für Auszubildende mit Abschluss Maler und Lackierer findet die Zwischenprüfung am Ende des 2. Ausbildungsjahres (nach der Fachstufe 1) statt.
In der Fachstufe 2 erfolgt eine spezialisierte Ausbildung in einem der folgenden Fachbereiche:
- Gestaltung und Instandhaltung oder
- Bauten- und Korrosionsschutz oder
- Kirchenmalerei und Denkmalpflege.

Die Ausbildung schließt – nach der Fachstufe 2 – mit dem Berufsschulabschluss und der Gesellenprüfung ab.

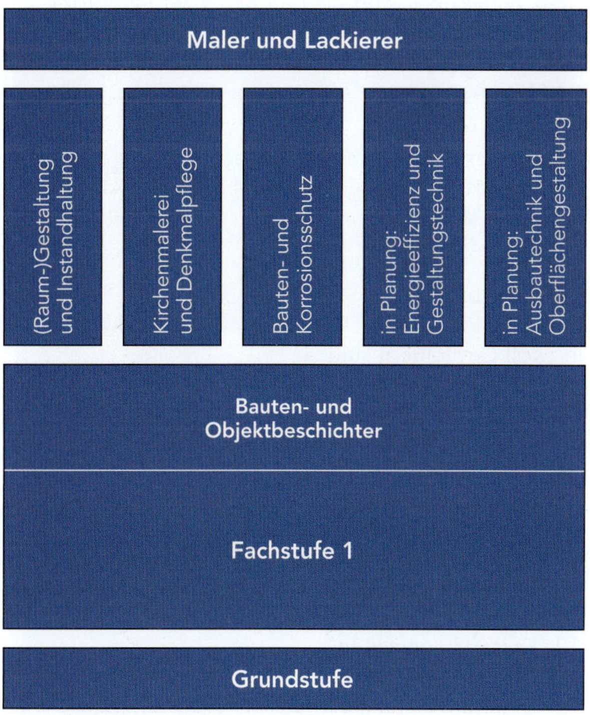

1 Stufenmodell der Berufsausbildung

G.1.5 Ausbildungsordnung

Für staatlich anerkannte Ausbildungsberufe gelten bundeseinheitliche Standards, die den betrieblichen Rahmen der dualen Ausbildung festlegen. Zeitlich gesehen gibt es für die betriebliche Ausbildung keine Reihenfolge, aber es gilt ein Tätigkeitskatalog über den Ausbildungsrahmenplan, der im Laufe der Ausbildung abgearbeitet wird.
Für die schulische Seite der Ausbildung gibt es die Lernfelder.
- **Im Ausbildungsberufsbild** sind die notwendigen Kenntnisse und Fertigkeiten zusammengefasst, die während der Berufsausbildung erworben werden.
- **Im Ausbildungsrahmenplan** werden die Ausbildungsinhalte beschrieben und ihre zeitliche Gliederung im Einzelnen festgelegt.
- **Die Prüfungsordnung** regelt die Zulassung, die Gliederung der Prüfung, die Bewertungsmaßstäbe, die Erteilung der Prüfungszeugnisse, die Folgen von Verstößen gegen die Prüfungsordnung und die Wiederholungsprüfung.

Die Berufsausbildung ist
- im Berufsbildungsgesetz und
- in der Handwerksordnung

geregelt.

Nach Abschluss eines Ausbildungsvertrags wird dieser an die Handwerkskammer geschickt, die ihn im Hinblick auf Vollständigkeit und Richtigkeit überprüft.
Erst dann wird er in die sogenannte Handwerksrolle eingetragen und erhält damit seine Gültigkeit.

Weitere Aufgaben der Handwerkskammern sind
- die Entscheidung über Verkürzung oder Verlängerung der Ausbildungszeit,
- Regelung und Überwachung der Berufsausbildung,
- Durchführung der Gesellenprüfung und
- Ausstellung des Gesellenbriefs.

An der Gesellenprüfung kann teilnehmen, wer
- die Ausbildungszeit erfüllt hat,
- an den vorgeschriebenen Zwischenprüfungen teilgenommen hat und
- die geforderten Ausbildungsnachweise erbracht hat.

Mit dem Bestehen der Gesellenprüfung ist das Ausbildungsverhältnis beendet. Der Geselle ist berechtigt, sich Geselle oder Facharbeiter zu nennen.

G.2 Lernen im Lernfeld

Die Erfahrung zeigt, dass am besten durch eigenes Handeln gelernt wird. Bei der Bearbeitung einer Aufgabe werden
- die erforderlichen Informationen selbst ausgewählt und zusammengestellt,
- die Aufgaben selbst geplant und
- das begonnene Projekt – allein oder mit anderen – durchgeführt.

Durch die Fehler, die auf dem Weg der Fertigstellung gemacht werden, lernt man, diese zukünftig zu vermeiden. Dabei stehen die Zusammenarbeit mit anderen und die gegenseitige Hilfe im Vordergrund. Selbstkritisch wird die Vorgehensweise kontrolliert, die Leistung mit anderen verglichen und präsentiert. Das Lernen im Lernfeld nutzt diese Erkenntnis.

Was ist ein Lernfeld?

Der Ausbildungsberuf Maler/-in und Lackierer/-in ist nach dem Lernfeldkonzept gegliedert, die traditionelle Unterteilung nach Fächern wurde aufgehoben. Während seiner Ausbildung durchläuft jeder Auszubildende zwölf Lernfelder, die unterschiedliche Themenschwerpunkte behandeln. Jedes Lernfeld leitet sich aus beruflichen Handlungsfeldern ab und orientiert sich an realen betrieblichen Handlungssituationen. Seine Aufgaben und Aufträge erhält der Maler und Lackierer vom Kunden, dabei hat er unterschiedliche Arbeiten zu erledigen. Diese Kundenaufträge werden, je nach Schwierigkeitsgrad und Ausbildungsjahr, in einzelne Lernsituationen unterteilt.

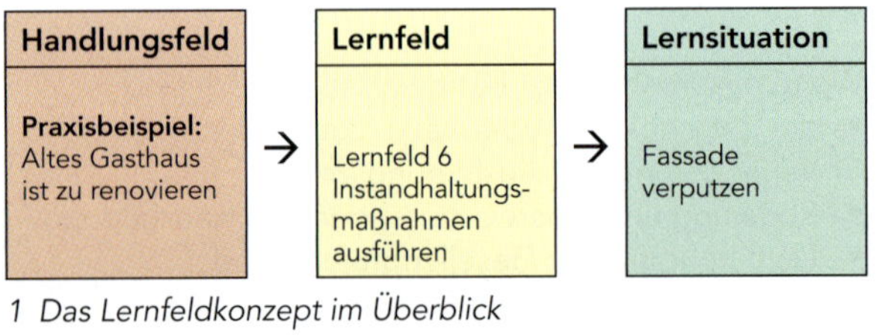

1 Das Lernfeldkonzept im Überblick

Die Lernsituationen werden in der Berufsschule nach dem Prinzip der vollständigen Handlung bewältigt.
Am konkreten Kundenauftrag wird dabei gelernt, wie man Informationen beschafft, sich mit fachlichen Problemstellungen auseinandersetzt und hierfür Handlungsstrategien entwickelt. Dieses Vorgehen ermöglicht, Probleme selbstständig oder in Gruppen zu analysieren, sich zu informieren und planvoll vorzugehen.
Zur Bewältigung der Aufgabe legt der Auszubildende Prüfverfahren, geeignete Beschichtungsstoffe, Beschichtungstechniken und notwendige Arbeitsschritte dar. Die Arbeiten werden so vorbereitet, dass sie beim Kunden ausgeführt werden könnten. Abschließend werden die Ergebnisse dokumentiert, bewertet und mit unterschiedlichen Präsentationsmethoden vorgestellt.

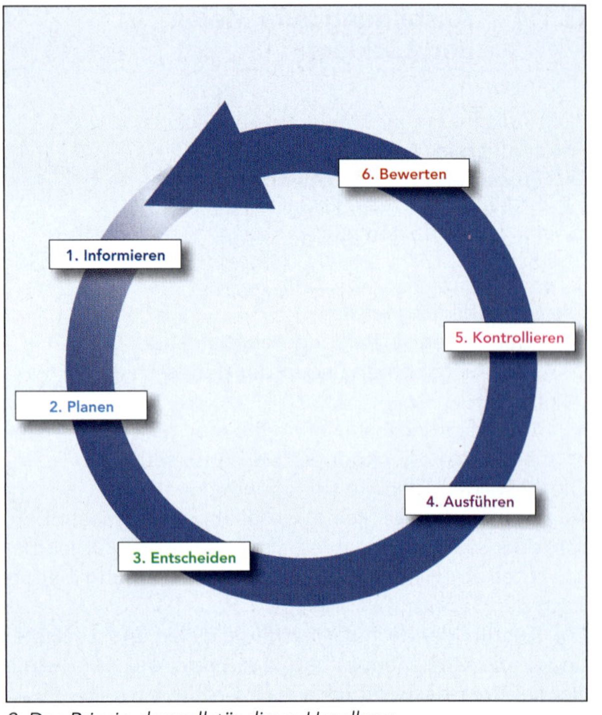

2 Das Prinzip der vollständigen Handlung

Durch diese Methode wird eigenverantwortliches Handeln erprobt und gefördert. Die für den Beruf notwendigen Kompetenzen können so erworben und gestärkt werden. Man bezeichnet diese Vorgehensweise deshalb als handlungsorientiert. Mit dem Erfassen der beruflichen Wirklichkeit wird ein ganzheitlicher Lernprozess in Gang gesetzt, der neben den rein fachlichen Kompetenzen auch die persönlichen und sozialen Kompetenzen stärkt (siehe S. 2).

Lernen ist dabei kein Selbstzweck. Gelernt wird, um handeln zu können. Gelernt wird aber auch durch das Handeln selbst.

Lernfelder

Die Ausbildung im Maler- und Lackiererhandwerk findet in zwölf Lernfeldern statt:
1. Metallische Untergründe bearbeiten
2. Nichtmetallische Untergründe bearbeiten
3. Oberflächen und Objekte herstellen
4. Oberflächen gestalten
5. Schutz- und Spezialbeschichtungen ausführen
6. Instandhaltungsmaßnahmen ausführen
7. Dämm-, Putz- und Montagearbeiten ausführen
8. Oberflächen und Objekte bearbeiten und gestalten
9. Innenräume gestalten
10. Fassaden gestalten
11. Objekte instand setzen
12. Dekorative und kommunikative Gestaltungen ausführen

G.3 Lernmethoden zum selbstständigen Arbeiten

Wie zum Arbeiten auf der Baustelle die richtigen Geräte und Werkzeuge erforderlich sind, braucht man, um selbstständig oder in Gruppen lernen zu können, erprobte Lernmethoden. Die wichtigsten sind:

- Inhalte von Texten nutzbar machen durch geeignete Lese- und Auswertungstechniken
- Ideen im Brainstorming sammeln
- Überblick über Themen und Zusammenhänge mithilfe einer Mindmap gewinnen
- Lernkartei anlegen und nutzen

G.3.1 Texte erfassen

Unser fachliches Wissen reicht häufig nicht aus, um Fragen und Probleme, die sich beim Bearbeiten einer Lernsituation stellen, beantworten oder lösen zu können. Auch erfahrene Fachleute sind auf aktuelle Informationsquellen angewiesen. Neben einer Vielzahl von Fachbüchern sind Fachzeitschriften, Lexika, Normen (DIN), Technische Richtlinien, Technische Merkblätter der Herstellerfirmen, Gesetzestexte, Verordnungen, Unfallverhütungsvorschriften, Verarbeitungsrichtlinien, Sicherheitsdatenblätter usw. zu berücksichtigen.

1 Informationsquellen

Häufig trifft man bei der Suche nach gewünschten Informationen auf lange und zum Teil schwierige Texte. Ein planvolles Herangehen in fünf Schritten hilft bei der schnellen Einordnung und Erfassung der Texte.

1. Überblick verschaffen
Überfliegen Sie den Text und lesen Sie zunächst die Überschriften oder das Inhaltsverzeichnis. Sie können bereits jetzt einordnen, wovon der vorliegende Text handelt und ob er die gewünschte Information enthält.

2. Lesen vorbereiten
Mit einer konkreten Fragestellung im Kopf finden Sie die gesuchten Informationen leichter. Bereiten Sie sich vor dem Lesen vor: Überlegen Sie sich konkrete Fragestellungen, die Sie mithilfe des Textes beantworten möchten.

3. Lesen
Sie lesen den Text abschnittweise, um die zuvor aufgestellten Fragen zu beantworten.
Während des Lesens markieren und strukturieren Sie die Informationen. Dadurch ist das Gelesene besser zu behalten, die Informationen lassen sich später gezielt wiedergeben. Textmarker sind ein sehr hilfreiches Instrument, um wichtige Stellen eines Textes „ins Auge springen" zu lassen.
Wenn Sie den Text später noch mal benötigen, können Sie sich in aller Regel auf die markierten Stellen konzentrieren.

Regeln zum Markieren:
- Nur Schlüsselwörter markieren.
- Nicht mehr als drei Farben verwenden.
- Die Farben immer gleich verwenden (z. B. Hauptwörter grün, Erklärungen gelb, weitere wichtige Informationen rot).

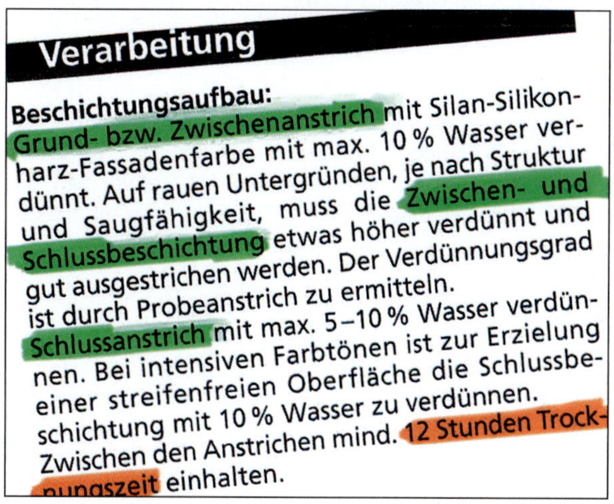
Verarbeitung

Beschichtungsaufbau:
Grund- bzw. Zwischenanstrich mit Silan-Silikonharz-Fassadenfarbe mit max. 10 % Wasser verdünnt. Auf rauen Untergründen, je nach Struktur und Saugfähigkeit, muss die Zwischen- und Schlussbeschichtung etwas höher verdünnt und gut ausgestrichen werden. Der Verdünnungsgrad ist durch Probeanstrich zu ermitteln.
Schlussanstrich mit max. 5–10 % Wasser verdünnen. Bei intensiven Farbtönen ist zur Erzielung einer streifenfreien Oberfläche die Schlussbeschichtung mit 10 % Wasser zu verdünnen.
Zwischen den Anstrichen mind. 12 Stunden Trocknungszeit einhalten.

2 Im Text zentrale Begriffe farbig markieren

4. Gelesene Inhalte zusammenfassen
Die gelesenen und strukturierten Informationen fassen Sie für die weitere Verarbeitung zusammen. Hierzu beantworten Sie die Fragen aus Schritt Nr. 2 schriftlich oder mündlich; ggf. ergänzen Sie sie.

5. Wiederholen und vertiefen
Bereiten Sie die Informationen für die eigenen Unterlagen auf, indem Sie Mitschriften erstellen. Die markierten Schlagworte schreiben Sie zusammen mit Erklärungen heraus oder Sie fassen die Informationen in Form von Schaubildern, Bildern und Diagrammen zusammen – ein Bild sagt mehr als tausend Worte! Der Mensch kann mit einem Blick schneller Informationen einfangen als einen beschreibenden Absatz lesen.

Bei der Zusammenfassung in Bildern oder Stichpunkten gelten folgende Grundsätze:
- Einfachheit, Übersichtlichkeit
- Verständliche Begriffe verwenden. Kurze Sätze bilden.
- Symbole und Bilder verwenden.

Bei schwer verständlichen Texten kann der gleiche Text von mehreren bearbeitet und das Ergebnis zusammengetragen werden. Was der eine nicht versteht, weiß vielleicht der andere. Führt dies nicht zum Ziel, helfen die Suche in Lexika, Fachzeitschriften, Internet oder die Befragung von Fachkräften.

G.3.2 Brainstorming

Brainstorming heißt sinngemäß „Ideenfindung". Im wörtlichen Sinn bedeutet Brainstorming, das Gehirn zum Sturm auf ein Problem zu nutzen.

Das Brainstorming ist eine Kreativtechnik, weil damit gezielt Ideen, Visionen und ungewöhnliche Lösungen für ein Problem gewonnen werden können.

Die Gruppenstärke liegt zwischen 5 und 7 Personen, damit jeder bestmöglich mitarbeiten kann. Um die Ideen festzuhalten und zu veranschaulichen, verwenden Sie ein Whiteboard, eine Tafel, ein Flipchart oder ein Plakat. Legen Sie fest, wer Protokollant und wer Teamleiter ist.

Ein Brainstorming besteht aus drei Schritten:

1. Vorbereitung
Das Problem wird kurz vorgestellt, jedes Gruppenmitglied stellt sicher, dass es das Problem versteht. Die Spielregeln werden bekannt gegeben.

2. Durchführung
Während des Brainstormings teilen alle Teilnehmer ihre Ideen der Gruppe mit, die der Protokollant sofort schriftlich festhält. Dabei lassen sie ihren Ideen freien Lauf und regen sich durch ihre Äußerungen gegenseitig an, ungewöhnliche und fantasievolle Ideen zu entwickeln.

Regeln:
- Keine Kritik an den Beiträgen anderer.
- Keine Wertung der Ideen.
- Jeder kann seine Gedanken frei äußern.

Das Brainstorming ist abzuschließen, wenn keine neuen Gedankengänge mehr gefunden werden.

3. Nachbereitung
Zum Abschluss werden die protokollierten Ideen von der leitenden Person unter Mithilfe der Gruppe thematisch zusammengefasst und Argumente, die der Lösung des Problems nicht dienlich sind, aussortiert.

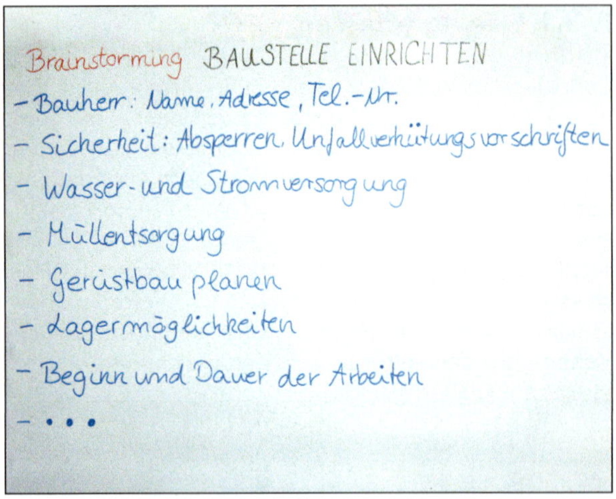

1 Brainstorming

Probieren Sie es mal selbst aus. Nehmen Sie sich in Ihrer Gruppe ein Problem vor, das Sie gemeinsam lösen wollen. Sie werden staunen, welche Lösungsansätze sich durch ein Brainstorming finden lassen.

G.3.3 Mindmap

Übersetzt man den Begriff Mindmap, so kann man von einer „Gedächtniskarte" sprechen. Die Form der Mindmap ist mit einem Baum vergleichbar: Ausgehend vom Stamm (Zentrum) verzweigen sich die Äste. Um die Mindmap in alle Richtungen entwickeln zu können, notieren Sie den Arbeitsauftrag oder das zu bearbeitende Thema in der Mitte der zur Verfügung stehenden Seite. Ausgehend vom Arbeitsauftrag oder Thema ordnen Sie Schlüsselbegriffe zu, die weiter verzweigt werden können. Die Begriffe werden mit Bildern verbunden und zu Sinnzusammenhängen verknüpft.

Durch die Darstellung der Inhalte auch in Bildern fällt es leichter, sich an den erarbeiteten Inhalt zu erinnern.

Nehmen Sie keine Korrekturen vor, indem Sie Einträge ausradieren oder streichen: Zunächst sinnlos erscheinende Ideen können später weiterhelfen, eine Lösung zu entwickeln.
Sie können die Mindmap-Methode auch nutzen für Notizen während eines Vortrags, während Sie einen Text lesen; auch eine To-do-Liste können Sie in Form einer Mindmap erstellen.

Die Mindmap-Methode bietet sich immer dann an, wenn Inhalte und deren Zusammenhänge strukturiert und übersichtlich dargestellt werden sollen.

Damit eignet sich die Methode besonders als erster Arbeitsschritt bei der Bearbeitung eines Lernfeldes, bei der Strukturierung des Kundenauftrags. Dabei wird vorhandenes Wissen aktiviert und mit neuen Strukturen verknüpft, neue Wissensgebiete werden eröffnet und die Problembereiche herausgestellt.
Die Mindmap dient auch zur Wiederholung von Lernstoff. Nach einer Überprüfung kann die Mindmap ergänzt werden. Das entstandene Produkt ist in einer Prüfung wesentlich leichter abrufbar als seitenlange Ausführungen.
Eine Mindmap erstellen Sie am besten selbst. Mit dem Anfertigen verarbeitet Ihr Gehirn die mit der Mindmap geschaffenen Strukturen und speichert diese in Ihrem Gedächtnis. Sie können sie von Hand zeichnen oder mit einem entsprechenden Programm am Computer erzeugen. Die mit einer Software erstellte Mindmap eignet sich auch für Präsentationen. Dabei können Sie dem Thema oder den Schlüsselbegriffen Links zuordnen und diese durch Anklicken öffnen.

Mindmapping ist eine bewährte Arbeitsmethode für das strukturierte Lernen und Präsentieren.

G.3.4 Lernkartei

Die Fachsprache des Malers und Lackierers enthält viele Fachbegriffe und Fremdwörter. Beim Erlernen und Merken hilft eine Lernkartei – vielleicht als App fürs Smartphone, am besten aber als traditioneller Kasten mit Lernkarten.
Immer, wenn ein neuer Begriff zu lernen ist (siehe auch das Glossar S. 437–458), notieren Sie diesen auf der Vorderseite einer Lernkarte. Die Bedeutung und Erklärung schreiben Sie auf die Rückseite. Mit der Zeit entsteht so ein richtiges Nachschlagewerk für das Fachwissen. Dieses kann von der ganzen Klasse oder jeder Gruppe angelegt, gepflegt und genutzt werden.
Legen Sie für sich selbst eine solche Lernkartei an; beim wiederholten Nachschlagen prägen Sie sich die Fachbegriffe und Zusammenhänge leichter ein.

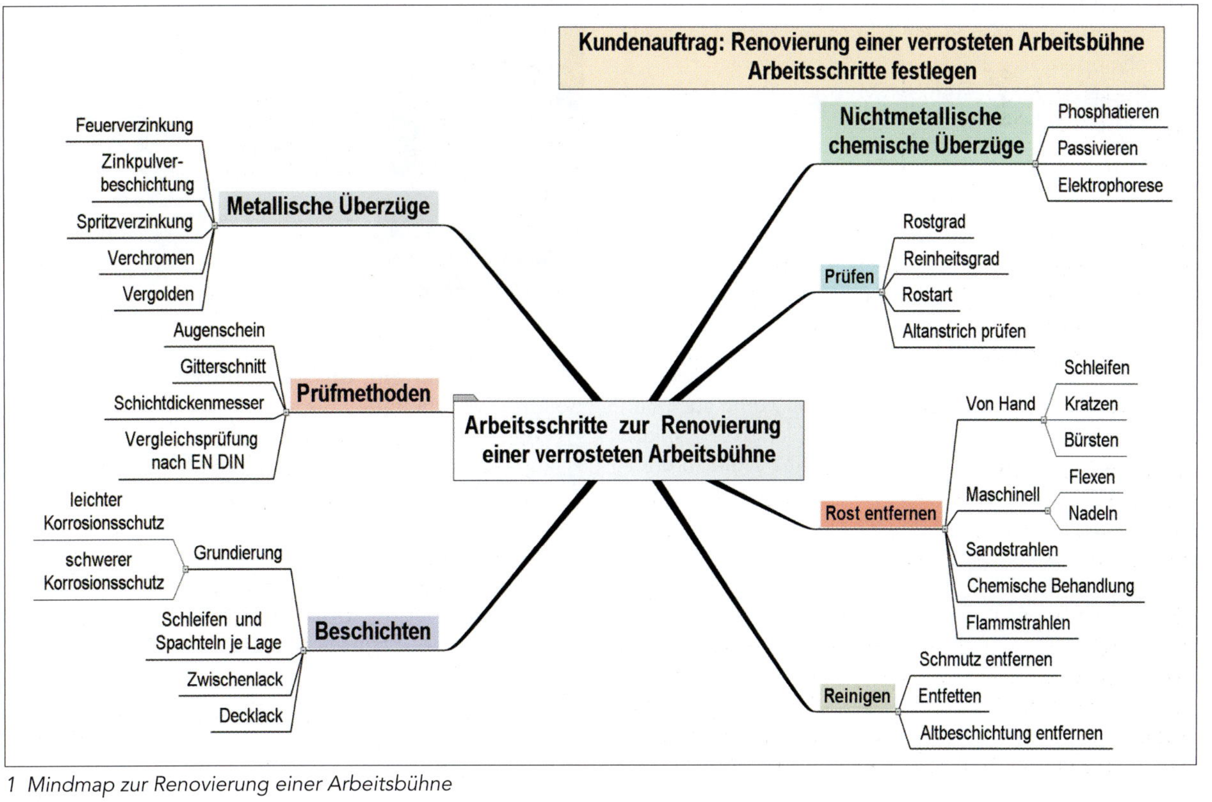

1 Mindmap zur Renovierung einer Arbeitsbühne

G.4 Präsentationen

Maler/-innen und Lackierer/-innen sind Handwerker, die sich, ihr Können, ihre Leistungen und fachliches Wissen in verschiedenen Zusammenhängen präsentieren müssen. Wichtige Anlässe sind die Präsentation
- von Gestaltungsentwürfen, Arbeitsplänen und Kalkulationen vor einem möglichen Auftraggeber, um den Auftrag zu bekommen,
- von fertigen Arbeiten vor einem Kunden oder
- als Abschluss eines wichtigen Projekts, an dessen Ende die Bezahlung des Malers steht.

Aus diesem Grund werden Präsentationen bereits während der Ausbildung gelernt und geübt. Auch in den Zwischen- und Abschlussprüfungen ist die Präsentation der Arbeiten vor dem Prüfungsausschuss ein wichtiger Prüfungsteil.
Präsentationen haben immer Zuhörer, die durch Vorstellung gewonnen und von der fachlichen Kompetenz überzeugt werden sollen. Dies können Kunden, Lehrer, die Klasse oder der Prüfungsausschuss sein. Präsentationen müssen deshalb ansprechend und auf die unterschiedlichen Adressaten hin ausgerichtet sein. Man berücksichtigt daher folgende Regeln:

Bei Präsentationen immer beachten!
- Blickkontakt zu den Zuhörern halten.
- Thema kurz vorstellen.
- Laut und deutlich sprechen.
- Möglichst frei reden.
- Auf einen sicheren Stand achten und nicht hin- und herwippen.
- Mit passenden Gesten den Vortrag unterstützen.

G.4.1 Vorbereitung einer Präsentation

Eine solide Vorbereitung ist die Grundlage einer gelungenen Präsentation.

Anlass und Publikum

„Wer nicht weiß, wohin er will, wird auch nie ankommen." Nur wer weiß, was er erreichen will, kann auch den Inhalt seines Vortrags, seine Argumente und die Struktur der Präsentation darauf abstimmen, seine Ziele zu erreichen.
So unterscheiden sich Aufbau und Inhalt eines Fachvortrags vor der Klasse erheblich von der Präsentation kreativer Entwürfe, mit denen man einen Auftrag bekommen will, oder der Präsentation von Arbeitsergebnissen in einer Abschlussprüfung.

Daher sollte sich jeder Redner über sein Publikum ein genaues Bild machen. Folgende Fragen können dabei behilflich sein:
- Was erwarten die Zuhörer von meiner Präsentation?
- Wie viel Wissen haben meine Zuhörer zu dem Thema?
- Wie viele Vorträge haben die Zuhörer bereits gehört?

1 Präsentation eines Projekts

2 Präsentation von Entwürfen vor einem Kunden

Material sammeln, auswählen und ordnen

Bei der Auswahl fragen Sie sich:
- Welche **Inhalte**
- kann ich in der vorgegeben **Redezeit**
- meiner **Zielgruppe** präsentieren,
- um mein **Ziel** zu erreichen?

Meistens sind die Inhalte durch den Kundenauftrag oder die erarbeiteten Ergebnisse vorgegeben. Dennoch muss entschieden werden, welche Informationen gegeben werden, um ein gesetztes Ziel zu erreichen.

Aufbau

Dank eines spannenden Aufbaus hört das Publikum lange und interessiert dem Vortrag zu.

1. In der Einleitung werden die Zuhörer zunächst begrüßt und durch einen einleitenden Satz zum Thema geführt. Dabei können Informationen über die Ziele, Inhalt und Aufbau der Präsentation gegeben werden.
2. Den Kern der Präsentation bildet der Hauptteil. In diesem werden die wichtigen Informationen transportiert und der Zuhörer von der Fach- und Sachkompetenz des Redners überzeugt.
3. Am Ende der Präsentation wird eine kurze Zusammenfassung gegeben und noch einmal auf das Ziel der Präsentation hingewiesen. Zum Schluss bedankt sich der Redner bei den Zuhörern für die geschenkte Aufmerksamkeit. Anschließend werden noch offene Fragen beantwortet.

Hilfsmittel Karteikarten

Aufgrund der Fülle an Inhalten ist es ratsam, nur den Beginn und das Ende der Präsentation auswendig zu lernen. Für den Fachteil in der Präsentation bietet sich die Unterstützung durch vorbereitete Karteikarten an. Hierauf sind mit Schlagworten oder Stichpunkten die wesentlichen Informationen zur Präsentation festgehalten, sodass sie dem Redner zur Orientierung dienen.

1 Während der Präsentation leicht einzusetzende Gedankenstützen

G.4.2 Präsentationsmedien

Unter Präsentationsmedien versteht man übliche Hilfsmittel, die die Vorstellung der Arbeit erleichtern. Hierzu zählen die im Schulalltag üblichen Geräte und Einrichtungen:

- Whiteboard
- Tageslichtschreiber (Overheadprojektor) mit Folien
- Flipchart, Metaplan- oder Pinnwand, Plakate
- Moderatorenkoffer
- Multimedia-Projektoren, Laserpointer oder Zeigestab
- PC oder Notebook mit Internet-Zugang und entsprechender installierter Software

Die Handhabung dieser unterschiedlichen Medien muss so geübt werden, dass man sicher damit umgehen kann. Die Auswahl der Präsentationsmedien hängt von vielen Faktoren ab. Soll ein Projekt mehrfach oder vor einem Fachpublikum vorgestellt werden, nimmt man eher eine professionelle Präsentationssoftware zu Hilfe.

Wenn das Ergebnis einer Gruppenarbeit in der Kürze der Zeit aufzuzeigen ist, eignen sich eher

- Moderationskarten, die an eine Pinnwand oder Metaplantafel geheftet werden,
- Klarsichtfolien für Overheadprojektoren,
- ein Anschrieb auf der Wandtafel.

Steht ausreichend Zeit zur Verfügung, beispielsweise bei der Vorstellung eines Projekts, können Zeichnungen, Pläne, Bildvergleiche, Fotodokumentationen, Filme, Videos, Plakate, Collagen usw. zur Präsentation genutzt werden.

Das erarbeitete Ergebnis darf nicht durch eine unangemessene Präsentation abgewertet werden. Zeitaufwendige, professionelle Präsentationen sind dort einzusetzen, wo sie gefordert sind bzw. der Adressat diese als sinnvoll erscheinen lässt.

Tipps zum Umgang mit den Präsentationsmedien:

- Folien, Moderationskarten und Flipcharts in ausreichender Schriftgröße beschriften.
- Auf Stichworte beschränken.
- Klarsichtfolien mit Zeigestift am Overheadprojektor erklären.
- Dem Zuhörer zugewandt sprechen.
- Nur wenige Medien gleichzeitig verwenden.
- Geräte vor dem Einsatz auf Funktion prüfen.

Zur Aufbewahrung und Vorlage der Präsentationsergebnisse ist es sinnvoll, eine Präsentationsmappe anzulegen.

G.4.3 Kundengespräch

Gespräche mit Kunden sind für Auszubildende in der ersten Zeit nicht leicht zu bewältigen. Bei Fragen oder Kundenwünschen, die nur vom Meister oder vom Betrieb geklärt werden können, ist Zurückhaltung angebracht. Auszubildende können dem Kunden anbieten, dessen Fragen an den Vorgesetzten weiterzuleiten.
Im Laufe der Ausbildung lernen Auszubildende viel dazu und übernehmen mehr Verantwortung für ihre Arbeit. Somit wird das Gespräch mit dem Kunden immer häufiger stattfinden.
Bei Zwischen- und Abschlussprüfungen müssen Auszubildende ihre Arbeitsergebnisse im Rahmen eines Kundengesprächs vor dem Prüfungsausschuss vertreten. Sie üben Kundengespräche während der Ausbildung ein, um Nervosität und Aufregung vor dem Gespräch abzubauen. Meist findet dies in Form eines Rollenspiels statt. Man kann dabei in verschiedene Rollen, auch in die einer fremden Person schlüpfen. Dieser Perspektivwechsel hilft manchmal, andere Personen besser zu verstehen und auf deren Verhalten erfolgreich zu reagieren.

1 Kundengespräch als Rollenspiel

Ablauf eines Kundengesprächs

Das Gespräch mit Kunden verlangt sorgfältige Planung. Es lässt sich in sechs Phasen einteilen: Vorbereitung, Eröffnung, Informationsaustausch, Verhandlung, Abschluss und Nachbereitung.

1. Vorbereitung

Ein wichtiger Aspekt ist die Persönlichkeit des Auftraggebers. Diese einzuschätzen, erfordert Erfahrung. Nutzen Sie deshalb jedes Kundengespräch, um Übung zu bekommen.
Bestimmen Sie möglichst genau das Ziel: Sie wollen den Kunden von Ihren Fähigkeiten überzeugen. Sie wollen als kompetenter Maler und Lackierer angesehen werden. Sie wollen den Auftrag bekommen!

Zur Vorbereitung fertigen Sie Notizen an, die Ihnen während der Präsentation helfen. Hierbei ist es sinnvoll,

- sich die technologischen Zusammenhänge noch einmal vor Augen zu führen,
- eine schlüssige Begründung für die Auswahl der verschiedenen Materialien zu geben,
- die besonderen Vorzüge Ihres Entwurfs hervorzuheben.

2. Eröffnung

Knüpfen Sie zum Gesprächsauftakt an vorangegangene Gespräche oder Telefonate an. Ihre Sprache und Ihr Verhalten entscheiden dabei über einen harmonischen oder angespannten Gesprächsverlauf. Gute verbale, d. h. mündliche, sowie nonverbale Kommunikationsformen erhöhen die Chancen auf ein erfolgreiches Kundengespräch. Nonverbal kommunizieren Sie mit Gestik, Mimik und anderen optischen Zeichen.

3. Informationsaustausch

Stellen Sie Ihr Gestaltungskonzept vor und erörtern Sie es mit dem Kunden. In dieser Phase treten möglicherweise Differenzen zwischen Ihren Ideen und den Vorstellungen des Kunden auf. Zwingen Sie dem Kunden Ihre Ideen nicht auf, aber ggf. müssen Sie seine Vorstellungen in Bezug auf technische und gestalterische Umsetzbarkeit korrigieren. Bei Differenzen bieten Sie alternative Lösungen an, mit denen Sie dem Kunden entgegenkommen.
Erläutern Sie dem Kunden Ihre Kalkulation des Projekts, insbesondere Materialbedarf und -kosten sowie den Zeitaufwand.

4. Verhandlung

In der Verhandlungsphase fällt die Entscheidung, ob der Kunde Ihr Angebot annimmt oder nicht. Falls es angenommen wird, werden konkrete Vereinbarungen getroffen, die die Umsetzung Ihres Konzepts betreffen.

5. Abschluss

Fassen Sie den Inhalt des Gesprächs kurz zusammen, wiederholen Sie die Ergebnisse, um Missverständnisse auszuschließen. Ein Gespräch positiv zu beenden, ist genauso wichtig wie ein positiver Beginn. Loben Sie z. B. den guten Geschmack des Kunden.

6. Nachbereitung

Es vereinfacht die Gesprächsnachbereitung, wenn Sie sich während des Kundengesprächs Notizen machen. Werten Sie Ihr Gespräch aus, dies dient der Aktualisierung Ihrer Arbeitsplanung und der Erweiterung Ihrer Erfahrungen im Hinblick auf die Einschätzung von Kunden.

G.5 Schritte zur Bearbeitung eines Kundenauftrags

In diesem Buch werden Kundenaufträge nach dem Prinzip der vollständigen Handlung bearbeitet (siehe S. 4). Zur leichteren Orientierung sind die einzelnen Schritte farbig gekennzeichnet.

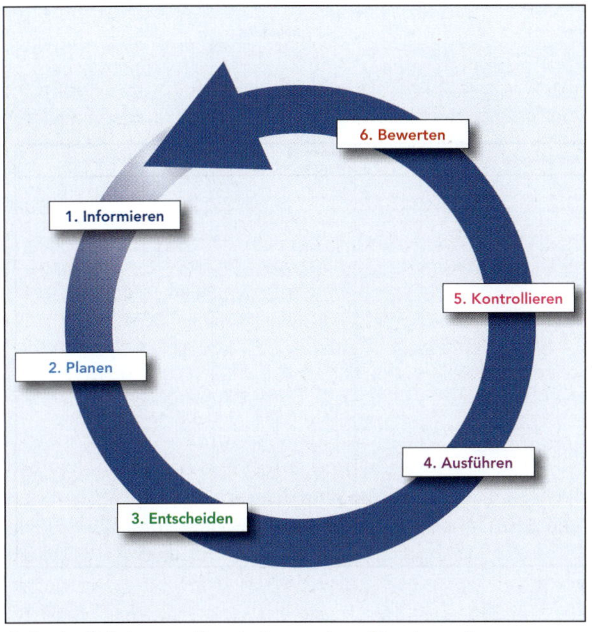

1 Sechs Schritte zur Bearbeitung eines Kundenauftrags

1. Informieren

Ohne Fachwissen lassen sich keine Kundenaufträge erfolgreich durchführen. Gefahren für Gesundheit und Umwelt, Unfälle, Sach- und Personenschäden, Beschichtungsmängel, Zeitverzögerungen und unzufriedene Kunden lassen sich häufig auf mangelnde Information zurückführen.

Jeder Kundenauftrag behandelt ein eigenes Schwerpunktthema, sodass im Laufe der Ausbildung immer neues Fachwissen erworben wird. Die Kundenaufträge und Lernsituationen werden immer komplexer und umfangreicher. Je mehr Wissen aufgebaut wurde, desto häufiger wiederholen sich die Informationen oder Vorgehensweisen, sodass diese bereits vertieft und in neuen Zusammenhängen angewendet werden können.

In jedem Fall sind vor der Ausführung eines Kundenauftrags folgende Fragen zu klären:

- Was genau ist der Kundenwunsch? Ist die Kundenanfrage ohne Einschränkung verständlich?
- Wer sind die Ansprechpartner für Auftragsplanung, Arbeitsanweisungen und Auftragsabwicklung? Wer gehört zum Team?
- Wie sind die Rahmenbedingungen auf der Baustelle?
- Welche Vorschriften sind bei der Einrichtung der Baustelle zur Verhütung von Unfällen und für den Gesundheits- und Umweltschutz zu beachten?
- Welche Normen, Technischen Richtlinien und Vorgaben für Beschichtung und Gestaltung sind einzuhalten?

2. Planen

Grundlage für die Planung ist der Kundenauftrag. Hierzu gehören u. a.:

- wirtschaftliche Fertigungsmethode wählen, verschiedene Ausführungsmöglichkeiten prüfen
- Tätigkeitsablauf planen
- notwendige Werkzeuge, Maschinen und Geräte auswählen
- Arbeitszeit und Materialeinsatz bestimmen
- Arbeitsabläufe im Team besprechen
- Materialien auf Eigenschaften und Verarbeitungsmöglichkeiten prüfen und unterscheiden

3. Entscheiden

Aufgrund der in der Planungsphase gewonnenen Erkenntnisse werden Entscheidungen gefällt:

- Kalkulation des Auftrags, Erstellung des Angebots
- Bestätigung des Angebots durch den Kunden, Auftragserteilung

4. Ausführen

Ein Kundenauftrag wird üblicherweise in drei Schritten ausgeführt.

Schritt 1: Vorarbeiten
z. B. Untergründe prüfen, reinigen, abkleben/abdecken, schleifen, grundieren

Schritt 2: Hauptarbeiten
z. B. Tapezieren, Lackieren, Streichen

Schritt 3: Abschlussarbeiten
z. B. Baustelle aufräumen und reinigen, fachgerechte Entsorgung der Abfälle, Arbeitskontrolle

Die Vorgehensweise ist je nach ausführendem Betrieb unterschiedlich. Deshalb gilt generell:

- Betriebliche Gegebenheiten beachten
- Grundsätze für Transport, Lagerung, Entsorgung, Gesundheits- und Umweltschutz berücksichtigen
- Werkzeuge, Geräte und Anlagen sachgerecht bedienen, warten und pflegen
- Werk-, Hilfs- und Beschichtungsstoffe verarbeiten
- Tätigkeitsablauf dokumentieren
- Kundenwünsche innerbetrieblich weiterleiten
- Rechtliche Konsequenzen bei mangelhafter Arbeitsausführung beachten

5. Kontrollieren

Der nächste Schritt dient der Steuerung und Bewertung von Arbeitsabläufen. Diese sind u. a. für die Beurteilung des Zeitmanagements, der Kostenkalkulation und spätere Kundenaufträge maßgebend. Arbeitsabläufe werden auch vom eingesetzten Material beeinflusst. Die getroffene Auswahl muss deshalb ebenfalls kontrolliert werden. Folgende Bereiche unterliegen der Kontrolle:

- Einhaltung der Vorgaben und Berücksichtigung der Wünsche des Kunden überprüfen
- Arbeitsergebnisse mit Planungsvorgaben vergleichen und auf Mängel überprüfen
- Arbeitszeit, Tätigkeitsablauf und Materialverbrauch mit Plandaten vergleichen und bewerten

6. Bewerten

Bei der Ausführung eines Kundenauftrags müssen die geleisteten Arbeiten von den Beschäftigten dokumentiert werden. Hierzu dienen u. a. Rapportzettel, Verlaufspläne oder Protokolle als Nachweis.

Diese Unterlagen werden für das abschließende Kundengespräch aufgearbeitet und anschließend archiviert.

Bei der Endabnahme durch den Kunden werden die Arbeitsergebnisse präsentiert. Durch eine angemessene Präsentation kann der Maler sein kompetentes Handeln unter Beweis stellen. Auftretende Fragen sollen ansprechend und fachkompetent beantwortet werden.

ROTH Malerbetrieb

Gewerbepark 136
45131 Essen

Fon 0201 4867-12
Fax 0201 4867-14
E-Mail info@Malerbetrieb-Roth.de
www.Malerbetrieb-Roth.de

Rapportzettel

Projekt-Nr.:
Kunden-Nr.:
Datum:
Unser Zeichen:
Ihr Zeichen:

Kundenauftrag

Auftraggeber:

Baustelle:

Pos.:	Bezeichnung der Leistung	Stunden	Name und Berufsbezeichnung	Datum	Unterschrift

Anerkannt:

Datum, Auftraggeber

Datum, Auftragnehmer

1 Rapportzettel

Aufgabenbeispiel Kundenauftrag:

Die Befestigung eines Geländers wurde vor etwa einem Jahr grundiert, aber nicht schlussbeschichtet. Jetzt zeigen sich erneut Roststellen. Der Kunde möchte, dass Sie die Arbeit fachgerecht ausführen.

2 Verrostete Befestigung

Bearbeiten eines Kundenauftrags – Vorgehensweise:

1. Welche Informationen sind für die Bearbeitung des Auftrags erforderlich?
2. Planen Sie, wie Sie beim Arbeiten vorgehen wollen.
3. Entscheiden Sie, in welchen Schritten Sie die Arbeit durchführen.
4. Welche Probleme können bei der Durchführung auftreten?
5. Welche Kontrollmaßnahmen können helfen, das Ergebnis zu verbessern?
6. Wie können die Arbeitsergebnisse dokumentiert und präsentiert werden?

G.6 Teamwork

Im Maler- und Lackiererhandwerk lassen sich viele Arbeiten nur zu zweit oder in Gruppen bewältigen: Teamarbeit ist effektiver. Daher legen viele Betriebe großen Wert auf die gute Zusammenarbeit im Team.
Innerhalb eines Betriebes bearbeiten die zusammengestellten Teams ganze Projekte oder Kundenaufträge. Dabei wird Verantwortung für die durchzuführenden Arbeiten auf die Gruppe übertragen.

- Teamleiter,
- Facharbeiter und
- Auszubildende

besprechen bei den regelmäßigen Teamsitzungen alle Arbeitsabläufe. Dabei wird jeder in das Team eingebunden, jeder muss sich auf jeden verlassen können. Verantwortliches Handeln wird anerkannt und macht Spaß.

> Egal ob in der Werkstatt, auf der Baustelle, im Büro oder in der Schule: Teamfähigkeit ist eine Sozialkompetenz (siehe S. 2), die im Berufsleben eine große Rolle spielt.

Bei der Arbeit im Team lernen wir, auf andere einzugehen, uns mit ihren Vorschlägen auseinanderzusetzen, sie zu achten und ihre Stärken und Schwächen zu akzeptieren. Die dadurch erworbene soziale Kompetenz hilft uns auch außerhalb der Schule oder des Ausbildungsbetriebes, uns in Gruppen zu engagieren und selbstbewusst unsere Rolle in der Gesellschaft zu finden.

G.6.1 Kundenaufträge im Team bearbeiten

Kundenaufträge oder Projekte, die genau beschrieben und abgegrenzt sind, eignen sich für Partner- und Gruppenarbeiten besonders gut. Allerdings muss Teamarbeit gut geplant werden, sie braucht Zeit und eine Struktur. Zusätzlich ist zu beachten, dass Unvorhergesehenes passieren kann. Um auch solche Situationen zu beherrschen, werden Regelungen getroffen. Absprachen sind notwendig, damit gemeinsam und gleichberechtigt das Ziel erreicht wird.
Zum Abschluss der Partner- oder Gruppenarbeit werden die Ergebnisse, die Vorbereitung und Durchführung der Arbeit diskutiert. Auf diese Weise erkennen die Gruppenmitglieder, was sie bei der nächsten Gruppenarbeit besser machen können und wie Schwierigkeiten vermieden werden. Die Diskussion leistet einen wichtigen Beitrag zur Kommunikation, Kooperation und Teamfähigkeit und steigert damit die soziale Kompetenz. Teamarbeit ist Übungssache und gelingt meist nicht beim ersten Versuch.

Hilfreich, um zum Erfolg zu kommen, ist eine klare Rollenverteilung innerhalb der Gruppe. Dabei sind folgende Rollen zu vergeben:

Teamleiter • zuständig für Organisation und Durchführung der Gruppenarbeit • verteilt die Aufgaben und überwacht die Einhaltung der Regeln • hat bei Unstimmigkeiten das letzte Wort	**Zeitverantwortlicher** • achtet darauf, dass die Bearbeitung der Aufgaben in der vorgegebenen Zeit erfolgt • ermahnt die anderen zum schnelleren Arbeiten (wenn erforderlich)
Materialverantwortlicher • zuständig für die Organisation von allem, was zur Bearbeitung der Aufgabe notwendig ist	**Protokollant** • schreibt wichtige Ergebnisse oder Zwischenschritte mit
• Die Verteilung noch weiterer Rollen ist möglich. So kann die Gruppe auch jemanden bestimmen, der die Präsentation übernimmt, oder jemanden, der die Ergebnisse ständig hinterfragt. Ob diese Rollen notwendig sind, hängt von der Gruppengröße und -struktur ab.	

Der Kundenauftrag zum abgebildeten Projekt wünscht eine ornamentale Verzierung des Bennett-Känguru-Geheges im Zoo.

1 Umfangreiche Projekte erfordern Partnerarbeit

Auch die einem Team gestellten Aufgaben werden in den sechs Arbeitsschritten der vollständigen Handlung gelöst (siehe S. 4).

1. Informieren

Im Rahmen einer Baustellenbegehung macht sich das Schülerteam mit der Umgebung und der Lage des Geheges vertraut. Absprachen mit den Tierpflegern werden getroffen, weil die Tiere während der Instandsetzungsarbeiten nicht an das Gehege herankommen dürfen.
In Gruppen informieren sich die Schülerinnen und Schüler über australische Ornamente, Symbole und Verzierungen.

2. Planen
Vorschläge werden erarbeitet und visualisiert. Passend zu den Vorschlägen plant das Team die Umsetzung auf der Baustelle: Es entwirft Arbeitspläne, wählt Beschichtungsstoffe aus und ermittelt Materialmengen, die bestellt werden müssen.

3. Entscheiden
Bei einer Zwischenpräsentation vor dem Kunden wird der Vorschlag ausgewählt, der heute im Känguru-Gehege zu sehen ist.

4. Durchführen
Innerhalb des geplanten Zeitraums erfolgt die praktische Umsetzung.

5. Kontrollieren
Schon während der Umsetzung stellen die Schülerinnen und Schüler fest, an welchen Stellen im Arbeitsprozess sie Fehler gemacht haben, und korrigieren diese.

6. Bewerten
Nach Fertigstellung der Arbeiten findet die Abnahme durch den Kunden statt. Der Auftrag wurde erfolgreich umgesetzt.

G.6.2 Regeln für die Arbeit im Team

Teamregeln werden aufgrund der individuellen Strukturen innerhalb der Gruppe immer von der Gruppe selbst entwickelt, von jedem akzeptiert und schriftlich festgehalten.

Regeln zur Gruppenarbeit beziehen sich auf folgende Bereiche:
- Umgang miteinander
- Kommunikation untereinander
- Übernahme von Verantwortung für das gemeinsame Ergebnis
- aktive Mitarbeit jedes Gruppenmitglieds
- Konfliktlösungsstrategien

Viele Konflikte entstehen im Bereich der Kommunikation. Gerade zu Beginn der Ausbildung ist es schwierig, innerhalb der neuen Klasse „den richtigen Ton" zu finden. Die Einschätzung der Teammitglieder fällt schwer und häufig überrascht das eigene Gruppenverhalten selbst.
Einige Regeln zur Kommunikation unterstützen eine spannungsfreie Gruppenarbeit.

Regeln zur Kommunikation
- Ich lasse den anderen ausreden.
- Ich versuche, mich kurz zu fassen.
- Ich bleibe beim Thema.
- Ich halte mich an die Reihenfolge der Wortmeldungen.
- Ich nehme die Meinungen anderer ernst.
- Ich höre anderen bewusst zu.
- Ich rede mit dem anderen und nicht über ihn.
- Ich respektiere andere so, wie ich auch respektiert werden möchte.
- Ich sage meine Meinung.
- Wir reden miteinander.

G.6.3 Teamvereinbarung

Arbeiten im Team ist nicht konfliktfrei.

Es muss gelernt und geübt werden. Spannungen und Probleme müssen im Team besprochen und gelöst werden. Dabei hilft eine Teamvereinbarung.

Teamvereinbarung für die Klasse __________ Datum __________

Gute Teamarbeit erleichtert das Lernen und Arbeiten im Unterricht und ist für eine erfolgreiche Ausbildung zum Maler und Lackierer besonders wichtig.

Organisation
- Zu Beginn der Gruppenarbeit werden die Rollen Teamleiter, Zeitverantwortlicher, Materialverantwortlicher und Protokollant verteilt.
- Wir verteilen die anfallenden Aufgaben gerecht innerhalb des Teams.
- Wir vereinbaren Regeln für die Gruppenarbeit.
- Wir legen gemeinsam einen Zeitplan fest.

Ziele und Erwartungen
Jeder
- unterstützt sein Team mit vollem Engagement.
- beteiligt sich konstruktiv an den Arbeitsphasen.
- ist hilfsbereit, gerade dann, wenn die eigenen Aufgaben bereits erfüllt sind.
- hält sich an die verabredeten Teamregeln.

Teamregeln
Wir vereinbaren für die Arbeit im Team folgende Regeln:

Konsequenzen, wenn Regeln nicht eingehalten werden:

Anerkannt am __________

Unterschriften __________

1 Teamvereinbarung

G.6.4 Feedback einholen

Nach Abschluss eines Auftrags möchte das verantwortliche Team gerne wissen, ob die Kunden mit der geleisteten Arbeit und den beteiligten Mitarbeiterinnen und Mitarbeitern zufrieden waren. Es will aus Fehlern lernen und vorhandene Stärken ausbauen. Hierzu holt sich das Team beim Kunden ein Feedback ein.
Mithilfe eines Fragebogens erhält es eine detaillierte Rückmeldung über die geleistete Arbeit, die beteiligten Mitarbeiter, die eingehaltenen Zeitvorgaben, die Sauberkeit beim Verlassen der Baustelle usw. Hieraus lassen sich Verbesserungen und die Zufriedenheit der Kunden mit dem Team ableiten.
Auch in der Schule kann z. B. ein Schüler-Lehrer-Feedback zu Verbesserungen beitragen. Die im Schulalltag nicht wahrgenommenen Mängel können so abgestellt und ohne Gesichtsverlust korrigiert werden.
Zur Verbesserung zukünftiger Gruppenarbeiten muss auch die Arbeit im Team diskutiert werden. Dabei stellt man die Stärken und Schwächen jedes Gruppenmitglieds fest und kann für folgende Gruppenarbeiten neue Verabredungen treffen.

G.6.5 Fähigkeiten bewerten

Die Fähigkeiten der einzelnen Teammitglieder können mithilfe dieser Stichworte beurteilt und bewertet werden:

Fachliche Fähigkeiten:
- verfügt über benötigtes Wissen und Können
- arbeitet selbstständig
- wendet Fachwissen und Fachpraktiken an
- bewertet das Ergebnis in Bezug zur Aufgabe

Persönliche Fähigkeiten:
- trägt Mitverantwortung
- handelt zuverlässig

Soziale Fähigkeiten:
- toleriert andere Standpunkte
- gibt Hilfestellung

Arbeitsmethodische Fähigkeiten:
- entwickelt Lösungsstrategien
- wählt Arbeitsverfahren aus

Kommunikative Fähigkeiten:
- strukturiert und präsentiert Inhalte
- wertet Dokumentationen aus

Lernfähigkeiten:
- lernt selbstständig
- wendet Lerntechniken an

Vgl. dazu auch „Kompetenzen", S. 2.

Die eigenen Stärken bestimmen

Selbsteinschätzung / Fremdeinschätzung

Name ______________ ausgefüllt von ______________ Datum ______________

+ 3 stimmt meistens/immer
+ 2 stimmt überwiegend
+ 1 stimmt manchmal
0 konnte nicht beobachtet werden

Organisation	0	+ 1	+ 2	+ 3
... kann den festgelegten Zeitrahmen einhalten				
... arbeitet strukturiert und planvoll				
... arbeitet schnell				

Arbeitsweise				
... übernimmt Aufgaben innerhalb der Gruppe				
... übernimmt Verantwortung für das Arbeitsergebnis				

Gruppenverhalten				
... kann aufgestellte Regeln einhalten				
... kann Kritik ruhig entgegennehmen				
... kann die eigene Situation in der Lerngruppe reflektieren				

1 Selbst- und Fremdeinschätzung für die Arbeit im Team

G.7 Physikalische Grundlagen

G.7.1 Physikalische Vorgänge im Berufsalltag

In ihrem Arbeitsalltag werden Maler und Lackierer ständig mit technischen Vorgängen konfrontiert, die sich mit physikalischen Gesetzmäßigkeiten begründen lassen:

Phänomen	Physikalischer Vorgang	Kapitel
Im Gerüstbau werden Kräfte übertragen	Masse und Gewichtskraft	S. 17
Kondenswasser beschlägt Fensterscheiben	Aggregatzustände von Stoffen	S. 18 f.
Anstriche haften auf Untergründen	Adhäsions- und Kohäsionskräfte	S. 19 f.
Pinsel und Rollen nehmen Anstrichstoffe auf und geben diese wieder ab	Kapillarwirkung und Porösität	S. 20 f.
Poröse Putzflächen saugen Wasser auf	Kapillarwirkung und Porösität	S. 20 f.
Energie wird genutzt	Physikalische Arbeit	S. 27
Wärme durchdringt Wände	Leitfähigkeit von Stoffen	S. 27 ff.
Boden und Wände übertragen Schall	Schalldruck	S. 30 f.
Dinge erscheinen farbig	Absorption	S. 34 f.

Physik: Lehre von den grundlegenden Phänomenen (hier: Naturerscheinung) der Natur. Die weiteren Naturwissenschaften, wie Biologie und Chemie, befassen sich hingegen mit komplexen Phänomenen der Natur, die auf physikalischen Grundlagen beruhen.

Die Physik beschäftigt sich mit den Ursachen, die jene Vorgänge bestimmen, die in der Materie stattfindenden. Materie ist der Begriff für den Stoff, aus dem etwas besteht.
Die zugehörigen Gesetzmäßigkeiten werden mithilfe

- ungezielter Beobachtungen und
- gezielter Experimente gewonnen.

In der Regel verändert sich bei physikalischen Vorgängen die Materie als solches nicht. Der Körper, der aus der Materie gebildet wird, kann hierbei jedoch die Lage, den physikalischen Zustand (fest, flüssig, gasförmig) und die Form verändern.
Physikalische Größen beschreiben eine messbare Eigenschaft oder Wirkung in Bezug auf ein physikalisches System, etwa die Masse, die Temperatur oder die Gewichtskraft. Ihre Größe wird durch einen Zahlenwert und eine Einheit ausgedrückt.

Abgrenzung von „Körpereigenschaft" – Beispiel
Die **Masse m** ist eine Eigenschaft eines Körpers und wird mit der **Einheit Kilogramm** gemessen.
Die **Gewichtskraft F** wird in der **Einheit Newton** gemessen und ist keine Körpereigenschaft. Denn: Verlässt man das Schwerefeld der Erde, verändert sich die Gewichtskraft, wobei die Masse des Körpers gleich bleibt. Die Gewichtskraft ist eine Wirkung des Schwerefelds der Erde.

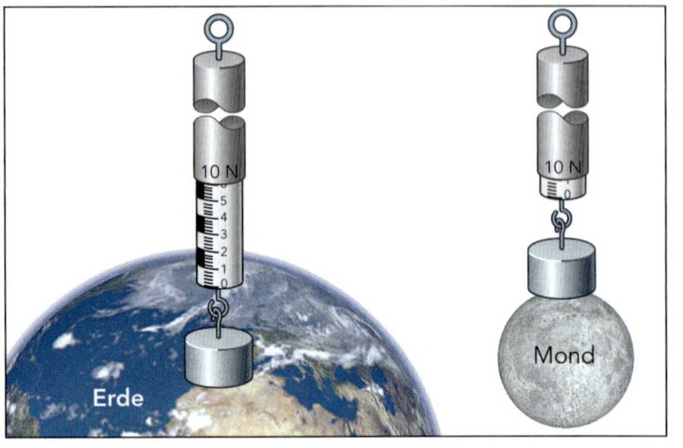

1 Veränderungen von Gewichtskraft bei gleichbleibender Masse

Alle physikalischen Vorgänge lassen sich momentan mithilfe von sieben Basisgrößen mit den entsprechenden Basiseinheiten ausdrücken. Sie sind im international gültigen SI-Einheitensystem festgelegt.

Physikalische Basiseinheiten

Basisgröße	Formelzeichen	Basiseinheit	Einheitenzeichen
Länge	*l, h, b, s, r*	1 Meter	1 m
Zeit	*t*	1 Sekunde	1 s
Masse	*m*	1 Kilogramm	1 kg
elektrische Stromstärke	*I*	1 Ampere	1 A
Temperatur	*T*	1 Kelvin	1 K
Lichtstärke	I_L	1 Candela	1 cd
Stoffmenge	*n*	1 Mol	1 mol

Ohne die zugehörige Maßeinheit hat ein Zahlenwert keine Aussagekraft, z. B.:
s = 10 → keine Aussagekraft
s = 10 m → korrekte, vollständige Angabe
Größe = Zahlenwert · Einheit

Abgeleitete Größen

Zur Bestimmung physikalischer Sachverhalte ist es nicht immer möglich, Größen in den SI-Basisgrößen auszudrücken, sondern in von diesen abgeleiteten Größen. Beispiel:
Das Ampere (A) als Grundeinheit der Stromstärke *(I)* und die Sekunde *(s)* als Grundeinheit der Zeit *(t)* können genutzt werden, um die Ladung *(Q)* zu berechnen, die geflossen ist:
$Q = I \cdot t$
Als Einheit ergibt sich 1 A · 1 s = 1 As (Amperesekunde). Dabei handelt es sich um eine aus SI-Einheiten zusammengesetzte Einheit.
Für 1 As kann man auch die Einheit 1 Coulomb benutzen: 1 As = 1 C. Die Einheit Coulomb wird dann als abgeleitete Einheit bezeichnet.
Die Darstellung physikalischer Sachverhalte wird durch abgeleitete Einheiten übersichtlicher und einfacher.

Wichtige abgeleitete Größen

Abgeleitete Größe	Formelzeichen	Abgeleitete Einheit
Fläche	*A*	m^2
Volumen	*V*	m^3
Dichte	*r*	$\frac{kg}{dm^3}$
Geschwindigkeit	*v*	$\frac{m}{s}$
Beschleunigung	*a*	$\frac{m}{s^2}$
Kraft	*F*	$\frac{kg \cdot m}{s^2}$ = N (Newton)
Arbeit, Energie	*W*	Nm = J (Joule) = Ws
Leistung	*P*	W
Druck	*p*	$\frac{N}{m^2}$ = Pa (Pascal)
elektrische Spannung	*U*	V (Volt)
elektrischer Widerstand	*R*	Ω (Ohm)
elektrische Ladung	*Q*	As
Frequenz	*f*	$\frac{1}{s}$

G.7.2 Masse und Gewichtskraft

Jeder Körper besitzt eine bestimmte Masse. Die auf die Masse einwirkende Anziehungskraft zur Erde wird als Gewichtskraft bezeichnet.

Je größer die Masse, desto größer die Gewichtskraft:

$\boldsymbol{F = m \cdot g}$
F → Gewichtskraft
m → Masse
g → Anziehungskraft zur Erde

Eine Masse besitzt die Eigenschaft, träge zu sein. Trägheit bedeutet, dass eine Masse den Zustand ihrer Bewegung beibehalten möchte.

In der Physik versteht man auch den Ruhezustand als Bewegung. Eine Kraft ist notwendig, um diesen Zustand zu verändern.

G.7.3 Masse – Volumen – Dichte

Körper können bei gleicher Masse unterschiedliches Volumen besitzen.

Der Begriff Volumen oder Raummaß beschreibt die Größe des Raumes, den ein fester Körper einnimmt. Die Maßeinheit für das Volumen von festen Körpern wird in Kubik beschrieben:

m^3, dm^3, cm^3 usw.

Bei flüssigen Stoffen verwendet man für das Volumen Hohlmaße:

l, ml usw.

Die Volumenbestimmung von unregelmäßigen festen Körpern kann mithilfe eines Überlaufgefäßes durch die entstehende Flüssigkeitsverdrängung ermittelt werden.

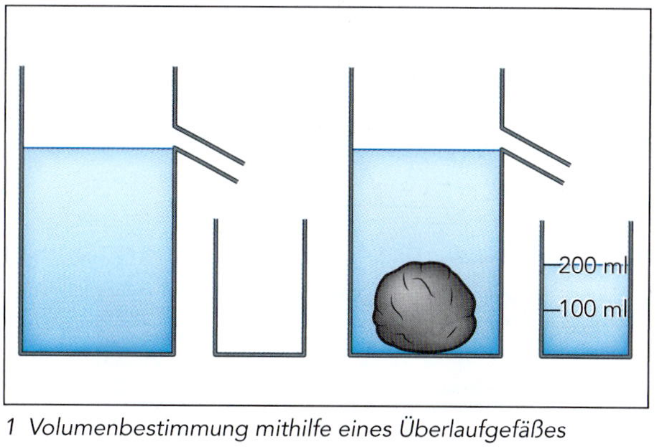

1 Volumenbestimmung mithilfe eines Überlaufgefäßes

Die Volumenbestimmung von Festkörpern eines sogenannten Haufwerkes, z. B. Pulverlacke oder Pigmente, wird durch die Messung der Schütt- und Stampfdichte (auch Rütteldichte) in einem Messzylinder ermittelt. Das Messgerät für die Ermittlung der Stampfdichte ist ein Stampfvolumeter.

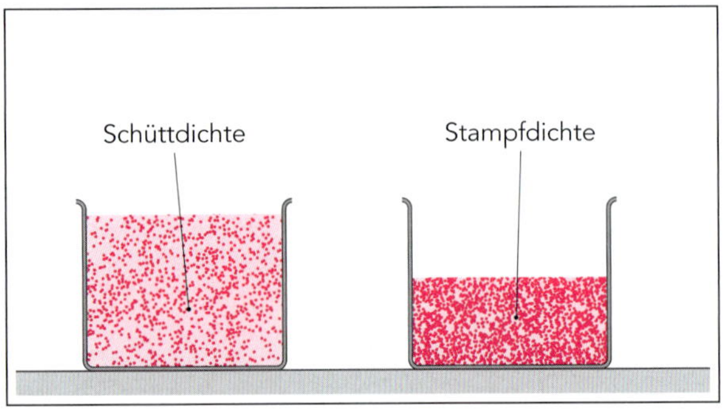

1 Verdichtung durch Stampfen

Um Massen unterschiedlicher Körper berechnen zu können, vergleicht man Massen von Körpern, die das gleiche Volumen einnehmen. Das Verhältnis der beiden Werte Masse und Volumen nennen wir Dichte. Das Formelzeichen für Dichte ist ϱ (ϱ: rho).

Als Maßeinheit wird $\frac{kg}{dm^3} = \frac{gr}{cm^3}$ verwendet.

Je größer die Masse bei gleichem Volumen, desto größer die Dichte.

$$\varrho = \frac{m}{V}$$

ϱ → Dichte
m → Masse
V → Volumen

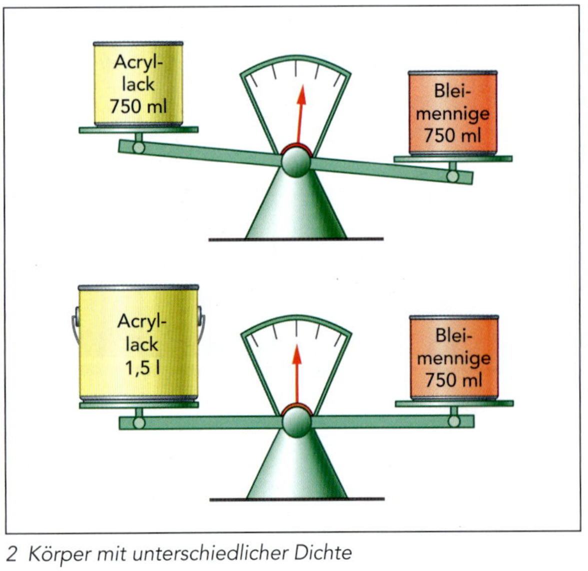

2 Körper mit unterschiedlicher Dichte

Stoffe und ihre Dichte

Stoffart	Stoff	Dichte (g/dm³)
Metall	Blei	11,34
	Stahl	7,85
	Gold	19,32
Naturstein	Granit	2,53
Kunststein	Mauerziegel	1,50
	Hohlblockziegel, KS	0,75
Gemische	Dispersionsfarbe	1,50
	Lack	1,35
Flüssigkeiten	Wasser	1,00
	Öl	0,85

Die Dichte eines Stoffes ist abhängig von Temperatur und Druck. Ein bis zum Rand gefülltes Gebinde Dispersionsfarbe wird überlaufen, wenn es sich erwärmt. Dann sinkt die Dichte der Dispersionsfarbe und dehnt sich aus.

G.7.4 Physikalische Zustandsformen von Körpern

Körper nehmen in der Regel eine der folgenden drei Zustandsformen ein: fester, flüssiger oder gasförmiger Zustand. Die Zustandsformen nennt man auch Aggregatzustände.

- Erwärmt man einen festen Körper, so schmilzt er bei einer bestimmten Temperatur, die Schmelzpunkt genannt wird. Der Körper wird, da der Prozess langsam vonstattengeht, flüssig.
- Führt man weiter Wärme zu, verdampft die Flüssigkeit ab einer bestimmten Temperatur, die Siedepunkt genannt wird. Der Körper wird gasförmig.
- Dieser Vorgang ist reversibel, d. h. umkehrbar: Entzieht man einem gasförmigen Stoff Wärme, wird er ab einer bestimmten Temperatur wieder flüssig. Der Punkt wird Kondensationspunkt genannt. Kühlt man den Körper weiter ab, wird er wieder fest, sobald der Erstarrungspunkt erreicht ist.

- Jedes Material besteht aus kleinsten Teilchen, die nicht weiter teilbar sind. Diese kleinsten, nicht teilbaren Teilchen werden Atome genannt.
- Es gibt unterschiedliche Sorten von Atomen, die im Periodensystem der Elemente gesammelt sind.
- In der Regel kommen die Atome in dem Material jedoch nicht elementar vor: Sie verbinden sich mit anderen Atomen und bilden eine chemische Verbindung, also Moleküle.
- Die Zusammensetzung der chemischen Verbindung bestimmt die Eigenschaften des Materials.

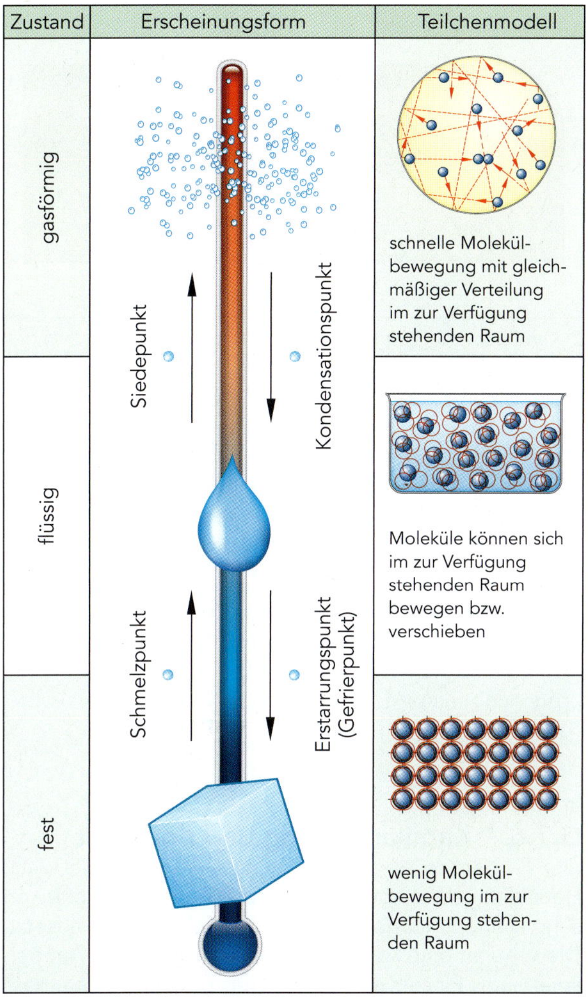

1 Aggregatzustände am Beispiel Wasser

G.7.5 Kohäsions- und Adhäsionskräfte

Kohäsionskräfte

Damit die einzelnen Atome und Moleküle einen festen Stoff bilden können, müssen zwischen ihnen Bindungskräfte wirksam sein, die sie in ihrer gegenseitigen Lage festhalten. Nur so kann ein Kristallgitter zustande kommen und der Körper die entsprechende Festigkeit aufweisen. In Flüssigkeiten nehmen diese Kräfte stark ab, in Gasen sind sie kaum noch vorhanden.

Kohäsionskräfte: Bindungskräfte, die den Zusammenhang von Atomen und Molekülen innerhalb eines Stoffes bewirken (Kohäsionskraft = Zusammenhangskraft oder Bindungskraft). Sie erzeugen an den Oberflächen eines Stoffes eine Oberflächenspannung.

Kohäsionskräfte haben große Bedeutung für die Haftung von Beschichtungen.

Wirkung von Kohäsionskräften

Aggregatzustand	Kohäsionskraft beeinflusst	
bei festen Stoffen	Elastizität einer Beschichtung	S. 26
	Härte einer Beschichtung	S. 25 f.
	Widerstandsfähigkeit gegen Abrieb usw.	S. 26
	Festigkeit gegen Belastungen	S. 25 f.
	Tragfähigkeit eines Untergrundes	S. 61
bei flüssigen Stoffen	Viskosität (Fließverhalten) eines Anstrichstoffes	S. 22 f.
	Thixotropie (vorübergehende Eindickung) eines Stoffes	S. 23
	Oberflächenspannung	S. 19

Oberflächenspannung

An der Grenzschicht zwischen Flüssigkeiten und Gasen, z. B. Wasser und Luft, können die zwischen den Molekülen bestehenden Kohäsionskräfte nicht allseitig wirken. Im Inneren einer Flüssigkeit sind die Anziehungskräfte der Moleküle nach allen Richtungen gleich.

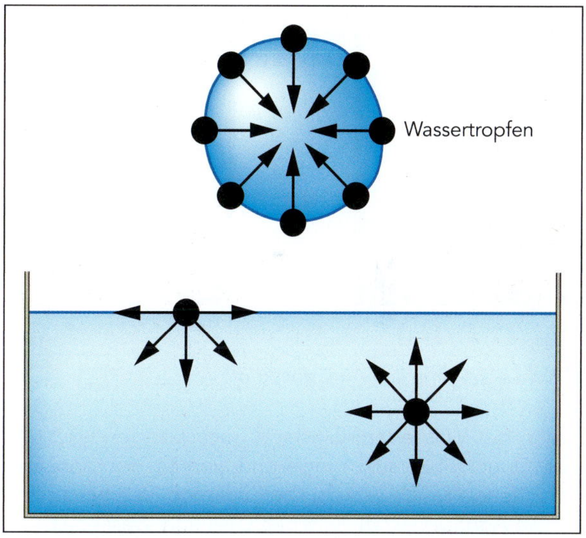

2 Kohäsionskräfte an der Grenzschicht zwischen Flüssigkeiten und Gasen

In der Grenzschicht zwischen Flüssigkeiten und Gasen ist die Anziehungskraft in das Innere der Flüssigkeit stärker als die vom Gas ausgehenden Anziehungskräfte und bewirkt so an der Grenzschicht der Flüssigkeit die Oberflächenspannung.
Die sich in der Grenzschicht befindenden Moleküle haben nun das Bestreben von der Oberfläche in das Innere der Flüssigkeit zu kommen.
Dadurch verkleinert sich die Oberfläche zu einer Minimalform. Die Folge ist, dass Flüssigkeiten, z. B. Wasser, die Form einer Kugel (Wassertropfen) annehmen, weil eine Kugel im Hinblick auf freie Tropfen die kleinste Oberfläche besitzt.

Adhäsionskräfte

Dass ein Anstrichstoff auf einem festen Untergrund haftet, ist eine Folge der Wirkung von anziehenden Bindungskräften zwischen einem festen Körper und einem flüssigen Stoff. Die an einer Grenzfläche anziehend wirkende Kraft nennt man Adhäsionskraft.

Adhäsionskräfte: Bindungskräfte, die zwischen unterschiedlichen Körpern und Stoffen wirken (Adhäsionskraft = Anhangskraft).

Adhäsionskräfte haben für die Haftung von Beschichtungen große Bedeutung. Sie bestimmen u. a.:
- die Haftfähigkeit einer Beschichtung
- die Kapillarwirkung
- die Benetzungsfähigkeit

Die wechselseitige Wirkung der Kohäsions- und Adhäsionskräfte lässt sich an einem Glasgefäß, gefüllt mit Wasser oder Quecksilber, beobachten.

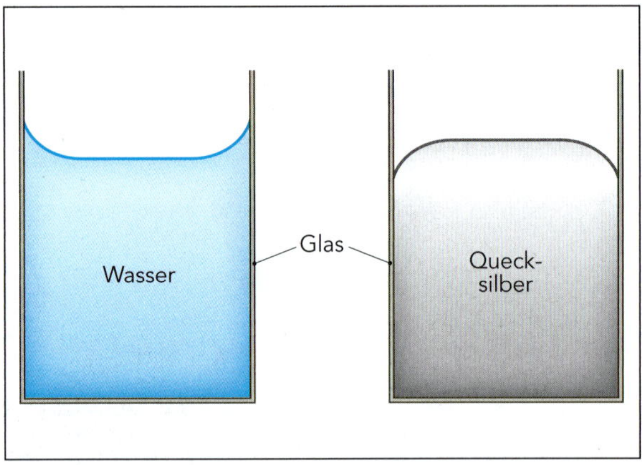

1 Kohäsionskräfte und Adhäsionskräfte

Wenn das Wasser am Glasrand hochgezogen wird und das Quecksilber sich umgekehrt verhält, müssen entsprechende Kräfte wirken. Die Erklärung ist einfach:
- Die Adhäsionskraft zwischen Glas und Wasser ist größer als die Kohäsionskraft des Wassers in sich selbst.
- Bei Quecksilber ist die Adhäsionskraft zwischen Glas und Quecksilber kleiner als die Kohäsionskraft des Quecksilbers.

Folgen der Adhäsion

Im Maler- und Lackiererhandwerk wirkt sich in Beschichtungen die Oberflächenspannung an den Kanten durch das Phänomen der sogenannten Kantenflucht aus. Bei scharfen Kanten ist die Kantenüberdeckung gering, da an dieser Stelle die Beschichtung eine Oberflächenkrümmung bekommt.

Die Oberflächenspannung drückt den flüssigen Beschichtungsstoff auf die ebenen Flächen und erzeugt an der Kante eine geringere Schichtdicke.

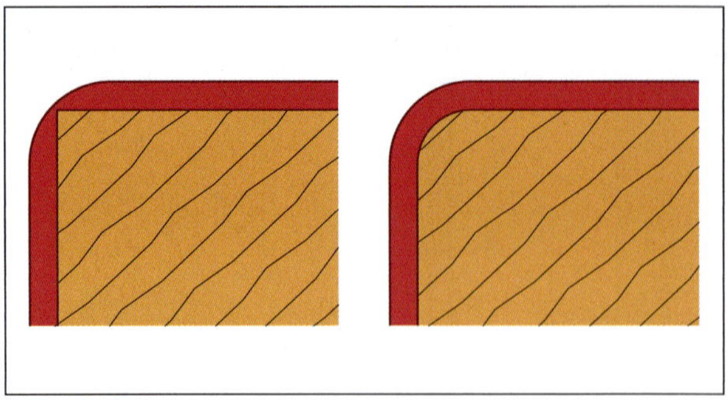

2 Kantenüberdeckung

Besonders bei dünnen Anstrichfilmen kann dies von einem unzureichenden Schutz bis zum Reißen der Beschichtung führen. Deshalb werden Kanten vor der Beschichtung gebrochen und abgerundet. Ist dies jedoch nicht möglich, muss mit einer weiteren Beschichtung für einen ausreichenden Kantenschutz gesorgt werden.

Dispergiermittel erleichtern das Vermischen von Stoffen, die sonst kaum oder gar nicht vermischt werden könnten. Durch ihren Einsatz kann die Oberflächenspannung eines Beschichtungsstoffes reduziert werden.

G.7.6 Kapillarwirkung und Porosität

Herstellungsbedingt sind viele Werk- und Baustoffe von sehr kleinen, tunnelähnlichen Hohlräumen durchsetzt. Diese nennt man Kapillaren oder Haarröhrchen. Am Beispiel eines Pinsels oder einer Glasröhre zeigt sich, dass Wasser in engen Kapillaren entgegen der Schwerkraft zu steigen vermag. Dieser Vorgang entsteht durch die Grenzspannung der Bindungskräfte, die zwischen der festen Fläche der Kapillare und der in ihr befindlichen Flüssigkeit wirken.

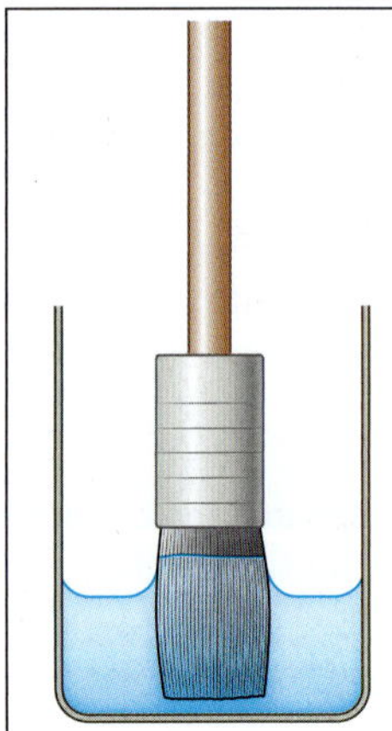

3 Wasser steigt im Pinsel

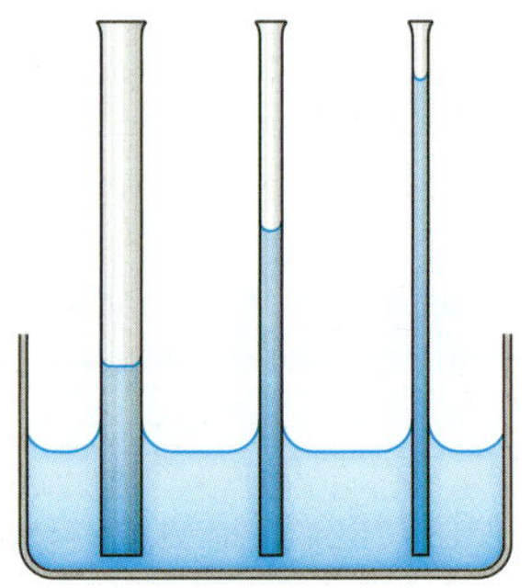

4 Wasser steigt je nach Durchmesser der Kapillarröhrchen unterschiedlich hoch

Kapillarwirkung: Saugwirkung in einem Haarröhrchen entgegen der Schwerkraft aufgrund der Bindungskräfte der Adhäsion. Je enger die Kapillaren sind, umso höher kann das Wasser entgegen der Schwerkraft steigen.

Auch an porösen Baustoffen kann man Kapillarwirkung feststellen, wenn sich die Hohlräume und Kapillaren eines Bau- oder Werkstoffs mit Feuchtigkeit füllen.

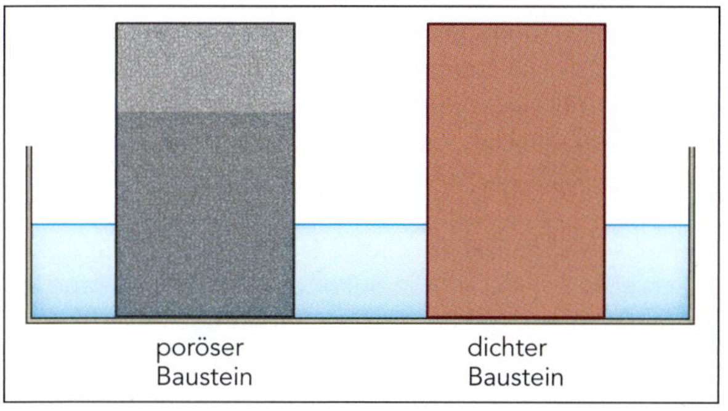

1 Kapillarwirkung

Porosität: Das produktionsbedingte Entstehen (Gasabsonderung) von Hohlräumen in einem Bau- oder Werkstoff.

Daher werden poröse Baustoffe, wie Putz oder Steine, vor der Beschichtung tiefengrundiert. Dieses Tränken von Bau- und Werkstoffen mit Wasser abweisenden Flüssigkeiten nennt man Imprägnieren. Imprägnierungen lassen Wasser abperlen und verhindern, dass es in den Untergrund eindringt.
Risse sind mit elastischen Dichtstoffen oder Armierungssystemen (Bewehrungssysteme) zu beheben. Wasserabweisende Beschichtungen verhindern das Eindringen von Wasser und vermeiden so Schäden an Gebäuden und Bauteilen.
Im Bauwesen kann es, wenn sich die Hohlräume eines Bau- oder Werkstoffs mit Feuchtigkeit füllen, zu erheblichen Schäden kommen:

- feuchte Wände
- abplatzende Anstriche bzw. Putzstellen
- Holzfäule

Frostschäden (Frostbruch) können die Folge sein.

Frostbruch

An feuchten Fassaden, z. B. verursacht durch mangelnde Hinterlüftung eines Fassadenmauerwerks, kann es zu Frostbruch kommen: Bei winterlichen Temperaturen gefriert die im Fassadenbaustoff befindliche Feuchtigkeit zu Eis und dehnt sich aus. Der entstehende Druck führt zum Abplatzen, Reißen oder Brechen von Bau- und Werkstoffen.

Frostbruch: Temperaturabhängige Bauschäden an feuchten Fassadenflächen.

2 Frostbruch an Mauerwerk

3 Frostbruch an Betonfläche

4 Frostbruch an Holzfläche

Vorteile von Porosität

Durch ihre Gasdurchlässigkeit können poröse Baustoffe Wasserdampf aufnehmen und die Feuchtigkeit bei Bedarf wieder abgeben. Sie ermöglichen so ein angenehmes Raumklima.
In porösen Untergründen lassen sich Anstriche besser verankern als in glatten und dichten. Dabei ist darauf zu achten, dass das Grundiermittel auch tief in den Untergrund eindringen kann. Aus diesem Grund sind Grundiermittel für poröse Untergründe dünnflüssig.
In Baustoffen eingeschlossene Luft hat sehr gute Dämmeigenschaften, denn Luft ist ein schlechter Wärmeleiter.

G.7.7 Viskosität

Flüssigkeiten können dünnflüssig, zähflüssig oder dickflüssig sein. Man spricht von der Viskosität. Jeder Anstrichstoff hat eine spezifische Viskosität, die von seinen Bestandteilen und von der Temperatur abhängig ist.

Das Fließverhalten von Flüssigkeiten wird durch die Viskosität (Viskosität = Zähigkeit) ausgedrückt und beschreibt den Grad der Zähigkeit oder inneren Reibung dieser Flüssigkeit.
zähflüssig → hochviskos (Kleister, Abbeizer)
dickflüssig → mittelviskos (Standöl, Lacke)
dünnflüssig → niedrigviskos (Wasser, Lösemittel)

In der Regel bestehen Anstrichstoffe aus
- Bindemitteln (verkleben fein verteilte Stoffe),
- Additiven (Eigenschaften verbessernde Zusatzstoffe),
- Lösemitteln (Stoffe, die andere Stoffe verdünnen) und
- Pigmenten (farbgebende Stoffe).

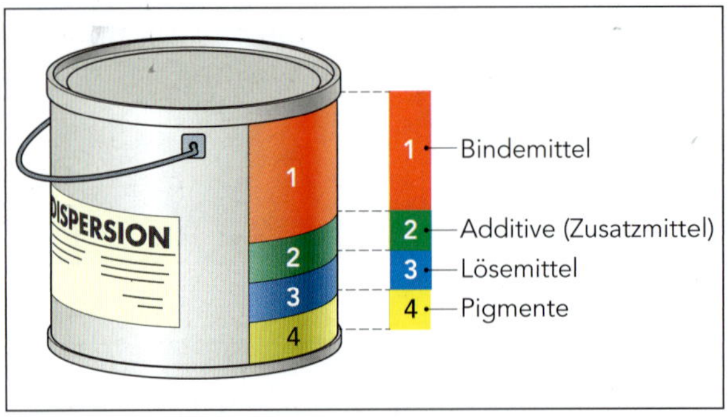

1 Bestandteile in Anstrichstoffen

Die Ursache für die Viskosität des Anstrichstoffs liegt in der inneren Reibung zwischen den Bestandteilen, z. B. den Kettenmolekülen des Bindemittels und dem dünnflüssigeren Lösemittel. Je zäher eine Flüssigkeit ist, umso größer ist die innere Reibung, die die Flüssigkeitsfäden überwinden müssen. Beim Fließen müssen Scherkräfte überwunden werden, um eine entsprechende Fließgeschwindigkeit zu erreichen.
Die Viskosität kann man z. B. durch Rotationsviskosimeter oder Kugelfallviskosimeter messen.

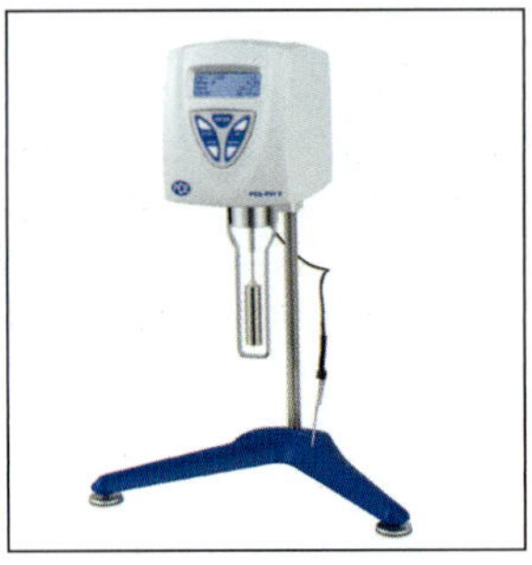

2 Rotationsviskosimeter

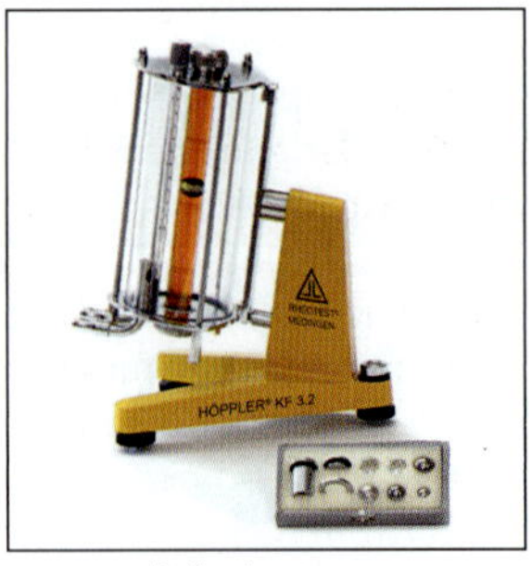

3 Kugelfallviskosimeter

Viskositätsmessung mit dem Auslaufbecher

Im Maler- und Lackiererhandwerk werden in der Regel Auslaufbecher nach DIN EN ISO 2431 eingesetzt. Man bezeichnet diese Auslaufbecher kurz als
- DIN-Becher oder
- ISO-Becher.

Sie unterscheiden sich vor allem durch unterschiedliche Düsendurchmesser (3 mm, 4 mm, 5 mm, 6 mm).
Die Viskosität eines Anstrichstoffs ist stark temperaturabhängig. Daher kommt es bei der Messung mit dem ISO-Becher auf die Einhaltung der Temperatur des Anstrichstoffs während der Messung an. Die Messtemperatur von 23 °C ist vorgeschrieben. Davon kann abgewichen werden, wenn es sich um einen leicht entzündlichen Gefahrstoff handelt oder der Hersteller des Anstrichstoffs z. B. 20 °C vorschreibt.

Gemessen wird die Auslaufzeit von 100 ml Flüssigkeit durch eine 4-mm-Düse in Sekunden, bei einem randvoll gefüllten Becher, bis der Auslauffaden das erste Mal abreißt. Dazu wird der DIN-Becher in einer stativähnlichen Halterung auf geradem Untergrund fixiert und bei zugehaltener Düse mit dem zu verarbeitenden Anstrichstoff bis zum Überlauf gefüllt. Mit Öffnen der Düse (Finger wegnehmen!) beginnt die Messung der Auslaufzeit. Die Auslaufzeit muss bis auf 0,5 s genau angegeben werden.

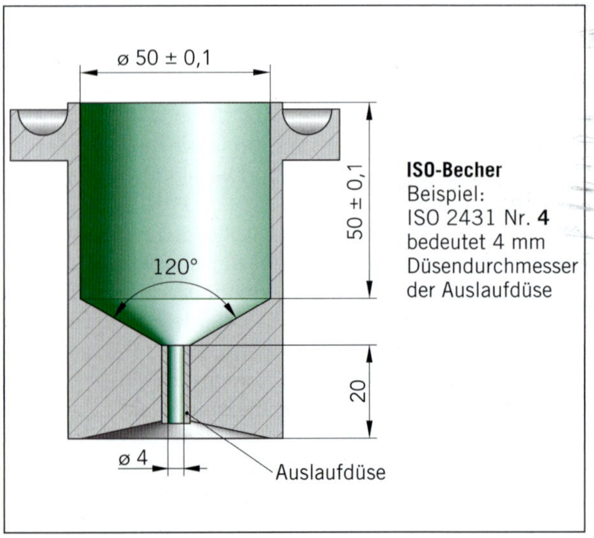

4 Viskositäts-Auslaufbecher

Einstellung der Viskosität

Die Viskosität von Anstrichmitteln lässt sich durch geeignete Löse- und Verdünnungsmittel so einstellen, dass sie für die entsprechende Verarbeitungstechnik (Streichen, Rollen etc.) die richtige Konsistenz (Konsistenz = hier: Viskosität, Zähigkeit) aufweist. Zum Streichen, Spritzen, Tauchen oder Fluten sind jeweils andere Verarbeitungskonsistenzen notwendig.

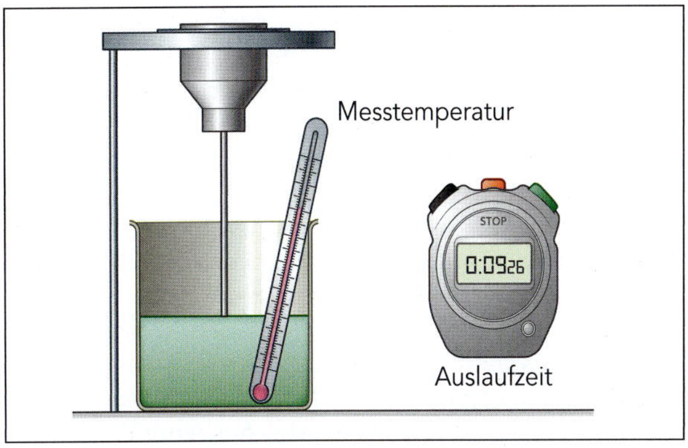

1 Einstellen der Viskosität mit dem Messstab und dem Messbecher

Auch der Untergrund muss bei der Einstellung der Viskosität berücksichtigt werden:

- Bei porösem Untergrund sind in der Regel niedrigviskose Anstrichstoffe erforderlich, um eine möglichst tiefe Verankerung zu erreichen.
- Bei glatten, dichten Untergründen kann eine höhere Viskosität eingestellt werden.

G.7.8 Thixotropie

Um das Abtropfen beim Streichen niedrigviskoser (dünnflüssiger) Anstrichstoffe zu verhindern, werden diese „puddingartig" eingedickt. Beim Schütteln, Umrühren und Verstreichen wird der Anstrichstoff flüssig; sobald er ruht, nimmt er seinen gelartigen Zustand wieder ein.

Thixotropie: Vorübergehende Eindickung eines Anstrichstoffs, während er ruht. Während der Bewegung des Stoffs wird die Eindickung aufgehoben.

Die zwischenmolekularen Anziehungskräfte führen dazu, dass sich der Anstrichstoff zu netz- und kettenartigen Gebilden mit Wasserstoffbrückenbindungen zusammenlagert und dadurch das Gel bildet.

Diese Wasserstoffbrückenbindungen sind aber nicht sehr stark: Sobald Scherkräfte einwirken (Schütteln, Umrühren oder Streichen), sinkt die Viskosität.

Der Vorgang des Zusammenschließens der Moleküle beginnt sofort wieder, nachdem der Anstrich erfolgt ist. Dass der Gelzustand nicht sofort wieder eintritt liegt daran, dass die getrennten Molekülketten sich erst „wiederfinden" müssen.

Die thixotrope Einstellung eines Anstrichstoffs wird bei der Herstellung u. a. durch Zusatz von Kieselsäurepräparaten oder synthetischen Polyamiden (Kunststoffe) erreicht.

Der Vorteil thixotroper Lacke liegt darin,

- dass sie an senkrechten Flächen nicht ablaufen. Dadurch lassen sich größere Schichtdicken auftragen.
- dass sie nicht zur Sedimentation (Bodensatz) neigen.

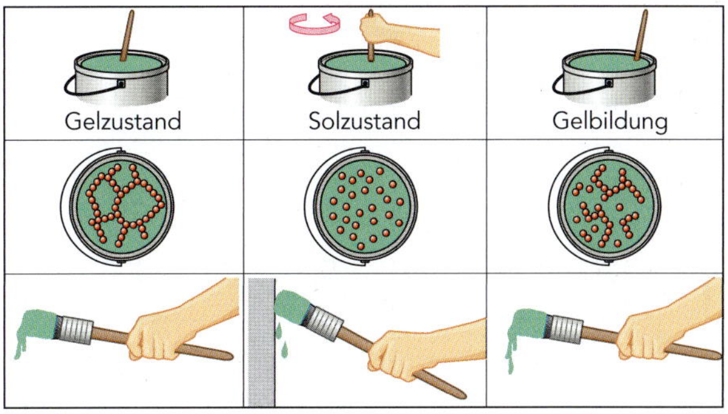

2 Eigenschaften thixotroper Anstrichmittel

G.7.9 Luftfeuchtigkeit

Wasserdampfaufnahme der Luft

Vor einem Gewitter ist die Luft schwül und heiß, bei klirrendem Frost spricht man von trockener Kälte. Ursache ist die unterschiedliche Luftfeuchtigkeit, die sich als Wasserdampf in der Luft befindet. Die maximal aufnehmbare Menge Wasserdampf hängt von der Temperatur der Luft und dem Luftdruck ab.

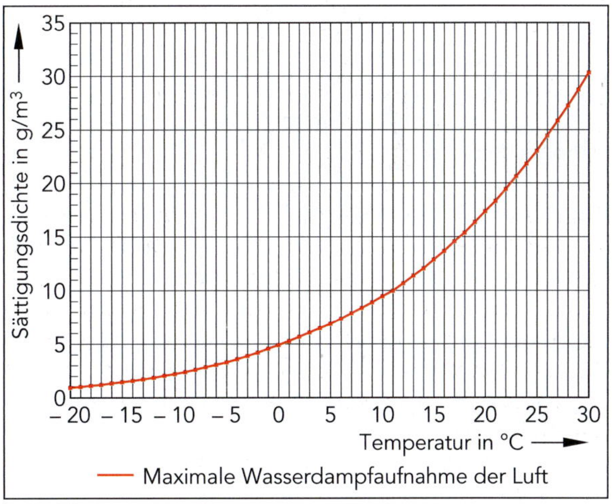

3 Dampfdruckkurve

Die Kurve zeigt, dass bei 0 °C max. 5 g/m³, bei 30 °C bereits 30 g/m³ Wasserdampf von der Luft aufgenommen werden können. Ist die Menge an Wasserdampf größer als dieser maximal mögliche Wert, kondensiert der überschüssige Dampf und schlägt sich als Kondens- oder Schwitzwasser nieder.

Taupunkt

Taupunkt: Die Temperatur, bei der die Luft mit Wasserdampf gesättigt ist.

Sinkt die Temperatur der Luft bei gleichbleibendem Feuchtigkeitsgehalt unter den Taupunkt, bildet sich Kondenswasser. Liegt der Taupunkt innerhalb einer Wand, kondensiert der durch die Beschichtung diffundierte Dampf in der Wand. Die Wand wird feucht.

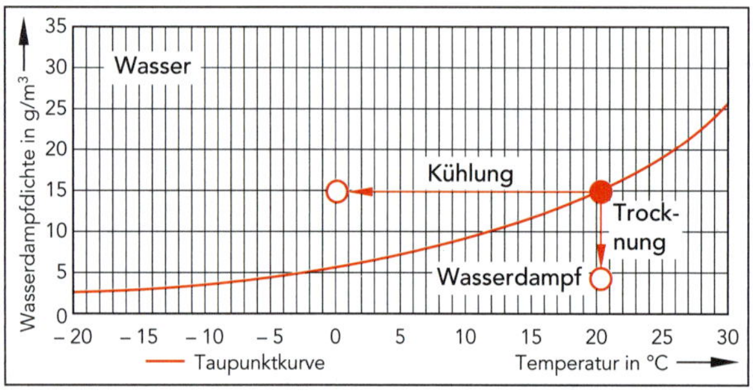

1 Taupunkt

Verminderte Wärmedämmfähigkeit, Bauschäden und abplatzende Anstriche sind die Folgen. Besonders gefährdete Bauteile sind Holzfenster, Fachwerk-Außenwände und stark saugendes Mauerwerk.
Auf geringem Querschnitt sind oft große Temperaturunterschiede zu verkraften, sodass eine Kondensbildung nicht ausbleiben kann. Damit die Feuchtigkeit nicht im Untergrund verharrt, muss die Beschichtung einen Feuchtigkeitsaustausch (siehe Wasserdampf-Diffusion) ermöglichen.

Relative Luftfeuchtigkeit

Normalerweise enthält Luft nur einen kleineren Anteil an Wasserdampf als maximal möglich wäre.

Relative Luftfeuchtigkeit: Verhältnis der vorhandenen Luftfeuchtigkeit zur maximal möglichen Sättigungsmenge. Die relative Luftfeuchtigkeit wird in Prozent angegeben.

$$\text{relative Luftfeuchtigkeit} = \frac{\text{vorhandene Luftfeuchtigkeit} \cdot 100\,\%}{\text{Sättigungsmenge}}$$

G.7.10 Diffusion und Osmose

Wasserdampf ist in der Lage, poröse Beschichtungen oder Untergründe zu durchdringen. Die sehr kleinen Wassermoleküle können darüber hinaus auch in porenfreie Beschichtungen eindringen und diese durchwandern. Nicht nur Wasser oder Wasserdampf, auch Gase durchdringen Beschichtungen und Untergründe.

Diffusion (Diffusion = Durchdringung): Das einseitige oder gegenseitige Durchdringen oder Vermischen von Flüssigkeiten und Gasen.

Die Diffusion kann – je nach Temperaturgefälle – vom Innenraum nach außen oder umgekehrt verlaufen. Die Diffusion folgt dabei dem Wärmestrom oder – bei entsprechender elektrischer Ladung – dem vorhandenen Spannungsgefälle.
In eine vollkommen trockene Wand dringt Wasserdampf leichter ein als in eine durchnässte. Aus einer Wand wird Wasserdampf an die Umgebung nur abgegeben, wenn geringe Luftfeuchtigkeit vorherrscht.
Die Diffusion hängt also vor allem von den Teilchenkonzentrationsunterschieden der Luftfeuchtigkeit im jeweiligen Raum (Innen- oder Außenraum) ab. Ihre Richtung verläuft von der hohen Teilchenkonzentration zur niederen, bis ein Teilchenkonzentrationsausgleich erreicht ist: die gleiche Anzahl von z. B. Wasserdampfteilchen im Innenraum und im Außenraum.

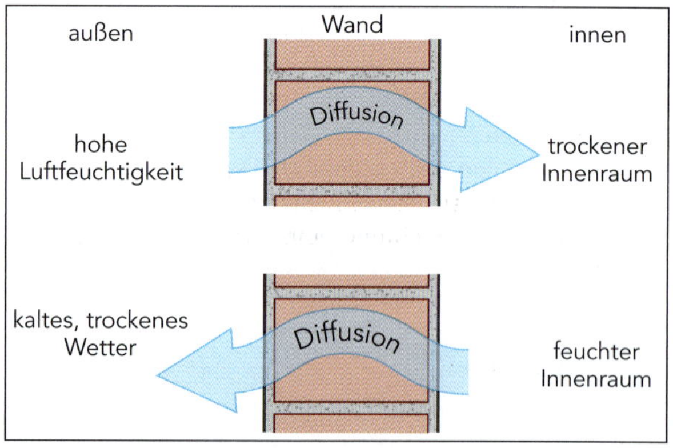

2 Wasserdampf-Diffusion

Die Diffusion von Flüssigkeiten und Gasen in Beschichtungen kann positiv einwirken, aber auch sehr schädigend sein.

Positive Folgen von Diffusion:

- Durch die Diffusion in Kalkputz eindringendes Kohlenstoffdioxid (CO2) sorgt für dessen Erhärtung und Festigkeit.
- Baustoffe und Beschichtungen, die wasserdampfdiffusionsfähig sind, tragen zu einem gesunden Raumklima bei.

Negative Folgen von Diffusion:

- Durch das Diffusionsprinzip schädigen Abgase z. B. Betonoberflächen.
- Feuchte Wände verhindern einen Feuchtigkeitsaustausch, führen zu Holzfäule in Fenstern und Fachwerken, fördern innen die Bildung von Schimmelpilzen und belasten die Gesundheit. Salzausblühungen, Algenbildungen, Frost- und Witterungsschäden sind die Folgen außen.

Osmose

Auf Zinkblech können häufig abplatzende Anstriche beobachtet werden. Meist sind Zinksalze, die bei der Beschichtung nicht vollkommen entfernt wurden, die Ursache. Wie bei der Diffusion dringt Wasserdampf durch die Beschichtung ein, kondensiert und löst das Salz. Im Gegensatz zur Diffusion kann dieser Vorgang jedoch nur einseitig ablaufen.

Unter Osmose versteht man ein einseitiges Durchdringen von Schichten.

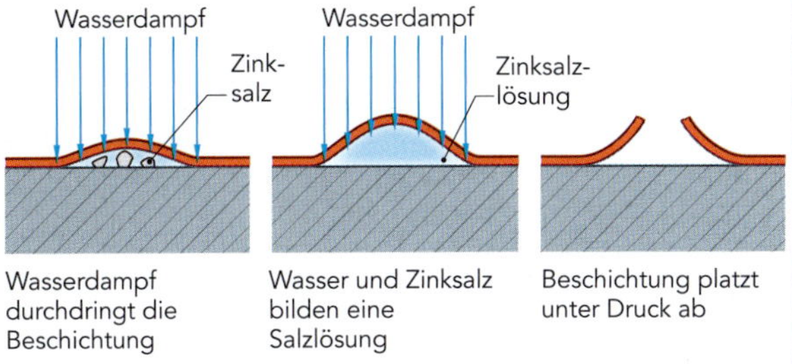

1 Osmotischer Druck

Die flüssige Salzlösung kann die Beschichtung nicht durchdringen. Bei zunehmender Lösung der Salze entwickelt sich unter der Beschichtung ein steigender Druck, bis die Beschichtung aufplatzt und ihre Schutzwirkung verliert. Dieser Druck wird als osmotischer Druck bezeichnet.

Je größer die auf eine Fläche wirkende Kraft, desto größer der Druck:

$$p = \frac{F}{A}$$

p → Druck
F → Kraft
A → Fläche

Die Reinigung und Entfernung von schädlichen Salzen bei der Untergrundvorbereitung ist sehr wichtig für die einwandfreie Haftung und eine langlebige Beschichtung.

G.7.11 Festigkeit der Stoffe

Festigkeit ist eine Eigenschaft von Werk- und Baustoffen. Je nach Werk- und Baustoff kann sich diese Festigkeit unterschiedlich darstellen.
Man unterscheidet fünf verschiedene Formen der Festigkeit:

- **harte** Werk- und Baustoffe
- **zähe** Werk- und Baustoffe
- **spröde** Werk- und Baustoffe
- **elastische** Werk- und Baustoffe
- **plastische** Werk- und Baustoffe

Harte Werk- und Baustoffe

Bei Blechen aus Kupfer und Messing lässt sich feststellen, dass Messing härter ist als reines Kupfer.

Die Härte eines Werkstoffs wird als Widerstand gemessen, der dem Eindringen in die oberste Schicht des Körpers entgegenwirkt.

Metalle haben nach dem Schmelzen eine Kristallgitterstruktur. Dabei lagern sich die Atome und Moleküle möglichst dicht aneinander, sodass hohe Anziehungskräfte wirken können.
Werden – wie bei Messing – Legierungsbestandteile (andere Metallsorten) der Schmelze zugefügt, kommt es zu einem verspannten Kristallgitter. Das Metall wird dadurch härter.

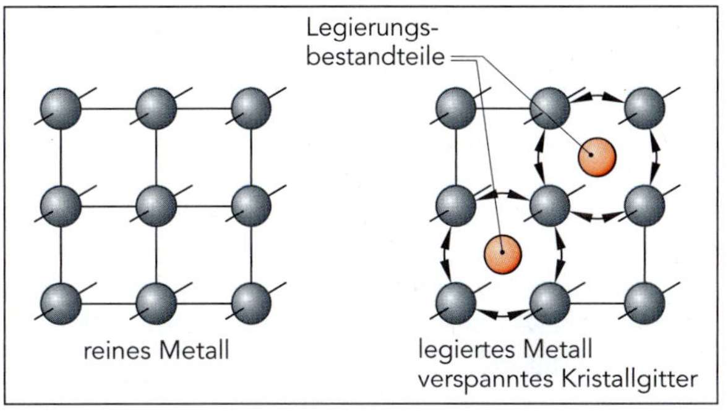

2 Kristallstrukturen von Metallen

Auch bei anderen Untergründen und Beschichtungen stellen wir unterschiedliche Härten fest. Auch hier gilt: Je dichter die Molekülstrukturen der einzelnen Stoffe sind und je stärker die molekularen Anziehungskräfte wirken können, umso härter ist der Werkstoff.

Mineral	Mohshärte	Prüfung
Talk	1	mit Fingernagel schabbar
Gips	2	mit Fingernagel ritzbar
Calcit	3	mit Kupfermünze ritzbar
Fluorit	4	mit Messer leicht ritzbar
Apatit	5	mit Messer noch ritzbar
Orthoklas	6	mit Stahlfeile ritzbar
Quarz	7	ritzt Fensterglas
Topas	8	
Korund	9	
Diamant	10	

Am einfachsten lässt sich die Härte mit einer Kratzprobe in Erfahrung bringen. Ein genaues Prüfverfahren ist dies jedoch nicht. Kugelschlagtests (Impact-Tests) z. B. liefern messbare Ergebnisse über die Verformung und mechanische Schlagbelastung bei lackierten metallischen Untergründen.
Für die Beurteilung der Haftungsfestigkeit einer Beschichtung ist das Gitterschnittverfahren (siehe S. 94) allgemein üblich.

Zähe und spröde Werk- und Baustoffe

In Beschichtungen bestimmt die Härte die
- Verformbarkeit,
- Dehnbarkeit,
- Abrieb- und Kratzfestigkeit.

Harte Beschichtungen können entweder zäh oder spröde sein. Sie setzen deshalb mindestens ebenso harte Untergründe voraus.
Zähe Werk- und Baustoffe geben unter dem Druck, z. B. von mechanischem Abrieb (Druckkraft durch Stoßen), nach, verformen sich also, brechen aber nicht.
Spröde Werk- und Baustoffe, z. B. Glas, können sich nicht plastisch verformen, sondern sie brechen bei Belastungen aufgrund ihrer außen harten und innen hohlraumdurchzogenen molekularen Gitterstruktur.

Elastische Werk- und Baustoffe

Beschichtungen sind häufig Temperaturdehnungen, Schwingungs- und Biegebelastungen ausgesetzt. Dehnen sich verschiedene Schichten unterschiedlich aus, treten zwischen diesen Scherspannungen auf. Besonders bei geringen Schichtdicken, z. B. bei Lackfilmen, werden hohe Anforderungen an die Elastizität der Beschichtung gestellt.

Elastizität: Eigenschaft eines Körpers, nach einer formändernden Krafteinwirkung wieder in die ursprüngliche Form zurückzukehren. Bei sinkender Temperatur nimmt die elastische Eigenschaft eines Körpers oder Stoffes ab.

Elastische Beschichtungen folgen beispielsweise beim Biegen eines Bleches der Formänderung, ohne Risse zu bekommen oder abzuplatzen. Von der Elastizität ist auch die Dehnbarkeit eines Werkstoffs abhängig.
Ältere Beschichtungen verlieren mit der Zeit ihre Elastizität: Sie werden spröde, lösen sich bei einer Formänderung vom Untergrund und platzen ab.
Um die Elastizität von Beschichtungen zu erhöhen, werden vom Hersteller häufig Weichmacher zugesetzt. Diese verbessern die Elastizität, neigen jedoch dazu, aus der Beschichtung zu entweichen. Dieser Vorgang wird als Weichmacherflucht bezeichnet.

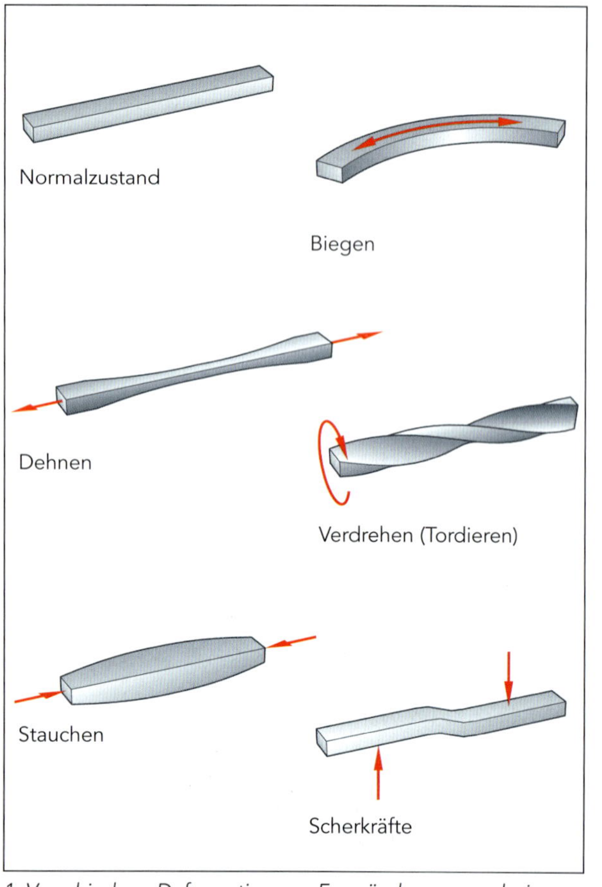

1 Verschiedene Deformationen – Formänderungen – bei elastischen Stoffen

Die Elastizität kann auf unterschiedliche Weise geprüft werden. Meist genügt ein Gitterschnitt, um die ausreichende Haftfestigkeit und damit die Elastizität der Beschichtung nachzuweisen.
Die Stoßelastizität lässt sich mit einem Kugelschlag-Prüfgerät, die Biegeelastizität mit einem Dornbiegegerät nach DIN EN ISO 1519 messen.

Plastische Werk- und Baustoffe

Plastische Werk- und Baustoffe lassen sich ebenso durch Krafteinwirkungen verändern wie elastische Stoffe.

Plastische Stoffe kehren – anders als elastische Stoffe – nach einer formändernden Krafteinwirkung nicht wieder in die ursprüngliche Form zurück. Sie behalten diese bei.

Plastische Stoffe sind z. B. Kunststoff- oder Blechrohlinge, die in der Fahrzeugherstellung durch Stanzen in die gewünschte Form gebracht werden können.

G.7.12 Wärmeleitfähigkeit von Werk- und Baustoffen

Energie

Wärme ist eine Form von Energie. Energie ist eine fundamentale Größe, die entsteht, wenn physikalisch gearbeitet wird.
Unter physikalischer Arbeit *W* versteht man das auf einem Weg „Anarbeiten" gegen eine Kraft, also das Produkt aus einer Kraft *F* und dem Weg *s*. Wurde diese Arbeit geleistet, steht die zugehörige Energie zur Verfügung, um sie in eine andere Energieform oder Arbeit umzuwandeln.

Alle Energien werden in der Grundeinheit J (Joule) gemessen. Dabei gilt:
1 J = 1 Ws (Wattsekunde) = 1 Nm (Newtonmeter)

Wärme

Wärme ist eine Form der Energie. Soll ein Stoff eine höhere Temperatur erhalten, muss Energie zugeführt werden. Soll die Temperatur abnehmen, muss Wärmeenergie entzogen bzw. abgeführt werden.
Die erforderliche Wärmezufuhr, um einen Körper zu erwärmen, hängt von dessen Masse und dem zu erzielenden Temperaturunterschied ab. Da Stoffe Wärme unterschiedlich leiten, muss diese Stoffeigenschaft als spezifische Wärmekapazität ebenfalls berücksichtigt werden.

Spezifische Wärmekapazität

Die spezifische Wärmekapazität oder kurz spezifische Wärme eines Stoffes ist eine physikalische Eigenschaft und bezeichnet die auf die jeweilige Masse bezogene Wärmekapazität, d. h. die Energiemenge in Joule, die zur Erwärmung oder Abkühlung einer Masse von 1 kg um 1 K (Kelvin) aufgenommen bzw. abgegeben wird.

Spezifische Wärmekapazität:

$$c = \frac{Q}{m \cdot \Delta T}$$

$$\text{Einheit: } [c] = \frac{\text{J}}{\text{kg} \cdot \text{K}}$$

c → spezifische Wärmekapazität (*c* steht für capacity)
Q → thermische Energie in Joule
m → Masse der Substanz in Kilogramm
ΔT → Temperaturänderung in Kelvin

Wärmemenge

Die Wärmemenge ist die Energie, die – aufgrund eines Temperaturgefälles – beim Temperaturaustausch von einem Körper auf einen anderen übertragen wird. Sie wird in Joule gemessen: 1 J (Joule) = 1 Ws (Wattsekunde)
Die früher übliche Einheit Kilokalorie lässt sich durch folgendes Verhältnis umrechnen: 1 kcal = 4186,6 J

Zugeführte oder entzogene Wärmemenge:
$\Delta Q = c \cdot m \cdot \Delta T$
ΔQ → thermische Energie in Joule, die der Materie zugeführt oder entzogen wird
c → spezifische Wärmekapazität (*c* steht für capacity)
m → Masse der Substanz in Kilogramm
ΔT → Temperaturänderung in Kelvin

Übersicht: Wärmekennwerte

Stoff	Dichte kg/dm³	Schmelztemperatur K	Wärmeleitzahl λ W/m · K	Spezifische Wärmekapazität kJ/kg · K
Luft	0,00129	47	0,026	1
Wasser	1,00	273	0,556	4,18
Aluminium	2,70	932	204	0,94
Kupfer	8,96	1356	384	0,39
Messing	8,50	1250	105	0,35
Stahl	7,85	1733	55	0,49
Beton	2,00	–	1,3	0,88
Holz	0,2–0,8	–	0,06–0,17	2,1–2,9
Glas	2,4–2,7	973	0,81	0,83

In der Wärmelehre kommt zu den mechanischen Basisgrößen Länge, Masse und Zeit die Basisgröße Temperatur hinzu. Temperaturen werden in Grad Celsius (°C) bzw. in Kelvin (K) gemessen.
Durch besondere Hautsinnesorgane nimmt man Wärme und Kälte wahr. Empfindet man einen Körper als warm, so schreibt man ihm eine hohe Temperatur zu. Empfindet man einen Körper dagegen als kalt, so schreibt man ihm eine niedrige Temperatur zu.

Unter Temperatur versteht man eine Eigenschaft eines Körpers. Wärme hingegen ist eine Energieform.

Leitfähigkeit von Stoffen

Stoffe können unterschiedlich gut Wärme und Elektrizität leiten. Bei der Untersuchung der Stoffe fällt auf, dass gute elektrische Leiter in der Regel auch gute Wärmeleiter sind. So leiten Metalle Wärme und Elektrizität gut, Holz und Kunststoffe dagegen sehr schlecht.
Im festen Zustand liegen die Atome der Metalle dicht beieinander und nehmen in der Kristallstruktur feste Plätze ein. Bei der Betrachtung des inneren Aufbaus von Körpern stellt man fest, dass die Eigenbewegung der Atome bzw. der Moleküle mit steigender Temperatur heftiger wird. Die Temperatur eines Körpers kann somit auch als Maß für die Bewegungsenergie seiner Grundbausteine gedeutet werden. Flüssigkeitsmoleküle schwingen mit zunehmender Temperatur ebenfalls stärker und die Stöße untereinander werden heftiger. Bei Gasen erhöht sich mit steigender Temperatur die mittlere Geschwindigkeit der Moleküle.

Durch die geringen Abstände verhalten sich die Elektronenhüllen der Atome gasartig: Die Elektronen sind frei beweglich. Fließt ein elektrischer Strom, wird die elektrische Energie der bewegten Elektronen impulsartig durch das „Elektronengas" weitergeleitet.
Die frei beweglichen Elektronen eignen sich zur Wärmeleitung besonders gut. Die Energiezufuhr wird von den Elektronen aufgenommen und weitergeleitet. Gleichzeitig beginnt das Kristallgitter zu schwingen, das Metall erwärmt sich. Will man durch ein erwärmtes Metall Strom leiten, stellt man fest, dass dieses den Strom schlechter leitet. Das durch die Wärme schwingende Kristallgitter stellt für den freien Elektronenfluss einen Widerstand dar.

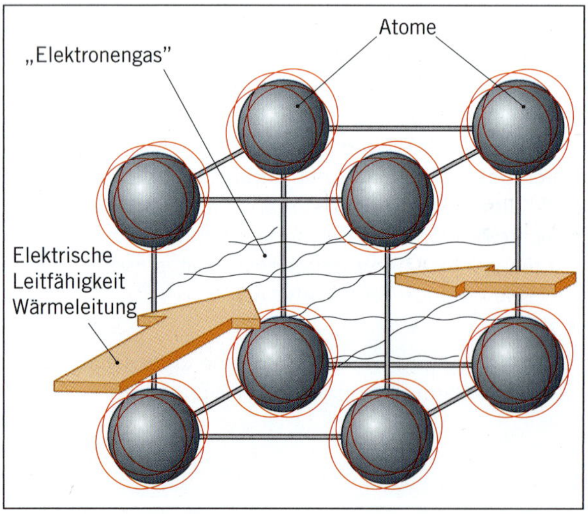

1 Leitfähigkeit von Metallen

Auch das Kristallgitter selbst kann durch unregelmäßigen Aufbau oder durch Legierungsbestandteile den Stromfluss behindern. Dabei erwärmt sich das Metall und wird zum Widerstand. Die so in Wärme umgewandelte elektrische Energie wird z. B. in Heizplatten verbraucht.

Die Leitfähigkeit von Körpern ist vom Widerstand abhängig. Ist der Widerstand gering, leiten Körper Wärme und Elektrizität gut, ist er dagegen hoch, ist die Leitfähigkeit gering.

Wärmeübertragung

Wärme lässt sich auf unterschiedliche Weise übertragen:
- Wärmeströmung (Konvektion)
- Wärmeleitung
- Wärmestrahlung

Übertragung	Prinzipdarstellung	Erklärung
Wärmeströmung	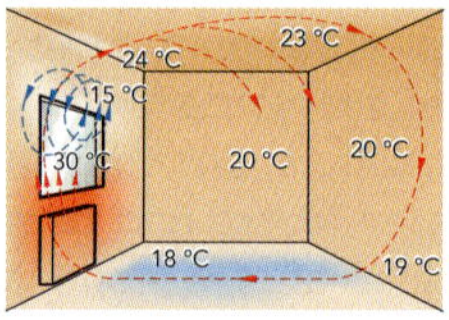	Gas- und Flüssigkeitsmoleküle transportieren die Wärme (z. B. Luft)
Wärmeleitung	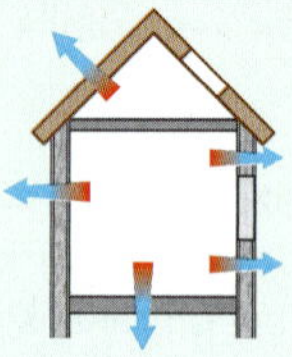	Wärmeleitung erfolgt – nach den Gesetzen der Thermodynamik – im festen Stoff vom wärmeren zum kälteren Teil, z. B. in der Hauswand
Wärmestrahlung	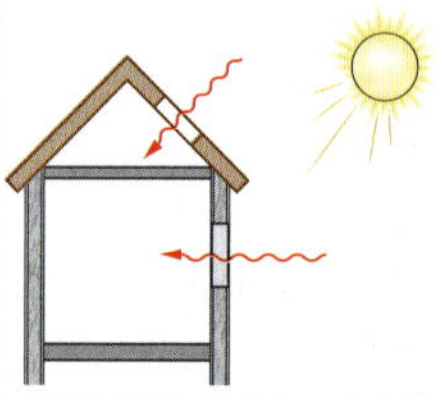	elektromagnetische Wellen transportieren die Wärme (z. B. Sonne)

G.7.13 Wärmedämmung

Bei der Wärmedämmung wird vor allem die Verringerung der Wärmeleitung angestrebt. Stoffe mit geringer Rohdichte, d. h. mit hohem Luftanteil, eignen sich hierzu besonders. Am wirkungsvollsten haben sich Wärmeverbundsysteme aus Mineralfasern oder Polystyrol-Hartschaum erwiesen (siehe S. 280).
Die Wärmeleitung ist von den Materialeigenschaften der einzelnen Baustoffe abhängig. Die Wärmeleitzahl ist der Wärmekennwert, der die Wärmeleitfähigkeit eines Stoffes ausdrückt.
Für den Wärmeverlust in Gebäuden sind meist mehrere Werkstoffe und Bauteile verantwortlich. Häufig sind sie miteinander verbunden.

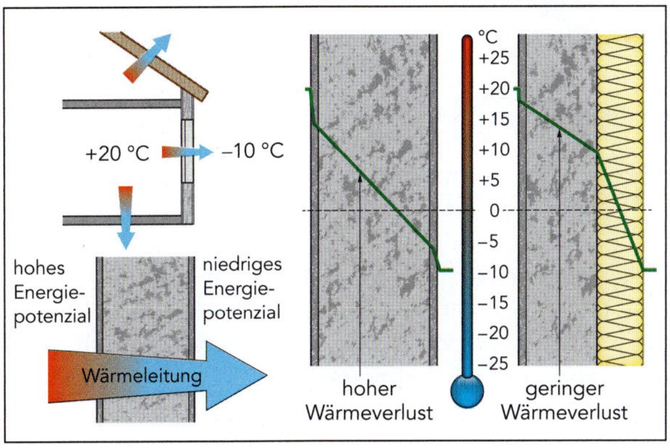

1 Wärmeverlust in Gebäuden

Energiesparen durch Wärmedämmung

Der Wärmedurchgangskoeffizient durch Baustoffe wird abgekürzt *U*-Wert (früher *k*-Wert) genannt. Zur Berechnung des *U*-Wertes können folgende Kennwerte eingesetzt werden:

- Wärmeleitzahl λ (= kleines griech. Lambda)
- Wärmedurchlass-Koeffizient (Wärmedurchgangszahl) Λ (= großes griech. Lambda)
- Wärmeübergangskoeffizient (Wärmeübergangszahl) α (kleines griech. Alpha)
- Wärmedurchlass-Widerstand *R*

Wärmeleitzahl λ
Gibt die Wärmemenge pro Sekunde an, die eine 1 m dicke Wand mit einer Fläche von 1 m² bei einer Temperaturdifferenz von 1 K durchströmt.

Formel: $\lambda = \frac{Q}{d \cdot \Delta T}$

Einheit: $\frac{W}{m \cdot K}$

Wärmedurchlass-Koeffizient Λ
Gibt den Wärmedurchgang in Abhängigkeit von der Wandstärke an.

Formel: $\Lambda = \frac{\lambda}{d} = \frac{Q}{d^2 \cdot \Delta T}$

Einheit: $\frac{W}{m^2 \cdot K}$

Wärmedurchlass-Widerstand *R*
Gibt die Wärmemenge pro Sekunde an, die zwischen 1 m² Oberfläche und der angrenzenden Luft bei einer Temperaturdifferenz von 1 K ausgetauscht wird.

Formel: $R = \frac{d}{\lambda}$

Einheit: $\frac{m^2 \cdot K}{W}$

Energieeffizienz

Nachhaltigeres Bauen, gesellschaftliches Umdenken und die Energieeinsparverordnung (EnEV) hat zum effizienteren Umgang mit Energien geführt.
Der Maler und Lackierer wird zukünftig sein Profil durch kompetente Energieplanung und -beratung im Hinblick auf geeignete Dämmsysteme und -stoffe sowie Systemmontage erweitern müssen.
Ein tiefes Verständnis und der sichere Umgang mit den physikalischen Faktoren von Dämmmaterialien, wie

- Wärmedurchlass-Koeffizient,
- Wärmeübergangskoeffizient oder
- Wärmedurchlass-Widerstand,
- sind fester Bestandteil des beruflichen Alltags.

G.7.14 Schall – Schallschutz

Lärm wirkt sich – über einen längeren Zeitraum gesehen – nachteilig auf Wohlbefinden und Gesundheit des Menschen aus. Lärm ist ein Umweltproblem.

1 Schallquellen im Alltag

Amplitude – Frequenz – Schalldruck

Lärm ist eine Form des Schalls: Das sind Schwingungen und Wellen im Frequenzbereich zwischen
16 Hz und
20000 Hz (= 20 kHz),
die über das menschliche Ohr Ton-, Klang- oder Geräuschempfindungen hervorrufen.

Die Amplitude ist der Ausschlag der Schwingung. Sie bestimmt die Lautstärke.

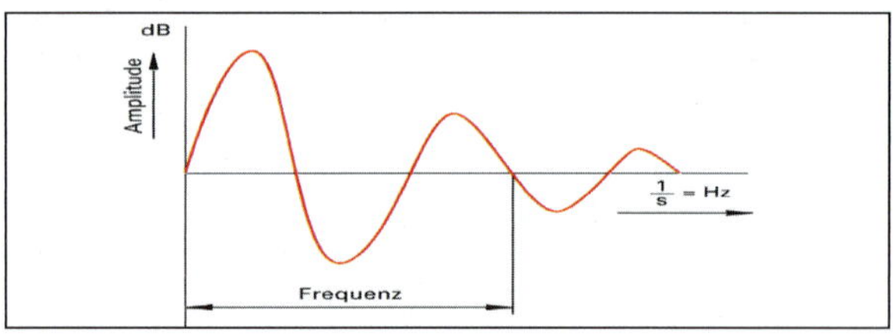

2 Amplitude bestimmt die Lautstärke

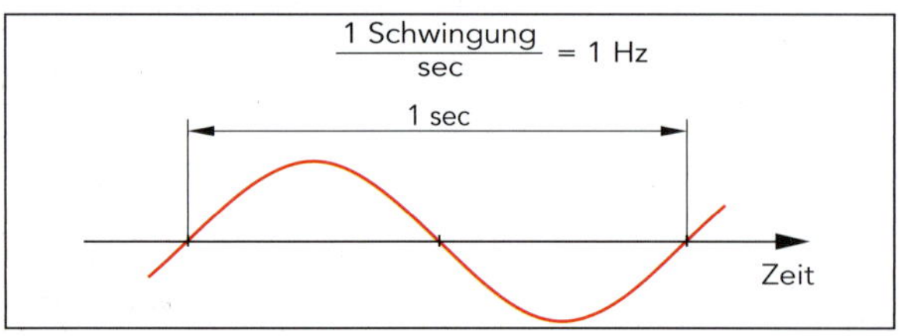

3 Die Frequenz bestimmt die Tonhöhe

Die Frequenz bezeichnet die Anzahl der Schwingungen pro Sekunde und wird in Hertz (Hz) gemessen. Sie bestimmt die Höhe des Tons.

Schall und Schalldruck: Zur Messung der Lautstärke wird der Schall in dB (Dezibel) bestimmt. Er bestimmt die ins Ohr hineindrückende Kraft.

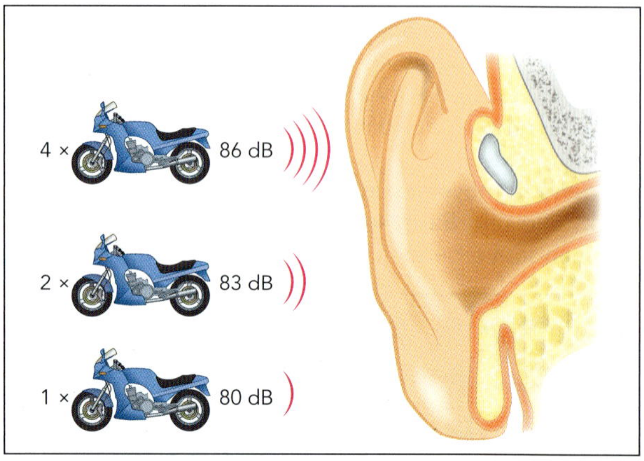

4 Verdoppelung des Schalldrucks

Die gemessenen dB-Werte verhalten sich nicht wie die tatsächlich auf das Ohr wirkenden Kräfte: Wird ein um 3 dB höherer Schall gemessen, verdoppelt sich der tatsächliche Schalldruck!

Messung und Bewertung der Lautstärke in dB(A)

Die empfundene Lautstärke hängt nicht nur vom Schalldruck ab, sondern auch von der Frequenz. Tiefe und hohe Töne werden als nicht so laut empfunden wie mittlere Frequenzen.

Das liegt am Bau des menschlichen Ohrs und wird in der A-Bewertungskurve berücksichtigt. Dazu wird bei der Messung ein Filter (A) vorgeschaltet, der die Eigenschaften des menschlichen Ohrs simuliert. Der unter diesen Voraussetzungen gemessene und bewertete Schalldruck wird in der Einheit dB(A) angegeben.

Lautstärken ab 90 dB(A), vergleichbar mit durchschnittlich lauter Diskothekenmusik, sind gesundheitsschädlich. Selbst kurze Lautstärkeeinwirkung von über 90 dB(A) kann zu irreparablen Gehörschäden führen.

Nach der Technischen Anleitung zum Schutz gegen Lärm (TA Lärm) des Bundesumweltamtes sind für die bauliche Nutzung in Gewerbegebieten 65 dB(A), in reinen Wohngebieten 50 dB(A) zulässig.

Schallübertragung

Schall pflanzt sich in festen, flüssigen und gasförmigen Stoffen unterschiedlich fort. Durch Schwingungen erzeugter Schall setzt Moleküle von festen, flüssigen oder

gasförmigen Stoffen mechanisch in Bewegung, die so die Schallwellen weiterleiten. In den meisten Fällen breitet sich Schall in Luft oder in festen Körpern aus.
Körperschall breitet sich in festen Stoffen in Form von mechanischen Schwingungen aus.
Luftschall breitet sich als Schallwelle durch Schwingung der Luftteilchen aus.
Trittschall ist der Form nach Körperschall, der beim Begehen oder ähnlichen Anregungen einer Decke entsteht und teilweise als Luftschall in den angrenzenden Raum abgestrahlt wird.

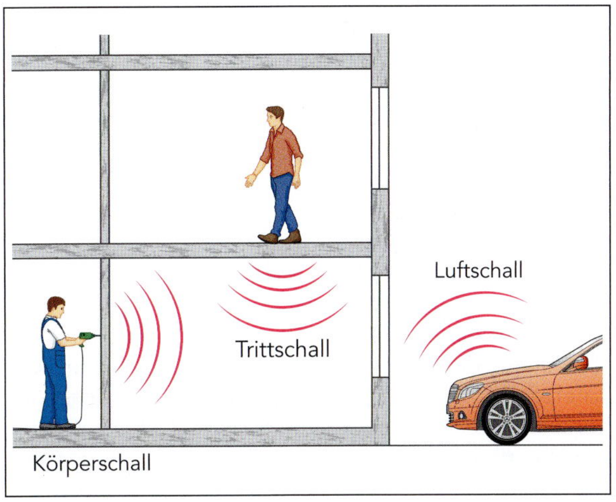

1 Schallübertragung

Schallgeschwindigkeit

Für die Übertragung von Schall wird, je nach Körper, eine spezifische Zeitspanne benötigt. Die Moleküle von Stoffen mit höherer Dichte leiten die Schallwellen besser, da ihre Moleküle näher beieinander gelagert sind und so eine schnellere mechanische Bewegung entsteht. Im Gegensatz dazu benötigt ein Stoff mit niedriger Dichte mehr Zeit, um einen Schallimpuls weiterzuleiten. Darüber hinaus ist der Schallverlust bei Stoffen mit niedriger Dichte größer, als bei Stoffen mit hoher Dichte.

Schalldämmung

In Gebäuden wird Schall nicht nur über Decken und Wände übertragen, auch Abwasserleitungen, Luftkanäle, Türen, Fenster und Treppenhäuser sind Schallquellen.
Bei der Schalldämmung kommt es darauf an, die Schallenergie in Wärme umzuwandeln. Hierfür eignen sich besonders poröse Baustoffe, Schallschluckbeschichtungen, schwimmende Estriche, Bauteile mit großer Masse, abgehängte Decken mit Hohlraumdämmung.
Bei Anschlüssen ist darauf zu achten, dass keine Schallbrücken entstehen, durch die Körperschall weitergeleitet werden kann.

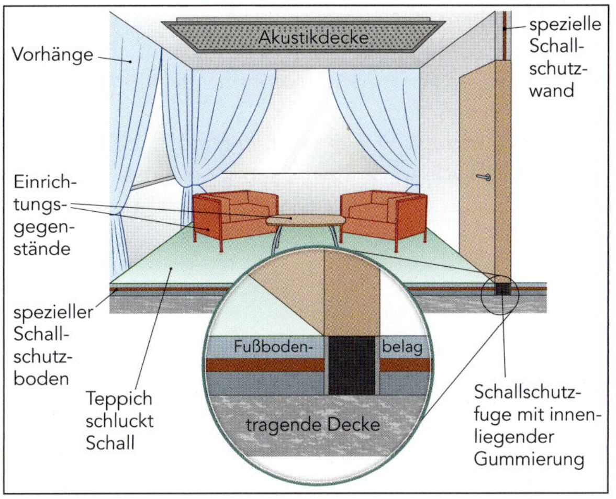

2 Schallschluckung in Wohnräumen

G.7.15 Elektrizität

Elektrizität wird als Energiequelle genutzt, z. B. für elektrische Maschinen, Anlagen und Geräte, Lichtquellen, Akkugeräte. Man kennt ihre Wirkung bei elektrostatischer Aufladung und Korrosion (siehe S. 31, 32, 53).

Die Gefährlichkeit von Elektrizität ist beim Umgang mit elektrischem Strom zu beachten. Unfallverhütungsvorschriften müssen eingehalten werden.

Elektrische Ladung Q

Bestimmte Körper wirken durch Reibung anziehend oder abstoßend. Schon in der Antike kannte man die Wirkung der elektrischen Ladung durch das Reiben von Bernstein. Die Griechen nannten diese Kraft Elektron:

- Lack- oder Kunststoffoberflächen ziehen Staub erst richtig an, wenn man versucht, sie mit einem trockenen Wolllappen zu reinigen.
- Beim elektrostatischen Spritzen erhält das Spritzgut eine andere elektrische Ladung als das zu beschichtende Teil.

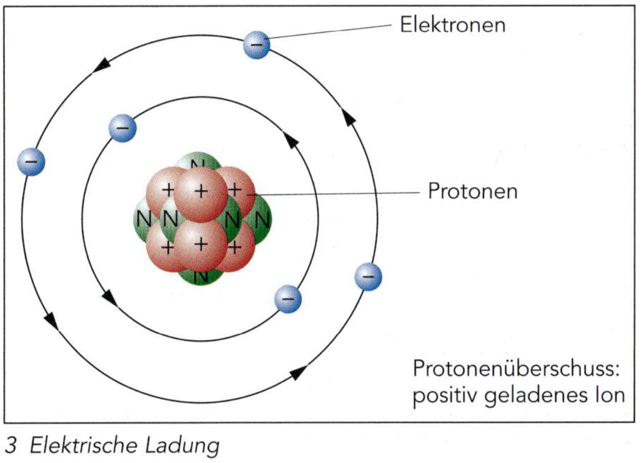

3 Elektrische Ladung

Die unterschiedlichen elektrischen Ladungen werden als positive oder negative Ladung bezeichnet. Elektrische Ladung kann in Form von Elektronen aufgenommen bzw. abgegeben werden:

- positive Ladung → Elektronenmangel
- negative Ladung → Elektronenüberschuss

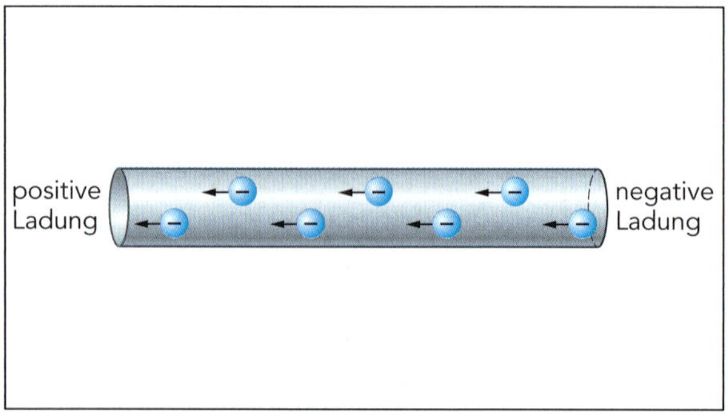

1 Elektronenleitung in metallischen Gegenständen

Elektrische Ladungen streben einen Ausgleich an. Deshalb gilt: Gleiche elektrische Ladungen stoßen sich ab. Ungleiche elektrische Ladungen ziehen sich an.

Beim Bewegen von elektrischer Ladung entsteht Wärme in den Leitungen. Zur Schadensvermeidung werden in Stromkreisen Sicherungen eingebaut, die in der Regel den Stromfluss zum Schutz der Leitungen unterbricht.

Elektrischer Strom

Werden elektrische Ladungen bewegt, fließt ein elektrischer Strom. Die Stromrichtung ist willkürlich festgelegt, und zwar von Plus (+) nach Minus (–).

Leitfähigkeit	Beispiel, Eigenschaft
Leiter	z. B. Metalle und Elektrolyte: Elektrolyte sind elektrisch leitende Flüssigkeiten (verdünnte Säuren, Laugen und Salzlösungen); in ihnen sind freie Ladungen gut beweglich.
Halbleiter	z. B. Silizium: Die Leitfähigkeit hängt von der Temperatur und den im Halbleiterkristall freigesetzten Elektronen ab.
Nichtleiter, Isolatoren	z. B. Glas, Keramik: In ihnen sind keine freien Ladungen vorhanden.

Stromstärke I

Die Stromstärke hängt davon ab, welche Menge an elektrischer Ladung Q in einer bestimmten Zeit bewegt wird.

Formeldarstellung der Stromstärke I:

$I = \frac{Q}{t}$ Einheit: A (Ampere)

Q → elektrische Ladung
t → Zeit

Elektrische Spannung U

Unter dem Begriff Spannung versteht man die Leistungsfähigkeit eines Stroms.

Formeldarstellung der elektrischen Spannung U:

$U = \frac{P}{I}$ Einheit: V (Volt)

P → Leistung
I → Stromstärke

Spannungsquellen

- Generatoren im Kraftwerk
- Batterien (galvanische Elemente)
- Akkumulatoren (abgekürzt Akku)
- Licht (Fotozelle)
- Druck (Piezoeffekt, z. B. Feuerzeug)
- Wärme (Thermoelement)

Arten der elektrischen Spannung

Gleichspannung (–): Höhe und Polarität der Spannung ändern sich nicht (z. B. bei der Batterie).
Wechselspannung (~): Ändert periodisch ihre Höhe und Richtung. Die von den Generatoren der Elektrizitätswerke erzeugte Wechselspannung hat einen sinusförmigen Verlauf und eine Frequenz von 50 Hz.
Drehspannung (3~): Stellt eine Wechselspannung dar, die in drei Phasen zeitversetzt zur Verfügung steht. Dadurch wird eine höhere elektrische Leistung bei größeren Maschinen und Anlagen erzielt. Ihre Nennspannung beträgt 400 V.

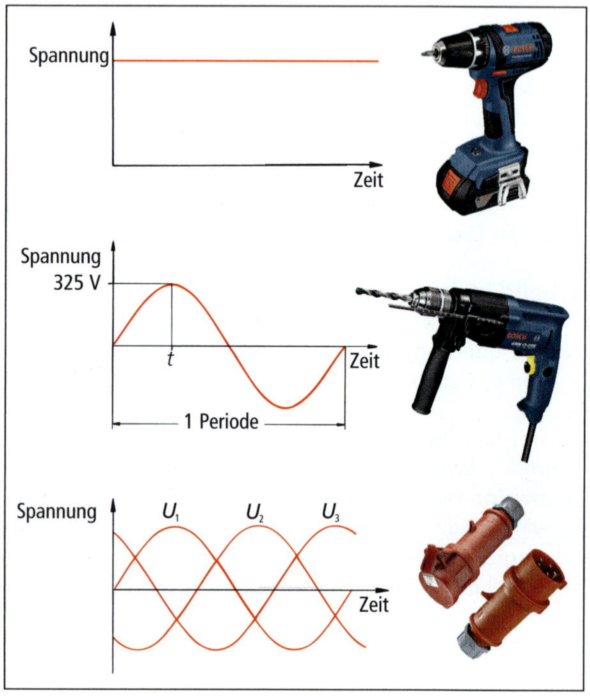

2 Arten elektrischer Spannung, Nutzung in Maschinen und Werkzeugen

Elektrischer Widerstand *R*

Die Stärke des elektrischen Stroms *I* hängt vom Verhältnis der Spannung *U* und dem gesamten Widerstand *R* des Stromkreises ab.

Formeldarstellung des elektrischen Widerstands *R*:

$R = \frac{U}{I}$ Einheit: Ω (Ohm)

U → elektrische Spannung
I → elektrischer Strom

Ohm'sches Gesetz: $I = \frac{U}{R}$

Elektrische Leistung *P*

Die elektrische Leistung ist von der Stromstärke *I* und der Spannung *U* abhängig. Durch die Phasenverschiebung der Drehspannung (siehe S. 32) erhöht sich die Leistung.

Formeldarstellung der elektrischen Leistung *P*:

$P = U \cdot I$ Einheit W, kW (Watt/Kilowatt)

U → elektrische Spannung
I → elektrischer Strom

Stromkreis

Der Stromkreis ist geschlossen, wenn Strom fließt. Hierzu wird der Schalter geschlossen, der Verbraucher kann die elektrische Energie nutzen. Die Sicherung unterbricht den Stromkreis bei Kurzschluss oder Überlastung durch den Verbraucher.

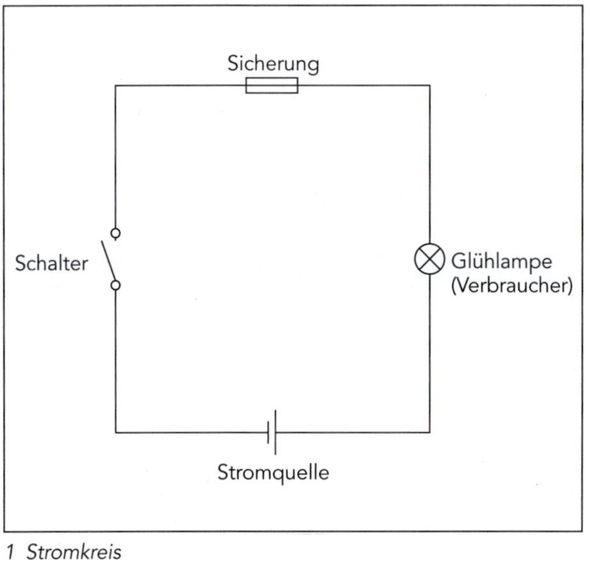

1 Stromkreis

Aufgaben

1. *Nennen Sie vier physikalische Vorgänge aus dem Bereich des Maler- und Lackiererhandwerks.*
2. *Woran können wir einen physikalischen Vorgang erkennen?*
3. *Sie haben einen Eimer Dispersionsfarbe auf einen Gerüstboden zu schaffen. Erklären Sie an diesem Beispiel die Begriffe Masse und Gewichtskraft.*
4. *Worin unterscheiden sich die Zustandsformen eines Körpers?*
5. *Beschreiben Sie die Ursachen und Wirkungen der Kohäsions- und Adhäsionskräfte.*
6. *Warum müssen aufgrund der Oberflächenspannung Kanten möglichst abgerundet werden?*
7. *Warum erhalten wir bei der Viskositätsmessung mit dem DIN-Becher andere Werte als beim ISO-Becher?*
8. *Erklären Sie das Funktionsprinzip thixotroper Anstrichstoffe.*
9. *Worin unterscheiden sich Vorgänge, die auf Diffusion und Osmose zurückzuführen sind?*
10. *Warum bildet sich an kalten Wänden oder Fenstern Kondenswasser?*
11. *Welche negativen Folgen kann es haben, wenn der Taupunkt innerhalb einer Wand oder eines Holzbalkens liegt?*
12. *Warum sind Metalllegierungen härter als die reinen Metalle der Legierungsbestandteile?*
13. *Weshalb sollen weiche Untergründe nicht mit harten und spröden Anstrichstoffen beschichtet werden?*
14. *Worin unterscheiden sich harte und elastische Anstrichstoffe?*
15. *Welche Folgen hat die Weichmacherflucht für eine Beschichtung?*
16. *Warum leiten Metalle Wärme und elektrischen Strom gut?*
17. *Wie kann Wärme übertragen werden?*
18. *Wie wirkt sich eine Wärmedämmung an einer Außenwand auf den Innenbereich aus?*
19. *Welcher Zusammenhang besteht zwischen elektrischem Strom und elektrischer Ladung?*
20. *Erklären Sie, warum Metalle gute elektrische Leiter sind.*
21. *Warum unterbricht die Sicherung den Stromkreis, wenn zu viele Verbraucher gleichzeitig eingeschaltet werden?*
22. *Wofür wird Drehspannung benötigt?*
23. *Warum ist die Leistung bei Drehspannung höher als bei Wechselspannung?*

Grundlagen

G.8 Farbenlehre

Lichtstrahlen treffen auf das Auge und lösen dabei Farbempfindungen aus. Neben dieser Farbempfindung, dem Sinneseindruck, werden im täglichen Sprachgebrauch auch Werkstoffe und Beschichtungsstoffe, Farbtöne und Farbbezeichnungen mit dem Begriff „Farbe" bezeichnet.

In diesem Kapitel bezeichnet „Farbe" die Farbempfindung, die von Farben gewonnen wird: Gelb, Rot, Blau usw.
Nicht gemeint sind die Farbmittel, z. B. Pigmente oder Farbstoffe (siehe S. 41–48).

Der Umgang mit Farben ist ein schöpferischer Prozess, der erlernt und geübt werden kann. Dafür benötigen Maler/-innen und Lackierer/-innen Wissen, Kreativität, Erfahrung und handwerkliches Können.

G.8.1 Wie Farbe entsteht

G.8.1.1 Licht

Licht ist eine spezielle Energieform, die auf elektromagnetische Strahlung zurückzuführen ist. Elektromagnetische Strahlung breitet sich in Wellen aus.
Alle glühenden Körper und Gasflammen senden Licht aus. Sie werden als Temperaturstrahler bezeichnet. Zu ihnen gehört auch die Sonne. Daneben gibt es noch andere Lichtquellen, die bei niedriger Temperatur entstehen, z. B. Glimmlampen, und Leuchtstoffröhren.
Licht selbst, z. B. Sonnenlicht, ist nicht sichtbar.

G.8.1.2 Sehen

Licht und Bildreize werden durch das Auge wahrgenommen, durch den Sehnerv zum Sehnervzentrum im Gehirn weitergeleitet und dort in eine optische Wahrnehmung übersetzt.
Im Auge existieren ungefähr 130 Millionen Rezeptoren (Empfänger), die sogenannten Stäbchen und Zapfen. Diese sind für das Farbsehen und das räumliche Sehen zuständig.
Zapfen nennt man die Blau-, Grün- und Rotrezeptoren, die für das Farbsehen zuständig sind. Um Farben sehen zu können, benötigt das Auge Licht, womit erklärt ist, warum man in der Dunkelheit keine Farben erkennen kann.
Stäbchen: Die Wahrnehmung durch die Stäbchen ist auf Schwarz-Weiß-Kontraste beschränkt, sodass das Auge durch sie lediglich Grautöne und Bewegungen wahrnehmen kann.

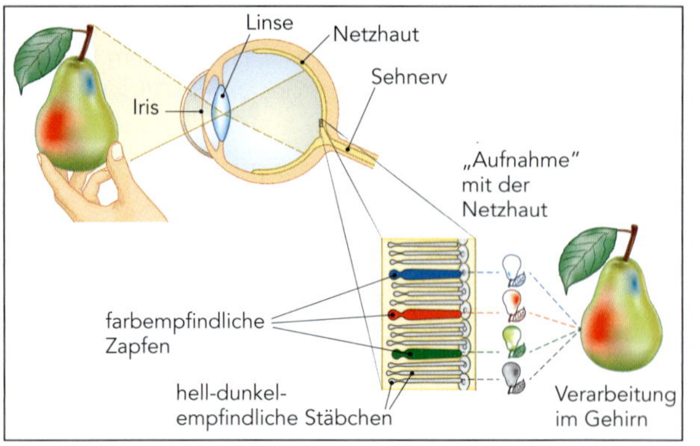

1 Entstehung des Farbeindrucks im Gehirn

G.8.1.3 Reflexion und Absorption

Wie aber kommt es zu den unterschiedlich bunten Farben? Bei strahlendem Sonnenschein sind wir von einer Vielfalt von Farben umgeben, obwohl das Sonnenlicht für alle Körper das Gleiche ist.
Die Vielfalt der Farben lässt sich damit erklären, dass das nicht sichtbare Sonnenlicht auf die Oberfläche eines Körpers trifft und von dieser Oberfläche teilweise oder vollkommen

- reflektiert, d. h. zurückgeworfen, bzw.
- absorbiert, d. h. verschluckt wird.

Bei vollkommener Reflexion sieht man die Oberfläche weiß,
bei teilweiser Reflexion farbig und
bei vollkommener Absorption schwarz.

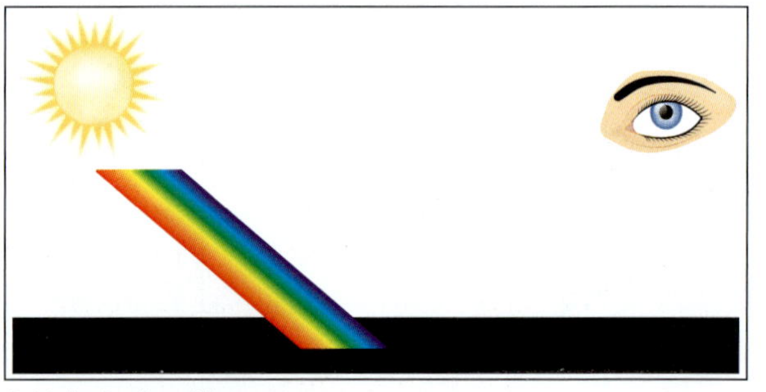

2 Vollständige Absorption

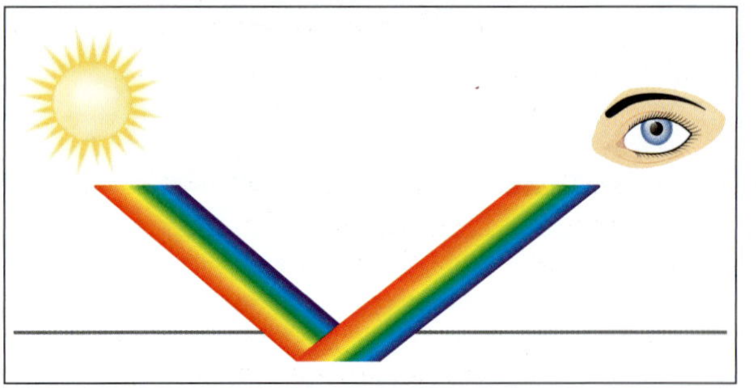

2 Vollständige Reflexion

G.8.1.4 Farben sehen

Mit einem Prisma lässt sich sichtbares weißes Licht in seine Spektralfarben zerlegen. Man erkennt alle Farben des Regenbogens. Bringt man eine Sammellinse hinter das Glasprisma, werden die Spektralfarben wieder zu weißem Licht zusammengeführt.

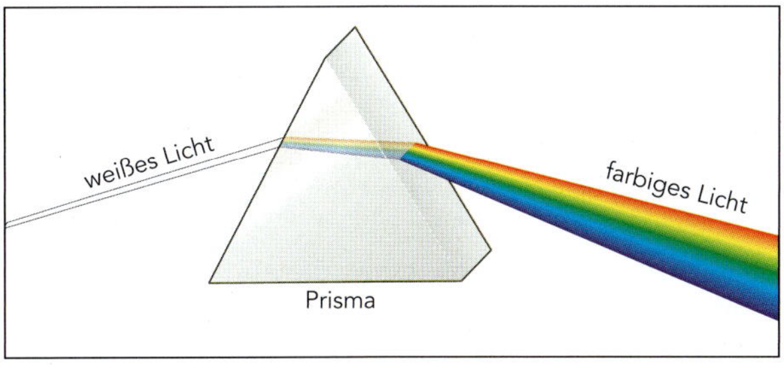

1 Zerlegung des weißen Lichts in seine Spektralfarben

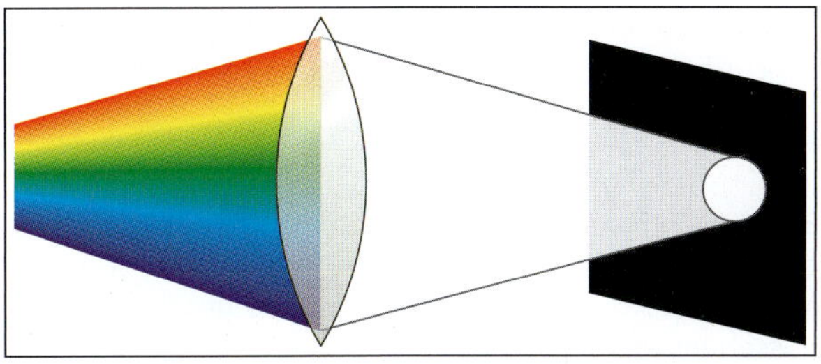

2 Bündelung der Spektralfarben zu weißem Licht

Mit dem Wissen über die Spektralfarben können wir jetzt auch die Vielfalt der Farben erklären: Trifft Licht z. B. auf eine rote Lackfläche, wird aus dem weißen Licht der Spektralfarben der Grünanteil absorbiert und die übrigen Farben werden reflektiert. Dadurch erhält der Lack seine leuchtend rote Farbe. Wichtig ist hierbei, dass nicht nur Rot reflektiert wird, sondern auch die im Spektrum benachbarten Farben, wenngleich in geringerer Menge.

3 Wahrnehmung der Farbe „Rot" am Beispiel eines rot lackierten Sportwagens

Über unsere Augen können wir nur einen kleinen Teil der von der Sonne ausgesandten elektromagnetischen Wellen als reflektiertes, sichtbares Licht wahrnehmen. Im Spektrum der Sonnenstrahlung liegt der Bereich des sichtbaren Lichts zwischen den kurzwelligen ultravioletten Strahlen und den langwelligen infraroten Wärmestrahlen.

Das gesamte Spektrum der Sonne reicht von Röntgenstrahlen mit einer Wellenlänge von 10^{-12} m (= 1 Billionstel Meter) bis zu langwelligen Rundfunkwellen von 10 km Länge.

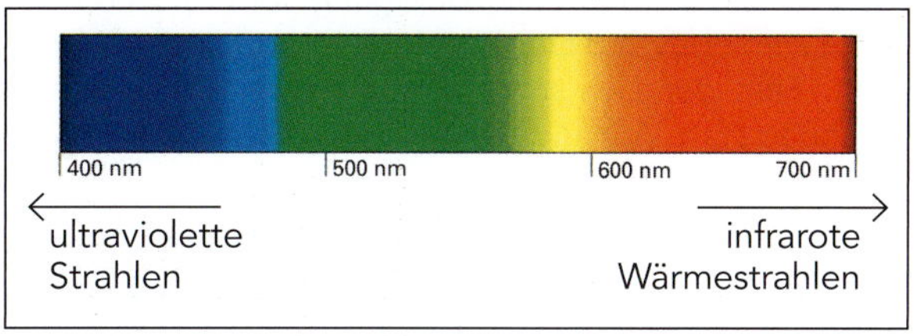

4 Spektralbereich des sichtbaren Lichts

Das menschliche Auge empfindet als	Wellenlängen in 10^{-9} m	Frequenzen in 10^{-12} Hz
Violett	400–420	750–715
Blau	420–490	715–610
Grün	490–575	610–520
Gelb	575–585	520–510
Orange	585–650	510–460
Rot	650–750	460–400

Bei der Absorption von Licht wird Energie aufgenommen und in Wärme umgewandelt. Daher erwärmen sich dunkle Flächen im Sonnenlicht. Bei schwarzen Flächen wird nahezu die gesamte Lichtenergie in Wärme umgewandelt. Diesen Effekt nutzt man z. B. bei Sonnenkollektoren zur Gewinnung von Warmwasser aus.
Dunkle Farbanstriche sind aber auch großen Temperaturschwankungen ausgesetzt, die eine hohe Elastizität voraussetzen. Geht diese Elastizität mit der Zeit verloren, platzt der Anstrich ab.

G.8.1.5 Lichtbrechung und Reflexion

Ein in Wasser eingetauchter Stab erscheint an der Wasseroberfläche abgeknickt. Außerhalb des Wassers ist der Stab gerade. Ebenso sehen wir ihn wieder gerade, wenn er ganz in Wasser eingetaucht ist. Die Brechung hängt offensichtlich von den beiden Medien Luft und Wasser ab.

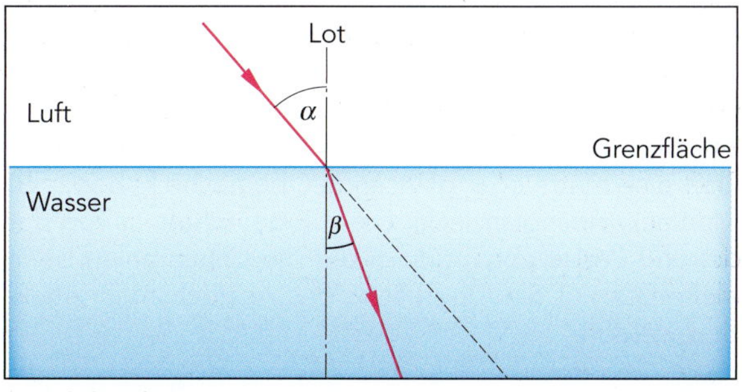

5 Lichtbrechung

Ursache für die Lichtbrechung sind die unterschiedlichen Geschwindigkeiten, mit der das Licht die verschiedenen Medien durchdringt. An der Trennfläche zwischen Luft und Wasser kommt es daher zur Brechung der Lichtstrahlen: Sie werden beim Übergang vom optisch dünneren zum optisch dichteren Medium zum Lot hin abgelenkt. Fällt der Lichtstrahl senkrecht ein, findet keine Brechung statt. Anhand der Brechungszahl lässt sich die Ablenkung bestimmen.

Stoff	Brechungszahl
Luft	1
Wasser	1,33
Lacke und Öle	1,5
Kreide	1,52
Titandioxid	2,7

Für die Deckfähigkeit von Anstrichen sind die Brechungszahlen von Bindemitteln und Pigmenten von Bedeutung: Wird der Lichtstrahl nicht stark genug gebrochen, erreicht er den Untergrund und wird von diesem reflektiert.

Je größer der Unterschied zwischen den Brechungszahlen von Pigment und Bindemittel ist, umso größer ist die Wahrscheinlichkeit, dass der Lichtstrahl den Untergrund nicht erreicht, d.h., dass der Anstrichstoff besser deckt.
Beispiele
- Kreide deckt in Öl schlecht. Der Anstrich wirkt lasierend.
- Titandioxid deckt in Öl oder Lack dagegen gut.

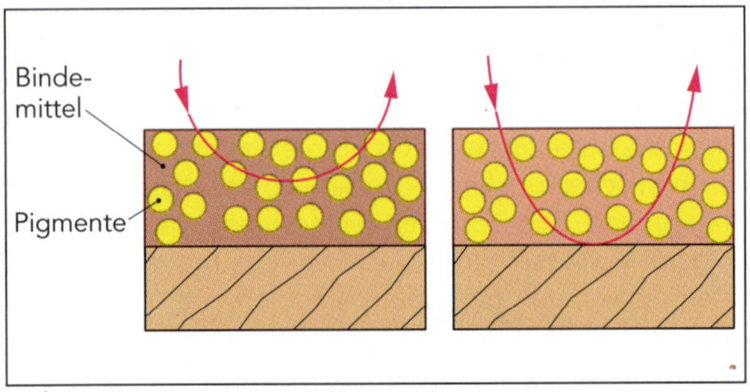

1 Lichtbrechung bei deckendem Anstrich
2 Lichtbrechung und Reflexion bei lasierendem Anstrich

Anstrichstoffe können neben ihrer Farbe und ihrer Deckkraft eine matte oder glänzende Oberfläche haben (z.B. Mattlack, Hochglanzlack). Diese Eigenschaft ist von der Art und Weise abhängig, in der die Lichtstrahlen beim Auftreffen auf die Oberfläche des Anstrichstoffs reflektiert werden.

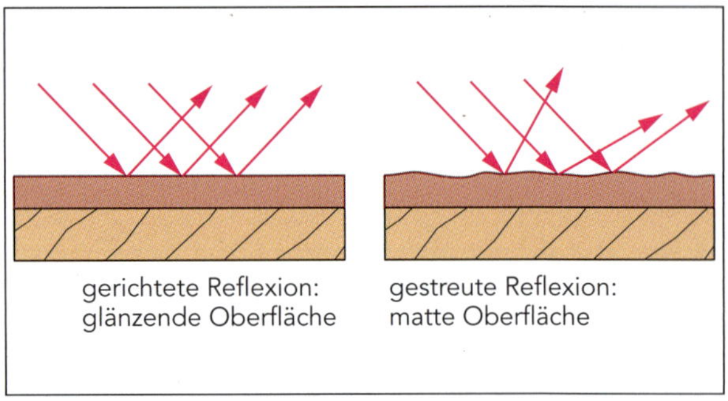

3 Entstehung glänzender und matter Oberflächen

Bei glänzenden Flächen werden die auftreffenden Lichtstrahlen gleichgerichtet zurückgestrahlt. Es zeigt sich ein klares, glänzendes Abbild der Oberfläche.

Hochglänzende, dunkle Oberflächen betonen die Körperformen eines Gegenstands durch Reflexionen und Abbildungen der Schatten. Sie wirken glatt, hart und kalt.

Bei matten Flächen werden durch die unebene Oberfläche die Lichtstrahlen diffus, d.h. unbestimmt oder gestreut zurückgestrahlt. Es entsteht eine unscharfe, matt aussehende Oberfläche.

Matte Oberflächen erscheinen zurückhaltender und weicher. Sie lassen z.B. Unebenheiten von Wänden und Decken nicht sichtbar werden. Sie wirken rauer, weicher und wärmer.

4 Hochglänzend

5 Matt

G.8.2 Farbmischung

G.8.2.1 Additive Farbmischung

Die durch Zerlegung des Lichts erhaltenen Farben werden auch als Lichtfarben bezeichnet. Durch Lichtfilter oder durch eine entsprechend farbige Beleuchtung erhalten wir „farbiges Licht", das nur einige Bereiche des Lichtspektrums enthält. Will man aus diesem „farbigen Licht" wieder weißes Licht herstellen, ist es einleuchtend, dass die fehlenden Bereiche des Lichtspektrums hinzugefügt, d. h. addiert werden müssen.

Strahlt man mit einer violetten, grünen und orangeroten Lichtquelle gleichzeitig auf einen Punkt, so entsteht wieder weißes Licht.

Durch Addition von jeweils zwei Lichtfarben erhalten wir farbiges Licht:

Orangerot	+ Grün	= gelbes Licht
Violett	+ Orangerot	= rotes Licht
Violett	+ Grün	= blaues Licht

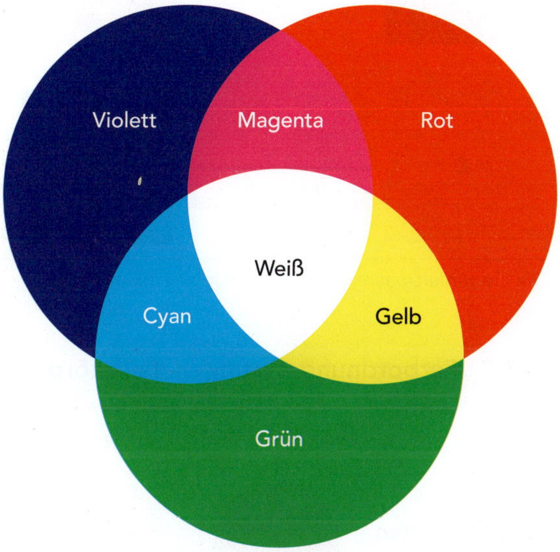

1 Additive Farbmischung

Dabei zeigt sich, dass die gemischten Lichtfarben stets heller sind als ihre Ausgangsfarben. Dies lässt sich aus der Energieform des Lichts erklären. Die Mischtöne werden durch ihre Mischung bzw. Addition energiereicher und ergänzen sich, bis das Spektrum des Lichts erreicht ist, d. h., sie werden immer heller, bis wieder weißes Licht entstanden ist.

Additive Farbmischung: Die Mischung ist stets heller als die Ausgangsfarbe. Die hellste Lichtfarbe ist das weiße Licht.

G.8.2.2 Subtraktive Farbmischung

Die vom Maler und Lackierer verarbeiteten Beschichtungen erhalten ihre Farbe in der Regel durch Pigmente. Pigmente sind die farbgebenden Körper in einer Beschichtung. Jedes Pigment erscheint durch den reflektierenden Anteil des Lichts entsprechend farbig. Diesen Farbeindruck nennt man Körperfarben.

Bei der Mischung bunter Pigmente wird demnach immer mehr Licht absorbiert, sodass bei jedem Mischvorgang die Farbe immer dunkler wird. Schließlich ist kein reflektierendes Licht mehr vorhanden, d. h., die Farbe Schwarz erscheint.

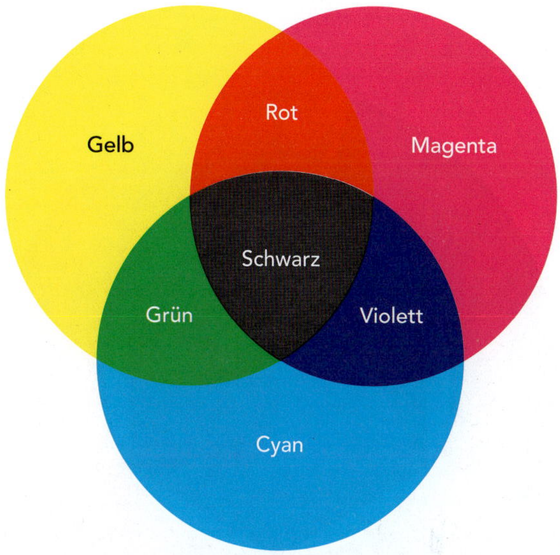

2 Subtraktive Farbmischung

Die Grundfarben der subtraktiven Farbmischung sind Cyan, Gelb und Magenta. Mischt man je zwei Grundfarben miteinander, entstehen folgende Mischfarben:

Gelb	+ Magenta	= Orangerot
Gelb	+ Cyan	= Grün
Magenta	+ Cyan	= Violett

Subtraktive Farbmischung: Mischung von Körperfarben unter einer Lichtquelle.

G.8.3 Ordnung der Farben

G.8.3.1 Farbkreis

Im Farbkreis wird auf einfache Weise eine Systematik der Farben entwickelt. Wir nehmen dabei den zwölfteiligen Farbkreis von Johannes Itten (1888–1967) zum Vorbild. Ausgehend von den drei Grundfarben (Primärfarben), werden gemischte Farben dargestellt.
Die Primärfarben sind die Farben Gelb, Rot und Blau. Sie lassen sich nicht aus anderen Farben mischen.
Aus den Primärfarben lassen sich Sekundärfarben mischen, und aus den Sekundärfarben lassen sich Tertiärfarben mischen.

1 Zwölfteiliger Farbkreis

Im Zentrum des zwölfteiligen Farbkreises liegen die drei Primärfarben nebeneinander in einem Dreieck. Ihre Mischung ergibt die jeweiligen Sekundärfarben. Diese füllen die Restflächen des Sechsecks in der Mitte des Farbkreises aus. Durch die Mischung der Sekundärfarben entsteht ein Außenkreis, der zwölf Farben enthält.
Tertiärfarben sind Farbmischungen, die Bestandteile aller drei Grundfarben enthalten. Sie können beispielsweise aus einer Grundfarbe und der im Farbkreis gegenüberliegenden Sekundärfarbe gebildet werden.
Mithilfe dieser Anordnung von Farben lassen sich die Primärfarben, die Sekundärfarben und die Tertiärfarben ablesen. Weitere Ausmischungen von Nachbarfarben ergeben den 24-teiligen und 48-teiligen Farbkreis.

Farben, die im Farbkreis einander gegenüberliegen, werden als Gegenfarben, Ergänzungsfarben oder Komplementärfarben bezeichnet.

Komplementärfarben bilden – als Farbenpaar gegeneinander gestellt – den stärksten möglichen Farbkontrast. Mischt man sie miteinander, so ergänzen sie sich zu einem dunklen Grau bzw. zu einem Braunton.

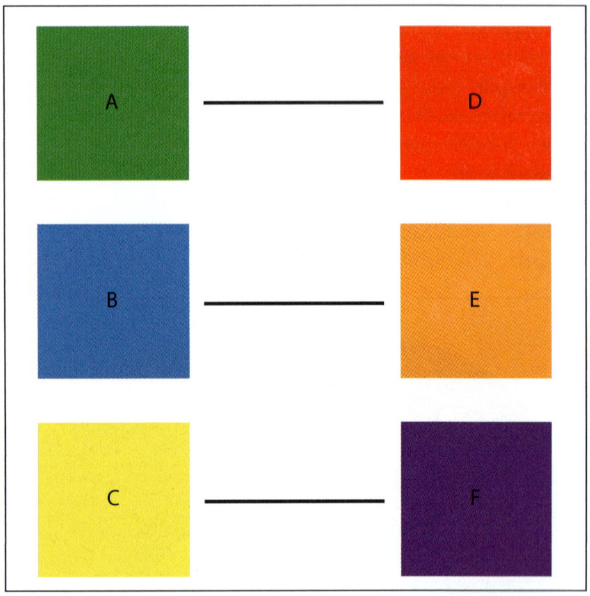

2 Die Gegenfarbpaare des sechsteiligen Farbkreises

G.8.3.2 Farbordnungssysteme – Farbkörper

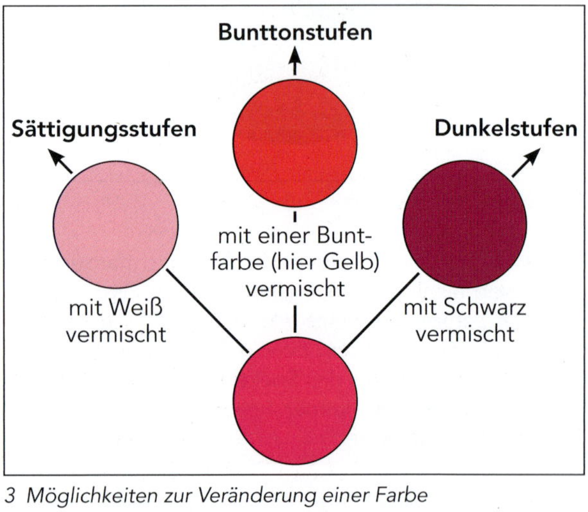

3 Möglichkeiten zur Veränderung einer Farbe

Die Welt ist bunt und es existieren unzählig mehr Farben als im zwölfteiligen Farbkreis dargestellt. Weitere Ausmischung mit Nachbarfarben, gegenüberliegenden Farben und auch Schwarz und Weiß sind möglich.

Es ergibt sich ein scheinbar unüberschaubares Farbenspektrum, dessen Zusammenhänge Maler und Lackierer kennen. Aus ihnen lassen sich Farbharmonien und Farbkontraste zusammenstellen und es lässt sich ableiten, warum einige Farben in ihrer Kombination disharmonisch wirken. Häufig orientiert sich der Aufbau eines Farbfächers an einem Farbordnungssystem, z. B.:

- Farbglobus nach Philipp Otto Runge
- NCS-System
- RAL-Farben

Farbglobus nach Philipp Otto Runge

Für die Darstellung von Farbordnungssystemen eignen sich am besten Farbkörper. Der Maler Philipp Otto Runge hat bereits 1810 mit seinem Farbglobus die wichtigste Vorarbeit für alle folgenden Farbordnungssysteme geliefert. Angelehnt an den Aufbau der Erde bilden dabei die Pole die unbunten, der Äquator die reinen, bunten Farben.

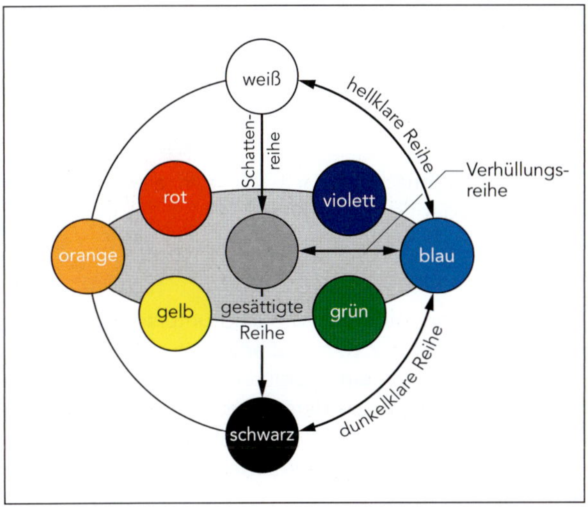

1 *Farbglobus nach Philipp Otto Runge*

Die Farben des Äquators nennt man gesättigte Reihe. Hier befinden sich die reinen Primär- und Sekundärfarben. Die Achse zwischen dem weißen Nordpol und dem schwarzen Südpol besteht aus Grautönen unterschiedlicher Helligkeit, vergleichbar der Graureihe. Diese Farbtöne werden Schattenreihe genannt.

Auf der Erdoberfläche werden die gesättigten Farben des Äquators nach oben mit Weiß aufgehellt und nach unten mit Schwarz verdunkelt. Diese Farben bezeichnet man als hellklare bzw. dunkelklare Reihe.

Eine Vielzahl weiterer Farbkörper bestimmte die Entwicklung von Farbordnungssystemen. Hier nur eine kleine Auswahl:

NCS-System

Das 1982 eingeführte NCS-System ist auf dem europäischen Binnenmarkt das gängigste Farbordnungssystem. Es bildet die Grundlage für den Aufbau der meisten Farbfächer, den der Maler und Lackierer bei der Farbberatung seiner Kunden nutzt. Bei diesem System wird ein 40-teiliger Farbkreis aus den vier „natürlichen Grundfarben" Gelb, Rot, Blau und Grün zugrunde gelegt. Seine Vorteile liegen in den ausgewogenen Farben und einer genauen Farbbezeichnung, die den prozentualen Anteil an Sättigung (z. B. c = 50) und Schwarz (z. B. s = 30) angibt. Die einzelnen Farbausschnitte sind für die Praxis in Farbtonkarten abgebildet.

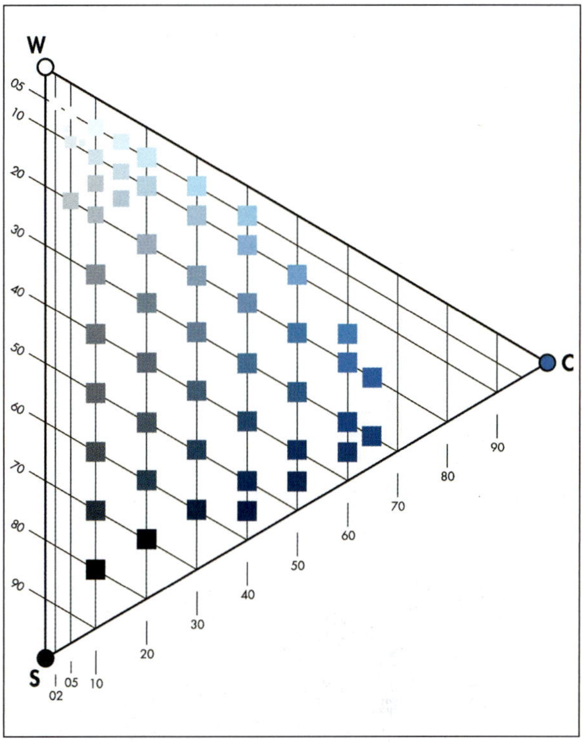

2 *NCS-System für einen Basiston*

3 *Farbkartensystem nach NCS*

RAL-Farben

Für viele Bereiche sind standardisierte Farbtöne erforderlich, z. B. für Verkehrsschilder, Polizei und Feuerwehr. In den Normen (DIN) für Sicherheitskennzeichnungen sind RAL-Farben vorgeschrieben. Das Deutsche Institut für Gütesicherung und Kennzeichnung legt die RAL-Farbreihen für alle Handwerksberufe einheitlich fest.
Das Farbregister RAL 840-HR enthält eine Sammlung dieser Farbtöne. Dieses Basisregister besteht aus 170 Farbtönen. Aus den wenigen Grundfarben können weitere 560 unverwechselbare Farbtöne ausgemischt werden.
Das RAL-Farbregister ist in neun Farbreihen eingeteilt. Alle RAL-Farben sind durch vierstellige Zahlen gekennzeichnet.

Übersicht RAL-Farben in den DIN

Farbreihe	Farbtöne	Farbreihe	Farbtöne
1000er	Gelb	**6000er**	Grün
2000er	Orange	**7000er**	Grau
3000er	Rot	**8000er**	Braun
4000er	Violett	**9000er**	Weiß, Schwarz
5000er	Blau		

G.8.3.3 Farbmischanlagen

Um Farbtöne nach den Vorgaben von Farbtonkarten oder nach bestimmten Farbwerten genau nachmischen zu können, gibt es unterschiedliche Farbmischanlagen. Moderne Anlagen nutzen die Unterstützung durch Computer.
Farbmischanlagen färben Basisfarben mit Farbpasten in einem gewünschten Farbton ein. Jeder Hersteller bietet eine eigene Produktpalette an, die meist sowohl Lacke als auch Kunststoffdispersionsfarben, Lasuren, Betonschutzbeschichtungen und vieles mehr enthält.

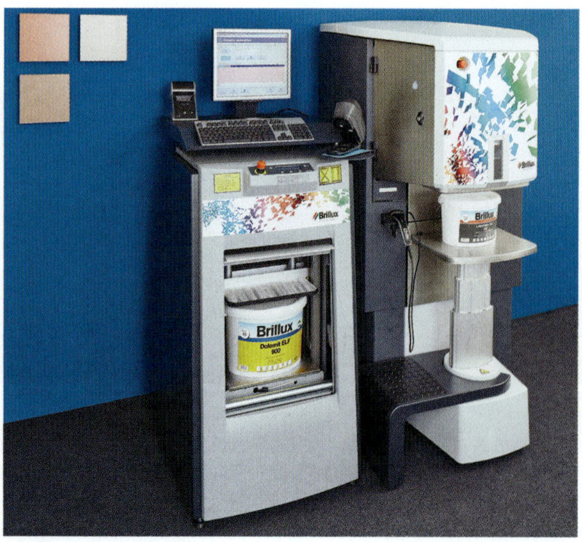

1 Farbmischanlage

Je nach Beschichtungsstoff entwickelt jeder Farbhersteller Farbpasten, mit denen sich einige Tausend Farbtöne nach Rezept herstellen lassen. Den Farbton bestimmt die jeweilige Menge an Farbpaste, die in die Basisfarbe gemischt wird. Der Computer berechnet die notwendigen Farbmengen und steuert die richtigen Entnahmen der Farbpasten für die Mischung. Durch intensives Schütteln oder Mixen wird ein einheitlicher Farbton erzielt.
Neben dem Vorteil, den Farbton genau zu treffen, lassen sich auch die gewünschten Farbmengen problemlos herstellen. Mischverluste können so ausgeschlossen werden.

G.8.4 Systematik von Farben

Zur Beschreibung einer Farbe bedient man sich der drei Merkmale Farbton, Helligkeit und Sättigung.

Farbton

Farben, die nicht mit Schwarz, Weiß oder Grau verändert wurden, beschreiben den Farbton. Man nennt sie „reine Farben".

Farbton: Eigenschaft, nach der man eine Farbe als Rot, Blau oder Gelb beschreibt.

Helligkeit

Bunte und unbunte Farbtöne sind unterschiedlich hell: Ein gelber Farbton z. B. ist heller als ein roter oder blauer. Im Vergleich mit einer Graureihe oder durch genaue Farbmessung lässt sich deren Helligkeit und damit der Hellbezugswert feststellen. Der Hellbezugswert gibt den Abstand der Helligkeit einer Farbe zu einer weißen Fläche in Zahlen wieder.

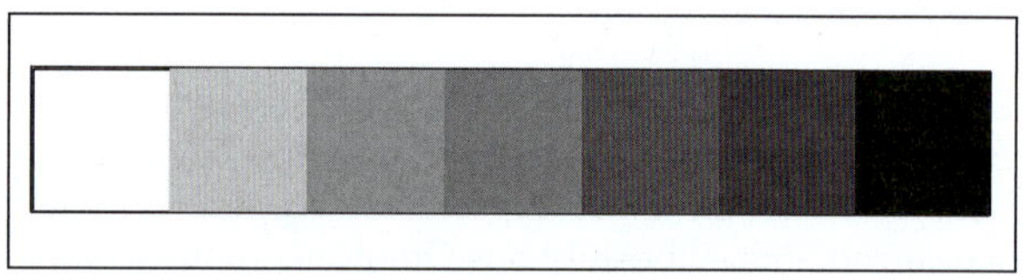

2 Gleichmäßig abgestufte Graureihe

Helligkeit: Gesamtmenge des Lichts, die von einem Farbton reflektiert wird.

Sättigung

Enthält ein Farbton keinen Weiß- oder Schwarzanteil, ist er voll gesättigt. Durch einen Grauanteil nimmt die Sättigung ab.

Sättigung: Reinheitsgrad einer Farbe.

G.8.5 Pigmente

G.8.5.1 Bestandteile von Anstrichstoffen

Farbmittel: Pigmente

Anstrichstoffe erhalten ihre Farbe in der Regel durch Pigmente. Sie sind die farbgebenden Körper in einer Beschichtung.

Streck- oder Verschnittmittel

Streck- oder Verschnittmittel werden bei teuren oder gesundheitsschädlichen Pigmenten eingesetzt. Beispielsweise besteht Titanweiß aus 30 % Titandioxid und 70 % Kalkspat als Verschnittmittel. Bei Bleimennige wird der Anteil an Verschnittmittel in der Bezeichnung mit angegeben. So enthält Bleimennige V40 einen Verschnittmittelanteil von 40 Prozent.

Füllstoffe

Füllstoffe verbessern die Eigenschaften der Pigmentierung und vergrößern bzw. strecken das Pigmentvolumen.

Füllstoffe sind, wie die Pigmente, im Bindemittel unlöslich und bilden daher mit den Pigmenten das gesamte Pigmentvolumen.
Sie füllen beispielsweise die Zwischenräume in der Pigmentierung und erhöhen die Festigkeit durch ihre harte Körnung. Außerdem geben sie Anstrichstoffen (aber auch Kitten, Spachtel- und Verputzmassen) die nötige Fülle, damit diese beim Erhärten nicht einfallen und Risse bekommen.
Füllstoffe sind meist billiger als Pigmente. Das Strecken mit Füllstoffen führt daher zu einer Kostensenkung, ohne die Eigenschaften des Anstrichfilms zu verschlechtern.

G.8.5.2 Einteilung der Pigmente

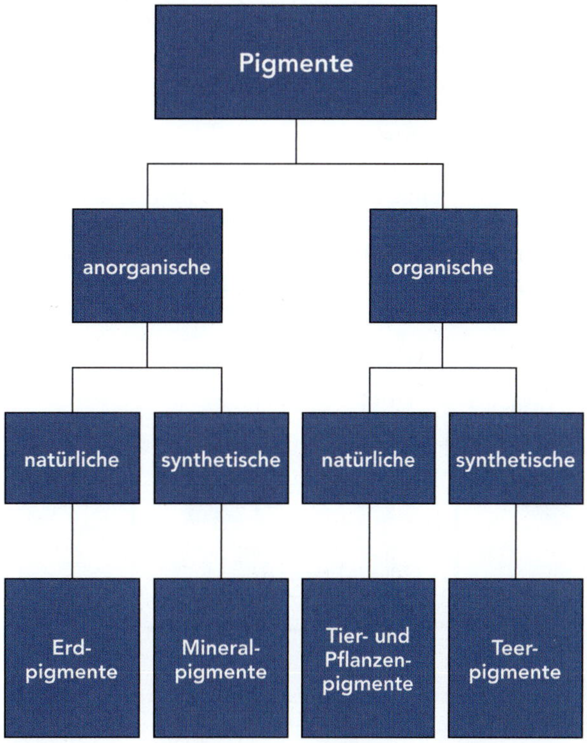

Beispiele:	**Beispiele:**	**Beispiele:**	**Beispiele:**
Kreide	Bleiweiß	Karminlack	Echtgelb
Schwerspat	Zinkweiß	Krapplack	Signalrot
Ton	Titandioxid	Schüttgelb	Phthalocyaningrün
Ocker	Chromgelb	Kasseler Braun	Azurblau
Rote Erde	Eisenoxidrot	Sepia	Anilinschwarz
Grüne Erde	Eisencyaninblau	Indigo	Ruß

1 Übersicht Pigmente

Bezeichnung	Gruppe	Sorten – Eigenschaften	Verwendung
Dolomit $[CaMg(CO_3)_2]$	karbonatischer Füllstoff	• sehr wetterbeständig • mit allen Bindemitteln und Pigmenten verträglich • hart und wenig empfindlich gegen Säuren • **ungiftig**	• Verschnittmittel für Weiß- und Buntfarben, u. a. für Titanweiß • Füllstoff für Kitte und Spachtelmassen
Kreide $[CaCO_3]$	karbonatischer Füllstoff	• vielfältige Korngrößen • wetterbeständig • mit allen Bindemitteln und Pigmenten verträglich • porös und gering säurebeständig • **ungiftig**	• Füllstoff für Kitte und Spachtelmassen • in Grundiermittel und Füller mit hoher Packungsdichte
Kaolin bzw.China clay $[Al2O_3 \cdot 2SiO_2 \cdot 2H_2O]$	silikatischer Füllstoff	• sehr widerstandsfähig und hart • mit allen Bindemitteln und Pigmenten verträglich • verbessert durch seine Plättchenform das Fließverhalten der Anstrichstoffe • **ungiftig**	• Füllstoff mit besonderer mechanischer Widerstandsfähigkeit • erleichtert die Emulgierung und verhindert die Entmischung bei Dispersionen • Bleicherde für ölige Bindemittel
Schwerspat $[BaSO_4]$	natürlicher sulfatischer Füllstoff	• chemikalienbeständig • mit allen Bindemitteln und Pigmenten verträglich	• Pigment für wässrige Bindemittel • Verschnittmittel für Weiß-, Bunt- und Korrosionsschutzpigmente
Blance Fix $[BaSO_4]$	synthetischer sulfatischer Füllstoff	• hohes Deckvermögen • **ungiftig**	• Füllstoff für Spachtelmassen und Grundiermittel • Substrat = Farbunterlage für Teerpigmente

Erdpigmente
Erdpigmente gewinnt man aus natürlich vorkommenden Erden, Steinen oder Mineralien. Sie werden u.a. durch Brechen, Schlämmen bzw. Reinigen und Mahlen aufbereitet.

Mineralpigmente
Mineralpigmente lassen sich durch Oxidation, Fällung oder durch Erhitzen herstellen. Dabei spaltet sich chemisch gebundenes Wasser ab oder verschiedene Grundstoffe verschmelzen.

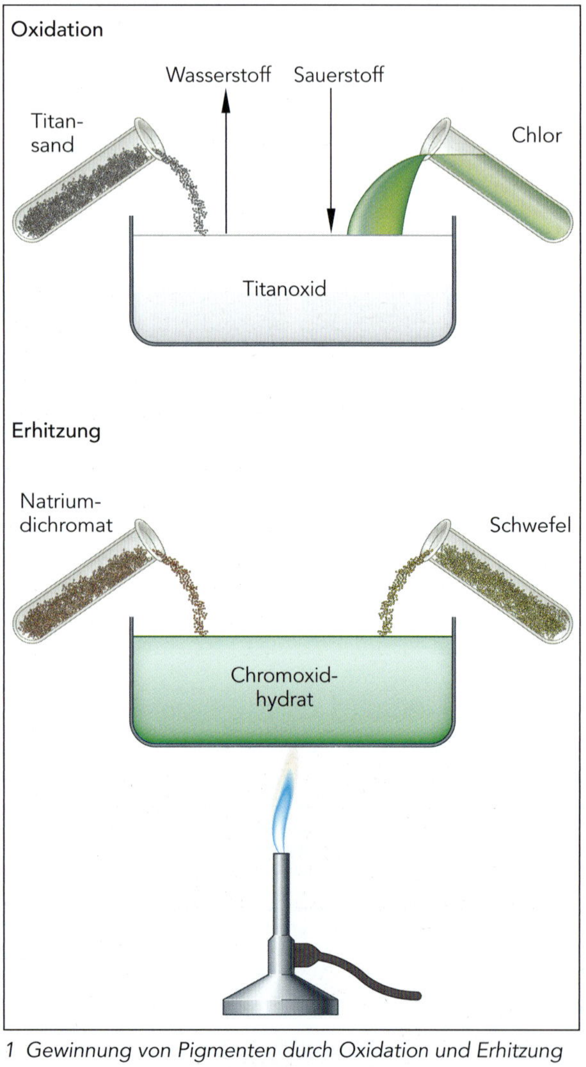

1 Gewinnung von Pigmenten durch Oxidation und Erhitzung

Weitere Beispiele für Pigmente, die durch Fällung hergestellt werden:
- **Miloriblau bzw. Berliner Blau**
- Eisenchloridlösung + gelbe Blutlaugensalzlösung
- **Lithopone**
- Zinksulfidlösung + Bariumsulfatlösung
- **Zinkgelb** (Zitronengelb)
  Zinksulfatlösung + Kaliumdichromatlösung

Tier- und Pflanzenfarben
Bei Tier- und Pflanzenfarben wird zunächst durch Auskochen eine Farbstofflösung hergestellt. Die Farbstofflösung wird danach mit einer Farbunterlage (Substrat, siehe S. 43ff.) unlöslich verbunden. Wegen ihrer geringen Lichtechtheit werden sie für Anstrichmittel nicht mehr verwendet.

Teerpigmente
Teerpigmente sind komplexe Kohlenstoff-Wasserstoff-(kurz: CH-)-Verbindungen, die durch aufwendige chemische Verfahren gewonnen werden. Man unterscheidet lösliche und unlösliche Farbstoffe. Lösliche Farbstoffe dienen u.a. zum Färben von Textilien. Unlösliche können als Pigmente eingesetzt werden.
Aus löslichen Teerfarbstoffen lassen sich durch Verlackung mit einem Substrat unlösliche Pigmente herstellen.

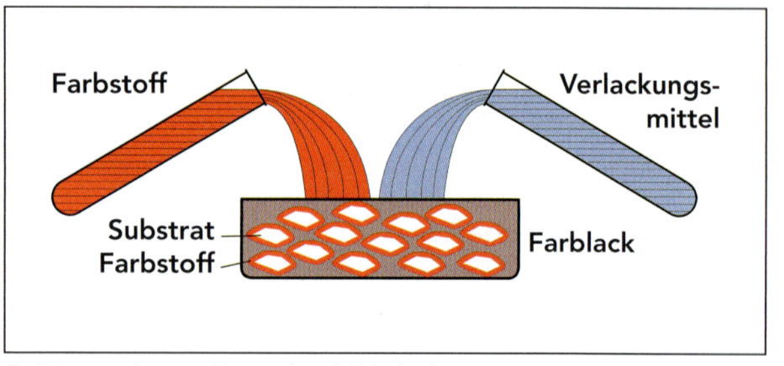

2 Pigmentherstellung durch Verlackung

Aus unlöslichen Teerfarbstoffen lassen sich durch Verkollern (Mischen, Walzen, Mahlen) mit einem Substrat unlösliche Pigmente herstellen.

Substrate

Substrate: Farbunterlagen für lösliche organische Farbstoffe.

Ein häufig verwendetes Substrat ist Schwerspat.
Bei der Verlackung wird der lösliche Farbstoff mit dem Substrat vermischt und erhitzt, wobei durch entsprechende Verlackungsmittel eine Salzbildung erfolgt und der Farbstoff fest mit dem Substrat verbunden wird. Das so erzeugte Pigment wird auch als Farblack bezeichnet (nicht mit Lackfarben verwechseln!).
Bei unlöslichen Farbstoffen genügt das Vermahlen und Anreiben, d.h. Verkollern mit einem Substrat in einem Kollergang, um unlösliche Farbpigmente zu erhalten

Schwarzpigmente

Schwarzpigmente werden meist aus Ruß oder durch Verkohlung organischer Produkte, z.B. Knochen, hergestellt. Als mineralisches Pigment steht Eisenoxidschwarz als Teerpigment zur Verfügung.

G.8.5.3 Eigenschaften der Pigmente

Die wichtigsten Eigenschaften von Pigmenten sind:

- Pigment-Volumen-Konzentration (PVK)
- Deckvermögen
- Färbevermögen
- Überstreichbarkeit
- Lichtechtheit
- Beständigkeit gegen Basen
- Beständigkeit gegen Säuren
- Giftigkeit
- Schutzwirkung

Pigment-Volumen-Konzentration (PVK)

Durch das Volumen, das die Pigmente innerhalb eines Anstriches annehmen, lassen sich Rückschlüsse auf die Eigenschaften der gesamten Beschichtung ziehen: Mit zunehmender Pigment-Volumen-Konzentration nehmen Deckvermögen, Härte und Wasserdampfdurchlässigkeit der Beschichtung zu, der Glanzgrad und die Elastizität dagegen nehmen ab.

$$\text{PVK: } \frac{\text{Pigmentvolumen x 100}}{\text{Pigmentvolumen + Bindemittelvolumen}}$$

Bei hoher PVK ist der Bindemittelanteil zwangsläufig gering. Die Widerstandsfähigkeit gegen Abrieb nimmt dadurch ab, ebenso ist die Verankerung der Beschichtung im Untergrund geringer.

Deckvermögen

Die Eigenschaft der Pigmente, die Farbe oder Farbunterschiede des Untergrunds zu verdecken, wird als Deckvermögen bezeichnet.

Das Deckvermögen ist im Allgemeinen von der Schichtdicke sowie der Art, Form und Größe der Pigmente abhängig. Einen besonderen Einfluss auf das Deckvermögen hat das Lichtbrechungsvermögen von Bindemitteln und Pigmenten (siehe S. 36). Stimmen die Lichtbrechungszahlen überein oder liegen sehr nahe beieinander, decken die Pigmente nicht oder nur unzureichend. Je stärker sich die Pigmente und die Bindemittel in der Lichtbrechung unterscheiden, umso größer ist das Deckvermögen.

Da das Deckvermögen immer vom Bindemittel und Pigment abhängig ist, lassen sich für die Pigmente allein nur pauschale Aussagen treffen.

- Gutes Deckvermögen haben z.B.: Titandioxid, Eisenoxidgelb, Eisenoxidrot, Chromoxidgrün, Eisenoxidschwarz.
- Geringes Deckvermögen haben z.B.: Terra di Siena, Kasseler Braun, Berliner Blau, Karminrot, Chromoxidhydratgrün. Sie wirken lasierend.

Bestehen die Pigmente aus porösen Stoffen, saugen sie sich mit Bindemittel voll und wirken dadurch ebenfalls lasierend. Aufgrund dieser Eigenschaft nennt man sie hydrophile (Wasser anziehende) Pigmente. Hydrophobe (Wasser abstoßende) Pigmente decken auch im nassen Zustand.
Beispielsweise deckt Kreide als hydrophiles Pigment in einem wässrigen Bindemittel, z.B. Leimfarbe oder Dispersion, erst nach dem Trocknen. In öligen Bindemitteln deckt Kreide auch nach dem Trocknen sehr schlecht.
Dagegen deckt Titandioxid als hydrophobes Pigment bereits im nassen Zustand in nahezu allen Bindemitteln.

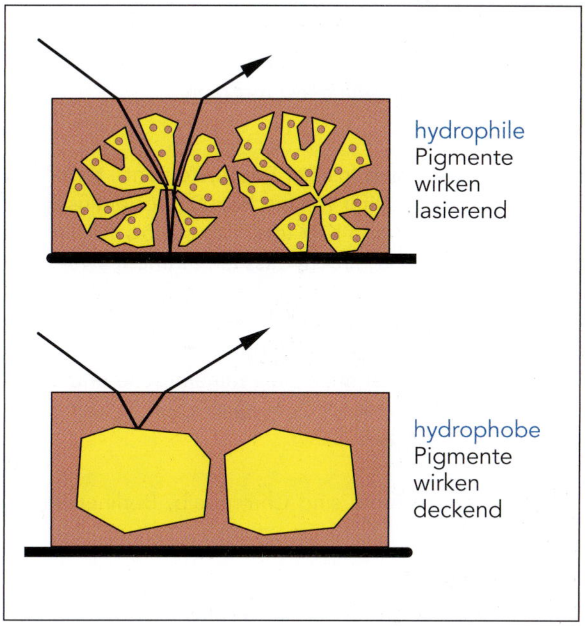

1 Deckungsvermögen bei hydrophilen und hydrophoben Pigmenten

Färbevermögen

Innerhalb einer Mischung färben Pigmente unterschiedlich gut. Das Färbevermögen kann beim Abtönen eines weißen Pigments ermittelt werden. Mischkräftige Buntpigmente sind sparsam im Verbrauch. Um Kosten zu sparen, werden häufig teure mischkräftige Pigmente mit einem Streckmittel „verschnitten".

Sehr mischkräftige Pigmente sind: Berliner Blau, Englischrot, Chromgelb, Oxidgelb, Chromoxidgrün.

Überstreichbarkeit

Manche Pigmente lassen sich vom Bindemittel oder Lösemittel anlösen. Diesen Vorgang nennt man Ausbluten. Bei Renovierungsanstrichen muss in diesem Fall bei den Vorarbeiten ein Tiefgrund aufgetragen werden, der den Untergrund tief eindringt und verfestigt.

Lichtechtheit

Die Beständigkeit gegen Ausbleichen, Vergilben, Nachdunkeln oder Farbverlust durch Licht- oder Sonnenstrahlen nennt man Lichtechtheit.

Reine Pigmente sind in der Regel lichtechter als gemischte Pigmente. Erdfarben sind lichtechter als Mineral- und Teerfarben.

Beständigkeit gegen Basen

Mineralische Bindemittel, wie Kalk, Zement und Wasserglas, sind sehr alkalisch, d.h., sie haben eine ätzende, laugenhafte Wirkung. Die im Anstrichstoff verwendeten Pigmente müssen deshalb alkalibeständig sein.

Nicht alkalibeständige Pigmente verlieren ihren Farbton und verfärben sich meist rotbraun.

Ebenso alkalisch sind frischer Beton, Zement-, Kalk- und Silikatputz. Die Alkalität von frischem Putz oder flüssigem Bindemittel nimmt von Kalk über Zement bis Wasserglas zu. So kann es vorkommen, dass ein Pigment zwar kalk- und zementecht ist, nicht jedoch wasserglasecht.
Sehr alkalibeständig sind in der Regel die Erdfarben, mit Ausnahme von gipshaltigen Pigmenten und Füllstoffen, z.B. Leichtspat. Aber auch viele mineralische und organische Pigmente lassen sich in alkalischen Bindemitteln problemlos einsetzen.

Nicht alkalibeständig sind Chromgelb, Berliner Blau, Chromgrün.

Bleipigmente und Bronzen aus Aluminium werden von Wasserglas besonders angegriffen, gipshaltige Pigmente und Füllstoffe dicken in Wasserglas ein.

Beständigkeit gegen Säuren

Abgase bilden mit Regen und Nebel Säuren. Die Pigmente im Außenbereich müssen daher säurebeständig sein.

Nicht säurebeständige Pigmente bilden mit Säuren häufig wasserlösliche Salze. Sie verlieren ihren Farbton und verfärben sich meist weißgrau.

In säurehärtenden Bindemitteln sind ebenfalls entsprechend beständige Pigmente erforderlich. Auch beim Neutralisieren und Fluatieren (siehe S. 241) werden Säuren verwendet, die mit den Pigmenten reagieren können.
Nicht säurebeständig sind u.a. Erdfarben, die Kreide (Kalziumkarbonat $CaCO_3$) enthalten. Beispielsweise reagiert wasserunlösliche Kreide mit Schwefelsäure, es entsteht wasserlöslicher Gips ($CaSO_4$). Als Außenpigment ist Kreide daher nicht mehr verwendbar.

Nicht säurebeständig sind Kreide, mineralische Pigmente, die Blei, Zink oder Aluminium enthalten, sowie Ultramarinblau und Chromgelb.

Da Blei-, Zink- und Aluminiumpigmente im Korrosionsschutz eingesetzt werden, müssen diese durch das umgebende Bindemittel oder durch säurebeständige Deckanstriche geschützt werden.

Giftigkeit

Früher wurden häufig giftige Pigmente verwendet, weil der besondere Farbton oder die Schutzwirkung durch andere Pigmente nicht erreichbar war. So wurden im Korrosionsschutz giftige Bleimennige, Bleiweiß und Zinkchromat eingesetzt. Als gelber Farbton fand Chromgelb einen weitverbreiteten Einsatz. Kupfer- und sogenannte Goldbronzen erwiesen sich ebenfalls als giftig. Giftige Pigmente enthalten Arsen-, Blei-, Chrom-, Jod-, Strontium-, Quecksilber- und Kupferverbindungen.
Pigmente können krebserzeugend, erbgutverändernd und fruchtschädigend wirken sowie die Fortpflanzungsfähigkeit beeinträchtigen.

Giftige Pigmente sind durch ungiftige zu ersetzen.

Die meist ungiftigen organischen Teerpigmente stehen in einer breiten Farbpalette zur Verfügung. Sie sind chemikalienbeständig und in der Regel sehr lichtecht. Als Korrosionsschutzpigmente können giftige Bleimennige durch Zinkstaubfarben, Zinkchromat durch ungiftiges Zinkphosphat ersetzt werden. Die heute zur Verfügung stehenden Kunstharze schützen die Untergründe in viel höherem Maße, als dies bei früheren Bindemitteln der Fall war.

Trotzdem ist Vorsicht geboten! Beim Umgang mit giftigen Pigmenten sind die vorgeschriebenen Schutzmaßnahmen sorgfältig einzuhalten.

Schutzwirkung
Die Pigmente sorgen im Anstrichstoff für eine gewisse Schichtdicke, Fülle, Härte und Widerstandsfähigkeit.
Aktive Pigmente: Blei- und Zinkpigmente beschleunigen in öligen Bindemitteln die Erhärtung. Sie reagieren als aktive Pigmente mit der Fettsäure der öligen Bindemittel und bilden wasserlösliche Seifen.

Zu den aktiven Pigmenten zählen: Bleimennige, Bleiweiß, Zinkchromat, Zinkweiß und Zinkgelb.

Schuppenförmige Pigmente verlängern den Durchgangsweg und vermindern die Durchlässigkeit für Wasser, Sauerstoff und aggressive Stoffe. Sie schützen den Untergrund allein durch ihre Blättchenform und werden deshalb auch als inaktive oder passive Pigmente bezeichnet.

Zu den schuppenförmigen Pigmenten zählen: Aluminiumbronzen, Eisenglimmer, Glimmer und Grafit.

Zinkpulver wirkt im Korrosionsschutz als „Opferanode", d.h., bei der Korrosion wird Zink abgebaut. Stahl rostet nicht, solange Zink vorhanden ist.
Zinkoxid wirkt auf Bakterien und Pilze keimtötend und verhindert so den Pilzbefall von Anstrichen.
Feinst gemahlene Pigmente (Lasurpigmente) sind im Holzschutz in der Lage, UV-Strahlen nicht in das Holz eindringen zu lassen.
Feuerschutzpigmente: Zum Schutz gegen Feuereinwirkung verhindern sie das Entflammen und bilden eine schaumartige, isolierende Schutzschicht gegen die Hitze.

G.8.5.4 Glanzpigmente – Metalleffektpigmente

Als Glanzpigmente werden meist Aluminiumpigmente verwendet. Sie sind hochglänzend und haben eine ausgeprägte Blättchenstruktur. Je nach Oberflächenbehandlung legen sich die Blättchen wie Laubblätter auf ein Gewässer, sie werden Leafing-Typen (blättchenartig) genannt. Die Pigmente liegen an der Oberfläche der Beschichtung dicht nebeneinander und berühren sich an den Rändern. Beim Erhärten wird diese Position beibehalten, sodass die glatte, stark reflektierende Schicht metallisch glänzend erscheint.
Auf dieser Basis lassen sich u.a. Perlglanz-, Brillant-, Kristall- und Regenbogeneffekte herstellen. Bei Metallic-Lackierungen wird der Glanzeffekt durch einen Klarlacküberzug besonders hervorgehoben. Beim Hammerschlageffekt entstehen die kraterartigen Vertiefungen durch Mischen unverträglicher Bindemittel oder Zusätze.

1 Wappen mit Metallglanzpigmenten beschichtet

Metallbronzen haben keine geordnete Blättchenstruktur (Non-Leafing-Typen). Silberbronze wird aus Aluminiumpulver, Goldbronzen aus Kupfer-Zink-Legierungen hergestellt.

G.8.5.5 Leuchtpigmente

Pigmente, die im Dunkeln leuchten oder am Tage besonders starke Leuchtkraft besitzen, werden als Leuchtpigmente bezeichnet.

Selbstleuchtende Pigmente enthalten radioaktive Stoffe, sind sehr teuer und werden wegen ihrer Strahlung kaum noch eingesetzt.
Nachleuchtende Pigmente bestehen aus Schwefelverbindungen von Zink. Obwohl sie keinen Phosphor enthalten, werden sie fälschlicherweise oft als „phosphoreszierend" bezeichnet. Sie leuchten nach vorheriger Lichteinwirkung.
Fluoreszierende Pigmente wandeln kurzwelliges UV-Licht in sichtbares Licht um und verstärken dadurch die Leuchtkraft. Sie leuchten nur während der Bestrahlung.
Tagesleuchtfarben leuchten durch Fluoreszenz bereits bei normalem Tageslicht. Sie werden deshalb für Signalfarben, Warntafeln usw. verwendet.

G.8.5.6 Überblick über die Pigmente

Die hier beschriebenen Pigmente stellen nur eine kleine Auswahl dar. Bei der Vielzahl der vorhandenen Pigmente würde es den Rahmen sprengen, wollte man den Versuch unternehmen, die Pigmente umfassend darzustellen. Dieser Überblick beschränkt sich daher auf eine Auswahl monochromer Weiß- und Schwarzpigmente, polychromer Buntpigmente, Metalleffektpigmente, Korrosionsschutzpigmente und Füllstoffe.

Weißpigmente

Bezeichnung	Gruppe	Sorten – Eigenschaften	Verwendung
Bleiweiß	Mineralpigment	• aktives Pigment • bildet mit der Fettsäure ölhaltiger Bindemittel wasserunlösliche Seifen • sehr lichtbeständig • gutes Deckvermögen • **giftig**!	• für Anstriche im Außenbereich • u. a. als Korrosionsschutzanstriche
Kreide	Erdpigment	• je nach Herkunft grauweiß bis gelblich • hellste Sorte Champagnekreide • deckt in wässrigen Bindemitteln gut, in ölhaltigen schlecht	• für Leimfarben und Innendispersionen • für Silikatfarben und Feuerschutzanstriche • dient häufig als Füllstoff für Kitte und Spachtelmassen
Lithopone bzw. Zinksulfid	Mineralpigment	• Rot-, Grün- und Silbersiegel enthalten 30 %, 40 % und 60 % ZnS • das Deckvermögen steigt mit dem ZnS-Gehalt • lichtecht • neigt in Öl zum Vergilben	• für Innenanstriche in Öl-, Lack- und Dispersionsfarben
Titanweiß	Mineralpigment	• Rutil unterscheidet sich von Anatas durch das stabilere Kristallgitter • beide sind sehr lichtecht und besitzen ein hohes Deckvermögen	• Rutil: sehr wetterfest für innen und außen • Anatas: nur für innen • beide sind mit allen Bindemitteln verträglich
Zinkweiß	Mineralpigment	• Weiß-, Grün und Rotsiegel • abnehmendes Deckvermögen von Weiß- nach Rotsiegel • aktives Pigment • bildet mit der Fettsäure ölhaltiger Bindemittel wasserunlösliche Seifen • sehr lichtbeständig • gutes Deckvermögen • wirkt keimtötend auf Pilze und Bakterien	• in Dispersions- und Lackfarben für innen und außen • fördern den Verlauf von Lackfarben • sind gut mischbar mit anderen Pigmenten

Schwarzpigmente

Bezeichnung	Gruppe	Sorten – Eigenschaften	Verwendung
Anilinschwarz	Teerpigment	• tiefschwarzer Farbton • mit allen anderen Pigmenten verträglich • sehr gut deckend • in wässrigen Bindemitteln schlecht benetzbar	• in Öl-, Nitro- und allgemeinen Lackfarben
Eisenoxid-schwarz	Mineralpigment	• Farbton je nach Reinheit • mit anderen Pigmenten und allen Bindemitteln verträglich • sehr gut deckend • gut benetzbar	• zum Färben von Zement und Edelputz • für Silikat- und Korrosionsschutzfarben
Rußschwarz	organisches Pigment	• größtes Färbevermögen • sehr lichtbeständig • schlecht benetzbar	• Herstellung von Lack- und Druckfarben • in öligen Bindemitteln schlechte Trocknung • Zusatz von Sikkativ oder Harttrockenöl nötig

Metalleffektpigmente

Bezeichnung	Gruppe	Sorten – Eigenschaften	Verwendung
Aluminium-bronze	reines Aluminium	• Sorten mit aufschwimmenden Blättchen (Leafing) und nicht aufschwimmenden Blättchen (Non-Leafing) • sehr wetterbeständig • hitzebeständig • gut deckend	• Korrosionsschutz • Hammerschlaglacke • Effektlacke
Goldbronze	Legierung von Kupfer und Zink	• nicht wetterbeständig • werden durch Oxidation dunkel	• zum Bronzieren in der Dekorations- und Schmuckmalerei • billiger Ersatz für Vergoldungen • mit Achatstein polierbar
Kupferbronze	reines Kupfer	• wetterbeständig • laufen durch Hitze an • reagieren mit sauren Pigmenten • nur mit neutralen Bindemitteln verträglich	• zum Bronzieren in der Dekorations- und Schmuckmalerei • für Unterwasseranstriche auf Holz
Silberbronze	Legierung von Kupfer, Zink und Nickel	• nicht wetterbeständig • werden durch Oxidation dunkel	• zum Bronzieren in der Dekorations- und Schmuckmalerei • mit Achatstein polierbar

Buntpigmente

Bezeichnung	Gruppe	Sorten – Eigenschaften	Verwendung
Berliner Blau bzw. Miloriblau	Mineralpigment	• sehr gutes Färbevermögen • sehr lichtbeständig • nicht alkalibeständig	• in Leim-, Dispersions-, Öl- und Lackfarben • nicht für alkalische Bindemittel
Chromoxidgrün	Mineralpigment	• olivgrüner, stumpfer Farbton, im Gegensatz zu Chromoxidhydratgrün, das einen feurig grünen Farbton besitzt • sehr lichtbeständig • mit allem Bindemitteln verträglich	• in sämtlichen Bindemitteln für innen und außen
Eisenoxidgelb	Mineralpigment	• ockergelber bis rötlicher Farbton • je nach Reinheit gut deckend • mit anderen Pigmenten und allen Bindemitteln verträglich • hitzebeständig bis 180 °C	• in sämtlichen Bindemitteln für innen und außen
Eisenoxidrot	Mineralpigment	• deckende und lasierende Sorten • rotgelber bis rotvioletter Farbton • sehr lichtbeständig • mit allem Bindemitteln verträglich	• in sämtlichen Bindemitteln für innen und außen • Korrosionsschutzfarben anstelle von Bleimennige
Heliogengrün bzw. Phthalocyaningrün	Teerpigment	• sehr lichtbeständig • säure- und alkalibeständig • sehr hitzebeständig	• in Dispersions- und Lackfarben für innen und außen
Kasseler Braun	Tier- und Pflanzenfarben	• lasierender, dunkelbrauner Farbton • nicht alkalibeständig • nur gering lichtbeständig	• für Lasuren und Beizen • nicht in Kalk- oder Silikatfarben verwendbar
Kadmiumorange	Mineralpigment	• sehr lichtbeständig • hohes Deckvermögen • mit allen Bindemitteln verträglich	• in sämtlichen Bindemitteln für innen und außen
Nickeltitangelb	Mineralpigment	• sehr lichtbeständig • hohes Deckvermögen • säure- und alkalibeständig • sehr hitzebeständig	• in allen Bindemitteln verwendbar • hält hohen Anforderungen stand
Paliogenrot	Teerpigment	• großes Färbevermögen • säure- und alkalibeständig • sehr licht- und hitzebeständig	• in hochwertigen Lackfarben für innen und außen
Ultramarinblau	Mineralpigment	• blaugrüner, violetter bis rotvioletter Farbton • alkalibeständig • nicht säurebeständig	• in sämtlichen Bindemitteln für innen und außen

Korrosionsschutzpigmente

Bezeichnung	Gruppe	Sorten – Eigenschaften	Verwendung
Bleimennige	Mineralpigment	• aktives Korrosionsschutzpigment • bildet in öligen Bindemitteln wasserunlösliche Bleiseifen • gering säurebeständig • schnell trocknend durch sikkativierende Wirkung • **gesundheits- und umweltschädigend! giftig!**	• Korrosionsschutz-Grundierungen • aktiver Korrosionsschutz in öligen Bindemitteln • passivierende Wirkung in Chlorkautschuk, Epoxidharz, Polyurethan- und Vinylharzen
Zinkchromat	Mineralpigment	• passivierende Wirkung • geringes Deckvermögen • mit allen Pigmenten und Bindemitteln verträglich • **giftig! krebserzeugend!**	• Korrosionsschutz-Grundierungen • Wash-Primer in der Fahrzeuglackierung
Zinkphoshat	Mineralpigment	• passivierende Wirkung • geringes Deckvermögen • mit allen Pigmenten und Bindemitteln verträglich • **giftig!**	• Korrosionsschutz auf Stahluntergründen in Kombination mit anderen Pigmenten • für die schichtbildende Phosphatierung
Zinkstaub	Zinkpulver mit Spuren von Blei, Kupfer und Kadmium	• passivierende Wirkung durch kathodische Schutzwirkung (Zink = „Opferanode") • gering säure- und alkalibeständig • keimtötend für Bakterien und Pilze • **ungiftig!**	• als Rostschutzfarben auf Stahl bei starker Beanspruchung durch Feuchtigkeit • Shop-Primer unter wetter- und chemikalienbeständige Beschichtungen
Glimmer	Legierung von Metallen	• passives, schuppenförmiges Pigment • verhindert das Eindringen von Feuchtigkeit • **ungiftig!**	• zur Verbesserung der Wetterbeständigkeit, Abrieb- und Haftfestigkeit
Eisenglimmer	Erdpigment	• passives, schuppenförmiges Pigment • **ungiftig!**	• für korrosionsschützende Grund- und Deckbeschichtungen
Grafit	Erdpigment	• passives, schuppenförmiges Pigment • **ungiftig!**	• für chemikalien- und hitzebeständige • Korrosionsschutzbeschichtungen

G.8.5.7 Gesundheits- und Umweltschutz im Umgang mit schädigenden Pigmenten

Beim Entfernen oder Schleifen von Altanstrichen sowie beim Verarbeiten von Grundiermitteln, Füllern und Beschichtungen können durch unsachgemäßen Umgang Gesundheits- und Umweltschäden entstehen. So kann Schleifstaub von Zinkweiß oder Zinkoxid fieberhafte Erkrankungen verursachen. Chrompigmente führen bei offenen Wunden zu Entzündungen, nickelhaltige Pigmente können Allergien auslösen. Besonders schädigend wirken sich Pigmente aus, die aus Blei-, Chromat- und anderen Schwermetallverbindungen bestehen.

Die Pigmente werden mit dem Schleifstaub, Spritznebel und durch Dämpfe beim Schweißen oder Abbrennen eingeatmet. Bleipigmente reichern sich dauerhaft im Körper an und führen zu schweren Gesundheitsschäden. Sie schädigen die Entwicklung des menschlichen Lebens bereits im Mutterleib. Chromate, wie beispielsweise Zinkchromat, sind krebserzeugend und können Erbgutveränderungen hervorrufen.

Neben diesen direkten Beeinträchtigungen besteht beim Verarbeiten, Entfernen oder Schleifen die Gefahr, dass diese schädlichen Pigmente die Umwelt belasten und in die Nahrungskette gelangen können.

Auf blei- und chromathaltige Beschichtungen sollte daher möglichst verzichtet werden!

Vorsichtsmaßnahmen

Haut und Augen vor Entzündungen durch Schutzbrille und Schutzhandschuhe schützen

Untergründe nass schleifen!

Beim Verarbeiten für gute Lüftung sorgen. Bei gesundheitsschädlichen Stoffen muss eine Atemschutzmaske getragen werden.

Während der Arbeit darf nicht geraucht und gegessen werden.

Die Hände vor dem Essen und nach der Arbeit gründlich reinigen!

Aufgaben

1. *Erklären Sie den Zusammenhang von Licht und Farbe.*
2. *Wodurch kommt es zu den unterschiedlich bunten Farben?*
3. *Nennen Sie die Spektralfarben des Sonnenlichts.*
4. *Erklären Sie am Beispiel einer roten Blüte, warum diese im Sonnenlicht rot erscheint.*
5. *Warum erwärmen sich dunkle Flächen im Sonnenlicht stärker als helle?*
6. *Welche nachteiligen Folgen können dunkle Anstriche im Außenbereich haben?*
7. *Sie haben zu wählen zwischen einem Öllack mit Kreide und einem mit Titandioxid. Welchen würden Sie verarbeiten? Begründen Sie Ihre Auswahl.*
8. *Eine Lackierung verliert durch Anschleifen ihren Glanz. Erklären Sie diesen Effekt.*
9. *Erklären Sie, warum zur Darstellung der Farben Farbkörper verwendet werden.*
10. *Ein entscheidendes Problem ist die systematische Benennung der Farben. Mit welchem System hat dies das NCS-System gelöst?*
11. *Finden Sie heraus, welcher Farbton sich hinter den folgenden Bezeichnungen verbirgt: RAL 6012, NCS 0612-R64B.*

G.9 Chemische Grundlagen

Um Werk- und Hilfsstoffe auf den unterschiedlichsten Untergründen fachgerecht und technologisch richtig verarbeiten zu können, sind gute chemische Grundkenntnisse erforderlich.
Die heutige Farbchemie stellt dem Markt z. B. ca. 20 000 synthetisch, d. h. in chemischen Prozessen hergestellte Pigmente zur Verfügung. Kunststoffe bilden die Grundlage der heutigen Beschichtungsmittel, z. B. wasserverdünnbare Kunststoffdispersionsfarben und Lacke.

> **Chemie:** Lehre von den Stoffen. Sie befasst sich mit dem Aufbau, der Zusammensetzung und den Eigenschaften der Stoffe und deren Umwandlung.

Struktur der Chemie

Anorganische Chemie: Zu diesem Teilbereich zählen alle **kohlenstofffreien Elemente und Verbindungen,** z. B. Natursteine, mineralische Baustoffe und Pigmente, Putze, Kalk- und Wasserglasfarben.
Organische Chemie: Zu diesem Teilbereich zählen alle **kohlenstoffhaltigen Elemente und komplexen Kohlenstoffverbindungen,** z. B. Seifen, Lösemittel, Öle, Leime, Lacke, Kunststoffdispersionsfarben, Holz, Kohle oder synthetische Kunststoffverbindungen.
Nicht nur die Herstellung von Farben und Beschichtungsmitteln ist größtenteils von der Chemie abhängig, auch der tägliche Umgang mit Untergründen und Beschichtungen wird durch chemische Prozesse und Vorgehensweisen bestimmt:

- Beton wird geschützt durch den Erhalt eines konstanten pH-Werts (siehe S. 54–55, 131).
- Ölige Bindemittel trocknen durch Oxidation (siehe S. 53, 214).
- 2-K-Lacke werden verarbeitungsfähig durch die Reaktion von zwei Komponenten (siehe S. 212).
- Korrosion wird verhindert durch Rostumwandler oder Korrosionsschutz (siehe S. 98).
- Beschichtungen werden durch Beizen entfernt (siehe S. 145–146).
- Alkalische Untergründe werden durch Fluatieren neutralisiert (siehe S. 241).
- Oberflächen werden gereinigt durch lösliche Seifen (siehe S. 55).

Häufig haben Maler und Lackierer es mit gesundheitsschädlichen, giftigen und umweltgefährdenden Stoffen zu tun, die Kenntnisse und Verantwortung beim Umgang und Einsatz erfordern.

1 Gesundheitsgefährdende Stoffe

G.9.1 Atome, Elemente und Moleküle

Übersicht

Atom: kleinstmögliche, nicht mehr teilbare „Portion" eines reinen, chemisch nicht weiter zerlegbaren Elements.
Element: Stoff, der aus vielen gleichen Atomen besteht; wird auch als Reinstoff bezeichnet, der sich chemisch nicht zerlegen lässt.
Molekül: besteht aus mindestens zwei Nichtmetallatomen; das können Atome eines einzigen Elements sein (z. B. Sauerstoff), aber auch Atomverbände verschiedener Elemente (z. B. Kohlenstoffdioxid).

Atome

Der Begriff Atom wurde bereits im 5. Jh. v. Chr. von den griechischen Naturphilosophen Demokrit und Leukipp geprägt. Atome wurden als kleinste Teilchen der Elemente angesehen, aus denen sich alle Materialien des Universums zusammensetzen.

Aufbau der Atome

Atome bestehen aus drei Bausteinen:
- Protonen (elektrisch positiv geladen)
- Elektronen (elektrisch negativ geladen)
- Neutronen (elektrisch neutral)

Ein Atom besteht aus dem Atomkern und der Atomhülle. Den Atomkern bilden die Protonen und die Neutronen. Die Elektronen bewegen sich in der Atomhülle um den Atomkern. Die Atomhülle kann man sich vorstellen wie eine Wolke um den Atomkern. Einfacher ist aber die Vorstellung, dass sich die Elektronen auf mehreren Schalen bewegen.
In jedem spezifischen Atom ist die Anzahl der Protonen im Kern und die Anzahl der den Kern umgebenden Elektronen gleich: Z. B. hat das Kohlenstoffatom sechs Protonen und sechs Elektronen; das Sauerstoffatom hat acht Protonen und acht Elektronen.

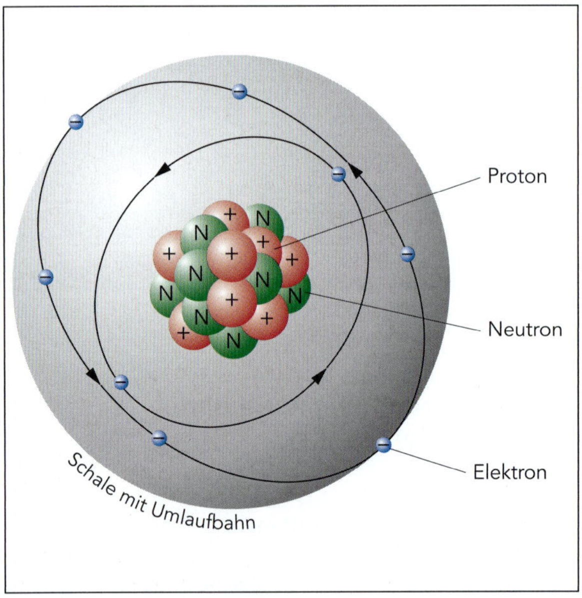

1 Atommodell des Sauerstoffs

Elemente

Alle Stoffe bestehen aus Grundstoffen, den Elementen. Diese Elemente verbinden sich bei einer chemischen Reaktion (Stoffumwandlung) zu einer chemischen Verbindung.
Chemische Verbindungen sind chemisch zerlegbare Reinstoffe, keine bloßen Stoffgemische.

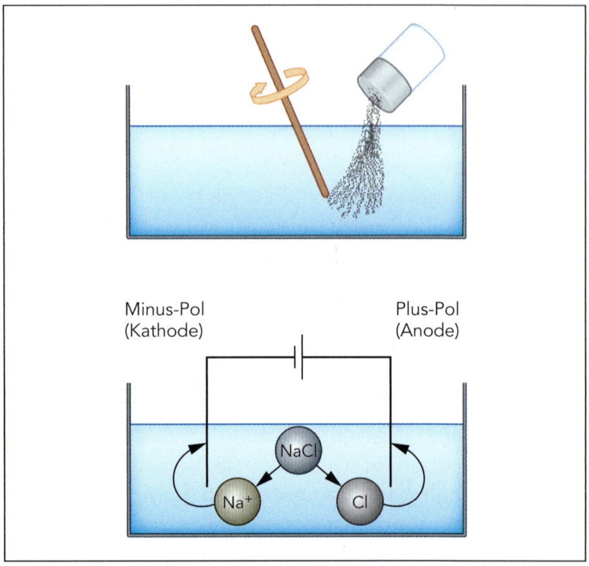

2 Vergleich: Mischvorgang – chemische Reaktion

Bei Reinstoffen unterscheidet man also Elemente und chemische Verbindungen.

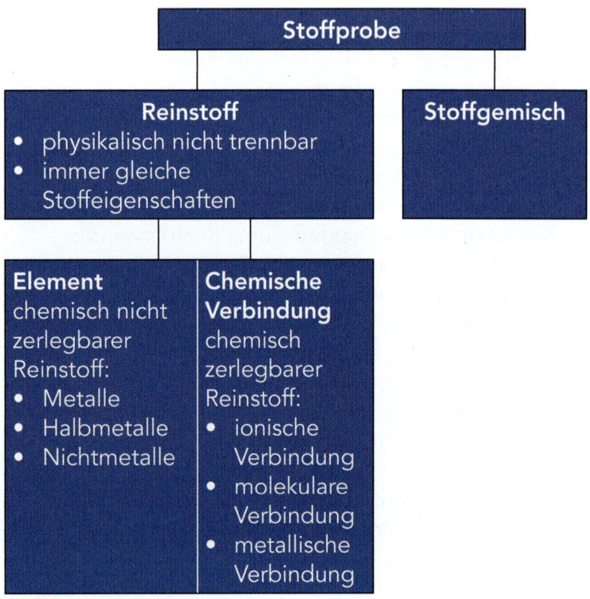

3 Einteilung bei Reinstoffen

Die Elemente sind in einem Periodensystem geordnet:
- nach der Zahl der Elektronen bzw. Protonen (Ordnungszahl) in acht Haupt- und Nebengruppen
- nach der Zahl ihrer Elektronenschalen in sieben Perioden

Die vereinfachte Darstellung beschränkt sich auf die Hauptgruppen der ersten drei Perioden:

Elemente

Metalle	**Halbmetalle**	**Nichtmetalle**	**Untergruppen der Nichtmetalle**		
			Chalkogene („Erzbildner" – Mineralien	**Halogene („Salzbildner")**	**Edelgase**
Gold	Silizium	Sauerstoff			
Nickel	Germanium	Kohlenstoff	Sauerstoff Schwefel Selen Tellur	Fluor Chlor Brom Iod	Helium Neon
Eisen	Tellur	Wasserstoff			
Lithium	Selen	Stickstoff			

Die Elemente lassen sich einteilen in
- Metalle,
- Halbmetalle und
- Nichtmetalle.

Für ihre Einteilung (ihre Stellung im Periodensystem) sind die physikalischen und chemischen Eigenschaften der Elemente verantwortlich.
Metalle zeichnen sich durch metallischen Glanz, elektrische und thermische Leitfähigkeit und ihre Verformbarkeit aus.
Halbmetalle können weder Metallen noch Nichtmetallen eindeutig zugeordnet werden, weil sie sich mitunter wie Nichtmetalle verhalten, aber auch – in sehr viel geringerem Ausmaß – klassische Metalleigenschaften haben.
Nichtmetalle sind elektrische Nichtleiter.

Moleküle

Als Moleküle bezeichnet man die kleinsten Teilchen einer chemischen Verbindung, die aus zwei oder mehr miteinander verbundenen gleichartigen oder unterschiedlichen Nichtmetallatomen bestehen. Moleküle können chemisch wieder in Atome zerlegt werden. Unter dem Begriff Makromolekül versteht man sehr große Moleküle, z. B. Polyurethane oder Polyester (siehe S. 148).

G.9.2 Chemische Verbindungen

Als chemische Verbindung bezeichnet man einen Stoff, der aus gleichen und/oder verschiedenen miteinander verbundenen Atomen besteht. Man unterscheidet drei verschiedene Bindungsarten:
- Ionenbindung (zwischen Metall- und Nichtmetallatomen)
- Metallbindung (zwischen Metallatomen)
- Elektronenpaarbindung (zwischen Nichtmetallatomen)

Voraussetzung, dass es chemische Verbindungen überhaupt geben kann: Ein Atom kann Elektronen aufnehmen oder abgeben. Nimmt ein Atom Elektronen auf, wird seine Ladung negativ. Gibt ein Atom Elektronen ab, wird seine Ladung positiv.

Ionen: Atome mit positiver oder negativer Ladung
Anion → Ion mit negativer Ladung (zumeist Nichtmetalle)
Kation → Ion mit positiver Ladung (zumeist Metalle)

Ionenbindung

Ionen ungleichnamiger elektrischer Ladung ziehen sich an und verbinden sich. Diese Verbindung zwischen Metallen und Nichtmetallen zu Salzen ist „ionisch", z. B. Natriumchlorid NaCl.

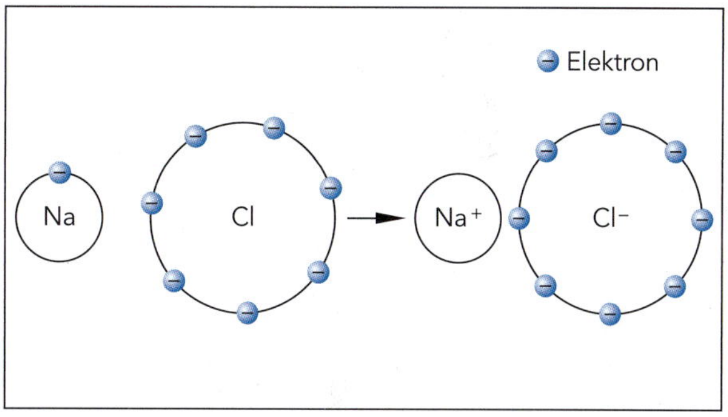

1 Ionenbindung

Metallbindung

Metalle bilden im festen Zustand ein Kristallgitter. In diesem können sich die Elektronen der äußeren Schalen von den Metallatomen lösen und sich innerhalb des Gitters frei bewegen. Das Gittergerüst der Kristalle wird durch die positiv geladenen Atomrümpfe gebildet.

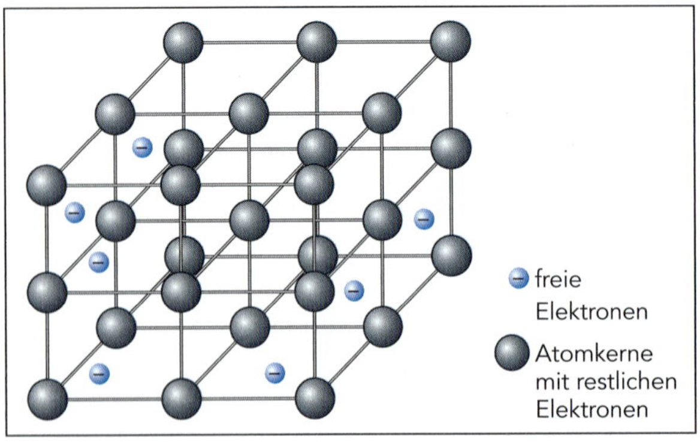

1 Metallbindung

Elektronenpaarbindung

Die Elektronenpaarbindung ist eine molekulare Verbindung. Atome, die voll aufgefüllte Außenschalen in der Atomhülle haben, sind besonders stabil. Um diesen stabilen Zustand zu erreichen, gehen Atome Elektronenpaarbindungen ein und bilden Moleküle.
So fehlen beispielsweise dem Sauerstoff zur voll aufgefüllten Außenschale zwei Elektronen. Und dem Wasserstoff fehlt zur voll aufgefüllten Außenschale ein Elektron. Die Elektronenpaarbindung zwischen diesen kommt dadurch zustande, dass sich ein Atom Sauerstoff mit zwei Atomen Wasserstoff zu einem stabilen Molekül Wasser verbindet.

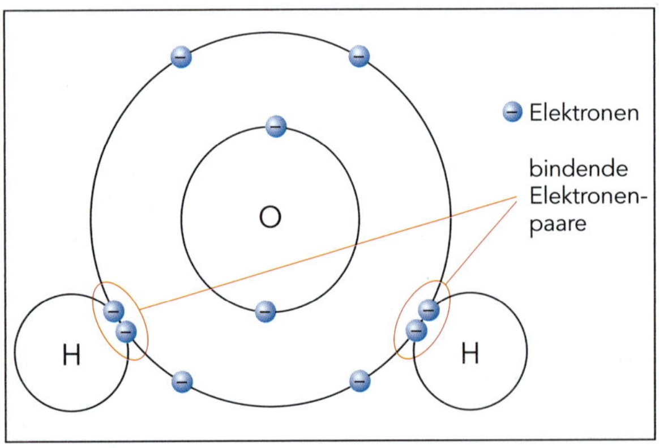

2 Elektronenpaarbindung zu H_2O

Wertigkeit

Wie man bei Sauerstoff gesehen hat, kann dieser zwei Atome Wasserstoff an sich binden. Die Wertigkeit gibt an, wie viele H-Atome ein Atom binden oder ersetzen kann. Sie bestimmt, in welchem Zahlenverhältnis die Elemente Verbindungen eingehen. Manche Elemente können mehrere Wertigkeiten besitzen.

G.9.3 Synthese und Analyse

Das Verbinden von Atomen oder Molekülen (Synthese) oder Zerlegen (Analyse) von Molekülen bezeichnet man als chemische Reaktion (Stoffumwandlung). Dabei werden eine oder mehrere chemische Verbindungen in eine andere chemische Verbindung umgewandelt.
Beispiel: In elementaren Gasen wie Wasserstoff und Sauerstoff sind je zwei Atome zu einem stabilen Molekül verbunden.

Ausgangsstoffe	→	Endstoffe
	chemische Reaktion	
$2\,H_2 + O_2$	→	$2\,H_2O$

Bei einer chemischen Reaktion bleibt die Masse der beteiligten Stoffe erhalten: Die Masse der Ausgangsstoffe ist gleich der Masse der Endstoffe.
Chemische Reaktionen sind immer exotherme (Energie abgebende) oder endotherme (Energie aufnehmende) Vorgänge (siehe S. 53). Die bei chemischen Reaktionen frei werdende oder aufgenommene Energie geht niemals verloren.

Synthese: Herstellung einer chemischen Verbindung

Ausgangsstoffe	→	Endstoff(e)
Eisen + Schwefel	chemische Reaktion	Eisensulfit
Fe + S	→	FeS

Analyse: Zerlegung einer chemischen Verbindung in ihre Einzelteile

Ausgangsstoffe	→	Endstoff(e)
Eisensulfit	chemische Reaktion	Eisen + Schwefel
FeS	→	Fe + S

Stoffe werden in Formeln und Reaktionsgleichungen dargestellt. Dabei sind zwei Schreibweisen allgemein üblich:
Summenformel: zeigt das zahlenmäßige Verhältnis der einzelnen Stoffe einer Verbindung bzw. in einem Molekül an.
Strukturformel: zeigt schematisch, wie die Elemente miteinander verbunden sind.

3 Strukturformel und Summenformel

G.9.4 Verlauf chemischer Reaktionen

Bei der Reaktion von Polyesterspachtelmasse mit dem Härter stellen wir fest, dass sich die Spachtelmasse erwärmt. Dabei wird chemische Energie in Wärme umgewandelt.

Wärme: Die in den Teilchen eines Stoffes vorhandene Bewegungsenergie. Je höher die Temperatur eines Stoffes, umso höher ist die Eigenbewegungsenergie seiner Teilchen.

Andere Reaktionen wiederum kommen nur zustande, wenn Energie in Form von Wärme zugeführt wird, z. B. beim Brennen von Kalk oder bei der Herstellung von Wasserglas (Bindemittel von Mineralfarben).

Bei einer chemischen Reaktion wird stets Energie umgewandelt:

exothermer Vorgang → Wärme wird frei (Umwandlung von chemischer Energie in Wärmeenergie).

endothermer Vorgang → Wärme wird zugeführt (Umwandlung von Wärme in chemische Energie).

Beim Glühen reagiert die Stahlwolle mit dem Sauerstoff der Luft. Wärme wird frei. Die Masse der geglühten Stahlwolle nimmt zu, weil Luftsauerstoff chemisch gebunden wird. Ein neuer Stoff ist entstanden: Eisenoxid. Die Masse des beteiligten Eisens und des Sauerstoffs entspricht der Masse des Eisenoxids.

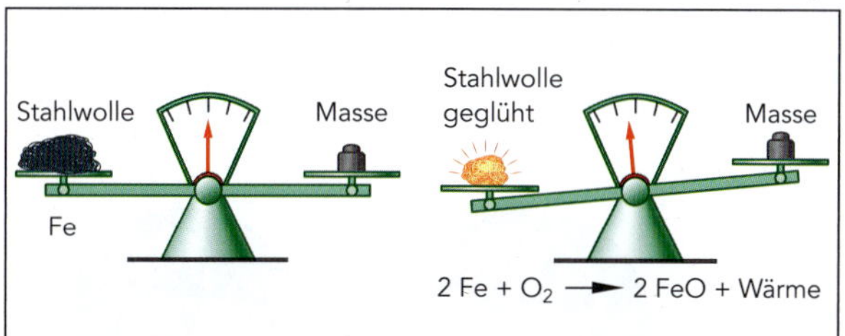

1 Herstellung geglühter Stahlwolle

In der Praxis kann beim Schweißen das Thermitgemisch aus Aluminium mit Eisenoxid so stark exotherm reagieren, dass flüssiges Eisen von über +1000 °C entsteht.

G.9.5 Oxidation und Reduktion

Generell versteht man unter

- **Oxidation** jede chemische Reaktion, bei der ein Stoff Elektronen abgibt;
- **Reduktion** jede chemische Reaktion mit einer Elektronenaufnahme.

Als Reduktion galt früher ein chemischer Prozess, bei dem der Sauerstoffanteil einer Verbindung durch Wärmezufuhr verringert oder entfernt wurde.
Als Oxidation bezeichnet man herkömmlich den chemischen Vorgang, bei dem ein Stoff mit Sauerstoff zu einem neuen Stoff reagiert. Dabei entsteht ein sogenanntes Oxid. Das Reaktionsgemisch gibt Wärme ab.

Ein Öl- oder Alkydharzlack erhärtet durch Aufnahme von Sauerstoff. Man spricht daher von einer **oxidativen Trocknung**.

Durch Beimengen von Sikkativen kann z. B. der Trocknungsprozess beschleunigt werden.
Oxidationen können unterschiedlich schnell ablaufen. Stoffe, die eine chemische Reaktion beschleunigen, nennt man Katalysatoren. Verbrennungen, Explosionen oder Metallkorrosion können Folgen von Oxidationsprozessen sein.

2 Oxidation: Metallkorrosion

3 Rostschutz

Metalloberflächen verlieren unterschiedlich schnell ihren metallischen Glanz und werden matt. Sie neigen zur Oxidbildung. Bei unedlen Metallen findet eine schnelle Oxidbildung statt, bei edleren Metallen verläuft diese Reaktion langsam.
Viele Metalluntergründe bilden Metalloxide, wenn sie nicht rechtzeitig durch Beschichtungen geschützt werden. Metalloxide können aber auch selbst einen Schutz darstellen, z. B. bei Kupferblechen oder bei Bauteilen aus Aluminium.
Viele Pigmente bestehen aus Metalloxiden:

Bezeichnung	Chemische Formel	Chemische Bezeichnung
Titanweiß	TiO_2	Titandioxid
Zinkweiß	ZnO	Zinkoxid
Bleiglätte	PbO	Bleioxid
Bleimennige	Pb_3O_4	Bleiorthoplumbat
Eisenoxidrot	Fe_2O_3	Eisenoxid
Chromoxidgrün	Cr_2O_3	Chromoxid
Grüne Erde	Fe_2SiO_3	Eisensilikat
Kobaltblau	$CoO \cdot Al_2O_3$	Kobaltaluminat

G.9.6 Säuren und Basen/Laugen – Übersicht

	Säuren	Basen/Laugen
Definition	Sind Nichtmetalloxide (Salze) in Wasser gelöst, bezeichnet man dieses Gemisch als Säure. Nichtmetalloxid + Wasser → Säure Säuren sind chemische Verbindungen, die in Wasser gelöst einen niedrigen pH-Wert von < 7 aufweisen.	Sind Metalloxide in Wasser gelöst, bezeichnet man dieses Gemisch als Base bzw. Lauge. Metalloxid + Wasser → Base/Lauge Basen sind chemische Verbindungen, die sich alkalisch verhalten, d. h. H^+-Ionen aufnehmen, und damit den pH-Wert auf > 7 erhöhen.
pH-Wert-Messung	Indikatorpapier verfärbt sich rot	Indikatorpapier verfärbt sich blau
Beispiele	$CO_2 + H_2O \rightarrow H_2CO_3$ (Kohlensäure) $SO_2 + H_2O \rightarrow H_2SO_3$ (schwefelige Säure) $SO_3 + H_2O \rightarrow H_2SO_4$ (Schwefelsäure) $P_4O_{10} + 6\,H_2O \rightarrow 4\,H_3PO_4$ (Phosphorsäure)	$Na_2O + H_2O \rightarrow 2\,NaOH$ (Natronlauge) $K_2O + H_2O \rightarrow 2\,KOH$ (Kalilauge) $CaO + H_2O \rightarrow Ca(OH)_2$ (gelöschter Kalk) $NH_3 + H_2O \rightarrow NH_4OH$ (Salmiakgeist)
Beschreibung	• Die Basis für viele Säuren sind Nichtmetalloxide (chemische Verbindung aus einem nichtmetallischen Stoff und Sauerstoff, z. B. das Bleichmittel Wasserstoffperoxid). • Ihre Reaktion mit Wasser führt zur Bildung von Säuren. • Chemisch gesehen sind Säuren Stoffe, die H^+-Ionen (Wasserstoffionen) abgeben können.	• Oxide unedler Metalle bilden mit Wasser Laugen, d. h. in Wasser gelöste Basen. • Chemisch gesehen, sind die meisten Basen die Hydroxide der Alkali- und Erdalkalimetalle. • Auch andere Stoffe können Hydroxid-Ionen bilden, z. B. das Ammoniakwasser (Salmiakgeist). Hydroxid-Ione reagieren mit H^+-Ionen zu Wasser.
Anwendung	• Mit einer Säure kann man einen alkalischen Untergrund neutralisieren. Dabei entstehen Salze und Wasser. • In vielen Beschichtungsstoffen werden die unterschiedlichsten organischen Säuren eingesetzt, u. a.: – Fettsäure bei Öl- und Alkydharzlacken – Oxalsäure zum Neutralisieren nach dem Abbeizen – Gerbsäuren bei Rostumwandlern	• Mit einer Lauge kann man einen sauren Untergrund neutralisieren (pH = 7). • Anstrichmittel für Kalk- und Silikatfarben • Bindemittel in Putz, Mörtel und Beton • Ablaugen zum Entfernen ölhaltiger Beschichtungen • Mit Laugen können Holzoberflächen dunkel gebeizt werden.
Besonderheiten	Anorganische oder organische Säuren führen zu Bauschäden auf mineralischen und metallischen Untergründen.	Die Verbindung von Metalloxid und Wasser erzeugt Salze. Salze ziehen Wasser und können sich korrosionsfördernd auswirken und so Beschichtungen zerstören
Sicherheit	Säuren und Laugen • sind teilweise sehr **giftig** und entwickeln **gefährliche Dämpfe**! • dürfen nur in geeigneten Behältern aufbewahrt werden. • niemals in Getränkeflaschen abfüllen. Verwechslungsgefahr! • erkennt man am besten durch eine Bestimmung des pH-Werts. **Merke:** Erst das Wasser, dann die Säure, sonst geschieht das Ungeheure! Wird umgekehrt verfahren, kann es zu Unfällen mit Säurespritzern kommen, die durch die exotherme Reaktion beim Einfüllen des Wassers ausgelöst wird.    	

G.9.7 pH-Wert

Der pH-Wert gibt Auskunft über den sauren Charakter eines Untergrunds. Die traditionelle pH-Wert-Skala reicht vom

Wert 0 – starke Säure bis
Wert 14 – starke Lauge:

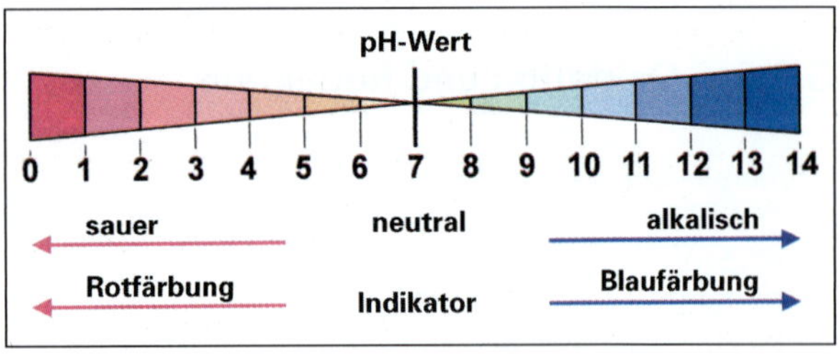

1 *pH-Wert-Skala*

Der pH-Wert gibt an, ob sich eine Lösung sauer, neutral oder alkalisch verhält.
pH-Wert 7: Der betreffende Stoff ist **neutral.**
pH-Wert unter 7: Eine Lösung reagiert **sauer.**
pH-Wert über 7: Eine Lösung reagiert **alkalisch.**

Zur Messung des pH-Werts werden

- elektrische pH-Meter,
- Indikatorflüssigkeiten,
- rotes und blaues Lackmuspapier oder
- einfaches Universal-Indikatorpapier verwendet.

Messung des pH-Werts mit Indikatorpapier	
Schritt 1	Bei Verdacht auf Alkalität des Untergrunds wird Universal-Indikatorpapier mit Wasser angefeuchtet und auf den Untergrund gelegt.
Schritt 2	Auf eine mögliche Verfärbung des Indikatorpapiers warten.
Schritt 3	Überprüfung der Verfärbung des Indikatorpapiers mithilfe der pH-Wert-Skala auf der Verpackung. Werte über 8 weisen auf Alkalität hin.

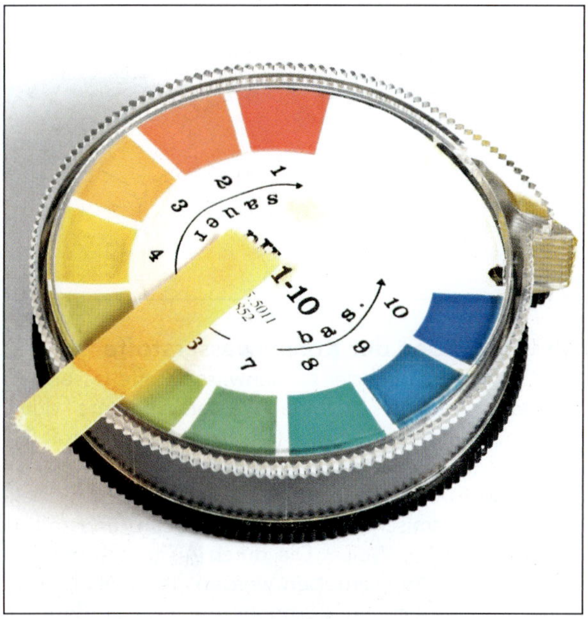

2 *Indikatorpapier zur pH-Wert-Messung: Es ist im Normalzustand gelb, bei Säure verfärbt es sich rot, bei Lauge blau und in einer neutralen Lösung olivgrün.*

Die Bestimmung des pH-Werts ist eine wichtige Prüfmethode für die Behandlung alkalischer Untergründe. Auf alkalischen Untergründen müssen die Beschichtungsmittel und die darin enthaltenen Pigmente alkalibeständig sein. Betonoberflächen müssen einen hohen pH-Wert haben, sonst beginnen die Stahleinlagen zu rosten. Saure Untergründe oder auch Bindemittel können hingegen manche Pigmente, wie Berliner Blau, angreifen.

G.9.8 Salze

Als Salze bezeichnet man ionische Verbindungen aus Metallen (Kationen) und Nichtmetallen (Anionen).

Salzentstehung durch Einwirkung von Säuren auf Metall:
Säure + Metall → Salz
H_2SO_4 + Zn → $ZnSO_4$ (Zinksulfat) + H_2↑

Salzentstehung durch Neutralisation:
Säure + Lauge → Salz + Wasser
HCl + NaOH → NaCl (Kochsalz) + H_2O

Neutralisation

Bei einer Neutralisation reagieren die Wasserstoff-Ionen (H^+) der Säuren und die Hydroxid-Ionen (OH^-) der Laugen so miteinander, dass sich neutrales Wasser bildet. Dabei wird Wärme frei.
Salze sind in Wasser unterschiedlich löslich. Lösliche Salze bilden mit Wasser eine Salzlösung. Nicht oder schwer lösliche Salze setzen sich ab. Diesen Vorgang nennt man Fällung.
Viele mineralische Pigmente werden durch eine Fällung hergestellt, z. B. Bleiweiß ($PbCO_3$), Chromgrün (CrO_3), Miloriblau und Lithopone.
Salzausblühungen entstehen durch Lösung von Salzen innerhalb einer Wand und durch ihre Kristallisation an der Oberfläche, weil das lösende Wasser wieder verdunstet. Auch die Korrosion von Metallen ist ein wichtiges Beispiel für eine schädliche Salzbildung.

G.9.9 Seifen

Aus

- Fettsäuren und Laugen oder
- Fettsäuren und Metallsalzen

werden Seifen gebildet. Seifen wirken wie Tenside, d. h., ihre Moleküle können wasserlösliche und öllösliche Bestandteile miteinander beständig vermischbar machen (emulgieren).
Lösliche Seifen lassen sich mit Wasser abwaschen. Sie dienen als Emulsion von Ölen, Fetten und fettlöslichen Stoffen in wässrigen Lösungen. Generell verwendet man sie deshalb zum Waschen, aber auch als Reinigungs- und Ablaugemittel. Herstellung löslicher Seifen:
Fettsäure + Natronlauge → Kernseife
Fettsäure + Kalilauge → Schmierseife
Unlösliche Seifen lassen sich nicht mit Wasser lösen. Sie dienen vor allem dem Korrosionsschutz. Zink- und Bleipigmente bilden mit den Fettsäuren der Bindemittel wetterbeständige Metallseifen. Herstellung unlöslicher Seifen:
Fettsäure + Metallsalz → Seife

G.9.10 Kohlenwasserstoffe

Zwischen Kohlenstoff (C) und Wasserstoff (H) lässt sich eine Vielzahl von Verbindungen herstellen. Nach ihren Ausgangsstoffen nennt man sie Kohlenwasserstoffe (KW).

Die Vielzahl der Verbindungen lässt sich durch den reaktionsfreudigen Wasserstoff und den vielseitig verbindungsfähigen Kohlenstoff erklären. Der einwertige Wasserstoff und der in der Regel vierwertige Kohlenstoff sind ideale Partner, Elektronenpaarbindungen zu bilden. Zusätzlich ist der Kohlenstoff in der Lage, Doppel- und Dreifachbindungen einzugehen und so Molekülketten oder Molekülringe (z. B. Benzol) zu erzeugen.
Die einfachste Kohlenwasserstoffverbindung ist

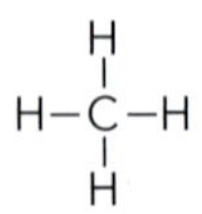

Methan

CH_4

Ersetzt man ein H-Atom durch ein weiteres C-Atom und ergänzt die freien Plätze mit H-Atomen, erhält man

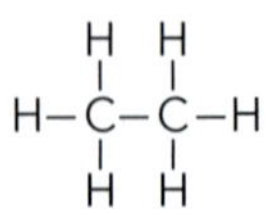

Ethan

C_2H_6

Fügt man ein weiteres C-Atom an, erhält man

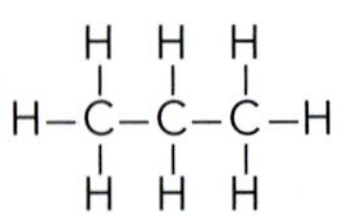

Propan

C_3H_8

Diese Reihe kann man fortsetzen und weitere CH-Verbindungen bilden. Ihre Namensgebung folgt einfachen Regeln:

Alkane	Alkene	Alkine
Methan	–	–
Ethan	Ethen	Ethin
Propan	Propen	Propin
Butan	Buten	Butin
Pentan	Penten	Pentin
Hexan	Hexen	Hexin

Alkane enthalten nur Einfachbindungen. Man bezeichnet die Verbindungen deshalb als gesättigt. Moleküle dieser Reihe sind sehr stabil.
Alkene und Alkine sind reaktionsfreudiger. Sie sind ungesättigt, d. h., sie haben Doppel- bzw. Dreifachbindungen.

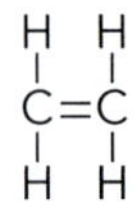

Ethen

C_2H_4

Ethin

C_2H_2

Aromatische Kohlenwasserstoffe

Bei kettenförmiger Molekülstruktur spricht man von aliphatischen Verbindungen, bei ringförmiger Molekülstruktur von Aromaten.
Aromate sind aufgrund der regelmäßigen Anordnung ihrer Bindungen reaktionsträge, auch wenn sie teilweise Doppelbindungen enthalten. Beispiele sind: Benzol, Toluol, Xylol.

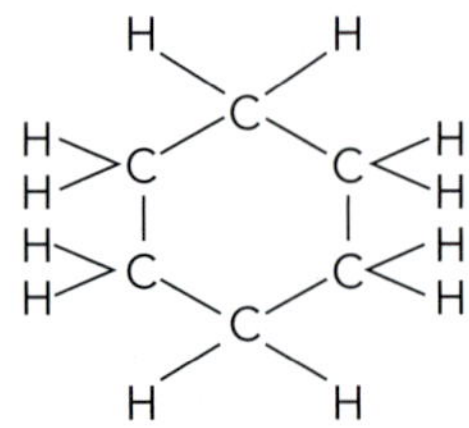

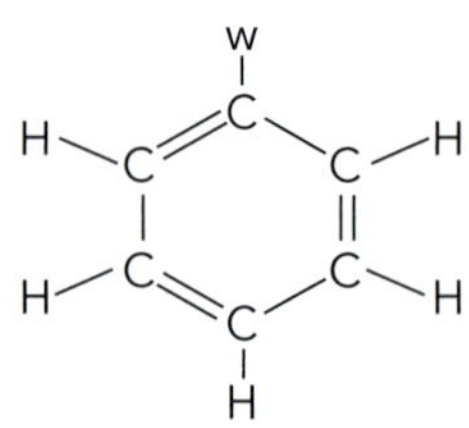

Abwandlungen der Kohlenwasserstoffe

Die Grundstrukturen der Kohlenwasserstoffe lassen sich verändern, indem einzelne Wasserstoffatome durch Nichtmetallatome wie Chlor (Cl), Fluor (F), Stickstoff (N), Schwefel (S) und Sauerstoff (O) oder andere Moleküle ersetzt werden. Jeder Austausch ändert die physikalischen und chemischen Eigenschaften des Grundstoffs in charakteristischer Weise. Die durch Austausch entstandenen neuen Atomgruppen werden daher als funktionelle Gruppe bezeichnet. Angehörige einer Stoffgruppe tragen bestimmte funktionelle Gruppen.

Funktionelle Gruppen der CH-Verbindungen

Stoffgruppe	Funktionelle Gruppe	Verwendung	Beschreibung
Alkohole	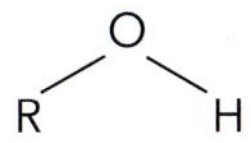	**Löse- und Reinigungsmittel:** Methanol Ethanol Spiritus Lackherstellung: Glyzerin	**Alkohole** entstehen, wenn jeweils ein H-Atom durch eine OH-Gruppe ersetzt wird. Bei primärem Alkohol ist das C-Atom, das die OH-Gruppe trägt, an höchstens ein weiteres C-Atom gebunden, bei sekundärem Alkohol an zwei weitere C-Atome und bei tertiärem an drei weitere C-Atome. Alkohole sind Ausgangsstoff für viele chemische Prozesse.
Aldehyde	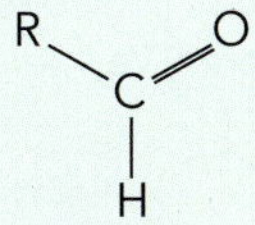	**Bindemittel:** Formaldehyd	**Aldehyde** bilden sich, wenn einem primären Alkohol durch Dehydrierung (Dehydrierung = Oxidation von H-Atomen zu Wasser) ein H-Atom entzogen wird. Ein wichtiger Vertreter dieser Gruppe ist Formaldehyd. Es wird zur Desinfektion und bei der Herstellung von Lacken und Kunststoffen verwendet.
Ketone	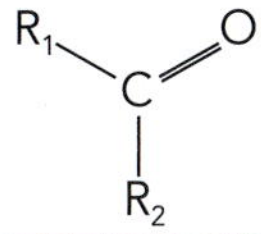	**Lösemittel:** Azeton Diethylketon	**Ketone** entstehen durch Dehydrierung von sekundären Alkoholen. Ketone haben einen ätherischen Geruch, verdunsten leicht und besitzen eine starke Lösefähigkeit. Verwendet werden sie u. a. als Lösemittel für Nitrozellulose- und Chlorkautschuklacke (Nitroverdünnung).
Säuren	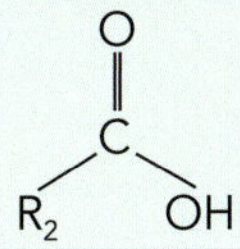	**Lösemittel, Bindemittel:** Essigsäure	**Carbonsäuren** bilden sich durch eine Oxidation von Aldehyden.
Ester	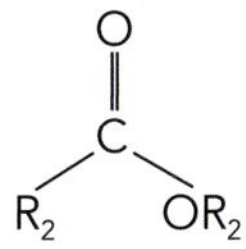	**Bindemittel:** Essigsäure-ethylester	**Ester** sind Verbindungen von Alkohol mit Säure. Fettsäureester sind Verbindungen von Alkohol (Glyzerin) mit Fettsäure, wie Leinöl, Holzöl, Rizinusöl u. a. Alkydharze mit ihrer großen Bedeutung als Lackbindemittel sind ebenfalls Fettsäureester, die aus Glyzerin und Phthalsäure entstanden sind. Auch Wachse gehören zur Gruppe der Fettsäureester. Harzsäureester aus Glyzerin und Harzsäure dienen als Lackrohstoff. Zu ihnen gehören auch die Weichmacher, die in Lacken und Kunststoffen die Elastizität verbessern helfen.
Ether	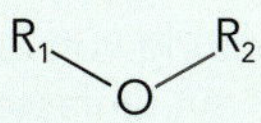	**Lösemittel:** Diethylether	**Ether** sind Verbindungen, deren Moleküle durch eine Sauerstoffbrücke verbunden sind. Der wichtigste Vertreter ist Di-ethylether. Er ist leicht flüchtig. Seine Dämpfe sind leicht entzündlich und können Bewusstlosigkeit verursachen (Narkosemittel). Für Harze und Fette ist er ein ausgezeichnetes Lösemittel.

Verseifung: Umkehrung der Esterbildung, also die Aufspaltung von Ester in Säure und Alkohol mithilfe einer Lauge.

Aufgaben

1. *Zählen Sie chemische Reaktionen des Berufsalltags auf.*
2. *Beschreiben Sie den Aufbau eines Atoms.*
3. *Woran lassen sich die Elemente eines Atoms erkennen?*
4. *Erklären Sie die Begriffe Synthese und Analyse.*
5. *Zeigen Sie an einem Beispiel, dass bei einer chemischen Reaktion die Gesamtmasse der beteiligten Stoffe erhalten bleibt.*
6. *Erklären Sie die Begriffe Oxidation, Reduktion und Katalysator an jeweils einem Beispiel.*
7. *Auf welche Weise bilden sich Säuren, Laugen und Salze?*
8. *Erklären Sie den Vorgang einer Neutralisation.*
9. *Auf welche Weise lassen sich Pigmente aus einer Salzlösung herstellen?*

G.10 Umweltschutz und Gesundheitsschutz

Im Maler- und Lackiererhandwerk werden zum Teil auch gesundheitsschädliche und umweltbelastende Stoffe verarbeitet. Umweltschutz und Gesundheitsschutz sind deshalb im Arbeitsalltag des Malers und Lackierers eng miteinander verknüpft.
Der bewusste Einsatz von Werkstoffen und Arbeitsmitteln/Maschinen schont den menschlichen Lebensraum. Zwar geht es weit über die Möglichkeiten eines einzelnen Betriebes hinaus, alle möglichen Dimensionen des Umweltschutzes zu berücksichtigen. Dennoch können alle Mitarbeiterinnen und Mitarbeiter eines Maler- und Lackiererbetriebes durch verantwortungsvolles Denken und Handeln aktiv zum Umweltschutz beitragen und ihrer ökologischen Verantwortung, insbesondere auch der Forderung von nachhaltiger Nutzung der Ressourcen gerecht werden.
Beispielsweise liegt es in der Verantwortung eines Maler- und Lackiererbetriebes, zu verhindern, dass umweltbelastende Schadstoffe und Abfälle in die Luft, in den Boden oder in Gewässer gelangen.

Emissionen: Schadstoffe, die aus Anlagen oder technischen Vorgängen in die Atmosphäre gelangen.
Immissionen: Einwirkungen auf Menschen, die Tier- und Pflanzenwelt sowie auf Sachwerte, z. B. Untergründe und Anstriche.

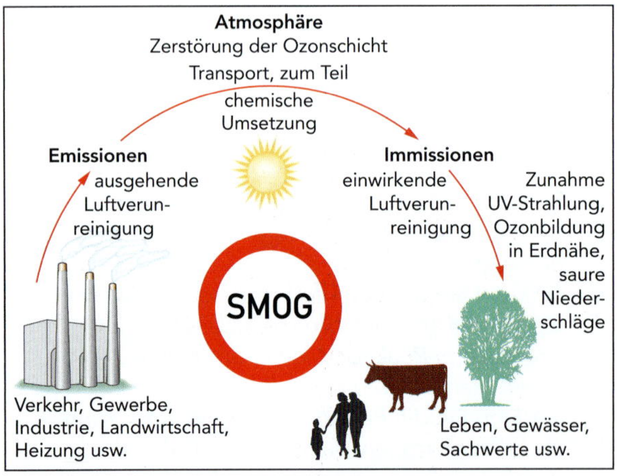

1 Emissionen – Immissionen

Einzelne Bundesländer fördern inzwischen betriebliche Umweltschutzkonzepte, die zur deutlichen Einsparung von Energie und anderen Betriebsmitteln, von Abfällen und Abwasser führen. Systeme zur Abwasserrückgewinnung oder bereits bei Planung und Produktion der Produkte berücksichtigter Umweltschutz sind heute lohnenswerter Bestandteil eines Firmenprofils.

Verursacherprinzip

Spezielle Gesetzgebungen (siehe S. 59 und S. 60) sorgen für einen bewussten und nachhaltigen Umgang mit gesundheitsschädlichen und umweltbelastenden Stoffen und Abfällen. Das Verursacherprinzip ist die Grundlage der Gesetze und Verordnungen zum Umweltschutz.

Wer Umweltbelastungen oder Umweltschäden verursacht, hat die Kosten für deren Vermeidung bzw. Beseitigung zu tragen.

Umweltschutz hat Vorteile für den Betrieb

Betrieblicher Umweltschutz und ökologisches, nachhaltiges Handeln verschaffen dem Betrieb eine Reihe von Vorteilen.

Kosteneinsparung
- Energiekosten
- Wasser- und Abwasserkosten
- Reinigungsmittelkosten
- Materialkosten
- Abfallgebühren und Entsorgungskosten

Ökologische Kompetenz
- bei der Beratung der Kunden
- bei fachkundiger Ausführung umweltfreundlicher Beschichtungen
- bei Maßnahmen zur Einsparung von Energie
- als fortschrittlicher Betrieb mit umfassendem Umweltkonzept

Guter Ruf
- bei Kunden, die Aufträge an umweltbewusst arbeitende Maler- und Lackiererbetriebe vergeben wollen
- bei fachkompetenten Mitarbeiterinnen und Mitarbeitern, die umweltgerecht, ressourcenschonend und damit nachhaltig arbeiten wollen

G.10.1 Nachhaltigkeit

Generell versteht man unter Nachhaltigkeit einen bewussten Umgang mir den Ressourcen der Erde. Ein bewusster Umgang mit den Ressourcen der Erde soll als ein selbstverständliches Handlungssystem und -prinzip verstanden werden, dem man im privaten und beruflichen Alltag folgt.
- Nachhaltig ist die Herstellung von Wärmedämmstoffen, wenn der gesamte Energieaufwand von der Rohstoffgewinnung über den Transport bis zur Herstellung und Entsorgung geringer ist als die erzielte Energieeinsparung und keine ökologischen Schäden durch Entsorgung und Emissionen zu erwarten sind.

- Nachhaltig ist der Einsatz einer Wasch- und Spaltanlage mit einem Kreislaufsystem zur Brauchwasserrückgewinnung, die den übermäßigen Wasserverbrauch beim Reinigen von Streich- und Rollenwerkzeugen verringert.
- Nachhaltig ist eine geeignete luftdichte Lagerung von gebrauchten Streich- und Rollenwerkzeugen zur Minimierung der Reinigungshäufigkeit.
- Nachhaltig ist die Verwendung von geschlossenen Kreislaufsystemen, in denen Werkzeuge von lösemittelhaltigen Farben und Lacken durch geeignete Lösemittel gereinigt werden. Das geschlossene Kreislaufsystem benötigt weniger reinigende Lösemittel und belastet nicht die Gesundheit des Malers und Lackierers.

Ein auf Nachhaltigkeit ausgelegtes Firmenprofil wirkt sich – neben den ökologischen und umweltentlastenden Effekten – auch direkt auf die ökonomische Situation eines Betriebes aus. Einsparpotenziale zu erkennen und mit den Ressourcen effizient umzugehen, hilft oftmals, den Betrieb für die Zukunft zu rüsten.

1 Betrieblicher Umweltschutz und Ressourceneffizienz im Maler- und Lackiererhandwerk

G.10.2 Reinhaltung der Luft

Ein zentraler Aspekt der Europäischen Umweltpolitik ist die Reinhaltung der Luft.

VOC-Anlagen-Richtlinie und ChemVOCFarbV

1999 trat die von der EU beschlossene sogenannte VOC-Anlagen-Richtlinie (31. Bundes-Immissionsschutz-Verordnung, abgekürzt 31. BImSchV) innerhalb der bundesdeutschen Gesetzgebung in Kraft.

Der Begriff VOC kommt aus der englischen Sprache und bedeutet Volatile Organic Compounds, was übersetzt „flüchtige organische Verbindungen" bedeutet. Die VOC-Anlagen-Richtlinie legte die Obergrenze der Emissionen flüchtiger organischer Verbindungen (siehe S. 49, 61) fest, die bei der Verwendung organischer Lösemittel z. B. in Lackieranlagen entstehen.
Diese Richtlinie berücksichtigte allerdings nur die Verwendung organischer Lösemittel, die in Anlagen verarbeitet wurden. Generell blieb das Problem, dass die handwerkliche Verarbeitung organischer Lösemittel und die damit entstehenden Emissionen, z. B. durch einen Maler und Lackierer oder einen Bauten- und Objektbeschichter, nicht erfasst wurden.
2004 wurde deshalb die VOC-Anlagen-Richtlinie auf die Produktion von Beschichtungsstoffen und auf Produkte der Fahrzeugreparaturlackierung erweitert. In Deutschland heißt diese Richtlinie offiziell ChemVOCFarbV (Chemikalienrechtliche Verordnung zur Begrenzung der Emissionen flüchtiger organischer Verbindungen, 12/2004), wird aber umgangssprachlich „Decopaint-Richtlinie" genannt.

Die Decopaint-Richtlinie gilt für die Beschichtungsstoffe aller Bauprodukte, egal aus welchem Material, die fest mit einem Gebäude verbunden sind: Türen und Türzargen, Heizkörper, Fenster oder Treppen usw.

Mit dieser Richtlinie sollen Lösemittelemissionen, die zum Entstehen des bodennahen schädlichen Ozons beitragen, europaweit reduziert werden. Danach dürfen nur noch lösemittelfreie bzw. lösemittelreduzierte Werkstoffe verwendet werden.

Maßnahmen zur Luftreinhaltung

- lösemittelfreie Stoffe oder Stoffe mit geringem Lösemittelanteil, z. B. High-Solid-Lacke, verwenden
- lösemittelhaltige Stoffe nicht offen stehen lassen
- Spritznebel durch Absaugfilter binden
- Schleifmaschinen mit Staubabsaugung einsetzen
- wenn möglich, nass schleifen

G.10.3 Wasserreinhaltung

Maßnahmen zum Gewässerschutz

- Säuren, Laugen, Reste von Beschichtungsstoffen, Löse- und Verdünnungsmittel, Abbeizmittel u. Ä. dürfen nicht ins Abwasser oder ins Grundwasser gelangen.
- Sonderabfälle vorschriftsmäßig entsorgen.
- Pinsel, Bürsten und Roller nicht an der Baustelle oder unter dem Wasserhahn auswaschen, sondern nur über dem Absetzbecken oder in der Reinigungsanlage.

Grundlagen

Maßnahmen zur Verringerung des Wasserverbrauchs

- Einsatz von Wasser sparenden Wasch- und Spaltanlagen, in deren Kreislaufsystem Farbschlämme ausgefiltert werden und so gereinigtes Brauchwasser zur Wiederverwendung zurückgewonnen werden kann.
- Einsatz von Hochdruckreinigen mit Wasserrückführung.

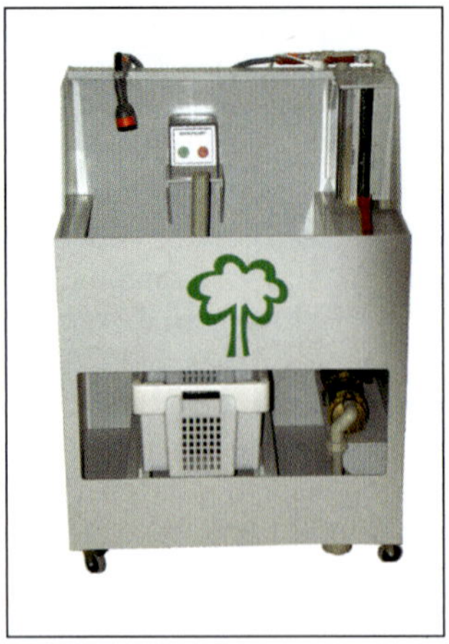

1 Funktion einer Wasch- und Spaltanlage mit Brauchwasserrückgewinnung

G.10.4 Abfallvermeidung

Noch vor wenigen Jahren wurden Abfälle jeglicher Art zur Deponie gebracht. Heute versucht man durch ein System der Abfallkreislaufwirtschaft wertvolle oder recycelbare Rohstoffe zurückzugewinnen und für neue Produkte nutzbar zu machen.
Einer der positiven Effekte ist, dass auf diese Weise weniger primäre Rohstoffe wie Holz oder Öl benötigt werden. Produktionsenergie lässt sich ebenfalls durch die Verwendung wiederverwerteter Rohstoffe einsparen.

Kreislaufwirtschaftsgesetz – KrWG

Seit 2012 regelt das Gesetz zur Förderung der Kreislaufwirtschaft und Sicherung der umweltverträglichen Bewirtschaftung von Abfällen (Kreislaufwirtschaftsgesetz – KrWG, 12/2012) den Umgang mit Abfällen: Vermeidung, Verwertung, Beseitigung, sonstige Maßnahmen der Abfallbewirtschaftung.

Maßnahmen zur Abfallvermeidung/ -verringerung

- Verpackungsmaterial aus Papier, Kunststofffolien, Polystyrol, Metall sowie Behälter von Gebinden aus Kunststoff, Metall sammeln
- Anstelle von Abdeckfolien oder -papieren mehrfach verwendbare Abdeckvliese einsetzen
- Farbeimer aus Kunststoff wiederverwenden (Farbe eintrocknen lassen)
- auf unnötiges Abkleben verzichten
- Beschichtungsstoffe aufbrauchen
- Metallbehälter verpressen
- Sonderabfall vermeiden

2 Erneut verwendbarer Farbeimer

3 Mehrfach verwendbare Abdeckvliese

4 Gesammelte Kartonagen von Tapeten

G.10.5 Gesetzliche Bestimmungen

Luftreinhaltung	
BImSchG	Bundesimmissionsschutzgesetz
TA Luft	Technische Anleitung zur Reinhaltung der Luft
TA Lärm	Technische Anleitung zum Schutz gegen Lärm
Gewässerschutz	
WHG	Wasserhaushaltsgesetz
AbwAG	Gesetz über Abgaben für das Einleiten von Abwasser in Gewässer (Abwasserabgabengesetz)
Boden	
AbfG	Gesetz zur Vermeidung, Verwertung und Beseitigung von Abfällen (Abfallgesetz)
VerpackV	Verpackungsverordnung
DSD	Duales System Deutschland (Einsammeln und Wiederverwerten von Wertstoffen)
TA Abfall	Technische Anleitung zur Abfallentsorgung
Arbeitsplatz	
GefStoffV	Gefahrstoffverordnung
TRGS	Technische Regeln für Gefahrstoffe
VbF	Verordnung über brennbare Flüssigkeiten
StGB	StrafgesetzbuchStraftaten gegen die Umwelt

G.10.6 Maler und Lackierer im Dienst der Umwelt

Werterhaltung

Die Erhaltung von Bauwerken, Fahrzeugen und anderen Sachwerten wäre ohne Beschichtungen nicht denkbar. So würde beispielsweise eine Stahlbrücke ohne Korrosionsschutzanstriche in wenigen Jahren zusammenrosten und ihre Tragfähigkeit schnell verlieren. Ohne Beschichtungen halten Holzkonstruktionen der Witterung nur bedingt stand. Selbst Beton benötigt einen Schutzanstrich. Viele Bauherren legen heute Wert auf eine umweltfreundliche Renovierung. Die Broschüre „Gesund und umweltfreundlich renovieren" des Umweltbundesamtes gibt hierzu detailliert Auskunft.

Energieeinsparung

Durch sinnvolle Wärmedämmung kann der Bedarf an Heizenergie verringert und damit gleichzeitig die Luftbelastung und der CO_2-Ausstoß reduziert werden. Ein vom Maler angebrachter Wärmedämmputz spart nicht nur wichtige, begrenzt vorhandene Rohstoffe, er hilft auch gegen den Treibhauseffekt, der durch die CO_2-Zunahme hervorgerufen wird.
Feuchte Wände leiten Wärme besser und führen zu unnötigem Wärmeverlust. Beschichtungen, die das Eindringen von Wasser oder Feuchtigkeit verhindern, tragen deshalb ebenfalls zum Schutz der Umwelt bei.
Wenn Wände feucht sind, muss ein Fachmann die Ursachen suchen bzw. abklären. Durch geeignete Maßnahmen sollte dieser Zustand abgestellt werden.

G.10.7 Umweltzeichen

Ob ein Produkt umweltfreundlich ist, lässt sich bei der Vielzahl der Produkte, die sich auf dem Markt befinden, allenfalls von Fachleuten beurteilen. Um dem Verbraucher eine umweltfreundliche und gesundheitsverträgliche Kaufentscheidung zu ermöglichen, wurden deshalb Umweltzeichen eingeführt.

Der Blaue Engel

Der Blaue Engel wird von der RAL gGmbH vergeben. Zeicheninhaber ist das Bundesministerium für Umwelt, Naturschutz, Bau und Reaktorsicherheit.
Für Lacke gibt es die Vergabekriterien „Emissions- und schadstoffarme Lacke" (RAL-UZ 12a), für den Bereich der Wandfarben die Vergabegrundlage „Emissionsarme Wandfarben" (RAL-UZ 102). Zwischen beiden wird unterschieden: Lacke werden einer Rezepturprüfung unterzogen, Wandfarben unterliegen strengen Anforderungen an den Gehalt der flüchtigen organischen Verbindungen (VOC). Leichtflüchtige VOC sind stark begrenzt, mittelflüchtige VOC (SVOC) sind ausgeschlossen.

1 Blauer Engel „weil schadstoffarm"

Um als schadstoffarm zu gelten, dürfen wasserverdünnbare Dispersionslacke noch bis zu 10 Prozent Lösemittel, High-Solid-Lacke bis zu 15 Prozent enthalten.
Mit dem Umweltzeichen „Emissions- und schadstoffarme Lacke" sollen Produkte gekennzeichnet werden können, die über die gesetzlichen Bestimmungen hinaus unter Einsatz schadstoffarmer Werkstoffe und Materialien, die die Umwelt weniger belasten, hergestellt werden, bei der Verarbeitung emissionsarm und in der Wohnumwelt gesundheitlich unbedenklich sind, keine Schadstoffe enthalten, die bei der Verwertung und Entsorgung lackierter Materialien erheblich stören.

EU Ecolabel

Das EU Ecolabel wird für Erzeugnisse verliehen, die während ihrer gesamten Lebensdauer – von der Entwicklung und Herstellung über den Vertrieb bis zum Verbrauch – geringere ökologische Auswirkungen haben als vergleichbare Produkte.
Gemessen wird dies am Abfallaufkommen, der Beeinträchtigung von Boden, Wasser und Luft sowie am Energieverbrauch und dem Verbrauch von natürlichen Rohstoffen. Das EU Ecolabel wird national vergeben, in Deutschland von der RAL gGmbH.

2 EU-Umweltzeichen

Aufgaben

1. *Welche Folgen hat das Verursacherprinzip im Umweltschutz?*
2. *Erklären Sie anhand von Beispielen, dass Umweltschutz nicht nur Geld kostet, sondern sich auch bezahlt macht.*
3. *Wie lassen sich in einem Betrieb die Schadstoffemissionen verringern?*
4. *Worauf ist beim Gewässerschutz besonders zu achten?*
5. *Sie erhalten den Auftrag, Abfälle möglichst zu vermeiden. Wie können Sie diese Forderung erfüllen?*
6. *Wie lässt sich Nachhaltigkeit im Umweltschutz verwirklichen?*
7. *Untersuchen Sie am Beispiel Ihres Ausbildungsbetriebes die Anwendung von Umweltschutzmaßnahmen und stellen Sie fest, welche umweltschonenden Werkstoffe eingesetzt werden und wie die Kunden auf diese Vorkehrungen reagieren.*

Grundlagen

G.11 Vertragsrecht, VOB und BFS-Merkblätter

G.11.1 Werkvertrag

Wenn ein Kunde bei uns eine Arbeit in Auftrag gibt, schließen wir mit ihm einen Vertrag ab. Anders als bei einem Kaufvertrag – z. B. in einem Laden oder im Internet –, verpflichten wir uns, eine Dienstleistung mit genau definierter Qualität und Güte abzugeben. Der Kunde verpflichtet sich im Gegenzug, uns den vereinbarten Werklohn zu bezahlen. Diese Art des Vertrags nennt sich Werkvertrag.

Werkvertrag: privatrechtlicher Vertrag mit gegenseitigen Verpflichtungen für
- den ausführenden Betrieb (Auftragnehmer) und
- den Kunden (Besteller).

Die grundsätzlichen Bedingungen eines solchen Vertrags sind in den Paragrafen 631 ff. im Bürgerlichen Gesetzbuch (BGB) geregelt. Die wichtigsten Bedingungen:
- Vergütung
- Mängelbeseitigung
- Haftung
- Gewährleistung
- Schadensersatz
- Abnahme

Bei einem Vertragsabschluss mit Privatkunden gelten diese Regeln automatisch als vereinbart.
Aber nicht nur bei Aufträgen von Privatkunden, sondern auch bei Aufträgen von gewerblichen Kunden – das können Ladengeschäfte sein, Arztpraxen, Hotels, Gastwirtschaften oder Geschäftsräume von Firmen und Vereinen – müssen wir davon ausgehen, dass sich diese nicht mit den speziellen Regelungen im Baurecht auskennen. Deshalb gilt bei Werkverträgen mit diesen Kunden ebenfalls das BGB als Vertragsgrundlage.

G.11.2 Verträge mit Kunden aus dem Baugewerbe

Neben den Privatkunden und den gewerblichen Kunden ohne Vorkenntnisse im Baurecht haben wir auch noch die Gruppe von Kunden, bei denen wir davon ausgehen können, dass sie sich mit den Regelungen im Bauwesen auskennen.

Kunden mit Kenntnis des Baurechts:
- Architekten und Planer
- Betriebe aus der Bauwirtschaft
- staatliche und kommunale Behörden
- General- und Bauunternehmer

Für diese Kundengruppe gibt es eine spezielle Vertragsvorlage, die ganz besonders auf die Bedingungen und Vorschriften im Baurecht zugeschnitten ist. Sie regelt für jedes einzelne Gewerk aus der Bauwirtschaft:
- allgemeine Vertragsbedingungen
- technische Ausführung
- Abrechnung

Dieses Vertragswerk heißt VOB.

VOB steht als Abkürzung für
Vergabe- und Vertragsordnung für Bauleistungen.
Sie beinhaltet drei Kapitel mit ganz unterschiedlichen Inhalten:
Teil A – Vergabebedingungen
Teil B – Ausführung von Bauleistungen
Teil C – Technische Vertragsbedingungen

Anders als das BGB ist die VOB kein Gesetz. Sie dient als Vertragsgrundlage und muss besonders vereinbart werden.
Damit übernimmt die VOB auch die Funktion der Allgemeinen Geschäftsbedingungen (AGB). Diese AGBs kennen wir bei Bestellungen z. B. im Internet: Vor dem Kauf einer Ware müssen wir bestätigen, dass wir die AGBs gelesen haben und damit einverstanden sind.

G.11.3 VOB/A

Der Teil A der VOB beschäftigt sich mit den allgemeinen Bestimmungen zur **Vergabe von Bauleistungen**. Dort ist die Vorgehensweise vor der Auftragsvergabe geregelt. Beispiel:
Wir möchten gerne den Auftrag über die Malerarbeiten in einem privaten Neubau bekommen. Der Bau wird von einem Architekten geleitet und überwacht und er hat ein Leistungsverzeichnis mit den anfallenden Arbeiten erstellt. Als Vertragsgrundlage soll die VOB vereinbart werden. Um den Auftrag an einen Malerbetrieb vorzubereiten, hat der Architekt nach der VOB vier Möglichkeiten.
Vergabearten nach VOB/A:
- **Öffentliche Ausschreibung:** Der Architekt inseriert das Bauvorhaben z. B. in einer Zeitung. Jede Firma kann sich die Unterlagen besorgen und teilnehmen.
- **Beschränkte Ausschreibung:** Der Architekt schreibt mehrere ihm bekannte Firmen an mit der Bitte, jeweils ein Angebot abzugeben.
- **Beschränkt öffentliche Ausschreibung:** Der Architekt berücksichtigt nach der öffentlichen Ausschreibung nur die Angebote jener Betriebe, die besonders geeignet sind, spezielle Anforderungen zu erfüllen. Alle anderen nehmen an der Ausschreibung nicht weiter teil.
- **Freihändige Vergabe:** Der Architekt hat nach eigenem Ermessen freie Hand zur Vergabe des Auftrags.

Nachdem dem Architekten alle Angebote vorliegen, kontrolliert und vergleicht er sie und spricht dem Bauherrn eine Empfehlung zur Vergabe aus. Wenn der Bauherr der Empfehlung folgt, bereitet der Architekt den Vertrag auf Grundlage seines Leistungsverzeichnisses und der VOB vor (jeweils die aktuelle Ausgabe). Mit den Unterschriften von Auftraggeber (Bauherr) und Auftragnehmer (Malerbetrieb) gilt die VOB nun als vereinbart.

G.11.4 VOB/B

Der Teil B der VOB beschäftigt sich mit allgemeinen Vertragsbedingungen für die **Ausführung von Bauleistungen**. Sinngemäß sind das unsere AGBs, die die Regelungen des BGB ersetzen (siehe S. 62, Werkvertrag). Mit der Vereinbarung von Teil B gilt auch automatisch der Teil C als verbindlich.

Regelungen in VOB/B:
- Art, Umfang, Ausführung
- Vergütung
- Vertragskündigungen
- Behinderung und Unterbrechung
- Abnahme und Abrechnung
- Haftung und Mängelansprüche
- Gewährleistung
- Zahlungen und Sicherheitseinbehalte
- Regelung bei Streitigkeiten

G.11.5 VOB/C

Der Teil C der VOB umfasst die **Allgemeinen Technischen Vertragsbedingungen** (ATV) für Bauleistungen. Dieser Teil ist der mit Abstand umfangreichste in der VOB, weil er neben den allgemeinen Regelungen auch für jedes einzelne Gewerk die Regeln für Ausführung und Abrechnung festlegt.

Für jedes einzelne Gewerk existiert eine DIN-Norm, insgesamt enthält die VOB/C 64 verschiedene DIN-Normen. Der Maler und Lackierer muss nicht alle kennen, aber er muss bei den Arbeiten, in denen er tätig ist, mit den Grundlagen der Normen vertraut sein.
Für den Malerbetrieb aus dem Beispiel, der die Malerarbeiten in einem privaten Neubau übernehmen soll, gilt ganz besonders die ATV DIN 18363 Maler- und Lackierarbeiten – Beschichtungen.

Regelungen in VOB/C, DIN 18363:
- Leistungsbeschreibungen und Geltungsbereich
- Stoffe und Bauteile
- Ausführung
- Nebenleistungen, besondere Leistungen
- Abrechnung und Aufmaß (siehe S. 201, 257–258)

Neben den klassischen Beschichtungsarbeiten gibt es in einem Malerbetrieb noch eine Reihe weiterer Tätigkeiten, deren zugehörige Normen der Malermeister und seine Mitarbeiter ebenfalls kennen sollten, da sie mit diesen Gewerken häufig Kontakt haben bzw. die Arbeiten selbst ausführen dürfen.

Die wesentlichen (ATV DIN) Normen sind:
- 18340 Trockenbau
- 18345 Wärmedämm-Verbundsysteme
- 18350 Putz- und Stuckarbeiten
- 18361 Verglasungsarbeiten
- 18363 Maler- und Lackierarbeiten
- 18364 Korrosionsschutzarbeiten an Stahlbauteilen
- 18365 Bodenbelagarbeiten
- 18366 Tapezierarbeiten
- 18451 Gerüstarbeiten

G.11.6 Aufmaß

> Das erstellte Aufmaß muss nachvollziehbar und prüfbar sein.

Diese grundlegende Forderung gilt für alle Aufzeichnungen, die wir beim Kunden oder Architekten einreichen. Diese müssen in der Lage sein, einzelne Flächen in den Bauplänen wiederzufinden und auf Richtigkeit zu überprüfen. Dies gelingt am besten, wenn wir das Aufmaß raumweise erstellen und die einzelnen Flächen klar zuordnen, z. B. Deckenflächen und Wände einzeln auflisten.
Für das Aufmaß an einem Objekt gibt es nach der VOB/C, DIN 18363 bestimmte Formen, die eingehalten werden sollen. So wird in Absatz 0.5 Abrechnungseinheiten klar definiert, welche Bauteile wir in welchen Einheiten abrechnen können.

Beispiele für Abrechnungseinheiten:
- Flächenmaß (m^2) für Decken, Wände, Böden, Türen, Verschalungen, Wellbleche usw.
- Längenmaß (m) für Leibungen, Leisten, Treppenwangen, Fachwerk, Deckenbalken usw.
- Anzahl (Stück) für Konsolen, Halterungen, Zargen bis 2,5 m^2, Gerüstankerlöcher usw.
- Masse (kg oder t) für Silikon- und Kieselsäureester-Imprägniermittel

Bei der Erstellung eines Aufmaßes wird in Absatz 5 Abrechnung genau definiert, welche Einzelflächen wir übermessen dürfen, welche Flächen abgezogen werden müssen und welche gesondert aufgelistet werden müssen. Die wichtigsten Regeln sind:

- Leisten und Sockelfliesen bis 10 cm Höhe sind zu übermessen
- Rückflächen von Nischen und Leibungen werden als Extra-Positionen gesondert gerechnet
- Verglasungen und Füllungen bei Türen und Fenstern werden übermessen
- Gitter und Geländer werden einseitig gerechnet
- Profile, Heizkörper, Wellbleche werden, soweit vorhanden, nach Tabellen gerechnet
- Aussparungen und Öffnungen ab 2,5 m² werden abgezogen
- Aussparungen in Fußböden ab 0,5 m² werden abgezogen
- Unterbrechungen ab 1 m (z. B. in Fußleisten) werden abgezogen

G.11.7 Haftung

Entsteht aufgrund unserer Bearbeitung an einem Objekt ein Schaden, so müssen wir als Bearbeiter für diesen Schaden haften, d. h. Schadensersatz leisten. Das könnte der Fall sein, wenn bei der Renovierung einer Wohnung Flecken im Teppich hinterlassen werden, die nicht sofort zu reinigen sind. Zu diesem Zweck hat jede Firma eine Betriebshaftpflichtversicherung, die den entstandenen Schaden reguliert. Das entbindet den Maler und Lackierer nicht von der Verantwortung, stets mit den Sachen der Kunden sorgsam und vorsichtig umzugehen.
Ein Haftungsanspruch entsteht auch bei einem Feuchtigkeitsschaden in einem neu erstellten Wärmedämm-Verbundsystem, weil die Anschlüsse zu den Fenstern nicht fachgerecht abgedichtet wurden: Es kommt zu einem Wassereintritt hinter der gedämmten Fassade, das Mauerwerk wird geschädigt. Auch hier müssen wir für die durch unsere Bearbeitung verursachten Folgeschäden haften.

G.11.8 Gewährleistung

Alle Handwerksunternehmen sind dazu verpflichtet, nach den anerkannten Regeln der Technik zu arbeiten (VOB/B, § 4, Abs. 2.1). Mit der Abgabe unserer Arbeit sichern wir dem Kunden ganz bestimmte Eigenschaften für einen definierten Zeitraum zu. Das ist vergleichbar mit der Garantiezeit beim Kauf z. B. eines Elektrogeräts im Fachhandel.

Gewährleistung: Garantiezeit für die geleistete Arbeit. Der Auftragnehmer haftet für auftretende Mängel in den gesetzlichen Fristen. Die Gewährleistungsfristen sind:

- 5 Jahre nach BGB
- 4 Jahre nach VOB

G.11.9 BFS-Merkblätter

Wer definiert diese anerkannten Regeln der Technik? Man kann sich sehr gut vorstellen, dass technische Richtlinien für ein bestimmtes Gewerk nur von einer Gruppe von Fachverbänden ausgearbeitet werden können. Für das Malerhandwerk ist das der Bundesausschuss Farbe und Sachwertschutz e.V. (BFS) mit Sitz in Frankfurt/Main. Mitglieder dieses wichtigen Gremiums sind Vertreter aus

- der Farb- und Lackindustrie,
- des Hauptverbandes Farbe Gestaltung Bautenschutz,
- des Bundesinnungsverbandes und
- diversen Beratungsstellen für das Maler- und Lackiererhandwerk.

Diese Verbände treffen sich regelmäßig, um Verarbeitungsrichtlinien für die unterschiedlichsten Untergründe und Materialien zu erarbeiten und auf den neuesten Stand zu bringen. Veröffentlicht werden sie dann in den BFS-Merkblättern. Derzeit gibt es 26 verschiedene Merkblätter, z. B.:

- BFS-Merkblatt Nr. 1: Schutz und Instandsetzung von Betonaußenflächen im Hochbau
- BFS-Merkblatt Nr. 7: Prüfrichtlinien für Wandbekleidungen vor, bei und nach der Bearbeitung
- BFS-Merkblatt Nr. 19: Risse in Außenputzen, Beschichtungen und Armierung

Kundenauftrag

Allwetterzoo Münster

Anerkannt gemeinnütziges Unternehmen. Naturschutz ist Zoo...logisch.

Allwetterzoo Münster, Sentruper Str. 315, 48161 Münster

Malerbetrieb Roth GmbH
Gewerbepark 136

45131 Essen

Ihr Zeichen	Ihre Nachricht vom	Unser Zeichen	Telefon-Durchwahl	Datum
		He/Die		07.04.14

Westfälischer Zoologischer Garten Münster GmbH

Postfach 41 02 60
48066 Münster

Sentruper Straße 315
48161 Münster

Tel. 02 51 / 89 04-0
Fax 02 51 / 89 04-130

E-mail: info@allwetterzoo.de
Internet: www.allwetterzoo.de

Auftrag

Sehr geehrter Herr Roth,

nach Auswertung der Angebote möchte ich Sie aufgrund Ihrer eingereichten Unterlagen im Namen des Allwetterzoos Münster mit der Beschichtung verschiedener metallischer Untergründe beauftragen.

Folgende Arbeiten sind durchzuführen:

- Korrosionsschutzbeschichtung von 16 Gehegepfeilern (Außenanlage Elefantenpark) aus verrostetem Stahl. Farbton gemäß Farbkonzept Elefanten-Außenanlage RAL 1015. Maße entnehmen Sie bitte der Anlage.
- Korrosionsschutzbeschichtung einer automatischen Gehegetür (Außenanlage Nashörner) aus verzinktem Stahlblech. Farbton gemäß Farbkonzept Nashörner-Außenanlage RAL 1015. Maße: 2,30 m x 1,50 m x 0,05 m.
- 4 Baumschutzumrandungen aus Aluminiumblech in der Gorilla-Außenanlage beschichten/farblich an die Vegetation der Gorilla-Außenanlage angleichen. Maße entnehmen Sie bitte der Anlage.

Die Bemaßungen entnehmen Sie bitte den technischen Zeichnungen/Darstellungen im Anhang. Zwecks Terminabsprache bitte ich Sie, sich in den nächsten Tagen telefonisch mit mir in Verbindung zu setzen.

Wir erwarten eine termingerechte und fachlich einwandfreie Ausführung der angebotenen Leistungen.

Für Fragen stehe ich Ihnen jederzeit zur Verfügung.

Mit freundlichen Grüßen

WESTFÄLISCHER ZOOLOGISCHER GARTEN
Münster GmbH

ppa. Heese

Aufsichtsratsvorsitzender:
Rainer Knoche

Geschäftsführer:
Dipl. Agr. Ing., Dipl. Vet. Ing. (FH)
H. Jörg Adler

Sitz der Gesellschaft:
Münster
Amtsgericht Münster HR B 2454

Bankkonto:
Sparkasse Münsterland Ost
2 000 990
BLZ: 400 501 50
IBAN:DE80400501500002000990
SWIFT-BIC: WELADED1MST

Steuer-Nr. 336/5829/0608
USt.-IdNr. DE126043856

Objektbeschreibung

Der Allwetterzoo Münster beauftragt die Fa. Roth mit der Sanierung von drei verschiedenen metallischen Untergründen.

1 Außenanlage Elefantenpark

2 Verrosteter Gehegepfeiler

Teilbaustelle 1

Die erste Teilbaustelle liegt in der Außenanlage des Elefantenparks. Die 16 Gehegepfeiler sind aus Stahl gefertigt, der großflächig Bewitterungsrost angesetzt hat.

Fünf Stahlösen, durch die Sicherheitsstahltrossen geführt werden, sind jeweils an die zylinderförmigen Stahlpfosten geschweißt. Der Rost ist durch geeignete Verfahren zu entfernen, eine geeignete Beschichtung soll die Pfosten vor weiterer Korrosion schützen.

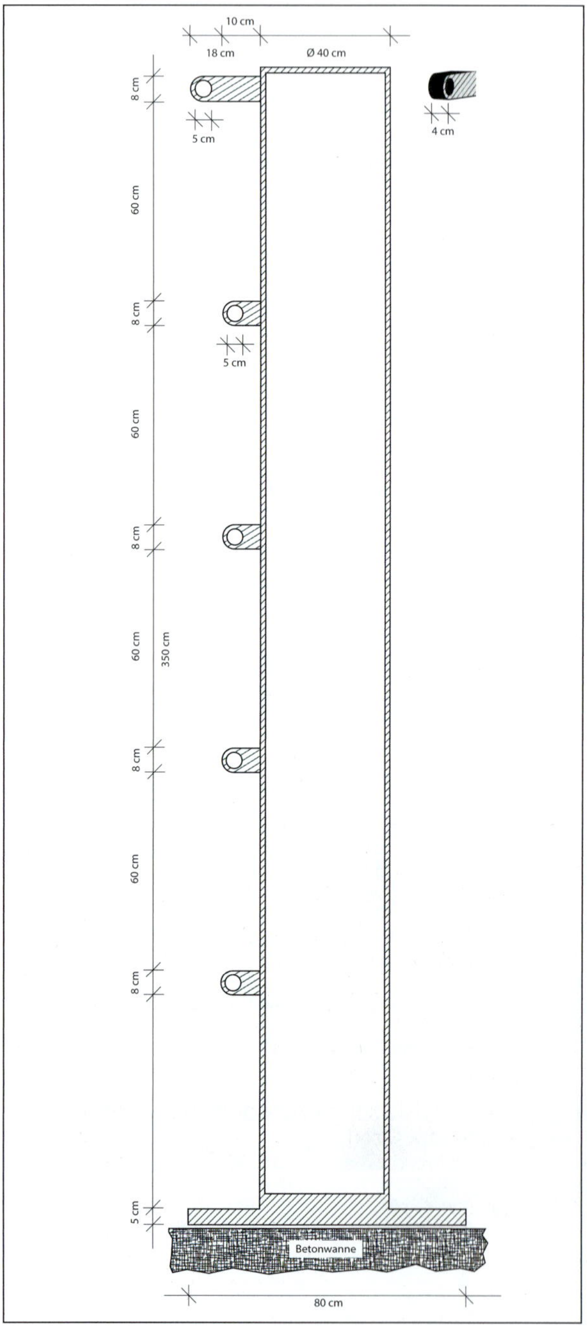

3 Konstruktionszeichnung Stahlpfosten

Teilbaustelle 2

Die zweite Teilbaustelle liegt in der Außenanlage des Nashorngeheges. Die verzinkte und beschichtete Automatikschiebetür (Größe 2,30 m x 1,50 m x 0,05 m) ist unterschiedlich stark von Rost befallen. Bei der Tür handelt es sich um eine Sicherheitstür, deren Funktionalität und Stabilität durch Weiterrosten beeinträchtigt werden würde.

1 Außenanlage Nashorngehege

Bei der Gehegetür handelt es sich um eine Automatikschiebetür ohne Blende, Zarge und Futter. Beide Seiten der Tür müssen beschichtet werden.
Die Zinkoberfläche ist stellenweise beschädigt und hat zu rosten begonnen. In der Detailabbildung 2 ist deutlich zu erkennen, wie sich die noch intakte grau getönte, matt aussehende Zinkoberfläche von der durch die Hörner der Nashörner zerstörten Zinkschicht löst. Die noch vorhandenen farbig beschichteten Flächen der Tür bestehen aus einer 2-K-Epoxidharz-Beschichtung.

2 Detail: Oberflächenbeschädigung

Teilbaustelle 3

In der Gorilla-Außenanlage werden vier Bäume von sechseckigen, beschichteten Aluminiumverblendungen vor den Tieren geschützt. Die Verblendungen bestehen aus sechs Einzelblechen und werden miteinander vernietet. Die Beschichtung besteht aus wasserverdünnbarem Acryllack. Die Beschichtung ist durch Wettereinflüsse stark abgewittert und zeigt stellenweise eine weiße Salzbildung. Darüber hinaus ist die Beschichtung durch Affenurin und mechanische Beanspruchung durch die Affen stark beschädigt.

3 Außenanlage Gorillagehege

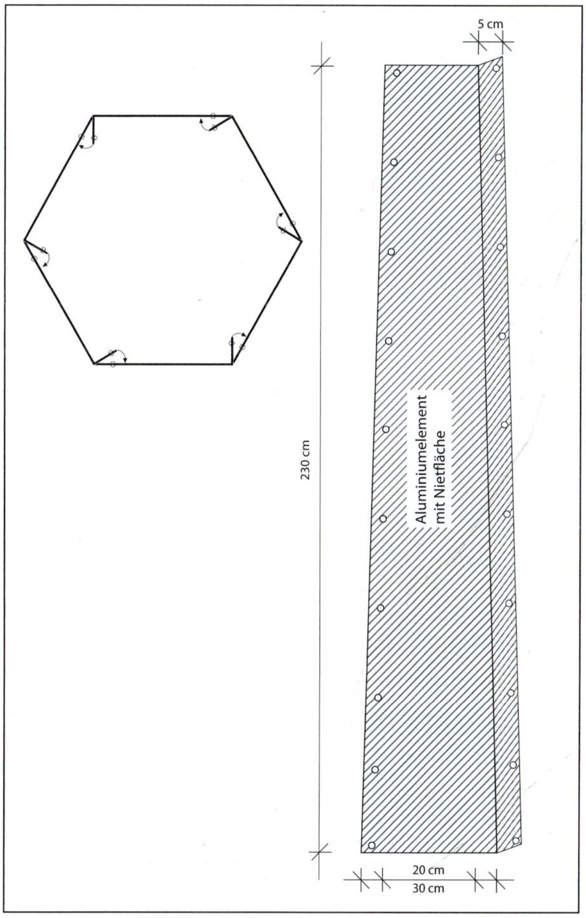

4 Konstruktionszeichnung Aluminiumverblendung

Vor dem Arbeitsprozess

1. Baustellenanalyse

Bevor Sie mit der Arbeitsplanung beginnen, ist es hilfreich, wenn Sie zunächst eine Analyse der Baustelle bzw. der Teilbaustellen vornehmen. Bei der Baustellenbegehung versuchen Sie, alle Details der Schäden und sonstige Gegebenheiten der Baustelle zu erfassen.

Legen Sie eine Checkliste an. Das ist eine gute Möglichkeit, die Informationen über die Baustelle zu strukturieren und so einen besseren Überblick zu bekommen. Die Beispiel-Checkliste dient Ihnen zur Anregung und sollte von Ihnen erweitert werden:

Baustellenanalyse

Architektur- und Ingenieurbüro PLANEN UND BAUEN

Teilnehmer:

Objekt:

Postleitzahl:

Datum der Begehung:

Straße/Hausnummer:

Stadt:

1. Umfeld / Nutzung

☐ Hochhaus	☐ Bungalow	☐ Dorflage	☐ Geschosszahl:
☐ Reihenhaus	☐ Siedlung	☐ privat genutzt	☐ Wohnung:
☐ Eckhaus	☐ freistehend	☐ gewerblich genutzt	☐ Eigentum ☐ Mieter
☐ Häuserzeile	☐ Flachlage	☐ öffentlich genutzt	☐ …
☐ Altbau	☐ Hanglage	☐ Sozialwohung	☐ …
☐ Neubau	☐ Stadtlage	☐ kulturell genutzt	☐ …

2. Bauteile / Fassade

☐ Türen	☐ Bossenwerk	☐ Beleuchtung	☐ …
☐ Fenster	☐ Türrahmen/Dekor	☐ Blendläden	☐ …
☐ Fensterbänke	☐ Fensterrahmen/Dekor	☐ Sockel	☐ …
☐ Gesimse	☐ Fallrohre	☐ Gesimse	☐ …
☐ Balkon	☐ Treppenstufen	☐ …	☐ …
☐ Balkongitter	☐ Handlauf	☐ …	☐ …

3. …

Überlegen Sie zusätzlich, welche Informationen Sie der Objektbeschreibung entnehmen können.

Hilfreich ist hier, den Istzustand der einzelnen Teilbaustellen stichpunktartig zu notieren:

Allwetterzoo Münster

Baustelle 1: Untergrundmaterial: …
Oberflächenzustand: …
Fläche / Menge: …

2. Aufmaß

Als Grundlage für Ihre Berechnungen benötigen Sie die genauen Maße der zu bearbeitenden Flächen, das Aufmaß. Die Ermittlung des Aufmaßes wird nach der Vergabe- und Vertragsordnung für Bauleistungen – VOB – vorgenommen. Sie kann entweder vor Ort während der Baustellenbegehung bzw. bei einer Schadensbegutachtung durchgeführt werden oder die Flächen werden anhand von technischen Bauzeichnungen berechnet.
Nach der Baustellenanalyse berechnen Sie zunächst die Flächen der drei Teilbaustellen.

3. Leistungsbeschreibung

Nachdem Sie die Baustelle analysiert, die Schäden bewertet und das Flächenaufmaß genommen haben, erstellen Sie auf der Grundlage dieser Informationen eine Leistungsbeschreibung. Diese wird häufig auch Leistungsverzeichnis genannt.

Die Leistungsbeschreibung ist auch die Grundlage Ihrer Kostenkalkulation.

Ein Kunde, der sich direkt an einen oder mehrere Malerbetriebe wendet, ist enger in das Erstellen der Leistungsbeschreibung eingebunden, als beispielsweise ein Bauherr, der einen Architekten mit den Bau- und Sanierungsmaßnahmen beauftragt.
In der Leistungsbeschreibung wird üblicherweise

- pro m^2 Untergrundfläche aufgeführt,
- welcher Untergrund,
- mit welchen Werk- und Hilfsstoffen
- wie bearbeitet wird.

Letztendlich gibt es aber keine vorgeschriebene Formulierung. Zur besseren Übersicht wird die Leistungsbeschreibung in der Regel in Tabellenform angelegt.

Position	Tätigkeit	Fläche in m^2	Einheitspreis in €/m^2	Gesamtpreis
Position 1	…	… m^2	… €/m^2	… €
Position 2	Beschichtung verzinkte Stahlblechtür, außen			
Position 2.1	Verzinkte Stahlbechtür, außen, beidseitig mit ammoniakhaltiger Netzmittelwäsche reinigen und anschließend losen Grundanstrich und Roststellen mit Schleifpapier beseitigen.	… m^2	… €/m^2	… €
Position 2.2	Stahlblechtür, außen, mit wasserverdünnbarem Acryllack beidseitig zwischen- und endbeschichten.	… m^2	… €/m^2	… €

Arbeitsprozess planen

Kundenaufträge im Maler- und Lackiererhandwerk sind inhaltlich nie gleich. Dennoch weisen betriebliche Arbeitsabläufe häufig strukturelle Parallelen auf. Um für die Arbeitsprozesse in einem Maler- und Lackiererbetrieb Arbeitsroutine zu bekommen, hilft das hier dargestellte Schema einer „vollständigen" Handlung (siehe auch S. 4).

- Schritt 1: Informieren
- Schritt 2: Planen
- Schritt 3: Entscheiden
- Schritt 4: Ausführen
- Schritt 5: Kontrollieren
- Schritt 6: Bewerten

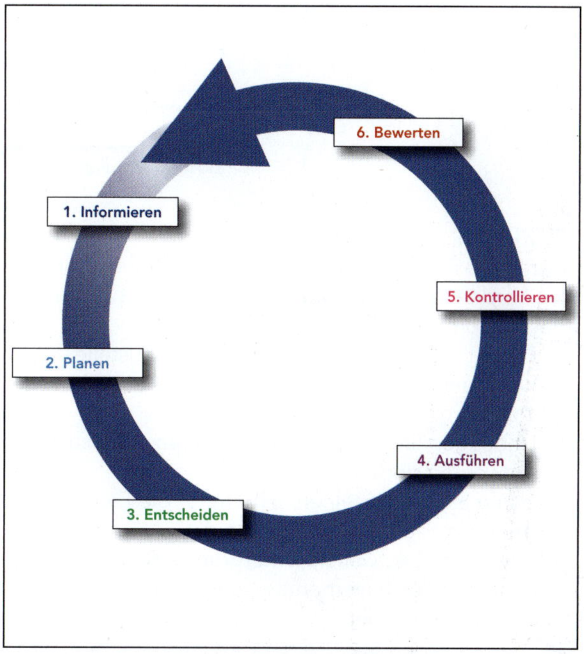

Lernfeld 1

Lernsituation 1

Baustelle einrichten und einen sicheren Arbeitsplatz schaffen

1. Informieren

Anhand der Objektbeschreibung können Sie sich ein Bild von den Baustellen machen. Folgende Fragen geben Ihnen Anregungen für Ihre Informationsphase:

- Wer sind die Ansprechpartner für die Auftragsplanung, die Arbeitsanweisungen und die Auftragsabwicklung?
- Welche Vorschriften sind bei der Einrichtung der Baustelle zur Verhütung von Unfällen und für den Gesundheits- und Umweltschutz zu beachten?
- Welche Unfallverhütungsvorschriften müssen Sie beim Aufstellen und beim Abbau von Leitern oder Gerüsten einhalten?
- Welche Regeln und Vorschriften müssen Sie beim Arbeiten auf Leitern und Gerüsten unbedingt beachten?
- Durch welche Schutzmaßnahmen können Sie beim Entrosten die Umgebung gegen umherfliegende Rostpartikel, Schleifstaub oder Funkenflug schützen?

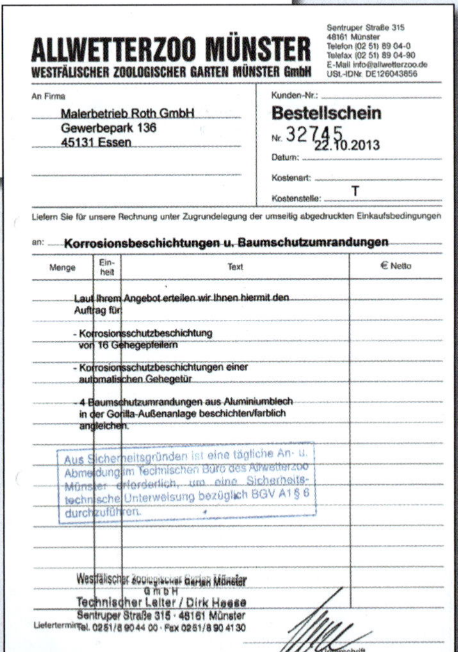

ALLWETTERZOO MÜNSTER
WESTFÄLISCHER ZOOLOGISCHER GARTEN MÜNSTER GmbH

Sentruper Straße 315
48161 Münster
Telefon (02 51) 89 04-0
Telefax (02 51) 89 04-90
E-Mail info@allwetterzoo.de
USt.-IDNr. DE126043856

An Firma
Malerbetrieb Roth GmbH
Gewerbepark 136
45131 Essen

Kunden-Nr.:
Bestellschein
Nr. 32745
22.10.2013
Datum:
Kostenart:
Kostenstelle: T

Liefern Sie für unsere Rechnung unter Zugrundelegung der umseitig abgedruckten Einkaufsbedingungen

an: **Korrosionsbeschichtungen u. Baumschutzumrandungen**

Menge	Einheit	Text	€ Netto

Laut Ihrem Angebot erteilen wir Ihnen hiermit den Auftrag für:

- Korrosionsschutzbeschichtung von 16 Gehegepfeilern
- Korrosionsschutzbeschichtungen einer automatischen Gehegetür
- 4 Baumschutzumrandungen aus Aluminiumblech in der Gorilla-Außenanlage beschichten/farblich angleichen.

Aus Sicherheitsgründen ist eine tägliche An- u. Abmeldung im Technischen Büro des Allwetterzoo Münster erforderlich, um eine Sicherheitstechnische Unterweisung bezüglich BGV A1 § 6 durchzuführen.

Westfälischer Zoologischer Garten Münster GmbH
Technischer Leiter / Dirk Hesse
Sentruper Straße 315 · 48161 Münster
Tel. 0251/8 90 44 00 · Fax 0251/8 90 41 30

Liefertermin:

Unterschrift

Bestellformular

2. Planen

Damit die Baustelle zügig und störungsfrei eingerichtet werden kann, überlegen Sie, wie Sie dabei am besten vorgehen.

- Planen Sie im Team, wie Sie auf die Baustelle hinweisen können und wie Sie beim Absperren vorgehen.
- Überlegen Sie, welche Anschlüsse an der Baustelle notwendig sind.
- Listen Sie die einzelnen Schritte für die Einrichtung der Baustelle der Reihe nach auf.
- Überlegen Sie, welche Untergründe/Bauteile Sie einfacher durch Demontage und spätere Montage bearbeiten können.
- Entwickeln Sie im Team eine Checkliste zur Einhaltung der Sicherheitsstandards.

Die Entrostungs- und Beschichtungsarbeiten müssen mithilfe von Leitern und Gerüsten vorgenommen werden.

- Überlegen Sie, welche Leitern oder Gerüste Sie einsetzen könnten.
- Prüfen Sie, ob eine Leiter oder ein Gerüst für die Durchführung der notwendigen Arbeiten besser geeignet ist.

6. Bewerten

Für die durchgeführte Prüfung und Kontrolle zur Einhaltung der Sicherheitsstandards wird eine Checkliste verwendet. Diese muss als Protokoll aufbewahrt werden. Ihr Teamleiter möchte von Ihnen wissen, warum dies sinnvoll ist.

- Erläutern Sie, warum Sie die geleistete Arbeit und die eingehaltenen Sicherheitsstandards dokumentieren.
- Erläutern Sie auf Rückfragen dem Kunden, warum Sie sich für eine Leiter oder ein Gerüst entschieden haben.

Aluminiumverblendung

6. Bewerten

5. Kontrollieren

4. Ausführen

5. Kontrollieren

Überlegen Sie im Klassenverband, ob Ihre Lösungen den Vorschriften und den gängigen Praktiken des Maler- und Lackiererhandwerks entsprechend durchgeführt wurden.

4. Ausführen

- Präsentieren und begründen Sie mit Ihrem Team dem Klassenverband Ihr Konzept zur Baustelleneinrichtung und zur Schaffung eines sicheren Arbeitsplatzes.
- Nehmen Sie bei der Durchführung Anregungen aus den Präsentationen der anderen Teams auf.

3. Entscheiden

- Legen Sie im Team fest, wie Sie auf die Baustelle hinweisen wollen und wie Sie beim Absperren vorgehen.
- Notieren Sie, welche Anschlüsse an der Baustelle notwendig sind.
- Listen Sie die einzelnen Schritte für die Einrichtung der Baustelle der Reihe nach auf.
- Die Entrostungs- und Beschichtungsarbeiten können von einem zuvor aufgestellten Arbeitsgerüst oder von einer Leiter aus durchgeführt werden.
- Entscheiden Sie, ob Sie eine Leiter oder ein Gerüst einsetzen. Beachten Sie dabei die unterschiedlichen Standkosten.
- Begründen Sie Ihre Entscheidungen.

Lernsituation 2

Vorarbeiten durchführen: Entrostung

1. Informieren

Die Abbildungen der einzelnen Teilbaustellen zeigen, dass die verschiedenen metallischen Untergründe unterschiedlich stark verrostet oder verwittert sind. Nutzen Sie folgende Leitfragen als Anregung in der Informationsphase:

- Welche Arbeiten dieses Auftrags gehören zu den Vorarbeiten?
- Welche Möglichkeiten der Reinigung haben Sie?
- Wie können die drei metallischen Untergründe bewertet (im Sinne der Bearbeitung) oder geprüft werden?
- Mit welchen Methoden und Werkzeugen können Sie Rost, Salze o. Ä. von metallischen Untergründen entfernen?
- Welche Unfallverhütungsvorschriften sind dabei zu beachten?
- Welche Korrosions- oder Rostarten gibt es?
- Ziehen Sie die DIN EN ISO 12944 zurate: umweltbedingte Belastungen, Rostgrade, Normreinheitsgrade und Entrostungsverfahren.

2. Planen

Für die Entrostung und die anschließende Beschichtung sind im Stahlbau bestimmte Reinheitsgrade erforderlich.

- Überlegen Sie, welche Untergrundprüfmethoden Ihnen zur Verfügung stehen, um die jeweilige Oberfläche beschichtungstechnisch zu bewerten.
- Überlegen Sie, welchen Umweltbelastungen die jeweiligen metallischen Untergründe ausgesetzt sind.
- Überlegen Sie, welche Reinigungsverfahren Sie für die beschädigten Metalloberflächen einsetzen könnten.
- Stellen Sie die Rost- und Reinheitsgrade für die Entrostung der Untergründe zusammen.
- Planen Sie im Team, welche Entrostungsverfahren für die verschiedenen metallischen Untergründe sinnvoll sind.
- Legen Sie eine Übersicht der möglichen Werkzeuge für die verschiedenen Entrostungsverfahren an.
- Legen Sie fest, wie der Rahmen Ihrer persönlichen Sicherheit bei diesen Vorarbeiten sein soll.

3. Entscheiden

- Legen Sie im Team das bzw. die Verfahren fest, die Sie zum Entrosten und Reinigen der einzelnen metallischen Untergründe benötigen.
- Entscheiden Sie, welche Werkzeuge, Geräte und Hilfsstoffe Sie für Ihre gewählten Reinigungs- und Entrostungsverfahren benötigen.
- Entscheiden Sie, welche Sicherheits- und Unfallverhütungsmaßnahmen Sie bei den Vorarbeiten ergreifen werden.
- Begründen Sie Ihre Entscheidungen.

6. Bewerten

- Damit die zur Entrostung zu beachtenden Normen, Vorschriften und Sicherheitsmaßnahmen bei vergleichbaren Kundenaufträgen nicht jedes Mal neu zusammengestellt werden müssen, listen Sie diese in Tabellenform auf. Wenn Sie hierzu entsprechende Programme auf Ihrem Computer nutzen, können Sie Ihre Liste als Datei abspeichern, wenn nötig ergänzen und im Bedarfsfall abrufen.
- In einem Kundengespräch erläutern Sie die Vorgehensweise bei der Durchführung der Vorarbeiten, erklären den Maschinen- und Geräteeinsatz und geben dem Kunden einen Überblick über die notwendigen Inhalte der DIN EN ISO 12944.

6. Bewerten

5. Kontrollieren

- Überlegen Sie im Klassenverband, ob Ihre Lösungen den Vorschriften und den gängigen Praktiken des Maler- und Lackiererhandwerks entsprechend durchführbar sind.
- Nehmen Sie Anregungen und Korrekturen aus den Präsentationen der anderen Teams auf.

5. Kontrollieren

4. Ausführen

- Erarbeiten Sie aus diesen Unterlagen im Team eine Präsentation.
- Wählen Sie hierzu gemeinsam eine sinnvolle Präsentationsmethode.
- Präsentieren und begründen Sie mit Ihrem Team dem Klassenverband Ihr Konzept zur Vorbereitung und Durchführung der Vorarbeiten.

4. Ausführen

Außenanlage Nashorngehege

Lernsituation 3 A

Hauptarbeiten durchführen: Korrosionsschutz auf verzinkten Untergrund auftragen

1. Informieren

Um die Rostflächen ist die verzinkte Oberfläche noch vollständig erhalten. In diesem Bereich ist kein Rost sichtbar. Offenbar schützt Zink gegen Korrosion. Nutzen Sie folgende Leitfragen als Anregung in der Informationsphase:

- Wie kann eine beschädigte Zinkoberfläche saniert werden?
- Welche Informationen aus technischen Richtlinien für Maler und Lackierer (siehe QR-Code) müssen Sie beachten?
- Welche Schichtdicke ist nach diesen Richtlinien nötig, damit keine weitere Deckbeschichtung notwendig ist?
- Wie muss der notwendige Aufbau von Zinkstaubfertigbeschichtungen anhand der Richtlinien aussehen?
- Welche Auftragsverfahren könnten Sie verwenden?
- Welche Beschichtungssysteme stehen Ihnen nach den technischen Richtlinien zur Verfügung?

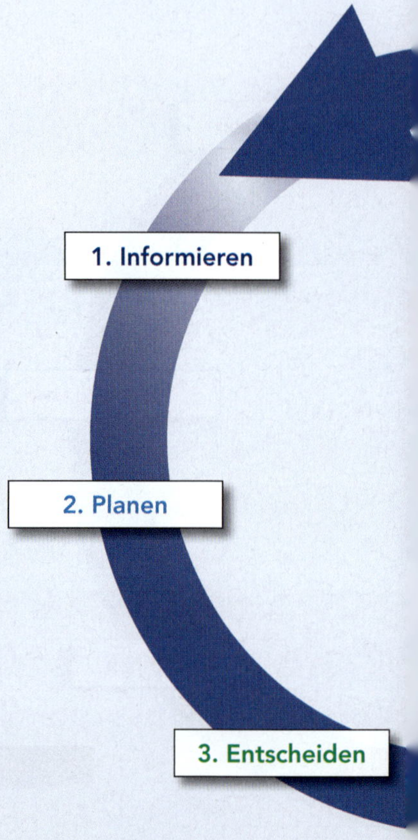

2. Planen

Planen Sie im Team die Arbeitsschritte zur Herstellung einer Zinkstaubfertigbeschichtung.

- Erstellen Sie einen Arbeitsplan, in dem die einzelnen Arbeitsschritte für die Beschichtung mit einem Zweikomponentensystem (2-K-System) festgehalten sind.
- Planen Sie im Team, welche Werkzeuge, Maschinen und Einrichtungen für die Beschichtung notwendig sind.
- Erarbeiten Sie gemeinsam eine Checkliste, um bei einem vergleichbaren Auftrag schneller handeln zu können.

Für das Auftragen der Beschichtung eignen sich nicht alle Farbauftragsverfahren gleich gut. Bei der Beschichtung der Tür können Sie zwischen den Auftragsverfahren Streichen, Rollen oder Spritzen wählen.

- Überlegen Sie, für welchen Zweck Sie die einzelnen Auftragsverfahren anwenden.
- Überlegen Sie, wie sich die erforderliche Schichtdicke erzielen lässt.
- Mit welcher Prüfmethode lässt sich die Schichtdicke messen?
- Überlegen Sie: Welche Temperatur darf bei der Beschichtung mit einem 2-K-System nicht unterschritten werden?

3. Entscheiden

- Legen Sie im Team das bzw. die Beschichtungsverfahren fest, die Sie zur Sanierung der beschädigten Zinkoberfläche anwenden wollen.
- Legen Sie einen Beschichtungsaufbau fest und fertigen Sie dazu eine Skizze an.
- Entscheiden Sie im Team, wie Sie eine prüfbare, nach den Technischen Richtlinien für Maler und Lackierer geforderte, Schichtdicke erzielen wollen.
- Entscheiden Sie, welche notwendigen Werkzeuge, Geräte, Hilfsstoffe und Materialien Sie für Ihre Sanierung benötigen.
- Entscheiden Sie, welche Sicherheits- und Unfallverhütungsmaßnahmen Sie bei den Arbeiten ergreifen werden.
- Begründen Sie Ihre Entscheidungen.

6. Bewerten

Der Technische Leiter des Zoos möchte nach Fertigstellung der Sanierung wissen, wie Sie die Arbeiten in der Teilbaustelle mit den verzinkten Oberflächen durchgeführt haben.

Bereiten Sie sich auf ein kurzes Kundengespräch vor, indem Sie Ihre bereits erarbeiteten Informationen so strukturieren, dass der Kunde einen kurzen, aber präzisen Einblick in

- den Ablauf Ihres Arbeitsprozesses,
- die Untergrundprüfung,
- die verarbeiteten Materialien und
- die einzelnen Arbeitsschritte des Beschichtungsaufbaus

erhält und erkennen kann, wie Sie besonders den verzinkten Untergrund berücksichtigt haben.

6. Bewerten

5. Kontrollieren

- Überlegen Sie im Klassenverband, ob Ihre Lösungen den Vorschriften und den gängigen Praktiken des Maler- und Lackiererhandwerks entsprechend durchgeführt wurden bzw. durchführbar sind.
- Nehmen Sie kritische Anregungen und Korrekturen aus den Präsentationen der anderen Teams positiv auf.

5. Kontrollieren

4. Ausführen

Oberflächenbeschädigung

4. Ausführen

- Erarbeiten Sie aus diesen Unterlagen im Team eine Präsentation.
- Wählen Sie hierzu gemeinsam eine sinnvolle Präsentationsmethode.
- Präsentieren und begründen Sie mit Ihrem Team Ihrem Klassenverband Ihr Konzept zur Vorbereitung und Durchführung der Hauptarbeiten an dieser Teilbaustelle.

Lernfeld 1

Lernsituation 3 B

Hauptarbeiten durchführen: Baumverblendung aus Aluminium beschichten

1. Informieren

Die Beschichtung der Aluminiumverblendungen ist stark angegriffen. Neben den Salzausblühungen wurden die Beschichtungen durch mechanische Belastungen und Tierurin massiv geschädigt. Nutzen Sie folgende Leitfragen als Anregung in der Informationsphase:

- Wie kann das Aluminiumblech fachmännisch gereinigt werden?
- Warum darf hierzu keine alkalische Netzmittelwäsche mit Ammoniaklösung – wie beispielsweise bei verzinktem Blech – verwendet werden?
- Welche Auswirkungen haben Salzausblühungen?
- Wie werden Salzausblühungen beseitigt?
- Wie können die Aluminiumbleche entschichtet werden?
- Wie und mit welchen Grundiermitteln sollte Aluminiumblech behandelt werden?
- Wie könnte ein Beschichtungsaufbau auf Aluminiumblech aussehen?

Schutz der Bäume durch Aluminiumverblendungen

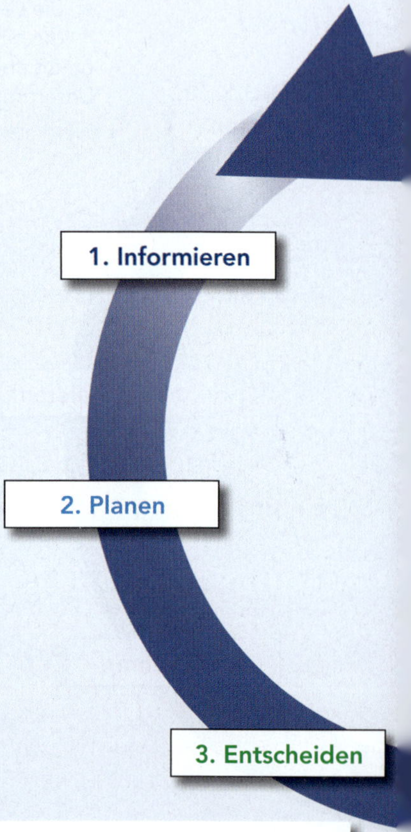

2. Planen

Planen Sie im Team den Anstrichaufbau der Beschichtung. Durch die UV-Strahlung der Sonne, durch Witterung im Allgemeinen und durch die Tiere verursachte mechanische Belastung ist die Beschichtung hohen Anforderungen ausgesetzt.

- Erstellen Sie einen Arbeitsplan, in dem die einzelnen Arbeitsschritte für die Grundierung und Beschichtung festgehalten sind.
- Planen Sie im Team, welche Werkzeuge, Maschinen und Materialien für die Beschichtung notwendig oder möglich sind.
- Überlegen Sie, welches Auftragsverfahren Sie anwenden.
- Planen Sie für das Aluminiumblech eine mögliche Grundierung.
- Wählen Sie für den Anstrichaufbau einen Lack aus, der den hohen Anforderungen gerecht wird.
- Überprüfen Sie Ihren Arbeitsprozess im Hinblick auf die Umsetzbarkeit.

6. Bewerten

Der Technische Leiter des Zoos möchte nach Fertigstellung der Sanierung wissen, wie Sie die Arbeiten an den Baumverblendungen aus Aluminium durchgeführt haben.
Bereiten Sie sich auf ein kurzes Kundengespräch vor, indem Sie Ihre bereits erarbeiteten Informationen so strukturieren, dass der Kunde einen kurzen, aber präzisen Einblick in

- den Ablauf Ihres Arbeitsprozesses,
- die Untergrundprüfung,
- die verarbeiteten Materialien und
- die einzelnen Arbeitsschritte des Beschichtungsaufbaus

erhält und erkennen kann, wie Sie besonders den Untergrund Aluminium berücksichtigt haben.

Aluminiumverblendung – Detail

6. Bewerten

5. Kontrollieren

5. Kontrollieren

- Überlegen Sie im Klassenverband, ob Ihre Lösungen den Vorschriften und den gängigen Praktiken des Maler- und Lackiererhandwerks entsprechend durchgeführt wurden bzw. durchführbar sind.
- Nehmen Sie kritische Anregungen und Korrekturen aus den Präsentationen der anderen Teams positiv auf.

4. Ausführen

4. Ausführen

- Erarbeiten Sie aus diesen Unterlagen im Team eine Präsentation.
- Wählen Sie hierzu gemeinsam eine sinnvolle Präsentationsmethode.
- Präsentieren und begründen Sie mit Ihrem Team dem Klassenverband Ihr Konzept zur Vorbereitung und Durchführung der Hauptarbeiten an dieser Teilbaustelle.

3. Entscheiden

- Legen Sie im Team das bzw. die Beschichtungsverfahren fest, die Sie zur Sanierung der beschädigten Aluminiumoberfläche anwenden wollen.
- Legen Sie einen Beschichtungsaufbau fest und fertigen Sie dazu eine Skizze an.
- Entscheiden Sie, welche Werkzeuge, Geräte, Hilfsstoffe und Materialien Sie für Ihre Sanierung benötigen.
- Entscheiden Sie, welche Sicherheits- und Unfallverhütungsmaßnahmen Sie bei den Arbeiten ergreifen werden.
- Begründen Sie Ihre Entscheidungen.

Lernsituation 3 C

Hauptarbeiten durchführen: Stahlpfosten beschichten

1. Informieren

Die Gehegepfeiler sind an der Oberfläche komplett verrostet. Ein Korrosionsanstrich ist deshalb dringend erforderlich. Nutzen Sie folgende Leitfragen als Anregung in der Informationsphase:

- Wie kann der Baustahl fachmännisch gereinigt werden?
- Welche Grundierungen bieten Korrosionsschutz?
- Welche möglichen Zwischen- und Endbeschichtungen gibt es für die Beschichtung von Baustahl?
- Welche Bearbeitungszeit muss für die 16 Gehegepfeiler angesetzt werden?
- Welche Entsorgungsmaßnahmen müssen Sie treffen?

2. Planen

Planen Sie im Team den Arbeitsablauf und stellen Sie die notwendigen Arbeitsschritte der Reihe nach in folgender Tabelle dar:

Nr.	Tätigkeit	geplante Zeit	benötigte Zeit

- Überlegen Sie gemeinsam, welche Werkzeuge und Geräte Sie zur Durchführung der gesamten Arbeit benötigen, und stellen Sie Ihre Überlegungen in einer Liste zusammen.
- Überlegen Sie, welche Anstrichstoffe für die Grundierung, Zwischen- und Deckbeschichtung infrage kommen könnten.
- Überlegen Sie, welche Schutzmaßnahmen und Unfallverhütungsvorschriften Sie für sich selbst und für die Umgebung treffen müssen.
- Überprüfen Sie Ihren Arbeitsprozess im Hinblick auf die Umsetzbarkeit.

3. Entscheiden

- Legen Sie im Team das bzw. die Beschichtungsverfahren fest, die Sie zur Sanierung der Stahlpfosten anwenden wollen.
- Legen Sie einen Beschichtungsaufbau fest und fertigen Sie dazu eine Skizze an.
- Entscheiden Sie, welche Werkzeuge, Geräte, Hilfsstoffe und Materialien Sie für Ihre Sanierung benötigen.
- Entscheiden Sie, welche Sicherheits- und Unfallverhütungsmaßnahmen Sie bei den Arbeiten ergreifen werden.
- Begründen Sie Ihre Entscheidungen.

6. Bewerten

Der Technische Leiter des Zoos möchte nach Fertigstellung der Sanierung wissen, wie Sie die Arbeiten an den Stahlpfosten durchgeführt haben.
Bereiten Sie sich auf ein kurzes Kundengespräch vor, indem Sie Ihre bereits erarbeiteten Informationen so strukturieren, dass der Kunde einen kurzen, aber präzisen Einblick in

- den Ablauf Ihres Arbeitsprozesses,
- die Untergrundprüfung,
- die verarbeiteten Materialien und
- die einzelnen Arbeitsschritte des Beschichtungsaufbaus

erhält und erkennen kann, wie Sie besonders den Untergrund Stahl berücksichtigt haben.
Nach Abschluss aller Arbeiten werden diese dem Kunden nochmals vorgestellt, damit er den Auftrag abnehmen kann.

- Stellen Sie mit Ihrem Team eine Auflistung der durchgeführten Arbeiten zusammen.
- Nutzen Sie diese, um dem Kunden bei der Auftragsabnahme die Ausführung zu erläutern.

Zum Abschluss wollen Sie wissen, ob der Kunde zufrieden ist.

- Führen Sie zur Übung der Präsentation in Ihrem Team ein Rollenspiel durch, in dem Sie wechselweise die Rolle des Kunden bei der Abnahme übernehmen.
- Erarbeiten Sie hierzu einen Fragebogen mit ca. zehn Fragen, den Sie nach Abschluss der Auftragsabnahme dem Kunden übergeben.

5. Kontrollieren

- Überlegen Sie im Klassenverband, ob Ihre Lösungen den Vorschriften und den gängigen Praktiken des Maler- und Lackiererhandwerks entsprechend durchgeführt wurden bzw. durchführbar sind.
- Nehmen Sie kritische Anregungen und Korrekturen aus den Präsentationen der anderen Teams positiv auf.

4. Ausführen

- Erarbeiten Sie aus diesen Unterlagen im Team eine Präsentation.
- Wählen Sie hierzu gemeinsam eine sinnvolle Präsentationsmethode.
- Präsentieren und begründen Sie mit Ihrem Team dem Klassenverband Ihr Konzept zur Vorbereitung und Durchführung der Hauptarbeiten an dieser Teilbaustelle.

Verrosteter Stahlpfosten

1 Metallische Untergründe bearbeiten

1.1 Baustelle einrichten

Bevor Sie mit dem eigentlichen Arbeitsprozess beginnen, richten Sie Ihre Baustelle gemäß den gültigen Sicherheitsbestimmungen der BG BAU (Berufsgenossenschaft für Bauwirtschaft) ein.

1 Baustelle einrichten

1.2 Sicherer Umgang mit elektrischen Geräten, Maschinen und Anlagen

Die Gefährlichkeit des elektrischen Stroms wird oft unterschätzt. Unsachgemäßer Umgang mit Strom führt häufig zu vermeidbaren Unfällen, schlimmstenfalls zum Tod.

Gefahr geht vor allem von der vorhandenen Stromstärke und dem möglichen Stromfluss durch den Menschen aus.
Je geringer der Widerstand durch Kleidung, Schuhwerk, Fußboden, Untergrund usw. ist, umso größer ist der Stromfluss und somit die Verletzungs- bzw. Todesgefahr.

Bei der Stromstärke werden Ströme mit 25 mA bereits als gefährlich angesehen.

- Durch den elektrischen Strom wird die Zellflüssigkeit zersetzt. Es kommt zu Vergiftungserscheinungen.
- Der Stromfluss führt an den Ein- und Austrittsstellen des Körpers zu Verbrennungen.
- Fließt der Strom über das Herz, kann ein Wechselstrom mit einer Frequenz von üblicherweise 50 Hz den Herzmuskel aus seinem natürlichen Rhythmus bringen: Statt etwa einmal pro Sekunde wird das Herz angeregt, hundertmal schneller zu schlagen. Dies führt zum Herzkammerflimmern und schließlich zum Herzstillstand.

Grundlegende Informationen zum Umgang mit elektrischem Strom stellt der VDE Verband der Elektrotechnik Elektronik Informationstechnik e.V. zur Verfügung. Die DIN VDE 0100 geht davon aus, dass eine Spannung kleiner als 50 V für den Menschen keine tödliche Gefahr darstellt. Jedoch auch bei verringerter Spannung ist Vorsicht geboten. Die übliche Wechselstromspannung für elektrische Geräte beträgt 220/380 Volt!

Kennzeichen auf zugelassenen Elektrogeräten:

Zeichen	Benennung und erteilende Stelle	Bedeutung
	VDE-Zeichen Erteilung durch VDE-Prüf- und Zertifizierungsinstitut	Das Gerät ist entsprechend den VDE-Bestimmungen gebaut.
	CE-Zeichen Europäische Kommission	Das Produkt entspricht den Richtlinien der Europäischen Union (EU) und ist für den Warenverkehr zugelassen.
	Zeichen für Geprüfte Sicherheit Erteilung durch eine vom Bundesarbeitsministerium benannte Prüfstelle, z. B. TÜV oder VDE	Das Gerät entspricht den sicherheitstechnischen Anforderungen des Produktsicherheitsgesetzes (ProdSG)
	VDE-EMC-Zeichen Erteilung durch VDE-Prüf- und Zertifizierungsstelle	Das Gerät entspricht den Normen der elektromagnetischen Verträglichkeit

Steckverbindungen, Leitungen und Elektrogeräte müssen den VDE-Bestimmungen entsprechen und sollen das VDE-Zeichen tragen.

Regeln für den Umgang mit elektrischen Geräten und Anlagen

- Nur Elektrofachkräfte dürfen elektrische Geräte und Anlagen errichten, ändern und reparieren.
- Schadhafte Leitungen, Steckverbindungen und Geräte sofort außer Betrieb setzen und sicherheitshalber kennzeichnen.
- Leitungen nicht flicken oder z. B. durch Zusammendrehen oder Umwickeln mit Isolierband verlängern.
- Nur zulässige Steckverbindungen verwenden.
- Vor dem Arbeiten in der Nähe von Strom führenden blanken Leitungen, z. B. Freiluftleitungen, diese vom Fachdienst des Stromlieferanten mit einer Isolierhülle versehen lassen.
- Nur Handleuchten mit Schutzglas und Schutzkorb benutzen, die schutzisoliert und strahlwassergeschützt sind.
- Lampen nur in ausgeschaltetem Zustand auswechseln.
- Nur mit geeigneten Schleifmaschinen nass schleifen.
- Beim Tapezieren hinter Schaltern und Steckdosen Stromzufuhr durch Sicherung unterbrechen.

Sicherungsarten bei Elektrogeräten

Schutzklassen	Schutzart/ Kennzeichen	Beschreibung
I	Schutzleiter	Wenn zwischen Gehäuse und aktiven Teilen eines elektrischen Geräts aufgrund mangelnder Isolation eine Strom leitende Verbindung entsteht (Körperschluss), bildet sich über den Schutzleiter neben dem Verbraucherstromkreis ein geschlossener Fehlerstromkreis. Dieser spricht die Sicherung an, das Elektrogerät wird von der Stromzufuhr getrennt.
II	Schutzisolierung	Alle Strom führenden Geräteteile sind so isoliert, dass im Fehlerfall kein Erdkontakt möglich ist. Zusätzlich besitzt das Gerät ein Gehäuse aus isolierendem Material.
III	Schutzkleinspannung	Die Elektrogeräte werden mit einer Niederspannung von maximal 50 V betrieben, die in einem Trenntransformator erzeugt wird. Mobile Trenntransformatoren sind schutzisoliert.

Zeichen auf Elektrogeräten – Schutzarten

Gefährliche elektrische Spannung	Tropfwassergeschützt	Schutzleiteranschluss
Schutzisoliert	Sprühwassergeschützt (regengeschützt)	Leuchte für Entladungslampen zur direkten Montage auf oder an normal oder leicht entflammbaren Baustoffen
Trenntransformator	Spritzwassergeschützt	
Staubgeschützt	Strahlwassergeschützt	Explosionsgeschützte, baumustergeprüfte Betriebsmittel
Staubdicht	Wasserdicht	V Volt (Spannung) A Ampere (Stromstärke) W Watt (Leistung) kW Kilowatt (Leistung) Hz Hertz (Frequenz) ~ Wechselstrom ⎓ Gleichstrom
für rauen Betrieb	Druckwasserdicht (mit Angabe der maximalen Eintauchtiefe)	

Neben seiner Robustheit und Flexibilität ist Metall auch weniger anfällig gegen Feuer als herkömmliche Baustoffe.

2 Erasmusbrücke, Rotterdam, Niederlande

Die Eigenschaften von Metallen kann man in
- physikalische/mechanische,
- chemische,
- ästhetische

Eigenschaften unterteilen.

1.3 Metalle

1.3.1 Eigenschaften allgemein

Metalle sind wegen ihrer hohen Festigkeit beliebte Werkstoffe für viele Arten von Bauteilen und Untergründen. Sie sichern die Statik von Metallkonstruktionen und ermöglichen Bauwerke, die trotz ihrer riesigen Dimension leicht und feingliedrig wirken.
Konstruktionsteile aus Metall sind schneller zu verbauen und leichter instand zu halten als traditionelle Baustoffe.

1 Eiffelturm, Paris, Frankreich

Physikalische/mechanische Eigenschaften:
- hohe elektrische Leitfähigkeit
- hohe thermische Leitfähigkeit (Wärmeleitfähigkeit)
- Magnetismus
- elastische (zurückgehende) Verformbarkeit
- plastische (bleibende) Verformbarkeit
- Härte, Festigkeit, Zähigkeit
- hohe Dichte
- thermische Dehnbarkeit

Chemische Eigenschaften:
- Neigung zu Korrosion

Ästhetische Eigenschaften:
- glänzende Oberfläche
- matt glänzende Oberflächen

Im festen Zustand bestehen Metalle aus räumlichen Kristallgittern, an deren Gitterpunkten sich die Atome befinden. Durch den geringen Abstand der Atome sind die Elektronen im Kristallgitterverband frei beweglich. Metalle leiten elektrischen Strom, der nichts anderes als bewegte Elektronen darstellt, sehr gut (siehe S. 31).
Auf das Metall einwirkende Energie bewirkt im Kristallgitter innere Reibung und Schwingungen. Die innere Reibung erwärmt das Metall. Die Schwingungen werden von der ganzen Kristallgitterstruktur aufgenommen und bewirken so die hohe Wärmeleitfähigkeit (siehe S. 28).
Legierungsbestandteile senken den Schmelzpunkt. Sie verspannen beim Erstarrungsprozess das Kristallgitter und verbessern so die Festigkeit, Härte, Zähigkeit und Elastizität (siehe S. 25). Bei Stahl sind dies u. a. Chrom, Mangan und Nickel, bei Aluminium u. a. Kupfer, Magnesium und Zink.
In wässrigen Lösungen haben Metalle das Bestreben, als freie Elektronen (das sind Ionen) in Lösung zu gehen. In Verbindung mit Sauerstoff verlieren die Metalle durch Oxidbildung ihren metallischen Glanz.

1.3.2 Einteilung der metallischen Werkstoffe

Im Periodensystem sind ca. 80 metallische Elemente zu finden. Für diese Vielzahl ist es nahezu unmöglich, eine klare Einteilung vorzunehmen. Verschiedene Kategorisierungen sind möglich, z. B.:

- Eisenmetalle – Nichteisenmetalle
- Leichtmetalle – Schwermetalle
- Edelmetalle – unedle Metalle

Um einen ersten generellen Überblick über das weite Feld der Werkstoffe zu bekommen, ist es sinnvoll, mit einer Einteilung nach metallischen und nichtmetallischen Werkstoffen zu beginnen.

1 Einteilung der Werkstoffe

Die metallischen Werkstoffe lassen sich nach Eisenmetallen (EM oder Fe, von lat.: ferrum = Eisen) oder Nichteisenmetallen (NE) einteilen.

Eisenmetalle (EM) haben für den Bausektor eine große Bedeutung, weil Eisenerze der metallische Grundwerkstoff für unterschiedliche Eisenmetalle und Legierungen (siehe unten) sind. Zu den Eisenmetallen zählen Werkstoffe, deren Hauptkomponente Eisen ist, z. B. Eisengusswerkstoffe (Eisen-Kohlenstoff-Gemische) und Stähle.

Nichteisenmetalle (NE) lassen sich nach Schwer- oder Leichtmetallen einteilen. Viele dieser Schwer- oder Leichtmetalle werden zur Verbesserung der Eigenschaften eines Grundmetalls für Legierungen verwendet.

1.3.3 Legierungen

Eigenschaften eines metallischen Werkstoffs sind veränderbar, z. B. kann man ihn korrosionsbeständiger machen. Dazu kombiniert man ein technisch reines Metall (z. B. Eisen) mit mindestens einem weiteren metallischen Werkstoff. Es entsteht eine Legierung.
Legierungskomponenten müssen nicht immer metallisch sein. So werden auch nichtmetallische Werkstoffe eingesetzt, z. B. Kohlenstoff, Schwefel oder Phosphor.

Legierung: Mischung eines technisch reinen Basismetalls mit mindestens einem weiteren Werkstoff.

Beispiele für Legierungen:

- **Stahl** ist eine Legierung, die zu Hauptteilen aus Eisen besteht, dem ein korrosions- sowie anlaufbeständiges, sehr teures Schwermetall – Chrom oder Nickel – beigemischt wird. Wenn man zum flüssigen Eisen mehr als 12 % des flüssigen Legierungselements Chrom einbringt, sind so viele Chromatome gelöst, dass sich eine Chromoxidschicht bildet, die den Stahl dauerhaft schützt.
- **Bronze** wird aus den metallischen Elementen Kupfer (siehe S. 106/107) und Zinn legiert.
- **Messing** besteht aus Kupfer, das mit Zink als Legierungsmetall gemischt wurde.

Legierungen werden nach genauesten „Rezepten" gemischt, damit ein metallisches Legierungsgefüge reproduzierbar, d. h. immer wieder gleich mischbar bleibt. Das garantiert Herstellern und Endverbrauchern von genormten Legierungswerkstoffen immer gleiche Werkstoffeigenschaften.

1.3.4 Herstellung von Eisen und Stahl

Metalle werden durch einen oder mehrere Schmelzprozesse aus Erz, teilweise auch aus Schrott gewonnen. Erz bezeichnet ein Materialgemenge, das die Basis für den Werkstoff Eisen beinhaltet.

Roheisen entsteht, indem die mit dem Erz verbundenen Verunreinigungen und Beimengungen entfernt werden:

- durch den Schmelzprozess verbrannt => Vorgang der Oxidation oder
- als Schlacke ausgeschieden, wodurch der Oxidgehalt des Rohmetalls verringert wird => Vorgang der Reduktion.

Stahl entsteht aus Roheisen, indem man den beim Schmelzen des Erzes aufgenommenen Kohlenstoff reduziert – denn dieser macht das Roheisen spröde und technisch nicht verwendbar. Zur Reduktion des Kohlenstoffanteils wird in einem weiteren Schmelzprozess Luft oder Sauerstoff in die Schmelze geblasen. Der Kohlenstoff verbindet sich mit dem Sauerstoff und bildet Kohlenmonoxid bzw. Kohlenstoffdioxid. Diese entweichen als Abgase. Der Kohlenstoffgehalt der Schmelze verringert sich auf diese Weise bei Stahl auf unter 1,7 % und bei Grauguss auf ca. 3,5 %. Stahl wird dadurch trotz seiner Härte elastisch und zäh, Grauguss (Eisen plus Kohlenstoff in Form von Grafit) dagegen spröde. Ihre endgültige Form erhalten die geschmolzenen Metalle durch Gießen in vorbereitete Formen oder durch Walzen zu Profilen bzw. Blechen. Weitere Oberflächenbehandlungen können folgen, bis die gewünschten Eigenschaften erreicht sind.

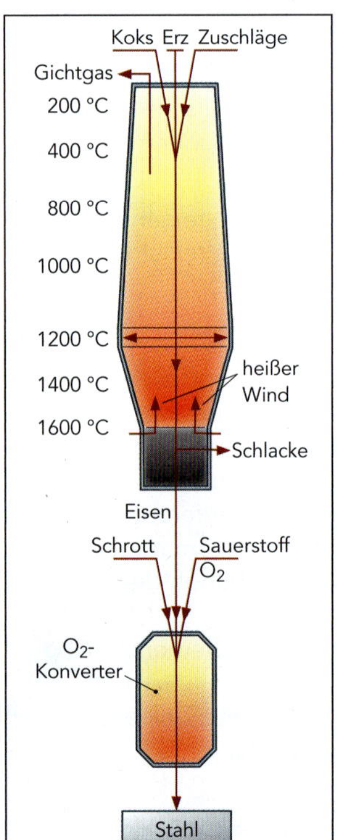

1 *Herstellung von Stahl*

1.3.5 Einteilung der Stähle

Durch verschiedene Schmelzverfahren, die sogenannte Schmelzreinigung, lassen sich verschiedene Stahlkategorien erzeugen.

Generell gilt: je „reiner" der metallische Werkstoff, um so qualitativ höher sind die nutzbaren Eigenschaften der Stähle und auch die Kosten.

Stahlkategorie	Begleitelement	Preis*	Verwendung
Grundstähle (abgekürzt BS – Basic Steel) unlegiert	• Phosphor • Schwefel	€€ – €€€	• wenig belastete Bauträger • gering beanspruchte Bleche • Stanzbleche • Stahlrohre für Möbel • Draht, Drahtstifte
Qualitätsstähle (abgekürzt QS – Quality Steel) unlegiert/ legiert	• Reinheit nimmt zu • Phosphor- und Schwefelgehalt nimmt ab • Sprödbruchunempfindlichkeit bei Kälte • bessere Verformbarkeit • feineres Korn • höhere Streckmöglichkeit	€€€ – €€€€	• wetterfeste Stähle • schweißgeeignete Baustähle • Bahnschienen • Spundwände • Rohrstähle
Edelstähle legiert	• Reinheit nimmt zu • Phosphor- und Schwefelgehalt liegt > 0,025 % • • weisen sehr geringe nichtmetallische Einschlüsse (Schlacke o. Ä.) auf	€€€€ – €€€€€	• Spannstähle für Spannbeton (siehe S. 130) • Werkzeugstähle • nichtrostender Stahl • hitzebeständiger Stahl

**Die Verwendung des €-Symbols verdeutlicht das Preisgefälle zwischen den verschiedenen Stahlkategorien und stellt keine konkreten Preise dar.*

Kennzeichnung des Werkstoffs Stahl:

- Hinweisbuchstabe für die Stahlverwendung
- Zahl, die die Mindestzugfestigkeit/ Mindeststreckgrenze angibt

Beispiel: S235
(nach DIN EN 10025 warm gewalzter Baustahl)
Stahl für den allgemeinen Stahlbau mit der Mindestzugfestigkeit 235 MPa (Megapascal)

Hinweisbuchstaben für die Stahlverwendung

S	Allgemeiner Stahlbau	B	Betonstahl
E	Maschinenbau	H	Kalt gewalzte Flacherzeugnisse
R	Schienenstahl	L	Rohrleitungsbau
T	Feist- und Weißblech	Y	Spannstahl
G	Formguss	D	Weiche Flacherzeugnisse zum Kaltumformen
P	Druckbehälterbau		

1.4 Korrosion

Neben Materialermüdung und Verschleiß ist Korrosion einer der drei Faktoren, die metallische Werkstoffe zerstören. Korrosion kann unterschiedliche Ursachen haben:

- saure Niederschläge
- Feuchtigkeit
- Kontakt angrenzender Metalle
- Legierungsbestandteile
- Rostbildung

Die meisten Metalle werden durch Korrosion zerstört und die Zunahme an Luftschadstoffen beschleunigt diesen Vorgang. Metalle müssen daher durch eine Beschichtung geschützt werden.
Zu den technischen Problemen, die Korrosion erzeugt, kommt noch der Imageverlust hinzu, den ein Hersteller von metallischen Werkstoffen in Kauf nehmen muss.

Nach DIN 50900 ist Korrosion die Reaktion eines Metalls mit seiner Umgebung, die eine messbare Veränderung des Werkstoffs bewirkt und zur Beeinträchtigung der Funktion eines Bauteils oder eines ganzen Systems führen kann.
Korrosion bezeichnet also die Zerstörung der Metalle unter Einfluss der belasteten Luft und durch Chemikalien.

Neben sichtbarem Rost, der für ein Bauteil meist nur eine ästhetische Beeinträchtigung bedeutet, sind nicht erkannte Korrosionsschäden an Bauteilen von wesentlich höherer Bedeutung: Sie führen sehr oft zum statischen Versagen und erzeugen somit hohe Folgekosten.

1.4.1 Neigung zur Korrosion

Im Grunde ist die Korrosion ein Bestreben der Metalle, die in der Natur vorkommende stabile Verbindung des Erzes, z. B. als Oxid, wieder herzustellen:

- Unedle Metalle korrodieren besonders leicht durch ihre Neigung zur Oxidation und zur Reaktion mit Säuren und Salzen.
- Bei nicht legierten Nichteisenmetallen (NE-Metalle), wie Aluminium, Blei, Kupfer und Zink, bildet die Oxidschicht einen wirksamen Schutz gegen fortwährende Korrosion. Diese Schutzwirkung wird durch Säuren, saure Niederschläge und Salze beeinträchtigt.
- Bei Stahl und Gusseisen entstehen durch die eingeschlossenen Legierungsbestandteile im Kristallgitter Kristallgittergrenzen (Korngrenzen). Dadurch kann sich keine gleichförmige Schutzschicht bilden.

Man unterscheidet grundsätzlich zwei verschiedene Korrosionsverläufe:

Korrosionsverlauf	Faktoren
elektrochemische Korrosion	in Verbindung mit einem Elektrolyt: z. B. Wasser in Form von Luftfeuchtigkeit
chemische Korrosion	trockene Umgebung, Abwesenheit eines Elektrolyts

1.4.2 Elektrochemische Korrosion

Die Korrosion von Metallen ist eine Folge von elektrochemischen Vorgängen, die durch Säuren, Salze, Wasser und Sauerstoff entstehen.
Als elektrochemische Korrosion bezeichnet man den Vorgang, wenn zwei Metalle mit einem elektrisch leitenden, flüssigen Korrosionsmedium (sogenanntes Elektrolyt) reagieren, z. B. mit Wasser oder einer Salzlösung.

Elektrolyt: Flüssige Substanz, deren positive oder negative Ionen elektrischen Strom leiten können.

Dann entsteht bei Legierungen oder Metallüberzügen durch ein Elektrolyt ein Elektronenfluss zwischen den verschiedenen Metallen. Dabei geht das unedlere Metall in Lösung und wird abgebaut. Diese Korrosion, bei der freie Elektronen innerhalb eines galvanischen Elements (s. u.) in Lösung gehen, bezeichnet man als Ionenaustausch.

Galvanisches Element: Stromquelle, in der chemische Energie in elektrische Energie umgewandelt wird.

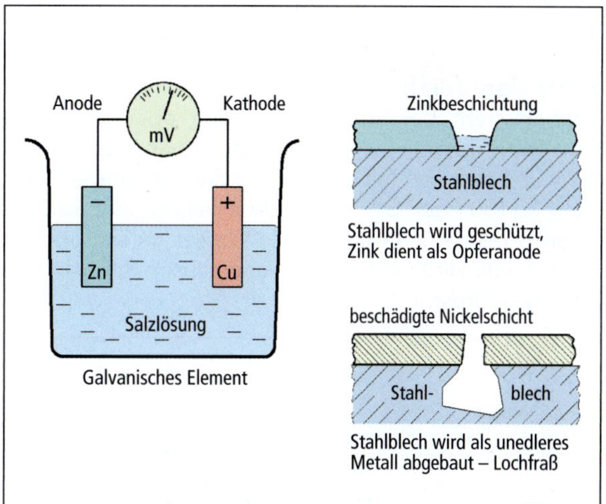

1 Korrosion durch Ionenaustausch

Elektrochemische Spannungsreihe

Beim Eintauchen eines Metalls in ein wässriges Korrosionsmedium (Elektrolyt) entsteht der sogenannte Lösungsdruck. Metallatome gehen als Ionen in Lösung – unedles Metall (z. B. Eisen) stärker als edles Metall (z. B. Gold):

- Je negativer der Spannungsunterschied gegenüber Wasserstoff wird, desto stärker ist der Lösungsdruck und desto unedler ist das Metall.
- Je positiver der Spannungsunterschied gegenüber Wasserstoff wird, desto geringer ist die Neigung, in Lösung zu gehen und desto edler ist das Metall.

Die Spannungsreihe zeigt die Neigung der Metalle auf, in Lösung zu gehen:

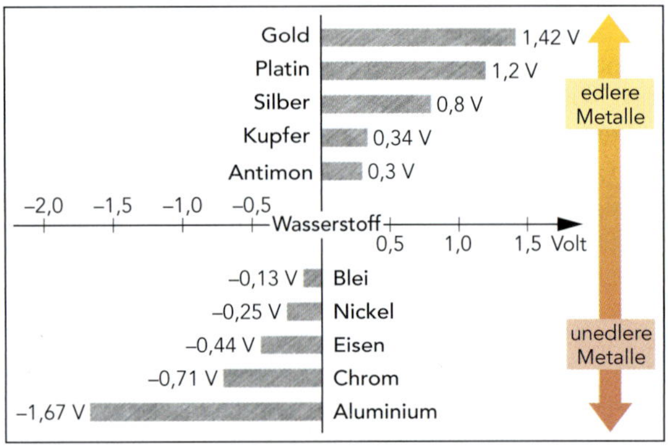

1 *Elektrochemische Spannungsreihe*

Die elektrochemische Wirkung ist umso stärker, je größer der Spannungsunterschied der angrenzenden Stoffe ist. Werden daher Metallbauteile, metallische Überzüge oder Beschichtungen mit metallischen Pigmenten nicht gegen Feuchtigkeit und Salzlösungen geschützt, geht das unedle Metall in Lösung. Elektrochemische Korrosion ist die Folge.

Korrosion durch Rostbildung

Rost entsteht bei Stahluntergründen ebenfalls durch eine Salzlösung. In ihr lösen sich die freien Eisen-Ionen. Sie verbinden sich mit OH--Ionen, die sich an den noch nicht korrodierten Stellen gebildet haben, zu Eisen-(II)-Hydroxid. Sauerstoff der Luft, in Wasser gelöst, oxidiert das Eisen(II)-Hydroxid zu rotbraunem Eisen-(III)-oxidhydrat bzw. zu Rost.

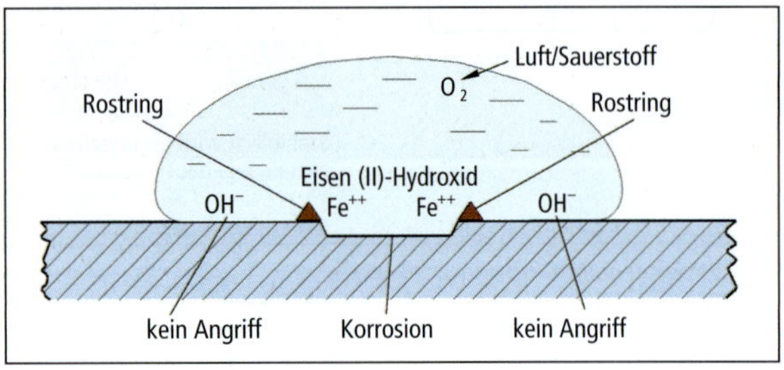

2 *Korrosion durch Rostbildung*

Rostender Stahl vergrößert sein Volumen um ca. 60 %. Diese Vergrößerung ist die Ursache für das Abplatzen der Beschichtung bei Unterrostung.

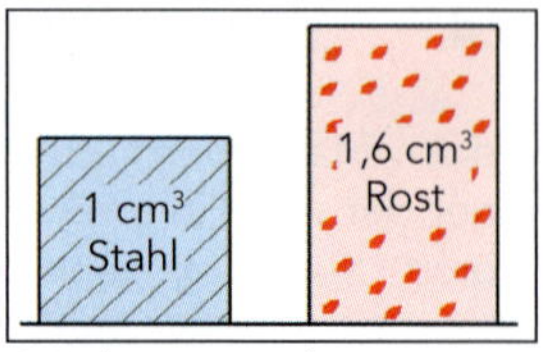

3 *Volumenzunahme bei Rost*

Rost hat eine Oberflächenvergrößerung zur Folge.

4 *Korrosionsschäden (2012) am Pekinger Olympiastadion (Baujahr 2007/2008)*

1.4.3 Chemische Korrosion

Bei der chemischen Korrosion reagiert ein metallischer Untergrund direkt mit seiner Umgebung, ohne dass ein flüssiges Korrosionsmedium beteiligt ist. Dabei handelt es sich z. B. um Luftsauerstoff, Salze, Säuren oder auch Abgase.

Besonders unedle Metalle, z. B. Eisen, haben das Bestreben, in eine stabile Verbindung überzugehen (Eisen zu Eisenoxid).

Chemische Korrosion ist von höherer Temperatur abhängig. Stahl verzundert (Zunder = Eisenoxid) bei schneller Sauerstoffaufnahme und hohen Temperaturen, so z. B. beim Schweißen.

Korrosion durch Säuren

Säuren lösen unedle Metalle unter Abspaltung von Wasserstoff auf und bilden Salzlösungen.

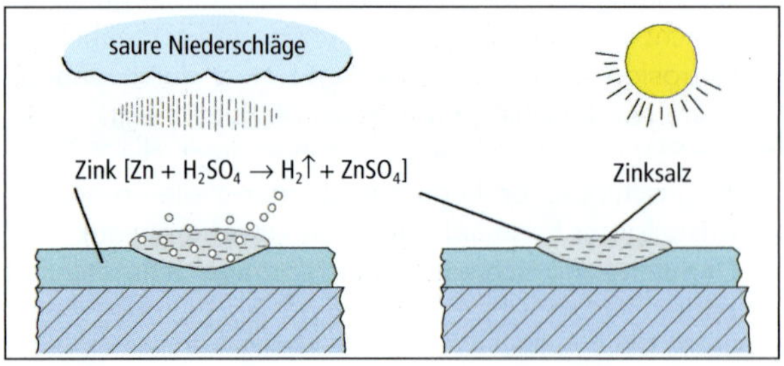

5 *Korrosion durch Säure*

1.4.4 Korrosionsarten

Name	Ursache	Erscheinungsform	Prüfung (siehe S. 90)	Vermeidung/ Beseitigung
Gleich-mäßige Flächen-korrosion	• witterungsbedingte Korrosion, meist von ungeschützten Baustählen in freier Atmosphäre (elektrochemische Korrosion)	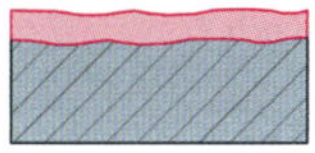 Erkennung: ganzflächige Rostung	• gut erkennbar, Sichtprüfung • Schichtdicken-prüfung	Rost ganzflächig mechanisch beseitigen und dreifachen Beschichtungsaufbau vornehmen
Mulden-korrosion	• ungleichmäßige Benetzung mit einem Elektrolyt • und/oder ungleiche metallische Zusammensetzung des Untergrunds (sogenannte inhomogene Legierung) • und/oder ungleichmäßige Beschichtung des Untergrunds	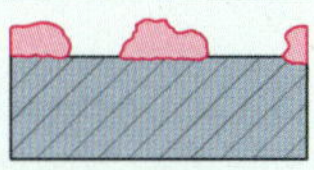 Erkennung: ungleichmäßiger Abtrag oder Rostung	• gut erkennbar, Sichtprüfung • Schichtdicken-prüfung	Rost ganzflächig mechanisch beseitigen und dreifachen Beschichtungsaufbau vornehmen
Loch-korrosion Lochfraß	• poröse oder beschädigte Beschichtungen • punktuell (oft nur stecknadel-kopfgroß!) beschädigte Metalluntergründe • punktuelle Wirkung chlorid-haltiger (salzhaltiger) Elektrolyte auf nichtrostendem Chrom-Nickel-Stahl • unzureichende Passivierungs-schichten	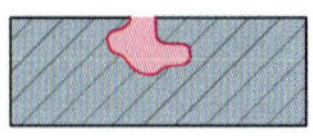 Erkennung: • Vertiefungen („Löcher") in metallischen Untergründen • trocknen nicht mehr ab, das Elektrolyt verändert sich in der Vertiefung und korrodiert beschleunigt • führt bei intakten Beschichtungen zu unerwartetem Bauteil-versagen	• bei beschädig-ten Beschich-tungen gut erkennbar nur bei Sichtprü-fung mit optischen Hilfsmitteln (Lupe, Mikroskop etc.) • bei intakten Beschichtungen kaum wahrnehmbar!	beschädigte Beschich-tung reinigen und mit Rostumwandler (siehe S. 98) behandeln
selektive Korrosion	• Verunreinigungen in der Legierung, z. B. Schlacke (Oxid- und Sulfitteilchen), beginnen an der Oberfläche eines metallischen Untergrunds selektiv (punktuell) zu korrodieren • die korrodierenden Begleitele-mente der Legierung beginnen an der Oberfläche auszutreten und/oder wandern in geringem Ausmaß in das Innere des metallischen Untergrunds	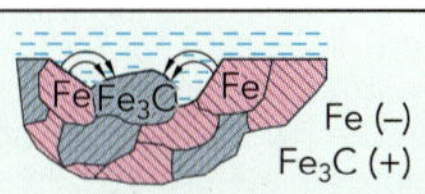 Erkennung: tritt ebenfalls als Lochkorrosion auf	• bei beschädig-ten Beschich-tungen gut erkennbar nur bei Sichtprü-fung mit optischen Hilfsmitteln (Lupe, Mikroskop etc.)	beschädigte Beschich-tung reinigen und mit Rostumwandler (siehe S. 98) behandeln
Spalt-korrosion	• aneinandergrenzende metallische Bauteile wie Flansche, nicht durchgeschweißte Nähte, unter Dichtungen oder auch in Metallrissen • in den Zwischenräumen kann das Elektrolyt aufgrund der Kapillar-wirkung nicht abtrocknen und die Korrosion setzt ein	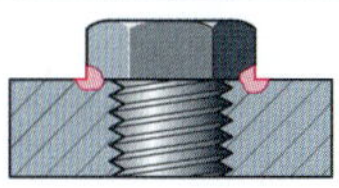 Erkennung: faden- oder linienartiges Rostbild zwischen metallischen Bauteilen	• Sichtprüfung • wenn schwer zugänglich: Materialprobe entnehmen	konstruktiver Korrosions-schutz: Zunderrückstände nach dem Schweißen beseitigen

Name	Ursache	Erscheinungsform	Prüfung (siehe S. 90)	Vermeidung/ Beseitigung
Kontaktkorrosion	• leitender Kontakt von zwei unterschiedlichen Metallflächen • durch das Elektrolyt entsteht ein galvanisches Element, das unedlere Metall wird zerstört	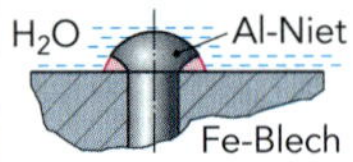 Erkennung: Rostbilder im Grenzbereich beider Metalle	• Sichtprüfung • Überprüfung der Isolierung	konstruktiver Korrosionsschutz: richtige Metallwahl Isolierung zwischen die Metallflächen Rost ganzflächig mechanisch beseitigen und zwei- bis dreifachen Beschichtungsaufbau vornehmen
Interkristalline Korrosion	• betrifft eigentlich korrosionsbeständige Werkstoffe, z. B. legierte Stähle • der Korrosionsvorgang läuft im Innern zwischen den edlen und unedlen Metallbestandteilen an der Korngrenze ab (Bildung eines galvanischen Elements) • Folge: sogenannter Kornzerfall, d. h., Körner können sich aus dem Metallverbund lösen	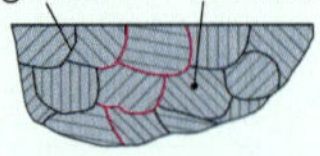 Erkennung: meist nur über die Entnahme einer Materialprobe nachweisbar	• durch Sichtprüfung nicht wahrnehmbar! • erzeugt unbemerkt den Verlust der Eigenschaften eines Bauteils!	Metallteil ersetzen
Transkristalline Korrosion (Spannungsrisskorrosion)	• betrifft passivierte metallische Bauteile, die mechanischen Spannungen und zudem noch Witterungseinflüssen oder Korrosionsmedien ausgesetzt sind • durch die mechanischen Spannungen entstehen Risse in der Oberfläche, die Passivierungsschicht wird beschädigt und die Korrosion setzt ein	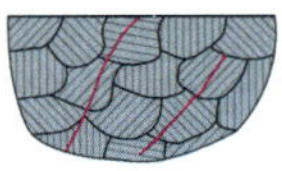 Erkennung: kann bei korrosionsbeständigen metallischen Bauteilen auftreten und ist äußerlich nicht erkennbar	• regelmäßige Rissprüfung, z. B. mit einem Ultraschallverfahren	regelmäßige Rissprüfung und bei Zerstörung Bauteil austauschen
Zunder und Walzhaut	• Zunder: schnelle Sauerstoffaufnahme und gleichzeitig hohe Temperaturen ab 200 °C (Schweißvorgang von Stahl), sodass sich elektrolytfreies Eisenoxid bildet (Zunder = Eisenoxid) • Walzhaut: während der Stahlherstellung beim Walzen entstehen bei schneller Sauerstoffaufnahme aufgrund des Walzdrucks hartnäckig haftende elektrolytfreie Eisenoxide	 Erkennung: Zunder: hartnäckig haftende dünne grau-schwarze Verfärbung (sogenannte Anlauffarben) des Metalls (entsteht ab 200 °C) ab 600 °C werden Zunderschichten dicker, spröder und damit leichter zu entfernen Walzhaut: fest haftende bläulich-deckende Schicht	• Sichtprüfung • Kratzprobe	Zunder und Walzhaut schützen zwar vor Korrosion; da sie aber – bedingt durch den Entstehungsprozess – ihre physikalischen Eigenschaften (z. B. Dehnverhalten) im Gegensatz zum Trägerstahl verändern, sollten sie entfernt werden. Zunderschichten werden mit der Zeit abgesprengt. Sie sind daher keine tragfähige Grundlage für eine Beschichtung. Zunder und Walzhaut begünstigen interkristalline Korrosion. Zunder und Walzhaut lassen sich durch Strahlen oder Schleifen entfernen.

1.5 Korrosionsschutz

Um die Tragfähigkeit von Stahlbauteilen zu erhalten, werden sie durch Beschichtungen geschützt gegen zunehmende Umweltbelastungen und andere chemische oder mechanische Einflüsse, die das Rosten verursachen und beschleunigen.

Die Schutzdauer für eine Korrosionsschutzmaßnahme ergibt sich aus den verschiedensten Faktoren:

- Konstruktion des Bauwerks
- Material/Werkstoff der einzelnen Bauteile
- chemisch-physikalischer Zustand der Bauteilflächen
- witterungstechnische Korrosionsbelastungen
- Qualität der Vorbereitung der Bauteilflächen
- Situation während der Beschichtungsvorgänge

Um effiziente Korrosionsschutzmaßnahmen zu erreichen, werden nach DIN EN ISO 12944-2 die Korrosionsbelastungen für Beschichtungen in sogenannte Korrosivitätskategorien mit Sollschichtdicken in µm unterteilt.

Korrosivitätskategorien nach DIN EN ISO 12944-2:

Korrosivitätskategorie	Korrosionsbelastung	Umgebungsbeispiel	Solltrockenschichtdicke in µm	Bindemittelbasis des Beschichtungssystems
C1	unbedeutend	geheizte oder gedämmte Innenräume	–	–
C2	gering	gering verunreinigte Atmosphäre, trockene Luft, z. B. ländliche Umgebungen	80 – 200	Alkydharz
			100 – 160	Acrylharz
			160	PVC
			160	Chlorkautschuk
			120 – 160	Epoxidharz
			80	Polyurethan
C3	mäßig	Stadt- und Industrieatmosphäre mit mäßiger SO_2-Belastung oder gemäßigte Küstenatmosphäre	120 – 240	Alkydharz
			160 – 240	Acrylharz
			160 – 240	PVC
			160 – 240	Chlorkautschuk
			120 – 240	Epoxidharz
			120 – 240	Polyurethan
C4	stark	Industrieatmosphäre und Küstenklima mit mäßiger Salzbelastung	200 – 240	Alkydharz
			240 – 280	Acrylharz
			240 – 280	PVC
			240 – 280	Chlorkautschuk
			200 – 320	Epoxidharz
			200 – 320	Polyurethan
C5 I (Industrie)	sehr stark	aggressive Industrieatmosphäre mit hoher relativer Luftfeuchte	200	Chlorkautschuk
			200 – 320	Epoxidharz
			200 – 320	Polyurethan
C5 M (Meer)	sehr stark	Küsten- u. Offshore-Umgebung mit hoher Salzbelastung	200	Chlorkautschuk
			200 – 320	Epoxidharz
			200 – 320	Polyurethan
Im 1	Süßwasser	Flussbauten wie Stauanlagen oder Wasserkraftwerke	380 – 540	Epoxidharz
			380 – 540	Polyurethan
Im 2	Meer- oder Brackwasser	Hafenbereiche mit Schleusen, Sperrwerke und Offshore-Anlagen	380 – 540	Epoxidharz
			380 – 540	Polyurethan
Im 3	Erdreich	Erdbehälter, Rohre, Stahlspundwände	380 – 540	Epoxidharz
			380 – 540	Polyurethan

Nach DIN EN ISO 12944-1 wird die Schutzdauer für Beschichtungen als die Zeitperiode von der Beschichtung bis zur ersten Instandsetzung definiert.

Zeitspanne	Englischer Begriff	Schutzdauer in Jahren
kurz (K)	low (L)	2 bis 5
mittel (M)	medium (M)	5 bis 15
lang (L)	high (H)	über 15

1.5.1 Aktiver und passiver Korrosionsschutz

Korrosionsschutzmaßnahmen werden in aktiven Korrosionsschutz und passiven Korrosionsschutz unterteilt.

Aktiver Korrosionsschutz bedeutet, dass schon bei der Planung für ein Objekt oder Bauteil korrosionsschützende Maßnahmen ergriffen werden:

- korrosionsschutzgerechte Konstruktion von Objekten und Bauteilen, z. B. ebene Bauteilflächen abrunden, damit kein Wasser darauf stehen bleiben kann
- Auswahl eines geeigneten Werkstoffs/Materials für ein Bauteil verhindert z. B. Korrosion durch Witterungseinflüsse (Werkstoffauswahl kann durch sogenannte digitale Werkstoffdatenbanken für den Planer vereinfacht werden)
- Schutz bei der Lagerung und Verpackung von Bauteilen vor der Montage

Den Schutz von Metalluntergründen gegen saure Niederschläge, Luftsauerstoff, Chemikalien und Mikroorganismen nennt man Passivierung.

Passive Korrosionsschutzmaßnahmen am Werkstoff können Beschichtungen, Metallüberzüge oder Umwandlungsschichten sein. Für Bauteile aus Stahl heißt dies, dass vor einer Korrosionsschutzbeschichtung der Untergrund auf Zunder, Rost und Tragfähigkeit der vorhandenen Altbeschichtung gründlich geprüft werden muss. Zuvor ist das Stahlteil sauber zu reinigen.
Vor der Erstbeschichtung können metallische Untergründe mit geeigneten Korrosionsschutzüberzügen behandelt werden. Mögliche Verfahren sind:

Verfahren	Beschreibung
Verzinkung (siehe S. 92)	dünne Zinkschicht schützt den Stahluntergrund vor Korrosion durch • galvanische Verzinkung • Feuerverzinkung
Phosphatierung	• dünne nichtmetallische Phosphatschicht (die Konversionsschicht) wirkt haftvermittelnd sowie passivierend und schützt so den metallischen Untergrund • phosphatierte Bleche werden in der Regel im Elektrotauchbad vorbehandelt, bevor das Phosphat durch ein tauchendes, spritzendes oder elektrochemisches Verfahren aufgetragen wird
Chromatierung	• unterschieden werden Transparent-, Grün- und Gelbchromatierungen, die zu den galvanischen Verfahren zählen • vornehmlich werden Aluminium- oder Zinkflächen in einem Tauchbad mit Chromsäure in Verbindung gebracht • die harte, spröde und glänzende Chromschicht ist an der Luft äußerst beständig und dient neben dekorativen Zwecken auch dem Korrosionsschutz

1.5.2 Prüfmethoden

Nach der VOB muss der Maler und Lackierer Stahluntergründe vor der Beschichtung auf Korrosion, Haftungsfähigkeit und Verunreinigungen hin überprüfen. Baustellenübliche Prüfverfahren sind:

Untergrundmangel	Prüfmethode
Verschmutzung	• Sichtprüfung • Anfassen
Rost	• Sichtprüfung
Haftung des Altanstrichs	• Gitterschnitt • Klebebandtest • Kratzprobe
Bearbeitbarkeit des Altanstrichs	• Sichtprüfung

1.5.3 Rostgrade

Normierte Vergleichsabbildungen von Rostgraden helfen dem Maler und Lackierer bei der Kalkulation. Durch sie ist er in der Lage, den Arbeitsaufwand und die Kosten einzuschätzen.

Für beschichtete Stahlflächen ermittelt man den Rostgrad im Vergleich mit fünf Fotografien, die nach DIN EN ISO 4628-3 einen bestimmten Rostbefall zeigen.

Rostgradbestimmung für	Rostfläche in %
Ri 0	0
Ri 1	0,05
Ri 2	0,5
Ri 3	1
Ri 4	8
Ri 5	40 – 50

Für unbeschichtete Flächen wird der Rostgrad nach DIN EN ISO 8501-1 bzw. DIN EN ISO 12 944 mithilfe von vier Vergleichsmustern (A, B, C und D) bestimmt.

Rostgrade	Beschreibung
A	Fläche frei von Rost; mit fest haftendem Zunder und/oder fest haftender Walzhaut bedeckt
B	einsetzende Rostbildung; Zunder und Walzhaut beginnen von der Stahloberfläche abzublättern
C	Zunder und Walzhaut sind von der Fläche weggerostet oder lassen sich mit einem Stoßspachtel beseitigen; nur wenig Oberflächenschäden (Rostnarben)
D	Zunder und Walzhaut sind vollständig von der Fläche weggerostet; zahlreiche Oberflächenschäden (Rostnarben)

1 Rostgrade A und C für unbeschichtete Stahloberflächen

Über Ursache und Art des Rostbefalls gibt der Rostgrad keine Auskunft. Hierfür ist es notwendig, die Rostarten und ihr Erscheinungsbild zu erkennen, z. B.:

- Flugrost – oberflächlich beginnende Rostbildung
- Fremdrost – Rostablagerung fremder Flächen
- Passungsrost – durch Reibung an passgenauen Verbindungen von Stahlbauteilen entstandener Rost

1.6 Korrosionsschutzbeschichtung

Ob eine Korrosionsschutzbeschichtung ausreichend ist, wird vor allem durch seine Schichtdicke bestimmt.

Leichte Korrosionsschutzsysteme trägt man in einer Gesamtstärke von 100 – 200 µm auf (1 µm = 1/1000 mm). Die Schichtdicke schwerer Korrosionsschutzsysteme beträgt 300 µm und mehr.

1.6.1 Schwere Korrosionsschutzsysteme

Je nach Bauteil, Umweltbelastung und Filmschicht sind mehrere Anstriche zum Erreichen der Gesamtschichtstärke notwendig. Schwere Korrosionsschutzsysteme werden vor allem im Stahlbau eingesetzt. Die im Technischen Merkblatt vorgeschriebene Mindestschichtdicke des jeweils verwendeten Produkts muss gewährleistet werden. Um Fehlstellen zu vermeiden, erhalten die einzelnen Schichten einen jeweils anderen Farbton. Ein lückenloser Anstrich und die Prüfung der Schichten werden dadurch erleichtert.

Bindemittelbasis	Beschichtungsaufbau G = Grundierung; Z = Zwischenbeschichtung; D = Deckbeschichtung
Alkydharz	G: zwei Grundanstriche mit Bleimennige Z: Zwischenanstrich mit Alkydharzlack D: Deckanstrich mit Alkydharzlack für normale Außenbeanspruchung
Chlorkautschuk	G: Epoxidharz-Dickschichtgrundierung Z: Zwischenanstrich mit Chlorkautschuk D: Deckanstrich mit Chlorkautschuk (besonders wasser- und chemikalienbeständig)
Polyurethan	G: Epoxidharz-Zinkhaftgrund Z: Zwischenanstriche mit Polyurethanharz D: Deckanstriche mit Polyurethanharz (besonders abrieb- und chemikalienbeständig)
Epoxidharz	G: Epoxidharz-Dickschichtgrundierung Z: Zwischenanstrich mit Epoxidharz D: Deckanstriche mit Epoxidharz (besonders abrieb- und chemikalienbeständig)
Epoxidharz-Teer	G, Z, D: mehrere Anstriche (besonders abrieb- und wasserbeständig, speziell für Unterwasser-Stahlkonstruktionen

2 Punktueller Grundanstrich beim Ausbessern eines Rostschutzsystems

Ölhaltige Bindemittel (siehe S. 214), wie langölige Alkydharzlacke, haben die Fähigkeit, in Risse und Vertiefungen des Untergrunds zu fließen. Durch diese Kriechwirkung wird der noch vorhandene Restrost eingeschlossen. Die verseifende und passivierende Eigenschaft des Anstrichs macht den Rost unschädlich.

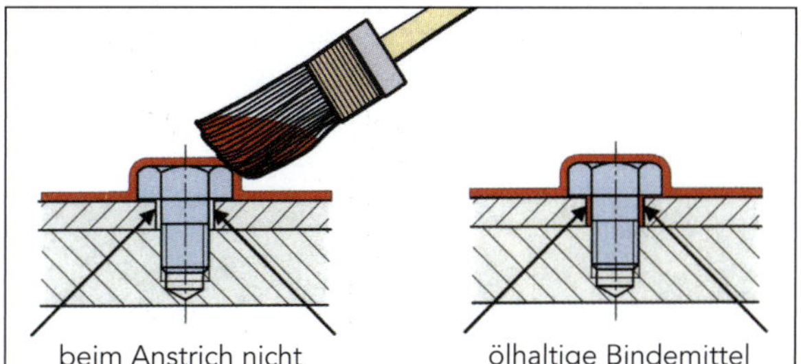

3 Kriechwirkung bei ölhaltigen Bindemitteln

1.6.2 Korrosionsschutzbeschichtungen

Man unterscheidet folgende Korrosionsbeschichtungsarten oder Überzüge:

Art des Korrosionschutzes	Beispiel
Korrosionsschutzgrundierungen	Grundierung mit Zinkhaftgrund
Metallüberzüge	Verzinkung, Chromatierung (siehe S. 90)
Chemische Behandlung	Phosphatierung (siehe S. 90)
Beschichtungssysteme	Rostschutzsysteme, Kunststoffüberzüge

In der Regel besteht eine Korrosionsschutzbeschichtung auf Stahl aus zwei Grund- und zwei Endbeschichtungen, wobei man jeweils für die Grund- und Endbeschichtungen den gleichen Werkstoff verwendet.

Die Auswahl der Korrosionsschutzbeschichtung hängt ab von der Schutzdauer (Korrosivitätskategorien, siehe S. 89) und den zu schützenden Bauteilen sowie den Einsatzbereichen und Belastungen, denen diese ausgesetzt sind.

Korrosionsschutzgrundierungen
Korrosionsschutzgrundierungen haben vor allem drei Aufgaben zu erfüllen:
- Haftung auf dem Untergrund
- korrosionsschützende Wirkung
- Basis für nachfolgende Beschichtungen

Für Grundierungen haben sich ölhaltige Bindemittel (siehe S. 53, 214) und Kunstharze auf der Basis von
- Epoxidharz,
- Polyurethan und
- Polyvinylbutyral

bewährt.

1.6.3 Andere Vorbehandlungsmöglichkeiten: Metallüberzüge

Als besonders wirksamer Korrosionsschutz haben sich vor allem Verzinkungen erwiesen (siehe S. 103):
- Bei einer Feuerverzinkung wird das Stahlteil
  - durch Tauchen in einem Zinkbad,
  - bei einer Spritzverzinkung mit geschmolzenem Zinkpulver oder
  - galvanisch mit einer Zinkschicht überzogen.

  Mit einem nachfolgenden Anstrich stellt die Verzinkung einen idealen Korrosionsschutz dar.
- Chrom- und Nickelüberzüge werden galvanisch übertragen. Sie erhalten üblicherweise keine weitere Beschichtung.

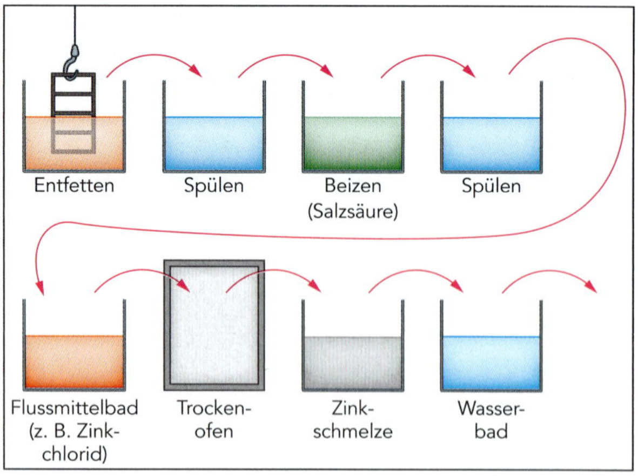

1 Prozess der Feuerverzinkung

1.6.4 Chemische Behandlung

Beim Phosphatieren bildet sich auf dem Stahlteil durch Phosphorsäure in Verbindung mit Zink, Kalzium, Mangan u.a. ein dünner, teilweise kristalliner Phosphatfilm aus, der passivierend wirkt und als Untergrund für Beschichtungen dient (siehe S. 90).

1.7 Vorarbeiten beim Beschichten von metallischen Untergründen

1.7.1 Prüfung von Altbeschichtungen

Um eine gute Haftung und eine ansprechende Oberfläche zu erhalten, muss der Untergrund für jede Beschichtung stets fest, trocken, sauber, tragfähig und frei von Ausblühungen, an der Oberfläche angereicherten Bindemitteln (Sinterschichten), Trennmitteln, korrosionsfördernden Bestandteilen oder sonstigen Verbund störenden Zwischenschichten sein.

Beschichtungen werden aus unterschiedlichen Gesichtspunkten geprüft:
- Vor der Beschichtung von Altanstrichen muss deren Tragfähigkeit festgestellt werden. Hierzu werden beispielsweise die Haftfestigkeit und die Verträglichkeit mit der nachfolgenden Beschichtung untersucht.
- Um die Qualität und Eigenschaften einer Beschichtung nachzuweisen, werden u.a. Deckvermögen, Trocknung, Glanzgrad, Elastizität, Härte, Kreidung, Blockfestigkeit, Witterungs- und Chemikalienbeständigkeit überprüft.
- Um im Schadensfall die Ursachen belegen zu können, werden u.a. der Anstrichaufbau und die Schichtdicke untersucht.

Für den genauen Nachweis steht eine Vielzahl genormter Prüfmethoden zur Verfügung, die zum Teil technisch aufwendige Prüfgeräte erfordern. Für die handwerkliche Beurteilung genügen meist einfache Proben und Messmethoden.

Baustellenübliche Prüfmethoden – Übersicht

Haftung und Tragfähigkeit	Schichtdicke
• Sichtprüfung/Augenschein • Kratzprobe • Abrissprobe/Klebebandtest • Anlöseprobe • Gitterschnitt	• Schichtdickenmessung nach Roßmann • magnetische Schichtdickenmessung

1.7.2 Prüfung von Haftung und Tragfähigkeit

Sichtprüfung/Augenschein

Prüfung durch genaue Betrachtung, ob abplatzende Stellen oder andere Schäden zu erkennen sind.

Kratzprobe

Bei der Kratzprobe kratzt man mit einem Spachtel oder einer Messerklinge die Oberfläche der Altlackierung an. Ergeben sich dabei Späne, die sich leicht zerbröseln lassen, ist die Altbeschichtung spröde und daher nicht mehr tragfähig. Sie muss entfernt werden. Sind die abgeschälten Späne dagegen elastisch, kann der Altanstrich als Untergrund dienen.

Der durch ungeprüftes Überlackieren entstehende Schaden steht in keinem Verhältnis zu einer einfachen Kratzprobe.

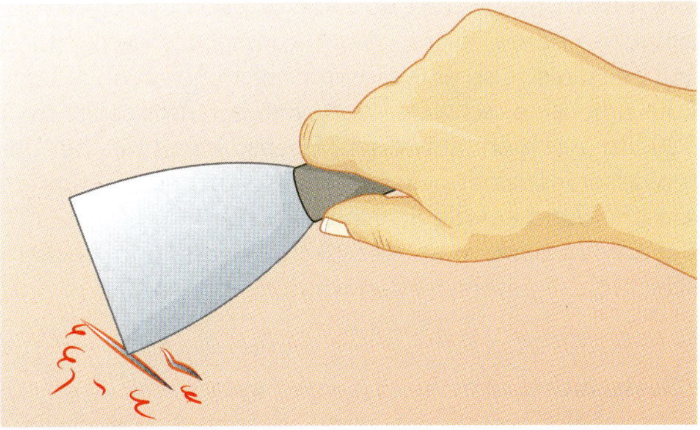

1 Kratzprobe

Abrissprobe/Klebebandtest

Die Abrissprobe, oder auch Klebebandtest genannt, wird mithilfe von Klebeband durchgeführt. Dabei presst man ein Stück Klebeband fest auf die Altbeschichtung und zieht es ruckartig ab. Sobald Anstrichteile mitgerissen werden, reicht die Haftfähigkeit für eine Neubeschichtung nicht mehr aus.

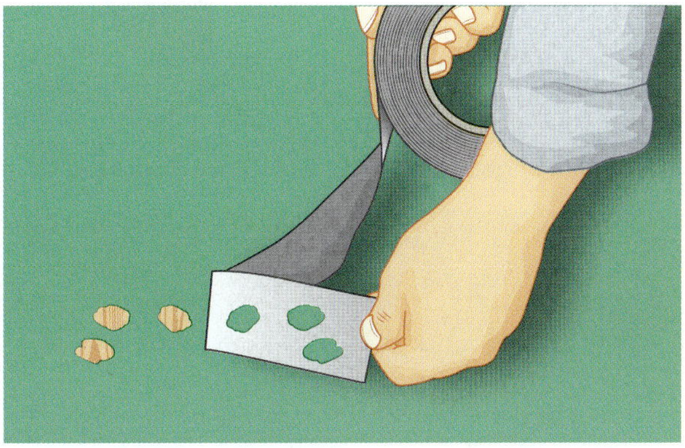

2 Abrissprobe/Klebebandtest

Anlöseprobe

Wird eine Altbeschichtung vom Löse- oder Verdünnungsmittel des Beschichtungsstoffs angegriffen, ist eine sichere Neubeschichtung nicht möglich. Die Anlöseprobe wird angewendet, um herauszufinden, ob der Altanstrich wasserverdünnbar oder lösemittelhaltig ist.

Ist der Altanstrich wasserverdünnbar, so löst er sich an. Aus diesem Grund wird
- entweder ein Beschichtungsstoff aus demselben Beschichtungssystem verwendet
- oder Wasserlacke werden auf Alkydharzlack aufgetragen nach der Regel „weich auf hart“ – nicht umgekehrt!

Bei der Anlöseprobe benetzt man die Altbeschichtung mit dem Löse- oder Verdünnungsmittel des darauf aufbauenden Beschichtungsauftrags und überprüft die Verträglichkeit.

3 Anlöseprobe

Gitterschnittprüfung

Mithilfe der Gitterschnittprüfung lässt sich beurteilen, ob ein- oder mehrschichtige Anstriche auf dem Untergrund bzw. ob einzelne Schichten untereinander haften.
Im Labor und in der handwerklichen Praxis lassen sich mit dieser Technik qualifizierte Aussagen treffen. Hierfür verwendet man genormte Prüfgeräte mit jeweils sechs Schneiden, die im Abstand von 1 mm oder 2 mm angeordnet sind.

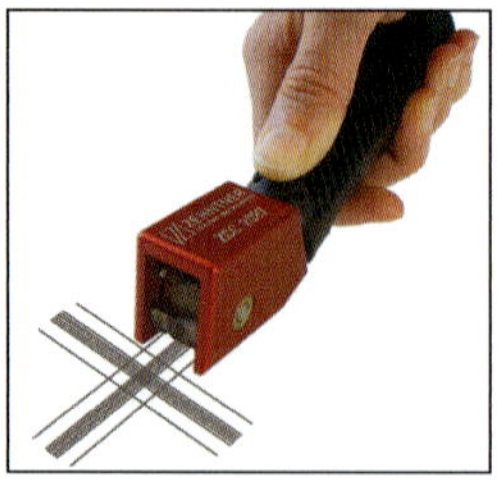

1 Gitterschnittmesser

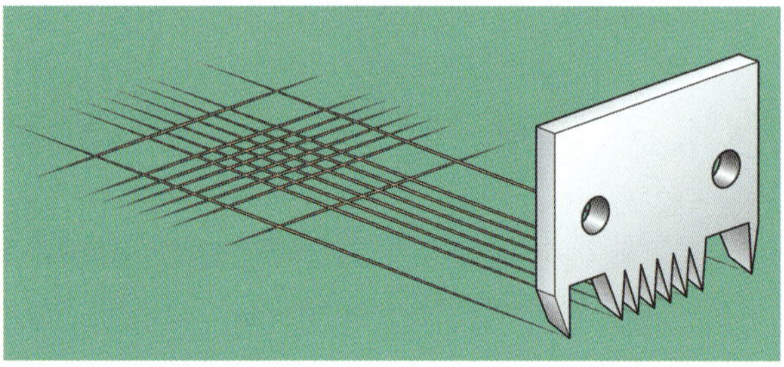

2 Gitterschnittprüfung

Gitterschnitt nach DIN EN ISO 2409:

Gitterschnittkennwert	Beschreibung	Bild
Gt0	Die Schnittränder sind vollkommen glatt, kein Teilstück des Anstrichs ist abgeplatzt.	–
Gt1	An den Schnittpunkten der Gitterlinien sind kleine Splitter des Anstrichs geplatzt; abgeplatzte Fläche etwa 5 % der Teilstücke.	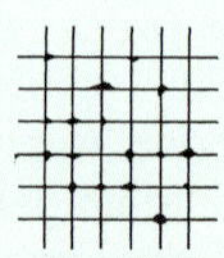
Gt2	Der Anstrich ist längs der Schnittränder und/oder an den Schnittpunkten der Gitterlinien abgeplatzt; abgeplatzte Fläche etwa 15 % der Teilstücke.	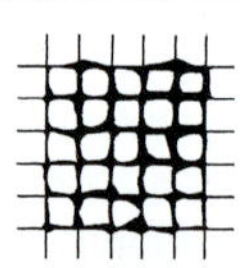
Gt3	Der Anstrich ist längs der Schnittränder teilweise oder ganz in breiten Streifen abgeplatzt und/oder der Anstrich ist von einzelnen Teilstücken ganz oder teilweise abgeplatzt; abgeplatzte Fläche etwa 35 % der Teilstücke.	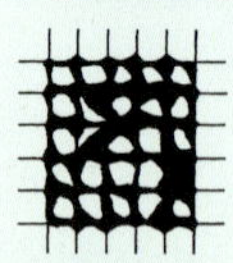
Gt4	Der Anstrich ist längs der Schnittränder in breiten Streifen und/oder von einzelnen Teilstücken ganz oder teilweise abgeplatzt; abgeplatzte Fläche etwa 65 % der Teilstücke.	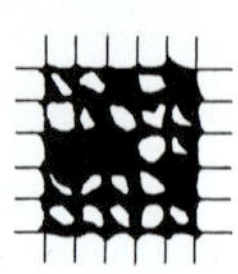
Gt5	Abgeplatzte Fläche mehr als 65 % der Teilstücke.	–

In der handwerklichen Praxis wird zum Gitterschnitt häufig das Cuttermesser behelfsmäßig eingesetzt. Der Gitterschnitt wird rechtwinklig jeweils bis auf den Untergrund in gleichen Abständen und in gleicher Geschwindigkeit ausgeführt.

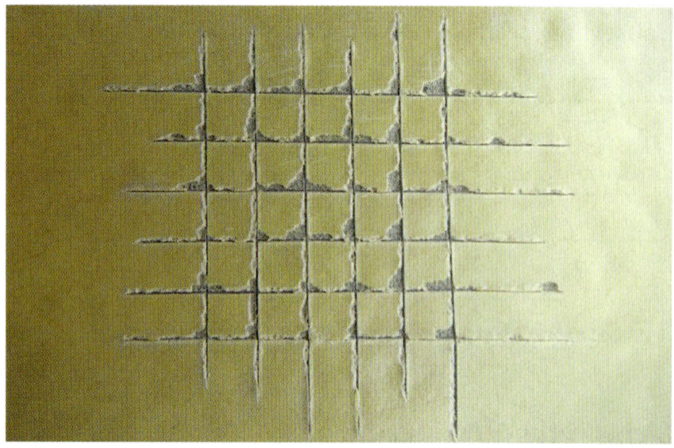

3 Gitterschnitt mit dem Kennwert Gt2

Nur gleichmäßige Untergründe, wie Stahlblech oder Kunststoff, liefern auch vergleichbare Ergebnisse. Auf Holz mit seiner unterschiedlichen Maserung, auf gespachtelten Flächen und auf Putz oder Beton lassen sich wegen der ungleichen Oberflächenstruktur nur eingeschränkt vergleichbare Ergebnisse erzielen.

An den abgeplatzten Flächen lässt sich feststellen, ob die Beschichtung gut oder schlecht haftet.

1.7.3 Messung der Schichtdicke

Die Schichtdicken von Beschichtungssystemen sind vor allem bei besonderen Belastungen verbindlich vorgeschrieben. Eine leichte Korrosionsschutzbeschichtung soll beispielsweise eine Gesamtschichtdicke von 100 bis 200 µm, eine schwere Korrosionsschutzbeschichtung 300 µm und mehr aufweisen. Ebenso kommt es bei Unterwasseranstrichen und Flammschutzbeschichtungen entscheidend auf die Schichtdicke an.
Bei der Messung muss zwischen der Nass- und Trockenschichtdicke unterschieden werden.

Nassschichtdicke: frisch aufgetragene Schicht eines Beschichtungsstoffs, dessen Lösemittel noch nicht verdunstet ist
Trockenschichtdicke: ausgehärteter Beschichtungsfilm auf einem Untergrund, dessen Lösemittel vollständig verdunstet sind
Gemessen wird in Mikrometer (µm); 1 µm = 1/1000 mm.
Die Schichtdicke des Nassfilms ist oft erheblich größer als die Trockenschichtdicke.

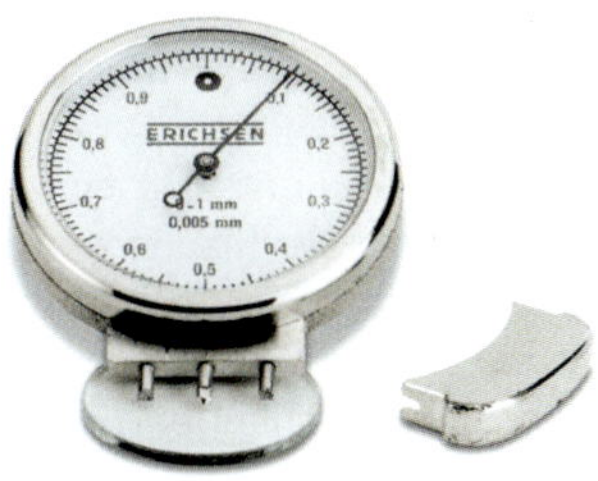

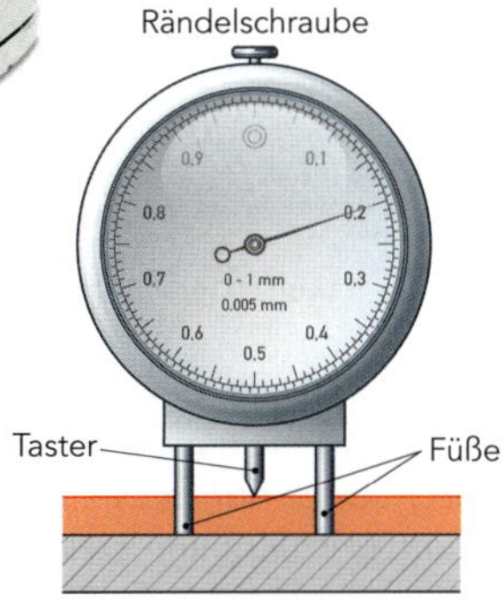

1. Beide Füße in den Nassfilm eindrücken, bis sie auf dem Untergrund stehen.
2. Durch Drehen an der Rändelschraube wird der Taster an die Oberfläche der Beschichtung herangeführt.
3. Der Zeigerausschlag gibt die Nassschichtdicke in µm an.

1 Schichtdickenmesser für Nassfilm

1. Mit einem scharfen Gegenstand (Messer) den Untergrund an einer Stelle freilegen.
2. Die Füße des Schichtdickenmessers werden so auf die trockene Beschichtung gestellt, dass der Taster den Untergrund berühren kann.
3. Der Zeigerausschlag gibt die Trockenschichtdicke in µm an.

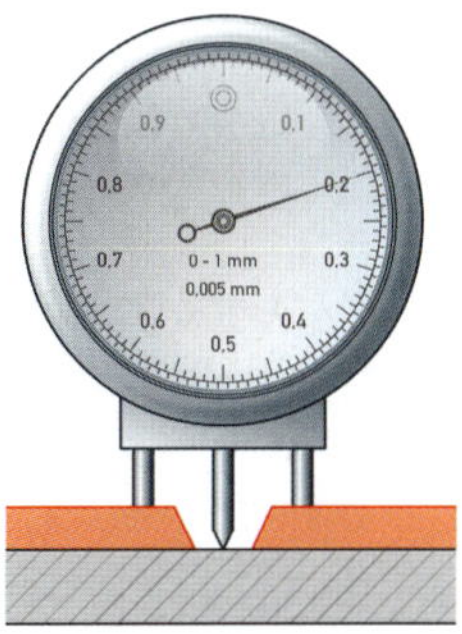

2 Schichtdickenmesser für Trockenfilm

Schichtdickenmessung nach Roßmann

Der Schichtdickenmesser nach Roßmann sieht wie ein Kamm aus, dessen Zahnreihen einen gleichmäßig abnehmenden Tiefenstand aufweisen.

Nachdem man das Gerät senkrecht in den Nassfilm gestellt und wieder herausgenommen hat, lässt sich die genaue Schichtdicke ablesen. Sie entspricht dem Wert, der über dem letzten mit Beschichtungsmittel eingefärbten Zahn steht.

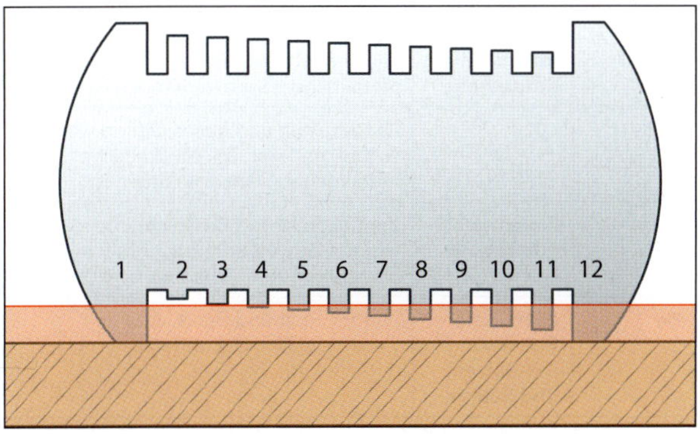

3 Arbeiten mit dem Schichtdickenmesser nach Roßmann

Magnetische Schichtdickenmesser

Magnetische Schichtdickenmesser eignen sich nur für Stahlblech und andere eisenhaltige Metalluntergründe. Die magnetische Anziehungskraft hängt von der Dicke der Beschichtung ab. Das Schichtdickenmessgerät ist entsprechend geeicht, sodass es beim Aufsetzen auf die Oberfläche der Beschichtung die Filmdicke auf einer Skala anzeigt.

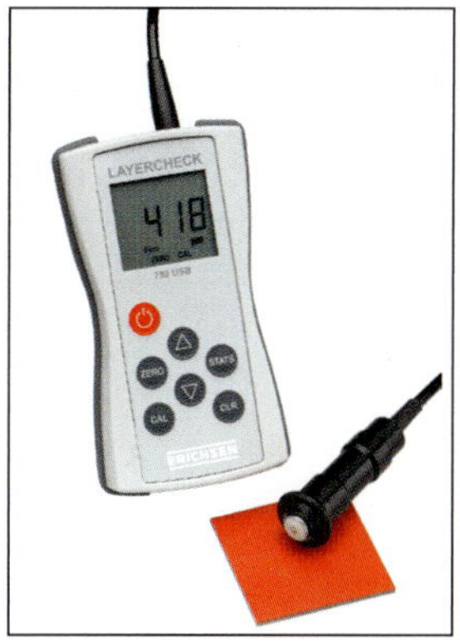

4 Magnetischer Schichtdickenmesser

1.8 Reinigungs- und Entrostungsarbeiten auf metallischen Untergründen

Vor der Erstbeschichtung oder der Überholungsbeschichtung müssen metallische Untergründe gereinigt und ggf. entschichtet werden, wenn die Untergrundprüfung Haftungsmängel oder mangelnde Tragfähigkeit ergeben hat.

Erstbeschichtung: vollständiger Beschichtungsaufbau auf einem noch unbeschichteten Bauteil
Überholungsbeschichtung: neue Beschichtung auf einem Bauteil (mit einer nicht mehr tragfähigen Altbeschichtung), das überholt werden soll

Stahloberflächen sind meist mit Schmutz behaftet. Häufig werden sie gegen Korrosion oder zum Bearbeiten geölt oder eingefettet. Vor einer Beschichtung muss daher der Untergrund gründlich gereinigt werden. Fest haftender Schmutz lässt sich abschleifen. Öle und Fette werden durch Lösemittel oder Dampfstrahlen beseitigt. Nicht mehr tragfähige Altbeschichtungen müssen entfernt werden.

1.8.1 Reinigungsverfahren bei metallischen Untergründen

Als Reinigungsverfahren für metallische Untergründe bieten sich folgende Verfahren an:

- Entstauben
- Entfetten
- Schleifen
- Netzmittelwäsche

Entstauben

Vor dem Entschichten oder dem ersten Anschliff eines trockenen metallischen Untergrunds wird dieser mit normalem Staubbesen, Industriesauger oder Staubbindetuch gereinigt.

1 Staubbesen

2 Industriesauger

Vor der Beschichtung nicht entfernte Staubpartikel trocknen mit ein. Dreckeinschlüsse stören das Oberflächenbild und erhöhen die Wahrscheinlichkeit einer Schädigung der Oberfläche.

Entfetten

An metallischen Untergründen sind häufig Rückstände von ölhaltigen Verschmutzungen (Teer), Konservierungsmitteln (Fett zum Schutz gegen Rost) oder auch Dichtstoffen (Silikon) zu finden. Auf diesen Rückständen haften Beschichtungen nur bedingt oder gar nicht.
Zum Entfetten kann man handelsüblichen Silikonentferner nehmen, der auf die verunreinigten Flächen aufgesprüht wird und dort Fett und Schmutzpartikel bindet. Silikonentferner besteht aus verschiedenen organischen Lösemitteln und löst fett- und ölhaltige Stoffe an, die mit einem saugfähigen Vlies entfernt werden können.

Schleifen

Neben Dichtstoffrückständen können auch Rückstände von mineralischen Werkstoffen wie Zement, Beton oder Mörtel vorhanden sein. Diese harten Rückstände haften sehr stark und sind nur selten ohne größere Untergrundschädigungen mit dem Stoßspachtel zu entfernen.
Mit einer groben Schleifpapierkörnung lassen sich mineralische Rückstände beseitigen. Die grobe Körnung wird jedoch auf der Beschichtung und der Werkstoffoberfläche Riefen hinterlassen, weshalb ein Nachschliff mit einer feineren Körnung notwendig ist.

Netzmittelwäsche

Herstellung: 10 l Wasser plus
- ca. 0,5 l einer 25-prozentigen Ammoniaklösung oder
- ca. 1,25 l einer 10-prozentigen Ammoniaklösung

Zur besseren Benetzung fügt man der Lösung eine geringe Menge („Kronkorkenmenge“) übliches Haushaltsspülmittel hinzu.
Beim Schleifen mit dem Kunststoffvlies entsteht ein feiner Schaum, der etwa 10 Minuten auf die Fläche einwirken muss. Es ist so lange zu schleifen, bis der Schaum grau wird. Danach gründlich mit klarem Wasser nachwaschen, bis der Schaum entfernt ist. Anschließend ist die Fläche umgehend zu trocknen!

1.8.2 Reinheitsgrade

Die Herstellung metallisch blanker Oberflächen als Voraussetzung für einen dauerhaften und sicheren Korrosionsschutz ist nur in bestimmten Fällen erforderlich und allein durch Strahlen erzielbar. In vielen Fällen ist dieses Verfahren nicht anwendbar und auch wirtschaftlich nicht sinnvoll.
Bei der Auswahl des Verfahrens kommt es daher auf die Art und den Einsatz des Bauteils an. Um den Aufwand der Entrostung berechnen zu können, ist im Stahlbau je nach Objekt ein bestimmter Reinheitsgrad vorgeschrieben.

Der vorgeschriebene Reinheitsgrad und das vom Bauteil abhängige wirtschaftliche Verfahren bestimmen die Art der Entrostung.

Nach DIN EN ISO 12 944-4 werden den Reinheitsgraden vier Entrostungsverfahren zugeordnet:

Reinheitsgrad	Entrostungsverfahren	Erzielbare Entrostung
Sa 1	**Strahlen** beschichteter und unbeschichteter Flächen	loser Zunder, Rost und lose Beschichtung werden entfernt
Sa 2		Zunder, Rost und Beschichtung werden nahezu entfernt
Sa 2½		nur noch leichte Schattierung sichtbar
P Sa 2½		wie bei Sa 2½, jedoch nur teilweise (partielle) Entfernung
Sa 3		Zunder, Rost und Beschichtung werden vollständig entfernt
St 2	**Hand- oder maschinelle Entrostung**	Zunder, Rost und Beschichtung werden so weit entfernt, bis ein schwacher metallischer Glanz vorhanden ist
St 3		Zunder, Rost und Beschichtung werden so weit entfernt, bis ein deutlicher metallischer Glanz vorhanden ist
Fl	**Flammstrahlentrostung**	Zunder, Rost und Beschichtung werden so weit entfernt, dass nur noch Schattierungen vorhanden sind
Be	**chemische Entrostung mit Beizen und Säuren**	Zunder, Rost und Beschichtung werden vollständig entfernt

1.8.3 Übersicht Entrostungsverfahren

Entrostung nach DIN EN ISO 12 944-4

Kategorie	Verfahren	Werkzeuge/ Werkstoffe	Arbeitsprozess	Abbildung	Sicherheit und Gesundheitsschutz
mechanische Verfahren	von Hand	• Kratzwerkzeuge, z. B. Schaber • Pickhammer • Drahtbürste • Schleifmittel	manuelles Entrosten		
	maschinell	Druckluftklopfer	• im Gerät befindliche Schlagbolzen schnellen unter Luftdruck vor und zurück • unter der mechanischen Einwirkung (Druck) lassen sich Oberflächen reinigen, aufrauen, abtragen oder freilegen		Bei häufiger Verwendung kann es zu Vibrationsbelastungen kommen. 
		Topfdrahtbürste	runder Drahtbürstenaufsatz für die Bohrmaschine		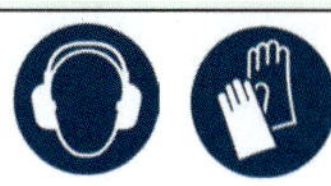
		Nadelpistole	• im Gerät befindliche Nadeln schnellen unter Luftdruck vor und zurück • unter der mechanischen Einwirkung (Druck) lassen sich Oberflächen reinigen und aufrauen		Bei häufiger Verwendung kann es zu Vibrationsbelastungen kommen. 
		Winkelschleifmaschinen	mechanischer Druck und die rotierende Trennscheibe führen zum Abplatzen des Rosts		
	strahlen	nass mit Heißdampf oder Druckwasser und Strahlmittel	• dem Strahlluftgemisch wird Wasser beigemischt • das Wasser bindet den Staub, löst und entfernt darüber hinaus auch wasserlösliche Verunreinigungen • Staub- und Schmutzbindung führten zur Reduzierung von Emission von Schadstoffen **Nachteil: Nass gestrahlte Flächen rosten sehr schnell und in Wasser gebundene Strahlmittel sind schwer vom Untergrund zu entfernen!**		

<table>
<tr><th>Kategorie</th><th>Verfahren</th><th>Werkzeuge/ Werkstoffe</th><th>Arbeitsprozess</th><th>Abbildung</th><th>Sicherheit und Gesundheitsschutz</th></tr>
<tr><td rowspan="2">mechanische Verfahren</td><td>strahlen</td><td>trocken</td><td>Strahlmittel wird durch Druckluft (je nach Untergrund und Zustand bis zu 7 bar) auf eine Fläche geschleudert</td><td></td><td></td></tr>
<tr><td colspan="5">Strahlmittel
Formen: rund kantig zylindrisch
Materialien:
metallisch
• Schrot
• Drahtstücke
• Stahlkies

mineralisch
• Korund/ Edelkorund
• Keramik
• Glasgranulat
• Hochofen-schlacke

organisch
• Nussschalen
• Kunststoff-granulat
</td></tr>
<tr><td>thermische Verfahren</td><td>flamm-strahlen</td><td>Flammstrahl-brenner</td><td>• zu entschichtende Oberfläche wird mit einem Flammstrahlbrenner abgeflammt
• die bis zu 3200 °C heiße Sauerstoff-Azetylenflamme erhitzt kurzzeitig die Oberfläche, sodass aufgrund des unterschiedlichen Dehnverhaltens von Rostschicht und Oberfläche die Rostschicht abplatzt

Nachteil dieses Verfahrens: intensives maschinelles Nachstrahlen oder -bürsten aller abgeflammten Flächen notwendig</td><td>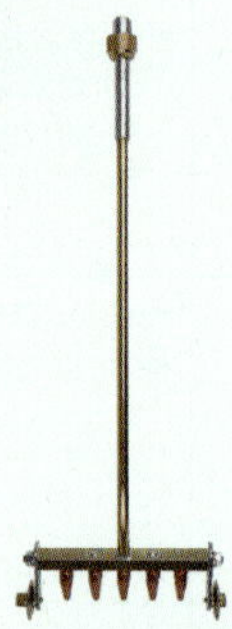</td><td></td></tr>
<tr><td rowspan="2">chemische Verfahren</td><td>industrielles Beizen</td><td>Lösungen, Pasten und Bäder</td><td>• Verrostete oder verzunderte Flächen sowie alte Beschichtungen lassen sich chemisch durch Beizen mit verdünnten Mineralsäuren entrosten.
• Das Säure-Beiz-Verfahren kann nur in Form von Tauchen durchgeführt werden.

Nachteil: Getauchte Teile müssen zur Reinigung aufwendig nachgespült werden!</td><td></td><td></td></tr>
<tr><td>Rostum-wandler</td><td>z. B. phosphorhaltige Substanzen</td><td>• Als Rostumwandler bezeichnet man chemische Stoffe, die den voranschreitenden Oxidationsprozess des Metalls aufhalten, indem sie stabile Eisenphosphatverbindung erzeugen.

Nachteil: Es lässt sich nicht genau feststellen, inwieweit und ob sich eine vollständige Rostumwandlung in der Tiefe einer Rostschicht vollzieht.
Deshalb sind Rostumwandler auf tragenden Bauteilen aus Stahl nicht zugelassen.</td><td>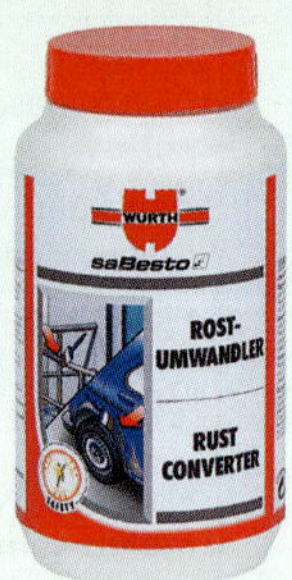</td><td>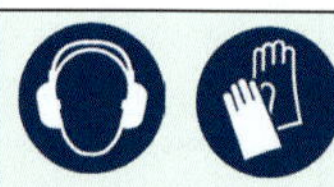</td></tr>
</table>

1.9 Lackieren metallischer Untergründe

1.9.1 Aufgaben von Lackierungen

Was wären ein Auto, eine Maschine, ein Heizkörper oder ein Stahlbauteil ohne Lackierung – ein schmuckloses Metallteil, das zudem schnell vor sich hin rostet!

Aufgaben von Lackierungen
- Werterhaltung
- Verleihen dem Metallteil
  - Glanz
  - Ausdruckskraft
  - Schönheit
  - Oberflächengüte
- Schutz gegen
  - Witterungseinflüsse,
  - UV-Strahlen und
  - aggressive Stoffe

1 Lackierung: Schutz gegen Umwelteinflüsse

Damit Lackierungen diese Aufgaben erfüllen können, müssen die Untergründe frei von Mängeln sein oder diese vor der Lackierung beseitigt werden.
Zuerst ist der Untergrund von Schmutz, Fett, Öl und anderen Verunreinigungen zu säubern.

1. Danach müssen der Untergrund geprüft und die Tragfähigkeit der Altlackierung mit einem Gitterschnitt festgestellt werden. Bei Unterrostung, Kreiden, Abblättern, Rissen und anderen Schäden muss die Lackierung entfernt werden. Dasselbe gilt, wenn die vorgesehene Neulackierung die vorhandene Beschichtung anlöst oder nur unzureichend auf ihr haftet.
2. Korrosionsschäden müssen beseitigt werden (siehe S. 97/98 Entrostungsverfahren). Kleinere Unebenheiten lassen sich durch sorgfältiges Schleifen ausgleichen.
3. Zudem wird durch Schleifen der Untergrund aufgeraut und noch vorhandener Schmutz entfernt.
4. Beulen und tiefere Unebenheiten können mit Polyesterspachtelmasse gefüllt und ausgebessert werden.

1.9.2 Aufbau von Lackierungen

Handwerklich ausgeführte Lackierungen auf Metallen werden üblicherweise in mehreren Schichten aufgetragen. Diese unterscheidet man nach ihren Aufgaben:

Schicht	Aufgabe
Grundierung bzw. Primer (engl., hier: Grundbeschichtung)	• Haftvermittlung • Korrosionsschutz
Zwischenlack bzw. Füller	• gleicht Unebenheiten und Schleifspuren aus • erzeugt einen einheitlichen Untergrund • Haftvermittlung zwischen Grundierung und Decklack • erhöht die Schichtdicke
Decklack	• verschönert den Gegenstand durch Oberflächengestaltung und Farbgebung • schützt die darunterliegenden Schichten • Bei Metallic- und Effektlackierungen unterscheidet man die Decklackierung in Ein- und Zweischichtlackierungen.

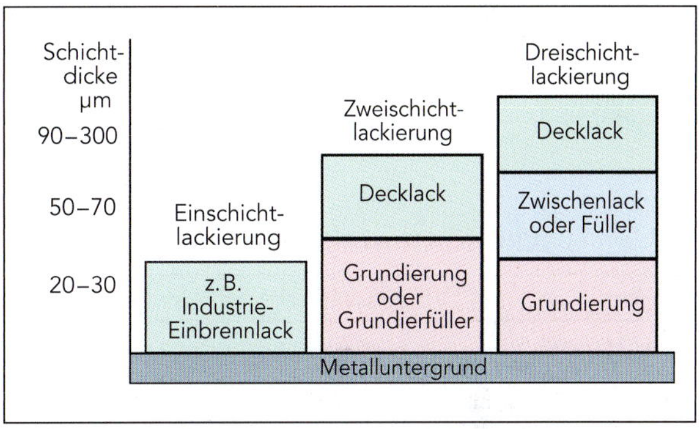

2 Aufbau von Lackierungen auf metallischen Untergründen

Industriell werden Metallteile häufig einschichtig durch Einbrennen, Elektrotauchlackierung oder Pulverbeschichtung lackiert.
Zur Verschönerung tragen die Farbgestaltung, die sorgfältige Untergrundvorbereitung, Lacke, die durch ihre Pigmentierung und ihre Zusammensetzung bestimmte Oberflächeneffekte ergeben, und ein entsprechender Glanzgrad bei.

Abhängig von der Stückzahl der Metallteile werden Lackierungen durch Spritzen, Fluten, Tauchen, Rollen oder Streichen ausgeführt.

Schichteigenschaften

Schicht	Arten	Eigenschaften/Aufgaben
Primer	Wash-Primer	• lasierender 2-K-Haftvermittler • dünn aufgetragene Erstbeschichtung mit passivierenden Eigenschaften
	Shop-Primer	• Fertigungsbeschichtung • besteht meist aus Zinkstaubgrundierungen • standardisierte Stahlbauteile (Heizkörper, Stahltüren, Pkw-Ersatzteile usw.) werden schon beim Hersteller nach Gütenorm in entsprechender Schichtdicke aufgetragen
	Reaktions-Primer	• deckender 2-K-Aktivgrund • eignet sich durch seine passivierende Wirkung besonders gut für blanke Stahlflächen
Zwischenbeschichtung/Füller	Water-filler	• wasserverdünnbarer Grundierfüller • eignet sich für blanke Stahlflächen, für werksgrundierte Stahlbauteile sowie für Altlackierungen • andere Grundierfüller sind: HS-Acrylfüller, Washfiller
	Dickschicht-füller	• meist auf Epoxidharz basierender 2-K-Füller • verbessert die Schichtdicke und den Korrosionsschutz • wird vielfach in der Fahrzeugreparaturlackierung eingesetzt

Schicht	Arten	Eigenschaften/Aufgaben
Zwischenbeschichtung/ Füller	Spritzfüller	• 2-K-Polyester-Füller • hervorragende Füllkraft • lässt sich leicht schleifen • ideal zur Zwischenlackierung von relativ rauen Flächen, sowohl auf Stahl, Holz oder glasfaserverstärktem Kunststoff
Deck-/Endbeschichtung	Als äußere Schicht einer Lackierung hat Decklack vor allem zwei Funktionen zu erfüllen: Schutz und Verschönerung. • Die Anforderungen an die Lackierung sind je nach Gegenstand und Einsatzbereich sehr verschieden. Die Schutzfunktion des Decklacks hängt vor allem von folgenden Eigenschaften ab: • Die Haftfestigkeit unter Einfluss von Wasser, Lösemitteln, Fetten und aggressiven Stoffen bestimmt, wie fest die Verankerung des Decklacks ist. • Die Härte sorgt für Abriebfestigkeit. • Die Elastizität legt fest, wie dehnfähig, biege- und schlagfest der Decklack ist. • Das Diffusionsverhalten zeigt, ob der Decklack das Durchdringen von Flüssigkeiten oder Gasen verhindert. • Das UV-Absorptionsvermögen gibt an, ob der Decklack durch den Einfluss von UV-Strahlen zum Vergilben oder Verspröden neigt. • Die Hitzebeständigkeit ermöglicht die Verwendung für Gegenstände, die hohen Temperaturen ausgesetzt sind.	

1.9.3 Lacke für metallische Untergründe

Lackart	Eigenschaften und Verwendung
Alkydharzlack	Art der Zusammensetzung und Ölanteil bestimmen ihre vielseitigen Verwendungsmöglichkeiten: • Grundierung • Korrosionsschutzlack • Zwischenlack • Decklack • Klarlack • Heizkörperlack • Hochglanz-, Seidenglanz- und Mattlack • Einbrennlack
Acryllack	• **wasserverdünnbare Acryllacke** werden auf verzinktem Stahlblech, Aluminium und als allgemeiner Baulack eingesetzt • **lösemittelverdünnbare Acryllacke** besitzen gute Haftfestigkeit, hohe Härte und Elastizität; sind auf allen Metalluntergründen für Lackierungen mit hohen Anforderungen geeignet • **2-K-Acryllacke** werden vor allem in der Fahrzeuglackierung und für sehr abriebfeste Beschichtungen verwendet
Nitrokombinationslack	• ergibt festkörperarme, dünne Lackierungen • dient als Schutzüberzug für Messingteile und als Bindemittel für Bronze-Effektlacke
Polyvinylchloridlack	• bilden harte, schwer entflammbare Beschichtungen • lassen sich durch Benetzen mit Universalverdünnung anlösen • die Beschichtungen sind nicht lösemittel-, fett- und hitzebeständig • als schnell trocknende Beschichtung sind große Flächen schwierig zu streichen oder zu rollen und daher besser zu spritzen • eignen sich für Lackierungen auf Aluminium, auf verzinkten oder blanken Stahlteilen
Chlorkautschuklack	• eignet sich besonders für abriebfeste, wasser-, salz-, säuren- und laugenbeständige Beschichtungen • Lösemittel, Öle und Fette zerstören die Beschichtung
Polyurethan- und Epoxidharzlack	• erfüllen als 2-K-Lacke die höchsten Ansprüche • sind elastisch, hart, abriebfest, nicht quellbar und sehr hitzebeständig • resistent gegen Lösemittel, Säuren, Laugen und aggressive Dämpfe • haften auf allen Metalluntergründen sehr gut • mit ihnen lassen sich Beschichtungen hoher Oberflächengüte erzielen

1.10 Beschichten von Zinkbauteilen

1.10.1 Der Werkstoff Zink

In der Natur kommt das Schwermetall Zink als sogenannte Zinkblende (zinkhaltiges Erz) vor. Wegen seiner elektrochemischen Eigenschaften (siehe S. 85/86) bietet sich die Verwendung von Zink im Korrosionsschutz an: Es verhindert die Korrosion des Basismetalls (meist Stahl).

Dabei fungiert die Zinkschicht als sogenannter kathodischer Schutz zum Stahl: An freiliegenden Stahlflächen, z. B. nachträglichen Bohrungen oder bei durch die Zinkschicht hindurchgehenden Kratzern, wirkt der Zinküberzug als Opferanode und schützt so das Basismetall vor der Korrosion: Das unedlere Metall Zink „opfert sich" für das edlere Metall.

Trotz dieser positiven Wirkung von Zink im Korrosionsschutz kann Zink auch problematische Folgen haben. Zink als Opferanode schützt den Stahl gegen Korrosion, solange Zink vorhanden ist. Dieser Vorgang zeigt aber auch, dass Zink in Lösung gehen kann. Zink ist gegenüber sauren und alkalischen Einflüssen nicht beständig. So reagiert Zink mit sauren Niederschlägen und bildet an seiner Oberfläche Zinksalze.

Während der Korrosion bildet Zink eine passivierende Schicht aus Zinkoxid (auch Weißrost genannt) oder Zinkcarbonat (Zinksalz).

Werden die Zinksalze von einer Beschichtung überzogen, kann eindringender Wasserdampf kondensieren und das Salz lösen. Dieser Vorgang läuft jedoch nur einseitig ab. Er wird daher als Osmose bezeichnet. Die flüssige Salzlösung kann die Beschichtung nicht durchdringen. Bei zunehmender Lösung der Salze entwickelt sich unter der Beschichtung ein steigender osmotischer Druck, bis die Beschichtung aufplatzt und ihre Schutzwirkung verliert.

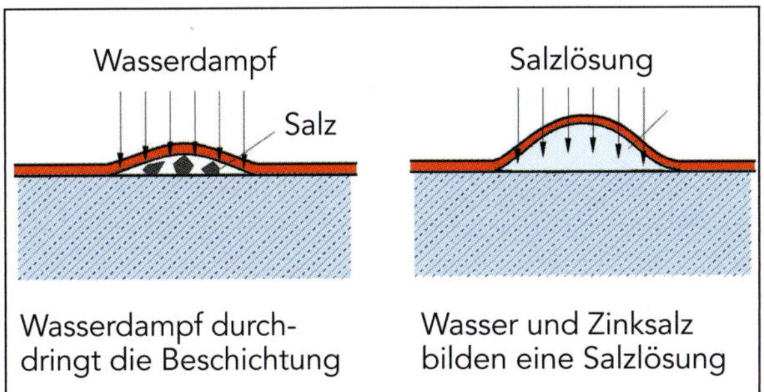

1 Osmotischer Druck – Beschichtung platzt ab

Metallisch reinem Zink begegnet der Maler und Lackierer meist in Form von Metallüberzügen bei verzinktem Stahlblech oder verzinkten Stahlteilen.

1.10.2 Vorbehandlung des Zinkuntergrunds

Altbeschichtungen müssen auf Tragfähigkeit geprüft und, wenn notwendig, entfernt werden.

Vor einer Beschichtung müssen der Zinkuntergrund gereinigt und die Zinksalze entfernt werden. Neu verzinkte Stahlteile, die zu ihrem Schutz meist eine Fettschicht erhalten, werden vor der Beschichtung entfettet.

Für die Reinigung haben sich Ammoniak-Netzmittel-Lösungen und die Verwendung von Korund-Kunststoffvlies bewährt. Hierfür verwendet man auf 10 l Wasser

- ca. ½ l einer 25-prozentigen oder
- 1 ¼ l einer 10-prozentigen Ammoniaklösung (Salmiakgeist).

Zur besseren Benetzung fügt man eine geringe Menge („Kronenkorkenmenge") Haushaltsspülmittel hinzu.

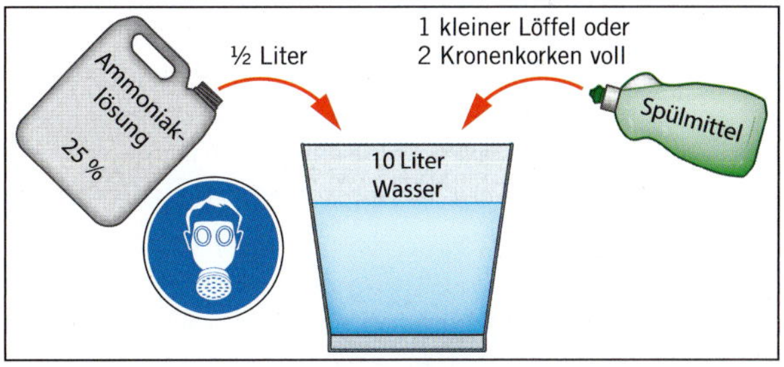

2 Vorbereitung einer Netzmittelwäsche

Beim Schleifen mit dem Korund-Kunststoffvlies entsteht ein feiner Schaum, der etwa 10 Minuten auf die Fläche einwirken muss. Es ist so lange zu schleifen, bis der Schaum grau wird. Danach wird gründlich mit klarem Wasser nachgewaschen, bis der Schaum entfernt ist. Anschließend ist die Fläche umgehend zu trocknen!

Keinesfalls darf Stahlwolle zum Schleifen verwendet werden!

Bei Schleifarbeiten Haut schützen!
Gummihandschuhe tragen!
Bei Innenarbeiten gut lüften!

Größere Zinkflächen können auch durch Hochdruckreinigen, Dampfstrahlen mit geringen chemischen Zusätzen oder durch manuelles oder maschinelles Überstrahlen, sogenanntes Sweep-Strahlen (leichtes Strahlen mit reduziertem Druck), gereinigt werden. Sweepen gilt derzeit als die hochwertigste Form der Vorbehandlung für die sogenannten Duplexsysteme (siehe S. 102), weil es in der Regel die Zinkschicht nicht beschädigt.

1.10.3 Beschichten von Zinkuntergründen

Beschichtungsstoff	Lackart
Kunstharz-Kombinationen	Acryl-Zinkhaftfarben
Kunststoffdispersionen	Dispersionsfarben Dispersionslackfarben
Polymerisatharzlack-farben	PVC-Beschichtungsstoffe für Zink Acrylharz-Beschichtungsstoffe für Zink
2-K-Beschichtungsstoffe	2-K-Epoxidharzlacke für Zinkuntergründe 2-K-Polyurethanlacke für Zink 2-K-Epoxidharz-Grundierungen 2-K-Polyurethan-Decklack
Spezialbeschichtungen	Bitumen-Öl-Kombinationen 2-K-Teer-Epoxidharz-Beschichtungen

Die Beschichtungssysteme bestehen meist aus einer Grund-, Zwischen- und Deckbeschichtung.

Dabei werden die einzelnen Schichten häufig im gleichen Beschichtungsstoff ausgeführt. Weicht man davon ab, kann dies aufgrund der chemischen Reaktionen zwischen den Lackinhalten zu langen Wartezeiten führen. So sind beispielsweise Acryl-Zink-Haftgrundierungen erst nach über einem Jahr mit anderen Beschichtungsstoffen überlackierbar.

Duplexsystem: Kombination aus einem feuerverzinkten Werkstück und einer anschließenden Beschichtung.

Generell lässt sich sagen, dass Duplexsysteme je nach Beschichtung und Umweltbelastungen den Korrosionsschutz eines Bauteils um das Zwei- bis Dreifache verlängern.

Ein- oder 2-K-Wash-Primer sind nicht geeignet als Haftgrund
- auf Zink und
- auf verzinktem Stahl am Bau.

Zink oxidiert schnell durch den Sauerstoff der Luft. In öligen Bindemitteln wirkt das Zinkoxid wie ein Sikkativ, d. h. wie ein Trocknungsbeschleuniger. Es versprödet den Anstrich. Außerdem bildet Zink mit der Fettsäure von öligen Bindemitteln eine Zinkseife (Zinkstearat/Metallseife). Diese lagert sich als Trennschicht zwischen Untergrund und Anstrich an und führt zum Abplatzen der Beschichtung.

Ölhaltige Anstrichstoffe, z. B. Alkydharzlacke, eignen sich nicht für Zinkuntergründe!

1.10.4 Korrosionsschutzwirkung durch Pigmente

Pigmente sorgen im Anstrichstoff für eine gewisse
- Schichtdicke,
- Fülle,
- Härte und
- Widerstandsfähigkeit.

Darüber hinaus erzeugen Pigmenteigenschaften auch verschiedenste Wirkungen:

Wirkungsart	Wirkung	Beispiel
Aktive Pigmente	• Blei- und Zinkpigmente beschleunigen in öligen Bindemitteln die Erhärtung. • Sie reagieren als aktive Pigmente mit der Fettsäure der öligen Bindemittel und bilden wasserunlösliche Seifen.	• Bleimennige • Bleiweiß • Zinkchromat • Zinkweiß • Zinkgelb
Schuppenförmige Pigmente	• Schuppenförmige Pigmente verlängern den Durchgangsweg und vermindern die Durchlässigkeit für Wasser, Sauerstoff und aggressive Stoffe. • Sie schützen den Untergrund allein durch ihre Blättchenform, indem sie Sperrschichten bilden, und werden deshalb auch als inaktive oder passive Pigmente bezeichnet.	• Aluminiumbronzen • Eisenglimmer • Eisenoxid • Glimmer • Grafit
Passivierende Pigmente	• Damit passivierend wirkende Pigmente zum Korrosionsschutz beitragen können, müssen sie mit dem Basismetall des Werkstücks in Verbindung kommen. Dann können sie ihre Rolle als Opferanode ausführen. • Zinkstaubfarbe muss mindestens 92 % Pigmentanteil enthalten, damit eine elektrochemische Reaktion ablaufen kann.	• Zinkstaub • Zinkphosphat • Zinkweiß • Zinkchromat • Bleimennige

Im Korrosionsschutz wirkt Zinkpulver als Opferanode, d. h., bei der Korrosion wird Zink abgebaut. Stahl rostet nicht, solange Zink vorhanden ist.
Zinkoxid wirkt auf Bakterien und Pilze keimtötend und verhindert so den Pilzbefall von Anstrichen.

Grundierungen aus Zinkstaub gehören nicht zu den Verzinkungen, obwohl ihr Zinkgehalt bei über 90 % liegt.

1.10.5 Gängige Verzinkungsarten

Verfahren	Prozess	Schichtdicke in µm	Vorteile	Nachteile
Elektrolytisches Verzinken (Galvanisieren)	• Vorbehandelte, d. h. in einem Säurebad (meist Salzsäure) gebeizte, zu verzinkende Metallteile werden als Kathode in ein Zinksalzbad gehängt. • Als Anode verwendet man eine Zinkplatte mit einer sehr hohen technischen Reinheit. • Nach Einschalten des Gleichstroms scheiden sich die Zinkionen von der Zinkplatte (Anode) und lagern sich auf dem Werkstück ab. • Generell werden eher dünne Zinküberzüge mit diesem Verfahren hergestellt, technisch man kann aber auch dickere Schichten erzielen.  Galvanisierte Teile sind z. B.: • Schrauben • metallische Ersatzteile der Fahrzeugbranche	2 – ca. 100	• dünne Beschichtungen auf kleinen Werkstücken möglich	• Schichtdickeschwankungen an Kanten und Rändern (Materialanhäufungen) • tiefe Bohrungen im Werkstück nur schlecht elektrolytisch verzinkbar • bei größeren Schichtdicken nimmt Verformbarkeit des Werkstücks ab
Feuerverzinkung (auch Schmelztauchschichten)	• Das Werkstück wird in einem Entfettungs- und danach in einem Beizbad (Säurebad) sowie in verschiedenen Spülbädern nasschemisch vorbehandelt. • Je nach Verfahren, können die Werkstücke vor dem eigentlichen Zinkbad erhitzt/angeglüht werden. • Anschließend werden die Werkstücke in eine flüssige, ca. 450 °C heiße Zinkschmelze getaucht. Stahl und Zinküberzug bilden dabei eine feste, unlösliche Verbindung (sogenanntes Anlegieren). Feuerverzinkung wird vorwiegend für den Korrosionsschutz angewandt. Typisch für Feuerverzinkungen ist die sogenannte Zinkblume.  Feuerverzinkte Teile sind z. B.: • Dachrinnen • Fallrohre • Geländer • Bleche für Fassadenverdachungen	7 – > 100	Vorteile gegenüber der elektrolytischen Methode: • hohe Beschichtungsmengen • sehr gute Haftung/ Verbindung von Zink und Stahl • Schmelztauchen ermöglicht auch die Verzinkung von korrosionsgefährdeten Flächen und Hohlräumen. • Durch das Anlegieren entsteht eine höhere Härte und damit eine höhere Belastbarkeit gegen mechanischen Abrieb. • nicht anfällig für Kantenflucht • preiswerter, auch durch bessere Haltbarkeit der Zinkschicht	Nachteile gegenüber der elektrolytischen Methode: • rauere Oberflächen • nicht geeignet für Hochglanzlackierungen
Spritzverzinkung (auch thermische Spritzverzinkung)	• Zink wird mittels eines Lichtbogensystems oder einer Gasflamme geschmolzen. • Flüssiges Zink wird auf das vorbehandelte (meist sandgestrahlte) Werkstück aufgespritzt. • Nach Aushärtung ergibt sich eine dichte, harte, raue (da die heißen Zinkteilchen auf dem kalten Untergrund sofort abkühlen, verfließen sie nicht mehr) und geschlossene Zinkschicht. • Wird besonders zur Nachverzinkung von Schweißnähten eingesetzt.  Spritzverzinkte Teile sind z. B.: • Silos • Tanks • Gussteile • große Stahlflächen	50 –150	• größere Flächen lassen sich verzinken • Bauteile, die nicht für die Feuerverzinkung geeignet sind, können verzinkt werden, z. B. Konstruktionsteile, Gussobjekte • minimale Erwärmung des Werkstücks (keine Folgen für die Gitterstruktur des Basismetalls) • raue Oberfläche bietet einen guten Haftgrund für anschließende Beschichtungen	• Hohlräume sind nur schwer thermisch verzinkbar.

1.11 Heizkörperbeschichtungen

Beschichtungen auf Heizkörpern und Heizrohren schützen vor Korrosion und verleihen ihnen ein gefälliges Aussehen.
Durch häufige Temperaturwechsel sind die Beschichtungen starken Belastungen ausgesetzt. Sie müssen deshalb besonders gut haften, genügend elastisch sein und die nötige Hitzebeständigkeit besitzen. Dabei sollen sie nicht vergilben und verspröden.

1 Werksseitig beschichteter Heizkörper

Heute werden Heizkörper, die bereits ab Werk mit genormter Grundierfarbe versehen sind, durch eine Plombe oder einen Stempel mit DIN 55 900 gekennzeichnet, fertig lackiert und mit dem Decklack versehen. Für den Maler und Lackierer bleiben so nur die Aufgaben der Reparaturlackierung.

Für Heizkörper von Warmwasserheizungen werden in der Regel Alkydharzlacke und wasserverdünnbare Dispersionslacke eingesetzt.

Die Vergilbung durch Hitzeeinwirkung lässt sich auf eine veränderte Lichtabsorption zurückführen. Je nach verwendetem Öl sind Alkydharzlacke bis 140 °C, Epoxidharzharzlacke bis 200 °C hitzebeständig. Für besonders hohe Temperaturen eignen sich Aluminiumlackfarben. Sie schränken die Wärmeabstrahlung des Heizkörpers geringfügig ein.

1.11.1 Vorarbeiten

Korrosion, Öl, Fett und Schmutz sind gründlich zu entfernen. Altbeschichtungen werden auf Tragfähigkeit geprüft und, wenn notwendig, entfernt. Noch gut haftende Beschichtungen sind durch Schleifen bzw. mit verdünnter Ammoniaklösung 1 : 4 anzurauen. Aluminiumbronzebeschichtungen sind für Weißlacke als Untergrund ungeeignet und müssen entfernt werden.

1.11.2 Beschichtung

Die Normgrundierfarbe besitzt eine gute Elastizität und Haftfähigkeit. Metallisch blanke Heizkörper oder blanke Stellen werden mit Normgrundierfarbe bzw. mit einer Korrosionsschutzgrundierung beschichtet.
Heizkörper für Feuchträume erhalten zwei Grundanstriche mit Korrosionsschutzfarbe. Hierauf werden nach VOB ein Zwischenlack und der Heizkörperdecklack aufgetragen.
Zum Beschichten dienen Heizkörperpinsel, Rollen, Spritzpistolen mit Spezialdüsen, Tauch- und Flutanlagen.

2 Fluten von Heizkörpern

Heizkörper-Flutlack ist eine thixotrop eingestellte Einschichtfarbe, die durch Fluten, Tauchen oder Spritzen in einem Arbeitsgang aufgetragen wird. Zum Spritzen ist der Lack entsprechend zu verdünnen.

1.12 Beschichten von Aluminiumbauteilen

1.12.1 Der Werkstoff Aluminium

Legt man Wert auf die Eigenschaften hohe Festigkeit, einfache Herstellung aus Eisenerz und relativ kostengünstige Produktionsmöglichkeiten, so ist Stahl der perfekte Werkstoff. Stehen jedoch Eigenschaften wie geringes Gewicht, hohe Beständigkeit gegen Korrosion und gute elektrische Leitfähigkeit im Vordergrund, so ist Aluminium ideal.
Aluminium ist das in der Erdrinde am häufigsten vorkommende Metall, jedoch nicht in gediegener Form (das heißt: nicht in technisch reiner Form als metallisch glänzender Werkstoff), sondern an Sauerstoff gebunden in oxidischer Form.
Im Gegensatz zum Stahl, dessen Eisenoxid sich relativ kostengünstig mit Kohle herstellen lässt, wird das Leichtmetall Aluminium durch ein sehr energieaufwendiges Verfahren aus dem Erz Bauxit gewonnen. In einem chemischen Prozess wird zunächst mithilfe von Natronlauge Aluminiumhydroxid gewonnen, aus dem anschließend durch einen Brennvorgang (Kalzinieren) sogenannte Tonerde entsteht. Im weiteren Prozessverlauf wird mit der Schmelzflusselektrolyse unter dem Lichtbogen das Primär- oder Hüttenaluminium aus der Tonerde herausgeschmolzen.

Eigenschaften von Aluminium:

vorteilhaft	nachteilig
• leicht • korrosionsbeständig • gute Wärmeleitfähigkeit • gut elektrisch leitend • gute Spannbarkeit • gute Verformbarkeit • gute Gießbarkeit • gute Schweißbarkeit • leichte Recyclingmöglichkeiten • dekorative Einsatzmöglichkeiten	• sehr hoher Stromverbrauch • geringere Festigkeit als Stahl • höheres Preisniveau als unlegierter Baustahl

Man unterscheidet das aus der Erstgewinnung stammende Primäraluminium und das aus der Zweit- oder Recyclinggewinnung stammende Sekundäraluminium. Sekundäraluminium kann zu einem Bruchteil der Energiekosten für Primäraluminium (nur ca. 10 %) produziert werden. Aus ökologischer Sicht ist die Produktion von Primäraluminium sehr kritisch zu sehen.

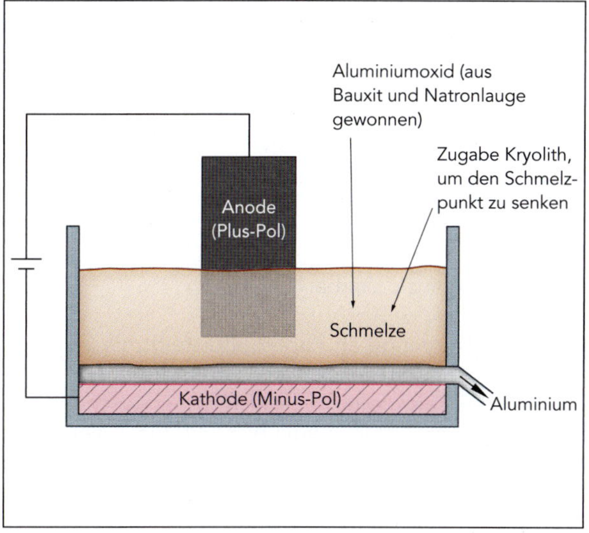

1 Schmelzflusselektrolyse bei der Aluminiumgewinnung

Aluminium ist aufgrund seiner Passivierungsschicht chemisch gegen Korrosion sehr beständig. Die Passivierungsschicht bildet sich sehr schnell auf der frischen Aluminiumschicht. Lediglich im sauren (pH < 4,5) und im alkalischen Bereich (pH > 8,5) ist Aluminium nicht beständig. Um hier die Beständigkeit zu erhöhen, sollten die Oxidschichten auf dem Aluminium künstlich verstärkt werden.
Manche Aluminiumlegierungen, besonders Verbindungen mit Eisen, Kupfer, teilweise auch mit Zink oder Silizium, haben keinen besonders guten Korrosionsschutz, da die Metallzusätze die Passivierungsschicht stören. Diese Aluminiumlegierungen müssen beschichtet werden, um einen dauerhaften Korrosionsschutz zu erzeugen. Ebenfalls können Metallrückstände von edleren Metallen, z. B. Eisen oder Kupfer, punktuelle Korrosionsschäden (Lochfraß) fördern.

Zur Verbesserung des Härteverhaltens des Werkstoffs Aluminium lässt sich die sogenannte anodische Oxidation einsetzen. Durch das Anodisieren (oder auch **El**oxieren: Elektrisch **ox**idiertes **Al**uminium = Eloxal) wird die Oxidationsschicht des ersten Herstellungsprozesses auf 5 µm – 20 µm verstärkt. Auf Eloxalschichten können Acrylharzlacke verwendet werden, wenn es die Farbgebung einer Fassade notwendig macht. Ist eine noch dickere Oxidschicht erforderlich, kann in einem weiteren Prozess, dem Hartanodisieren, die Oxidschichtdicke auf 20 µm – 100 µm erweitert werden.

1.12.2 Prüfen, Reinigen und Vorbehandeln des Aluminiumuntergrunds

Vor der Beschichtung erfolgt eine Untergrundprüfung.

Schäden	Prüfmethode	Maßnahmen zur Beseitigung
mechanische Schäden in der Oxidschicht	Sichtprüfung auf Risse	erst mit Epoxidharzgrundlack grundieren und dann spachteln (Spachtel hält nicht auf der glatten Aluminiumoberfläche!)
Verunreinigungen Verwitterungen	Sichtprüfung	mit Lösemitteln (z. B. Nitroverdünnung) und einem Kunststoffvlies reinigen
Altbeschichtungen	Kratzprobe Gitterschnitt Lösemittelprobe (siehe S. 93/94)	• beschädigte Altbeschichtungen entfernen, ohne die Oxidschicht zu beschädigen • Altbeschichtung darf nur mit dem gleichen Werkstoff überarbeitet werden

Bauteile aus Aluminium oder Aluminiumlegierungen werden durch Säuren, saure Niederschläge und Laugen angegriffen. Selbst eloxierte Flächen bieten keinen dauerhaften Schutz. Daher müssen im Außenbereich Fensterbänke, Türen, Fenster und andere Bauteile aus Aluminium gegen Korrosion durch Beschichtungen geschützt werden.
Der Untergrund wird mit einem neutralen Netzmittel, z. B. Lösemittel (Nitroverdünnung), von Fett und Schmutz gereinigt. Dabei wird die gesamte Anstrichfläche mit einem Kunststoffvlies angeschliffen. Den Schleifstaub entfernt man mit einem lösemittelgetränkten Lappen.

Zum Schleifen von Aluminiumflächen sollte stets ein Kunststoffschleifvlies eingesetzt werden.

Große Flächen lassen sich mittels der Dampfstrahlreinigung (unter Zusatz von schwach sauren Phosphatreinigern) von Verunreinigungen und Verwitterungen reinigen.

Ammoniaklösungen und andere alkalische Reinigungsmittel sowie alkalische Werkstoffe wie Zement oder Silicatfarben zerstören aufgrund ihrer ätzenden Wirkung die Oberfläche der Aluminiumbauteile.

1.12.3 Beschichtung von Aluminiumuntergründen

Auf der glatten, dichten Oberfläche lassen sich nur Grundiermittel verankern, die sehr gut haften. 2-K-Washprimer und Epoxidharzgrundlack erfüllen diese hohen Anforderungen.

Ist die Beseitigung von Kratzern notwendig, sollte dies erst nach einer Grundierung mit Epoxidharzgrundlack durchgeführt werden.

Als Zwischen- und Deckbeschichtung eignen sich alle für den Metallbereich üblichen Lacke. Für Aluminiumflächen eigenen sich besonders Polyurethanlacke, Alkydharzlacke oder Polymerisatharzlacke (z. B. PVC).

Möglicher Beschichtungsaufbau auf Aluminium:

Endbeschichtung	Alkydharzlack	Polyurethanlack	Polymerisatharzlack
Zwischenbeschichtung	Alkydharzlack	Polyurethanlack	Polymerisatharzlack
Grundierung	Epoxidharzgrundlack	Epoxidharzgrundlack	Epoxidharzgrundlack

1.13 Beschichten von Kupferbauteilen

1.13.1 Der Werkstoff Kupfer

Aufgrund seiner vielfältigen Einsatzmöglichkeiten, vom Schmuck bis zum Fassadenbauteil, ist das Schwermetall Kupfer und dessen Legierungen ein begehrter Werkstoff. Es wird wegen seiner Färbung auch als Buntmetall bezeichnet.
Kupfer wird aus Kupfererz (in Form von Kupferkies und Kupferglanz) gewonnen. Die geringen Konzentrationen, in denen Kupfer in der Natur vorkommt, begründen den hohen Preis für dieses Metall.

1 Kupferkies

Kupfer ist aufgrund seiner Zusammensetzung ein Edelmetall und vereinfacht dadurch die Gewinnung, bei der eine Oxidation der Schwefelanteile mit Luftsauerstoff durchgeführt wird. In der anschließend nur wenig energieaufwendigen Raffinationselektrolyse lässt sich Elektrolytkupfer mit einer zu 99,98 % technischen Reinheit herstellen.

Man unterscheidet drei Kupferwerkstoffgruppen:
- Reinkupfer
- niedrig legiertes Kupfer
- hoch legiertes Kupfer (z. B. Messing, Bronze)

Kupfer wird traditionell in den Bereichen der Elektrotechnik, der Versorgungstechnik (Sanitär-, Kälte- und Klimatechnik) und im Bauwesen eingesetzt.

Seine Eigenschaften machen es zu einem idealen Werkstoff:
- gute elektrische Leitfähigkeit (abhängig von der Reinheit des Kupfers)
- gute bis sehr gute Korrosionsbeständigkeit aufgrund einer Passivierungsschicht
- gute Festigkeit, die durch Kaltverformung noch verbessert wird
- gut gießbar
- gute Verformbarkeit durch Treiben, Hämmern, Tiefziehen
- lässt sich mit anderen Nichteisenmetallen legieren
- auf Hochglanz polierbar

Die Recyclingmenge an Kupfer übersteigt die von Aluminium um ein Vielfaches. Der Kupferschrott wird unter Zugabe von Reinkupfer in Elektroöfen eingeschmolzen. Das sogenannte Umschmelzkupfer wird für Legierungen oder Kupferleitungen im Sanitärbereich eingesetzt. Bekannteste Kupfer-Legierungen sind verschiedene Bronzen oder Messinge:

Kupfer legiert mit	Legierung	Eigenschaften
Zinn	Zinn-Bronze	• mittelhart • korrosionsfest • verschleißfest
Nickel	Nickel-Bronze	• sehr fest bei sehr guter Verformbarkeit • sehr korrosionsfest
Aluminium	Aluminium-Bronze	• verschleißfest • sehr fest • sehr gute Verformbarkeit • sehr korrosionsfest
Zink	Messing	• hart (weniger hart als Bronzen) • nicht magnetisch • nicht alle Messinge sind dauerhaft korrosionsbeständig

1.13.2 Korrosionsverhalten von Kupfer

1 Neue Kupferverdachung eines Verwaltungsgebäudes in Stettin: Die Oxidation hat noch nicht eingesetzt

2 Alte Kupferverdachung des Rathauses von Danzig: Patina hat das Dach überzogen

Kommt Kupfer mit Luftsauerstoff in Berührung, bildet sich Kupferoxid (Cu_2O), das zunächst für den typisch rötlichen Farbton verantwortlich ist. Im weiteren Verlauf bildet sich schwarzbraunes Kupferkarbonat.

In Verbindung mit Luftfeuchtigkeit und Kohlenstoffdioxid entsteht auf der Oxidschicht ein grünlicher Überzug, der auch als Patina bezeichnet wird. Die grünliche Färbung auf der Oxidschicht ist Kupferazetat, das durch eine Reaktion des Kupfers mit Essig in der Luft hervorgerufen wird. Die grünliche Färbung wird auch als Grünspan bezeichnet und wurde im Mittelalter als Pigment verwendet.

Treten auf einer grünspanüberzogenen Fläche auch schwarze Färbungen auf, haben sich durch Luftverschmutzungen lösliche Salze, beispielsweise Kupferchlorid, gebildet.

Die Korrosionsbeständigkeit von Reinkupfer gegen Wasser und Feuchtigkeit bezeichnet die Metallindustrie als gut bis hervorragend, solange sich die Passivierungsschicht ungestört entwickelt und nicht beschädigt wird.

Im Baubereich werden Kupferwerkstoffe für Dachrinnen, Fallrohre, Verdachungen und dekorative Schmuckelemente verwendet, z. B. an Balkongittern. In der Regel besteht keine Notwendigkeit, Kupfer oder Kupferlegierungen mit Korrosionsschutzbeschichtungen zu überziehen. Deshalb wird Kupfer auch selten beschichtet.

Nur wenige Gründe sprechen für eine Beschichtung von Kupferuntergründen:

- Ein neues Farbkonzept für eine Fassade, das die unterschiedlichen Fassadenelemente akzentuieren soll.
- Die typische rotbräunliche Färbung des Kupfers soll konserviert werden.
- Das Kupferrot soll als Grund für einen Blattmetallüberzug genutzt werden.

1.13.3 Prüfen, Reinigen und Vorbehandeln des Kupferuntergrunds

Vor der Beschichtung erfolgt eine Untergrundprüfung.

Schäden	Prüfmethode	Maßnahmen zur Beseitigung
Oxidschicht	Sichtprüfung	• Die Oxidschicht muss vollständig entfernt werden.
Verunreinigungen Verwitterungen	Sichtprüfung	• Verunreinigungen müssen vollständig entfernt werden.
Altbeschichtungen	Kratzprobe Gitterschnitt Lösemittelprobe (Nitroverdünnung)	• Beschädigte Altbeschichtungen entfernen. • Altbeschichtung darf nur mit dem gleichen Werkstoff überarbeitet werden.

Die grüne Oxidationsschicht ist nicht einwandfrei zu beschichten. Es ist ratsam, vor der Beschichtung die Patina vollständig zu entfernen. Zum Reinigen nimmt man ein Spiritus-Salzsäure-Gemisch (mit 10-prozentiger Salzsäure). Die Kupferfläche wird nach dem Auftrag mit einem Kunststoffvlies gleichmäßig zum metallischen Glanz geschliffen und anschließend intensiv mit klarem Wasser nachgespült. Bei Kupfer-Zink-Legierungen ist eine ammoniakhaltige Netzmittelwäsche nicht empfehlenswert, da es durch chemische Reaktionen zum Ausfällen von grünlich schimmernden Kupfersalzen kommen kann, die die Haftung einer Beschichtung beeinträchtigen.

3 Kupfernes Eingangsgitter des New Yorker Zoos

1.13.4 Beschichtung von Kupferuntergründen

Nur wenige Produkte bieten sich für die Beschichtung von Kupferflächen an. Das Öl eines Alkydharzlacks z. B. führt zur Bildung von Kupfersalzen, deren grünliche Verfärbungen auch bei farblosen Decklackierungen sichtbar bleiben. Für einen gut haftenden, belastbaren und deckenden Beschichtungsaufbau eignet sich ein System aus Epoxidharzgrundbeschichtung und PUR-Decklackierung.

Möglicher Beschichtungsaufbau auf Kupfer:

Beschichtungsart	Deckend	Farblos
Endbeschichtung	Polyurethanlack	2-K-Acryllack
Grundierung	Epoxidharzgrundlack	Epoxidharzgrundlack

Aufgaben

1. *Erläutern Sie anhand der Grafik auf S. 80 die Einrichtung Ihrer Baustelle.*
2. *Beschreiben Sie die Bereiche, auf die Sie bei der Einrichtung Ihrer Baustelle besonders achten müssen.*
3. *Beschreiben Sie die Bestandteile Ihrer persönlichen Schutzausrüstung und erläutern Sie deren Funktion.*
4. *Beschreiben Sie die Gefahren, die von elektrischen Geräten oder Strom führenden Leitungen ausgehen können.*
5. *Erläutern Sie den Unterschied zwischen einem Schutzleiter und einer Schutzisolierung.*
6. *Warum muss vor einem Korrosionsschutz der Untergrund gründlich geprüft werden? Welche Prüfmethoden wenden Sie dabei an?*
7. *Erläutern Sie, welchen Sinn die Bestimmung von Rostgraden und Reinheitsgraden in einem Korrosionsschutzsystem haben.*
8. *Warum ist ein Zinküberzug mit nachfolgender Beschichtung ein idealer Korrosionsschutz?*
9. *Beschreiben Sie die Unterschiede von leichtem und schwerem Korrosionsschutz.*
10. *Welche Korrosionsschutzsysteme ergeben besonders abriebfeste, chemikalienbeständige Beschichtungen?*
11. *Welche positiven Eigenschaften besitzen ölhaltige Anstriche im Korrosionsschutz?*
12. *Begründen Sie, warum Metalluntergründe lackiert werden.*
13. *Erklären Sie die Aufgaben der einzelnen Schichten innerhalb einer Lackierung.*
14. *Nennen Sie vier Lacke und ihre Eigenschaften für Metalluntergründe.*
15. *Verzinkte Stahlbleche gelten häufig als problematische Untergründe. Erläutern Sie diese Aussage.*
16. *Beschreiben Sie die richtige Reinigung von Zinkuntergründen.*
17. *Warum eignen sich Alkydharzlacke nicht für Zink? Welche Beschichtungssysteme haben sich bewährt?*
18. *Erläutern Sie die Eigenschaften von Heizkörperlack.*
19. *Worauf müssen Sie beim Beschichten von Aluminiumbauteilen achten?*

Mathematik

Dreisatz

1. *Für Entrostungsarbeiten von 12 Stahlpfosten benötigen 3 Maler 8 h. Wie lange benötigen 2 Maler für 18 Stahlpfosten?*
2. *Zum Beschichten eines Stahlpfostens werden 400 ml Alkydharzlack benötigt. Ein Gebinde mit 2,500 l kostet 59,90 EUR. Wie viel kostet die Beschichtungsmenge für einen Stahlpfosten?*

Umrechnung Mengeneinheiten

3. *Rechnen Sie in g um:*
   a) 1,500 kg   b) 102 mg
   c) 0,065 t   d) 9,001 kg
4. *Rechnen Sie in kg um:*
   a) 10 t   b) 20100 mg
   c) 1201 g   d) 903 mg
5. *Rechnen Sie in l um:*
   a) 920 ml   b) 15333 cm^3
   c) 25 dm^3 d) 1250 m^3
6. *Rechnen Sie in ml um:*
   a) 1,201 l   b) 15 cm^3
   c) 1,5 dm^3 d) 1,2 m^3

Berechnung nach Anteilen

7. *Drei Malerbetriebe haben sich zu einer Einkaufsgemeinschaft zusammengeschlossen und zusammen 30 Lammfellwalzen im Wert von 210,00 EUR bestellt. Maler A nimmt 15 Lammfellwalzen ab, Maler B 8, Maler C 7. Wie viel muss jeder bezahlen?*
8. *Drei Malergesellen erhalten zusammen 100,00 EUR Trinkgeld. Entsprechend ihrer Arbeitsanteile wird das Geld im Verhältnis 4 : 3 : 1 aufgeteilt. Wie viel bekommt jeder?*

Berechnung nach Prozent

9. *Die Gesamtrechnung für den Kundenauftrag S. 65 beträgt 12.800,00 EUR. Davon entfallen 70 % auf Personalkosten. Wie hoch ist der Anteil Personalkosten in EUR?*
10. *Auf eine Gesamtrechnung von 9.869,50 EUR werden bei Zahlung innerhalb von 14 Tagen 2 % Skonto gewährt. Wie hoch ist der Rechnungsbetrag nach Skontoabzug?*
11. *Ein Beschichtungsstoff enthält 16 % Lösungsmittel. Wie viel ml Lösungsmittel sind in 1,500 l Beschichtungsstoff enthalten?*

Kundenauftrag 1

Architektur- und Ingenieurbüro
PLANEN UND BAUEN

PLANEN UND BAUEN GmbH, Kirchstraße 102, 49716 Meppen

Kirchstraße 102
49716 Meppen
Telefon 05931 6394
visionen@planen.de

Malerbetrieb Roth GmbH
Gewerbepark 136
45131 Essen

Auftragsbestätigung

Meppen, 17.09.20XX

Sehr geehrter Herr Roth,

wie bereits telefonisch besprochen, bestätige ich Ihnen hiermit den Auftrag über die Maler- und Tapezierarbeiten für das Bauvorhaben des Versicherungsbüros Amisia gemäß folgender Leistungsbeschreibung:

Wandflächen der Büroräume tapezieren und beschichten
Wandflächen vorarbeiten, eine Grundbeschichtung mit Tapetengrund, mit Raufaser tapezieren, eine Zwischen- und eine Schlussbeschichtung mit Kunststoffdispersionsfarbe nach DIN EN 13300, Nassabriebsklasse 2, Farbton hell getönt (nach Absprache mit der Bauleitung).

Als Vertragsgrundlage gilt die VOB (DIN 18363 und DIN 18366) in der jeweils aktuellen Fassung.

Mit freundlichen Grüßen

B. Schmidt

Wir realisieren Ihre Visionen!

Objektbeschreibung

Bei der Objektbegehung wurde der Istzustand festgestellt.
Decken:
System-Kassettendecke, bereits montiert
Wände:
Putz, Mörtelgruppe P II, unbeschichtet
Bei der Untergrundprüfung des sonst mängelfreien Putzes zeigt sich an einer Stelle (ca. 20 x 30 cm) das folgende Bild:

1 Stark sandende Putzoberfläche

Türzargen:
kunststofffurnierte Normzargen, bereits montiert
Fenster:
Aluminium, eloxiert
Fensterlaibungen:
mit Kunststoffpanelen verkleidet
Heizkörper:
Fußbodenheizung
Boden:
Granit mit umlaufendem Sockel, Sockelhöhe 8 cm
Sonstiges:
- Die Elektroinstallationen sind abgeschlossen, die Schalter- und Steckdosenabdeckungen sind bereits montiert.
- Auch die Gurte der Außenrollläden sind bereits montiert.
- Wasser und Strom sind vorhanden.
- Entsorgungsmöglichkeiten für Abwasser und Abfälle bestehen bauseitig nicht.

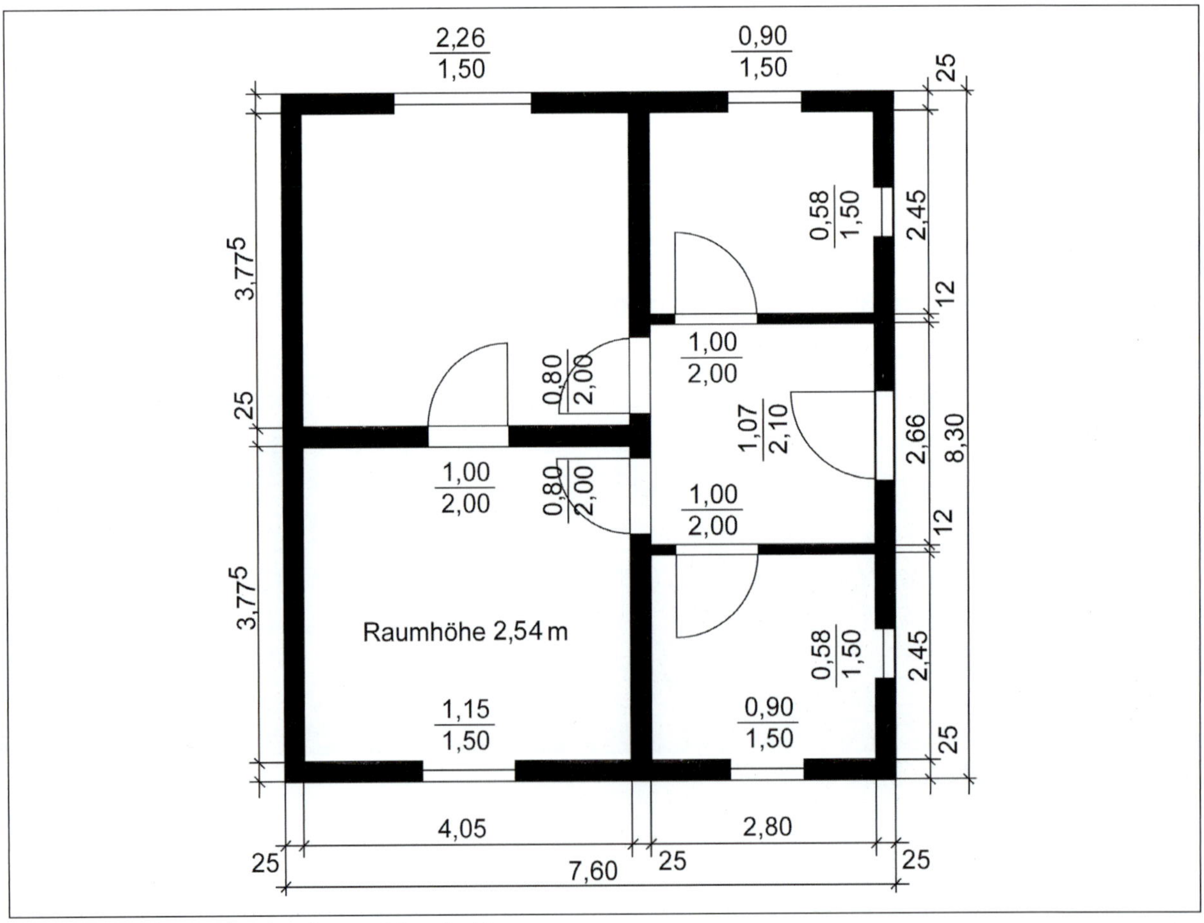

2 Grundrisszeichnung des Versicherungsbüros Amisia

Vor dem Arbeitsprozess

Um sich ein Bild über den Umfang des Auftrags zu machen und das benötigte Material bestellen zu können, fordert Ihr Meister Sie auf, die gesamte Beschichtungsfläche zu ermitteln. Sie listen dazu die Wandflächen jedes Raums und jede Deckenfläche auf. Öffnungen durch Türen und Fenster werden nicht berücksichtigt.

Außerdem benötigt Ihr Meister den Bedarf an Leisten für einen eventuellen Deckenabschluss. Sie ermitteln auch hier den Bedarf für jeden einzelnen Raum.

Ihr Kunde wünscht genaue Informationen über den einzusetzenden Beschichtungsstoff. Sie informieren ihn bezüglich der einzelnen Bestandteile von Beschichtungsstoffen allgemein und danach speziell über die Bestandteile des von Ihnen gewählten Beschichtungsstoffs.

Die Mitarbeiterinnen und Mitarbeiter des Versicherungsbüros Amisia wünschen von Ihnen eine Erläuterung zum Trocknungsprozess bei Kunststoffdispersionsfarben, da sie Gesundheitsgefahren durch lösemittelhaltige Dämpfe befürchten. Sie klären die Mitarbeiterinnen und Mitarbeiter auf und nehmen hierfür eine Skizze zur Hilfe.

1 Büroraum vor den Tapezier- und Beschichtungsarbeiten

Der Kunde wünscht einen Einblick in das spätere farbliche Erscheinungsbild seiner Büroräume. Sie fertigen deshalb auf einem A2-Zeichenkarton Raumabwicklungen (siehe S. 202) der einzelnen Büroräume in einem geeigneten Maßstab an, die Sie Ihren Gestaltungsvorschlägen entsprechend farblich auslegen.

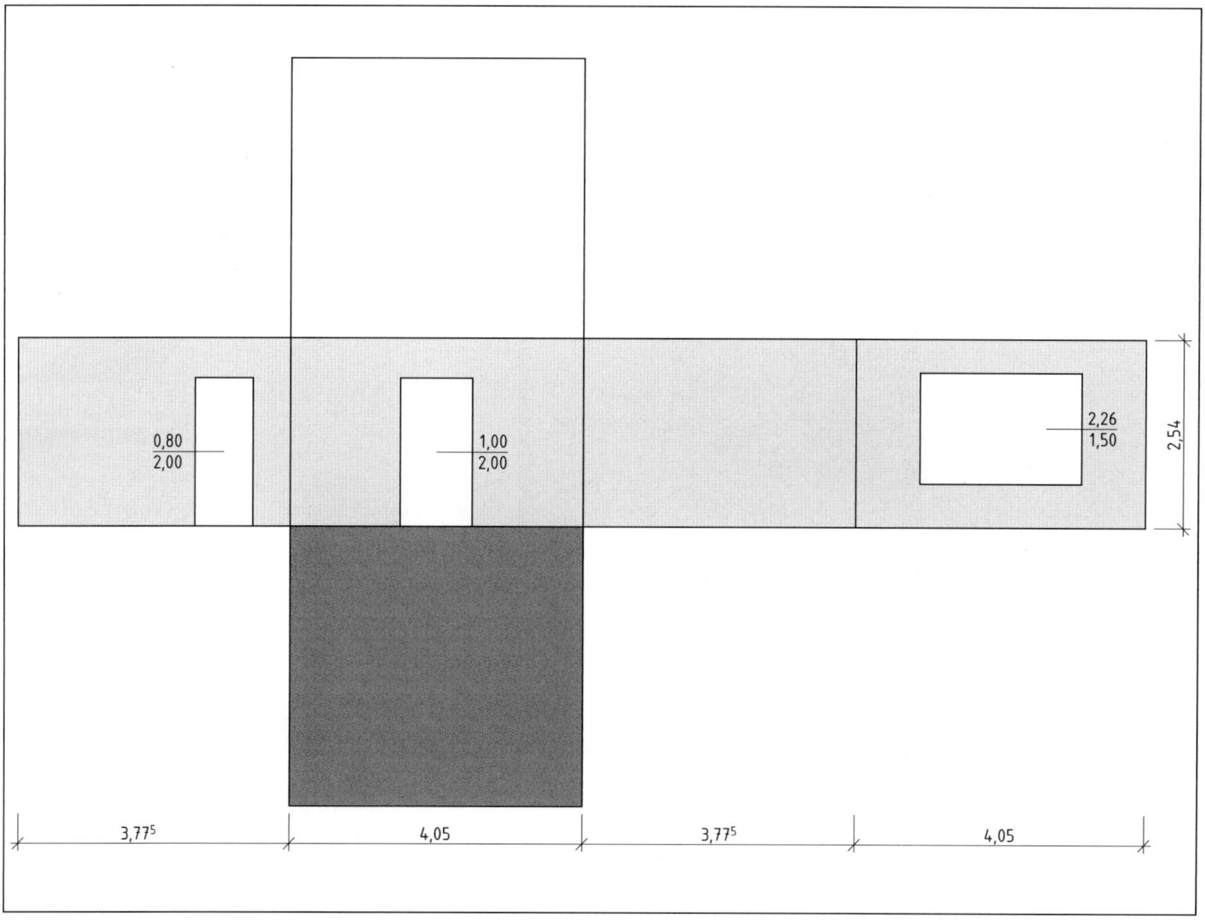

2 Raumabwicklung mit Farbgestaltung

Lernsituation

Wandflächen von Büroräumen tapezieren und beschichten

1. Informieren

- Machen Sie sich mit dem Gebäudegrundriss des Versicherungsbüros auf S. 110 vertraut. Welche Maße können Sie entnehmen?
- Informieren Sie sich über Vergrößerungs- und Verkleinerungsmaßstäbe, um einen geeigneten Maßstab für die Raumabwicklung (Vorschlag zur Farbgestaltung S. 111) wählen zu können (siehe S. 202).
- Sammeln Sie Informationen zu Putz als Beschichtungsuntergrund.
- Die Wandflächen sollen eine Grundbeschichtung mit Tapetengrund erhalten. Informieren Sie sich über den Begriff Grundbeschichtung sowie in diesem Zusammenhang über die Begriffe Kohäsion und Adhäsion (siehe S. 19/20).
- Machen Sie sich unter besonderer Berücksichtigung der Bezeichnung „Mörtelgruppe P II" mit dem Auftrag vertraut (Mörtelart, Eigenschaften, Einsatz etc.).
- Holen Sie Erkundigungen ein (z. B. aus Ihren Ausbildungsbetrieben), durch welches Vorgehen die Räumlichkeiten sowie ggf. das Inventar während der Malerarbeiten fachgerecht geschützt werden können.

Malerarbeiten, Einsatz einer Sprossenstehleiter

2. Planen

- Listen Sie auf, welche Maßnahmen Sie zum sicheren Arbeiten auf der Baustelle treffen.
- Notieren Sie die für diesen Auftrag notwendigen Untergrundprüfverfahren.
- Beschreiben Sie Ihre Vorgehensweise zur Beseitigung der stark sandenden Putzoberfläche.
- Erstellen Sie einen Plan über den Ablauf der erforderlichen Vorarbeiten, das Auftragen der Grundbeschichtung sowie der Tapezier- und der Beschichtungsarbeiten. Ordnen Sie diesem Plan die erforderlichen Werkzeuge, Geräte und Materialien zu.

Beispiel:

Schritt	Tätigkeit	Erforderliche Werkzeuge/Geräte	Erforderliche Materialien
1			
2			
3			
4			

6. Bewerten
- Präsentieren Sie Ihre Ergebnisse in der Klasse und diskutieren Sie diese.
- Korrigieren Sie Ihre Ergebnisse gegebenenfalls und bewerten Sie Ihre Gruppenarbeit.
- Bereiten Sie Ihre Ergebnisse für eine abschließende Präsentation im Beisein des Architekten und der Mitarbeiter des Versicherungsbüros vor.

Saubere Ausführung bei Detailarbeiten

6. Bewerten

5. Kontrollieren

4. Ausführen

5. Kontrollieren
- Prüfen Sie Ihre Ausführungen mit Blick auf die in der Realität mögliche Durchführung. Nennen Sie Faktoren/Arbeitsschritte, die in der Realität anders gelaufen wären.
- Prüfen Sie Ihre schriftlichen Ausfertigungen zur Abwicklung des Auftrags auf Vollständigkeit.

4. Ausführen
Führen Sie die Arbeiten aus:
- Einrichtung der Baustelle, dabei auf sicheren Arbeitsplatz achten
- Vorarbeiten
- Hauptarbeiten
- Abschlussarbeiten

3. Entscheiden
- Entscheiden Sie, mit welchen Maßnahmen Sie die Räumlichkeiten während Ihrer Malerarbeiten schützen.
- Entscheiden Sie, welche Leitern Sie für diesen Auftrag einsetzen. Begründen Sie Ihre Entscheidungen unter besonderer Berücksichtigung des Unfall- und Gesundheitsschutzes.
- Legen Sie die Schutzmaßnahmen fest, die Sie während der Arbeit in den zu renovierenden Räumen beim Umgang mit elektrischem Strom treffen.
- Bestimmen Sie, wie Sie bei den Vorarbeiten vorgehen, insbesondere Ihre Vorgehensweise bei den Untergrundprüfverfahren.
- Legen Sie Ihre Vorgehensweise fest für das Auftragen der Grundbeschichtung, bei den Tapezier- und bei den Beschichtungsarbeiten.
- Erläutern Sie den Umgang mit Ihren Streichwerkzeugen nach Beendigung der Beschichtungsarbeiten mit der Kunststoffdispersionsfarbe.

2 Nichtmetallische Untergründe bearbeiten (Teil 1)

2.1 Leitern

Im Arbeitsbereich des Malers und Lackierers stellt ein fehlerhafter Umgang mit Leitern und Behelfsgerüsten ein erhebliches Unfallrisiko dar.
Die Richtlinien für den Bau und den Einsatz von Leitern und Gerüsten haben zwischenzeitlich europäischen Standard. So sind beispielsweise die Vorschriften für Leitern in der DIN EN 131 geregelt.
Leitern und Gerüste unterliegen dem Produktsicherheitsgesetz:

Als Nachweis für die Einhaltung der Sicherheitsanforderungen kann eine unabhängige GS-Stelle nach einer Prüfung das GS-Zeichen („Geprüfte Sicherheit") zuerkennen.

2.1.1 Leiterarten

Im Malerhandwerk werden in der Regel folgende Leitern eingesetzt:
- Sprossenanlegeleitern
- Steck- und Schiebeleitern
- Sprossenstehleitern (Doppelleitern)
- Mehrzweckleitern

1 Sprossenstehleiter 2 Schiebeleiter 3 Mehrzweckleiter

In den Unfallverhütungsvorschriften (UVV) und den BG-Informationen (BGI) des Verbandes der Berufsgenossenschaften (VBG) ist der ordnungsgemäße Umgang mit Leitern festgelegt.

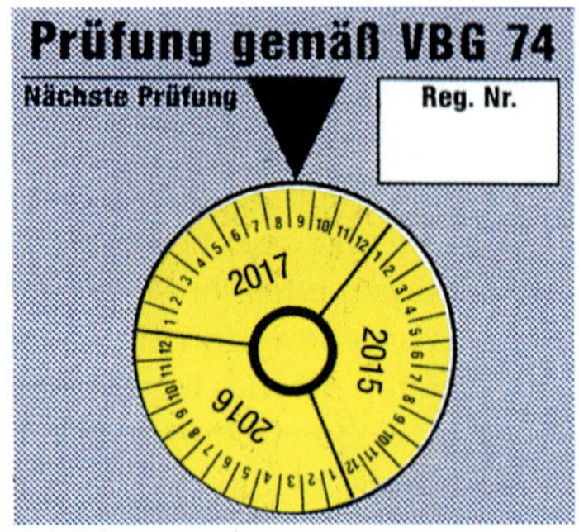

	Leitern und Tritte nur mit max. 150 kg belasten
	beim Arbeiten auf der Leiter nicht hinauslehnen
	Leitern und Tritte auf ebenem und tragfähigem Untergrund aufstellen
	Leitern nicht bei Witterungsbedingungen benutzen, die eine zusätzliche Gefährdung hervorrufen
	Anlege-, Schiebe- und Mehrzweckleitern nur an sichere Flächen anlehnen
	Anlege-, Schiebe- und Mehrzweckleitern mit Sprossen unter einem Winkel von 65 bis 75° zur Waagerechten anlegen
	bei Anlege- und Schiebeleitern und bei Stehleitern mit aufgesetzter Schiebeleiter die obersten Stufen/Sprossen nicht betreten
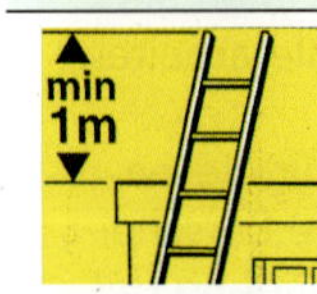	Anlege-, Schiebe- und Mehrzweckleitern sind zum Übersteigen geeignet, wenn sie mindestens einen Meter überstehen und bauseits Festhaltemöglichkeiten vorhanden sind
	Anlege-, Schiebe- und Mehrzweckleitern auf Erdboden, Grasflächen oder sonstigen nachgiebigen Untergründen möglichst mit Stahlspitzen aufstellen

	Stehleitern ohne Haltevorrichtung nur bis zur jeweils drittobersten Sprosse/Stufe betreten; die beiden obersten Stufen-/Sprossenpaare dienen dem Anlehnen
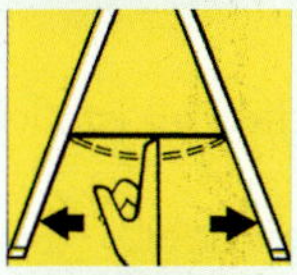	Stehleitern nur mit gespannten Spreizsicherungen benutzen
	beim Übersteigen besteht erhöhte seitliche Kippgefahr
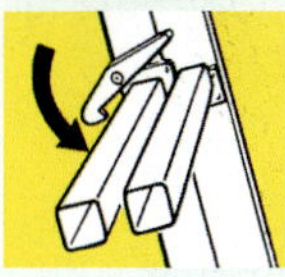	vor Benutzung auf sicheres Einrasten achten

2.2 Putz

2.2.1 Herstellung von Putzmörtel

Putz: Belag aus Putzmörtel oder Beschichtungsstoffen; wird an Wänden, Decken, Betonstützen u. a. aufgetragen; stellt eine feste Verbindung mit dem Untergrund her.

Putzmörtel setzen sich aus folgenden Bestandteilen zusammen:

Bestandteil	Aufgabe
Bindemittel, z. B. • Luftkalk • Wasserkalk • Kalkzement • Gipsmörtel	• stellt die Verbindung zum Putzträger und zwischen den einzelnen Bestandteilen her • bestimmt weitestgehend die Eigenschaften des Putzes
Gesteinskörnung: Sand	• wird zur Strukturierung der Putzoberfläche und Verbesserung der Qualität eines Putzes eingesetzt
Zusatzstoffe, z. B. • Dichtungsmittel • Frostschutzmittel • Pigmente	• sorgen für die Verbesserung der Eigenschaften • verhindern unerwünschte Eigenschaften
Wasser	• dient der Verarbeitbarkeit des Putzes

Der Sand soll gemischtkörnig sein, d. h. aus Sandkörnern unterschiedlichen Durchmessers bestehen, und frei von Erde, Ton und Pflanzenstoffen oder anderen Verunreinigungen sein. Die Korngröße ist von der Putzart und der Verwendung abhängig. Sie bestimmt, welche Oberflächenstruktur erzielt und welche Bearbeitungstechnik gewählt werden kann. Korndurchmesser für

- Feinstputz: 1 mm,
- Feinputz: 3 mm,
- Mauermörtel: bis zu 7 mm.

Das Mischverhältnis von Putzmörtel beträgt im Durchschnitt 1 Raumteil Bindemittel und 3 bis 4 Raumteile Sand. Beim Mischen wird das Bindemittel in die Zwischenräume des Sandes geschwemmt, sodass beispielsweise aus 1 Teil Kalk und 3 Teilen Sand nur 3,2 Teile Mörtel entstehen. Das Gesamtvolumen wird beim Mischen des Mörtels folglich um ca. 20 Prozent reduziert.

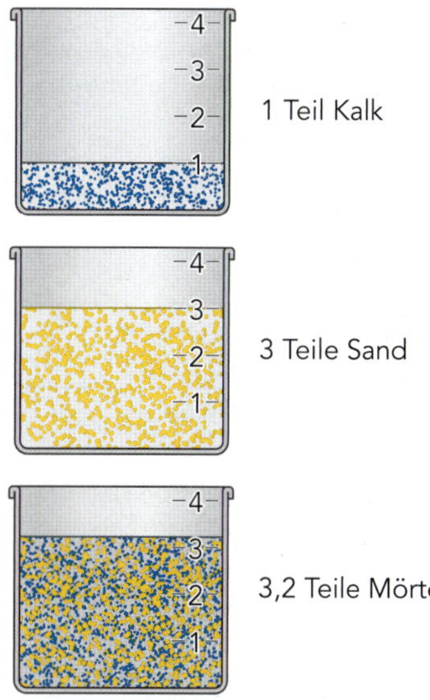

1 Raumverminderung beim Mischen von Mörtel

Beim Mischen müssen die einzelnen Bestandteile des Mörtels abgemessen werden, damit sich die Zusammensetzung im Verlauf der Arbeit nicht ändert und so Putze verschiedener Qualität und Eigenschaft entstehen.

Zu viel Bindemittel ergibt einen sogenannten fetten, harten Putz, der zur Rissbildung neigt.
Zu wenig Bindemittel hat einen mageren, weichen und mürben Putz zur Folge, der zum Absanden neigt.

Aus diesem Grund werden bei größeren Putzarbeiten häufig Werkmörtel eingesetzt, die im Werk des Herstellers gemischt werden. Dieser wird in Säcken oder Silos auf die Baustelle geliefert, wo nur noch die vom Hersteller angegebene Wassermenge zugesetzt werden muss. Durch Werkmörtel kann eine gleichbleibende Materialgüte sichergestellt werden.
In Trockenmörteln für Oberputze sind die farbgebenden Pigmente meist schon enthalten, sodass sich in der Regel ein Anstrich erübrigt.

2.2.2 Aushärtung von Putzmörtel

Der Putzauftrag erhärtet – abhängig vom Bindemittel – unterschiedlich schnell.

- **Luftkalkmörtel** erhärtet an der Luft durch Karbonatisierung, also durch die Aufnahme von Kohlenstoffdioxid (CO_2). Er wird zu Kalkstein ($CaCO_3$).
- **Wasserkalkmörtel** erhärtet an der Luft durch Karbonatisierung und geringe Einbindung von Wassermolekülen.
- **Mörtel mit hydraulischem Kalk** erhärtet durch Karbonatisierung und Wasserbindung (Hydratation).

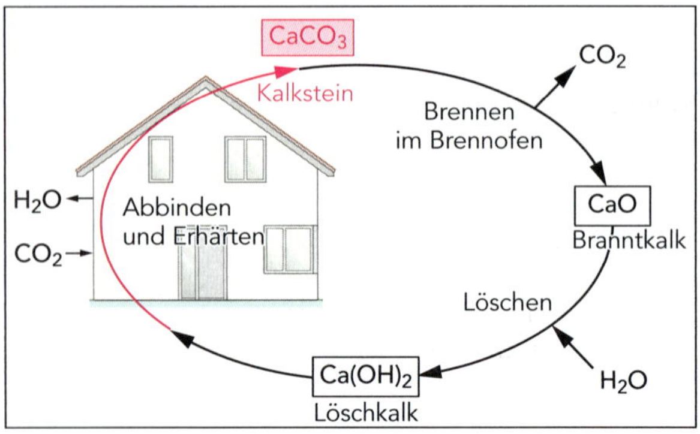

1 *Karbonatisierung im Kalkkreislauf*

Luft-, Wasser- und hydraulischer Kalk erreichen ihre Festigkeit erst nach einigen Wochen. Die endgültige Durchhärtung kann bis zu einem Jahr andauern.

- **Hochhydraulischer Kalk** ist gebrannter Kalksandstein. Er erhärtet durch Hydratation, also durch Anlagerung von Wassermolekülen. Hochhydraulische Putze sind bereits nach wenigen Tagen fest.

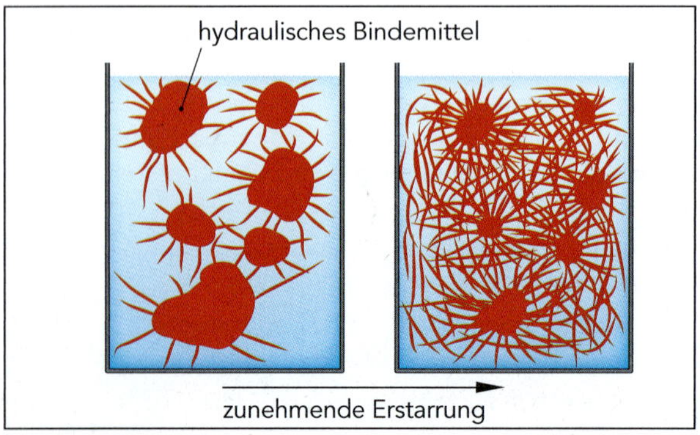

2 *Hydratation*

- **Zement** ist ein hydraulisches Bindemittel, das sowohl an der Luft als auch unter Wasser erhärtet. Zement erzielt nach 28 Tagen seine hohe Endfestigkeit.
- **Reiner Gips** wird durch Brennen und anschließendes Mahlen aus Gipsstein gewonnen. Er ist bereits nach 1 Stunde hart. Mit steigendem Kalkanteil kann es aber mehrere Wochen dauern, bis die Endfestigkeit erreicht ist.

Werkmörtel trocken lagern! Werkmörtel wird meist in Papiersäcken geliefert, die nur unzureichend Schutz gegen Feuchtigkeit bieten.
Gips, Zement und hydraulischer Kalk reagieren bereits mit geringer Feuchtigkeit und erhärten.

Die zum Erhärten und Abbinden benötigte Zeit ist nicht gegeben, wenn

- der Putzgrund dem Putz das Wasser entzieht,
- Hitze das Wasser im Putz zu schnell verdunsten lässt oder
- sich durch Frost Eis bildet.

In Sonnenhitze nicht verputzen!
Bei Frostwetter gefriert der Putzmörtel, der Putz fällt ab. Frostschutzmittel neigen zum Ausblühen.

2.2.3 Putznormen – Übersicht über Inhalte und Verbindlichkeit

Seit 2005 erschienen zahlreiche Normen als Europäische Normen (EN) oder nationale Normen. Die wichtigsten sind:

- DIN EN 998-1
- DIN 18550 (vormals DIN V 18550)
- DIN EN 13914

Die Europäische Norm DIN EN 998-1 ist seit 2005 in Deutschland verbindlich. Alle in dieser Norm genannten Produkte sind mit dem CE-Kennzeichen ausgestattet und dürfen somit innerhalb der Europäischen Union in den Verkehr gebracht werden.

DIN EN 998-1 beschreibt den Festmörtel, also den bereits erhärteten Mörtel, und teilt diesen in Kategorien ein.

Eigenschaften	Kategorien	Werte
Druckfestigkeit nach 28 Tagen Die Druckfestigkeit wird in Newton pro mm² gemessen. Dabei wird eine bestimmte Druckbelastung auf eine festgelegte Fläche ausgeübt. Sobald die Druckbelastung stärker ist als die Druckfestigkeit des Putzes, wird der Putz zerstört.	CS I	0,4 – 2,5 N/mm²
	CS II	1,5 – 5,0 N/mm²
	CS III	3,5 – 7,5 N/mm²
	CS IV	≥ 6 N/mm²
Kapillare Wasseraufnahme Gemessenwird die Wasseraufnahme in kg auf eine festgelegte Fläche in einer bestimmten Zeit. Dabei wird das Wasser von der Oberfläche in die Kapillaren des Materials hineingezogen.	W0	nicht festgelegt
	W1	c ≤ 0,4 kg/m²
	W2	c ≤ 0,2 kg/m²
Wärmeleitfähigkeit. Die Wärmeleitfähigkeit wird in Watt pro Meter und Kelvin gemessen. Dabei wird gemessen, wie viel Wärme durch den Putz geleitet wird.	T1	≤ 0,1 W/mK
	T2	≤ 0,2 W/mK

Die DIN 18550 gilt seit Dezember 2014 und ersetzt die DIN V 18550 (V = Vornorm). Bei dieser Vornorm handelt es sich um eine 2005 in Deutschland eingeführte Norm. In dieser wird nach verwendetem Bindemittel in Putzmörtelgruppen unterteilt. Aufgrund der unterschiedlichen Eigenschaften kommen die Putze unterschiedlich zum Einsatz.

DIN 18550: Wird parallel zur DIN EN 998-1 benutzt, um Informationen zum verwendeten Bindemittel geben zu können. Einteilung in Putzmörtelgruppen.

Gruppe	P I	P II	P III	P IV
Mörtelart	• Luftkalk • Wasserkalk • Mörtel mit hydraulischem Kalk	• Kalkzement • Mörtel mit hochhydraulischem Kalk oder mit Putz und Mauerbinder	• Zementmörtel mit oder ohne Zusatz von Kalkhydrat	• Gipsmörtel • gipshaltige Mörtel
Eigenschaften	• geringe Festigkeit • stark saugend • im ersten Jahr noch alkalisch	• hohe Festigkeit • wenig saugend • im ersten Jahr noch alkalisch	• hohe Festigkeit • kaum saugend • hohe Alkalität über lange Zeit	• geringe Festigkeit (nimmt durch Feuchtigkeit ab) • stark saugend • neutral • wasserlöslich
Einsatz	• Unterputz für innen und außen	• Innen- und Außenputz mit erhöhtem Abrieb	• Feuchträume und Außensockelputz	• Innenputz

Die DIN 18550-1 und -2 enthält ergänzende Festlegungen zur DIN EN 13914 Teil 1 und 2.

Die DIN EN 13914 wurde ebenfalls im Jahr 2005 veröffentlicht, ist jedoch in Deutschland nicht verbindlich.
Sie beinhaltet im Wesentlichen die folgenden Inhalte:

DIN EN 13914 Teil 1	DIN EN 13914 Teil 2
Planung, Zubereitung und Ausführung von Außenputzen	Planung, Zubereitung und Ausführung von Innenputzen

2.2.4 Aufgaben der Putze

In früheren Jahrhunderten waren die Gebäude oft mit sehr dickem Mauerwerk ausgestattet. Dem Putz kam dabei vor allem die Aufgabe der Verschönerung zu. Allenfalls hatte er Unebenheiten oder Fugenmängel auszugleichen.

In der heutigen Zeit sind nicht nur die Mauerquerschnitte um ein Vielfaches kleiner, auch besteht das Mauerwerk häufig aus porösen, Wasser anziehenden Baustoffen. Putze und die darauf aufgetragenen Anstriche haben deshalb weit höhere Anforderungen zu erfüllen:
Schutz gegen Witterung, chemische und mechanische Einflüsse, Verschmutzung. Dabei muss der Putz vor allem den Regen abhalten und die Wärmedämmung des Mauerwerks verbessern.
Verschönerung durch die Struktur der Putzfläche, indem Unebenheiten ausgeglichen und das rohe Mauerwerk überdeckt werden.
Beschichtungsgrund für schmückende und verschleißfeste Beschichtungen.
Verbesserung von feuchtigkeitsabwehrender Wirkung, Wärme- und Schalldämmung, Flammschutz.

2.2.5 Prüfung des Putzes

Putze haben häufig Mängel, die erst nach einer genauen Prüfung erkannt werden. Die Beseitigung dieser Mängel kann sehr zeitaufwendig sein und hohe zusätzliche Kosten verursachen.
Bestehen nach der Überprüfung Bedenken wegen der Beschaffenheit des Untergrunds oder wegen der vorgesehenen Art der Ausführung, sind diese nach VOB Teil B, DIN 1961 unverzüglich dem Auftraggeber schriftlich mitzuteilen. Nur so lassen sich die anfallenden Mehrkosten in Rechnung stellen oder – wenn der Mangel nicht zu beheben ist – eine Haftung ausschließen.
Die erforderliche Prüfung beschränkt sich auf die Beurteilung der Putzoberfläche sowie die sichtbaren und erkennbaren Mängel.

Hierfür sind die folgenden handwerklichen Prüfmethoden anzuwenden:
Augenschein: Durch genaue Betrachtung sind abplatzende Stellen, Ausblühungen, Flecke, Bewuchs, Risse und Verschmutzungen zu erkennen.
Benetzprobe: Einfaches Überstreichen mit Wasser genügt, um Haarrisse sichtbar zu machen und um gleichmäßige oder ungleichmäßige Saugfähigkeit festzustellen.
Kratz- und Reibeprobe: Durch sie lässt sich die Festigkeit einschätzen. Oft genügt schon das leichte Reiben mit der Hand, um das Absanden des Putzes zu bemerken.
Klopfprobe: Lose Putzteile und Hohlräume können durch Abklopfen mit dem Hammer o. Ä. erkannt bzw. hörbar gemacht werden.
Schnittprobe – Klebebandtest: Die Tragfähigkeit vorhandener Altbeschichtungen lassen sich durch Schnitte mit dem Messer und einem anschließenden Klebebandtest (ca. 5 cm Länge) prüfen. Dabei wird ein Klarsichtklebestreifen fest angedrückt und ruckartig abgerissen. Die mehr oder weniger mitgerissene Altbeschichtung zeigt, ob sie noch tragfähig für eine neue Beschichtung ist.

1 *Alkalitätsprüfung mit Phenolphthalein-Lösung*

Alkalitätsprüfung: Diese Prüfung dient der Feststellung des pH-Werts (siehe S. 54/55) des Putzuntergrunds. Mit Indikatorflüssigkeiten (z. B. Phenolphthalein-Lösung) oder Indikatorpapier lässt sich dieser Wert des Putzes nachweisen.

Solange mineralische Untergründe alkalisch reagieren (Kalkputz in der Regel 1 Jahr, Zementputze 2 Jahre), dürfen sie nicht mit verseifbaren Anstrichstoffen (z. B. Alkydharzlacken) beschichtet werden.
Von besonderer Bedeutung ist die Alkalitätsprüfung auf Beton. Sie lässt Rückschlüsse auf die Korrosion der Stahlarmierung (siehe S. 207) zu.

Prüfung des Putzes vor der Beschichtung

Prüfung	Prüfmethode	Erkennung	Abhilfe
Feuchtigkeit	Augenschein, Kratzprobe	Verfärbungen und Wasserränder zeichnen sich ab, feuchte Flächen besitzen z. T. geringere Festigkeit	Ursache feststellen und beseitigen, Untergrund trocknen lassen
Oberflächen-festigkeit	Kratzprobe	Oberfläche lässt sich bei leichtem Druck anritzen	lose, lockere oder mürbe Teile maschinell oder von Hand entfernen; in weichen Untergründen verankert sich die Beschichtung nur mangelhaft
	Reibeprobe mit der Hand	leichtes Absanden Abblättern, starker Abrieb	gründlich reinigen, Putz mit Tiefgrund festigen, wenn nötig erneuern
Saugfähigkeit	Benetzprobe	Wasser perlt ab Untergrund saugt stark	Sinterschicht aufrauen, fluatieren (nicht auf Gips), Verschmutzung entfernen, reinigen, evtl. hochdruckreinigen, Tiefgrundierung
Ausblühung	Augenschein	Salzkristalle an der Oberfläche	Ursache der Feuchtigkeit feststellen und beseitigen, Salz nach dem Trocknen entfernen
Algen-, Moos- und Pilzbefall	Augenschein	grüner bzw. dunkler Bewuchs	gründlich reinigen, z. B. hochdruckreinigen, wenn notwendig, chemisch nachbehandeln
Risse	Augenschein, Benetzprobe	Rissverlauf Risse zeichnen sich dunkel ab	Untergrund gründlich reinigen, je nach Rissart rissüberbrückendes Beschichtungssystem auftragen bzw. Rissarmierung durchführen
Verschmutzung	Augenschein, Benetzprobe		Putz gründlich reinigen
Rostflecken	Augenschein	Rostfärbung	wenn möglich, Ursache beseitigen, ggf. korrosionsschützende Beschichtung auftragen
neuer – alter Putz Ausbesserungs-stellen	Augenschein, Alkalitäts-prüfung	verschiedene Oberflächenstruktur, Indikatorpapier bzw. Phenolphthalein-lösung zeigt unterschiedlichen pH-Wert	Struktur anpassen, unterschiedliche Alkalität durch Fluatieren oder Tiefgrundierung ausgleichen
abplatzende Flächen, Hohlstellen	Augenschein, Klopfprobe	abblätternde Schichten, schadhafte Stellen klingen hohl	schadhafte Stellen beseitigen und ausbessern
Tragfähigkeit von Altbeschichtungen	Schnittprobe, Klebebandtest	versprödete Altbeschichtung splittert ab, Beschichtungsfilm lässt sich leicht abziehen	Altbeschichtung entfernen, Beschichtungsaufbau erneuern

2.3 Tapezierarbeiten

2.3.1 Vorbereitung des Untergrunds

Nur auf tragfähigen, glatten und gleichmäßig saugenden Untergründen kann einwandfrei tapeziert werden. Der Untergrund muss sauber, trocken und frei von Schimmelpilzen sein. Alkalische Putze und Nachputzstellen verursachen Flecken auf der Tapete.

Zum Tapezieren muss der Untergrund eine ausreichende Haftfestigkeit besitzen. Er muss glatt, sauber, trocken und pH-neutral sein.

- Alte Tapeten, Beläge, Spannstoffe, schadhafte Unterlagsstoffe, schlecht haftende Beschichtungen restlos entfernen.
- Leimfarbenanstriche vollkommen abwaschen.
- Untergrund von Fett und Schmutz befreien.
- Sandende, mürbe Putze durch Grundieren festigen.
- Öl- und Lackfarbenbeschichtungen aufrauen.
- Alkalische Untergründe bzw. die Putzstellen durch Fluatieren neutralisieren.
- Risse ausbessern bzw. mit geeigneten Armierungen überbrücken.
- Unebenheiten mit Spachtelmassen glätten.

2.3.2 Zuschneiden – Einkleistern – Weichen

Vor dem Zuschneiden werden die Tapetenrollen geprüft, insbesondere, ob die Liefermenge ausreicht und die Anfertigungsnummern übereinstimmen. Die Verarbeitungshinweise auf dem Beipackzettel werden beachtet (z. B. Weichzeit).
Die Zahl der benötigten Tapetenbahnen ermittelt man, indem man den Raumumfang durch die Tapetenbreite teilt. Mögliche Abzüge ergeben sich durch die Öffnungen.
Das Rollenformat einer Europarolle beträgt 10,05 m x 0,53 m.
Zum Zuschneiden der Bahnen rollt man die Tapetenrolle auf dem Tapeziertisch aus. Bei der Länge der Bahnen müssen die Art des Ansatzes (siehe S. 290, 291) und der Rapport sowie ein Verschnitt von 5 bis 10 cm berücksichtigt werden.

Rapport: Abstand zwischen den einzelnen Teilen eines sich wiederholenden Musters.

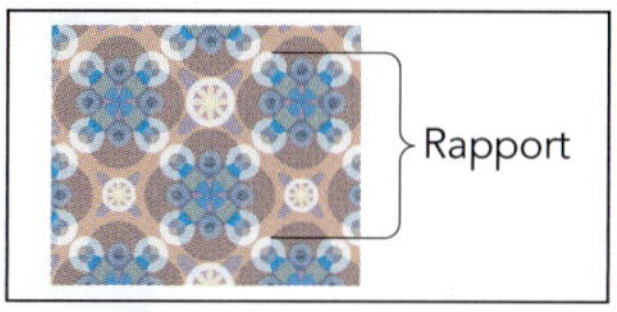

1 Rapport

Außer beim gestürzten Verkleben werden die Tapetenbahnen stets in der gleichen Richtung abgerollt.
Beim Zuschneiden muss auf Druck-, Farb- und Papierfehler geachtet werden. Je nach Tapetenart können die folgenden weiteren Prüfungen durchgeführt werden:
Ausschattieren bzw. Fächerprobe: Mehrere Rollen einer Anfertigungsnummer werden ca. 1,50 m ausgerollt und fächerartig auf dem Tapeziertisch ausgelegt. So können kleine Unterschiede – z. B. im Farbton – schnell erkannt werden.
Seitenvergleich: Zwei Rollen der gleichen Anfertigungsnummer werden ca. 1,50 m weit abgerollt und so nebeneinandergelegt, dass die linke Seite der einen Rolle neben der rechten Seite der anderen Rolle liegt. Nun kann man kontrollieren, ob im Druck Unterschiede zwischen linker und rechter Tapetenseite entstanden sind.
Zum Einkleistern legt man die Bahnen mit der Musterseite nach unten auf den Tisch. Der Kleister wird von der Bahnmitte aus gleichmäßig nach außen hin eingestrichen bzw. aufgetragen. Der Tapeziertisch muss unbedingt kleisterfrei bleiben, da sonst nachfolgende Bahnen verschmutzt oder beschädigt werden.
Kleistergeräte ermöglichen einen schnellen und gleichmäßigen Kleisterauftrag. Die eingekleisterte Bahn wird von beiden Enden her zum Weichen zusammengelegt. Den oberen, längeren Teil schlägt man im Verhältnis 2 : 1 zum unteren Teil ein. Dabei dürfen keine Knicke entstehen.

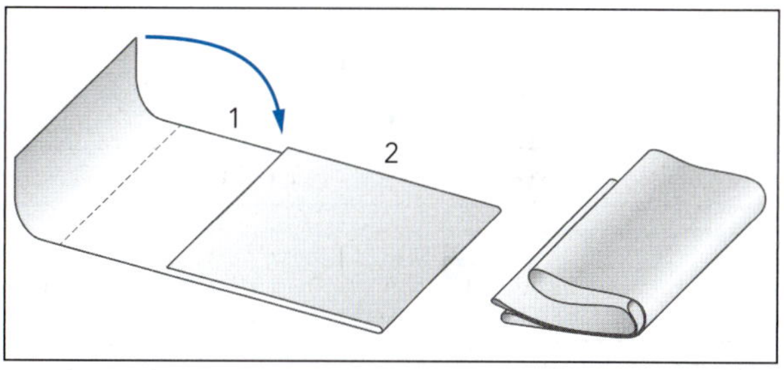

2 Bahn-Enden im Verhältnis 2 : 1 einschlagen
3 Bahn zusammenlegen

Die Weichzeit ist je nach Qualität, Papierstärke und Saugvermögen des Papiers verschieden. Daher sind die Verarbeitungshinweise zu beachten. Nach dem Weichen dehnt sich die Tapete aus und lässt sich weich und geschmeidig verarbeiten. Ist die Tapete verklebt, kann sie sich beim Trocknen nicht mehr zusammenziehen und erhält eine natürliche Spannung.

Bei zu kurzer Weichzeit bilden sich Runzeln und Blasen. Unterschiedliche Weichzeiten führen zu verschiedenen Längen der Bahnen und damit zu Ansatzfehlern.

Verarbeitung von Vliestapeten siehe S. 289.

2.3.3 Tapezieren

Lichteinfall beachten
Beim Tapezieren beginnt man in einer Raumecke und tapeziert vom Fenster weg.

Beim Tapezieren geht man vom Lichteinfall aus. Das einfallende Licht wirft so bei geringen Überlappungen der Bahnen keine störenden Schatten.

Die erste Bahn wird so eingelotet, dass sie die Tiefe der Fensternische abdeckt und eine ausreichende Zugabe für das Einpassen zur Verfügung steht.

Raumecken tapezieren
In den Raumecken stoßen die Wände meist nicht genau senkrecht und gerade aneinander. Über Eck tapeziert, käme die Tapetenbahn an der neuen Wand aus dem Lot, außerdem können sich Runzeln und Falten bilden. Deshalb wird an Ecken die Tapetenbahn immer so geteilt, dass sie ca. 1 cm in die andere Wand hineinreicht. An der neuen Wand wird darauf geachtet, dass der abgeschnittene Teil der Bahn neu gelotet und ein Musterversatz vermieden wird.

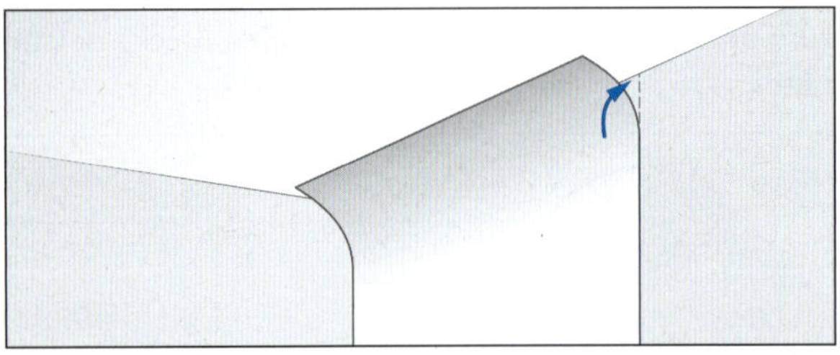

1 Bahn ansetzen

Der Überstand an Ecken wird überlappend geklebt, Ausnahme: Raufasertapete. Bei Kunststofftapeten müssen Überlappungen mit Vinyltapetenkleber verklebt werden, da Kleister auf dem Kunststoff nicht haftet.

Tapetenbahnen andrücken, Überstände abreißen
Zum Andrücken verwendet man je nach Tapetenart Andrückwalzen (Moosgummiroller), Tapezierbürsten, Tapezierwischer oder Andrückspachtel aus Kunststoff.

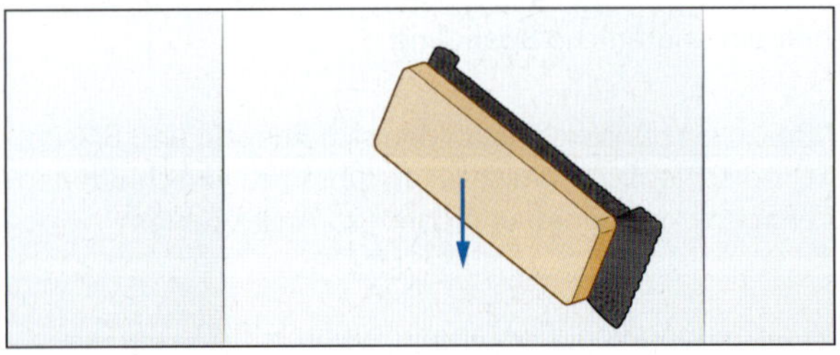

2 Bahn anbürsten

Andrückwalze und Nahtroller dürfen zum Andrücken von Prägetapeten nicht benutzt werden, weil die Prägung damit weggedrückt wird.
Tapezierbürste und Tapezierwischer können zum Verkleben von aufgeschäumten Profiltapeten und Textiltapeten nicht benutzt werden, weil dadurch die Oberfläche verletzt werden kann.

Die Überstände an Decken und Sockeln werden je nach Tapetenart mit der Tapezierschere oder einem Cuttermesser beschnitten, Raufasertapete wird an einer Reißkante oder einem Flächenspachtel gerissen. Für die Nähte benutzt man konische Nahtroller.

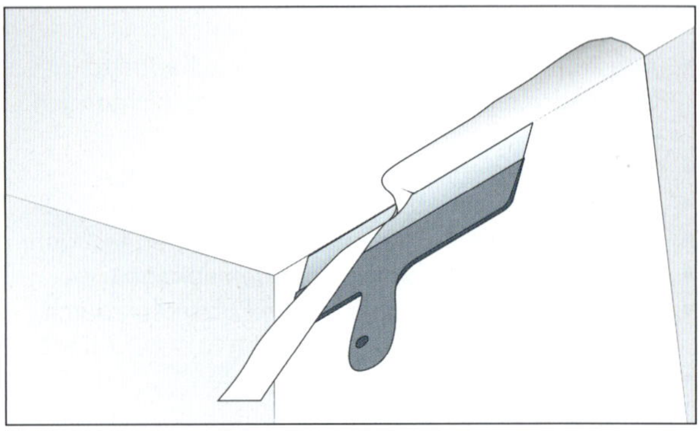

3 Überstände beschneiden bzw. abreißen

2.4 Kunststoffdispersionen

Kunststoffdispersionen gehören heute zu den wichtigsten Bindemitteln. Die Gründe hierfür liegen in der großen Bandbreite ihrer Einsatzgebiete.
Sie sind wasserverdünnbar, frei von gesundheitsschädlichen, brennbaren Lösemitteln und tragen damit zum Schutz der Umwelt bei. Kunststoffdispersionen lassen sich problemlos verarbeiten. Sie trocknen schnell, sind überstreichbar und besitzen gute Haft- und Oberflächeneigenschaften.

2.4.1 Zusammensetzung einer Kunststoffdispersion

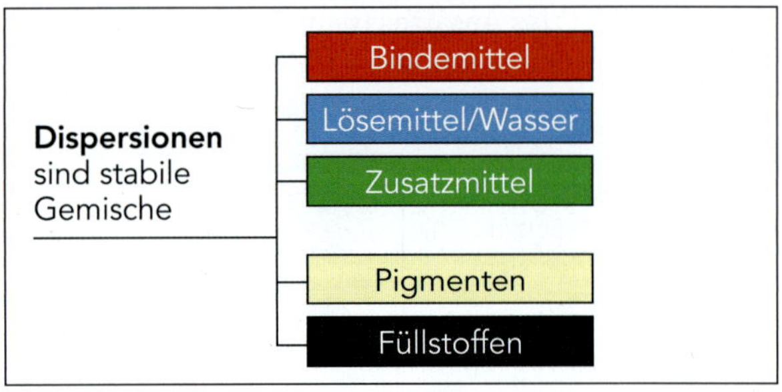

4 Zusammensetzung einer Kunststoffdispersion

Kunststoffdispersionen: Gemische aus festen Stoffen, Wasser und darin fein verteilten Kunststoffteilchen. Zur Stabilisierung dieser Mischung sind Zusatzmittel notwendig: die sogenannten Stabilisatoren und Emulgatoren.

Wegen der unterschiedlichen Dichte der einzelnen Stoffe/Bestandteile würden sich diese sofort entmischen. Ein stabiles Gemisch lässt sich mit mithilfe von Stabilisatoren erreichen: Die Stoffe können nicht mehr absinken, die feine Verteilung bleibt erhalten.

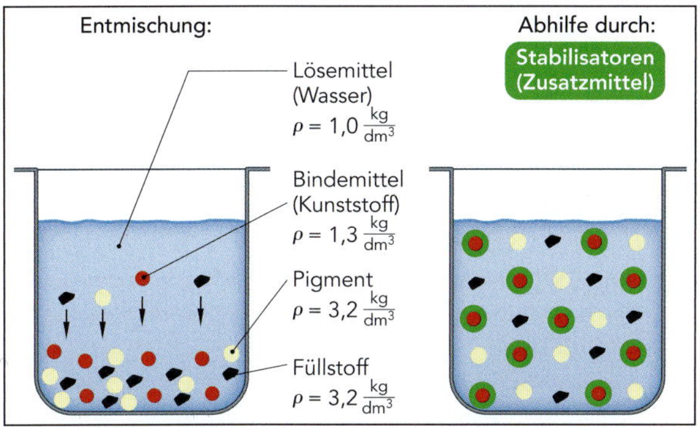

1 Wirkungsweise der Stabilisatoren (Zusatzmittel)

Die Kunststoffteilchen fließen zusammen, sobald sie sich zu nahe kommen. In der Dispersion würde dies zu Ausflockungen führen, d.h., die Kunststoffteilchen würden sich bereits in der Flüssigkeit zusammenlagern. Mit Emulgatoren kann dies verhindert werden.

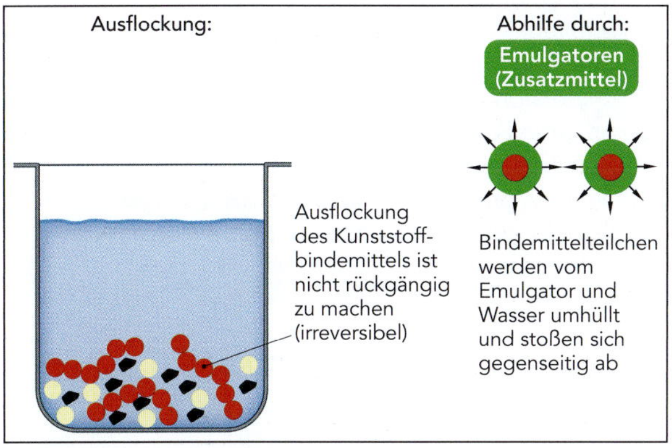

2 Wirkungsweise der Emulgatoren (Zusatzmittel)

Bei der Herstellung werden den Kunststoffdispersionen häufig noch weitere Zusatzmittel zugefügt. Beispiele:
- Antischaummittel
- Weichmacher
- Konservierungsmittel
- Filmbildungshilfsmittel
- Flammschutzsalze
- rostschützende Mittel

Diese Zusatzmittel unterstützen den technischen Prozess der Herstellung, sorgen für die dauerhafte Lagerungsfähigkeit und machen die Kunststoffdispersion zu einem leicht verarbeitungsfähigen Bindemittel.
Ihre Zugabe bewirkt u.a. einen guten Verlauf, Elastizität und eine schnelle Trocknung. Zur besseren Filmbildung dienen Weichmacher, die zum Teil in der Dispersion bleiben (permanente Weichmacher) oder sich wie Lösemittel mit der Zeit verflüchtigen (temporäre Weichmacher).

2.4.2 Filmbildung bei Kunststoffdispersionen

Zunächst verdunstet das Wasser, danach fließen die thermoplastischen Kunststoffteilchen zusammen und verkleben miteinander, bis sie schließlich einen einheitlichen Film bilden.
Diesen Vorgang des allmählichen Aneinanderrückens bis zur vollständigen Verschweißung der Kunststoffteilchen bezeichnet man als kalten Fluss.
Nachdem das Wasser verdunstet ist, fühlt sich der Anstrich trocken an, die Filmbildung ist aber noch in vollem Gange und schreitet langsam voran.
Mit dem Aufbringen des nächsten Anstrichs sollte deshalb mindestens 12 Stunden gewartet werden.

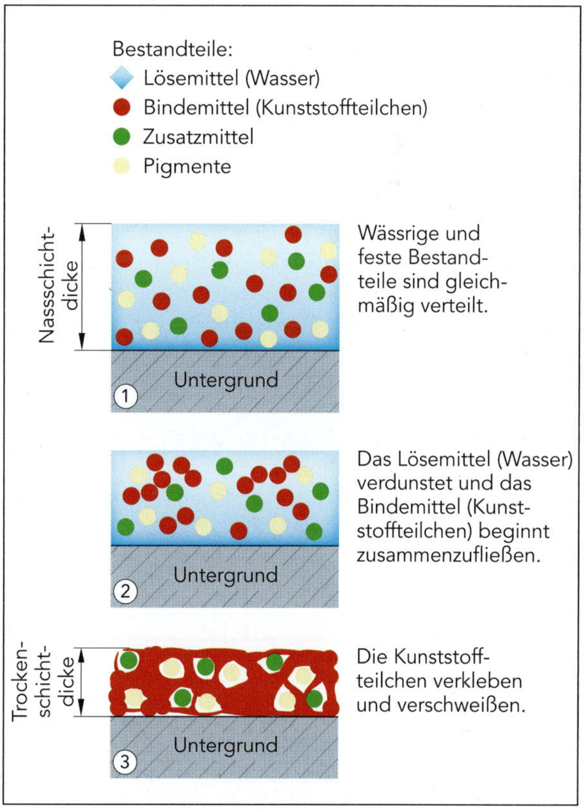

3 Trocknungsvorgang bei Dispersionsfarben durch den kalten Fluss

Für das Zusammenfließen der thermoplastischen Kunststoffteilchen benötigen diese eine Mindesttemperatur. Aus diesem Grund dürfen Kunststoffdispersionen nicht unter +5 °C verarbeitet werden.

Die meisten Kunststoffdispersionen sind frostempfindlich. Die Industrie bietet aber auch frostunempfindliche lösungsmittelhaltige Dispersionen an.
Der durchgehärtete Anstrich zeichnet sich durch gute Haftung, Witterungsbeständigkeit und weitgehende Unempfindlichkeit gegenüber Abgasen aus.
Durch das Verdunsten des Wassers bei der Trocknung bleibt die Kunststoffdispersionen wasserdampfdurchlässig. Diese Eigenschaft trägt im Innenbereich zu einem guten Raumklima bei.

Einsatzgebiete:
- Grundierdispersionen
- farblose Überzugsmittel
- Dispersionsbinder
- Dispersionskleber
- Dispersionsfarben
- Fassadendispersionen
- Dispersionslacke
- heizölbeständige Dispersionen
- fungizide/bakterizide Dispersionen
- flammenhemmende Dispersionen
- Raufasereffektfarben
- Dispersions-spachtelmassen
- Kunststoffputze
- Armierungsfarben
- Armierungskleber

Aufgaben

1. *Beschreiben Sie die Unterschiede zwischen einer Anlegeleiter und einer Stehleiter.*
2. *Nennen Sie vier Vorsichtsmaßnahmen, die beim Gebrauch einer Anlegeleiter zu beachten sind.*
3. *Nennen Sie vier Vorsichtsmaßnahmen, die beim Gebrauch einer Stehleiter zu beachten sind.*
4. *Erklären Sie, welchen Zweck eine Spreizsicherung erfüllt.*
5. *Erklären Sie, was der Fachmann unter dem Beschichtungsträger Putz versteht.*
6. *Nennen Sie die einzelnen Bestandteile, aus denen sich ein Putz zusammensetzt, einschließlich der entsprechenden Aufgaben*
7. *Erklären Sie, warum beim Mischen von Bindemittel und Sand das Gesamtvolumen um 20 % reduziert wird.*
8. *Nennen Sie die vier Aufgaben, die Putze zu erfüllen haben, und erläutern Sie diese.*
9. *Bestimmen Sie die richtige Putzmörtelgruppe nach DIN 18550, wenn der Innenputz speziell für Feuchträume geeignet sein soll.*
10. *Erklären Sie, warum eine genaue Prüfung des Beschichtungsuntergrunds vor Beginn der Malerarbeiten notwendig ist.*
11. *Nennen Sie Prüfmethoden zur Erkennung der Tragfähigkeit von Altbeschichtungen und beschreiben Sie, wie Abhilfe geschaffen wird, wenn die Tragfähigkeit nicht gegeben ist.*
12. *Beschreiben Sie die erforderliche Beschaffenheit des Untergrunds vor Beginn der Tapezierarbeiten.*
13. *Erläutern Sie, warum es vor Beginn des Zuschneidens notwendig ist, stets die Anfertigungsnummern und die Liefermenge der Tapetenrollen zu kontrollieren.*
14. *Erklären Sie, warum beim Tapezieren stets die Weichzeit berücksichtigt werden muss.*
15. *Nennen Sie den Grund dafür, dass bei Tapezierarbeiten stets an einer Fensterseite begonnen wird.*
16. *Erklären Sie, warum zum Andrücken einer Prägetapete keine Andrückwalze verwendet werden darf.*
17. *Nennen Sie die Bestandteile, aus denen Kunststoffdispersionen bestehen.*
18. *Beschreiben Sie die Aufgaben, die Stabilisatoren und Emulgatoren in einer Kunststoffdispersion erfüllen.*
19. *Beschreiben Sie die Filmbildung einer Kunststoffdispersion durch den kalten Fluss.*
20. *Erklären Sie, wonach die Auswahl der richtigen Kunststoff-Dispersionsfarbe erfolgt.*
21. *Nennen Sie den Grund dafür, dass bei der Verarbeitung von Kunststoff-Dispersionsfarben möglichst rasch gearbeitet werden muss.*

Kundenauftrag 2

TELEFONNOTIZ

ROTH Malerbetrieb

Gewerbepark 136
45131 Essen
Fon 0201 4867-12
Fax 0201 4867-14
info@Malerbetrieb-Roth.de
www.Malerbetrieb-Roth.de

Gesprächspartner:
Hermann Weißling
Weidendamm 45
49716 Meppen

Datum: *06.05.20xx*

Gesprächsinhalt:

Herr Weißling möchte an seinem Wohnhaus folgende Arbeiten durchführen lassen:

- *Beschichtung der Sichtbetonflächen, Fensterbänke und Faserzementblenden*
- *Überholungsanstrich des Lamellenzauns*
- *Beschichtung der Kunststoffhaustür*

Objektbeschreibung

Bei der Objektbegehung wurde der Istzustand festgestellt.

1 Gesamtansicht

Sichtbeton: Stahlbeton mit intakter tragfähiger Altbeschichtung im Farbton RAL 7035 (lichtgrau). Es sind keine Risse, Abplatzungen oder andere Untergrundmängel vorhanden. Die durchzuführende Beschichtung dient lediglich dem Farbtonwechsel.

2 Sichtbeton

Faserzementblenden: Hinterlüftete Faserzementplatten mit intakter tragfähiger Altbeschichtung im Farbton RAL 7035 (lichtgrau). Es sind keine Risse, Abplatzungen oder andere Untergrundmängel vorhanden. Die durchzuführende Beschichtung dient lediglich dem Farbtonwechsel.

3 Faserzementblende

Fensterbänke: Die Fensterbänke bestehen aus Faserzementprofilen. Die Altbeschichtung ist tragfähig, weist jedoch flächig Haarrisse auf.

4 Fensterbank

Lamellenzaun: Zaunelemente aus gehobeltem Fichtenholz, kesseldruckimprägniert und vor ca. 2 Jahren mit Dünnschichtlasur (lösemittelhaltig) im Farbton „Pinie" beschichtet. Die Beschichtung ist intakt, weist jedoch an einigen Stellen Auswaschungen auf. Die geplante Beschichtung soll das Holz vor Vergrauung und Pilzbefall (Bläuepilz) schützen.

5 Zaunelemente

Haustür: Die Haustür (einflügelig, mit angrenzendem Fensterelement) besteht aus dunkelbraunem Kunststoff, der stellenweise ausgeblichen ist. Die Kunststoffsorte ist nicht bekannt.

6 Haustür

Lernsituation 1

Beschichtung der Sichtbetonflächen, Faserzementblenden und Fensterbänke

1. Informieren

Bevor Sie mit Ihrer Planung beginnen, machen Sie sich mit dem Beschichtungsuntergrund dieses Auftrags vertraut. Recherchieren Sie dazu mithilfe Ihres Fachbuchs und anderer Quellen. Legen Sie dabei Ihr Hauptaugenmerk auf die folgenden Begriffe: mineralische Untergründe, Beton, Sichtbeton, Faserzement, Festigkeitsklassen, W/Z-Wert, Erhärtung, Stahlarmierung, Alkalität, Karbonatisierung.

Faserzementblende

2. Planen

Um Untergründe fachgerecht beschichten zu können, wählen Sie das jeweils geeignete Beschichtungssystem aus. Notieren Sie die Anforderungen, die ein Beschichtungssystem von

- Sichtbetonflächen,
- Faserzementblenden und Faserzementprofilen (Fensterbänke)

zu erfüllen hat.

Die Beschichtungsarbeiten an den Faserzementblenden erfordern eine Arbeitshilfe. In Ihrem Betrieb stehen Ihnen hierfür Anlegeleitern, Gerüste oder Hubarbeitsbühnen zur Auswahl. Überlegen Sie, welche für diesen Auftrag am besten geeignet sind.

3. Entscheiden

Stellen Sie fest, welche Beschichtungssysteme die aufgelisteten Anforderungen am besten erfüllen, und entscheiden Sie sich für je ein Beschichtungssystem für Sichtbetonflächen sowie Faserzementblenden und -profile. Wählen Sie eine Arbeitshilfe aus. Begründen Sie Ihre Entscheidungen.

6. Bewerten

- Stellen Sie Ihre Lösung dieses Teils des Kundenauftrags in der Klasse vor und diskutieren Sie diese.
- Korrigieren Sie Ihre Ergebnisse gegebenenfalls und bewerten Sie Ihre Gruppenarbeit.
- Bereiten Sie Ihre Ergebnisse für eine Präsentation im Beisein Ihres Auftraggebers, Herrn Weißling, vor.

6. Bewerten

5. Kontrollieren

4. Ausführen

5. Kontrollieren

- Prüfen Sie, ob Ihre schriftliche Ausfertigung des Auftrags vollständig und verständlich ist.
- Überdenken Sie Ihre Ausführungen, ob sie in Ihrem Ausbildungsbetrieb auch praktisch so durchgeführt werden können. Entsprechen Ihre Ausführungen einem realen betrieblichen Ablauf (z. B. Einsatz Arbeitshilfen)?
- Bewerten Sie Ihre Teamarbeit. Zeigen Sie ggf. Probleme im Ablauf Ihrer Teamarbeit auf und entwickeln Sie Verbesserungsvorschläge.

4. Ausführen

Baustelle einrichten
Stellen Sie eine Arbeitshilfe für die Beschichtungsarbeiten an den Faserzementblenden bereit.

Einen sicheren Arbeitsplatz schaffen
Bei der Ausführung der Beschichtungsarbeiten steht der Schutz Ihrer Gesundheit stets im Vordergrund. Notieren Sie deshalb die Inhaltsstoffe von Faserzementplatten. Erarbeiten Sie mithilfe der entsprechenden technischen Regeln für Gefahrstoffe die Gesundheitsgefahren, die bei der Bearbeitung von Faserzementplatten beachtet werden müssen.

Vorarbeiten ausführen
Bevor die Sichtbetonfläche und die Faserzementplatten neu beschichtet werden können, müssen die Beschichtungsträger gereinigt werden. Beschreiben Sie Ihre Vorgehensweise.

Hauptarbeiten ausführen
Skizzieren Sie den Beschichtungsaufbau (inklusive einer Beschriftung) für die Sichtbetonfläche und die Faserzementblenden.

Sichtbeton

Lernsituation 2

Überholungsanstrich des Lamellenzauns

1. Informieren

Bevor Sie mit Ihrer Planung beginnen, informieren Sie sich über den Beschichtungsuntergrund Holz. Recherchieren Sie dazu mithilfe Ihres Fachbuchs und anderer Quellen. Legen Sie dabei Ihr Hauptaugenmerk auf die folgenden Begriffe:
Jahrringe, Lignin(-abbau), Nadel- und Laubhölzer, Holzfeuchte, Quellen, Schwinden, Dünn- und Dickschichtlasur, Auswaschungen, Pilzbefall.

Detail: Befestigung

2. Planen

Für eine fachgerechte Überholungsbeschichtung des Lamellenzauns müssen verschiedene Kriterien zur Auswahl des Beschichtungssystems berücksichtigt werden. Notieren Sie diese.
Der Lamellenzaun war bisher im Farbton „Pinie" beschichtet. Beraten Sie – in Form eines Geschäftsbriefs – Ihren Kunden hinsichtlich des Farbtons für die Überholungsbeschichtung. Gehen Sie dabei insbesondere auf den Ligninabbau ein.

Um den Farbverbrauch für den Lamellenzaun kalkulieren zu können, stehen Ihnen die folgenden Informationen zur Verfügung:

- Beschichtungsfläche pro Element: 12 m²
- Zaunelemente gesamt: 9 Stück
- Verbrauch: 120 ml/m² (pro Schicht)
- Auftragsanzahl: zweimal
- Gebindemenge: 2,5 l

Berechnen Sie die Anzahl der Gebinde, die bereitgestellt werden muss.

3. Entscheiden

Entscheiden Sie sich für das Beschichtungssystem, das für den Überholungsanstrich am besten geeignet ist, und begründen Sie Ihre Entscheidung.

6. Bewerten

- Stellen Sie Ihre Lösung dieses Teils des Kundenauftrags in der Klasse vor und diskutieren Sie diese.
- Korrigieren Sie Ihre Ergebnisse gegebenenfalls und bewerten Sie Ihre Gruppenarbeit.
- Bereiten Sie Ihre Ergebnisse vor für eine abschließende Präsentation vor Herrn Weißling, dem Auftraggeber.

5. Kontrollieren

- Prüfen Sie, ob Ihre schriftliche Ausfertigung des Auftrags vollständig und verständlich ist.
- Überdenken Sie Ihre Ausführungen, ob sie in Ihrem Ausbildungsbetrieb auch praktisch so durchgeführt werden können. Entsprechen Ihre Ausführungen einem realen betrieblichen Ablauf (z. B. Materialeinkauf)?
- Prüfen Sie, ob Ihre Arbeit im Team erfolgreich war und was ggf. zu verbessern ist.

Lamellenzaun

4. Ausführen

Baustelle einrichten
Erläutern Sie Ihr Vorgehen zur Einrichtung der Baustelle, besonders, um den Schutz angrenzender Bauteile zu gewährleisten.

Vorarbeiten ausführen
Um die Beschichtungsarbeiten an dem Lamellenzaun vornehmen zu können, müssen verschiedene Vorarbeiten erledigt werden. Notieren Sie diese und beschreiben Sie den jeweiligen Arbeitsgang.

Hauptarbeiten ausführen
Um ein hochwertiges Erscheinungsbild der Neubeschichtung zu erreichen, schließen Sie Beschichtungsfehler wie Ansätze, Läufer u. Ä. aus. Erläutern Sie die Kriterien, die Sie hinsichtlich dieser Zielsetzung beachten.

Abschlussarbeiten
Beschreiben Sie, wie Sie beim Reinigen des von Ihnen verwendeten Werkzeugs vorgehen.

Lernsituation 3

Beschichtung der Kunststoffhaustür

1. Informieren

Bei dem von Ihnen vorgefundenen Beschichtungsuntergrund handelt es sich um ein Kunststoffprodukt. Deshalb machen Sie sich zunächst mit diesem Material vertraut. Recherchieren Sie dazu mithilfe Ihres Fachbuchs und anderer Quellen. Legen Sie dabei Ihr Hauptaugenmerk auf die folgenden Begriffe: Kettenmoleküle, Plastomere, Duromere, Elastomere, Formtrennmittel.

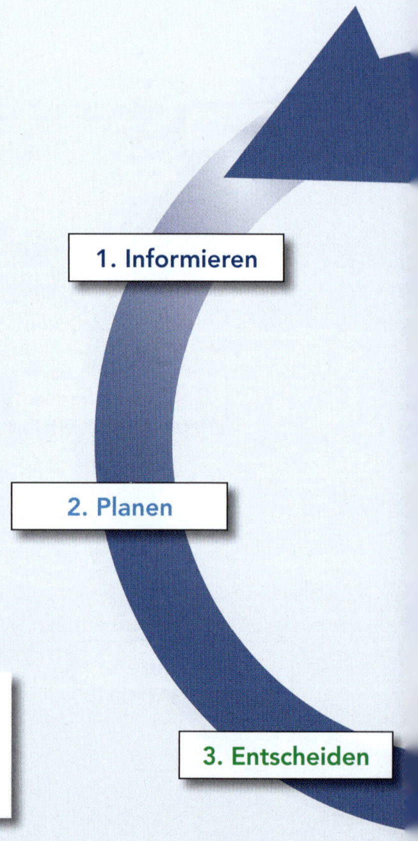

2. Planen

Um ein geeignetes Beschichtungssystem für die Kunststofftür auswählen zu können, muss zunächst die Kunststoffart festgestellt werden. Nennen und erläutern Sie Methoden zur Feststellung der Kunststoffart.
Listen Sie die Materialien auf, die Sie bereitstellen, um umgebende Bauteile vor Verunreinigungen zu schützen

3. Entscheiden

Wählen Sie ein geeignetes Reinigungsverfahren und ein geeignetes Beschichtungssystem aus und begründen Sie Ihre Entscheidungen.

4. Ausführen

Baustelle einrichten
Setzen Sie die erforderlichen Materialien zum Schutz der umgebenden Bauteile ein und schildern Sie Ihr Vorgehen.

Vorarbeiten ausführen
Um die Haustür für die Beschichtungsarbeiten vorzubereiten, reinigen Sie ihre Oberfläche gründlich. Erläutern Sie Ihre Vorgehensweise.

Hauptarbeiten ausführen
Skizzieren Sie den notwendigen Beschichtungsaufbau und erläutern Sie Ihre Skizze.

Abschlussarbeiten
Erläutern Sie, wie Sie vorgehen, um Ihren Arbeitsort nach den Beschichtungsarbeiten in einem einwandfreien Zustand an Ihren Auftraggeber zu übergeben.

6. Bewerten

- Stellen Sie Ihre Lösung dieses Teils des Kundenauftrags vor und diskutieren Sie diese.
- Korrigieren Sie Ihre Ergebnisse gegebenenfalls und bewerten Sie Ihre Gruppenarbeit.
- Bereiten Sie Ihre Ergebnisse vor für eine abschließende Präsentation vor Herrn Weißling, Ihrem Auftraggeber.

5. Kontrollieren

- Prüfen Sie, ob Ihre schriftliche Ausfertigung des Auftrags vollständig und verständlich ist.
- Überdenken Sie Ihre Ausführungen, ob sie in Ihrem Ausbildungsbetrieb auch praktisch so durchgeführt werden können. Entsprechen Ihre Ausführungen einem realen betrieblichen Ablauf (z. B. Zeitplanung)?
- Kontrollieren Sie die von Ihnen praktizierte Teamarbeit. Durch welche Verbesserungsmöglichkeiten wäre eine produktivere Arbeitsweise möglich?

Kunststofftür

2 Nichtmetallische Untergründe bearbeiten (Teil 2)

2.5 Beton

Beton: aus Zement, Wasser und Gesteinskörnungen hergestelltes künstliches Gestein.

Beton gehört heute zu den wichtigsten Baustoffen. Bereits die Römer verwendeten für ihre Bauwerke eine Art Beton. Das Material Opus caementitium bestand aus einem Kalkmörtel in Verbindung mit Sand, Marmor- und Ziegelbruch, dem Caementa. Von diesem ist unser Begriff Zement abgeleitet. Die Betontechnik ermöglichte den Gewölbebau in bis dahin unbekannten Dimensionen und eine Anpassung an die im Bauwerk auftretenden Druckbelastungen.
Beton ist in der Lage, hohe Druckkräfte aufzunehmen. Er besitzt jedoch eine geringe Zugfestigkeit. Im Stahlbeton nehmen eingelegte Stahlstäbe die auftretenden Zugkräfte und einen Teil der Druckkräfte auf.
Beton und Stahl dehnen sich bei Erwärmung gleich stark aus. Temperaturschwankungen führen daher zu keinen zusätzlichen Spannungen.
Die römische Technik des Gussbetons ging nach dem Zusammenbruch des Römischen Reiches verloren. Die moderne Technik des heutigen Stahlbetons entstand Mitte des 19. Jahrhunderts. Die Stahleinlage wird als Bewehrung bzw. Armierung bezeichnet.

2.5.1 Betonarten

Unbewehrter Beton enthält keine Stahlarmierung. Er ist für nichttragende Bauteile geeignet, die nur Druckspannungen ausgesetzt sind.
Stahlbeton besitzt nach DIN 1045 eine Stahleinlage als Bewehrung, die ohne Vorspannung in den Beton eingegossen wird.
Spannbeton verfügt über eine vorgespannte Stahlarmierung, die im Beton eine Druckspannung erzeugt und so die Widerstandsfähigkeit gegen Zugkräfte erhöht.
Sichtbeton bezeichnet einen unverputzten Beton mit glatter oder strukturierter Oberfläche.
Waschbeton entsteht, wenn vor dem Erhärten des Betons die gebundenen Steine an der Oberfläche durch Waschen freigelegt werden. Aus Waschbeton werden Platten und fabrikmäßig geformte Fertigteile hergestellt.
Zur Sicherstellung einer mindestens 50-jährigen Nutzung von Betonbauteilen sind in DIN EN 206/DIN 1045-2 die Einwirkungen der Umgebungsbedingungen in Expositionsklassen für Bewehrungs- und Betonkorrosion eingeteilt.

Expositionsklassen:
- kein Korrosions- oder Angriffsrisiko: XO
- Bewehrungskorrosion: XC, XD, XS
- Betonkorrosion: XF, XA, XM

Durch die Einordnung von Betonbauteilen in Expositionsklassen ist es möglich festzulegen, welche Einwirkungen das Betonbauteil aushalten muss. Danach richtet sich die Zusammensetzung des Betons, damit das Bauteil diesen Einwirkungen standhält.

2.5.2 Aufgaben der Bestandteile im Beton

Die Gesteinskörnungen stellen den Hauptanteil im Beton. Von ihrer Zusammensetzung hängt die Rohdichte ab. Die unterschiedlichen Korngrößen von Sand, Kies und Split führen zu einer dichten Packung des Zuschlaggemischs.
Der Zementanteil und die Festigkeitsklasse des Zements bestimmen maßgeblich die Eigenschaften des Betons. Für die chemischen und physikalischen Reaktionen bei der Zementerhärtung braucht der Zement eine bestimmte Wassermenge, die ca. 40 Prozent seines Eigengewichts entspricht. Überschüssiges Wasser verdunstet und hinterlässt oft saugende Poren, die die Betonfestigkeit schwächen und den Alkalitätsverlust (siehe S. 54/55) der Betonoberfläche beschleunigen. Zu wenig Wasser löst den Zement nicht vollständig und beeinträchtigt die Betonfestigkeit ebenfalls.

Wasser-Zement-Wert (W/Z-Wert): Verhältnis von Zugabewasser und Zement.

Damit der Beton die optimale Festigkeit erreichen kann, sollte der Wasser-Zement-Wert zwischen 0,4 und 0,6 liegen.

2.5.3 Erhärtung von Beton

Der Zement bildet bei der Betonherstellung mit dem Zugabewasser einen Zementleim, der nach 1 bis 3 Stunden zu erstarren beginnt und nach 28 Tagen weitgehend erhärtet ist. Bei diesem Erstarrungsprozess entwickeln sich faserförmig wachsende Kristalle, die Kalziumsilikathydrate.
Je vollständiger der Wasseranteil für die Kristallbildung verbraucht wird, umso länger wachsen die Kristalle und verfilzen sich. Dabei entsteht Zementstein, der dem Beton seine Härte verleiht. Im Beton wachsen die Kristalle auch an den Gesteinskörnungen und an der Stahlbewehrung an. Hierdurch erhält der Beton seine Festigkeit.

2.5.4 2.5.4 Korrosionsschutz bei Beton

Beim Herstellen des Betons entsteht neben Zementstein auch gelöschter Kalk [$Ca(OH)_2$]. Seine hohe Alkalität schützt die Stahlarmierung gegen Korrosion. Verbindet sich der gelöschte Kalk mit dem Kohlenstoffdioxid [CO_2] der Luft, entsteht Kalkstein [$CaCO_3$] mit nur geringer Alkalität. Diesen Vorgang bezeichnet man als Karbonatisierung (siehe S. 116). Poröse Oberflächen, Risse, falsche oder fehlende Beschichtungen beschleunigen diesen Prozess.
Schwefelhaltige Abgase und saure Niederschläge verbinden sich ebenfalls mit gelöschtem Kalk. Hierbei entstehen wasserlösliche Stoffe wie beispielsweise Gipsstein. Eine Oberflächenerosion setzt ein und beschleunigt den Abbau der Alkalität zusätzlich.
Mithilfe geeigneter Beschichtungen kann Beton gegen Alkalitätsverlust und Oberflächenschäden geschützt werden.

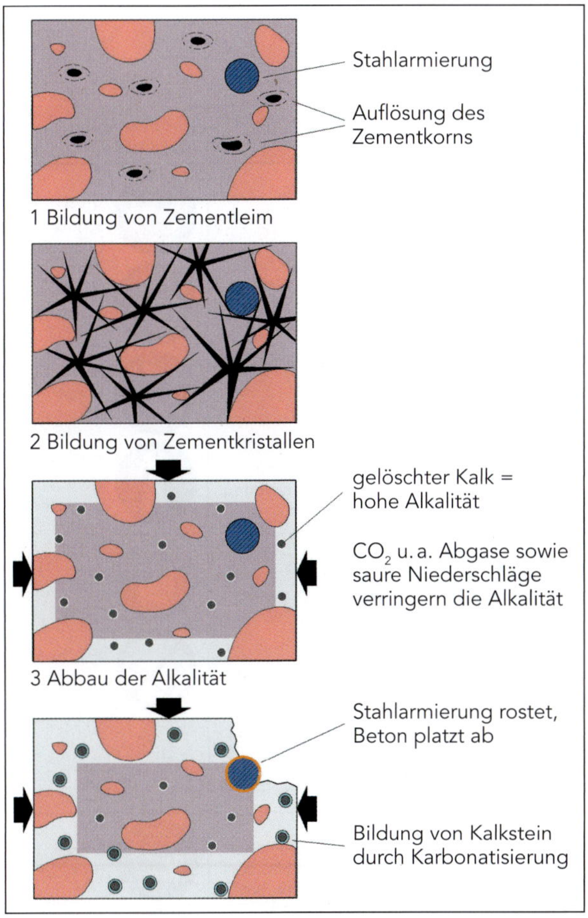

1 Rostschützende Wirkung geht verloren

Mit dem Alkalitätsverlust verliert der Beton seine korrosionsschützende Wirkung. Die Stahlarmierung beginnt zu rosten. Deshalb den pH-Wert ermitteln!

2.6 Bauplatten für den Außenbereich

Bauplatten sind vielseitig verwendbar und haben deshalb einen hohen Stellenwert. Sie werden sowohl im Innen- als auch im Außenbereich verwendet.
Die unterschiedlichen Verwendungsmöglichkeiten erfordern eine Vielzahl von Bauplatten, die die verschiedensten Ansprüche erfüllen. An dieser Stelle werden – der Lernsituation entsprechend – die Faserzementplatten thematisiert. Weitere Bauplatten werden im Lernfeld 7 behandelt.
Faserzementplatten bestanden früher aus zementgebundenen Asbestfasern.

Der beim Schleifen, Trennen usw. entstehende Asbeststaub ist durch Einatmen krebserregend!
Daher dürfen diese Arbeiten nur von speziell geschulten Mitarbeiterinnen und Mitarbeitern durchgeführt werden (siehe Technische Regeln für Gefahrstoffe TRGS 519).

Bei den heutigen Faserzementplatten wurden die Asbestfasern durch Fasern aus Kunststoff ersetzt. Das Gesundheitsrisiko konnte so minimiert werden.
Faserzementplatten werden unter hohem Druck zu Platten und Tafeln gepresst. Ihr hoher Zementanteil bewirkt eine dauerhaft hohe Alkalität.

Aufgrund der hohen Alkalität der Faserzementplatten können nur zementechte, alkalibeständige Anstrichstoffe für ihre Beschichtung eingesetzt werden.

Vorarbeiten

- **Reinigen von Asbestzement:**
  Nie trocken – nur unter Wasser reinigen!
  Für kleine Flächen und an Fassaden ist die Handreinigung unter fließendem Wasser durchzuführen.
  Für große Flächen empfiehlt sich eine maschinelle Nassreinigung mit einem geschlossenen Sprühkopf und Vakuumabsaugung bzw. gezielter Ableitung des belasteten Abwassers.
- **Asbestfreie Platten** können trocken oder nass gereinigt werden.

Beschichtungsaufbau

1. Imprägnierender Grundanstrich auf der Basis von lösemittelhaltigen Acrylatharzen
2. Haftanstrich auf der Basis von Epoxidharz
3. Zwischenanstrich: UV-beständige Kunststoffdispersion oder Silikonharzfarben
4. Schlussanstrich wie Zwischenanstrich

2.7 Unfallgefahren, Unfallverhütung, Umweltschutz

Unfälle, Gesundheitsgefährdungen und Umweltschäden lassen sich vermeiden durch Kenntnisse über die Gefahren, die von Arbeitsstoffen und ihrer Lagerhaltung, Verarbeitung und Entsorgung ausgehen.

2.7.1 Gefährliche Arbeitsstoffe

Gefährliche Arbeitsstoffe sind nach dem Chemikaliengesetz Stoffe, die sehr giftig, ätzend, brandfördernd oder krebserregend sind. Dazu zählen außerdem solche Stoffe, die die Beschaffenheit der Luft, des Wassers, des Erdbodens oder von Organismen (Pflanzen, Tieren, Menschen) nachteilig verändern.
Gefährliche Arbeitsstoffe sind in der Stoffliste der Gefahrstoffverordnung (GefStoffV) aufgeführt. Jeder Stoff ist durch ein Sicherheitsdatenblatt und Gefahrensymbole gekennzeichnet.

Vorschriften für den Umgang mit gefährlichen Arbeitsstoffen:
Information der Beschäftigten durch eine Betriebsanweisung des Arbeitgebers
- in verständlicher Sprache und Form
- über Gefahren für Mensch und Umwelt
- über Schutzmaßnahmen
- über Verhaltensregeln im Gefahrenfall
- über Erste-Hilfe-Maßnahmen
- über sachgerechte Entsorgung

Minimierungsgebot
Arbeitsverfahren sind so zu gestalten, dass gefährliche Gase, Dämpfe oder Schwebstoffe nicht frei werden, soweit dies nach dem Stand der Technik möglich ist.

Das Europäische Parlament hat Gefahrensymbole für gefährliche Arbeitsstoffe verabschiedet. Stufenweise Einführung bis 1. Juni 2015. Sie dienen der Kennzeichnung von Stoffen und geben Hinweise zur Zubereitung und Verarbeitung.

Gefährliche Arbeitsstoffe – Übersicht

Gefährlicher Arbeitsstoff	Vorkommen im Malerhandwerk	Schädliche Wirkung	Schutzmaßnahmen	Gebotszeichen Verbotszeichen
Säure	• säurehaltige Reinigungsmittel • Fluate zum Neutralisieren • Härter für 2-K-Lacke • Phosphatierungsmittel zum Korrosionsschutz	• Säuren, Laugen und Bleichmittel sind stark ätzend • führen auf der Haut bzw. in den Augen zu verbrennungsartigen Gesundheitsschäden	 Schutzbrille  Schutzhandschuhe  Schutzcreme  Arbeitsschutzkleidung	 Augenschutz benutzen 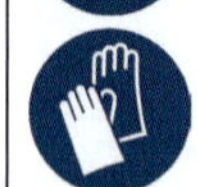 Handschutz benutzen  Hautschutzmittel benutzen  Schutzkleidung benutzen
Lauge	• alkalische Reinigungsmittel • Ablaugemittel • alkalische Beizen • Untergründe und Bindemittel aus Kalk, Zement und Silikat			
Bleichmittel	• Wasserstoffperoxid (zum Aufhellen von Holz)			
Lösemittel	• Lacke • Verdünnungsmittel • Klebstoffe • Abbeizfluide	• können sehr schnell verdunsten und explosive, giftige Lösemitteldämpfe bilden • Lösemitteldämpfe gelangen über die Atmungsorgane in die Blutbahn, über die sie in allen Organen des Körpers dauerhafte Schäden verursachen können. • Erste Anzeichen einer Vergiftung zeigen sich durch rote Flecken im Gesicht und auf den Händen, trügerisches Wohlbefinden und rauschartigen Zustand. • Lösemitteldämpfe können in geschlossenen Räumen ohne Luftzufuhr tödlich wirken.	 Atemschutzmaske Für gute Durchlüftung sorgen!	 Atemschutz benutzen  Rauchen verboten
Giftige Schwermetalle	• blei-, chrom- und kadmiumhaltige Pigmente (werden in sehr seltenen Fällen noch als Pigmente eingesetzt)	• werden im Körper nicht abgebaut, sondern reichern sich an • Schädigung von Organen, des Zentralen Nervensystems	 Staubmaske Arbeitsschutzkleidung siehe oben	 Maske benutzen  Schutzkleidung benutzen
Staub und Fasern	• Holzstaub • Asbest • (entstehen beim Reinigen, z. B. Schleifen, der zu beschichtenden Untergründe	• Einatmen kann zu erheblichen Gesundheitsschäden und Allergien führen. • Holzstaub und Asbest sind krebserregend	 Staubabsaugung	

Reinigung und Pflege

Gesundheitsschädliche Stoffe gelangen zusätzlich zu den Atemwegen häufig über die Haut oder bei der Nahrungsaufnahme in den Körper. Mithilfe von Schutzcreme, Schutzhandschuhen, vor allem durch gründliches Waschen lässt sich dies verhindern. Hautschutz beginnt vor der Arbeit!

Hände nicht mit Löse- und Verdünnungsmittel reinigen!

Der Haut werden dadurch die natürlichen Fette entzogen, dies führt zu Entzündungen, Ekzemen und Hautausschlägen. Außerdem verschmutzt die Hautfläche immer schneller und wird unansehnlich. Mit Reinigungspaste, Seife, Wasser und Fettcreme lässt sich die Reinigung und Pflege problemloser erreichen.

2.7.2 Arbeitsstelle und Lager

Die Gefährdung durch gefährliche Arbeitsstoffe ist von der Menge und Konzentration der Stoffe am Arbeitsplatz und von der Dauer der Einwirkung abhängig. Besonders in geschlossenen Räumen steigt die Konzentration beim Arbeiten an, wenn nicht genügend gelüftet oder für Abluft gesorgt wird.
In den Technischen Regeln für Gefahrstoffe sind in der TRGS 900 die Arbeitsplatzgrenzwerte (AGW) und in der TRGS 903 die biologischen Grenzwerte (BGW) festgelegt. Die in diesen Richtlinien festgelegten Grenzwerte geben den Stand der technischen und medizinischen Erkenntnisse für die Tätigkeit mit Gefahrstoffen an.
Arbeitsplatzgrenzwerte (AGW) und biologische Grenzwerte (BGW) sind so bemessen, als wäre man den gefährlichen Stoffen an 5 Tagen pro Woche jeweils acht Stunden ausgesetzt.
Für die Beurteilung, ob ein Arbeitsplatzgrenzwert überschritten ist, misst man die Konzentration der Gase und Dämpfe sowie der Schwebstoffe Staub, Rauch und Nebel in der Luft. Für die Beurteilung, ob der biologische Grenzwert überschritten ist, dienen medizinische Untersuchungen.

Die Gefährlichkeit eines Stoffes ergibt sich jeweils aus dem Vergleich
- der Konzentration in der Luft und dem Arbeitsplatzgrenzwert,
- der medizinisch festgestellten Anreicherung im Körper im Vergleich zum biologischen Grenzwert.

Gefahrstoffe können bei Überschreitung der Grenzwerte zu schweren Krankheiten führen, Asthma und Hautschäden hervorrufen sowie allergische Reaktionen (Überempfindlichkeiten) auslösen.
Sie können krebserregend und erbgutverändernd wirken sowie zu starken Vergiftungen führen.

Beispiele für den Arbeitsplatzgrenzwert (AGW)

Stoff	AGW	Bemerkung
Ammoniak	14 mg/m³	Y
Anilin	2 mg/m³	Y
Azeton	1200 mg/m³	
Benzol	0,04 mg/m³	
Chrom	4 mg/m³	E
Dioxan	73 mg/m³	Y
Dioxolan	310 mg/m³	Z
Essigsäure	25 mg/m³	Y
Ethanol	960 mg/m³	Y
Kohlenstoffmonoxid	35 mg/m³	Z
Methylazetat	18 mg/m³	Y
Methylisozianat	0,24 mg/m³	
Nitrobenzol	1 mg/m³	
Phenol	8 mg/m³	H
Quecksilberverbindungen	0,02 mg/m³	H
Salpetersäure	2,6 mg/m³	
Schwefelsäure	0,1 mg/m³	Y
Tetrachlorethen	138 mg/m³	H, Y
Vinylacetat	18 mg/m³	
Xylol	440 mg/m³	H

Beispiele für den biologischen Grenzwert (BGW)

Stoff	BGW	Bemerkung
Azeton	80 mg/l	U
Blei	400 µg/l	B
Lindan	400 µg/l	P/S
Phenol	300 mg/l	U
Xylol	1,5 mg/l	B
Zyklohexan	170 mg/l	U

Kennzeichnung unter Bemerkung AGW:

H Aufnahme über die Haut
Y Fruchtschädigung muss bei Einhaltung der Grenzwerte nicht befürchtet werden
Z Risiko der Fruchtschädigung kann auch bei Einhaltung der Grenzwerte bestehen
E einatembare Stoffe
A alveolengängiger, in die Lunge eindringender Feinstaub

Kennzeichen unter Bemerkung BGW:

B Blut
E rote Blutkörperchen (Erythrozyten)
P/S Plasma/Serum
U Urin

Die meisten der in den beiden vorangegangenen Übersichten aufgeführten Stoffe finden Verwendung in Lösemitteln, Klebstoffen und Reinigungsmitteln.

Gebräuchliche Maßeinheiten

- **mg/m³:** Milligramm pro Kubikmeter
- **mg/l:** Milligramm pro Liter

Für kleinere Stoffkonzentrationen sind auch ppm, ppb und ppt gebräuchlich.

- **ppm:** parts per million
  1 ppm = 1 Teil in einer Million Teile,
  z. B. 1 mg/kg oder 1 ml/m³
- **ppb:** parts per billion
  1 ppb = 1 Teil in einer Milliarde Teile,
  z. B. zur Konzentrationsangabe von polychlorierten Biphenylen (PCB) in der Luft
- **ppt:** parts per trillion
  1 ppt = 1 Teil in einer Billion Teile,
  z. B. zur Konzentrationsangabe von polychlorierten Dioxinen in der Luft

> Grundregel:
> Je kleiner die Grenzwerte sind, umso gesundheitsschädlicher ist der Arbeitsstoff.

Lagerung von Arbeitsstoffen

Viele Verdünnungs- und Lösemittel sind leicht entzündlich und stellen eine erhöhte Brand- und Explosionsgefahr dar. Aggressive Stoffe wie Säuren und Laugen können Verätzungen und Umweltschäden verursachen.
Gesundheitsschädliche Stoffe müssen so aufbewahrt werden, dass von ihnen keine Schädigung für Mensch und Umwelt ausgehen kann. Deshalb gelten für die Lagerung dieser Stoffe entsprechende gesetzliche Regelungen und Unfallverhütungsvorschriften.
Für die Lagerung und den Transport von Beschichtungsstoffen und Lösemitteln wird i. d. R. noch die inzwischen nicht mehr verbindliche Verordnung über den Verkehr mit brennbaren Flüssigkeiten (VbF) beachtet. Danach wurden diese Stoffe in Gefahrengruppe A und B unter schieden, wobei die Gefahrengruppe A in drei Gefahrenklassen eingeteilt war.

> **Gefahrengruppe A:**
> Flüssigkeiten, die nicht in Wasser löslich sind und einen Flammpunkt unter 100 °C besitzen
> **Gefahrenklasse I**
> Flammpunkt unter 21 °C
> **Gefahrenklasse II**
> Flammpunkt 21 °C bis 55 °C
> **Gefahrenklasse III**
> Flammpunkt 55 °C bis 100 °C
>
> **Gefahrengruppe B:**
> Flüssigkeiten, die bei 15 °C wasserlöslich sind und einen Flammpunkt unter 21 °C haben

Bei einem Brand können Flüssigkeiten der Gefahrengruppe A nur mit Schaum gelöscht werden, da sie nicht in Wasser löslich sind.
Die Unfallverhütungsvorschriften gestatten, in Lackierräumen und Werkstätten den Materialbedarf einer Tagschicht abzustellen. In Gängen, allgemein zugänglichen Fluren, Treppenhäusern, Aufenthaltsräumen usw. ist die Lagerung nicht zulässig. Auch entleerte Behälter dürfen hier nicht gelagert werden. Das Verbot ist streng zu beachten, da selbst kleine Restmengen eine Explosionsgefahr darstellen.
Nach den Technischen Regeln für brennbare Flüssigkeiten (TRbF) ist deren Lagerung von der Menge abhängig. Größere Mengen sind anzeige- oder genehmigungspflichtig. Kleine Mengen sind hiervon ausgenommen.
Lagerräume müssen von den übrigen Räumen des Betriebes feuerbeständig abgetrennt sein. Sie dürfen keine Bodenabläufe haben. Die elektrische Installation muss explosionsgeschützt ausgelegt sein.

Kennzeichnung von Behältern

Gefährliche Arbeitsstoffe dürfen nur in zulässigen, besonders gekennzeichneten Behältern aufbewahrt werden.

Die Kennzeichnung muss folgende Hinweise enthalten:

a) Bezeichnung des Stoffes	z. B. Pinselreiniger enthält Xylol
b) Gefahrensymbol	
c) Gefahrenhinweis	Hautkontakt vermeiden, gesundheitsschädlich beim Einatmen
d) Sicherheitsratschläge	Von Zündquellen fernhalten Nicht in Kanalisation oder Erdreich gelangen lassen
e) Anschrift des Herstellers	XYZ-GmbH, Düsseldorf

Regeln für den Gebrauch von Behältern:

- Behälter sind nach Gebrauch zu schließen.
- Speisen und Getränke dürfen nicht zusammen mit gefährlichen Stoffen gelagert werden.
- Das Umfüllen von gefährlichen Stoffen in Getränkeflaschen o. Ä. ist verboten.
- Von Kindern und unbefugten Personen sind gefährliche Arbeitsstoffe fernzuhalten.

2.8 Holz – Holzwerkstoffe

2.8.1 Holz, ein natürlicher Rohstoff

Holz und Holzwerkstoffe gehören zu den wichtigsten Baustoffen, die wir kennen. Aus Holz lassen sich ganze Gebäude errichten. Holzbalken eignen sich aufgrund ihrer hohen Tragfähigkeit und geringen Dichte für Dachkonstruktionen, Decken, Stützen und Fachwerke. Holzbretter dienen zur Verschalung von Fassaden, Decken und Innenwänden. Aus Holz werden Fenster, Türen, Treppen und Möbel gefertigt.
Die reichhaltige Natur bringt eine Vielfalt von Holzarten hervor. Ihre Holzoberfläche spiegelt in Maserung, Struktur, Farbe und Wachstum die Artenvielfalt und Lebendigkeit wider. Sie stellen die enge Verbindung zur Natur und damit zum Leben her. Hierin mag wohl der eigentliche Grund liegen, warum Holz so beliebt ist. Holz drückt Wärme und Behaglichkeit aus. Es schmückt und verschönert Innenräume auf vielfältige Weise.

Als nachwachsender Rohstoff ist Holz auch unter ökologischen Gesichtspunkten sehr wertvoll: Sein maßvoller Verbrauch kann einem nachhaltigen Naturschutz dienen.
Raubbau führt zu Umweltzerstörung, Hochwasserkatastrophen und Klimabeeinträchtigung.

Durch Beschichtungen können Holzbauteile vor Holzschädlingen und Verwitterung geschützt und die natürliche Schönheit ihrer Oberfläche für einen bestimmten Zeitraum erhalten bleiben.

2.8.2 Holz – Holzarten

Als Holz bezeichnet man die wirtschaftlich nutzbaren Teile eines Baumes.

Schnittholz: wird nach der Verwendung u. a. als Balken, Bohlen, Bretter und Leisten zugesägt und entsprechend weiterverarbeitet.
Holzwerkstoffe: Platten und Formteile aus Holzlagen, Holzspänen oder Holzfasern.
Furniere: dünne Holzblätter, die durch Sägen oder Schälen vom Stamm abgetrennt wurden.

Die Holzarten lassen sich nach verschiedenen Gesichtspunkten unterscheiden:
- nach Baumart in Nadel- und Laubbäume, z. B. Tanne, Kiefer oder Ahorn, Buche, Eiche
- nach Waldregion innerhalb eines Landes oder Erdteils, z. B. europäischer Bergwald, nordamerikanischer Redwood oder tropisches Holz
- nach Merkmalen wie Kern- und Splintholz, Oberflächenstruktur, Farbe, Geruch, Glanz
- nach Eigenschaften wie Dichte, Härte, Festigkeit, Schwinden und Quellen
- nach Verwendung als Bau- oder Möbelholz

Die Eigenschaften des Holzes hängen ab von
- Alter,
- Wachstum,
- Anbaugebiet,
- Holzart und
- Faserung.

Wichtige Nutzhölzer in einer Übersicht

Bezeichnung	Laub-/ Nadelholz	weich mittel hart	Herkunft	Verwendung
Ahorn	L	m	Europa	Möbel, Furniere
Birke	L	m	Europa	Sperrholz, Furniere
Buche	L	h	Europa	Möbel, Furniere
Ebenholz	L	h	Afrika	Kunstschnitzerei
Eiche	L	h	Europa	Bauholz, Furniere
Erle	L	w	Europa	Sperrholz
Esche	L	m	Europa	Bürsten, Sperrholz
Fichte	N	w	Europa	Bauholz
Kiefer	N	w	Europa	Bauholz, Fenster
Kirschbaum	L	h	Europa	Möbel
Lärche	N	w	Europa	Bauholz
Limba	L	w	Afrika	Möbel, Sperrholz
Linde	L	w	Europa	Schnitzholz, Modelle
Mahagoni	L	w	Afrika	Möbel, Furniere
Nussbaum	L	m	USA	Möbel, Furniere
Okoumé	L	w	Afrika	Furniere, Sperrholz
Oregon Pine	N	w	USA	Bauholz
Palisander	L	h	Brasilien	Möbel, Furniere
Pappel	L	w	Europa	Sperrholz
Redwood	N	w	USA	Möbel, Bauholz
Tanne	N	w	Europa	Bauholz
Teak	L	h	Asien	Möbel, Parkett
Ulme	L	h	Europa	Möbel, Treppen
Zeder	N	w	USA	Wandverkleidung

2.8.3 Aufbau des Holzes

Holz ist aus einer Vielzahl von Zellen aufgebaut. Diese dienen der Ernährung, Faserbildung und dem Wachstum des Baums. Die Zellen entstehen durch Teilung im Bereich der Wachstumszonen. Sie lagern in den Zellwänden Zellulose und Lignin ein und bilden so das feste Zellgerüst des Holzes. Lignin bewirkt die Verholzung der Zellen und ist deswegen wichtig für die Festigkeit des Holzes. Ältere Zellen, die nicht mehr zur Ernährung und dem Wachstum dienen, lagern Wachse, Harze, Terpentin, Gerb- und Farbstoffe ein.

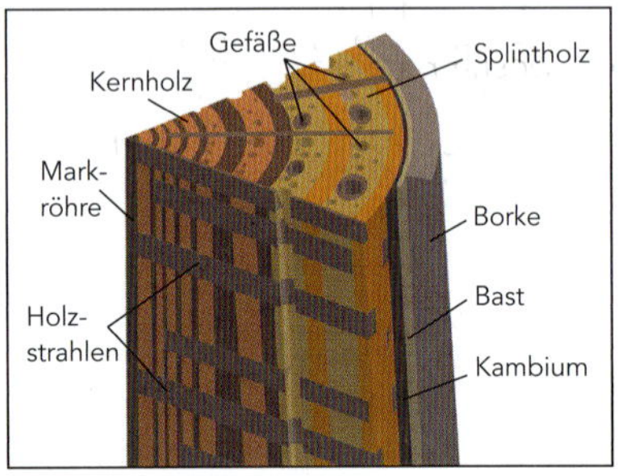

1 Holzaufbau

Das Längenwachstum des Baumes beginnt im Austrieb der Knospen an den Ästen und Zweigen. Über die Bastschicht werden die Nährsäfte aus den Blättern an das Kambium herangeführt, sodass neues Zellgewebe entstehen kann und ein Dickenwachstum erfolgt.
Jahrringe bilden sich durch jahreszeitlich unterschiedliche Wachstumsphasen aus. Im Frühjahr wachsen großräumige, aber dünnwandige Zellen. Sie bilden das weiche Holzgewebe des Frühholzes und sind z. T. Leitgefäße für die Nährstoffe. Die im Sommer und Herbst entstehenden Zellen des Spätholzes sind kleiner, dickwandiger und geben als Stützzellen dem Holz Stabilität. Alle Zellen sind von gleicher Farbe: Der Spätholzteil erscheint nur dunkler durch die dickere Wandung der kleineren Spätholzzellen.

Früh- und Spätholz bilden zusammen einen Jahrring.

Das Klima der Tropen ist über die Jahreszeiten hinweg nahezu gleichbleibend. Deshalb besitzen tropische Hölzer nur gering ausgeprägte Jahrringe.

2.8.4 Holzbild – Zeichnung des Holzes

Die verschiedenen Schnitte lassen sich an ihrem Holzbild, auch Zeichnung genannt, erkennen.

Je nach Art des Schnittes durch einen Holzstamm zeigt sich ein anderes Holzbild.
- Hirnschnitt (Querschnitt)
- Radialschnitt (Spiegelschnitt)
- Tangentialschnitt (Flader-, Sehnenschnitt)

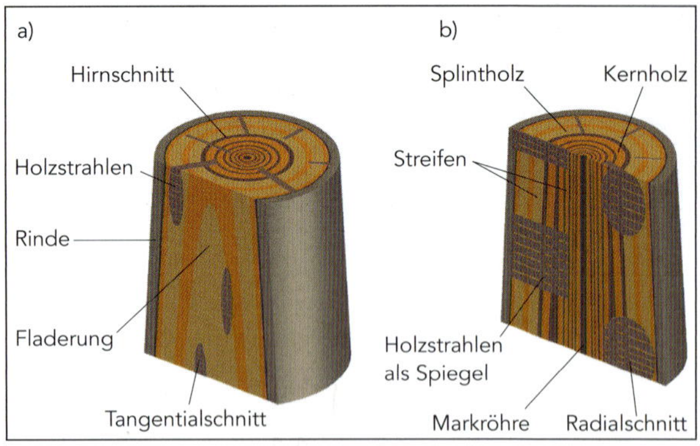

2 Kennzeichnung eines in drei Richtungen geschnittenen Stamms

Hirnschnitt: Es zeigen sich die ganzen Jahrringe. An der Anzahl der Jahrringe lässt sich das Alter eines Baums feststellen.
Radialschnitt: Die Jahrringe erscheinen als nebeneinanderliegende, parallele Linien. Die dazu quer stehenden glänzenden Holzstrahlen nennt man Spiegel. Radial zugeschnittene Kernbretter sind formstabiler, werfen sich nicht so sehr und werden deshalb u. a. für Rahmen und Friese verwendet.
Tangentialschnitt: Bei einem nicht durch die Mitte ausgeführten Schnitt zeigt sich die für einen Tangentialschnitt typisch ausgeprägte Maserung. Sie wird als Fladerung bezeichnet. Die unterschiedliche Farbe von Früh- und Spätholz bewirkt das sogenannte Flammen. Je dichter der Schnitt an die Markröhre heranrückt, umso mehr verliert sich die „flammige" Zeichnung und geht in Streifen über. Bretter dieser Schnittart werden als belebende Elemente für größere Flächen, z. B. für Holzverschalungen und Füllungen, verarbeitet.

2.8.5 Einfluss von Feuchtigkeit auf Holz

Besteht zwischen Holz und der umgebenden Luft ein Feuchtigkeitsgefälle, wird Wasser aufgenommen oder abgegeben. Das Wasser sammelt sich in den Zellhohlräumen und wird teilweise in den Zellwänden gebunden. Dabei dehnen sich die Zellwände aus, das Holz quillt, verwirft oder verzieht sich. Solange die Zellwände durch gebundenes Wasser gesättigt sind, bleibt die Quellung erhalten.
Die Ausdehnungsänderung des Holzes wird als das Arbeiten des Holzes bezeichnet.
Die Fähigkeit, Wasser in den Fasern zu binden, ist je nach Holzart und innerhalb des Stamms verschieden. Bei Eichenholz ist die Fasersättigung bereits bei 23–25 % erreicht, Buchenholz kann dagegen 32–35 % Feuchte aufnehmen.

Hölzer mit einer höheren Fasersättigung können mehr Wasser binden und arbeiten daher stärker.

Auch innerhalb des Holzes ist das Ausdehnungsbestreben unterschiedlich. Holz arbeitet nicht in jede Richtung gleich. In Faserrichtung beträgt das Schwindmaß ca. 0,1 bis 0,5 %, in Richtung Markstrahlen (radial) ca. 5 % und in Richtung Jahrringe (tangential) ca. 10 %.

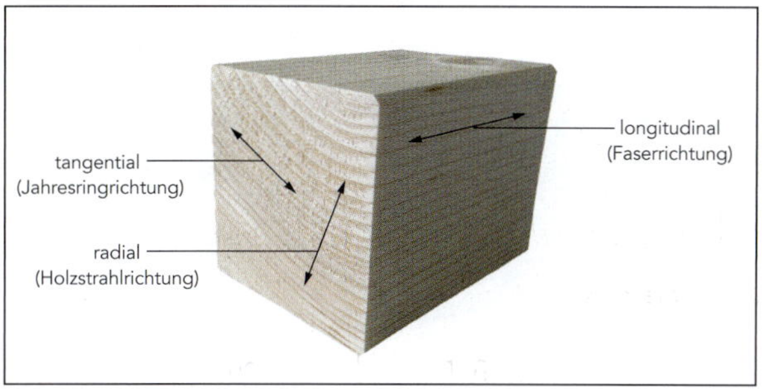

1 Schwindungsrichtungen

Verdunstet das freie Wasser der Zellhohlräume, geben auch die Zellwände ihr gebundenes Wasser ab. Das Holz schwindet und kann reißen.

Bei Holzkonstruktionen muss die unterschiedliche Schwindung berücksichtigt werden.

2.8.6 Holzfehler

Als Holzfehler bezeichnet man Risse, Harzgallen, Drehwuchs und Krümmungen, schädliche Äste, Kettendübel, Pilz- und Insektenbefall.

Risse sind eine Folge von Spannungen im Holz. Diese können schon im Baum, beim Verarbeiten, Trocknen oder durch Witterungseinflüsse entstanden sein.

Wir unterscheiden u. a.
- Kernrisse
- Ringrisse
- Trockenrisse
- Oberflächenrisse
- Windrisse
- Frostrisse

Risse beschleunigen das Eindringen von Feuchtigkeit. Sie fördern den Pilzbefall und sind eine Brutstätte für Holz zerstörende Insekten. Beschichtungen verlieren durch Risse ihre Haftung und platzen ab.

Harzgallen, harzhaltige herausfallende oder faulende Äste, sind ebenfalls ein mangelhafter Untergrund für Beschichtungen. Daher müssen Harzgallen beseitigt und schadhafte Äste entfernt oder ausgedübelt werden.
Überdecken sich die Dübel, spricht man von einer Kettendübelung. Sie schwächt die Belastbarkeit des Holzes, neigt unter Witterungseinflüssen zum Herausfallen und wird so zur Ursache für weitere Schädigungen des Holzbauteils.

2.8.7 Holzwerkstoffe

Spanplatten
Spanplatten werden durch das Pressen von Holzspänen unter Zugabe von Leim hergestellt. Um Stabilität und Oberflächenfestigkeit zu erhöhen, werden für die Außenseiten feinere Späne verwendet als im Platteninneren.
Die Herstellung von Spanplatten erfolgt für die unterschiedlichen Einsatzzwecke in verschiedenen Stärken und Kantenausformungen (z. B. Nut- und Federprofile für den Einsatz als Verlegeplatten). Weiterhin werden Eigenschaften und Einsatzzweck während der Herstellung durch unterschiedliche Spangrößen und Leimzusätze bestimmt, z. B. zur Erhöhung der Feuchtebeständigkeit oder Verbesserung der Brandschutzeigenschaften. Die Oberflächen der Spanplatten sind entweder unbeschichtet (pressblank) oder mit Furnieren (sowohl Kunststoff- als auch Holzfurnier) versehen.

2 Spanplatte

Eine weitere Form der Spanplatte stellt die **OSB-Platte** (Oriented Strand Board) dar. Bei diesen Platten werden längere Holzspäne mehrlagig ausgerichtet und wie die herkömmliche Spanplatte unter Zugabe von Leim verpresst. Die Lieferformen der OSB-Platte entsprechen weitgehend denen der Spanplatte. Durch die mehrlagige Ausrichtung und Größe der Späne weisen OSB-Platten eine höhere Stabilität auf, die Oberfläche ist jedoch um einiges gröber als die einer herkömmlichen Spanplatte.

3 OSB-Platte

Holzfaserplatten

Holzfaserplatten werden durch das Verpressen von Holzfasern unter Hitze und teilweise mit Bindemittelzugaben hergestellt. Aussehen und Eigenschaften der Faserplatten richten sich nach den verwendeten Fasern, Temperaturen und Zugaben (z. B. Leim oder Zement).
Hart- und Weichfaserplatten werden überwiegend im Möbelbau eingesetzt und stellen nur selten einen Beschichtungsuntergrund für den Maler und Lackierer dar. Die häufigsten Faserplattenarten, mit denen der Maler zu tun hat, sind MDF- (Medium Density Fibre oder mitteldichte Faser) und HDF- (High Density Fibre oder hochdichte Faser) Platten.
Diese Platten finden im Möbel- und Innenausbau sowie bei der Laminatherstellung Verwendung. Bedingt durch das problemlose Bearbeiten und die glatten Oberflächen und Kanten werden MDF-Platten häufig zur Herstellung von Muster- und Probeplatten für Mal- und Spachteltechniken eingesetzt.

1 MDF-Platte

Sperrholzplatten

Sperrholzplatten werden durch schichtweises Verleimen von Holzfurnieren hergestellt und häufig beim Möbel- und Innenausbau eingesetzt. Sperrholzplatten werden je nach Einsatzzweck und erforderlicher Oberflächengüte in verschiedenen Stärken und aus unterschiedlichen Holzarten bzw. Furnieren hergestellt. Bei der Multiplexplatte (mind. 5 Furnierlagen, mind. 12 mm dick) werden die Furniere jeweils kreuzweise zur Maserrichtung verleimt und verpresst.

2 Multiplexplatte

Eine Sonderform der Multiplexplatte ist die sogenannte Siebdruckplatte, bei der die Furniere zusätzlich mit Phenolharz getränkt und wasserfest verleimt werden. Diese Platten finden ihre Anwendung häufig im Anhängerbau und stellen bei einer Beschichtung durch den Maler und Lackierer erhöhte Anforderungen an die Untergrundvorbereitung und Auswahl des Beschichtungssystems.

3 Siebdruckplatte

Bei der Herstellung von Stabsperrholz werden Massivholzleisten zwischen zwei Furnierlagen verleimt.
Wie bei den Spanplatten, werden auch bei der Herstellung von Sperrholzplatten vielfältige Eigenschaften (wie Festigkeit, Brandschutzeigenschaften und Feuchtebeständigkeit) durch die Zugabe von wasserfesten Leimen, Flammschutzmitteln und Imprägnierungen gesteuert.

4 Stabsperrholz

Leimholzplatten

Leimholzplatten entstehen durch das Verleimen von Massivholzleisten und werden überwiegend im Möbelbau eingesetzt.

5 Leimholzplatte

Gegenüber einer Massivholzplatte haben Leimholzplatten den Vorteil, dass sie weniger zur Rissbildung und zu Dimensionsänderungen (z. B. Wölben) neigen.
Ähnlich wie bei den Leimholzplatten, werden auch bei den Leimholzbindern Massivholzleisten bzw. -bretter in mehreren Lagen verleimt, um die statischen Eigenschaften zu verbessern und Risse und Verformungen zu verhindern. Leimholzbinder werden überwiegend als Konstruktionsholz eingesetzt. Sowohl Leimholzplatten als auch Leimholzbinder werden bei Beschichtungen durch den Maler und Lackierer wie Massivholz bearbeitet.

2.9 Holzschädlinge

Der biologische Baustoff Holz dient anderen Organismen als Nährboden, Brutstätte und Nahrungsquelle. Dabei werden die Inhaltsstoffe und Holzzellen abgebaut. Das Holz wird morsch und verliert seine Festigkeit. Holz verfärbende und Holz zerstörende Pilze sowie Insekten befallen vor allem Holz und Holzwerkstoffe, die ungeschützt der Witterung ausgesetzt oder direkt mit dem Erdreich verbunden sind.

Pilze vermehren sich am besten in feuchtem Holz mit einem Feuchtigkeitsgehalt von über 20 %.

2.9.1 Holz verfärbende Pilze

Nadelholzflächen sind oft mit blauschwarzen Verfärbungen gekennzeichnet, die vom Bläuepilz verursacht werden. Die im Splintholz gespeicherten Nährstoffe dienen dem Bläuepilz als Nahrungsquelle. Das nährstoffarme Kernholz wird nicht befallen. Die Zellwände des Holzes werden nicht angegriffen. Dadurch bleibt die Festigkeit des Holzes erhalten. Neben dem optischen Schaden führen die vielen kleinen Fruchtkörper an der Holzoberfläche zu Anstrichschäden. Sie verringern die Haftung der Beschichtung und damit ihre Schutzwirkung. Eindringende Feuchtigkeit kann im Holz Fäulnis hervorrufen.

1 Bläuepilz mit beginnender Fäule an einem Garagentor

2.9.2 Holz zerstörende Pilze

Die Holz zerstörenden Pilze bauen die Holzzellwände ab und verursachen dadurch Fäulnis. Diese Pilzart lässt sich an ihrem typischen Fruchtkörper erkennen. Verantwortlich für die Holzzerstörung ist aber nicht der Fruchtkörper, sondern darunter befindliche Sporen, die das Holz als Nährboden nutzen, sogenannte Hyphen bilden, sich verzweigen und ein dichtes Pilzgeflecht, das Myzel, hervorbringen. Dieses kann an der Oberfläche wachsen oder tief in das Holz eindringen. Hiernach richtet sich die Art der Fäule, z. B. Kernfäule, Splintfäule, Moderfäule.

Hausschwamm
Der Hausschwamm gehört zu den gefährlichsten Holzzerstörern. Er wächst sehr schnell. Dabei produziert der Hausschwamm aus den abgebauten Zellen Wasser, das auf der Holzoberfläche oder dem Myzel verbleibt und dem weiteren Wachstum dient. Man bezeichnet ihn daher auch als Nassfäulepilz. Auf diese Weise befällt der Hausschwamm auch trockenes Holz. Sein Geflecht aus Myzelsträngen kann über Stockwerke hinweg, durch Mauerwerk und über große Entfernungen führen, um dort seine unheilvolle Wirkung fortzusetzen. Für die Sanierung ist es daher wichtig, die Feuchtigkeitsquellen zu beseitigen und das befallene Holz zu entfernen. Auch das umliegende Mauerwerk und noch scheinbar gesundes Holz müssen mitsaniert werden.

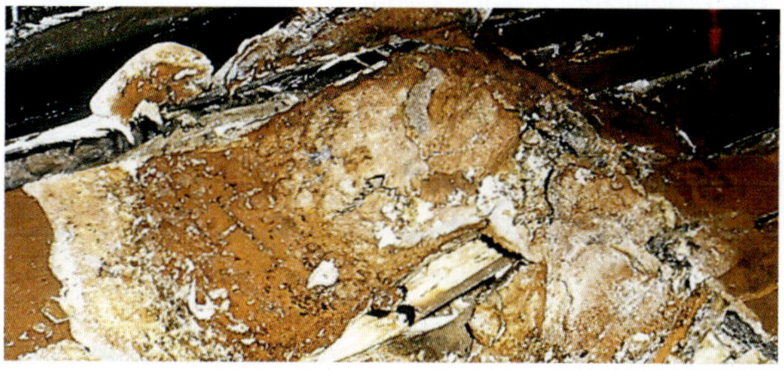

2 Fruchtkörper des echten Hausschwamms an einem Balken

Kellerschwamm
Der Kellerschwamm ist nicht so leicht zu erkennen, weil der Furchtkörper häufig fehlt. Das Myzel verfärbt sich mit der Zeit von weißlich bis braunschwarz. Seine Sporen sind eiförmig. Das befallene Holz zeigt eine typische Braunfäule und wird mit der Zeit morsch. Sobald das Holz ausgetrocknet ist, hört die Fäulnis auf.

3 Kellerschwamm bildet sich strangförmig aus

2.9.3 Holz zerstörende Insekten

Holz zerstörende Insekten legen ihre Eier in Spalten oder Risse des Holzes. Bald entwickeln sich hieraus Larven. Diese fressen sich über mehrere Jahre durch das Holz, ohne an die Holzoberfläche zu kommen. Ausgewachsene Larven werden zu Käfern und durchstoßen beim Umwandlungsprozess die Holzoberfläche. Die Insektenweibchen legen nach einer nur kurzen Flug- oder Krabbelstrecke zwischen 200 und 600 Eier erneut in Risse oder Holzspalten. Mit dieser Vermehrung nimmt die Holzzerstörung ihren Lauf. Ein Erkennungsmerkmal ist das Flugloch, das beim Durchstoßen der Holzoberfläche entsteht.

Holzwespe
Sie befällt Nadelhölzer bereits im Wald, sodass sie mit dem frischen Bauholz in Gebäude eingeschleppt wird. Eine Larve wird ca. 3 cm lang. Sie ist so kräftig, dass sie dicke Putzschichten und sogar Bleifolien durchstoßen kann. Dabei entsteht ein rundes Flugloch mit ca. 4 bis 7 mm Durchmesser. Die Holzwespe fliegt in der Regel weg, sodass das umgebende Holz nicht erneut befallen wird.

Gewöhnlicher Nagekäfer
Der gewöhnliche Nagekäfer, fälschlicherweise auch Holzwurm genannt, befällt Laub- und Nadelholz. Die Larve wird ca. 4 bis 6 mm lang und hinterlässt runde Fluglöcher mit 1 bis 2 mm Durchmesser. Das bereits befallene Holz wird erneut zur Eiablage genutzt.

Hausbock
Er befällt u.a. Gebälk und Dachstühle aus Nadelholz. Die Larve wird ca. 3 cm lang. Sie frisst in einem Zeitraum von 5 bis 8 Jahren lange Gänge dicht unter der Oberfläche. Die Tragfähigkeit des Holzes wird geschwächt. Mit einem Beil lässt sich das befallene Holz abbeilen bzw. entfernen. Dabei werden die mit hellem Fraßmehl verstopften Gänge sichtbar. Ein ausgefranstes ovales Flugloch mit einem Durchmesser von 5 bis 10 mm kennzeichnet den Hausbockbefall.
Mit den langen Fühlern ertastet das Hausbockweibchen Risse im Holz der Umgebung des Fluglochs und legt dort ihre Eier ab. Dadurch wird das befallene Holz immer stärker geschädigt.
Weitere Holz zerstörende Insekten sind der braune Splintholzkäfer und der gescheckte Nagekäfer, der wegen seines pochenden Geräusches auch Totenuhr genannt wird.

1 Hausbocklarve

2 Hausbockkäfer

2.10 Prüfung des Beschichtungsuntergrunds

Holzuntergründe sind häufig mit Mängeln behaftet. Löcher, Risse, Äste und Harzgallen beeinträchtigen das Aussehen. Harze, Wachse, Gerbsäuren u.a. Holzinhaltsstoffe können die Trocknung der Beschichtung verzögern. Neben den Holzmängeln sind abblätternde oder nicht mehr tragfähige Altbeschichtungen häufig die Ursache für eine mangelhafte Beschichtung.

Übliche Prüfmethoden sind:
Augenschein, Feuchtigkeitsmessung, Gitterschnitt, Kratzprobe und Klebebandtest.

Häufige Holzmängel und ihre Beseitigung

Untergrundmangel	Beseitigung bzw. Maßnahmen
abgewitterte, vergraute Holzoberfläche	Entfernen durch Abschleifen
Holzrisse, Abrisse	Durch Anstriche nicht zu beseitigen! Mit 2-K-Füllmasse oder elastischer Fugenmasse schließen; ggf. Holzteile auswechseln.
gerissene, lose oder faule Äste	Lose oder faule Äste entfernen oder ausdübeln lassen. Feine Risse mit 2-K-Füllmasse schließen.
ausgedübelte Äste und Kettendübelungen	Bei unzulässigen Abweichungen: Bedenken mitteilen!
Harzgallen, Harzausscheidungen	Sind anstrichtechnisch meist nicht zu beseitigen. Bedenken mitteilen und ggf. holztechnisch beheben lassen.
Holzinhaltsstoffe, die Erhärtung, Haftung und Glanz vermindern	Holz vor der Beschichtung mit speziellen Beschichtungsstoffen absperren.
zu hohe gemessene Holzfeuchte; nasse Flecken	Holz trocknen lassen, bis zulässige Holzfeuchte erreicht ist, ggf. offenes Beschichtungssystem anwenden. Ursache der Feuchte möglichst beseitigen.
Fäulnis durch Holz zerstörende Pilze	Faule und befallene Holzteile entfernen, ggf. gesamtes Holzbauteil auswechseln.

Prüfung der vorhandenen Beschichtung

Beschichtungsmangel	Beseitigung bzw. Maßnahmen
geringe Tragfähigkeit bzw. Haftung der vorhandenen Beschichtung **Prüfmethoden:** Klebebandtest, Gitterschnitt, Abblättern bzw. Absplittern sowie Ausbrüche an den Schnittpunkten feststellen	Entfernen der nicht tragfähigen Beschichtungen
Kreidung bzw. abfärbende Pigmente **Prüfmethoden:** Augenschein, Abwischen mit kontrastfarbenem Tuch	Entfernen durch Abwaschen oder durch Schleifen
Verschmutzungen **Prüfmethoden:** Augenschein, Benetzprobe bei wachs-, öl- oder silikonbehaftetem Untergrund	Reinigen durch Abwaschen, Abbürsten oder Abschleifen; Entfernen mit Silikonentferner oder anderen Chemikalien; Beratung einholen
Beschichtungsrisse **Prüfmethode:** Augenschein	Entfernen der gerissenen Beschichtung

Bestimmung der Holzfeuchte

Frisch geschlagenes Holz enthält meist mehr als 50 % Wasser. Aber auch scheinbar trockenes Holz weist noch bis zu 20 % Restfeuchtigkeit auf.

Die Holzfeuchte errechnet sich aus der Wassermasse bezogen auf die Darrmasse. Anhand der Darrprobe – Trocknung bis 0 % Holzfeuchte – erhält man die Darrmasse.

$$\text{Holzfeuchte in Prozent} = \frac{(\text{Nassmasse} - \text{Darrmasse}) \cdot 100\,\%}{\text{Darrmasse}}$$

Ist der Feuchtigkeitsgehalt zu hoch, sind die Holzporen mit Wasser angereichert und verhindern so eine gute Verankerung der Beschichtung. Würde das Holz dennoch beschichtet, könnte die große Menge Wasserdampf, die sich bei einer Erwärmung entwickelt, die Beschichtung aufreißen und abblättern lassen.

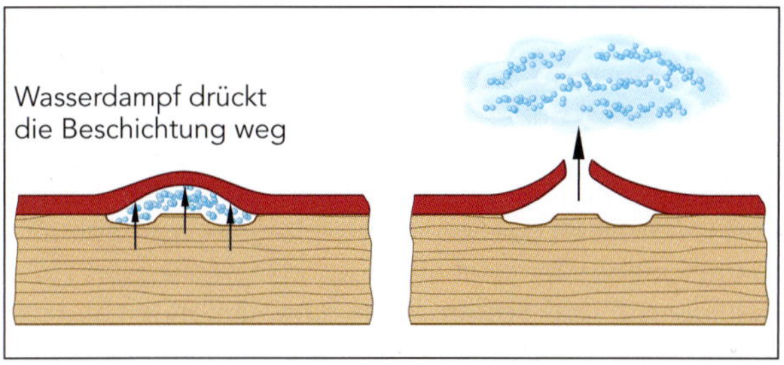

1 Die Beschichtung platzt bei hoher Holzfeuchte ab

Um Anstrichschäden zu vermeiden, muss die Holzfeuchte gemessen werden.

2 Messung der Holzfeuchte mit dem Feuchtigkeitsmesser. Die beiden Nadeln der Rammelektrode werden in Faserrichtung auf Messtiefe eingeschlagen. Die Holzfeuchte wird in Prozent angezeigt.

Feuchtigkeitsmesser messen den elektrischen Widerstand bzw. die elektrische Kapazität zwischen den Elektroden. Nasses Holz leitet elektrischen Strom gut, der Widerstand ist daher gering bzw. die Kapazität hoch. Bei trockenem Holz ist der Widerstand groß und die Kapazität gering.

Übersicht

Beschichtungen abhängig von der Holzfeuchte	Maximale Holzfeuchte bei Normaltemperatur	Messbereich
offene filmbildende Beschichtungen	27 – 28 %	in 5 mm Tiefe
ventilierende Beschichtungen	18 %	in 5 mm Tiefe
geschlossene filmbildende Beschichtungen • auf Nadelhölzern • auf Laubhölzern • auf tropischen Hölzern	 15 % 12 % 15 %	 in 5 mm Tiefe in der Mitte der Holzdicke

Beschichtungen sind unterschiedlich wasserdampfdurchlässig. Dies hängt von der Schichtdicke und der Art der Filmbildung ab.

Die Auswahl der Beschichtung ist von der im Holz vorhandenen Holzfeuchte abhängig.

Abhängig von der entsprechenden Holzfeuchte und dem Verwendungszweck des Holzes eignen sich offene, ventilierende und geschlossene Beschichtungen.

Offene, ventilierende und geschlossene Beschichtungen im Vergleich:

Beschichtung	offen	ventilierend	geschlossen
Einsatzbereich	auf feuchtem und halbtrockenem Holz	auf ausreichend trockenem Holz bis ca. 18 %	auf trockenem Holz Holzfeuchte bei Laubholz: 12 % Nadelholz und tropische Hölzer: 15%
Eignung	für maßhaltige Holzbauteile, nicht als Deckanstrich	gut für maßhaltige Holzbauteile mit erhöhtem Feuchtigkeitsgehalt	besonders gut für maßhaltige Holzbauteile
Feuchtigkeitsaustausch	ermöglichen einen nahezu ungehinderten Feuchtigkeitsaustausch mit der Umgebung	sind wasserdampfdurchlässig und schützen den Untergrund vor erneuter Wasseraufnahme	schützen den Untergrund vor eindringender Feuchtigkeit, die Durchlässigkeit von Wasserdampf ist gering
Einfluss der Beschichtung auf die Holzfeuchte	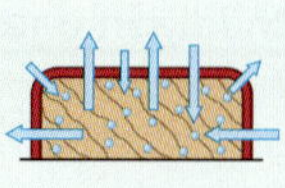	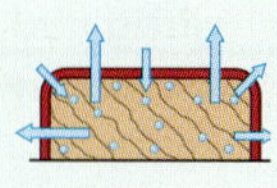	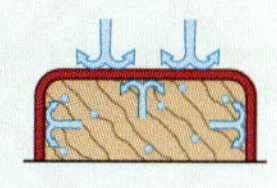

2.11 Vorarbeiten

Unbehandelte Holzuntergründe:
- schleifen, scharfe Kanten brechen
- Staub beseitigen
- Ast- und Harzstellen absperren
- harzhaltige Hölzer (besonders tropische) mit Nitroverdünnung abwaschen, Holzinhaltsstoffe der obersten Holzschicht entfernen

Beschichtete Holzuntergründe:
- Tragfähigkeit und Überstreichbarkeit prüfen: Die Altbeschichtung muss genügend haften, elastisch sein und darf keine zu große Schichtdicke besitzen
- schleifen, Staub beseitigen
- außen spachteln: Holzrisse und Löcher mit dauerelastischer Masse schließen, wenn sonst Wasser in das Holz eindringt
- wegen Abplatzgefahr auf flächiges Spachteln verzichten

Gesundheitsschutz
Säuren und Laugen wirken ätzend! Beim Ablaugen, Abbeizen und Bleichen Schutzbrille und Schutzhandschuhe tragen!

2.12 Möglichkeiten des Holzschutzes

Holz und Holzwerkstoffe können durch geeignete vorbeugende Maßnahmen wirkungsvoll vor Zerstörung durch Pilze, Insekten und Feuer geschützt werden.

Bauliche, konstruktive Maßnahmen haben zum Ziel, Feuchtigkeit vom Holz fernzuhalten, um so Holz zerstörenden Pilzen den Nährboden zu entziehen.
Chemische Holzschutzmittel verringern die Brennbarkeit und erhöhen so den Feuerwiderstand. Durch ihre abtötende Wirkung bekämpfen sie Pilz- und Insektenbefall und beugen diesen vor.
Holzbeschichtungen halten das Holz trocken, verhindern das Auswittern und die Rissbildung und schützen so gegen Holz zerstörende Pilze und Insekten.

Holzschutzmittel sind meist sehr giftig und schädigen dauerhaft die Gesundheit!
Daher dürfen Holzschutzmittel nur unter bestimmten Voraussetzungen angewendet werden. Beim Verarbeiten müssen Haut und Augen gegen Berührung geschützt werden.
Schutzbrille und Schutzhandschuhe tragen!

Baulicher Holzschutz
Bei baulichem Holzschutz gelten folgende Grundregeln:
- Holz muss genügend Abstand zum Erdreich besitzen.
- An den Anschlüssen darf kein Wasser ins Holz eindringen.
- Auf Holzkonstruktionen darf Wasser nicht stehen bleiben.
- Holz muss arbeiten können.

Tragende, aussteifende Holzbauteile wie Dachkonstruktionen und Fachwerk sichern die Standfestigkeit des Bauwerks. Sie müssen so geschützt sein, dass die Funktionen dauerhaft erhalten bleiben.

Nicht tragende nicht maßhaltige Holzbauteile, wie Verbretterungen, Dachuntersichten, Zäune usw., sind vor zerstörenden Einwirkungen und zur Erhaltung ihres Aussehens zu schützen. Die Maßbeständigkeit ist hierbei weniger wichtig.

Maßhaltige nicht tragende Holzbauteile wie Fenster und Türen sind außen und innen großen Beanspruchungen ausgesetzt. Auf den kleinen Holzquerschnitt wirken von außen Regen, Eis und Schnee sowie die Wärme- und UV-Strahlen der Sonne ein. Infolge von Temperaturunterschieden belastet innen Kondenswasser das Holz. Reinigungsmittel setzen innen und außen einer Holz schützenden Beschichtung zu. Hinzu kommen ständige mechanische Beanspruchungen beim Öffnen und Schließen.

Damit die Holzbauteile dauerhaft geschützt ihre Funktionsfähigkeit behalten, müssen trockenes, fehlerfreies Holz zur Herstellung verwendet und die entsprechenden konstruktiven Voraussetzungen erfüllt werden.

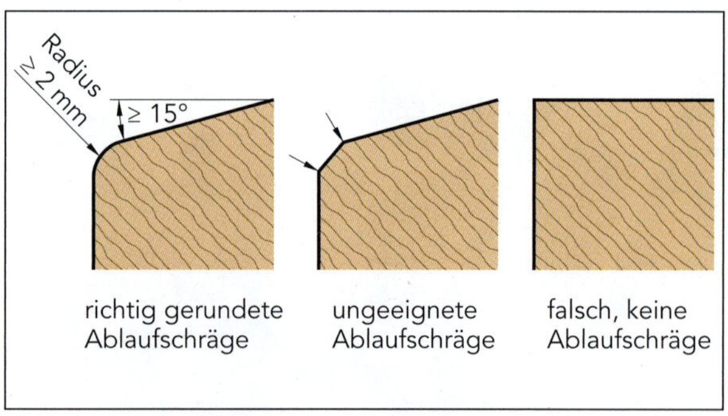

1 Holzkante an maßhaltigen Bauteilen

Hierzu gehören eine Wasser abweisende und Wasser abführende Bauweise mit einer Abschrägung im Winkel von mindestens 15° und gerundeten Kanten mit einem Radius von mindestens 2 mm. Dadurch kann ein ausreichender Schutz an der Kante erreicht und Kantenflucht verhindert werden (siehe S. 20). Dies allein genügt jedoch nicht!

Maßhaltige Bauteile benötigen zu ihrem Schutz Beschichtungen, die das Holz trocken halten und das Eindringen von Wasser verhindern, damit das Holz nicht quellen kann. Die Beschichtungen müssen gleichzeitig das Holz vor Pilzbefall, Fäulnis und UV-Strahlen schützen.

Chemischer Holzschutz

Holzschutzmittel enthalten biozide Wirkstoffe, d.h., sie bekämpfen lebende Organismen. Sie dienen zum Schutz des Holzes gegen tierische und pflanzliche Schädlinge. Nach DIN 68800-3 dürfen sie nur dort verwendet werden, wo dies der Schutz des Holzes erfordert. Zur Beurteilung werden die Holzbauteile in Gefährdungsklassen eingeteilt, aus denen unterschiedliche Anforderungen an die Holzschutzmittel resultieren.

- Ohne Wissen des Auftraggebers darf kein Holzschutzmittel eingesetzt werden.
- Gesundheitliche und umweltbezogene Gesichtspunkte sind gegenüber der Gefährdung und Bedeutung der Holzteile zu gewichten.
- Es dürfen nur Holzschutzmittel benutzt werden, deren Wirksamkeit geprüft und die bei bestimmungsgemäßer Verwendung unbedenklich sind.

Holzschutzmaßnahmen durch Beschichtungen

Hierzu werden Holzschutzlasuren verwendet. Durch die Pigmente wird ein besserer UV-Schutz erreicht. Die Pigmente sind so fein abgerieben, dass die Maserung des Holzes sichtbar bleibt. Die folgende Übersicht stellt drei Möglichkeiten von Holzschutzlasuren gegenüber

Holzschutzlasuren – Übersicht

Holzschutzlasur	Festkörpergehalt	Eigenschaften	Eignung für maßhaltige Bauteile
Dünnschichtlasuren	max. 30 %	• erreichen dünne, offene Anstrichfilme mit hoher Wasserdampfdurchlässigkeit • können auf Holzbauteile mit hohem Feuchtigkeitsgehalt aufgetragen werden	nicht geeignet
Dickschichtlasuren	zwischen 30 und 65 %	• lackähnlich • hoher Festkörperanteil	geeignet
High-Solid-Lasuren	ca. 70 %	• sehr hoher Festkörperanteil • hohe UV-Stabilität • guter Kantenschutz	geeignet

Gefährdungsklassen

Gefährdungsklasse	Beanspruchung	Gefährdung durch				Anforderung an das Holzschutzmittel	Erforderliche Prüfprädikate für tragende Bauteile
		Insekten	Pilze	Auswaschung	Moderfäule		
0	innen verbautes Holz	nein	nein	nein	nein	keine Holzschutzmittel erforderlich	
1	ständig trocken	ja	nein	nein	nein	Insekten vorbeugend	Iv
2	Holz, das weder Erdkontakt hat noch direkter Witterung oder Auswaschung ausgesetzt ist, vorübergehende Befeuchtung möglich	ja	ja	nein	nein	Insekten vorbeugend pilzwidrig	Iv P (Fäulnisschutz)
3	Holz, das der Witterung oder Kondensation ausgesetzt ist, aber nicht in Erdkontakt steht	ja	ja	ja	nein	Insekten vorbeugend pilzwidrig witterungsbeständig	Iv P W
4	Holz, in dauerhaftem Erdkontakt oder ständig starker Befeuchtung	ja	ja	ja	ja	Insekten vorbeugend pilzwidrig witterungsbeständig moderfäulewidrig	Iv P W E

2.13 Beschichtungssysteme auf Holz

UV-Strahlen durchdringen unpigmentierte Beschichtungen und führen an der Holzoberfläche zum Ligninabbau. Das Holz vergraut. Dabei verringert sich die Haftfestigkeit der Beschichtung mit der Gefahr des Ablösens.

Für Holz im Außenbereich bieten farblose oder geringfügig pigmentierte Beschichtungen nicht genügend Schutz gegen UV-Strahlen. Farblose Beschichtungen sind deshalb nur für innen geeignet.

2.13.1 Farblose Beschichtungen im Innenbereich

Für farblose Beschichtungen im Innenbereich werden
- Klarlacke,
- Ölanstriche und
- Wachse

eingesetzt. Vor dem Lackieren muss die Holzoberfläche geschliffen, entharzt und – bei hochwertigen Klarlackierungen – gewässert werden.

Schleifen

Holz wird stets in Richtung des Faserverlaufs von Hand oder maschinell geschliffen.

Körnung bei Schleifpapieren und ihre Verwendung

Körnung	Verwendung
grob: 30; 36; 40; 60; 80	Entfernung von Lackschichten und grober Vorschliff bei Vollholz
mittel: 100; 120; 150 **fein:** 180; 220	Feinschliff bei Vollholz, furnierten Flächen und nach dem Wässern
sehr fein: 240; 280; 320; 360; 400	Schleifen von gebeizten Flächen, Grundierungen und Lackflächen

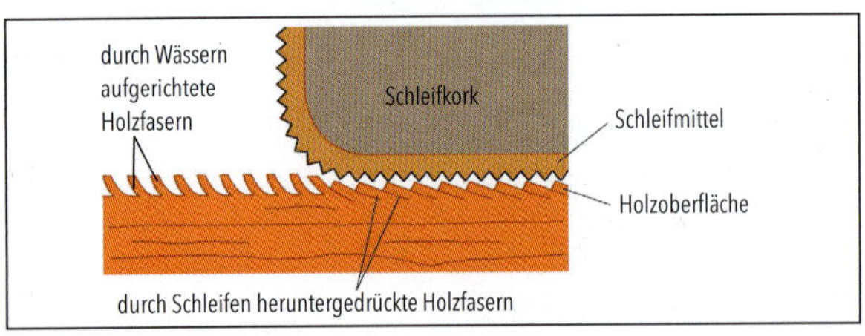

1 Holzoberfläche während des Schleifvorgangs

Beim Schleifen werden nicht alle Holzfasern abgeschnitten, vielmehr wird ein Teil von ihnen nur heruntergedrückt. Beim Beizen oder Lackieren quellen die Fasern, richten sich auf und werden erst nach der Beschichtung sichtbar. Deshalb empfiehlt es sich, die Holzoberfläche vor der Lackierung zu wässern.

Wässern

Durch Wässern öffnen sich die Holzporen und die Holzfasern richten sich auf.

Gewässert wird mit sauberem, warmem Wasser, das mit einem Schwamm aufgetragen wird. Nach dem Wässern müssen die Oberflächen gleichmäßig und langsam trocknen, damit keine Risse oder Verwerfungen entstehen. Danach können die stehenden Fasern in einem Feinschliff abgeschnitten werden. Die Holzoberfläche ist nun sehr glatt und aufnahmebereit für die nachfolgende Beschichtung.

Entharzen

Harzhaltige Hölzer müssen vor dem Lackauftrag entharzt werden.

Die Harzsubstanz wird mit einem Entharzungsmittel angelöst und aus den Holzporen herausgeschwemmt. Hierfür verwendet man:
- Laugen aus Kern-, Schmier- und Holzseife,
- Testbenzin, Aceton oder Nitroverdünnung.

Klarlackierungen
Durch die Lackierung mit einem Klarlack wirkt die Holzstruktur kontrastreich. Sie hebt die natürliche Schönheit der Holzoberfläche hervor. Außerdem schützt sie gegen eindringende Feuchtigkeit, gegen Chemikalien, Schmutz, Abrieb und Stoßbelastungen.

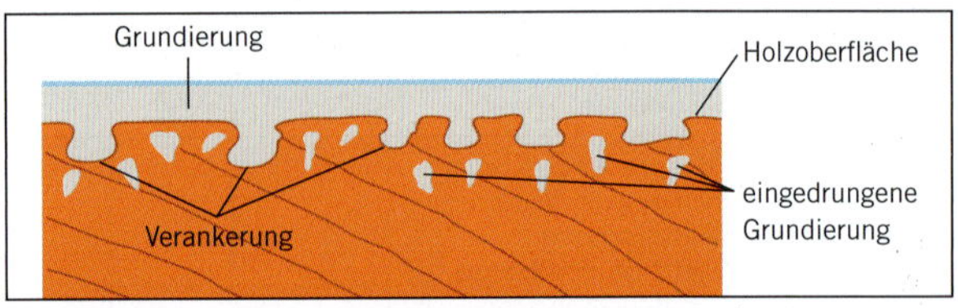

2 Grundierte Holzoberfläche

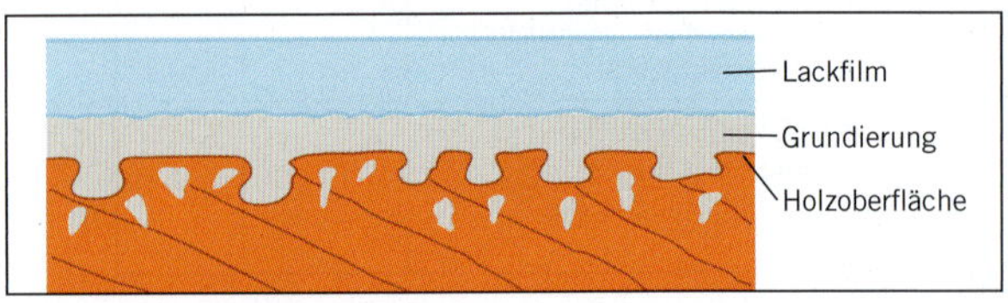

3 Lackierte Holzoberfläche

Das Grundiermittel muss auf den Decklack abgestimmt sein.

Im Innenbereich werden häufig Grundiermittel auf Zellulosenitratbasis verwendet. Diese trocknen schnell und lassen sich leicht verarbeiten.

Die Auswahl des Decklacks hängt von der Holzart und der Beanspruchung der Beschichtung ab.

So eignen sich beispielsweise Nitrokombinationslack für trockene Holzuntergründe mit geringem Abrieb. Öl- und Alkydharzlacke weisen Feuchtigkeit ab und besitzen eine höhere Abriebfestigkeit. 2-K-Polyurethanlacke, wasserverdünnbare Polyurethan-Acryl-Dispersionen oder säurehärtende Lacke eignen sich besonders für abriebfeste, feuchtigkeits- und chemikalienbeständige Holzbodenversiegelungen.

Ölanstriche

Pflanzliche Öle, wie Lein- oder Sojaöl, werden als nachwachsende und biozidfreie Anstrichmittel aus ökologischen Gründen zur Holzbehandlung eingesetzt. Ölanstriche bilden keine Anstrichfilme. Sie werden mit einem Pinsel oder Lappen aufgetragen, dringen in das Holz ein, sättigen es mit Öl und reduzieren das Schwinden bzw. Quellen. Die Maßhaltigkeit wird so verbessert. Die Holzporen bleiben frei und wasserdampfdurchlässig. Ölanstriche sind Schmutz abweisend, eignen sich für Holzpanele, Holzböden und wegen der unbedenklichen Rohstoffe auch für Kinderspielzeug.

Wachsbehandlung

Wachse dienen als Oberflächenschutz von Holz im Innenbereich. Das Wachs wird mit dem Lappen oder einem weichen Pinsel aufgetragen und mit einer Bürste in Richtung der Holzmaserung poliert.
Vor dem Wachsauftrag ist es besonders bei weichen Hölzern empfehlenswert, einen Sperrgrund aufzutragen, um die Holzoberfläche zu festigen.

Gewachste Flächen verändern die Eigenfarbe des Holzes kaum. Sie schützen das Holz gegen Verschmutzung und lassen Wasser abperlen.

2.13.2 Lasuren als Beschichtung im Innen- und Außenbereich

Lasuren lassen den Untergrund durchscheinen. Ihre farbig-transparente Beschichtung betont die Maserung des Holzes, was als Feuer bezeichnet wird. Im Vergleich zu Klarlacken besitzen sie eine höhere Wasserdampfdurchlässigkeit und schützen gegen UV-Strahlen und Pilzbefall.
Diese Holz schützende Wirkung ist vor allem im Außenbereich erforderlich. Aufgrund der bioziden Wirkstoffe müssen beim Einsatz die Vorschriften der DIN 68800 und der Hersteller genau beachtet werden. Wir unterscheiden deshalb zwischen Holzschutzlasuren und biozidfreien Holzlasuren.

Beschichtungsaufbau von Lasuren außen

1. Holzschutz-Grundbeschichtung:
   Holzschutzimprägnierlasur, 1 bis 2 Anstriche
2. Zwischen- und Deckbeschichtung:
   a) für nicht maßhaltige Bauteile:
      2 bis 3 Dünnschichtlasuranstriche
   b) für maßhaltige Bauteile:
      2 Dickschichtlasuranstriche oder
      2 High-Solid-Lasuranstriche

Beschichtungsaufbau von Lasuren innen

1. Grundbeschichtung:
   Dünnschichtlasur, farblos, 1 Anstrich
2. Zwischenbeschichtung:
   a) Dünnschichtlasur im gewünschten Farbton, 1 bis 2 Anstriche, oder
   b) ein High-Solid-Lasuranstrich im gewünschten Farbton
3. Deckbeschichtung:
   a) Dünnschichtlasur, farblos, 1 bis 2 Anstriche, oder
   b) ein High-Solid-Lasuranstrich im gewünschten Farbton bzw. farblos

1 Lasuranstrich

Holzlasuren werden meist durch Streichen aufgetragen. Hierfür werden spezielle Lasurpinsel, Modler, Vertreiber und Schläger verwendet. Sie lassen sich aber auch gut durch Spritzen oder Tauchen verarbeiten.

2.13.3 Beizen im Innen- und Außenbereich

Durch Beizen wird der natürliche Farbton des Holzes verändert. Struktur und Maserung bleiben erhalten.

Positives Beizbild: Jahrringe sind dunkler als das weiche Holz.
Negatives Beizbild: Das weiche Holz tritt dunkler hervor.

Wir unterscheiden chemische Beizen, bei denen die Farbtonänderung beispielsweise durch eine Lauge erzeugt wird, sowie wasser- und lösemittelhaltige Farbstoffbeizen, bei denen der lösliche Farbstoff in das Holz eindringt. Damit eine gleichmäßige Färbung erzielt wird, muss die Holzoberfläche entharzt und gewässert werden.

2.13.4 Beschichtungssysteme für Holz im Außenbereich

Holz, das der Witterung ausgesetzt ist, stellt an eine Beschichtung höhere Anforderungen als eine witterungsgeschützte, trockene Dachuntersicht. Maßhaltige Bauteile, wie Fenster (siehe S. 253) oder Türen, müssen vor Feuchtigkeit stärker geschützt werden als nicht maßhaltige Bauteile, wie Schindelfassaden, Verbrettungen oder Holzzäune. Letztere erfordern dagegen eine sehr elastische und wasserdampfdurchlässige Beschichtung.
Die Haltbarkeit der Beschichtung kann ein ausführender Betrieb nur garantieren, wenn die Eignung der verarbeiteten Produkte durch international anerkannte Standards nachgewiesen wird. Für einen verbesserten Verbraucherschutz und zur Qualitätssicherung wurde deshalb ein Eignungsnachweis eingeführt.
Um die Haltbarkeit einer Beschichtung im Außenbereich festlegen zu können, werden verschiedene Prüfkriterien zugrunde gelegt. Diese sind nach DIN EN 927-1 definiert – z. B. gibt es eine Freibewitterungsprüfung oder eine Wasserdurchlässigkeitsprüfung. Zusätzlich nehmen Lackhersteller auch andere, freiwillige Prüfungen vor. Auf diese Weise lassen sich längerfristige Garantiezusagen gegenüber dem Kunden mit größerer Sicherheit abgeben.
Beschichtungssysteme für Außenlackierungen müssen die Eigenschaften von einheimischen Nadel-, Laub- oder Tropenhölzern berücksichtigen: Sie müssen mechanisch widerstandsfähig, reinigungsfähig, gut deckend, füllend und lichtecht sein. Außerdem sind die Ansprüche an Glanz und gleichmäßigen Oberflächeneffekt je nach Holzbauteil verschieden.

Deckende Außenlackierungen müssen auf die Anforderungen der unterschiedlichen Holzbauteile abgestimmt sein.

Bindemittel für Beschichtungssysteme im Außenbereich
Bindemittel für Beschichtungssysteme im Außenbereich bestehen größtenteils aus Alkydharzen, Polyacrylaten und Mischpolymerisaten. Sie ergeben sehr elastische, schnell trocknende und wetterbeständige Lacke mit feuchtigkeitsregulierenden Eigenschaften. Für besonders hochwertige, vergilbungsarme Decklacke mit seidenglänzender, gleichmäßiger, strapazierfähiger Oberfläche setzt man Urethan-Alkydharz als Bindemittel ein.

Außerdem werden die vielfältigen Eigenschaften der deckenden Beschichtungen durch Pigmente, Pigment-Volumen-Konzentration (Verhältnis des Pigmentvolumens zum Gesamtvolumen der filmbildenden Anteile), Festkörpergehalt und Additive (Zusatzmittel) erzielt.

Alkydharzlacke enthalten Lösemittel. Je nach Verarbeitung durch Spritzen, Rollen oder Streichen müssen sie mit Lösemittel verdünnt werden. Die lange Offenzeit (die Zeitspanne bis zur „Hautbildung") ermöglicht einen guten Verlauf und eine ansatzfreie, glatte Oberfläche.

Acrylatdispersionslacke sind wasserverdünnbar und deshalb umweltschonend. Sie trocknen rasch und sind nur kurz offen. Ansätze und eine streifige Oberfläche können die Folge sein.

Entsorgung

- Gebinde mit Alkydharzresten können bei der Sammelstelle für Altlacke abgegeben werden. Die Altlacke werden nicht ausgehärtet entsorgt.
- Gebinde mit Acrylatdispersionslackresten lässt man aushärten. Danach können sie mit dem Baustellenabfall entsorgt werden.

Beschichtungsaufbau auf Alkydharzbasis
Erstbeschichtung – Holz außen

1. Imprägnierung:
   Holzschutzimprägnierung nach DIN 68 800-3 nur bei Nadelholz
2. Grundbeschichtung:
   mit lösemittelhaltigem, fungizidfreiem Grundiermittel (frei von Wirkstoffen, die Pilze und dessen Sporen abtöten) für außen und innen auf Alkydharzbasis
3. Zwischenbeschichtung:
   mit Vorlack bzw. Decklack, ca. 15 % verdünnt
4. Schlussbeschichtung:
   entsprechender Alkydharzlack

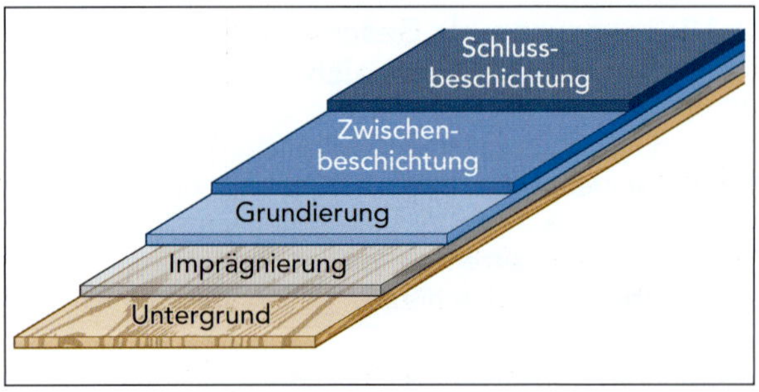

1 Beschichtungsaufbau

Renovierungsbeschichtung

Ausbesserungsarbeiten
offene Gehrungen (Eckverbindungen zwischen zwei Werkteilen), Risse und Löcher mit Leimkitt nachverleimen, abdichten und ggf. fleckspachteln, wenn sinnvoll, größere Holzschäden mit 2-K-Holzreparaturmasse ausbessern

Bei intakter Altbeschichtung
1. Untergrundvorbereitung:
   Abwaschen mit zehnprozentigem Ammoniakwasser, mit klarem Wasser gut nachwaschen, lose Altbeschichtung entfernen und anschleifen
2. Grundbeschichtung:
   mit lösemittelhaltigem, fungizidfreiem Grundiermittel, bei Nadelholz 30 % Holzschutzimprägnierung zusetzen
3. Zwischen- und Schlussbeschichtung:
   siehe S. 146 „3. Zwischenbeschichtung" und „4. Schlussbeschichtung"

Bei nicht intakter Altbeschichtung
1. Untergrundvorbereitung:
   Altbeschichtung restlos abbrennen, abbeizen oder abschleifen
2. Grundbeschichtung:
   mit lösemittelhaltigem, fungizidfreiem Grundiermittel, bei Nadelholz 30 % Holzschutzimprägnierung zusetzen
3. Zwischen- und Schlussbeschichtung:
   siehe S. 146 „3. Zwischenbeschichtung" und „4. Schlussbeschichtung"
   Vorlack bzw. Decklack, ca. 15 % verdünnt

Beschichtungsaufbau auf Acrylatbasis

Erstbeschichtung – Holz außen
1. Imprägnierung:
   mit wasserverdünnbarer Holzschutzimprägnierung nach DIN 68 800-3 gegen Fäulnis und Bläue
2. Grund- und Zwischenbeschichtung:
   mit wasserverdünnbarer Grund- und Zwischenbeschichtung
3. Schlussbeschichtung:
   mit wasserverdünnbarem Acrylatdispersionslack

Renovierungsbeschichtung

Ausbesserungsarbeiten
wie beim Aufbau einer Alkydharzbeschichtung

Bei intakter Altbeschichtung
1. Untergrundvorbereitung:
   wie beim Aufbau einer Alkydharzbeschichtung
2. Grund-, Zwischen- und Schlussbeschichtung:
   wie bei einer Erstbeschichtung auf Acrylatbasis

Bei nicht intakter Altbeschichtung
Altbeschichtung entfernen, sonst wie bei Renovierungsbeschichtung.

2.14 Entwicklung der Kunststoffe

Ursprünglich wurden Kunststoffe aus chemisch abgewandelten Naturstoffen gewonnen. Hierzu dienten Zellulose, Kautschuk, Naturharze und Kasein als Grundlage. Vulkanfiber (VF) und Zelluloid (CN) waren die ersten Kunststoffe dieser Art. Das Ziel war, neue Werkstoffe mit besseren und veränderten Eigenschaften herzustellen.
Mit der Entwicklung vollsynthetischer Kunststoffe begann der Durchbruch in der Kunststoffindustrie. Bereits 1906 war es dem belgischen Chemiker Baekeland gelungen, Phenolharz aus Phenol und Formaldehyd herzustellen, das unter dem Handelsnamen Bakelit bekannt wurde. Die eigentliche Grundlage der synthetischen Kunststoffe schuf der deutsche Chemiker Staudinger, der 1922 die Herstellung von Kunststoffen durch die Bildung von Makromolekülen erklärte. Diese lassen sich aus Einzelmolekülen durch Polymerisation, Polykondensation und Polyaddition zu Molekülketten chemisch verbinden (siehe S. 211).

Im Maler- und Lackiererhandwerk werden heute zunehmend Werkstoffe und Arbeitsmaterialien aus Kunststoffen eingesetzt:
- **Bindemittel:** Dispersionen, Kunstharzputze, Spachtelmassen, Lacke, Kleber, Schaum- und Dichtstoffe
- **Folien:** Dampfsperren, Abdeck-, Wetter- und Verpackungsfolien, Bänder
- **Fasern:** Gewebe, Textilien, Teppichböden, Wandbeläge, Seile
- **Bauteile für Gebäude:** Leitungen, Rohre, Dachrinnen, Verschalungen, Isoliermaterial für Wände und Dächer, Fensterrahmen; Möbel-, Tür-, Wand- und Bodenbeläge
- **Werkzeug- und Maschinenteile:** Gehäuse, Griffe, Kabel, Behälter
- **Fahrzeugbau:** Karosserieteile, Verkleidungen, Sitze, Verzierungen, Leitungen, Dichtungen

Kunststoffe kombinieren viele Eigenschaften:
- Formbarkeit
- Festigkeit
- Elastizität
- Wärmedämmung
- isolierende Wirkung gegen elektrischen Strom
- geringes Gewicht

Sie eignen sich deshalb besonders für Beschichtungen, Bauteile, Werkzeuge, Geräte und Maschinen.

2.15 Kunststoffoberflächen

Oberflächen von Kunststoffbauteilen müssen gegen Witterung geschützt oder zur Farbanpassung beschichtet werden.

Farbanpassung von Kunststoffoberflächen
Farbige Kunststoffe erhalten ihren Farbton durch Pigmente, die bei der Herstellung beigemengt werden. Die Anzahl der Farben ist dadurch begrenzt. Wird eine breite Farbtonpalette oder ein spezieller Glanzgrad gewünscht, ist eine entsprechende Beschichtung unumgänglich. Das Gleiche gilt, wenn Sondereffekte wie Metallic-, Perlglanz- oder Hammerschlageffekte sowie Oberflächen mit speziellem Design gefordert werden.
Bei der Farbgestaltung wirkt die Eigenfarbe der Kunststoffe häufig störend. Außerdem lässt sich bei der Kunststoffherstellung nur eine begrenzte Menge Pigmente zufügen, sodass die Farbe milchig trüb ausfällt.

Durch Beschichten kann man die Oberflächenqualität der Kunststoffe verbessern, eine optimale Farbtonabstimmung erzielen und den Kunststoffteilen jeden nur denkbaren Farbton und Oberflächeneffekt verleihen.

1 Beschichtung eines Fensterrahmens aus Kunststoff

Schutz von Kunststoffoberflächen
Kunststoffteile besitzen von Natur aus glatte und verhältnismäßig widerstandsfähige Oberflächen, die häufig unlackiert eingesetzt werden. Je nach Kunststoff und Farbton vermindert sich der Glanz der Oberfläche jedoch bereits nach wenigen Jahren. Der Farbton verändert sich. Flecke, feine Haarrisse und Versprödungen weisen auf einen witterungsbedingten Alterungsprozess hin, der durch UV-Strahlen, Umwelteinflüsse, chemische und mechanische Belastungen hervorgerufen wird. Durch Beschichtungen werden Kunststoffe haltbarer und strapazierfähiger. Ältere Kunststoffoberflächen lassen sich mit einer Beschichtung wieder in Ordnung bringen.

2.16 Kunststoffarten

Die vielfältigen Verwendungszwecke und die damit gewünschten verschiedenen Eigenschaften erfordern eine Vielzahl unterschiedlich zusammengesetzter Kunststoffe.

Übersicht der Kunststoffe mit Kurzzeichen

Kurzzeichen	Chemische Bezeichnung der Kunststoffe	Kurzzeichen	Chemische Bezeichnung der Kunststoffe
ABS	Acrylnitril-Butadien-Styrol	MF	Melamin-Formaldehydharz
AK	Alkydharz	PA	Polyamid
AMmA	Acrylnitril-Methylmethacrylat	PC	Polycarbonat
AY	Acrylharz	PE	Polyethylen (hart/weich)
B	Bitumen	PF	Phenol-Formaldehydharz
BR	Butadien-Kautschuk	PMmA	Polymethylmethacrylat (Acrylglas)
CA	Celluloseacetat	POM	Polyoxymethylen (Polyacetal)
CN	Cellulosenitrat	PP	Polypropylen
CP	Cellulosepropionat	PPC	chloriertes Polypropylen
CR	Chloropren-Kautschuk (Polychloropren)	PS	Polystyrol
CSM	chlorsulfoniertes Polyethylen	PTFE	Polytetraflourethylen
EP	Epoxidharz	PUR	Polyurethan
EPE	Epoxidharzester	PUR-T	Polyurethan-Teer-Kombination
EPS	expandiertes Polystyrol	PVAC	Polyvinylacetat
EP-T	Epoxidharz-Teer-Kombination	PVB	Polyvinylbutyral
GF-EP	glasfaserverstärktes Epoxidharz	PVC	Polyvinylchlorid (hart/weich)
GFK	glasfaserverstärkter Kunststoff	RUC	Chlorkautschuk
GF-UP	glasfaserverstärkter Polyester	RUI	Cyclokautschuk
HDPE	Polyethylen hoher Dichte	SB	Styrol-Butadien
LDPE	Polyethylen niederer Dichte	SI	Silikon
		SP	gesättigter Polyester
		SR	Polysulfid-Kautschuk
		T	Teer
		UF	Harnstoff-Formaldehydharz
		UP	ungesättigter Polyester

2.16.1 Herstellung – Eigenschaften

Bei der Vielzahl der Kunststoffe ist es nicht möglich, diese bestimmten Bauteilen direkt zuzuordnen. Unterteilen wir die Kunststoffe in

- Plastomere (Thermoplaste),
- Duromere (Duroplaste)
- und Elastomere,

können wir aus der Herstellung wichtige Rückschlüsse auf bestimmte Eigenschaften ziehen.

Plastomere erweichen oder verfließen beim Erwärmen und erhärten beim Abkühlen wieder zu festen Massen. Zur Herstellung von Formteilen verwendet man Granulate aus unvernetzten, vollständig polymerisierten Materialien, die bereits Hilfsmittel wie Antistatika (um die elektrostatische Aufladung zu verringern), Füllstoffe, Stabilisatoren und Weichmacher enthalten. Beim Verarbeiten wird das Granulat erhitzt und flüssig in Formen gespritzt oder gepresst. Nach dem Erstarren kann das fertige Formteil entnommen werden.

Plastomere lassen sich unter Wärme verformen und schweißen. In entsprechenden Lösemitteln sind sie quellbar, löslich oder anlösbar.

Folgende Kunststoffe sind Plastomere:

ABS	PE	PTFE
CA	PMmA	PVAC
PA	PP	PVC
PC	PS	SB

Duromere werden aus flüssigen bzw. pulverförmigen Bestandteilen hergestellt. Sie härten in der Form unter Hitze und Druck, wobei ihre Makromoleküle vernetzen. Nach dem Aushärten halten sie starkem Druck stand, ohne zu verfließen oder zu zerbrechen. Kurzzeitiges Erhitzen bis 200 °C überstehen sie, ohne sich zu verändern.

Duromere sind hart, wärmebeständig, nicht schmelzbar, nur geringfügig quellbar und nicht löslich.

Folgende Kunststoffe sind Duromere:

EP	PF	UF
MF	PUR	UP

Elastomere bestehen aus schwach vernetzten Makromolekülen. Sie sind formstabil. Unter Krafteinwirkung lassen sie sich elastisch verformen. In höheren Temperaturbereichen werden sie thermoplastisch und verfließen.

Elastomere besitzen bei Normaltemperatur eine gummiartige Elastizität, sind nicht schmelzbar, nicht löslich, jedoch in bestimmten Lösemitteln quellbar.

Folgende Kunststoffe sind Elastomere:

PS	PUR	SI

Zuordnung von Kunststoffbauteilen – Übersicht

Art	Kunsstoff	Bauteile
Plastomere	**SI, PUR**	Fugendichtungen, dauerelastische Massen
	PUR-Schaum PS-Schaum	Deckenbekleidungen, Schaumstoff, Dämmstoff
Duromere	**PF, MF, UP, UF**	Tischplatten, Küchenmöbel, Türen, Fensterbänke, Schaltkästen
	PF-Press-holz, MF GF-UP	Fensterbänke, Balkonprofile, Gewächshäuser, Boote, Wohnwagen
	PUR	Möbelteile, Schulmöbel, Dämmplatten
Elastomere	**PVC-hart** **PE, ABS, PP**	Fassadenelemente, Fensterprofile, Rollläden, Dachrinnen, Regenfallrohre, Pfosten, Balkonbrüstungen, Gartenmöbel, Abwasserrohre u. a. Rohre
	PVC-weich	Handläufe, Vinyl-Wandbekleidungen, Schaumtapeten, beschichtete Planen, Fugenabdeckprofile
	PMmA, ABS, PS	Werbetafeln, Schilder, Überdachungen, Balkonverkleidungen, Treppenbrüstungen
	PS, PVC, PMmA	Zierprofile, Wärmedämmstoffe, Möbelteile, Heizkörperverkleidungen

2.16.2 Kunststoffe erkennen und unterscheiden

Kunststoffe verhalten sich gegenüber Beschichtungen unterschiedlich. So kann beispielsweise die Beschichtung schlecht haften oder das darin enthaltene Lösemittel den Kunststoff anlösen, aufquellen oder zerstören.

Für die Auswahl des geeigneten Beschichtungssystems muss die Art des Kunststoffs bekannt sein.

Durch die Vielzahl der verwendeten Kunststoffe ist es mit baustellenüblichen Mitteln nicht möglich, Kunststoffe sicher zu erkennen. Ist das Bauteil nicht mit dem Kurzzeichen des Kunststoffs gekennzeichnet, fragen Sie beim Auftraggeber, der Montage- oder Herstellerfirma nach. Im Zweifelsfall kann der Beschichtungsstoffhersteller hinzugezogen werden, der durch eine Laborprüfung die Art des Kunststoffs feststellt und das dafür geeignete Beschichtungssystem vorschlägt. Ist die Haltbarkeit der Beschichtung nicht gesichert, schließt man die Gewährleistung vor der Auftragsannahme schriftlich aus.
Als Hilfsmittel, um Kunststoffe zu erkennen, dienen folgende Tests:

Augenschein

Dadurch kann die allgemeine Beschaffenheit wie Aussehen, Griff und Einsatzgebiet geprüft werden. Rohre aus Polyethylen haben beispielsweise wachsartige, mit dem Fingernagel anritzbare Oberflächen. Rohre aus PVC oder PP sind dagegen glatt und hart.

Lösemitteltest

Mit dem Lösemittel des Beschichtungsstoffs betupft man den Kunststoff an einer geeigneten Stelle und prüft die Verträglichkeit.

2.17 Beschichtung von Kunststoffen

2.17.1 Haftprobleme

Bei der Herstellung der Kunststoffe werden vielfach Trenn- und Glättungsmittel eingesetzt, die sich zum Teil in die Kunststoffoberfläche einlagern bzw. mit ihr verpresst werden. Die Verankerung der Beschichtung wird dadurch vermindert.
Die Anhaftung von Beschichtungen kann auch durch zeitlich bedingte Temperaturänderungen beeinträchtigt werden.
Haftprobleme ergeben sich u. a. durch:
- glatte Oberflächen bei PVC-Bauteilen
- schwer entfernbare Trenn- und Glättungsmittel
- Silikonverbindungen, die aus Dichtprofilen und Dichtstoffen auswandern und sich auf dem Kunststoff niederschlagen
- Reinigungs- und Pflegemittel mit Silikon oder Wachsen
- Abbauprodukte bei der Alterung (Flucht der Weichmacher)
- falsche Beschichtungssysteme

2.17.2 Oberflächenvorbereitung

Schmutz und Formtrennmittel müssen gründlich entfernt werden, damit sich die Beschichtung gut verankern kann. Hierfür hat sich eine Ammoniak-Netzmittelwäsche bewährt (siehe S. 101).

Beim Schleifen mit Schleifpapier oder Stahlwolle kann es zur elektrostatischen Aufladung (siehe S. 31) des Bauteils kommen. Damit sich der Staub nicht nachteilig auf die Beschichtung auswirkt, entfernt man ihn mit einem Lappen, der mit netzmittelhaltigem Wasser oder Spiritus getränkt ist.

1 Vorarbeiten an Kunststofffenstern mit Schleifvlies

Die Reinigung mit Lösemitteln ist problematisch, da viele Kunststoffe gegenüber Lösemitteln empfindlich reagieren. So kann z.B. Nitroverdünnung ein starkes Anquellen der Oberfläche, Runzelbildung und Spannungsrisse hervorrufen. Um solche Mängel zu vermeiden, wird zuvor ein Lösemitteltest durchgeführt oder ein mildes Lösemittel wie Spiritus eingesetzt.

Zum Schutz der Haut wird die Schleifarbeit mit Gummihandschuhen ausgeführt.
Bei Innenarbeiten ist für gute Belüftung zu sorgen.

2.17.3 Haftgrundierung

Vor der Beschichtung ist festzustellen, ob für das ausgewählte Beschichtungssystem eine Haftgrundierung vorgeschrieben ist.
Je nach Art des Kunststoffs und der Beschichtung kann eventuell darauf verzichtet werden. Häufig wird jedoch ein Kunststoffprimer empfohlen.

Der Kunststoffprimer bildet eine sichere Haftbrücke zwischen Kunststoff und Beschichtung.

Vor einer Beschichtung mit Dispersionslackfarben ist eine Haftgrundierung auf jeden Fall erforderlich. Hier kommen Haftprimer zum Einsatz. Sie werden in 1 bis 3 Spritzgängen aufgetragen.

2.17.4 Auswahl des Beschichtungssystems

Die Auswahl des Beschichtungssystems richtet sich nach der Art des Kunststoffs und der zu erwartenden Beanspruchung. Dabei müssen die Herstellerrichtlinien beachtet werden.
Bei der Auswahl des Farbtons ist zu beachten, dass dunkle Farben bei Sonneneinstrahlung stark aufheizen. In den Kunststoffbauteilen können dadurch Verformungen und Spannungen auftreten.

Im Außenbereich dürfen weiße maßhaltige Bauteile wie Fenster und Türen aus Kunststoff nicht dunkel beschichtet werden.

Übersicht der Beschichtungen mit Beanspruchungen

Beschichtung	Beanspruchung			
	Wetterbelastung	Wasserbeständigkeit	Mechanische Belastung	Chemikalienbeständigkeit
Alkydharz-Kombinationsfarben	normal	–	–	–
Polymerisatharzfarben	normal			bedingt
Polyurethanlackfarben	normal		hoch	normal
Epoxidharzlackfarben	neigt zum Kreiden		hoch	hoch
2-K-Polyacrylatfarben	sehr wetterfest	dauerwasserbeständig		normal
Dispersionslackfarben	normal			

Übersicht über Beschichtungssysteme

Beschichtungssysteme für Kunststoffe	Alkydharzgrund	Alkydharzgrund	2-K-PUR	2-K-PUR	PVC-MP-Farbe	PVC-MP-Farbe	Dispersionsfarbe
Harz-PVC	0	0	+	+			+
Polyamid	0	0	+	+	+	+	–
Phenol-/Harnstoff-Melaminharze	–	–	+	+	–	–	+
Epoxidharze	+	+	+	+	–	–	+
PUR-Hartschaum	–	–	+	+	–	–	+
Polystyrol	0	0	–	–	+	+	+
Polymethylmethacrylat	+	+	+	+	0	0	+
Polykarbonate	+	+	+	+	+	+	+
Polyazetate	–	–	0	0	0	0	+

+ = geeignet; 0 = bedingt geeignet; – = nicht geeignet

2.17.5 Beschichtungsaufbau

Erstlackierung von Kunststoffen

1. Prüfung des Untergrunds:
   z. B. Kunststoff feststellen und prüfen, Brennprobe, Lösemitteltest
2. Vorbereitung:
   z. B. mit Spiritus oder Nitroverdünnung reinigen, anschließend schleifen mit Kunststoff-Schleifvlies
3. Grundbeschichtung:
   z. B. mit Spezialhaftgrund für Kunststoffe oder 2-K-PUR-Haftprimer
4. Zwischenbeschichtung:
   z. B. mit Spezialhaftgrund für Kunststoffe bzw. Vorlackfarbe für Kunststoff
5. Schlussbeschichtung:
   z. B. mit Acryldispersionslackfarbe

Lackierung alter Kunststoffuntergründe

1. Prüfung des Untergrunds:
   z. B. Kunststoff feststellen und prüfen, Brennprobe, Lösemitteltest
2. Vorbereitung:
   z. B. mit Ammoniak-Netzmittellösung reinigen und Kunststoff-Schleifvlies schleifen, anschließend mit klarem Wasser nachwaschen
3. Grundbeschichtung:
   z. B. mit 1-K-Spezialhaftgrund für Kunststoffe
4. Zwischenbeschichtung:
   z. B. mit Spezialhaftgrund für Kunststoffe bzw. Vorlackfarbe für Kunststoff
5. Schlussbeschichtung:
   z. B. mit Acryldispersionslackfarbe

2.17.6 Beschichtungsauftrag

Auf glatten Kunststoffoberflächen erzielt man einen gleichmäßigen Farbauftrag am besten durch Spritzen. Die Applikation mit Pinsel und Rolle soll zügig erfolgen.

Dichtprofile an Fenstern und Türen sowie Dichtstoffe, Dehn- und Lüftungsfugen nicht überstreichen!

Die in Dichtprofilen und Dichtstoffen enthaltenen Weichmacher dringen mit der Zeit nach außen und führen zum Erweichen und Verkleben der Beschichtung. Durch 2-K-Beschichtungsstoffe kann dies verhindert werden.
Die Überlappung der Beschichtung auf dem Dichtstoff soll auf ca. 1 mm begrenzt bleiben (siehe S. 243).

Aufgaben

1. *Nennen Sie die einzelnen Bestandteile, aus denen sich Beton zusammensetzt, und beschreiben Sie die Aufgabe eines jeden Bestandteils.*
2. *Nennen Sie die Kräfte, die auf Stahlbeton wirken, und wodurch diese aufgenommen werden.*
3. *Erläutern Sie den Vorgang der Erhärtung des Betons.*
4. *Erklären Sie mithilfe des Schaubilds „Rostschützende Wirkung geht verloren" (S. 131) die Zerstörung eines Stahlbetons.*
5. *Erläutern Sie den Unterschied, der bezüglich der Bestandteile von Faserzementplatten früher und heute besteht.*
6. *Erklären Sie, was unter einem gefährlichen Arbeitsstoff zu verstehen ist und woran ihn der Maler und Lackierer erkennt.*
7. *Nennen Sie Arbeitsmaterialien, für die Sie persönliche Schutzmaßnahmen treffen müssen, und ordnen Sie dem jeweiligen Material die entsprechenden Schutzmaßnahmen zu.*
8. *Erklären Sie, was unter dem AGW und BGW zu verstehen ist und welche gesundheitlichen Gefahren bei Überschreitung der Werte entstehen.*
9. *Erläutern Sie, was bezüglich der Lagerung und des Transports von Arbeitsstoffen beachtet werden muss.*
10. *Nennen Sie Gründe, bei der Berufsausübung auf den Umweltschutz zu achten, und erläutern Sie, wie der Maler und Lackierer sinnvoll dazu beitragen kann.*
11. *Nennen Sie die Vorteile des Einsatzes von Holz als Baustoff aus gestalterischer und ökologischer Sicht.*

12. Erklären Sie den Unterschied zwischen Schnittholz, Holzwerkstoff und Furnier.
13. Erläutern Sie die Unterschiede zwischen Fichten- und Nussbaumholz mithilfe der Tabelle „Wichtige Nutzhölzer in einer Übersicht" (S. 135).
14. Beschreiben Sie den Aufbau des Holzes mithilfe der Abbildung „Holzaufbau" (S. 136).
15. Erläutern Sie die Ursache für das Quellen und Schwinden des Holzes.
16. Erklären Sie, welche Auswirkungen Holzfehler auf Beschichtungen haben können.
17. Erklären Sie, worin sich OSB-Platten von den herkömmlichen Spanplatten unterscheiden.
18. Erklären Sie, worin der Vorteil von Leimholzplatten gegenüber Massivholzplatten besteht.
19. Beschreiben Sie, wie sich Bläuepilze auf beschichtete Nadelholzflächen auswirken.
20. Nennen Sie Holz zerstörende Pilze und beschreiben Sie ihre Merkmale.
21. Beschreiben Sie die unterschiedlichen Erkennungsmerkmale von Holz zerstörenden Insekten an befallenen Holzoberflächen.
22. Begründen Sie die Notwendigkeit einer Holzfeuchtemessung vor einer Beschichtung.
23. Erklären Sie, warum sich offene filmbildende Beschichtungen nicht für maßhaltige Holzbauteile eignen.
24. Begründen Sie den Einsatz ventilierender Beschichtungen für maßhaltige Holzbauteile mit erhöhtem Feuchtigkeitsgehalt.
25. Erklären Sie, warum sich geschlossene filmbildende Beschichtungen besonders gut für maßhaltige, trockene Untergründe eignen.
26. Begründen Sie den Einsatz von pigmentierten Beschichtungen auf Holzuntergründen im Außenbereich.
27. Erklären Sie, warum sich Lasuren auch im Außenbereich zur Beschichtung auf Holzuntergründen eignen.
28. Erklären Sie mithilfe von Beispielen den Unterschied zwischen maßhaltigen und nicht maßhaltigen Holzbauteilen.
29. Vergleichen Sie Alkydharzlacke und Acrylatdispersionslacke hinsichtlich ihrer Vor- und Nachteile.
30. Nennen Sie die Ziele, die mit der Herstellung von Kunststoffen verfolgt wurden.
31. Nennen Sie die Gründe, die für das Beschichten von Kunststoffoberflächen sprechen, und erläutern Sie diese.
32. Erklären Sie, warum vor der Auswahl eines geeigneten Beschichtungssystems die Kunststoffart bekannt sein sollte, und nennen Sie Möglichkeiten, diese zu ermitteln.
33. Nennen Sie die Ursachen für Haftprobleme zwischen Kunststoffuntergrund und Beschichtung und zeigen Sie Möglichkeiten auf, diese Probleme zu verhindern.
34. Nennen Sie Kriterien, die für die Auswahl eines geeigneten Beschichtungssystems beachtet werden sollten.

Mathematik

Umrechnung Zeiteinheiten

1. Rechnen Sie in Stunden (h) um:
   a) 90 min. b) 10,5 Tage c) 3600 Sek. d) 45 min.
2. Rechnen Sie in Minuten (min.) um:
   a) 1,5 h b) 3 h 45 min. c) 0,25 h d) 7200 Sek.

Dreisatz und Berechnung nach Prozent

3. Um 36 m² Wandfläche zu beschichten, benötigen 2 Maler 1,5 h. Wie lange benötigen 3 Maler für eine dreimal so große Wandfläche?
4. 2 m² einer OSB-Spanplatte (25 mm) kosten 15,20 EUR netto. Wie viel kosten 5,5 m², wenn 19 % MwSt. berücksichtigt sind?
5. Ein würfelförmiger Holzklotz mit der Kantenlänge 30 cm wird getrocknet und schwindet in Richtung der Markstrahlen um 5 %. Um wie viel mm ändert sich die entsprechende Kantenlänge?
6. Zur Bestimmung der Holzfeuchte eines frisch geschlagenen Stammes werden folgende Werte einer Holzscheibe gemessen: Nassmasse 0,75 kg, Darrmasse 450 g. Berechnen Sie die Holzfeuchte in Prozent.

Berechnung nach Teilen und Prozent

7. Zur Herstellung eines Putzmörtels (Mischungsverhältnis 1 : 3) werden 3 Raumteile Kalk verwendet.
   a) Bestimmen Sie die Raumteile Sand, die dem Kalk zugegeben werden müssen.
   b) Bestimmen Sie die entstehenden Raumteile dieses Putzmörtels bei 20 % Raumverminderung.
8. Für eine Renovierungsbeschichtung sollen 5,5 l eines Decklacks 15 % verdünnt werden. Berechnen Sie die benötigte Menge Verdünnung, die zugegeben werden muss.

Längenberechnung

9. Berechnen Sie die Anzahl der Tapetenbahnen, die aus einer Europarolle für einen Raum mit einer Raumhöhe von 2,65 m zuzüglich 10 cm für den Verschnitt geschnitten werden können.
10. Berechnen Sie die Wandlängen aus der Grundrisszeichnung auf S. 110.

Aufgabe nach VOB zum Übermessen

11. Berechnen Sie für den auf S. 111 als Abwicklung abgebildeten Raum die Menge an Sockelleisten in m nach VOB.

Kundenauftrag

Kostenvoranschlag für die Innenraumbeschichtung unseres Neubaus

Senden Chat Anhang Adressen Schriften Farben Als Entwurf sichern Fotoübersicht Vorlagen einblenden

An: info@Malerbetrieb-Roth.de

Kopie:

Betreff: Kostenvoranschlag für die Innenraumbeschichtung unseres Neubaus

Von: c.teune@mail.de

Sehr geehrter Herr Roth,

mit dieser E-Mail folge ich der Empfehlung einer Bekannten, die Sie bei der Renovierung des Versicherungsbüros „Amisia“ von Ihrer Sach- und Fachkompetenz überzeugt haben. Sie ist mit der Planung und termingerechten Ausführung der Arbeiten sehr zufrieden. So möchte auch ich nun gerne Ihre Leistungen in Anspruch nehmen.

Zu unserer Situation: Mein Mann und ich bauen zurzeit ein Haus. Der Rohbau ist fast fertiggestellt, sodass bald mit dem Innenausbau begonnen werden kann. Hierzu werden von der Trockenbaufima „Akustik & Trockenbau Remsa“ Gipsplatten an den Wänden angebracht und anschließend verspachtelt.

Ihre Aufgabe läge im Bereich der Wandbeschichtung. Wir wissen bereits, dass hierfür verschiedene Beschichtungsverfahren möglich sind, möchten uns aber erst nach Abwägung aller Vor- und Nachteile für ein Beschichtungsverfahren entscheiden. Außerdem muss noch eine Tür im Innenbereich lackiert werden. Gerne möchten wir uns von Ihnen beraten lassen und anschließend den Auftrag an Ihren Betrieb vergeben. Damit Sie sich ein umfassendes Bild über unser Bauvorhaben machen können, habe ich Ihnen einige Bilder im Anhang dieser Mail mitgeschickt.

Zur Terminabsprache erreichen Sie mich tagsüber unter der Telefonnummer: 02308 4457890.

Ich bedanke mich ganz herzlich für Ihre Mühe und verbleibe mit einem freundlichen Gruß

Clara Teune

Anlagen:
Grundrisse EG und 1. OG

1 Haus nach Fertigstellung

Objektbeschreibung

Folgender Zustand ist gegeben:

- Decken: Gipsplatten, Verspachtelung gemäß Qualitätsstufe 3
- Wände: Gipsplatten, Verspachtelung gemäß Qualitätsstufe 3
- Fußboden: Eichenparkett, bereits vollflächig verlegt
- Wasser und Strom sind vorhanden, Entsorgungsmöglichkeiten für Abwasser und Abfälle werden bereitgestellt.

1 *Küche im Rohbau*

2 *Flur im Rohbau*

3 *Dachgeschoss im Rohbau*

4 *Wohnzimmer im Rohbau*

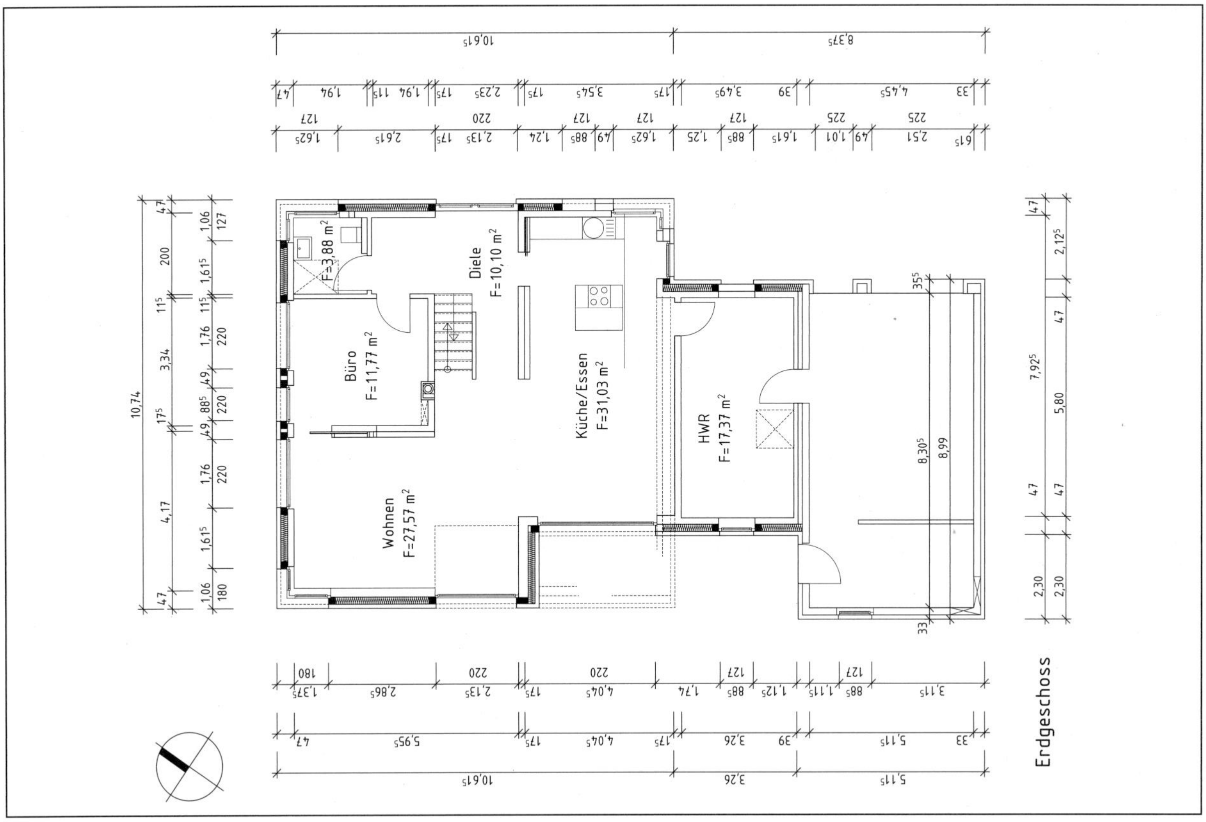

1 Grundriss Erdgeschoss

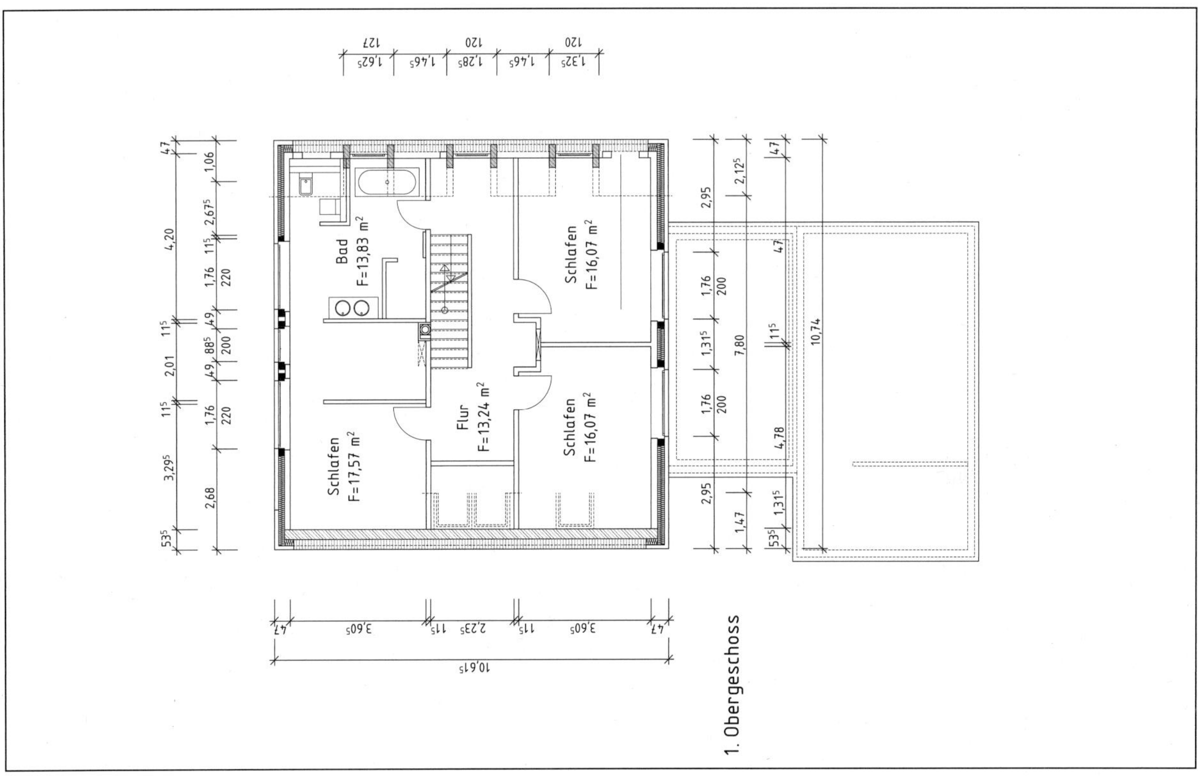

2 Grundriss Obergeschoss

Lernsituation

Oberflächen und Objekte herstellen

1. Informieren

- Berechnen Sie die zu beschichtenden Flächen der Innenräume. Berücksichtigen Sie die Größen der Fenster und Türen bei der Flächenberechnung gemäß der derzeit gültigen VOB (siehe S. 62–63).
- Informieren Sie sich über die besonderen Eigenschaften der Gipskartonplatten, z.B. Qualitätsstufe, Festigkeit, Elastizität, Saugfähigkeit, Diffusionsfähigkeit. Was ist bei der Erstbeschichtung auf diesem Untergrund zu beachten?
- Informieren Sie sich über verschiedene Beschichtungsverfahren und ihre Einsatzbereiche.

2. Planen

Planen Sie im Team Ihr Kundengespräch. Bereiten Sie hierfür folgende Unterlagen vor:

- Erstellen Sie eine Übersichtstabelle über die verschiedenen Applikationsverfahren (Beschichtungsverfahren) und ihre jeweiligen Vor- und Nachteile. Beachten Sie dabei auch die notwendigen Arbeitsschutzmaßnahmen.

Applikationsverfahren	Werkzeuge/ Maschinen	Einsatzbereiche	Verfahren
Streichen	Pinsel Bürsten	kleine Flächen, Lackierungen, z.B. Türen, Fenster	Beschichtungsmaterial mit geeignetem Pinsel auf das zu beschichtende Objekt auftragen
Rollen	…	…	

Vorlage zur Übersichtstabelle Applikationsverfahren

- Erstellen Sie einen Arbeitsablaufplan für den Anstrich der Tür.

Objekt: Tür Neubau Teune		**Kunde: Clara Teune**	
Pos.	**Arbeitsschritt/Beschreibung/Zeit**	**Werkzeug**	**Material**
1	Untergrund abdecken, Scharniere und Türklinken abkleben (10 Min)	Cuttermesser	Folie, Klebeband
2	Untergrund prüfen (Augenschein, Klebebandtest) (5 Min.)		Klebeband
3	Fehlstellen ausbessern	Japanspachtel	Holzspachtelmasse
4	…		

Vorlage Arbeitsablaufplan

3. Entscheiden

- Entscheiden Sie im Team, welche Beschichtungsverfahren im Haus der Kundin grundsätzlich geeignet sind.
- Einigen Sie sich anschließend auf ein Beschichtungsverfahren, welches Sie im Beratungsgespräch vorschlagen wollen. Wägen Sie hierzu alle Vor- und Nachteile ab und überlegen Sie, was für die Kundin im Sinne des Preis-Leistungs-Verhältnisses die beste Entscheidung wäre.
- Erstellen Sie einen Arbeitsablaufplan für das Beschichten des Rohbaus.

6. Bewerten

Überarbeiten Sie Ihre Unterlagen im Hinblick auf Ihre Überlegungen aus dem Handlungsschritt „Kontrollieren":

- Korrigieren Sie inhaltliche Fehler aus der Übersicht zu den Beschichtungsverfahren.
- Ergänzen Sie weitere Vor- und Nachteile.
- Schreiben Sie sich Merksätze zur Vorbereitung und Durchführung des nächsten Kundengesprächs auf, die Sie den Ergebnissen des Beobachtungsbogens entnehmen können.

5. Kontrollieren

Besprechen Sie im Klassenverband die unterschiedliche Auswahl und den Einsatz der verschiedenen Beschichtungsverfahren.

- Haben Sie die richtige Entscheidung getroffen?
- Waren Sie inhaltlich gut vorbereitet?
- Werten Sie die Beobachtungsbögen aus.
- Was würden Sie (wie) beim nächsten Mal besser machen?

Bewertungsbogen zum Kundengespräch

Das Kundengespräch führt: ____________ **Mein Name:** ____________

Kriterium	negativ	– –	–	+	++	positiv	Verbesserungs-vorschläge
Aufbau							
Begrüßung	keine					offen, nett, mit Handschlag	
Übergänge zwischen den Gesprächsphasen	keine					flüssig	
Verabschiedung	keine					nett, verbindlich	
Inhalt							
Fachliche Richtigkeit	sehr viele fachliche Fehler					alle Informationen korrekt	
Verständliche Erklärungen	keine					gut verständlich	
Gespräch							
Augenkontakt	keiner, unsicher, stur					Kunde fühlt sich angesprochen	
Stimme	kaum zu hören					laut und deutlich zu hören	
Sprechweise	zu schnell, keine Pause, stockend, Blackouts					ausgeglichen, dynamisch, gute Pausen	
Gesten	blockiert, verschlossen, übertrieben					unterstreichen die Aussage, offen, freundlich	
Auf Anmerkungen des Kunden eingegangen	auf keine Anmerkung eingegangen					alle Anmerkungen berücksichtigt, in den Gesprächsverlauf einfließen lassen	
Visualisierungen							
Musterplatten/ Beispiele	keine					für jede Position sinnvolle Beispiele vorbereitet	
Farbproben	keine					für jede Position sinnvolle Beispiele vorbereitet	
...							

Bewertungsbogen zum Kundengespräch

4. Ausführen

Bereiten Sie sich auf ein Kundengespräch vor:

- Stellen Sie alle notwendigen Unterlagen für das Gespräch übersichtlich zusammen.
- Bereiten Sie sich auf die einzelnen Phasen des Kundengesprächs vor und fertigen Sie Moderationskarten an (siehe S. 69).
- Verteilen Sie an einige Ihrer Mitschülerinnen oder Mitschüler Beobachtungsbögen für Ihre Präsentation, die im Anschluss der Präsentation eingesammelt und ausgewertet werden können.

Simulieren Sie im Klassenverband ein Kundengespräch.

- Nehmen Sie bei der Durchführung anderer Kundengespräche Ideen und Anregungen für Ihr eigenes Kundengespräch auf.

Lernfeld 3

3 Oberflächen herstellen

3.1 Beschichtungsverfahren

Als Beschichtungsverfahren bezeichnet man alle Fertigungsverfahren, bei denen ein Beschichtungsstoff auf die Oberfläche eines Untergrunds aufgetragen wird. Neben dem klassischen Pinsel verwendet der Maler und Lackierer eine Vielzahl von Werkzeugen und Maschinen, um die verschiedenen Beschichtungsstoffe

- rationell und qualitativ hochwertig
- in verschiedenen Schichtdicken
- auf unterschiedliche Untergründe

aufzutragen.

Man spricht daher nicht mehr vom „Anstreichen", sondern fasst die verschiedenen Farbauftragsverfahren unter dem Begriff Applikationsverfahren zusammen.
Die Wahl eines geeigneten Applikationsverfahrens hängt von den Antworten auf folgende Fragen ab:

- Welcher Beschichtungsstoff wird verwendet?
- Wie groß ist das zu beschichtende Objekt?
- Wie viele Objekte sollen beschichtet werden?
- Welche Anforderungen werden an die Beschichtung gestellt?
- Welche Vorgaben macht die VOB, z. B. bezüglich der Schichtdicke?

Applikationsverfahren	Werkzeuge/ Maschinen	Einsatzbereiche	Verfahren
Streichen	Pinsel Bürste	kleine Flächen, Lackierungen, z.B. Türen, Fenster	Beschichtungsmaterial mit geeignetem Pinsel auf das zu beschichtende Objekt auftragen
Rollen	Farbrolle (auch: Farbroller)	große Flächen, z.B. Wände, Decken, raue Putzflächen	Beschichtungsmaterial mit einer passenden Rolle auf das zu beschichtende Objekt auftragen
Spachteln	Spachtelwerkzeuge	Glättung des Untergrunds Schmucktechniken, z.B. Spachteltechnik	mithilfe eines Spachtelwerkzeugs pastöse, gut füllende Werkstoffe auf das Objekt oder den Untergrund aufziehen; meist sind mehrere Arbeitsgänge erforderlich
Spritzen	Spritzpistole Sprühköpfe	sehr große Flächen, z.B. Hallen, Rohbauten bei gleichmäßig schönen Oberflächen, z. B. Lackierungen	Beschichtungsmaterial wird mit mechanischen Kräften fein zerstäubt auf das Objekt aufgetragen
Fluten	Flutwanne Flutstab	komplizierte Formen, z. B. Heizkörper	zu beschichtendes Objekt mit Lack begießen; überschüssiges Material wird aufgefangen und erneut zum Fluten verwendet
Tauchen	Tauchwanne	komplizierte Formen, z. B. Heizkörper	zu beschichtendes Objekt in das Material tauchen; überschüssiges Material fließt direkt in das Tauchbecken zurück
Elektrotauchlackieren	Tuchwanne Elektroden	Schutzgrundierungen für Autos	zu beschichtendes Objekt wird je nach Verfahren negativ oder positiv aufgeladen, ebenso der Beschichtungsstoff; beim Tauchen ziehen sich die entgegengesetzten Pole an, der Beschichtungsstoff lagert sich auf dem Objekt ab
Pulverbeschichten	Pulversprühanlage Einbrennofen	mechanisch hoch belastete Beschichtungen (sehr abriebfest, beständig gegen Lösemittel), z. B. Autoteile, Haushaltsgeräte, industriell gefertigte Möbel	Pulverlack wird durch Spritzen auf das zu beschichtende Objekt aufgetragen und verbindet sich unter Wärmezufuhr zu einer festen Beschichtung
Gießen	Gießmaschine	flache oder gewölbte, sehr große Oberflächen	zu beschichtendes Objekt wird auf einem Fließband liegend unter einem Lackvorhang durchgeführt; überflüssiger Beschichtungsstoff wird aufgefangen und dem Beschichtungsprozess wieder zugeführt

3.2 Streichwerkzeuge

3.2.1 Besteckmaterialien

Für Pinsel und Bürsten verwendet man als Besteckmaterialien Haare, Borsten und Fasern, die in einer Zwinge zusammengefasst werden.

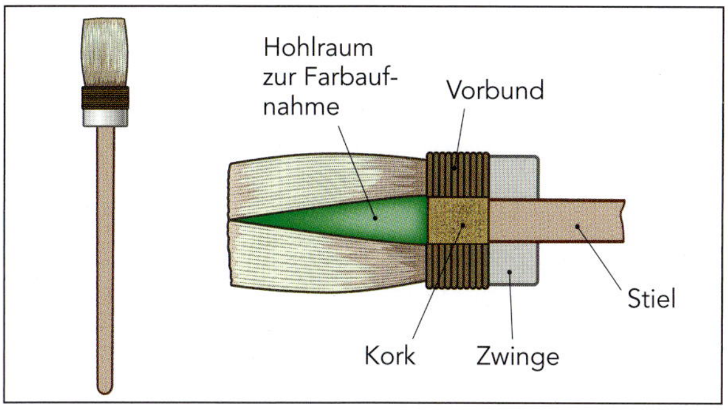

1 Pinselaufbau

Haare als Besteckmaterial

Haare sind weicher als Borsten, weniger elastisch und haben einen glatten, spitz zulaufenden, nierenförmigen Schaft. Pinsel mit Haaren sind sehr weich und fein und deshalb für Anstricharbeiten nicht geeignet. Sie werden für Maltechniken verwendet und dienen als Besteck für Malpinsel, Farbverteilwerkzeuge und Spezialpinsel, die für unterschiedliche Techniken eingesetzt werden. Für Haarpinsel können nur solche Tierhaare verwendet werden, die eine gewisse Festigkeit besitzen, steif genug und trotzdem fein sind.

Naturhaare für Pinsel stammen von Wild- und Nutztieren. Je nach Tierart und Körperteil haben sie unterschiedliche Eigenschaften.
Kunsthaare werden aus Nylon hergestellt und sind meist an ihrer goldbraunen Farbe zu erkennen.

Tierhaare und ihre Verwendung

Rotmarder: Das Schweifgrannenhaar des Rotmarders wird Kolinsky genannt, ist rötlich braun und hat eine feine und harte Spitze. Rotmarderhaare sind das wertvollste Besteckmaterial für Schreib-, Mal- und Aquarellpinsel. Als Ersatz für Rotmarderhaare werden Wieselhaare eingesetzt.
Rind: Das Schweifhaar vom Rind wird billigen Streichbürsten zugesetzt. Das Haar vom Ohr wird für gute Schrift-, Mal- und Aquarellpinsel sowie für Schlepper verarbeitet. Oft tragen diese Haare die Bezeichnung Rotmarder-Imitation.
Eichhörnchen: Das Schweifgrannenhaar vom Eichhörnchen wird Fehhaar genannt und in Kielen für Mal- und Aquarellpinsel oder für Anschießer (siehe S. 161) eingesetzt.
Iltis: Das Schweifhaar des Iltis wird als „Fischhaare" gehandelt. Verwendung finden sie für Öl-/Aquarellpinsel.
Ziege: Ziegenhaare sind sehr weiche Haare von geringer Qualität. Sie sind bei billigen Malpinseln oder als Beimischungen üblich.
Dachs: Dachshaare sind sehr fein und elastisch. Sie werden deshalb für erstklassige Vertreiber benutzt.
Ross: Das Schweif- und Mähnenhaar wird billigen Streichbürsten hinzugefügt. Es ist durch sein geringes Anhaftevermögen das beste Besteck für Besen.

Borsten als Besteckmaterial

Das klassische und bevorzugte Besteckmaterial für Streichpinsel und Bürsten sind Naturborsten vom Haus- und Wildschwein. Besondere Eigenschaften sind:

- Elastizität
- gutes Farbhaltevermögen durch den geschuppten Schaft
- optimale Verteilung des Anstrichmittels durch die gespaltene Spitze (Fahne)
- Empfindlichkeit gegen Chemikalien, zersetzen sich in Laugen nach kurzer Zeit

Besonders gute Borsten sind die schwarzen Chinaborsten und die hellen russischen Borsten.

Kunststoffborsten werden aus Perlon, Nylon und Polyester in unterschiedlichen Formen hergestellt:

- zylindrisch oder konisch zulaufend
- mit rundem oder kreuzförmigem Querschnitt
- mit normaler oder mikrofeiner Schlitzung

Ihre besonderen Eigenschaften sind:

- unempfindlich gegen Chemikalien
- besonders abriebfest
- besonders gute Anstrichergebnisse bei mikrofeiner Schlitzung (besonders beim Auftrag wasserverdünnbarer Acryl- oder Polyurethanlacke)
- mit normaler Schlitzung hervorragend geeignet als Ablaugepinsel

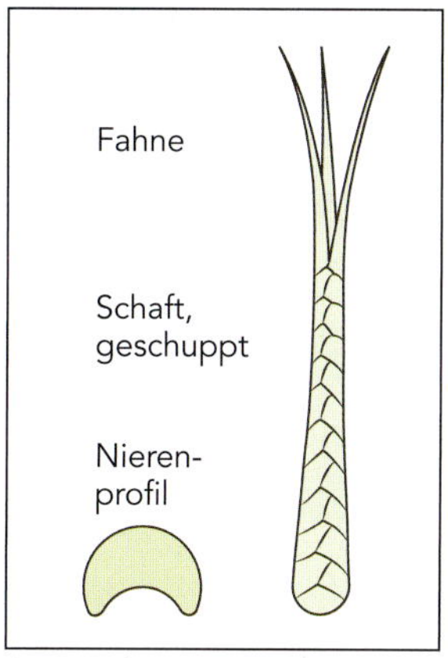

2 Naturborsten

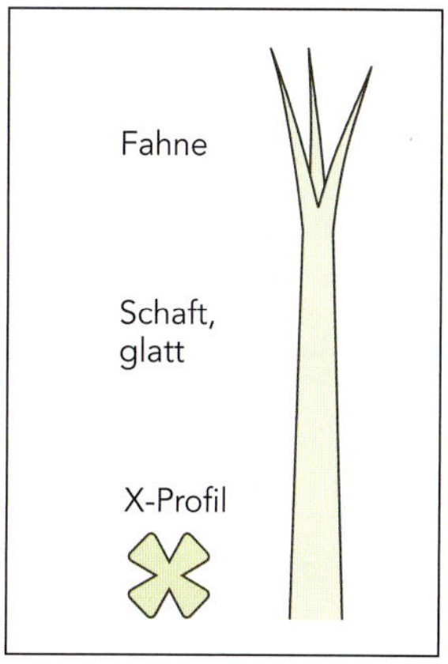

3 Kunststoffborsten

3.2.2 Pinsel und Bürsten

Die Wahl der Pinsel und Bürsten richtet sich nach der zu bearbeitenden Fläche, dem zu verarbeitenden Material und dem gewünschten Oberflächeneffekt.

Pinsel und Bürsten werden nach ihrer Form, Größe und der Art des Besatzes mit Borsten oder Haaren in folgende Gruppen eingeteilt:

Streichpinsel	Beschreibung und Verwendung
Ringpinsel 	• runde oder ovale Form • helle oder dunkle Borsten • Größe wird auf dem Stiel angegeben:

Nr.	2	4	6	8	10	12	14	16	18
Ø in mm	20	25	30	35	40	45	50	55	60

- Lange Borsten sind für den Auftrag hochviskoser bzw. zähflüssiger Materialien nicht geeignet. Der Anstrichstoff würde zu dick aufgetragen oder aber zu schlecht verteilt.
- Zu kurze Borsten bei bereits abgearbeiteten Pinseln hinterlassen dagegen Pinselspuren.
- Bei Ringpinseln in Malerqualität nimmt mit der Pinselgröße auch die Borstenlänge zu.
- universal einsetzbar
- runde Form: besonders gut für Beschneidearbeiten
- Einsatzgebiet hängt vom Besteckmaterial ab

Streichpinsel	Beschreibung und Verwendung
Flachpinsel 	• flache Zwinge mit flachem Stiel • breite Formen: Lackierpinsel • schmale Formen: Plattpinsel (s. u.) • Zwingenbreite wird in englischen Zoll oder in Millimetern angegeben:

Zoll	½"	¾"	1"	1 ½"	2 ½"	3"	3 ½"	4"
mm	12,7	19,05	25,4	38,1	63,5	76,2	88,9	101,6

- vorwiegend auf flachen Flächen eingesetzt
- Einsatzgebiet hängt vom Besteckmaterial ab

Spezialpinsel	Beschreibung und Verwendung
Plattpinsel 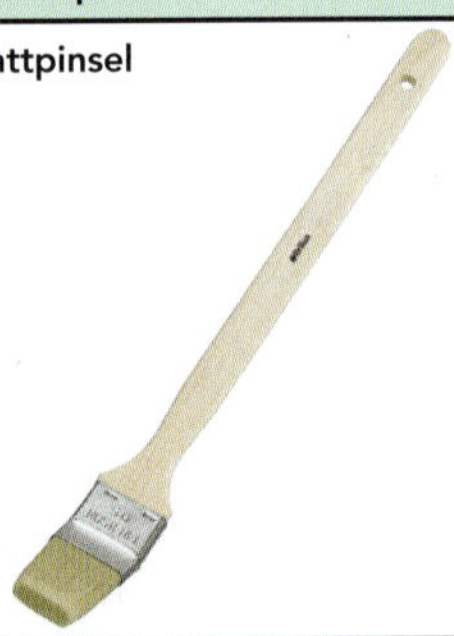	• breite Flachpinsel • an schwer zugänglichen Stellen eingesetzt
Ringstrichzieher 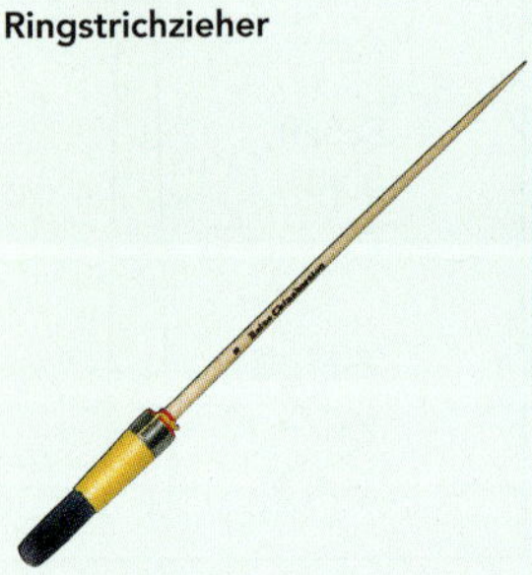	• lange Borsten auf Schluss gearbeitet (d. h., zwei Borstenbüschel stehen mit ihrer Krümmung gegeneinander: so entsteht der „Schluss", siehe S. 162) • für scharfe Farbabgrenzungen • zum Ziehen von Strichen, Ritzern oder Bändern

Spezialpinsel	Beschreibung und Verwendung
Heizkörperpinsel 	• Flachpinsel mit langem Stiel und abgeknickter Zwinge • an schwer zugänglichen Stellen eingesetzt (z.B. zwischen Rippen von Heizkörpern)
Schrägstrichzieher 	• Borsten schräg angeschnitten • für Farbabgrenzungen • zum Ziehen feiner Linien

Spezialpinsel	Beschreibung und Verwendung
Schablonierpinsel, Stupfpinsel 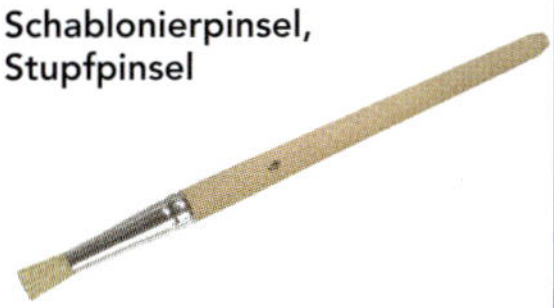	• kurzborstige, feste Borsten • Borstenkörper waagerecht am Stiel angebracht • zum Auslegegen von Schablonen
Modler 	• breite, sehr dünne Borstenpinsel • für Gestaltungsarbeiten, u.a. zur Holzimitation
Anschießer 	• breite, hauchdünne Pinsel • Fehhaare zwischen zwei Pappstreifen eingeleimt • zur Verarbeitung von losem Blattgold oder Blattsilber

Spezialpinsel	Beschreibung und Verwendung
Dachsvertreiber 	• breite, dünne Pinsel mit langen Dachshaaren • zur Holzimitation (Maserieren)
Zackenpinsel 	• breite, sehr dünne Pinsel • lange Borsten, gebündelt und in Abständen angeordnet • zur Holzimitation (Maserieren) • zur Steinimitation (Marmorieren)
Vergolderpinsel 	• Kluppenpinsel mit Fehhaarbesatz • Borsten sind in einer Höhlung des Holzgriffs, der Kluppe, eingepresst • Kluppenpinsel haben einen handlichen Stiel • zum Aufbringen des Goldes bei der Vergoldung

Bürsten	Beschreibung und Verwendung
Streichbürste 	• unterschiedliche Größen: von 70 x 24 m bis 180 x 80 mm • auch in ovaler Form • ovale Streichbürsten werden für Wischtechniken und gewolkte Oberflächen verwendet

Bürsten	Beschreibung und Verwendung
Flächenstreicher 	• kleine Bürsten: von 70 x 24 mm bis 140 x 40 mm • zum Auftragen flüssiger Ausgleichsmassen für großflächiges Strukturieren von Streichputzen
Deckenbürste 	• Bürstenkörper aus Holz, Kunststoff oder Metall • Borsten entweder bündelweise in eingebohrten Löchern oder in Reihen in eingefräste Nuten befestigt. • lange Borsten: 60 bis 100 mm • unterschiedlich bestückt: – helle oder schwarze Naturborsten – Naturborsten mit Haaren – Naturborsten mit Kunststoffborsten – Kunststoffborsten mit unterschiedlicher Färbung und Schlitzung • zum Streichen großer Flächen mit Leim-, Kalk-, Zement- oder Dispersionsfarben und Kleister • zum Abwaschen von Flächen • Güte und Haltbarkeit hängen vor allem vom Bestückungsmaterial und dessen Befestigung im Bürstenkörper ab

3.2.3 Pinsel- und Bürstenpflege

Die Pflege der Streichwerkzeuge ermöglicht sauberes Arbeiten und ist Voraussetzung für einwandfreie Arbeitsergebnisse. Haarpinsel werden bei mangelhafter Reinigung bereits nach einmaligem Gebrauch unbrauchbar.

- Neue Streichwerkzeuge müssen eingearbeitet werden, um mit ihnen Schlussanstriche ausführen zu können.
- Neue Pinsel und Bürsten werden in ihrer Originalverpackung aufbewahrt. So sind sie mottengeschützt und es wird vermieden, dass die Borsten und Haare krumm werden.
- Nach der Reinigung werden die Haare oder Borsten eines Pinsels mit den Fingern wieder in ihre ursprüngliche Form gebracht und so aufbewahrt, dass sie mit den Haarspitzen nicht anstoßen.
- Lackierpinsel für den ständigen Gebrauch bewahrt man am besten in einem speziellen Pinselbehälter in Halböl hängend auf.
- Eingearbeitete Pinsel ermöglichen ein wesentlich besseres und leichteres Arbeiten als neue Pinsel. Spezialpinsel, wie Strichzieher oder andere, sind am besten, wenn sie vom Benutzer selbst eingearbeitet wurden.

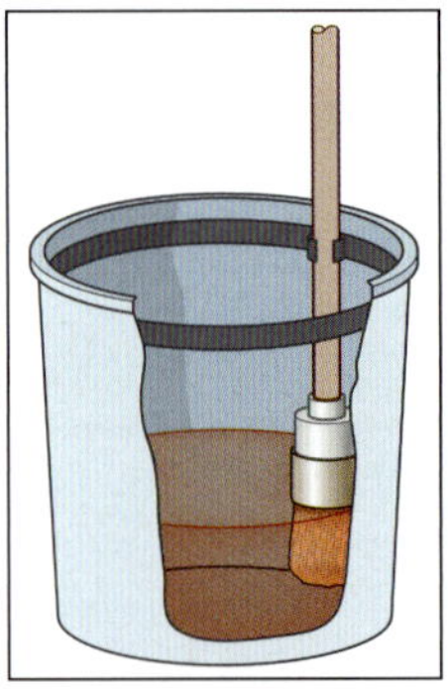

1 Pinselbehälter

Auswaschwasser und Reinigungsmittelreste dürfen nicht in das Abwasser gelangen! Sie müssen vorschriftsmäßig entsorgt oder besser einem Recyclingprozess zugeführt werden. Der sparsame Umgang mit Reinigungsmitteln ist selbstverständlich!

Durch das Zurichten, das Formgeben der Pinsel bei der Herstellung, enthalten sie Schleifstaub. Beim ersten Gebrauch wird dieser an das Anstrichmittel abgegeben, ebenso lose Borsten. Außerdem haben die Borsten noch keinen Schluss.

Schluss: Borsten- oder Haarbündel bei Bürsten und Pinseln, wenn es geschlossen ist, also keine seitlich abstehenden Haare oder Borsten hat.

Die Reinigung von Pinseln richtet sich nach dem verwendeten Beschichtungsstoff. Grundsätzlich gilt:

- **Wasserverdünnbare Anstrichstoffe** werden sofort nach Beendigung der Arbeit gründlich mit Wasser aus den Streichwerkzeugen ausgewaschen. Die Streichwerkzeuge werden so aufbewahrt, dass sie trocknen können.
- **Lösemittelhaltige Anstrichstoffe** werden mit dem entsprechenden Löse- oder Verdünnungsmittel oder Pinselreiniger ausgewaschen. Auch hier empfiehlt sich das Auswaschen mit Wasser und Schmierseife, wenn sie für längere Zeit aufbewahrt werden.

Beschichtungsstoff	Sofortige Reinigung mit
Dispersionsfarben	Wasser, warmem Seifenwasser
Kalkfarben	Wasser, warmem Seifenwasser
Leimfarben	Wasser, warmem Seifenwasser
Ölfarben	Terpentin, Terpentinersatz
Silikatfarben	Wasser, warmem Seifenwasser
Zementfarben	Wasser, warmem Seifenwasser
Kleister	Wasser, warmem Seifenwasser
Alkydharzlacke	Testbenzin, Kunstharzverdünnung
Schellacke	Spiritus
Nitrolacke	Nitroverdünnung
Polymerisatharzlacke	Universalverdünner, Nitroverdünnung
2-K-Lacke	Spezialverdünnung

3.3 Streichen

Das meistverwendete Applikationsverfahren für kleine Flächen ist das Streichen. Der Farbauftrag mit dem Pinsel erfolgt immer nach demselben Prinzip.

Schritt 1: Je nach Größe der Beschichtungsfläche wählt man den Pinsel aus. Bei großen Flächen teilt man die Fläche in einzelne Abschnitte auf.

Schritt 2: Borstenspitzen in die Farbe eintauchen, überschüssige Farbe am Gefäßrand abstreifen. Ist zu viel Lackmaterial im Pinsel, kann es punktuell zu einer Überschichtung kommen, Läufer – auch Tränen oder Sacker genannt – können entstehen. Bei Überschichtung in größeren Flächen können ganze Läufergardinen entstehen.

Abstreifen: Man klebt zwei Klebebandstreifen seitlich über den offenen Lacktopf, die zum Abstreifen von überschüssigem Farb- oder Lackmaterial dienen. Der Rand des Farb- oder Lacktopfs bleibt langfristig sauber und der Deckel ist besser verschließbar.

2 Pinsel abstreifen

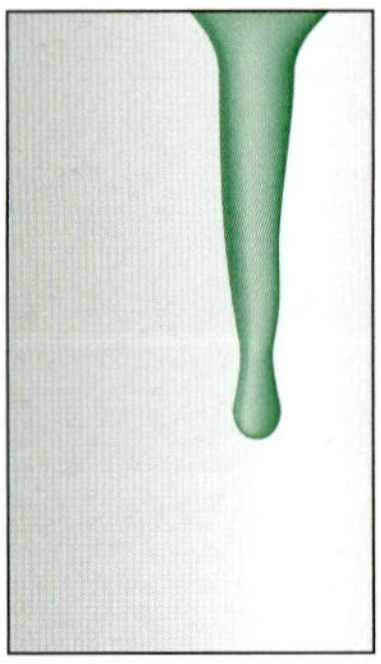

3 Läufer

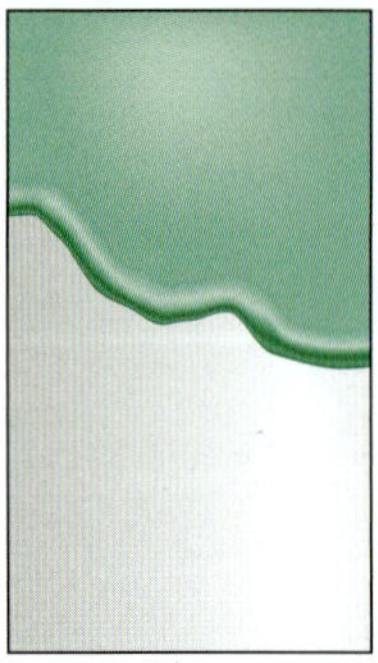

4 Läufergardine

Schritt 3: Kleine Flächen durch senkrechtes und waagerechtes (kreuzweises) Verstreichen anlegen. Ist der Lackauftrag nicht gleichmäßig, kann es zu Läuferbildung oder zu Fehlstellen in der Beschichtung kommen.

1 Mangelhaftes Anlegen beim Streichen

2 Richtiges Anlegen beim Streichen

Schritt 4: Verschlichten der angelegten Flächen.

Unzureichendes Verschlichten führt zu Fleck- und Läuferbildung.

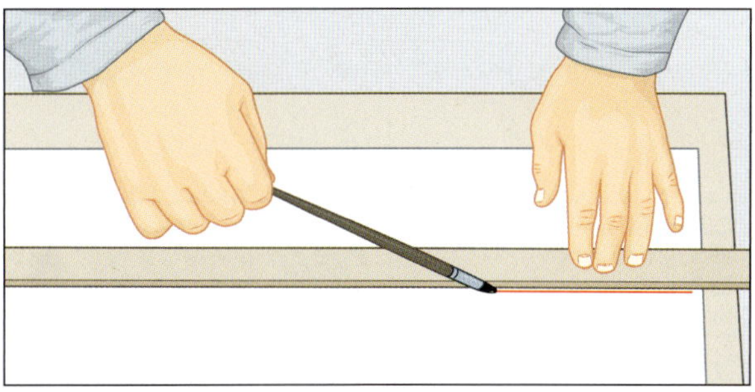

3 Strichziehen mit Schrägstrichzieher und Lineal

Schritt 5: Gleichmäßiges Vertreiben der gesamten Anstrichfläche.
Zum Ziehen von Ritzern, Strichen und Bändern verwendet man das Malerlineal oder den Malstock. Strichzieher werden hierzu am hintersten Ende des Stieles gehalten und ohne Druck am Lineal oder Malstock entlanggeführt. Die Viskosität des Anstrichstoffs muss richtig eingestellt sein.

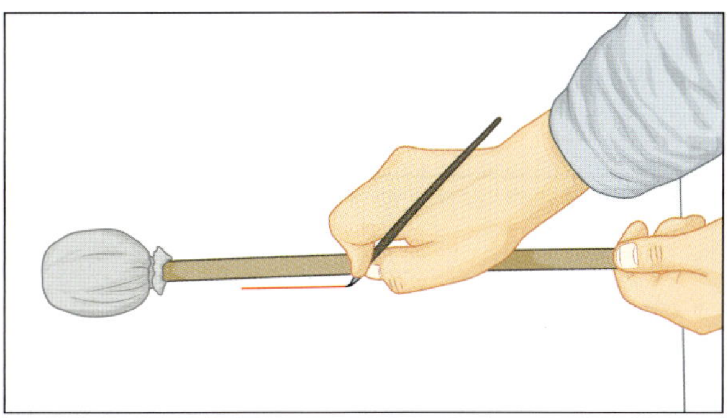

4 Strichziehen mit Ringstrichzieher und Malstock

3.4 Rollen und Walzen

Farbrollen und -walzen dienen vorwiegend zum Auftragen von Beschichtungen auf großen Flächen, aber auch zum Strukturieren aufgetragener Anstrichmittel. Die Oberflächenqualität der Beschichtung ergibt sich aus der richtigen Abstimmung von Walzenbelag und Beschichtungsstoff auf den Untergrund.
Der Farbauftrag geht bei diesem Applikationsverfahren in der Regel schneller (ökonomischer) und ist gleichmäßiger als durch Streichen. Ansätze, wie man sie vom Pinselauftrag kennt, gibt es nicht, weil das Anstrichmittel gleichmäßiger verteilt wird. Der Anstrich ist aber immer leicht strukturiert, er erhält eine Körnung. Raue Flächen, wie beispielsweise Raufasertapeten, streichen sich nicht zu, die Struktur bleibt erhalten.

Die Qualität von Farbrollen und Walzen hängt von verschiedenen Faktoren ab:
- Stabilität von Bügel und Griff
- zweckgerechte Lagerung des Walzenkörpers
- Abriebfestigkeit und Dichte des Belags
- Befestigung des Belags am Walzenkörper

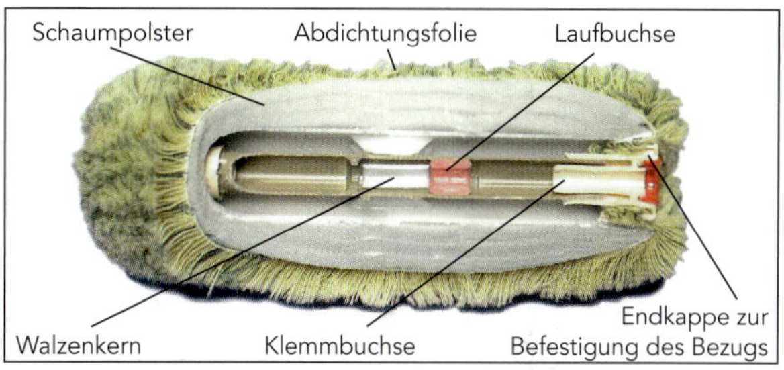

5 Aufbau einer Walze

3.4.1 Rollen- und Walzenformen

gerade	gerundet	konkav

klassische Schaumstofflackwalze	Rundung sorgt für weniger Ansätze beim Lackieren	weniger Druck an Walzenrändern vermeidet Ansätze beim Lackieren

ungepolstert	gepolstert

für eher glattere Flächen	für eher rauere Flächen

3.4.2 Übersichten Farbrollen und Farbwalzen

Farbwalzen groß/klein

Farbwalzenbelag/Kennzeichen	Anwendung	Beschichtungsstoffe	Beispiel
Lammfell gepolstert/ ungepolstert • gerundet (ansatzfreies Oberflächenbild) • sehr gute Farbaufnahme/ Farbabgabe • Flor sorgt für feine Verschlichtung mit gleichmäßigem Struktureffekt • Naturprodukt • pflegeintensiv	**gepolstert:** • große Flächen • Innen- und Außen-beschichtungen • raue und unebene Unter-gründe **ungepolstert:** • große Flächen • Innen- und Außen-beschichtungen • glatte Untergründe	Dispersionsfarben Latexfarben **Nicht geeignet für:** • alkalische Farben (z. B. Silikatfarben) • Farben mit organischen Lösemitteln (Verfilzung des Flors)	 große Lammfell-Farbwalze, gepolstert
Kunststoffbelag (Polyamid) gepolstert/ungepolstert • Polyamidspinnfaser, gezwirnt • Faserenden aufgeraut • gerundet (ansatzfreies Oberflächenbild) • sehr gute Farbaufnahme/ Farbabgabe • lösemittelbeständig • leicht zu reinigen • verrottungsfest, verfilzt nicht	**gepolstert:** • große Flächen • Außenbeschichtungen • sehr raue Untergründe **ungepolstert:** • große Flächen • Innen- und Außenbeschichtungen • glatte Untergründe	• Dispersionsfarben • alkalische Farben (z. B. Silikatfarben) • Silikonharzfarben • lösemittelhaltige Farben	 große Polyamid-Farbwalze, gepolstert
Kunststoffbelag (Polyamid), Kurzflorwalze • Polyamidspinnfaser, gezwirnt • Faserenden aufgeraut • gerundet (ansatzfreies Oberflächenbild) • sehr gute Farbaufnahme/ Farbabgabe • lösemittelbeständig • leicht zu reinigen • verrottungsfest, verfilzt nicht	• große Flächen • Innen- und Außen-beschichtungen • glatte Untergründe • Oberflächenbild hat kaum Rollenstruktur	• Dispersionsfarben • alkalische Farben (z. B. Silikatfarben) • Silikonharzfarben • lösemittelhaltige Farben	 große Polyamid-Farbwalze, Kurzflor
Heizkörper-Farbrolle, Polyamid • Polyamidgarn, gewebt • gezwirnt, Faserenden aufgeraut • sehr gute Farbaufnahme/ Farbabgabe • lösemittelbeständig • leicht zu reinigen • verrottungsfest, verfilzt nicht	• kleine, schwer zugängliche Flächen • zum Beschneiden • für raue und unebene Untergründe	• Dispersionsfarben	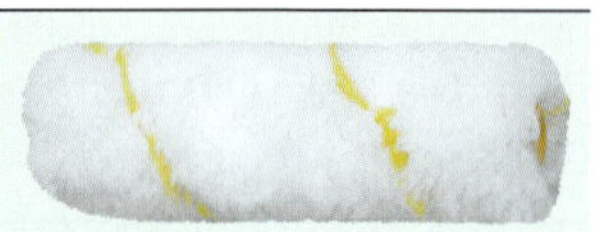 Heizkörper-Farbrolle Typ 1

Farb- und Lackierwalzen

Farbwalzenbelag/Kennzeichen	Anwendung	Beschichtungsstoffe	Beispiel
Heizkörper-Farbrolle, Polyamid • Polyamidgarn, gewebt • gezwirnt und strukturstabilisiert • Faserenden aufgeraut • sehr gute Farbaufnahme/ Farbabgabe • lösemittelbeständig • leicht zu reinigen • verrottungsfest, verfilzt nicht	• kleine, profilierte, schwer zugängliche Flächen • zum Beschneiden	• Dispersionsfarben • Silikatfarben • Silikonharzfarben • lösemittelhaltige Wand- und Fassadenfarben	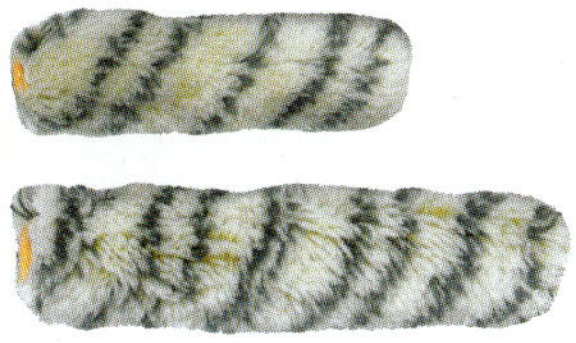 Heizkörper-Farbrolle Typ 2
Acryllackierrolle, Acrylgarn • gekräuseltes Acrylgarn • hochverdichteter Webplüsch • Faserenden gesplittet • sehr gute Farbaufnahme/ Farbhaltevermögen	• strukturfreier Auftrag	• wasserbasierte Acryllacke	 Acryllackierrolle
Lackierrolle/-walze für wasserbasierte PU-Lacke, Polyester • Polyester-Mikrofasergarn • sehr gute Farbaufnahme/ Farbhaltevermögen • feine, dichte Oberflächenstruktur • lösemittelbeständig	• strukturfreier Auftrag	• wasserbasierte PU-Lacke	 Lackierrolle/-walze für wasserbasierte PU-Lacke
Mikrofaser-Heizkörperrolle, Polyester • Polyester-Endlosfasern • sehr hohe Faserdichte • flusenfrei • lösemittelbeständig • sehr gut saugfähig/tropffrei • sehr hohe Kapillarwirkung ermöglicht gleichmäßige Farbabgabe	• glatte, ebene Untergründe • besonders für Grundierungen geeignet • geeignet für Überkopfarbeiten	• dünnflüssige Beschichtungsstoffe • Dispersionen	 Mikrofaser-Heizkörperrolle
Polyamid-Kurzflorrolle • Polyamid-Endlosgarn, gekräuselt • gezwirnt, strukturstabilisiert, Faserenden aufgeraut • sehr gute Farbaufnahme/ Farbabgabe • lösemittelbeständig • leicht zu reinigen • verrottungsfest, verfilzt nicht	• glatte und raue Untergründe	• Korrosionsbeschichtungen • Dickbeschichtungen	 Polyamid-Kurzflorrolle
Velours-Lackierwalze • gewebter Wollplüsch (gesponnene Lammwolle) • lösemittelbeständig	• glatte und ebene Untergründe	• Lackierungen • Versiegelungen • hochviskose Beschichtungen	 Velours-Lackierwalze

Schaumstoff-Lackierrollen/-walzen

Farbwalzenbelag/Kennzeichen	Anwendung	Beschichtungsstoffe	Beispiel
Schaumstoff-Lackierwalze, bügelseitig rund • sehr feinporiger Polyesterschaum • bügelseitig abgerundet	• ansatzfreier und strukturfreier Auftrag	• lösemittelbasierte Lacke • wasserbasierte Lacke	 Lackierwalze, bügelseitig rund
Schaumstoff-Lackierrolle, doppelseitig rund • sehr feinporiger Polyesterschaum • doppelseitig abgerundet	• ansatzfreier und strukturfreier Auftrag	• lösemittelbasierte Lacke • wasserbasierte Lacke	 Lackierwalze, doppelseitig rund
Flock-Lackierrolle, beidseitig rund • Polyesterschaum • 2-mm-Polyamid-Flockbezug	• höherer Lackauftrag	• wasserbasierte Lacksysteme	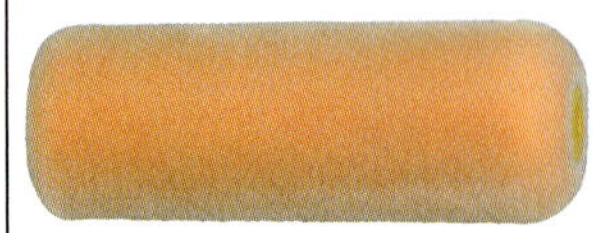 Lackierwalze, beidseitig rund

Spezielle Walzen

Farbwalzenbelag/Kennzeichen	Anwendung	Beschichtungsstoffe	Beispiel
Strukturwalze, Polyesterschaum • nahtlos aufgeklebter Polyesterschaum • verschiedene Porungen erzeugen unterschiedliche Oberflächenstrukturen	• verschiedene Struktureffekte	• gefüllte Dispersionen • Roll- und Modellierputze	 Polyesterschaum-Strukturwalze
Eckenroller • Polyamidgarn, 21 mm Florhöhe, gezwirnt • Faserenden aufgeraut • sehr gute Farbaufnahme/ Farbabgabe	• Beschichtung von Innenecken, Winkeln und Profilen	• Dispersionsfarben • Lacke	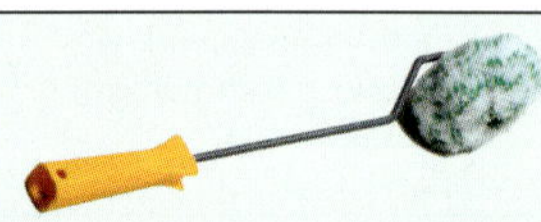 Eckenroller
Rohrroller, • Polyamid (Perlon), gewebt • 13 mm Florhöhe	• Beschichtung von Rohren	• Korrosionsbeschichtungen • Schutzbeschichtungen 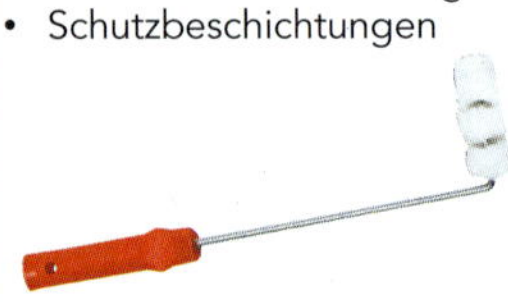 Rohrroller, Typ 1	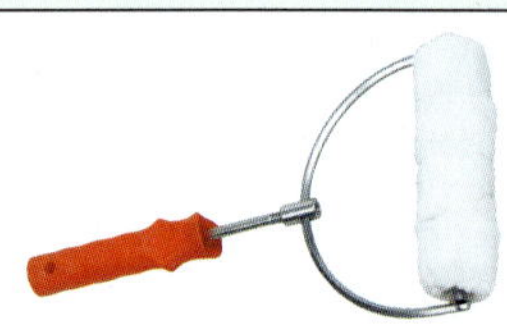 Rohrroller, Typ 2
Welldachwalze • Polyamid, ca. 21 mm Florhöhe • speziell vorgeformt • sehr gute Farbaufnahme/ Farbabgabe	• Beschichtung von Welldachformen	• Dispersionsfarben • Latexfarben • Korrosionsschutzölfarben • Rollputz	 Welldachwalze

Spezielle Walzen – Fortsetzung

Farbwalzenbelag/Kennzeichen	Anwendung	Beschichtungsstoffe	Beispiel
Entlüftungswalze • Polyethylen-Kunststoff, 13 mm lange Stacheln	• Auswalzen von Lufteinschlüssen	• Polyesterbeschichtungen • Epoxidharzbeschichtungen	 Entlüftungswalze
Erbslochwalze • Polyurethanschaum • Erbslochstrukturen • einseitig abgerundet	• Erbslochstrukturen  Strukturierung von Rollputz mit der Erbslochwalze	• Rollputz • Spachtelmasse	 Erbslochwalze

Strukturwalzen

Anwendung		Beschichtungsstoffe	
• Strukturierungen	• Maserungen	• Dispersionsfarben	• Rollputze
Beispiele			
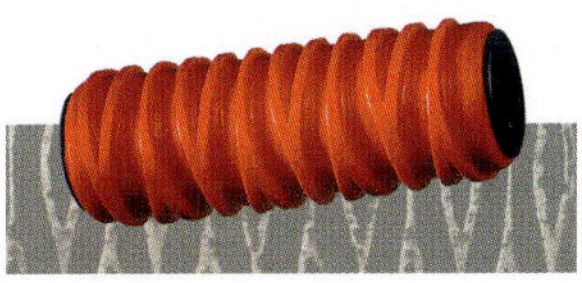 Maserung	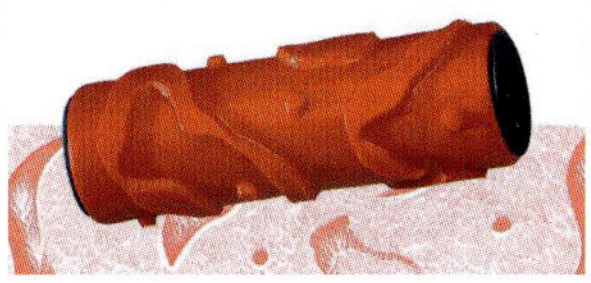 Faser	 Labyrinth	 Zwiebeln
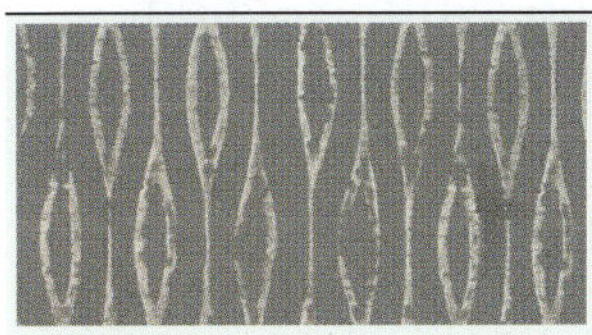 Maserung	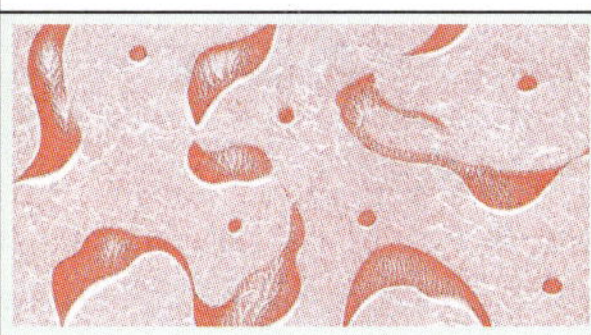 Faser	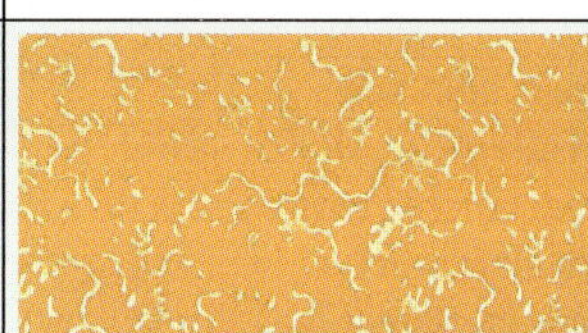 Labyrinth	 Zwiebeln
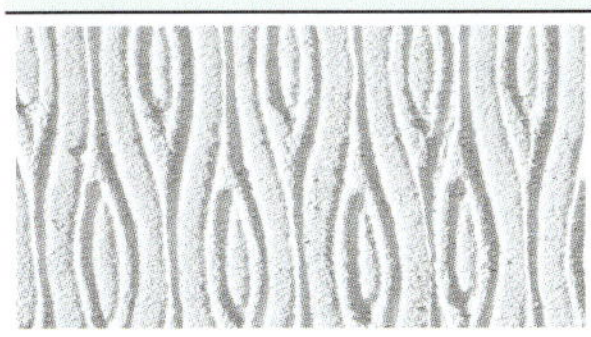 Maserung	 Faser	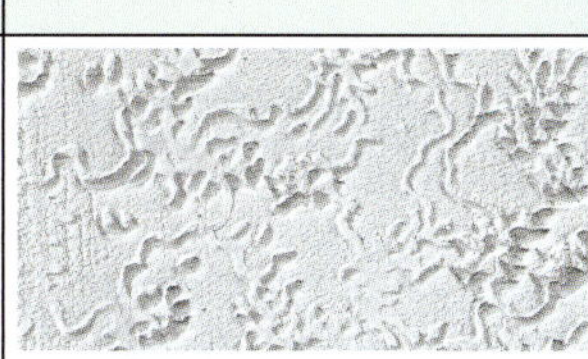 Labyrinth	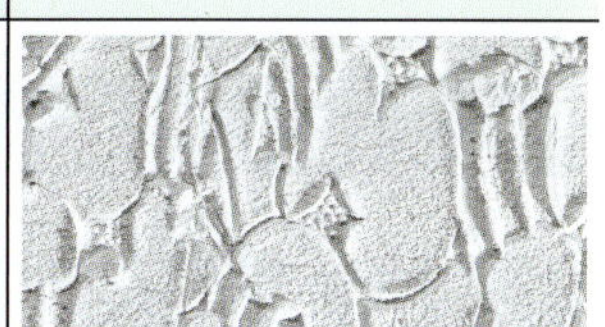 Zwiebeln
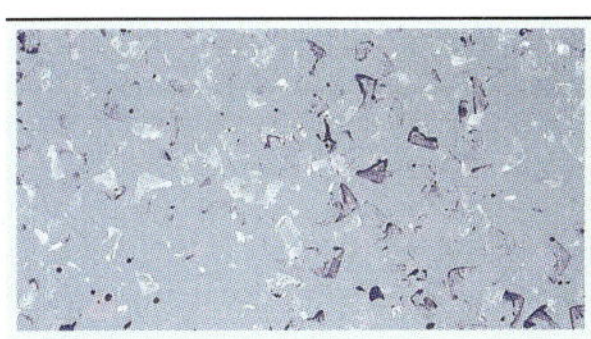 Mosaik	 Mosaik	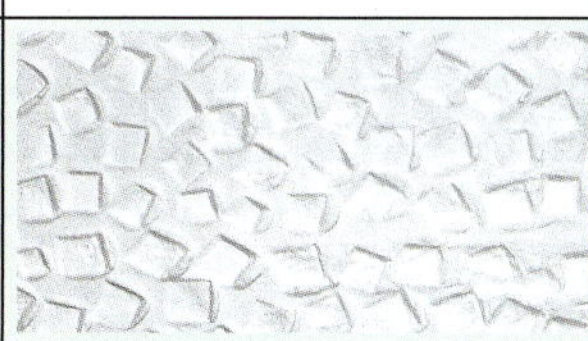 Mosaik	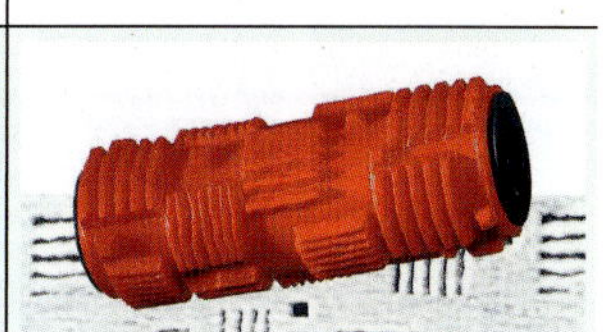 Flecken

Strukturwalzen – Fortsetzung

Beispiele			
 Naturschwamm-Effektwalze	 Oberflächenbild: Naturschwamm-Effektwalze	 Effektwalze mit Lederbesatz	 Oberflächenbild: Effektwalze mit Lederbesatz
 Effektwalze mit Kunststofffolienbezug	 Oberflächenbild: Effektwalze mit Kunststofffolienbezug	 Effektwalze mit vollständigem Lederbesatz	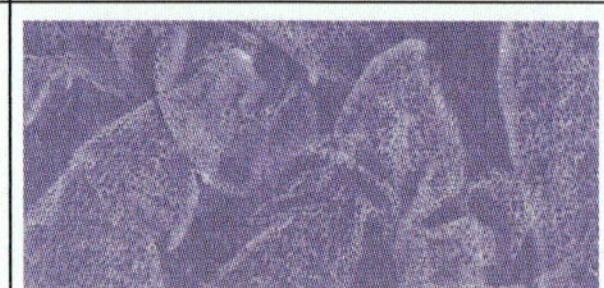 Oberflächenbild: Effektwalze mit vollständigem Lederbesatz
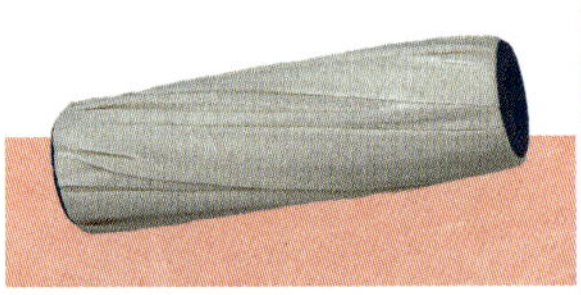 Effektwalze mit Leinenbezug	 Oberflächenbild: Effektwalze mit Leinenbezug	 Effektwalze Schlingenstruktur	 Oberflächenbild: Effektwalze Schlingenstruktur
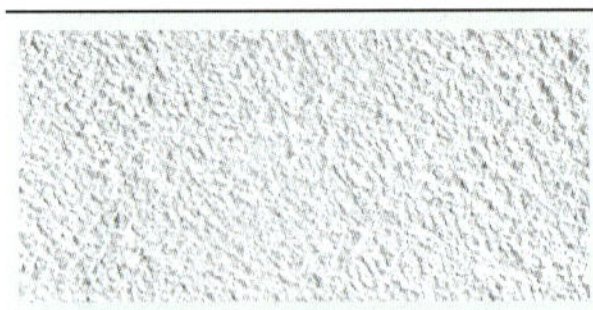 Oberflächenbild: Effektwalze mit Schlingenstruktur	 Oberflächenbild: Effektwalze mit Lederlappung	 Oberflächenbild: Effektwalze mit Lederwickelung	 Oberflächenbild: Effektwalze mit Folienstruktur

Faustregeln für die Walzenauswahl

- Je feiner das Oberflächenbild sein soll, desto kürzer muss der Florbelag der Walze sein.
- Je größer die Fläche, die beschichtet wird, umso länger muss der Florbelag sein.
- Je zähflüssiger der Beschichtungsstoff ist, desto kürzer muss der Florbelag sein.

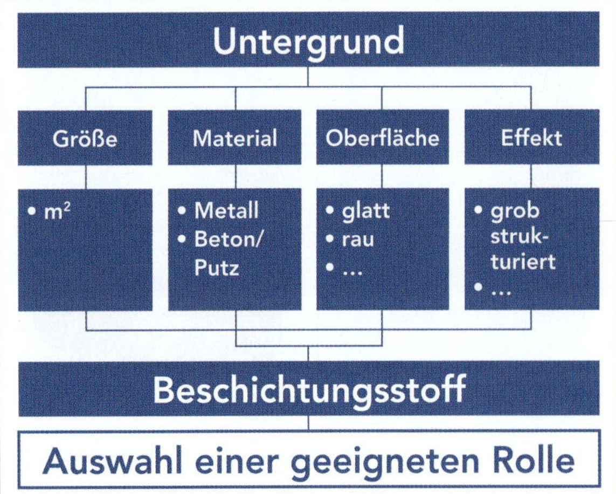

3.4.3 Rollen- und Walzenbeläge aus Naturfasern und synthetischen Fasern

Lammfell
- höchste Farbaufnahme/Farbabgabe (durch hohe Feuchtigkeitsaufnahme: bis 33 %)
- gleichmäßiger Struktureffekt
- geringes Flusen
- schwer entflammbar (durch hohen Feuchtigkeits- und Stickstoffgehalt)
- Faser: mittlere Hitzebeständigkeit und Zugfestigkeit
- Nachteilig: Bei bestimmten Anstrichmitteln kommt es zu Zerstörungen des Belags durch chemische Reaktionen (empfindlich gegen Lösemittel und Laugen).
- geringe Waschfestigkeit, daher sorgfältige Pflege nötig

In hohem Maße geeignet für alle Kunststoffdispersionsfarben.

Mohair
- gewebte Naturhaare der Angoraziege
- guter Scheuerwiderstand
- glatte Haarstruktur, hohe Farbaufnahme/Farbabgabe
- schwer entflammbar (durch hohen Feuchtigkeits- und Stickstoffgehalt), beständig gegen Lösemittel

Für lösemittelhaltige hochviskose Beschichtungen.

Velour (Wolle)
- mittlerer Scheuerwiderstand
- sehr hohes Dehnvermögen und Elastizität (Bruchdehnung 30 %, elastische Dehnung 100 %)
- sehr hohe Farbaufnahme/Farbabgabe
- schwer entflammbar (durch hohen Feuchtigkeits- und Stickstoffgehalt), beständig gegen Lösemittel

Für lösemittelhaltige hochviskose Beschichtungen.

Polyamid
- durch Polymerisation oder Polykondensation hergestelltes Kunststoffgranulat, im Schmelzspinnverfahren zu hochwertigen Chemiefasern weiterverarbeitet
- als Filament (Endlosfaser) oder als Spinnfaser produziert
- leicht waschbar, schnell trocknend, verfilzt nicht
- höchster Scheuerwiderstand (ausgezeichnete Verschleiß- und Abriebfestigkeit)
- sehr hohe Dehnung und Elastizität (Bruchdehnung 40 %, elastische Dehnung 90 %)
- gut beständig gegenüber Laugen und organischen Lösemitteln, ausreichend beständig gegenüber Säuren
- sehr hohe Farbaufnahme/Farbabgabe (große m^2-Leistung)

In hohem Maße für Dispersions-, Latex-, Dispersionssilikat- und Silikonharzfarben geeignet.
Nylonfarbwalzen sind geeignet für Lackierarbeiten mit lösemittelhaltigen Lacken/Farben.
Perlonfarbwalzen sind die gebräuchlichsten Farbrollen für Dispersions- und Acrylfarben.

Polyacryl
- durch Polymerisation hergestelltes Kunststoffgranulat, im Schmelzspinnverfahren zu wollähnlichen (weichen) Chemiefasern weiterverarbeitet
- guter Scheuerwiderstand (Polyacrylbezüge neigen zur schnelleren Abnutzung)
- sehr hohe Dehnung und Elastizität (Bruchdehnung 20 %, elastische Dehnung 65 %)
- leicht waschbar, schnell trocknend, verfilzt nicht
- gut beständig gegenüber Säuren und verdünnten Laugen
- hohe Farbaufnahme/Farbabgabe (mittlere m^2-Leistung)

Gut geeignet für wasserlösliche Lacke, Dispersions- und Latexfarben.

Polyester (auch Vestan)
- durch Polykondensation hergestelltes Kunststoffgranulat, im Schmelzspinnverfahren zu preisgünstigen festeren Chemiefasern weiterverarbeitet
- hoher Scheuerwiderstand (ca. 20 % weniger als Polyamid)
- sehr hohe Dehnung und Elastizität (Bruchdehnung 40 %, elastische Dehnung 90 %)
- leicht waschbar, schnell trocknend, verfilzt nicht
- gut beständig gegenüber Laugen und organischen Lösemitteln (nicht gegenüber Säure- oder Laugenkonzentraten)

Mikrofaser
- feine synthetische Fasern aus Polyester, Polyamid oder Polyacryl
- Feinheiten von 0,5 – 1,2 dtex (10 000 m wiegen 0,5 g – 1,2 g)
- lösemittelbeständig
- besonders für niedrigviskose Beschichtungen (Lasuren, Grundierungen oder Sanierlösungen o. Ä.) geeignet

PUR-Schaum
- Schaum aus Polyurethan, z. B. Moltopren
- Porendurchmesser von Moltoprenbelägen: feinporig Ø = 0,25 mm, mittelporig Ø = 2,0 mm, grobporig Ø = 3,5 mm, eingebrannte Poren Ø = 9 mm
- geeignet zum Lackieren mit leicht lösemittelhaltigen oder wasserlöslichen Lacken
- auch zur Oberflächenmodulierung von Putzen o. Ä. einsetzbar

3.4.4 Farbrollen reinigen und pflegen

Farbrollen und -walzen werden schon nach einmaligem Benutzen unbrauchbar, wenn sie nicht sofort gründlich gereinigt werden.

Lösemittelhaltige Beschichtungsstoffe
Farbrollen, mit denen lösemittelhaltige Anstrichstoffe lackiert wurden, werden nach Beendigung der Arbeit fachgerecht entsorgt. Die Kosten für das Reinigen mit Lösemitteln oder Pinselreiniger sowie deren fachgerechte Entsorgung wären deutlich höher als eine neue Ersatzwalze.

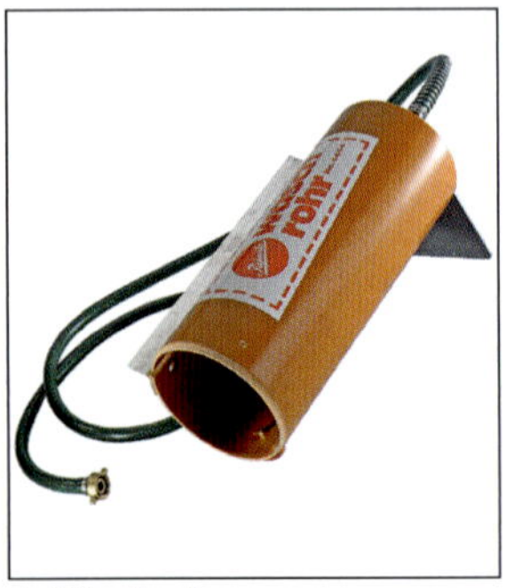

1 Waschrohr

2 Farbwalzenreiniger

Wasserbasierte Beschichtungsstoffe
Das einfachste Reinigungsgerät ist ein Waschrohr, das an einen Wasserhahn angeschlossen wird. Es besteht aus einem Kunststoffrohr, in das man die Walze einhängt. Im Waschrohr befindet sich eine Zuleitung mit feinen Bohrungen, durch die das Wasser strömt und die Walze in Rotation bringt. Dadurch wird das Anstrichmittel herausgeschleudert. Problematisch ist das Auffangen des reichlich anfallenden Schmutzwassers.
Besser und umweltfreundlicher sind Farbwalzenreiniger. Ihnen genügen 3 l Wasser, um in wenigen Sekunden eine Walze gründlich zu reinigen und das Schmutzwasser in einem Behälter aufzufangen.

3 Walzenwaschgerät

Die geringste ökologische Belastung lässt sich mit einem Walzenwaschgerät erzielen. Das Schmutzwasser wird hierbei aufgefangen. Durch Zugabe von Koagulierungsmittel lassen sich Wasser und Schmutzteile trennen. Diese setzen sich in einem Sedimentationsverfahren am Boden des Auffangbehälters im Gerät ab.
Nach diesem Prinzip arbeiten auch Waschtischspaltanlagen.

Walzen unter fließendem Wasser oder im Eimer auszuwaschen ist sehr umweltschädlich! Hierbei werden große Mengen Wasser verbraucht und das Abwassersystem nachhaltig geschädigt!

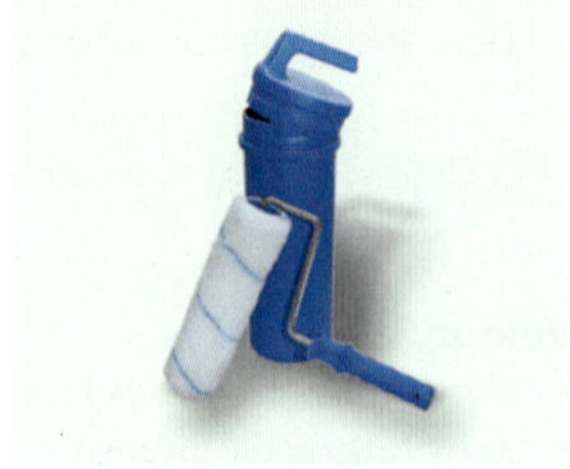

4 Rollerbox

Farbrollen, mit denen lösemittelhaltige Anstrichmittel verarbeitet wurden, können in speziellen Kunststoffboxen mehrere Tage ohne Auswaschen aufbewahrt werden. Für kurze Arbeitsunterbrechungen werden sie in Kunststofffolie möglichst luftdicht eingepackt. Dadurch bleiben die Farbrollen, je nach Anstrichmittel, einige Stunden gebrauchsfähig.

3.5 Glätten, Spachteln, Auftragen

Unebene Untergründe lassen sich mit Spachtelmassen glätten. Risse und kleine Löcher werden mit speziellen Pasten verschlossen. Schmucktechniken können mit Spachtelmassen angefertigt werden.

3.5.1 Spachtel

Spachtel oder Spachtelmesser: Werkzeuge aus Stahl, Gummi oder Kunststoff zum Auftragen von pastösen Massen. Mit ihnen kann geglättet, aufgetragen oder strukturiert werden

Spachtel	Verwendung
Stoßspachtel (Malerspachtel) 	• Universalwerkzeug des Malers • besteht aus einer flachen Klinge aus gehärtetem und geschliffenem Stahl mit Holz- oder Kunststoffgriff • Schließen kleiner Löcher • Schaben und Kratzen • Anrühren von Füllstoff oder Gips • usw.
Stoßspachtel, kurze Klinge 	• Abstoßen von Rost

Spachtel	Verwendung
Stoßspachtel, lange Klinge 	• Abschieben von Lackschichten beim Abbrennen mit der Heißluftpistole • die lange Klinge ermöglicht gefahrloses Arbeiten
Japanspachtel 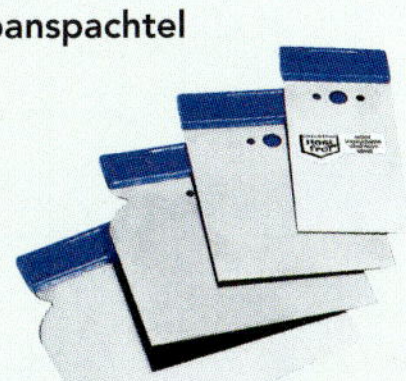	• Glätten kleiner Flächen • gehärteter Federbandstahl: Breiten 5, 8, 10, 12 und 14 cm • drei Härten: • I = hart, steif II = mittelhart III = weich, elastisch • Japanspachtel aus Kunststoff wird an Rundungen eingesetzt
Doppelblattspachtel 	• Aufziehen und ansatzloses Verspachteln von Spachtelmassen • auch für größere Flächen geeignet • Klingenhärte lässt sich durch das zweite Spachtelblatt einstellen
Flächenspachtel 	• großflächiges Spachteln • verschiedene Ausführungen • Breiten bis 50 cm

3.5.2 Schaber

Schaber: Für grobe Abstoßarbeiten, zur Farb- und Lackentschichtung oder auch zu Reinigungszwecken.

Schaber	Verwendung
Handschaber 	• grobe Abstoßarbeiten • geschliffene Klinge geeignet für Reinigungsarbeiten auf Glasflächen
Farbschaber 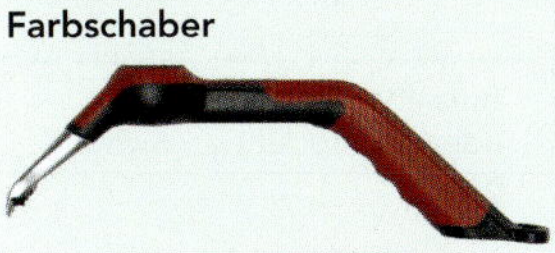	• Entschichten von hartnäckigen Farb- oder Lackschichten • spezielle Griffformung erleichtert die Kraftübertragung
Flächenschaber 	• die breite Klinge erlaubt die Reinigung größerer Wand- oder Deckenflächen
Glasschaber 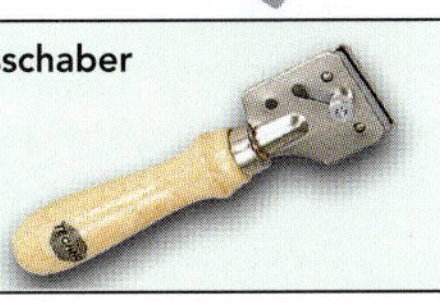	• Abschaben von Farb- oder Lackspritzern auf Glasflächen

3.5.3 Kittmesser

Kittmesser	Verwendung
Kittmesser, spitz 	• hauptsächlich: Verarbeiten von Ölkitt beim Verglasen von Fenstern
Kittmesser, gebogen 	• Schaben kleiner Flächen • Arbeiten auf Leitern oder auf schwer zugänglichen Flächen

3.5.4 Kellen und Glätter (Traufeln)

Glättkellen oder Traufeln:
- aus Stahl übliche Werkzeuge zum Auftragen von Putzen,
- aus Kunststoff zum Strukturieren von Kunststoffputzen.

Kelle/Glätter	Verwendung
Glättekelle 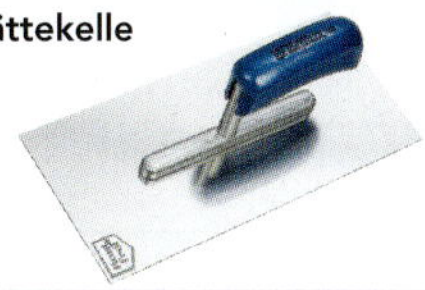	Aufziehen und Glätten von • WDVS-Klebstoffen • Putzen • Spachtelmassen
Stuckateurkelle 	• Anrühren und Entnehmen von WDVS-Klebern, Mörteln, Putzen oder Spachtelmassen • Auftragen von WDVS-Klebstoffen auf Dämmplatten
Stuckateurspachtel 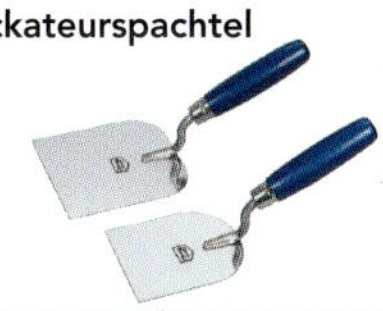	• Spachteln von Fugen • Strukturieren von Roll- und Modellierputzen • Anrühren und Entnehmen von plastischen Massen wie WDVS-Klebstoffen, Mörteln, Putzen oder Spachtelmassen
Aufziehplatte 	• Aufziehen und Glätten von Putzen, Spachtelmassen usw. • Glätten von Ausgleichsmassen auf Estrichen
Bossenkelle 	• Ausbilden unterschiedlich großer Trapezformen (Bossen) • Ausbilden von Dreiecksfugen
Eckenkelle 	• saubere Ausbildung der Außen- und Innenecken bei Spachtel- und Putzarbeiten

Kelle/Glätter	Verwendung
Venezianische Glättekelle 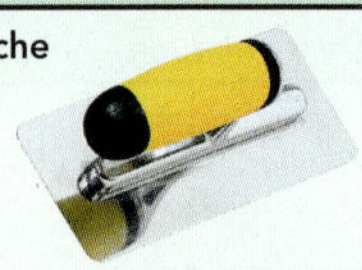	• gerundete Kanten des Kellenblatts erlauben ansatzfreies Aufziehen und Glätten von Effektspachtelmassen
Kunststoffglätter 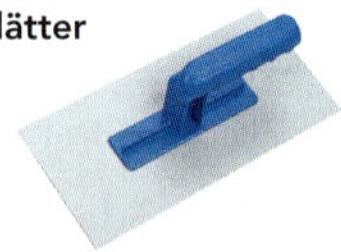	• Abreiben und Strukturieren von Putzflächen
Kunststoffglätter, Giebelform 	• Abreiben und Strukturieren von Putzflächen, besonders an Ecken
Stuckateur-Reibekelle, spitze Form 	• Abreiben und Strukturieren von Putzflächen • für Ecken und Fensterlaibungen besonders geeignet
Reibebrett, PU 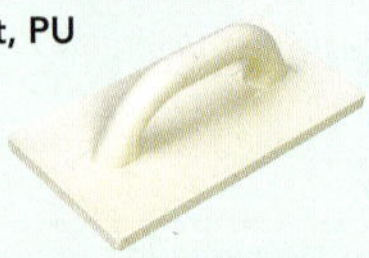	• Strukturieren von Putzen • Filzen von mineralischen Feinputzen
Reibebrett, Latexschwammbelag 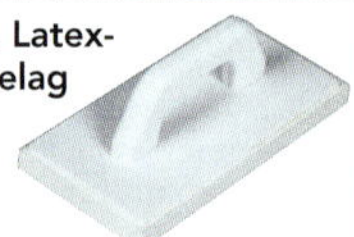	• Abreiben von Feinputzen und -spachteln • für mineralische, dünnschichtige Feinputze
Reibebrett, Schwammgummibelag 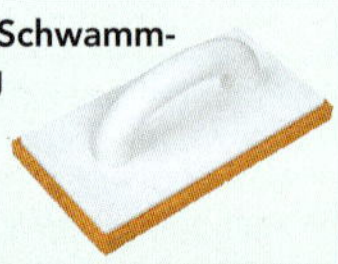	• grobporiger Belag • Abreiben von Feinputzen und -spachteln
Reibebrett, Zellkautschukbelag 	• feinporiger Belag • Abreiben von Feinputzen und -spachteln • Filzen von mineralischen Feinputzen

3.5.5 Zahnkellen und Zahnspachtel

Zahnkellen/-spachtel: Zum gleichmäßigen, kontrollierten Auftragen von gefüllten, d. h. pastösen Klebern. Auftragsmenge und Struktur werden durch Form und Größe der Zahnungen bestimmt.

Gebräuchlich sind Zahnmutterspachtel oder Traufeln, bei denen nur die Zahnleiste ausgewechselt wird, wenn die Zahnung abgenutzt ist oder eine andere Zahnung benötigt wird.
Um die Vielfalt der angebotenen Zahnungen zu ordnen, gibt es die Empfehlung der TKB (Technische Kommission Bauklebstoffe), in der drei Zahnformen festgelegt sind.

Gruppe A: Beispiel für Spitzzahnungen „fein"

Gruppe B: Beispiel für Spitzzahnungen „grob"

Gruppe C: Beispiel für Viereckzahnungen

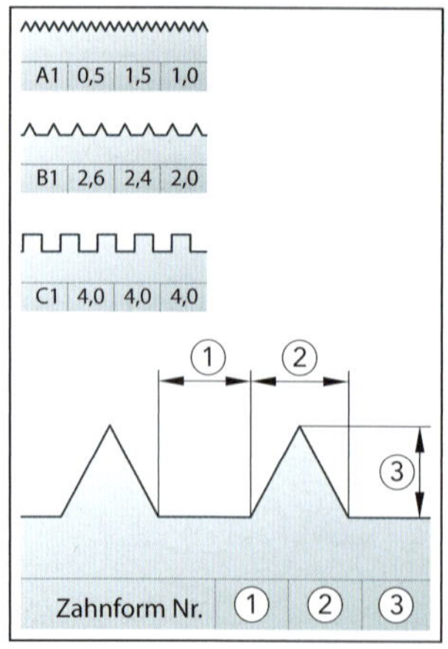

Erklärung:

1 Zahnungen

Zahnkelle/Zahnspachtel	Verwendung
Zahnkelle, Zahnung 8 x 8 x 8 mm 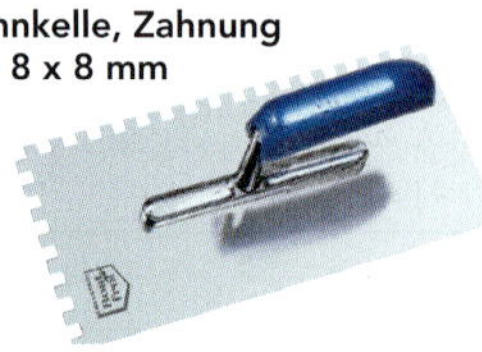	• stirn- und längsseitig gezahnt • Aufziehen und Ausbilden von Armierungsmassen
Zahnkelle, Zahnung 4 x 4 x 4 mm 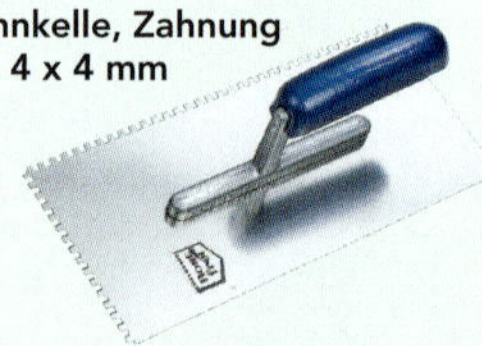	• stirn- und längsseitig gezahnt • Aufziehen und Ausbilden von Klebemörtel oder WDVS-Kleber
Zahnkelle, Zahnung 10 x 10 x 10 mm 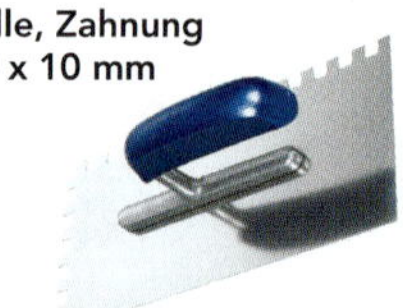	• stirn- und längsseitig gezahnt • Aufziehen und Ausbilden von WDVS-Pulverkleber, WDVS-Klebe- und Armierungsmörtel
Zahnkelle, Zahnung 17 x 15 x 15 mm 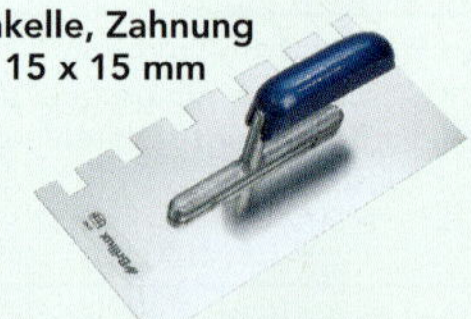	• stirn- und längsseitig gezahnt • Aufziehen und Abkämmen von Steinlamellen-Dämmplattenkleber • Ausbilden von WDVS-Klebe- und Armierungsmörtel
Zahnspachtel, mit Wechselleisten 	• Aufziehen von Klebstoffen oder 2-K-Bodenbeschichtungen
Zahnflächenspachtel, 50 cm breit 	• je nach Zahngröße: großflächiges und gleichmäßiges Auftragen von WDVS-Kleber oder Armierungsmassen • Kontrolle der Auftragsstärke von Armierungsmassen

Spachtel- und Auftragswerkzeuge müssen sofort nach Gebrauch gesäubert werden! Erhärtete Spachtel-, Putz- oder Auftragsmasse behindert den nächsten Arbeitsgang und ist schwer vom Werkzeug zu entfernen.
Spachtel mit abgerundeten Ecken, beschädigten Schneiden oder abgenutzten Zahnbrückenbreiten sind unbrauchbar. Durch das Oberflächenbild des aufgetragenen Spachtels kann der Maler und Lackierer den Zustand seines Zahnspachtels beurteilen. Unter Zahnbrückenbreite versteht man die Maße der Metallfläche zwischen den Zahnaussparungen des Zahnspachtels.

1 Der Zustand der Spachtelzähne lässt sich anhand des Abstands der Zahnbrückenbreite des Spachtels beurteilen

3.6 Spritzen

Beim Spritzen wird der Beschichtungsstoff in fein zerstäubten Tröpfchen auf die Fläche übertragen.
Spritzgeräte sind für die Applikation fast aller Beschichtungsstoffe geeignet; bei einigen sind sie das einzig mögliche Auftragsverfahren.
Durch Spritzen werden die Untergründe gleichmäßiger und schneller beschichtet als mit Pinsel oder Rolle – bei gleichzeitig geringerem Kraftaufwand. Spritzverfahren sind somit rationeller. Ihr größtes Einsatzgebiet liegt in der industriellen Beschichtung von Massenartikeln und in der Fahrzeuglackierung. Aber auch im Malerhandwerk kommen Spritztechniken vor, z. B. der maschinelle Auftrag von Putz oder Beschichtungen von kleineren Objekten direkt auf der Baustelle.

Beim Spritzen entstehen Farbnebel, die Mensch und Umwelt belasten. Mit dem Farbnebel geht viel Farbe verloren, die nicht auf dem zu beschichtenden Objekt landet, das sogenannte **Overspray**.

Beim Spritzen im Freien kann man sich zwar durch eine Atemschutzausrüstung selbst schützen, die Umwelt aber nicht ohne großen technischen Aufwand.

Aus diesem Grund ist das Spritzverfahren nicht immer vorteilhaft: Neben dem technischen Aufwand sind sehr aufwendige Abdeck- oder Abklebe- und Reinigungsmaßnahmen erforderlich. Zudem ist der Materialverlust durch Overspray teuer.

3.6.1 Spritzverfahren

Die Spritzverfahren teilt man nach ihrem Zerstäubungsprinzip in zwei verschiedene Arten ein: Bei pneumatischen Verfahren reißt der Luftstrom der Spritzpistole das Spritzgut mit, bei hydraulischen Verfahren wird das Spritzgut unter hohen Druck gesetzt.

2 Übersicht Spritzverfahren

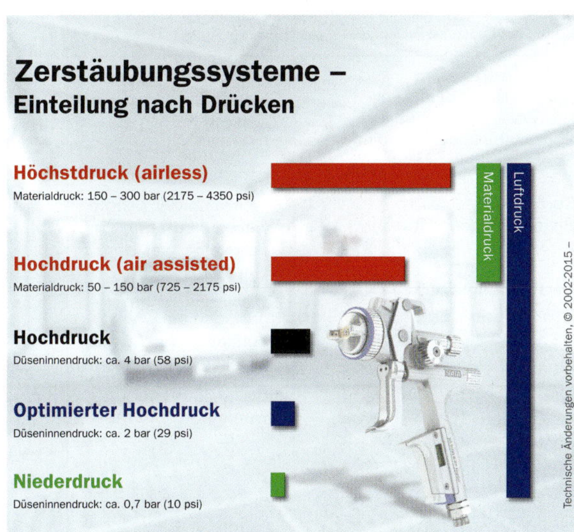

3 Zerstäubungssysteme

Spritzverfahren	Funktionsweise und Druckerzeugung	Vorteile	Nachteile	Anwendungsbereiche
Farbsprühgeräte **Spritzdruck:** **Handsprühgeräte: 8–15 bar** **Kolbenpumpen-Sprühgeräte:** **0,3–5 bar** 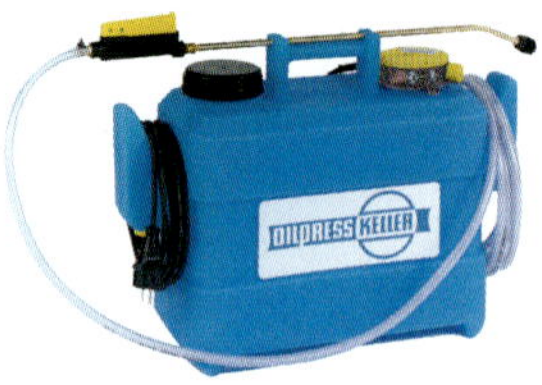	• Handdruck • elektrisch betriebene Kolbenpumpen-Sprühgeräte • Druck tragbarer Farbsprühgeräte wird manuell oder elektrisch erzeugt	• einfache Handhabung • handliche Geräte	• zur Bedienung der Handpumpen sind zwei Arbeitskräfte erforderlich: einer zur Handhabung der Pumpe, der andere zum Sprühen • nicht für Endbeschichtungen geeignet	• Versprühen wässriger Anstrichstoffe wie Kalkfarben, Imprägniermittel, Grundierungen oder Tapetenlöser
Niederdruck-Spritztechnik **Spritzdruck:** **0,2–0,5 bar** 	• elektrische, meist transportable Geräte • saugen wie bei einem Staubsauger Luft über ein Gebläse an und führen diese in einem dicken Schlauch zur Pistole • ein Teil der Luft wird in den Fließbecher geleitet und drückt das Material zur Düse, wo es vom Rest der Druckluft fein zerstäubt wird	• um das Spritzmaterial-Luft-Gemisch bildet sich eine Art Luftglocke, die ein Abschweben von Materialteilchen verhindert • nur wenig Farbnebel: weniger Abdeckarbeiten, weniger Luftschadstoffe, geringere Umweltbelastung • gutes Preis-Leistungs-Verhältnis • unkompliziert in der Handhabung • einfache Wartung	• hoher Reinigungsaufwand • geringe Arbeitsgeschwindigkeit (deshalb vor allem für kleine Flächen und für Farbeffektaufträge)	• Lackierungen auf der Baustelle, z. B. Heizungen • kleine Flächen • Grundierungen • mehrfarbige Gestaltung im Innen- und Außenraum mit häufigem Farbwechsel • Holzschutzmittel, Lasuren • Alternative zu Streichen und Rollen
HVLP-Spritzsystem HVLP = High Volume Low Pressure (hohe Menge an Spritzmaterial bei geringem Spritzdruck) **Spritzdruck:** **Pistoleneingangsdruck:** **2–3 bar** **Zerstäubungsdruck:** **< 0,7 bar** 	• Kompressor oder stationäres Druckluftsystem • hoher Pistoleneingangsdruck • innerhalb der Pistole wird die Luft fein verzweigt, was den Druck absenkt, sodass am Luftkopf nur noch ein Zerstäubungsdruck unter 0,7 bar herrscht • dadurch entsteht weniger Farbnebel	• hohe Farbübertragungsrate (über 65 %) • wenig Farbnebel • feine Farbzerstäubung → gutes Spritzbild • Rückprall der Farbtröpfchen vom Objekt wird verringert → wenig Overspray • wenig Materialverbrauch und Emission von Luftschadstoffen • für kleine Flächen geeignet	• Luftdruck muss sehr genau eingestellt sein • geringe Arbeitsgeschwindigkeit • hochviskose Materialien müssen stark verdünnt werden	• Lackierungen

Spritzverfahren	Funktionsweise und Druckerzeugung	Vorteile	Nachteile	Anwendungsbereiche
Hochdruck-Spritztechnik (HD) **Spritzdruck:** **2–5 bar** 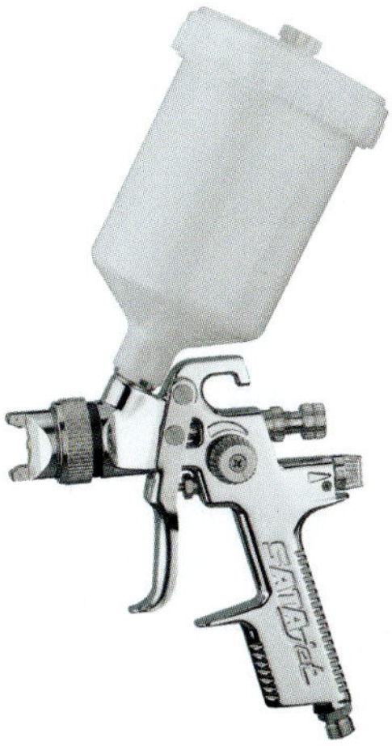	• Kompressor • Druckluft wird getrennt vom Beschichtungsstoff zur Düse der Pistole geleitet • in der Düse erfolgt die Zerstäubung des Materials mit sehr hohem Luftdruck	• qualitativ hochwertige Lackierungen durch sehr feine Zerstäubung des Farbmaterials • sehr hohe Arbeitsgeschwindigkeit • für kleine Flächen geeignet	• viel Overspray (60–65 %) • hoher technischer Aufwand: feste Station mit Kompressor, Absauganlage, Wasser- und Ölabscheider, Druckminimierer • meist nicht transportabel • aufwendiger Atemschutz • Präzisionsgeräte mit feinsten Luftzufuhrkanälen und mikrofein aufeinander abgestimmten Düsen und Luftköpfen müssen sorgfältig gewartet werden • hochviskose Materialien lassen sich weniger gut verarbeiten	• Lackierungen • Airbrush (künstlerisches Lackieren mit speziellen kleinen Pistolen) Aufgrund der geringen Materialübertragungsrate entspricht das Hochdruckspritzen nicht mehr den aktuellen gesetzlichen Bestimmungen.
RP-Spritzsystem RP = Reduced Pressure (reduzierter Spritzdruck) **Spritzdruck:** **Pistoleneingangsdruck:** **2,5 bar** **Zerstäubungsdruck:** **1,8–2,0 bar** 	• wird wie Hochdruck-Spritzverfahren eingesetzt • durch Verringerung des Drucks erfüllt das RP-System die VOC-Richtlinie	• optimiertes Hochdruckverfahren • ähnlich hochwertige Lackierungen wie beim Hochdruckspritzen • Reduzierung von Materialverbrauch und Schadstoffemission, hohe Arbeitsgeschwindigkeit • Materialübertragungsrate über 65 % • auch für kleinere Kompressoren geeignet	• höherer Materialverbrauch als bei HVLP • hoher technischer Aufwand • meist nicht transportabel	• Lackierungen

3.6.2 Pneumatische Verfahren

Pneumatische Verfahren: Luftzerstäubende Verfahren, bei denen das Spritzmaterial vom Luftstrom der Pistole mitgerissen und zerstäubt wird.

Die an der Pistole austretende Luft bildet einen gleichmäßig strömenden Luftkegel, der das Material zu kleinsten Partikeln zerstäubt.

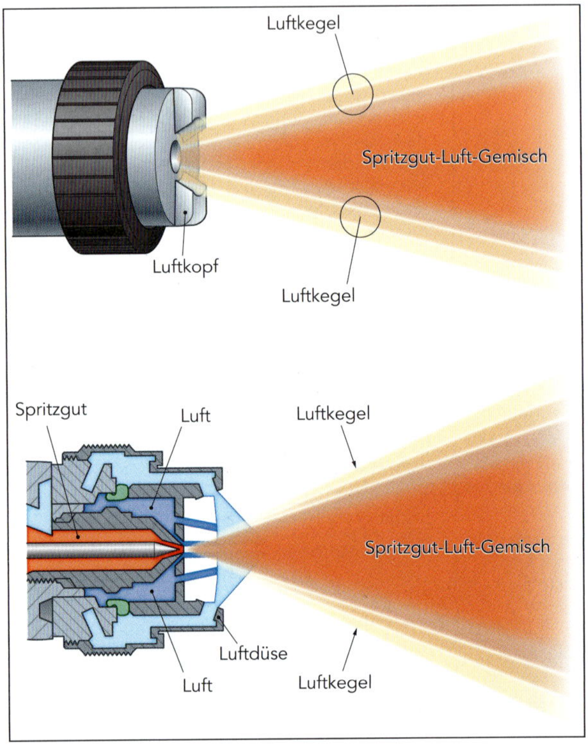

1 Zerstäubung des Spritzmaterials mit Luft

Nach VOC-Richtlinie (siehe S. 59) muss die Materialübertragungsrate bei mindestens 65 % liegen, das bedeutet:

- Höchstens 35 % dürfen als Overspray verloren gehen oder
- an der Luftdüse darf maximal ein Druck von 0,7 bar herrschen.

Die Wahl des Spritzverfahrens hängt von unterschiedlichen Faktoren ab, z. B. dem Lacksystem oder der Größe und den Qualitätsanforderungen des Objekts. Dabei gilt zu beachten:

Je feiner die Farbzerstäubung, desto besser ist das Spritzbild.
Je niedriger der Zerstäubungsdruck, desto höher ist die Materialübertragungsrate.

Druckerzeugung

Für das pneumatische Spritzverfahren benötigt man Druckluft.

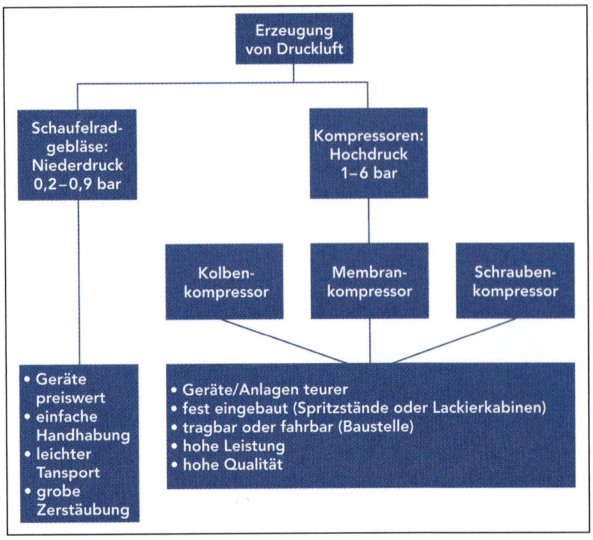

2 Erzeugung von Druckluft

Drucklufterzeuger werden durch Elektro- oder Benzinmotoren angetrieben. Kolben- und Schraubenkompressoren benötigen zum Arbeiten Öl, was in den Leitungssystemen zu Verunreinigungen führen kann. Aus diesem Grund müssen Wasser- und Ölabscheider eingesetzt werden.

Durch Öl oder Kondenswasser verschmutzte Luft führt beim Spritzen zu Beschichtungsmängeln und zu schlechten Beschichtungsergebnissen.

3 Wasser- und Ölabscheider mit Druckminderer (reguliert einen gleichbleibenden Arbeitsdruck)

Spritzpistolen

Luftzerstäubende Spritzpistolen sind Präzisionsgeräte mit feinsten Luftzufuhrkanälen und mikrofein aufeinander abgestimmten Düsen und Luftköpfen.
Druckluft und Beschichtungsstoff werden in der Pistole durch getrennte Kanäle zur Düse geführt. Die Luftzufuhr wird durch Druck auf den Abzugsbügel freigegeben. Beim weiteren Durchdrücken wird der Farbkanal frei und das Material wird vom Luftstrahl fein zerstäubt.

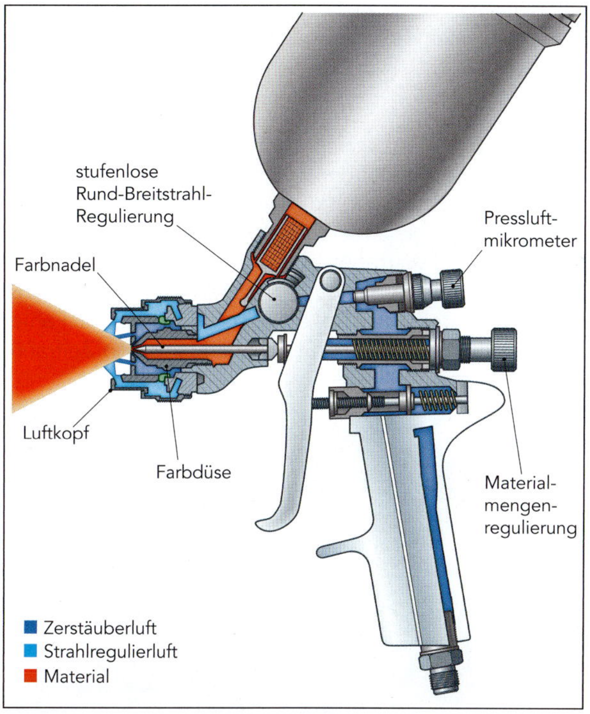

1 Funktionsweise einer Spritzpistole

Düsen gibt es in zwei verschiedenen Typen:

- Außenmisch-Systeme
- Innenmisch-Systeme

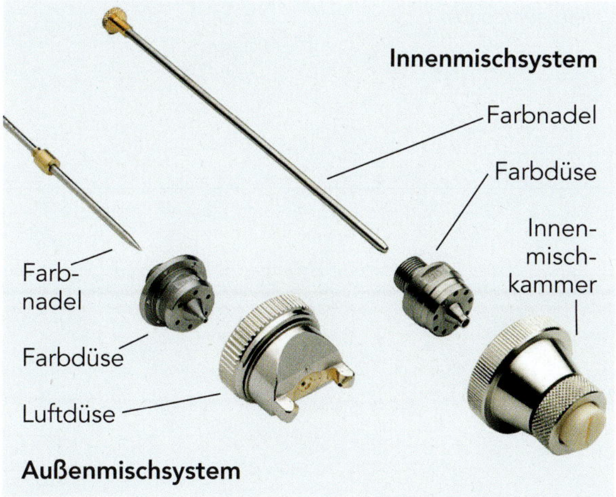

2 Düsensätze

Pistolen mit Außenmischdüsen eignen sich vor allem für niedrigviskose Materialien wie Lack, Vorlack, Füller und Grundierungen.

Außenmischung: Material und Luft treffen erst außerhalb des Luftkopfs zusammen und bilden dann den Spritzstahl.

Pistolen mit Innenmischdüsen kommen vor allem für hochviskose Materialien wie Dispersionen, Effektlacke und Spritzputze in Betracht.

Innenmischung: Material und Luft treffen hinter der Düse zusammen, der Spritzstrahl wird aber innerhalb der Mischkammer im Luftkopf gebildet.

Spritzpistolen funktionieren nur einwandfrei bei sorgfältiger Wartung und richtigem Zusammenbau.

Düsensatz: Besteht immer aus drei Teilen, die nur zusammen gewechselt werden dürfen:
Farbnadel, Farbdüse und **Luftdüse**.

Materialzufuhrsysteme

Für das Druckluftspritzen gibt es verschiedene Systeme der Materialzufuhr:

System	Funktionsweise
Fließsystem 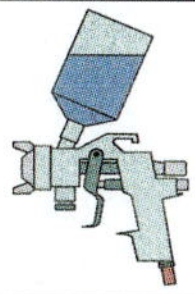	• Materialbecher ist über dem Luftstrom angebracht • Spritzmaterial fließt selbstständig zur Düse
Saugsystem 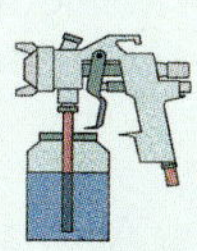	• Materialbecher hängt unter der Spritzpistole • Spritzmaterial wird durch die Druckluft angesaugt und zur Düse geführt
Drucksystem 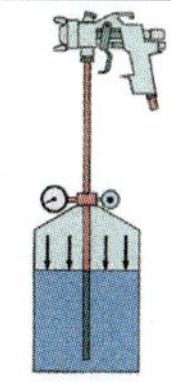	• Spritzmaterial wird aus einem größeren Farbkessel durch Druckluft in einem Schlauch zur Pistole geführt • besonders für große Flächen geeignet
Umlaufsystem 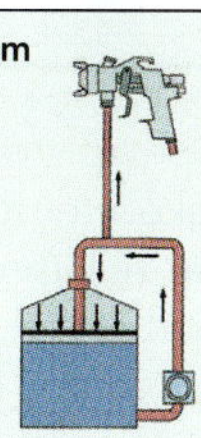	• Spritzmaterial wird aus einem Druckkessel zur Pistole geführt • Anstrichstoff wird ständig bewegt, dabei gefiltert; es fließt nur so viel Material zur Pistole, wie sie tatsächlich braucht • sinnvoll beim Einsatz großer Behälter in Lackieranlagen

Reinigung und Wartung von Spritzpistolen

Die Wahl der Reinigungsmittel hängt davon ab, ob die Spritzpistole wasser- oder lösemittelbasierte Beschichtungsstoffe fördert.

Man reinigt grundsätzlich alle farbführenden Teile, Becher, die Materialzufuhr in der Pistole, Farbnadel, Farbdüse und den Luftkopf. Die Reinigung erfolgt nach jedem Gebrauch:

1. Farbnadel herausnehmen.

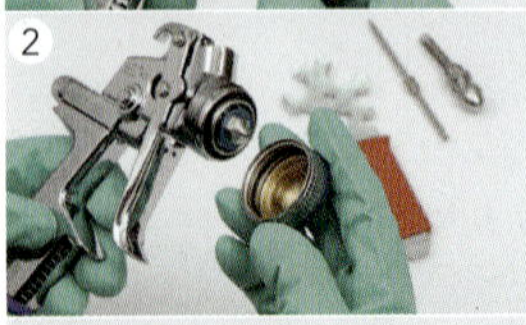

2. Luftdüse und Materialmengen-Regulierung abschrauben.

3. Farbdüse mit einem zur Pistole gehörenden Schlüssel demontieren.

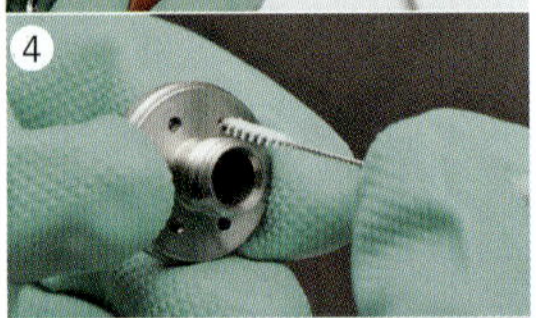

4. Düsensatz sehr vorsichtig mit Reinigungsbürsten und -nadeln säubern.

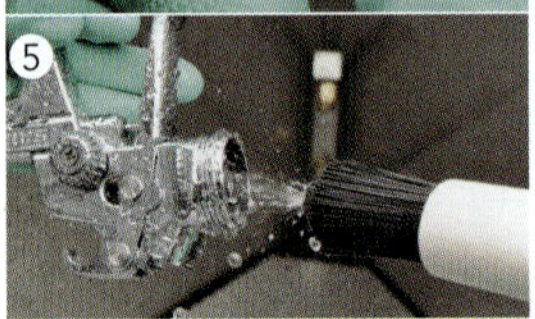

5. Farbkanal reinigen.

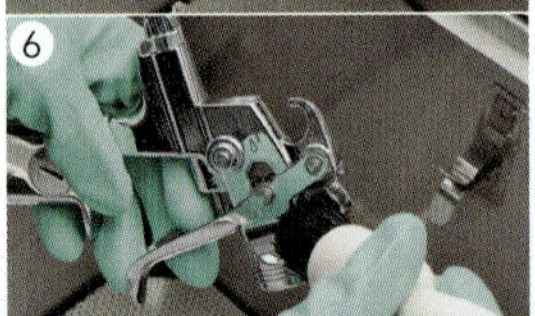

6. Pistolenkörper reinigen; die Pistolen dürfen nie im Reinigungsmittel liegen gelassen werden.

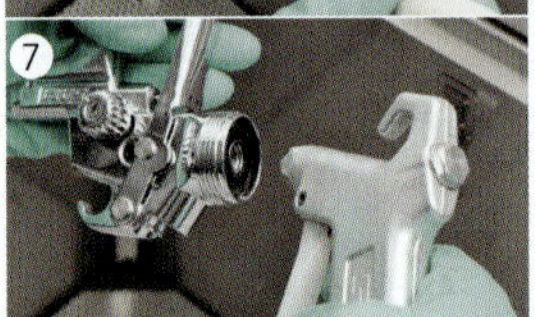

7. Mit der Ausblasepistole trocken pusten.

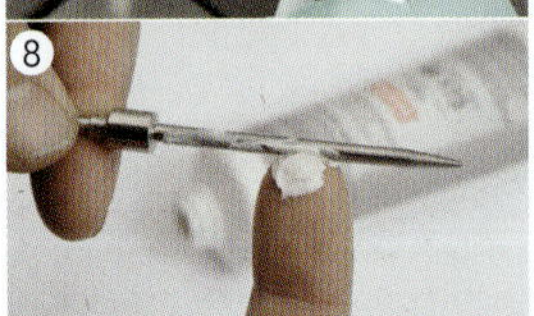

8. Farbnadel, Farbnadelfeder und Materialmengen-Regulierung leicht einfetten.

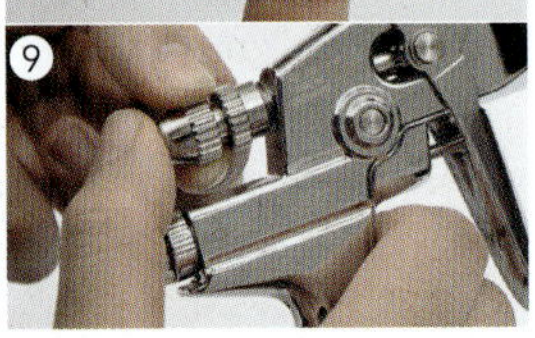

9. Die Spritzpistole wird in umgekehrter Reihenfolge wieder zusammengebaut. Die Farbnadel, die Farbdüse und der Luftkopf werden stets handfest angezogen.

Reinigungsmittel sind gesundheitsschädlich – Handschuhe tragen!

Zur regelmäßigen Wartung einer Spritzpistole gehört zusätzlich, dass Düsensatz, Luftverteiler-Ring und Farbnadeldichtung gewechselt werden.

Der Düsensatz
- darf nur komplett gewechselt werden,
- muss zur Pistole gehören.

Betriebe, die viele Lackierarbeiten durchführen und eine Lackierkabine verwenden, verfügen oftmals über ein Farbreinigungsgerät, mit dem die Lackierpistole in einer halben Minute gesäubert werden kann. Eine gründliche Reinigung und Wartung von Hand muss auf diese Weise nur etwa einmal pro Woche durchgeführt werden, z. B. wenn ein Materialwechsel ansteht, das Spritzbild Fehler aufweist oder die Pistole über einen längeren Zeitraum nicht verwendet wird.

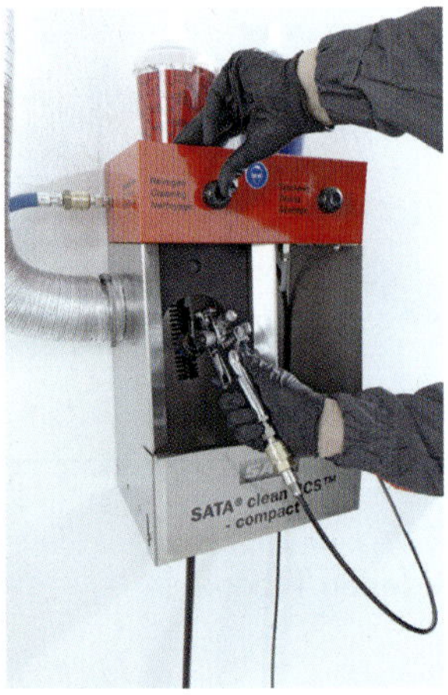

1 Farbkanal und Luftdüse reinigen/spülen

2 Trockenblasen

Fehlerfreier Spritzstrahl und mögliche Störungen

Störungsbild	Störung	Ursache	Maßnahmen zur Abhilfe
	**gespaltener Spritzstrahl**	• Material zu stark verdünnt • Spritzdruck zu hoch • Stirnbohrungen verschmutzt, z.T. verstopft	• Viskosität prüfen • evtl. andere Wahl der Düsengröße • sorgfältiges Reinigen • evtl. Düsensatz erneuern
	**Materialauftrag in der Mitte zu stark**	• Zerstäuberdruck zu niedrig • Viskosität zu hoch	• richtige Druckeinstellung und Viskosität des Materials prüfen
	**Spritzstrahl einseitig gekrümmt**	• Hornbohrungen einseitig verschmutzt • Stirnbohrungen verschmutzt	• sorgfältiges Reinigen • evtl. Düsensatz erneuern
	**einseitig (nach oben oder nach unten) verschobenes Spritzbild**	• Horn- und Stirnbohrungen verschmutzt • Luftkreisbohrung verschmutzt	• sorgfältiges Reinigen • evtl. Düsensatz erneuern
	**Spritzstrahl S-förmig bzw. schräg**	• Hornbohrungen verschmutzt	• sorgfältiges Reinigen • evtl. Düsensatz erneuern
	**stoßweiser oder flatternder Spritzstrahl**	• Farbdüse lose • Luftverteilerring im Dichtbereich beschädigt • Entlüftungsbohrung des Fließbechers verstopft	• Farbdüse nachziehen • evtl. Luftverteilerring erneuern • Entlüftungsbohrung frei machen

3.6.3 Hydraulische Verfahren

Beim hydraulischen Verfahren wird die Druckluft durch sehr hohen Materialdruck bis 250 bar ersetzt, weshalb man auch vom Airlessverfahren (airless = ohne Luft) spricht. Die Anlage besteht aus der Pumpe für den Materialdruck, einem Spezialschlauch und der Pistole für die Zerstäubung.
Zwei verschiedene Pumpensysteme sind gebräuchlich:
- hydraulisch
- pneumatisch

Hydraulische Geräte: Ein Benzin- oder Elektromotor versetzt eine hochfeste Kunststoffmembrane in Schwingung. Dadurch wird der hohe Druck auf das Spritzmaterial erzeugt.

1 Hydraulisches Airlessgerät

Pneumatische Geräte: Druckluft oder ein Elektromotor treiben eine Kolbenpumpe an, die das Spritzmaterial zur Pistole drückt. Um das Pulsieren beim Spritzen zu vermeiden, arbeiten diese Kolbenpumpen doppelhubig. Es wird also bei der Ab- und Aufwärtsbewegung Materialdruck erzeugt.

1 Pneumatisches Airlessgerät

Funktionsweise von Pumpen:

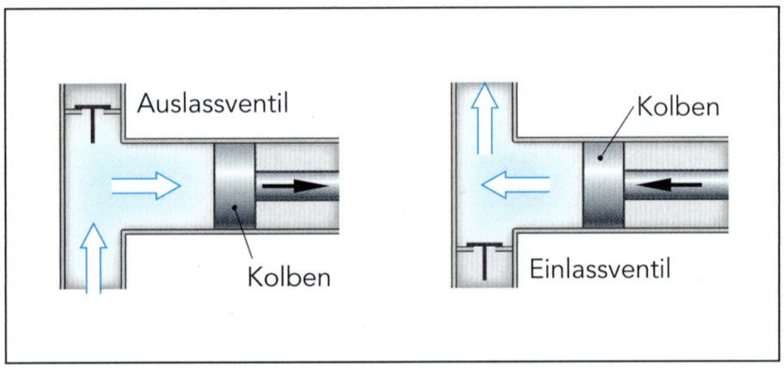

2 Funktionsweise Kolbenpumpe

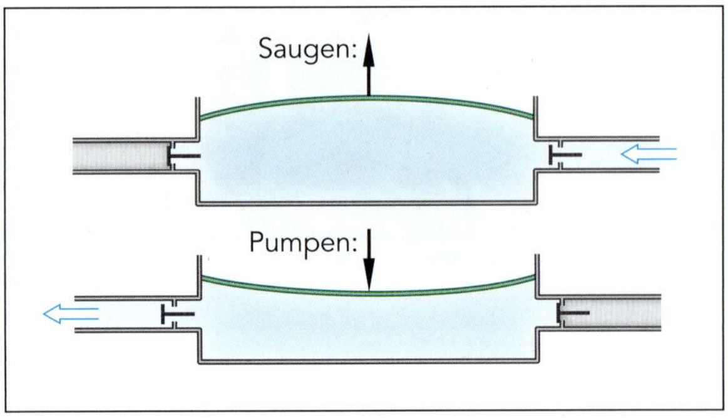

3 Funktionsweise Membranpumpe

Arbeiten mit dem Airlessverfahren

Das Spritzmaterial wird je nach Gerätetyp entweder aus dem Originalgebinde entnommen oder aber in einen zum Gerät gehörenden Behälter eingefüllt.
Der Materialdurchlauf kann nur durch die Wahl der Düsengröße oder durch Druckveränderung reguliert werden.
Welche Materialien verarbeitet werden können, hängt von der Förderleistung des Geräts ab. Für Lacke genügt schon eine Materialförderleistung von 1,4 l/min. Geräte, die für gefüllte Dispersionen verwendet werden, erreichen Förderleistungen von bis zu 8,5 l/min.
Die Verarbeitung von Materialien mit einem Flammpunkt unter 21 °C, z. B. Nitroverdünnung, darf nur mit einem explosionsgeschützten Airlessgerät erfolgen.
Eine Materialerwärmung wie beim pneumatischen Verfahren ist möglich.

Airlesspistolen

Airlesspistolen unterscheiden sich in Form und Bauart stark von luftzerstäubenden Spritzpistolen. Der Abzugsbügel gibt den Materialdurchfluss frei, der dann an der Düse durch den hohen Druck zerstäubt wird.
Der Spritzstrahl trifft in einem bestimmten Winkel auf das Objekt. Der Spritzwinkel bestimmt die Strahlbreite und hängt von der Art der Düse ab. Darüber hinaus wird der Spritzstrahl von der Größe der Düsenöffnung beeinflusst.

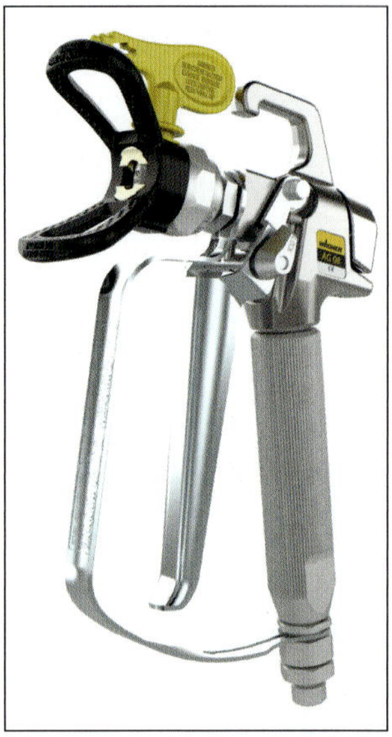

4 Airlesspistole

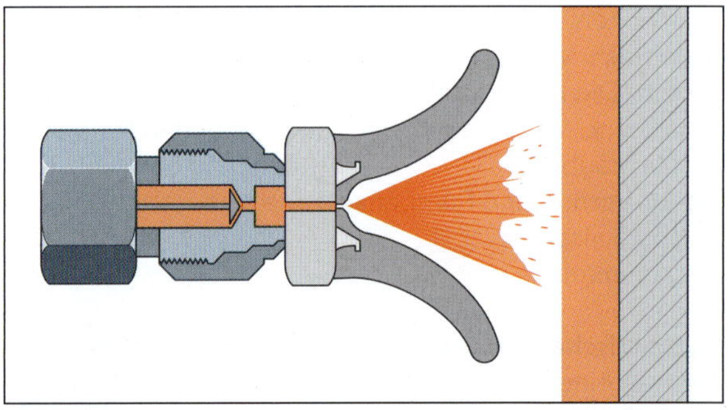

5 Zerstäubung

Verfahren	Funktionsweise	Vorteile	Nachteile	Anwendungsbereiche
Airless **Spritz-druck bis 250 bar**	• Beschichtungsstoff wird unter hohem Druck zur Düse befördert • durch den plötzlichen Druckabfall und den Widerstand der Luft zerstäubt er beim Verlassen der Düse sehr fein • in der Regel wird zu zweit gearbeitet: eine Person spritzt, die zweite arbeitet nach (z. B. verschlichten)	• hohe Arbeits-geschwindigkeit • geringe Spritznebelbildung • Beschichtungsstoffe müssen nicht stark verdünnt werden, dadurch erhält man satte und gut deckende Beschichtungen	• Oberflächenqualität geringer als bei luft-zerstäubenden Verfahren • bei profilierten Werkstücken Gefahr der Läuferbildung groß • Reinigung zeitaufwendig • hohe Anschaffungskosten	geeignet zum Spritzen aller Beschichtungsstoffe, vom dünnflüssigen Lack bis zur hochviskosen, gefüllten Dispersions- oder Flamm-schutzbeschichtung

Für dünnflüssige Beschichtungsstoffe, z. B. Lacke, werden sehr feine Düsen verwendet. Je dickflüssiger das Spritzmaterial, desto größer die Düsenöffnungen.
Das Spritzmaterial muss immer sehr sauber sein, weil sonst die Düse verstopft. Airlesspistolen werden deshalb im Pistolengriff mit wechselbaren Filtern ausgestattet. Diese Filter gibt es mit unterschiedlichen Maschenweiten für die verschiedenen Beschichtungsstoffe.

Unfallgefahr!
- Unter Druck stehende Airlesspistolen sind wegen des hohen Drucks an der Düse gefährlich. Bei Arbeitsunterbrechungen muss deswegen immer die Abzugssicherung betätigt werden.
- Die Pistole darf nie auf Menschen gerichtet werden.
- Es ist sehr gefährlich, Finger oder die Hand vor die Düse zu halten, solange die Pistole nicht druckentlastet ist.
- Der Schlauch steht ebenfalls unter hohem Druck. Er muss deswegen so geführt werden, dass er nicht beschädigt wird.
- Veränderungen am Gerät dürfen nur im druckfreien Zustand durchgeführt werden.

Reinigung
Die Reinigung nach dem Spritzen ist beim Airlessverfahren zeitaufwendig. Sie erstreckt sich über alle materialführenden Teile:
- Airlessgerät
- Hochdruckschlauch
- Pistole mit Filter
- Düse

Mangelhaft gereinigte Geräte sind für den nächsten Einsatz unbrauchbar und können nur unter großem Zeitaufwand wieder funktionsfähig gemacht werden.

3.6.4 Airmix

Beim Airmixsystem handelt es sich um eine Kombination aus Luftdruck- und Airlesssystem. Wie beim Airlessverfahren wird das Spritzenmaterial unter Druck zur Pistole geführt. Dort wird es mit einem zusätzlichen Luftdruck von etwa 1 bar zerstäubt. Das Verfahren ist auch unter den Namen Aircoating, Aircombi oder luftunterstütztes Airless bekannt.

Verfahren	Funktionsweise	Vorteile	Nachteile	Anwendungsbereiche
Airmix	• Beschichtungsstoff wird mit 40 bis 80 bar zur Spritzpistole befördert • bei der Zerstäubung wird durch einen weiteren Schlauch zusätzlich Luft (ca. 1 bar) hinzugeführt: sorgt für feinere Zerstäubung als beim Airlessverfahren und regelt die Spritzstrahlbreite • durch Verstellen des Spritzdrucks lässt sich die Auftragsmenge verändern • Airmixgeräte bestehen aus einer Pumpe, die das Spritzmaterial fördert, und einem Kompressor, der den Luftdruck erzeugt	• geringe Farbnebelbildung, dadurch eine hohe Materialübertragungsrate und verminderte Umweltbelastung • feiner, weicher und gleichmäßiger Spritzstrahl • große Flächen können schnell beschichtet werden • Beschichtungen von profilierten Flächen ohne die Gefahr der Läuferbildung • hochviskose Beschichtungsstoffe und Materialien mit hohem Festkörperanteil (z. B. Putze) können verarbeitet werden • geringerer Verschleiß der Düsen als beim Höchstdruckspritzen, weil die Schleifwirkung des Beschichtungsmaterials kleiner ist	• hoher Material- und Reinigungsaufwand • für das Befüllen der Pumpe und des Schlauchs braucht man viel Material • für kleine Flächen ungeeignet • Zerstäubung nicht so fein wie bei den pneumatischen Verfahren • teure Geräte	wie Airless: geeignet zum Spritzen aller Beschichtungsstoffe, vom dünnflüssigen Lack bis zur hochviskosen, gefüllten Dispersions- oder Flamm-schutzbeschichtung

3.6.5 Industrielle Spritzverfahren

Elektrostatisches Spritzen

Das elektrostatische Spritzen ist als industrielles Lackierverfahren weitverbreitet. Das Prinzip beruht darauf, dass sich elektrisch negativ und positiv geladene Teilchen gegenseitig anziehen.

Die Materialzerstäubung erfolgt über
- Materialdruck (Airlesssytem)
- das luftunterstützte Airlesssytem
- Luftdruck

Beim StatiCoating-System kann man zwischen Hochdruck- und Airless-Spritzen wählen.
Für Handlackierungen verwendet man eine spezielle Pistole, für Massenlackierungen werden rotierende Sprühköpfe eingesetzt.

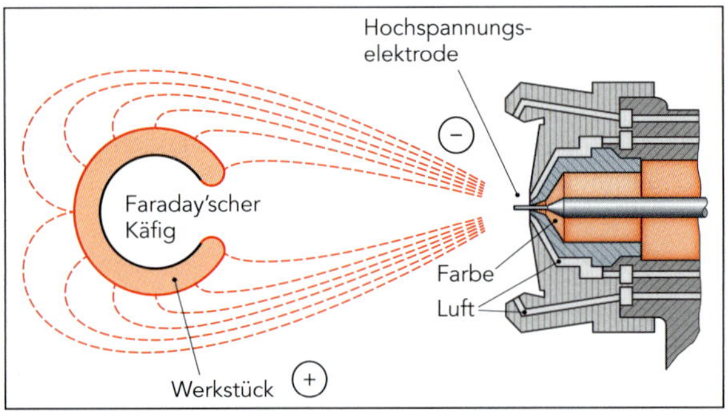

1 Darstellung des elektrostatischen Spritzens

Beim elektrostatischen Spritzen umgreift der Beschichtungsstoff den Gegenstand rundherum entlang der elektrischen Feldlinien. In Bereichen, die vom elektrischen Feld nicht abgedeckt werden (Faraday'sche Käfige), kann es zu Fehlbeschichtungen kommen.

Das elektrostatische Spritzen wird mit einer Hochspannung von bis zu 70000 Volt und mit einer sehr geringen Stromstärke von 0,2 mA betrieben, die von einem Generator erzeugt wird.

Elektrostatische Pulverbeschichtung

Im Gegensatz zu den bisher beschriebenen Beschichtungsverfahren arbeitet die elektrostatische Pulverbeschichtung mit einem trockenen Beschichtungsstoff.
Pulverbeschichtung ist ein Einschichtverfahren, bei dem kein Haftgrund oder eine Grundierung notwendig ist. Es entstehen Überzüge von hoher Qualität, die mechanisch, thermisch und chemisch sehr widerstandsfähig sind.
Neben stationären Anlagen gibt es auch Handpistolen für den Einsatz auf dem Bau. Die Materialien, die verspritzt werden sollen, müssen elektrostatisch aufladbar sein.

Corona-Verfahren: Ähnlich wie beim elektrostatischen Spritzen werden das Material negativ und das Werkstück positiv geladen. Dadurch kann es umseitig beschichtet werden. Das Pulver kann jedoch nur schlecht in Hohlräume eindringen, wenn sich ein Faraday'scher Käfig bildet.

Triboelektrisches Verfahren: Die Pulverteilchen werden positiv aufgeladen, zur Bildung eine elektrostatischen Felds kommt es nicht. Deshalb wird das Werkstück im Gegensatz zu anderen Verfahren nicht rundherum beschichtet. Das Pulver kann jedoch gut in Hohlräume eindringen.

Wassergelöste und sehr metallhaltige Beschichtungssysteme können wegen der starken elektrostatischen Aufladung nicht mit der elektrostatischen Handspritzpistole gespritzt werden.

Verfahren	Funktionsweise	Vorteile	Nachteile	Anwendungsbereiche
elektrostatisches Spritzen	• Beschichtungsstoff enthält leitfähige Bestandsteile und wird bei der Zerstäubung negativ aufgeladen • beim Spritzen baut sich zwischen der Pistole oder dem Sprühkopf und dem geerdeten, positiv geladenen Gegenstand ein elektrostatisches Feld auf • dieses bewirkt, dass sich die Teilchen des Spritzstrahls gleichmäßig auf dem positiv geladenen Gegenstand ablagern • dabei wird nicht nur die Vorderseite, sondern auch die abgewandte Seite ebenmäßig mit dem Beschichtungsstoff überzogen	• sehr hohe Übertragungsrate • allseitige Beschichtung in einem Arbeitsgang („Umgriff") • schnelles Arbeiten auf großen Flächen • gute Kantenabdeckung • besonders geeignet für runde oder filigrane Gegenstände • es muss weniger gezielt gespritzt werden • Airless: für Materialien mit hohem Festkörperanteil geeignet • pneumatisch: für niedrigviskose Beschichtungsstoffe geeignet	• eventuell Fehlbeschichtungen durch Faraday'sche Käfige • für das Befüllen der Pumpe und des Schlauchs braucht man viel Material • wegen der Gefahr eines Stromunfalls muss die Anlage abgesichert sein	• alle Industriebeschichtungen • besonders gut geeignet für Metalle • runde und profilierte Werkstücke

Verfahren	Funktionsweise	Vorteile	Nachteile	Anwendungsbereiche
elektrostatische Pulverbeschichtung	• lösemittelfreie, in Pulverform aufbereitete Beschichtungsstoffe werden versprüht • sie schlagen sich wie das Nassmaterial auf dem kalten Werkstück nieder und bedecken es im Umgriff sehr gleichmäßig • je nach Verfahren wird das Pulver positiv oder negativ aufgeladen • beim Erwärmen im Trockenofen auf 140–220 °C verschmilzt das Material zu einem gut haftenden und porenfreien Film	• Overspray wird im umlaufenden System wiederverwertet • lösungsmittelfrei, geruchsarm • umweltfreundlich • dickere Beschichtungen können in einem Arbeitsgang erzielt werden • außer Entfettung keine weitere Vorarbeit • gute Kantenabdeckung • Lacke sehr kratz-, abreib- und stoßfest • weniger feuergefährlich als elektrostatisches Spritzen	• Gefahr der Pulverexplosion • hohe Sicherheitsvorschriften, z. B. ist das Betreten des Spritzstands während des Spritzens wegen der elektrostatischen Aufladung nicht möglich	• Korrosionsschutz • Erstbeschichtung meist durch spezialisierte Betriebe • Überholungs- und Reparaturbeschichtungen wie bei 2-K-Lackierungen, z. B. von – Heizkörpern – Schaufensterrahmen – Gestängen

Elektrostatisches Beschichten nichtleitender Baustoffe

Elektrostatisches Spritzen und Pulverbeschichten funktioniert am besten mit leitenden Materialien, z. B. Metallen. Damit nichtleitende Materialien beschichtet werden können, verwendet die Industrie einige Tricks:
Kunststoffe werden vor der Beschichtung leitfähig gemacht, indem man bei der Herstellung leitfähige Zuschlagstoffe in die Rohstoffmasse einarbeitet oder sie eine leitfähige Grundierung erhalten.
Um Holz elektrostatisch zu beschichten, reicht eine Holzfeuchtigkeit von ca. 10 % aus, da Wasser leitet. Ansonsten muss es zuvor mit einer speziellen Imprägnierung versehen werden.
Eine weitere Möglichkeit, nichtleitende Untergründe mit einer elektrostatischen Pulverbeschichtung zu versehen, ist es, sie von zwei Seiten gleichzeitig mit entgegengesetzt geladenen Lackpartikeln zu besprühen.

3.6.6 Spraydosen

Das Lackieren großer Flächen mit Spraydosen ist für einen Maler und Lackierer unprofessionell. Dennoch kommen in vielen Anwendungsbereichen dieses Handwerks Spraydosen vor.
Dose: Meist Weißblech oder Aluminium.
Ventil, Sprühkopf: Für die Zerstäubung des Lacks.
Beschichtungsstoff: Durch den Einsatz spezieller Dosen können auch 2-K-Produkte verarbeitet werden.
Treibmittel: Sorgt für den Druck in der Spraydose.
Kugel: Mit ein oder zwei Kugeln im Inneren der Dose lässt sich der Lack aufschütteln.
Steigrohr: Sorgt für eine vollständige und gleichmäßige Entleerung der Spraydose.
Ein Teil des Treibmittels (meist Butangas) liegt gasförmig auf dem Lack, ein weiterer Teil ist darin gelöst. Das Treibmittel befördert den Beschichtungsstoff durch das Ventil nach außen. Es verdunstet, sobald es an die Luft gelangt. Der Lack wird beim Austreten fein zerstäubt.

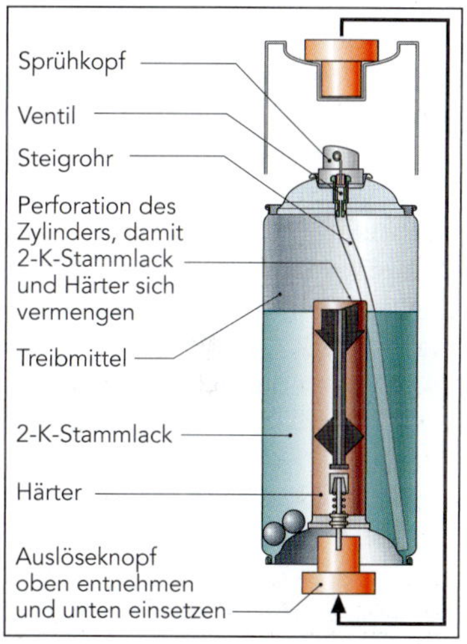

1 Querschnitt einer Lackspraydose für 2-K-Produkte

Verfahren	Funktionsweise	Vorteile	Nachteile	Anwendungsbereiche
Spraydose	• durch Betätigung des Sprühknopfs presst das Treibgas den Beschichtungsstoff aus der Dose • der Innendruck der Spraydose von ca. 4 bar sorgt für die Zerstäubung des Lacks	• tragbar, überall flexibel einsetzbar • kostengünstige Reparatur von kleinen Ausbesserungsstellen • Wahl zwischen Rund- und Breitstrahl • weniger Lackreste und geringerer Einsatz von Reinigungsmitteln als bei Spritzgeräten	• weniger Einstellungsmöglichkeit als bei einer Pistole – schlechteres Oberflächenbild – Overspray kaum regulierbar • es können nur niedrigviskose Lacke verwendet werden – schlechtes Deckvermögen – Gefahr der Läuferbildung • Treibgase verursachen Erderwärmung und Sommersmog	• spezielle Vorarbeiten, z. B. mit Rostschutz-, Schmier-, Antihaft-, Anlauge-, Entfetter-, Isolier-, oder Absperrspray • Markierungsarbeiten • Ausbesserungsarbeiten • kleine Lackierarbeiten im Innenraum • farbliche Anpassung von zwei lackierten Flächen • künstlerisches Arbeiten

3.6.7 Heißspritzen

Beim Heißspritzen, auch Thermospritzen genannt, werden Lacke oder andere hochviskose Materialien durch Erwärmen dünnflüssig und damit spritzfähiger gemacht. Daraus ergeben sich folgende Vorteile gegenüber dem Spritzen mit kalten Lacken:

- umweltfreundlich, weil weniger Verdünnungsmittel benötigt wird
- Qualitätsverbesserung, weil die Oberfläche porenfrei ist und schneller trocknet
- materialsparend, weil weniger Spritznebel entsteht
- deckfähiger, weil die Pigment-Volumen-Konzentration (PVK) im Gegensatz zum Verdünnen mit Lösemitteln nicht beeinträchtigt wird
- Zeitersparnis, weil weniger Spritzgänge notwendig sind
- Läuferbildung tritt weniger auf, weil das Material schneller anzieht

Sowohl für luftzerstäubende als auch für hydraulische Spritzpistolen werden Zusatzaggregate angeboten, mit denen das Spritzmaterial erhitzt werden kann: z. B. Heizmäntel, die um Lackfässer gelegt werden, oder Heizschläuche, die das Material im Schlauch erwärmen.
Bei Fließbecherpistolen (siehe S. 177) wird das Spritzmaterial durch eine Heizplatte im Becherboden bis auf höchstens 110 °C erwärmt.
Beim Drucksystem (siehe S. 177) wird das Spritzmaterial durch eine Umlenkschnecke gedrückt und dort bis auf maximal 80 °C erwärmt.
Spraydosen dürfen nicht erhitzt werden.

3.6.8 Das Arbeiten mit der Spritzpistole

Um ein optimales Ergebnis zu erzielen, müssen beim Arbeiten mit der Spritzpistole die verwendeten Beschichtungsstoffe und die Arbeitstechnik gut aufeinander abgestimmt sein.
Zunächst muss der Beschichtungsstoff durch Verdünnen auf die richtige Viskosität gebracht werden. Dies geschieht mit dem DIN- oder ISO-Becher, mit dessen Hilfe die Durchlaufzeit in Sekunden und damit die Viskosität gemessen wird (siehe S. 22). Beim Warm- oder Heißspritzen wird der Beschichtungsstoff zuvor auf 70 °C erwärmt. Dadurch erreicht man meist ohne Zugabe von Verdünnungsmittel die notwendige Viskosität.

Je nach Beschaffenheit des Beschichtungsstoffs und der zu beschichtenden Fläche erfolgt nun die Einstellung des Spritzstrahls durch

- die Auswahl der Düse,
- den Mindestdruck von Luft und/oder Material,
- den Düseninnendruck bei Verwendung von HVLP-Spritzpistolen,
- die Rund- oder Breitstrahleinstellung.

Spritzen mit dem kleinstmöglichen Druck ist in jeder Hinsicht besser als das Spritzen mit dem höchstmöglichen Druck. Die Qualität der Beschichtung wird besser, es entsteht weniger Spritznebel, der Materialverlust ist geringer und Mensch und Umwelt werden weniger geschädigt.
Die meisten Pistolen mit Außenmischdüsen (siehe S. 177) sind so konstruiert, dass die Regulierung von Rund- oder Breitstrahl entweder mit einem Strahlregulierknopf oder durch Drehung des Düsenkopfs erfolgen kann. Der Strahlregulierknopf ermöglicht die stufenlose Einstellung von Breit- auf Rundstrahl.

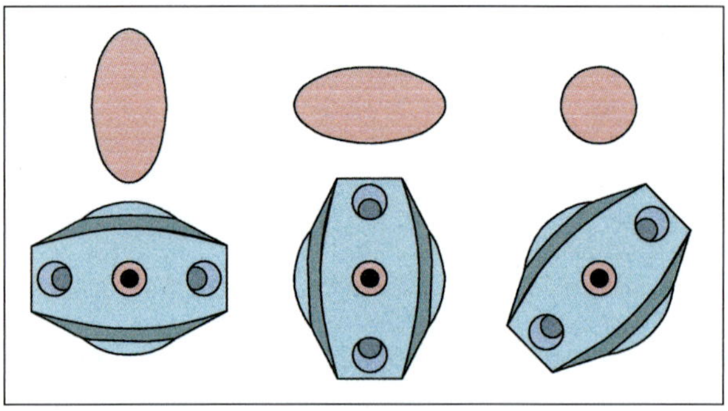

1 Regulierung des Spritzstrahls durch Verstellen des Düsenkopfs

Die Düsenweite muss zur Viskosität des Beschichtungsstoffs passen: Große Düsenweiten sind für die Verarbeitung von Spachtelmaterialien, plastischen Massen und Kunststoffputzen geeignet. Kleinere Düsen verwendet man für Lackierarbeiten. Sehr kleine Düsen sind für Retuschier- oder Airbrush-Spritzarbeiten erforderlich.

3.6.9 Spritztechnik

Der Materialauftrag erfolgt in der Regel im Kreuzgang. Dabei werden zuerst waagerechte, dann senkrechte Spritzstreifen aneinandergelegt. Man achtet darauf, dass jeder nachfolgende Streifen den bereits aufgetragenen zur Hälfte überlagert und der Spritzstrahl bereits vor dem zu spritzenden Gegenstand einsetzt.
Kanten und Ränder müssen zuerst beschichtet werden.

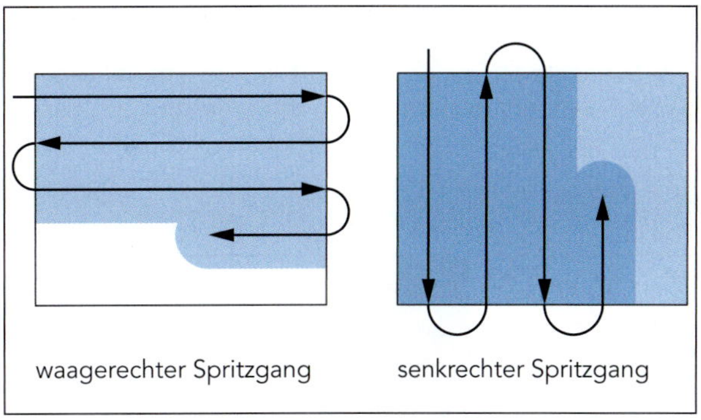

1 Spritzbeschichtung im Kreuzgang

Chemisch trocknende Anstrichstoffe sind nass in nass aufzutragen.
Physikalisch trocknende Anstrichstoffe lässt man vornebeln, anziehen und spritzt sie dann erst fertig, damit sich keine Läufer bilden.

Der Abstand der Pistole zum Werkstück muss immer gleich bleiben. Er richtet sich nach der Düsengröße und der Pistolenart. Bei herkömmlichen Spritzpistolen liegt er zwischen 15 und 20 cm.
Ist der Abstand zu groß, entsteht übermäßiger Spritznebel und der Beschichtungsstoff verläuft schlecht. Außerdem schlägt sich der Spritznebel auf der schon angezogenen Fläche nieder und verursacht so eine raue Oberfläche. Bei zu kleinem Abstand bilden sich Läufer an stehenden Flächen, ebenso bei Beschichtungen von welligen liegenden Flächen.
Eine Hand führt die Spritzpistole, die andere hält den Schlauch vom Werkstück weg.

Ganz wichtig ist es, dass der Spritzstrahl immer rechtwinklig auf den Untergrund trifft, um ein einheitliches Spritzbild zu erhalten.

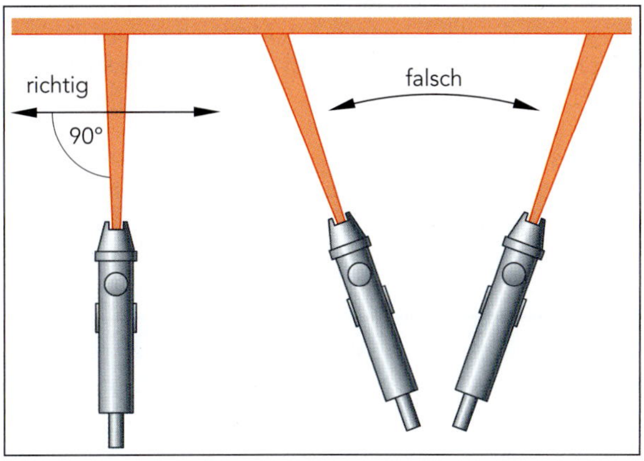

2 Halten und Führen der Spritzpistole

Um Außenecken zu beschichten, zielt man mit der Spritzpistole direkt auf die Ecke. Bei Innenecken spritzt man zunächst eine Seite bis in die Ecke. Anschließend spritzt man einen senkrechten Streifen und setzt die Arbeit an der anderen Seite waagerecht fort.

3.6.10 Gesundheits- und Umweltschutz beim Spritzen

Beim Spritzen entsteht Spritznebel, der Mensch und Umwelt belastet, gleichgültig mit welchem Spritzverfahren gearbeitet wird.
Da die Haut das größte Organ ist, über das Gefahrstoffe aufgenommen werden können, ist sie durch einen Lackieroverall mit Kapuze und durch Handschuhe zu schützen.
Der Mensch kann sich ferner mithilfe von Atemschutzsystemen gegen gesundheitsschädliche Spritznebel schützen, die Umwelt nicht. Deshalb müssen alle Vorkehrungen getroffen werden, um die Umweltbelastung so gering wie möglich zu halten.
Aus diesem Grund werden lösemittelarme Beschichtungsstoffe und nebelarme Spritzsysteme bevorzugt.

Lösemittel sind schwerer als Luft und sammeln sich am Boden oder in Vertiefungen. Sie können ein explosionsgefährliches Gemisch bilden.

In geschlossenen Räumen sind deshalb umfangreiche Sicherheitsmaßnahmen notwendig, um die Feuer- und Explosionsgefahr zu verringern, die Umwelt durch die Abluft so wenig wie möglich zu belasten und die Atemluft sauber zu halten.

Die Spritznebelbeseitigung in Anlagen kann durch zwei grundsätzlich unterschiedliche Verfahren erfolgen:
Trockenabscheidung: Der Spritznebel wird über Filtermatten abgesaugt und die Abluft wird ins Freie geführt. Das Verfahren eignet sich für Betriebe, in denen selten gespritzt wird.
Nassabscheidung: Waschwasser fängt die in der Luft befindlichen Farbtröpfchen ein. Mithilfe von Trennmitteln bzw. Koaguliermitteln werden sie zu Lackschlamm gebunden, der entsorgt bzw. recycelt werden muss. Dieses Verfahren ist teurer, aber deutlich wirkungsvoller als die Trockenabscheidung.
Bei beiden Systemen werden die in der Luft befindlichen flüchtigen organischen Verbindungen (VOC, siehe S. 59) durch spezielle Reinigungssysteme verringert.
Jede Anlage zur Beseitigung von Spritznebel erfüllt ihre Funktion nur dann, wenn sie vorschriftsmäßig gewartet und die Filter rechtzeitig ausgewechselt werden.

Atemschutz

Atemschutzsysteme verhindern gesundheitliche Schäden, die durch Spritznebel und Lösemitteldämpfe hervorgerufen werden. Der Arbeitgeber ist gesetzlich verpflichtet, einen für die Tätigkeit angemessenen Atemschutz zur Verfügung zu stellen, die Mitarbeiter im Umgang damit einzuweisen und für eine ordnungsgemäße Lagerung der Masken zu sorgen.
Wir unterscheiden Halbmasken, belüftete Halbmasken und belüftete Sicherheitshauben.

Maske/Haube	Wirkungsweise
Halbmaske 	• mit Filtern gegen Stäube, feste oder flüssige Partikel und gegen Lösemitteldämpfe ausgestattet • Filterwahl abhängig vom zu verarbeitenden Stoff • am wenigsten wirksam, weshalb nach dem Tragen eine Erholungszeit vorgeschrieben ist
Belüftete Halbmaske 	• erhält die Atemluft aus dem Kompressor • die Luft wird durch einen vorgeschalteten Filter aufbereitet
Belüftete Sicherheitshaube 	• bedeckt den ganzen Kopf und schließt das Gesichtsfeld nach außen hin dicht ab • die durch Filter gereinigte Atemluft kommt aus dem Kompressor • bietet die größtmögliche Sicherheit

Filter

Die Schadstoffe in der Atemluft werden mithilfe eines Aktivkohlefilters entfernt. Der Farbcode gibt an, gegen welche Schadstoffe der Filter schützt.

Filtertyp	Filterart	Kennfarbe	Schutz gegen ...
A	Gasfilter	braun	organische Gase/Dämpfe mit Siedepunkt > 65 °C
AX	Gasfilter	braun	organische Gase/Dämpfe mit Siedepunkt ≤ 65 °C, Niedrigsieder
P	Partikelfilter	weiß	flüssige und feste Aerosole
NO-P3	Kombinationsfilter	weiß / blau	nitrose Gase (NO, NO_2, NO_x)
Hg-P3	Kombinationsfilter	weiß / rot	Quecksilberdämpfe (Hg)
Reaktor P3	Kombinationsfilter	weiß / orange	radioaktives Jod
B	Gasfilter	grau	organische Gase/Dämpfe, z. B. H_2S, Cl_2, HCN, nicht gegen CO!
E	Gasfilter	gelb	Schwefeldioxid (SO_2), Chlorwasserstoff (HCl), andere saure Gase
K	Gasfilter	grün	Ammoniak (NH_3) und organische NH_4-Derivate
SX	Gasfilter	violett	Spezialgase wie auf dem Filter genannt
CO	Gasfilter		Kohlenmonoxid (CO)

Filter der **Gruppe A** wirken gegen Gase (Kennfarbe Braun).
Filter der **Gruppe P** wirken gegen feste und flüssige Partikel (Kennfarbe Weiß).

Ein Filter mit der Bezeichnung A1P1 wird als Standardfilter gegen Lösemittel und Stäube eingesetzt. Die Zahl hinter dem Kennbuchstaben gibt die Stoffeigenschaften an, gegen die der Filter schützt. Mit steigendem Zahlenwert nehmen die Standzeit und das Rückhaltevermögen des Filters zu.

Die Auswahl des Filters darf nur von Fachkräften getroffen werden, die die gesetzlichen und technischen Vorschriften genau kennen.
Über alle Maßnahmen, mit denen Gefahren für Leben und Gesundheit bei Spritzarbeiten verhütet werden, informieren die BGR 231.
Um die Funktion von Atemschutzmasken zu erhalten, müssen die Filter rechtzeitig gewechselt werden, spätestens dann, wenn die Schadstoffe durch Geruch oder Geschmack wahrgenommen werden. Belüftete Masken sind regelmäßig auf Dichtheit zu überprüfen. Die Masken müssen außerdem regelmäßig desinfiziert werden.

Aufgaben

1. *Nennen Sie fünf Haararten für Pinsel mit jeweils einem Verwendungszweck.*
2. *Listen Sie auf, nach welchen Kriterien Streichwerkzeuge ausgewählt werden.*
3. *Sehen Sie sich den Katalog eines Pinselherstellers an und zählen Sie fünf Pinsel- und Bürstenarten auf.*
4. *Beschreiben Sie, wie Sie einen Lackierpinsel pflegen, der nach einem Farbauftrag mit lösemittelhaltigem Bindemittel längere Zeit nicht mehr gebraucht wird.*
5. *Erläutern Sie, wie Sie einen Malpinsel reinigen und behandeln, den Sie zum Aufbringen von Dispersionsfarben gebraucht haben.*
6. *Nennen Sie die Vorteile, die Sie haben, wenn Sie Streichwerkzeuge sorgsam und pfleglich behandeln.*
7. *Erläutern Sie, wie Sie verantwortungsbewusst mit Reinigungsmittelresten umgehen.*
8. *Sie streichen einen hochviskosen Malerlack mit einem neuen, einem eingearbeiteten und einem abgearbeiteten Ringpinsel. Beurteilen Sie jeweils das Ergebnis am getrockneten Anstrichfilm.*
9. *Prüfen Sie die Qualität von Malpinseln unterschiedlicher Preisklassen, indem Sie die Spitze der Pinsel anfeuchten und dann leicht gegen eine Fläche drücken. Beobachten Sie, wie sich die Haare nach dem Zurücknehmen verhalten.*
10. *Listen Sie die Qualitätsmerkmale einer guten Farbrolle auf.*
11. *Nennen Sie fünf verschiedene Farbrollenbeläge.*
12. *Für welche Untergründe werden gepolsterte Farbwalzen bevorzugt?*
13. *Sie lackieren einen Heizkörper. Zählen Sie die Beläge auf, die sich dafür eignen.*
14. *Nennen Sie die Einsatzgebiete von Strukturrollern und Reliefwalzen.*
15. *Erläutern Sie Verfahren, mit denen Farbrollen ökologisch unbedenklich, gründlich und schnell gereinigt werden.*
16. *Wie können Farbrollen mit lösemittelhaltigen Anstrichstoffen für kurzzeitige Arbeitsunterbrechungen gebrauchsfähig gehalten werden?*
17. *Nennen Sie Gründe, warum sich das Auswaschen von Walzen, mit denen lösemittelhaltige Anstrichstoffe verarbeitet wurden, von selbst verbietet.*
18. *Erklären Sie, wozu Glättewerkzeuge eingesetzt werden.*
19. *Nennen Sie die gebräuchlichsten Spachtelarten zum Glätten.*
20. *Für welchen Zweck werden Gummi- oder Kunststoffspachtel verwendet?*
21. *Listen Sie die Arbeiten auf, bei denen Sie Kunststofftraufeln einsetzen.*
22. *Nennen Sie die Gründe, warum Zahnspachtel unterschiedliche Zahnungen haben.*
23. *Niederdruck-Spritzgeräte werden auf Baustellen oft verwendet. Nennen Sie Vorteile dieser Technik.*
24. *Erläutern Sie die Unterschiede zwischen der Niederdruck- und der Hochdruck-Spritztechnik.*
25. *Erklären Sie, warum ein heiß gespritzter Lack besser deckt als ein kalt gespritzter.*
26. *Erklären Sie, warum Druckluft aufbereitet werden muss.*
27. *Erläutern Sie, welche Vorteile das Airmixverfahren gegenüber dem normalen Airlessspritzen hat.*
28. *Zählen Sie Beschichtungsarbeiten auf, für die das Airlessverfahren nicht oder kaum geeignet ist.*
29. *Nennen Sie Vorsichtsmaßnahmen, die Sie beim Arbeiten mit Materialdruck treffen.*
30. *Erklären Sie, wie es beim elektrostatischen Spritzen zum „Umgriff" kommt und was dabei als Nachteil auftreten kann.*
31. *Nennen Sie Beispiele, bei denen der Einsatz einer Spraydose sinnvoll sein kann.*
32. *Beschreiben Sie die Beschichtung einer liegenden Fläche (z. B. einer ausgebauten Tür) im Kreuzgang.*
33. *Nennen Sie Maßnahmen, wie Umwelt und Mensch vor Belastung durch Spritznebel geschützt werden können.*

Mathematik

Umrechnung Längen- und Flächeneinheiten

1. *Rechnen Sie in m um:*
   a) 2,80 cm b) 1293 mm
   c) 0,065 km d) 3,12 dm
2. *Rechnen Sie in cm um:*
   a) 0,150 km b) 2100 mm
   c) 12,90 dm d) 65,35 m
3. *Rechnen Sie in m² um:*
   a) 250 cm² b) 12450 mm³
   c) 45 dm² d) 950,50 cm²
4. *Rechnen Sie in cm² um:*
   a) 1,5 dm² b) 1500 mm²
   c) 0,10 m² d) 0,02 m²

Berechnung Materialverbrauch und Zeitbedarf

5. *Messen und berechnen Sie die Größe der Wandflächen in Ihrem Klassenzimmer. Ermitteln Sie den Bedarf an Wandfarbe (Verbrauch: 0,25 l/m²) sowie die Materialkosten (6,50 €/Liter).*
6. *Berechnen Sie die Wandflächen im Obergeschoss aus dem Kundenauftrag S. 155. Wie lange benötigt*

ein Maler und Lackierer für diesen Auftrag, wenn er für Vor-, Haupt- und Abschlussarbeiten durchschnittlich 9 min. pro m² benötigt?

Dreisatz

7. *25 Liter Wandfarbe werden Ihnen zum Preis von 200,00 € angeboten. Wie viel kosten a) 5 Liter, b) 10 Liter, c) 15 Liter, d) 20 Liter?*
8. *25 Liter Wandfarbe wurden mit 1,6 Liter Wasser verdünnt. Wie viel Liter Wasser werden zum gleichen Verdünnen wie oben für a) 12 Liter, b) 16 Liter, c) 19 Liter benötigt?*

Berechnungen für Maschineneinsatz

9. *Die Malereibetrieb Roth GmbH benötigt einen zusätzlichen Kompressor. Ein neues Gerät kostet 3.499,00 EUR.*

   Berechnen Sie die Maschinenkosten
   a) pro Jahr und
   b) pro Stunde,
   wenn folgende Eckdaten berücksichtigt werden:

   jährliche Abschreibung: 20 %
   kalkulatorische Zinsen: 5 %
   Reparatur und Pflege: 8 %
   Gemeinkosten (z. B. Mietkosten für Stellplatz): 10 %
   Betriebskosten für 400 Stdn. pro Jahr: 180,00 EUR

10. *Ein Maler- und Lackierbetrieb schafft sich ein Fahrgerüst an. Wie viel Standzeit muss den Kunden pro Tag berechnet werden, um die Kosten zu decken?*
    Anschaffungskosten: 19.800,00 EUR
    jährliche Abschreibung: 15 %
    kalkulatorische Zinsen: 5 %
    Reparatur und Pflege: 7 %
    Gemeinkosten (z. B. Mietkosten für Stellplatz): 8 %
    Einsatzzeit: 86 Tage pro Jahr

11. *Berechnen Sie mithilfe der Kalkulationstabelle den Brutto-Rechnungsbetrag für einen Auftrag. Es gelten folgende Eckdaten:*
    Lohneinzelkosten: 1.200,00 EUR
    Lohngemeinkosten: 125 %
    Maschinenkosten: siehe Aufgabe 9
    Maschineneinsatzzeit: 6 Stdn.
    Materialeinzelkosten: 800,00 EUR
    Materialgemeinkosten: 130 %
    Wagnis und Gewinn: 10 %
    MwSt.: 19 %
    Skonto: 2 %

Kostenkalkulation mit Maschineneinsatz

	Lohneinzelkosten	[Lek]	______	
+	Lohngemeinkosten	[Lgk]	______	
=	**Lohngesamtkosten**	[Lk]	______	______
	Maschinenkosten	[Mak]		______
	Materialeinzelkosten	[Mek]	______	
+	Materialgemeinkosten	[Mgk]	______	
=	Materialgesamtkosten	[Mk]	______	______
	Selbstkosten [Sk] = [Lk] + [Mk]			______
+	Wagnis und Gewinn	[WuG]		______
=	**Nettorechnungsbetrag**	[NRB]		______
+	Mehrwertsteuer	[Mwst]		______
=	**Rechnungsbetrag**	[RB]		______
–	Skonto	[Skto]		______
=	**Bruttorechnungsbetrag**	[BRB]		______

Kundenauftrag

NOTIZEN

Gespräch vom 28-09-20xx / 08:00 Uhr

Herr Dipl. Ing. Seeger, beauftragt für das

Objekt Kindergarten „Kinderland", Tel. 0172 / 6109303

☐ ☐ ☒ Sonstige ☐

ROTH Malerbetrieb
Gewerbepark 136
45131 Essen
Fon 0201 4867-12
Fax 0201 4867-14
info@Malerbetrieb-Roth.de
www.Malerbetrieb-Roth.de

Ausführung von Malerarbeiten gem. Angebot:

Pos. 1: Innenwandfläche im Eingangsbereich mit dem Schriftzug „Kinderland" beschriften
Schriftzug „Kinderland" auf vorhandene Innenwandbeschichtung applizieren mit Dispersionsfarbe nach DIN EN 13 300, Nassabriebsklasse 2; Farbton, Schriftart und Positionierung nach Absprache

Pos. 2: Wände im Raum der „Blumengruppe" nach Absprache eines Farbkonzepts beschichten
Wandflächen mit Dispersionsfarbe nach DIN EN 13 300, Nassabriebsklasse 2, farbig beschichten

Pos. 3: Wände im Raum der „Wolkengruppe" nach Absprache eines Farbkonzepts beschichten
Wandflächen mit Dispersionsfarbe nach DIN EN 13 300, Nassabriebsklasse 2, farbig beschichten

Pos. 4: Wände im Ruheraum nach Absprache eines Farbkonzepts beschichten
Wandflächen mit Dispersionsfarbe nach DIN EN 13 300, Nassabriebsklasse 2, farbig beschichten und mit einer dekorativen Gestaltungstechnik (nach Absprache) versehen

Objektbeschreibung

Ihr Ausbildungsbetrieb hat bei einer öffentlichen Ausschreibung das günstigste Angebot eingereicht und wurde beauftragt, im Kindergarten „Kinderland" Beschriftungs- und Gestaltungsarbeiten durchzuführen.
Bei der Objektbegehung wurde folgender Zustand festgestellt:

- Die Wände sind mit Putz der Mörtelgruppe P II verputzt und mit Dispersionsfarbe nach DIN EN 13300 beschichtet.
- Die Fußböden der Gruppenräume sind mit hellgrauen PVC-Fliesen belegt. In den WCs und Waschräumen sind die Fußböden und die Bereiche um die Waschbecken weiß gefliest. Im Ruheraum ist ein grüner Teppich verlegt.

An diesen Fußböden und Fliesenbelägen soll nichts verändert werden. Dies ist im Farbkonzept zu berücksichtigen.
Für die Auswahl eines geeigneten Beschichtungsstoffes werden die Inhalte aus dem Lernfeld 2 zugrunde gelegt. Der Beschichtungsstoff nimmt Einfluss auf das Angebot an Farbtönen, die in diesem Kundenauftrag verwendet werden können.
Der Schwerpunkt des Kundenauftrags liegt in der Bewältigung der gestellten Gestaltungsaufgabe. Die praktische Umsetzung auf der Baustelle und die damit verbundenen technologischen Zusammenhänge werden in diesem Lernfeld zurückgestellt.

Lernsituation

Beschriftungs- und Gestaltungsarbeiten durchführen

1. Informieren

Klären Sie folgende Punkte mithilfe Ihres Fachbuchs, Prospekten oder des Internets:
Entstehung von Farbe, Farbmischung, Ordnung der Farben, Systematik von Farben, Farbkontraste, Farbharmonien, Skelettschrift, Abwicklung, Aufmaß, Bordüre.

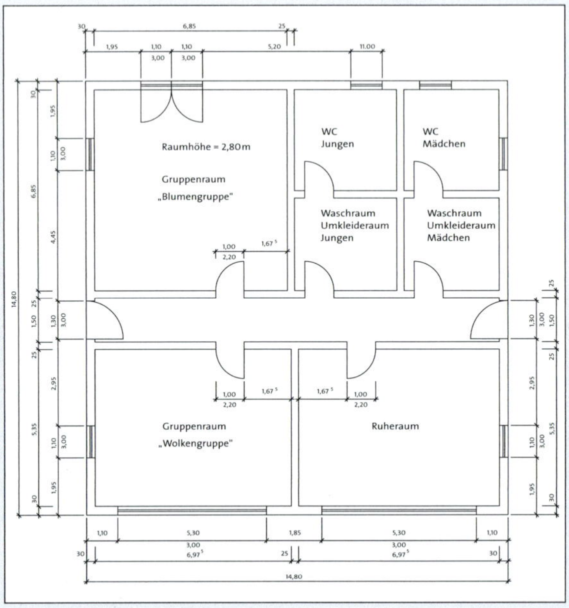

Grundriss des Kindergartens

2. Planen

- Erstellen Sie eine Mindmap zu der Ausgangsfrage:
  Welche besonderen Wünsche werden die Kinder, die Erzieherinnen und Erzieher bzw. der beauftragte Architekt an Sie als Maler/-in und Lackierer/-in bezüglich der durchzuführenden Malerarbeiten haben?
- Zeichnen Sie Abwicklungen der zu gestaltenden Räume mit Bemaßung (M 1 : 50) und kopieren Sie sie mehrmals.
- Erstellen Sie eine Tabelle mit den Schritten, die Sie bis zum Kundengespräch bewältigen müssen. Das Ziel ist die Vorlage von drei Beschriftungsentwürfen mit verschiedenen Gestaltungsentwürfen. Der Vergleich der geplanten Arbeitszeit mit der tatsächlichen Arbeitszeit hilft Ihnen später bei der Reflexion der Arbeitsschritte und bei der Planung weiterer Gestaltungsaufträge.

Arbeitsschritt Beschreibung		Werkzeug/ Material	Benötigte Arbeitszeit/ Abfolge Arbeitsschritte
1	Wünsche des Kunden analysieren		2 h
2	Funktion der Räume überprüfen		1 h
3	erste Farbentwürfe erstellen	Dispersionsfarben, Abtönfarben, Pinsel, …	
…			

Planen Sie verschiedene Lösungen (mindestens sechs Entwürfe)

- beim Namen des Kindergartens: Schriftart, -größe, -farbe und -positionierung (siehe S. 427–430);
- bei der Farbtonzusammenstellung und der dazu passenden Bordüre.

Beachten Sie dabei die unterschiedlichen Funktionen der Gruppenräume und des Ruheraums.

6. Bewerten

- Bereiten Sie Ihre Ergebnisse für eine abschließende Präsentation vor.
- Simulieren Sie ein Kundengespräch, bei dem Sie Ihren Mitschülerinnen und Mitschülern Ihre Arbeiten präsentieren und verkaufen wollen.
- Korrigieren Sie Ihre Ergebnisse gegebenenfalls und bewerten Sie Ihre Gruppenleistung.

Ruheraum des Kindergartens

5. Kontrollieren

- Vergleichen Sie die Planung (angefertigte Liste) mit dem tatsächlichen Arbeitsablauf zur Vorbereitung auf das Kundengespräch.
- Haben Sie alle Wünsche des Kunden berücksichtigt und alle Anforderungen erfüllt? Vergleichen Sie Ihr Ergebnis mit dem Kundenauftrag und mit Ihrer Mindmap.
- Sind alle Arbeiten sauber und ohne Mängel fertiggestellt worden? Bedenken Sie, dass die Sauberkeit der Arbeiten auf Ihre Arbeit auf der Baustelle schließen lässt.

4. Ausführen

- Fertigen Sie drei präsentationsfähige Beschriftungsentwürfe mit verschiedenen Gestaltungsvorschlägen an. Die Schriftentwürfe fertigen Sie am PC mit einer geeigneten Gestaltungssoftware an (Größe des Schriftfelds: 1188 x 840 mm, Maßstab 1 : 4).
- Stellen Sie eine Präsentationsmappe zusammen, die die Veränderung der Raumwirkung (speziell der Größenwirkung eines Raums) durch die Farbgestaltung anschaulich vermittelt.
- Notieren Sie, wie Sie die Auswahl und Zusammenstellung Ihrer Gestaltungsvorschläge gegenüber dem Architekten begründen. Legen Sie Ihre gezeichneten Abwicklungen mit den gewählten Farbtönen aus.

3. Entscheiden

- Nach Fertigstellung lassen Sie die Ergebnisse von Ihren Klassenkameraden bewerten. Da sie an der gleichen Aufgabe arbeiten, sind ihnen die Kriterien bekannt. Führen Sie für die Bewertung eine Punktabfrage durch, bei der Ihre Klassenkameraden drei Punkte an die Entwürfe verteilen dürfen, die ihnen am besten gefallen.
- Nach dieser Rückmeldung entscheiden Sie sich für die drei Entwürfe, die Sie dem Kunden präsentieren wollen.

4 Oberflächen gestalten

4.1 Symbolische Bedeutung der Farben

Jeder hat sich schon einmal grün und blau geärgert oder ist mit einem blauen Auge davongekommen. Von Verliebten behauptet man, sie sähen alles durch eine rosarote Brille, und in der Werbung fahren wir rosigen Zeiten entgegen. Bei einem Vertragsabschluss sind wir erst zufrieden, wenn wir das Ergebnis schwarz auf weiß vorliegen haben. Und schon mancher hat sein blaues Wunder erlebt oder vor lauter Ärger rotgesehen.
Die Beispiele zeigen, dass Farben zu unserer sprachlichen Ausdrucksfähigkeit gehören. Durch sie erhalten Redewendungen symbolische Bedeutung. Sachverhalte und Stimmungen lassen sich so kurz umschreiben.
Auch in der Farbgebung ordnen wir den Farben symbolische Bedeutung zu.

Farbbereich	Symbolische Bedeutung		Wirkung auf Gefühl und Stimmung		Einsatz
Weiß	• Reinheit • Unschuld • Frömmigkeit	• Vollkommenheit • Ewigkeit • Bescheidenheit	• friedlich • zurückstrahlend • feierlich	• einfach • sauber	In Europa trägt die Braut am Hochzeitstag Weiß.
Schwarz	• Tod • Leere • Trauer	• Gefühlskälte • Zurückgezogenheit • Schuld	• abweisend • elegant • festlich	• bedrohlich • schwer • sachlich	In Kombination mit Weiß bei besonderen Festlichkeiten.
Gelb	• Heiterkeit • Optimismus • Lebensfreude • Vergnügen	aber auch: • Neid • Eifersucht • Geiz	• warm • freundlich • lebendig • sonnig	• sauer • bitter • erfrischend	Warnungen 
Rot	• Blut • Lebenskraft • Energie • Aggressivität	• Kampf • Feuer • Liebe • Begierde	• aktivierend • aufregend • warm	• dynamisch • hektisch • attraktiv	Gefahren, Verbote, Brandbekämpfung 
Blau	• Harmonie • Freundlichkeit • Freundschaft • Ferne • Weite • Unendlichkeit	• Treue • Vertrauen • Zuverlässigkeit • Sehnsucht • Wahrheit	• kühl • entspannend	• still • ruhig	Gebotszeichen 
Grün	• Natur • Leben • Freiheit • Jugend	• Hoffnung • Zuversicht • Frühling • Gesundheit	• frisch • beruhigend	• ruhig • angenehm	Rettungszeichen, Erste Hilfe 

4.2 Farbwirkung – Kontraste

Durch die Kombination von Farben lassen sich bestimmte Farbwirkungen erzielen. Kontraste sind Farbwirkungen, die bestimmte Gegensätze zum Ausdruck bringen. Nach Itten unterscheiden wir sieben Kontraste:

- Komplementärkontrast
- Simultankontrast
- Hell-dunkel-Kontrast
- Farbe-an-sich-Kontrast
- Kalt-warm-Kontrast
- Qualitätskontrast
- Quantitätskontrast

4.2.1 Komplementärkontrast

Komplementärkontraste kann man anhand des sechsteiligen Farbkreises nach Itten erkennen (siehe S. 38). Komplementäre Farbenpaare bilden sich immer aus einer Primärfarbe in Kombination mit der gegenüberliegenden Sekundärfarbe.

1 Der Komplementärkontrast entsteht durch die Kombination der gegenüberliegenden Primär- und Sekundärfarben

Damit sind in ihrer Kombination immer alle drei Grundfarben enthalten, wie die folgenden Beispiele zeigen:

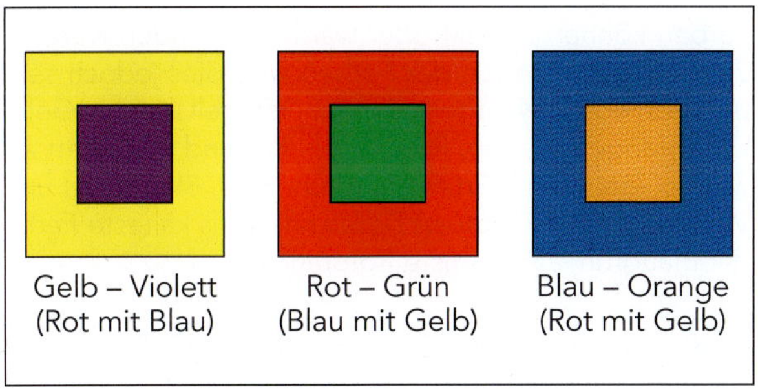

2 Komplementärkontrast

Bei der Mischung dieser Farben ergänzen sie sich zu einem dunklen Grau- bzw. Braunton.

Komplementäre Farbenpaare stehen in größtmöglichem Kontrast zueinander.

Dabei zeigt sich, dass Gelb gegenüber Violett sowie Orange gegenüber Blau größere Leuchtkraft besitzen, wobei Gelb und Violett sich besonders stark in ihrer Leuchtkraft unterscheiden.
Grün und Rot dagegen unterscheiden sich in ihrer Leuchtkraft nicht.

4.2.2 Simultankontrast

Simultan: gleichzeitig oder wechselseitig

Betrachten wir das weiße Quadrat auf schwarzem Grund und blicken dann weg, erscheint im Auge ein schwarzes Nachbild. Ein schwarzes Quadrat auf weißem Grund führt zu einem weißen Nachbild.
Das weiße Quadrat überstrahlt den schwarzen Grund und erscheint daher größer. Beim schwarzen Quadrat ist es gerade umgekehrt.

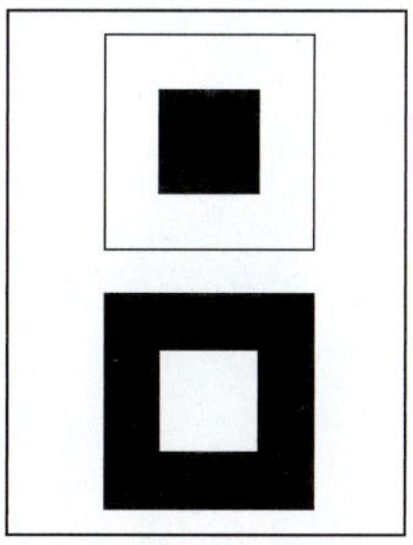

3 Simultankontrast

Wenn zwei Farbtöne nebeneinanderliegen, sieht man als Nachbild den komplementären Farbton. Dahinter steht die dauerhafte Beeinflussung zweier nebeneinanderliegender Farben. Die Farbtöne erscheinen verändert in der Helligkeit, im Farbton und in der Sättigung.

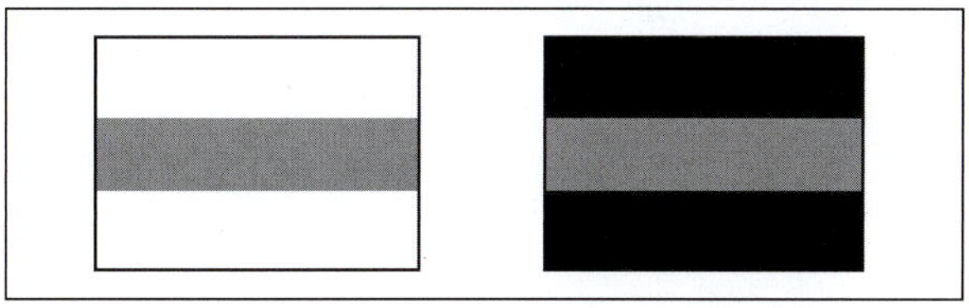

4 Scheinbare Veränderung der Helligkeit des Farbtons

So erzeugt beispielsweise ein reines Rot ein grünes Nachbild oder ein reines Gelb ein violettes Nachbild. Dementsprechend erscheinen uns die Farben verändert.

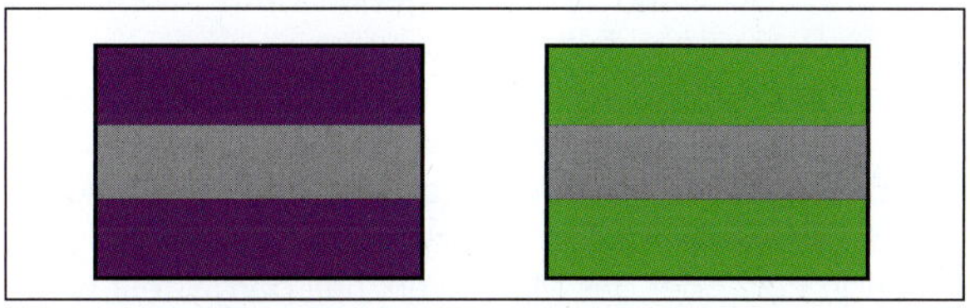

5 Scheinbare Veränderung der Farbtons

Ein grauer Streifen erscheint auf violettem Grund mit hellgrünem Schimmer, ein gleichgrauer Streifen auf hellgrünem Grund mit violettem Schimmer.

6 Scheinbare Veränderung der Sättigung

Ein rotvioletter Streifen auf Blau wirkt heller und rötlicher, das gleiche Rotviolett auf Orange dagegen dunkel und blaustichig.

Flimmereffekt

Kombinieren wir Rot und Grün in voller Sättigung, so entsteht ein unangenehmer Flimmereffekt.

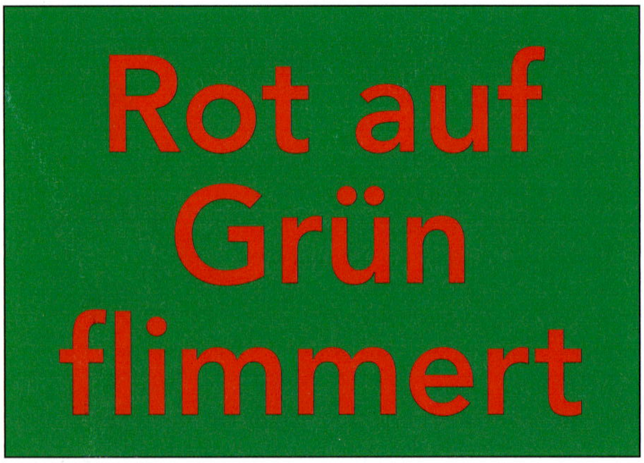

1 Flimmereffekt

Es scheint, als ob die Unruhe, das Flimmern und Vibrieren, auf einen Machtkampf zwischen den Farben zurückzuführen sei.

Der Flimmereffekt zwischen Rot und Grün entsteht durch ihre Leuchtkraft und gleiche Helligkeit.

4.2.3 Hell-dunkel-Kontrast

Tag und Nacht, hell und dunkel, Vordergrund und Hintergrund, Höhen und Tiefen symbolisieren scharfe Gegensätze. Licht und Schatten geben dem Raum Tiefe und erzeugen eine räumliche Wirkung.
Tragende Bauteile werden dunkel gestaltet, sodass sie sich gegenüber ihrer hellen Umgebung hervorheben. Damit symbolisiert man die Stabilität und Tragfähigkeit eines Fachwerks, dessen Holzkonstruktion dunkel, der füllende Putz oder das Mauerwerk hell dargestellt wird. Schwarze Schrift auf weißem Papier ermöglicht die beste Lesbarkeit. Im unbunten wie im bunten Bereich gehört der Hell-dunkel-Kontrast zu den stärksten Ausdrucksmitteln.

Hell-dunkel-Kontrast: Es lassen sich Gegensätze verdeutlichen, klare Abgrenzungen treffen und räumliche Wirkungen erzielen.

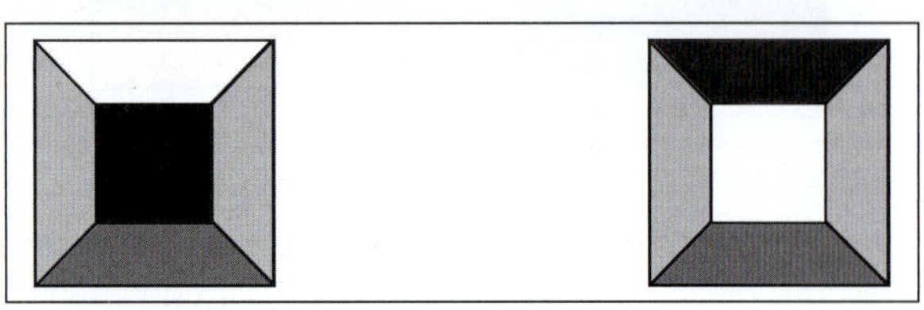

2 Hell-dunkel-Kontrast

4.2.4 Farbe-an-sich-Kontrast

Beim Farbe-an-sich-Kontrast steht der Farbton im Vordergrund. Lebendigkeit, Jugend, Freude und Trauer, Vielfalt, Natur, Kraft und Bewegung lassen sich ausdrucksvoll hervorheben.

Farbe-an-sich-Kontrast: Farben können ungetrübt in ihrer stärksten Leuchtkraft nebeneinander verwendet werden. Ihre Ausdruckskraft und symbolische Bedeutung wird voll zur Geltung gebracht.

3 Farbe-an-sich-Kontrast

4.2.5 Kalt-warm-Kontrast

Farben können als kalt oder warm empfunden werden. Je nach Kombination der Farben wird dies jedoch sehr unterschiedlich wahrgenommen. Generell werden Gelb, Gelborange, Orange, Rotorange, Rot und Rotviolett als warme, Gelbgrün, Grün, Blaugrün, Blau, Blauviolett und Violett als kalte Farbtöne bezeichnet. Als kälteste Farbe gilt Blaugrün, als wärmste Rotorange.

Kalt-warm-Kontrast: Es lassen sich Empfindungen wie fern und nah, leicht und schwer, beruhigend und erregend, schattig und sonnig vermitteln. Rotorange und Blaugrün sind die Pole des Kalt-warm-Kontrasts.

4 Kalte und warme Farben liegen sich im Farbkreis gegenüber

4.2.6 Qualitätskontrast

In der Farbgestaltung wird die Farbqualität nach dem Reinheits- und Sättigungsgrad beurteilt (siehe S. 40). Reine, gesättigte Farben wirken leuchtend, ungesättigte dagegen trüb und stumpf.

Qualitätskontrast: Reine, gesättigte Farbtöne werden ungesättigten Farbtönen gegenübergestellt.

Durch einen Qualitätskontrast wird den gesättigten Farben ihre Schärfe genommen. Sie verlieren ihre Leuchtkraft durch das Mischen, sodass sie vor allem bei der Fassaden- und auch Innenraumgestaltung Anwendung finden.

1 Qualitätskontrast

4.2.7 Quantitätskontrast

Quantitätskontrast: Kleine Farbflächen sind großen gegenübergestellt.
Dabei beeinflussen die Leuchtkraft der einzelnen Farbe und die Größe der Farbfläche die Farbwirkung.

Die Bezeichnungen der verschieden großen Farbflächen sind festgelegt.
Dominante: Die größte Farbfläche, sie bestimmt den Farbeindruck, sie dominiert.
Subdominante: Die nächstkleinere Fläche, sie wird meist in Harmonie zur Dominante gewählt.
Akzent: Die kleinste Fläche, sie eignet sich besonders für kontrastierende Farbtöne.

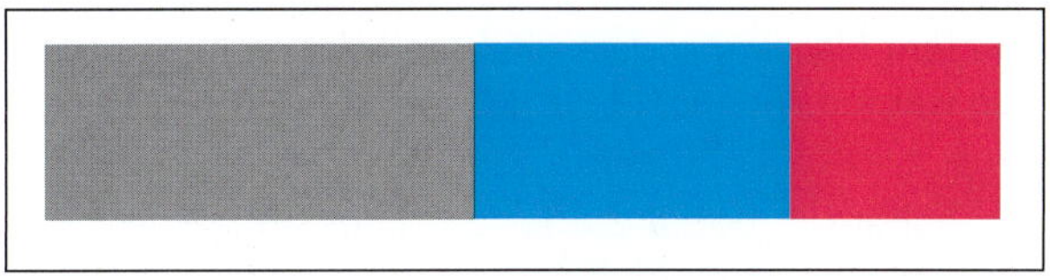

2 Quantitätskontrast

4.3 Farbharmonien

Kombinationen von Farbtönen lösen bei Betrachtern meist unterschiedliche Empfindungen aus. Farbkombinationen, die der eine als harmonisch empfindet, findet ein anderer unpassend. Trotzdem lassen sich einige Regeln nennen, deren Einhaltung zu harmonischen Farbklängen führen.
Unser Auge bevorzugt Farbzusammenstellungen, die eine Wahrnehmungseinheit bilden. Dazu gelten Harmonieregeln, die sowohl eine Einheit aus Kontrasten wie auch aus Farbverwandtschaften in Helligkeit, Farbton und Sättigung bilden.

Als harmonische Farbreihen gelten:
- Farben gleicher Helligkeit
- Farben gleicher Sättigung
- monochrome Farbreihen

Farben gleicher Helligkeit
Eine ruhige und ausgeglichene Farbharmonie kann mit der Kombination von Farben gleicher Helligkeit erzeugt werden. Die Helligkeit einer Farbe wird durch den Hellbezugswert ausgedrückt, der im Vergleich zu einer Graureihe ermittelt wird. Wenn dies zu aufwendig erscheint, so lässt sich der Hellbezugswert einer Farbe in der Regel mithilfe eines Farbfächers ermitteln (siehe S. 39).

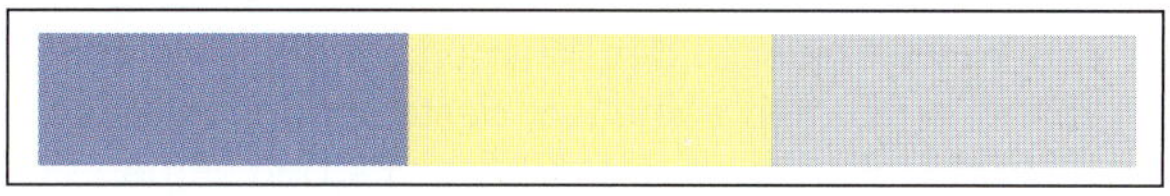

3 Farben gleicher Helligkeit

Farben gleicher Sättigung
Eine besonders kraftvolle und lebendige Farbharmonie erzeugt man mit der Kombination von Farben gleicher Sättigung. Die Sättigung einer Farbe wird durch ihre Reinheit ausgedrückt. Ein voll gesättigter Farbton enthält keine Anteile an Weiß, Schwarz oder Grau oder Anteile eines anderen Farbtons.

4 Farben gleicher Sättigung

Monochrome Farbreihe
Eine elegante und ausgewogene Farbharmonie erzeugt man durch das Anmischen einer monochromen Farbreihe. Hierbei wird ein Grundton gewählt, der durch die Hinzumischung von Weiß aufgehellt oder mit Schwarz oder Grau abgedunkelt wird. Durch die Basis des gemeinsamen Grundtons ist bei jedem gemischten Farbton die Farbverwandtschaft erkennbar und wird damit als harmonisch empfunden. Im Farbfächer sind monochrome Farbreihen häufig auf einer Seite kombiniert zu finden.

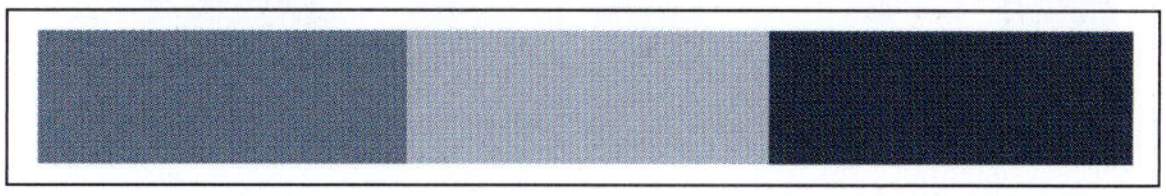

5 Monochrome Farbreihe

4.4 Farbgestaltung in Räumen

Bei der Vielzahl an Farbtönen und unterschiedlichen Beschichtungsstoffen und -techniken fällt die Auswahl häufig nicht leicht. Dabei spielt zunächst der persönliche Geschmack eine große Rolle, aber auch weitere Aspekte sollten berücksichtigt werden.

- Die Helligkeit des Raums wird beeinflusst durch Beleuchtung und Sonneneinstrahlung. Räume, die in Richtung Norden oder Osten liegen, sind meist dunkel und benötigen daher eher warme Farben. Helle Süd- oder Westzimmer eignen sich gut für kühle Farben.
- Je nach Funktion und Umfeld des Raums wählt man Farben nach ihrer gewünschten Wirkung aus. Ruheräume werden demnach eher mit beruhigenden Farbtönen ausgestattet, Kommunikations- und Begegnungsräume mit warmen und aktivierenden Farben.
- Die Größe des Raums kann durch gezielte Farbgebung optisch verändert werden. Dabei kommen warme und dunkle Farben auf den Betrachter zu und verkleinern bzw. begrenzen Räume und Flächen. Helle und kalte Farben vermitteln Weite und öffnen damit Räume und Flächen.
- Die Verweildauer in den Räumen: Je länger sich Personen in Räumen aufhalten, desto sanfter sollten die gewählten Farbtöne sein. Kräftige Farben eignen sich für Flure und Nasszellen.
- Möbel und architektonische Gestaltungselemente sind bei der Auswahl geeigneter Farbtöne im Rahmen der Farbharmonie zu berücksichtigen.

4.4.1 Größenwirkung eines Raums

Die Farbgestaltung kann die Größenwirkung eines Raums beeinflussen. Damit können optische Korrekturen in Innenräumen vorgenommen werden, bei denen die Abmessungen in einem ungünstigen Verhältnis zueinander stehen.

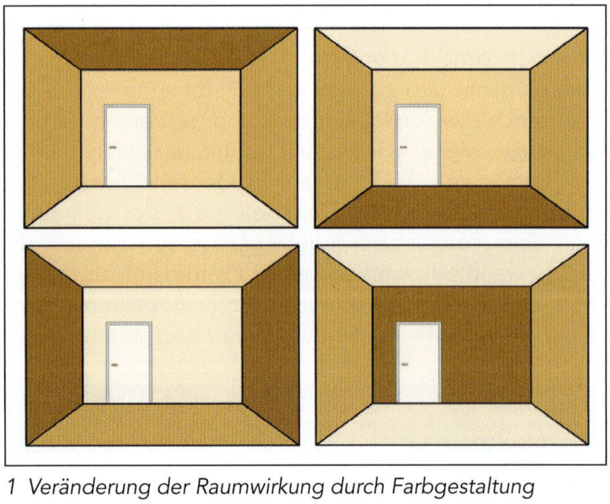

1 Veränderung der Raumwirkung durch Farbgestaltung

Dunkle Farbtöne kommen auf uns zu, verengen den Raum und machen ihn optisch kleiner bzw. niedriger. Helle Farben hingegen weiten einen Raum.

Horizontal gemusterte Wände ziehen einen Raum in die Breite, darum wirkt er auch niedriger.
Durch entsprechende Farben im Fußbodenbelag kann die Wirkung der Decken- und Wandfarben noch unterstützt werden. Veränderung der Wirkung von Außenräumen mithilfe von Farben siehe S. 364 ff.

4.4.2 Bordüren, Friese und Sockel in Räumen

Durch den bewussten Einsatz von Bordüren und Sockeln in Räumen kann die Raumwirkung verändert werden.

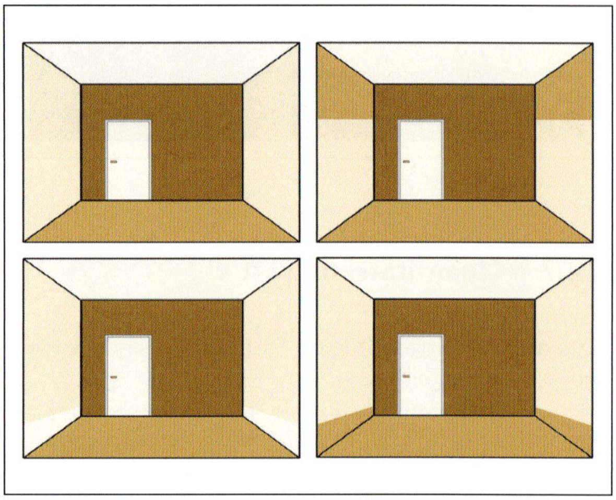

2 Bordüren, Friese und Sockel gliedern Wände und verändern die Raumwirkung

Bordüren sind fortlaufende Verzierungen an Wänden oder zum Abschluss an Flächen. Friese sind architektonische Stilelemente, die sowohl flach als auch plastisch an den Wänden angebracht werden. Beide werden meist im oberen Bereich der Wand oder im Übergang zur Decke angebracht. Sie verändern die Raumwirkung oder gliedern Flächen, sodass einzelne Flächen hervorgehoben werden können.

Je höher die Bordüre oder das Fries angebracht ist, desto höher wirkt der Raum.

Sockel sind untere Wandabschlüsse, die an den Fußboden angrenzen.

Dunkle Sockel geben dem Raum Schwere, helle Sockel lassen die Wände optisch schweben.

1 Waagerechte Linien lassen den Raum länger erscheinen

2 Große Motive verkleinern Wandflächen und verschieben die Proportionen

3 Mit Bordüren können Akzente gesetzt werden

4 Gestaltung mit Quantitätskontrast

5 Flurgestaltung im Komplementärkontrast (Rot/Grün)

6 Raumgestaltung in einer monochromen Farbharmonie

4.5 Formenlehre

Licht, Farbe und Form bestimmen das Aussehen von Gegenständen und beeinflussen die Wirkung von Körpern und Räumen.
Die Grundlage der Formenlehre beginnt mit den Grundelementen der Formgestaltung (Punkt, Linie, Fläche, Körper, Raum), um die unterschiedlichen Kombinations- und Gestaltungsmöglichkeiten zu verstehen und in verschiedenen Zusammenhängen neu kombinieren zu können.

4.5.1 Punkt

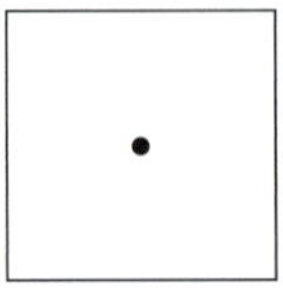

Der Punkt ist die kleinste Flächenausdehnung, mit der ein Gestalter arbeiten kann. Vergrößert man einen Punkt, entsteht eine Fläche. Als einfachste geometrische Grundform werden Punktstrukturen häufig bei der Gestaltung von Tapeten und Stoffen, als Stilelement in der Werbung und als Grundform bei Flächengestaltungen angewendet.

Punktstrukturen lassen sich sehr vielseitig anordnen:

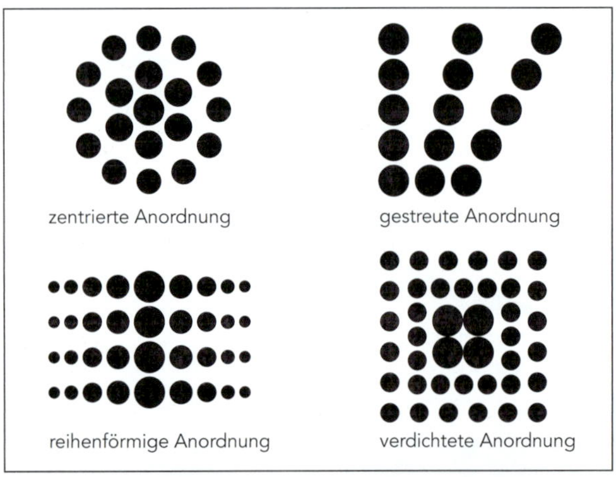

1 Die innere Gliederung, der Aufbau und die Anordnung von Formen bezeichnet man als Struktur

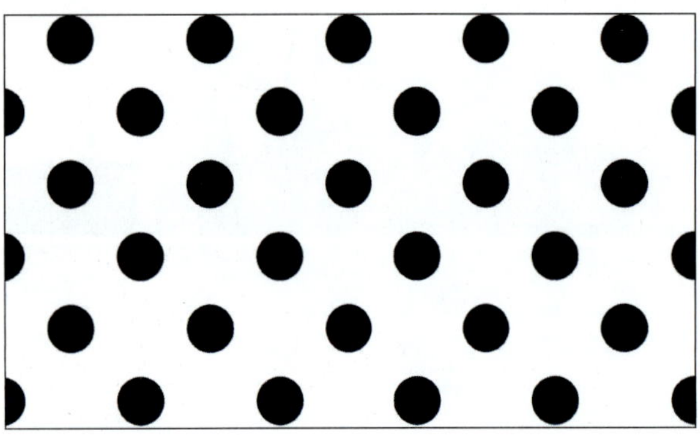

2 Der Punkt als Gestaltungsmittel in einer Tapete

4.5.2 Linie

Durch die enge Reihung von Punkten entsteht optisch eine Linie.

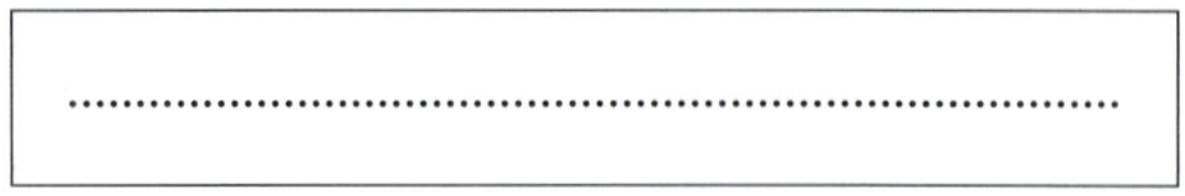

Wie mit dem Punkt können mit Linien ebenfalls Flächen gefüllt werden. Diese eindimensionalen Grundelemente finden ihren Einsatz häufig im zeichnerischen Gestalten, z. B. im technischen Zeichnen, bei Skizzen, Aufrissen oder bei kunsthandwerklichen Radierungen. Im zeichnerischen Gestalten unterscheiden wir:
- Linien unterschiedlicher Dicke
- Linien verschiedener Abstände
- punktierte Linien
- gestrichelte Linien
- strichpunktierte Linien
- Freihandlinien

Wichtige Linienarten nach DIN EN ISO 128-20 und ihre Verwendung

Beispiel	Stärke	Verwendung
	0,7	sichtbare Kanten
	0,7	Schnittverlauf im Körper
	0,5	verdeckte Kanten
	0,35	Maßlinien, Schraffuren
	0,35	Mittellinien
	0,35	Freihandlinien

Mit Linien lassen sich viele Gestaltungselemente entwickeln:

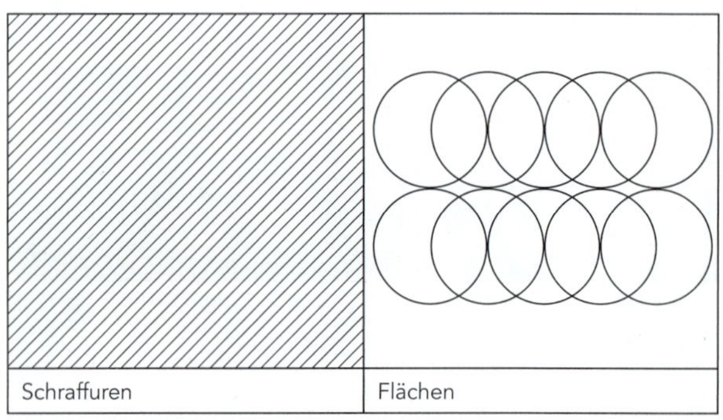

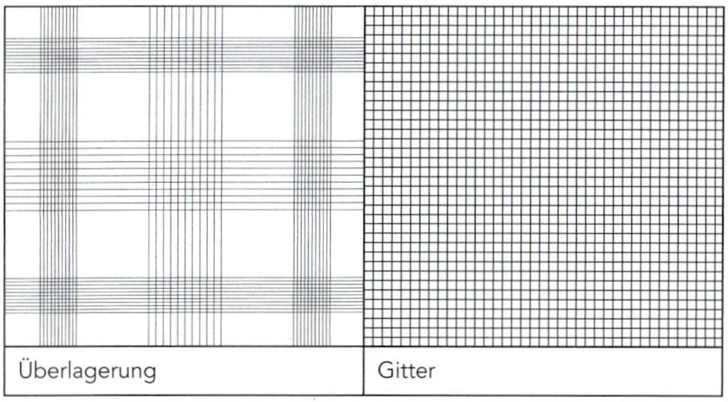

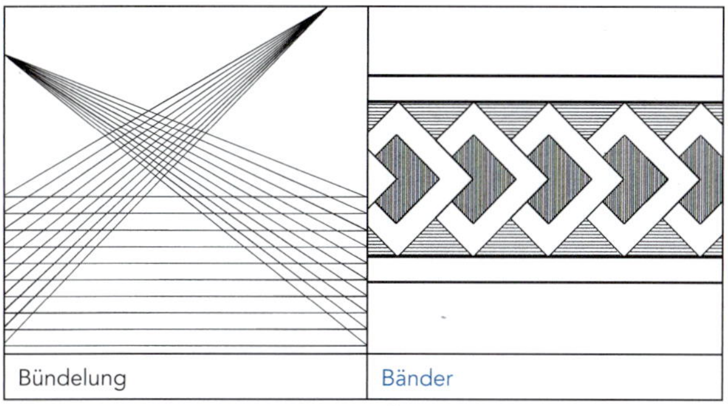

Die Gestaltung mit Linien lenkt den Blick des Betrachters. Damit verändert die Wahl einer linierten Tapete die Wirkung eines Raums. Der Blick folgt der Linie und kann damit z. B. einen Raum länger oder höher wirken lassen.

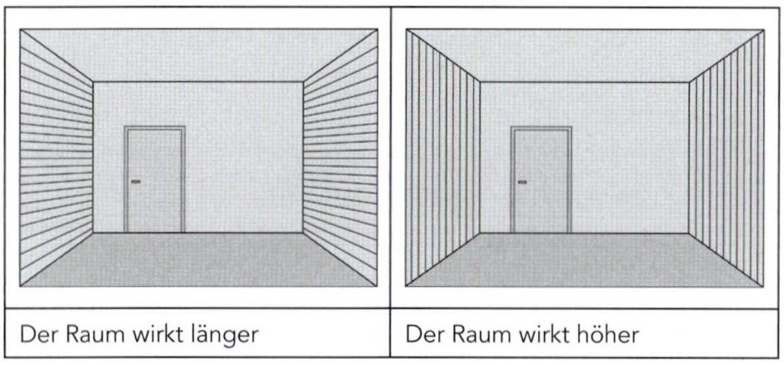

Ein Fries ist ebenfalls eine optische Linie. Sie zieht den Blick des Betrachters auf sich und lässt ihn einmal durch den Raum schweifen (siehe S. 196 Bordüren).

1 Die Linie als Gestaltungsmittel in einer Tapete

4.5.3 Flächen

Die Fläche ist eine Form, die von Linien begrenzt ist. Die Form und die Anzahl der Linien lassen die sogenannten Grundformen der Fläche entstehen.

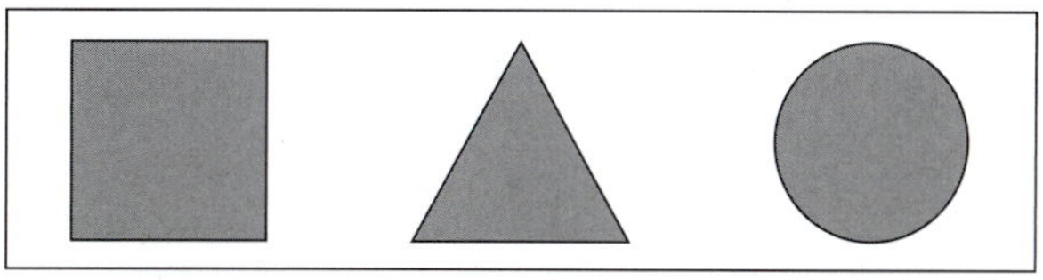

2 Grundformen der Fläche

Durch die Kombination und Veränderung der Grundformen entstehen immer neue Formen. Durch die Anordnung und Ausdehnung der Flächen verändert sie ihre Wirkung.

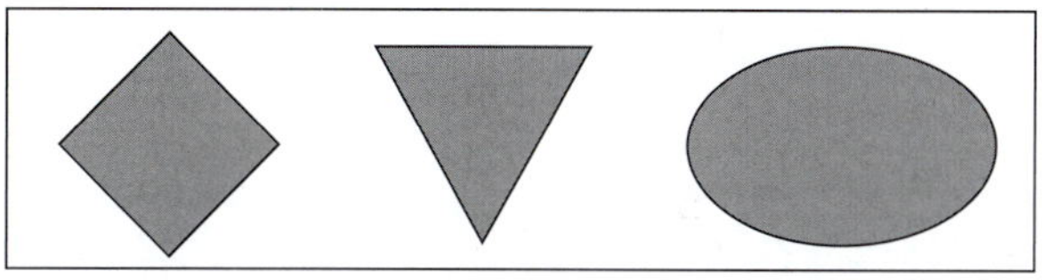

3 Bereits kleine Veränderungen der Grundform verändern die Wirkung

Die geometrischen Grundformen werden ergänzt durch Nachbildungen von Naturformen wie Blüten, Blätter u. Ä. Einigen Formen werden bestimmte Bedeutungen zugesprochen wie einem Kreuz oder einem Herz. Auch abstrakte Formen bieten Flächenformen an, die scheinbar keiner Ordnung folgen.

4.5.4 Körper

Ein Körper entsteht, wenn mehrere Flächen aneinandergefügt werden. Damit erschließt sich der Körper die dritte Dimension: Er dehnt sich neben der Länge und Breite auch in die Tiefe aus.

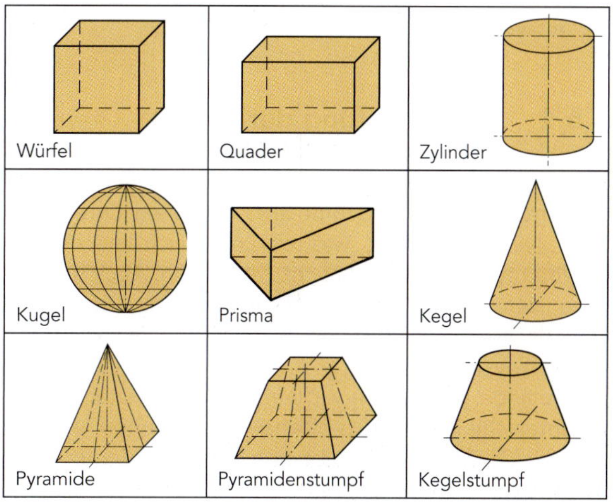

4.5.5 Ornamente

Ornamente sind Schmuckelemente. Sie sind reines Zierwerk zur Akzentuierung und Hervorhebung beliebiger Raum- und Flächenelemente und Untergründe.

Ornamente: aneinandergereihte, sich ständig wiederholende Formen oder Strukturen

1 Historische Ornamentformen

4.6 Grundlagen der Schrift

Die Entwicklung der Schrift bildet einen wichtigen Baustein zur Kommunikation und den Austausch von Informationen zwischen den Menschen. Mithilfe von Buchstaben werden Informationen verschlüsselt, die ein Empfänger, auch wenn er zeitlich oder räumlich entfernt ist, entschlüsseln kann.

4.6.1 Klassifizierung der Schrift nach der DIN 16518

Die Entwicklung von Schrift fand an vielen Orten zum Teil gleichzeitig statt, was es unmöglich macht, die Schriftentwicklung exakt nachzuvollziehen. Auch heutzutage verwenden einzelne Bevölkerungskreise unterschiedliche Buchstaben und Zeichen, z. B. die arabische oder chinesische Schrift.
Hierzulande verwenden wir lateinische Buchstaben, die in unterschiedlichen Schriftarten geschrieben werden können. Die DIN 16518 gibt eine Klassifizierung der verschiedenen Schriftarten vor.

Klassifikation der Schrift nach DIN 16518

Gruppe I: venezianische Renaissance-Antiqua	ITC Weidemann
Gruppe II: französische Renaissance-Antiqua	ITC Garamond
Gruppe III: Barock-Antiqua	Times New Roman
Gruppe IV: klassizistische Antiqua	Bodoni Old Face
Gruppe V: serifenbetonte Linear-Antiqua	Rockwell
Gruppe VI: serifenlose Linear-Antiqua	Avant Garde Gothic
Gruppe VII: Antiqua-Varianten	OMNIA
Gruppe VIII: Schreibschriften	Zapfino
Gruppe IX: handschriftliche Antiqua	Felt Tip
Gruppe X: gebrochene Schriften	Fraktur
Gruppe XI: fremde Schriften	طلكحيضسرز

4.6.2 Konstruktion der Skelettschrift

Die Skelettschrift ist eine einfach gehaltene magere Schrift, die am Anfang besonders leicht zu schreiben ist. Die Grundelemente dieser Schrift sind:

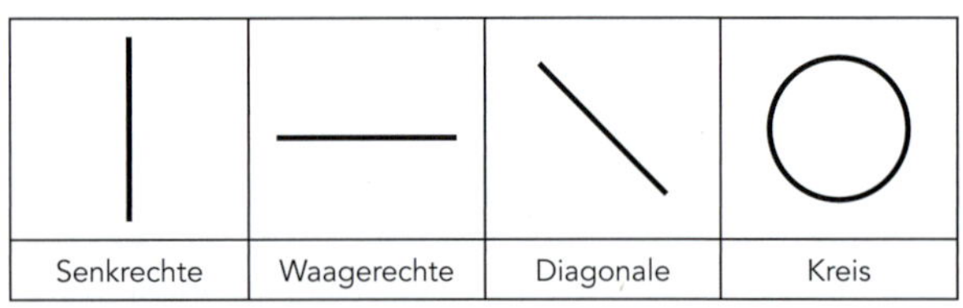

Hieraus lassen sich alle Buchstaben der Skelettschrift konstruieren. Jeder Buchstabe wird in ein immer gleich groß bleibendes Quadrat geschrieben, wobei die Buchstaben verschiedene Flächenanteile einnehmen.

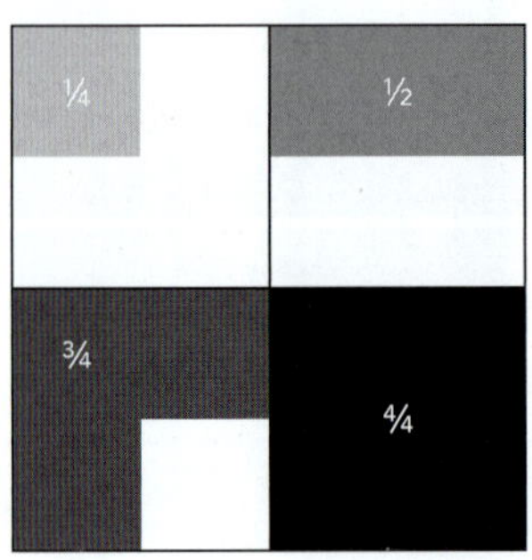

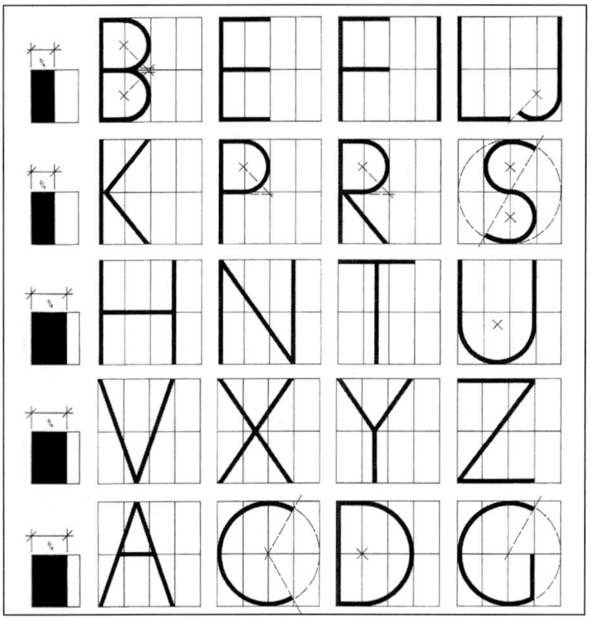

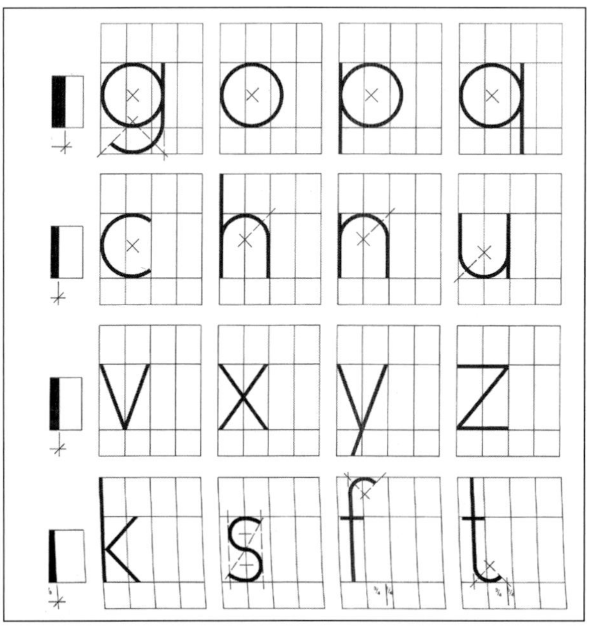

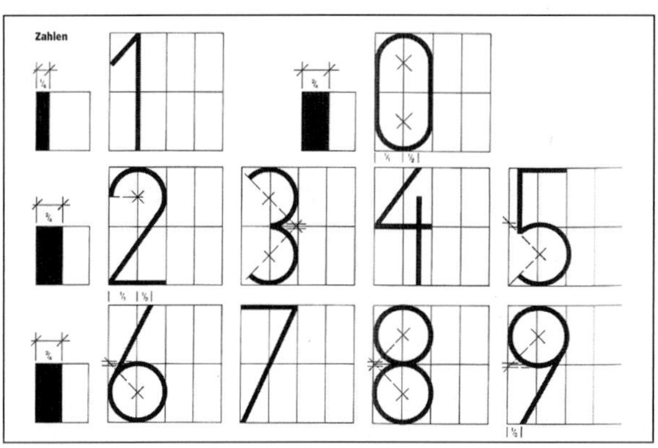

4.7 Grundlagen des technischen Zeichnens

4.7.1 Bemaßung

Bei der täglichen Arbeit wird von Malern und Lackierern häufig verlangt, dass sie Beschichtungsflächen berechnen, bevor diese praktisch bearbeitet werden. In diesen Fällen werden die Maße aus Bauzeichnungen entnommen. Maler und Lackierer müssen diese Bauzeichnungen lesen können.
Bei den Maßen aus der Zeichnung handelt es sich um die Konstruktionsmaße, während beim Aufmessen am Objekt die Fertigmaße ermittelt werden.
In der DIN 1356-1 sind die Grundlagen für Bauzeichnungen enthalten. Für Maler und Lackierer ist für die Aufmaßtechnik insbesondere die Bemaßung von Zeichnungen wichtig.

Bemaßungen lesen

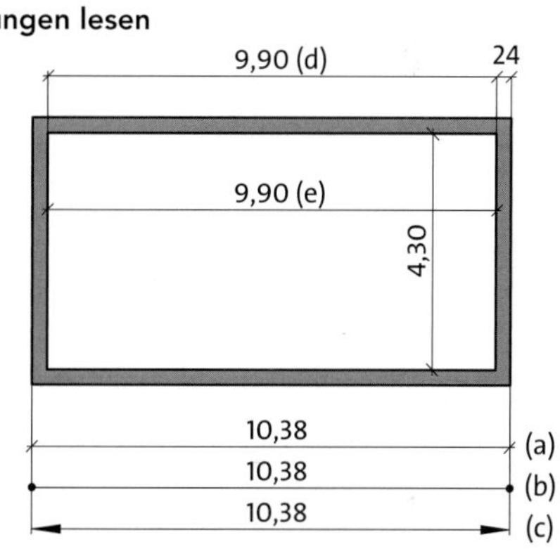

Maße werden mit **Maßlinien**, die durch 45°-Striche (a), Punkte (b) oder Pfeile (c) begrenzt sind, angegeben. **Maßzahlen** werden in der Regel als Dezimalzahlen in m geschrieben, Werte unter 1,00 m als cm.

Das **lichte Maß** von Räumen kann außen (d) oder innen (e) angegeben werden.

$\boxed{A = 9{,}90 \cdot 4{,}30}$

Maße von Öffnungen (Fenster, Türen) können auf zwei Arten angegeben werden. Dabei steht das Breitenmmaß oben und das Höhenmaß unten.

Es gelten die kleinsten Lichtmaße.

Fenster: $\boxed{A = 1{,}24 \cdot 1{,}85}$

1 Bemaßung in Bauzeichnungen

4.7.2 Maßstab

Maler und Lackierer lesen Bauzeichnungen, d. h., sie entnehmen ihnen Maße und errechnen Beschichtungsflächen. Im beruflichen Alltag wird sowohl mit maßstäblich verkleinerten Plänen und Zeichnungen (meist Bauzeichnungen) gearbeitet als auch mit Vorlagen (z. B. für Logos oder Beschriftungen), die im Maßstab zu vergrößern sind.

Wirklichkeitsmaß (WM): wirkliche Länge
Zeichnungsmaß (ZM): gezeichnete Länge
Maßstab (M): WM und ZM zueinander ins Verhältnis gesetzt; er bestimmt das
- Verkleinerungsverhältnis (M 1 : n) bzw.
- Vergrößerungsverhältnis (M n : 1)

Maßstäbe sind Proportionen und werden wie folgt gelesen:
- **Verkleinerungen:** M 1 : 100 (sprich: Maßstab 1 zu 100)
- **Vergrößerungen:** M 5 : 1 (sprich. Maßstab 5 zu 1)

Bauzeichnungen sind üblicherweise in den Maßstäben 1 : 200, 1 : 100, 1 : 50 verkleinert, besondere Details in den Maßstäben 1 : 10 bzw. 1 : 5. Oft verwendete Vergrößerungsmaßstäbe sind 2 : 1, 5 : 1 und 10 : 1.

Rechenhilfen mit Beispiellösungen*

Das **Zeichnungsmaß** kann aus dem Wirklichkeitsmaß errechnet werden:	Mit Maßstäben rechnen (Rechenbeispiele)
bei Verkleinerungen durch **TEILEN**, bei Vergrößerungen durch **MALNEHMEN**.	20 cm : 10 = 2 cm
Das **Wirklichkeitsmaß** kann aus dem Zeichnungsmaß errechnet werden:	
bei Verkleinerungen durch **MALNEHMEN**, bei Vergrößerungen durch **TEILEN**.	2 cm · 10 = 20 cm

Maßstabsrechnungen können auch mithilfe von **Proportionen** gelöst werden:

a)
$1 : 5 = 8\ \text{cm} : x$
$1 \cdot x = 5 \cdot 8\ \text{cm}$
$\frac{5 \cdot 8\ \text{cm}}{1} = 40\ \text{cm}$

b)
$x : 1 = 60\ \text{cm} : 4\ \text{cm}$
$x = \frac{60\ \text{cm}}{4\ \text{cm}} = \frac{60}{4} = \frac{15}{1}$
$x = 15 : 1$

Ebenso können **Maßstabsrechnungen** mithilfe von **Formeln**** gelöst werden:

Maßstab*** $M = \frac{ZM}{WM} \quad \frac{ZM}{M \cdot MW}$

Zeichnungsmaß $ZM = WM \quad M = \frac{ZM}{WM} = \frac{4\ \text{cm}}{60\ \text{cm}} = \frac{1}{15} = 1:15$

Wirklichkeitsmaß $WM = \frac{ZM}{M} \quad WM = \frac{ZM}{M} = \frac{40\ \text{cm}}{\frac{5}{1}} = \frac{40\ \text{cm}}{5} = 8\ \text{cm}$

* Die Lösungen der Beispiele zeigen, dass Aufgaben zum Maßstabsrechnen auf verschiedene Weisen gelöst werden können.
** Rechnerische Umstellung von (Formel-)Gleichungen:
Aus *M = ZM/WM* (folgt durch I · *WM*)
ZM = WM · M (daraus durch I : *M*)
WM = ZM/M (daraus die Ausgangsgleichung durch I · *M* I : *WM*)
*** Üblicherweise wird der Maßstab als Proportion dargestellt (1 : 15), ebenso ist die Darstellung als gebrochene Zahl möglich (als Bruchzahl 1/15 bzw. als Dezimalzahl 0,067). Letzteres kann beim Rechnen mit dem Maßstab hilfreich sein.

4.7.3 Abwicklung

Beschichtungsflächen entsprechen sehr oft den Oberflächen von Körpern. Wenn Flächen in der gleichen Technik bearbeitet werden, so sind sie auch zusammen aufzumessen. Dies gilt besonders für Räume und Fassaden. Wie bei der Berechnung von Körperoberflächen werden auch bei der Wandflächenberechnung die Flächen wie ein Mantel abgewickelt.

Rechenregel mit Beispiellösung

Zeichnerische Abwicklung der Wandflächen:

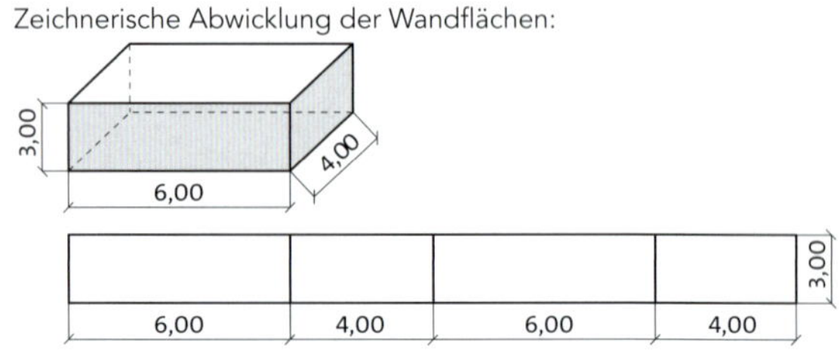

Rechnerische Abwicklung:

Raumumfang · Raumhöhe = Wandfläche
bzw. (Länge + Breite) · 2 · Raumhöhe = Wandfläche
bzw. Summe der Wandlängen · Raumhöhe = Wandfläche

$A = (6{,}00 + 4{,}00) \cdot 2 \cdot 3{,}00\ \text{m} = 60{,}0\ \text{m}^2$

1 Beispiel zur Abwicklung einer Wandfläche

Auch bei der Berechnung von Fassadenflächen ist es üblich, diese abzuwickeln, falls sie rundum beschichtet werden.

Rechenregel mit Beispiellösung

1. Zeichnerische Abwicklung:

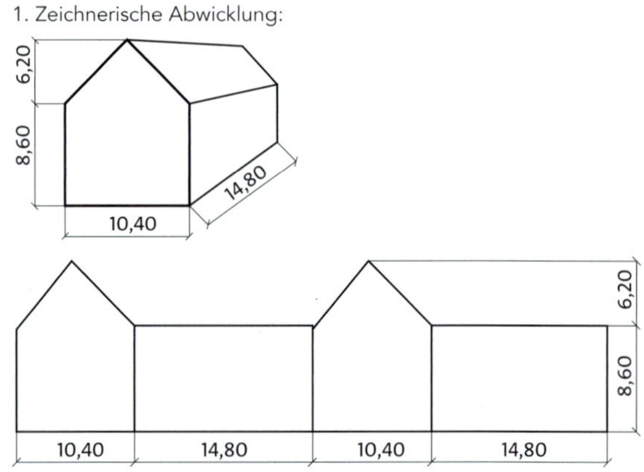

Einzelne Fassadenflächen werden wie normale Wandflächen berechnet. Mehrteilige Fassadenflächen werden abgewickelt. Zusammengesetzte Flächen werden in berechenbare Einzelflächen zerlegt und addiert.

2. Rechnerische Abwicklung:

$A = (14{,}80 + 10{,}40) \cdot 2 \cdot 8{,}60 + 2 \cdot \frac{10{,}40 \cdot 6{,}20}{2} = 497{,}92\ \text{m}^2$

2 Beispiel zur Abwicklung einer Fassadenfläche

4.7.4 Vergrößerungsverfahren

Zum Vergrößern von Vorlagen in manueller Technik werden vorrangig zwei Verfahren genutzt.

Gitternetzverfahren

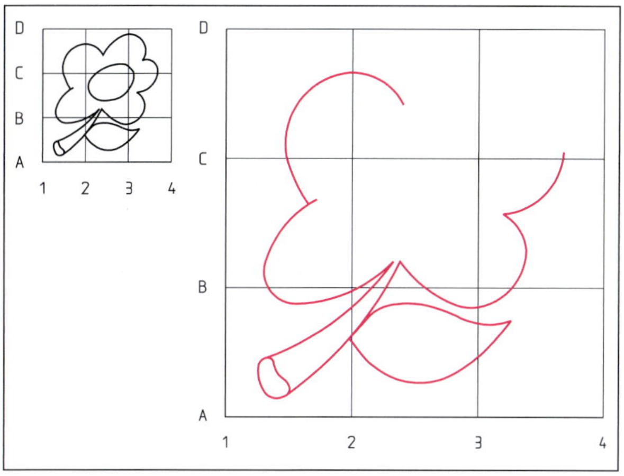

1 Gitternetzverfahren

Über die zu vergrößernde Vorlage (im Bild oben) wird ein Gitternetz gezeichnet. Die Endpunkte der waagerechten Linien werden mit Buchstaben bezeichnet, die Endpunkte der senkrechten Linien mit Zahlen.
Danach wird auf einem ausreichend großen Blatt das Vergrößerungsgitternetz im gewünschten Maßstab gezeichnet und wie das erste Gitternetz beschriftet. Nun werden die Schnittpunkte der Vorlagezeichnung mit den Gitternetzlinien auf das Vergrößerungsgitternetz übertragen und die Schnittpunkte miteinander verbunden.
Wenn sehr feine Details zu übertragen sind, muss das Gitternetz in geeigneter Weise kleiner eingeteilt werden.

Diagonalverfahren (Strahlensatz)

Zuerst wird über die zu vergrößernde Vorlage ein Rechteck mit den Eckpunkten A, B, C und D gezeichnet. Die Diagonale vom „Ursprung" (A) wird durch den Eckpunkt C gezeichnet und verlängert.
Dann werden die Seiten AB und AD verlängert und je nach gewünschtem Maßstab zum Vergrößerungsrechteck mit der Diagonalen vervollständigt. Auf diese Weise entstehen die Punkte B′, C′ und D′.

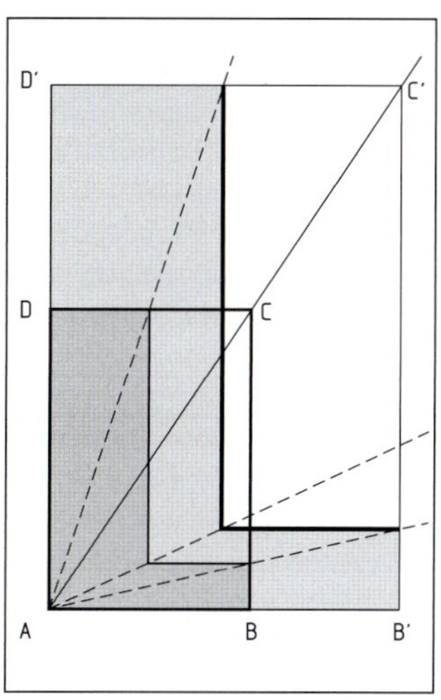

2 Diagonalverfahren

Jetzt werden ausgehend vom „Ursprung" (A) „Strahlen" durch die Eckpunkte der Vorlage gezeichnet und verlängert. Schließlich werden durch die Schnittpunkte der verlängerten „Strahlen" mit dem Vergrößerungsrechteck senkrechte bzw. waagerechte Parallelen zu den Rechteckseiten eingezeichnet.

Sonstige Vergrößerungsverfahren

Großflächige Vergrößerungen sind mithilfe von Beamern und Schneideplottern möglich.
Vergrößerungen können auch mit modernen Kopiergeräten in Farbe hergestellt und beliebig oft reproduziert werden.
Heute nutzt man für die Reproduktion und Vergrößerung die CAD-Technik (Computer Aided Design). Damit können Vorlagen mit einem Scanner eingescannt bzw. als Digitalfoto eingelesen und im PC weiterbearbeitet werden. Plotter reproduzieren in kurzer Zeit ebenso wie Tintenstrahl- oder Laserdrucker beliebig viele Kopien. Bei der Beschriftung unter Verwendung von Schneideplottern ergeben sich umfangreiche Gestaltungsmöglichkeiten (siehe S. 433).

4.7.5 Proportionslehre: der Goldene Schnitt

Eine Proportion ist ein Maßverhältnis zwischen zwei Größen. Eine als besonders harmonisch empfundene Proportion ist der in der Antike entwickelte und in der Renaissance wiederentdeckte „Goldene Schnitt".

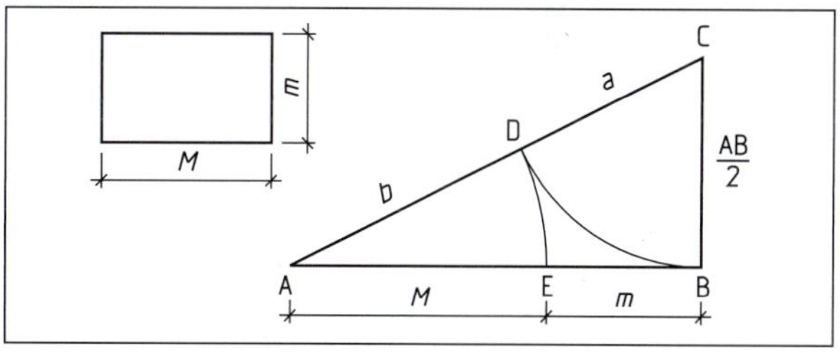

3 Konstruktion des Goldenen Schnitts

Bei dieser harmonischen Proportion ist das Maßverhältnis zwischen dem „Major" (M) und dem „Minor" (m) wie folgt festgelegt: M : m = b : a = (a + b) : b.
Beispiele für Streckenverhältnisse, die nach dem Goldenen Schnitt geteilt sind: 3 : 5, 5 : 8, 8 : 13, 13 : 21, 21 : 34, …
Im Jahr 1946 näherte sich Le Corbusier mit seiner als „Modulor" bezeichneten Proportion in Anlehnung an den menschlichen Körper dem Goldenen Schnitt.

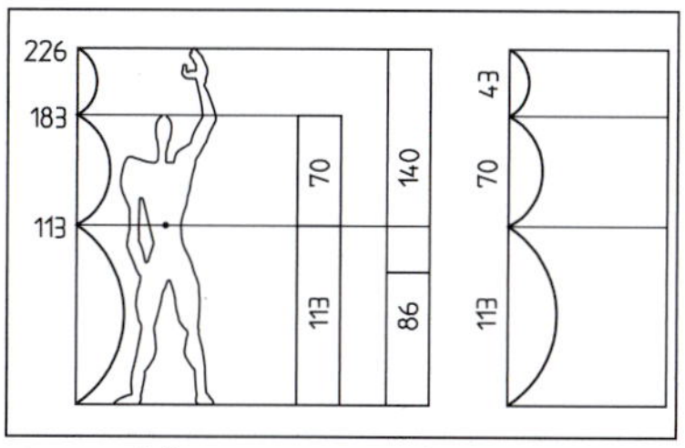

4 „Modulor" von Le Corbusier

Aufgaben

1. Beschreiben Sie die Herstellung einer Farbharmonie unter Anwendung monochromer Farben.
2. Listen Sie die symbolische Bedeutung der Farben Gelb, Rot und Blau auf.
3. Nennen Sie die Farbkontraste nach Itten.
4. Erläutern Sie die Wirkung eines Simultankontrasts.
5. Erklären Sie die Entstehung eines Flimmereffekts.
6. Welche Farben stehen sich beim Kalt-warm-Kontrast gegenüber?
7. Wann werden Oberflächen matt oder glänzend gestaltet?
8. Geben Sie verschiedene Möglichkeiten an, wie hohe, schmale Räume optisch niedriger gestaltet werden können.
9. Zeichnen Sie einen Raum, bei dem Sie durch die Betonung von Flächen die Tiefe optisch vergrößern.
10. Stellen Sie zwei Flächengliederungen mit gleicher Flächeneinteilung her und gestalten Sie die eine mit Farben gleicher Helligkeit, die andere mit Farben gleicher Sättigung. Beurteilen Sie die Farben der Farbharmonien und überlegen Sie, wo Sie diese in der Farbgestaltung einsetzen können.
11. Nennen Sie vier verschiedene Punktstrukturen.
12. Nennen Sie die Linienarten nach DIN EN ISO 128-20 und geben Sie die jeweilige Strichstärke an.
13. Aus welchen Gestaltungselementen lassen sich Linien und Flächenstrukturen herstellen?
14. Wozu werden Ornamente eingesetzt?

Mathematik

1. Ordnen Sie die Abwicklungen den Gebäudezeichnungen zu. Berechnen Sie anschließend die zwei Fassadenflächen.

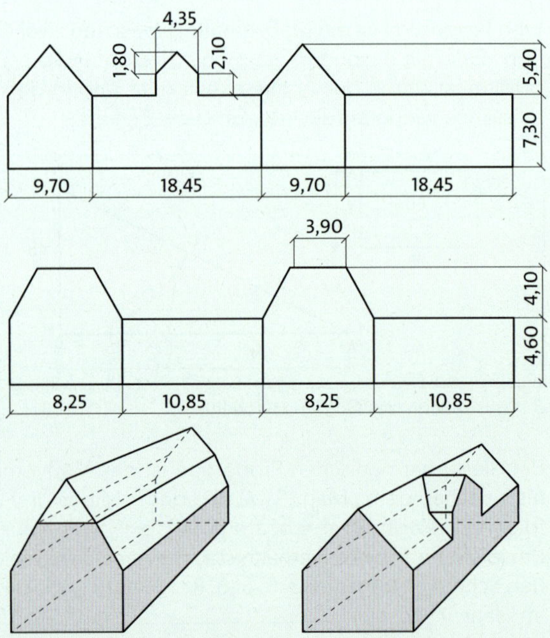

2. Zeichnen Sie die Vierecke und bemaßen Sie diese normgerecht:
   a) Rechteck:
   8,00 m lang und 5,30 m breit,
   M 1 : 50 und M 1 : 100
   b) Quadrat:
   3,70 m Seitenlänge,
   M 1 : 50 und M 1 : 20
   c) Rechteck:
   2,5 cm lang und 1,7 cm breit,
   M 2 : 1 und M 5 : 1
   d) Quadrat:
   3,5 cm Seitenlänge,
   M 2 : 1 und M 5 : 1
3. Berechnen Sie das jeweilige Zeichnungsmaß (ZM), wenn die Maßstäbe und die Wirklichkeitsmaße (WM) gegeben sind:
   M 1 : 10, WM = a) 2,71 cm b) 3,75 cm c) 8,55 cm
   M 1 : 20, WM = a) 5,25 m b) 2,77 m c) 1,79 m
   M 1 : 50, WM = a) 2,75 m b) 4,02 m c) 7,75 m
   M 2 : 1, WM = a) 3,5 cm b) 2,1 cm c) ,044 cm
   M 5 : 1, WM = a) 12,5 cm b) 46 cm c) 1,10 m
4. In welchem Maßstab (M) wurde jeweils verkleinert bzw. vergrößert?
   a) WM = 7,50 m ZM = 75 cm
   b) WM = 5,00 m ZM = 1,00 m
   c) WM = 1,25 m ZM = 12,5 cm
   d) WM = 15 cm ZM = 3,00 m
   e) WM = 72 cm ZM = 3,60 m
   f) WM = 19 cm ZM = 76 cm
5. Wie groß ist das jeweilige Wirklichkeitsmaß (WM), wenn die Maßstäbe (M) und die Zeichnungsmaße (ZM) gegeben sind?
   M 1 : 5, ZM = a) 20 cm b) 25 cm c) 47,5 cm
   M 1 : 50, ZM = a) 4,5 cm b) 6,2 cm c) 13,7 cm
   M 3 : 1, ZM = a) 16 cm b) 28 cm c) 0,68vm
   M 10 : 1, ZM = a) 18 cm b) 39 cm c) 48 cm
6. Vergrößern Sie das Logo Ihres Ausbildungsbetriebs
   a) im M 3 : 1 mit dem Gitternetzverfahren,
   b) im M 2 : 1 mit dem Diagonalverfahren.

Kundenauftrag

TELEFONNOTIZ

Gesprächspartner:
RA Dr. Thorsten Kassner
Oststr. 124
26789 Leer/Ostfriesland
Tel. 0491 4923098

ROTH Malerbetrieb
Gewerbepark 136
45131 Essen
Fon 0201 4867-12
Fax 0201 4867-14
info@Malerbetrieb-Roth.de
www.Malerbetrieb-Roth.de

Gesprächsinhalt:

Datum: *17.08.20xx*

- *Betonschäden (Fassade) sanieren*
- *Bodenbeschichtung (Tiefgarage) erneuern*
- *Brandschutzbeschichtung (Stahlstützen in der Tiefgarage)*

Objektbeschreibung

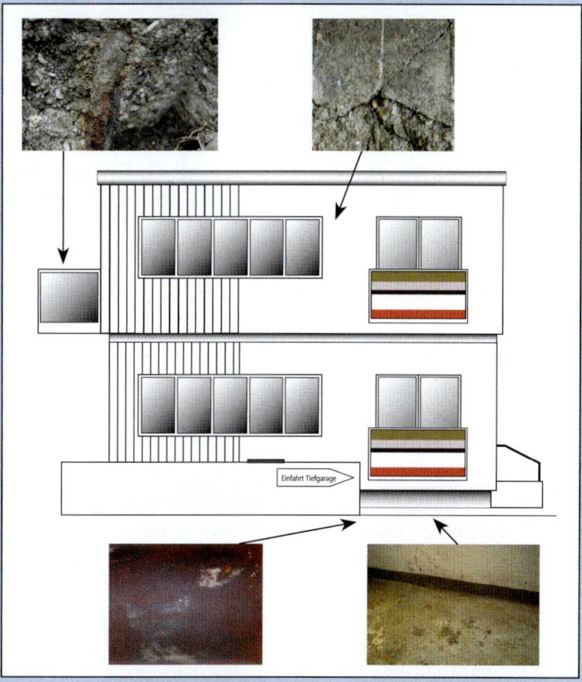

1 Gesamtansicht mit Schadensbildern

Fassadenfläche (Beton):
- Stahlbeton XC4
- Risse und Betonabsprengungen
- frei liegender Bewehrungsstahl, stark rostig

Tiefgarage
- Betonboden, vorhandene Altbeschichtung 2-K-Epoxidbeschichtung, Farbton RAL 7032 (Kieselgrau), abblätternd und teilweise abgelaufen
- vier frei stehende Stahlstützen aus unbeschichtetem Rundrohr, Außendurchmesser 25 cm, Höhe (Boden bis Decke) 3,30 m, geforderte Feuerwiderstandsklasse F30

Lernsituation

Sanierung von Betonschäden an einer Fassade

Erneuerung einer Bodenbeschichtung und einer Brandschutzbeschichtung in einer Tiefgarage

1. Informieren

Um mit der Bearbeitung dieses Kundenauftrags beginnen zu können, arbeiten Sie sich mithilfe der folgenden Fachbegriffe in das Thema ein: Stahlbeton, Betonfestigkeitsklassen, Alkalitätsverlust, pH-Wert, Karbonatisierung, Korrosion, Entrostungsverfahren, Korrosionsschutzpigmente, Passivierung, 2-K-Epoxidharzbeschichtung, Topfzeit, Stammlack, Härter, Brandschutzbeschichtung, Feuerwiderstandsklassen.

Anhand der Objektbeschreibung machen Sie sich ein Bild von der Baustelle:

- Welche Schäden finden Sie an der Fassade?
- Welche Beschichtung finden Sie in der Tiefgarage vor? Welche Schäden erkennen Sie?
- In welchem Zustand befinden sich die Stahlstützen in der Tiefgarage? Entsprechen sie den gesetzlichen Vorschriften?

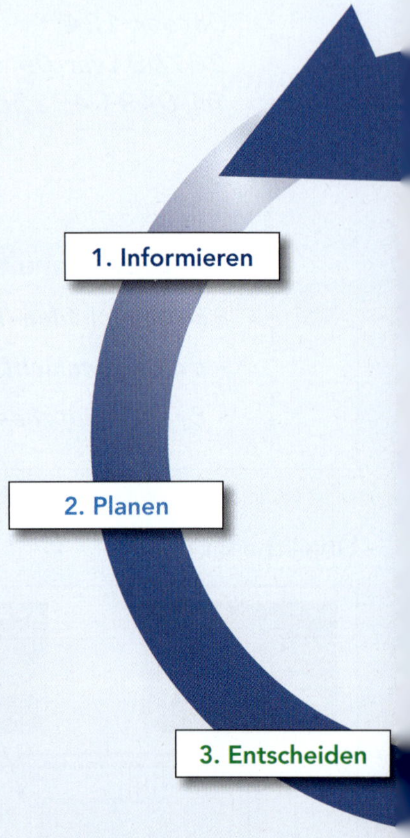

2. Planen

- Listen Sie mögliche Ursachen für die Betonschäden der Fassade auf, um erneute Schäden verhindern zu können.
- Planen Sie die Entrostung des Bewehrungsstahls der Fassade und machen Sie Angaben zum Reinheitsgrad der Entrostung (siehe S. 90/91).
- Notieren Sie die Anforderungen, die ein geeignetes Beschichtungssystem für die Fassade zu erfüllen hat.
- Erstellen Sie eine Liste der Anforderungen, die das Beschichtungssystem für den Tiefgaragenboden erfüllen muss.
- Die zu beschichtende Bodenfläche der Tiefgarage beträgt 125 m^2. Berechnen Sie mithilfe eines Technischen Merkblatts die Mengen an Stammmaterial und Härter, die benötigt werden.
- Erstellen Sie mithilfe der Informationen aus der Objektbeschreibung für diesen Auftrag eine Leistungsbeschreibung nach Positionen (siehe S. 69).

3. Entscheiden

- Entscheiden Sie, wie Sie die Fassade sanieren und neu beschichten.
- Der Boden der Parkplätze in der Tiefgarage weist eine 2-K-Epoxidbeschichtung auf. Erläutern Sie die Gründe, die zur Entscheidung für dieses bisherige Beschichtungssystem geführt haben könnten.
- Treffen Sie bezüglich eines neuen Beschichtungssystems für die Überholungsbeschichtung eine eigene Entscheidung. Begründen Sie Ihre Entscheidung gegenüber dem Auftraggeber, Herrn RA Dr. Kassner.
- Begründen Sie die Notwendigkeit einer Brandschutzbeschichtung der Stahlstützen in der Tiefgarage und erklären Sie in diesem Zusammenhang die Bedeutung der geforderten Feuerwiderstandsklasse F30.

6. Bewerten

- Bereiten Sie ein Fachgespräch mit Ihrem Kunden, Herrn RA Dr. Kassner, vor. Gestalten Sie hierfür eine optisch ansprechende, übersichtliche Stellwand.
- Stellen Sie mithilfe der gestalteten Stellwand Ihre Lösung dieses Kundenauftrags in der Klasse vor und diskutieren Sie diese.
- Korrigieren Sie Ihre Ergebnisse gegebenenfalls und bewerten Sie Ihre Gruppenarbeit.

5. Kontrollieren

- Prüfen Sie, ob Ihre schriftliche Ausfertigung des Auftrags vollständig und verständlich ist.
- Entsprechen Ihre Ausführungen einem realen betrieblichen Ablauf?
- Diskutieren Sie Ihre Arbeitsweise im Team. Überprüfen Sie, ob Ihre Teamvereinbarungen eingehalten wurden, und entwickeln Sie ggf. Vorschläge, um künftig besser im Team zu arbeiten.

1 Balkonbrüstung

4. Ausführen

Baustelle einrichten

Erläutern Sie Ihrer Klasse

- die Maßnahmen, um bei der Entrostung des Bewehrungsstahls die Passanten zu schützen;
- wie Sie während der Beschichtungsarbeiten am Boden in der Tiefgarage den Publikumsverkehr fernhalten;
- welche persönlichen Schutzausrüstungen Sie für die jeweilige Tätigkeit bereitstellen.

Vorarbeiten ausführen

Beschreiben Sie, in welchem Zustand die Fassade, der Boden der Tiefgarage und die Stahlstützen sein müssen, um die Beschichtungen aufbringen zu können.

Hauptarbeiten ausführen

- Notieren Sie in chronologischer Reihenfolge, wie Sie die Schäden an der Fassadenfläche beheben und die Fassade neu beschichten.
- Skizzieren Sie den Beschichtungsaufbau für den Betonboden der Tiefgarage.
- Nennen Sie ein geeignetes Applikationsverfahren für die Beschichtungsarbeiten des Betonbodens
- Fertigen Sie eine Skizze an, die den Beschichtungsaufbau der Brandschutzbeschichtung darstellt.

Abschlussarbeiten ausführen

Schildern Sie, wie Sie Gebindereste fachgerecht entsorgen.

5 Schutz- und Spezialbeschichtungen ausführen

5.1 Betonschutz

5.1.1 Ursachen für Betonschäden

Umwelteinflüsse
Abgase, saure Niederschläge, Frost und Tausalze greifen Beton an, zerstören dessen Oberfläche und verändern die chemischen Eigenschaften so, dass die Stahlarmierung im Beton zu rosten beginnt. Rost nimmt ein größeres Volumen ein als nicht korrodierter Stahl, Druckspannungen sind die Folge. Der überdeckende Beton bekommt Risse und sprengt ab (siehe S. 131).

Herstellungsmängel
Schwindrisse, Sanden, Kiesnester, Trennmittelrückstände und zu geringe Betondeckung sind typische Mängel, die bereits bei der Herstellung verursacht werden.
Netzartige Schwindrisse und eine sandende Oberfläche entstehen, wenn die Betonoberfläche trocknet, bevor der Beton abgebunden hat. Dadurch wird die Kristallbildung gestoppt und die Festigkeit erheblich verringert. Die Betonoberfläche sollte deshalb möglichst mit Wasser feucht gehalten oder mit Folie abgedeckt werden, bis der Beton abgebunden hat.
Kiesnester weisen einen zu hohen Anteil an grobem Kies auf. Sie lassen sich meist auf eine mangelhafte Vermengung im Betonmischer oder eine zu geringe Verdichtung beim Betonieren zurückführen.
Risse oder abgeplatzte Stellen breiten sich aus, wenn die Stahlarmierung zu dicht unter der Betonoberfläche liegt und deshalb zu rosten beginnt. Zum Schutz der Bewehrung gegen Korrosion ist eine Mindestbetondeckung vorgeschrieben. Diese beträgt je nach Expositionsklasse (siehe S. 130) zwischen 10 und 40 mm.

1 Betonschaden durch zu geringe Betondeckung

Betonmängel und Abhilfemaßnahmen

Betonmangel	Abhilfe
Trennmittelrückstände (z. B. Schalungsöle), Schmutz, Algen- und Moosbefall	Abwaschen mit Reinigungszusätzen, Abbürsten, Hochdruckreinigen, Dampfstrahlen
Kiesnester	Reinigen, Vornässen, Haftschlämmen; mit kunstharzvergütetem, zementgebundenem Mörtel ausfüllen
Haarrisse	Tiefgrundieren, Beschichten mit entsprechendem Betonschutzsystem
Schwindrisse	Tiefgrundieren, Spachteln und Beschichten mit entsprechendem Betonschutzsystem
Sanden	Tiefgrundieren, Beschichten mit entsprechendem Betonschutzsystem
Oberflächenerosion durch Umwelteinflüsse	Abklopfen der losen Teile, Abbürsten, Sandstrahlen, Flammstrahlen oder Hochdruckwasserstrahlen, Tiefgrundieren, Glätten mit kunststoffvergütetem Feinmörtel, Beschichten mit Betonschutzsystem
Risse und Betonabsprengungen durch rostende Armierung	Freilegen der Bewehrungsstähle, Entrosten (gemäß DIN EN ISO 12944-4, Reinheitsgrad SA 2 1/2, metallisch rein); zwei Korrosionsschutzanstriche auf Epoxidharzbasis, den zweiten Anstrich mit Quarzsand absanden, Haftschlämme, Reparaturmörtel, Feinspachtel, Beschichten mit Betonschutzsystem
bautechnisch bedingte oder baudynamische Risse	Erweitern und Ausbürsten der Risse, Setzen von Hülsen (sogen. Packer) in den Rissverlauf, Risse verdämmen und verpressen, Abschlagen der Packer, Verspachteln, Beschichten mit Betonschutzsystem

2 Betonschaden durch Schwindrisse

5.1.2 Betoninstandsetzung

Bei Korrosion der Stahlarmierung wird nach dem Freilegen des Bewehrungsstahls und dessen Entrosten, bei der Betoninstandsetzung entsprechend den folgenden Abbildungen vorgegangen.

Betoninstandsetzung bei Korrosion der Stahlarmierung

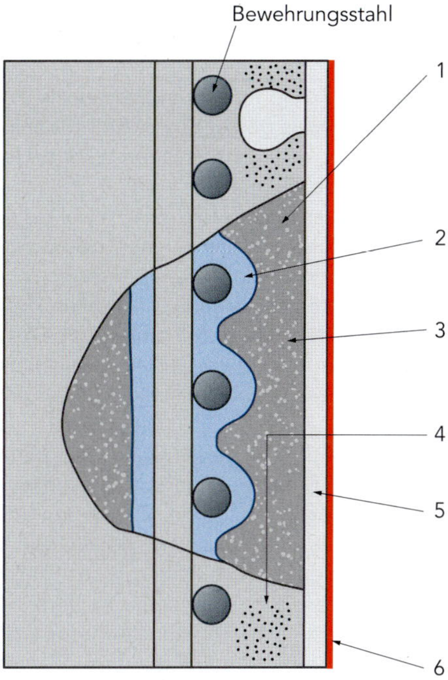

Aufbau	Vorgehensweise und Werkstoffe
(1) Zement-schlämme	• zementgebundene Haftschlämme wird als Haftbrücke auf reichlich vorgenässte Oberfläche aufgebracht
(2) Korrosions-schutz der Stahlarmie-rung	• zwei Anstriche mit einem 2-K-Epoxidharzprodukt (siehe S. 213) • zur besseren Verankerung des nachfolgenden Füllmaterials wird der zweite Anstrich mit mittelgroßem Quarzsand (Siliziumdioxid, natürlicher Baustoff, der zum überwiegenden Teil aus reinem Quarz besteht) abgesandet
(3) Beton-mörtel (kunststoff-vergütet)	• als Füllmaterial werden kunstharzmodifizierte Betonmörtel (Zementmörtel, deren Bindemittel aus einer Mischung von Zement und Kunststoffen besteht) auf der Basis von Kunstharzdispersionen oder Mörtel auf der Basis von 2-K-Epoxidharz verwendet • diese werden schichtweise eingebracht • mit einem Feinspachtel wird die instandgesetzte Fläche an die Betonstruktur angepasst
(4) ggf. Beton-Tiefgrund	• zum Abdichten und Festigen des Untergrunds wird ggf. ein Tiefgrund z. B. auf Polymerisatharzbasis eingesetzt
(5) Beton-spachtel	• kunststoffmodifizierte Betonmörtel (Feinspachtelmassen) auf der Basis von Kunstharzdispersionen oder Mörtel auf der Basis von 2-K-Epoxidharz
(6) Beton-schutz-anstrich	• mögliche Beschichtungsstoffe: • lösemittelhaltige Acrylharzlacksysteme • Dispersionsbeschichtungen auf Basis von Acryl-Mischpolymerisaten • Polurethanbeschichtungen • Epoxidharzbeschichtungen

Betoninstandsetzung bei tiefen Rissen

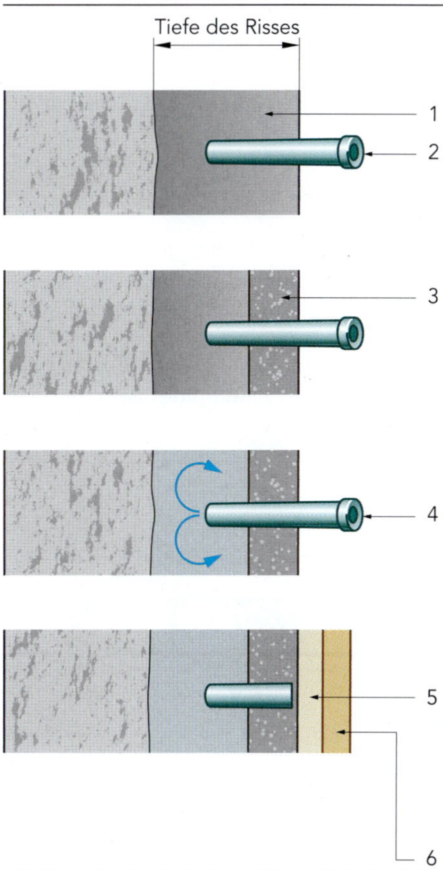

Aufbau	Vorgehensweise und Werkstoffe
(1) gesäuberter Riss	• trockene Risse werden mit Druckluft ausgeblasen • feuchte Risse können mit Wasser gespült werden
(2) eingesetzter Packer	• als Packer kommen Schraub- oder Schlagpacker zum Einsatz • Schlagpacker können nur eingeschlagen werden, wenn das Bauwerk ausreichend stabil ist 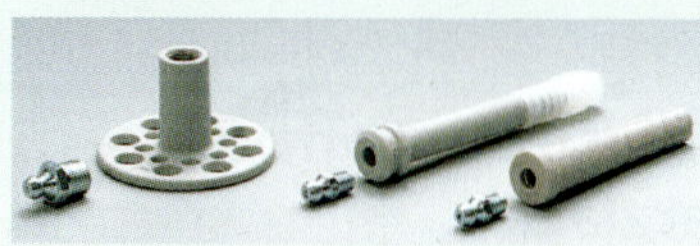 *1 Hülsen (sog. Packer)*
(3) Zement-Spachtel-masse	• mit der Zement-Spachtelmasse wird die Betonoberfläche verfüllt • dabei ist darauf zu achten, dass die Enden ca. 3 cm offen gehalten werden, damit die eingeschlossene Luft entweichen kann, wenn das Injektionsharz eingespritzt wird
(4) Harzein-pressung mit Injektions-spritze	• das Injektionsharz (Epoxid- oder Polyurethanharz oder Zementleim) wird mit der Injektionsspritze eingepresst  *2 Rissverpressung mit dem entsprechenden Injektionsharz*
(5) abgeschla-gener Packer mit über-spachteltem Packerloch	• der Packer wird bündig mit der Betonoberfläche abgeschlagen • das Packerloch wird durch Überspachteln geschlossen
(6) Schlussbe-schichtung	• es erfolgt eine geeignete Betonbeschichtung

5.1.3 Betonschutzbeschichtung

Ein wirksamer Betonschutz lässt sich erzielen, wenn die Beschichtung folgende Anforderungen erfüllt:

- **hohe Gasundurchlässigkeit:** reduziert das Eindringen von sauren Gasen und erhält so die notwendige Alkalität
- **Chemikalienbeständigkeit:** schützt die Betonoberfläche gegen Umwelteinflüsse und aggressive Substanzen
- UV-Beständigkeit: trägt dazu bei, dass die Schutzwirkung der Beschichtung erhalten bleibt
- **hohe Dauerelastizität:** überbrückt Schwundrisse und gleicht unterschiedliche Wärmeausdehnungen aus
- **geringe Schmutzhaftung:** verhindert Moos- und Algenbefall und erleichtert die Reinigung
- **hohe Haftfestigkeit:** sorgt für eine gute Verankerung im Untergrund und verhindert das Abplatzen und Abwittern der Beschichtung

Als Betonschutzbeschichtungen haben sich folgende Beschichtungssysteme bewährt:

- lösemittelhaltige Acrylharzlacksysteme
- Dispersionsbeschichtungen auf der Basis von Acryl-Mischpolymerisaten
- Polyurethanbeschichtungen
- Epoxidharzbeschichtungssysteme

Die genannten hohen Anforderungen für den Außenbereich sind im Innenbereich selten notwendig. Hier eignen sich die auf mineralischen Untergründen üblichen Beschichtungen wie Kalk-, Zement-, Silikat- und Dispersionsfarben.

5.2 Lacke auf Kunststoffbasis – Kunstharzlacke

5.2.1 Aufbau von Lacken

Lacke setzen sich zusammen aus Lackbindemittel, Lösemittel, Zusatzmittel und Farbmittel.

Die Lackbindemittel stellen den wichtigsten Bestandteil der Lacke dar. Ihre chemischen und physikalischen Eigenschaften bestimmen das Verhalten des flüssigen Anstrichstoffs: Filmbildung, Erscheinungsbild des ausgehärteten Lacküberzugs, Beständigkeit, Zusammenhalt und Haftung auf Untergründen.

Filmbildung: Übergang vom flüssigen Beschichtungsstoff in den ausgehärteten Lacküberzug; erfolgt durch physikalische Trocknung oder durch chemische Vernetzung bzw. Erhärtung.

Die Lösemittel sind Bestandteil des flüssigen Beschichtungsstoffs. Sie lösen bzw. verteilen die Lackkörper und bringen den Lack in eine verarbeitungsfähige bzw. streich- und spritzfähige Form.
Beispielsweise löst sich Kolophonium in Testbenzin zu Harzlack. Schellack in Spiritus gelöst ergibt Spirituslack. In beiden Fällen entsteht eine einheitliche dickflüssige Lösung, die wir als Lack bezeichnen.
Aus dem flüssigen Film verdunsten die Lösemittel oder werden durch Wärmezufuhr zum Verdunsten gebracht. Im festen Lacküberzug sind keine Lösemittel mehr vorhanden. Da das Verdampfen der organischen Lösemittel umweltbelastend ist, werden lösemittelhaltige Lacke immer mehr durch wasserverdünnbare Lacke oder durch lösemittelfreie Pulver- oder Schmelzbeschichtungen ersetzt.
Die Zusatzmittel, auch Additive genannt, werden dem Lack stets nur in geringen Mengen zugefügt. Sie verbessern die Verteilung (Dispergierung) der Pigmente bei der Lackfarbenherstellung, unterdrücken die Neigung der Pigmente zum Absetzen und beeinflussen das Fließverhalten beim Beschichten. Sie verbessern den Verlauf, verhindern das Aus- und Aufschwimmen der Pigmente, beschleunigen die Härtung und beeinflussen den Glanz bzw. die Mattierung.
Thixotropie- (siehe S. 23), Antihaut- und Konservierungsmittel sind weitere Zusatzmittel.
Bezogen auf die Menge stellen die Weichmacher eine Ausnahme dar. Sie werden stets in großen Anteilen dem Bindemittel zugefügt. Weichmacher verbessern und erhalten die Elastizität in ölfreien Lacken, z. B. Zellulosenitrat-, Chlorkautschuk- und Polymerisatharzlacken. Als Weichmacher werden nicht trocknende Öle (wie Rizinusöl) und Ester (wie Fettsäure- und Phthalsäureester) verwendet.
Als Farbmittel werden in Lackfarben geeignete weiße (z. B. Titandioxid), bunte (z. B. Eisenoxidgelb oder Eisenoxidrot) oder schwarze Pigmente (z. B. Eisenoxidschwarz) eingesetzt. Die Grobdispergierung erfolgt im Knetwerk, die Feindispergierung auf dem Walzenstuhl, wobei das Gemisch aus Pigmenten und Bindemittel zwischen den Walzen vermahlen wird.

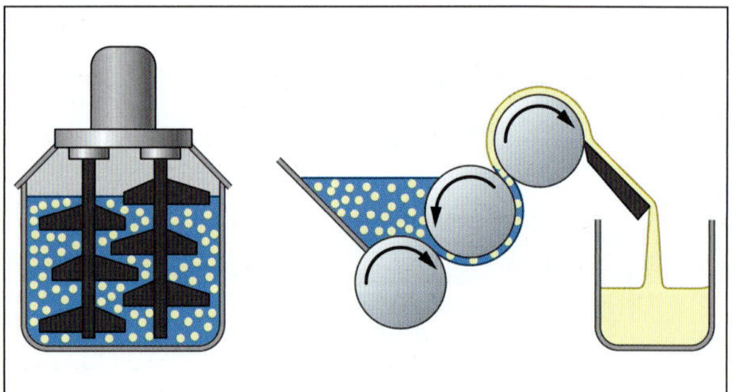

1 Dispergierung

Da das eingesetzte Bindemittel die Eigenschaften des Kunstharzlacks weitestgehend bestimmt, ist das eingesetzte Kunstharz in der Lackbezeichnung enthalten. So ist z. B. bei einem Alkydharzlack als Bindemittel ein Alkydharz eingesetzt.

Polymere: Riesenmoleküle; werden aus Einzelmolekülen gebildet durch Aufbrechen von Doppelbindungen, durch Umbau/Platzwechsel oder durch Abspaltung von Nebenprodukten.

Bezeichnung nach Molekülbildung	**Polymerisation**	**Polyaddition**	**Polykondensation**
Bildung	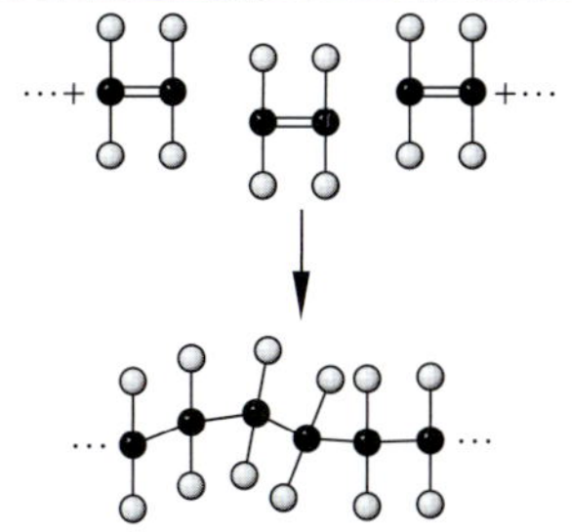	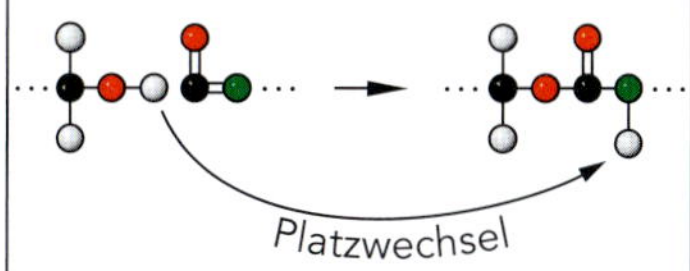	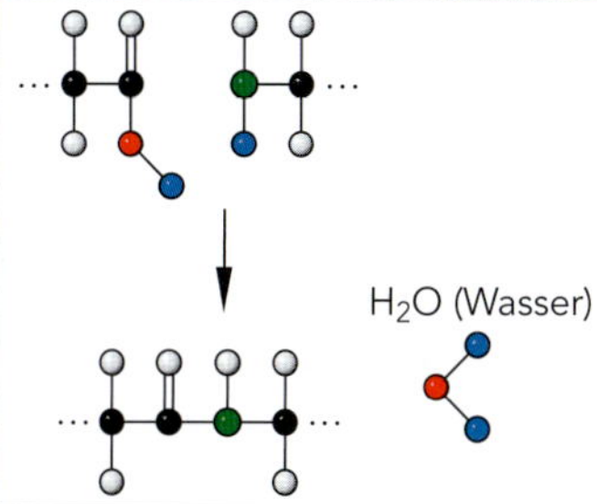
Beschreibung	• Ausgang: gleiche oder gleichartige Einzelmoleküle, die eine oder mehrere Doppelbindungen besitzen • Doppelbindungen werden aufgebrochen, freie Bindungsarme entstehen • Riesenmoleküle (Polymerisate) werden gebildet • es entstehen keine Nebenprodukte	• Ausgang: verschiedene Einzelmoleküle • durch Platzwechsel einzelner Atome oder Moleküle entstehen Riesenmoleküle (Polyaddukte) • es entstehen keine Nebenprodukte	• Ausgang: verschiedene Einzelmoleküle • werden verbunden unter Abspaltung von Nebenprodukten (Kondensaten) • als Kondensat kann sich Wasser abspalten • Riesenmoleküle (Polykondensate) entstehen
Bezeichnung des Kunstharzlacks entsprechend dem eingesetzten Bindemittel	• Acrylharzlack (AY) • Polymethylmetacrylatlack (PMMA) • Polyvinylchloridlack (PVC) • Polyvinylacetatlack (PVAC)	• Polyurethanharzlacke (PUR) • Epoxidharzlacke (EP)	• ungesättigte Polyesterharzlacke (UP) • gesättigte Polyesterharzlacke (SP) • säurehärtende Lacke (SH) • Alkydharzlacke (AK)

5.2.2 Polymerisatharzlacke

Durch Polymerisation können unterschiedliche Kunstharzlacke hergestellt werden. Exemplarische Darstellung am Beispiel des Acrylharzlacks (AY):

Herstellung: Acrylharze werden aus den Estern der Acryl- oder Methacrylsäure, durch Polymerisation gleicher Ausgangsstoffe (Monomere) oder verschiedener Molekülstrukturen (Copolymere) hergestellt. Sie werden in Dispersionslacken und wasser- oder lösemittelverdünnbaren Lacken verwendet. Lösemittelverdünnbare Acrylharze lassen sich mit Testbenzin verdünnen. Sie eignen sich gut für Beton und andere alkalische Untergründe.

Eigenschaften: Acrylharze sind sehr lichtecht, widerstandsfähig gegen chemische und mechanische Einflüsse, nicht verseifbar und von langer Lebensdauer.

Einsatz: Aufgrund der guten und vielseitigen Eigenschaften stellen die Acrylharze die Basis für die meisten Polymerisatharzlacke und viele andere Beschichtungswerkstoffe, wie Spachtel-, Klebe- und Dichtungsmassen, dar.

Acrylharzlacke eignen sich gut für Untergründe wie Holz, Metall (Heizkörper etc.) und Hartkunststoffe sowie für Beton und andere alkalische Untergründe (lufttrocknend). Außerdem werden sie für Industrie- und Fahrzeuglackierungen eingesetzt (wärmehärtend).

1 Heizkörperbeschichtung mit Acrylharzlack

Trocknung/Erhärtung

Lufttrocknend: Acryl-Einbrennlacke reagieren nach Filmbildung durch Wärmeeinwirkung mit funktionellen Gruppen und vernetzen sich so zu unlöslichen, duroplastisch wirkenden Harzen, die sich durch Schmelzen nicht erweichen lassen.

Wärmehärtend: Acrylharz-Kombinationslacke bilden durch die Zugabe von anderen Bindemitteln (z. B. Epoxidharz) wärmehärtende Einbrennlacke z. B. für industrielle Metallbeschichtungen.

5.2.3 Polyadditionsharzlacke

Wichtige Kunstharzlacke, die durch Polyaddition hergestellt werden, sind Polyurethanharzlacke und Epoxidharzlacke.

Polyurethanharzlacke (PUR)

Herstellung: Polyurethanharzlacke bestehen aus Polyester bzw. Polyether als Stammlack und Polyisocyanaten als Härter. Bei Lackfarben sind die Pigmente im Stammlack enthalten.
Die Zweikomponentenlacke sind auch unter dem Namen DD-Lacke bekannt. Die Abkürzung DD steht für Desmophen (Dialkohol bzw. Polyester) und Desmodur (Diisocyanat bzw. Polyisocyanat).
Polyurethanharzlacke sind auch als Einkomponentenlacke erhältlich. Hier sind beide Reaktionspartner bereits vermischt.
Polyurethanharzlacke lassen sich mit anderen Kunststoffen abwandeln (z. B. Polyurethan-Teerlackfarben).
Eigenschaften: Polyurethanharzlacke sind wetterbeständig, sehr abriebfest, beständig gegen Säuren, schwache Laugen, Öle und Lösemittel. Sie können sehr elastisch oder je nach Verwendungszweck auch sehr hart eingestellt sein.
Einsatz: Die Lacke werden überall dort eingesetzt, wo eine hohe Beanspruchung an die Beschichtung gestellt wird, z. B. auf Holz zur Versiegelung von Fußböden und Tischplatten, auf Putz, Zementfußböden und Beton, z. B. in Werkräumen, Laboratorien und Balkonen. Die Beschichtungen können auch auf alkalisch reagierenden Untergründen aufgetragen werden, da PUR-Lacke nicht verseifen. Sie eignen sich ebenso für hochwertige Metall- und Kunststoffbeschichtungen, z. B. auf Karosserien und Flugzeugen, außerdem auf Papier, Textilien und Gummi.

Trocknung/Erhärtung

Zweikomponenten-Polyurethanharzlacke erhärten, indem Stammlack und Härter gemischt werden. Zu ihnen zählen die lufttrocknenden, ofentrocknenden und lösemittelfreien Typen.

- Die lufttrocknenden Sorten erhärten bei Normaltemperatur in 4 bis 6 Stunden.
- Die ofentrocknenden erhärten nach ca. 2 Stunden bei 80 °C bzw. ca. 1 Stunde bei 120 °C.
- Lösemittelfreie Typen bilden bereits nach ca. 30 Minuten ohne Schwund einen Anstrichfilm.

Einkomponenten-Polyurethanharzlacke sind feuchtigkeitshärtend. Sie benötigen zum Erhärten die Luftfeuchtigkeit. Die Trocknungsdauer beträgt bei Normaltemperatur ca. 6 Stunden, hohe Luftfeuchtigkeit begünstigt den Aushärtungsprozess.
Das Polyisocyanat reagiert auch mit Feuchtigkeit. Der Anstrich wird milchig und kann unansehnlich und klebrig bleiben. Deshalb dürfen Polyurethanharzlacke nur auf absolut trockenen Untergründen aufgetragen werden.
Falsche Mischungen führen zu Beschichtungsmängeln oder zu Trocknungsstörungen. Das Mischungsverhältnis zwischen Stammlack und Härter ist deshalb genau einzuhalten.

Gesundheitsschutz beim Umgang mit Polyurethanharzlacken
Polyurethanharzlacke können Allergien auslösen und die Atmungsorgane angreifen.

Deshalb sind Schutzhandschuhe und Atemschutzmaske zu tragen!

Vorsicht! Leicht entzündliche Lösemittel!

1 Betonboden mit einer Polyurethanharzbeschichtung

2 Balkonbeschichtung mit Polyurethanharzlack

Epoxidharzlacke (EP)

Herstellung: Der Ausgangsstoff Epoxidharz wird durch Polykondensation aus Epichlorhydrin und Diphenylolpropan (Bisphenol) gewonnen. Abhängig von der Molekülgröße sind Epoxidharze fest oder flüssig. Zweikomponenten-Epoxidharzlacke (2-K-Epoxidharzlacke) bestehen aus dem Epoxidharz als Stammlack (im Stammlack sind auch die Pigmente enthalten). Als Härter werden Polyamine, Polyamide und Polyisocyanate verwendet, wodurch die Eigenschaften des Lacks beeinflusst werden können.
Epoxidharzlacke lassen sich aus festen oder flüssigen Epoxidharzen herstellen, wobei die flüssigen Epoxidharze über kürzere Molekülketten verfügen.
Feste Epoxidharze werden überwiegend in lösemittelhaltigen Epoxidharzlacken eingesetzt. Zur Herstellung lösemittelfreier Epoxidharzlacke werden flüssige Epoxidharze mit kurzen Molekülketten eingesetzt. Da diese Harze flüssig sind, müssen sie nicht in Lösemittel gelöst werden.
Eigenschaften: Die Eigenschaften des Epoxidharzlacks hängen neben dem Einsatz unterschiedlicher Stammlacke auch vom eingesetzten Härter ab:

Härter	Eigenschaften
Polyamine	für lösemittel- und chemikalienbeständige Beschichtungen
Polyamide	für elastische und wasserbeständige Beschichtungen
Polyisocyanate	für säure- und lösemittelbeständige Beschichtungen

Epoxidharzlacke und -lackfarben ergeben seidenglänzende bis glänzende Beschichtungen von hoher Festigkeit. Sie sind witterungs- und chemikalienbeständig, neigen allerdings nach einiger Zeit zum Kreiden und verlieren Farbe und Glanz.
Lösemittelhaltige **Epoxidharzlacke** sind mit Spezialverdünnung verdünnbar. Ihre Topfzeit beträgt ein bis drei Tage.
Lösemittelfreie Epoxidharzlacke haben eine geringere Chemikalienbeständigkeit als lösemittelhaltige Epoxidharzlacke. Es können hohe Schichtdicken in einem Arbeitsgang erzielt werden, weil keine verdunstenden Lösemittel im Beschichtungsstoff enthalten sind. Sie erhärten vollständig nach ca. 12 Stunden, ungeachtet der größeren Schichtdicke.

Die Topfzeit beträgt nur einige Stunden. Werkzeuge müssen innerhalb der Topfzeit gereinigt werden.

Auch Epoxidharzlacke können mit anderen Bindemitteln verändert werden (z. B. Epoxidharz-Teer-Kombinationen).

Einsatz: Die Zweikomponenten-Epoxidharzlacke eignen sich für Grund- und Deckbeschichtungen auf nahezu allen Untergründen.

1 Beschichtung eines Garagenbodens mit Epoxidharzlack

Epoxidharzlacke und -lackfarben eignen sich für alle mineralischen Untergründe, für Metalle, Holz und Kunststoffe, die fest, griffig und frei von Öl und Fett sind. Sie sind bewährte Unterwasseranstrichstoffe, besonders in Verbindung mit Teer. Außerdem werden sie im Korrosionsschutz eingesetzt. Ihre Verwendung erstreckt sich auf alle Beschichtungen für höchste Ansprüche an Fahrzeugen, Maschinen, Schiffen und im Bauwesen.
Saugende Untergründe sind unpigmentiert mit Epoxidharz zu grundieren. Metalle grundiert man mit Washprimer oder Dickschichtfüller auf Epoxidharzbasis.
Neben Bindemitteln von Lacken eignen sich die Epoxide auch für Klebstoffe, Gießharze, glasfaserverstärkte Kunststoffe, Schichtstoffe und Hartschaumstoffe.

Trocknung/Erhärtung

Die Erhärtung des Epoxidharzlacks ist ein Polyadditionsprozess: Die Vernetzung zwischen den Makromolekülen kommt durch chemische Reaktion des Stammlacks mit dem Härter zustande. In der Regel ist eine Trocknung der Beschichtung unter 20 °C nicht möglich.
Falsche Mischungen von Stammlack und Härter führen zu Beschichtungsmängeln oder zu Trocknungsstörungen. Deshalb müssen die Herstellerrichtlinien genau eingehalten und der vom Hersteller vorgesehene Härter eingesetzt werden.

Gesundheitsschutz beim Umgang mit 2-K-Epoxidharzlacken: Polyamine wirken ätzend!

Deshalb sind die Augen und die Haut zu schützen!

Die Dämpfe der flüssigen Polyamine und Polyisocyanate sind sehr gesundheitsschädlich. Deshalb ist für eine gute Raumentlüftung zu sorgen!

5.2.4 Polykondensatharzlacke

Das bei Polykondensation am häufigsten verwendete Bindemittel ist Alkydharz zur Herstellung von Alkydharzlacken (AK).

Herstellung: Alkydharze werden durch Veresterung aus mehrwertigen Alkoholen (z. B. Glycerin), Carbonsäuren (Phtalsäure) und Fettsäuren bzw. Ölen (z. B. Leinöl, Sojaöl) gebildet. Ihrem Ölanteil entsprechend können sie in die folgenden drei Gruppen unterteilt werden:

- Ölanteil unter 40 % => kurzöliges Alkydharz
- Ölanteil 40–60 % => mittelöliges Alkydharz
- Ölanteil über 60 % => langöliges Alkydharz

Der Ölanteil bestimmt u. a. die Eigenschaften: z. B. Wetterbeständigkeit, Elastizität, Vergilbung.

Eigenschaften

- **kurzölige Alkydharzlacke:** sehr hart, chemikalien- und wetterbeständig, hoher Glanzeffekt, verdünnbar (z. B. mit Testbenzin, Terpentin und Spezialverdünnung)
- **mittelölige Alkydharzlacke:** sehr hart, chemikalien- und wetterbeständig, verdünnbar wie kurzölige Alkydharzlacke
- **langölige Alkydharzlacke:** hart, chemikalien- und wetterbeständig, gute Streichbarkeit, verdünnbar wie kurzölige Alkydharzlacke

Durch die Zugabe eines zusätzlichen Rohstoffs können die Eigenschaften eines Alkydharzlacks noch einmal verändert werden.

Einsatz: Alkydharzlacke können aufgrund ihrer vielfältigen Eigenschaften vielschichtig eingesetzt werden.

- **kurzölige Alkydharzlacke:** Einbrennlacke (z. B. Fahrzeugserienlackierung, Haushaltsgeräte)
- **mittelölige Alkydharzlacke:** Autoreparaturlacke, Heizkörperlacke
- **langölige Alkydharzlacke:** auf Holzuntergründen (Fenster- und Türenlack), Korrosionsschutzlack (nicht auf Zink)

1 Türlackierung mit Alkydharzlack

Trocknung/Erhärtung

Alkydharzlacke trocknen/erhärten physikalisch und chemisch. Der physikalische Prozess verläuft durch das Verdunsten des Lösemittels. Chemisch erfolgt eine Oxidation. Dabei vernetzen sich die Großmoleküle durch die Aufnahme von Luftsauerstoff immer mehr, bis der feste Anstrichfilm entsteht.

Alkydharzlacke trocknen bzw. erhärten nicht, wenn sie auf alkalischen Untergründen verarbeitet werden (z. B. Beton oder Kalk-Zementputz). Stattdessen entsteht eine wasserlösliche, schmierige Schicht: genannt „Verseifung".

5.3 Brandschutzbeschichtungen

5.3.1 Brandschutz

Bauliche Anlagen müssen so beschaffen sein, dass der Entstehung eines Brandes und der Ausbreitung von Feuer und Rauch vorgebeugt wird. Dabei müssen Gefahren für das Leben und die Gesundheit von Menschen, Tieren und Umwelt abgewendet sowie Löscharbeiten ermöglicht werden. Die notwendigen Brandschutzanforderungen sind gesetzlich in den Landesbauordnungen vorgeschrieben. Neben anderen Bestimmungen zur bautechnischen Sicherheit ist hier auch der Feuerschutz geregelt.

5.3.2 Vorbeugender baulicher Brandschutz

Der vorbeugende Brandschutz soll u. a. das Ausbrechen eines Brandes durch die entsprechende Auswahl von Baustoffen verhindern.

Baustoffklassen nach DIN 4102-1 (DIN EN 13 501)

Baustoffklasse		Benennung	Beispiele
A	A1	ohne brennbare Bestandteile	Beton, Mörtel, Stahl, Steinwolle
	A2	mit brennbaren Bestandteilen	Gipsplatten
B	B1	schwer entflammbare Baustoffe	Leichtbauplatten
	B2	normal entflammbare Baustoffe	Holz
	B3	leicht entflammbare Baustoffe	Papier

Darüber hinaus werden z. B. Wände, Decken, Stützen und Treppen in fünf Feuerwiderstandsklassen eingeteilt.

Feuerwiderstandsklassen

Bezeichnung	Bauteil erfüllt im Brandfall seine Funktion
F 30	mind. 30 Minuten
F 60	mind. 60 Minuten
F 90	mind. 90 Minuten
F 120	mind. 120 Minuten
F180	mind. 180 Minuten

5.3.3 Brandschutzbeschichtungen

Auf Bauteile, die die vorgeschriebene Feuerwiderstandsklasse nicht erreichen, können Brandschutzbeschichtungen aufgebracht werden. Diese müssen eine bestimmte Feuerwiderstandsklasse garantieren. Nur geschultes Fachpersonal kann die Gewährleistung übernehmen.

Brandschutzbeschichtungen sollen gegen Entflammen, Verbrennen und Formänderung bei starker Erwärmung schützen. Gegen Verbrennen müssen vor allem Bauteile oder Baustoffe aus Holz, Papier, Textilen und Kunststoffen geschützt werden.

Bei Temperaturen über 200 °C werden im Holz brennbare Holzgase frei. Durch den Brennvorgang steigt die Temperatur weiter an und fördert so die Gasbildung und Verbrennung. Gleichzeitig bildet sich Holzkohle. Diese schützt durch ihre geringe Wärmeleitfähigkeit das darunterliegende Holz zunächst vor dem Verbrennen. Bei weiterem Temperaturanstieg setzt sich die Verbrennung auch in tieferen Schichten fort.

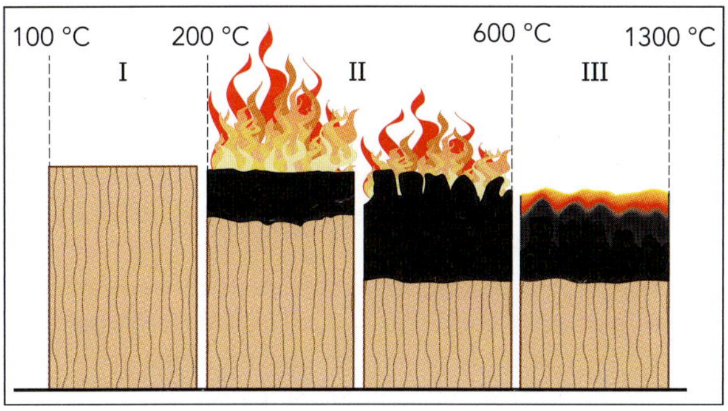

1 Verlauf des Brennvorgangs im Holz

Nicht brennbare Stahlkonstruktionen verlieren bei Temperaturen von 500 bis 600 °C ihre Tragfähigkeit. Bei Leichtmetallen liegt diese Temperatur noch niedriger. In einem brennenden Raum können aber bereits nach wenigen Minuten Temperaturen über 1 000 °C herrschen. Um eine Formänderung oder gar ein Zusammenstürzen von Stahl- und Leichtmetallkonstruktionen zu verhindern, müssen Brandschutzbeschichtungen eine stark wärmedämmende Wirkung entfalten.

Dämmschicht bildende Beschichtungen: Der Anstrich entwickelt bei Feuer und hohen Temperaturen eine 2 bis 3 cm dicke, nicht brennbare Schaumschicht, die als Wärmedämmung dient und die Zersetzung von Holz und anderen brennbaren Stoffen bzw. die Formänderung von Metallbauteilen verhindert.

Imprägnierende Brandschutzsalze für Holz: Brandschutzsalze beschleunigen bei einem Brand die Verkohlung des Holzes und vermindern so den Heizwert der entstehenden Gase. Hierdurch wird die weitere Zersetzung im Inneren des Holzes verhindert und die Ausbreitung des Feuers verzögert. Bei den imprägnierenden Brandschutzsalzen kommt es darauf an, dass die Salzlösung tief in das Holz eindringt. Daher eignen sich industrielle Kesseldruckverfahren besonders gut. Das Holz wird dabei vor dem Imprägnieren fertig zugeschnitten. Später entstehende Schnittstellen müssen mit konzentrierter Salzlösung nachbehandelt werden.

Imprägniertes Holz muss vor Regen, Feuchtigkeit und Wasser geschützt werden, um ein Auswaschen des Brandschutzsalzes zu verhindern.

2 Brandversuch mit Brandschutzbeschichtung

Der abgebildete Stahlträger wurde zur Hälfte mit Brandschutzmittel beschichtet. Die Brandprobe zeigt: Die unbehandelte Seite verbrennt, während das Brandschutzmittel seine Wirkung erfüllt.

5.3.4 Aufbau einer Brandschutzbeschichtung

Brandschutzbeschichtungen benötigen trockene, von Staub, Schmutz, Fett und Wachs freie Untergründe. Alte Anstriche müssen restlos entfernt sein.

Transparente und deckende Brandschutzbeschichtungen werden wie folgt aufgebaut:

- Brandschutzgrundierung
- mehrere Schichten Brandschutzfarbe, bis die vorgeschriebene Auftragsmenge erreicht ist
- Schutzlack

Brandschutzbeschichtungen müssen möglichst allseitig aufgetragen werden. Die vom Hersteller vorgeschriebenen Auftragsmengen sind genau einzuhalten:

- Brandschutzbeschichtung 300 bis 450 ml/m^2
- Schutzlack ca. 100 ml/m^2

Brandschutzbeschichtungen dürfen nicht in Räumen angewendet werden, in denen lang anhaltend eine Luftfeuchtigkeit von über 70 % herrscht. Sie eignen sich nicht für Bauteile wie Türen und Treppenstufen, die mechanisch stark beansprucht sind.

Brandschutzbeschichtungen können mit Pinsel, Bürste, Rolle oder im Airless-Spritzverfahren aufgetragen werden.

Beim Auftragen der Beschichtung ist darauf zu achten, dass die Temperatur des Untergrunds mindestens +5 °C beträgt.

Sollte die bauaufsichtlich geforderte Feuerwiderstandsklasse durch die Applikation einer Brandschutzbeschichtung aus technischen Gründen nicht erreicht werden können, besteht die Möglichkeit, diese durch entsprechende Dämm- und Montagearbeiten (siehe S. 275, 283) zu erzielen.

Aufgaben

1. *Erklären Sie, warum Umwelteinflüsse, z. B. saure Niederschläge oder Tausalze, Stahlbeton zerstören können.*
2. *Erläutern Sie, was mit einem frisch aufgetragenen Beton bei starker Sonneneinstrahlung geschieht und welche Maßnahmen getroffen werden müssen, um dies zu verhindern.*
3. *Zählen Sie Ihre Arbeitsschritte zur Instandsetzung bei Korrosion der Stahlarmierung und zur Betoninstandsetzung bei tiefen Rissen mithilfe der Schaubilder S. 209 auf. Erläutern Sie diese Vorgehensweise.*
4. *Nennen Sie das Beschichtungssystem, das sich für den Korrosionsschutz der Stahlarmierung besonders bewährt hat, und erläutern Sie mithilfe einer Skizze, warum der zweite Korrosionsschutzanstrich mit Quarzsand abgesandet wird.*
5. *Nennen Sie die Bestandteile zur Herstellung von Kunstharzlacken.*
6. *Beschreiben Sie die drei unterschiedlichen Möglichkeiten zur Herstellung von Großmolekülen mithilfe der chemischen Modelle (siehe S. 211).*
7. *Ordnen Sie die folgenden Kunstharzlacke entsprechend ihrer Herstellung den Gruppen Polymerisation, Polyaddition und Polykondensation zu: Epoxidharzlacke, Alkydharzlacke, Acrylharzlacke, Polyurethanharzlacke.*
8. *Nennen Sie die zwei unterschiedlichen Trocknungs-/Erhärtungsmöglichkeiten von Acrylharzlacken.*
9. *Erläutern Sie die Abkürzung DD.*
10. *Beschreiben Sie die Maßnahmen, die der Maler und Lackierer hinsichtlich des Gesundheitsschutzes im Umgang mit Polyuerethanharzlacken zu beachten hat.*
11. *Erklären Sie den Fachbegriff „kunststoffmodifiziert" (siehe S. 209).*
12. *Erklären Sie, warum die Topfzeit eines Beschichtungsstoffs dem Maler und Lackierer bekannt sein sollte.*
13. *Beschreiben Sie, inwiefern sich lösemittelhaltige und lösemittelfreie Epoxidharzlacke in ihrer Molekülstruktur voneinander unterscheiden.*
14. *Erklären Sie, warum mit lösemittelfreien Epoxidharzlacken höhere Schichtdicken in einem Arbeitsgang erzielt werden können.*
15. *Erläutern Sie die Einteilung der Alkydharzlacke entsprechend ihren Ölanteilen.*
16. *Nennen Sie Eigenschaften von Alkydharzlacken und ziehen Sie Schlussfolgerungen bezüglich der daraus resultierenden Einsatzmöglichkeiten.*
17. *Erklären Sie, welche Aufgaben der Brandschutz erfüllt und was unter einem vorbeugenden Brandschutz zu verstehen ist.*
18. *Erklären Sie, welche Informationen aus den Bezeichnungen der Feuerwiderstandsklassen hervorgehen und welche Rolle in diesem Zusammenhang Brandschutzbeschichtungen spielen.*
19. *Erklären Sie die Funktionsweise*
    a) einer Dämmschicht bildenden Beschichtung als Brandschutzmittel,
    b) von imprägnierenden Brandschutzsalzen als Brandschutzmittel.
20. *Nennen Sie die Aspekte, die bei der Ausführung einer Brandschutzbeschichtung besonders beachtet werden müssen.*

Mathematik

Mischungsverhältnisse nach Prozent und nach Anteilen

1. *Berechnen Sie die Menge Härter, die 0,5 l eines säurehärtenden Stammlacks zugegeben werden muss, wenn 12 % Härter nötig sind.*
2. *Das Mischungsverhältnis eines 2-K-Lacks wird mit 12 : 1 angegeben. Wie viel ml Härter sind demnach 1,8 l Stammlack zuzugeben?*

Flächen- und Mengenberechnungen

3. *Für eine Brandschutzbeschichtung wird eine Brandschutzfarbe der Fa. Deco verwendet. Das Technische Merkblatt von Deco gibt für eine F-60-Beschichtung 1,0–1,1 kg/m² als Verbrauch an. Welche Menge Brandschutzfarbe wird für eine Fläche von 3,5 x 2,4 m benötigt?*

Mengen- und Kostenberechnung

4. *Bei einer F-30-Brandschutzbeschichtung werden 0,7 kg/m² verbraucht. Ein 25-Kilogramm-Gebinde Brandschutzbeschichtung kostet 527,00 EUR. Wie hoch sind die Materialkosten für die Beschichtung von 40 m² Fläche?*

Kundenauftrag

QUADRAT PLAN

ARCHITEKTURBÜRO
PLANQUADRAT
Lang & Partner GmbH
Hebbelstraße 25
44319 Dortmund

ARCHITEKTURBÜRO PLANQUADRAT | Lang & Partner GmbH | Hebbelstraße 25 | 44319 Dortmund

Malerbetrieb Roth GmbH
Gewerbepark 136
45131 Essen

Tel.: 0231 123456-0
Fax: 0231 1234567
E-Mail: info@planquadrat.de
www.planquadrat.de

Datum: 15. April 20XX

Vergabe von Instandhaltungsmaßnahmen

Sehr geehrte Damen und Herren,

die Besitzer des ehemaligen Gasthauses Hohenzollern haben unser Architekturbüro mit der Bauleitung und Vergabe der Instandhaltungsmaßnahmen beauftragt.

Die Ausschreibung hat ergeben, dass Ihre Firma den Auftrag zur Durchführung der Malerarbeiten erhält.

Die Arbeiten sind nach VOB DIN 18 363 auszuführen.
Das vorliegende Leistungsverzeichnis Malerarbeiten ist zu beachten.

Die Ausführungstermine sind in Absprache mit unserem Architekturbüro festzulegen und einzuhalten.

Mit freundlichen Grüßen
gez. Lang & Partner GmbH

Leistungsverzeichnis Malerarbeiten

Positionen	Leistungsbeschreibung		Menge
Pos. 1	Montage eines Systemgerüsts		
Pos. 2	Entfernen der alten Holzverkleidung mit Schindelverschalung		192 m^2
Pos. 3	Holzuntergrund vorbereiten und reinigen		234 m^2
	3.1	Dachuntersichten, Fachwerk, Fensterrahmen, Fenstereinfassungen, Fensterläden und Haustür sind auf Tragfähigkeit zu prüfen und für nachfolgende Beschichtungen vorzubereiten und zu reinigen.	
	3.2	Schadhafte Verglasungen entfernen	
	3.3	(Zu ersetzende Holzbauteile werden vom Zimmerer oder Tischler erneuert.)	
Pos. 4	Mineralische Fassadenflächen reinigen und instand setzen		196 m^2
	4.1	Gefache: Lose Putzstellen entfernen, Bruchkanten erweitern Fehlstellen beiputzen Putzrisse ausbessern	12 m^2
	4.2	Sockel und Bauteile aus Sandstein reinigen	68 m^2
	4.3	(Ausgewittertes Sandsteinmauerwerk und Treppenaufgang werden vom Steinmetz erneuert.)	
Pos. 5	Mineralische Untergründe beschichten		196 m^2
	5.1	Gefache grundieren	
	5.2	Gefache beschichten	
	5.3	Sandsteinflächen imprägnieren	
Pos. 6	Holzuntergründe beschichten		
	6.1	Dachuntersichten, Fachwerk, Fensterrahmen, Fenstereinfassungen, Fensterläden und Haustür beschichten	234 m^2
	6.2	Defekte Verglasungen erneuern	

Objektbeschreibung

1 *Das ehemalige Gasthaus soll wieder seinen Fachwerkcharakter erhalten*

Das ehemalige Gasthaus stand in den vergangenen Jahren leer. Die neuen Besitzer wollen den typischen Charakter eines Fachwerkhauses wiederherstellen.

- Die Beschichtung der Kastenfenster aus Holz ist stellenweise gerissen oder abgeblättert.
- Die Kastenfenster besitzen eine Einfachverglasung.
- Bei den Lamellen der Holzfensterläden sowie den Dachuntersichten ist die Altbeschichtung nur noch teilweise vorhanden.
- Die Gefache des Fachwerks sind mit einem Kalk-Zement-Putz (Normalmörtel) verputzt. Die Putzflächen besitzen Risse und Fehlstellen. Der weiße Altanstrich platzt teilweise ab.
- Das Fachwerkgebälk ist nicht fachgerecht beschnitten und teilweise mit der Putzfarbe übermalt.

2 *Sandstein*

3 *Fenster mit Läden*

4 *Fachwerk*

5 *Algenbildung und Farbreste am Sandsteinsockel*

Lernsituation

1. Informieren

Informieren Sie sich über folgende Themenbereiche:

- Sicherheitsmaßnahmen und Arbeitsschritte beim Gerüstaufbau
- Möglichkeiten zur Reinigung und Entschichtung von Holz- und Putzuntergründen
- Aufgaben von Grundierungen, Imprägnierungen und Absperrmitteln
- Rissbeseitigung und Ausbesserung von Putz
- Konservierung von Naturstein
- Aufbau und Beschichtung von Holzfachwerk
- Aufbau, Beschichtung und Abdichtung von Holzfenstern
- Entsorgung alter Holzverschalungen sowie anderer auf der Baustelle anfallender Abfälle

2. Planen

Planen Sie die Durchführung der Arbeiten in Teams.

- Planen Sie den Aufbau des Gerüsts.
- Ermitteln Sie für die Bestellung der erforderlichen Werkstoffe den Materialbedarf. Verwenden Sie hierzu technische Merkblätter und die in der Leistungsbeschreibung angegebenen Flächen und Maße.
- Erstellen Sie im Team einen Arbeitsplan und bestimmen Sie den Zeitbedarf für die einzelnen Positionen der durchzuführenden Malerarbeiten.
- Notieren Sie: Welche Vorkehrungen und Vorschriften müssen Sie zum Schutz von Mensch und Umwelt bei der Durchführung der Instandhaltungsmaßnahme beachten?

3. Entscheiden

- Prüfen Sie die Untergründe auf ihre Tragfähigkeit. Legen Sie fest, für welche Untergründe zur Vorbereitung eine Reinigung, ein Anrauen oder eine Entschichtung erforderlich ist. Bestimmen Sie geeignete Verfahren.
- Legen Sie fest, welche Werkzeuge, Geräte, Maschinen und Anlagen Sie auf der Baustelle benötigen. Ergänzen Sie das Leistungsverzeichnis um die zu verwendenden Materialien.
- Entscheiden Sie, in welcher Form Sie die auszuführenden Arbeiten dokumentieren.

Dokumentieren Sie die Malerarbeiten z. B. mithilfe
- einer PowerPoint-Präsentation,
- einer Dokumentationsmappe oder
- einer Moderationswand.

Detail Fachwerk

6. Bewerten

- Stellen Sie Ihre Dokumentation dem Architekten und Kunden in Form einer Schlussabnahme unter Berücksichtigung der unter „4. Ausführen" genannten Kriterien vor.
- Korrigieren Sie Ihre Ergebnisse, wenn nötig.
- Bewerten Sie Ihren Arbeitserfolg:
  - Welche neuen Erkenntnisse konnten Sie fachlich gewinnen?
  - Schätzen Sie Ihre Arbeit im Team ein: Wurden alle Regeln eingehalten? Was lässt sich verbessern?
  - Hat sich die Präsentationsmethode bewährt? Was können Sie verbessern, um Ihre Ergebnisse verständlich vorzustellen?
  - Beurteilen Sie Ihr Auftreten in der Schlussabnahme: Wie kompetent sind Sie im Kundengespräch aufgetreten? Woran können Sie noch üben?

5. Kontrollieren

Vor der Schlussabnahme kontrollieren Sie im Team, ob Sie den Auftrag des Kunden sorgfältig und vollständig erfüllt haben:

- Haben Sie alle Positionen der Leistungsbeschreibung berücksichtigt?
- Ist Ihre Dokumentation logisch sortiert?
- Haben Sie einen Einstieg in das Gespräch, z. B. mithilfe eines Inhaltsverzeichnisses, vorbereitet?
- Sind alle Teile der Dokumentation sorgfältig erstellt oder müssen einzelne Bereiche noch nach- oder ausgebessert werden?

Überlegen Sie im Klassenverband, ob Ihre Lösungen den Vorschriften und den gängigen Praktiken des Maler- und Lackiererhandwerks entsprechend durchführbar sind.

6. Bewerten

5. Kontrollieren

4. Ausführen

Ausschnitt Fassade mit Treppe

4. Ausführen

Erarbeiten Sie im Team eine Dokumentation der fertiggestellten Malerarbeiten.
Tipps:

- Verwenden Sie die Leistungsbeschreibung als Grundlage für Ihre Dokumentation. Erklären Sie anhand der Fotos den Ausgangszustand vor der Instandhaltungsmaßnahme.
- Erläutern Sie zu den einzelnen Positionen die durchgeführten Arbeiten und die damit verbundenen Schwierigkeiten.
- Bereiten Sie die Schlussabnahme mit der Bauleitung vor. Erläutern Sie dabei die durchgeführten Malerarbeiten.

Achten Sie bei der Vorbereitung auf die folgenden Kriterien:

- Teilen Sie sich den Vortrag gleichmäßig im Team auf.
- Achten Sie auf Höflichkeit, deutliches und langsames Sprechen, Blickkontakt, die korrekte Reihenfolge und fachliche Korrektheit Ihrer Ausführungen.

6 Instandhaltungsmaßnahmen ausführen

Zum Ausführen von Instandhaltungsmaßnahmen gehört es, Erneuerungs- und Überholungsbeschichtungen durchzuführen.

1 Übersicht Instandhaltungsmaßnahmen

Arbeiten an Fassaden untergliedern sich in die folgenden Teilarbeiten:
- Untergrundmängel feststellen
- Gerüst aufbauen
- Untergrund für die Beschichtung vorbereiten
- Beschichtung aufbringen
- Abfall entsorgen

Bevor entschieden werden kann, welche Instandhaltungsmaßnahmen durchgeführt werden, sind umfassende Untergrundprüfungen entsprechend den BFS-Merkblättern (siehe S. 64) erforderlich.

6.1 Untergrundmängel

Bei der Untergrundprüfung stellt der Maler und Lackierer fest, ob der Untergrund für die Durchführung von Maler- und Lackierarbeiten geeignet ist und welche Vorarbeiten auszuführen sind. Werden Untergrundmängel nicht oder nur unzureichend beseitigt, kann sich eine Beschichtung im Untergrund nur schlecht verankern. Ein schnelles Abwittern oder Abblättern wäre die Folge.
Besonders gründlich müssen die bestehenden Mängel bei Renovierungs- und Sanierungsarbeiten behoben werden. Nur so kann die geforderte Leistung frei von Sachmängeln an den Kunden übergeben und die Mängelhaftung für eine bestimmte Verjährungsfrist übernommen werden.

Grundsätzlich kann die beste Beschichtung nur so gut sein wie der sie tragende Untergrund.

In der Regel lassen sich Untergrundmängel mit handwerklichen Mitteln fachgerecht beheben.

6.1.1 Mängelhaftung

Mit dem Zustandekommen des Auftrags sichert der Auftragnehmer (Maler und Lackierer) dem Auftraggeber (Kunden) zu, dass er ihm das Objekt bei der späteren Abnahme frei von Sachmängeln übergeben wird. Lassen sich bei der Untergrundprüfung festgestellte Mängel mit handwerklichen Mitteln nicht dauerhaft beseitigen, muss der Auftraggeber über den nicht behebbaren Baumangel umgehend informiert werden. Die Bedenken müssen möglichst schriftlich mitgeteilt werden. Nur so ist eine spätere Haftung für Mängel auszuschließen.
Mängelhaftung heißt: Der Maler muss für die Beseitigung von jenen Mängeln aufkommen, die er nicht angezeigt, d. h. angegeben hat. Die Mängelhaftung ist in der VOB Teil B1 und im Bürgerlichen Gesetzbuch (BGB) verbindlich geregelt (siehe S. 62/63).

Besonders die folgenden Mängel können in der Regel nicht vom Maler beseitigt werden:
- statische Risse bzw. Setzrisse
- durch aufsteigende Feuchtigkeit durchnässte Wände

6.1.2 Prüfung der Untergründe

Bevor eine Beschichtung auf einen Untergrund aufgetragen werden kann, muss dieser gründlich gereinigt werden. Danach lassen sich die vorhandenen Mängel erfassen und durch geeignete Prüfmethoden die Tragfähigkeit und Eigenschaften des Untergrunds feststellen. Nur so sind eine fachgerechte Beseitigung der Mängel und eine dauerhafte Beschichtung möglich.

Verfahren zur Untergrundprüfung:
S. 92–95
S. 118
Buchdeckel vorne innen

6.2 Arbeiten auf Gerüsten

Dem Maler stehen verschiedene Möglichkeiten zur Verfügung, Arbeiten in der Höhe auszuführen:
- Steckrahmen-Systemgerüste
- fahrbare Gerüste
- Hubarbeitsbühnen

Die Auswahl ist jeweils vom Gebäude und der Art der auszuführenden Arbeit abhängig.

6.2.1 Systemgerüste

Konventionelle Gerüste mit Stahlrohren und Kupplungen kommen nur noch selten zum Einsatz.
Zum Einrüsten von Fassaden werden Steckrahmengerüste verwendet. Sie lassen sich flexibel an die Fassade anpassen und schnell auf- und abbauen. Das Fassadengerüst kann mit dem Gebäude verankert werden. Frei stehende Gerüste lassen sich durch entsprechende Stützen und Übereck-Verbindungen standsicher aufstellen.

1 Aufbau des ersten Gerüstfelds

Gerüste bestehen aus einzelnen Gerüstfeldern.
Abstand zur Fassade: nach den Regeln der Berufsgenossenschaft BGR 166 zur Arbeitssicherheit und zur Vermeidung von Unfällen nicht größer als **30 cm.**

Kann dieser Höchstabstand in Ausnahmefällen nicht eingehalten werden, ist auch an der zur Fassade zeigenden Seite ein dreiteiliger Seitenschutz anzubringen.

Montage von Systemgerüsten

- Das Gerüst darf nur auf ausreichend tragfähigem Untergrund aufgestellt werden. Sonst sind lastverteilende Unterbauten, z. B. Bohlen, einzusetzen.
- Der Aufbau beginnt am höchsten Punkt der Aufstellebene. Unter jedem Gerüststiel der Vertikalrahmen (das sind die senkrechten Gerüstteile) ist ein Spindelfuß oder Fußstück anzuordnen.
- Für Höhensprünge sind Ausgleichsständer oder Ausgleichsrahmen vorzusehen. Zur Montagehilfe wird bereits im ersten Gerüstfeld ein Schutzgeländer angelegt, das nach Montage der Diagonalen und dem Einlegen des Gerüstbodens wieder entfernt werden kann.
- Die weiteren Gerüstfelder werden durch Höhenausgleich waagerecht in der gleichen Weise angefügt. In jedes fünfte Gerüstfeld muss eine Diagonale eingebaut werden.

2 Bauteile eines Systemgerüsts

- Bei den Gerüstfeldern in der zweiten Gerüstlage werden zuerst zwei Vertikalrahmen mit Geländer- und Zwischenholm verbunden und danach weitere Vertikalrahmen gesetzt.
- Nachdem die Gerüstbeläge eingehängt und die Bordbretter befestigt sind, kann die nächste Gerüstlage errichtet werden.
- Die Verankerung im Bauwerk hängt von der Aufbauvariante, den Verankerungskräften und den Richtlinien im Zulassungsbescheid ab. Deshalb muss der Zulassungsbescheid an der Verwendungsstelle vorhanden sein.
- Die Verankerung wird durch innen oder beidseitig am Vertikalrahmen befestigte Gerüsthalter mit Befestigungsschrauben von mindestens 12 mm Durchmesser und den entsprechenden Dübeln mit der Fassade verbunden.

Nach dem Aufbau muss eine befähigte Person das Gerüst prüfen.

Regeln zur Benutzung von Systemgerüsten

- Bei der Planung ist, abhängig von den auszuführenden Arbeiten, eine geeignete Lasten- und Breitenklasse zu wählen.
- Der Aufbau des Gerüsts muss nach Aufbauanleitung des Herstellers erfolgen. Anbauerweiterungen dürfen nur mit zulässigen Systemkomponenten des jeweiligen Gerüsts durchgeführt werden. Fertig montierte Gerüste sind als solche zu kennzeichnen. Die für den Auf- und Abbau erstellte Montageanweisung ist auf der Baustelle vorzuhalten.
- Das Betreten von nicht fertig montierten oder einsatzbereiten Gerüsten ist strengstens verboten. Diese Gerüste müssen mit dem Verbotszeichen „Benutzen des unvollständigen Gerüstes verboten“ gekennzeichnet sein.

1 Benutzen des unvollständigen Gerüstes verboten

- Werden an einem fertig montierten Gerüst Mängel festgestellt, besonders nach Unwettern, sind diese umgehend der Baustellenleitung zu melden und das Gerüst mit dem Verbotszeichen „Benutzen des unvollständigen Gerüstes verboten“ zu kennzeichnen.
- Die Verankerungsart eines Gerüsts ist der jeweiligen Aufbauanleitung des Herstellers zu entnehmen. Verankerungen müssen nahe der Gerüstknotenpunkte angebracht werden.
- Durch Windschutznetze oder Gerüstplanen ist das Gerüst stärker der Witterung ausgesetzt und bedarf deshalb zusätzlicher Verankerungen.
- Verankerungen dürfen unter keinen Umständen vor der Demontage eines Gerüsts entfernt werden.
- Die jeweiligen Arbeitsplätze müssen über die dafür vorgesehenen sicheren Zugänge erreichbar sein.
- Auf dem Gerüst darf nur das unmittelbar benötigte Werkzeug und Material gelagert werden.
- Elektrische Anlagen, z. B. Sicherungskästen o. Ä., müssen immer frei zugänglich sein.

Rechtlicher Hinweis:
Für die vorgeschriebene Erhaltung des Gerüsts und eine sichere Benutzung im Sinne der Herstellerrichtlinien ist der Benutzer verantwortlich.

Bauteile eines Systemgerüsts

<table>
<tr><th>Bauteil</th><th>Funktion</th><th>Hinweise</th></tr>
<tr><td>Steckrahmen</td><td>Grundelement der Systemgerüste aus Stahl- oder Aluminiumrohr</td><td>werden an den Verbindungsstellen ineinandergesteckt und mit Kupplungen, Stoßbolzen oder Keilverschlüssen verbunden und stabilisiert</td></tr>
<tr><td>Spindelfuß/ Fußstück</td><td>• trägt das Gerüst
• Ausgleich unterschiedlicher Bodenhöhen</td><td>müssen auf Unterlagen stehen, die nicht einsinken können, z. B. auf Unterlagsbohlen oder Kanthölzern, wenn der Untergrund nicht ausreichend tragfähig ist
</td></tr>
<tr><td>Belag</td><td>Stand- bzw. Lauffläche</td><td>• kann aus verzinktem Stahlblech, Aluminiumlegierungen und aus Alu- oder Stahlrahmentafeln gefertigt sein
• die vom Hersteller angegebene Lastklasse beachten:
<table>
<tr><th>Lastklasse</th><th>zulässiges Gewicht</th><th>erlaubte Tätigkeit   *Kilo-Newton pro qm</th></tr>
<tr><td>I</td><td>0,75 kN/m²*</td><td>Inspektion des Bauvorhabens</td></tr>
<tr><td>II</td><td>1,50 kN/m²</td><td>Arbeiten, für die keine Baustoffe oder Bauteile gelagert werden müssen</td></tr>
<tr><td>III</td><td>2,00 kN/m²</td><td>Arbeiten mit kleinen Mengen von Baustoffen oder Bauteilen</td></tr>
<tr><td>IV</td><td>3,00 kN/m²</td><td>Arbeiten mit größeren Mengen von Baustoffen oder Bauteilen</td></tr>
<tr><td>V</td><td>4,50 kN/m²</td><td>wie Lastklasse IV</td></tr>
<tr><td>VI</td><td>6,00 kN/m²</td><td>wie Lastklasse IV</td></tr>
</table></td></tr>
<tr><td>Leitergang (innen liegend)</td><td>Verbindung von einer Gerüstlage zur nächsten</td><td>Durchgangsöffnungen und Leitern sind in die speziellen Leitergangtafeln integriert</td></tr>
<tr><td>Diagonalverstrebung</td><td>Aussteifung des Gerüsts</td><td>• müssen über die gesamte Gerüstfläche nach den Vorgaben des Herstellers bzw. des Zulassungsbescheids angeordnet werden
• müssen der DIN 4420-1 / 4420-2 bzw. DIN EN 12811-1 entsprechen</td></tr>
</table>

dreiteiliger Seitenschutz	seitlicher Schutz	• besteht aus Geländerholm, Zwischenholm und Bordbrett • vorgeschrieben ab 2,00 m Standhöhe • Geländer- und Seitenholm können als ein Rahmenbauteil fest verbunden sein
Geländerholm	seitlicher Schutz in Hüfthöhe	wird 1,00 m über dem Gerüstbelag befestigt
Bordbrett	seitlicher Schutz auf Fußebene	muss mindestens 15 cm hoch über dem Gerüstbelag abschließen
Überbrückungsträger	Überspannen von Zwischenräumen, z. B. Garageneinfahrten	
Ausgleichsständer, Ausgleichsrahmen	Überbrückung von Höhenunterschieden	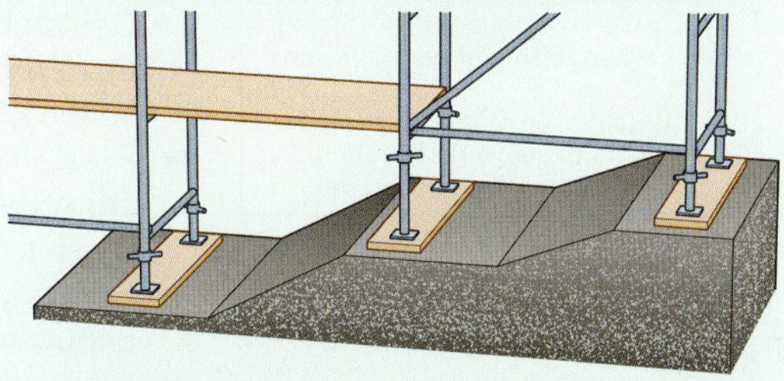
Verbreiterungskonsole	• Verringerung des Abstands zwischen Fassade und Gerüst • Verbreiterung der Stand- bzw. Lauffläche	 
Verankerung	Halt des Gerüsts an der Fassade	sind fortlaufend mit dem Gerüstaufbau in einen tragfähigen Untergrund einzubauen
Kupplung, Zentrierbolzen, Keilverschluss	Verbindungen zwischen Gerüstbauteilen	 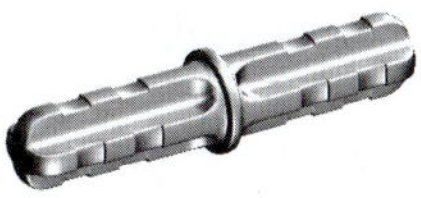 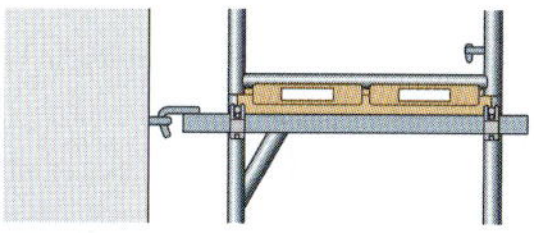
Einhausung (Gerüstverkleidung)	• Schutz der Fassade vor Feuchtigkeit und UV-Strahlung • Schutz der Umgebung vor anfallendem Schmutz, Staub, schädlichen Emissionen usw.	

6.2.2 Fahrbare Gerüste

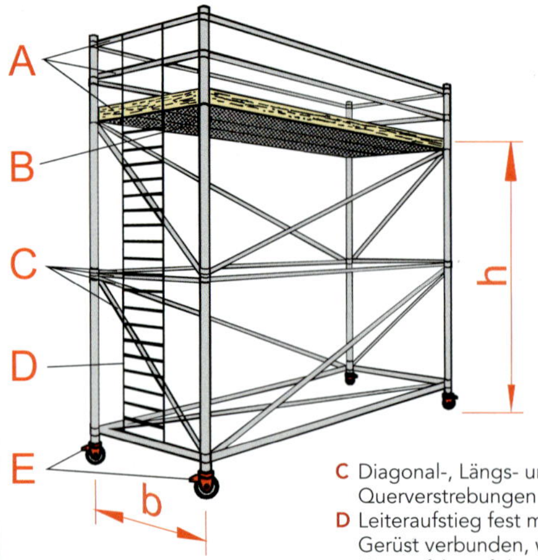

A Umlaufender dreiteiliger Seitenschutz
B Ausreichende Tragfähigkeit des Gerüstbodens
C Diagonal-, Längs- und Querverstrebungen
D Leiteraufstieg fest mit dem Gerüst verbunden, wegen der Kippgefahr auf der schmalen Seite
E Laufrollen müssen feststellbar und gegen Verlieren oder Herausfallen gesichert sein

1 Fahrgerüst

Sicherheitshinweis!
Nur auf gesicherten Gerüsten arbeiten.
Bei fahrbaren Gerüsten sind zur Standsicherheit die Spindelteller auszufahren und alle Laufrollen festzustellen bzw. zu blockieren.

Konstruktive Anforderungen für Fahrgerüste

Für die Standsicherheit von fahrbaren Gerüsten ist das Verhältnis von Schmalseite (Breite) zur Belagshöhe maßgebend.

- Fahrbare Gerüste gelten als standsicher, wenn diese Verhältnisse gelten:
- im Innenraum b : h = 1 : 4
- für außen b : h = 1 : 3
- Diagonale Verstrebungen sind zur Aussteifung der Flächen notwendig.
- Die Laufrollen müssen feststellbar und gegen Verlieren oder Herausfallen gesichert sein.
- Ein sicherer Aufstieg ist wegen der Kippgefahr am besten auf der Schmalseite durch fest mit dem Gerüst verbundene Leitergänge oder Steigeleitern möglich.
- Anlegeleitern sowie Überbrückungen zu anderen fahrbaren Gerüsten oder zu Gebäudeteilen sind nicht zulässig.
- Der Gerüstbelag muss genügend unterstützt sein und ausreichende Stärke haben.
- Nach allen vier Seiten ist ein Seitenschutz aus Geländerholm, Zwischenholm und Bordbrett erforderlich (Rundumschutz).

Regeln zum Verfahren von Fahrgerüsten

- Beim Verfahren darf sich niemand auf dem Gerüst aufhalten.
- Vor dem Verfahren lose Teile gegen Herabfallen sichern.
- Zum Verfahren Spindelteller so knapp wie möglich lüften.
- Fahrbare Gerüste nur langsam und auf tragfähigem und ebenem Untergrund verfahren.
- Nur in Längsrichtung oder übereck verfahren.
- Jeglicher Anprall ist zu vermeiden.

Regeln beim Arbeiten auf Fahrgerüsten

- Nach dem Verfahren die Fahrrollen sofort durch die Bremshebel blockieren.
- Die zulässige Belastung prüfen, bevor Material und Werkzeug auf den Gerüstboden geladen werden.
- Beim Arbeiten nicht gegen den Seitenschutz stemmen.
- Bei starkem Wind (ab Windstärke 6) und bei Arbeitsende muss das Gerüst gegen Umstürzen gesichert werden.
- Einstiegsklappen nach der Benutzung sofort schließen.
- Nicht von den Belagsflächen abspringen.

Fahrbare Gerüste dürfen nur auf ebenen, festen Standflächen eingesetzt werden.

6.2.3 Hubarbeitsbühnen

Trotz erheblich höherer Standkosten bieten Hubarbeitsbühnen im Vergleich zu fest installierten Gerüsten viele Vorteile. Dazu gehört insbesondere, dass sonst schwer zugängliche Bauteile eines Objekts leichter erreicht werden können.

Für Arbeiten mit schwerem Gerät bzw. hohem Materialaufwand eignen sich Hubarbeitsbühnen nicht.

Je nach Tragfähigkeit und maximaler Ausfahrhöhe sind Hubarbeitsbühnen direkt mit dem Fahrzeug, meist Lkw, verbunden oder auf einem Anhänger montiert.

Hubarbeitsbühnen unterscheiden sich in drei Typen:

- Gelenk-Teleskop-Arbeitsbühnen
- Scherenarbeitsbühnen
- Arbeitsbühnen auf ausfahrbaren Masten

Mit Hubarbeitsbühnen lassen sich große Höhen mühelos überwinden. Vor allem ermöglichen sie den Einsatz über Hindernisse hinweg, ohne den fließenden Verkehr zu behindern. Ihre Verwendung bietet sich speziell bei Reinigungsarbeiten, Wartungs- und Beschichtungsarbeiten an Fassaden, Brücken, Masten, Dachrinnen usw. an, für die nur kurze Zeit an derselben Stelle gearbeitet werden muss.

1 Hubarbeitsbühne

Regeln zur Benutzung von Hubarbeitsbühnen

- Absperrung von Gefahrenbereichen unterhalb der Arbeitsbühne.
- Bedienung nur durch eine sachkundige verantwortliche, mindestens 18 Jahre alte Person.
- Maximale Korbzuladung beachten.
- Arbeitsbühne nur bei ausgefahrener, standsicherer Verankerung benutzen.
- Jährliche Überprüfung durch einen Sachverständigen.

6.3 Reinigung von Untergründen

6.3.1 Aufgaben der Reinigung

Tragfähige Untergründe schaffen

Beim Reinigen werden Verschmutzungen entfernt. Die verschlossenen Poren des Untergrundmaterials öffnen sich, lose Bestandteile werden abgetragen und die Beschichtung kann sich im Untergrund fest verankern.

Umweltschäden beseitigen

Abgase, saure Niederschläge, UV-Strahlen und aggressive Dämpfe wirken auf die Oberfläche und den Untergrund zerstörend und führen zu Haftschäden. Deshalb müssen sie entfernt werden.

Hygiene

Wände und andere Bauteile, die verschmutzt oder feucht sind, werden häufig von gesundheitsschädlichen Mikroorganismen sowie von Schimmelpilz, Algen und Moos befallen. Reinigen dient daher auch dem Gesundheitsschutz.

6.3.2 Reinigungsverfahren

Eine gründliche Reinigung ist zeitaufwendig und dadurch sehr lohnintensiv. Mit entsprechenden Reinigungsmitteln und speziellen Reinigungsgeräten kann der Zeitaufwand reduziert werden.

2 Reinigungsarbeiten an einer Fassade

Die Auswahl des Reinigungsverfahrens hängt von der Art der notwendigen Reinigung, den örtlichen Gegebenheiten und dem zu reinigenden Objekt ab.

Zur Reinigung dienen u. a.:

Werkzeuge

- Staubfeger
- Drahtbürste
- Malerspachtel
- Hammer
- Meißel

Maschinen

- Winkelschleifer
- Exzenterschleifgerät
- Nass- und Trockenstaubsauggerät
- Nadelpistole
- Meißelhammer
- Hochdruckreiniger für Kalt- und Heißwasser
- Abstrahl- und Flammstrahlgerät

6.3.3 Reinigungsmittel

Bei hartnäckigen Verschmutzungen kommen folgende Reiniger zum Einsatz:

Netzmittel: bei öl- und fetthaltigen Substanzen, Schalölrückständen, Ruß und anderen schmierigen Verunreinigungen

Steinreiniger S (S = Säurebasis): Nur auf säureunempfindlichen Untergründen anwenden wie auf Natur- und Kunststeinen, Mauerziegeln oder Klinker, z. B., um Salzausblühungen zu entfernen.

Steinreiniger A (A = Alkalibasis): auf kalkhaltigen Untergründen, losen Altanstrichen und bei fettigen Verunreinigungen

6.3.4 Hochdruckreinigen

Bei einer großflächigen Fassadenreinigung werden in der Regel Hochdruckreiniger eingesetzt. Je nach Verschmutzungsgrad und Untergrund können Druck, Wassermenge und Temperatur eingestellt werden. Oft genügt Wasser zur Reinigung. Durch den hohen Wasserdruck kann meist auf chemische Zusätze verzichtet werden. Mit Hochdruckreinigern wird eine hohe Wirtschaftlichkeit bei einer bestmöglichen Reinigung erzielt (siehe S. 236).

Soll durch das Hochdruckreinigen noch eine zusätzliche Wirkung erzielt werden, kann dem Wasser neben den genannten Reinigungsmitteln noch ein Zusatz beigemischt werden:

Zusätze: Fungizide (siehe S. 142), Festiger, Imprägnier- und Hydrophobiermittel

Schutzmaßnahmen beim Hochdruckreinigen

Durch den hohen Arbeitsdruck können Hochdruckreiniger Schäden auf angrenzenden Untergründen und in der Umgebung verursachen. Daher sind Holz-, Kunststoff-, Metall- und Glasflächen mit Folien abzukleben. Passanten, parkende Autos, Pflanzen usw. sind im Bearbeitungsbereich durch Planen zu schützen.

Haut und Augen sind durch Schutzhandschuhe, Schutzanzug, Gummistiefel, Schutzbrille und Schutzhelm vor Spritzern und abgesprengten Teilchen zu schützen.

Schmutzwasser und Farbreste müssen fachgerecht aufgefangen und danach umweltgerecht entsorgt werden (siehe S. 236/237).

6.4 Schleifen

6.4.1 Aufgaben des Schleifens

Untergründe werden häufig durch Schleifen für eine Beschichtung vorbereitet. Dabei erfüllt das Schleifen folgende Aufgaben:

- **Reinigen**: Vorhandener Schmutz wird beseitigt, lose, nicht tragfähige Altanstriche sowie Korrosion bzw. Rost werden entfernt.
- **Glätten:** Unebenheiten werden ausgeglichen und Erhöhungen abgetragen.
- **Aufrauen:** Durch das Aufrauen verankern sich die Beschichtungen stärker im Untergrund. Bei glatten Oberflächen werden die Adhäsionsfläche vergrößert und die Haftfähigkeit zwischen Untergrund und Beschichtung erhöht.

Der Schleifvorgang wird vor allem durch das ausgewählte Schleifmittel und die entsprechenden Schleifkornträger bestimmt. Der Schleifvorgang kann nass oder trocken, von Hand oder mithilfe von Schleifgeräten oder Schleifmaschinen ausgeführt werden.

Der Einsatz und die Art der unterschiedlichen Schleifmittel und Geräte richten sich nach

- der Art des zu bearbeitenden Untergrunds,
- der Härte der zu entfernenden Schicht und
- der Aufgabe, die das Schleifen erfüllen soll.

6.4.2 Schleifmittel

Schleifmittel sind Hilfsstoffe, Maschinen und Werkzeuge zum Schleifen.

Die Schleifmittel werden danach unterschieden, wie gut sie sich an die zu schleifende Form anpassen können:

- **unflexible Schleifmittel:** Schleifsteine bzw. Schleifklötze
- **flexible Schleifmittel:** Schleifpapiere und -gewebe, Schleifvliese, Stahlwolle und Schleifgitter
- **pulverförmige Schleifmittel:** Schleifpulver, Schleifpasten und Poliermittel

Der Maler und Lackierer verwendet vor allem flexible Schleifmittel, die in verschiedenen Größen in Form von Rollen, Bögen, Bändern und runden Scheiben mit unterschiedlichen Körnungen im Handel sind. Hierfür dienen hauptsächlich Korund und Siliziumkarbid als Schleifkorn.

Korund besteht aus Aluminiumoxid. Es ist sehr verschleißfest und gut für harte Schleifuntergründe geeignet (z. B. Metall).

Siliziumkarbid entsteht durch chemische Reaktion aus Quarz und Koks. Das gräuliche Korn ist für das Schleifen harter und weicherer Werkstoffe geeignet (z. B. mineralische Untergründe).

Beide Schleifkornarten sind sehr hart, wie der Vergleich mit Diamant und den anderen Kornarten zeigt:

Schleifkornart	Härte nach Mohs
Diamant	10
Siliziumkarbid	9,8
Korund	9,5
Flintpapier	7
Glaspapier	5

Das Schleifmittel muss immer härter sein als der zu schleifende Untergrund.

Neben der Härte ist auch die Korngröße für die Schleifwirkung entscheidend.
Die Hersteller geben die Körnung durch Zahlen auf der Rückseite der Schleifmittel an. Sie sind nach DIN ISO 6344 wie folgt festgelegt:

Einteilung	Korngrößen	Verwendung
sehr grob	P 12 bis P 40	Entfernen von Beschichtungen
grob	P 50 bis P 80	Glätten von groben Unebenheiten
mittel	P 100 bis P 180	Glätten von Spachtelmassen, Aufrauen von Altbeschichtungen
fein	P 220 bis P 360	Glätten von Füllern, Aufrauen von Beschichtungen
sehr fein	P 400 bis P 1200	Glätten und Aufrauen von Füllern und Deckbeschichtungen

Der Kennbuchstabe „P" bedeutet, dass es sich um ein flexibles Schleifmittel handelt. Die anschließende Zahl gibt die Anzahl der Schleifkörner an, die ein Sieb mit einer Fläche von einem Quadratzoll durchdringen können.

Je größer die Zahl auf dem Schleifpapier oder Gewebe ist, umso feiner ist die Körnung und damit das Schleifergebnis.

Ein weiteres Kriterium für das Schleifergebnis ist die Art der Streuung des Schleifkorns.
Bei der offenen Streuung sind nur etwa 2/3 der Trägerfläche mit Schleifkörnern bedeckt. Dadurch wird erreicht, dass sich das Schleifmittel beim Schliff nicht so schnell zusetzt.

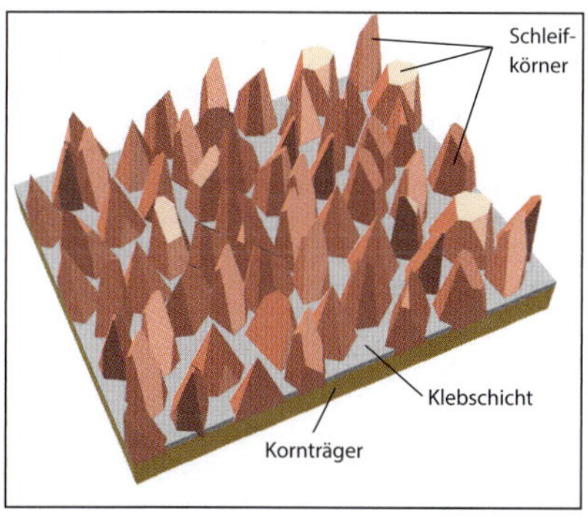

1 Aufbau von Schleifpapier

Bei der dichten Streuung liegen die Schleifkörner lückenlos nebeneinander. Diese Streuung wird vor allem bei sehr feinen Körnungen gewählt, um ein Schleifergebnis mit hoher Güte zu erzielen.

Bindemittel
Hochwertige Nass- und Trockenschleifpapiere und Schleifgewebe werden mit Spezialklebstoff wie Alkydharz- oder PUR-Klebelack gebunden.
Bei einfachen und sehr preiswerten Schleifpapieren besteht der Grund- und Deckbinder aus Leim. Sie haben Glas, Flint oder Naturkorund als Schleifmittel und verfügen nur über eine geringe Härte. Sie können ausschließlich zum Trockenschliff verwendet werden.

Bestehen der Grundbinder aus Leim und der Deckbinder aus Kunstharz, spricht man von einer Kunstharzbindung. Bei einer Vollkunstharzbindung werden Grund- und Deckbinder mit Spezialklebstoff aus Kunstharzen ausgeführt.

Trockenschliff und Nassschliff
Bei den meisten Schleifarbeiten des Malers und Lackierers kommt das Trockenschleifverfahren zum Einsatz. Es ist meist das einfachste und zweckmäßigste Verfahren, bei dem das Ergebnis gleich sichtbar ist. Der Nachteil ist der entstehende Schleifstaub, der den Reinigungsaufwand erhöht und zudem gesundheitsschädlich sein kann.
Nass geschliffen wird überall dort, wo man feine Schliffe erzielen will. Der Vorteil liegt darin, dass feinere Körnungen verwendet werden können und kein lästiger und gesundheitsschädlicher Schleifstaub entsteht. Aufquellende Untergründe, wie z. B. Holz, können nicht nass geschliffen werden, ebenso wenig Stahl wegen der Korrosionsgefahr. Weitere Nachteile sind der entstehende Schleifschlamm und das erforderliche Nachtrocknen des geschliffenen Objekts.
Die Art des Schleifmittelträgers und Bindemittels entscheidet über dessen Einsatz als Nass- oder Trockenschleifpapier. Hochwertige Trockenschleifpapiere werden mit Staub abweisenden Schichten versehen, das verhindert vorzeitiges Verkleben mit Schleifstaub.
Wasserfeste Schleifpapiere werden mit Kunststoff veredelt. Wird nass geschliffen, spült die Flüssigkeit die Körnung frei, sodass sich der Schleifstaub nicht so schnell ablagern kann. Hierin liegt auch der Grund, warum die Körnung dieser Schleifpapiere feiner und dichter gestreut werden kann.

Schleifpapiere, mit denen nass geschliffen werden kann, haben bei gleicher Körnung eine bessere Schleifwirkung als Trockenschleifpapiere.

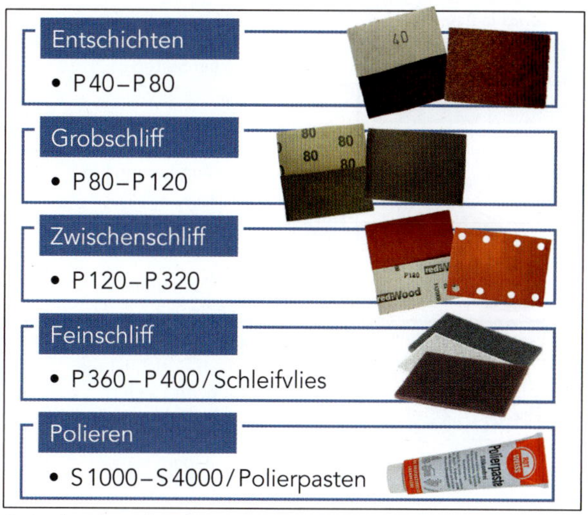

2 Stufen des Glättens

Schleifpapier und Schleifgewebe

Die wichtigsten Schleifmittel im Maler- und Lackiererhandwerk sind Schleifpapiere und Schleifgewebe. Als Trägermaterial für die Schleifkörner dienen dabei Papier bzw. Gewebe, die sehr fest und strapazierfähig sein müssen.

Das Material Fiber kommt noch als Träger für Schleifmaterialien vor, die zum Entrosten verwendet werden. Es handelt sich dabei um ein flexibles Schichtpressmaterial aus Zellulose.

Beginnend beim leichten Papiergewicht unterteilt man nach folgenden Schleifkornträgern:

Träger	Bezeichnung	Qualität
Papier	A	sehr dünn / Gewicht bis 80 g/m^2
Papier	B	dünn / Gewicht bis 105 g/m^2
Papier	C	mittel / Gewicht bis 124 g/m^2
Papier	D	dick / Gewicht bis 158 g/m^2
Papier	E	sehr dick /Gewicht bis 218 g/m^2
Gewebe	J	leicht, flexibel
Gewebe	X	schwer, steif
Fiber	T	Dicke 0,38 mm
Fiber	U	Dicke 0,45 mm
Fiber	V	Dicke 0,65 mm
Fiber	W	Dicke 0,78 mm

Übersicht Schleifmittel

Bezeichnung	Beschreibung	Verwendung	Bemerkungen/Eigenschaften
Schleifpapier 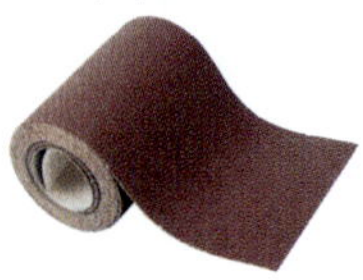	• die Schleifkörner sind mit Bindemittel auf einen Papierträger geklebt • erhältlich als Bögen, Rollenware oder Schleifscheiben	• Trockenschliff von Holz, Metall, Spachtelmassen und Lacken • Nassschliff mit speziellem Papier von 2-K-Lacken, Alkydharzlacken und Spachtelmassen	• vielseitig einsetzbar • für grobe Schleifpapiere, die beim Maschinenschliff zum Einsatz kommen, werden dickere Trägermaterialien verwendet als für feine Handschleifpapiere
Schleifgewebe (auch Schleifleinen) 	• die Schleifkörner sind mit Bindemittel auf einen Gewebeträger geklebt • erhältlich als Bögen, Rollenware oder Schleifscheiben	• können wie Schleifpapier eingesetzt werden • geeignet für Nassschliff: die Schleifkörner sind mit Kunstharzkleber wasserfest gebunden	• besonders reißfest • in der Produktion teuer als Papierträger • werden meist für hochwertigere Schleifmittel verwendet, die eine höhere Lebensdauer erfordern
Schleifvlies 	• bestehen aus Nylonfaservlies, in das die Schleifkörner eingearbeitet sind • sind wasser- und lösemittelbeständig • erhältlich als Rollen, Platten oder Scheiben	• Typ A (rotbraun/Korund): Mattschliff von Beschichtungen, Aufrauen von Aluminium • Typ S (anthrazit/Siliziumkarbid): Endschliff und Ausbessern von Lackierfehlern	• besonders für Feinschleifarbeiten, z. B. zum Ausschleifen von Lackierfehlern • Reinigen und Entfetten von Metallen • Schleifen von Profilen und Vertiefungen • sehr anschmiegsam und passen sich deshalb dem Untergrund an
Gitterschleifmetall und Gitterschleifleinen 	• bestehen aus dünnen Gittern aus Metall oder Gewebe • sind von beiden Seiten einsetzbar	• für den Grobschliff von Holz und Metall • im Trockenbau	• dienen der Bearbeitung rauer Flächen • sehr strapazierfähig • verkleben sich auch nach längerem Gebrauch nicht mit Schleifstaub
Stahlwolle 	• feine zusammengesponnene Stahldrähte • in Bauschen in den Feinheiten 0000, 00, 0, 1, 2, 3, 4 und 5 erhältlich • je kleiner die Zahl, umso feiner die Stahlwolle	• Reinigen und Schleifen bei profilierten Flächen verschiedener Werkstoffe • Polieren hochwertiger Materialien	• elastisch und reißfest • auf Hölzern sollte Stahlwolle besser bedacht verwendet werden, da sie Rostflecken zurücklassen kann
Stahlspäne 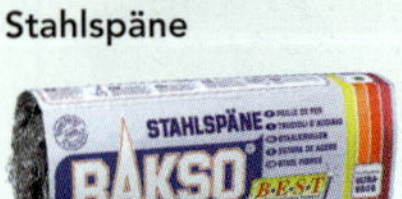	• stärker gekräuselt als Stahlwolle • werden zu Matten geflochten • ihre Feinheit richtet sich nach der Drahtstärke • in den Feinheiten grob, mittel, fein und fein-fein im Handel	• fein: vor allem für schonende Reinigung von Holz- und Steinflächen • grob: kraftvolles Reinigen, Entrosten und Schleifen	• weniger elastisch als Stahlwolle

Bezeichnung	Beschreibung	Verwendung	Bemerkungen/Eigenschaften
Schleifpulver 	• aus Bimsstein, Quarz oder Kieselgur • wird mit Wasser gemischt	• dekorative Schleiflacktechnik	• bei der Schleiflacktechnik werden Ornamente auf eine hochglänzende Fläche geschliffen, sodass dort ein matter Effekt entsteht • zum Auftragen des Schleifmittels verwendet man einen Schleifmodler oder Schleiffilze
Schleif-pasten 	• zähflüssige Paraffinpasten oder Wachsemulsionen, in die Schleifkörner eingerührt sind • grobe und feine Körnung • in Tuben oder Dosen	• Polieren	• durch Polieren werden lackierte Flächen sehr fein an der Oberfläche geglättet und erhalten dadurch einen hohen Glanzgrad • einige Schleifpasten werden auch für die Schleiflacktechnik verwendet

6.4.3 Werkzeuge und Maschinen zum Schleifen

Bei Schleifarbeiten kommen unterschiedliche Werkzeuge und Maschinen zum Einsatz. Art und Einsatz richten sich nach dem zu bearbeitenden Untergrund:

- nach der Größe der zu schleifenden Fläche,
- ob der Untergrund geglättet oder
- ob die alte Beschichtung entfernt werden soll,
- nach der Härte und Widerstandsfähigkeit des Untergrunds.

Schleifmaschinen mit Druckluftanschluss

Schwing-, Exzenter- und Rotationsschleifer gibt es, neben dem üblichen Elektromotorantrieb, auch mit Druckluftantrieb.
Dieser Antrieb besitzt gegenüber vergleichbaren Elektrogeräten viele Vorteile:

- Durch das geringere Bauvolumen sind diese Geräte leichter und handlicher.
- Sie verfügen über eine vier- bis fünffache Standzeit. Als Standzeit wird die Zeitdauer des Einsatzes bis zum Verschleiß des Schleifmittels bezeichnet.
- Sie bieten beim Nassschleifen oder beim Arbeiten in explosionsgefährdeten Räumen eine größere Sicherheit.

Nachteilig ist der wesentlich höhere Energieverbrauch.

Befestigung der Schleifmittel

Wie die Schleifmittel an den Werkzeugen und Maschinen befestigt werden, lässt sich an der Beschaffenheit der Rücken erkennen:

- glatter Rücken – Klemmbefestigung
- Klebeschicht – selbstklebende Befestigung
- Filz – kletthaftende Befestigung

Die richtige und nicht flatternde Befestigung von Schleifmitteln auf den Schleifgeräten ist für den einwandfreien Schliff und die Standzeit des Schleifmittels von großer Bedeutung.

Staubabsaugung

Moderne Schleifmaschinen sind mit einer Staubabsaugung ausgerüstet. Dies geschieht entweder mit Staubbeuteln am Gerät oder durch Absaugung mit speziell hierfür ausgelegten Staubsaugern oder Absauganlagen.

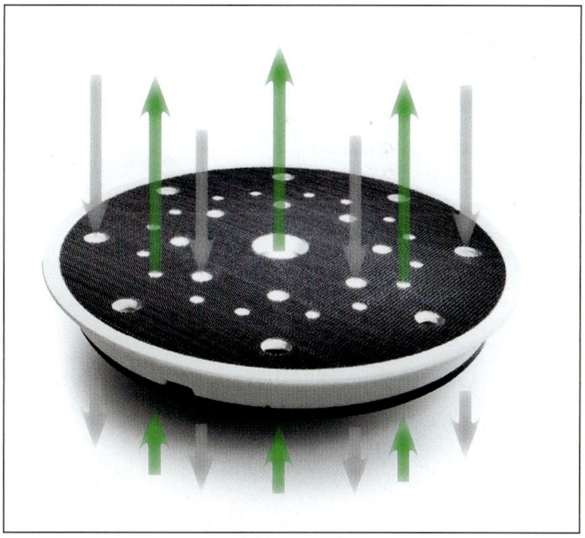

1 Bei der Schleifstaubabsaugung wird der Schleifstaub durch die Löcher im Schleifpapier abgesaugt

Geräte mit Staubabsaugung schützen die Gesundheit und die Umwelt.

Übersicht Schleifgeräte

Bezeichnung	Schwungbewegung	Beschreibung	Einsatzbereiche
Handschleifgerät 	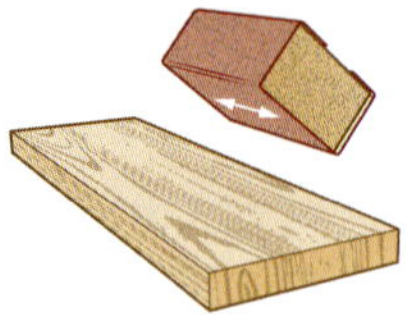	• Schleifklötze und Handschleifer • aus verschiedenen Werkstoffen und Formen • mit oder ohne Klemmvorrichtung für das Schleifpapier	• leichtes und vorsichtiges Glätten • Schleifen an Stellen, die für Schleifmaschinen unzugänglich oder ungeeignet sind
Schwingschleifer/Rutscher 	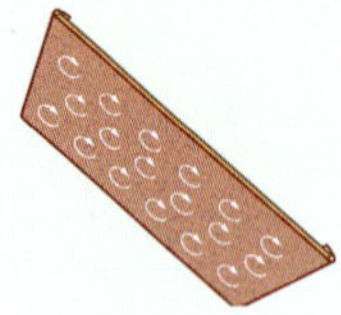	• rechteckige Schwungplatte wird in eine kreisförmige Schwungbewegung versetzt • Schleifpapier wird auf die Schwungplatte geklemmt oder geklettet	• Bearbeitung von Flächen, Ecken und Kanten • gleichmäßiger Vor- oder Feinschliff
Deltaschleifer/Dreieckschleifer 	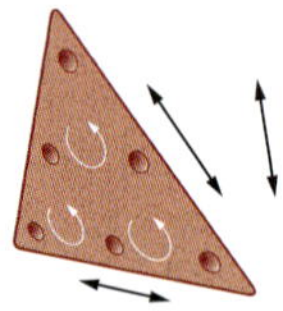	• kleiner Schwingschleifer mit dreieckiger Schwungplatte	• Bearbeitung von schlecht zu erreichenden oder sehr kleinen Stellen
Exzenterschleifer 	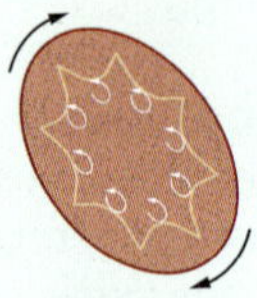	• runde Schwungplatte schwingt und dreht sich zusätzlich im Kreis • Drehzahl stufenlos regelbar	• höchste Schleifqualität, da keine Riefen entstehen • zum Schleifen planer und gewölbter Flächen besonders gut geeignet
Rotationsschleifer 	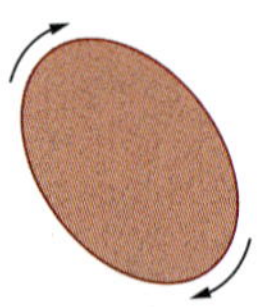	• runde, schnell rotierende Schleifscheibe sorgt für hohen Materialabtrag	• grobe Entschichtungsarbeiten • Entrosten • Bearbeitung großer Flächen
Winkelschleifer/Trennschleifer/ Flex 	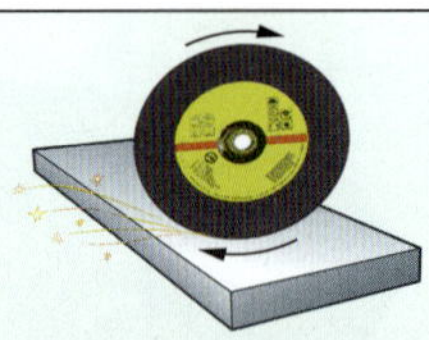	• runde, sehr schnell rotierende Schleifscheibe • Achtung Funkenflug!	• starre Schleifscheiben: Punktentrosten von Stahlteilen und Entfernen fester Altbeschichtungen • Trennscheiben: Trennen von Metall-, Stein- und Keramikbaustoffen

6.4.4 Gesundheitsschutz beim Schleifen

Trockenes Schleifen verursacht gesundheitsschädlichen Schleifstaub! Daher muss bei länger andauernden Schleifarbeiten eine Atemschutzmaske getragen werden.

Beim Arbeiten mit Rotations- oder Einhandwinkelschleifern muss eine Schutzbrille getragen werden!

Bei Schleifmaschinen sind solche zu bevorzugen, die über eine gute Staubabsaugung verfügen.
Enthalten Beschichtungen giftige Bestandteile, wie beispielsweise Bleimennige, muss nass geschliffen werden.

Bei elektrischen Schleifmaschinen muss darauf geachtet werden, dass das Kabel nicht verletzt wird. Maschinen mit mangelhaftem Kabel oder Stecker dürfen nicht benutzt werden.

Wird nass geschliffen, sind beim Umgang mit elektrischen Geräten besondere Unfallverhütungsvorschriften zu beachten. Die eingesetzten elektrischen Geräte müssen entweder durch einen Trenntransformator geschützt sein oder mit Niederspannung betrieben werden können. Pneumatisch (mit Luftdruck) angetriebene Schleifmaschinen schließen diese Gefahren von vornherein aus.

6.5 Entfernen von Beschichtungen

Wenn Beschichtungen schlecht haftend oder für die nachfolgende Beschichtung ungeeignet sind, müssen sie entfernt werden.

Für diese Entschichtung gibt es verschiedene Verfahren mit ganz unterschiedlichem Einsatzbereich und Aufwand.

- **physikalisch-mechanisch:** Abstoßen, Abkratzen, Abschleifen, Abstrahlen, Fräsen
- **physikalisch-thermisch:** Abbrennen, Flammstrahlen
- **physikalisch-lösend:** Abwaschen, Abbeizen mit Fluid

6.5.1 Mechanische Verfahren

Abstoßen und **Abkratzen** eignen sich nur für lose und schlecht haftende Beschichtungen oder leicht anhaftenden Schmutz.
Geeignete Werkzeuge hierfür sind Stoßspachtel, Ziehklingen und verschiedene Schaber. Außerdem werden unterschiedliche Drahtbürsten in diversen Formen und Drahtarten verwendet. Lose sitzenden Staub oder Schmutz entfernt man üblicherweise mit dem Abstauber.

Werkzeuge zum Abstoßen und Abkratzen

Werkzeug	Verwendung
Farbschaber 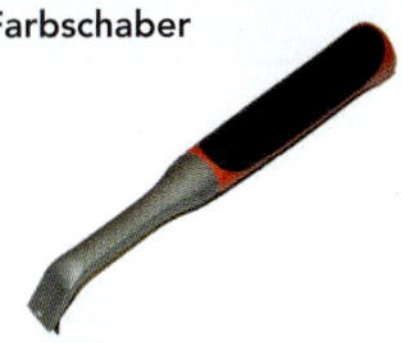	Altbeschichtungen, Klebereste oder Flugrost von verschiedenen Untergründen abschaben
Ziehklinge 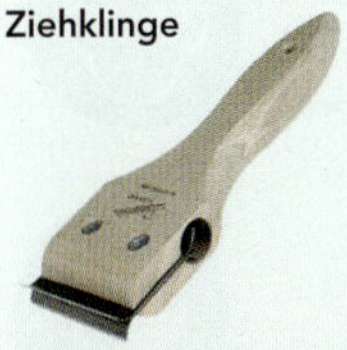	Altbeschichtungen, Klebereste und Rost abtragen Holzoberflächen glätten
Wand- und Deckenschaber 	alte Beschichtungen und Tapetenreste auf großen Flächen entfernen
Stahldrahtbürste 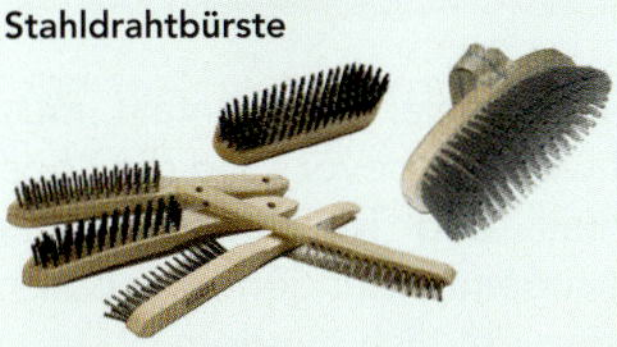	Schmutz, Rost und abplatzende Beschichtungen von Stahl, Holz, Putz, Mauerwerk und Kunststoffen entfernen

Abschleifen: Geeignet sind alle Schleifwerkzeuge und -maschinen. Zu beachten ist, dass der Einsatz grober Schleifmittel zu tiefen Kratzern und Riefen führt und meist ein umfangreiches Nacharbeiten erfordert.

Abstrahlen ist ein oft angewandtes Verfahren bei der Entschichtung von Stahlteilen, der Beseitigung von Rost, Zunder- oder Sinterschichten sowie bei der Reinigung von Natursteinen.

Als Strahlmittel werden u. a.eingesetzt:

- Hochofenschlacke
- Strahlglas
- Schmelzkammerschlacke
- Korund bzw. Aluminiumoxid
- Edelstahlpartikel
- Keramikkugeln
- Stahl-Hartguss-Granulat
- CO_2-Pellets (siehe Trockeneisstrahlen, S. 234).

Das früher übliche Strahlen mit Quarzsand ist nicht mehr zulässig, trotzdem ist der Begriff „Sandstrahlen" für Trockenstrahlverfahren noch gebräuchlich.

Die Auswahl des Strahlmittels richtet sich nach diesen Kriterien:

- gesundheitliche Risiken
- Härte und Kantigkeit
- Korngröße
- Wirtschaftlichkeit

Harte und scharfkantige Strahlmittel wirken stark abrasiv (abtragend). Möchte man einen hohen Substanzverlust vermeiden, setzt man weichere und runde Strahlmittel ein.

Trockenstrahlgeräte („Sandstrahlgeräte") bestehen aus einem leistungsstarken Kompressor, dem Strahlmittelbehälter und einer besonders harten Strahldüse. Beim Entschichten wird das Strahlmittel mit einem Druck von 2 bis 8 bar durch eine Düse auf den Untergrund geschleudert. Durch den Luftdruck und das Strahlmittel wird die Altbeschichtung mit Wucht vom Untergrund gelöst. Trockenstrahlverfahren sind sehr laut und setzen viel Staub frei.

Freistrahlgebläse sind transportable Geräte mit Behältern von 25 l bis 200 l Inhalt. Sie werden auf der Baustelle eingesetzt, wenn die zu bearbeitenden Flächen ungeeignet sind, um in einer Strahlkabine bearbeitet zu werden. Es ist schwierig, das Strahlmittel aufzufangen und wiederzuverwenden.

Kugelstrahlen kommt zum Einsatz, um Betonfußbodenoberflächen zu entschichten oder von Spachtelmasse zu befreien. Dabei schleudert eine Strahlmaschine, die mit gleichzeitiger Staubabsaugung arbeitet, rundes Metallstrahlgut auf die Bodenfläche.

Stationäre Anlagen zum Strahlen haben einen geschlossenen Kreislauf, bei dem das Strahlmittel gereinigt und zurückgeführt wird.

Strahlen ist mit einer starken Staubentwicklung verbunden. Durch den Strahlschutt können große Abfallmengen entstehen.
Beim Arbeiten mit transportablen Geräten sind deshalb die Umweltschutzvorschriften zu beachten.

Nassstrahlen, Feuchtstrahlen: Mit diesen Techniken lässt sich die Staubbelästigung beim Abstrahlen vermindern. Dabei wird das Strahlmittel mit Wasser umhüllt. Es kommt ein Hoch- oder Höchstdruckreiniger zum Einsatz (siehe S. 236). Da durch das Wasser das Strahlmittel mit weniger Druck auf die Oberfläche aufschlägt, werden empfindliche Oberflächen, wie z. B. Sandstein, geschont.

Fräsen: Für zahlreiche Sanierungsarbeiten können Fräsen eingesetzt werden. Sie eignen sich zum Abtragen von Altanstrichen und Putzen, zum Aufrauen von Betonuntergründen, zum Entfernen von Sinterschichten und zum Abfräsen von Unebenheiten.
Sanierungsfräsen besitzen einen runden Fräskopf, in dem Fräsräder aus Stahl mit ca. 2000 U/min kreisen und die fest haftenden Farbschichten ablösen. Eine Absauganlage nimmt die abfallenden Stoffe auf. Es können Schichtdicken zwischen 0,5 und 5 mm abgefräst werden. Die Maschine wird auf die gewünschte Frästiefe eingestellt und gleichmäßig über die Fläche geführt. Um ein optimales Ergebnis zu erzielen, müssen Fräskopf und Staubfilter regelmäßig gereinigt und die Fassade nach dem Abfräsen trocken abgebürstet werden.

Besondere Strahlverfahren

Im Vergleich zu den üblichen Strahlverfahren sind die folgenden sehr teuer und kommen dann zum Einsatz, wenn der Untergrund kaum beschädigt werden darf oder besondere Umweltschutzauflagen gelten.
Vakuumstrahlen: Ein um die Strahldüse erzeugtes Vakuum saugt den Staub ab. Man darf das Verfahren im Gegensatz zum Sandstrahlen auch in Innenräumen anwenden, da das Strahlgut aufgefangen wird. Es kann mehrmals wiederverwendet werden.
Trockeneisstrahlen wird immer häufiger bei extrem empfindlichen Oberflächen eingesetzt, z. B. in der Denkmalpflege. Man verwendet als Strahlmittel Kohlenstoffdioxid in Form von weichen, 5–10 mm langen Pellets. Die -79 °C kalten Trockeneispellets werden auf die Oberfläche geschleudert und unterkühlen dort die Altbeschichtung. Dadurch versprödet diese und wird durch nachfolgend auftreffende Pellets abgelöst. Das Kohlenstoffdioxid wird gasförmig und entflieht in die Umgebungsluft, ohne Flüssigkeit zu hinterlassen. Dadurch ist das Verfahren sehr umweltschonend.

Strahlen mit einem Laser ist sehr kurz und sorgt dafür, dass die Altbeschichtung verdampft oder als Splitter weggesprengt wird, ohne dabei den Untergrund zu beschädigen.

1 Abstrahl-Atemschutz-Ausrüstung

Gesundheitsschutz
Absplitternde Farbreste und lose Teile aus dem Untergrund können zu Haut- und Augenverletzungen führen. Deshalb müssen bei diesen Arbeiten Schutzbrille und Schutzhandschuhe getragen werden.
Trockenstrahlarbeiten erfordern geeignete Schutzkleidung und spezielle geschlossene Atemschutzhauben.

Bei allen physikalisch-mechanischen Entschichtungsarbeiten muss der gesamte Schmutz aufgefangen werden.

Schmutzwasser, das bei Nassstrahlarbeiten anfällt, muss aufgefangen und gefiltert werden, bevor es in die Kanalisation gelangt. Für Schleif- und Trockenstrahlgeräte sowie Fräsen werden Absaugeinrichtungen angeboten, welche die Staubausbreitung deutlich mindern.

6.5.2 Thermische Verfahren

Durch die Einwirkung von Wärme lassen sich viele Beschichtungen entfernen. Organische Beschichtungen werden weich und lassen sich abstoßen. Nicht oder gering haftende Teile platzen vom Untergrund ab.

Abbrennen

Propangasbrenner mit einer Propangasflasche verwendet man zum Abbrennen mit einer offenen Flamme. Durch Rund- oder Breitbrenner lässt sich die Form der Flamme verändern.

Heißluftabbrenngeräte erzeugen elektrisch einen 100 bis 800 °C heißen Luftstrom. Dieser wird von einem Gebläse durch eine Rund- oder Breitstrahldüse geleitet. Der Vorteil von Heißluftgeräten gegenüber Gasbrennern liegt darin, dass nicht mit offener Flamme gearbeitet wird und die Wärme regelbar ist.

Nicht zum Abbrennen geeignete Untergründe und Beschichtungen:

- Kunststoffe, die schmelzen
- dünne Bleche, die sich verbiegen
- Naturholz, das durch Hitze ankohlt
- mineralische, anorganische Beschichtungen
- sehr dünne organische Beschichtungen, z. B. Lasuren

Im Gegensatz dazu lassen sich alte Öl- oder Kunstharzanstriche besonders gut abbrennen. Die Altbeschichtung wird mit der Flamme oder der Heißluft erwärmt und sofort mit einem Spezialabbrennspachtel vom Untergrund abgeschabt. Die noch vorhandenen Rückstände lassen sich nach dem Erkalten abschleifen.

Beim Abbrennen mit Flamme oder Heißluft muss man darauf achten, dass die Hitze nicht zu lange auf eine Stelle einwirkt, weil sonst die brennbaren Untergründe entflammen oder verkohlen.

1 Entfernen einer Beschichtung mit Heißluft

Sicherheitsvorschriften
Abbrennarbeiten dürfen nicht in geschlossenen Räumen und in der Nähe feuergefährlicher Stoffe durchgeführt werden. Es können giftige Gase frei werden, deswegen sollte Atemschutz getragen werden. Wegen der großen Entzündungsgefahr ist es verboten, an brandgefährdeten Gebäuden Abbrennarbeiten durchzuführen. Bei Abbrennarbeiten müssen stets geeignete Feuerlöschgeräte griffbereit sein.

Flammstrahlen

Flammstrahlen setzt man vor allem großflächig in der Naturstein- und Betonsanierung ein. Mit den Verfahren lassen sich Zunderschichten und Rost absprengen. Dabei wird eine ca. 3000 °C heiße Flamme mit einem Azetylen-Sauerstoff-Gemisch erzeugt und über die zu reinigende Fläche geführt. Durch die Hitze entstehen an der Oberfläche Spannungen, sodass lose Teile abplatzen. Beim Flammstrahlen sind umfangreiche Sicherheitsvorschriften zu beachten!

2 Flammstrahlen

6.5.3 Lösende Verfahren

Abwaschen, Abbeizen und Ablaugen sind häufig angewandte Verfahren, um Untergründe für eine Neubeschichtung vorzubereiten.

Abwaschen

Abwaschen dient dem Reinigen verschmutzter Flächen. Noch tragfähige Untergründe können danach neu beschichtet werden. Fett und Schmutz lassen sich mit Wasser und Schmierseife oder mit Zusätzen von Haushalts- oder Spezialreinigern lösen und entfernen. Werden dem Abwaschwasser Anlaugemittel wie Salmiak oder Anlaugepulver beigemischt, lösen sich alte, noch tragfähige Öl- oder Kunstharzanstriche an. Die neue Beschichtung kann sich darauf gut verankern.

Hochdruckreiniger werden zum Reinigen verschmutzter Flächen und zum Entfernen von Beschichtungen oder losen Teilen eingesetzt. Ihre Reinigungskraft liegt im hohen Druck des heißen oder kalten Wassers, das auf die Fläche einwirkt und dem noch Reinigungsmittel zugesetzt werden können.
Hochdruckreiniger gibt es als unbeheizte oder beheizte Geräte mit Elektro- oder Verbrennungsmotoren. Ihr Wasserdruck beträgt bis zu 280 bar. Bei extremer Verschmutzung werden auch Höchstdruckreiniger mit maximal 2500 bar verwendet. Das Wasser kann bis 80 °C erhitzt werden. Indem man dem Wasser Strahlmittel zugibt, kann man einen ähnlichen Effekt wie beim Sandstrahlen erzeugen und einige Millimeter einer Beschichtung abtragen oder diese aufrauen (siehe S. 234).
Abhängig von der Größe der zu reinigenden Fläche kommen kleinere tragbare Geräte oder größere mit Fahrgestell zum Einsatz.

Die Reinigungswirkung ist von der Form des Wasserstrahls abhängig.
Flachstrahl: Schmutz, Beschichtungen oder lose Teile lassen sich abschälen.
Punktstrahl: Besonders fest haftende Teile lassen sich lösen.
Rotationsstrahl: Kombination zwischen Punkt- und Flachstrahl. Düsen mit Rotationsstrahl werden auch als „Dreckfräsen" oder „Turbodüsen" bezeichnet.

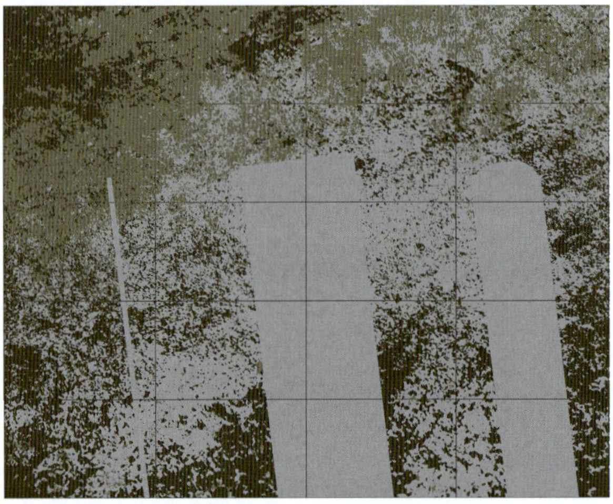

1 Punktstrahl, Flachstrahl, Rotationsstrahl

Die Variodüse ist eine weitere gängige Düse für den Hochdruckreiniger. Ihr Strahlwinkel lässt sich stufenlos von 0° bis 90° einstellen.
Eine Venturidüse ist beim Reinigen mit Strahlmittel erforderlich. Sie erzeugt einen Unterdruck, durch den das Granulat angesaugt wird und sich kurz vor der Düse mit dem Wasser vermischt.
Um alte Farbschichten und hartnäckigen Schmutz lösen zu können, wird die Düse im Abstand von ca. 20 cm und in einem relativ spitzen Winkel über die Fläche geführt.

Umweltschutz
- Der ausführende Malerbetrieb ist verpflichtet, die vor Ort gültigen **Verordnungen zur Abwasserentsorgung** einzuhalten und sich die notwendigen Genehmigungen einzuholen.
- Insbesondere, wenn beim Hochdruckreinigen **chemische Zusatzmittel** eingesetzt werden, darf das Abwasser nicht in den Boden gelangen. In die Kanalisation ist eine Einleitung nur zulässig, wenn die Abwässer über ein Klärbecken geleitet werden, chemische Zusätze neutralisiert wurden und die Schadstoffmenge begrenzt ist.
- **Feste Stoffe** müssen in jedem Fall vorher herausgefiltert werden. Verunreinigte Stahlmittel sind Sondermüll. Farbreste gelten als hausmüllähnlicher Abfall, wenn sie getrocknet sind.
- **Abbeizreste**, auch wenn sie biologisch abbaubar sind, dürfen nicht in die Kanalisation gelangen.

Die Reinigungsabwässer bei Reinigungs- oder Entschichtungsarbeiten an Fassaden zu sammeln, erfordert umfangreiche Maßnahmen. Man kann das Abwasser z. B. in Folienwannen auffangen oder mithilfe von Auffangrinnen entlang der Fassade in einen Sammelbehälter ablaufen lassen. Der Boden ist durch Gerüst-Unterlagsfolien und Zuläufe in die Kanalisation sind durch Vlies abzudecken.

Um die Belastung des Abwassers so gering wie möglich zu halten, sollte der Maler möglichst auf den Einsatz von Reinigungsmitteln oder Abbeizmitteln verzichten.

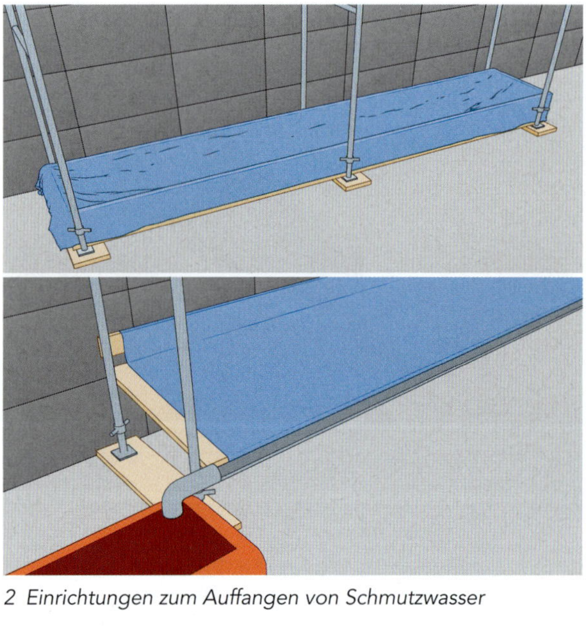

2 Einrichtungen zum Auffangen von Schmutzwasser

Weitere notwendige Schutzmaßnahmen beim Hochdruckreinigen sind:

- **schützende Vorarbeiten:** Holz-, Kunststoff-, Metall- und Glasflächen müssen abgedeckt werden.
- **Schutz der Umgebung:** Passanten, parkende Autos, Pflanzen usw. müssen im Arbeitsbereich durch Planen geschützt werden.
- **persönlicher Schutz:** Tragen von Schutzkleidung, Gummihandschuhen, Gummistiefeln, Schutzbrille und Schutzhelm.

Abbeizen mit Abbeizfluiden

Abbeizfluide sind physikalisch lösende Anstrichentferner. Sie enthalten Lösemittelgemische aus Chlorkohlenwasserstoffen (CKW), Benzol und Alkoholen. Hinzu kommen Verdickungsmittel, die das Ablaufen an senkrechten Flächen verhindern, sowie Wachse und Paraffine, die das schnelle Verdunsten der Lösemittel verzögern und dadurch ihre Wirkung verlängern.
Abbeizfluide erweichen die Anstrichschichten, die danach abgeschabt oder mit Hochdruckreinigern abgestrahlt werden können. Mit Abbeizfluiden lassen sich auch schwer lösliche Zweikomponenten- und Einbrennlacke entfernen. Man verwendet sie für Untergründe aus Holz, Stein oder Metall. Abbeizfluide greifen allerdings Glas und viele Kunststoffe an.
Sie werden mit Pinsel oder Spachtel satt aufgetragen. Weil sie schnell verdunsten, arbeitet man bei großen Flächen abschnittsweise. Nach der Einwirkzeit, die von der Dicke und dem Zustand des Altanstrichs abhängig ist, kann der Anstrich entfernt werden. Die Wirkung des Abbeizfluids lässt sich noch verstärken, wenn die eingestrichene Fläche durch Folien abgedeckt und so das Verdunsten der Lösemittel verhindert wird.

1 Abbeizen

Nach der Entfernung der Beschichtung müssen Holzuntergründe oder andere saugende Flächen, je nach verwendetem Abbeizfluid, nachgewaschen werden. Dazu benutzt man je nach verwendetem Produkt und Untergrund klares Wasser, aber auch Sodalösung oder Salmiakgeist, die mit Wasser verdünnt wurden. Damit sich die Fasern nicht aufstellen, werden zum Nachreinigen bei Holzuntergründen Spiritus oder Lösemittel verwendet.

Beim Abbeizen von Fassaden kommen Reinigungshauben zum Einsatz. Das Schmutzwasser wird bei der sogenannten „Krake" mit einem Nasssauger direkt an der Düse abgesaugt. So wird die Belastung von Mensch und Umwelt geringer gehalten.

2 Abbeizhaube

Umweltschutz

Entschichtetes Material ist als Sonderabfall vorschriftsmäßig zu entsorgen. Es darf auf keinen Fall in den Hausmüll gelangen (siehe S. 255).
In einigen Bundesländern ist der Einsatz CKW-haltiger Abbeizmittel an Fassaden verboten.

Gesundheitsschutz

Lösemittelhaltige **Abbeizmittel sind feuergefährlich!**

- Das Einatmen der Dämpfe ist gesundheitsschädlich. Die Schutzvorschriften der TRGS 612 zum Umgang mit lösemittelhaltigem Abbeizmittel sind zu beachten.
- Für gute Belüftung sorgen!
- Augen und Haut vor Spritzern schützen! Schutzbrille und Schutzhandschuhe tragen!

Bei Berührung sofort mit Wasser abwaschen.

Abbeizen mit Laugen

Alte Öl-, Öllack- und Alkydharzbeschichtungen können chemisch entfernt werden. Dazu verwendet man Abbeizmittel auf Basis von Natron- oder Kalilauge, die mit Verdickungsmittel gebunden sind. Die Altbeschichtung wird dabei in wasserlösliche Seifen umgewandelt.

Für Dispersionsanstriche sind Abbeizlaugen nicht geeignet.

Holz verfärbt sich durch Laugen dunkel und muss deshalb mit Oxalsäure oder Wasserstoffperoxid wieder aufgehellt werden.
Die Abbeizer werden dick aufgetragen. Dazu verwendet man natürliche Fibrepinsel aus Fasern von Agaven oder Kunststoffborstenpinsel, die von starken Laugen nicht angegriffen werden. Je nach Schichtdicke kann der Anstrich nach einer relativ langen Einwirkzeit abgeschabt oder mit Wasser abgewaschen werden. Besonders bei Holzuntergründen muss gründlich nachgewaschen werden, um die Alkalität wieder zu neutralisieren. Auf Holz sollte dieser Abbeizer daher nicht zu lange einwirken: Die Lauge dringt zu tief ein und die Alkalität ist nur schwer oder gar nicht zu beseitigen.

Naturborsten zersetzen sich in der Abbeizlauge.
Sie sind nach kurzer Zeit nicht mehr zu gebrauchen.

Gesundheitsschutz

Alkalische Abbeizmittel sind stark ätzend!

- Schutzkleidung tragen.
- Augen und Haut durch Schutzbrille und Schutzhandschuhe schützen.

6.6 Grundieren

6.6.1 Aufgaben von Grundierungen

Grundieren bedeutet eine gute Grundlage für den Aufbau der nachfolgenden Beschichtungen zu schaffen:
- Haftvermittlung zwischen Untergrund und Beschichtung
- Ausgleichen (Egalisieren) der Saugfähigkeit des Untergrunds, z. B. bei neuem Putz oder Nachputzstellen
- Festigung des Untergrunds, z. B. bei sandenden Putzen oder kreidenden Altanstrichen
- erster Schutz, z. B. gegen Korrosion

Grundierungen werden deshalb auch als Grundbeschichtung oder Primer bezeichnet.

6.6.2 Wirkungsweise von Grundbeschichtungen

Grundbeschichtungen werden grob danach unterschieden, welche Aufgabe sie bevorzugt erfüllen. Grundbeschichtungsstoffe gibt es auf Wasser- und Lösemittelbasis.

Tief eindringende Grundbeschichtungen sind niedrigviskos und dringen deshalb gut in die kapillaren Oberflächen poröser Untergründe ein. Dort trocknen sie und gleichen das Saugvermögen aus, festigen sandende Untergründe und wirken absperrend. Zudem sorgen sie dafür, dass sich die nachfolgende Beschichtung verankern kann. Ohne die Grundbeschichtung würde der aufgetragenen Beschichtung durch die kapillare Saugwirkung sofort das Lösemittel bzw. Wasser entzogen und ihre Haftung wäre nicht gewährleistet.

Tief eindringende Grundierungen werden auf porösen Untergründen wie Putz, Beton, Holz oder Gipskarton verwendet.

Lösemittelhaltige Grundierungen haben eine größere Eindringtiefe als solche auf Wasserbasis, sind aber umwelt- und gesundheitsschädlicher. Damit das tiefe Eindringen ermöglicht wird, werden beim Tiefgrund sehr feine Bindemittelteilchen auf Alkydharz- oder Acrylbasis eingesetzt und z. T. auf Pigmente verzichtet. Pigmentierte Grundierungen dringen weniger tief ein, haben aber den Vorteil, dass sie kleinere Farbtonunterschiede ausgleichen und einen gleichmäßig hellen Untergrund schaffen.

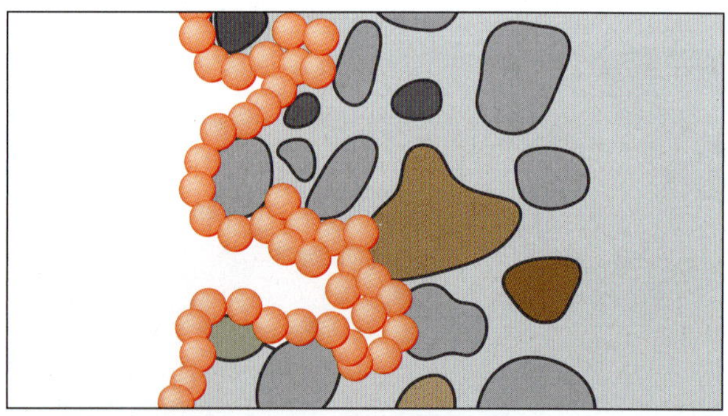

1 Tiefgrundieren eines sandenden Putzes

Haftvermittelnde Grundbeschichtungen sind in der Regel pigmentiert. Sie dringen nicht in die Kapillaren ein, weshalb man sie meist auf nichtsaugenden Untergründen einsetzt. Sie sorgen für einen optisch gleichmäßigen Untergrund, erhöhen die Schichtdicke, dienen dem Korrosionsschutz, verbessern die Saugfähigkeit und erhöhen die Oberfläche der zu beschichtenden Fläche. Weil damit die Haftvermittlungseigenschaften deutlich verbessert werden, nennt man sie auch Haftprimer oder Haftgrundierung.

Haftvermittelnde Grundbeschichtungen werden auf Metallen, Kunststoffen oder Glas eingesetzt.

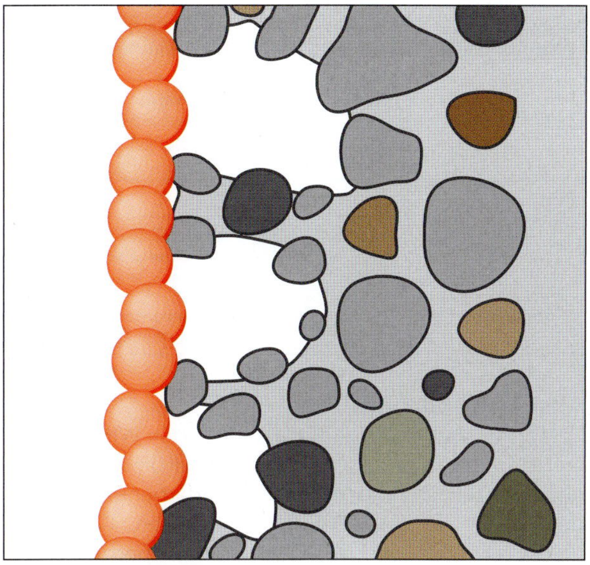

1 Haftvermittelnde Grundierung

In der Praxis sind viele Mischformen zwischen diesen beiden Systemen erhältlich.

6.6.3 Auswahl der Grundbeschichtungsstoffe

Die Auswahl der Grundierung hängt vom Bindemittel der nachfolgenden Beschichtung und dem Untergrund ab:

Putz im Außenbereich wird vor einem Dispersionsfarbenanstrich häufig aufgrund der festigenden und egalisierenden (ausgleichenden) Wirkung mit lösemittelhaltigem Tiefgrund behandelt. Im Innenbereich verwendet man meist wasserverdünnbaren Tiefgrund. Ist es erforderlich, dass der Putz besonders Wasser abweisend ist, eignen sich Grundierungen auf Silikonharzbasis besonders gut.
Silikatfarbenanstrich: Die Grundierung besteht aus reinem Wasserglas, dem Fixativ.
Auf Beton-, Metall- und Kunststoffuntergründen werden, je nach Beschichtungssystem, Ein- oder Zweikomponenten-Grundbeschichtungen eingesetzt.
Holz: Zum Schutz von Holz werden meist dünnflüssige Grundbeschichtungen auf der Basis von Acryl- und Alkydharzen sowie anderen Lackrohstoffen verwendet. Sie können mit Holzschutzmitteln kombiniert sein (siehe S. 142). Soll das Holz deckend beschichtet werden, kommen pigmentierte Grundierungen zum Einsatz.

6.7 Imprägnieren

6.7.1 Aufgaben der Imprägniermittel

Das Imprägnieren schützt und konserviert Untergründe gegen Witterungseinflüsse, Insekten- und Pilzbefall, verleiht Untergründen Wasser abstoßende Wirkung und schützt gegen Brandgefahr.

Poröse Baustoffe wie Holz, Stein und Putz werden durch Witterungseinflüsse, sauren Regen, Bakterien- und Pilzbefall in ihrer Haltbarkeit beeinträchtigt. Holz wird auch durch Insektenbefall oder Brennen zerstört.

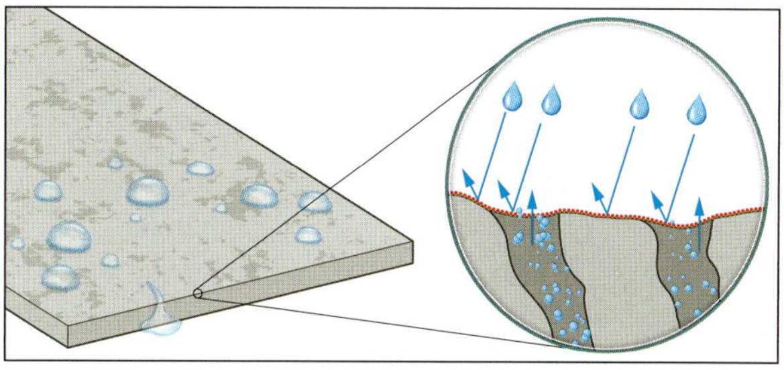

2 Die Imprägnierungsschicht ist sehr dünn. Sie muss 2 bis 3 Mal aufgetragen werden und nutzt sich ab.

6.7.2 Auswahl der Imprägniermittel

Holzimprägniermittel
Zur Imprägnierung von Holz verwendet man vor allem Holzschutzsalze. Sie beugen gegen Pilz- und Fäulnisbefall vor, verhindern oder verzögern das Entflammen und Brennen. Sie werden deshalb bei tragenden Bauteilen, z. B. bei Dachstühlen, und im Außenbereich, z. B. bei Palisaden, eingesetzt. Da Holzschutzsalze durch Regen und Feuchtigkeit ausgewaschen werden können, reicht eine einfache Beschichtung wegen der geringen Eindringtiefe meist nicht aus. Ein verbesserter Schutz lässt sich durch Druckimprägnierung erzielen. Dieses Verfahren wird im Allgemeinen bereits bei der Herstellung der Holzbauteile eingesetzt.

Imprägniermittel für mineralische Untergründe
Zur Imprägnierung von Putz- und Natursteinuntergründen, Ziegelsteinen oder Beschichtungen aus mineralischen Bindemitteln werden vor allem Wasser abstoßende Silikonharzbeschichtungen verwendet. Es gibt sie auf Wasser- und Lösemittelbasis. Durch ihr farbloses Bindemittel Silikonharz, Siloxan oder Silan entsteht beim Auftragen ein ölartiger Film. Silikonharzimprägnierungen verringern die Wasseraufnahme und damit die Verwitterungsgefahr bei Frost. Gleichzeitig bleibt die Beschichtung wasserdampfdurchlässig. Es kann weniger Schmutz eindringen. Ein Algen-, Moos- und Pilzbefall wird erschwert.

Durch einen Überzug mit Silikonimprägniermitteln erhalten Untergründe eine Wasser abstoßende, hydrophobierende Schutzschicht.

Silikonimprägniermittel werden mehrfach nass in nass oder im Sprühverfahren oder mit dem Quast aufgetragen und können nicht überstrichen werden. Der Wasser abweisende Effekt baut sich innerhalb von 5 bis 12 Jahren ab.

6.8 Absperren

6.8.1 Aufgaben der Absperrmittel

Einige Untergründe enthalten Inhaltsstoffe, die leicht löslich sind und der Beschichtung schaden können, indem sie durchschlagen, d. h. durch die aufgebrachte Beschichtung als Schlieren oder Flecken sichtbar werden. Dazu gehören Salze, die sich beispielsweise durch einen Wasserschaden gebildet haben, oder Nikotin. Auch Gipskartonplatten, Rost, Hartfaser- und Spanplatten oder tropische Hölzer können färbende Inhaltsstoffe besitzen.
Das Durchschlagen lässt sich nur durch Absperren verhindern. Ein nochmaliges Überstreichen mit Farbe hilft nicht, weil der Schadstoff ansonsten erneut durchschlägt.

Das Absperren verhindert, dass Schadstoffe aus dem Untergrund in den Anstrich dringen können.

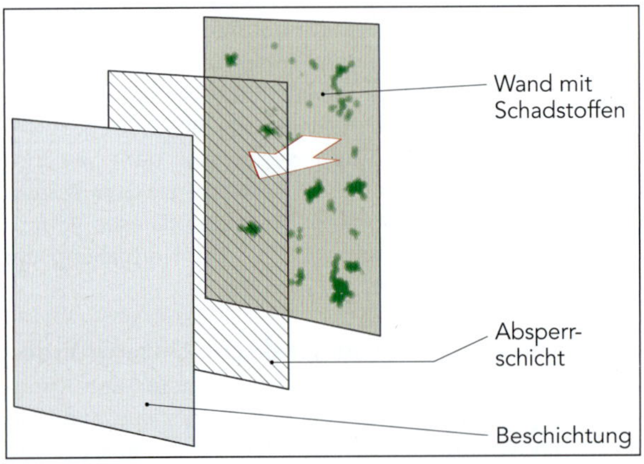

1 Absperren

6.8.2 Auswahl der Absperrmittel

Absperrmittel sind auch als Isoliergrund oder Sperrgrund bekannt. Als Absperrmittel dienen lösemittelhaltige Grundiermittel, Absperrlacke und Salze.

Einsatzbereiche von Absperrmitteln

Abzusperrende Stoffe	Nachfolgende Beschichtung	Absperrmittel
Wasserflecken Nikotin (Teerrückstände)	mineralisch	• Fluate • Absperrsalze (im Innenraum)
	organisch	• Absperrlacke • Absperrdispersionsfarben • lösemittelhaltige Absperrmittel
Rost Metallsalze	mineralisch	• Fluate
	organisch	• Absperrlacke • lösemittelhaltige Absperrmittel
Holzinhaltsstoffe	organisch	• Dispersionsabsperrlacke • Polyurethanabsperrlacke

Absperrdispersionsfarbe

Dispersionsfarben mit einer absperrenden Wirkung sind emissionsarm, weshalb sie Mensch und Umwelt nur gering belasten. Die wasserlöslichen Verfärbungen werden durch das in der Dispersionsfarbe enthaltene Wasser angelöst. Die Funktion der Dispersionsabsperrmittel basiert auf kationischer Wirkung.
Die durchschlagenden Farbstoffe sind negativ geladen, der Sperrgrund enthält positiv geladene Ionen (Kationen):

- die Kationen ziehen die negativ geladenen Farbstoffe an
- die Farbstoffe können nicht mehr an die Beschichtungsoberfläche wandern

Die folgende Beschichtung darf erst aufgetragen werden, wenn die Filmbildung bei der Absperrfarbe vollständig abgeschlossen ist, weil es in seltenen Fällen zu einer Beeinträchtigung der Isolierwirkung kommen kann.

Lösemittelhaltige Grundierungen

Lösemittelhaltige Grundierungen können auch als Absperrmittel eingesetzt werden, sind aber deutlich umwelt- und gesundheitsschädlicher als die wasserverdünnbaren Varianten.
Sie lösen die färbenden Inhaltsstoffe nicht an, sondern überdecken sie nach der Trocknung mit einer wasserundurchlässigen Bindemittelschicht.
Wegen ihrer hohen Geruchsbelästigung werden die für innen gebräuchlichen Nitrosperrgründe nur noch selten eingesetzt. Lösemittelhaltige Polymerisatharze sind innen und außen vielseitig verwendbar und zeichnen sie sich vor allem auf frischem Beton und mineralischem Putz aus, da sie nicht verseifen.

Absperrlacke

Absperrlacke kommen insbesondere dann zum Einsatz, wenn nur einzelne Flecke isoliert werden müssen. Sie können aus unterschiedlichsten Bindemitteln auf Wasser- oder Lösemittelbasis hergestellt werden. In der Regel sind sie im Handel als Spray erhältlich.
Isoliersprays trocknen in kurzer Zeit. Nach zwei bis drei Schichten Isolierspray kann die absperrende Schicht meist schon am selben Arbeitstag überstrichen werden. Man verwendet sie z. B. zum Absperren von tropischen Hölzern. Die Inhaltsstoffe dieser Hölzer können durch alle gebräuchlichen Beschichtungsstoffe durchschlagen und die Trocknung beeinträchtigen.
Beheben lässt sich dies, indem man die Inhaltsstoffe mit Nitroverdünnung auswäscht, das Holz mit Stahlwolle nachreibt und PUR-Lack aufträgt. Danach kann mit üblichen Lacken weitergearbeitet werden.

Absperrsalze

Absperrsalze können durch ihre Kristallbildung oder durch ihre neutralisierende Wirkung verhindern, dass Schadstoffe vom Untergrund in den Anstrich durchschlagen. Sie werden eingesetzt, wenn eine mineralische Beschichtung folgt, die auf einem Absperrlack nicht halten würde. Ihre Wirkung ist schwächer als bei einem Absperrlack, weshalb die Schadstoffe teilweise leicht durchschlagen können.

Alaun ist ein tonerdehaltiges Salz aus Kalium- oder Aluminiumsufat, das sich in Wasser leicht lösen lässt und bei der Trocknung eine absperrend wirkende Kristallschicht bildet. Diese Schicht ist in der Lage, Nikotin- und Wasserflecken abzusperren, die Putzoberfläche zu härten und zu egalisieren, ohne die Wasserdampfdiffusion (siehe S. 24) zu beeinträchtigen.

> Alaun ist ungiftig und kann wegen seiner guten Wasserlöslichkeit nur innen eingesetzt werden, z. B. auf Gipsputz.

Alaunsalz wird im Verhältnis 1 : 4 bis 1 : 8 in Wasser gelöst und großflächig auf den Putz aufgetragen. Nach dem Trocknen werden die überschüssigen Salzkristalle abgekehrt.

Fluate sind ebenfalls Salze. Sie bestehen aus Verbindungen von Kieselfluorwasserstoffsäure (Flusssäure) und den Metallen Aluminium, Blei, Magnesium oder Zink.

> **Fluate** werden eingesetzt, um frische Putz- und Betonuntergründe, die stark alkalisch sind, zu neutralisieren.
> Durch sie werden auch Putzoberflächen gehärtet und abgesperrt sowie Bakterien, Fäulnispilze und Mooswucherungen zerstört.

Eigenschaften der verschiedenen Fluate

Fluat	Wirkung
Bleifluat	absperrend bei Nikotin- und Wasserflecken
Aluminiumfluat	neutralisierend bei alkalischen Putzen
Magnesiumfluat	festigend bei mürben Putzteilen
Zinkfluat	pilz- und keimtötend

In vielen Produkten sind mehrere Fluate kombiniert, um sie möglichst vielseitig verwenden zu können. Fluate eignen sich nur für kalk- und zementhaltige Putze sowie für Beton, nicht jedoch für Gipsuntergründe.
Beim Fluatieren reagiert der alkalische Untergrund mit dem sauren Fluat. Bei dieser Neutralisation entstehen Wasser und ein wasserunlösliches Salz, das sich in die Kapillare des Putzes setzt. Dies bewirkt die absperrende Wirkung. Der Putz saugt zudem gleichmäßiger und weniger. Bei der chemischen Reaktion wird Kohlenstoffdioxid frei, was am Aufschäumen zu erkennen ist.

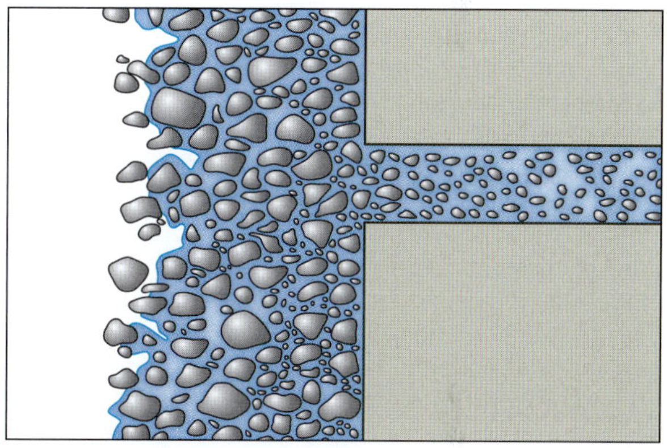

1 Fluatieren

Fluate werden im Verhältnis 1 : 1 bis 1 : 4 nach Herstellerangabe in Wasser gelöst und ein- bis zweimal satt aufgetragen. Anschließend wird mit Wasser gründlich nachgewaschen.

> **Gesundheitsschutz**
>
> Fluate sind gesundheitsschädliche, **stark ätzende** Arbeitsstoffe. Sie müssen entsprechend gekennzeichnet werden. Fluate ätzen Metalle, Glas, Naturstein, Klinker, Keramik und Holz.
>
> 
>
> 
>
> **Augen und Haut sind vor Spritzern zu schützen!**
> Beim Verdünnen beachten:
> **Erst das Wasser, dann die Säure!**
> **Vorsicht, giftige Dämpfe!**
> Dämpfe nicht einatmen! Beim Fluatieren darf nicht geraucht oder gegessen werden.
>
> 

6.9 Dichtungsmassen

6.9.1 Aufgaben von Dichtungsmassen

In vielen Bereichen müssen Fugen, aber auch Spalten und Risse an Gebäuden und im Sanitärbereich abgedichtet werden, um das Eindringen von Wasser und Schmutz zu vermeiden und so Folgeschäden vorzubeugen.

Fuge: Spalt zwischen zwei angrenzenden Bauteilen oder Materialien.

Die Größe von Fugen ist bautechnisch geplant, um die Längenänderungen der Baumaterialien durch Temperaturschwankungen auszugleichen. Man unterscheidet z. B.:

- **Anschlussfugen** zwischen Bauteilen aus unterschiedlichem Material
- **Bauteilfugen** zwischen Bauteilen aus demselben Material
- **Mauerwerksfugen** zwischen den Mauerwerkssteinen
- **Bewegungsfugen**, die Bauteile unterbrechen, um Spannungsrissen vorzubeugen

Zum Abdichten werden vorwiegend Kunststoffmassen eingesetzt, die dauerhaft elastisch und dicht sind. Durch ihre Elastizität werden Bewegungen und Erschütterungen von aneinanderstoßenden Bauteilen aufgenommen und abgebremst. Außerdem tragen die Dichtungsmassen mit dazu bei, das Aussehen von Objekten zu verbessern.

6.9.2 Auswahl von Dichtstoffen

Art	Verhalten nach Verformung	Zulässige Gesamtverformung
plastisch	kaum Verformungen bis hin zu Abrissen	bis 5 %
plasto-elastisch	leichte Verformungen bis hin zu Abrissen	5 % bis 10 %
elasto-plastisch	geht fast vollständig zurück in die ursprüngliche Form	10 % bis 20 %
elastisch	geht zurück in die ursprüngliche Form	über 20 %

Je nach Belastung muss eine Dichtungsmasse dauerhaft plastisch, plastoelastisch, elastoplastisch oder elastisch sein.
Für fast jeden Anwendungsbereich gibt es einen spezialisierten Dichtstoff. Da viele Dichtstoffe nicht überstrichen werden dürfen, ist es ratsam, sie in einer Farbe passend zur Beschichtung auszuwählen.

Anstrichverträgliche Dichtstoffe dürfen an eine (Alt-)Beschichtung angrenzen und zerstören diese nicht.
Nur wenige Dichtstoffe gelten als überstreichbar. Elastische Dichtstoffe dürfen generell nicht überstrichen werden.
Trotz ständiger Fugenbewegung durch Dehnung oder Stauchung soll ein Dichtstoff seine ursprüngliche Form beibehalten bzw. zurückgewinnen. Diese Eigenschaft wird als Rückstellvermögen bezeichnet. Je nachdem, wie hoch das Rückstellvermögen ist, werden Dichtstoffe von elastisch bis plastisch eingestuft.

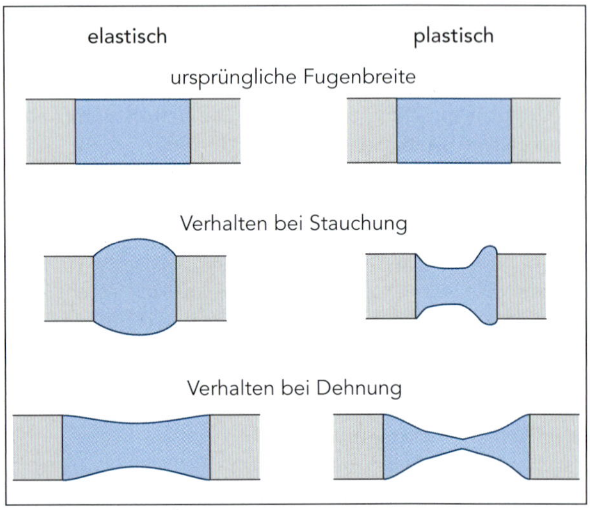

1 Veränderungen bei Stauchung und Dehnung

Fugendichtstoffe unterscheiden sich nach DIN 18540 in frühbeständige (F) oder nicht frühbeständige (NF) Dichtstoffe. Wenn ein Dichtstoff sofort nach dem Einbringen in die Fuge beständig gegen Regen ist, wird er als frühbeständig bezeichnet.

2 Fugendichtung

6.9.3 Im Bauwesen verwendete Dichtstoffe

Übersicht über gebräuchliche Dichtstoffe

Bezeichnung	Art	Anwendung	Eigenschaften
PU-Schaum	plastisch	• Füllstoff (Hohlraumausschäumung) • Wärmedämmstoff	• anfällig für Risse • darf keiner direkten Bewitterung ausgesetzt sein
1-K-Polyurethan-Dichtstoff	elastisch	• Anschlussfugen • Bauteilfugen • Abdichtungs- und Klebearbeiten, insbesondere im Außenbereich	• hohe Reißfestigkeit
MS-Polymer-Klebdichtstoff		• Außenwandfugen • Anschlussfugen an Fenstern und Türen • mineralische Untergründe (z. B. Natursteinelemente, Keramik) • vielseitige Klebearbeiten	• UV-, witterungs- und alterungsbeständig • gute Haftung • tieftemperaturelastisch • spannungsausgleichend
Silikondichtstoff, sauer		• Sanitärfugen • Fugen mit Nasseinwirkung	• gute Haftung • hohe Lebensdauer • Geruch nach Essigsäure bei der Aushärtung • Farbtonänderung möglich • korrodiert Metalle
Silikondichtstoff, neutral		• Abdichtungen im Glas- und Fensterbau	• gute Haftung • hohe Lebensdauer • nicht korrosiv • geruchsarm
Acryldispersions-dichtstoffe	plastoelastisch und elastoplastisch	• Mauer- und Putzrisse • Abdichtungen Türen und Fenster	• schnell trocknend • farbecht

Darüber hinaus werden zum Abdichten von Fugen Fugenbänder, Dichtfolien und Fugenprofile aus Kunststoff eingesetzt. Dichtfolien sind mit einer Dicht- und Klebschicht aus Bitumenkautschuk versehen.

6.9.4 Verarbeitung von Dichtstoffen

Verarbeitungsschritte

- Nur auf trockenen Untergründen anwenden.
- Fugen und Risse säubern.
- Nach Anweisung des Herstellers evtl. grundieren und trocknen lassen.
- Abdecken der Fugenkante mit Klebeband.
- Einbringen des Dichtstoffs mit Handdruckpistole oder Kartuschenpresse. Tiefe Fugen mit Hinterfüllmaterial auslegen.
- Bevor der Dichtstoff fest wird, Klebeband entfernen.
- Mit dem Glättespachtel oder mit angefeuchtetem Finger glätten.

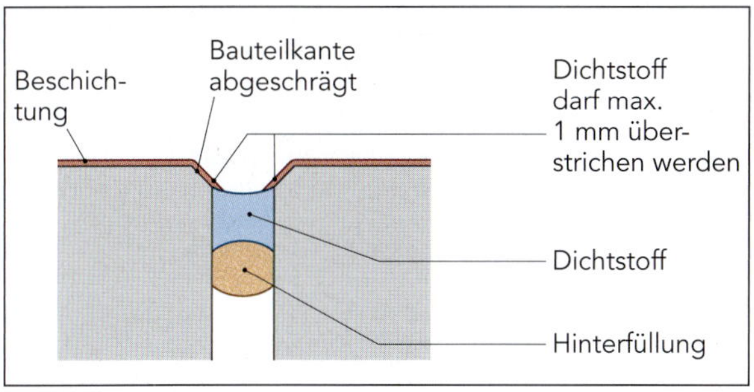

1 Verarbeitung von Dichtstoffen

2 Fugendichtung mit einer Kartuschenpresse

Dichtstoffe weisen im Allgemeinen ein hohes Dehnvermögen auf, das von den wenigsten Beschichtungen erreicht wird. Dichtstoffe sind daher meist nicht überstreichbar.

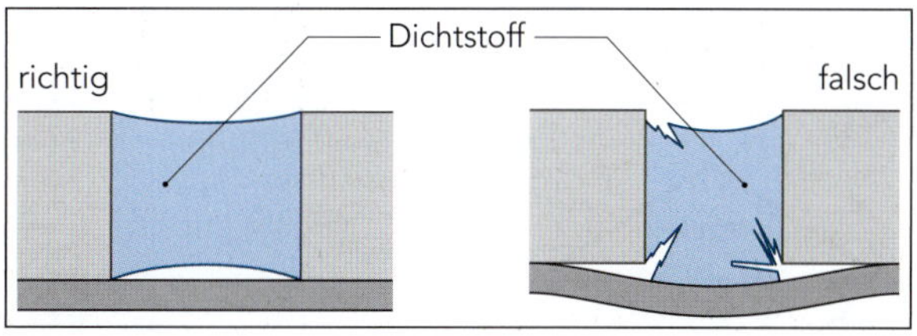

3 Kerbrisse

Der Dichtstoff darf nur an den seitlichen Fugen haften. Wenn die Dichtstoffmasse am Fugenboden haftet, kann es zu Kerbrissen kommen und die Dichtung wird zerstört (siehe Risssanierung, S. 245/246).

6.10 Beseitigung von Rissen

6.10.1 Risse

Ein häufig zu beseitigender Mangel an Fassaden sind Risse. Sie verschlechtern das Aussehen der Wand, indem sie verschmutzen und dadurch gut sichtbar werden. Darüber hinaus können Risse aber auch die Funktion negativ beeinflussen, weil durch sie der Witterungsschutz der Wand nicht mehr gewährleistet ist oder es zu einer Durchfeuchtung kommt (Schäden durch Feuchtigkeit, siehe S. 248).

Weil das Bauteil fortwährend arbeitet, unterliegen auch die darin vorhandenen Risse ständigen Bewegungen. Bei der Beurteilung einer Fläche, die Risse aufweist, achtet man auf
- Breite,
- Tiefe,
- Verlauf und
 Häufigkeit der Risse.

Rissarten, Ursachen und Beseitigung

Bezeichnung	Beschreibung	Bild der Fassade	Ursache	Mögliche Beseitigung nach BFS-Merkblatt Nr. 19
Nicht vom Putzträger ausgehende Risse 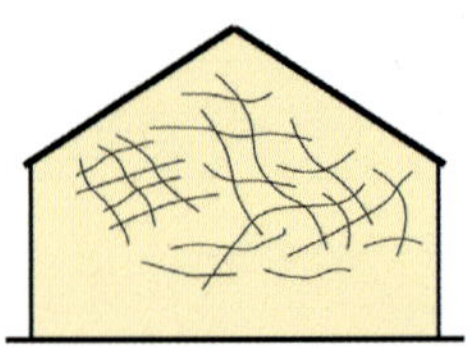	• Netz- und Haarrisse • Schwundrisse • feine Risse in der Putzoberfläche oder durch die Putzlage hindurchgehend • Feuchtigkeit, Frost und Sonne vergrößern die Risse • Schmutz und Feuchtigkeit machen sie sichtbar	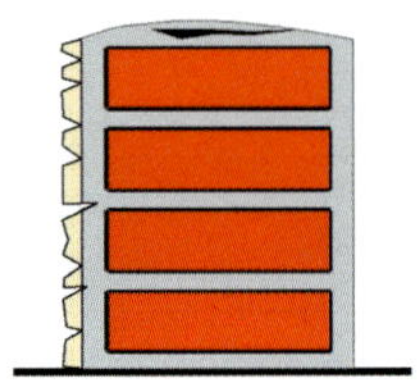	• falsche Zusammensetzung des Putzmörtels (zu fett = zu viel Bindemittel) • fehlerhafte Verarbeitung (z. B. zu dickes Auftragen, harter Putz auf weichem Putzträger) • zu starker Wasserentzug • Alterung durch sauren Regen	• Verschlämmung mit faserverstärkter Fassadenfarbe • plastoelastisches Rissüberbrückungssystem • vollflächige Gewebearmierung • Plattensystem
Vom Putzträger ausgehende Risse 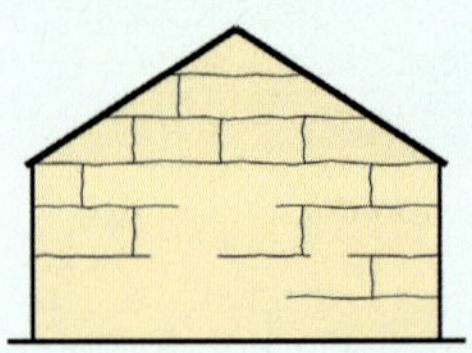	• Schwund- und Fugenrisse • Risse folgen dem Schwundverlauf • gehen durch die Putzschicht bis in die Mauerwerksfugen, über denen sie sichtbar werden.	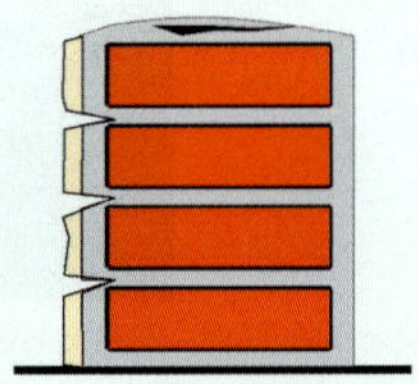	• zu frisch verarbeitete Baumaterialien • nicht fachgerecht ausgeführtes Mauerwerk • unterschiedlich starkes Arbeiten der Materialien im Mischmauerwerk • Fehler in der Statik	• plastoelastisches Zweitopf-Rissarmierungssystem • vollflächige Gewebearmierung • Plattensystem • Risse, die ihre Ursache im Gebäude oder Putzgrund haben, z. B. bei mangelhaftem Fundament, schadhaftem Fachwerk oder vorliegenden Baumängeln, können nur teilweise beseitigt werden
Baudynamische Risse 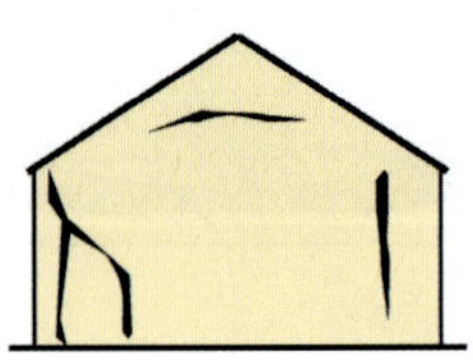	• vom Baugrund ausgehende Risse • bautechnische Risse • tiefe Risse durchdringen Putz und Mauerwerk	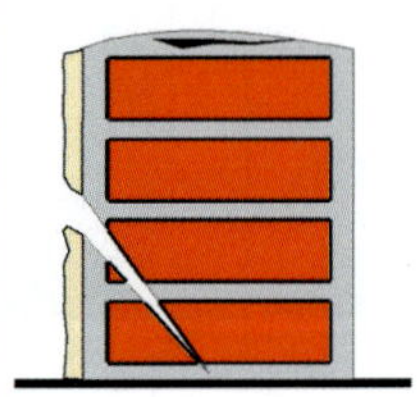	• Spannungen im Bauwerk, die durch – unterschiedliche Ausdehnung, – Erdreichsenkung, – nachgebendes Mauerwerk und – Erschütterung durch Verkehr und Fluglärm erzeugt wurden • fehlerhafte Gebäudeplanung	• vollflächige oder Streifenarmierung (plastoelastisch) • Plattensystem • **Diese Risse lassen sich nicht dauerhaft beseitigen, wenn ihre Ursache noch nicht gestoppt wurde.**

6.10.2 Risssanierung

Bei der Beseitigung von Rissen unterscheidet man grob drei verschiedene Systeme, die abhängig von der Beurteilung der Risse (siehe S. 244) eingesetzt werden:

- Rissverschlämmung
- Rissüberbrückung
- Plattensysteme

Für alle im Weiteren beschriebenen Sanierungssysteme ist vorab eine Untergrundreinigung und Grundbeschichtung erforderlich.

Risse ab einer Breite von 2 mm werden zunächst aufgeweitet, an den Flanken grundiert und elastisch verfüllt (siehe Dichtstoffe, S. 242).

1 Rissverfüllung – Ausspritzen eines Risses mit Kartuschenpresse

Rissverschlämmung

Die Rissverschlämmung kann nur bei Rissen innerhalb der Putzschicht durchgeführt werden. Die Risse müssen nicht aufgeweitet werden. Zur Rissverschlämmung verwendet man Zwischenbeschichtungsstoffe, denen Fasern und Füllstoffe zugegeben werden, die sich beim Applizieren der Farbe in die feinen Risse hineinlegen. Der Anstrichaufbau erfolgt wie bei einem normalen Fassadenbeschichtungssystem.

Rissüberbrückung mit plastoelastischen Systemen

Rissüberbrückungssysteme sind plastoelastische Beschichtungsmittel auf Dispersionsbasis. D.h., sie sind dehnbar und überdecken damit die Rissstruktur mit einer Art Kunststofffilm, der Bewegungen bis zu einem bestimmten Grad mitmacht. Dadurch lassen diese Systeme nur eine geringe Diffusion zu, weshalb sie nicht auf allen Untergründen einsetzbar sind. Ist die Diffusionsfähigkeit wichtig, verwendet man diffusionsoffene Rissüberbrückungssysteme. Sie sind weniger dehnbar und enthalten zusätzlich rissverschlämmende Fasern.

Bei niedrigen Temperaturen kann der Kunststoff, der in plastoelastischen Rissüberbrückungssystemen enthalten ist, verspröden und die Beschichtung platzt ab. Sogenannte tieftemperaturelastische Rissüberbrückungen sind auch bei Kälte noch dehnbar, aber sehr verschmutzungsanfällig.
Bei den plastoelastischen Rissüberbrückungen unterscheidet man zwei Systeme:

- **plastoelastische Dispersionen**, die mit zwei Zwischenbeschichtungen und einer Deckschicht aufgetragen werden und für Risse geeignet sind, die durch Putzlagen hindurchgehen
- **plastoelastische Spachtelmassen**, die als Zwischenschicht aufgetragen werden und mit denen man auch Risse an Stoß- und Lagerfugen überbrücken kann

Eine Aufweitung der Risse ist bei beiden Systemen nicht erforderlich.

Rissüberbrückung mit Armierungssystemen

Risse, die die Putzlagen oder das ganze Mauerwerk durchdringen, müssen mit einem Rissarmierungssystem überzogen werden, sobald sie gehäuft auftreten oder zu breit sind.
Rissarmierungssysteme überbrücken großflächig oder als Teilarmierung die mit Rissen behaftete Putzfläche und dienen gleichzeitig als tragfähiger Beschichtungsgrund. Ihre Auswahl und Verankerung auf dem Putz hängen von der Rissart ab.

Netz- und Haarrisse: Ein Glasfaservlies wird in eine spezielle Dispersionsfarbe eingedrückt, eingewalzt und nochmals satt überstrichen.
Schwund- und Fugenrisse: Reißfeste, elastische Kunstfasergewebe werden vollflächig mit Armierungskleber auf dem Untergrund verankert. Anschließend folgt eine elastische Zwischen- und Schlussbeschichtung auf Dispersionsbasis oder ein Kunstharzputz mit hoher Dehnfähigkeit.

2 Einbetten des Armierungsgewebes in den Armierungskleber

Baudynamische Risse: Eine Doppelarmierung ist erforderlich. Vor der vollflächigen Rissarmierung mit dem Kunstfasergewebe wird eine dem Rissverlauf folgende Spezialrissbrücke mit Armierungskleber befestigt. Teilweise ist es bei großen Rissen notwendig, zusätzlich ein Kompressionsband, auch Hinterfüllschnur genannt, einzulegen. Es verhindert, dass der Dichtstoff an der rückwärtigen Rissflanke anhaftet, was zu Kerbrissen führen könnte.

1 Setzen einer Gipsmarke je nach Rissbreite mit 1 bis 10 mm Dicke und 10 bis 100 mm Breite

Es dürfen nur statische Risse, die nicht mehr arbeiten, überbrückt werden. Dies überprüft ein Sachverständiger mithilfe von **Gipsmarken**, die er an mehreren Stellen quer über einen Riss setzt. Wenn der Gips innerhalb der nächsten Monate reißt, ist die Ursache noch nicht abgestellt.

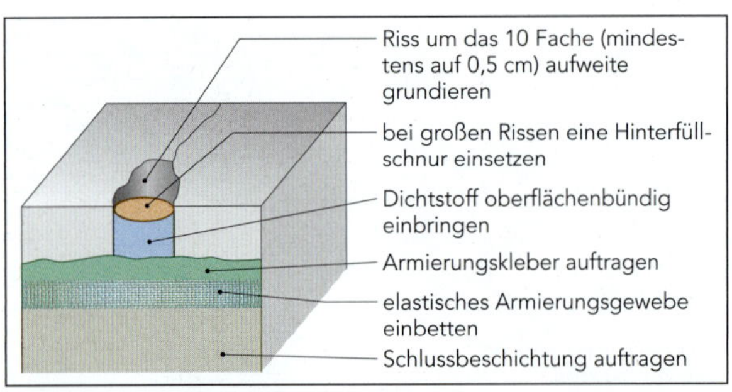

2 Sanierung eines baudynamischen Risses

Risssanierung durch Plattensysteme
Wärmedämmverbundsysteme bieten sich insbesondere für ältere Gebäude an, um Risse zu überbrücken, sofern mit der Fassadensanierung auch eine Verbesserung des Wärmeschutzes einhergehen soll (siehe S. 281).

6.11 Ausbesserung und Erneuerung von Fassadenputzen

6.11.1 Reinigung und Ausbesserung alter Putze

Alte mineralische Putze nehmen verstärkt Feuchtigkeit auf. Sie verlieren mit den Jahren an Festigkeit, neigen zum Sanden und zu Salzausblühungen, werden von Algen und Moos befallen und verringern die Verankerung der aufgetragenen Beschichtungen. Diese lösen sich und platzen ab.

Deshalb ist der Untergrund gründlich zu reinigen:
Salzausblühungen sind zu beseitigen.
Sandender, mürber Putz kann nach einer gründlichen Reinigung (Hochdruckreinigung) mit lösemittelhaltigem Tiefgrund oder mit Silikonharz grundiert werden. Gipsfreie mineralische Putze lassen sich auch mit Wasserglaslösungen oder Fluaten festigen.
Lose und schlecht haftende Putzstellen müssen entfernt, gereinigt und neu verputzt werden. Beim Ausbessern der Putzstellen muss die Oberfläche an die Putzstruktur angepasst und die Mörtelgruppe des alten Putzes beachtet werden. Anschließend werden die neuen Putzstellen grundiert, um das Saugvermögen an den alten Putz anzupassen (Putzstrukturen, siehe S. 284).

Die beigeputzte Fläche neigt zum Abplatzen, wenn ihre Druckfestigkeit größer ist als die des umgebenden Putzes.

6.11.2 Erneuerung von Fassadenputzen

Soll auf einen alten Putzuntergrund vollflächig ein neuer Fassadenputz aufgetragen und anschließend mit einer Fassadenfarbe beschichtet werden, sind die vom Putzgrund ausgehenden Anforderungen an die nachfolgende Beschichtung zu beachten.
Sie bestimmen vor allem die Eigenschaften, die der Fassadenputz und die nachfolgende Beschichtung erfüllen müssen.
Um bei der Abnahme der Renovierungsarbeiten die geforderte Mängelhaftung übernehmen zu können, müssen der Fassadenputz und die nachfolgende Fassadenfarbe folgende Eigenschaften besitzen:

- **spannungsarme Erhärtung:** Dadurch wird die Gefahr verringert, dass der aufgetragene Fassadenputz und die Fassadenfarbe nach dem Erhärten abplatzen.
- **CO_2-durchlässige, nicht filmbildende Beschichtung:** Durch die mögliche CO_2-Aufnahme behält der überdeckte Kalkputz die notwendige Härte. Eine filmbildende Beschichtung würde die CO_2-Diffusion behindern (Fassadenbeschichtungen, siehe S. 251).

- **hohe Wasserdampfdurchlässigkeit (niedriger sd-Wert):** Ist die Wasserdampfdurchlässigkeit gewährleistet, kann die in der Wand vorhandene Feuchtigkeit durch die Putzschicht diffundieren. So wird Dampfdruck verhindert, der die Beschichtung absprengen könnte.
- **niedrige Wasserdurchlässigkeit (niedriger W-Wert):** Durch den Putzauftrag und die Fassadenfarbe wird verhindert, dass Wasser in die Wand eindringt, z. B. durch Schlagregen. Die Wärmedämmung der Wand wird dadurch erhöht, Algen- und Moosbefall behindert und die Verschmutzung der Wandoberfläche verringert.

6.12 Mauerwerk

6.12.1 Bausteine

Mauerwerk: Bauteile, die aus aufeinandergeschichteten Kunst- oder Natursteinen bestehen, die in der Regel durch Mörtel zusammenhalten.

Tragendes Mauerwerk wird zumeist aus künstlich hergestellten Bausteinen gefertigt, dazu gehören:

Bausteinart	Ausführung	Verwendung
Mauerziegel („Backstein")	• Vollziegel (Mz) • Hochlochziegel (Hlz) • Langlochziegel (Llz) 	• Außenwände
Kalksandsteine	• Kalksandvollsteine (KS) • Kalksandlochsteine (KSL) • Kalksand-Hohlblocksteine 	• Außenwände • Trennwände • leichte Verarbeitung durch Nut-Feder-System
Leichtbetonsteine	• Bimsbetonsteine • Blähtonsteine 	• alle Mauerwerke • Decken
Gasbetonstein- und Porenbetonsteine	• Blocksteine • Plansteine • Planbauplatten 	• Außen- und Innenwände • Decken • Dächer • Fertigbauteile

Steine und Ziegel mit Löchern haben ein geringeres Gewicht und eine größere Wärmedämmfähigkeit als Vollsteine bzw. Vollziegel. Porenbildende Zusätze erhöhen die Wärmedämmung noch zusätzlich.

Um diese Bausteine im Fassadenbereich vor Witterungseinflüssen zu schützen, werden sie meist verputzt und beschichtet oder mit einem Sichtmauerwerk versehen.

Beim **Sichtmauerwerk** bleibt die Steinoberfläche in ihrer Struktur sichtbar. Wegen seiner Optik wird es normalerweise nicht verputzt, verblendet oder verkleidet. Im Außenbereich sollte daher das Sichtmauerwerk witterungsbeständig, Wasser und Schmutz abweisend sowie widerstandsfähig gegen einwirkende Chemikalien sein. Die verwendeten Natursteine oder Baustoffe spiegeln das regionale Vorkommen wider. So sind Gebäude mit Ziegel- oder unterschiedlichem Natursteinmauerwerk charakteristisch für bestimmte Landschaften.

Für Sichtmauerwerk im Außenbereich werden meist folgende Bausteine eingesetzt:

Bausteinart	Ausführung	Verwendung
Vormauerziegel 	• Kunststeine aus Lehm oder Ton • bei 900 °C–1 200 °C gebrannt	• hohe Festigkeit • sehr witterungsbeständig • gutes Wärmedämmvermögen • widerstandsfähig gegen Chemikalien
Klinker 	• Kunststeine aus Ton und mineralischen oder metallischen Zusätzen • bei 1500 °C gebrannt	• sehr dicht und hart • besonders chemikalien- und witterungsbeständig • Schmutz abweisend • gute Reinigungsfähigkeit
Kalksandsteine 	• natürlich vorkommend oder künstlich hergestellt	• Mauersteine für innen und außen • glatte, gleichmäßige Oberfläche • geringe Widerstandsfähigkeit gegen Chemikalien • einige Typen nicht frostsicher
Natursteine 	• natürlich vorkommend	• Natursteine werden nach Härte und Festigkeit unterschieden • wetterbeständige Natursteine: Sandstein (weiche und harte Arten), Granit (sehr hart)

6.12.2 Natursteinmauerwerk

Natursteinmauerwerk kann tragend oder nicht tragend sein. Es wird bei Ziermauerwerk, Sockeln für Außenwände, Pfeilern und Säulen sowie bei Wandverblendungen eingesetzt.
Witterungseinflüsse, Abgase und saure Niederschläge greifen Bausteine und Fugenmaterial von Sichtmauerwerk an und zerstören besonders kalkhaltige Natursteine wie Kalkstein, Marmor und Sandstein.
Zunächst wird der Naturstein konserviert. Dazu gehören die Reinigung, Entsalzung, Entfeuchtung und Festigung mit geeigneten Produkten. Durch die sich anschließende Imprägnierung (siehe S. 239/240) kann Wasser nicht mehr in das Mauerwerk eindringen. Die Erosion wird dadurch verringert und der Zerfall von Naturstein- und Sichtmauerwerk wird aufgehalten, solange die Schutzwirkung anhält.

Natursteinkonservierung

Zur Natursteinkonservierung werden u. a. Fluate, Wasserglas, Kieselsäureester und organische Harze aus Acrylat (PMMA), Epoxidharzen und Nano-Beschichtungen eingesetzt. Vor der Konservierung und Imprägnierung ist eine gründliche Prüfung (siehe S. 222) und fachgerechte Reinigung des Untergrunds notwendig (siehe S. 227/228).

1 Imprägnieren von Natursteinen

Bei der Auswahl des Verfahrens und der Reinigungsmittel müssen der Verwitterungs- und Verschmutzungsgrad sowie die Gesteinsart berücksichtigt werden. Häufig sind Natursteine durch Umweltzerstörung und Verwitterung bereits so geschädigt, dass ein Hochdruckreinigen den Schaden noch vergrößern würde. Ebenso ist vom Untergrund abhängig, ob ein Reiniger auf Säure- oder Alkalibasis ausgewählt und welche Zusätze verwendet werden müssen.

6.12.3 Mauerwerksmängel

Mauerwerk dient innen und außen häufig als Putzträger. Ist es mit Mängeln behaftet, dann ist die Haltbarkeit von Putz und weiteren Beschichtungen infrage gestellt. Aus diesem Grund muss Mauerwerk geprüft und die Ursachen der Mängel müssen beseitigt werden.

Feuchtigkeit schädigt Einrichtungsgegenstände, wirkt sich auf das Raumklima aus, verringert die Wärmedämmung und kann Krankheiten auslösen. Häufige Ursachen sind aufsteigende Nässe aus dem Erdreich, Risse im Außenmauerwerk, mangelhafte Anschlüsse oder schadhafte Dacheindeckungen.
Salzausblühungen entstehen, wenn sich Salze in Feuchtigkeit lösen und auf der Oberfläche kristallisieren. Salze können im Mörtel oder Mauersteinen vorhanden sein oder als Salzlösung ins Mauerwerk gelangen.
Mischmauerwerk besteht aus verschiedenen Baustoffen. Bei Temperaturänderungen dehnen sich diese unterschiedlich aus. Spannungen und Risse im Mauerwerk sind die Folge.

2 Mit Silikonimprägnierung geschütztes Mauerwerk lässt Feuchtigkeit abperlen

6.13 Holzfachwerk

6.13.1 Fachwerkarten

Als Fachwerkhaus bezeichnet man ein Gebäude, das ein tragendes Gerüst aus Holz besitzt. Dabei werden die auftretenden Lasten, die z. B. durch Wind, Schnee oder die Benutzung durch die Bewohner entstehen, nicht von der ganzen Wand, sondern von der Konstruktion aus Holz getragen. Die Holzbauteile werden fast durchgängig zimmermannsmäßig miteinander verbunden, d. h. ohne Schrauben oder Nägel.
Die meisten Fachwerkhäuser wurden im 14. bis 17. Jahrhundert gebaut und stehen heute unter Denkmalschutz. Auf ihre Erhaltung und Restaurierung wird großer Wert gelegt. Denn sie prägen das historische Stadtbild oder ganze Straßenzüge. Die Fachwerke unterscheiden sich regional. Dadurch sind sie ein Kennzeichen ihrer Landschaft.

Gefache: Zwischen den Balken befinden sich die Gefache. Sie werden je nach regionaltypischer Bauweise mit unterschiedlichen Materialien ausgefacht (ausgefüllt):

- Flechtwerk aus Weiden- oder Haselnussholz, auf das beidseitig Lehm aufgebracht wird
- gemauerte Natur- oder Ziegelsteine
- Putz (auf verschiedenen Putzträgern, z. B. auf Mauerwerk)

Deutsche Fachwerkarten

Fachwerkart	Beispielabbildung	Typische Kennzeichen
Norddeutschland (niedersächsisches Fachwerk)		 • Schnitzereien • Fußbänder • Ausfachungen mit Ziegelsteinen
Mitteldeutschland (fränkisches Fachwerk)		 • Zierhölzer in den Gefachen
Süddeutschland (alemannisches Fachwerk)		 • Gefache als liegende Rechtecke • ausgestaltete Pfosten

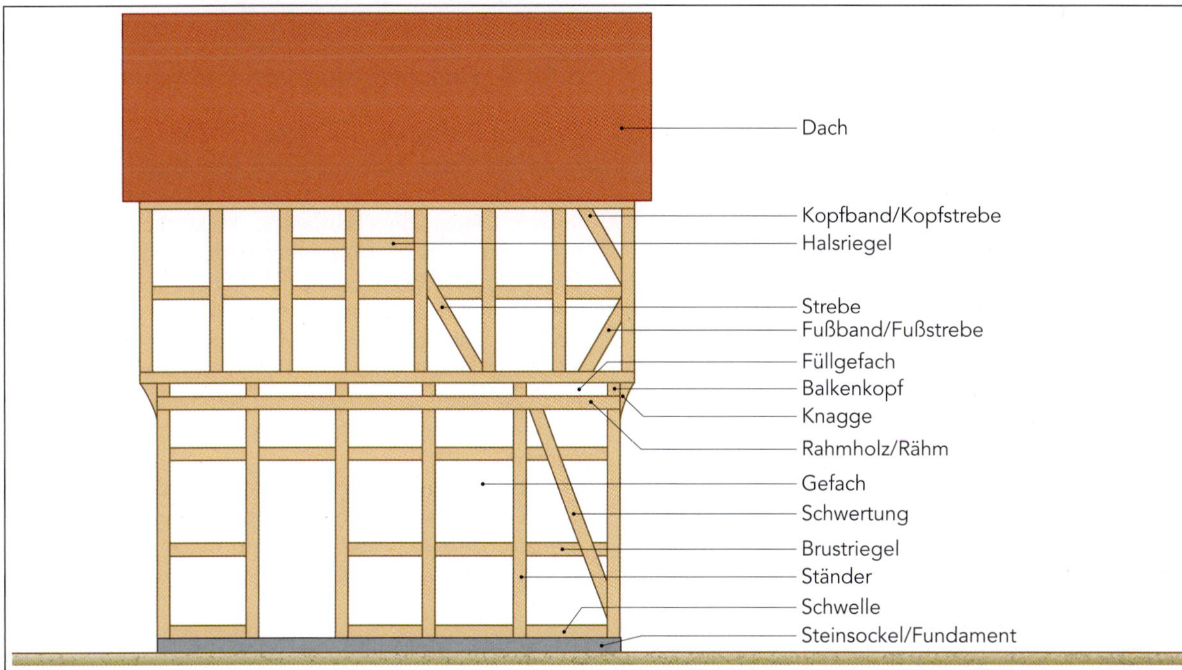

1 *Die Teile eines Fachwerkhauses werden regional zum Teil unterschiedlich benannt.*

6.13.2 Schutz von Holzfachwerk

Die größten Schäden an Fachwerkgebäuden entstehen, wenn Wasser eindringen kann. Da das Holzgerüst und die Gefache unterschiedlich stark arbeiten, entstehen an den Übergängen, aber auch innerhalb der Balken Risse, durch die Wasser eindringen kann. Das Wasser kann sich in den Zapfenlöchern der Balkenverbindungen sammeln und dort Holzfäule hervorrufen.
Feuchtigkeit im Fachwerk kann aber auch auf das geänderte Heizverhalten zurückgeführt werden. Wurde zur Zeit der Erbauung des Fachwerkhauses meist nur ein Raum im Gebäude beheizt, stehen heute in jedem Raum Heizkörper zur Verfügung. Die höhere Luftfeuchte beheizter Räume schlägt sich durch das Temperaturgefälle zwischen innen und außen als Wasser im Fachwerk nieder.

Viele Schäden lassen sich beim Instandsetzen durch eine durchdachte Konstruktion vermeiden (baulicher Holzschutz, siehe S. 142). Dabei müssen u. a. folgende Grundregeln beachtet werden:
- Grundputz durch homogenen Deckputz verstärken
- Deckputz rissfrei an das Gebälk anschließen lassen
- Gefache so verputzen, dass eine Tropfkante entsteht
- Fuge zwischen Gefach und Gebälk nicht dauerelastisch verfugen und diffusionsoffenen Beschichtungsstoff für das Gefach wählen, um Wasserdampfstau im Inneren zu vermeiden
- Gefache nicht Wasser abweisend beschichten, damit kein Wasser in die Fuge zwischen Gefach und Gebälk läuft
- Sichtfachwerk gegen Schlagregen schützen durch geeignete Konstruktion (z. B. Dachüberstand) und Beschichtung, wenn dies baulich möglich ist
- Gebälk durch deckende oder lasierende, Wasser abweisende und diffusionsoffene Beschichtungen vor Durchfeuchtung schützen
- Bildung von Tauwasser in den Außenwänden durch geeignete Wärmedämmung auf der Innenseite verhindern

6.13.3 Vorarbeiten vor dem Beschichten von Holzfachwerk

Vor der Beschichtung müssen die vorhandenen Holzschäden durch den Zimmermann beseitigt werden. Morsche Holzbalken werden ersetzt. In Risse über 8 bis 10 mm, in denen sich Wasser sammeln könnte, wird artgleiches, stark vorgetrocknetes Holz einpresst, das später aufquillt.
Alte, nicht mehr tragfähige Beschichtungen entfernt man am besten durch Schleifen. Durch Abbeizen oder Abstrahlen mit dem Hochdruckreiniger gelangt zu viel Wasser in das Fachwerk.
Muss das Gefach bei der Instandsetzung entfernt oder ersetzt werden, sollte bei dieser Gelegenheit die Gefachseite des Gebälks mit Holzschutz imprägniert werden.
Spachtelmassen lassen sich nur unzureichend verankern, Fugendichtmassen reißen häufig ab. Man sollte deshalb auf beide verzichten. Mangelhafte Fugendichtungen bilden Kapillaren, durch die das Wasser stärker eindringen kann als durch breite Fugen oder Risse.

6.13.4 Beschichtung von Holzfachwerk

Vor der Beschichtung alter Balken müssen diese gewissenhaft auf ihre Tragfähigkeit und Diffusionsoffenheit geprüft werden. Traditionell wurde Holz im Außenbereich durch Beschichtungen mit Leinöl geschützt. Diese Beschichtung wird auch heute noch im Denkmalschutz verwendet.
Für die Grund-, Zwischen- und Deckbeschichtung von neuen oder entschichteten Holzfachwerken eignen sich u. a. Beschichtungsstoffe auf Acrylat- und Alkydharzbasis sowie umweltfreundliche Silikatfarbenanstriche (vgl. S. 146, S. 210 und S. 251). Sie müssen folgende Anforderungen erfüllen:
- gute Haftung auf Holz
- hohe Wasserdampfdurchlässigkeit:
  der sd-Wert (siehe S. 247) der Gesamtbeschichtung darf einen Wert von 0,5 m nicht überschreiten
- Erhaltung der Holzstruktur
- hohe Elastizität und Lebensdauer
- Einhaltung der Denkmalvorschriften, ggf. mit traditionellen Pigmenten und Bindemitteln

6.13.5 Beschichtung von Gefachen

Damit die Füllung des Gefachs nicht durchfeuchtet, muss ihre Oberfläche saugfähig sein. Besonders geeignet für die Beschichtung verputzter Gefache sind Silikatfarben, Dispersionssilikatfarben, Kalkfarben, Kalk-Kasein-Farben und silikonverstärkte, hoch gefüllte Dispersionsfarben („Silfarben"). Diese verfügen über eine hohe Wasserdampfdurchlässigkeit.
Gängige Fassadenfarben auf Dispersions- oder Silikonharzbasis lassen Wasser ablaufen, welches sich in der Fuge zwischen Gefach und Holz sammeln kann. Sie sind nur bei geringer Belastung durch Schlagregen zu empfehlen.
Bei der Auswahl eines geeigneten Beschichtungsstoffs gilt es mit zu berücksichtigen, ob eine innenseitige Wärmedämmung installiert ist. Denn diese behindert den Wasserdampftransport.

6.13.6 Beschichtung von Fassadenflächen

	Produkt	Bindemittel	Eigenschaften	Trocknung	Verarbeitung	Einsatz
Silikatfarben	**Reinsilikat**	• Kaliwasserglas	• hoch alkalisch • höchste Diffusionsfähigkeit • nicht filmbildend • mikroporös (mit kleinsten Poren: < 2nm) • Lieferung als Pulverware mit Bindemittel getrennt	• Verkieselung mit mineralischen Untergründen • unlöslich	• streichen • rollen • Glasscheiben sind besonders zu schützen! • Gefahr von Ansätzen in großen Flächen	• Fassaden mit UV-beständigen Farbtönen nach Klasse A1 (BfS-Merkblatt 26)
	Dispersions-Silikatfarbe	• Kaliwasserglas mit bis zu 5 % Dispersionsanteil	• wie Reinsilikat • durch Dispersionszusatz auch auf nicht mineralischen Untergründen einsetzbar	• Verkieselung und Verklebung durch Dispersion	• streichen • rollen • Glasscheiben sind besonders zu schützen!	• innen und außen • diffusionsoffene Beschichtungen, z. B. in Kellern
Kunststoffdispersionsfarben	**Kunststoffdispersionsfarben**	• Acrylatpolymere • Vinylacetat-Copolymere	• filmbildend • diffusionsfähig • universell für fast alle Untergründe	• Verdunstung von Wasser, „kalter Fluss"	• streichen • rollen • spritzen	• innen und außen • auf allen tragfähigen Untergründen
	Reinacrylat	• Acrylatpolymere	• filmbildend • diffusionsfähig • mechanisch belastbar • dekontaminierend (kann verseuchte Stoffe entgiften)			• innen und außen • Fassadensockel • Treppenhäuser • Schulen • Kliniken
	Silikonharz	• Dispersionen mit Polysiloxanzusatz	• filmbildend • diffusionsoffen • Wasser abweisend • streiflicht-unempfindlich			• innen und außen • stumpfmatte und hydrophobe Oberflächen
	Latex	• modifizierte Dispersionsfarbe (früher: Naturlatex vom Kautschukbaum)	• filmbildend • vermindert diffusionsfähig • Wasser abweisend • matt bis glänzend			• Innenräume • abwaschbare Oberflächen • „weiche" Oberflächen • neigt zu Vergilbung
	Polymerisatharz	• Polyacrylate • Polyvinylacetat • Polyvinylchlorid	• filmbildend • diffusionsoffen für CO_2 – nicht für H_2O • abriebfest	• Bildung von großen Molekülketten		• Betonschutz • Bodenbeschichtungen
Naturfarben	**Kalk**	• Kalziumhydroxid (gelöschter Kalk)	• hoch alkalisch • diffusionsoffen • schimmelwidrig • Alkalität nimmt mit der Zeit ab	• Karbonatisierung durch Aufnahme von CO_2	• streichen • rollen • Handschuhe und Schutzbrille tragen!	• Denkmalschutz • Kirchengebäude • Schimmelschutz
	Leim	• Knochenleim • Hautleim • Cellulose	• reversibel • diffusionsoffen • hydrophil • nicht abriebfest	• Verdunstung von Wasser	• nur streichen mit Pinsel und Deckenbürste	• Denkmalschutz • echter Stuck
	Lehm	• Lehm • Tonerde	• reversibel • diffusionsoffen • hydrophil • nicht abriebfest	• Verdunstung von Wasser	• streichen • rollen • Farbreste und Abwasser biologisch unbedenklich	• nur Innenräume • natürliches Wohnklima • Wasserspeicher

Welcher Beschichtungsstoff ist der richtige?
In der Fachwelt wird schon sehr lange diskutiert, welches Fassadensystem das bessere sei:

- **hydrophile Systeme** wie Reinsilikat auf dicken mineralische Putzen oder
- **hydrophobe Systeme** wie Dispersionssilikat und Acrylat.

Bei hydrophilen („Wasser liebenden") Systemen wird das auftretende Wasser von der Schicht absorbiert und nach und nach abgegeben. Dadurch steht keine Feuchtigkeit an der Oberfläche und bildet somit keinen Nährboden für Moose und Algen.
Hydrophobe („Wasser abweisende") Systeme waschen vorhandenen Schmutz ab und lassen auf diese Weise einen Nährboden für Moose und Algen gar nicht erst entstehen.
Zum Teil werden diese Kunststoffdispersionsfarben mit Nanopartikeln versehen, die laut der Produktbeschreibungen entweder Wärmestrahlungen reflektieren (thermokeramische Farben) oder bestimmte Partikel aus der Luft durch chemische Prozesse in andere Bestandteile zersetzen (fotokatalytische Farben). Da diese Produkte verhältnismäßig neu sind, konnte ihre dauerhafte Wirksamkeit noch nicht erforscht werden.
Eine fachmännische Beratung muss immer das Umfeld mit einbeziehen: Ausrichtung der Fassade, Baumbestand und Bepflanzungen in der Nähe, Besonnung und Belüftung der Fassadenseiten, Verkehrslage und Verkehrsdichte usw.

6.14 Fenster

In einem Gebäude erfüllen Fenster verschiedene Aufgaben. Sie

- sorgen für Helligkeit und Belüftung der Räume,
- schützen vor Kälte und lauten Geräuschen von außen,
- gliedern die Fassadenfläche.

Holzfenster beanspruchen die umfangreichsten Instandhaltungsmaßnahmen durch den Maler und Lackierer, denn nur durch eine intakte Beschichtung bleibt die Maßhaltigkeit des Holzfensters gewährleistet (siehe S. 142/143). Auch die Innenseiten der Fenster müssen laut BFS-Merkblatt Nr. 18 wie ein Außenbauteil behandelt werden.
Um Holzfenster vor dem Eindringen von Feuchtigkeit zu schützen und damit die Funktionsfähigkeit zu gewährleisten, benötigen sie alle 2 bis 5 Jahre einen Überholungsanstrich. Wie häufig genau ein Überholungsanstrich notwendig ist, hängt von den folgenden Faktoren ab:

- Fensterstandort/Bewitterung
- Schutz durch Konstruktion, z. B. Dachüberstand
- Beschichtungssystem (lasierend/deckend) und Farbton

6.14.1 Feuchtigkeitseinflüsse auf Holz

Holz leitet Wärme schlecht. Es dehnt sich unter Wärme nur geringfügig aus und ermöglicht so, maßhaltige Bauteile wie Fenster und Türen aus Holz zu fertigen.

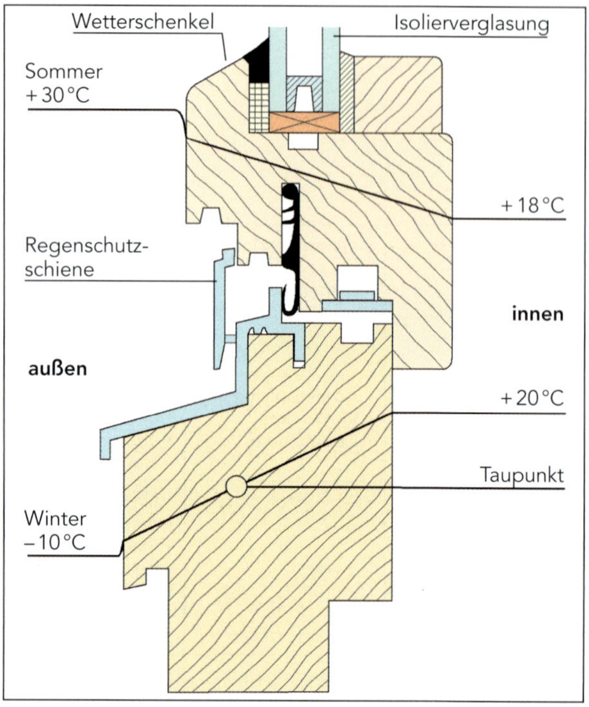

1 Temperaturverlauf in einem Fenster

Je nach Witterungslage enthält Luft mehr oder weniger Luftfeuchte in Form von Wasserdampf. Der Wasserdampf dringt in das Holz ein und ist so auch in den Holzporen vorhanden. Wird es kälter, kondensiert der Wasserdampf innerhalb des Holzes am Taupunkt (siehe Abb. 1). Sinkt die Temperatur weiter ab, kann das Wasser im Holz gefrieren. Wasser und Eis bewirken Spannungen und Ausdehnungen im Holz, die mit dem Begriff „Arbeiten des Holzes" (siehe S. 136) umschrieben werden. Bei steigenden Temperaturen bildet sich aus dem Wasseranteil wieder Wasserdampf, das Holz schwindet. Der Temperaturverlauf im Holz ändert sich nicht nur im jahreszeitlichen Wechsel, sondern auch im Laufe eines Tages, meist sogar in nur kurzen Zeitabständen.

Die ständigen Temperaturwechsel bezeichnet man als Kälte-Wärme-Spiel.

Das Kälte-Wärme-Spiel bewirkt im Holz ständige Spannungen. Diese verursachen Risse oder das Öffnen von Holzverbindungen. Durch die anfallende Feuchtigkeit können Pilzbefall und Fäulnis entstehen.

6.14.2 Anforderungen an die Beschichtung von Holzfenstern

Um die Maßhaltigkeit von Holzfenstern zu erhalten, müssen an Konstruktion, Herstellung und Beschichtung hohe Anforderungen gestellt werden.

Aufgaben der Beschichtung von Holzfenstern

- **Feuchteschutz:** Durch ihre geringen Querschnitte sind Fenster dem Kälte-Wärme-Spiel besonders ausgesetzt.
- **UV-Schutz:** Sonnenstrahlung verursacht den Abbau von Lignin in allen Holzarten. Verfärbt sich die Holzoberfläche silbrig bis dunkelgrau, ist sie für eine Beschichtung nicht mehr tragfähig.
- **Schutz vor biologischen Einflüssen:** Wie alle Außenbauteile aus Holz, sind auch Holzfenster durch Mikroorganismen gefährdet, die z. B. Bläue hervorrufen können.
- **Schutz vor Erwärmung:** Erwärmt sich das Fensterholz, kann es zu Harzausfluss kommen. Je nach Holzart und Fensterlage muss eine geeignete Farbe für den Anstrich gewählt werden.

6.14.3 Prüfung und Instandsetzung von Holzfenstern

Bauteil	Prüfung/Maßnahme
Holzart	• Beschichtungsstoff zur Holzart passend auswählen • dichte Holzarten mit feinen Poren (z. B. Eiche, Meranti oder Mahagoni) nehmen weniger Holzfeuchte auf als großporige Holzarten wie Fichte oder Kiefer
Holzfeuchte	• nur ausreichend trockene Hölzer (zwischen 11 % und 15 % Holzfeuchte) beschichten
Holzzustand	• vergrautes Holz schleifen • verfaulte oder von Insekten befallene Stellen bis zum gesunden Holz entfernen und ersetzen (Fachmann) • Risse und Fugen keilförmig öffnen und verkitten bzw. verspachteln
Konstruktion	• scharfe oder gefaste Kanten durch Schleifen abrunden • Ablaufneigung unter 15° vom Schreiner korrigieren lassen • aufgerissene Holzverbindungen mit Holzreparaturmasse verfüllen Achtung: Dies beseitigt nicht den konstruktiven Mangel, sondern ermöglicht nur eine Beschichtung! • konstruktiv bedingte V-förmige Rahmeneckverbindungen mit V-Fugensiegel behandeln
Beschichtungszustand	• Art der Altbeschichtung ermitteln (z. B. mit Nitrotest) • nicht mehr tragfähige Beschichtungen entfernen
Verkittung (Befestigung des Fensterglases)	• losen und gerissenen Dichtstoff entfernen und angleichen
Versiegelung (Anschluss Fenster am Mauerwerk)	• lose und gerissene Dichtstoffteile ablösen und angleichen
Befestigung	• ggf. nachstellen oder ölen • rostende Befestigungen gründlich entrosten und mit Korrosionsschutz behandeln
Verglasung	• lose oder schadhafte Glashalteleisten abnehmen • Verglasung reinigen • defekte Verglasung erneuern

Im Zweifelsfall sollte immer ein Fensterbauer zurate gezogen werden.

6.14.4 Beschichtungen von Holzfenstern

In der Regel werden die Erstbeschichtungen vom Fensterbauer aufgebracht. Vor dem Einbau müssen die Holzfenster mindestens eine allseitige Grund- und Zwischenbeschichtung erhalten, spätestens nach dem Einbau eine weitere Zwischen- und die Schlussbeschichtung. Der Maler und Lackierer übernimmt meistens Überholungs- oder Erneuerungsbeschichtungen von Holzfenstern (siehe S. 147). Inwieweit die Erstbeschichtung der innerhalb der Konstruktion liegenden Teile fachgerecht ausgeführt wurde, ist beim eingebauten Fenster nicht mehr nachvollziehbar.

Überholungsbeschichtungen von Holzfenstern

Bei der Beschichtung von Holzfenstern muss bedacht werden, dass der Dampfdruck von innen nach außen geht. Das heißt, dass im Innenraum entstehender Wasserdampf versucht, durch das Holz nach außen zu diffundieren. Auch wenn vom Kunden nur ein Überholungsanstrich für die Außenseite erwünscht ist, muss deshalb auch immer innen eine Prüfung des Holzes und der Verglasung vorgenommen werden. Ist die innenseitige Beschichtung oder Abdichtung unzureichend, kann auch eine optimal ausgeführte außenseitige Beschichtung die Zerstörung des Holzes nicht aufhalten. Hier gilt die Regel: Die Innenbeschichtung sollte härter als die Außenbeschichtung sein.
Aus Umweltschutzgründen sind wasserverdünnbare Beschichtungsstoffe vorzuziehen. Bei der Fensterbeschichtung gilt es zu beachten, dass der verwendete Lack nach der Durchtrocknung nicht zum Blocken neigt, also nicht den Bereich der Fensterfalz verklebt.
Um den Feuchteschutz zu gewährleiten, sollten Beschichtungen immer ausdrücklich für maßhaltige Bauteile geeignet und nach Möglichkeit ventilierend sein. Geschlossenporige, deckende Anstriche nehmen weniger Feuchtigkeit auf als offenporige Lasuren.

Fensterdichtungen dürfen nicht überstrichen werden.

Lernfeld 6

Maximale Oberflächentemperatur

Bei harzreichen Hölzern wie Kiefer oder Lärche kann es schon ab einer Oberflächentemperatur von 60 °C zur Harzausscheidung kommen. Damit es dadurch nicht zu Lackschäden kommt, muss die Beschichtung in einem geeignet hellen Farbton ausgewählt werden.

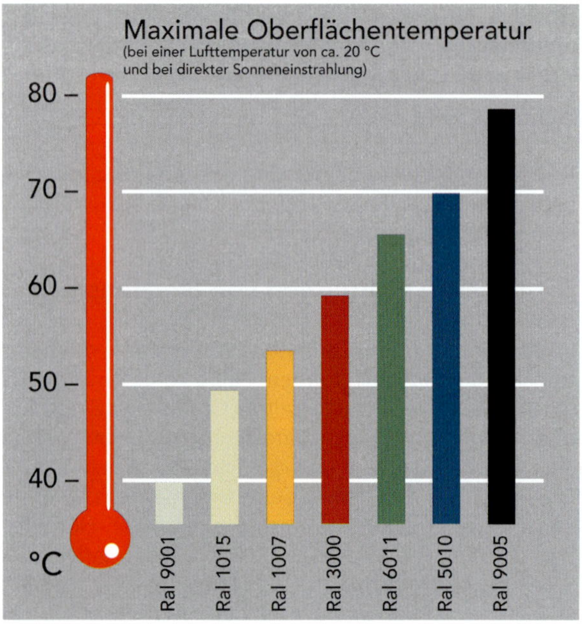

1 Zusammenhang von Farbton und maximaler Oberflächentemperatur

Beim Beschichten der Fenster bietet sich die folgende Reihenfolge an:

1. Falz des Fensterrahmens
2. Fensterrahmen
3. Falz des Fensterflügels
4. Waagerechte Flächen des Fensterflügels
5. Senkrechte Flächen des Fensterflügels

6.14.5 Verglasungsarten

- **Einfachfenster (EV) mit Einscheibenglas**: Die Flügelprofile sind einteilig und nur mit einer Scheibe verglast.
- **Einfachfenster (IV) mit Mehrscheiben-Isolierglas**: Der einteilige Flügel liegt in einem Doppelfalz mit einem zusätzlichen Dichtprofil und ist mit einer Isolierglasscheibe verglast.
- **Verbundfenster (DV) mit Einscheiben- und/oder Mehrscheiben-Isolierglas**: Sie werden meist als Doppelfenster bezeichnet und haben zwei Flügelrahmenprofile. Diese sind entweder in beiden Flügeln mit einer Einfachverglasung versehen oder aber in einem Flügel mit einer Einfach- und im anderen mit einer Isolierverglasung. Das Luftpolster zwischen den Flügeln bewirkt eine zusätzliche Wärmedämmung.

6.14.6 Einsetzen von Glasscheiben

Verglasungen gehören kaum noch zu Maler- und Lackiererarbeiten, da Isolierglas von Fachbetrieben eingesetzt wird. In seltenen Fällen müssen jedoch Einfachverglasungen, z. B. bei Innentüren mit Glaseinsatz oder historischen Fenstern, vorgenommen werden.

Glasfalze und Glashalteleisten müssen vor dem Verglasen grundiert und vorgestrichen sein. Bei Aluminium- und Kunststofffenstern müssen die Glasfalze mit einem Haftvermittler gestrichen werden, um die Haftung des Dichtstoffs zu ermöglichen oder zu verbessern.

Um die Glasscheibe auf die passende Größe zu bringen, wird sie mit einem Glasschneider angeritzt und entlang der Schnittstelle über eine Kante gebrochen.

Damit in der eingebauten Glasscheibe und im Rahmen keine Spannungen entstehen, die zum Glasbruch führen oder die Gängigkeit eines Fensterflügels einschränken, werden die Scheiben auf Kunststoffklötzen gelagert.

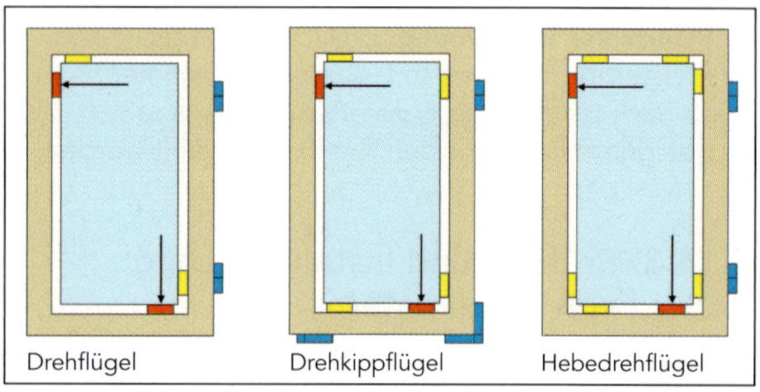

2 Verklotzung: Lagerung der Scheiben auf Trag- und Distanzklötzen

Der Sitz der Klötze ist von der Fensterflügelart abhängig.

Tragklötze nehmen die Druckkräfte der Scheibe im Rahmen des Fensterflügels auf. Sie müssen etwa 2 mm breiter als die Dicke der Scheibe sein.

Distanzklötze dienen dem gleichmäßigen Abstand zwischen Glasscheibe und Rahmen.

Die Glasscheiben werden mithilfe einer Glashalteleiste oder mit einem Dichtstoff befestigt.

Man verwendet für Verglasungen folgende Dichtstoffe:

- **elastische Dichtstoffe** (siehe S. 242): Dichtstoffe müssen anstrichverträglich sein.
- **erhärtende Dichtstoffe**: Der traditionelle Leinölkitt wird für moderne Fenster nicht mehr verwendet, da er etwa vier Wochen bis zur Aushärtung benötigt. Moderner Kitt wird aus synthetischen Ölen hergestellt und erhärtet wie Leinölkitt oxidativ, jedoch deutlich schneller. Dabei bildet sich die sogenannte Kitthaut, die zum Abplatzen und zur Rissbildung neigt. Weil die Oberfläche nicht witterungsbeständig ist, müssen alle Kitte mit geeigneten Beschichtungsstoffen überstrichen werden.

Die Eignung der unterschiedlichen Dichtstoffe für verschiedene Verglasungssysteme ist in DIN 18545-2 bzw. DIN 18545-3 festgelegt.

6.15 Entsorgung von Abfällen

In Deutschland wird die Entsorgung von Abfällen durch das Kreislaufwirtschaftgesetz (KrWG) geregelt. Ziele des Gesetzes: Schonung der natürlichen Ressourcen und umweltverträglicher Umgang mit Abfällen.

1 Richtlinien des Kreislaufwirtschaftsgesetzes

6.15.1 Abfälle vermeiden

Nicht nur aus Gründen des Umweltschutzes, sondern auch um Entsorgungskosten zu sparen, ist es für einen Malerbetrieb sinnvoll, Abfälle zu vermeiden. Firmen können z. B.:

- Abdeckmaterialien mehrfach verwenden
- auf Reinigungsverfahren verzichten, bei denen in großen Mengen Farbschlämme, chemisch belastete Abwässer oder Strahlgut anfallen (siehe S. 234), z. B. Schleifen statt Abbeizen
- Strahlmittel aufbereiten und mehrfach in einer Kreislaufanlage einsetzen
- passende Gebindegrößen bestellen und Inhalt vollständig aufbrauchen
- Pfand- und Mehrweggebinde verwenden
- Gebinde vollständig entleeren
- auf lösemittelhaltige oder problematische Stoffe verzichten (z. B. Wasserlack statt lösemittelhaltigen Lack wählen)
- Applikationsverfahren wählen, bei denen wenig Reststoffe übrig bleiben (z. B. HVLP-Spitzen)
- langlebige und leicht zu reparierende Elektrogeräte anschaffen
- Baustellenabfälle trennen

6.15.2 Abfallentsorgung planen

Zum Planen der Abfallentsorgung ist es wichtig zu wissen, welche Abfälle zu welcher Abfallgruppe gehören.

Gruppen der Abfallentsorgung

Kategorie	Entsorgung
Recycling von Wertstoffen	über den Gewerbemüll („blaue Tonne" und „gelbe Tonne"): • sauberes Papier, saubere Pappe • Verpackungen mit dem Grünen Punkt • Transportverpackungen aus Styropor • restentleerte Gebinde bei der Sammelstelle/dem Wertstoffhof: • Paletten und Transportkisten aus Holz • Elektronikschrott
Energetische Verwertung von Gewerbeabfällen	über Container für Baumischabfälle oder Restmüll („schwarze Tonne"): • ausgehärtete Farb- und Lackreste auf Dispersionsbasis • benutztes Abdeckmaterial • Kehricht • Tapetenreste • Gipsbauplatten • Bauschutt • behandelte Holzabfälle • Schlamm aus der Spaltanlage • Fensterglas • Laminatreste
Deponierung von gefährlichen Abfällen (Sondermüll)	bei der Annahmestelle, ggf. von Spezialunternehmen: • Dämmstoffe/Baustyropor • Reste von Alkydharz- und Öllacken (nicht aushärten lassen) • Verdünnungen, Schlämme, Farb-, Klebstoff und Dichtstoffreste, die Lösemittel oder Schadstoffe enthalten • Abfälle vom Abbeizen • gefüllte Farb- und Lackeimer • Holzschutzmittel • nicht vollständig entleerte Spraydosen • mit schädlichen Stoffen verunreinigte Abdeckmaterialien und Verpackungen • Strahlmittel • Schutzkleidung, Filter und Tücher, die durch gefährliche Stoffe verunreinigt sind • Asbest

Vor Einrichtung einer Baustelle muss überlegt werden, welche Abfälle anfallen und ob dafür Sammelbehälter oder ein Container benötigt werden. Die Mitarbeiter sind über das Trennen der Abfälle und Wertstoffe sowie den Umgang mit schädlichen Stoffen zu unterrichten.

Gefährlicher Abfall

Bei der Trennung und Entsorgung gefährlicher Abfälle müssen die Vorschriften zum Umwelt- und Gesundheitsschutz eingehalten werden.

Die Betriebe sind verpflichtet, die Entsorgung dieser Abfälle zu dokumentieren. Das heißt, die schädlichen Stoffe dürfen nur zu einer zugelassenen Verwertungs- oder Beseitigungsanlage transportiert werden, wo der Bringer einen Entsorgungsnachweis erhält.

Aufgaben

1. *Ihre Kundin ist sehr stolz auf ihre Böden in Eiche, weiß gekalkt. Sie wünscht sich eine ähnlich lasierende Optik für die zu beschichtenden Fenster an der Ostseite des Hauses. Wozu raten Sie?*

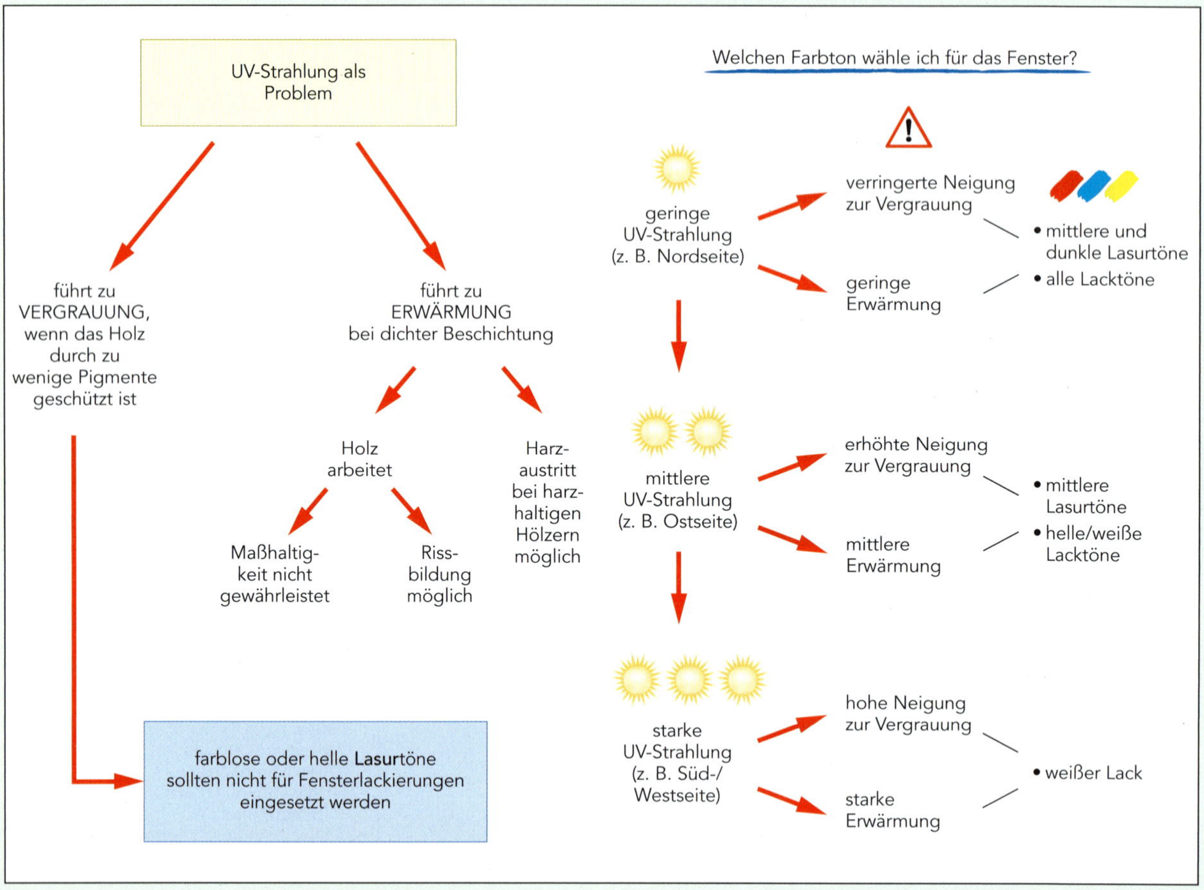

2. *Erläutern Sie den Unterschied zwischen einer Erneuerungs- und einer Überholungsbeschichtung.*
3. *Die Hauptfassade Ihrer Schule soll eingerüstet werden.*
   a) Erstellen Sie ein Fassadenaufmaß.
   b) Stellen Sie mithilfe des Internets eine Stückliste der benötigten Gerüstteile zusammen. Notieren Sie die Arbeitsschritte für den Aufbau des Gerüsts.
4. *Erklären Sie, warum Untergründe vor der Beschichtung gereinigt werden.*
5. *Wie müssen Sie sich verhalten, wenn ein Untergrund Mängel aufweist, die Sie mit den üblichen handwerklichen Mitteln nicht beseitigen können?*
6. *Begründen Sie, warum die Anstrichentfernung mit einer Rotationsschleifmaschine auf einem nicht sehr harten Untergrund problematisch ist.*
7. *Untersuchen Sie, welches Schleifmittel sich zum Schleifen von Hand am besten für den jeweiligen Untergrund eignet.*
   Bewerten Sie: + gut geeignet
   0 bedingt geeignet
   – nicht geeignet

	Holz	**mineralisch**	**Metall**
Trockenschleifpapier P120	?	?	?
Schleifvlies Type A (rotbraun)	?	?	?
Stahlwolle Sorte 00	?	?	?
Nassschleifpapier P400	?	?	?

8. *Ermitteln Sie, welche Methode zur Anstrichentfernung geeignet ist. Nennen Sie jeweils Vorteile, Nachteile, Maßnahmen zum Gesundheitsschutz sowie Entsorgung der Abfälle:*
   a) *Holzfenster mit einer Lasur*
   b) *Fassade mit Silikatfarbenanstrich*
   c) *Kiefernholzschrank mit Alkydharzbeschichtung*
9. *Erklären Sie, warum Schadstoffe auf Beschichtungen Flecke erzeugen können.*
10. *Erläutern Sie den Unterschied zwischen überstreichbaren und anstrichverträglichen Dichtstoffen.*
11. *Über einen Fassadenriss wird eine Gipsmarke gesetzt. Beschreiben Sie Ihr Vorgehen, wenn*
    a) *die Gipsmarke reißt.*
    b) *die Gipsmarke auch nach mehreren Monaten nicht gerissen ist und der Riss saniert werden soll.*
12. *Erklären Sie, was Sie bei der Ausbesserung von Putz beachten müssen.*
13. *Natursteinmauerwerk muss konserviert werden. Stellen Sie Ihrem Kunden dar, was man darunter versteht und warum dies erforderlich ist.*
14. *Fotografieren Sie ein Fachwerkhaus in Ihrer Region.*
    a) *Prüfen Sie mithilfe des Internets, ob es sich um eine regional typische Fachwerkart handelt.*
    b) *Fertigen Sie eine farbige Zeichnung des Gebäudes an.*
    c) *Benennen Sie die Teile des Fachwerks.*
    d) *Recherchieren Sie, welche Denkmalvorschriften bei der Farbgestaltung von Fachwerk in Ihrer Region gelten.*
15. *Der Geselle möchte das Gefach mit Acryl-Dichtungsmasse abdichten. Erklären Sie ihm, warum dies der Bausubstanz schaden kann.*
16. *Erklären Sie, warum Sie bei der Untergrundprüfung von Holzfenstern immer die Innen- und Außenseite begutachten.*
17. *Beschreiben Sie die Renovierung eines einfach verglasten Holzfensters mit defekter Scheibe. Nennen Sie die erforderlichen Arbeitsschritte, Werkstoffe und Werkzeuge.*
18. *Stellen Sie eine Liste mit Möglichkeiten auf, wie bei den Arbeitsabläufen in Ihrem Betrieb Abfälle vermieden werden können.*

Aufmaß und Abrechnung nach VOB Teil C, DIN 18 363

Beispielrechnung für Türen

Türen mit Zargen: Für das Aufmaß wird ihre Bauart angegeben. Es sind folgende Maße zu berücksichtigen:
- lichte Maße (Öffnungsmaße/Türblatt)
- Futtertiefe
- Bekleidungsbreite

Bei Türen über 60 mm Dicke, bei Blockzargen über 60 mm Tiefe, bei Futter und Bekleidungen von Türen und Fenstern sowie bei Stahltürzargen und dergleichen wird die abgewickelte Fläche (in m) gerechnet.

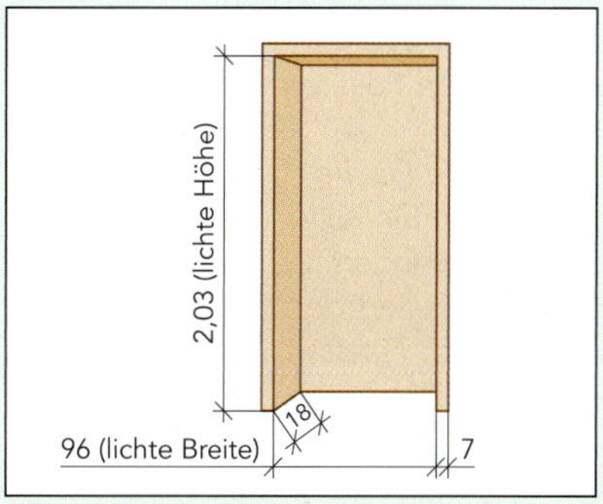

Die abgebildete Zarge und das zugehörige Türblatt (beidseitig) wurden lackiert. Das Maß des Türblatts entspricht dem lichten Maß der Abbildung. Erstellen Sie das Aufmaß für Türblatt und Zarge.

Türblatt beidseitig:
Breite · Höhe · Seiten
0,96 m · 2,03 m · 2 = 3,90 m²

Futter und beidseitige Bekleidung (Abwicklung):
(lichte Breite + 2 · lichte Höhe) · (Futtertiefe + 2 · Bekleidungsbreite)
(0,96 + 2 · 2,03) · (0,18 + 2 · 0,07) = 1,61 m²

3,90 m² + 1,61 m² = 5,51 m²

1. *Erstellen Sie das Aufmaß und berechnen Sie die Haustürfläche des Gasthauses: lichte Breite 1,10 m, lichte Höhe 2,15 m. Die Tür wird beidseitig ohne Futter beschichtet.*
2. *Erstellen Sie das Aufmaß und berechnen Sie die Flächen für folgende Türen:*

	Tür 1	Tür 2	Tür 3
lichte Breite (m)	0,89	2,33	0,90
lichte Höhe (m)	2,00	2,06	2,15
Futter (m)	0,19	0,24	0,22
Bekleidung (m)	0,10	0,13	0,07
Hinweis	Tür wird beidseitig mit Futter beschichtet	Tür wird einseitig mit Futter beschichtet	6 Türen werden beidseitig mit Futter beschichtet

Beispielrechnung für Fenster

Fenster, Türen, Trennwände und Bekleidungen werden je beschichteter Seite nach Fläche (in m²) bzw. nach Stück berechnet.
Verglasungen und **Füllungen** werden übermessen.
Kastenfenster haben vor allem im Denkmalschutz Bedeutung. Sie bestehen aus zwei starren Rahmen mit jeweils einer Glasfläche in einem geschlossenen „Kasten". Das heißt, es müssen vier Flächen beschichtet werden.

6 Kastenfenster mit den Maßen 1,90 m x 1,35 m mit einer Kastentiefe von 0,25 m werden von allen Seiten beschichtet. Berechnen Sie die zu beschichtende Fläche.

Fenster: 6 · (1,90 · 1,35 m) · 4 = 61,56 m²
Kasten: 6 · (1,90 m + 1,35 m) · 2 · 0,25 m · 2 = 19,50 m²

61,56 m² + 19,50 m² = 81,06 m²

3. *Für den Kundenauftrag werden 30 Kastenfenster mit einem Maß von 1,24 m x 1,42 m allseitig beschichtet. Die Kastentiefe beträgt 0,20 m. Berechnen Sie die zu beschichtende Fläche.*
4. *Ein Malermeister berechnet für das Lackieren von Fenstern 34,95 €/m².*
   a) Berechnen Sie die Fläche des abgebildeten Einfachfensters mit Rundbogen.
   b) Wie viel EUR kalkuliert der Malermeister für 3 Fenster, die innen und außen beschichtet werden?

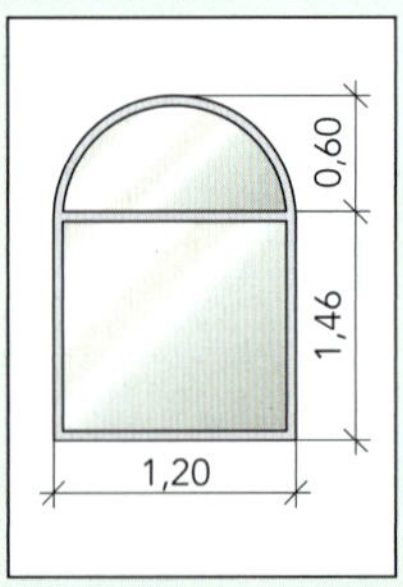

Beispielrechnung für Gefache

Beim **Aufmaß von Fachwerk** wird zunächst die Anstrichfläche in m² berechnet. Öffnungen und Laibungen werden wie bei anderen Flächen behandelt (nur Flächen über 2,50 m² werden abgezogen).
Holzbalken bis 0,30 m werden übermessen. Nur wenn diese Balken besonders behandelt werden, z. B. farblich abgesetzt, erfolgt eine zusätzliche Berechnung in m.
In den meisten Fällen kann die Fachwerksfassade wie eine verputzte Fassadenfläche berechnet werden.
Behandelt der Maler auch die Holzbalken, so werden diese nach ihrer Breite sortiert und der Länge nach berechnet: 1. waagerechte, 2. senkrechte, 3. sonstige.

Bei dem abgebildeten Fachwerkhaus bekommen die Gefache eine Überholungsbeschichtung. Die Holzbalken erhalten einen Lasuranstrich.

a) Berechnen Sie die Fläche der Gefache.
b) Berechnen Sie die Länge der Holzbalken.
Gefach: 8,76 m · 3,04 m = 26,63 m²

Holzbalken:

Balken	Aufmaß	Länge
Schwelle, Rähm b = 0,18 m	*2 · 8,76 m*	*17,52 m*
Riegel b = 0,18 m	*2 · 1,25 m + 8 · 0,54 m*	*6,82 m*
Pfosten b = 0,18 m	*7 · 2,68 m*	*18,76 m*
Streben b = 0,18 m	*4 · 2,72 m*	*10,88 m*
zu berechnende Länge		***53,98 m***

5. *Das abgebildete Fachwerk erhält eine Überholungsbeschichtung.*
   a) Wie viele 15-Liter-Gebinde Silikatfarbe müssen Sie bestellen, wenn Sie mit einem Verbrauch von 150 ml/m² rechnen?
   b) Errechnen Sie die Materialkosten für die Beschichtung der Holzbalken. Rechnen Sie mit einem Preis von 0,60 EUR/m Wetterschutzfarbe.

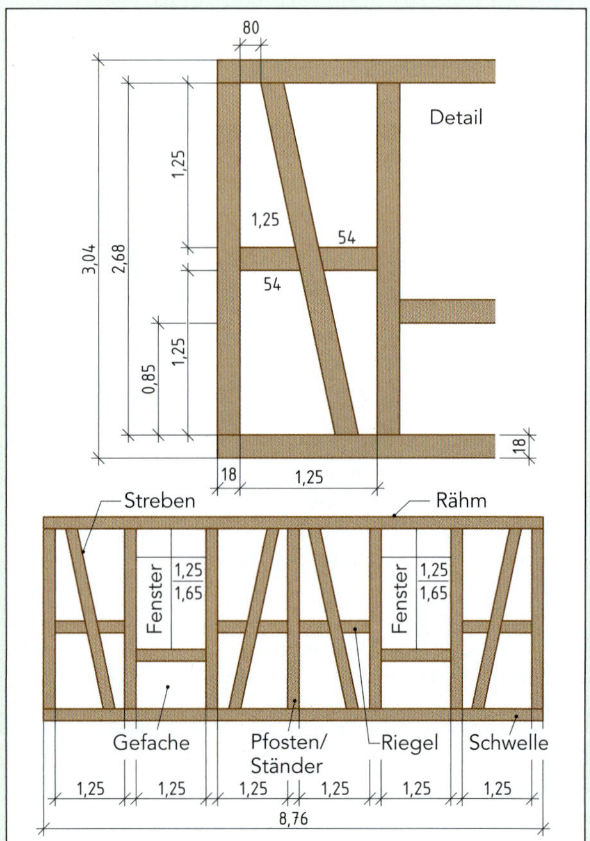

Kundenauftrag 1

Telefax

Knoll GmbH & Co.
Bauunternehmung
Eichenallee 88
49733 Haren

Datum: 23.06.20xx

Malerbetrieb Roth GmbH
z.H. Herrn Roth

Fax: 0201 486714

Sehr geehrter Herr Roth,

wie bei der Baustellenbegehung am 20.06.20xx bereits besprochen, beauftragen wir Sie hiermit, an unserem Verwaltungsgebäude folgende Arbeiten auszuführen:

Pos. 01: Erstellen einer Büro-Trennwand einschl. der erforderlichen Dämm- und Spachtelarbeiten

Pos. 02: Ausbau des Dachgeschosses einschließlich der erforderlichen Dämm- und Spachtelarbeiten

Pos. 03: Reparaturverglasung einer Nebeneingangstür mit Wärmeschutzverglasung

Wir gehen von einer termingerechten Ausführung des Auftrags aus und verbleiben mit freundlichen Grüßen

Dr. G. Knoll

Knoll GmbH & Co. 05934 9304-0, xx-06-23, 16:32 Uhr, Seite 001 von 001

1 Büro- und Verwaltungsgebäude der Fa. Knoll – Vorderansicht

2 Büro- und Verwaltungsgebäude der Fa. Knoll – Seitenansicht

Objektbeschreibung

Die drei Positionen des Auftrags (siehe S. 259) sollen in dem vor einem Jahr errichteten Büro- und Verwaltungsgebäude eines Hoch- und Tiefbauunternehmens ausgeführt werden.

Trennwand:
Um von einem Büroraum ein gesondertes Aktenarchiv abzutrennen, soll eine nicht tragende Trockenbauwand eingezogen werden: siehe Abb. 1, rote Linie im Grundriss. Die Trennwand, bestehend aus Metallprofilen und Gipsplatten, soll einschließlich der erforderlichen Dämmung eine Gesamtstärke von 100 mm aufweisen. Besondere Anforderungen an den Brand- und Schallschutz bestehen nicht. Die verspachtelte Oberfläche muss der Qualitätsstufe Q2 entsprechen.

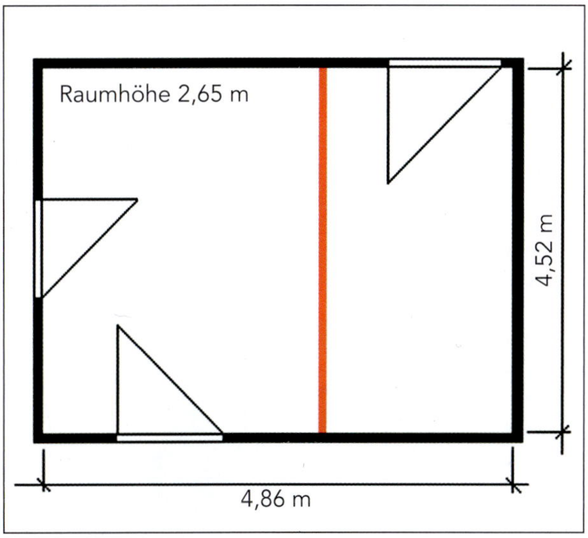

1 Grundriss mit vorgesehener Lage der Raumtrennwand

Dachgeschoss:
Das bisher ungenutzte Dachgeschoss soll zukünftig ebenfalls als Aktenarchiv dienen. Dazu wünscht der Auftraggeber die Verkleidung der Dachschrägen mit Gipsplatten auf einer Holzlattung einschließlich Dämmung im Sparrenzwischenraum und Spachtelung Q3 sowie die Erstellung einer Abseitenwand (Drempel) mit einer Höhe von 0,80 m: siehe Abb. 2, blaue Linie in der Seitenansicht. Dachflächenfenster sind nicht vorgesehen.
Die elektrischen Installationen befinden sich in den Giebel- und Zwischenwänden. Diese sind verputzt und werden nicht weiter bearbeitet.

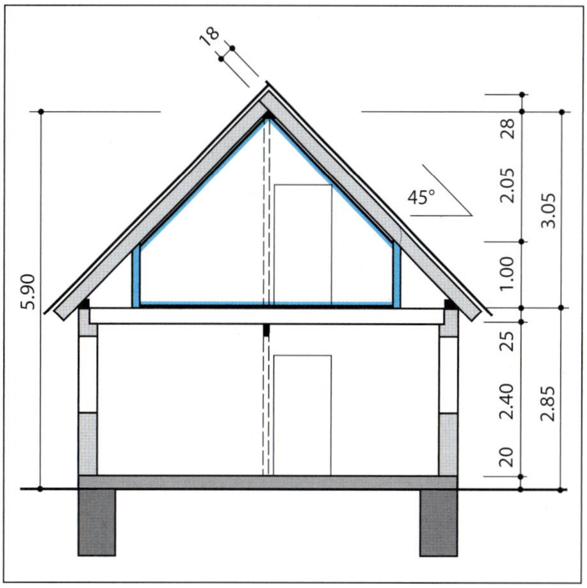

2 Seitenansicht des vorgesehenen Archivs im Dachgeschoss

Nebeneingangstür:
Es handelt sich um eine Nebeneingangstür aus pulverbeschichteten Aluminiumprofilen, Anschlag DIN links. Die beschädigte Verglasung besteht aus einer insgesamt 30 mm starken Isolierglasscheibe mit den Maßen 88,9 cm x 195,3 cm, Scheibenzwischenraum 20 mm. Die mittels Steckverbindung innen angebrachten Glashalteleisten sind aus Aluminium und mit einer Profil-Gummidichtung versehen.
Um einen zu hohen Energieverlust durch die Glasflächen zu verhindern und um eine einheitliche Außenansicht mit den angrenzenden Verglasungen zu gewährleisten, wünscht der Auftraggeber eine Wärmeschutzverglasung. Die innere Scheibe des Isolierglases soll aus Sicherheitsgründen aus Verbundsicherheitsglas bestehen.

3 Nebeneingangstür mit defekter Wärmeschutzverglasung

Lernsituation

Trockenbauwände einziehen und Dachschrägen verkleiden einschließlich Oberflächenverspachtelung

1. Informieren

- Um mit der Realisierung dieses Kundenauftrags beginnen zu können, arbeiten Sie sich mithilfe der folgenden Fachbegriffe in das Thema ein: nicht tragende Bauteile, Metallprofile, Feuerwiderstandsklassen, Qualitätsstufen, Sparren, Drempel, Energieeinsparverordnung, Kehlbalken, Dampfsperre, gedoppelte Lattung, Zwischensparrendämmung, Trockenschüttung, pulverbeschichtete Aluminiumprofile, Metallbedampfung, Isolierglas, Verbundsicherheitsglas.
- Listen Sie die Vorteile auf, die eine Trockenbauwand gegenüber einer Trennwand aus Stein und Mörtel aufweist.
- Stellen Sie die Vor- und Nachteile von Holzkonstruktionen und Metallprofilen als Unterkonstruktion einer Trockenbauwand gegenüber.
- Zeichnen Sie einen Querschnitt im Maßstab 2 : 1 (inkl. Bemaßung) des Aufbaus der Isolierglasscheibe.

2. Planen

- Überlegen Sie, welche Gipsplatte mit welcher Kantenausbildung für die geplante Konstruktion und die geforderte Oberflächen-Qualitätsstufe geeignet ist.
- Bei der Planung des Dachgeschossausbaus weist der Auftraggeber darauf hin, dass er in den entstehenden Abseiten neben Aktenordnern auch empfindliche Datenmaterialien lagern möchte. Prüfen Sie die für diesen Zweck mögliche Konstruktionen der Abseitenwände.
- Ermitteln Sie die Glasstärke der Isolierglasscheibe und begründen Sie diese Auswahl.
- Planen Sie, wie Sie die ausgebaute Scheibe fachgerecht entsorgen können.

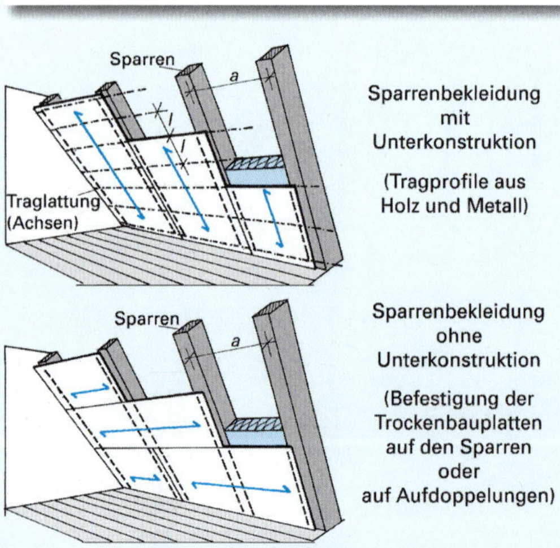

Befestigung der Trockenbauplatten

3. Entscheiden

- Für die Unterkonstruktion der Trockenbauwand wurden in diesem Fall Metallprofile einer Holzkonstruktion vorgezogen. Begründen Sie diese Entscheidung.
- Wählen Sie eine Gipsplatte mit entsprechender Kantenausbildung aus, die Ihnen für die geplante Konstruktion und die geforderte Oberflächen-Qualitätsstufe geeignet erscheint. Begründen Sie Ihre Entscheidung.

6. Bewerten

- Bereiten Sie Ihre Ergebnisse für eine abschließende Präsentation vor.
- Stellen Sie Ihre Lösung dieses Kundenauftrags in der Klasse vor und diskutieren Sie diese.
- Korrigieren Sie Ihre Ergebnisse gegebenenfalls und bewerten Sie Ihre Gruppenarbeit.

5. Kontrollieren

- Prüfen Sie Ihre schriftliche Ausfertigung des Auftrags auf Vollständigkeit und Verständlichkeit.
- Überdenken Sie Ihre Ausführungen bezüglich einer praktischen Durchführbarkeit. Entsprechen Ihre Ausführungen einem realen betrieblichen Ablauf?
- Diskutieren Sie Ihre Arbeitsweise sowie Ihr gegenseitiges Verhalten in der Gruppe. Listen Sie positive und negative Aspekte Ihrer Teamarbeit auf.

6. Bewerten

5. Kontrollieren

4. Ausführen

4. Ausführen

Baustelle einrichten

- Nennen Sie die Maßnahmen, die zu ergreifen sind, bevor mit dem Einbau der Raumtrennwand im Büroraum begonnen werden kann.

Einen sicheren Arbeitsplatz schaffen

- Beschreiben Sie Ihre persönliche Schutzausrüstung, die Sie bei den Verglasungsarbeiten benötigen.

Vorarbeiten ausführen

- Um die Trennwand fachgerecht im Raum montieren zu können, muss die spätere Position der Wand angezeichnet werden. Beschreiben Sie Ihr Vorgehen und listen Sie das benötigte Werkzeug auf.

Hauptarbeiten ausführen

- Um die Trennwand montieren zu können, positionieren Sie die Metallprofile im Raum. Anschließend erfolgt die Montage der Gipsplatten. Schildern Sie Ihre Vorgehensweise.
- Nachdem alle Gipsplatten vollständig auf die Metallprofile aufgeschraubt worden sind, erkennen Sie Schraublöcher und unverschlossene Fugen. Erklären Sie (auch im Hinblick auf die zu erreichende Qualitätsstufe) Ihr Vorgehen, um die Trennwand fachlich korrekt fertigzustellen.
- Notieren Sie die notwendigen Arbeitsschritte, um die Dachschrägenverkleidung vornehmen zu können. Beachten Sie: Die zur Verfügung stehenden Platten haben geringe Dicke und geringe Biegefestigkeit.
- Beschreiben Sie Ihre Vorgehensweise vom Ausbau der alten Scheibe bis zum Einbau der neuen Scheibe.

Abschlussarbeiten ausführen

- Als Herr Dr. Knoll am Abend die Raumtrennwand begutachtet, bemängelt er unschöne Schattierungen, die an der Wand erkennbar sind. Er möchte nun von Ihnen bezüglich einer Behebung der Mängel informiert werden.
- Beschreiben Sie die Tätigkeiten, die nach fachgerechtem Einbau der Raumtrennwand noch zu verrichten sind, bevor Ihre Arbeit abgeschlossen ist.
- Beschreiben Sie, wie Sie die ausgebaute Scheibe fachgerecht entsorgen.

Regal für Aktenordner unter der Dachschräge

7 Dämm-, Putz- und Montagearbeiten ausführen

7.1 Trockenbau

Im Gebäudeausbau kommt der Trockenbau ganz vielfältig zum Einsatz:

- rationelle Herstellung von nicht tragenden Wänden (z.B. Raumtrennwände)
- Schall- und Brandschutzmaßnahmen
- Verkleidung haustechnischer Leitungen
- dekorative Deckengestaltung
- Dachgeschossausbau

Trockenbausysteme weisen gegenüber der herkömmlichen Bauweise viele Vorteile auf. So schaffen sie ein angenehmes Raumklima und verfügen über eine geringe Wärmeleitfähigkeit.
Beim Trockenbau werden Bauplatten auf Unterkonstruktionen aus Holz oder Metall aufgeschraubt bzw. in sie eingehängt. Dadurch entfallen die bei der konventionellen Bauweise mit Stein und Mörtel erforderlichen Trocknungszeiten.
Elektro- und Sanitärinstallationen können ohne aufwendige Stemmarbeiten vor der Beplankung mit Bauplatten in der Unterkonstruktion montiert werden.
Trockenbausysteme bieten durch die relativ schnelle Montage und Demontage die Möglichkeit, flexibel auf sich ändernde Raumanforderungen zu reagieren.
Nachteilig wirkt sich Feuchtigkeit auf die Trockenbaustoffe aus. Aus diesem Grund sind sie lediglich im Innenbereich einsetzbar. Auch mechanisch sind sie weniger belastbar als herkömmliche Steinwände. Aus diesem Grund können sie nicht als tragende Bauteile eingesetzt werden.

7.1.1 Gipsplatten

Gipsplatten sind besonders wegen ihrer einfachen Verarbeitung ein beliebter Baustoff für den Trockenausbau. Mit ihnen lassen sich nicht tragende Wände einziehen, Flächen verkleiden und Rohre sowie andere Installationen problemlos überdecken.
Auch für Feuchträume sind Gipsplatten einsetzbar. Hier verwendet man imprägnierte Platten, die ein geringes Saugvermögen haben und Wasser schnell wieder abgeben.
Gipsplatten setzen sich aus einem Kern, bestehend aus schnell abbindendem Stuckgips und einer Ummantelung aus fest haftenden Karton zusammen.
Die Kantenformen der Längs- und Querkanten können die folgenden unterschiedlichen Profile aufweisen.

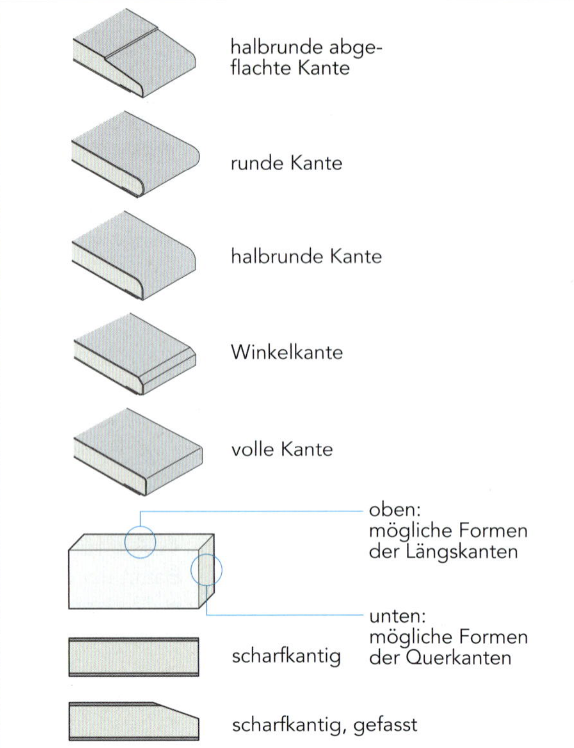

1 Formen der Längs- und Querkanten von Gipsplatten

Nach DIN EN 520 (vorher DIN 18180) werden mehrere Arten von Gipsplatten unterschieden. Da sich die Bezeichnungen der unterschiedlichen Gipsplattentypen mit Einführung der europäischen Norm (DIN EN 520) grundlegend geändert haben, werden in den folgenden Tabellen die Typenbezeichnungen der alten und der neuen Norm berücksichtigt.

Gipsplatten-Typen nach DIN EN 520:

Bezeichnung	Plattentyp	Länge [mm]	Breite [mm]	Dicke [mm]
Typ A	Standard-Gipsplatte	keine genormten Längen	600 625 900 1 200 1 250	9,5 12,5 15,0
Typ D	Gipsplatte mit definierter Dichte			
Typ F	Gipsplatte mit verbessertem Gefügezusammenhalt bei hohen Temperaturen			
Typ H (H1, H2, H3)	Gipsplatte mit reduzierter Wasseraufnahmefähigkeit			
Typ I	Gipsplatte mit erhöhter Oberflächenhärte			
Typ R	Gipsplatte mit erhöhter Biegezugfestigkeit			
Typ I	Gipsplatte mit erhöhter Oberflächenhärte			
Typ P	Putzträgerplatte	1 200 1 500 1 800 2 000	400 600 900 1 200	9,5 12,5

Gipsplatten-Typen nach DIN 18180:

Bezeichnung	Kartonfarbe Ansichtsseite	Stempel Rückseite	Entspricht nach DIN EN 520
GKB	graubeige	blau	Typ A, Typ D
GKBI	grünlich	blau	Typ H2
GKF	graubeige	rot	Typ DF
GKFI	grünlich	rot	Typ DFH2
GKP	grüngrau	blau	Typ P

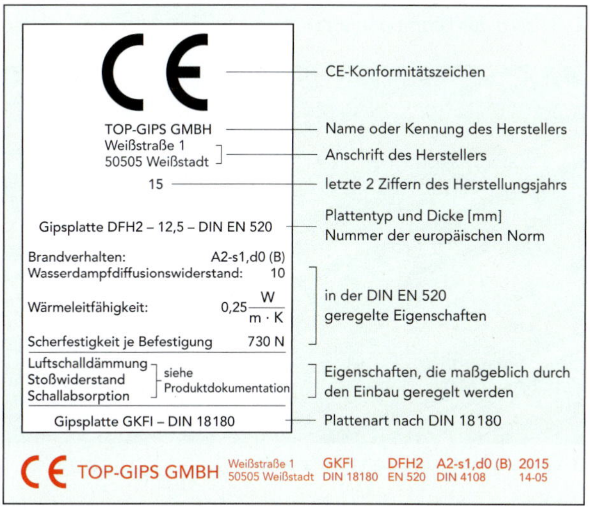

1 *Beispiel für CE-Kennzeichen und Plattenaufdruck*

3 *Anlegen der Gipsplatte auf Ansetzbinder*

Verarbeitung von Gipsplatten an Wänden

Gipsplatten können an Wänden bzw. senkrechten Bauteilen ohne Unterkonstruktion verlegt werden. Ohne Unterkonstruktion wird die Gipsplatte durch punktförmiges Auftragen von Gipsmasse bzw. Ansetzbinder verlegt. Dabei muss die Wand eben und nicht stark saugend sein.

2 *Punktförmiges Auftragen des Ansetzbinders mit Kellenspachtel*

Auf unebenen Wänden wird zunächst mit Gipskartonstreifen eine Ebene hergestellt. Auf dieser kann danach die Gipsplatte mit entsprechend streifenförmig aufgezogenem Ansetzbinder befestigt werden.

Bei Gipsverbundplatten mit Mineralfaser- oder Styropordämmstoff kann der Ansetzbinder mit dem Kammschlitten (Dünnbett) oder punktförmig aufgebracht werden.

4 *Kammschlitten*

Auf Unterkonstruktionen werden Gipsplatten durch Schrauben, Klammern, Nägel oder Einhängen in vorgefertigte Rahmen befestigt.

Verspachteln der Gipsplatten
Nach dem Verlegen werden die Vertiefungen verspachtelt, die durch das Befestigen mit Schrauben, Klammern oder Nägeln entstanden sind. Ebenfalls werden die Stoßfugen mit Fugenfüllmasse verfugt. Zur besseren Verbindung wird in die Spachtelmasse über der Stoßfuge meist ein Bewehrungsstreifen eingebettet. Hierzu eignen sich am besten AK-Platten mit abgeflachter Kante. Die hier im Stoßbereich vorhandene Hohlkehle füllt man mit Fugenfüllmasse aus, legt den Bewehrungsstreifen beidseitig überdeckend ein und drückt ihn gleichzeitig mit der Spachtelklinge an.

1 Einlegen und Andrücken des Bewehrungsstreifens mit Schraubgriffspachtel

Als Alternative zu den herkömmlichen Bewehrungsstreifen aus Gaze oder Vlies setzt sich immer häufiger selbstklebendes Glasgitter-Fugenband durch. Dieses Fugenband ist sicher und einfach zu handhaben. Es wird auf die ungespachtelten Stoßfugen geklebt und anschließend entsprechend der geforderten Oberflächen-Qualitätsstufe gespachtelt. Durch die Gitterstruktur kann die Spachtelmasse das Fugenband durchdringen.
Bei Platten mit angeschrägten Längskanten ist der Bewehrungsstreifen überflüssig; hier genügt es, die Stoßfuge zu verspachteln. An frei stehenden Kanten, Leibungen, Vorsprüngen usw. werden Eckschutzschienen eingespachtelt.
Nach vollständiger Durchtrocknung der Spachtelmasse können die so verlegten Gipsplatten beschichtet, tapeziert oder mit Keramikplatten und anderen Wandbelägen versehen werden.

7.1.2 Lehmbauplatten

Im Trockenbau werden zunehmend Lehmbauplatten verwendet. Lehm nimmt Luftfeuchtigkeit schnell auf und kann sie schnell wieder abgeben. Damit reguliert er die Feuchtigkeit der Raumluft und trägt zu einem gesunden Raumklima bei.

2 Beispiel für Lehmbauplatten

3 Querschnitt einer Lehmbauplatte

Der ökologische Vorteil von Lehmbauplatten:
- Lehm ist überall vorhanden, deshalb keine langen Transportwege
- geringer Energieaufwand bei der Herstellung
- frei von Schadstoffen
- nicht gebrannter Lehm ist wiederverwendbar (kein Bauschutt)

Hauptbestandteil von Lehmbauplatten ist Lehm bzw. Ton. Die Stabilisierung erfolgt über Fasern aus Holz, Stroh oder Kokos bzw. über eine Armierung aus Schilfrohrmatten.
Die Verbauung erfolgt – wie bei Gipsplatten – mit Metall- oder Holzrahmenkonstruktionen.

4 Die Montage von Lehmbauplatten erfolgt wie bei Gipsplatten

7.1.3 Unterkonstruktionen

Unterkonstruktionen für Bauplatten können aus Holz (Kanthölzer und Latten) oder aus speziellen Metallprofilen (verzinktes Stahlblech) erstellt werden. Holz als Material für die Unterkonstruktion wird häufig im Dachgeschossausbau verwendet. Die Holzlatten schraubt man dabei direkt an die Sparren oder Pfetten. Für Deckenkonstruktionen und Trennwände hat sich der Einsatz von Metallprofilen durchgesetzt, da diese bei gleicher Stabilität sehr viel leichter als Holzkonstruktionen sind, höheren Brandschutzanforderungen gerecht werden und es für viele besondere Anwendungen systemgerechte Profile gibt.

Sowohl die Wand- als auch die Deckenprofile werden in verschiedenen Breiten und Längen angeboten. Bei der Auswahl von UW- und CW-Profilen richtet sich die Breite nach der gewünschten Wandstärke und der erforderlichen Dämmung. Die Breite wird in Millimetern hinter der Profilbezeichnung angegeben, z. B. CW 100 für ein 100 mm breites CW-Profil.

Profile für Wandkonstruktionen:

Bezeichnung	Verwendung
UW-Profil 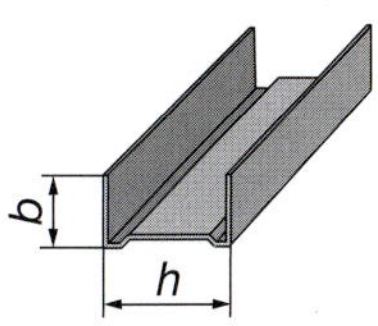	• Erstellung von Trennwänden • Befestigung unter der Decke und am Boden
CW-Profil 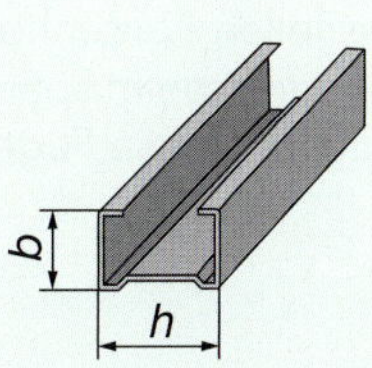	• wird in die am Boden und unter der Decke montierten UW-Profile gestellt
UA-Profil 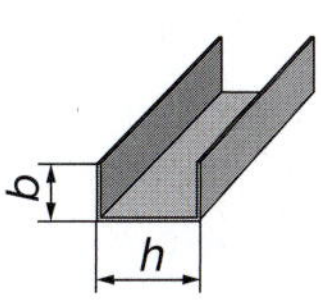	• Aussteifungsprofil als stabilisierende seitliche Einfassung für Türöffnungen
L Wi-Profil 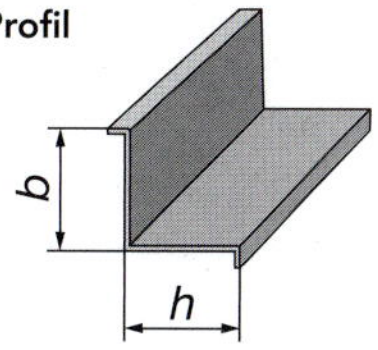	• Wandinneneckprofil für Montagewände
L Wa-Profil 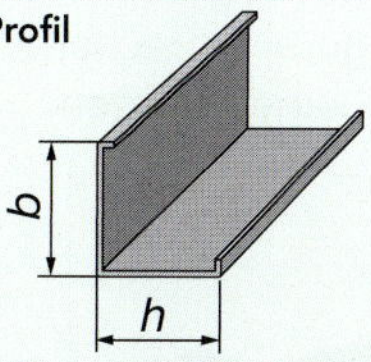	• Wandaußeneck für Montagewände
Spezielle Tragtraversen 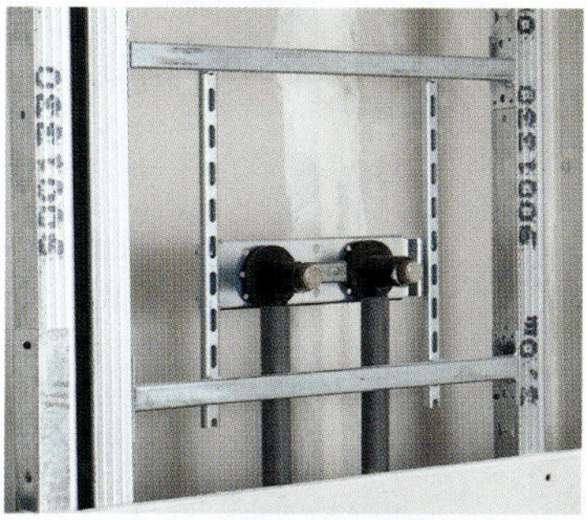 Traverse für Sanitärinstallation	• für die Montage von Bauteilen oder Installationen

Bei der Auswahl der Profile für eine vorgegebene Wandstärke sind die Plattenstärken der aufzubringenden Beplankung zu berücksichtigen.

Profile für Deckenkonstruktionen:

Bezeichnung	Verwendung
UD-Profil 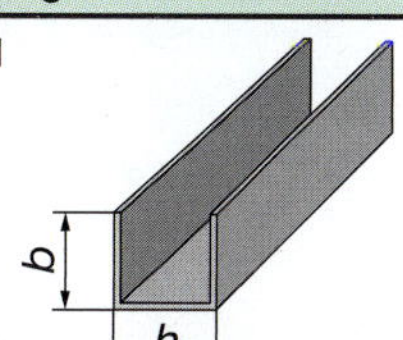	• Befestigung umlaufend an den Wänden
CD-Profil 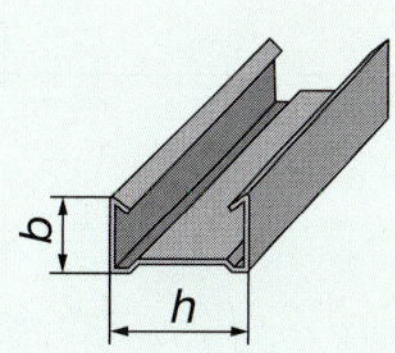	• wird in die umlaufend an den Wänden montierten UD-Profile eingelegt • in der entsprechenden Höhe fixiert: abhängig von der Deckenfläche bzw. von der geplanten Beplankung mit Deckenabhängen • unter den eingelegten Profilen können mit Kreuzverbindern quer weitere CD-Profile als Konterlattung befestigt werden

7.1.4 Erstellen einer Trockenbauwand

Die vorgesehene Lage der Trockenbauwand wird mit einer Wasserwaage und einem Bleistift, einer Schlagschnur oder einem Rotationslaser auf dem Boden, an der Decke und an den Wänden angezeichnet. Dabei ist darauf zu achten, dass die geplante Wand rechtwinklig zu den Seitenwänden und senkrecht steht.
Die UW-Profile werden der Länge entsprechend mit einer Eisensäge oder Blechschere zugeschnitten.

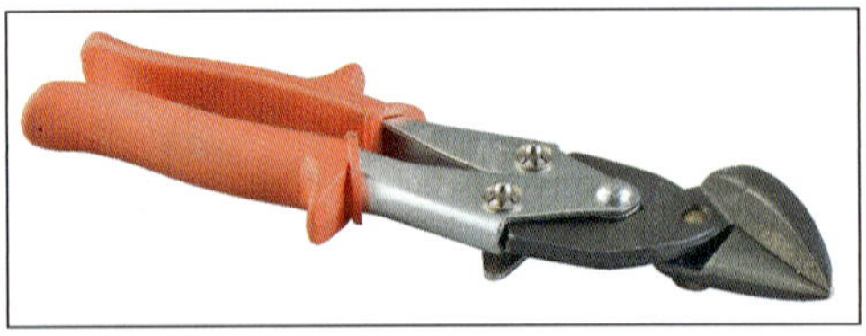

1 Blechschere

Die Profile werden auf dem Boden sowie an der Decke mit Schrauben und Dübeln oder sogenannten Schlagdübeln befestigt.

2 Montage eines UW-Profils

Um Schallbrücken zu vermeiden, beklebt man die Rückseiten der Profile mit selbstklebenden Dämmstreifen.

Die CW-Profile werden zugeschnitten und senkrecht zwischen die UW-Profile geklemmt.

Die beiden äußeren CW-Profile werden auf der Rückseite ebenfalls mit Dämmstreifen beklebt und mit diesen an die begrenzenden Wände gestellt. Der Abstand der senkrechten Profile sollte eine halbe Plattenbreite betragen (bei einer Standard-Gipsplatte mit den Maßen 1,25 m x 2,00 m also 62,5 cm). Die CW-Profile werden nach dem Ausrichten mit einer Krimperzange oder durch Blindnieten an den UW-Profilen fixiert.

3 Wandkonstruktion aus Metallprofilen (UW- und CW- Profile)

4 Krimperzange

Gipsplatten werden entweder mit einer Säge zugeschnitten oder man schneidet die Kartonschicht mit einem Universalmesser mit Trapezklinge an und bricht die Platte anschließend über eine Kante. Die geschnittenen Kanten müssen mit einem speziellen Kantenhobel oder einer Raspel angefast werden, damit beim späteren Verspachteln genügend Spachtelmasse in die Fuge gelangt und sich verankern kann.

5 Anfasen der geschnittenen Plattenkante mit einem Raspelhobel

Vor dem Beplanken der zweiten Seite wird die Dämmung (in der Regel aus Mineralwolle) zugeschnitten und vollflächig zwischen die Profile geklemmt.
Ist es aus Schall- oder Wärmeschutzgründen erforderlich, eine Dämmung einzubauen, deren Materialstärke die Profilbreite der Unterkonstruktion übersteigt, werden zwei UW-Profile (sowohl an der Decke als auch auf dem Boden) nebeneinandergeschraubt, in die dann auch die CW-Profile doppelt eingestellt werden. Die Beplankung erfolgt jeweils nur auf den Außenseiten.

Beim Beplanken der ersten Seite werden die Gipsplatten mit Schnellbauschrauben befestigt:
- bei Metallprofilen mit Feingewinde,
- bei Holzunterkonstruktionen mit Grobgewinde,
- bei Aussteifungsprofilen mit selbstschneidender Spitze.

Die senkrechten Stoßfugen sollten mittig auf den CW-Profilen liegen.

1 *Beplanken der Metallkonstruktion*

Die Gipsplatten werden mit ca. 5 mm Abstand zum Boden angesetzt.
Die Schraubenköpfe müssen bündig mit der Plattenoberfläche sein und dürfen nicht überstehen. Der Abstand zwischen den Schrauben sollte 20–30 cm betragen.
Werden Gipsplatten mit abgeflachten Kanten (AK oder HRAK, siehe S. 264) verarbeitet, sollte die Abflachung der an die vorhandenen Wände angrenzenden Kanten abgeschnitten werden, da ein erforderliches Verspachteln der Abflachung zu einer statischen Verbindung mit den angrenzenden Bauteilen führen würde.

Beim Ansetzen der Platten muss darauf geachtet werden, dass die waagerechten Fugen versetzt liegen, damit keine Kreuzfugen entstehen.

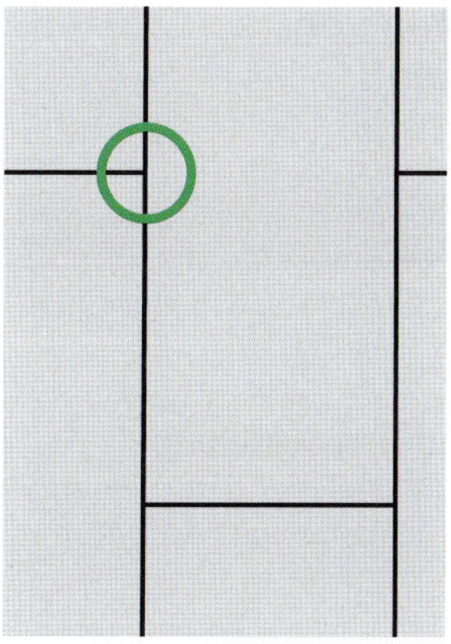
2 *Korrekte Anordnung der Plattenstöße*

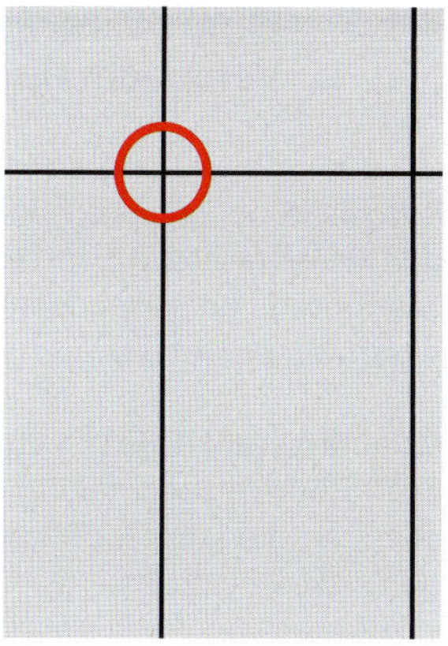
3 *Fehlerhafte Anordnung der Plattenstöße (sogenannte Kreuzfugen)*

Beim Zuschneiden der Gipsplatten für die zweite Seite achtet man darauf, dass die Stoßfugen versetzt zu den Fugen der ersten Seite liegen. Nach dem Anbringen der Gipsplatten werden die Stoßfugen und die Schraubenköpfe entsprechend der geforderten Qualitätsstufe (siehe S. 270/271) verspachtelt.
Die Anschlussfugen zu den angrenzenden Bauteilen werden mit Acrylatdichtstoff verfugt.
Um eine höhere Feuerwiderstandsklasse (F 90) der Trockenbauwand zu erreichen, ist es erforderlich, die Unterkonstruktion (mind. UW/CW 100, Gipsplatte Typ F, Dämmung aus Mineralwolle) beidseitig doppelt zu beplanken. Dabei müssen nach Anschrauben der ersten Plattenlage alle Stoßfugen und Schraubenköpfe verspachtelt werden. Nach dem Trocknen der Spachtelmasse wird die zweite Lage mit versetzten Stoßfugen auf die erste geschraubt und entsprechend der geforderten Oberflächengüte verspachtelt.

4 *Verspachteln der Plattenstöße mit Kellenspachtel und Spachtelkasten*

7.1.5 Oberflächengüten von Verspachtelungen

Um Art und Umfang der Verspachtelung der weiteren Beschichtung entsprechend anpassen zu können, wurden vom Bundesverband der Gipsindustrie die Oberflächengüten von gespachtelten Gipsplatten in vier Qualitätsstufen eingeteilt.

Qualitätsstufe 1 (Q1) – Grundverspachtelung
Die Grundverspachtelung ist ausreichend für Oberflächen, an die keine optischen (dekorativen) Anforderungen gestellt werden.

Die Verspachtelung nach Qualitätsstufe 1 umfasst:
- Füllen der Stoßfugen zwischen den Gipsplatten
- Überziehen der sichtbaren Teile der Befestigungsmittel

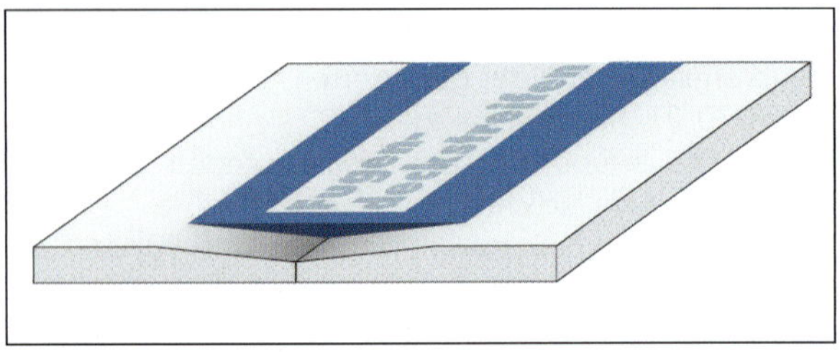

1 Verspachtelung nach Q1

Überstehendes Spachtelmaterial ist abzustoßen. Werkzeugbedingte Markierungen, Riefen und Grate sind zulässig.
Die Grundverspachtelung schließt das Einlegen von Fugendeckstreifen (Bewehrungsstreifen) ein, sofern das gewählte Verspachtelungssystem (Spachtelmaterial, Kantenform der Platten) dies vorsieht. Darüber hinaus sind Fugendeckstreifen einzulegen, wenn dies aus konstruktiven Gründen für notwendig erachtet wird.
Bei mehrlagigen Beplankungen ist bei den unteren Plattenlagen ein Füllen der Stoß- und Anschlussfugen ausreichend, allerdings auch notwendig. Auf das Überspachteln der Befestigungsmittel kann bei den unteren Plattenlagen verzichtet werden.

Bei Flächen, die mit Bekleidungen und Belägen aus Fliesen und Platten versehen werden sollen, ist das Füllen der Fugen ausreichend. Glätten ist ebenso zu vermeiden wie das seitliche Verziehen des Spachtelmaterials über den unmittelbaren Fugenbereich hinaus.
Anstelle der für Gipsplatten üblichen Spachtelmassen können die Fugen unter Beachtung der Verarbeitungshinweise des Kleberherstellers auch mit den für keramische Bekleidungen verwendeten Klebstoffen (Dispersionsklebstoff) oder Epoxidharzklebstoff oder geeigneten Mörteln (Gipsverträglichkeit beachten) geschlossen werden.

Qualitätsstufe 2 (Q2) – Standardverspachtelung
Die Standardverspachtelung genügt den üblichen Anforderungen an Wand- und Deckenflächen. Ziel der Verspachtelung ist es, den Fugenbereich durch stufenlose Übergänge der Plattenoberfläche anzugleichen. Gleiches gilt für Befestigungsmittel, Innen- und Außenecken sowie Anschlüsse.

Die Verspachtelung nach Qualitätsstufe 2 umfasst:
- Grundverspachtelung (Q 1)
- Nachspachteln (Feinspachteln, Finish) bis zum Erreichen eines stufenlosen Übergangs zur Plattenoberfläche

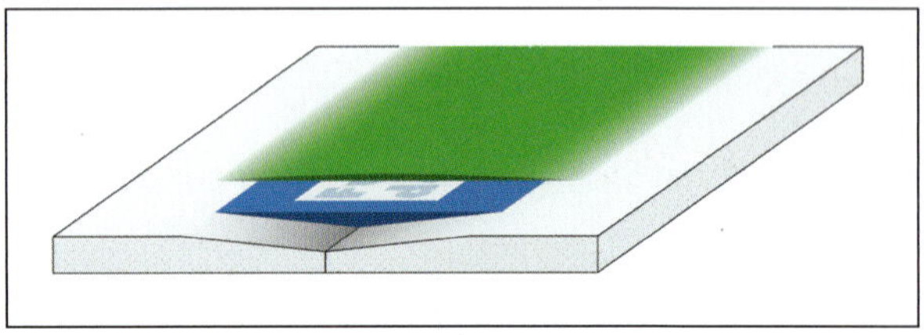

2 Verspachtelung nach Q2

Bei dieser Qualitätsstufe dürfen keine Bearbeitungsabdrücke oder Spachtelgrate sichtbar bleiben. Falls erforderlich, sind die verspachtelten Bereiche zu schleifen.
Diese Oberfläche kann beispielsweise geeignet sein für:
- mittel und grob strukturierte Wandbekleidungen, z. B. Tapeten wie Raufasertapete (Körnung RM oder RG nach BFS-Merkblatt Nr. 05/01)
- matte, füllende, mittel und grob strukturierte Anstriche/Beschichtungen (z. B. Dispersionsanstriche), die manuell – mit Lammfell- oder Strukturrolle – aufgetragen werden
- Oberputze (Korngrößen/Größtkorn über 1 mm), soweit sie vom Putz-Hersteller für das jeweilige Gipsplattensystem freigegeben sind

Wird die Qualitätsstufe 2 als Grundlage für Wandbekleidungen, Anstriche und Beschichtungen gewählt, sind Abzeichnungen – insbesondere bei Einwirkung von Streiflicht – nicht auszuschließen. Eine Verringerung dieser Effekte ist in Verbindung mit einer Verspachtelung nach Qualitätsstufe 3 zu erreichen.

Qualitätsstufe 3 (Q3) – hohe Anforderungen
Werden erhöhte Anforderungen an die gespachtelte Oberfläche gestellt, sind über Grund- und Standardverspachtelung hinausgehende Maßnahmen erforderlich.

Die Verspachtelung nach Qualitätsstufe 3 umfasst:
- Standardverspachtelung (Q2)
- breiteres Ausspachteln der Fugen sowie scharfes Abziehen der restlichen Kartonoberfläche zum Porenverschluss mit Spachtelmaterial

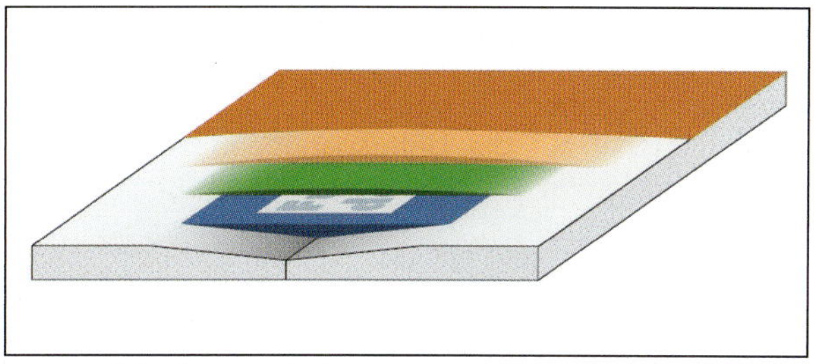

1 *Verspachtelung nach Q3*

Im Bedarfsfall (z. B. Spachtelgrate) sind die gespachtelten Flächen zu schleifen.
Diese Oberfläche kann beispielsweise geeignet sein für:
- fein strukturierte Wandbekleidungen
- matte, fein strukturierte Anstriche/Beschichtungen
- Oberputze, deren Körnung/Größtkorn nicht mehr als 1 mm beträgt, soweit sie vom Putzhersteller für das jeweilige Gipsplattensystem freigegeben sind

Auch bei dieser Verspachtelung sind bei Streiflicht sichtbar werdende Abzeichnungen nicht auszuschließen und nach VOB/C, DIN 18340, Nr. 3.1.3, bzw. ÖNORM B 3415 No. 4.3.10.3 zulässig.
Grad und Umfang solcher Abzeichnungen sind jedoch gegenüber der Standardverspachtelung geringer.

Qualitätsstufe 4 (Q4) – höchste Anforderungen
Um höchste Anforderungen an die gespachtelte Oberfläche zu erfüllen, stehen
- eine Vollflächenspachtelung oder
- ein Abstucken der gesamten Oberfläche

zur Auswahl.

Im Unterschied zur Verspachtelung Q3 wird dabei die gesamte Kartonoberfläche mit einer durchgehenden Spachtel-/Putzschicht überzogen.

Die Qualitätsstufe 4 umfasst:
- Standardverspachtelung Q 2
- breites Ausspachteln der Fugen sowie vollflächiges Überziehen und Glätten der gesamten Oberfläche mit einem dafür geeigneten Material (Schichtdicke größer 1 mm)

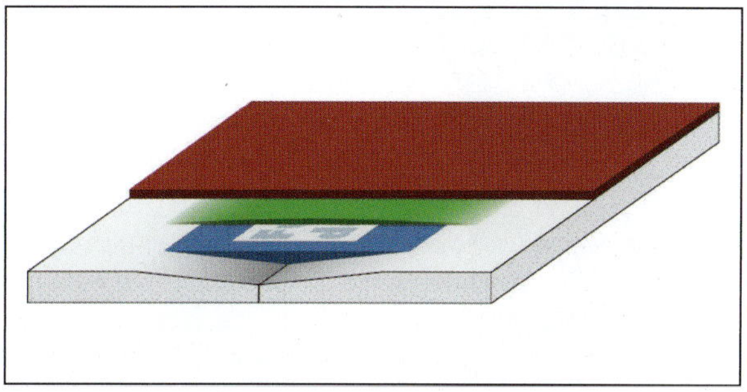

2 *Verspachtelung nach Q4*

Diese Oberfläche kann beispielsweise geeignet sein für:
- glatte oder strukturierte Wandbekleidungen mit Glanz, z. B. Metall- oder Vinyltapeten
- Lasuren oder Anstriche/Beschichtungen bis zu mittlerem Glanz
- Stuccolustro oder andere hochwertige Glätt-Techniken

Eine Oberflächenbehandlung, die nach dieser Klassifizierung die höchsten Anforderungen erfüllt, minimiert die Gefahr, dass sich Plattenoberflächen und Fugen abzeichnen.
Soweit Lichteinwirkungen (z. B. Streiflicht) das Erscheinungsbild der fertigen Oberfläche beeinflussen können, werden unerwünschte Effekte (z. B. wechselnde Schattierungen auf der Oberfläche oder minimale örtliche Markierungen) weitgehend vermieden. Sie lassen sich jedoch nicht völlig ausschließen, da Lichteinflüsse in einem weiten Bereich variieren und nicht eindeutig erfasst und bewertet werden können (z. B. bei natürlichem Lichteinfall).
Grundsätzlich müssen die Beleuchtungsverhältnisse, wie sie bei der späteren Nutzung vorgesehen sind, bekannt sein. Zweckmäßigerweise sollten sie bereits zum Zeitpunkt der Spachtelarbeiten vorhanden sein.
Darüber hinaus sind die Grenzen der handwerklichen Ausführung vor Ort zu beachten: Spachtelflächen, die auch bei Einwirkung von Streiflicht absolut eben und schattenfrei erscheinen, sind nicht ausführbar. In Einzelfällen kann es erforderlich sein, dass in Verbindung mit Beschichtungs- und Klebearbeiten weitere Maßnahmen zur Vorbereitung der Oberfläche für die Schlussbeschichtung notwendig sind, z. B. für glänzende Beschichtungen, Lackierungen, Lacktapeten.

3 *Praxisbeispiel für Verspachtelung von Gipsplatten nach Q2*

7.1.6 Dachgeschossausbau

Beim Ausbau von Dachgeschossen wird zusätzlicher Wohn- bzw. Lagerraum geschaffen.
Dabei können verschiedene Trockenbaumaßnahmen erforderlich werden, die ein zusammenhängendes System bilden:

- Einbau von Kehlbalkendecken
- Verkleidung von Dachschrägen
- Verkleidung von Giebelwänden
- Erstellung von Trennwänden
- Erstellung von Abseitenwänden
- Einbringung von Trockenestrichen

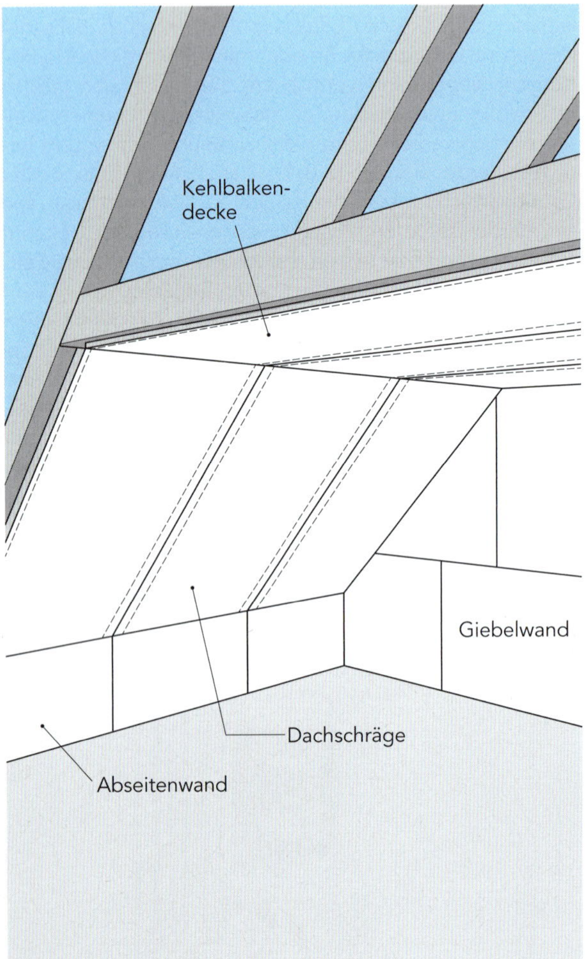

1 Dachgeschossausbau mit verschiedenen Trockenbaumaßnahmen

Unterkonstruktion und Wärmedämmmaßnahmen

Diese Ausbaumaßnahmen erfordern Wärmedämmmaßnahmen gemäß der EnEV (Energieeinsparverordnung, aktueller Stand 2014).
Da Maler und Lackierer in der Regel bereits bestehende Dachkonstruktionen ausbauen, ist es nicht mehr möglich, eine Dämmung über den Sparren anzubringen. Auch eine Untersparrendämmung ist eher unüblich. Daher wird die Wärmedämmung häufig in Form einer Zwischensparrendämmung ausgeführt. Dabei wird das Dämmmaterial auf die Unterspannbahn zwischen die Sparren geklemmt.

2 Zwischensparrendämmung

Über die Dämmung wird dann die Dampfsperre auf den Sparren befestigt. Diese verhindert Wärmeverluste und Feuchteschäden, die durch die Wärmeströmung von innen nach außen und eine daraus resultierende Wasserdampfkondensation im Bauteil entstehen können.

3 Befestigung der Gipsplatten nach Montage der Dampfsperre

Als Unterkonstruktion für die Gipsplatten in den Dachschrägen werden quer zu den Sparren entweder CD-Metallprofile (siehe S. 267), Dachlattungen oder Schalbretter als Tragprofile befestigt. Die Gipsplatten werden dann in der Regel in Längsrichtung auf den Tragprofilen befestigt – siehe blaue Pfeile in der Abbildung:

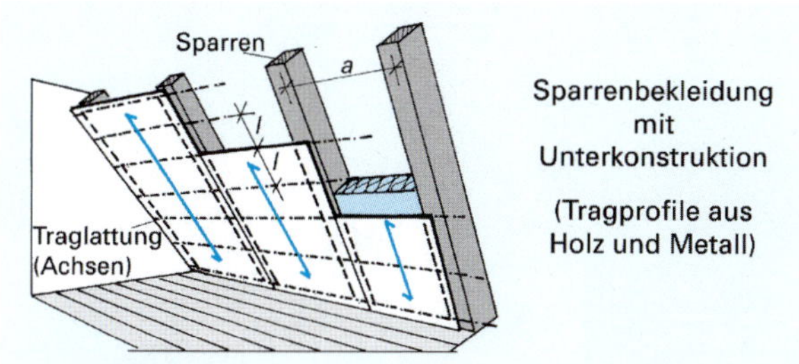

1 Dachschrägenverkleidung mit Unterkonstruktion (Tragprofile aus Holz oder Metall)

Bei der Verkleidung der Kehlbalken und Dachschrägen ist es bei geringem Sparren- bzw. Kehlbalkenabstand und entsprechender Plattenstärke auch möglich, die Gipsplatten direkt auf den Sparren/Kehlbalken (oder auf gedoppelten Lattungen) zu befestigen. Dabei werden die Gipsplatten in der Regel in Querrichtung zu den Sparren montiert – siehe blaue Pfeile in der Abbildung:

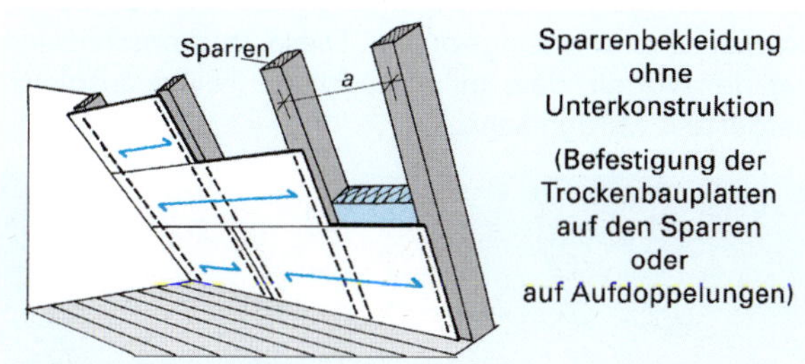

2 Dachschrägenverkleidung ohne Unterkonstruktion

Bei der Konstruktion und Dämmung von Kehlbalkendecken ist zu unterscheiden, wie der Raum zwischen Kehlbalken und First genutzt wird. Ist dieser Raum ausgebaut (einschließlich Dämmung), dient die Kehlbalkendecke als Trenndecke und wird wie eine Holzbalkendecke bearbeitet.

Ist dieser Raum nicht ausgebaut und nicht gedämmt, hat die Kehlbalkendecke die gleiche Funktion wie eine Dachschräge und wird entsprechend bearbeitet.

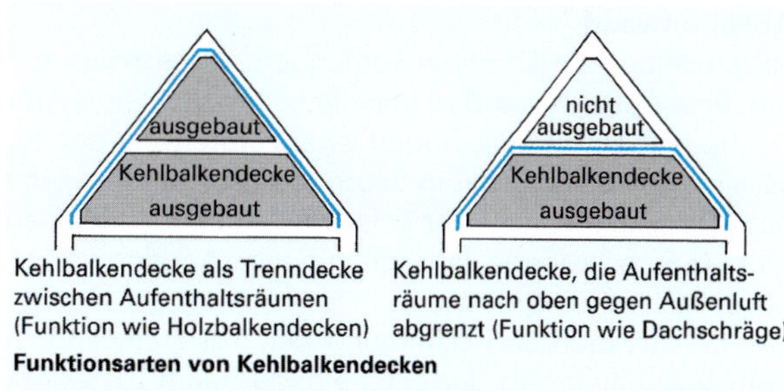

3 Funktionsarten von Kehlbalkendecken

Die Verkleidung von Giebelwänden und die Erstellung von Trennwänden erfolgt beim Dachgeschossausbau genauso wie bereits beschrieben, siehe S. 264–269.

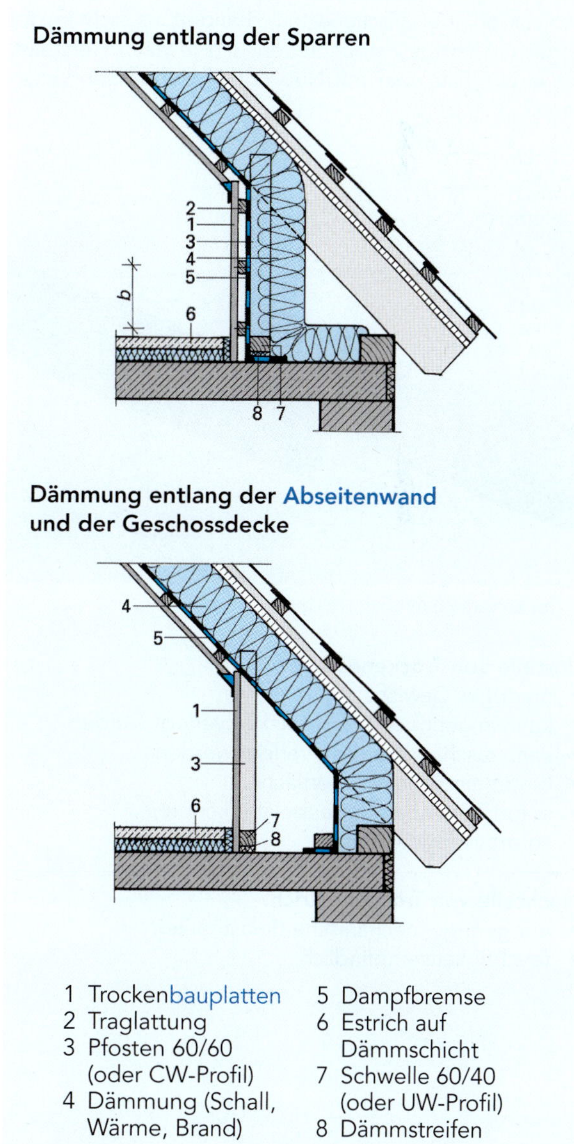

4 Konstruktionsmöglichkeiten der Abseitenwände

Abseitenwand

Ist bauseitig kein Drempel vorhanden, ist es zweckmäßig, eine Abseitenwand zu erstellen. Vom Verkleiden der Dachschrägen bis zum Boden ist abzuraten, da der zusätzlich gewonnene Raum kaum genutzt werden kann und der spitze Winkel der Ecke zu weiteren Problemen führt (z. B. schwierige Bodenreinigung, Anbringen von Sockelleisten nicht möglich).

Die Konstruktion und Dämmung der Abseitenwand ist abhängig davon, ob der entstehende Raum hinter der Wand als Stauraum genutzt werden soll oder nicht.

Verlegung von Trockenestrich

Im Dachgeschossausbau finden wir statt einer Betondecke mit herkömmlichem Estrich häufig Holzbalkendecken vor. Hier bietet sich der Einbau eines Trockenestrichs an. Bei Trockenestrich handelt es sich in der Regel um fertige Estrichplatten, die je nach Hersteller mit einem Falz oder mit Nut- und Federprofilen versehen sind.

1 Trockenestrich mit Falz

Vorteile von Trockenestrich:
- niedriges Gewicht
- kann in geringen Schichtdicken verlegt werden
- kann rasch und einfach verlegt werden
- bietet eine ebene Oberfläche
- sofort begehbar, Bodenbeläge können sofort verlegt werden

Nachteile von Trockenestrich:
- nur geringe mechanische Belastbarkeit
- feuchtigkeitsempfindlich

2 Verlegung eines Trockenestrichs

Bei den Elementen werden Systeme angeboten, die bereits auf der Unterseite mit Dämmmaterial versehen sind. Häufiger wird die Dämmung jedoch in Form einer Trockenschüttung eingebracht. Diese Trockenschüttung hat den Vorteil, dass mit ihr auch ein Niveauausgleich hergestellt werden kann.

3 Dämmung durch Trockenschüttung

Der übliche Aufbau eines Trockenestrichs besteht aus einer Dampfsperre, auf die die Trockenschüttung aufgetragen und gerade abgezogen wird. Auf der Schüttung werden die Estrichelemente schwimmend verlegt, wobei die Stöße je nach Hersteller verschraubt oder mit Kleber oder einer Fugenmasse verfüllt werden. Auf dem fertigen Trocken- oder Fertigteilestrich kann nach entsprechender Vorbehandlung jeder handelsübliche Oberboden verlegt werden.

7.2 Funktionsglas

7.2.1 Mehrscheiben-Isolierglas

Mehrscheiben-Isolierglas:
Verglasungseinheit, hergestellt aus zwei oder mehreren Glasscheiben (Floatglas, Ornamentglas, gezogenes Flachglas), die durch einen oder mehrere luft- bzw. gasgefüllte Zwischenräume voneinander getrennt sind.
An den Rändern luft- bzw. gas- und feuchtigkeitsdicht durch organische Dichtungsmassen, Verlöten oder Verschweißen verbunden (Definition nach DIN 1259-2).

Mehrscheiben-Isolierglas bietet je nach Ausführung hohe Wärmedämmung und/oder Schallisolation.

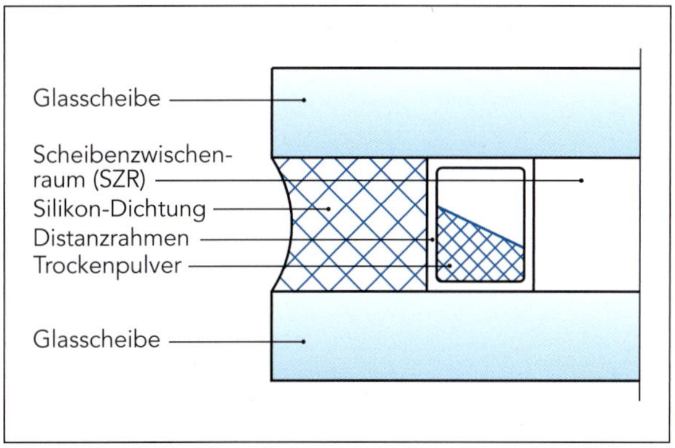

1 Aufbau von Mehrscheiben-Isolierglas

Ausführungen von Isolierglas
Isolierglas wird in heutiger Zeit von den Herstellern mit zahlreichen Zusatzfunktionen angeboten.
Die häufigste Ausführung ist dabei Isolierglas als Wärmeschutzisolierglas. Dabei wird eine der beiden oder werden drei Einzelscheiben von innen mit einer sehr dünnen farbneutralen Metallschicht bedampft. Zusätzlich wird der Scheibenzwischenraum vergrößert und mit Edelgas (Argon oder Krypton) gefüllt. Gemäß Energieeinsparverordnung ist bei Neubauten der Einsatz von Wärmeschutzisolierglas verpflichtend.
Isolierglas als Schallschutzisolierglas entsteht durch die Verwendung von in der Regel drei Einzelscheiben mit erhöhter Glasstärke.
Bei Sonnenschutzisolierglas wird die äußere Scheibe mit einer reflektierenden, farbigen Metallbedampfung versehen. Sonnenschutzglas wird in den Farbtönen Blau, Silber und Bronze hergestellt.
Um Sicherheitsisolierglas herzustellen, werden eine oder alle Einzelscheiben als Einscheiben- oder Verbundsicherheitsglas ausgeführt.

7.2.2 Sicherheitsglas

Sicherheitsglas:
Verringert bei Bruch die Gefährdung anwesender Personen erheblich, weist zusätzlich eine höhere Biegefestigkeit und Belastbarkeit auf als einfaches Floatglas derselben Stärke.

Eingesetzt wird Sicherheitsglas (auch als Bestandteil einer Isolierverglasung) für Glasdächer, Wintergärten, öffentliche Gebäude, als Balkon- oder Geländerbrüstung, in Fahrzeugen, für Ganzglastüren sowie für weitere sicherheitsrelevante Anwendungen.

Es werden zwei Arten von Sicherheitsglas unterschieden:

Einscheibensicherheitsglas (ESG)
Durch starkes Erhitzen und Abkühlen (thermisches Vorspannen) von Floatglas entsteht Einscheibensicherheitsglas (ESG). Bei Bruch von Einscheibensicherheitsglas zerspringt dieses in viele sehr kleine Würfel mit niedriger Verletzungsgefahr. ESG wird je nach Verwendungszweck in verschiedenen Stärken hergestellt. Nachträgliches Zuschneiden ist bedingt durch die Vorspannung nicht möglich.

Verbundsicherheitsglas (VSG)
Bei der Herstellung von Verbundsicherheitsglas (VSG) werden zwischen Floatglasscheiben transparente Kunststofffolien gelegt und durch Erhitzen fest miteinander verbunden. Die Verletzungsgefahr bei Bruch von Verbundsicherheitsglas ist gering, da die Glasscherben und Splitter durch die Folie gebunden bleiben. Für den Standardeinsatz werden zwei 3 mm starke Floatglasscheiben mit einer Kunststofffolie verbunden, für besondere Einsatzzwecke (einbruch- oder durchschussfestes Glas) können aber auch stärkere Scheiben in mehreren Lagen zusammengefügt werden. Werden bei der Herstellung zur weiteren Erhöhung der Stabilität zusätzlich zur Kunststofffolie dünne Stahldrähte eingelegt, entsteht Stahlfadenverbundglas.
Bei zweilagigem Verbundsicherheitsglas kann der Zuschnitt nach der Herstellung erfolgen.

7.2.3 Brandschutzglas

Brandschutzglas wird eingesetzt, wenn eine höhere Feuerwiderstandsklasse vorgeschrieben ist. Da auch der Rahmen und die Ausführung der Verglasung die Anforderungen dieser Feuerwiderstandsklasse erfüllen müssen, dürfen Brandschutzverglasungen nur durch zertifizierte Betriebe ausgeführt werden.

Aufgaben

1. *Nennen Sie vier Vorteile einer Trockenbauwand gegenüber einer Trennwand in herkömmlicher Bauweise.*
2. *Beschreiben Sie die unterschiedlichen Kantenausbildungen bei Gipsplatten und begründen Sie mithilfe einer Skizze die Auswahl von AK-Platten bei Einsatz von Bewehrungsstreifen.*
3. *Nennen Sie Anforderungen, die an Gipsplatten in Feuchträumen gestellt werden, und wählen Sie nach DIN EN 520 bzw. nach DIN 18180 eine geeignete Gipsplatte aus.*
4. *Begründen Sie, warum der Einsatz von Lehmbauplatten eine Alternative zu den herkömmlichen Gipsplatten darstellt.*
5. *Nennen Sie die Vorteile einer Unterkonstruktion aus Metallprofilen gegenüber einer aus Holz.*
6. *Ordnen Sie die unterschiedlichen Profile einer Metallkonstruktion ihrem jeweiligen Verwendungszweck zu.*
7. *Wärmedämmungen können bei Dachschrägen auf unterschiedliche Weise vorgenommen werden. Skizzieren Sie die drei Möglichkeiten der Dämmung einer Dachschräge. Erläutern Sie die Vorteile der Zwischensparrendämmung gegenüber den anderen.*
8. *Nennen Sie Gründe für den Einsatz einer Dampfsperre im Dachgeschossausbau.*
9. *Erläutern Sie die unterschiedlichen Möglichkeiten der Verkleidung von Dachschrägen mit Gipsplatten*
10. *Erläutern Sie, was zu tun ist, wenn eine normale Standardverspachtelung gefordert ist.*
11. *Erklären Sie, was bei Qualitätsstufe 4 hinsichtlich der Lichteinflüsse zu beachten ist.*
12. *Beschreiben Sie den Aufbau eines Mehrscheiben-Isolierglases.*
13. *Erläutern Sie, was unter Wärmeschutzisolierglas zu verstehen ist.*
14. *Erklären Sie, worin sich Einscheiben- und Verbundsicherheitsglas hinsichtlich ihrer Herstellung und ihrer Verarbeitung voneinander unterscheiden.*
15. *Erklären Sie, was unter Stahlfadenverbundglas zu verstehen ist.*

Matheamtik

1. *Zum Erstellen einer Unterkonstruktion für eine Raumtrennwand benötigen Sie 30 UW-Profile mit einer Länge von 4,00 m. Diese werden zu einem Preis von 2,80 €/lfm angeboten, Außerdem werden 5,50 m eines UA-Profils benötigt. UA-Profile werden in einer Länge von 3,00 m zu einem Preis von 8,50 €/lfm angeboten. Ermitteln Sie den Gesamtpreis für die Profile.*
2. *Für den Kauf von Gipsplatten Typ I mit den Maßen 2000 mm x 1200 mm werden Ihnen zwei Angebote unterbreitet:*
   – Anbieter A: Hier liegt der Preis bei 3,92 €/m².
   – Anbieter B: Hier liegt der Preis bei 6,72 €/Platte.
   Ermitteln Sie das günstigste Angebot.
3. *Zum Erstellen einer Raumtrennwand benötigen Sie 14 Gipsplatten Typ A mit den Maßen 2000 mm x 1250 mm. Der Preis dieser Platten liegt bei 2,70 €/m². Ermitteln Sie den Gesamtpreis für die Gipsplatten.*

Kundenauftrag 2

BV EFH Klett

Absenden

An: info@Malerbetrieb-Roth.de

Kopie:

Von: visionen@planen.de

Betreff: BV EFH Klett

Sehr geehrter Herr Roth,

für die Sanierung des Einfamilienhauses der Familie Klett, Kornblumenweg 88, 49811 Lingen, beauftragen wir Sie, ein nach DIN EN 13499 / DIN EN 13500 geeignetes Wärmedämmverbundsystem zu liefern und auf die Fassade aufzubringen. Als Schlussbeschichtung ist ein Reibeputz, Kornstärke 3 mm, Farbton weiß oder hell getönt, vorgesehen. Die Fenster- und Türöffnungen sind mit 6 cm breiten, farbig abgesetzten Faschen zu versehen.

Als Vertragsgrundlage gilt die VOB DIN 18363 in der jeweils aktuellen Fassung.

Diese Auftragsvergabe erfolgt auch per Brief.

Mit freundlichen Grüßen,

Bianca Schmidt

Planen + Bauen
Architektur- und Ingenieurbüro
Kirchstraße 102
49716 Meppen
Tel.: 05931/6394
E-Mail: visionen@planen.de

Objektbeschreibung

Bei der Objektbegehung wurde als Istzustand festgestellt:

- Es handelt sich um ein älteres Einfamilienhaus mit einem zweischaligen, ungedämmten Mauerwerk.
- Die Fassadenfläche ist mit einem mehrfach mit Acrylat- und Silikonharzfassadenfarben beschichteten Kratzputz versehen.
- Der Putz weist kleinere Risse und Fehlstellen auf; die Beschichtung ist leicht verschmutzt, algenfrei und tragfähig.

Lernsituation

Wärmedämmverbundsystem und Reibeputzbeschichtung aufbringen

1. Informieren

Um mit der Abwicklung dieses Kundenauftrags beginnen zu können, arbeiten Sie sich mithilfe der folgenden Fachbegriffe in das Thema ein:
Innendämmung, Außendämmung, Wärmeleitzahl, Wärmedämmverbundsystem, Armierungskleber, Armierungsgewebe, Kratzputz, Reibeputz, zweischaliges Mauerwerk.

2. Planen

- In einem persönlichen Gespräch mit Herrn Klett, dem Besitzer des Einfamilienhauses, äußert dieser, dass er eigentlich eher zu einer wesentlich kostengünstigeren Innendämmung tendiert. Sammeln Sie Argumente, die Herrn Klett überzeugen, sich für eine Außendämmung zu entscheiden.
- Fertigen Sie beschriftete Skizzen für Herrn Klett an, die den Temperaturverlauf durch das Mauerwerk seines Hauses mit Innen- bzw. mit Außendämmung aufzeigen, und erläutern Sie ihm diese Skizzen.
- Für die Wärmedämmschicht stehen Dämmstoffplatten (Dicke 10 cm) aus unterschiedlichen Materialien zur Auswahl. Informieren Sie sich über das jeweilige Material.
- Um die Wärmedämmplatten fachgerecht befestigen zu können, stehen unterschiedliche Befestigungssysteme zur Auswahl. Planen Sie das Befestigungssystem.
- Klären Sie, inwiefern die Durchführung dieses Auftrags von den Witterungsbedingungen abhängig ist, und erläutern Sie Ihre Erkenntnisse.
- Herrn Klett liegt der U-Wert (Wärmedurchgangskoeffizient) für seine ungedämmte Wand vor. Dieser liegt bei 1,1 W/(m²·K). Berechnen Sie den U-Wert, der sich nach der Montage der Außendämmung ergibt, um Herrn Klett die Vorteile einer Wärmedämmung rechnerisch zu verdeutlichen.

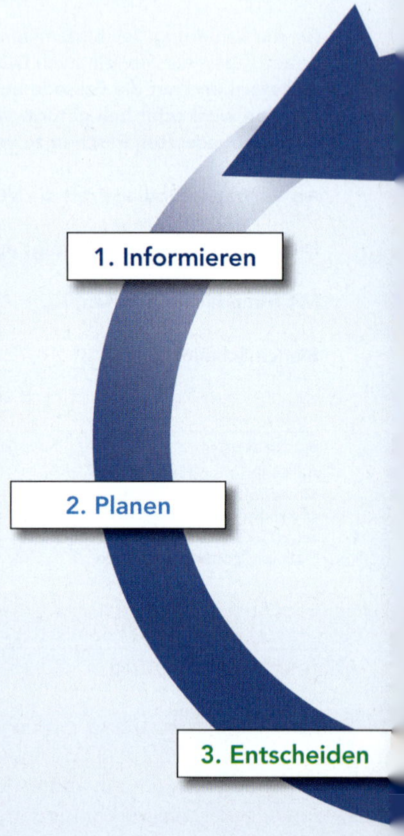

3. Entscheiden

- Entscheiden Sie sich mithilfe eines Materialvergleichs (Wärmeleitzahlen usw.) für einen geeigneten Dämmstoff.
- Treffen Sie eine begründete Entscheidung bezüglich eines sinnvollen Befestigungssystems.

6. Bewerten

- Stellen Sie Ihre Lösung dieses Kundenauftrags in der Klasse vor und diskutieren Sie diese.
- Korrigieren Sie Ihre Ergebnisse gegebenenfalls und bewerten Sie Ihre Gruppenarbeit.
- Bereiten Sie Ihre Ergebnisse für eine abschließende Präsentation in geeigneter Weise (Stellwand, Tageslichtprojektor usw.) im Beisein von Herrn Klett vor.

5. Kontrollieren

- Prüfen Sie Ihre schriftliche Ausfertigung des Auftrags auf Vollständigkeit und Verständlichkeit.
- Überdenken Sie Ihre Ausführungen bezüglich einer praktischen Durchführbarkeit. Entsprechen Ihre Ausführungen einem realen betrieblichen Ablauf?

6. Bewerten

5. Kontrollieren

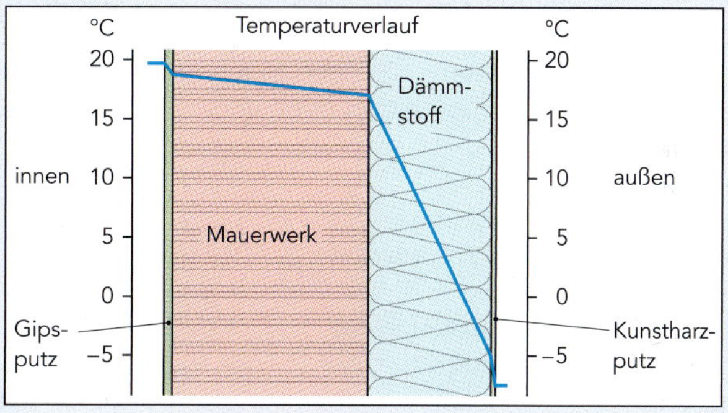

4. Ausführen

4. Ausführen

Baustelle einrichten

Nennen Sie Möglichkeiten, das an die Baustelle gelieferte Material vor Witterungseinflüssen und Diebstahl zu schützen.

Einen sicheren Arbeitsplatz schaffen

Für die Sanierung des Daches hat das beauftragte Bauunternehmen das Wohnhaus komplett eingerüstet. Dieses Gerüst können Sie für die Durchführung Ihres Auftrags benutzen. Was ist gemäß den Unfallverhütungsvorschriften vor der Benutzung von durch Fremdfirmen aufgestellte Gerüste zu beachten bzw. zu prüfen?

Vorarbeiten ausführen

- Nennen Sie die Untergrundvoraussetzungen, die zur Montage eines Wärmedämmverbundsystems vorherrschen sollten, und erläutern Sie Ihre Vorgehensweise, um diese Voraussetzungen zu schaffen.
- Nennen Sie die baulichen Voraussetzungen, die bei diesem Gebäude vor der Montage des Wärmedämmverbundsystems geschaffen werden müssen, und erläutern Sie die jeweilige Vorgehensweise.

Hauptarbeiten ausführen

- Erstellen Sie einen Arbeitsplan, beginnend bei Ihrer Vorgehensweise zur Befestigung der Sockelleisten über die Befestigung der Dämmplatten und den Umgang mit Plattenfugen (inkl. Begründung) bis hin zur Aufbringung der Armierung.
- Schildern Sie Ihre Arbeitsweise beim Aufbringen des Reibeputzes. Notieren Sie ggf. Faktoren, deren Berücksichtigung von besonderer Bedeutung ist.

Abschlussarbeiten ausführen

Notieren Sie, wie an den Anschlussfugen von Fenstern, Türen, Rollladenkästen usw. vorzugehen ist.

7.3 Wärmedämmsysteme

Wärmedämmsysteme dienen zur Senkung der Energiekosten eines Gebäudes und leisten durch die Verminderung von CO_2 und anderen Luftschadstoffen einen Beitrag gegen die Erwärmung der Erde durch den sogenannten Treibhauseffekt. Sie tragen damit zum weltweit notwendigen Klimaschutz bei.
Für die Errichtung neuer Gebäude ist deshalb die Wärmedämmung u. a. verbindlich in der Energieeinsparverordnung (EnEV, letzter Stand 2014) vorgeschrieben. Darin ist der Jahres-Heizwärmebedarf eines Gebäudes begrenzt. Im festgelegten Nachweisverfahren muss u. a. eine Energiebilanz für das Gebäude erstellt werden.
Gemäß den §§ 16 ff. der Energieeinsparverordnung werden für Wohn- und Geschäftsgebäude Energieausweise ausgestellt und müssen Käufern und Mietern (als Kopie des Originals) übergeben werden. Die wichtigsten Angaben des Energieausweises, z. B. der durchschnittliche Energiebedarf, müssen bereits in der Immobilienanzeige genannt werden.

Im Energieausweis sind u.a. angegeben:
- der rechnerisch ermittelte Energiebedarf auf Grundlage von Bauunterlagen
- der durchschnittliche Energieverbrauch auf Grundlage der Abrechnungen für Heiz- und Warmwasserkosten

Die Angaben werden (z. B. wie bei Elektrogeräten) als Energieeffizienzklassen mithilfe der Buchstaben A+ bis H (entsprechend 0 bis > 250 kWh) ausgewiesen.

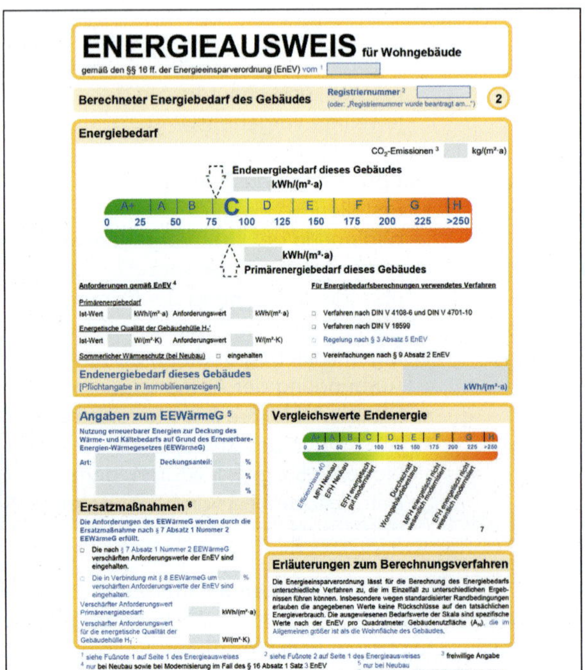
ENERGIEAUSWEIS für Wohngebäude
gemäß den §§ 16 ff. der Energieeinsparverordnung (EnEV) vom [1]

Berechneter Energiebedarf des Gebäudes Registriernummer [2] (oder: „Registriernummer wurde beantragt am...") 2

Energiebedarf

CO_2-Emissionen [3] kg/(m²·a)

Endenergiebedarf dieses Gebäudes kWh/(m²·a)

A+ | A | B | C | D | E | F | G | H
0 25 50 75 100 125 150 175 200 225 >250

kWh/(m²·a) Primärenergiebedarf dieses Gebäudes

Anforderungen gemäß EnEV [4]
Primärenergiebedarf
Ist-Wert kWh/(m²·a) Anforderungswert kWh/(m²·a)
Energetische Qualität der Gebäudehülle H_T'
Ist-Wert W/(m²·K) Anforderungswert W/(m²·K)
Sommerlicher Wärmeschutz (bei Neubau) ☐ eingehalten

Für Energiebedarfsberechnungen verwendetes Verfahren
☐ Verfahren nach DIN V 4108-6 und DIN V 4701-10
☐ Verfahren nach DIN V 18599
☐ Regelung nach § 3 Absatz 5 EnEV
☐ Vereinfachungen nach § 9 Absatz 2 EnEV

Endenergiebedarf dieses Gebäudes [Pflichtangabe in Immobilienanzeigen] kWh/(m²·a)

Angaben zum EEWärmeG [5]
Nutzung erneuerbarer Energien zur Deckung des Wärme- und Kältebedarfs auf Grund des Erneuerbare-Energien-Wärmegesetzes (EEWärmeG)
Art: Deckungsanteil: %
%
%

Ersatzmaßnahmen [6]
Die Anforderungen des EEWärmeG werden durch die Ersatzmaßnahme nach § 7 Absatz 1 Nummer 2 EEWärmeG erfüllt.
☐ Die nach § 7 Absatz 1 Nummer 2 EEWärmeG verschärften Anforderungswerte der EnEV sind eingehalten.
☐ Die in Verbindung mit § 8 EEWärmeG um % verschärften Anforderungswerte der EnEV sind eingehalten.
Verschärfter Anforderungswert Primärenergiebedarf: kWh/(m²·a)
Verschärfter Anforderungswert für die energetische Qualität der Gebäudehülle H_T': W/(m²·K)

Vergleichswerte Endenergie
A+ | A | B | C | D | E | F | G | H
0 25 50 75 100 125 150 175 200 225 >250
Effizienzhaus 40, MFH Neubau, EFH Neubau, EFH energetisch gut modernisiert, Durchschnitt Wohngebäudebestand, MFH energetisch nicht wesentlich modernisiert, EFH energetisch nicht wesentlich modernisiert 7

Erläuterungen zum Berechnungsverfahren
Die Energieeinsparverordnung lässt für die Berechnung des Energiebedarfs unterschiedliche Verfahren zu, die im Einzelfall zu unterschiedlichen Ergebnissen führen können. Insbesondere wegen standardisierter Randbedingungen erlauben die angegebenen Werte keine Rückschlüsse auf den tatsächlichen Energieverbrauch. Die ausgewiesenen Bedarfswerte der Skala sind spezifische Werte nach der EnEV pro Quadratmeter Gebäudenutzfläche (A_N), die im Allgemeinen größer ist als die Wohnfläche des Gebäudes.

[1] siehe Fußnote 1 auf Seite 1 des Energieausweises [2] siehe Fußnote 2 auf Seite 1 des Energieausweises [3] freiwillige Angabe
[4] nur bei Neubau sowie bei Modernisierung im Fall des § 16 Absatz 1 Satz 3 EnEV [5] nur bei Neubau
[6] nur bei Neubau im Fall der Anwendung von § 7 Absatz 1 Nummer 2 EEWärmeG [7] EFH: Einfamilienhaus, MFH: Mehrfamilienhaus

1 Auszug aus einem Energieausweis gemäß EnEV 2014

Um einen optimalen Wärmeschutz mit den entsprechenden Materialien erzielen zu können, ist es notwendig, die Wärmeleitfähigkeit und den Wärmedurchgangskoeffizienten als Maßeinheiten des Wärmeschutzes zu kennen und definieren zu können (siehe S. 29).

Stoffe, die zur Wärmedämmung infrage kommen, müssen eine niedrige Wärmeleitzahl aufweisen. Bezogen auf den Querschnitt des Bauteils lässt sich der einzuhaltende U-Wert bestimmen (siehe S. 29).

Der folgende Vergleich zeigt, dass die Wärmedämmstoffe diese Eigenschaften weit besser erfüllen als die üblichen Baustoffe.

Wärmeleitzahlen (λ) einiger Bau- und Dämmstoffe		Einheit $\frac{W}{m \cdot K}$
Baustoffe	Beton	2,1
	Gasbeton	0,14–0,23
	Gipsputz	0,35
	Kalkputz	0,87
Wärmedämmstoffe	Holzfaserplatten	0,15
	Korkplatten	0,045
	Hartschaum-Kunststoffe	0,020–0,04
	Mineralfasern	0,035–0,05
	Wärmedämmputz	0,057–0,09

7.3.1 Innendämmung – Außendämmung

Durch den Maler und Lackierer wird überwiegend die Innendämmung ausgeführt:
- Tapetenunterlagsmaterial aus Hartschaum oder genoppter Wollfilzpappe
- textile Wandbeläge
- Polystyrolsichtplatten
- Gipsplatten mit Polystyrolauflage
- Wärmedämmputze
- Spezialanstriche

Bei der Innendämmung soll verhindert werden, dass Wärme durch das Mauerwerk oder die Decke abwandert. Der Raum lässt sich so schneller erwärmen. Er kühlt jedoch auch leichter wieder aus, da die Wand als Wärmespeicher entfällt. Von außen gesehen liegt der Taupunkt (siehe S. 24) bei Kälte tiefer in der Wand, was zur Kondensatbildung und Feuchtigkeit in der Wand und damit zu Schimmelpilz führen kann.
Die Außendämmung schützt die gesamte Wandfläche. Sie dient zugleich als Armierung und Rissüberbrückung und hält die Fassade über längere Zeit wartungsfrei. Die Wände speichern die Wärme, wirken feuchtigkeitsregulierend und tragen zu einem guten Raumklima bei. Der Taupunkt liegt auch bei Kälte meist im Bereich der Wärmedämmung, sodass sich im Mauerwerk kaum Wasser als Kondensat niederschlagen kann. Gemessen an diesen Vorteilen ist eine Außendämmung der Innendämmung vorzuziehen.

7.3.2 Wärmebrücken

Innen liegende Dämmschichten an Außenwänden werden unterbrochen, wenn Trennwände bzw. Decken in die Außenwand eingebunden sind. Es entstehen Wärmebrücken. Weil die Oberflächentemperaturen im Anschlussbereich niedriger sind, können Tauwasser und Schimmelpilz entstehen.

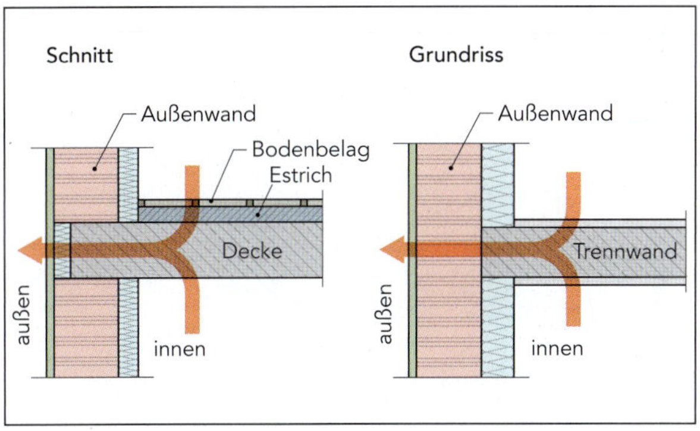

1 Wärmebrücken – Dämmung unterbrochen

Nicht tragende Trennwände, Estriche und Decken dürfen darum die innen liegenden Dämmschichten von Vorsatzschalen nicht unterbrechen. Sie müssen eigene Dämmschichten haben, die gegen die der Vorsatzschale laufen. Die Unterkonstruktion von Montagewänden ist an der Vorsatzschale zu befestigen.

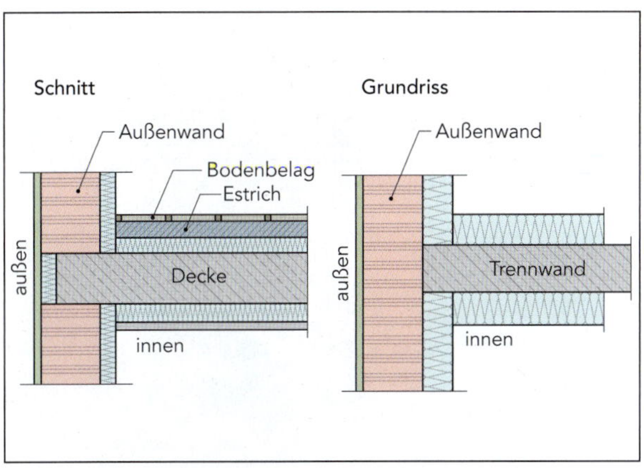

2 Dämmung durchgehend

7.3.3 Wärmedämmputzsysteme

Wärmedämmputzsysteme sind mineralisch gebundene Putze, deren Unterputze einen hohen Anteil (mindestens 75 % Volumenanteil) an expandiertem Polystyrol (EPS) enthalten, um die erforderliche Wärmedämmwirkung zu erreichen. Der Unterputz muss Wasser hemmend sein, eine entsprechende Festigkeit besitzen und einen ausreichenden Brandschutz gewährleisten. Der Oberputz muss Wasser abweisend sein.

7.3.4 Wärmedämmverbundsysteme

Wärmedämmverbundsysteme (WDVS) nach DIN EN 13499/DIN EN 13500 bestehen in der Regel aus drei Schichten:
- Wärmedämmschicht
- Armierungsmasse mit der darin eingebetteten Armierung aus Glasfasergewebe
- Schlussbeschichtung

Die Wärmedämmschicht besteht aus Dämmstoffplatten unterschiedlicher Schichtdicke aus Polystyrol- oder Polyurethan-Hartschaum sowie aus Mineralfasern. Die Schlussbeschichtung dient der Oberflächengestaltung und im Außenbereich zum Schutz gegen Witterungseinflüsse.
Die Wärmedämmschicht wird mit Armierungskleber auf den Untergrund geklebt, sofern dieser genügend tragfähig und belastbar ist. Hierfür werden der Untergrund gereinigt und geringfügige Putzmängel mit Spachtelmasse auf Zementbasis ausgebessert. Bei problematischen Untergründen verstärkt man die Klebestellen mit Dübeln oder wählt eine mechanische Befestigung.

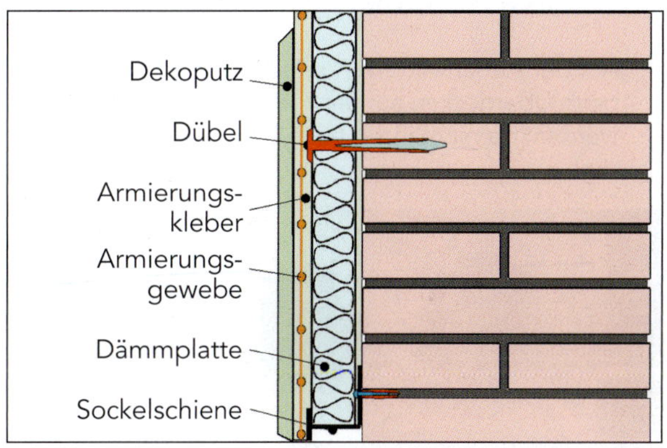

3 Aufbau eines Wärmedämmverbundsystems

Auf nicht tragfähigen Putz- und Anstrichschichten können Wärmedämmplatten nicht verklebt werden. Hier eignen sich Befestigungen mit Halte- und Verbindungsleisten aus Aluminium sowie mit Fassadenschraubdübeln.

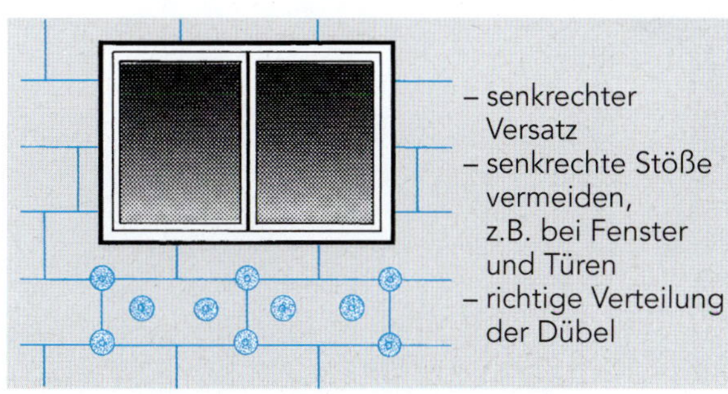

4 Richtiges Verlegen der Wärmedämmplatten

Zehn Regeln zum Aufbau eines Wärmedämmverbundsystems

1. Alle Anschlüsse wie Regenwasserableitungen, Fensterbänke, elektrische Schalter usw. auf neue Putzabmessung soweit notwendig anpassen.
2. Sockelschiene befestigen, eben und waagerecht ausrichten.
3. Von der Sockelschiene ausgehend, werden die Dämmplatten der Reihe nach von unten nach oben jeweils versetzt geklebt oder mechanisch befestigt.

1 Ansetzen der Dämmplatten

4. Auf der Außenwand verlegte Leitungen müssen beim Überdecken auf der Platte gekennzeichnet werden, damit man sie beim Dübeln nicht beschädigt.

2 Bohren der Dübellöcher

5. Dübel erst nach Erhärtung der Klebemasse setzen.

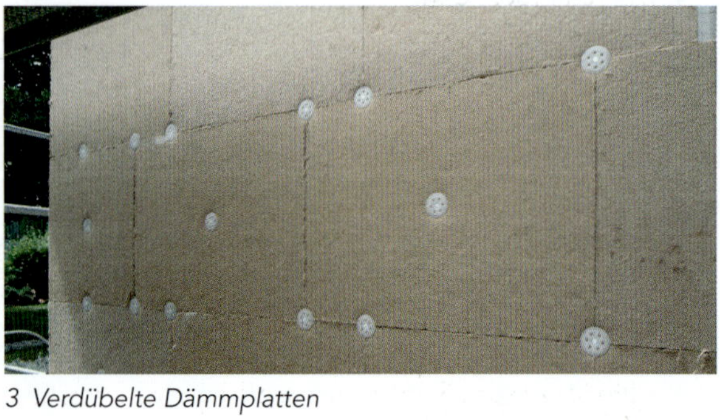

3 Verdübelte Dämmplatten

6. Länge der Dübel so wählen, dass eine Eindringtiefe von mindestens 5 cm in den festen Untergrund gewährleistet ist.
7. Armierungskleber gleichmäßig auftragen; das Armierungsgewebe bahnenweise mit ca. 10 cm Überlappung einlegen bzw. einbetten; Armierungsbahnen nicht um die Ecken herumziehen.

4 Anbringen des Armierungsgewebes

8. An frei stehenden Ecken Eckverstärkung aus Armierungsgewebe einbetten.

5 Anbringen der Eckverstärkung

9. Anschlüsse und Fugen schlagregendicht ausführen.
10. Schlussbeschichtung erst nach vollkommener Erhärtung der Armierungsschicht auftragen.

7.3.5 Brandschutzanforderungen

Schwer entflammbare Wärmedämmplatten der Baustoffklasse B1 bestehen aus Polystyrol-Hartschaum. Sie werden mit Dispersionsklebemasse verarbeitet. Die Schlussbeschichtung wird mit Kunstharz- bzw. Silikatputz ausgeführt. Nicht brennbare Wärmedämmplatten der Baustoffklasse A bestehen aus Mineralfaserplatten. Sie werden mit zementgebundener Klebemasse verarbeitet. Die Schlussbeschichtung wird mit mineralischem Dünnschicht- bzw. Silikatputz ausgeführt.
Baustoffklassen nach DIN EN 13501 (DIN 4102-1) siehe S. 214).

7.4 Kunstharzgebundene Putze

Kunstharzputze sind nach DIN 18558 Beschichtungen mit putzartigem Aussehen. Sie werden aus Bindemitteln in Form von Dispersionen oder lösemittelhaltigen Bindemitteln sowie aus Füllstoffen bzw. Gesteinskörnungen hergestellt. Der überwiegende Kornanteil des Füllstoffs muss dabei einen Durchmesser > 0,25 mm vorweisen.
Kunstharzputze teilt man in zwei Gruppen ein:
POrg 1 -> Außen- und Innenputz
POrg 2 -> Innenputz

Kunstharzputze werden als Oberputz auf mineralische Unterputze der Mörtelgruppen P I und P III (siehe S. 117), auf Beton und als Schlussbeschichtung bei Wärmedämmverbundsystemen eingesetzt.

Eigenschaften der Kunstharzputze
Gute Haftung: Kunstharzputze zeichnen sich durch eine gute Haftung und Elastizität aus. Auf tragfähigem Untergrund und bei richtiger Verarbeitung kann der Putz weder reißen noch abblättern.

Feuchtigkeitsabweisend: Kunstharzputze bilden beim Erhärten eine dichte Beschichtung. Schlagregen kann dem Putz nichts anhaben. Er schützt den darunterliegenden Unterputz und das Mauerwerk gegen Durchfeuchtung, Wärmeverlust und Zerstörung.

Dampfdurchlässigkeit: Durch den Zusatz an groben mineralischen Bestandteilen (Quarz) bleibt die Wasserdampfdurchlässigkeit trotz dichter Durchhärtung erhalten. Die Baufeuchte kann entweichen und die für ein gutes Raumklima nötige Luftfeuchtigkeit kann ausgetauscht werden.

Beständigkeit: Der Putz behält lange seine ursprüngliche Farbe und sein Aussehen. Schmutz und Staub werden vom Regen wieder abgewaschen. Gegen Luftschadstoffe und aggressive Niederschläge verfügen Kunstharzputze über eine hohe Beständigkeit.

Untergrundmängel
Putzuntergründe, die keinen festen, dauerhaften Verbund mit dem Kunstharzputz gewährleisten, stellen Untergrundmängel dar. Folglich kann der Kunstharzputz abplatzen.
Der Putzgrund muss mängelfrei sein, d. h., er darf weder sanden noch mit Schmutz, Rissen oder anderen Putzmängeln behaftet sein. Nasse Flächen können die Durchhärtung des Putzes stören und Hohlstellen erzeugen. Der Putzgrund muss deshalb fest, griffig und trocken sein.

Vorarbeiten:
1. Putzgrund (Unterputz) gründlich reinigen.
2. Ausbessern der Putzbeschädigungen mit Spachtelmasse auf mineralischer Basis.

Beschichtungsaufbau

Das Aufbauen der Beschichtung:
1. Grundanstrich mit lösemittelverdünnbarem Grundanstrichstoff (Tiefgrund)
2. Zwischenanstrich mit Grundfarbe oder Streichputz
3. Putzauftrag

Der Grundanstrich festigt den Putzgrund und verhindert, dass dem Kunstharzputz vorzeitig das Wasser entzogen wird.
Der Zwischenanstrich gleicht das unterschiedliche Saugvermögen weiter aus, stellt eine Haftvermittlung her und ermöglicht eine gleichmäßige Färbung des Oberputzes. Eine unterschiedliche Färbung des Putzgrundes kann den Kunstharzputz fleckig erscheinen lassen. Der Zwischenanstrich wird daher im Farbton des Oberputzes abgetönt. Für den Zwischenanstrich sollte nur auf das vom Hersteller des Kunstharzputzes vorgeschlagene Material zurückgegriffen werden.
Putzauftrag: Kunstharzputze werden vom Hersteller gebrauchsfertig im gewünschten Farbton geliefert. Notfalls können sie mit Abtönfarben auf den gewünschten Farbton gebracht werden. Je nach beabsichtigter Oberflächenstruktur ist die Konsistenz nach Herstellerangaben einzustellen, d. h. mit der vorgeschriebenen Menge Wasser zu verdünnen. Der Kunstharzputz wird mit einer nicht rostenden Glättkelle (Traufel) in Schichtdicke der Korngröße aufgezogen.

Die Schichtdicke des Kunstharzputzes ist abhängig vom Durchmesser der größten Körnung innerhalb des Füllstoffs.

Der Putz darf weder in praller Sonne noch bei zu großem Wind oder bei Temperaturen unter +5 °C aufgetragen werden, da diese die Trocknung beschleunigen oder die Erhärtung beeinträchtigen. Die Oberfläche der Kunstharzputze kann durch bestimmte Bearbeitungstechniken vielseitig gestaltet werden. Dabei spielen die Korngröße und die Auswahl der Gesteinskörnungen bzw. des Füllstoffs eine entscheidende Rolle.

Gebräuchliche Kunstharzputzarten

Reibeputz: Durch Zugabe von Rundkorn entstehen beim Abscheiben Vertiefungen, die je nach Reibrichtung die typische Struktur ergeben.

Kratzputz: Das Strukturkorn (1 bis 6 mm) ragt aus der Beschichtung heraus und ergibt eine gleichmäßig strukturierte Oberfläche.

Rillenputz: Er ist dem Reibeputz ähnlich. Anstelle des Rundkorns wird Splittkorn verwendet.

Spritzputz: Nach der Erhärtung stehen Splitt oder Rundkörner aus der Beschichtung heraus und bestimmen die Struktur.

Modellierputz: Der dickschichtig aufgetragene Putz wird mit der Rolle, Traufel, Kelle, Bürste oder mit einem Schwamm modelliert.

Streichputz: Er besteht aus einer feinkörnigen streichfähigen Beschichtung, die mit der Bürste aufgetragen wird.

Rollputz: Der feinkörnige Putz wird mit einer Strukturrolle entsprechend geprägt.

Schleifputz: Der Putz wird ca. 30 Minuten nach dem Aufziehen mit einem Glasdeckel überschliffen.

Einsatz im Wärmedämmverbundsystem

Kunstharzputze werden häufig als Schlussbeschichtung in Wärmedämmverbundsystemen eingesetzt. Die für diesen Zweck vorgesehenen Putze sind in der Regel auf Silikonharz- oder Silikatbasis hergestellt. Da diese auf die jeweiligen Systeme abgestimmt sind, sollte man unbedingt die von den Herstellern empfohlenen Materialien einsetzen.

Werden Kunstharzputze als Teil eines Wärmedämmverbundsystems eingesetzt, kann auf die Grund- und Zwischenbeschichtung verzichtet werden. Das Material wird direkt auf die durchgetrocknete Armierungsschicht aufgetragen. Häufig ist eine Schlussbeschichtung dieser Putze mit Silikonharz- oder Silikatfassadenfarben vorgesehen. Auch hierbei sollte man unbedingt den Herstellervorgaben Folge leisten.

Aufgaben

1. *Erklären Sie, warum die Montage eines Wärmedämmverbundsystems nicht nur finanzielle Vorteile bringt, sondern auch ökologische Aspekte erfüllt.*
2. *Nennen Sie die Vor- und Nachteile einer Außendämmung im Vergleich zu einer Innendämmung.*
3. *Nennen Sie die drei Schichten, aus denen ein Wärmedämmverbundsystem besteht, und erklären Sie Ihre Arbeitsweise bei der Erstellung jeder einzelnen Schicht.*
4. *Erläutern Sie mithilfe des Fachbegriffs Adhäsionskraft warum eine Verklebung der Wärmedämmplatten auf nicht tragfähigem Putz nicht vorgenommen werden kann und nennen Sie Alternativen.*
5. *Nennen Sie Gründe, die für kunstharzgebundene Putze als Oberputz eines Wärmedämmverbundsystems sprechen, und erläutern Sie diese.*
6. *Notieren Sie die Mängel, auf die ein Untergrund vor dem Putzauftrag geprüft werden sollte.*
7. *Auf welche Weise erfolgt die Auswahl eines geeigneten Kunstharzputzes für ein Wärmedämmverbundsystem?*
8. *Nach VOB Teil C werden beim Aufmessen und Abrechnen von Maler- und Lackiererarbeiten Öffnungen, Aussparungen und Nischen bis zu einer Einzelgröße von 2,5 m² übermessen. Dies ist auch beim Aufmessen und Abrechnen im Wärmeschutz der Fall. Erläuteren Sie, wieso es hier zwischen Auftragnehmer und Auftraggeber zu Streitigkeiten kommen kann.*

Kundenauftrag

NOTIZEN:

Golfclub Schloss Vornholz
Ansprechpartnerin: Frau Hattenhorst
Steinpatt 13
59320 Ennigerloh-Ostenfelde
02524 951551

ROTH Malerbetrieb
Gewerbepark 136
45131 Essen
Fon 0201 4867-12
Fax 0201 4867-14
info@Malerbetrieb-Roth.de
www.Malerbetrieb-Roth.de

Datum: *17.08.20xx*

Objekt: *Golfclub Schloss Vornholz*
Besonderheiten: *gehobene Kategorie, modernes und freundliches Ambiente, englischer Einrichtungsstil*

Neugestaltung des Clubraums II:
Der Kunde wünscht eine Neugestaltung des Clubraums II in einen gemütlichen Loungebereich. Die Wände sollen tapeziert und der Fußboden mit einem neuen Bodenbelag versehen werden. Die Holzbalken an der Decke werden entfernt und dafür werden umlaufend Zierprofile an der Decke angebracht.

Der Kunde möchte bis zum 20.09.20xx eine umfassende Präsentationsmappe:
- *Raumabwicklung*
- *Farbleitplan*
- *Mustertapetenplatten*
- *Muster geeigneter Bodenbeläge*
- *Aufstellung anfallender Kosten*

Objektbeschreibung

Wände:
- quarzgefüllter grober Streichputz, im Kreuzschlag aufgetragen
- gelbe Wischtechnik an den Wänden

Decke:
- weiß mit Dispersionsfarbe gestrichen
- Kiefernbalken
- indirekte Beleuchtung durch eingelassene Halogenstrahler in der Decke

Fußboden:
- gefliest im Landhausstil in hellen Sand- und Brauntönen

Fenster:
- neu aus Kunststoff in RAL 9010 Reinweiß

Wandschrank:
- lackiertes Holz in RAL 9010 Reinweiß, RAL DS 050 40 50

1 Raumansicht

Ausstattung (geplant):
- weißer Wandschrank (bleibt)
- Ledersessel aus der Kollektion Rolf Benz EGO Clubsessel in Dunkelbraun
- Glastische Rolf Benz 8130; Maße: 45 cm hoch, 60 x 60 cm Glasplatte; Untergestell: Nussbaum furniert; Metallwangen: Aluminium hochglanzverchromt

Lernsituation

Entwicklung einer Präsentationsmappe mit Farbleitplan, Materialauswahl und Kostenplan

1. Informieren

- Nutzen Sie Ihr Fachbuch, verschiedene Broschüren und das Internet, um folgende Begriffe zu klären: symbolische Bedeutung von Farben, Farbharmonie – Farbkontraste, Gestaltung von Innenräumen.
- In einem weiteren Schritt informieren Sie sich über die zu verwendenden Materialien:
  Tapetenarten für Innenräume und andere hochwertige Materialien für Tapezier-, Klebe-, Verlege- und Spannarbeiten. Berücksichtigen Sie dabei die anfallenden Kosten in €/m².
  Bodenbeläge für ein angenehmes Raumklima, hohen Komfort und eine lange Haltbarkeit und Belastbarkeit. Berücksichtigen Sie dabei die anfallenden Kosten in €/m².

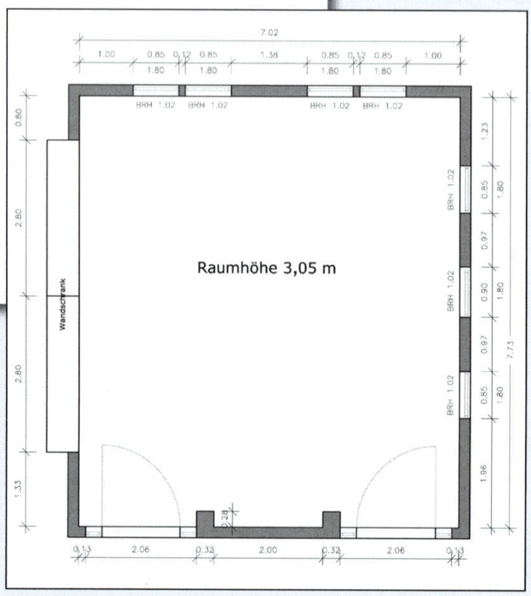

Grundriss Clubraum II

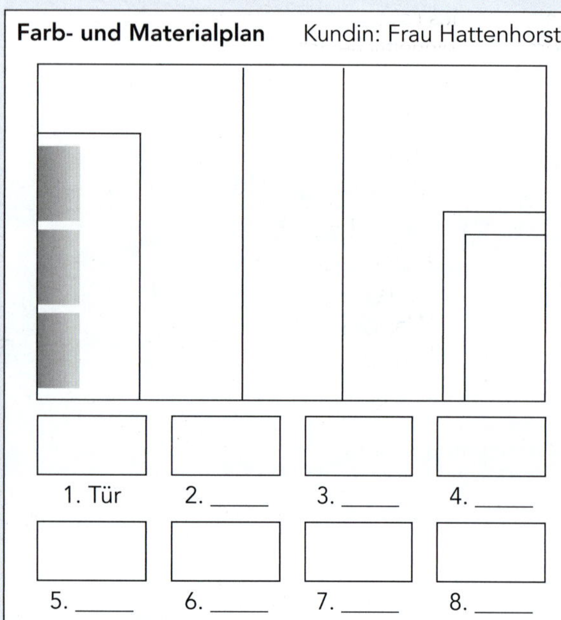

Beispiel Farbleitplan

2. Planen

- Werten Sie den Kundenauftrag aus, indem Sie die Wünsche des Kunden (Gestaltungsstil, Nutzung des Raums, Materialien usw.) in Form einer Mindmap zusammenfassen. Beachten Sie die unveränderlichen Gegebenheiten im Raum.
- Zeichnen Sie für den Kunden am Computer einen Farbleitplan in DIN A3.
- Die Kundin muss während der Renovierung das Clubhaus schließen und erhält demnach für den Zeitraum keine Einnahmen. Erstellen Sie ein umfangreiches Angebot (inkl. der Preise) und einen konkreten zeitlichen Ablauf des Bauvorhabens (Zeit- und Arbeitsplan).
- Fertigen Sie drei unterschiedliche Farbentwürfe an.

6. Bewerten

- Simulieren Sie ein Kundengespräch, in dem Sie vom Kunden eine Rückmeldung zu Ihrer Arbeit erbitten.
- Korrigieren Sie Ihre Ergebnisse gegebenenfalls und bewerten Sie Ihren Arbeitserfolg.

5. Kontrollieren

Vor dem Kundengespräch kontrollieren Sie, ob Sie den Auftrag des Kunden sorgfältig und vollständig erfüllt haben:

- Haben Sie alle Wünsche des Kunden berücksichtigt – siehe Kundenauftrag?
- Sind die Ergebnisse in Ihrer Mappe richtig sortiert und entsprechen sie dem Inhaltsverzeichnis?
- Sind alle Teile der Mappe sorgfältig erstellt oder müssen einzelne Bereiche noch nach- oder ausgebessert werden?

4. Ausführen

- Fertigen Sie einen Farbvorschlag für das Kundengespräch an. Beschichten bzw. bekleben Sie hierfür die entsprechenden Flächen Ihres Farbleitplans mit dem ausgewählten Material. Die von der Kundin gewünschten Musterplatten dienen als Orientierung, um schon während der Renovierung z. B. Gardinen, Polsterstoffe oder auch Dekorationsartikel auszusuchen.

> Der Farb- und Materialplan ist die Visitenkarte Ihrer handwerklichen Arbeit. Schmutz, Farbkleckse oder sogar Risse im Papier machen einen unsauberen Eindruck.

- Legen Sie die Raumabwicklung farbig aus.
- Bereiten Sie Ihre Dokumentationsmappe vor, indem Sie zunächst ein Inhaltsverzeichnis anlegen.
- Entwerfen Sie ein einheitliches Layout für Ihre Präsentationsmappe. Dazu gehören eine einheitliche Schriftgestaltung und Farbwahl. Aufgabe für Schnellere: Entwickeln Sie ein Logo für Ihren Betrieb, welches Sie auf dem Briefbogen einfügen.

Inhalt:
1. Anschreiben an den Kunden
2. Raumabwicklung
3. Farbleitplan
   Foyer:
   Wand 1
   Wand 2
   …
4. Mustertapetenplatten
5. Vorschlag 1
6. Vorschlag 2
7. Muster geeigneter Bodenbeläge
   …

Beispiel Inhaltsverzeichnis

3. Entscheiden

- Präsentieren Sie einem Klassenkameraden Ihre Entwürfe und diskutieren Sie die jeweiligen Stärken und Schwächen.
- Entscheiden Sie sich für einen Entwurf und verändern Sie ihn so, dass er die diskutierten Schwächen nicht mehr aufweist.

8 Oberflächen und Objekte bearbeiten und gestalten

Für jede Form der Beschichtung ist ein guter Untergrund erforderlich. Zunächst müssen Sie für einen tragfähigen, glatten und leicht saugenden Untergrund sorgen und ihn entsprechend vorbereiten. Informieren Sie sich auf S. 117–S. 119, wie Sie bei der Untergrundvorbereitung vorgehen müssen.

8.1 Wandbekleidungen

Tapeten dienen als Wandbekleidung für Decken und Wände.

Vorläufer der Tapeten sind vergoldetes oder bemaltes Leder, gewirkte Wandbehänge, wie beispielsweise Gobelins, Stoffbespannungen aus Seide und Brokat sowie Papierrollen, die aus Bögen zusammengeklebt, bemalt oder oft mit mehr als 100 Modeln handbedruckt wurden.
Die industrielle Fertigung von Tapeten begann in der zweiten Hälfte des 19. Jahrhunderts, nachdem Erfindungen wie Maschinen zur Herstellung von Endlospapierbahnen und Rotationsdruckmaschinen zur Verfügung standen.
Ursprünglich bestand die Tapete aus ein- oder zweischichtigen Papieren, deren Oberfläche in verschiedenen Druckverfahren bedruckt wurde. Heute verwendet man zunehmend Tapeten, die aus einem Vliesträgermaterial bestehen, das aus reißfesten Fasermaterialien aus Kunststoffen oder Zellstofffasern hergestellt wird.

Grundsätzlich unterscheidet man zwei Gruppen von Wandbekleidungen:
- **Fertige Wandbekleidungen:** Nach dem Tapezieren ist keine weitere Behandlung vorgesehen; sie verfügen sofort über Abwaschbarkeits- und Farbbeständigkeitsgrade, vgl. DIN EN 233.
- **Wandbekleidungen für nachträgliche Behandlung:** In der Regel Prägewandbekleidungen und Raufaser; werden nach dem Aufbringen auf die Wand noch gestrichen; verfügen vor ihrer Weiterbearbeitung nicht über wasch- oder farbbeständige Eigenschaften, vgl. DIN EN 234.

8.1.1 Arten von Wandbekleidungen

Die DIN EN 235 definiert Begriffe, die für den Verwender von Wandbekleidungen wichtig sind. Außerdem werden Tapetenarten und die Kennzeichnung von Wandbekleidungen festgelegt.

Tapetenarten

Bezeichnung	Beispiel	Eigenschaften/Einsatzbereiche
Papierwandbekleidung		• größte Gruppe aller Tapetenarten • Vorderseite meist in mehreren Farbdurchläufen bedruckt • Unterscheidung der Qualität nach dem Rohgewicht: • leichte Tapeten: 70–100 g/m² • mittlere Tapeten: 110–170 g/m² • schwere Tapeten: 180–220 g/m²
Vinylwandbekleidung auf Papier oder auf Gewebe- oder Vliesträger		• auf der Basis von PVC als Vinyltapeten, Kunststoffschaumtapeten und Kunststoffstepptapeten hergestellt • abweisend und abwaschbar aufgrund eines hauchdünnen PVC-Films • für stark beanspruchte Wände und Nassräume wie Küche oder Bad
Vliestapete		• besteht aus einseitig imprägniertem Zellstoff und textilen Fasern, die mit Bindemittel gefestigt sind • hohe Luft- und Wasserdampfdurchlässigkeit • maximale Dimensionsstabilität • keine Weichzeit notwendig • Kleister kann sowohl auf die Tapete als auch direkt auf die Wand aufgetragen werden
Textilwandbekleidung		• Oberfläche entsteht durch Aufkaschieren von Kettfäden, Gewirken oder Geweben auf Papierträger • Einsatz von Textilien aus Wolle, Jute, Baumwolle, Seide, Leinen und Kunstfasern • je nach Dichte der Oberfläche kann der Untergrund oder die Oberfläche zusätzlich bedruckt werden
Velourswandbekleidung		• Vorderseite ist mit geschnittenen Textilfasern beklebt, die mehr oder weniger senkrecht zur Oberfläche stehen und damit über eine samtartige Oberfläche verfügen

Bezeichnung	Beispiel	Eigenschaften/ Einsatzbereiche
Metallfolienwandbekleidung, metallisierte Wandbekleidung, Wandbekleidung mit Metalleffekt		• bestehen aus auf Papier kaschierter Metallfolie, meist Aluminium, die bedruckt, geätzt, oxidiert oder handkoloriert ist • ähnliche Effekte werden durch aufgedruckte Bronzen erzeugt, sodass die Wandbekleidung billiger und leichter zu verarbeiten ist
Naturwerkstofftapeten		• werden mit Naturstoffen wie Gras, Bast, Kork, Blättern, Sand, Holzfurnier auf zum Teil eingefärbtes Papier kaschiert
Wandbild		• bedruckte Bögen oder Bahnen, die verklebt ein Gesamtbild ergeben
Raufasertapeten		• bestehen aus zwei aufeinander kaschierten Papierbahnen, zwischen die Holzspäne unterschiedlichster Form gestreut werden • nach Verklebung und Trocknung streicht man sie über
Glasfaser	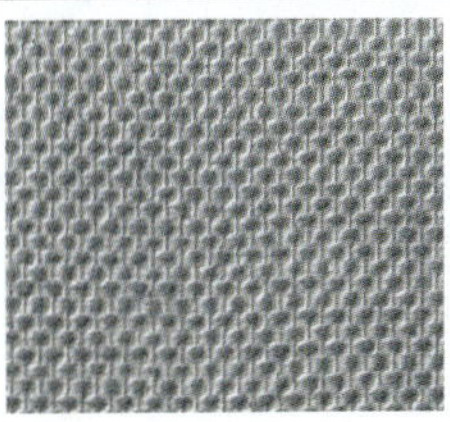	• verrottungsfest, da sie ausschließlich aus Glasfasern besteht • nicht brennbar (Brandschutzklasse A2) und je nach Beschichtung schwer entflammbar (Brandschutzklasse B1) • bietet vielfache Gestaltungsmöglichkeiten: • Verkleben auf farbig gestaltetem Untergrund • Überstreichen des verklebten Gewebes mit deckenden, lasierenden oder transparenten Beschichtungen • Abrakeln noch flüssiger Farbe vom verklebten Gewebe
Borte	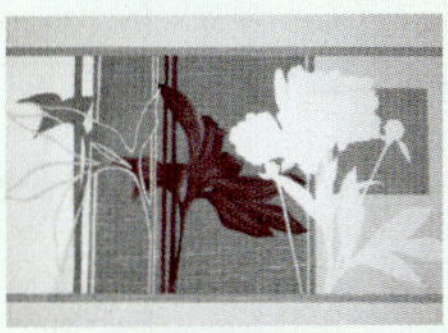	• dekorativer Streifen einer fertigen Wandbekleidung in Rollenform mit einer Breite ≥ 32 mm

Vliestapeten:

Vliestapeten erfreuen zunehmender Beliebtheit – vor allem wegen ihrer guten Verarbeitungseigenschaften. Außerdem bietet der Handel Vliestapeten mit vielen gewünschten Zusatzeigenschaften an:

- ohne umwelt- und gesundheitsbelastende Substanzen
- hoch waschbeständig
- dimensionsstabil
- schwer entflammbar
- wasserdampfdurchlässig
- hochreißfest
- rissüberbrückend (bei feinen Haarissen)
- restlos trocken abziehbar

Raumgestaltung mit Tapeten:

1 Raumgestaltung mit Seidentapeten

2 Clubgestaltung mit Streifentapete

8.1.2 Qualität von Wandbekleidungen

Die Qualität von Wandbekleidungen wird von Verarbeitern und Kunden nach ganz unterschiedlichen Kriterien beurteilt:

Für den Verarbeiter sind Materialeigenschaften ausschlaggebend wie
- Nassfestigkeit
- Weichzeit
- Maßhaltigkeit bei Tapeten mit Rapport (Versatz, siehe S. 119)
- Reißfestigkeit
- möglichst nahtloser, nicht sichtbarer Übergang beim Zusammenfügen der Tapetenbahnen

Für den Kunden sind Oberflächeneigenschaften wichtig wie
- Aussehen
- Art der Oberfläche
- Reinigungsmöglichkeit
- Strapazierfähigkeit
- die Entfernbarkeit (im Hinblick auf eine spätere Renovierung)

Die Güte- und Prüfbestimmungen des RAL-Gütezeichens umfassen strenge Qualitäts-, Umwelt- und Gesundheitsstandards. Verbraucherbedürfnisse und Umweltschutzanforderungen werden von den Herstellern, die ihre Tapeten mit RAL-Gütezeichen herstellen, optimal erfüllt. Die Einhaltung der Bestimmungen werden regelmäßig von neutraler Seite überwacht. Hinter RAL steht das Deutsche Institut für Gütesicherung und Kennzeichnung e. V.

RAL GÜTEZEICHEN TAPETEN

1 Qualitätstapeten tragen das RAL-Gütezeichen

Die Auszeichnung mit dem Blauen Engel (für Tapeten RAL UZ 35) drückt aus, dass die Tapete umweltschonend und überwiegend aus recycelbarem Altpapier hergestellt wurde. Außerdem ist sie besonders arm an Formaldehyd und auf Schadstoffe und Schwermetalle geprüft (siehe S. 61).

8.1.3 Tapetenkennzeichen nach DIN EN 235

Die Tapetenkennzeichen können im Musterbuch der Rückseite des jeweiligen Tapetenmusters oder der Rückseite der zu verarbeitenden Tapetenrolle sowie in Piktogrammform dem Beipackzettel entnommen werden. Die abgebildeten Piktogramme gelten europaweit.

Tapetenkennzeichen

Kategorie und Nummer	Benennung	Piktogramm	Kurzzeichen
1 Wasserbeständigkeit			
1.1	• wasserbeständig • zum Zeitpunkt der Verarbeitung können frische Kleisterflecken mit einem feuchten Schwamm abgetupft werden		A
2 Waschbarkeit			
2.1	• waschbeständig • leichte Verschmutzungen können mit einem feuchten Schwamm beseitigt werden		B
2.2	• hoch waschbeständig • Verschmutzungen (außer Ölen und Fetten) können mit leichter Seifenlauge und Schwamm entfernt werden		C
2.3	• scheuerbeständig • Verschmutzungen, die wasserlöslich sind, können mit dem Schwamm oder einer weichen Bürste mit schwacher Seifenlauge oder mildem Scheuermittel gereinigt werden		D
2.4	• hoch scheuerbeständig • starke Verschmutzungen können mit Reinigungs- und Scheuermitteln beseitigt werden		E
3 Farbechtheit gegen Licht			
3.1	• ausreichend • Vergilben von Druckfarben und Papier weitgehend herabgesetzt		3
3.2	• befriedigend • Druckfarben vergilben mit der Zeit		4
3.3	• gut • Druckfarben vergilben unwesentlich		5
3.4	• sehr gut • Druckfarben vergilben nicht		6
3.5	• ausgezeichnet • Farben vergilben absolut nicht		7
4 Ansatz des Musters			
4.1	• ansatzfrei • Muster braucht beim Kleben nicht beachtet zu werden	→|0	
4.2	• gerader Ansatz • Muster wiederholt sich bei jeder Bahn in gleicher Höhe • angefügte Zahl gibt die Länge des Rapports in cm an	→|←	
4.3	• versetzter Ansatz • Muster auf der nächsten Bahn jeweils um die Hälfte verschoben • obere Zahl ist die Länge des Rapports, untere Zahl gibt die Länge der Verschiebung an		

<table>
<tr><th>Kategorie und Nummer</th><th>Benennung</th><th>Piktogramm</th><th colspan="2">Kurzzeichen</th></tr>
<tr><td>4.4</td><td>• gestürztes Kleben
• bei jeder zweiten Bahn wird oben und unten vertauscht
• bei Uni-Tapeten wird ein möglicher sichtbarer Farbtonunterschied zwischen linker und rechter Bahnseite (meist verursacht durch die Gaufrage) optisch beseitigt</td><td></td><td colspan="2"></td></tr>
<tr><td>4.5</td><td>• horizontal ansetzen
• Bahn wird nicht senkrecht, sondern horizontal auf die Wand aufgebracht</td><td></td><td colspan="2"></td></tr>
<tr><td colspan="5">5 Verarbeitung</td></tr>
<tr><td>5.1</td><td>• Der Kleber wird auf die Wandbekleidung aufgebracht.</td><td></td><td>G</td><td rowspan="2">J</td></tr>
<tr><td>5.2</td><td>• Wand einkleistern
• nicht die Wandbekleidung, sondern der Untergrund wird mit Kleister oder Kleber eingestrichen</td><td>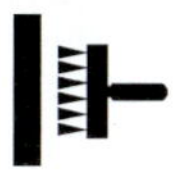</td><td>H</td></tr>
<tr><td>5.3</td><td>• vorgekleistert
• Wandbekleidungsrückseite ist mit Kleister vorbeschichtet, der durch kurzes Wässern aktiv wird</td><td></td><td colspan="2">K</td></tr>
<tr><td colspan="5">6 Ansatz des Musters</td></tr>
<tr><td>6.1</td><td>• restlos trocken abziehbar
• Wandbekleidung lässt sich beim Renovieren ohne Rückstand trocken abziehen</td><td></td><td colspan="2"></td></tr>
<tr><td>6.2</td><td>• spaltbar trocken abziehbar
• Oberschicht der Wandbekleidung lässt sich trocken abziehen
• wurde die Wandbekleidung einwandfrei verklebt, kann die Unterschicht als Makulatur an der Wand bleiben</td><td></td><td colspan="2"></td></tr>
<tr><td>6.3</td><td>• nass zu entfernen
• Wandbekleidung wird mit Wasser gründlich eingesprüht bzw. nass gemacht und mithilfe eines Spachtels entfernt</td><td></td><td colspan="2"></td></tr>
<tr><td colspan="5">7 Verschiedenes</td></tr>
<tr><td>7.1</td><td>• dupliert
• hochwertige Prägetapete aus zwei aufeinander kaschierten Tapetenschichten
• bei fachmännischer Verklebung bleibt die Prägung erhalten</td><td></td><td colspan="2"></td></tr>
<tr><td>7.2</td><td>• Überlappung und Doppelnahtschnitt
• wird bei ansatzfreien schweren Spezialbelägen durchgeführt
• jede neue Bahn überlappt die vorherige um ca. 5–8 cm
• im Bereich der Überlappung werden beide Bahnen mit dem Ziehschnittmesser auf dem Untergrund geschnitten</td><td>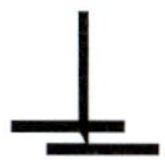</td><td colspan="2"></td></tr>
<tr><td>7.3</td><td>• stoßfest
• Bezeichnung für besonders widerstandsfähige Spezialbeläge mit hart-elastischer Oberfläche.</td><td></td><td colspan="2"></td></tr>
</table>

8.1.4 Tapetenabmessungen

Zur Ermittlung des Tapetenbedarfs werden die Abmessungen der Tapetenrollen benötigt. Die meisten Hersteller verwenden als Format die Europarolle in den Maßen 0,53 x 10,05 m.
Raufasertapete wird in den Maßen 0,56 x 33,50 m als Normalrolle und 0,75 x 125 m als Großrolle geliefert.

Außer diesen Normmaßen gibt es von verschiedenen Herstellern Rollen und Bahnen in den unterschiedlichsten Abmessungen.

8.1.5 Prüfmaßnahmen vor dem Verarbeiten der Tapeten

Die Verarbeitung von Tapeten ist in der Vergabe- und Vertragsordnung für Bauleistungen (ATV) – Tapezierarbeiten (kurz: VOB), Teil C, DIN 18 366 festgelegt.
Zur Beratung der Kunden und zur eigenen Information müssen die Hinweise des Herstellers über Qualität und Verarbeitung beachtet werden.

Um mögliche Fehler und Reklamationen auszuschließen, tragen Tapeten am Anfang der Rolle oder auf dem Beipackzettel eine Anfertigungsnummer. Sie gibt Auskunft, ob alle Rollen einer Lieferung aus derselben Produktion stammen, sodass Farbunterschiede weitgehend ausgeschlossen werden können.

1 Der Beipackzettel enthält wichtige Informationen für die Verarbeitung der Tapete

Tapeten mit unterschiedlichen Anfertigungsnummern werden an verschiedene Wände geklebt.
Der Verarbeiter prüft die Anfertigungsnummern, die ausreichende Anzahl und die Richtigkeit des Musters vor Beginn der Verarbeitung.

Lernfeld 8

Anfertigungsnummer und Muster müssen ohne Öffnen der Klarsichtverpackung deutlich zu sehen sein. Tapeten, die eine besondere Verarbeitung erfordern, müssen mit einem entsprechenden Hinweis versehen sein. Der Tapetenfachhändler soll bei einer Bestellung nur Tapeten derselben Anfertigungsnummer liefern. Ist dies nicht der Fall, müssen diese getrennt verpackt und besonders gekennzeichnet sein.

Weitere Prüfungen sind vor der Verarbeitung durchzuführen:
- Bei Uni-Tapeten, d.h. einfarbig wirkenden Tapeten, wird ein Seitenvergleich durchgeführt, indem eine Bahn beidseitig mit dem Muster nach oben zur Mitte hin gefaltet wird. Mögliche Farbtonabweichungen innerhalb einer Bahn können so festgestellt werden.
- Durch die Fächerprobe können Farbtonabweichungen der einzelnen Rollen festgestellt werden. Dafür werden mehrere Tapetenrollen ca. 1,50 m aufgerollt, fächerförmig übereinandergelegt und der Farbton verglichen.
- Die Brennprobe wird angewendet, wenn bei Tapeten nicht durch Augenschein festgestellt werden kann, ob es sich um eine Metall- oder um eine Metalleffekttapete handelt. Hierzu wird ein kleines Stück Tapete angebrannt. Bei Metalltapeten verbrennt das Papier und die Metallfolie bleibt. Eine Metalleffekttapete verbrennt restlos.
- Das Ausschattieren wird bei Naturwerkstofftapeten eingesetzt, um zu große Farbunterschiede zwischen den aneinanderstoßenden Bahnen zu vermeiden. Dabei legt man die zugerichteten Bahnen nebeneinander und bestimmt die richtige Reihenfolge.

8.2 Kleister und Kleber

Zu jeder Tapete wird der passende Kleister oder Kleber angeboten. Kleber sind verbrauchsfertig, Kleister werden in Pulverform angeboten und müssen vor dem Gebrauch mit Wasser nach Herstellerangaben angerührt werden.
Zum Verkleben von Tapeten verwendet man Methylzellulose-Kleister. Er wird aus Zellstoff gewonnen und ist im pulverförmigen Zustand bei trockener Lagerung unbegrenzt haltbar.
Kleister wird angesetzt, indem man zuerst kaltes Wasser in einen sauberen Eimer füllt. Die für die jeweilige Tapete erforderliche Wassermenge ist auf der Kleisterpackung angegeben. Das Kleisterpulver wird unter ständigem Rühren zügig eingestreut. Nach einer Quellzeit von ca. 20 Minuten und kräftigem Umrühren ist der Kleister gebrauchsfertig.
Die richtige Wahl des Kleisters und das vorgeschriebene Ansatzverhältnis sind entscheidend für die einwandfreie Verklebung von Tapeten.

Grundsätzlich gilt: Je schwerer die Tapete und je größer ihre Saugfähigkeit ist, desto dicker muss der Kleister angesetzt werden. Dicken Kleister dünn aufzutragen ist besser als umgekehrt.

Tapetenkleister für Kleistergeräte besteht aus Methylzellulose und Kunstharzdispersion, wobei die Viskosität (Zähflüssigkeit) auf Kleistergeräte eingestellt ist.

Spezialkleister besteht ebenfalls aus Methylzellulose und Kunstharzdispersion. Seine Anfangshaftung und Klebekraft ist größer als bei normalem Kleister. Er wird für schwere Tapeten verwendet.

Kunstharz-Dispersionskleber verwendet man zum Verkleben schwerer Tapeten und Wandbekleidungen. In aller Regel wird er mit dem Farbroller oder dem Zahnspachtel auf die Wand aufgetragen. In seltenen Fällen wird er anteilig dem Kleister zugesetzt.

Vinyltapetenkleber dienen zum Verkleben von Überlappungen bei Kunststofftapeten. Dieser wird in kleinen Tuben mit aufgesetztem Zahnspachtel geliefert. Auf der glatten Oberfläche dieser Tapetenart haftet Kleister nicht. Die Überlappungen platzen nach dem Trocknen auf, wenn sie nicht besonders verklebt werden.

8.3 Tapetenunterlagsstoffe

8.3.1 Aufgaben

Tapetenunterlagsstoffe verbessern den Untergrund für das Tapezieren und erleichtern das Verkleben der Tapeten. Sie werden eingesetzt, wenn der Untergrund besondere Anforderungen bietet. Sie haben folgende Aufgaben:
- glatte, einheitliche und schwach saugende Untergründe zu bilden
- gleichmäßig helle Untergründe zu schaffen
- leichte, nicht mehr arbeitende Risse zu überbrücken
- bessere Wärme- und Schalldämmung zu erzielen
- die Abziehbarkeit von Tapeten zu erleichtern
- in Feuchträumen als Dampfsperre zu dienen und das Durchschlagen von Laugen oder Salzen in den Untergrund zu verhindern

8.3.2 Arten

- **Flüssiger Tapetenwechselgrund**
  - trockenes und müheloses Abziehen der Tapete

- **Nessel, Molton- oder Kunststoffgewebe und Vlies**
  - Rissüberbrückung als Streifen oder vollflächig bei Putz- oder Holzflächen
  - Kleber: Spezialkleister unter Zusatz von Dispersionskleber

- **Wechselgrund aus Papier**
  - Die Kunststoffbeschichtung an der Oberfläche ermöglicht das trockene Abziehen der Tapete (Strip-Effekt)
  - Die Oberfläche besteht aus zweischichtiger Rollenmakulatur, die sich später beim Abziehen der Tapete spaltet

- **Metallfolien**
  - gegen durchschlagende Feuchtigkeit und Salzausblühungen aus dem Mauerwerk
  - als großflächige Dampfsperren
  - hinter Heizkörpern als Wärmereflektoren
  - Kleber: Dispersionskleber

1 Metallfolien

- **Dampfsperren**
  - mehrschichtige Unterlagen aus Spezialpapier, Kunststoff- und Aluminiumfolien
  - verhindern, dass Feuchtigkeit aus Feuchträumen in das Mauerwerk eindringt
  - Kleber: Spezialkleber

- **Wollfilzpappe**
  - Noppen an der Unterseite dienen als Abstandhalter an der Wand
  - ermöglichen eine gute Luftzirkulation und wirken gleichzeitig wärme- und schalldämmend
  - gute Rissüberbrückung
  - punktweise Befestigung

- **Rollenmakulatur**
  - schafft einen gleichmäßig saugenden und einheitlich hellen Untergrund
  - verhindert das Aufspringen der Stöße beim Verkleben schwerer Tapeten
  - Kleber: Kleister oder Kleber, der für den folgenden Wandbelag notwendig ist

- **Polystyrol-Hartschaum**
  - gegen Feuchtigkeit, die sich durch kondensierende Luftfeuchtigkeit in Wänden und Decken niederschlägt
  - Isolierung gegen Wärme und Kälte
  - vorhandene Kältebrücken werden überdeckt, Risse überbrückt und die Bildung von Schimmelpilz verhindert
  - aufwendige Spachtelarbeiten lassen sich vermindern
  - Kleber: spezielle Dispersionskleber

2 Polystyrol-Hartschaum

Arten von Polystyrol-Hartschaum:
- maßgenaue, unkaschierte Bahnen bis 5 mm Dicke; sie sind sehr druckempfindlich und eignen sich daher nur für leicht beanspruchte Flächen
- druckunempfindliche Bahnen, die mit Filzpappe kaschiert sind
- extrudierter Hartschaum in Plattenform, der weitgehend druckunempfindlich und meist mit einer Haftbrücke ausgestattet ist

Es ist problematisch, Metallfolien oder Polystyrol-Hartschaum zu Isolierzwecken einzusetzen, da der wirkliche Mangel nicht beseitigt, sondern nur überdeckt wird. Der Taupunkt wird tiefer in das Mauerwerk verlagert und kann so eine mögliche Durchfeuchtung verursachen.

8.4 Tapezierarbeiten

Die Vorbereitung des Untergrunds und den Tapeziervorgang finden Sie auf S. 119/120 erläutert.

8.4.1 Tapetenbedarf ermitteln

Bei der Bedarfsermittlung für Tapeten reicht es nicht aus, die zu tapezierende Fläche einfach auszurechnen. Gründe hierfür sind:

- Das Rollenmaß 0,53 m x 10,05 m gilt nur für nach DIN EN 233 bezeichnete, genormte Euro-Rollen, und ist deshalb begrenzt.
- Viele Tapeten haben einen Rapport (Versatz); ein Rapport erzeugt meist auch einen Verschnitt, sodass mehr Tapete bestellt werden muss.

Ansatz	Kennzeichnung	Beschreibung
ansatzfrei		• ansatzfreie Tapeten können ohne Rücksicht auf das Muster zugeschnitten und geklebt werden • es entsteht kein Verschnitt
gerader Ansatz		• alle Bahnen sehen gleich aus • sie werden beim Zuschneiden Muster auf Muster gelegt • Tapeten, die einen geraden Ansatz mit Rapportangaben haben, werden beim Zuschneiden so aneinandergehalten, dass die beiden Muster zusammenstoßen • dabei entsteht meistens ein nur kleiner Rapport
versetzter Ansatz	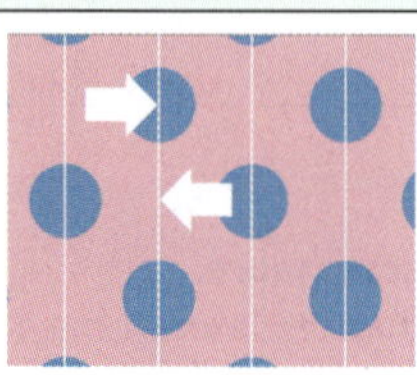	• bei Tapeten mit einem versetzten Ansatz gibt es zwischen den Bahnen eine Musterverschiebung • diese muss beim Zuschneiden mit beachtet werden: das Muster der nächsten Bahn wird jeweils um die Rapportangabe verschoben • dabei ist immer ein Rapport und auch ein Versatz angegeben • die Angabe 50/25 (cm) bedeutet: Musterwiederholung im Abstand von 50 cm und einen Motiv-Versatz von 25 cm

Rapport: Musterversatz in Nahtbereich der Tapete. Kommt bei Tapeten vor, bei denen ein Muster über die Breite einer Tapetenbahn hinausgeht. Weitere Bahnen müssen im Nahtbereich angepasst werden, um eine Weiterführung des Musters zu gewährleisten.

Bei der Ermittlung der Leistung sind die Maße der zu behandelnden Flächen zugrunde zu legen. Hierbei sind nach der VOB für Tapezierarbeiten DIN 18 366 folgende Regeln zu beachten:

- Grundsätzlich wird bei Lieferung von Tapeten, Wand- und Deckenbekleidungen nach verbrauchter Menge berechnet.
- Unvermeidbare Reste und angeschnittene Rollen gelten dabei ebenfalls als verbraucht. Dieser reale Verbrauch ist allerdings erst nach Fertigstellung der Arbeiten festzustellen.
- Für die Angaben in einem Angebot muss gesondert gerechnet werden. Hierbei kann durch „Maßnehmen" mit der Rolle an der Wand oder durch mathematische Berechnungen der Tapetenbedarf festgestellt werden. Dabei bestimmen den Tapetenbedarf
  – die Abmessung des Raumes,
  – die Maße der Tapetenrolle und
  – das Muster der Tapete.

  Außerdem werden für das Beschneiden der Tapete an Decke und Fußboden Zugaben von ca. 10 cm gerechnet.

$$\frac{\text{Raumumfang – Öffnungsbreiten}}{\text{Tapetenbreite}} = \text{Anzahl der Bahnen (aufrunden)}$$

$$\frac{\text{Rollenlänge}}{\text{Raumhöhe + 10 cm Zugabe}} = \text{Bahnen je Rolle (abrunden)}$$

$$\frac{\text{Anzahl der Bahnen}}{\text{Bahnen je Rolle}} = \text{Rollenbedarf (aufrunden)}$$

Einige Vereinfachungen zur Berechnung bietet die DIN 18 366 an:

- Leisten, Sockelfliesen und dergleichen bis 10 cm Höhe werden übermessen und damit nicht berücksichtigt.
- Rückflächen von Nischen sowie Leibungen werden unabhängig von ihrer Einzelgröße gesondert gerechnet.
- Gesimse, Umrahmungen und Faschen von Füllungen oder Öffnungen werden, unabhängig davon, ob sie behandelt werden, übermessen.
- Abgezogen werden Aussparungen, z. B. Öffnungen, Nischen über 2,5 m² Einzelgröße.
- Abgezogen werden ebenfalls Unterbrechungen in der zu tapezierenden Fläche durch Bauteile, z. B. durch Fachwerkteile, Stützen, Unterzüge, mit einer Einzelbreite über 30 cm.

8.4.2 Tapezierwerkzeuge

Zur sach- und fachgerechten Ausführung von Tapezierarbeiten benötigt der Maler und Lackierer eine Anzahl an Werkzeugen, mit denen die einzelnen Arbeitsschritte durchgeführt werden können. Dabei ist hier nur eine Auswahl der gebräuchlichsten Werkzeuge aufgelistet, denn darüber hinaus gibt es von verschiedenen Anbietern eine Reihe von Spezialwerkzeugen.

(1) Schlagschnurfärber,
(2) Deckenbürste, (3) Tapetenschere,
(4) Tapeten-Andrückspachtel, (5) Tapeten-Nahtroller,
(6) Tapeten-Andrückwalze, (7) Tapezierschiene,
(8) Tapezierbürste, (9) Tapeten-Ziehschnittmesser,
(10) Tapeziergerät, (11) Tapetenwischer

1 Tapezierwerkzeuge

8.5 Zierprofile

Zierprofile und Stuckleisten können zur Akzentuierung verschiedener Raumbereiche eingesetzt werden:

- dekorativ als „Hingucker" platziert
- zur optischen Veränderung eines Raums, sodass niedrige Räume hoch wirken und ungünstige Proportionen optisch ausgeglichen werden
- Zierprofile können z. B. unsaubere Tapetenabschlüsse und Vorhangschienen verstecken und Raum für individuelle Beleuchtung geben.

Verwendung finden sie dabei als Sockelprofil, Wandprofil oder Deckenabschluss.

Zierprofile werden aus Stuckgips, hochverdichtetem Polyurethan-Schaum oder Polystyrol-Hartschaum gefertigt und in verschiedenen Längen und Mustern angeboten. Unterschieden werden dabei Eckprofile, Wandprofile und Sockelprofile, die je nach Verwendung zur Auswahl stehen.

Sie werden mit Dispersionskleber auf tragfähigen Untergründen, z. B. Putz, Beton, Gipskarton, und intakten Dispersionsfarbanstrichen befestigt.

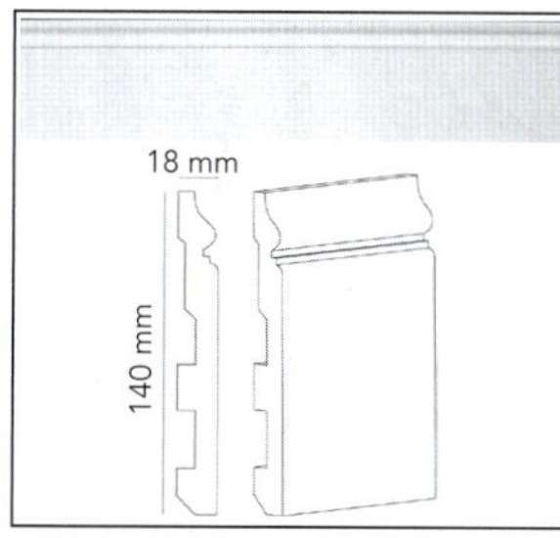

2 Beispiel Sockelprofil

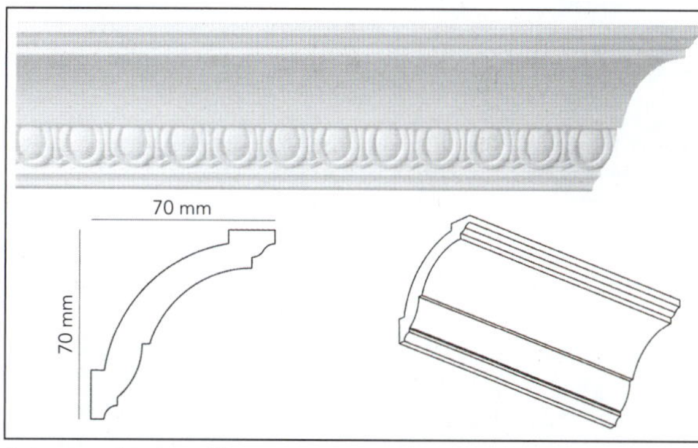

3 Beispiel Eckprofil

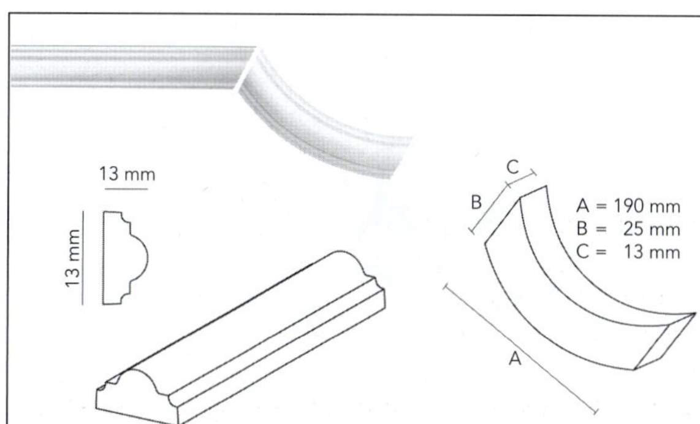

4 Beispiel Wandprofil

Verarbeitung von Zierprofilen

Vor dem Anbringen der Zierleisten wird für einen festen, sauberen und trockenen Untergrund gesorgt. Bereits vorhandene Beschichtungen werden dabei auf Trag- und Haftfähigkeit überprüft und ggf. vorbehandelt oder sogar entfernt.

Für die Montage werden die Profile mithilfe einer Gehrungsschneidlade und einer Säge entsprechend den Raummaßen zugeschnitten. Vor dem Verkleben der Zierleisten sollte allerdings noch einmal die Passgenauigkeit der einzelnen Teile an der Wand überprüft werden.

Anschließend können die Zierprofile an die Wand geklebt werden. Dabei ist es ratsam, vor dem Verkleben die Profilhöhe mit einer Schlagschnurfärberlinie zu markieren. In besonders schwierigen Fällen und bei größeren Profilen kann man auf dieser Linie eine Auflage für die Profile schaffen, indem man Stifte anbringt.

Der Kleber wird auf die Klebeflächen in ausreichendem Maße aufgetragen. Das Profil wird anschließend an der gezogenen Linie aufgesetzt und an die Wand angedrückt. Die Fuge zwischen Zierprofil und Wand sollte vollständig mit Kleber verschlossen sein. Ist dies nicht der Fall, können die Löcher mit der Klebemasse ausgespachtelt werden. Kleberreste müssen noch in feuchtem Zustand entfernt werden.

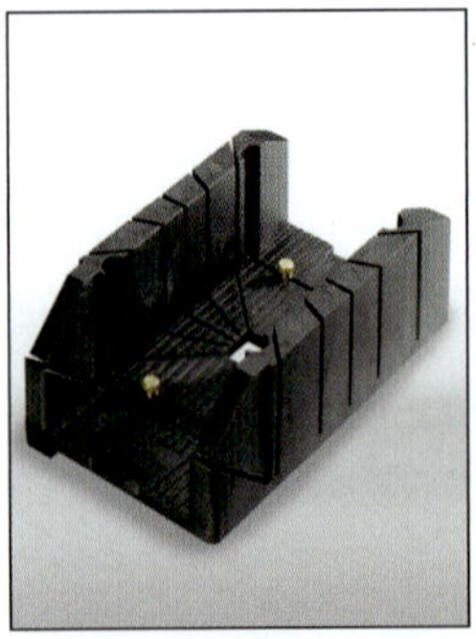

1 Gehrungsschneidlade

2 Furnier-Allzwecksäge

3 Mit Zierprofilen und Rosetten gestalteter Eingangsbereich

8.6 Bodenbeläge

8.6.1 Untergründe für Bodenbelagsarbeiten vorbereiten

Untergrundprüfung

Die VOB für Bodenbelagarbeiten DIN 18 365 schreibt vor, dass die Oberfläche des Untergrunds bei Belagarbeiten zu prüfen ist und dass Bedenken schriftlich geltend zu machen sind.

Die Prüfung erstreckt sich auf handwerkerübliche Verfahren, wie die Oberfläche in Augenschein zu nehmen, oder auf einfache mechanische Prüfungen mit üblichen Mitteln und Geräten.

Prüfungen bei Bodenbelagarbeiten

Der Untergrund muss bei Klebe- und Verlegungsarbeiten sauber, fest, trocken, eben und rissfrei sein.

Prüfung auf	Prüfmethode
Feuchtigkeit	• Augenschein • Feuchtigkeitsmessgerät
Festigkeit Tragfähigkeit	• Klebebandtest • Abriebprobe • Nagelprobe • Kratzprobe • Klopfprobe
Risse	• Benetzprobe • Augenschein

4 Materialfeuchte-Messgerät

Maßnahmen bei Rissen:

- Fein- oder Haarrisse bis zu einer Breite von 0,3 mm bleiben unbeachtet, da sie die Estrichqualität nicht beeinträchtigen.
- Risse über 0,3 mm müssen verschlossen werden, da sie meist durch die gesamte Estrichschicht führen.

Vorbereiten des Untergrunds

Im Altbau sind Unterböden aus Spanplatten, Holzdielen, Holzriemen und Parkett sowie Beläge aus Keramik, Stein und Linoleum anzutreffen, die häufig mit Mängeln behaftet sind.

Maßnahmen:
Absaugen losen Schmutzes mit Industriesaugern
Abbürsten leicht festsitzenden Schmutzes
Manuelles oder maschinelles Abschleifen alter, nicht tragfähiger oder diffusionshemmender Anstriche
Abfräsen: maschinelles Entfernen festsitzender Klebe- und Belagsreste

Nivellieren und Füllen: Ausgleichen großer Unebenheiten durch Spachtel- oder Ausgleichsmassen; diese haften gut auf dem Untergrund und bilden für die Verklebung von Belägen eine porenarme Oberfläche.
Grundierungen: Herstellerempfehlungen berücksichtigen! Auswahl richtet sich nach:
- Art und Beschaffenheit des Untergrunds
- Art des Klebstoffs
- Spachtelmasse
- vorgesehenem Bodenbelag

Unterlagsbahnen, Entkopplungsplatten oder -vliese anbringen: Dem Bodenbelag werden weitere Eigenschaften zugefügt, z. B.:
- Tritt- und Raumschalldämmung
- Höhenausgleich
- Erhöhung der Elastizität

8.6.2 Normen für Bodenbeläge

Klassifizierungsnorm EN 685

Die Klassifizierungsnorm EN 685 bezieht sich auf elastische, textile und Laminat-Bodenbeläge. Sie beinhaltet standardisierte Symbole, die den Einsatzbereich der Bodenbeläge festlegen.

Klassifizierungsnorm EN 685	Beschreibung
 21	**Klasse 21 Wohnen gering/mittel** Die Anzahl der Personen und die angegebene Zahl gibt die mögliche Beanspruchung des Bodenbelags an.
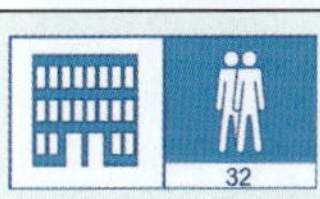 32	**Klasse 32 gewerblich normal** Die Anzahl der Personen und die angegebene Zahl gibt die mögliche Beanspruchung des Bodenbelags an.
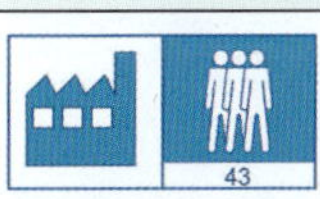 43	**Klasse 43 industriell stark** Die Anzahl der Personen und die angegebene Zahl gibt die mögliche Beanspruchung des Bodenbelags an.

CE-Kennzeichnung nach EN 14041

CE-Kennzeichnung nach EN 14041 bezieht sich ebenfalls auf elastische, textile und Laminat-Bodenbeläge. Sie beinhaltet standardisierte Symbole, die die Eigenschaften der Bodenbeläge festlegen.

CE-Kennzeichnung nach EN 14041	Beschreibung
	CE-Zeichen
	elektrisches Verhalten – antistatischer Bodenbelag
 NPD	Rutschfestigkeit-Klasse NPD NPD = No Performance Declared Klasse DS = dry slip

CE-Kennzeichnung nach EN 14041	Beschreibung
 $A2_{fl}$-s1	Brandverhalten-Klasse $A2_{fl}$-s1 Die eingefügten Bezeichnungen beschreiben verschiedene Brandschutzklassen: • Bfl-s1 schwer entflammbar • Cfl-s1 schwer entflammbar • Dfl-s1 normal entflammbar • Efl normal entflammbar • Ffl leicht entflammbar
	Wärmeleitfähigkeit
	Bürostuhl – dauerhafte Nutzung
	Stufen – dauerhafte Nutzung
	Luxusklasse LC1 weitere Kronen beschreiben höhere Luxusklassen
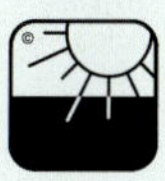	Lichtechtheit – Die Farbbeständigkeit gegenüber Tageslicht wird in 8 Stufen eingeteilt: 1 = sehr gering 5 = gut 2 = gering 6 = sehr gut 3 = mäßig 7 = vorzüglich 4 = ziemlich gut 8 = hervorragend
	Akustik – Trittschallverminderung
	Zigarettenglutbeständigkeit
	Stoßfestigkeit
	Verfärbungsbeständigkeit

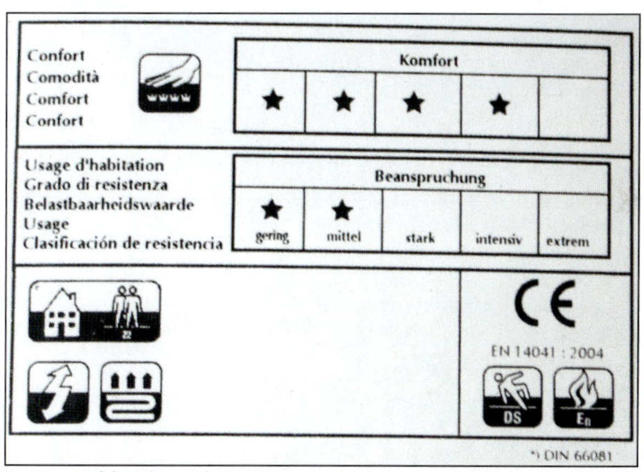

1 *Teppichbodenetikett*

8.6.3 Elastische Bodenbeläge

Besondere Eigenschaften elastischer Bodenbeläge:
- schallschluckend
- trittschalldämmend
- wärmedämmend
- pflegeleicht

Elastische Bodenbeläge unterscheiden sich aufgrund ihres Rohstoffs in ihren Eigenschaften und Einsatzbereichen sehr stark.
Linoleum besteht aus einem Gemisch aus Leinöl, Kork, Holzmehl, Pigmenten und Füllstoffen, das auf Jutegewebe gepresst und als Bahnen verlegt wird. Linoleum ist wärme- und schalldämmend, keimtötend, einfach zu reinigen und pflegeleicht.

1 Linoleum wird meistens von der Rolle angeboten

Kork wird als Bodenbelag meistens in Plattenform 20 cm x 40 cm und in der Stärke von 3 mm bis 6 mm verlegt. Die Korkplatten bestehen aus gepresstem Naturkork. Sie werden in vielen verschiedenen Mustern, naturbelassen oder versiegelt angeboten. Korkbeläge besitzen eine gute Wärme- und Trittschalldämmung.

2 Fußbodenbelag aus Kork

Kunststoffbeläge werden größtenteils aus PVC hergestellt. Aus gesundheitlichen und ökologischen Gründen ist PVC problematisch. So z.B. entstehen bei einem Brand hochgiftige Dioxine, Chlorgase und aggressive Salzsäure.

Unterscheidung der Kunststoffbeläge:
- **homogene Einschichtbeläge,** z.B. Weich-PVC, bestehen durchgehend aus dem gleichen Material; Kunststoff, Pigmente und Füllstoffe werden vermischt und zu Bahnen gepresst
- **homogene Mehrschichtbeläge** werden aus mehreren Folien des gleichen Materials in abwechselndem Walz- und Pressvorgang unter Wärmeeinfluss miteinander verschweißt
- **Verbundbeläge** bestehen aus einer PVC-Oberschicht und einem Trägermaterial aus Gewebe oder Filz
- **CV-Strukturschaumbeläge** (gespolstertes PVC; engl. Cushiones Vinyls) sind weiche PVC-Beläge, die eine strukturierte, reliefartige Oberfläche besitzen

Kautschukbeläge bestehen aus abriebfestem, synthetischem Kautschuk. Sie sind schwer entflammbar, elastisch, rutschfest und weitgehend unempfindlich gegen Chemikalien, Lösemittel und Fette. Weil sie trittsicher und gut zu reinigen sind, werden sie in genoppter Form oft in Sporthallen, Gängen und Vorplätzen verlegt.

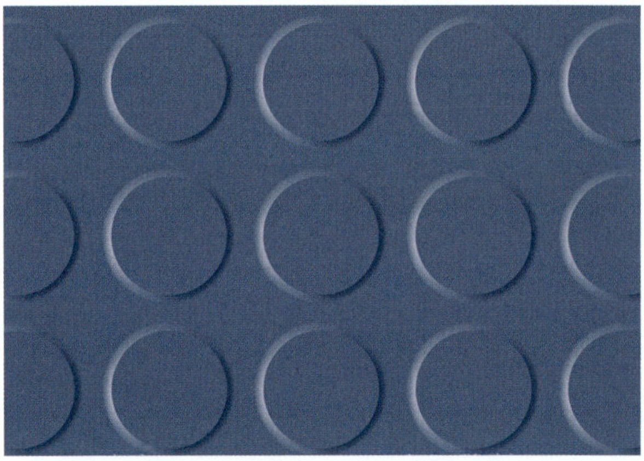

3 Fußbodenbelag aus Kautschuk mit Rundnoppenstruktur

8.6.4 Verlegetechniken bei elastischen Bodenbelägen

Elastische Bodenbeläge werden meist als Bahnenware angeboten. Andere Formen sind Fliesen oder Platten, die ähnlich wie beim Laminat (siehe S. 303) im Nut- und Federsystem verlegt werden.

Verfahren	Beschreibung
lose Verlegung  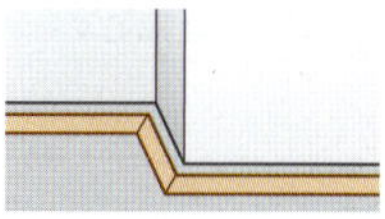	• mit doppelseitigem Klebeband werden Wand-, Kanten- und Nahtbereiche fixiert • nur für Flächen unter 20 m² geeignet
Verklebung 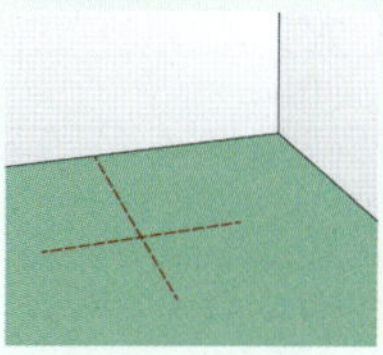 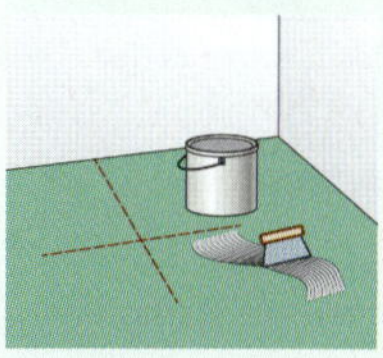 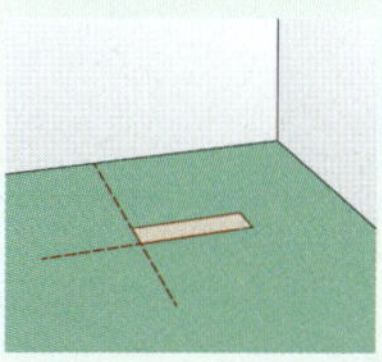 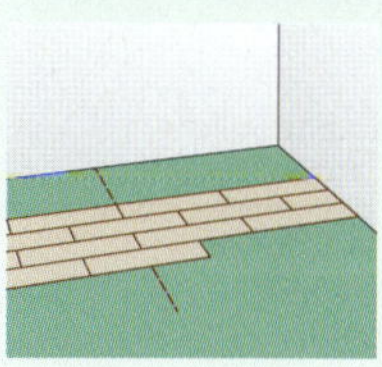	**Auslegeware** • vor Verlegung ruht der Bodenbelag 24 Stunden in den Räumen, um sich zu „akklimatisieren", hierzu wird er grob zugeschnitten • im Doppelnahtschnittverfahren werden Belagskanten zugeschnitten • Bodenbelagsbahn wird ungefähr auf Raumlänge zurückgeschlagen; Achtung: nicht knicken, da Belag ansonsten bricht • Kleber ausreichend dick auftragen • Bodenbelag spannungsfrei einlegen und in das Klebebett anwalzen; Achtung: Lufteinschlüsse vermeiden • zweite Bodenbelagshälfte ankleben • PVC-Fliesen können parallel oder diagonal verlegt werden **Parallelverlegung** • mithilfe einer Schlagschnur wird in der Raummitte eine Linie angezeichnet, die parallel zur Wand verläuft • Platten entlang der Linie verkleben **Diagonalverlegung** • mithilfe einer Schlagschnurlinie die Raummitte feststellen • die ersten vier Platten den Diagonalen folgend verkleben, sodass sie genau in der Raummitte zusammenstoßen • weitere Platten verkleben • Achtung: Diese Verlegeart ist sehr zeitaufwendig und führt zu viel Verschnitt, weil alle Randfliesen diagonal geteilt werden müssen

Verfahren	Beschreibung
Verschweißen 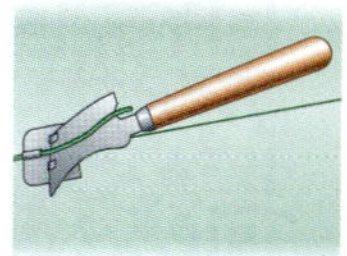	**Verlegung mehrerer Bahnen in einem Raum** • nach vollständiger Härtung des Klebers werden die Nähte verschweißt • Fugen zwischen den Bahnen werden ausgefräst, falls sie nicht bereits vorhanden sind • beim thermischen Verfahren wird eine thermoplastische Kunststoffschnur unter Anwendung eines Handschweißgeräts oder eines Schweißautomaten in die Fuge eingeschweißt • beim Schweißen verbindet sich der flüssige PVC-Schweißdraht mit den Belagskanten und füllt die Fugen aus, eine wasserdichte Naht entsteht • überstehende Unebenheiten werden abgestoßen • sinnvoll in häufig nass gereinigten Bereichen oder auf nass empfindlichen Untergründen

Werkzeuge / Hilfsmittel

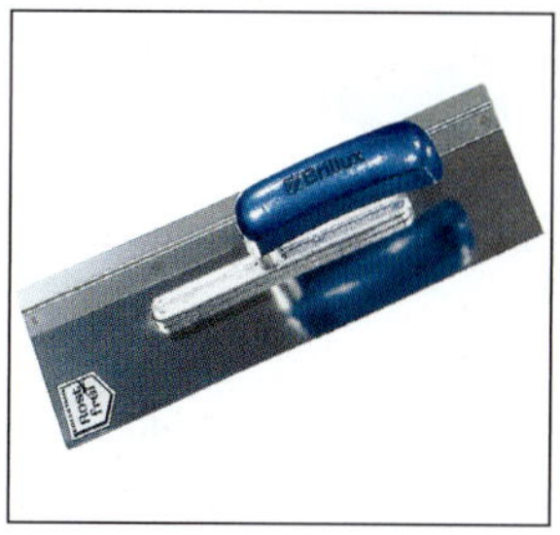

1 Zahnleisten-Verteilerkelle

2 Zahnspachtel

3 Schweißautomat

4 Handnahtschweißgerät

8.6.5 Textile Bodenbeläge

Ein textiler Bodenbelag besteht meistens aus einer Grundschicht (Teppichbodenrücken) und einer Nutzschicht. Die Grundschicht dient als Träger für die Nutzschicht. Die Nutzschicht ist der obere, direkt beanspruchte Teil des Bodenbelags.

In einem ersten Schritt werden durch unterschiedliche Verfahren die Nutzschicht und die Grundschicht verbunden. In einem zweiten Schritt erfolgt die Aufbringung des Teppichrückens, der meist aus Gewebe oder Schaum besteht.

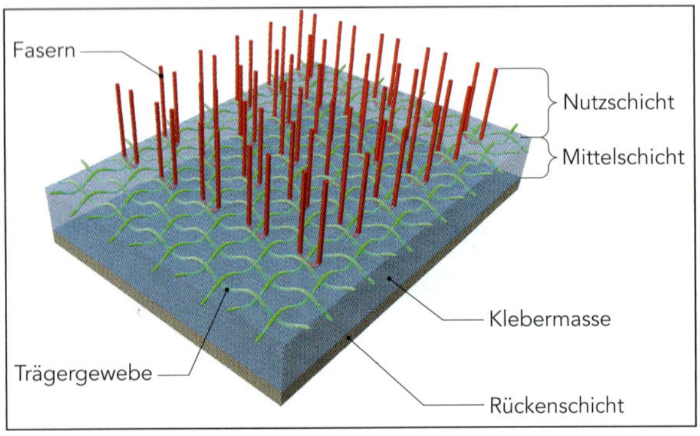

1 Aufbau eines Teppichbodens

Textile Bodenbeläge werden in unterschiedlichen Formen angeboten:

- **Teppichböden:** bedecken den Fußboden eines Raums vollständig in einem Stück
- **Teppichfliesen:** werden aneinandergelegt und bedecken damit teilweise oder vollflächig den Fußboden eines Raums

Eine weitere Einteilung kann nach

- der Oberflächenkonstruktion,
- dem Material der Nutzschicht,
- der Herstellung und
- den Gebrauchseigenschaften oder Einsatzgebiet erfolgen.

2 Bei der Auswahl von Teppichböden ist für jeden Kunden die passende Farbe verfügbar

Einteilung von Teppichfasern

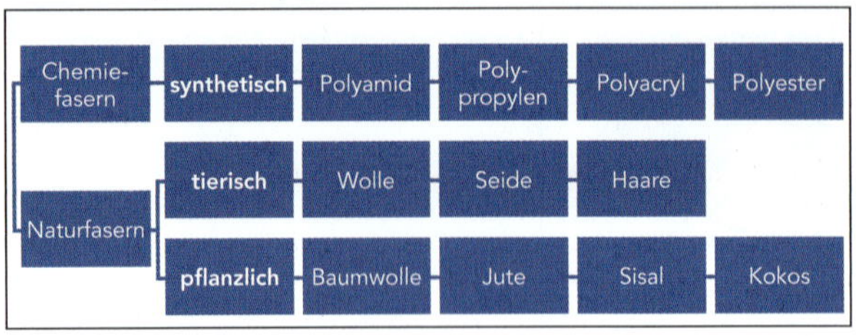

Pflanzliche Fasern

Faser (Bezeichnung nach DIN CEN/ TS 15398)	Beschreibung und Eigenschaften
Baumwolle (CO)	• langlebig und strapazierfähig • trotz geringer Elastizität eine hohe Festigkeit • reguliert das Raumklima • ruft selten Allergien hervor • seltene Verwendung trotz der besonderen Eigenschaften
Jute (JU)	• besteht aus langen Bastfasern aus den Stängeln der Corchorus-Pflanze • Jutefasern sind besonders reißfest und werden daher auch als Trägermaterial von Teppichen verwendet • besondere Härte, wodurch sie sich für besonders grobe, feste und widerstandsfähige Gewebe eignet • wenig dehnbar • sehr fäulnisanfällig • riecht streng • vollständig biologisch abbaubar
Sisal (SISAL)	• Sisalfasern werden aus den Blättern der Sisal-Agave gewonnen • schwer entflammbar • für Stuhlrollen geeignet • verschleißfest • leicht zu reinigen • gute Färbeeigenschaft ermöglicht Teppiche in starken Farben
Kokos	• Kokosfasern werden aus der Hülle von Kokosnüssen gewonnen • besonders fest und spröde • antistatisch • chemikalienbeständig • gut wärmeisolierend • trittschalldämmend • strapazierfähig

Tierische Fasern

Faser (Bezeichnung nach DIN CEN/ TS 15398)	Beschreibung und Eigenschaften
Wolle (WO)	• Wollfasern werden vom Fell des Schafes gewonnen • sehr gute Wärmeisolierung • kann viel Feuchtigkeit aufnehmen und fühlt sich trotzdem trocken an • reguliert das Raumklima • flammhemmend • gute Anfärbbarkeit führt zu einem großen Farbenangebot
Seide (SE)	• Seidenfasern werden aus den Kokons der Seidenraupe gewonnen • einzige in der Natur vorkommende Endlosfaser • atmungsaktiv • sehr strapazierfähig • reißfest, wodurch sich besonders feine Bodenbeläge produzieren lassen • lange Lebensdauer • gute Anfärbbarkeit führt zu einem großen Farbenangebot
Haare (HA)	• Haare werden von Ziegen oder Rindern gewonnen • häufig Vermischung miteinander und/ oder mit chemischen Fasern, um Verarbeitung und Eigenschaften zu verbessern • gutes Dämmverhalten • gute Trittschalldämmung • sehr strapazierfähig • Schmutz abweisend • reguliert das Raumklima

Synthetische Fasern

Faser (Bezeichnung nach DIN CEN/ TS 15398)	Beschreibung und Eigenschaften
Polyamid (PA)	• variantenreiche Chemiefaser • in vielen Farben und Mustern erhältlich • besonders strapazierfähig, sodass sie auch in stark belasteten Bereichen eingesetzt wird
Polypropylen (PP)	• sehr geringes Feuchtigkeitsaufnahmevermögen verkürzt Trocknungszeiten und erlaubt Feuchtreinigung • sehr schneller Verschleiß der Fasern: kurze Haltbarkeit, schlechte Anfärbbarkeit
Polyacryl (PAN)	• wollähnliche Chemiefaser • wird hauptsächlich als Beimischung zur Wollfaser eingesetzt • wärmend • sehr formbeständig • lichtbeständig • haltbar • pflegeleicht • schnelle Trocknung
Polyester (PES)	• hauptsächlich als Beimischung zu Polyamid eingesetzt • besonders abriebfest und strapazierfähig • geringe Feuchtigkeitsaufnahme • hohe Elastizität • Licht- und Wetterbeständigkeit • gute Beständigkeit gegen chemische, biologische oder andere Einflüsse

Teppichbodenrücken

Der Teppichbodenrücken stattet den textilen Bodenbelag mit verschiedenen Eigenschaften aus:

- Maß- und Dimensionsstabilität
- Schalldämmung
- Wärmeleitfähigkeit
- Stoßfestigkeit

Teppichbodenrücken	Beschreibung und Eigenschaften
Textilrückenausrüstung 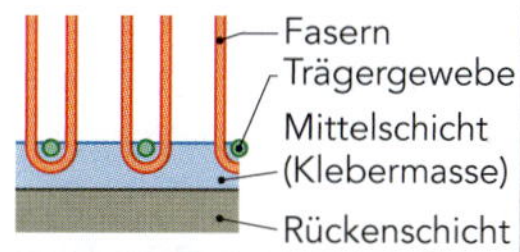 	• meist aus Gewebe, Gewirke oder Vlies • werden bei den meisten Teppichen eingesetzt
Schaumrücken 	• bestehen aus mechanisch oder chemisch aufgeschäumten Kunststoffen • werden aufgrund ihrer kurzen Haltbarkeit nur noch selten eingesetzt

Oberflächenstrukturen

Struktur	Beschreibung
Schlingennoppen 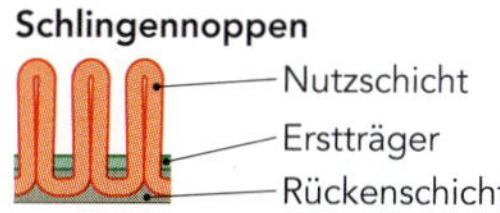 **Schlingenpol-Tuftingteppich** 	• Garne werden in einer vorgefertigten Grundschicht fixiert • bilden damit die Nutzschicht des textilen Bodenbelags • bei dem weitverbreiteten Tuftingverfahren werden die Garne durch eine weitere Beschichtung eingebunden
Schnittnoppen 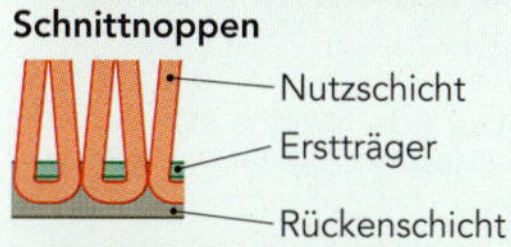 **Schnittpol-Tuftingteppich** 	• siehe Schlingennoppen • Schlingennoppen werden aufgeschnitten und erzeugen damit eine Velours-Nutzschicht
Nadelvlies 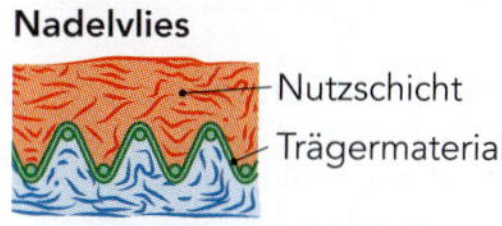 	• Fasern der Nutzschicht werden unter Einsatz von Nadeln, an denen sich Widerhaken befinden, durch die Grundschicht gearbeitet

8.6.6 Verlegeverfahren Teppichböden

Vor der Teppichverlegung müssen folgende Punkte mit dem Kunden besprochen werden:

Position der Nähte: Bei der Teppichverlegung sollen wenige Nähte entstehen. Diese werden möglichst unauffällig verteilt. Nähte sollen in den Bereichen vermieden werden, in denen starke Drehbeanspruchungen, z. B. durch Türen oder enge Durchgänge, entstehen.

Strichrichtung: Das Erscheinungsbild eines Teppichs verändert sich durch Verlagerung der Oberflächenstruktur. Je nach Lage der Schlingen- oder Schnittnoppen entsteht durch Lichtreflexion eine scheinbare Veränderung des Farbtons. Grundsätzlich soll die Strichrichtung verschiedener Teppichbahnen übereinstimmen. Allerdings kann die unterschiedliche optische Wirkung auch als Gestaltungselement eingesetzt werden.

Richtung des Musters: In der Regel orientiert sich die Linie eines Musters an einer längeren Wand. Große und dominante Muster werden in der Mitte einer Fläche positioniert. Laufende Muster können nach der Blickrichtung ausgelegt werden, um so die Fläche optisch zu verlängern. Quer zur Blickrichtung verlegte Muster können die Fläche optisch verkleinern.

Verlegetechnik	Beschreibung
loses Verlegen	• Wand-, Kanten- und Nahtbereiche mit doppelseitigem Klebeband fixieren • besonders geeignet für Teppichbeläge mit rutschhemmendem Teppichrücken • nur bei Flächen unter 20 m² ratsam
fixieren	• Teppichboden im Raum auslegen, anpassen und zuschneiden • Teppichkanten zurückschlagen • Fixiermittel auftragen, z. B. doppelseitig haftendes Vlies, Gitter oder Folien sowie flüssige Fixierungen, die über geringe Hafteigenschaften verfügen • Teppich zurückschlagen und anreiben • Zusammenfügen textiler Bodenbelagbahnen erfolgt durch: – Zusammennähen – Unterkleben eines Vlies- oder Webbands – Zusammenkleben mit einem Konfektions- bzw. Heißklebeband
ganzflächiges Verkleben	• für besonders beanspruchte Bereiche, da Verbindung zum Untergrund sehr fest und dauerhaft ist • Nachteil: spätere Entfernung des Teppichbodens bringt häufig Untergrundbeschädigungen mit sich • mit einem Zahnspachtel den Kleber (Herstellerangaben beachten) auf den Untergrund auftragen • nach der vorgeschriebenen Ablüftzeit den Teppichboden in das Klebebett einlegen und anreiben
Verspannen von Teppichböden	• sehr teppichschonend • Nagelleisten in einem kleinen Abstand zu den Wänden auf dem Untergrund befestigen • Teppich nach einem festgelegten Muster einhängen • man beginnt in einer Raumecke und spannt den Teppich zunächst in der Längsrichtung des Raums • anschließend wird der Teppich in der diagonalen Ecke fixiert und zum Schluss die Querseiten eines Raums • um die notwendige Spannung zu erzeugen, helfen spezielle Spannwerkzeuge

Werkzeuge / Hilfsmittel

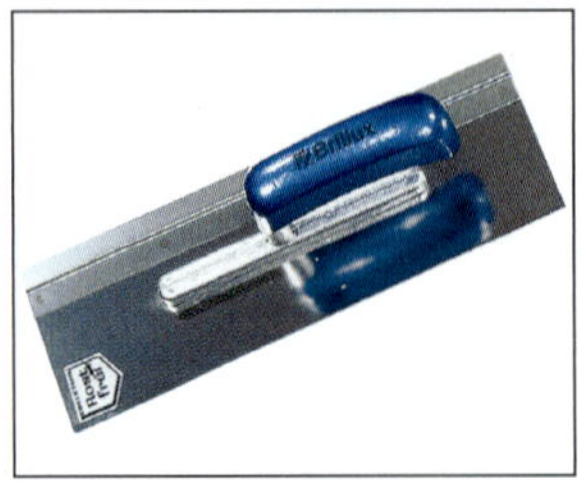

1 Zahnleisten-Verteilerkelle

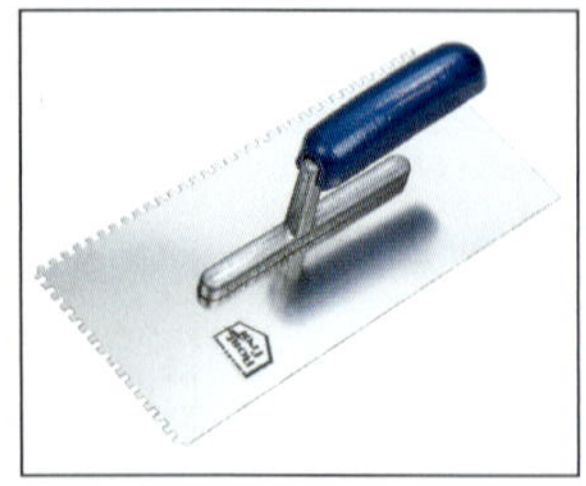

2 Zahnspachtel

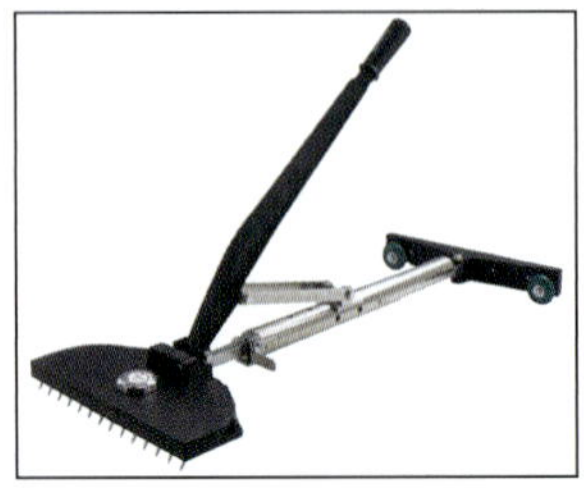

3 Hebelspanner

4 Fußbodenschaber

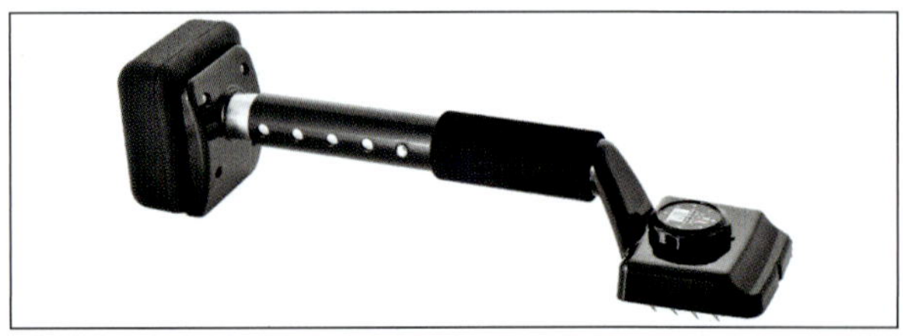

5 Kniespanner

8.6.7 Holzböden

Parkett

Parkett: Fußbodenbelag aus Vollholz oder als Mehrschichtparkett; vorwiegend in Eiche, Buche, Esche, Ahorn, Kiefer und außereuropäischen Hölzern

Fertigparkett wird häufig als Klicksystem angeboten. Die Stäbe, Riemen oder Platten besitzen umlaufend eine Nut zur Aufnahme der Federverbindungen. Beim Verlegen werden jeweils an einer Längs- und Hirnkante die Federn gesetzt und durch Klopfen zum entsprechenden Muster verbunden.

Vollholzparkett wird entweder auf einen Blindboden aus Brettern oder Verlegeplatten verdeckt genagelt oder aber auf Estrich geklebt. Es muss nach dem Verlegen geschliffen und oberflächenbehandelt werden.

Fertigparkett oder Parkettdielen sind vorgefertigte Teile mit mehrschichtigem Aufbau. Dabei ist die meist 4 mm dicke Nutzschicht auf quer verleimte Weichholzriemen aufgeleimt. Die Oberfläche ist entweder schon fertig versiegelt oder für individuelle Oberflächenbehandlung naturbelassen.

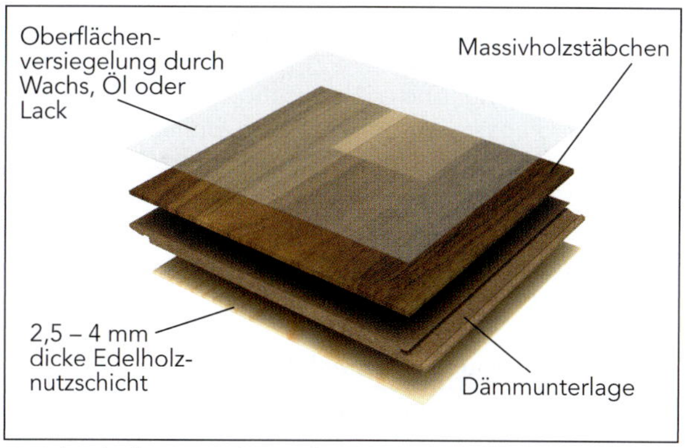

1 Mehrschichtiger Parkettaufbau

Die Dielen werden schwimmend verlegt, d. h., zwischen Parkett und Wänden muss ein vorgeschriebener Zwischenraum frei bleiben. Die Dielen werden nur in Nut und Feder verleimt. Das Verlegen ist auf allen trockenen und ebenen Untergründen möglich. Zur Trittschalldämmung werden zwischen Unterboden und Parkett dünne Korkbahnen, PU-Schaumfolie oder Filzmatten mitverlegt.

Laminatböden

Laminate: 6–8 mm dicke, mehrschichtig aufgebaute Verlegeplatten mit einer Größe von ca. 0,20 x 2,00 m; sie sehen Holz täuschend ähnlich oder besitzen besonders gestaltete Oberflächen.

Die Oberfläche besteht aus einer hochabriebfesten Melaminharzschicht. Darunter befindet sich die harzgetränkte Designschicht, die beispielsweise eine Holzoberfläche nachahmt und fest mit der Tragschicht verbunden ist. Als Tragschicht werden häufig wasserfest verleimte HDF-Platten (hochverdichtete Holzfaserplatten) verwendet.

2 Aufbau von Laminat-Verlegeplatten

Das Laminat wird wie Parkett schwimmend auf einer Trittschalldämmung verlegt. Dabei werden die einzelnen Platten in der Nut verleimt oder bei Fabrikaten mit einem speziell gefrästen Nut- und Federstecksystem zusammengesteckt.

3 Klick-Laminat nach dem Nut-und-Feder-Prinzip

Zum Verlegen von Fertigparkett oder Laminat benötigt man spezielle Schienen für Übergänge oder als Endschiene, wenn nicht mit Parkettleisten abgedeckt werden kann. Die Schienen bestehen meist aus eloxiertem Aluminium.
Als Abschluss an den Wänden werden extrabreite Parkett- oder Laminatleisten benötigt. Fertigparkett- und Laminatböden reagieren auf schwankende Luftfeuchtigkeit durch starke Ausdehnung oder Schwindung, weshalb die Dehnungsfugen zwischen Wand und Belag genügend groß sein müssen.

4 Verlegemuster

8.7 Gestaltung von Innenräumen

8.7.1 Bedeutung von Farben

In Räumen will sich der Mensch wohlfühlen. Um einen optimalen Farbton für einen Raum zu finden, konzentriert man sich zunächst auf Funktion und Art des Raumes: Die Farbgestaltung in einem Ausstellungsraum verfolgt einen anderen Zweck als die Farbgestaltung in einem Wartezimmer einer Arztpraxis oder eines Arbeitszimmers.

Des Weiteren spielen Vorlieben und Wünsche des Kunden bei der Auswahl des richtigen Farbtons eine wichtige Rolle. Farben sind, gerade in der Innenraumgestaltung, ein persönliches Ausdrucksmittel. Unruhige Menschen können sich bei neutralen Farben gut entspannen, wobei diese Farbwahl für eine Familie mit kleinen Kindern vielleicht nicht die richtige wäre.

Hinzu kommt das Empfinden für die Farbtemperatur. Grundsätzlich kann man sagen, dass warme Farben zwar nicht das tatsächliche Raumklima beeinflussen, wohl aber die psychologische Empfindung der ausstrahlenden Wärme. Kalte Farbtöne vermitteln den Eindruck distanzierter Sachlichkeit.

1 Die Gestaltung eines Eingangsbereichs mit hellen Farben

Ebenfalls müssen die Farben mit der Beleuchtung, den Möbeln, den architektonischen Gestaltungselementen usw. abgestimmt sein. Nur die richtige Kombination dieser vielen Elemente macht eine gute Farbgestaltung und eine professionelle Beratung des Kunden aus.

2 Farbgestaltung eines Wohnzimmers im Kalt-warm-Kontrast

8.7.2 Analyse eines Raumes

Farbentscheidung sind vielschichtig. Der Gestaltungsauftrag wird analysiert, um die vielen Einflussfaktoren zu berücksichtigen. Damit man einen sicheren Gestaltungsvorschlag entwerfen kann, geht man bei einer Raumgestaltung systematisch vor.

Die Bestandsaufnahme der Raumfaktoren schafft einen ersten Überblick

Funktion des Raums (Beispiele)

Raumleistung	Raumwirkung
Erholung • Schlafräume • Ruheräume	• ruhig • heimelig • gut belüftet • angenehm temperiert
Arbeiten • Arbeitsraum • Büro • Werkstatt	• freundlich • sicher • ansprechend • konzentrations- und leistungsfördernd • gut beleuchtet
Kommunikation • Wohnzimmer • Sprechzimmer • Besprechungsraum	• kontaktfördernd • hell • freundlich • angenehm

Raumanalyse

Betrachtungspunkt	Bedeutung
Größe	• Ausdehnung des Raums • Verhältnis zum Menschen
Form	• lang – kurz, rund – eckig, offen – geschlossen • beeinflusst die Gliederung und Akzentsetzung im Raum
Verbindung zu anderen Räumen	• Gestaltung muss darauf abgestimmt werden
Lage	• Straßenseite hat Auswirkungen auf Akustik, Lautstärke und Belüftung des Raums • Himmelsrichtung entscheidet über einfallendes Sonnenlicht
Gliederung	• Begrenzung durch Decke, Boden, Wände ergibt einen individuellen Zuschnitt des Raums • weitere Gliederung kann durch Pfeiler, Stützen oder Unterzüge erfolgen

3 Gestaltung eines Kindergartens

8.7.3 Raumbeleuchtung

Das Licht in einem Raum beeinflusst die Helligkeit und damit die farbige Wirkung im Raum. Der natürliche und künstliche Lichteinfall ist daher entscheidend für die Farbgestaltung.
Der natürliche Lichteinfall wird beeinflusst durch die Jahreszeit, die Himmelsrichtung und die Fenstergröße. Die Belichtung im Winter ist deutlich geringer als die Belichtung im Sommer. Die Himmelsrichtung ist entscheidend für die Tageszeit, in der das Licht in den Raum fällt.

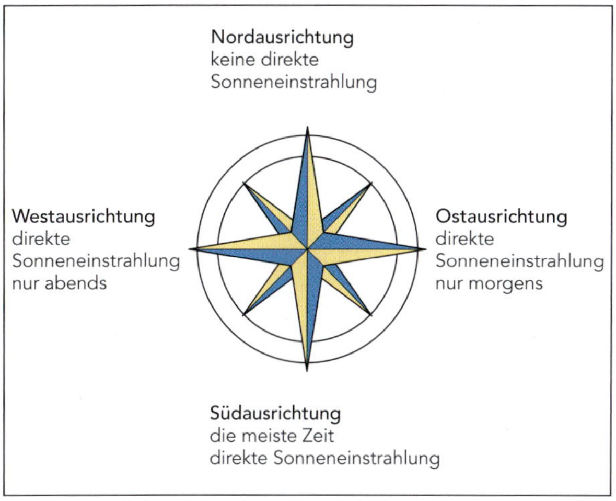

1 Sonnenkompass

Die direkte Lichteinstrahlung hat nicht nur Auswirkungen auf die Helligkeit, sondern auch auf die Wärmeempfindung im Raum. Gegebenenfalls muss über die Farbe und deren Helligkeit der Einfluss der Sonne ausgeglichen werden.
Der künstliche Lichteinfall ist bestimmt über die Anzahl und Anordnung von Leuchten und Lampen im Raum. Künstliches Licht hat meist eine andere Lichtfarbe als das natürliche Licht. So empfindet man Halogenlicht als eine sehr kalte Lichtfarbe, wohingegen das Licht der Sonne meist als sehr angenehm und weich empfunden wird.

8.7.4 Berücksichtigung der bestehenden Farbgestaltung im Raum

Die Freiheit in der Farbwahl ist stark eingeschränkt, wenn bereits bestehende Elemente im Raum, z. B. Textilien, Holzdecken, Türen und auch die Fußbodengestaltung, zu berücksichtigen sind. Sofern die Farbe der Decke, Türen oder Böden nicht mitverändert werden kann, muss sich die Farbgestaltung an ihnen ausrichten, um einen harmonischen Farbklang herzustellen. Auch Möbel und weitere Einrichtungsgegenstände geben meist den Stil und Charakter eines Raums vor, der durch die Farbgestaltung, je nach Kundenwunsch, verstärkt oder gemildert werden kann.

2 Oben: Arena auf Schalke; unten: Farbauszüge aus der Fußbodengestaltung

3 Individuelle Innenraumgestaltung eines Wohnzimmers

Checkliste *Innenraumgestaltung*

ROTH Malerbetrieb

Gewerbepark 136
45131 Essen

Fon 0201 4867-12
Fax 0201 4867-14

info@Malerbetrieb-Roth.de
www.Malerbetrieb-Roth.de

Teilnehmer: ....
Datum der Begehung:...
Objekt: ....
Postleitzahl: .... Straße/Hausnummer: ....
Stadt: ....

Umfeld, Nutzung

☐ Hochhaus	☐ Bungalow	☐ Dorflage	☐ Geschosszahl:
☐ Reihenhaus	☐ Siedlung	☐ privat genutzt	☐ Wohnung:
☐ Eckhaus	☐ freistehend	☐ gewerblich genutzt	☐ Eigentum
☐ Häuserzeile	☐ Flachlage	☐ öffentlich genutzt	☐ Mieter
☐ Altbau	☐ Hanglage	☐ Sozialwohnung	☐ Sonstiges:
☐ Neubau	☐ Stadtlage	☐ kulturell genutzt	________________

Himmelsrichtung/Ausrichtung: ____

Räumlichkeiten

Lichtsituation
- ☐ natürliches Licht
- ☐ Kunstlicht
- ☐ hell
- ☐ normal
- ☐ dunkel

Lichtart
- ☐ Halogenlicht
- ☐ LED-Licht
- ☐ Leuchtstoffröhren
- ☐ Sonstiges: _____________

Raumnutzung
- ☐ **Wohnen**: ☐ Flur, ☐ Diele
- ☐ **Bad/WC**: ☐ Hauptbad, ☐ Gäste-WC
- ☐ **Erholen**: ☐ Schlafzimmer, ☐ Ruheraum
- ☐ **Kommunikation**: ☐ Wohnzimmer, ☐ Sprechzimmer, ☐ Besprechungsraum
- ☐ **Arbeiten**: ☐ Arbeitsraum, ☐ Büro, ☐ Werkstatt, ☐ Sonstiges: _____________
- ☐ **Sonstige**: ☐ Kinderzimmer, ☐ Abstellraum, ☐ Verkaufsraum

Gegebenheiten im Raum

Wände	**Decken**	**Boden**	**Türen**	**Materialien**
☐ verputzt	☐ verputzt	☐ Teppich	☐ Holz	☐ Gardinen/Farbe: __________
☐ gestrichen	☐ gestrichen	☐ Laminat	☐ Glas	
☐ verkleidet	☐ verkleidet	☐ Parkett	☐ Stahl	☐ Holz/Sorte: ____________
☐ Fachwerk	☐ Fachwerk	☐ PVC	☐ Kunststoff	
☐ Fußleisten	☐ Zierleisten	☐ Fliesen	☐ Sonstiges: ______	☐ Stein/Sorte: ___________
☐ Sockel	☐ Unterzüge	☐ Beton	**Fenster**	
☐ Fries	☐ Sonstiges: ______	☐ Sonstiges: ______	☐ Kunststoff	☐ Farbtöne: ______________
☐ Zierleisten			☐ Holz	
☐ Sonstiges: _______			☐ Stein	

Einrichtung/Stil

Möbel	**Einbauten**	**Stil**	
☐ Sitzelemente	☐ Heizung	☐ historisch/Epoche	☐ asiatisch
☐ Schränke	☐ Treppen	☐ modern	☐ orientalisch
☐ Regale	☐ Sonstiges: _______	☐ Landhausstil	☐ Retro-Stil
☐ Sonstiges: _______		☐ skandinavisch	☐ Sonstiges: _______
		☐ mediterran	

Raumskizze (Rückseite)

8.8 Farbauswahl mit der Farbtonkarte

1 *Das „richtige" Farbkonzept?*

8.8.1 Welches ist die geeignete Farbe?

Die professionelle Auswahl einer Farbe gehört wohl zu den anspruchsvollsten Aufgaben des Malers und Lackierers.
Wer ist nicht schon einmal an einer Fassade vorbeigekommen und war entsetzt über den verwendeten Farbton oder empfand die Farbgestaltung von Geschäfts- bzw. Gastronomieräumen als völlig unpassend?

Die Auswahl einer Farbe ist zwar immer von verschiedenen Aspekten abhängig, aber generell kann man sagen, dass es nie einen allgemeingültigen „richtigen" Farbton für eine Fläche gibt.

2 *Die „richtige" Farbharmonie?*

Jeder Mensch nimmt Farben anders wahr und ist in seinem Farbempfinden und seinen Farbvorlieben geprägt durch seine kulturelle und religiöse Herkunft, Erziehung und Entwicklung.

Die Farbtonauswahl für einen Kunden ist ein komplexer Vorgang. Dabei spielen folgende Aspekte eine entscheidende Rolle:

- Flächendimension
- Lage der Fläche
- Lichteinfall
- Flächenaufteilung
- individueller Farbwunsch des Kunden

3 *Die blaue Altstadt von Jodhpur, Indien*

Hinzu kommt, dass Farbberater und Kunde zunächst fast immer unterschiedliche „Farbvisionen" (Vorstellungen von Farbigkeit) haben. Deshalb muss ein professioneller Farbberater versuchen, innerhalb eines intensiven Kundengesprächs die Farbvision seines Gegenübers herausfinden.

4 *Oft sind zu viele Hilfsmittel und Farbtöne irreführend*

8.8.2 Farbtonkarte

Das gängige Hilfsmittel, um den Farbwunsch eines Kunden oder einen Farbvorschlag für einen Kunden zu ermitteln, ist die Farbtonkarte, auch Farbkarte oder Farbfächer genannt.
Die Farbtonkarte ist ein unverzichtbarer Bestandteil in der Produktpalette eines jeden Farbherstellers.

Je nach verwendetem Farbsystem sind die Farbtöne in Tonleitern von hell nach dunkel und von klar bis vergraut in Fächerform zusammengestellt.

Neben den Farbtonkarten bieten Farbhersteller unterstützend oft Farbatlanten an oder diverse Computerprogramme bis hin zu smartphonefähigen Apps.

1 Farbtonkarten verschiedener Anbieter

Dennoch muss der professionelle Farbberater, trotz aller perfekten Medien und Hilfsmittel, eine selbstständige Entscheidung treffen. Das ist bei der Hilfsmittel- und Farbtonfülle meist kein leichtes Unterfangen, denn dazu benötigt er Augenmaß und Empathie (siehe S. 317) – der Fläche und dem Kunden gegenüber.

2 Gegebenheiten der Baustelle immer mit in die Farbtonauswahl einbeziehen – hier: Katalog mit Badezimmerausstattung

Vor der Suche nach einem oder mehreren geeigneten Farbtönen muss der Farbberater die Wünsche des Kunden und die Flächensituation analysieren. Für eine Badezimmergestaltung sollte beispielsweise immer die Form und Farbe der Badezimmereinrichtung berücksichtigt werden.

Dazu muss der Farbberater nicht nur die Dimension der Flächen, die Raumform und den Lichteinfall berücksichtigen, sondern auch die Dinge, die den Raum füllen.

Im direkten Kundengespräch arbeiten viele Farbberater mit der Farbtonkarte in der Hand, wobei die einzelnen Karten von einer Hand zur anderen geschoben werden.

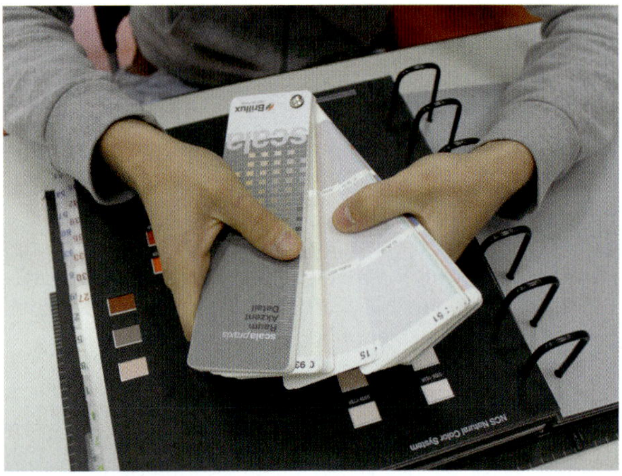

3 Ungeeignete Handhabung der Farbtonkarte

Grundsätzlich funktioniert diese Methode, wenn man sehr viel Erfahrung und Übung hat. Bei weniger Erfahrung erschwert es einen effizienten und gezielten Suchvorgang, weil man keinen genauen Überblick über das Farbspektrum hat.

4 Die Farbmusterbox mit fertigen Bauwerkschablonen ist eine gute visuelle Hilfe während der Kundenberatung

8.8.3 Die Ermittlung eines Farbtons nach dem Ausschlussprinzip

Folgende Schritte haben sich bewährt, um aus der Fülle der verschiedenen Farbtöne geeignete Farbalternativen herauszufiltern:

Arbeitsschritt	Bedeutung	Abbildung
1. Arbeitsschritt: Farbtonkarte komplett auffächern und sich einen Überblick verschaffen	• verschafft dem Farbberater einen Überblick über das Farbspektrum • in der Regel nimmt man jetzt schon die Farbtöne wahr, die sich nicht für die spezielle Fläche eignen • dieser Vorgang läuft im Unterbewusstsein ab, wenn das Gehirn das wahrgenommene Farbspektrum mit der eigenen Farbvision abgleicht	 *1 Farbtonkarte komplett auffächern*
2. Arbeitsschritt: Wegfächern der Farbtöne, die nicht infrage kommen oder ungeeignet sind	• je mehr Farbtöne man ausschließen kann, umso leichter überblickt man das Farbspektrum • steigert die Effizienz der Suche	 *2 Wegfächern der Farbtöne, die nicht infrage kommen*
3. Arbeitsschritt: Aus den verbliebenen Farbtönen Farbfamilien bilden und eine Auswahl treffen	• alle Farbtöne einer Familie innerhalb der Farbtonkarte zu einem Ausleger zusammenschieben • Anzahl der Farbtöne wird übersichtlicher • aufgehellte, abgedunkelte oder vergraute Variationen stören nicht bei der Auswahl • aus den wenigen verbliebenen Farbfamilien können verschiedene Farbalternativen festgelegt werden • anhand weniger Richtfarbtöne lässt sich recht schnell eine Trefferliste erstellen	 *3 Verbliebene Farbtöne in Farbfamilien einteilen*
4. Arbeitsschritt: Variationen eines Basisfarbtons auswählen	• besonders ältere Fassaden bieten flächenunterteilende Elemente, wie Gesimse, Friese, Lisenen oder Pilaster (siehe S. 368), die man sehr gut in der Variation eines Basisfarbtons gestalten kann • wenn man die Farbtonsuche auf z. B. zwei Farbfamilien eingegrenzt hat, sucht man die Zusatzfarbtöne (Variationen) heraus • nacheinander die Farbkarten der Basistonvariation hervorfächern • innerhalb der farblichen Tonleitern lassen sich schnell harmonische Farbkonzepte erstellen • aus einzelnen Basisfarbtönen und ihren Variationen werden Einfarbenkonzepte oder differenzierte Einfarbenkonzepte für Fassaden entwickelt (siehe S. 365). • da man für die Auswahl geeigneter Farbtöne mit dem Farbfächer viel Erfahrung und Übung benötigt, ist es sinnvoll, anfangs im Team zu arbeiten	 *4 Die einzelnen Farbfamilien unterschieben und somit die Auswahl vereinfachen*

Aufgaben

1. *Nennen Sie drei Gesichtspunkte, nach denen Tapeten grob eingeteilt werden können.*
2. *Nach welchen Kriterien beurteilen Sie als Verarbeiter die Qualität der Tapete?*
3. *Nennen und beschreiben Sie Prüfmaßnahmen, die Sie vor dem Verarbeiten vom Tapeten durchführen müssen.*
4. *Beschreiben Sie die Durchführung einer Fächerprobe. Zu welchem Zweck führt man sie durch?*
5. *Beschreiben Sie die Untergrundvorarbeiten einer Fläche, die tapeziert werden soll.*
6. *Welche Maßnahmen führen Sie bei stark saugenden Untergründen durch?*
7. *Worauf muss beim Zuschneiden der Tapetenbahnen geachtet werden?*
8. *Erklären Sie die Begriffe Rapport und Musterversatz.*
9. *Erklären Sie den Einsatz von Tapetenunterlagsstoffen.*
10. *In welchen Fällen würden Sie eine Dampfsperre empfehlen und aus welchen Materialien kann sie bestehen?*
11. *Sie finden auf einer Tapetenrolle folgende Symbole:*

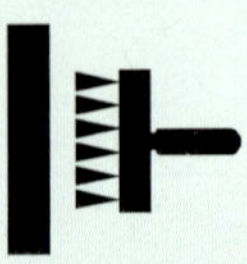

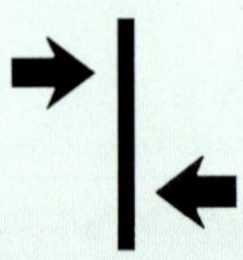

Worauf weisen diese Symbole hin und was müssen Sie bei der Verarbeitung berücksichtigen?

12. *Untersuchen Sie, wie sich das Weichen auf eine Tapete mit Papieroberfläche und Muster auswirkt. Schneiden Sie aus einer nicht mehr benötigten Rolle ein Probestück von ca. 1 m Länge ab.*
    a) Stellen Sie die Längen- und Breitenänderung nach acht Minuten Weichzeit fest.
    b) Beurteilen Sie, wie sich unterschiedliche Weichzeiten auf die Übereinstimmung des Musters auswirken.
13. *Tapezieren Sie eine Musterplatte (2,00 m x 1,50 m) für den Kunden aus der Aufgabe 5 (s. o.).*
    a) Schreiben Sie einen Arbeitsplan, der alle notwendigen Schritte des Tapezierens enthält.
    b) Stellen Sie alle notwendigen Werkzeuge und Materialien bereit und decken Sie Ihren Arbeitsbereich ab.
    c) Tapezieren Sie die Musterplatte nach Ihrem Arbeitsplan.
    d) Überprüfen Sie Ihr Ergebnis auf Tapezierfehler. Was hätten Sie bei Ihrer Arbeit tun müssen, um diese Tapezierfehler zu verhindern?
14. *Nennen Sie drei geeignete Untergrundprüfverfahren, die Sie vor dem Verlegen von Teppichen durchführen müssen, und beschreiben Sie Ihre Vorgehensweise.*
15. *Beschreiben Sie, wie Sie einen unebenen Dielenboden für Verlegearbeiten vorbereiten.*
16. *Erläutern Sie den Schichtaufbau von Fertigparkett.*
17. *Suchen Sie einen geeigneten Bodenbelag für einen Büroraum aus. Woran können Sie erkennen, ob ein Teppichboden den Anforderungen genügt? Begründen Sie Ihre Entscheidung.*
18. *Erstellen Sie sich eine Checkliste mit den Angaben, was Sie alles bei einer gelungenen Innenraumgestaltung berücksichtigen müssen. Warum sind die einzelnen Punkte für die Farbgestaltung wichtig?*

Mathematik

1. *Die Wände eines Büroraums sollen tapeziert werden.*
    a) Berechnen Sie die zu tapezierende Wandfläche. Länge: 4,20 m / Breite: 3,50 m / Höhe: 3,20 m In dem Raum befindet sich ein Fenster mit den Maßen 1,60 x 1,65 m und eine Tür mit den Maßen 0,90 m x 2,00 m.
    b) Berechnen Sie die Menge an Tapetenrollen (Euroformat), wenn sich folgende Informationen auf der Tapetenrolle befinden:

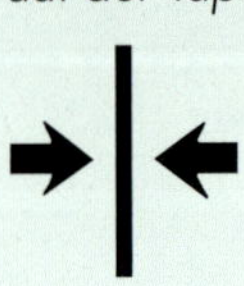

2. *Drei Hotelzimmer gleicher Größe und Ausstattung sind mit Vliestapete zu tapezieren. Die Räume haben eine Größe von 5,60 m x 7,20 m x 3,20 m. Berechnen Sie die Anzahl an Tapetenrollen im Euroformat, wenn die Tapete einen Rapport von 38 cm aufweist.*
3. *Ein Büroraum mit den Maßen 6,20 m x 5,20 m soll mit einem 3 m breiten Teppichboden ausgelegt werden. In diesem Raum befindet sich ein Kamin mit den Maßen 1,35 m x 1,70 m.*
    a) Berechnen Sie den Verbrauch an Teppichboden, wenn Sie einen Verschnitt von 10 cm einberechnen.
    b) Beschreiben Sie den Verlegevorgang bei einer vollflächigen Verklebung in einzelnen Arbeitsschritten. Worauf müssen Sie besonders bei den Nähten achten?

Kundenauftrag

NOTIZEN

Gespräch vom 20.11.20xx / Hr. Lorecchio
Kanalstr. 23 – 48147 Münster
0251 2967001 / 0171 37742819

☒ ☐ ☐ sonstige ☐

ROTH Malerbetrieb
Gewerbepark 136
45131 Essen
Fon 0201 4867-12
Fax 0201 4867-14
info@Malerbetrieb-Roth.de
www.Malerbetrieb-Roth.de

Gastraum neu gestalten: Farbkonzept für den Gastraum entwickeln, Decke überarbeiten, offenes Mauerwerk verputzen, braune Holzleiste an der Wand entfernen und durch ein Gesims ersetzen, Gesimse und Profilleisten farblich gestalten, unteren Teil der Wände mit einer Schmucktechnik, oberhalb des Gesimses Wand farblich angleichen, Rosetten vergolden (Rosetten und Kerzenhalter im Wechsel), Türrahmen/Fußleisten farblich angleichen.

Objektbeschreibung

1 Außenansicht Restaurant

2 Seitenansicht Restaurant

Wände
glatt verputzt, Putz (MG P II) intakt, altweiß gestrichen, Wanddispersion leicht vergraut, braune Eichenleiste in 1,20 m Höhe, stellenweise offenes Hausmauerwerk (bewusstes Dekoelement)

Decke
glatt verputzt, Putz (MG P II) intakt, weiß gestrichen, leichte Nikotinverfärbungen

Boden
dunkles Eichenparkett, neu

Fußleisten
12 cm hoch, Eiche, dunkelbraun lackiert, Gebrauchsspuren

Türen/Türrahmen
weiß lackiert, Überholungsbeschichtung notwendig

Fenster
alte Holzfenster, weiß lackiert

Kundenwünsche

Der Kunde verfolgt mit seiner Gastraumsanierung ein neues Gastronomiekonzept: Während derzeit das Restaurant einen eher schlichten, fast bäuerlichen Charakter hat, soll mit dem neuen Farb- und Materialkonzept eine exklusive Ausstrahlung erzeugt werden. Für die Tisch- und Wanddekoration hat der Kunde neue Möbel und neue Dekorationsgegenstände sowie Kerzenleuchter auf den Tischen und an den Wänden vorgesehen.

1 Herr Lorecchio

2 Alte Tischdekoration im Detail

3 Kerzenleuchter Tischversion

4 Kerzenleuchter Wandversion

Gesprächsnotiz

- *Das Mobiliar wird beibehalten.*
- *Die Profilleisten und Gesimse sollen an klassische Wandgliederungen aus Barock und Renaissance anknüpfen:*
  - *Profilleiste als Wandabschluss*
  - *Gesims als vertikale Wandgliederung*
  - *Rhythmus von Kerzenleuchtern (Wandleuchten werden entfernt) und Rosetten (s. u.)*
- *Schmucktechniken und Farbkonzept sollen eine typische italienische Atmosphäre erzeugen.*
- *Die Vergoldung der Rosetten soll die Exklusivität des Gastraums steigern.*
- *Die Gemäldekopie aus der Sixtinischen Kapelle soll an der Wand verbleiben und ist in das Gestaltungskonzept zu integrieren.*
- *Das Essen in seinem Restaurant soll für den Besucher mit einer hellen, eleganten und exklusiven Atmosphäre begleitet werden, kombiniert mit ein wenig italienischer Ungezwungenheit.*

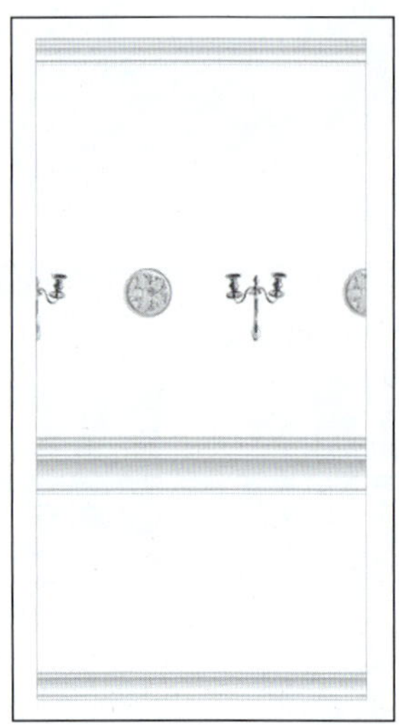

6 Wandplanung des Kunden

Zusätzliche Informationen

Profilleiste, Gesims und Rosetten:

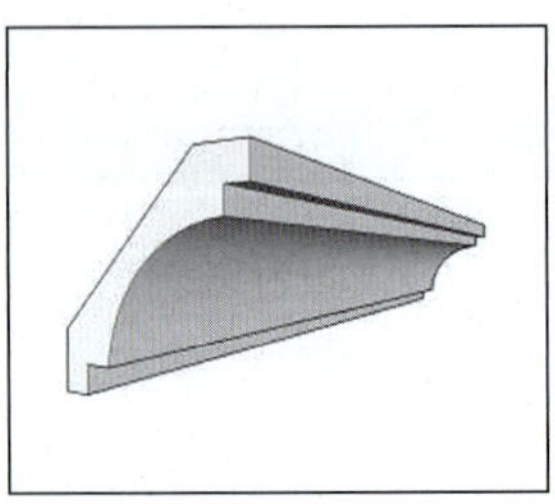

5a Profilleiste

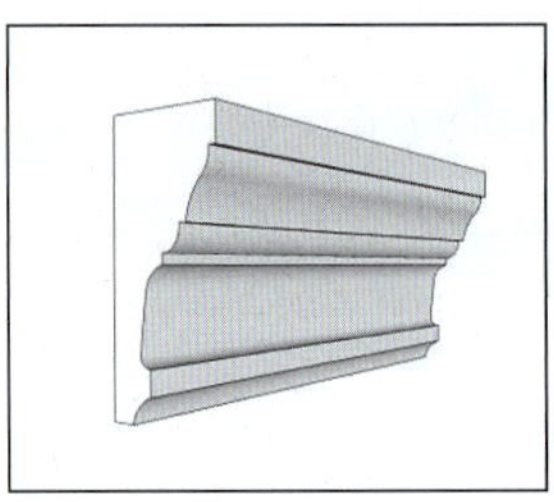

5b Gesims

5c Rosette/Wand

Detailansichten:

1 Innenraum mit Eingang und Thekenbereich

2 Hinterer Gastraum mit Wandbild und Deckenbeleuchtung

3 Eckbereich

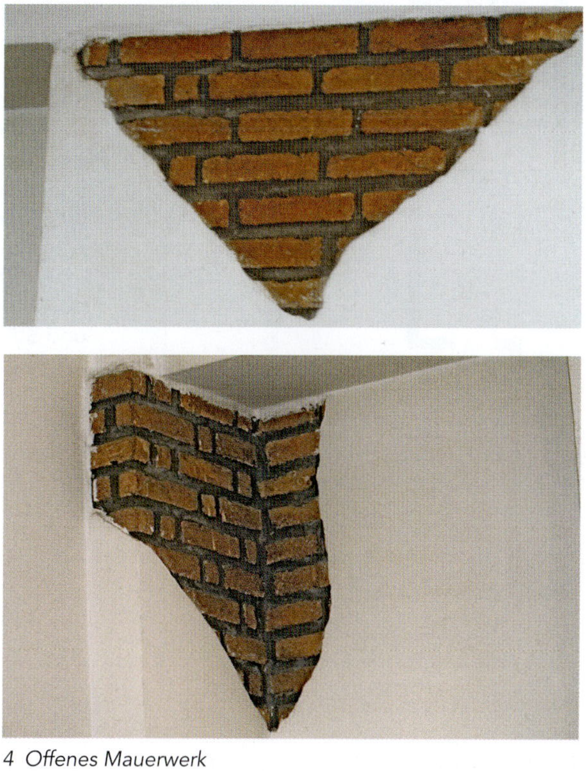

4 Offenes Mauerwerk

Lernsituation

Gastraum nach einem Farb- und Materialkonzept mit exklusiver Ausstrahlung sanieren

1. Informieren

Sammeln Sie im Team die erforderlichen Informationen und werten Sie diese nach folgendem Prozess aus:

- Fertigen Sie eine Bestandsaufnahme an, die Sie aus den Informationen des Kundenauftrags, den räumlichen Darstellungen und dem Bildmaterial entwickeln können.
- Legen Sie besonderes Augenmerk auf die Funktion des Raums, um bestimmen zu können, welche Beschichtungsstoffe und Putze sowie mögliche dekorative Techniken Sie einsetzen.
- Besorgen Sie sich die notwendigen Merkblätter und technischen Richtlinien zu verschiedenen hochwertigen Materialien.
- Recherchieren Sie, welche Aspekte der Innenraumgestaltung für die Erstellung des Farb- und Materialkonzepts notwendig sind.

2. Planen

Für Sie sind die wichtigsten beeinflussenden Gestaltungsfaktoren die Wünsche des Kunden:

- Erstellen Sie eine Übersicht der Wünsche des Kunden.
- Entwickeln Sie im Team aus Ihrer Funktionsanalyse und den Kundenvorgaben eine Liste von Faktoren, die Ihre Farbwahl einschränken bzw. unterstützen.
- Erstellen Sie nach dem Ansichtsplan mit dem Computer eine Vorlage für den Farb- und Materialplan und drucken/kopieren Sie diesen mehrfach in der Größe DIN A3.
- Erstellen Sie einen einfachen tabellarischen Farb- und Materialplan für erste Ideen, der Ihnen einen Überblick über die zu gestaltenden Bauobjekte, Wände und Stilelemente gibt.

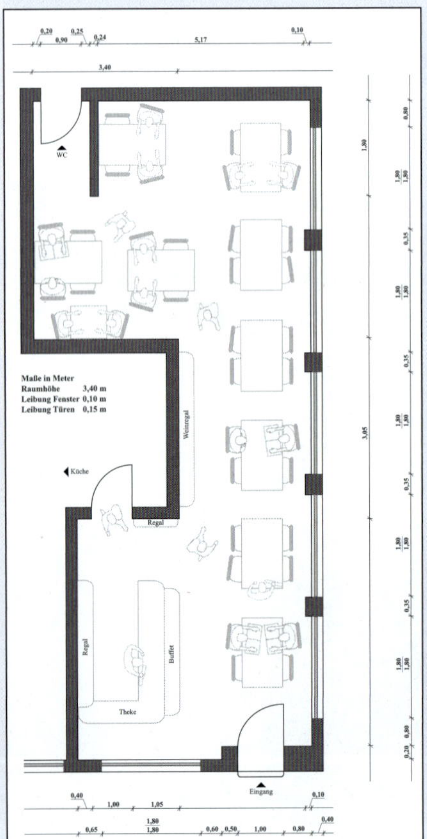

Grundriss des Gastraumes

3. Entscheiden

- Legen Sie einen Farb- und Materialplan für den Innenraum an. Bevor Sie Ihre Computervorlage farbig auslegen, entwickeln Sie mehrere Farb- und Materialkompositionen.
- Entscheiden Sie sich für zwei Farb- und Materialkonzepte.

6. Bewerten

Vor dem Kundengespräch

Überprüfen Sie Ihre Arbeitsergebnisse, damit Sie die Qualität Ihrer Arbeit einschätzen und sichern können:

- Vergleichen Sie Ihre Farbvorschläge mit den einschränkenden und unterstützenden Faktoren.
- Überprüfen Sie Ihre Farbvorschläge hinsichtlich ihrer Wirkung: Haben Sie die gewünschte Wirkung auf den Kunden durch Ihren Farb- und Materialplan erreicht?
- Kontrollieren Sie Ihre Farbpläne auf Mängel hinsichtlich der Farbwirkungen auf den von Ihnen ausgewählten dekorativen Techniken.
- Kontrollieren Sie Ihre Farbpläne auf technische Maßgenauigkeit und Sauberkeit.
- Falls Sie oder Ihr Team Mängel finden, überarbeiten Sie sie, damit der Kunde ein qualitativ hochwertiges Arbeitsergebnis bekommt.
- Halten Sie Ihre Entwürfe, Farbtonkarten, Produktinformationen usw. für das Kundengespräch vollständig in einer sauberen Mappe bereit.

Kundengespräch durchführen

- Präsentieren und begründen Sie mit Ihrem Team dem Kunden (Simulation im Klassenverband) das Farb- und Materialkonzept Ihrer Gruppe.
- Analysieren Sie im Team das Simulationsgespräch getrennt nach Inhalt und Gesprächsverlauf (Gestik, Mimik, Handbewegungen u. a.).
- Stellen Sie der Klasse vor, wie Sie mit Ihrem Team bei der Schlussabnahme dem Kunden Ihre Arbeit präsentieren möchten.

6. Bewerten

5. Kontrollieren

4. Ausführen

Simulation eines Kundengesprächs

5. Kontrollieren

- Überlegen Sie im Klassenverband, ob Ihre gestalterischen Lösungen und Ihre Materialauswahl den Wünschen des Kunden entsprechend durchführbar sind.
- Nehmen Sie Anregungen und Kritik aus den Präsentationen und Bewertungen der anderen Teams auf.
- Überarbeiten Sie Ihre Entwürfe nach den Anregungen, Kritiken und Bewertungen der anderen Teams für das Kundengespräch.

4. Ausführen

- Erstellen Sie zwei verschiedene Farbgestaltungen für den Innenraum.
- Legen Sie die Flächen Ihres tabellarischen Farbplans farbig aus. Berücksichtigen Sie dabei durch größere und kleinere Tabellenfelder die wirkliche Größe der Farbflächen im vorgegebenen Gastraum des Restaurants.
- Erstellen Sie am Computer eine Dokumentation über die Entwicklung der Farbentwürfe. Schreiben Sie dazu eine kurze Stellungnahme, die Ihnen als Argumentationshilfe für das Kundengespräch dient.
- Diskutieren Sie im Team Ihre Farb- und Materialpläne, um evtl. Mängel zu beseitigen, und wählen Sie anschließend im Team einen der zwei Entwürfe aus, den Sie im nächsten Schritt als Ergebnis präsentieren. Der zweite Entwurf dient Ihnen als Alternative im Kundengespräch.
- Präsentieren Sie Ihre beiden Farb- und Materialkonzepte den anderen Gruppen der Klasse.

9 Innenräume gestalten

9.1 Farbentwürfe

Betrachtet man Farbgestaltungen von Gebäuden oder Innenräumen kritisch, stellt man fest, dass verschiedene Menschen ein und dieselbe Farbgestaltung unterschiedlich bewerten.

Meist urteilt man gefühlsmäßig, ohne genau ausdrücken zu können, warum die eine Farbgestaltung gefälliger ist und eine andere dagegen negativ bewertet wird.

Will man eine Farbgestaltung fachgerecht beurteilen, muss man sich von der gefühlsmäßigen Beurteilung lösen. Ein wichtiges Hilfsmittel für eine fachgerechte Beurteilung ist die Gliederung einer Farbgebung.

- Welcher Farbton bildet die Ausgangsfarbe?
- Welche Farben beziehen sich auf diese Basis?
- Welche Farbtöne dienen als schmückendes Beiwerk?

Farbgestaltungen lassen sich in drei Bereiche gliedern. Sie werden durch folgende Fachbegriffe beschrieben (siehe S. 195):

Dominante: der bestimmende (dominierende) Grundton einer Farbgestaltung
Subdominante: die untergeordneten Farbtöne einer Farbgestaltung; sie sind von dem dominierenden Farbton abhängig
Akzent: Schmuckelemente und Hervorhebungen

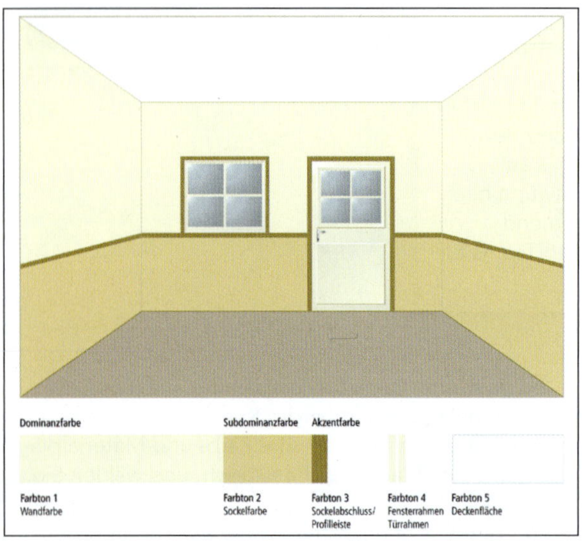

1 Farb- und Materialplan: Raum mit Dominante, Subdominante

Kunden sind meist ungeübt, wenn es um Farbgestaltungen geht. Das bedeutet jedoch nicht, dass sie nicht unbewusst Farbharmonien wahrnehmen können.

Da man nur selten Farbharmonien von einem Kunden auf einen anderen „übertragen" kann, muss der Maler und Lackierer für jeden Kunden wieder neu planen und ausprobieren. Man benötigt viel Berufserfahrung, um zu einem sicheren und zielstrebigen Umgang mit Farben und Farbkombinationen zu gelangen. Hat der Maler und Lackierer sich einmal einen „großen Farberfahrungsschatz" angelegt, so kann er in einem Kundengespräch schnell und flexibel auf die Wünsche seines Gegenübers eingehen.
Neben der Farbharmonie als solcher, also der direkten Harmonie der Farbtöne untereinander, kommen noch zwei weitere Aspekte hinzu, die für die Erstellung von Farbentwürfen wichtig sind: die Persönlichkeit des Kunden und das Bauwerk.
Jeder dieser drei Aspekte wird von verschiedenen Faktoren beeinflusst und diese sind bei der Farbgestaltung mitzubedenken.

Einflussträger	Faktor, der Farbwahl beeinflusst
Persönlichkeit des Kunden	• Herkunft (räumlich und sozial) • Geschlecht • Alter • Beruf
Bauwerk	• Größe im Vergleich zum Umfeld (bei Innenräumen das Verhältnis von Raumhöhe zu Raumgrundmaßen) • bauliche Gliederungselemente • Textur der Oberflächenmaterialien • Funktion
Farben	• Farbton • Helligkeit • Sättigung (siehe S. 194, 195)

Moderne Computerprogramme bieten sich heute als ökonomische Unterstützung bei der Erstellung eines Farbentwurfs an. Mithilfe eines professionellen Gestaltungsprogramms kann der Maler und Lackierer bei seinen Vorüberlegungen zu seiner Farbgestaltung viel Zeit und Material einsparen, da er schnell verschiedene Gestaltungslösungen erstellen und abspeichern kann.
Ein normaler Farbausdruck ist dennoch kein Ersatz für einen handwerklich ausgeführten Farbentwurf in Form eines Farb- und Materialplans. Aber schon am Bildschirm oder mithilfe eines normalen Farbausdrucks lässt sich eine erste oberflächliche „Bewertung" der Farbharmonien vornehmen.

2 Farbentwurfserstellung mithilfe von Computerprogrammen

Zur besseren Visualisierung eines Farbvorschlags entwickelt der Maler und Lackierer einen Farbentwurf, den er dem Kunden in Form eines Farb- und Materialplans präsentiert. Der Farb- und Materialplan zeigt dem Kunden zum einen die Farb- und Materialharmonie als solche, zum anderen, wie die Farben und Materialoberflächen in ihrer Quantität wirken.

1 Handwerklicher Farb- und Materialplan als Arbeitsprobe

Darüber hinaus ist der Farb- und Materialplan ein Hilfsmittel, das der Maler und Lackierer einsetzen kann, um den Kunden von einer sauberen und qualitativ hochwertigen Arbeitsleistung zu überzeugen.

Je sauberer und exakter die Farbfelder ausgelegt sind, die Farbtöne durchgemischt wurden und die Textur der Oberflächen verdeutlicht wird, umso stärker ist der Eindruck von guter Arbeitsleistung.

Saubere und exakte Arbeit im Kleinen ist Spiegelbild Ihrer Arbeit im Großen. Darüber hinaus bietet der Farb- und Materialplan die Möglichkeit, das Auge des Kunden zu „bestechen".
Für einen gelungenen Farbentwurf benötigt man meist immer mehrere Anläufe.

Das Experimentieren mit verschiedenen Farbharmonien erleichtert es meist, den gesuchten Farbton zu ermitteln oder ungeeignete Farbtöne auszusortieren (siehe S. 308, 309 Umgang mit der Farbtonkarte).

9.2 Kundenempathie

Viele Menschen haben eine genaue Vorstellung, welche Farbe, Form oder Schrift zu ihrem speziellen Lebensraum gehört. Die Gestaltung des eigenen Umfelds ist relativ einfach, denn jeder Mensch kann seine eigenen Ideen, Vorstellungen und vor allen Dingen seinen eigenen Geschmack am besten beurteilen.
Für einen Gestalter zeigt sich die Herausforderung seiner Tätigkeit erst in der Gestaltung fremder Lebensräume. Hier muss er sich auf die Vorstellungen, Ideen und Wünsche einer fremden Person einstellen und mit diesen Faktoren ein Gestaltungskonzept erarbeiten. Um ein solches Gestaltungskonzept (z. B. die Farbgestaltung für einen Büroraum) entwickeln zu können, benötigt der Gestalter unterschiedlichste Informationen.

In der Regel gibt es zwei verschiedene Kundentypen:
- Der Kunde, der eine genaue Vorstellung davon hat, wie sein Lebensraum gestaltet werden soll. Dieser Kunde wird klar äußern können, was er haben möchte.
- Der Kunde, der keine genaue Vorstellung hat, wie sein Lebensraum aussehen sollte oder könnte.

In dieser Situation muss der Gestalter über Empathie, also über Einfühlungsvermögen, für einen anderen Menschen verfügen. In einem Gespräch (siehe S. 10) muss er möglichst viele Informationen bekommen, die ihm helfen, ein kundenorientiertes harmonisches Gestaltungskonzept zu entwickeln. Neben Raumgröße, Raumnutzung oder gegebenen unveränderbaren Materialien sind persönliche Informationen notwendig.
Der Kunde ist der Mittelpunkt in seinem eigenen Lebensraum, und damit ist die Gestaltung in hohem Maße abhängig von seiner Persönlichkeit. Herkunft, Alter, Beruf, Familienstand und persönliche Vorlieben sind Informationen, die der Gestalter benötigt, um eine geeignete Lebensraumgestaltung zu entwickeln.

9.3 Klischees in der Gestaltung von Räumen

Die Aufgabe des Raumgestalters ist es, Atmosphäre zu erzeugen. Der Gestalter bringt die einzelnen Bestandteile des Lebensraums in einen harmonischen Gesamtzusammenhang.

Früher musste der Gestalter überwiegend die Harmonie der einzelnen Bestandteile, z. B. Tapeten, Vorhänge, Wandfarben, Bodenbeläge, selbst konzeptionieren.
Heute werden komplette „Atmosphäretrends" von der Industrie geliefert. Hersteller von Wand- oder Bodenbelägen, Farben, Putzen oder Lacken bieten eine Palette an Gestaltungstrends an, deren Harmoniekonzepte gestalterisch absolut stimmig sind.

1 Komplettlösungen für den Gestalter: Farben, Formen, Materialien und Einrichtung werden kombiniert dargestellt

Das Erzeugen von Atmosphäre im Raum ist von mehreren Faktoren abhängig:

- Raumgröße
- natürlichem Lichteinfall
- künstlichen Lichtquellen
- Farben von Bodenbelägen oder Wandbeschichtungen
- Texturen von Bodenbelägen oder Wandbeschichtungen

Immer stärker greifen Produkthersteller auf Harmoniekonzepte verschiedener Kulturkreise zurück. Landhäuser in der Provence, New Yorker Lofts oder marokkanischer Wohnstil französischer als Frankreich selbst: Stil- und Harmoniehilfe in Buchform sind Bestandteil dieser Konzepte.

Diese Farb- und Materialkombinationen sind perfekte Zusammenstellungen verschiedener kultureller Strömungen, und die Anbieter spielen mit dem Klischee im Kopf der Betrachter oder Kunden. Ist das Klischee noch nicht vorhanden, entsteht es vermutlich durch die perfekte Zusammenstellung von Form, Material und Farbe.

2 Harmoniekonzept „African Style"

Oft sind es nur intensivierte Kopien eines kulturellen Vorbilds. Das Violett des Lavendels in der Provence wirkt viel farbiger, als es tatsächlich ist, und karibisches Türkis hat eine stärkere Tiefenwirkung, als das Original vermutlich je bekommen wird. Der Kunde möchte seinen „Urlaubsort" mit in die Heimat nehmen.

3 Industrielles Harmoniekonzept

Benutzer dieser gestalterischen Komplettangebote werden in der Regel an ein Harmoniekonzept gebunden. Das muss nicht unbedingt ein positiver Effekt sein, denn die unendlich große Produktvielfalt macht den Markt unüberschaubar.

Für den Maler bedeutet es, dass er sich sehr stark am „Gestaltungstrend" orientieren und die Entwicklung dieser Trends genau beobachten muss.

9.4 Dekorative Techniken zur Bearbeitung von Oberflächen

1 Das Ergebnis kreativer Innenraumgestaltung

Der individuelle Einsatz von Farbe und Material ist von jeher ein besonderes Merkmal der Raumgestaltung. Spezielle Materialien zu verwenden und zu gestalten war und ist immer abhängig von den Vorstellungen und natürlich vom finanziellen Spielraum des Auftraggebers. Vom Mittelalter bis weit in die Barockzeit hinein ist es üblich gewesen, teure oder nicht zu beschaffende Materialien nachzuahmen.

Imitation: Nachahmen von realen Oberflächentexturen, z. B. Marmor oder Stein, mit Werkzeugen und verschiedenen Werk- und Hilfsstoffen
Interpretation: wenn der Maler und Lackierer sich an realen Oberflächentexturen orientiert, z. B. eine Steininterpretation

2 Steinimitationen

Dieser Trend lebt wieder auf. Moderne Maltechniken werden dafür verwendet, bestimmte Materialien zu imitieren oder durch Neukombination veränderte Wirkungen zu erzeugen.

3 Steininterpretation

Renommierte Farbenhersteller bieten dem Maler und Lackierer eine ganze Produktpalette verschiedener Kombinationen aus Farbe, Material und traditioneller Handwerkstechnik. Beispielsweise erlebt der Tadelakt, marokkanischer Kalkputz (traditionell aus der Marrakesch-Region), eine Renaissance.

4 Tadelaktarbeit im Bad

Ebenso gehören Marmor- oder Sandsteinimitationen in das Betriebsprofil eines zeitgemäßen Malerbetriebs. Historische Streifzüge werden auch in den nächsten Jahren für „Neuerungen" der Materialgestaltung im Malerhandwerk sorgen. Neben dem Erhalt traditioneller Arbeitstechniken hilft der Streifzug durch die Geschichte, neue Ideen zu entwickeln. In jeder geschichtlichen Epoche lassen sich gestalterische und handwerkliche Inspirationen finden und mit modernen Materialien neu kombinieren.
Die Kombination von Farben und Material soll beim Betrachter einen speziellen Effekt erzeugen. Der Mensch reagiert auf visuelle Botschaften, und somit können individuell gestaltete Wände unterschiedliche symbolische oder emotionale Bedeutungen auslösen.

9.5 Vergoldung

9.5.1 Das Material Gold

Dem Material Gold wird in nahezu allen Kulturen größte Bedeutung beigemessen. Einerseits schätzt man dieses Metall aufgrund seiner Verarbeitungseigenschaften und seiner Haltbarkeit, andererseits ist natürlich sein Wert für den Menschen von Bedeutung.

1 Pha That Luang, eine komplett vergoldete buddhistische Stupa in Vientiane, Laos

Von jeher wird das Metall Gold
- mit weltlichen Attributen wie Reichtum, Macht, Einfluss oder
- mit spirituellen Attributen wie Reinheit, Licht, Sonne, Erleuchtung, Weisheit sowie
- mit handwerklichen Attributen wie Beständigkeit, vollkommenem Glanz, künstlerischer und handwerklicher Perfektion

verbunden.

In allen Lebensbereichen steht das Metall Gold oder zumindest die Farbe Gold für höchste Ehren (Goldmedaillen im Sport, Orden für außergewöhnliche Leistungen usw.).

2 Vergoldete Gastronomiewerbung

9.5.2 Vergoldungstechnik

Schon sehr früh begannen Handwerker und Künstler, Gold in ihre Arbeiten einzubeziehen. Dabei wurde weniger der Farbton „Gold" im gestalterischen Zusammenhang gesehen als vielmehr der farbige Wert.

3 Vergoldete Rocaillen, Kanzel (Clemenskirche Münster)

Herstellung von Blattmetall

Im Mittelalter wurden die unterschiedlichen Blattmetalle von sogenannten Gold- oder Silberschlägern hergestellt. Grundsätzlich benutzte man regional unterschiedliche Münzen als Ausgangsprodukt für Blattgold oder -silber. Reines Gold oder Silber war zu weich und zu elastisch, als dass man daraus haltbare Blattmetalle hätte ausschlagen können.
Besonders Silber war neben seiner Eigenschaft, mit Schwefelwasserstoff eine schwarze Verfärbung anzunehmen, nicht ganz so dünn ausschlagbar wie vergleichsweise Gold. Deshalb griff man auf die Münzlegierungen, meist aus Gold, Silber und Kupfer, zurück. Zusammengeschmolzen eignete sich diese Legierung aufgrund ihrer weichen und elastischen Materialstruktur zum Ausschlagen von Blattmetall. Der Reinheitsgrad und die Färbungen von mittelalterlichem Blattgold und -silber variierten in hohem Maße, bedingt durch die regional unterschiedlichen Münzlegierungen.

Die Anfälligkeit von Silber ist der Grund dafür, dass es heute nur im Innenbereich verwendet wird.

Imitation von Blattgold

War goldenes Blattmetall oder Pigment nicht verfügbar oder zu teuer, bedienten sich die Handwerker verschiedener Methoden, dem Betrachter die Verwendung von Gold vorzutäuschen. Handwerker des Mittelalters nutzten dünne Zinnfolien auf einer Basisschicht aus Kreidegrund, die anschließend mit einer safrangefärbten Ölfirnis (Auripetrum) beschichtet wurde. Der intensive Gelbton des Safrans erzeugte in Verbindung mit dem metallischen Glanz der Metallfolie eine „Goldimitation".

1 Polimentvergoldung, Frombork, Polen

Neben Blattmetallen aus Gold fand auch der ursprünglich für die Buchmalerei verwendete Goldpuder Einsatz im Malerhandwerk. Goldpulver (sogenanntes Muschelgold) wurde mit einem Bindemittel, z. B. Gummiarabicum, als „Goldfarbe" angemischt und mit einem dünnen Pinsel als Akzent aufgebracht.
Die Muschelgoldtechnik fand überwiegend in der italienischen Tafelmalerei des 14. Jahrhunderts und der russischen Ikonenmalerei ab dem 16. Jahrhundert Verwendung.

2 Muschelgold

3 Mit Goldfarbe ausgelegte Schablonen, Luang Prabang, Laos

Moderne Vergoldungstechniken

Aus den historischen Entwicklungen der vergangenen Epochen haben sich besonders drei Vergoldungsverfahren herauskristallisiert:

Vergoldungsverfahren	Anwendungsbereiche
Ölvergoldung	Außen- und Innenbereich auf allen dichten Untergründen
Polimentvergoldung	Vergoldungstechnik auf Holz oder Stuck im Innenbereich
Hinterglasvergoldung	matte oder glänzende Vergoldung für die Erstellung hochwertiger Schilder auf Glasuntergründen

9.5.3 Vergolderwerkzeuge und spezielle Werkstoffe

Für alle Vergoldungsprozesse benötigt der Maler und Lackierer spezielle Werkzeuge. Da Blattmetalle heute nur noch eine durchschnittliche Dicke von 1/10 000 mm haben, ist ein vorsichtiger Umgang mit dem hauchdünnen Material erforderlich. Grundsätzlich benötigt man:

Werkzeug	Vergoldungsart	Verwendungszweck	Abbildung
Vergolderkissen	• Ölvergoldung • Polimentvergoldung • Hinterglasvergoldung	• Ablage für Blattmetall • Transport zum Objekt • Teilungsunterlage von Blattmetallen	
Vergoldermesser	• Ölvergoldung • Polimentvergoldung • Hinterglasvergoldung	• Transport vom Vergolderkissen zum Objekt	
Vergolderpinsel (groß)	• Ölvergoldung • Polimentvergoldung • Hinterglasvergoldung	• Blattmetall einkehren	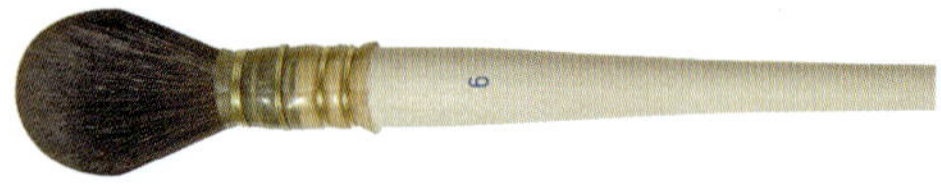
Doppelkielpinsel Fehhaar	• Ölvergoldung • Polimentvergoldung • Hinterglasvergoldung	• Blattmetall einkehren	
Anschusspinsel („Anschießer")	• Ölvergoldung • Polimentvergoldung • Hinterglasvergoldung	• Blattmetalle vom Vergolderkissen aufnehmen und zum Objekt bewegen	
Netzpinsel	• Polimentvergoldung	• Auftragen der Netze bei der Polimentvergoldung	
Doppelnetzpinsel	• Polimentvergoldung	• Auftragen der Netze bei der Polimentvergoldung	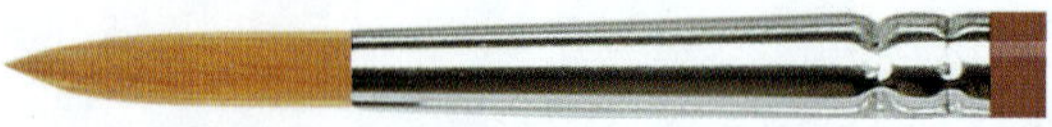
Achatstein	• Polimentvergoldung	• Polieren der Polimentvergoldung	

Für die Ölvergoldung wird das sogenannte Anlegeöl oder die Mixtion (franz. = mischen) benötigt.

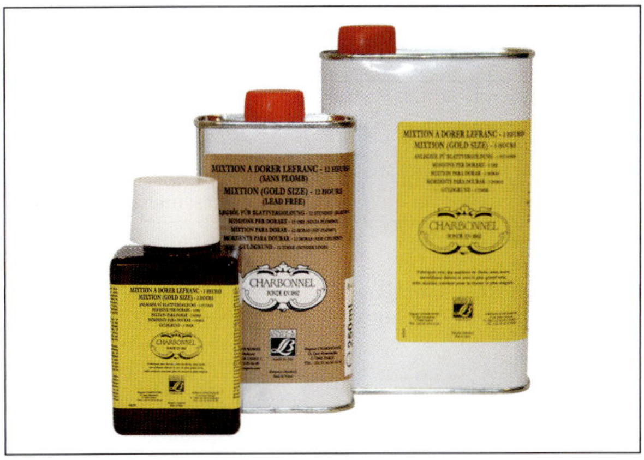

1 Anlegeöl oder Mixtion

Für die Untergrundbehandlung für vergoldete Flächen werden verschiedene Kreidegründe benötigt. Die angebotene Palette verschiedener Blattgoldarten reicht von echt bis unecht.

Kompositionsgold: Blattmessing; ein Schlagmetall, das aus einer Kupfer-Zink-Legierung hergestellt wird

Kompositionsgold wird in verschiedenen „Farbtönen" (Hellgold, Mittelgold, Dunkelgold und Rotgold) angeboten. Lieferbar ist Blattgold in kleinen Heftchen oder als Transfergold.

2 Blattmetalle

Blattgold in kleinen Heftchen aufzubewahren hat eine lange Tradition, denn schon im Mittelalter wurden die Blattmetalle zwischen sehr dünne Tierhäute gelegt.

Transfergold: Blattgold, das auf Seidenpapier gepresst wird und so den Transport des hauchdünnen Materials zum Objekt um ein Vielfaches vereinfacht

3 Transfergold

Transfergold lässt sich schneiden, leichter anlegen und somit besser an den Untergrund anpassen.

9.6 Materialdrucktechnik

Der Materialdruck ist eine der ältesten Techniken, die in besonders vielen Bereichen Anwendung findet. Je nach eingesetztem Material lassen sich interessante und abwechslungsreiche Oberflächenwirkungen erzielen. Die Qualität des Drucks hängt dabei immer von der Struktur des Materials und auch von der Farbdicke ab.
Die Farbauswahl ist wenig eingeschränkt. Diese Technik kann mit Acryl-, Abtön- und auch Dispersionsfarben durchgeführt werden. Die Farbigkeit des Drucks sollte dabei in einem ausreichenden Kontrast zum Untergrund stehen.
Die Wahl des Druckmaterials lässt vielfältige Möglichkeiten zu: Angefangen von verschiedenen Stoffen und Folien über Blätter und Federn bis hin zu Tapeten und Teppichen eignen sich sämtliche Materialien für dieses Verfahren.

Schritt 1: Zunächst wird die Beschichtungsfläche mit einem Farbton eigener Wahl grundiert. Dabei gibt dieser Grundton die grundsätzliche Farbwirkung der Fläche vor.
Schritt 2: Je nach gewünschter Flächenwirkung werden die weiteren Farben ausgewählt.
Nachdem der Grundton getrocknet ist, wird das gewünschte Werkzeug mit Farbe eingestrichen. Überschüssige Farbe kann auf einer Pappe entfernt werden.
Anschließend wird das Werkzeug auf die vorbereitete Wandfläche überlappend, gleichmäßig oder auch ungleichmäßig abgedruckt.
Schritt 3: Je nach Farbkonzept wird der Schritt 2 mit unterschiedlichen Farben oder Farbabstufungen wiederholt, bis die gewünschte Farbwirkung erzielt ist.

9.7 Dekorative Techniken im Überblick

Schwierigkeitsgrad: einfach				
Technik	**Verfahren**	**Kurzbeschreibung der Verfahrenstechnik**	**Material**	**Werkzeug**
Mehrfarben-technik/ Farbver-läufe	manuell	Nass-in-nass-Auftrag auf glatten, rauen oder körnigen Untergründen	Dispersionsfarben: • Basisfarbton • verschiedene Akzentfarbtöne • (in verschiedenen Helligkeiten)	• große Lammfellfarbrolle • kleine Lammfellfarbrolle • Strichzieher • Kunststoffspachtel • Doppelblattspachtel
Durch-schleifen	manuell	Das Durchschleifen mehrerer Farb- oder Lackschichten auf verschiedenen Untergründen führt zu einem „gealterten“ oder verwitterten Aussehen von Flächen	Dispersionsfarben: • Basisfarbton • verschiedene Akzentfarbtöne (in verschiedenen Helligkeiten) Lacke: • Basisfarbton • verschiedene Akzentfarbtöne (in verschiedenen Helligkeiten)	• Streich- und Rollenwerkzeuge • Schleifpapiere verschiedener • Stärken, je nach Untergrundmaterial
Schleiflack-technik	manuell	auf hochglänzend lackierten Flächen werden Ornamente vorsichtig mattiert	• alle Hochglanzlacke	• verschiedene Pinsel • feine Schleifmittel
Tropfen-technik	manuell maschinell	• auf einen lackierten Untergrund wird Wasser gesprüht • anschließend wird die mit Tropfen überzogene Fläche von der einen Seite mit dunklem Lack und anschließend von der gegenüber-liegenden Seite mit einem hellen Lack genebelt • nach dem Trocknen bleibt die Tropfenstruktur zurück	• alle spritzfähigen Lacke	• Lackierpistole
Kammzug-technik	manuell	auf glatten, rauen oder körnigen Untergründen wird von einer trockenen Basisbeschichtung eine nasse Kontrastfarbe strukturiert/ gemustert abgetragen	Dispersionsfarben: • Basisfarbton • verschiedene Akzentfarbtöne (in verschiedenen Helligkeiten)	• Metallkämme • Kunststoffkämme • Gummirakeln • individuelle Werkzeuge: Hölzer, Pinsel usw.
Stupf-technik	manuell	auf glatten, rauen oder körnigen Untergründen werden mit Schwämmen oder Stupfbürsten nasse Akzentfarben auf nasse/trockene, ein- oder mehrfarbige Basisfarbtöne aufgestupft	Dispersionsfarben: • Basisfarbton • verschiedene Akzentfarbtöne (in verschiedenen Helligkeiten)	• Naturschwamm • vorbereitete Indust-rieschwämme • Stupfbürsten • große Lammfellfarbrolle • kleine Lammfellfarbrolle
Reißlack-technik	manuell	• auf sehr glatten Untergründen, meist Metall oder Holz, wird – unter Zugabe von Reißlackmitteln – ein harter Lack auf einen weichen, noch nicht durchgetrockneten Lack aufgetragen • beim Durchtrocknen der beiden Schichten entstehen im Decklack Risse	Lacke: • Basisfarbton • verschiedene Akzentfarbtöne (in verschiedenen Helligkeiten)	• Lackierwerkzeug • Verdünnung • Lappen
Patinieren/ Grünspan	manuell	auf metallischen Untergründen wird mit Acrylfarben eine künstliche Patina erzeugt	• matte Acrylfarbe, Schwarz, Weiß, • verschiedene Blau- /Grüntöne • ggf. seidenmatter oder matter Klarlack • Metallprimer • ggf. Sikkative/Retarder	• verschiedene Stupfpinsel • Lappen
Wickel-technik	manuell	auf glatten, rauen oder körnigen Untergründen werden mit gefalteten, gewickelten oder gerollten Tüchern nasse Akzentfarben auf nasse/ trockene, ein- oder mehrfarbige Basisfarbtöne aufgewickelt	Dispersionsfarben: • Basisfarbton • verschiedene Akzentfarbtöne (in verschiedenen Helligkeiten)	• verschieden dicke und verschieden strukturierte Tücher • große Lammfellfarbrolle • kleine Lammfellfarbrolle

Schwierigkeitsgrad: einfach (Fortsetzung)				
Technik	**Verfahren**	**Kurzbeschreibung der Verfahrenstechnik**	**Material**	**Werkzeug**
Wisch-technik	manuell	auf glatten, rauen oder körnigen, farbig beschichteten Untergründen werden in wolkigen Schlägen dünne Farbschichten mit Schwämmen, Bürsten oder Schlägern aufgetragen	Dispersionsfarben: • Basisfarbton • verschiedene Akzentfarbtöne (in verschiedenen Helligkeiten)	• ovale Streichbürsten • Dekowischer • Vertreiber • Schläger
Sprenkel-technik	manuell	**kleine Akzentflächen** auf glatten, rauen oder körnigen, farbig beschichteten Untergründen	Dispersionsfarben: • Basisfarbton • verschiedene Akzentfarbtöne	• harte Bürsten • feinmaschige Siebe
	maschinell	**große Flächen/größere Akzentflächen** im Niederdruckverfahren wird aus gleichbleibender Entfernung auf einen trockenen Basisfarbton ein Sprühnebel auf einen glatten, rauen oder körnigen Untergrund appliziert	Dispersionsfarben: • Basisfarbton • verschiedene Akzentfarbtöne (in verschiedenen Helligkeiten) • Spezialmischungen • für einen maschinellen Sprenkelgang • spritzfähige Lacke/Autolacke	• Niederdruckgerät • Düse Ø 2,5 – 3,5 mm
Chips-technik	maschinell	**große Flächen/größere Akzentflächen** • auf glatten, rauen oder körnigen Untergründen werden einfarbige oder verschiedenfarbige Dekochips maschinell in eine nasse Dispersions-Basisbeschichtung im Airless-Verfahren eingebettet • nach dem Trocknen werden schlecht haftende Dekochips abgebürstet und die Fläche schlussbeschichtet	• Basisdispersion • Dekochips (Kunststoff, meist Polyvinylacetat) • ggf. Glitzerzusatz • Finish-Beschichtung (Acrylatbasis)	• große Lammfellfarbrolle • kleine Lammfellfarbrolle • Flächenbürste • Dekowischer • Airless-Gerät
Folien-technik	manuell	• auf glatten, rauen oder körnigen, farbig vorbeschichteten Untergründen wird ein zweiter Materialauftrag vorgenommen • auf die noch nasse Schicht des Deckmaterials wird eine Folie ausgelegt und mit der Hand oder Werkzeugen auf der Fläche verschoben • danach wird die Folie abgezogen und zurück bleibt ein unregelmäßiges Muster	• Dispersionsfarben • Spachtelmassen • Lacke	• Streich- und Rollenwerkzeuge • Folien in verschiedenen Stärken
Metall-effekt-technik	manuell	• auf sehr glatten Untergründen werden auf trockene Basisfarbtöne (Dispersionsfarbe oder Latexfarbe) Metalleffektmaterialien mit einer Farbwalze aufgetragen und mit einer Kunststoffkelle strukturiert • nach dem Trocknen wird die Fläche geschliffen und der Arbeitsgang wiederholt	• Basisdispersion oder • Basisbeschichtung mit Latexfarbe • wasserbasiertes Acrylat mit Glimmerzusätzen	• große Lammfellfarbrolle • kleine Lammfellfarbrolle • Microfaser-Farbwalze • Kunststoffkelle
Schablo-nieren	manuell	• auf sehr glatten, glatten oder auch rauen Untergründen werden mithilfe von manuell oder maschinell hergestellten Schablonen (aus klebenden oder nicht klebenden Folien) Musterreihungen (Friese) oder einzelne Ornamente mit Pinseln oder Rollenwerkzeugen farbig ausgelegt oder ausgestupft	• Dispersionsfarben • Lacke • Putze • Spachtelmassen • Schablonierfolie • selbstklebende Schablonierfolie	• verschiedene Farbrollen • Schablonierpinsel • Schabloniermesser (Skalpell)

Schwierigkeitsgrad: anspruchsvoll				
Technik	**Verfahren**	**Kurzbeschreibung der Verfahrenstechnik**	**Material**	**Werkzeug**
Spachteltechnik	manuell	Material wird auf sehr glatten Untergründen mehrfach aufgespachtelt, verdichtet und poliert	• marmorhaltige Spachtelmassen • kalkhaltige Spachtelmassen • Poliermaterial	• venezianische Glättekelle • verschiedene Kunststoffspachtel • Japanspachtel
Tadelakt	manuell	pigmentiertes Kalkmaterial aus Marokko wird zweifach auf rauen, vorgenässten Kalkputz- oder Kalkzementputzuntergründen aufgespachtelt, verdichtet und poliert	• kalkhaltige Spachtelmassen • kalkechte Pigmente	• venezianische Glättekelle • Kunststoffglätter • ggf. Rührwerk • Hartkeramikpolierstein
Maserieren	manuell	• Untergrund wird ganzflächig mit Lasur eingestrichen • mit dunkler Lasur wird die Maserung aufgemalt, vertrieben und nach dem Trocknen mit heller Lasur überzogen	• Lacke • Öllasuren • Braun-, Rot- und Gelbpigmente	• verschiedene Modler • Naturschwamm • Schläger • Vertreiber • Zackenpinsel
Steinimitation, Steininterpretation, Marmorieren	manuell	• auf glatten oder rauen Untergründen wird ein Stein-/Mauerwerksmuster aufgezeichnet, die Fugen werden mit Linierband abgeklebt und die gesamte Fläche mit einer Spachtelmasse überzogen • im nassen Zustand kann mit Tüchern, Schwämmen, Strukturrollen oder Reibebrettern eine Steinoberfläche imitiert werden • die Linierbänder werden entfernt, die Oberfläche lässt man trocknen • anschließend wird die Steinoptik farbig imitiert, die Fugen werden dunkel kontrastiert	• mineralische Spachtelmassen • Kunststoffspachtelmassen • verschiedene Linierbänder • verschiedene Dispersionsfarben für die entsprechende Steinoptik	• Stuckateurkelle • Edelstahlglätter • ggf. Polyurethan-Reibebrett • ggf. Schwammgummi-Reibebrett • Naturschwamm • Industrieschwamm • Strukturrolle • Tücher • ggf. Holzspachtel

Malerei				
Technik	**Verfahren**	**Kurzbeschreibung der Verfahrenstechnik**	**Material**	**Werkzeug**
Wandmalerei	manuell	mit Lacken oder Dispersionsfarben aller Art werden Schriften, Formen, Muster und einfache grafische Darstellungen auf glatten, mineralischen, metallischen, hölzernen oder Kunststoffuntergründen aufgemalt (frei Hand oder vorgezeichnet)	• Lacke • Dispersionsfarben	• Malstock • Malerlineal • Tücher • verschiedene Pinsel • verschiedene Klebebänder • Bleistift • u. a. Kreativwerkzeuge
Illusionsmalerei	manuell	die Imitation der Realität, z. B.: in eine glatt gespachtelte Wandnische wird ein nach außen geöffnetes Fenster mit Meerblick aufgemalt	• Lacke • Dispersionsfarben	• Malstock • Malerlineal • Tücher • verschiedene Pinsel • verschiedene Klebebänder • Bleistift • u. a. Kreativwerkzeuge

Vergoldung				
Technik	**Verfahren**	**Kurzbeschreibung der Verfahrenstechnik**	**Material**	**Werkzeug**
Ölvergoldung	manuell	• ein Gegenstand wird mit Gelb vorgrundiert und anschließend mit Anlegeöl eingestrichen • nach dem Trocknen wird das Blattgold mit dem Anschießer auf die vorgeölte Fläche gelegt, überschüssiges Gold wird abgekehrt	• Basisfarbtöne (meist Gelbfarbtöne) • Anlegeöl (Mixtion) • Blattmetalle	• Vergoldermesser • Vergolderkissen • Anschießer (Pinsel) • Einkehrpinsel
Polimentvergoldung	manuell	• Gegenstand wird mit Leimgrund eingestrichen • dann wird Kreidegrund zum Ausgleich von Unebenheiten aufgetragen • Schleifen • Poliment auftragen • Blattmetall einbetten • Polieren	• Leimgrund • Kreidegrund • Polimentleim • Netze (Wasser und Alkohol) • Blattmetalle	• Vergoldermesser • Vergolderkissen • Anschießer (Pinsel) • Einkehrpinsel/Vergolderpinsel • Polierstein (Achatstein)
Hinterglasvergoldung	manuell	**Mattvergoldung** Verfahren: wie die Ölvergoldung mit Mixtion als Klebemittel **Glanzvergoldung** Verfahren: wie die Ölvergoldung mit Gelatine als Klebemittel	• Anlegeöl (Mixtion) • Transfergold • ggf. Gelatine • Gelbfarbtöne, Lack	• Vergoldermesser • Vergolderkissen • Anschießer (Pinsel) • Einkehrpinsel

9.8 Dekorative Techniken – Anleitungen

Mehrfarbentechnik/Farbverläufe

Anwendungsbereich

- Farbverläufe gehören zu den Grundtechniken des Maler- und Lackiererhandwerks. Auf kleinen Flächen können Farbverläufe relativ schnell aufgebracht werden.
- Auf großen Flächen sind Farbverläufe eine Herausforderung, denn es ist nicht möglich, in kleinen Flächeneinheiten zu arbeiten. Das bedeutet, dass man bei großen Wandabschnitten sehr schnell, konzentriert und rationell arbeiten muss. Eine genaue Planung und das durchdachte Positionieren von Farbtöpfen u. Ä. ist notwendig.
- Die Mischung der Farbtöne erfolgt nicht in einem Behälter, sondern direkt auf der Wand.

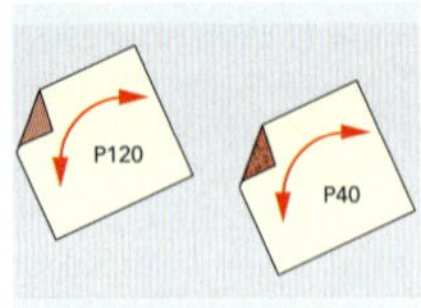

Vorarbeiten

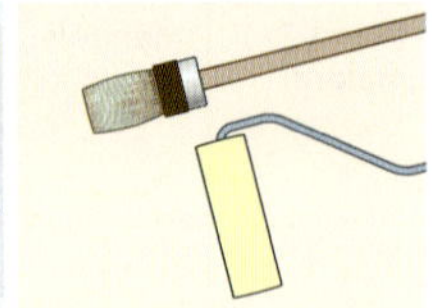
1. Arbeitsgang

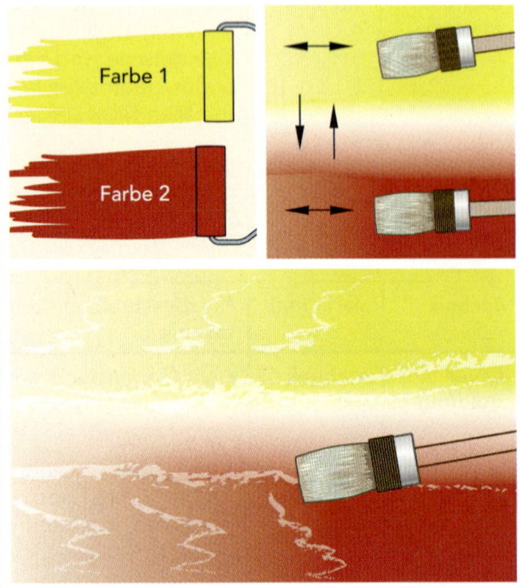

2. Arbeitsgang

Beispiel

Material

- Acrylfarben
- Dispersionsfarben
- Volltonfarben
- ggf. auch Lacke

Die eingesetzten Materialien sollten eine lange Offenzeit haben, da Farbverläufe immer im Nass-in-nass-Verfahren aufgebracht werden.

Werkzeuge

- Ölstrichzieher
- Flachpinsel
- Spitzpinsel zum Akzentuieren
- Modler
- flache Vertreiber
- Dachshaarvertreiber für das Nass-in-nass-Verziehen der Farbflächen

Arbeitsverfahren

Vorarbeiten	• Je nach gewünschtem Effekt kann der Untergrund sehr rau bis körnig sein oder auch sehr glatt.
1. Arbeitsgang	• Voranstrich mit einer Basisfarbe.
2. Arbeitsgang	• Aufbringen von zwei oder mehr Verlaufsfarben, die nass in nass ineinandergezogen werden. • Es entsteht eine Mischung aus Basisfarbe und den zwei (oder mehr) Verlaufsfarben. Werden zwei Verlaufsfarben unterschiedlicher Helligkeit ineinandergearbeitet, so muss man den hellen Verlaufsfarbton in den dunklen Verlaufsfarbton „hereinziehen". Umgekehrt wird sich sonst der berechnete Verlaufsmittelpunkt in Richtung des dunklen Farbtons verschieben.
3. Arbeitsgang (optional)	• Um dem Farbverlauf mehr Kontrasttiefe zu geben, kann man ihn zusätzlich mit weißen Farbakzenten erzeugen. • Das funktioniert im trockenen Zustand ebenso wie mit der Nass-in-nass-Technik.

Durchschleifen

Anwendungsbereich

- Um Flächen oder Objekte „altern" oder „verwittern" zu lassen, bietet sich die Durchschleiftechnik für Holzuntergründe an. Die Herausforderung besteht darin, dass das Objekt oder die Fläche nicht „künstlich gealtert" aussieht.
- Einsetzbar ist diese Technik für Flächen und Objekte im Innenbereich und prinzipiell auch für den Außenbereich. Zum Schutz vor der realen Witterung müssen die Flächen und Objekte dann mit Klarlack beschichtet werden.

Neben der Möglichkeit, Flächen und Objekte „altern" zu lassen, bietet das Durchschleifen auch die Möglichkeit, interessante Farb-, Form- und Texturkombinationen zu erzeugen.

Material

- alle Arten von Lacken
- ggf., je nach gewünschtem Effekt, auch Dispersions- oder Acrylfarben
- Schleifpapiere in verschiedenen Stärken
- ggf. feine Stahlwolle

Besonders interessante Farb- und Oberflächenwirkungen lassen sich erzielen, wenn man einen dunklen Basisfarbton lackiert und in der 2. Decklackierung eine hellere Version des Basisfarbtons. Dadurch lässt sich eine intensivere Farbtiefe des Basisfarbtons erzeugen.

Werkzeuge

- Rollen- und Streichwerkzeuge
- Staubbesen
- Mikrofasertuch

Arbeitsverfahren

Vorarbeiten	• Je nach gewünschtem Effekt kann der Untergrund sehr rau bis körnig sein oder auch sehr glatt. • Ist die Fläche bereits lackiert/beschichtet, muss bzw. kann sie, je nach gewünschtem Effekt, entschichtet werden.
1. Arbeitsgang	• Fläche leicht anschleifen. • Decklackierung mit dunklem Basisfarbton. • Schicht gut durchtrocknen lassen.
2. Arbeitsgang	• Fläche leicht anschleifen. • 2. Decklackierung mit hellem Basisfarbton. • Schicht gut durchtrocknen lassen.
3. Arbeitsgang	• Fläche leicht anschleifen. • 3. Decklackierung mit einem Kontrastfarbton. • Schicht gut durchtrocknen lassen.
4. Arbeitsgang (Schleifgang)	• Vorsichtig die drei Farbschichten durchschleifen. • Will man eine „Alterung" erzeugen, sollte man die Stellen, die „Gebrauchsspuren" aufweisen sollen, bis zum Untergrund durchschleifen. • Kanten schleift man ebenfalls bis fast zum Untergrund, wodurch sich eine klare visuelle Formlinie des Objekts ergeben kann. Für diesen Arbeitsgang benötigt man Übung und das Feingefühl, wann man aufhören „muss". Die Kunst ist es, zu entscheiden, wann der optimale Schleif-Oberflächeneffekt erreicht ist.

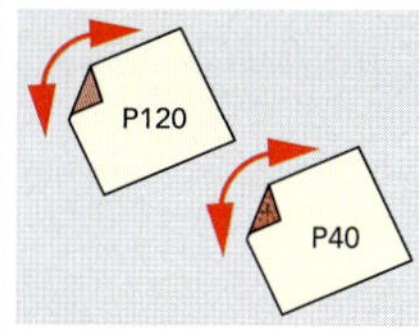

Vorarbeiten

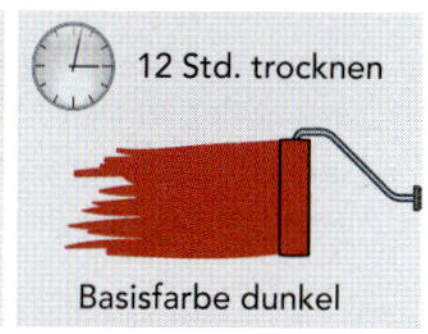

1. Arbeitsgang

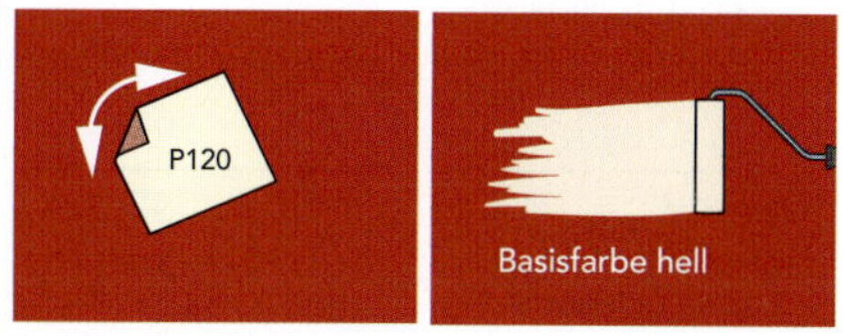

2. Arbeitsgang

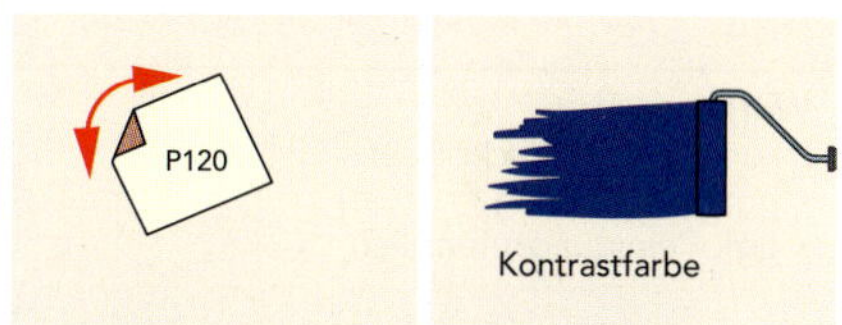

3. Arbeitsgang

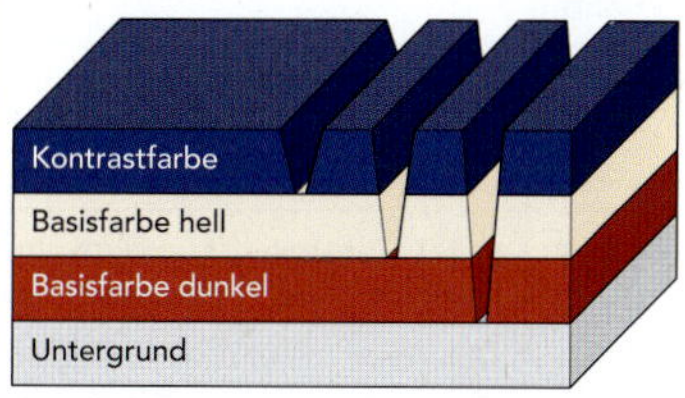

4. Arbeitsgang

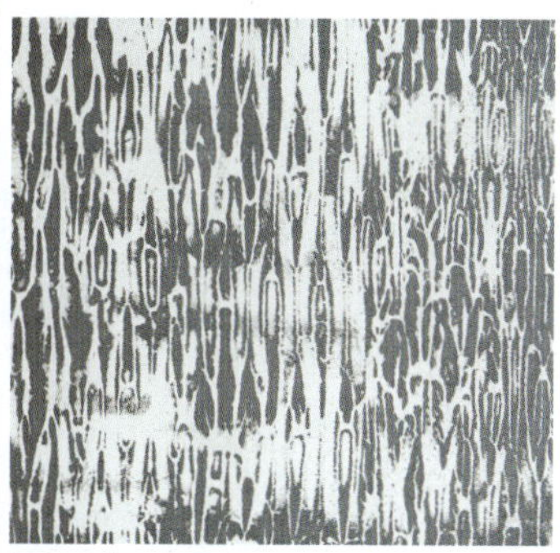
Beispiel

Schleiflacktechnik

Anwendungsbereich
- Schleiflacktechniken können im Innen- und Außenbereich auf sehr glatten, hochglänzend lackierten Holzflächen eingesetzt werden.
- Ebenfalls können sehr glatte Metall- oder Kunststoffuntergründe verwendet werden.
- Der Effekt der Schleiflacktechnik ist, dass das Schleifbild als mattes Ornament auf einer hochglänzenden Fläche steht.

Für Flächen im Außenbereich gilt: Ist die Fläche starker Witterung ausgesetzt, sollte eine schützende Klarlackschicht appliziert werden.

Material
- alle Lacke
- feines Schleifmittel
- ggf. Klarlack zum späteren Versiegeln der gestalteten Oberfläche

Werkzeuge
- kurzborstige Flachpinsel
- ggf. Verdünnung
- ggf. Reinigungsutensilien

Arbeitsverfahren

Vorarbeiten	• Für eine Schleiflacktechnik muss der Untergrund sehr glatt (gespachtelt und ggf. gefüllert), trocken, staubfrei und tragfähig sein.
1. Arbeitsgang	• Der Untergrund wird im gewünschten Farbton hochglänzend deckend lackiert. • Danach muss die Fläche durchtrocknen.
2. Arbeitsgang	• Die Lackfläche wird mit einer selbstklebenden Folie beklebt, aus der das gewünschte Ornament oder Muster ausgeschnitten oder geplottet wurde.
3. Arbeitsgang	• Mit einem kurzborstigen Flachpinsel kann ein Gemisch aus feinem Schleifpulver, z. B. Bimssteinmehl, und Wasser über die folienfreien Bereiche gezogen werden. • Dabei ist, je nach gewünschtem Effekt, die Schleifrichtung einzuhalten. Alternativ zum Bimssteinmehl-Wasser-Gemisch bietet die Autoindustrie verschiedene moderne Schleifpasten an, die man ebenfalls einsetzen kann. Wichtig ist hier, dass die Folie, die die übrige Fläche schützt, durch die Schleifpaste nicht beschädigt wird.
4. Arbeitsgang	• Nach dem Schleifen die Fläche, je nach verwendetem Schleifmittel, reinigen und trocknen.

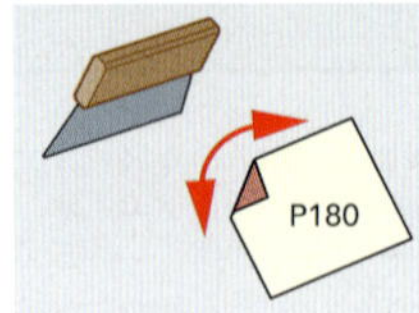

Vorarbeiten

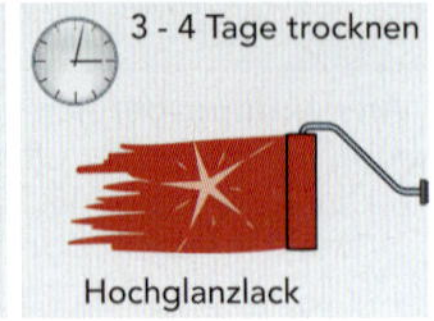

1. Arbeitsgang

2. Arbeitsgang

3. Arbeitsgang

4. Arbeitsgang

Beispiel

Tropfentechnik

Anwendungsbereich
- Die Tropfentechnik kann im Innenbereich als Akzentfläche eingesetzt werden.

Material
- alle spritzfähigen Lacke
- ggf. Klarlack zum späteren Versiegeln der gestalteten Oberfläche

Werkzeuge
- Lackierpistole
- ggf. Klebeband
- ggf. Verdünnung für Korrekturen
- ggf. Reinigungsutensilien

Arbeitsverfahren	
Vorarbeiten	• Je nach gewünschtem Effekt sollte der Untergrund sauber, trocken, staubfrei, tragfähig und sehr glatt sein. Auf sehr glatten Untergründen kommt die Tropfentechnik sehr gut zur Geltung.
1. Arbeitsgang	• Der Untergrund wird im gewünschten Basisfarbton deckend lackiert. • Danach muss die Fläche durchtrocknen.
2. Arbeitsgang	• Oberfläche mit einem Mikrofasertuch reinigen. • Mit einem Zerstäuber Wasser auf die Fläche sprühen. • Anschließend mit einem dunklen Farbton von einer Seite Farbnebel über die Fläche sprühen. Idealerweise ist der genebelte Farbton im 2. Arbeitsgang eine deutlich dunklere Version des Basisfarbtons. Oft wird für diesen Arbeitsgang Schwarz verwendet. Wenn als Basisfarbton ein unbuntes neutrales Grau verwendet wird, ist diese Kombination möglich. Wenn der Basisfarbton ein Buntton ist, sollte man unbedingt von der Verwendung von Schwarz absehen, da dieser Kontrast oft unnatürlich wirkt.
3. Arbeitsgang	• Mit einem helleren Farbton von der anderen Seite (als im 2. Arbeitsgang) Farbnebel über die Fläche sprühen. • Anschließend die Fläche trocknen lassen. Während des Trocknens verdunstet das Wasser und der Lacknebel „legt“ sich auf den Untergrund. Für das Auge bleiben die Wassertropfen dennoch „erhalten“. Für den 3. Arbeitsgang sollte man eine deutlich hellere Version des Basisfarbtons wählen, damit die Kontrastwirkung natürlicher erscheint. Für diesen Arbeitsgang gilt ebenfalls: Mit Weiß arbeitet man in diesem Arbeitsgang nur, wenn der Basisfarbton ein unbunter Ton ist, z. B. ein neutrales Grau.
4. Arbeitsgang	• Um die Fläche unempfindlicher gegen mechanischen Abrieb oder Reinigungsmittel zu machen, kann die durchgetrocknete Fläche mit Klarlack überzogen werden.

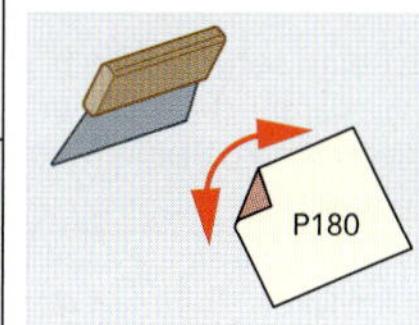

Vorarbeiten

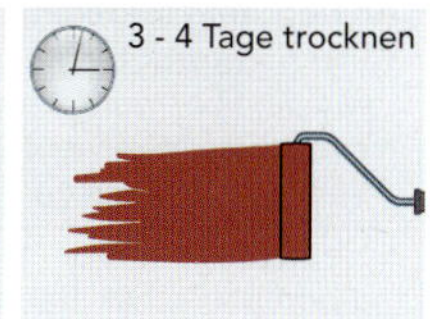

1. Arbeitsgang

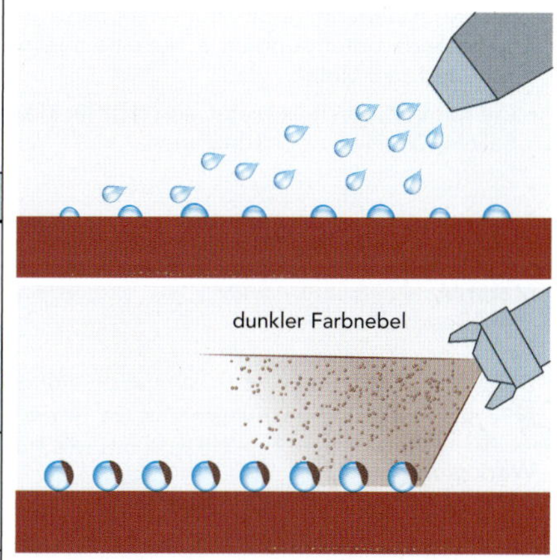

2. Arbeitsgang

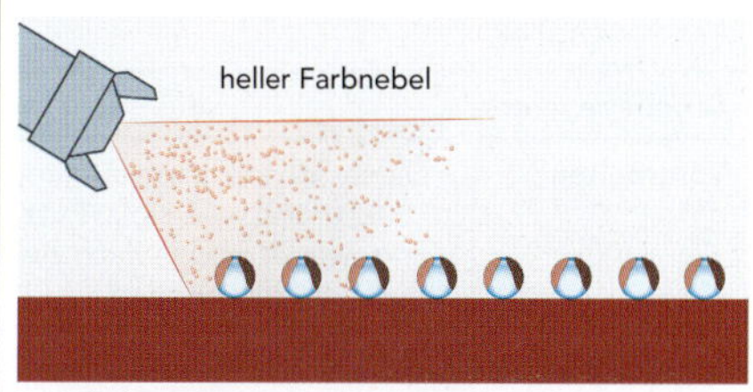

3. Arbeitsgang

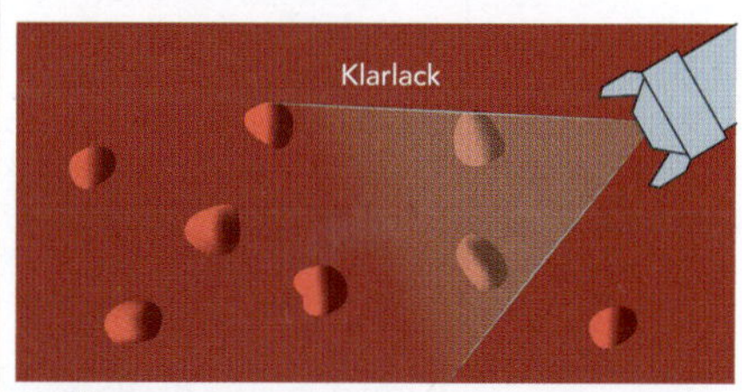

4. Arbeitsgang

Beispiel

Kammzugtechnik

Anwendungsbereich

- Die Kammzugtechnik ist eine sehr alte Technik, die bereits im 17. Jh. angewendet wurde. Hier wurde sie vornehmlich im bäuerlichen Handwerk eingesetzt. Es wurden einfache Mittel verwendet, um kostbare Materialien wie Marmor, Edelholz und auch Intarsienarbeiten zu imitieren.
- Heutzutage findet man alte Arbeiten dieser Technik vornehmlich im alpenländischen Raum an Türen, Rahmen und Sockelbereichen von Wänden.
- Die Kammzugtechnik ist eine Negativtechnik, die ihre besondere Wirkung nicht durch das Auftragen von Farbe, sondern durch das Abtragen erzeugt. Ihre besonders lebendige Struktur erhält diese Technik durch die zum Vorschein kommende Untergrundfarbe, die eine besondere Tiefenwirkung durch ihr Licht- und Schattenspiel bietet.
- Die Kammzugtechnik bietet sich eher für kleine Flächen an: Balken, Gesimse oder Türrahmen.

Material

- alle Beschichtungsstoffe

Damit die „Kratzspuren" der Kämme bei höheren Schichtdicken nicht ineinanderlaufen, sollten die Beschichtungsstoffe der nassen Deckschicht zähflüssiger sein.

Werkzeuge

Für eine Kammzugtechnik eignen sich die verschiedensten Werkzeuge: alle Hilfsmittel, die eine Beschichtung abtragen können, vom Zahnstocher über Draht bis hin zu den verschiedensten Pinseltypen.

- Metallkämme
- Kunststoffkämme
- Gummirakeln
- individuelle Werkzeuge: Hölzer, Pinsel usw.

Arbeitsverfahren

Vorarbeiten	• Diese Technik kann auf jedem festen, glatten, rauen oder körnigen Untergrund, wie Holz, Putz, Metall und Kunststoffplatten, angewandt und je nach Bedarf mit unterschiedlichem Farbmaterial durchgeführt werden.
1. Arbeitsgang	• Zunächst wird auf der Beschichtungsfläche eine deckende Untermalung angelegt. • Der Farbton sollte einen ausreichenden Kontrast zu der nachfolgenden Beschichtung haben, um ein interessantes Farbspiel zu erzeugen.
2. Arbeitsgang	• Nachdem die Farbe getrocknet ist, wird die Schlussbeschichtung angesetzt. Sie wird mit einem Pinsel, Flächenstreicher oder einer kleinen Rolle nicht zu dick aufgetragen. • Die Farbe kann hierbei lasierend oder deckend sein. Wichtig ist, dass die Farbe lange genug offen ist, um sie anschließend noch mit einem Kamm zu bearbeiten. In der modernen Farbtechnologie bieten sich hierzu besonders thixotrope Acryllasuren an. Herkömmliche Dispersionen binden zu schnell ab und müssen für diese Technik mit einem trocknungsverzögernden Kleister eingestellt werden.
3. Arbeitsgang	• Der noch nasse Farbauftrag wird anschließend mit einem Kammzugwerkzeug entsprechend dem Gestaltungskonzept bearbeitet. • Als passende Werkzeuge bieten sich hier verschiedene Kämme aus Stahl, Horn oder Gummi an. • Durch den unterschiedlichen Abstand der Zinken und durch unterschiedliche Muster (z. B. Wellen, Kreise oder gerade Linien) ergeben sich verschiedene Gestaltungsmuster. Anschließend muss die Farbe gemäß Herstellerangaben trocknen.

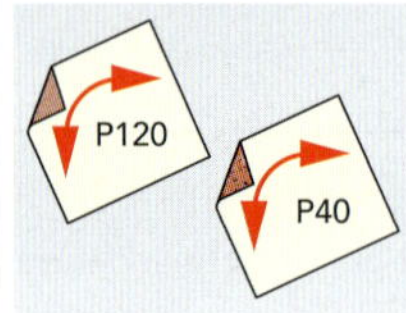

Vorarbeiten

1. Arbeitsgang

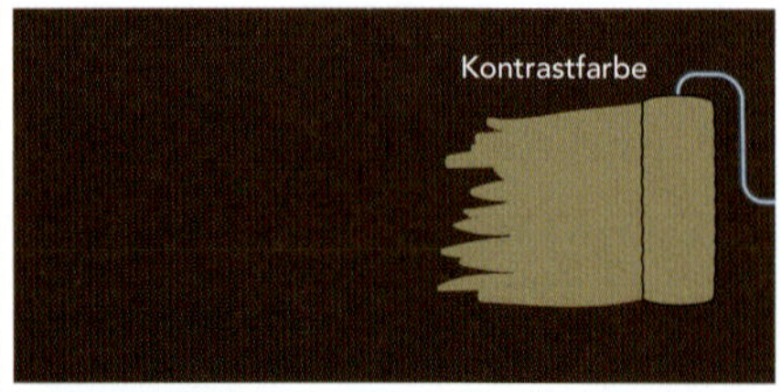

2. Arbeitsgang

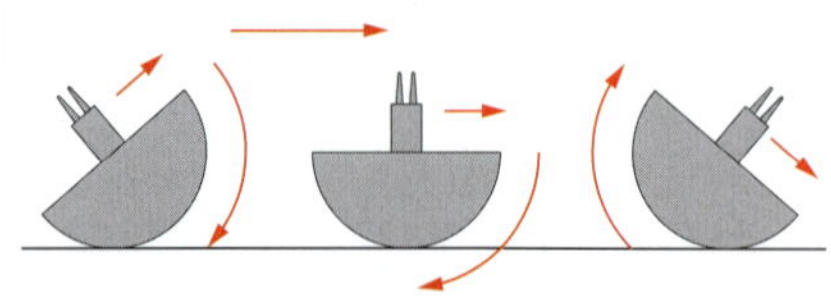

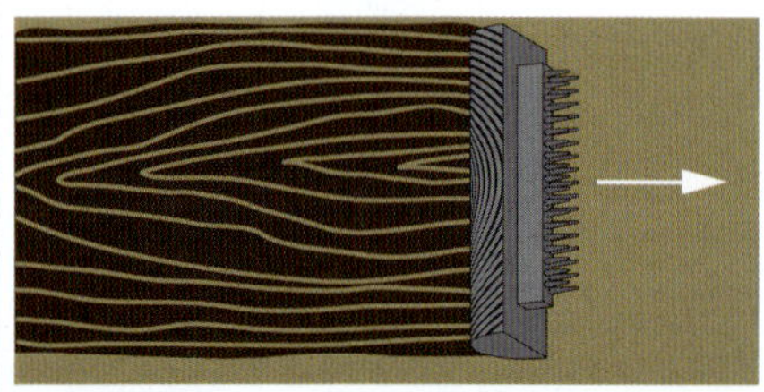

3. Arbeitsgang

Malerkamm aus Gummi

Kammzugtechnik, Holzmaserung

Stupftechnik

Anwendungsbereich

- Die Stupftechnik ist eine sehr unkomplizierte Technik, die auch Ungeübte schnell lernen und durchführen können. Mit einfachen Mitteln lassen sich auf einer Vielzahl von Untergründen interessante Farbwirkungen erzielen.
- Ursprünglich wurde die Stupftechnik häufig verwendet, um verschiedene Natursteine, wie Granit oder Sandstein, zu imitieren.
- Dank des unkomplizierten Verfahrens wird diese Technik mittlerweile gerne und häufig eingesetzt, um einzelne Farbflächen effektvoll hervorzuheben. Die lebendige Farbwirkung entsteht dabei durch nebeneinandergestupfte Farbflecke, die erst in der Wahrnehmung des Betrachters zu einer zusammenhängenden Farbfläche werden.

Material

- Die für die Stupftechnik typische Wolkenstruktur kann je nach verwendetem Werkzeug verändert werden.
- Je nach Untergrund können verschiedene Beschichtungsstoffe für diese Technik verwendet werden, z. B. Dispersionen, Kalkfarben und Silikatfarben.

Werkzeuge

- Naturschwämme
- Industrieschwämme
- Pinsel
- Bürsten

Arbeitsverfahren

Vorarbeiten	• glatte Untergründe • raue Untergründe, wie Raufaser, Glasfasergewebe und Strukturputze
1. Arbeitsgang	• Zunächst wird die Beschichtungsfläche mit einem Farbton eigener Wahl grundiert. Dabei gibt dieser Grundton der Fläche die grundsätzliche Farbwirkung.
2. Arbeitsgang	• Nachdem der Grundton getrocknet ist, wird das gewünschte Werkzeug (Naturschwamm, Pinsel oder Bürste) angefeuchtet und mit Farbe getränkt. • Überschüssige Farbe kann auf einer Pappe entfernt werden. • Anschließend wird der Schwamm auf die vorbereitete Wandfläche überlappend, gleichmäßig oder auch ungleichmäßig aufgestupft, wobei der Schwamm ständig zu drehen ist. • Für eine harmonische und eher flächige Wirkung sollten Farben aus einer Farbverwandtschaft und auch Farbtöne gleicher Helligkeit verwendet werden. Eine interessante und besonders lebendige Wirkung kann durch die Kombination von Komplementärfarben erzielt werden.
3. Arbeitsgang (optional)	Je nach Farbkonzept wird der 2. Arbeitsgang mit unterschiedlichen Farben oder Farbabstufungen wiederholt, bis die gewünschte Farbwirkung erzielt ist.

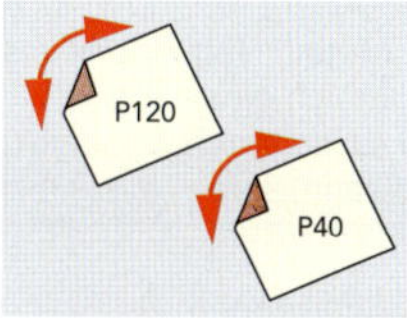

Vorarbeiten

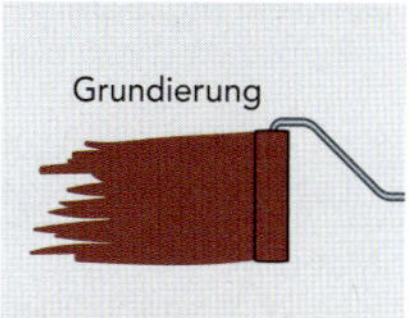

1. Arbeitsgang

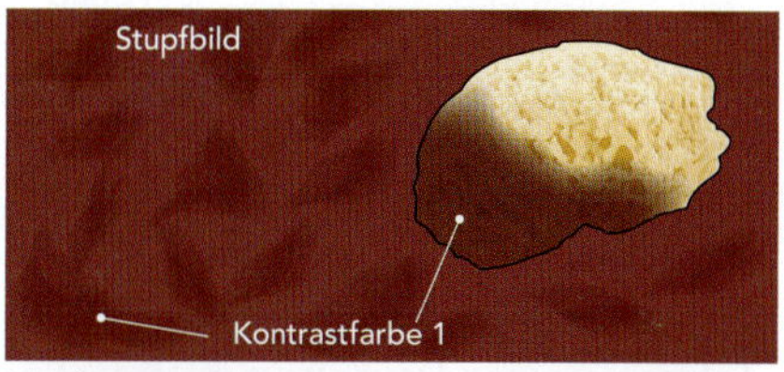

2. Arbeitsgang

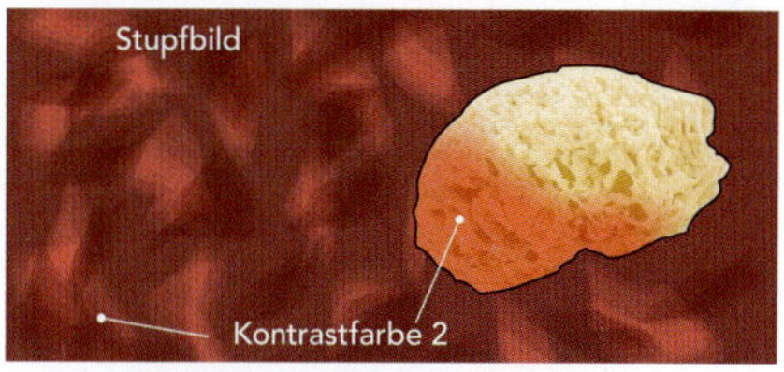

3. Arbeitsgang

Naturschwamm zum Stupfen

Fertige Mehrfarbenstupftechnik

Exkurs: Materialdrucktechnik (siehe S. 323)

Anwendungsbereich

- Ähnlich wie die Wickeltechnik (siehe S. 334/335) funktioniert die Materialdrucktechnik.
- Bei gleicher Untergrund- und Flächenvorbehandlung können verschiedene Materialien als ein eingefärbter Druckstempel verwendet werden.
- Regeln für die Farbtonauswahl und die Arbeitsgänge sind identisch mit der Wickeltechnik.

Beispiel

Reißlacktechnik

Anwendungsbereich
- Reißlacktechniken auf Metall, Holz oder Kunststoff sind als Akzentflächen im Innen- und Außenbereich einsetzbar.
- Im Außenbereich sind sie sehr anfällig, da Wasser schnell zwischen die gerissenen Lackschichten dringen kann, sofern diese nicht mit Klarlack überzogen wurden.

Material
- Lacke in verschiedenen Farbtönen
- Reißlackkonzentrate (Verwendung nach Herstellerangaben)
- ggf., je nach Untergrund, Füller oder Spachtelmassen

Werkzeuge
- Lackierwerkzeuge
- Lösemittel
- Reinigungsutensilien

Vorarbeiten
- Der Untergrund sollte fest, trocken, sauber, tragfähig und sehr glatt sein.

1. Arbeitsgang
- Der glatte vorbereitete Untergrund wird mit einem oder mehreren gewünschten Farbtönen mit einem weichen Lack deckend lackiert.
- Anschließend lässt man diese Lackschicht trocknen, aber nicht vollständig durchtrocknen!

Der Farbton der ersten Decklackierung bildet bei der fertigen Reißlacktechnik den Kontrastfarbton, der im Rissbild zu sehen ist. Je unterschiedlicher die Farbtöne im Hinblick auf ihre Buntheit, Helligkeit und ihren Sättigungsgrad sind, umso markanter ist die erzielte Kontrastwirkung.

2. Arbeitsgang
- Noch vor der vollständigen Durchtrocknung der Basisdecklackierung wird eine zweite Schicht Lack deckend appliziert. Diese Schicht sollte einen größeren „Härtegrad" aufweisen als die Basislackierung. Durch spezielle Reißlackzusätze ist diese „Härte" zu erreichen.
- Die Oberflächenspannung der zweiten Lackschicht führt bei der allmählichen Trocknung zur Rissbildung und der Farbton/die Farbtöne der Basislackierung werden sichtbar.

Das Rissbild ist abhängig von der Schichtdicke der Lackschichten und der Trocknung der Basislackierung. Bei dünneren Lackschichten wird das Rissbild filigraner.

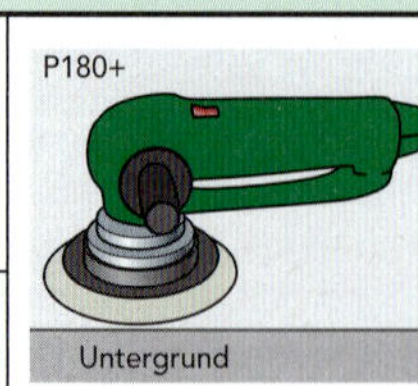

Vorarbeiten

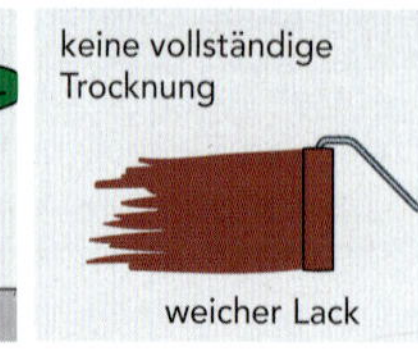

1. Arbeitsgang

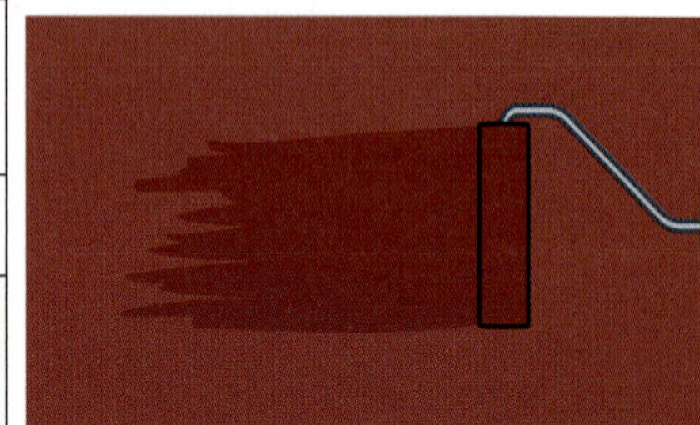

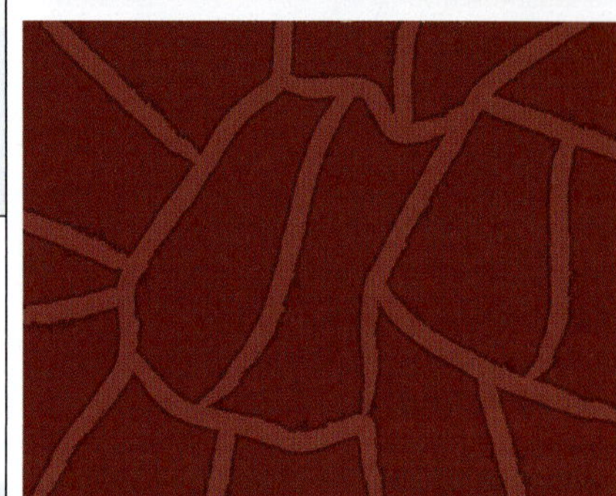
2. Arbeitsgang

Wickeltechnik

Anwendungsbereich
- Dank ihres „knittrigen" Aussehens und der auffallenden Musterung werden leichte Verschmutzungen nicht unmittelbar sichtbar. Daher ist diese Technik besonders in Sockelbereichen und in Treppenhäusern sehr beliebt.
- Die Wickeltechnik kann auf allen schwach saugenden Untergründen aufgetragen werden. Außerdem wird sie aufgrund ihres unkomplizierten Verfahrens und ihrer interessanten Oberflächenwirkung eingesetzt, um leichte Unebenheiten des Untergrunds optisch auszugleichen.
- Man unterscheidet das auftragende Verfahren und das abtragende Verfahren.

Material
- Es können fast alle Anstrichstoffe verwendet werden: Lacke, Lasuren und lösemittelfreie Systeme und Effektfarben.
- Die Farben werden in der Regel stark verdünnt, sodass eine lasierende Wirkung entsteht.

Aufgrund der starken Musterung empfiehlt es sich, wenig auffällige und vor allem harmonische Farbvariationen vorzunehmen.

Werkzeuge
- Als Werkzeuge eignen sich alle sauberen, „fusselfreien" Wickeltücher:
- Leder
- Baumwolle
- Leinen
- Folie
- Wickelroller
- Eingetrocknete Farbreste oder Schmutz führen zu unschönen Wickelbildern.

Auftragendes Verfahren:

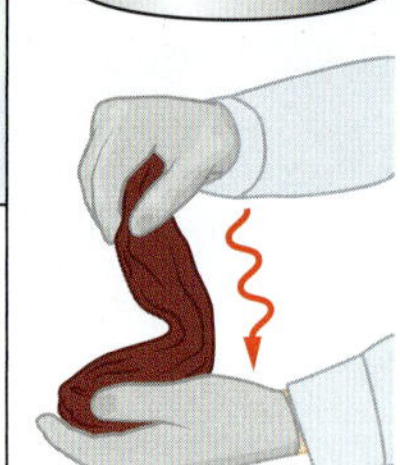
1. Arbeitsgang

Wickeltechnik (Fortsetzung)

Je nach Oberflächenstruktur des Werkzeugs lassen sich interessante Strukturen im Farbauftrag wiederfinden. Außerdem bietet der Handel Wickelroller an, die das Arbeiten gerade an Deckenflächen erleichtern.

Arbeitsverfahren	
Vorarbeiten	• Der Untergrund sollte fest, trocken, sauber, tragfähig und gleichmäßig saugend sein.
Auftragendes Verfahren	
1. Arbeitsgang	• Das Wickeltuch wird vor dem ersten Gebrauch mit klarem Wasser ausgewaschen und anschließend kräftig ausgewrungen. • Das angefeuchtete Tuch wird jetzt in den Eimer mit Farbe getaucht und durch Wringen und Drehen im Lappen verteilt. Die Enden des Lappens sollten in das Knäuel gelegt werden, um beim anschließenden Wickeln unangenehme Farbflecke zu vermeiden. • Überschüssige Farbe kann durch einfaches Abrollen, z. B. auf einem Stück Pappe, entfernt werden.
2. Arbeitsgang	• Jetzt wird mit der eigentlichen Wickeltechnik begonnen, indem der Lappen über möglichst kurze Strecken und in verschiedene Richtungen abgewickelt wird. Man sollte dabei unregelmäßig vorgehen, damit ein lebendiges Farbspiel entsteht. • Um eine besonders feine Wirkung zu erzielen, wird diese Technik in mehreren Arbeitsgängen und jeweils wenig deckend durchgeführt. Bei besonders großen Flächen bietet sich eine Unterteilung in kleinere Abschnitte an. Um Ansätze zu vermeiden, werden die Übergänge der einzelnen Flächen nass in nass gearbeitet. Anschließend muss man die Beschichtung durchtrocknen lassen.
3. Arbeitsgang	• Der 2. Arbeitsgang wird mit unterschiedlichen Farben oder Farbabstufungen mehrmals wiederholt. Besonders genau sollte man an den Seitenbegrenzungen, den Ecken-, Decken- und Wandabschlüssen der Fläche arbeiten. Fehlstellen und „Fehlwickeln" fallen sofort auf. „Gefährdete" Flächen abkleben und mit „kleineren" Werkzeugen weiterarbeiten.
Abtragendes Verfahren	
1. Arbeitsgang	• Zunächst wird die Beschichtungsfläche mit einem Farbton eigener Wahl grundiert.
2. Arbeitsgang	• Anschließend wird eine weitere Farbe aufgetragen, die mit ausreichend bereitgestellten Lappen in verschiedenen Richtungen wieder abgewickelt wird. • Bei diesem Schritt muss schnell gearbeitet werden, da die Farbe nur in nassem Zustand abzuwickeln ist. Die Verwendung von Farben mit langen Offenzeiten und auch das Arbeiten zu zweit ist daher empfehlenswert.

Auftragendes Verfahren (Fortsetzung):

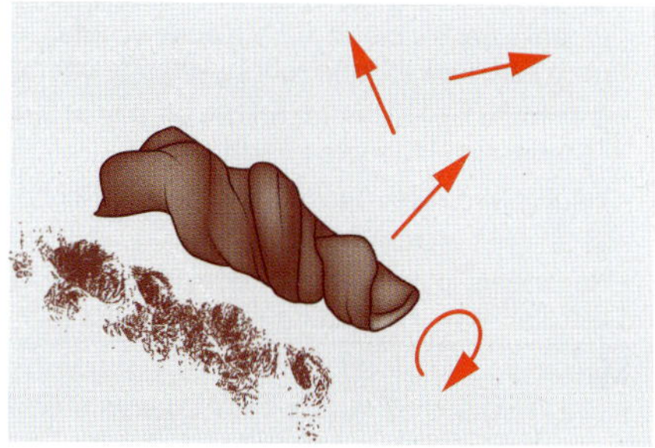

2. Arbeitsgang

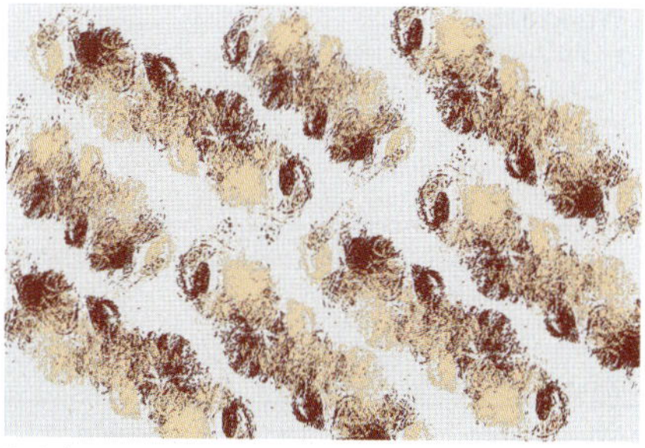

3. Arbeitsgang

Abtragendes Verfahren:

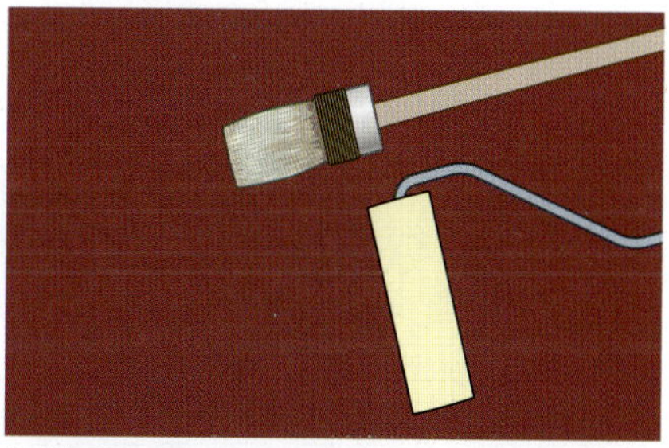

1. Arbeitsgang

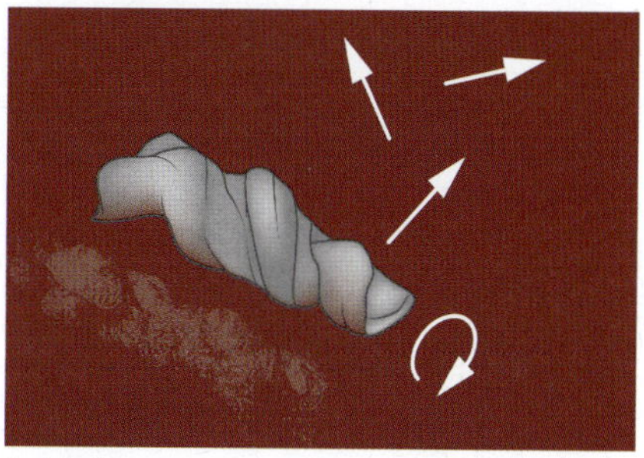

2. Arbeitsgang

Wischtechnik

Anwendungsbereich

- Die besondere Wirkung dieser Lasurtechnik liegt in ihrer gewolkten, leicht streifigen Oberfläche. Sie bietet je nach angewandter Technik einen weichen Farbverlauf und je nach Farbauswahl eine sehr belebende oder eine ruhige, harmonische Stimmung.
- Durch die Überschneidung der einzelnen lasierenden Farbschichten erreicht diese Technik eine lebendige Farbtiefe.
- Häufig wird diese Technik in Wohnbereichen, aber auch zunehmend in Restaurants und Cafés angewendet.
- Besonders interessant ist diese Technik, da sie auch auf rauen Flächen angewendet werden kann, z. B. auf Raufaser, Glasgewebe und Putz.

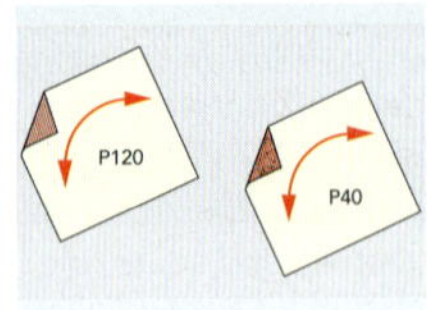

Vorarbeiten

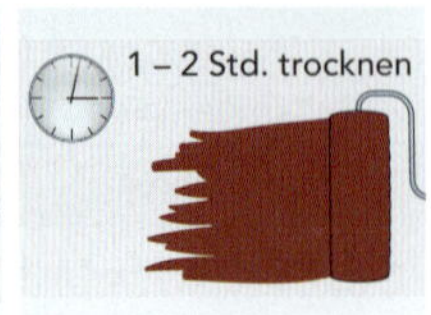

1. Arbeitsgang

Material

- Die Wischtechnik wird mit stark verdünnten Anstrichmitteln ausgeführt.
- Hierbei können verschiedene Materialien verwendet werden, z. B. Dispersionsfarben, Kalkfarben, Silikatfarben und Acryllacke.

2. Arbeitsgang – Möglichkeit 1

Werkzeuge

- Die Auswahl der Werkzeuge erfolgt zum einen nach der gewünschten Wirkung und zum anderen auch nach dem handwerklichen Geschick des Malers.
- Meist werden Naturschwämme, Textillappen, Ledertücher, Flächenstreicher oder Bürsten eingesetzt.

Als Alternative zu dem meist teuren Naturschwamm können auch einfache Kunststoffschwämme eingesetzt werden, die problemlos in die richtige Größe geschnitten oder gerissen werden können.

Arbeitsverfahren

Vorarbeiten

- Der Untergrund sollte fest, trocken, sauber, tragfähig und gleichmäßig schwach saugend sein.

Für Wischtechniken eignen sich glatte oder raue Untergründe. Auf rauen bis körnigen Untergründen lassen sich interessante Wischbilder mit großer Tiefenwirkung erzielen. Durch die raue Oberfläche lagert sich die Farbe oder Lasur in unterschiedlichen Schichtdicken ab, das Streichbild zeichnet sich deutlich ab und erzeugt so die gewünschte visuelle Farbtiefe.

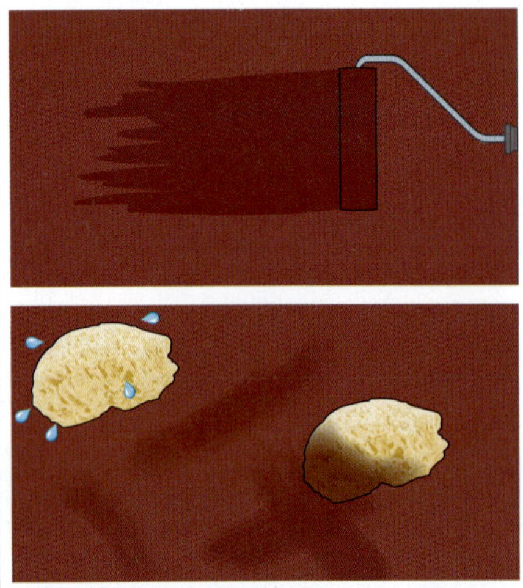

2. Arbeitsgang – Möglichkeit 2

1. Arbeitsgang

- Als Grundlage für die Wischtechnik wird zunächst eine farbige Untermalung angelegt. Diese sollte in einem ausreichenden Kontrast zur Wischfarbe stehen, um einen möglichst interessanten Effekt zu erzielen.
- Der Untergrund sollte hierbei nur schwach oder gar nicht saugen, um eine zu schnelle Trocknung der Lasurfarbe zu verhindern.

2. Arbeitsgang

- Nachdem die Untermalung getrocknet ist, kann der erste Farbauftrag erfolgen. Hierzu bieten sich drei mögliche Techniken an:
  1. Mithilfe des gewählten Werkzeugs wird die leicht verdünnte Farbe in kreisenden Bewegungen auf die Wandfläche aufgetragen. Nach dieser Vorgehensweise empfiehlt es sich, die Farbe immer in kleinen Partien aufzutragen, wobei der Übergang jeweils nass in nass gearbeitet wird. Durch Nacharbeiten der Kanten mit einem Heizkörperroller, Borsten- oder Dachshaarverteiler lassen sich trockene Ansätze vermeiden.

  oder

  2. Zunächst wird mit einem Kurzflorroller die Farbe großflächig aufgetragen. Diese Farbfläche wird dann mit einem angefeuchteten Schwamm strukturiert, indem die noch frische Farbe kreuz und quer, wellenartig oder kreisförmig verrieben wird. Dabei sollte man in kleineren Partien vorgehen, damit die Farbe vor dem Verwischen noch nicht angetrocknet ist.

  oder

  3. Bei der dritten Möglichkeit werden zunächst Farbkleckse auf die Wand gegeben, die anschließend mit dem gewünschten Werkzeug verwischt werden.
- Durch den lasierenden Farbauftrag im Nass-in-nass-Verfahren bilden sich an den Übergängen interessante Farbübergänge. Diese jeweiligen Übergänge tragen im späteren Gestaltungsbild die individuelle Handschrift des ausführenden Malers.

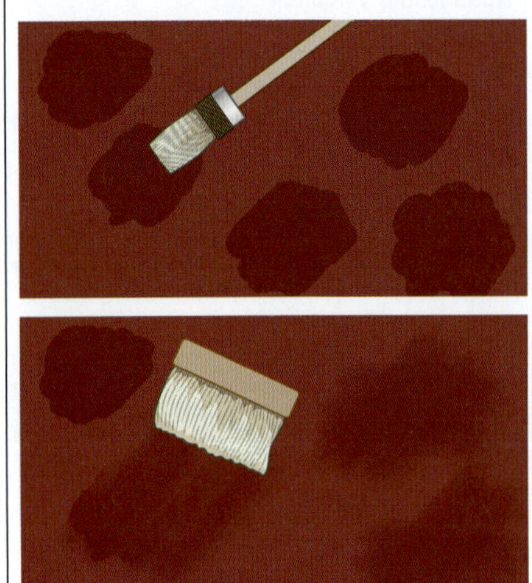

2. Arbeitsgang – Möglichkeit 3

Wischtechnik (Fortsetzung)

Aus diesem Grund sollte immer nur eine Person eine Wand „wischen" und nicht zwei Personen gleichzeitig.

- Nachdem die Farbe getrocknet ist, kann je nach gewünschter Farbwirkung ein hellerer oder auch dunklerer Lasurauftrag durchgeführt werden.
- Für eine harmonische Farbwirkung kombiniert man Farben „Ton in Ton", d. h., es werden Farben eines Farbbereichs miteinander kombiniert.

Je lebendiger die Farbwirkung werden soll, desto stärker müssen die Farben der einzelnen Lasurschichten kontrastieren. Bei sehr kontrastreichen Farbvariationen werden die einzelnen Farbschichten jedoch nicht stark überlappend, sondern eher nebeneinanderstehend ausgeführt.

Beispiel

Folientechnik

Anwendungsbereich

- Folientechniken können im Innen- oder Außenbereich eingesetzt werden, je nach Materialwahl und gewünschtem Effekt.
- Die Effekte, die bei Folientechniken erzeugt werden, reichen von unruhig bis dynamisch und bieten sich eher als gestalterischer Akzent an.

Material		
feine, glatte Oberflächenstrukturen: • Lacke • Folien verschiedener Stärken	stärkere Oberflächenstrukturen: • Dispersionsfarben • Folien verschiedener Stärken	grobe, reliefartige Oberflächenstrukturen: • kunststoffhaltige Spachtelmassen • Folien verschiedener Stärken
Werkzeuge		
• Schaumstoffwalzen • ggf. Lackierpinsel	• Rollen und Streichwerkzeuge	• Rollen und Streichwerkzeuge • Spachtelwerkzeuge

Arbeitsverfahren mit Lacken oder Dispersionsfarben

Vorarbeiten	• Der Untergrund sollte fest, trocken, sauber, tragfähig und glatt sein.
1. Arbeitsgang	• Als Grundlage für die Folientechnik wird zunächst eine farbige Untermalung oder Unterlackierung angelegt. • Danach lässt man die Beschichtung durchtrocknen. Folientechniken können ein- oder mehrfarbig angelegt werden. Soll nur die Folienstruktur wirken, kann man Ton in Ton arbeiten. Der 1. und 2. Arbeitsgang werden dann mit dem gleichen Farbton in zwei verschiedenen Helligkeitsstufen ausgeführt. Soll neben der Folienstruktur auch noch ein Farbkontrast hinzukommen, wählt man einen Basisfarbton für die Untermalung und einen zweiten geeigneten Kontrastfarbton für die Folienstruktur.
2. Arbeitsgang	• Auf den trockenen Basisanstrich oder die Basislackierung wird die Fläche mit einer zweiten Farb- oder Lackschicht ausgelegt.
3. Arbeitsgang	• Auf die nasse Farb- oder Lackschicht wird eine Folie gelegt. Mit den Händen oder anderen Hilfsmitteln kann die Folie auf dem nassen Untergrund hin- und hergeschoben werden. • Danach zieht man die Folie von der nassen Fläche, wodurch das typische Oberflächenbild entsteht. Dünnere Folien erzeugen eher feinere Oberflächenstrukturen, dickere Folien hingegen flächigere Oberflächenstrukturen.

Arbeitsverfahren mit Lacken oder Dispersionsfarben:

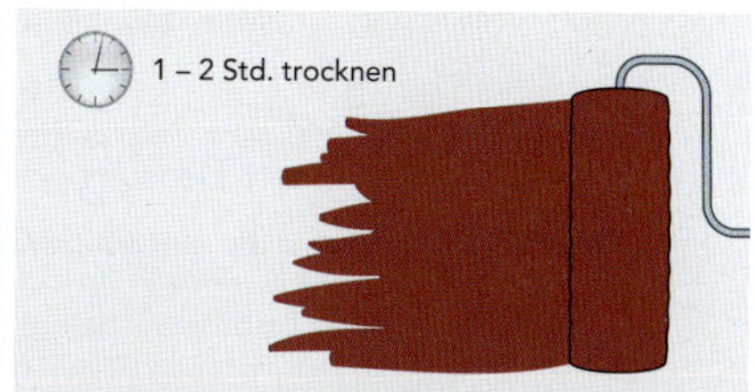

1. Arbeitsgang

2. Arbeitsgang

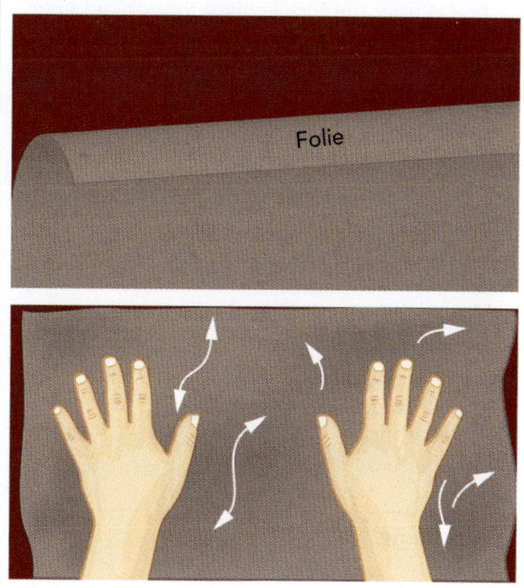

3. Arbeitsgang

Folientechnik (Fortsetzung)

Arbeitsverfahren mit Spachtelmassen

Vorarbeiten	• Der Untergrund sollte fest, trocken, sauber, tragfähig und glatt sein.
1. Arbeitsgang	• Spachtelmasse ca. 2 – 3 mm stark auf die Fläche aufbringen und glatt abziehen. Kunststoffgebundene Spachtelmassen eignen sich für diese Technik besser als zement- oder gipshaltige Spachtelmassen. Die benötigte Schichtdicke führt bei zement- oder gipshaltigen Spachtelmassen eher zu Rissbildungen im Oberflächenbild.
2. Arbeitsgang	• Folie auf die frische Spachtelmasse auflegen. Je nach gewünschtem Effekt kann man die Folie in die Fläche eindrücken oder einfach sofort wieder abziehen. • Hier gilt ebenfalls: Je dünner die Folie, umso feiner die Oberflächenstrukturen, je dicker die Folie, umso flächiger der Oberflächeneffekt. • Anschließend die Fläche durchtrocknen lassen.
3. Arbeitsgang	• Die Fläche kann man einfarbig, in verschiedenen Helligkeitsstufen oder mehrfarbig gestalten. Hier gilt ebenfalls: Soll die Struktur wirken, bleibt man in einem Einfarbensystem. Soll die Farbigkeit den Struktureffekt unterstützen, setzt man verschiedene Kontrastfarben ein. **Beispiel für die einfarbige Gestaltung:** • Mit einer Lammfellrolle kann die gesamte Fläche in einem dunklen Farbton ausgelegt werden. • Nach dem Trocknen wird die Fläche mit einer Schaumstoffwalze leicht, ohne großen Druck gerollt. • Dazu benutzt man eine aufgehellte Farbe aus dem dunklen Basisfarbton. Je mehr der Basisfarbton aufgehellt wird, desto mehr erhöht sich die Tiefenwirkung der reliefartigen Struktur.

Arbeitsverfahren mit Spachtelmassen:

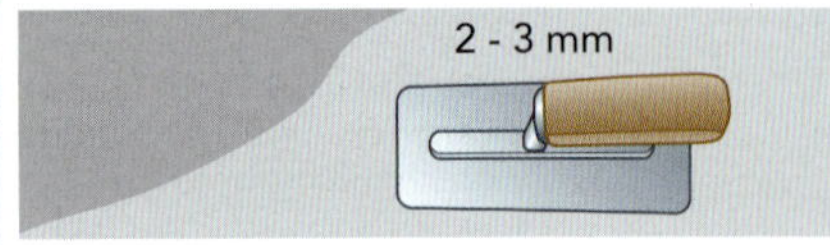

1. Arbeitsgang

2. Arbeitsgang

3. Arbeitsgang

Beispiel

Sprenkeltechnik

Anwendungsbereich

- Überwiegend im Innenbereich eingesetzt; technisch kann die Sprenkeltechnik aber auch an Fassaden – manuell wie maschinell – angewandt werden.
- Die Ausstrahlung der Sprenkeltechnik ist nicht so edel wie z. B. eine Marmorierung, bietet aber die Möglichkeit für ungewöhnliche Akzentflächen. Für Präsentationsflächen oder -räume bietet sich die Sprenkeltechnik aufgrund ihres unruhigen Oberflächenbilds nicht an.
- Ein maßgeblicher Vorteil ist, dass man bauliche Unregelmäßigkeiten eines Untergrunds verschleiern kann.
- Diese Technik ist je nach Verdünnung des Materials deckend oder lasierend möglich. Besonders effektreich sind Metallicwerkstoffe als Abschlussarbeitsgang.
- Eine denkbare Einsatzmöglichkeit für die Sprenkeltechnik ist neben Wandflächen auch der Bereich der Möbelgestaltung.

Material

- Dispersionshandspachtel (zur Untergrundvorbereitung)
- Acrylfarben
- Acrylfassadenfarben
- Dispersionsfarben
- Abtönfarben
- ggf. Lacke

Werkzeuge

manuelles Verfahren:
- Rollenwerkzeuge
- Pinselwerkzeuge
- Metall- oder Kunststoffsiebe mit verschiedenen Netzgrößen

maschinelles Verfahren:
- Niederdruckspritzpistole (Düse Ø 2,5 – 3,5 mm)
- Kompressor

Arbeitsverfahren manuell:

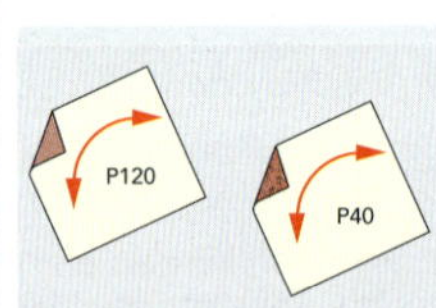

Vorarbeiten

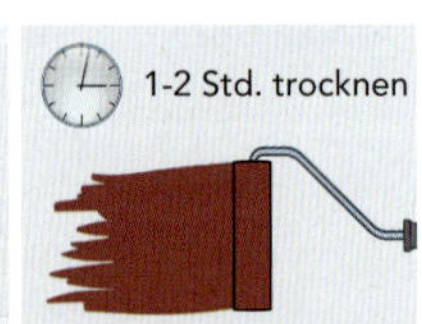

1. Arbeitsgang

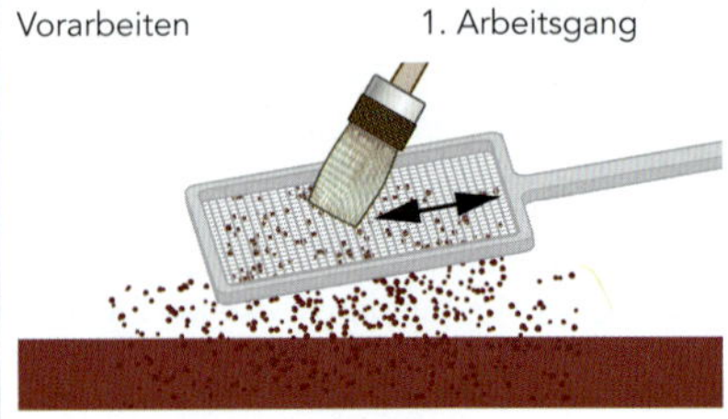
2. Arbeitsgang

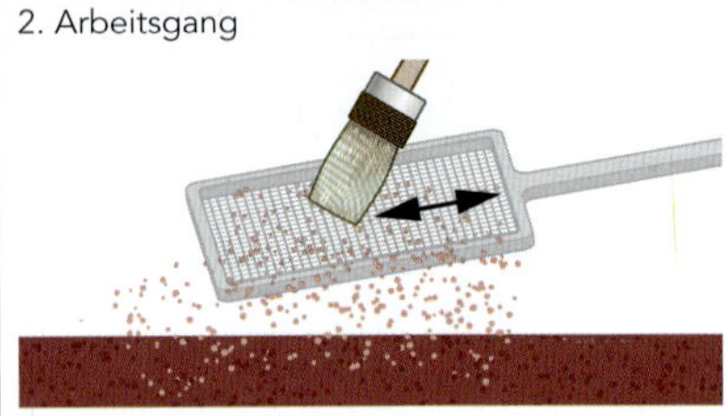
3. Arbeitsgang

Sprenkeltechnik (Fortsetzung)	
Arbeitsverfahren manuell	
Vorarbeiten	• **glatter Untergrund:** Der Untergrund sollte fest, trocken, sauber und tragfähig, porenfrei und glatt sein. • **rauer, körniger oder strukturierter (Glasgewebe oder Raufaser) Untergrund:** Der Untergrund sollte fest, trocken, sauber und tragfähig sein.
1. Arbeitsgang	• Farbiger oder unbunter Grundanstrich, je nach Konzept und Fläche mit den notwendigen Farbarten für den Außen- oder Innenbereich.
2. Arbeitsgang	• Mit etwas Abstand vom Untergrund wird mit einem kurzborstigen Pinsel der erste Kontrastfarbton über ein Metall- oder Kunststoffsieb gerieben. Dabei ergeben sich feine Tröpfchen. • Möchte man größere Tröpfchen, nimmt man ein Sieb mit größerer Netzweite. • Sollen keine Tropfen, sondern Farbspritzer entstehen, schlägt man den mit Farbe gefüllten Pinsel vor der Wand gegen einen Gegenstand, z. B. den Malstock. Um manuell mit dem Sieb ein regelmäßiges Sprenkelbild zu erzeugen, benötigt man viel Übung. Wie bei allen kontrastierenden Kreativtechniken, hat auch bei der Sprenkeltechnik jeder Maler seine eigene Handschrift: Abstand, Materialmenge, Materialverdünnung und Rhythmus nach Möglichkeit gleichmäßig beibehalten!
3. Arbeitsgang (optional)	• Sollen mehrere Kontrastfarben aufgesprenkelt werden, wiederholt man den Vorgang nach Trocknung der vorangegangenen Sprenkelschicht mit dem nächsten Konstrastfarbton. Durch das Abkleben von Ornamenten, Mustern oder Schriften lassen sich interessante Effekte mit dem Basisfarbton erzeugen.
Arbeitsverfahren maschinell	
Vorarbeiten	• wie bei der manuellen Sprenkeltechnik
1. Arbeitsgang	• wie bei der manuellen Sprenkeltechnik
2. Arbeitsgang	• Auf den trockenen Basisfarbton wird ein Kontrastfarbton aus gleichbleibender Entfernung mit gleichbleibender Materialmenge und Spritzbewegung aufgenebelt. • Je nach Konzept lässt sich die Tröpfchengröße variieren. Beim maschinellen Spritzen ist es ratsam, je nach Erfahrung mit der Niederdruckspritzpistole, eine Musterfläche anzulegen.
3. Arbeitsgang (optional)	ggf. den 2. Arbeitsgang mit einem zweiten Kontrastfarbton wiederholen

Arbeitsverfahren maschinell:

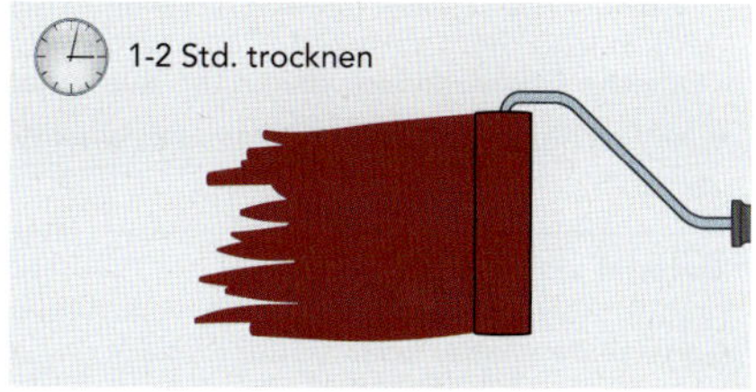

1. Arbeitsgang

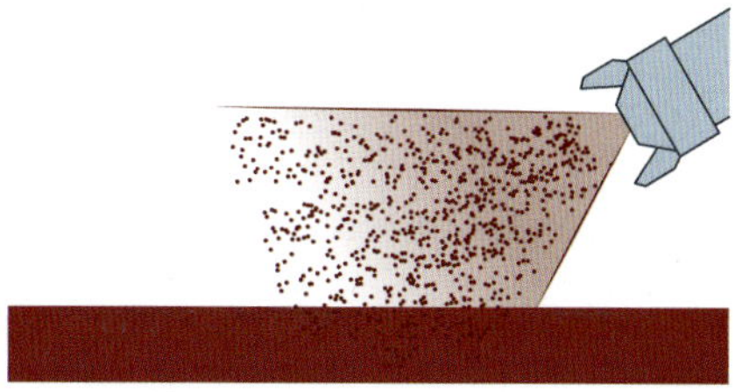

2. Arbeitsgang

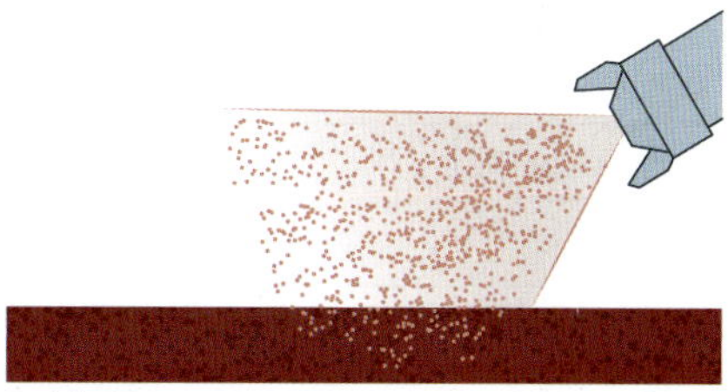

3. Arbeitsgang

Beispiel

Patinieren/Grünspan

Anwendungsbereich
- Patinieren kann man im Innenbereich, um neue Metallobjekte oder Akzentflächen „künstlich" altern zu lassen. Dabei wird ein Grünspaneffekt erzeugt, der an das typische Grün-Grau von oxidierten Kupferflächen erinnert.
- Die Fläche oder das Objekt kann mit einer Klarlackschicht schlussbeschichtet werden.

Material
- matte Acrylfarbe, Schwarz, Weiß, verschiedene Blau- und Grüntöne
- ggf. seidenmatter oder matter Klarlack
- Metallprimer (Haftvermittler)
- ggf. Sikkative/Retarder (Trockenstoffe)

Werkzeuge
- Stupfpinsel in verschiedenen Größen
- Schwamm
- Lappen
- ggf. Flachpinsel oder eine kleine Schaumstoffwalze für den Klarlacküberzug

Arbeitsverfahren

Vorarbeiten	• Der Untergrund sollte fest, trocken, sauber, tragfähig und glatt sein. • Neue Metallflächen unbedingt entfetten und einen Metallprimer applizieren.
1. Arbeitsgang	• Der Untergrund wird zweimal mit Acrylfarbe mattschwarz beschichtet. • Jede Schicht gut durchtrocknen lassen.
2. Arbeitsgang	• Herstellen von mindestens drei verschieden hellen Grau-Türkis-Farbtönen, die die spätere Kontrasttiefe erzeugen. • Jeder Farbton wird mit Wasser zu einer dickflüssigen Lasur angerührt.
3. Arbeitsgang	• Mit dem kleinen Stupfpinsel wird von jedem Farbton kreuz und quer Farbe tupfend, auch überlappend auf die Fläche appliziert. Wichtig ist beim ersten Farbauftrag, dass noch schwarze Felder des Untergrunds zu sehen sind und die drei grau-türkisen Farbtöne in ansprechender Weise angeordnet sind.
4. Arbeitsgang	• Mit einem dicken Stupfpinsel werden die nassen Farbfelder direkt auf der Fläche vermischt. • Dazu werden die Konturen der einzelnen Farbfelder vermischt, indem man den Stupfpinsel im 90°-Winkel zum Brechen der Farbfeldkonturen verwendet. • Zwischendurch den Stupfpinsel immer wieder mit einem Lappen reinigen. Die Farbfelder nicht zu sehr vermischen, denn der Fleckencharakter der Oberfläche ist erwünscht. Manchmal hilft eine Abbildung von oxidiertem Kupfer als Vorlage.
5. Arbeitsgang (optional)	• Zum Schutz kann das Objekt oder die Fläche noch durch einen Klarlackanstrich geschützt werden. Der Klarlack verfälscht möglicherweise den Eindruck: Ein matt-stumpfer Oberflächeneindruck ist eher gewollt als der Effekt eines matten Klarlacks.

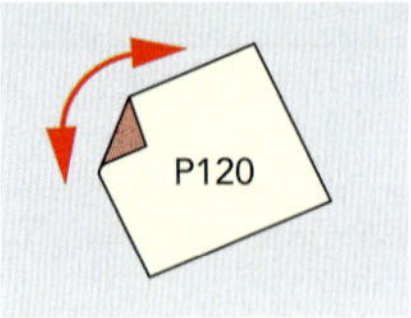

Vorarbeiten

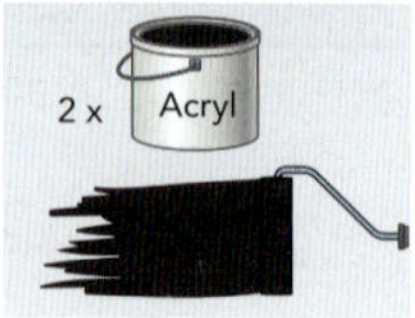

1. Arbeitsgang

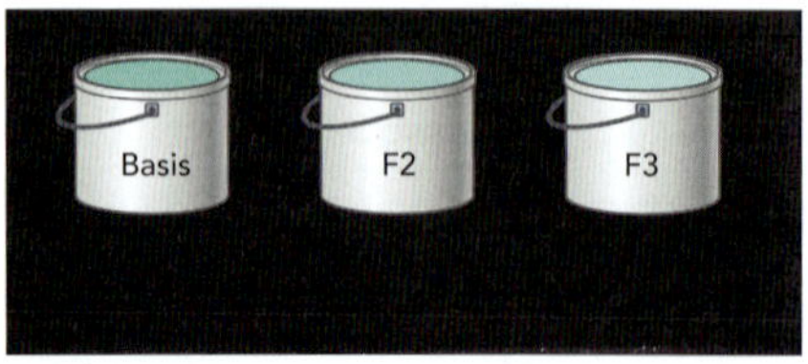

2. Arbeitsgang

3. Arbeitsgang

4. Arbeitsgang

5. Arbeitsgang

Beispiel

Chipstechnik

Anwendungsbereich

- Sprenkeltechnik und Chipstechnik ähneln sich vom Oberflächenbild – eine Fläche setzt sich aus Hunderten unterschiedlich großen und farbigen Akzenten zusammen und erzeugt so beim Betrachter visuelle Dynamik und Spannung.
- Einsatzbereich der Chipstechnik ist der Innenraum: als Wandfläche, Akzent oder großflächige Sockelbeschichtungen.
- Chipstechnik ist eine rationelle, maschinell ausgeführte Dekortechnik.

Material

- Dispersionsgrundbeschichtung
- Chips
- Acrylat-Oberflächenfinish

Werkzeuge

- Kompressor
- Beflockungspistole
- tragbarer Chipsbehälter
- Rollenwerkzeuge
- Pinselwerkzeuge
- Staubbesen

Arbeitsverfahren maschinell

Vorarbeiten	• Der Untergrund sollte fest, trocken, sauber, tragfähig und glatt sein. • Falls nötig, eine Spachtelung vor dem Beschichtungsaufbau aufziehen.
1. Arbeitsgang Basisanstrich	• Aufziehen einer Grundbeschichtung auf Dispersionsbasis. • Da die Kunststoffchips in die feuchte Oberfläche geblasen werden, sollte die Basisbeschichtung für eine längere Offenzeit ausgelegt sein.
2. Arbeitsgang Chips einblasen	• Im Abstand von 30 – 40 cm werden die Dekochips mit der Beflockungspistole gleichmäßig in die nasse Grundbeschichtung eingeblasen. • Die Fläche ist gesättigt, wenn im Seitenlicht keine feuchten (glänzenden) Stellen mehr zu sehen sind. Dann haben die Dekochips die gesamte nasse Basisbeschichtung abgedeckt. • Bei größeren Flächen muss wegen der Trocknung der Basisbeschichtung partiell gearbeitet werden: Die Ränder der Basisbeschichtung müssen immer überlappend angelegt werden, um Ansatzbildung im Oberflächenbild zu vermeiden. • Auf dem Boden liegende Chips können, sofern sie nicht verschmutzt oder zertreten sind, mit dem Originalmaterial wieder vermischt werden. Die Chips vor dem Beflocken mit der Hand im Chipsbehälter auflockern.
3. Arbeitsgang Oberflächenfinish	• Nach dem Durchtrocknen der Fläche (immer genau die Systemvoraussetzungen prüfen) wird überstehendes und schlecht haftendes Chipsmaterial abgebürstet. Abgebürstetes Material nicht wieder verwenden! • Fläche einmal, bei mangelndem Glanzgrad zweimal mit Oberflächenfinish bearbeiten. Die Fertigsysteme verschiedener Hersteller kann man mit eigenen Experimenten ergänzen. Z. B. lassen sich mit einer Putzpistole Metallpigmente o. Ä. zusätzlich direkt nach der Beflockung in das System integrieren. Hier gilt: Erst eine Musterplatte anlegen und die Idee testen!

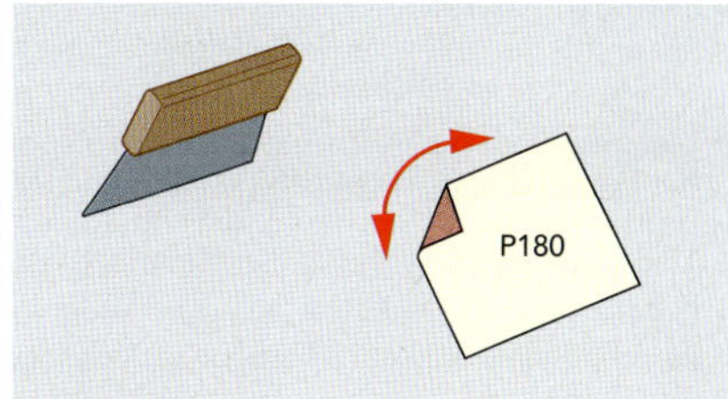

Vorarbeiten

1. Arbeitsgang

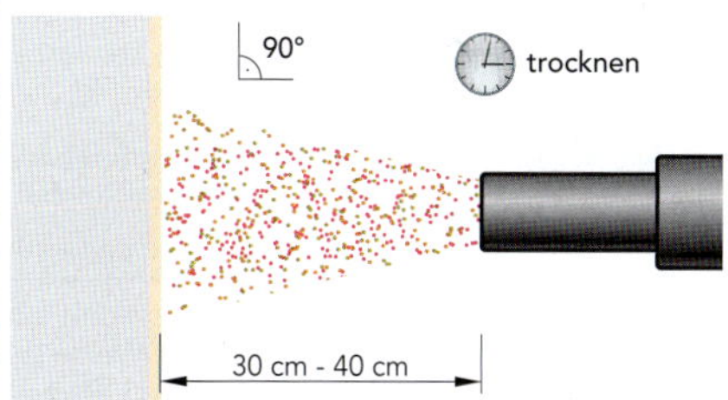

2. Arbeitsgang

3. Arbeitsgang

Beispiel

Metalleffekttechnik

Anwendungsbereich
- Akzentflächen mit einer Metalleffekttechnik haben aufgrund ihrer Metallpigmente, oft auf Silber- oder Goldbasis, die Wirkung von Exklusivität.
- Der gestalterische Reiz dieser Techniken liegt in der gekonnten Strukturierung bei der Verarbeitung. Regelmäßige, aber auch unregelmäßige Oberflächenstrukturen können je nach Beleuchtung, Belichtung und baulicher Gegebenheit changierende Tiefenwirkungen mit hoher Dreidimensionalität haben.
- Die meisten Metalleffektmaterialien lassen sich in nahezu jeder möglichen Farbe herstellen (je nach Farbkonzept des jeweiligen Herstellers).
- Metalleffektmaterialien werden im Innenraum an Wand- oder Deckenflächen eingesetzt.

Material
- ggf. Spachtelmasse (zur Untergrundvorbereitung)
- Latex- oder Dispersionsfarbe
- Metalleffektmaterial (meist Material auf Arcylat-Dispersionsbasis mit zugesetzten Metallpigmenten)

Werkzeuge
- Kunststoffkelle
- Kunststoffspachtel
- Rollenwerkzeuge

Arbeitsverfahren

Vorarbeiten	• Der Untergrund sollte sauber, trocken, fest und tragfähig sein. • Metalleffekttechniken lassen sich auf glatten oder rauen Untergründen anwenden.
1. Arbeitsgang	• Je nach gewünschtem Farbton einen Basisanstrich mit Latex- oder Dispersionsfarbe aufziehen. • Ggf. maschinell schleifen und Schleifstaub vollständig entfernen.
2. Arbeitsgang	• Metalleffektmaterial mit einem geeigneten Rollenwerkzeug in vorgeschriebener Weise (siehe Herstellerhinweise) auftragen und unregelmäßig verschlichten. • Nach vorgeschriebener Ablüftzeit, meist ca. 10 Minuten, mit einer Kunststoffkelle strukturieren, z. B. im Kreuzschlag glätten. • Nach der Durchtrocknung herausstehendes Material „sanft" maschinell schleifen und den Schleifstaub vollkommen entfernen.
3. Arbeitsgang	• Metalleffektmaterial ein zweites Mal auftragen (siehe 2. Arbeitsgang) und wieder ablüften lassen. • Mit der Kunststoffkelle das Material in kreisenden Bewegungen verziehen (Schlierenbildung).
4. Arbeitsgang	• Nach ca. 10 bis 12 Stunden Trocknung kann ein Oberflächenfinish in Form einer farblosen Dekolasur aufgezogen werden.

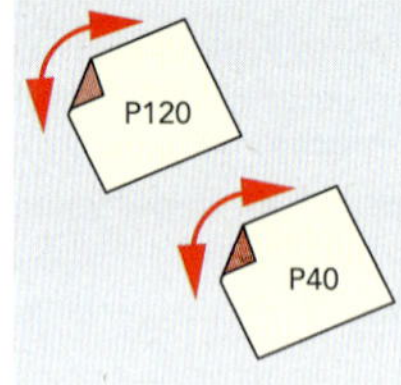

Vorarbeiten

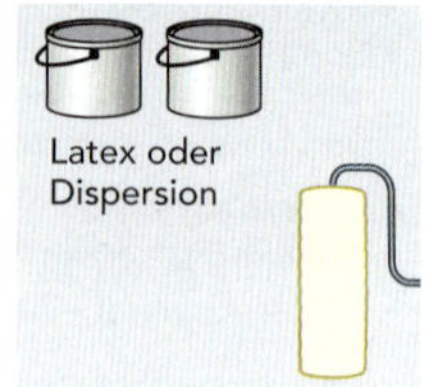

1. Arbeitsgang

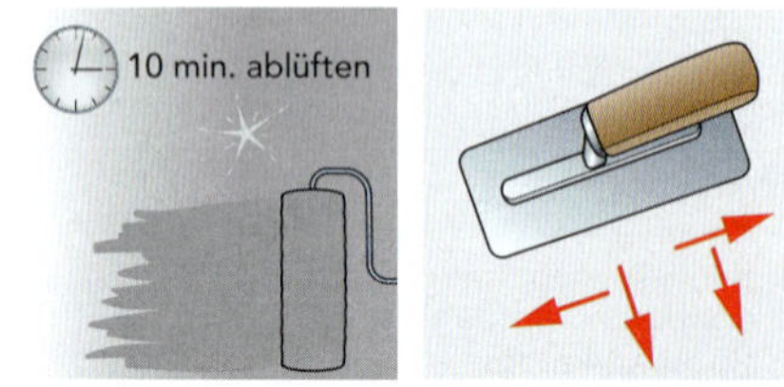

2. Arbeitsgang

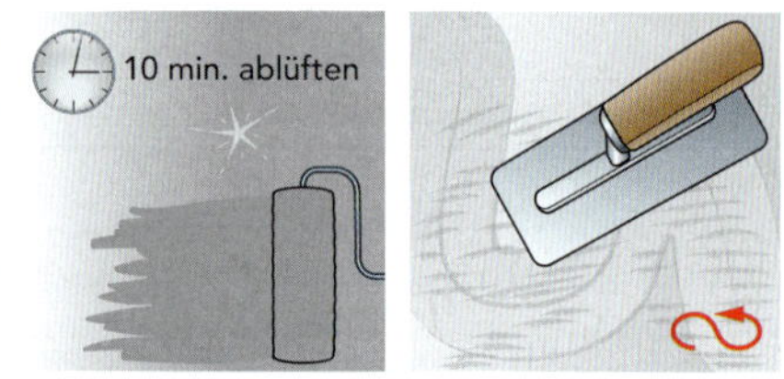

3. Arbeitsgang

Beispiel

Schablonieren

Anwendungsbereich
- Technik zum Erzeugen von einzelnen Ornamenten oder sich wiederholenden Schmuckbändern.
- Je nach Beschichtungsstoff kann diese Technik im Außen- oder Innenbereich angewendet werden.
- Im Innenbereich werden schablonierte Schmuckbänder häufig als Sockel- oder Wandabschluss oder zur Begrenzung einer Farbfläche zur nächsten verwendet.

Material
- Dispersionsfarben
- Latexfarben
- Volltonfarben

Werkzeuge
- verschiedene Stupfpinsel
- Schablonierfolie
- verschiedene Klebebänder
- rückstandslos zu entfernender Kleber oder Sprühkleber
- Schabloniermesser mit verschiedenen Klingen
- Zeichenwerkzeuge
- Wasserwaage
- ggf. Schablonenvorlagen
- Material oder Geräte zur Übertragung von Mustern oder Ornamenten

Arbeitsverfahren manuell:

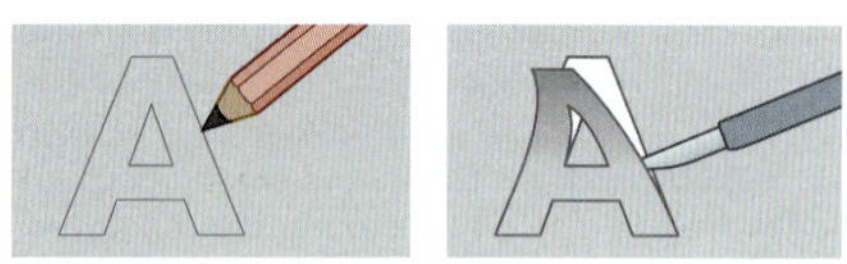
1. Arbeitsgang

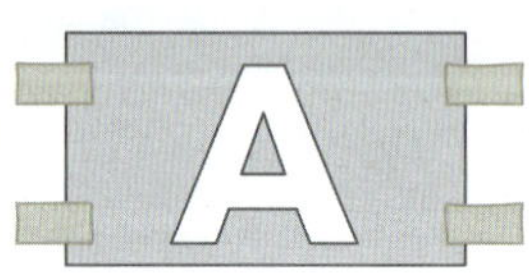
2. Arbeitsgang

Schablonieren (Fortsetzung)	
Arbeitsverfahren manuell	
Vorarbeiten	• Der Untergrund sollte sauber, fest, trocken, tragfähig und schwach saugend sein. • Die Schabloniertechnik lässt sich am saubersten auf sehr glatten Untergründen ausführen. • Für das Schablonieren auf rauen oder körnigen Untergründen benötigt man viel Geduld und Erfahrung.
1. Arbeitsgang	• Wenn der Kunde kein Standardmuster aus einer Musterkollektion möchte, muss eine eigene Schablone erstellt werden. • Zur Übertragung eines Musters auf die Schablonierfolie gibt es verschiedene Techniken: 1. Die Rückseite des Musterentwurfs wird mit einem Bleistift schraffiert, dann auf die Schablonierfolie gelegt und das Muster nachgezeichnet. Der Bleistiftabdruck kann dann nachgezeichnet werden. 2. Übertragung eines Musters mithilfe des Overheadprojektors oder des PC mit Beamer. 3. Mustervorlage unter die Schablonierfolie legen, beides fixieren und an eine Fensterscheibe drücken, Muster durchpausen. • Anschließend wird das Muster mit dem Schabloniermesser ausgeschnitten. Das Muster wird auf der Schablonierfolie immer im 90°-Winkel zu den Seiten der Schablone angelegt, damit die Schablone später an der Wand mit Wasserwaage, Schlagschnur oder Lot ausgerichtet werden kann.
2. Arbeitsgang	• Die fertige Schablone wird mit Klebeband oder einem geeigneten Sprühkleber (rückstandslos entfernbar) auf der geloteten oder errechneten Position an der Wand ausgerichtet und fixiert.
3. Arbeitsgang	• Die ausgeschnittenen Felder der Schablone werden mit dem Stupfpinsel ausgestupft. Beim Stupfen drückt man die Schablone fest an, wenn sie nicht durch (wieder entfernbaren) Kleber vollflächig fixiert ist. Dickflüssige Dispersionsfarbe hat eine hohe Klebekraft, und so kann es beim Stupfen passieren, dass sich, bedingt durch die Farbe beim Abziehen des Stupfpinsels, die Folie von der Wand löst. Dabei kann es zu Musterverschiebungen im Stupfbild kommen. • Ist der Anstrichstoff dünnflüssig, sollte immer nur mit wenig Farbmaterial im Pinsel gearbeitet werden. Den Vorgang oft, aber mit wenig Material wiederholen. • Ist zu viel Anstrichstoff im Pinsel, so kann man überschüssiges Material auf dem Rand der Schablone abtupfen.
Arbeitsverfahren mit selbstklebender Schablonierfolie	
Vorarbeiten	• siehe manuelles Verfahren
1. Arbeitsgang	• Arbeitet man mit einer selbstklebenden Schablonierfolie, ist es einfacher, die Vorlage am PC zu bearbeiten und mit einem Schneideplotter zu erstellen.
2. Arbeitsgang	• Auf lackierten Untergründen wird die Folie aufgeklebt und die Motivfelder werden mit Sprühlack oder einer Lackwalze farbig ausgelegt. • Auf Flächen mit einem Dispersions- oder Latexanstrich wird die Folie aufgeklebt und gegen eventuelle Haftungsmängel in der Wandfarbe vorgelegt. Aufgabe dieses Anstrichs ist es, die Folienränder der Motivfelder mit der Farbe des Untergrunds zu verschließen. Nicht alle selbstklebenden Plot- und Schablonierfolien halten immer auf Latexanstrichen. • Nach dem Trocknen der vorgelegten Wandfarbe wird die Schablone mit der gewünschten Farbe ausgelegt, anschließend wird die Schablone entfernt.

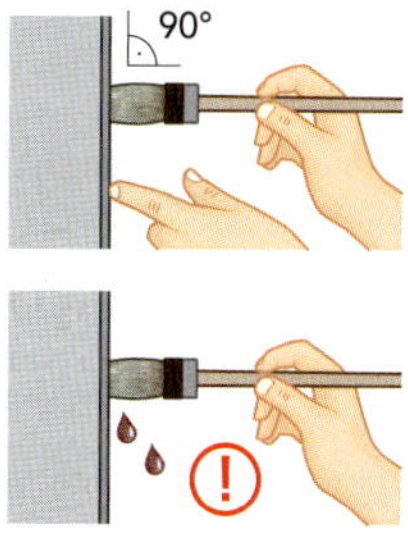

3. Arbeitsgang

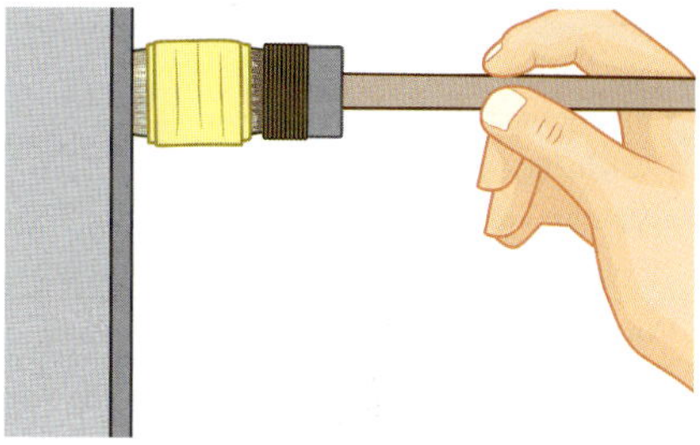

Tipp:
Wenn man die Pinselborsten etwa 3 mm oberhalb der Borstenspitze mit Klebeband fixiert, kann man saubere Stumpfbilder erzeugen.

Beispiel

Lernfeld 9

Spachteltechnik – Glättetechnik

Anwendungsbereich

- Wird häufig in anspruchsvollen Wohnbereichen, Hotels und repräsentativen Bereichen angewandt.
- Das besondere Aussehen verdankt diese Technik ihren zwei bis drei halb durchlässigen (transparenten) Spachtelschichten, die besonderen Glanz und Tiefenwirkung hervorbringen.
- Diese transparente Farbigkeit erinnert an glatten Marmor und verleiht ihr dadurch ein sehr edles und hochwertiges Aussehen.

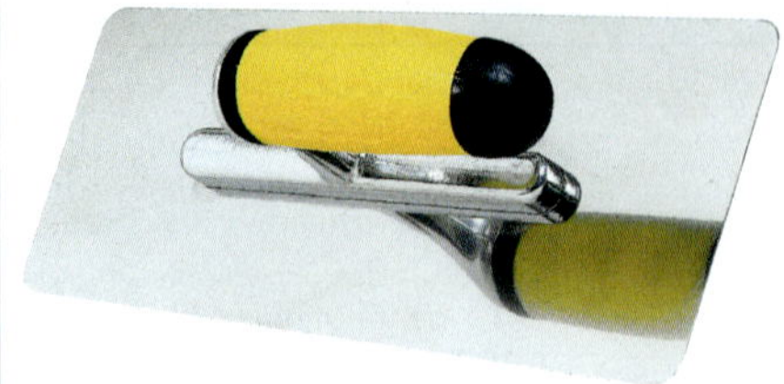

Venezianische Glättekelle

Material

- Verschiedene Farbenhersteller bieten unterschiedliche Spachtelmassen zur Durchführung der Glättetechnik an. Die einzelnen Produkte bestehen meist aus Acryldispersions-Spachtelmassen oder speziellen mineralischen Spachtelmassen.
- Bei der Auswahl des passenden Produkts muss allerdings darauf geachtet werden, dass die Spachtelmassen auf Acryldispersionsbasis nur begrenzt polierfähig sind. Hier müssen noch Wachse eingesetzt werden, um einen höheren Glanzgrad zu erzielen.
- marmorhaltige Spachtelmassen
- kalkhaltige Spachtelmassen
- Spachtelmassen auf Acryl-/Dispersionsbasis
- Polierwerkstoffe, z. B. Wachse

Doppelblattspachtel

Werkzeuge

- Japanspachteln aus Kunststoff und rostfreiem Metall (Verunreinigungen der Spachtelmasse durch Rost vermeiden!) in verschiedenen Größen
- speziell konisch angefertigte Traufeln (Venezianische Glättekelle)
- verschiedene Kunststoffspachteln
- ggf. Doppelblattspachtel (rostfrei)

Japanspachtel

Arbeitsverfahren

Vorarbeiten	• Der Untergrund muss fest, trocken, sauber, tragfähig und sehr glatt sein. • Den geschliffenen Untergrund tiefgrundieren. • Kleinste Unregelmäßigkeiten wirken sich bereits störend auf das Gesamtbild aus.
1. Arbeitsgang Vorspachtelung	Für den ersten Arbeitsgang, der Grundspachtelung gibt es zwei verschiedene Vorgehensweisen: • **Erste Möglichkeit:** Die Spachtelmasse wird mit einem Japanspachtel oder einer Venezianischen Glättekelle vollflächig in einer unregelmäßigen Arbeitsweise aufgebracht, sodass sie ein geschlossenes Spachtelbild ergibt. Bei dieser Vorgehensweise können durch die Überlagerung angetrockneter und nasser Farbschichten dunkle Ränder in der Beschichtung entstehen, die das weiche und harmonische Bild der Glättetechnik durchbrechen. • **Zweite Möglichkeit:** hat sich bei größeren Flächen durchgesetzt. Hierbei wird in einem ersten Arbeitsschritt eine offene Fleckspachtelung aufgetragen, wobei die einzelnen Spachtelschläge locker nebeneinandergesetzt werden. Bei beiden Variationen muss die Spachtelmasse bei jedem Spachtelschlag scharf abgezogen werden. Hierdurch entstehen unterschiedliche Farbwirkungen, die nach den folgenden Spachtelgängen eine lebendige Tiefenwirkung hervorbringen. Auf vollständige Durchtrocknung der einzelnen Spachtelgänge achten, da sich sonst milchig-trübe Farbflächen bilden können!

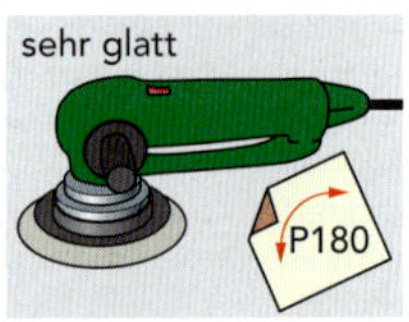

Vorarbeiten

1. Arbeitsgang

Spachteltechnik – Glättetechnik (Fortsetzung)	
2. Arbeitsgang Grundspachtelung	• Nachdem die Vorspachtelung getrocknet ist, wird in einem zweiten Spachtelgang, der Grundspachtelung, die Spachtelmasse mit einer Venezianischen Glättekelle in unregelmäßiger, offener Verteilung aufgetragen. • Dieser Spachtelgang muss ebenfalls scharf abgezogen werden, damit die Oberfläche absolute Glätte aufweist. • Zur Unterstützung kann zusätzlich nach der Trocknung ein feiner Zwischenschliff durchgeführt werden. • Achtung: Unbedingt den Schleifstaub restlos entfernen. Mit besonderer Sorgfalt muss auf einen gleichmäßigen Farbauftrag und regelmäßige Spachtelschläge geachtet werden, um einen unruhigen Gesamteindruck zu vermeiden. In der Regel werden zwei bis drei Spachtelgänge durchgeführt. Je nach gewünschter Farbwirkung werden hierfür gleiche Farben oder Farben des gleichen Farbbereichs verwendet. Diese aufeinander abgestimmte Farbkombination wirkt stilvoll und ruhig, bietet aber aufgrund der Tiefenwirkung und des später noch hergestellten Glanzes einen besonderen Blickfang.
3. Arbeitsgang Schlussspachtelung und Verdichten	• Die Schlussspachtelung wird als Fleckspachtelung sehr dünn und unsystematisch, von oben nach unten aufgezogen. • Unmittelbar danach wird die gespachtelte Teilfläche nachgeglättet. • Wenn die Fläche angetrocknet ist, mit dem Verdichten beginnen. Kelle während des Verdichtens immer wieder reinigen, damit keine Materialreste mit verdichtet werden. Ohne die Verwendung eines weiteren Materials kann die Fläche mithilfe von Japan- oder Kunststoffspachteln oder mit einer speziellen Glättekelle durch schnelles und flaches Abglätten auf Hochglanz poliert werden.
4. Arbeitsgang Oberflächenfinish	• Im letzten Arbeitsgang kann bei Bedarf Schlusspolitur aufgetragen werden, um der Spachteltechnik ein porzellanähnliches Aussehen zu verleihen. • Auch hierzu bieten sich verschiedene Möglichkeiten an: Gegebenenfalls wird zur weiteren Veredelung der Oberfläche die Deckschicht abschließend mit Wachs eingerieben und auf Glanz poliert. Hierzu muss die Spachtelmasse jedoch vollständig erhärtet sein, da die Glättetechnik anderenfalls anfängt abzublättern. Das Oberflächenfinish mit Wachs ermöglicht eine Anwendung von Marmor-Kalk-Spachtelungen in Feuchträumen, ist jedoch nicht in Nasszellen oder spritzwassergefährdeten Flächen einsetzbar.

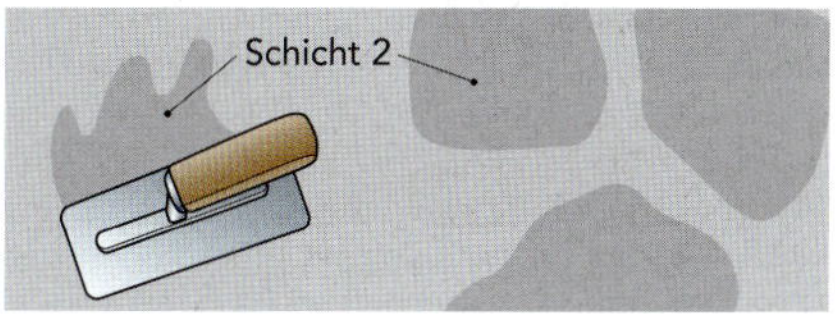

2. Arbeitsgang

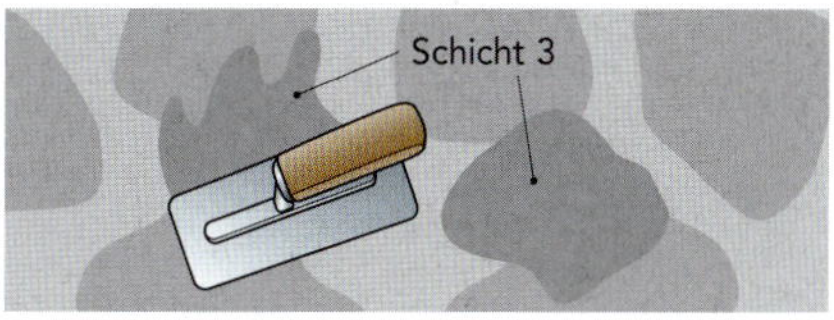

3. Arbeitsgang

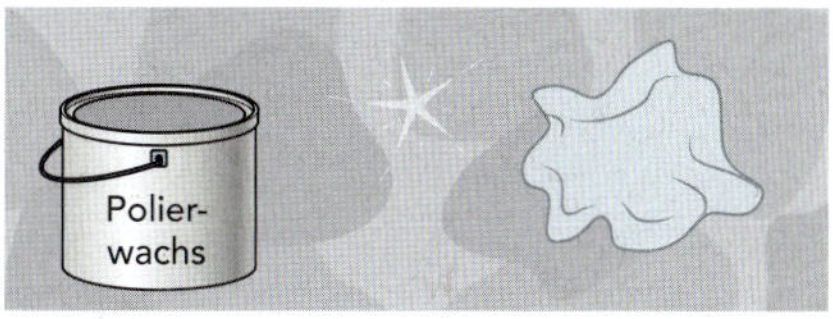

4. Arbeitsgang

Silberfarbene Spachtelung an der Wand einer Hoteltoilette

Tadelakt

Anwendungsbereich
- Das Material Tadelakt – ein kalkbasierter Werkstoff - stammt aus Marokko, wo es schon frühzeitig eingesetzt wurde, um Zisternen abzudichten und später als Technik zur Ausgestaltung der nordafrikanischen Bäderkultur diente.
- In unseren Breiten wird die Tadelakttechnik ausschließlich im Innenraum verwendet. Aufgrund seiner guten Eigenschaften wird Tadelakt überwiegend in Feuchträumen, besonders im Nassbereich oder in Küchen eingesetzt.
- Tadelakt ist eine Mischung aus hochhydraulischem Kalk, Quarzsand, Marmormehl, Ton, Asche und Cellulose. Durch Pigmentierung ist der Kalkmörtel in jeder beliebigen Farbtönung zu bekommen, was seine Einsatzmöglichkeiten auch in Wohnräumen universell macht.
- Durch die Glätte der Oberfläche und ihre vielfältigen Einsatzbereiche sind Tadelaktoberflächen immer ein exklusiver, edler und – je nach Färbung – auch ein mystischer Gestaltungsakzent im Innenraum.

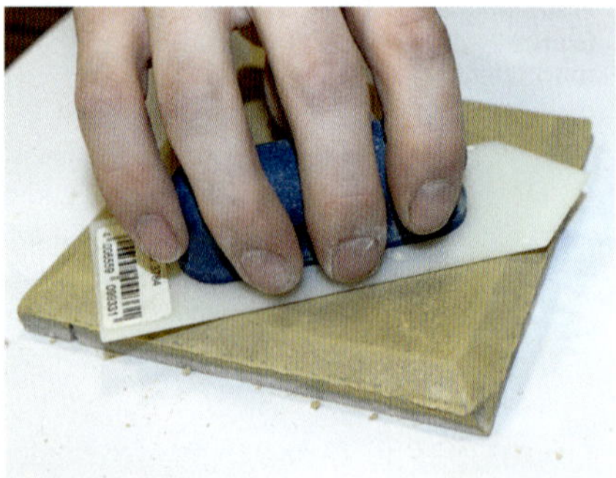
Einarbeiten der Tadelaktmasse mit dem Kunststoffglätter

Es gibt keine einheitliche, normierte Verarbeitungsvorschrift für Tadelakt. Es empfiehlt sich daher, den Verarbeitungshinweisen der Produktanbieter/-hersteller zu folgen.

Olivenseife und Kunststoffglätter

Material
- Tadelaktpulver
- kalkechte Pigmente
- hochhydraulischer Kalkputz (MG P2)/Kalkzementputz zur Untergrundvorbereitung
- Glätteseife
- ggf. Wachs

Eigenschaften
- mineralisches Kalkmaterial (ohne Kunststoff- oder Zementanteile)
- hoch diffusionsfähig
- geruchsneutral
- schmutzunempfindlich
- wasserfest
- nach Behandlung mit Seife Wasser abweisend
- alkalisch
- nicht Fett abweisend

Einpolieren der Olivenseife mit einem Hartkeramikpolierstein

Werkzeuge
- verschiedene Kellen
- Rührwerk
- Poliersteine (Hartkeramik mit der Härte 9,5 der Moh'schen Härteskala, Basalt, Granit, Obsidian)
- weicher Seifenpinsel

Arbeitsverfahren

Vorarbeiten Untergrund vorbereiten	• Der Untergrund muss ein fester, rauer, ausgehärteter Putzuntergrund (hydraulischer Kalkputz/Kalkzementputz) sein. Weiche Putzoberflächen, wie Lehmputze, sind nicht immer geeignet. • Auf glatten Untergründen, z. B. auf feuchtraumgeeigneten Gipskartonplatten, muss erst ein Kalkhaftputz mit eingebettetem Gewebe aufgezogen werden, bevor darauf Tadelakt verarbeitet werden kann. Ungeeignet für die Tadelakttechnik ist die Verwendung von Putzschienen, deshalb sollten Kanten gerundet werden.

Stundenlanges Polieren ist bei Tadelakt keine Seltenheit

Tadelakt (Fortsetzung)	
Vorarbeiten Tadelaktmasse anrühren	**Unpigmentierte Tadelaktmasse** • Tadelaktpulver mit dem Rührwerk in sauberem, kaltem Wasser anrühren. Das Pulver nur nach und nach einrühren. • Masse ca. 30 Minuten sumpfen lassen. • Danach wird die Masse mit dem Rührwerk erneut durchgerührt. • Offenzeit der Tadelaktmasse ist ca. 8 bis max. 10 Stunden. **Pigmentierte Tadelaktmasse:** • Kalkechte Pigmente (Mischungsverhältnis nach Herstellerangaben) mit sauberem, kaltem Wasser zu einer klumpenfreien Pigmentpaste vermengen. Kalkechte Pigmente sind unbedingt notwendig, da sie der Alkalität des Basismaterials widerstehen müssen. Pigmente nur nach Herstellerangaben verwenden. Zu hohe Pigmentierung beeinträchtigt die Eigenschaften des Kalkmörtels. • Pigmente entweder mit dem trockenen Tadelaktpulver in Wasser anrühren oder die Pigmentpaste in die gesumpfte Tadelaktmasse geben. • Zur Gewährleistung einer vollständigen Durchfärbung der Masse mit dem Rührwerk das Gemisch intensiv verrühren. Nicht vollständig durchfärbte Tadelaktmassen erzeugen auf der fertigen Oberfläche meist unregelmäßige, unebene (schwer zu polierende), scheckige Farbfelder.
1. Arbeitsgang erste Tadelaktschicht	• Den Untergrund vornässen. • Mit der Venezianischen Glättekelle die gesumpfte Tadelaktmasse ca. 1 – 1,3 mm aufziehen. • Bis zur Druckfestigkeit anziehen lassen. Die erste Schicht Tadelakt darf nicht glatt abgezogen oder poliert werden.
2. Arbeitsgang zweite Tadelaktschicht und Polieren	• Mit der Venezianischen Glättekelle die pigmentierte, gesumpfte Tadelaktmasse ca. 1 – 1,3 mm aufziehen. • Bis zur Druckfestigkeit anziehen lassen. Der Zeitpunkt des Polierens ist stark variabel und abhängig von Schichtdicke und Restfeuchte. Den Polierzeitpunkt zu bestimmen erfordert einen sicheren Umgang mit dem Material Tadelakt und der Technik. • Verdichten mit der venezianischen Glättekelle. • Verdichten und Polieren mit dem Polierstein aus Hartkeramik, wobei die Mörtelstruktur stark zusammengedrückt wird und die Poren nahezu geschlossen werden. Zu schnelle Trocknung, zu große Schichtdicken oder ungenügende Anfeuchtung des Untergrunds können zu Rissbildung führen.
3. Arbeitsgang Oberflächenfinish und Polieren	• Mit Wasser verdünnte Glätteseife wird mit einem weichen Pinsel gleichmäßig aufgetragen, Glätteseife einwirken lassen (dabei entsteht unlösliche Kalkseife) und anschließend erneut polieren. • Ca. 1 Woche nach Fertigstellung den 3. Arbeitsgang mit Glätteseife wiederholen. Die Bearbeitung mit Glätteseife wirkt Wasser und Schmutz abweisend.

Nasszelle mit Tadelaktwand, Kenia

Badezimmer in Tadelakt-Technik, Kenia

Gesumpfte, pigmentierte Tadelaktmasse

Imitationen – Maserieren

Anwendungsbereich

- Zu den anspruchsvollen Gestaltungstechniken des Maler- und Lackiererhandwerks gehört das Imitieren von Holzmaserungen. Die Nachbildung einer Holzmaserung muss in Farbe und Form der des Holzes in der Realität entsprechen, sonst wäre der Effekt verloren.

Eine Holzoberfläche wird immer imitiert und nicht interpretiert. Jede „Holzsorte" hat ihr eigenes charakteristisches Farb- und Oberflächenbild, auf das der Maler und Lackierer seine Farbwahl abstimmen muss.

- Maserieren wird meistens auf Holzuntergründen angewandt, denen ein edleres Aussehen gegeben oder deren Holzoberfläche an jene anderer Möbel angeglichen werden soll. So lassen sich einheitliche „Holzarten" für die Raumgestaltung erzeugen.
- Auch auf Stahluntergründen kann man Maserierungen aufbringen.
- Man unterscheidet das Maserieren mit Pinselwerkzeugen und das Maserieren mit Gummirakeln.

Material

- Lacke
- Öllasuren (lange Offenzeit)
- Braun-, Rot- und Gelbpigmente (je nach gewünschter Holzart)
- Sammlung von aussagekräftigen Holzoberflächen als Mustervorlagen

Werkzeuge

- verschiedene Modler
- Naturschwamm
- Schläger
- Dachsvertreiber
- Zackenpinsel
- verschiedene Malpinsel (Flachpinsel, Spitzpinsel usw.)
- verschiedene Gummirakeln

Arbeitsverfahren Pinseltechnik

Vorarbeiten	• Der Untergrund sollte sauber, trocken, staubfrei und tragfähig sein. Werden Holz- oder Metalluntergründe vorher mit ölhaltigen Spachtelmassen egalisiert, muss unbedingt die Verträglichkeit mit den nachfolgenden Lacken und Lasuren überprüft werden.
1. Arbeitsgang	• Die Fläche wird im Basisfarbton lackiert.
2. Arbeitsgang	• Die gesamte Fläche wird mit einer Lasur überzogen, die den Grundton – meist einen hellen Farbton – des „Holzes" imitiert.
3. Arbeitsgang	• Mit einem Malpinsel wird mit der abgedunkelten Basislasur eine Maserstruktur angelegt. Jede Holzart hat unterschiedlich dicke Maserungslinien, deshalb ist auch die Wahl des entsprechenden Linierpinsels (Spitz- oder Flachpinsel o. Ä.) immer abhängig von der Holzsorte. • Es bietet sich an, mit einem unregelmäßigen Kreis zu beginnen und die Maserungslinien nach außen fortzusetzen.
4. Arbeitsgang	• Die Maserlinienlasur wird verdünnt und innen an der Maserlinie ungefähr in einer Pinselbreite angelegt. • Anschließend mit einem weichen, trockenen Pinsel am Innenrand verwischen.

1. Arbeitsgang

2. Arbeitsgang

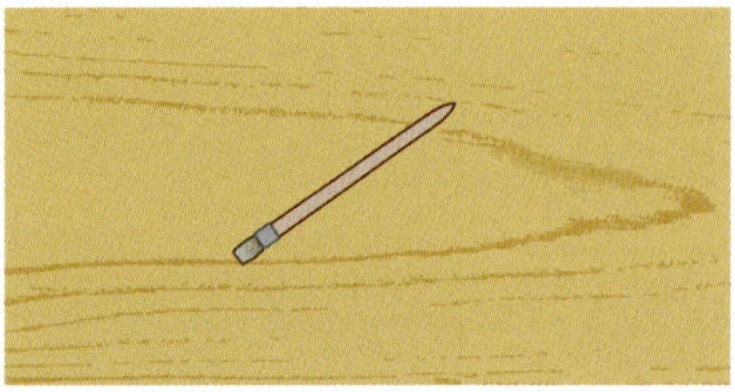

3. Arbeitsgang

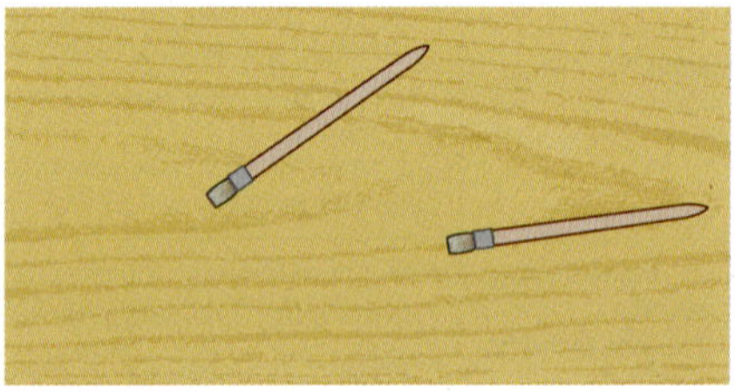

4. Arbeitsgang

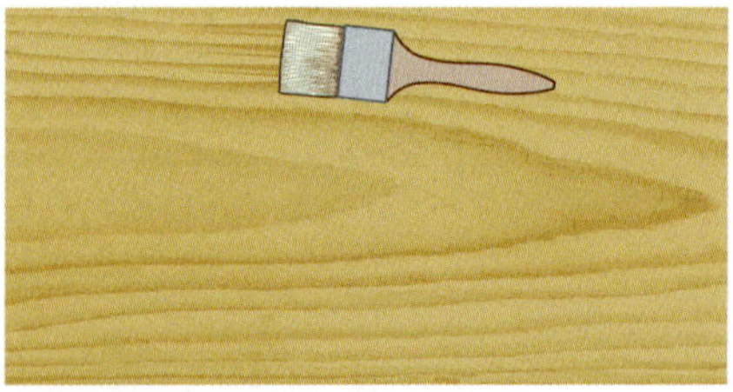

5. Arbeitsgang

6. Arbeitsgang

Imitationen – Maserieren (Fortsetzung)	
5. Arbeitsgang	• Mit dem Zackenpinsel wird die abgedunkelte Basislasur seitlich um die unregelmäßig runden Maserungen in parallelen Linien in Längsrichtung über die Fläche gezogen. Der Zackenpinsel bietet den Vorteil, dass er gleichmäßig parallele Linien ziehen kann. Durch unterschiedlichen Druck kann man auch die Strichstärke variieren. Das ist ein gutes Mittel, um das Auge zu täuschen, denn Holz ist niemals symmetrisch oder völlig gleichmäßig.
6. Arbeitsgang	• Mit dem Dachshaarvertreiber wird die Maserung nach außen hin vertrieben.
7. Arbeitsgang (optional)	• Ggf. kann man nach der Trocknung eine weitere Lasur über die Fläche ziehen, die die Intensität der dunkleren Maserpartien brechen kann.
Arbeitsverfahren Rakeltechnik	
Vorarbeiten	• siehe Pinseltechnik
1. Arbeitsgang	• Die Fläche wird in einem Holz-Basisfarbton lackiert.
2. Arbeitsgang	• Die gesamte Fläche wird mit einer Lasur überzogen.
3. Arbeitsgang	• Der Gummirakel wird mit leichtem Druck über die Länge der Fläche gezogen. • Während dieser Längsbewegung wird der Rakel in sich vor- und zurückbewegt. Während des Längsziehens des Gummirakels nicht absetzen.
4. Arbeitsgang	• siehe 4. Arbeitsgang Pinseltechnik
5. Arbeitsgang	• siehe 6. Arbeitsgang Pinseltechnik
6. Arbeitsgang	• siehe 7. Arbeitsgang Pinseltechnik

Imitation von Vollholz

Imitationen/Interpretationen – Glättemarmortechnik

Anwendungsbereich

- Die Imitation von Marmorflächen hat eine lange Tradition, da Marmor schon immer zu den teuren Werkstoffen gehört.
- Eine exakte Nachahmung von Marmoroptik ist eine Technik, die viel Übung erfordert und handwerkliches Geschick.
- Aus Kostengründen wird diese Technik heute nicht mehr oft verlangt. Heute führt der Maler und Lackierer eher Marmorinterpretationen aus. Interpretationen sollen keine genaue Nachahmung sein, sondern die Orientierung an einer Marmoroberfläche.
- Marmoroptik, als Imitation oder Interpretation, wird in Innenräumen als repräsentativer Akzent eingesetzt.
- Hersteller bieten hochwertige Systeme an, sodass große Flächen in gleichbleibender Qualität und Reproduzierbarkeit möglich sind.

Material

- Latexplastik
- Dispersionsfarben

Werkzeug

- Rollen
- Spitzpinsel
- Kunststoffspachtel
- Doppelblattspachtel
- Linierband
- dünnes Transparentpapier
- Schwamm
- Schleifmittel
- ggf. Schleifmaschine

Glättemarmortechnik ohne Fugenbild:

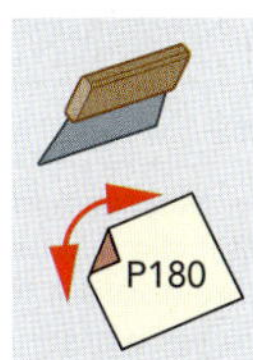

Vorarbeiten

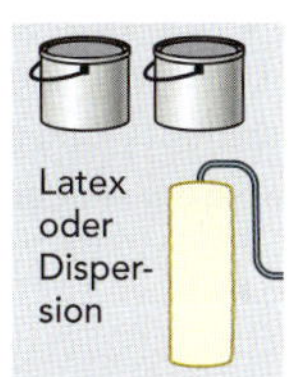

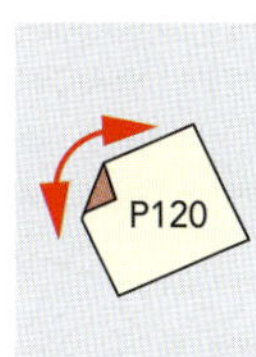

1. Arbeitsgang

Imitationen/Interpretationen – Glättemarmortechnik (Fortsetzung)

Arbeitsverfahren	
Vorarbeiten	• Der Untergrund sollte sauber, fest, trocken, tragfähig und glatt sein (Spachtelung empfohlen).
1. Arbeitsgang	• gleichmäßig deckender Anstrich mit Latexfarbe oder Dispersionsfarbe • Durchtrocknung, anschließend Feinschliff
Glättemarmortechnik ohne Fugenbild	
2. Arbeitsgang	• Mischung aus Latexplastik und einer Dispersionsfarbe (1 : 2) mit satter Schichtdicke auftragen. Die gewählte Einfärbung von Latexplastik und Dispersionsfarbe ergibt die Basisfarbe für die Marmorinterpretation. • Diagonal zur Fläche nass in nass mit dem Spitzpinsel verschiedene Farbakzente einarbeiten (ergeben später die „Marmoradern"). • Farbakzente durch Aufdrücken von dünnem Transparentpapier abschwächen (die aufgenommene Farbe kann vom Transparentpapier an anderer Stelle wieder in die nasse Fläche eingearbeitet werden). • Die nasse Fläche mit einem Kunststoffspachtel (in Laufrichtung der Farbakzente) ungleichmäßig strukturieren und anglätten. • Danach mit dem Doppelblattspachtel die nasse Fläche vorsichtig in Laufrichtung der Farbakzente glätten. Bei der Farbauswahl für die Marmorinterpretation hilft ein echtes Stück Marmor.
3. Arbeitsgang	• Um die Intensität der Farbakzente weiter zu brechen und die Fläche abzuporen, zieht man mit dem Kunststoffspachtel eine Lasur aus einer Dispersionsfarbe (je nach Basisfarbe) vollflächig unregelmäßig im Fleckspachtelsystem von oben nach unten auf. • Dieser Arbeitsschritt kann mehrfach wiederholt werden; jeweils ist ein Zwischenschliff notwendig.
Glättemarmortechnik mit Fugenbild	
2. Arbeitsgang	**Quaderfömiges Muster mit Reliefwirkung** • Mit dem Bleistift die Flächeneinteilung aufzeichnen. Je nach gewünschter Steinoptik und deren Wirkung die Quaderform wählen. Die Fugen werden ebenfalls mit eingezeichnet und mit Linierband abgeklebt. • Latexplastik mit der Rolle aufziehen und vorsichtig mit einem Doppelblattspachtel glätten. • Linierband sofort entfernen. • Nach der Durchtrocknung anschleifen. • Ggf. 2. Arbeitsgang wiederholen.
3. Arbeitsgang	• Fläche gleichmäßig mit Dispersionsfarbe vorstreichen. • Fugen je nach Farbwahl farbig auslegen und nach der Trocknung wieder abkleben.
4. Arbeitsgang	• wie 2. Arbeitsgang ohne Fugenbild
5. Arbeitsgang	• wie 3. Arbeitsgang ohne Fugenbild
6. Arbeitsgang	• farbiges Nacharbeiten der Fugen

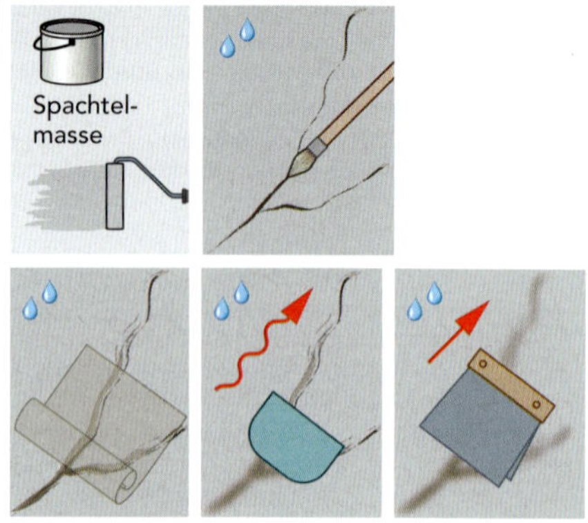

2. Arbeitsgang

3. Arbeitsgang

Glättemarmortechnik

Dekorative Malerei – Wandmalerei

Anwendungsbereich

- Dekorative Malerei hat eine lange Tradition, die heute wieder von Bedeutung ist. In Zeiten des Anspruchs auf schnellen und preisgünstigen Dekorationswechsel gibt es eine wachsende Zahl Kunden, die wieder ausgefallene Techniken und Malereien schätzt.
- Man unterscheidet grundsätzlich die dekorative Malerei in Wandmalerei und Illusionsmalerei (siehe S. 352).
- Komplexe Muster werden eher als einfache Schabloniertechnik umgesetzt, was für den Kunden schneller und preisgünstiger ist als eine aufwendige, zeitintensive Wandmalerei.
- Beliebt sind geometrische Formen oder grafische Bilder. Unter grafischen Bildern werden meist einfarbige Farbflächen oder einfache Nass-in-nass-Verläufe verstanden. Wird eine eher realistische Abbildung verlangt, so gehört das schon in den Bereich der Illusionsmalerei.
- Einfache grafische Wandmalereien können auf Fassaden aufgebracht werden wie auch im Innenraum.

Dekorative Malerei mit Lack auf metallischen Untergründen verlangt viel Übung, da die Viskosität und das Trocknungsverhalten von Lacken ein anderes technisches Vorgehen verlangt.

Material

- Volltonfarben
- Dispersionsfarben aller Art
- Abtönkonzentrate
- ggf. auch Lacke
- Reinigungsmittel und -utensilien

Werkzeuge

- verschiedene Spitzpinselgrößen
- verschiedene Strichzieher
- Schlepper
- Ölstrichzieher
- Malstock
- Malerlineal
- Schwämme, Stupfpinsel und Stupfwerkzeuge, Lappen usw.
- Airbrush-Werkzeuge

Arbeitsverfahren dekorative Malerei mit Dispersionsfarbe

Vorarbeiten	• Für Wandmalereien benötigt man immer Untergründe, die sauber, fest, trocken, tragfähig, glatt und gleichmäßig schwach saugend sind.
1. Arbeitsgang	• Mit einem Bleistift Grafik, Ornament oder Muster gemäß Farbentwurf dünn auf die Fläche übertragen. • Als Übertragungsmedium bieten sich Overheadprojektor oder der PC mit Beamer an.
2. Arbeitsgang	• Aufgezeichnete Flächen farbig gemäß Farbentwurf auslegen. • Dispersionsfarben haben eine zu dicke Konsistenz für feine, glatt ausgelegte Farbflächen. Daher sollten die Farben verdünnt sein, auch wenn das bedeutet, dass man mehrere Arbeitsgänge an einer Fläche benötigt. • Ggf. kann wulstartiger Farbauftrag mit feinem Schleifpapier weggeschliffen werden. Vorsicht: Den Untergrund nicht schädigen! Bei komplexeren Wandmalereien sind sorgfältige Planungen notwendig. Bei überlagernden Flächen muss man genau überlegen, welche Flächen zuerst und welche später bearbeitet werden können. • Korrekturen aufgrund von unsauberem Arbeiten können sehr aufwendig sein. Deshalb sollten bereits fertige Flächen nach der Durchtrocknung mit Folie und Klebeband vorsichtig abgeklebt werden.

Grundmuster aufzeichnen

Grundmuster abkleben

Grundmuster farbig auslegen

Grafiken übertragen

Flächen farbig auslegen

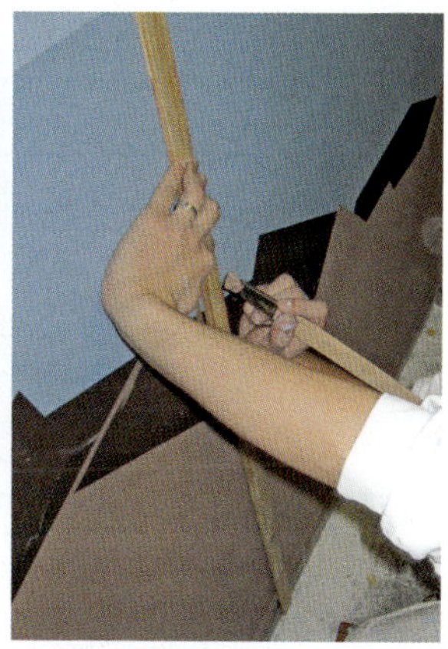
Mit dem Malerlineal arbeiten

Fertige Wandmalerei

Fertige Wandmalerei – Detail

Dekorative Malerei – Illusionsmalerei

Anwendungsbereich

- Illusionsmalerei kann im Außen- und im Innenbereich angewendet werden.
- Ziel einer Illusionsmalerei ist es, die architektonischen Grenzen eines Raums „aufzulösen" und zu „erweitern". Das Auge des Betrachters wird einerseits durch eine auf Perspektive basierende Illusionsmalerei getäuscht, indem ein Raum weiter erscheint, als er in der Realität ist. Andererseits kann die Illusionsmalerei den Blick des Betrachters auch durch die inhaltliche Gestaltung der Malerei führen oder täuschen. Die Renaissancemaler wollten den Horizont zwischen Realität und Traumwelt verschieben. Die Franzosen nennen diese Technik Trompe-l'oeil (das Auge betrügen).
- Größen, Farben, Formen und Oberflächen müssen perfekt auf die Perspektive einer Illusionsmalerei abgestimmt sein. Neben einer sehr guten räumlichen Vorstellungskraft benötigt man viel Erfahrung und handwerkliches Geschick. Bevor man mit der eigentlichen Arbeit an der Fläche beginnen kann, müssen genaue Planungen und Vorarbeiten, wie verschiedene Detailplanungen, Detailentwürfe und Gesamtentwürfe, angefertigt werden.
- Heute gibt es neben der Illusionsmalerei auch eine Art der dekorativen Malerei, die sich fotorealistisches Malen nennt. Künstler versuchen, genaueste Wiedergaben der Natur zu erstellen, was nicht immer bedeutet, dass der Inhalt der Malerei auch realistisch sein muss.

Material

- Volltonfarben
- Dispersionsfarben aller Art
- Abtönkonzentrate
- ggf. auch Lacke
- Reinigungsmittel und -geräte

Werkzeuge

- verschiedene Spitzpinselgrößen
- verschiedene Strichzieher
- Schlepper
- Schwämme
- Ölstrichzieher
- Malstock
- Malerlineal
- Stupfpinsel und Stupfwerkzeuge, Lappen usw.
- Airbrush-Werkzeuge

Arbeitsverfahren

Vorarbeiten Planung	• Dimension der Räumlichkeiten, Funktion der Räumlichkeiten, Beleuchtung/Belichtung analysieren. • Ideen sammeln: das Schlafzimmer benötigt mehr Geborgenheit, ein enger Flur mehr Weite usw. • Kulturellen Stil festlegen (mediterran, asiatisch usw.), um die angestrebte Atmosphäre definieren zu können. • Ideen und Analyseergebnisse in Entwurfsskizzen zu Papier bringen; Schwerpunkt: Welche perspektivische Form soll die Malerei bekommen (Normalperspektive, Froschperspektive, Vogelperspektive usw.)? • Entwicklung von Hintergrund und Vordergrunddetails zur Erzeugung von räumlicher Tiefe. • Farbe und Lichteinfall festlegen. • Gesamtentwurf im Maßstab 1:10 anlegen. Es bietet sich an, eher mit gedeckten Farbtönen oder Pastellfarbtönen zu arbeiten, da Volltonfarben auf großen Flächen eine große Leuchtkraft entwickeln und leicht kitschig wirken können (z. B. ein „originalgetreuer" blutroter Sonnenuntergang).
Vorarbeiten Oberfläche	• Der Untergrund sollte sauber, fest, trocken, tragfähig, glatt und gleichmäßig schwach saugend sein. Je glatter der Untergrund ist, desto edler, eleganter und leichter wirkt die Illusionsmalerei.
1. Arbeitsgang	• Ein Grundanstrich mit Dispersionsfarbe in Weiß.
2. Arbeitsgang	• Festlegung der Horizontlinie gemäß Entwurf.
3. Arbeitsgang	• Partielles oder gesamtes Übertragen des Entwurfs mit Overheadprojektor oder Beamer in Originalgröße. • Die Übertragungstechnik muss sich mittig vor der Fläche befinden; bei eventuellem Versetzen der Übertagungstechnik den Abstand zur Wand nicht verändern.
4. Arbeitsgang	• Farbaufbau vom Hintergrund in den Vordergrund gemäß Entwurf.

Illusionsmalerei: Meeresblick 1

Fotorealistische Malerei in New York City

Illusionsmalerei: Meeresblick 2

Der Übergang von Realität zur Illusion ist fließend

In eine verputzte Gewölbedecke wurde das Innere einer Kuppel gemalt, Albertina, Wien

Illusionistische Deckenmalerei, Albertina, Wien

Illusionsmalerei: Meeresblick 3

Imitationen – Steinimitationen

Anwendungsbereich

- Das Aufwerten von Räumen durch gezielt eingesetzte Steinoptik hat lange Tradition. In Deutschland arbeiteten besonders die Barockbaumeister mit der Imitation von Steinoberflächen. Der Abbau und die Bearbeitung von wertvollem Gestein, wie Marmor, Granit oder einfachem Sandstein, waren kostspielig und sehr langwierig.
- Heute wird der Einsatz von nachgeahmten Steinoberflächen nicht nur zur gestalterischen und gesellschaftlichen Aufwertung von Räumen angewandt, sondern auch zur Ergänzung oder zur Reparatur beschädigter Bauelemente.

Welche Steinimitation gewählt wird, ist abhängig von den Räumlichkeiten, den Kundenwünschen, dem zeitgemäßen Ästhetikverständnis und vom Geldbeutel des Kunden. Denn heute wie damals sind Steinimitationen ausgefallene und aufwendige Kreativtechniken.

- Jeder Stein ist unterschiedlich. Die Nachahmung einer Steinoberfläche verlangt folglich vom Maler viel Beobachtungsgabe, praktische Erfahrung und die Auswahl der richtigen Materialien.
- Die Steinimitation muss vor allen Dingen mit dem Farb- und Materialkonzept eines Raums harmonieren. Soll der Raum eine helle, edle Ausstrahlung bekommen, bieten sich Marmorimitationen an. Ist für den Raum ein rustikales oder ländliches Farbkonzept vorgesehen, so ist eine Sandsteintechnik die richtige Wahl. Schlichte, kühle Wohnraumgestaltungen könnten durch eine dunkle Granitinterpretation unterstützt werden.

Der Unterschied zwischen einer Steinimitation und einer Steininterpretation, siehe S. 319.

Material

- Zunächst muss der Maler entscheiden, ob die Steinnachahmung nur gemalt, gestupft o. Ä. sein soll oder ob eine reliefartige, plastische Wirkung erzielt werden soll.

Die Wahl des Materials richtet sich nach dem gewünschten Oberflächenbild des imitierten Steins.

- Latexspachtelmassen (eignen sich besonders für reliefartige Steinimitationen)
- quarzhaltige Dispersionen
- mineralische Spachtelmassen (mineralische Spachtelmassen müssen grundsätzlich in dünneren Schichten verarbeitet werden als z. B. latexhaltige Materialien)

Werkzeuge

Verwendbar sind alle Pinsel-, Rollen-, Kellen-, Spachtel-, Stupf-, Wisch- oder sonstigen Kreativwerkzeuge.

Jeder Maler und Lackierer entwickelt bei der Steinimitation seine eigene Handschrift und seinen eigenen Werkzeugeinsatz.

Arbeitsverfahren

Vorarbeiten	• Um den Grundanstrich aufzutragen, muss der Untergrund trocken, staubfrei und tragfähig sein. Reliefartige Steininterpretationen haben eine relativ hohe Schichtdicke (4–6 mm). Beim Trocknen schrumpfen einige Spachtelmassen, dabei können sich zuvor geklebte strukturlose Vlieswerkstoffe von der Wand lösen! Vlieskleber durchtrocknen lassen!
1. Arbeitsgang	• Mit dem Bleistift die Flächeneinteilung („Stein-/Mauermuster“) aufzeichnen. Je nach gewünschter Steinoptik und deren Wirkun g die Quaderform wählen. Die Fugen werden ebenfalls mit eingezeichnet.
2. Arbeitsgang	• Mit Linierband werden die aufgezeichneten Fugen zweifach abgeklebt. • Dieser Arbeitsgang spart bei späteren Arbeitsgängen ein erneutes Abkleben.
3. Arbeitsgang	• Je nach gewünschtem Effekt Spachtelmasse mit einer Lackierwalze oder einem Heizkörperpinsel aufziehen. • Falls notwendig, kann man mittels einer Glättekelle oder eines Kunststoffspachtels das feuchte Strukturbild von Walze oder Pinsel nachglätten. • Das erste Linierband kann noch im feuchten Zustand abgezogen werden.

Sandsteintechnik

Schiefertechnik

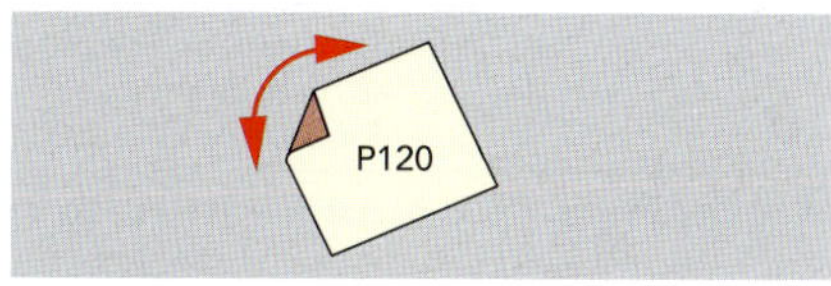

Vorarbeiten

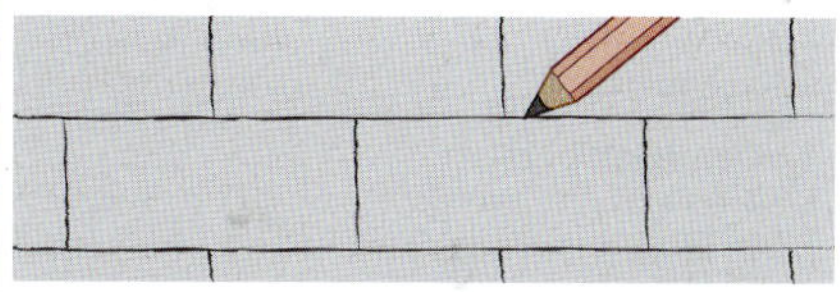
1. Arbeitsgang

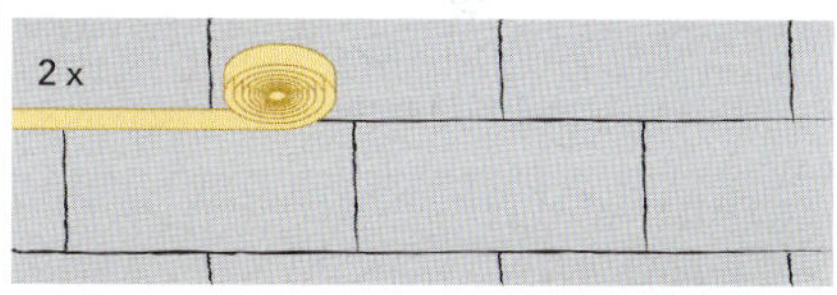

2. Arbeitsgang

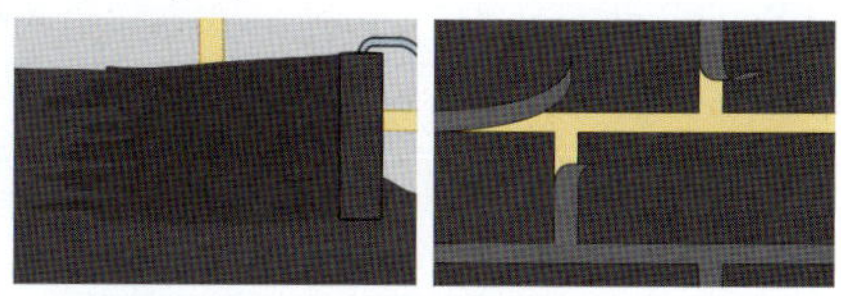
3. Arbeitsgang

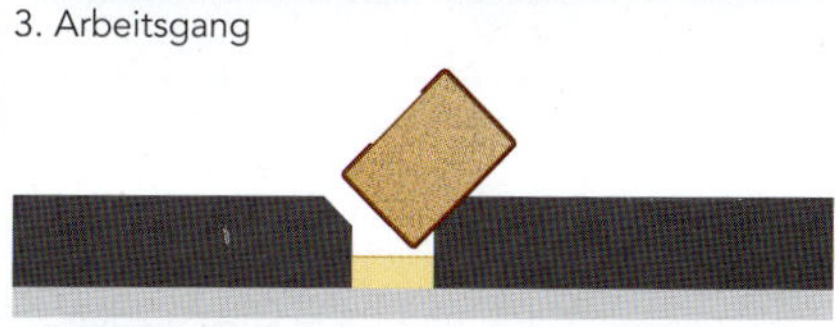
4. Arbeitsgang

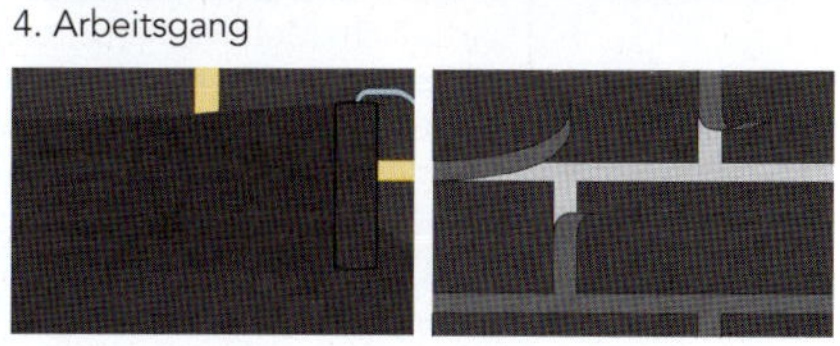
5. Arbeitsgang

Imitationen – Steinimitationen (Fortsetzung)

4. Arbeitsgang	• Nach Durchtrocknung Oberfläche schleifen. • Da die Ränder der imitierten Steinquader die Reliefwirkung unterstreichen, kann ein abgekanteter Anschliff diese Wirkung erhöhen.
5. Arbeitsgang	• Bei ungenügender Oberflächenstruktur kann eine weitere dünne Schicht Spachtelmasse aufgezogen werden. • Nach der Durchtrocknung erneut schleifen, anschließend das zweite Linierband entfernen. • Vorsicht: Beim Abziehen des zweiten Linierbands können Teile der ausgehärteten Spachtelmasse ausbrechen.
6. Arbeitsgang	• Die gesamte Fläche wird grundiert. • Eine geeignete Farbe dünn aufziehen. • Die Fugen wieder abkleben.
7. Arbeitsgang	• Nach gewünschter Steinoptik wird die Fläche farbig gestupft. • Verschiedene Farbtöne werden überlappend gestupft, um den unregelmäßigen Charakter des Steins nachzubilden.
8. Arbeitsgang	**Fugengestaltung** • Ist der Farbton des Zwischenanstrichs als Fugenfarbe geeignet, so muss man ihn nur entsprechend sauber nachziehen. • Die „Fuge" gegebenenfalls durch Schattenkanten erweitern. • Zur Steigerung der realistischen Wirkung kann die Fuge auch mit einem entsprechenden Material ausgefüllt werden. Mithilfe von Lappen, Schwamm oder Pinseln kann das Material auch nass in nass der Steinoptik angepasst werden.
9. Arbeitsgang	• Je nach räumlicher Lage und mechanischer Beanspruchung kann die Fläche mit geeignetem Material versiegelt werden.

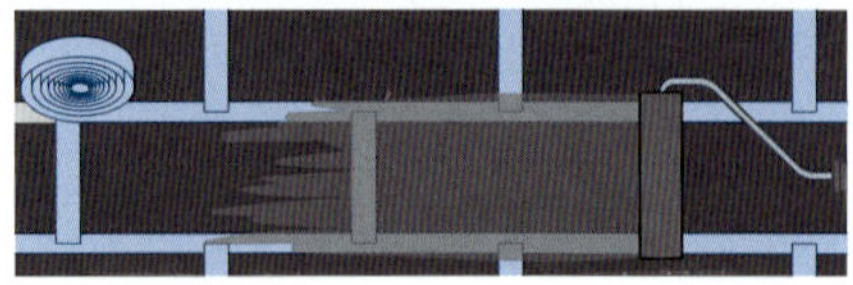
6. Arbeitsgang

7. Arbeitsgang

8. Arbeitsgang

Ölvergoldung

Anwendungsbereich

Das Prinzip der Ölvergoldung ist grundsätzlich sehr einfach:

- Der zu vergoldende Gegenstand wird mit einem sogenannten Anlegeöl bestrichen.
- Das Blattmetall wird anschließend in das angetrocknete Öl gebettet.
- Im Gegensatz zur Polimentvergoldung ist die Goldoberfläche einer Ölvergoldung nicht polierbar, weshalb sie auch als Mattvergoldung bezeichnet wird. Die Ölvergoldung ist besonders gut für den Außenbereich geeignet.

Material

- Blattgold
- Transfergold
- Kompositionsgold
- Blattsilber
- Mixtion
- Watte

Werkzeuge

- Vergolderkissen
- Vergoldermesser
- Vergolderpinsel
- Anschießer
- Doppelkielpinsel

Arbeitsverfahren

Vorbehandlung	• Ursprünglich wurden überwiegend Holzuntergründe vergoldet. Sie wurden mit einem Kreidegrund überzogen und anschließend geschliffen. Diesen Vorgang wiederholte man so oft, bis eine dichte, glatte Oberfläche entstanden war. • Heute sind Ölvergoldungen auf verschiedenen Untergründen möglich. Metallische Untergründe werden den Witterungsverhältnissen gemäß geschützt und anschließend lackiert. Holz kann ebenfalls eine Lackbeschichtung erhalten. Vergoldungen sind auf seidenmatten wie hochglänzenden Oberflächen möglich. Der Glanzgrad der Vergoldung hängt von der Qualität der Untergrundvorbehandlung ab, deshalb ist es wichtig, dass der Untergrund sehr glatt und hart ist.

Grundlackierung mit Ockergelb

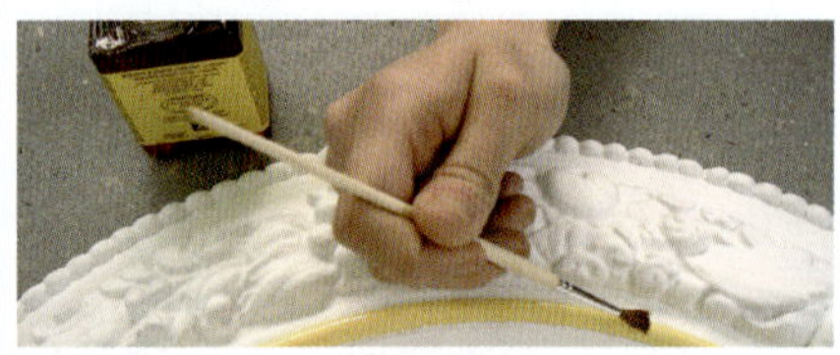
Mixtion auftragen

Gold zuschneiden

Anlegen

Ölvergoldung (Fortsetzung)	
1. Arbeitsgang	• Die Fläche, die vergoldet werden soll, wird in einem gelben Grundton vorlackiert. • Wichtig ist eine völlige Durchtrocknung der Grundlackierung. Der Gelbton erhöht den Glanzgrad der Vergoldung.
2. Arbeitsgang	• Gleichmäßiger und dünner Auftrag der Mixtion mit einem Pinsel oder Schwamm. Auf hochglänzenden Lackierungen wird das Anlegeöl nach dem Auftrag wieder dünn abgezogen. Ist die Schicht zu dick, dringt das Öl durch das dünne Blattgold, und die Oberfläche wird faltig. Eine möglichst dünne, gut durchgetrocknete Schicht Anlegeöl ist die Voraussetzung für eine erfolgreiche Vergoldung. • Für seidenmatte Untergrundlackierungen muss eine etwas dickere Schicht Mixtion aufgetragen werden, weil das Metall auf dem Öl schlecht haftet.

Schnellmixtion	**3-Stunden-Mixtion**	**12-Stunden-Mixtion**
• verarbeitungsfähig nach ca. 15 Min. bis max. 48 Std. • nicht für Blattgold geeignet! • nur für unedle Blattmetalle!	• verarbeitungsfähig nach ca. 2 – 3 Std. • bearbeitbar ca. 1 Std. • geeignet für edle und unedle Blattmetalle	• verarbeitungsfähig nach 12 – 16 Std. • bearbeitbar ca. 3 – 4 Std. • geeignet für großflächige Vergoldungen im Außenbereich

3. Arbeitsgang	• Auf dem Vergolderkissen wird das Goldblatt mit dem Vergoldermesser in objektgerechte Stücke zerteilt. Bei Vergoldungen im Außenbereich sollte man immer (!) den Pergamentwindschutz, den die meisten Vergolderkissen haben, aufstellen. Vom Wind „zusammengeklapptes" Blattgold ist nicht mehr zu trennen.
4. Arbeitsgang	• Der richtige Trockenheitsgrad des Anlegematerials lässt sich leicht mit einer Fingerberührung ermitteln: Spürt man gerade noch eine Haftung, hat das Anlegeöl den richtigen Zustand erreicht. • Mit dem Anschießer wird das Blattgold vom Vergolderkissen gehoben und auf die geölte Fläche gelegt. Wird Transfergold verwendet, legt man das Blattgold auf die Fläche, drückt es an und zieht das Seidenpapier ab.
5. Arbeitsgang	• Mit dem Doppelkielpinsel wird das Blattgold an die Konturen der eingeölten Fläche angedrückt. Will man nur bestimmte Teile einer Fläche vergolden, kann man mithilfe von Talkum verhindern, dass das Blattmetall an unerwünschten Teilen der Fläche kleben bleibt.
6. Arbeitsgang	• Ist die gesamte Fläche vergoldet, wird das Blattgold mit dem Einkehrpinsel bearbeitet. Wenn der Pinsel mit dem noch feuchten Anlegeöl in Verbindung kommt, kann es beim Einkehren zu nicht mehr zu entfernenden Ölrückständen auf dem Blattgold kommen.
7. Arbeitsgang	• Anschließend wird die Fläche mit Watte abgerieben. In der Regel werden Ölvergoldungen nicht mehr mit einer Lackschicht überzogen, es sei denn, die vergoldeten Flächen sind mechanischem Abrieb ausgesetzt.

Fertige Vergoldung, Beispiele

Ölvergoldung im Außenbereich, Gdansk, Polen

Ölvergoldung auf Holz, Langer Markt, Gdansk, Polen

Anschießen

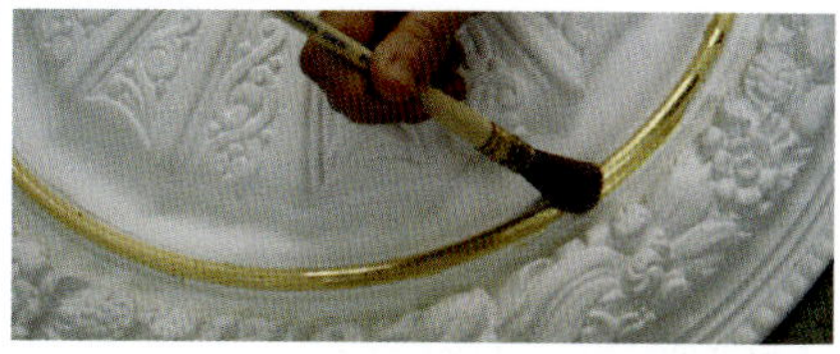

Einkehren

Polieren

Fertige Vergoldung

Ölvergoldung auf Kalkstein, Langer Markt, Gdansk, Polen

Polimentvergoldung

Anwendungsbereich
- Die Technik der Poliment- oder Glanzvergoldung hat ihren Ursprung schon im 8. Jh. Da vergoldete Flächen auf Basis der Polimentvergoldung einen massiven Eindruck erzeugen, hat sich diese Technik bis in unsere Tage gehalten und gilt als Königsdisziplin des Maler- und Lackiererhandwerks.
- Die Polimentvergoldung wird nur an Objekten oder Flächen im Innenraum vorgenommen. Material und Schichtaufbau sind nicht widerstandsfähig gegen Feuchtigkeit oder mechanische Belastungen. Früher wie heute wird die Polimentvergoldung nur auf Holz- oder Stuckuntergründen angewendet.

Material
- Lösche
- Kreidegrund
- Poliment/Bolus
- Netze
- Blattgold
- ggf. Schellack

Werkzeuge
- Schabeisen
- Anschießer
- Achatstein
- verschiedene Schleifmittel
- Reinigungsutensilien wie Tücher, Schwämme usw.

Arbeitsverfahren

Vorarbeiten	• Der Untergrund wird geschliffen und entstaubt.
1. Arbeitsgang	• Behandeln des Untergrunds mit Leimwasser. Diesen Vorgang nennt man Löschen, die Leimwasser-Mischung wird dementsprechend Lösche genannt. • Aufgabe der Lösche: Haftvermittlung und die Saugfähigkeit des Untergrunds zu verringern, diese jedoch nicht zu unterbinden.
2. Arbeitsgang	• Um Unebenheiten des Untergrunds zu beseitigen, werden mehrere Kreideschichten aufgetragen. • Jede Kreideschicht wird nach einer anderen Rezeptur hergestellt, um so die Eigenschaften der einzelnen Kreidelagen zu optimieren. • Jede einzelne Kreideschicht wird mit speziellen Schabeisen bearbeitet, um die Grate, die beim Auftrag entstehen, abzuflachen. Anschließend kann ein trockener oder ein nasser Feinschliff erfolgen. Die Wahl der Schleifart ist von der Kornstärke des Schleifmittels abhängig. • Die geschliffenen Stellen werden mit einem weichen Tuch abgerieben und erneut gelöscht. Die verschiedenen Kreideschichten müssen eine elastische und polierfähige Schicht für den Polimentauftrag bilden.
3. Arbeitsgang	• Auf die fertig geschliffenen und imprägnierten Kreidegründe wird das Poliment, auch Bolus genannt, aufgetragen. Poliment ist eine Mischung aus fettem, fein geschlämmtem Ton und Eiklar. Alternativ kann auch Leim anstelle von Eiklar verwendet werden. • Die Farbe des Bolus beeinflusst den „Farbton" der Vergoldung: • Gelbes Poliment wird überwiegend für matte Stellen verwendet. • Rotes Poliment wird für glänzende Stellen der Vergoldung verwendet. Die Güte der Vergoldung ist in hohem Maße abhängig von der Qualität des Poliments. Die Fetthaltigkeit des Poliments sorgt für die nötige Haftung der Goldblättchen, was jedoch nur in feuchtem Zustand des Poliments funktioniert. • Zur Unterstützung der Haftung wird vor dem Anschießen des Goldes die Netze aufgetragen. Die Netze besteht aus Wasser und Alkohol, meist Spiritus. Früher wurde als Alkoholanteil in der Netze Branntwein verwendet, weshalb die Polimentvergoldung im Volksmund auch Branntweinvergoldung genannt wurde. Die Netze löst das Poliment an und erhöht die Haftung.

Auftrag Kreidegrund

Ansetzen der Netze

Ansetzen des Poliments, geschliffenes Poliment

Auftrag Netze, Gold anschießen

Polimentvergoldung (Fortsetzung)

4. Arbeitsgang

- Benetzt wird nur der Teil der Fläche, der sofort vergoldet werden soll.
- Dazu nimmt man mit dem flachen Anschießer ein Goldblättchen vom Vergolderkissen. Das Blattmetall haftet an den feinen Haaren des Anschießers.

Die Haare des Anschießers dürfen nicht über den Rand des Goldblättchens hinaushängen, da sie sonst beim Anschießen des Goldes mit der Netze und dem leicht gequollenen Poliment in Berührung kommen. Beim Aufnehmen des nächsten Goldblättchens würden dann Streifen entstehen, die sogenannten „Peitschenhiebe".

- Die Haftung des Blattgolds geschieht in zwei Schritten:
  1. Ein Vakuum entsteht durch die Verdunstung des Netze-Alkohols, welches das Blattmetall an den Untergrund zieht. Unterstützt wird die Haftung durch das Andrücken des Goldblättchens mit einem Doppelkielpinsel.
  2. Die langfristige Haftung wird durch die Verbindung von Blattmetall, angelöstem Bolusfett und Leimanteilen des darunterliegenden Kreidegrunds erzeugt.
- Die Auflage der Goldblättchen muss etwas überlappend sein. Ist die Fläche vollständig vergoldet, werden mit einem Haarpinsel Goldreste abgekehrt.

Fertiger Goldauftrag

Polimentvergoldungen mit Malerei, 1504, Malbork, Polen

5. Arbeitsgang

- Wenn die Netze getrocknet ist, wird die Goldfläche mit einem Achatstein poliert.
- Zur weiteren Konservierung kann die Goldfläche mit Schellack überzogen werden.

Polimentvergoldung, Frombork, Polen

Hinterglasvergoldung

Anwendungsbereich
- Die Hinterglasvergoldung wird fast ausschließlich zu Werbezwecken eingesetzt.
- Exklusive Geschäfte nutzen oft die Hinterglasvergoldung für auffällige Beschilderungen.

Material
- Mixtion oder Gelatine
- Gelber Lack
- Transfergold
- verschiedene Klebebänder
- Reinigungsmittel wie Spiritus, Watte usw.

Werkzeuge
- Vergolderpinsel
- Pinsel zum Auftragen der Mixtion/Gelatine

Arbeitsverfahren

Vorbehandlung	• Das Glas muss entfettet und gereinigt werden.
1. Arbeitsgang	• Das Muster oder Ornament wird auf den Glasträger übertragen und scharfkantig abgeklebt. Je schafkantiger das Muster oder Ornament abgeklebt ist, umso schafkantiger sind auch die vergoldeten Flächen.
2. Arbeitsgang	• Prinzipiell funktioniert die Hinterglasvergoldung genauso wie die Ölvergoldung. • Da die Hinterglasvergoldung immer auf transparenten Untergründen wie Glas oder Kunststoff eingesetzt wird, ist das Anlegeöl oder ein anderes Klebemittel sichtbar. • Für matte Hinterglasvergoldungen benutzt man Mixtion als Anlegewerkstoff. • Für glänzende Hinterglasvergoldungen benutzt man gelöste Gelatine als Anlegewerkstoff. • Für den Vergoldungsprozess wird in der Regel Transfergold genommen. • Wichtig ist, dass die Glas- oder Kunststofffläche gut gereinigt wurde, bevor das Klebemittel aufgetragen wird. • Anspruchsvoll ist es, Gelatine oder Anlegeöl gleichmäßig aufzutragen, streifenfrei abzuziehen und so eine kaum sichtbare Klebeschicht anzulegen.
2. Arbeitsgang	• Transfergold wird auf die Mixtion oder Gelatineflächen gelegt und angedrückt. • Seidenpapier vorsichtig abziehen. • Die folgenden Arbeitsschritte sind identisch mit denen der Ölvergoldung.
3. Arbeitsgang	• Die vergoldete Fläche wird meist durch eine Lackschicht geschützt, die nach der Vergoldung aufgetragen wird. • Um die farbliche Wirkung des Goldes nicht zu beeinträchtigen, wird dazu ein gold- oder gelbfarbener Lack verwendet.

Glasträger reinigen

Transfergold aufbringen

Rückseite des Glasträgers beschichten

Hinterglasvergoldung, Wien

Aufgaben

1. *Beschreiben Sie die Verfahrensweise einer Glättetechnik.*
2. *Listen Sie Vergolderwerkzeuge und deren Funktion auf.*
3. *Beschreiben Sie den Vorgang der Polimentvergoldung.*
4. *Beschreiben Sie den Vorgang der Ölvergoldung.*
5. *Nennen Sie verschiedene Aspekte einer thematisch ausgerichteten Raumgestaltung.*
6. *Erklären Sie den Begriff Kundenempathie.*
7. *Erläutern Sie für den Kunden die verschiedenen Steinimitations- oder Steininterpretationsmöglichkeiten.*
8. *Welche Schwierigkeiten können sich beim Anwenden der Chipstechnik ergeben?*
9. *Erläutern Sie den Ablauf von Maserierungen und die Anwendung der einzelnen Maserierungswerkzeuge.*
10. *Erläutern Sie die den Aufbau einer Risslacktechnik.*
11. *Obwohl die Wickeltechnik als recht „einfache“ Kreativtechnik gilt, können erhebliche Fehlstellen im Oberflächenbild auftreten. Erläutern Sie, wie diese zustande kommen und wie Sie sie vermeiden können.*

Kundenauftrag

NOTIZEN

Gespräch vom 20.11.20xx / 9:05 Uhr / Herr Kappmann

Am Wiesental 15

Denkmalamt der Stadt Essen, 0201 88-61801

☐ ☐ ☒ sonstige ☐

ROTH Malerbetrieb

Gewerbepark 136
45131 Essen

Fon 0201 4867-12
Fax 0201 4867-14

info@Malerbetrieb-Roth.de
www.Malerbetrieb-Roth.de

Das städtische Haus Am Wiesental 15/Essen-Stadtwald soll farblich neu gestaltet werden.

Objektbeschreibung

1 *Fassade Haus Am Wiesental 15*

Wände
Glatter Putz der MG P II, Sanierung liegt 26 Jahre zurück, überwiegend weiß gestrichen, mit Ausbesserungsstellen, Teile grau gestrichen

Friese und Gurtbänder
Putz der MG P II, Sanierung liegt 26 Jahre zurück, teilweise blau, teilweise weiß gestrichen mit Ausbesserungsstellen

Türen
Buchenholz beschichtet, dunkelblauer Lack, blättert ab, teilweise gerissen

Fenster
Aluminium beschichtet, dunkelblauer Lack, blättert ab, teilweise gerissen

Handläufe/Gartentore
unlegierter Baustahl, dunkelblauer/hellblauer Lack, blättert ab, teilweise gerissen

Gartenmauer/Treppenaufgang
verputzte Ziegelsteine, Putz der MG P II, Sanierung liegt 26 Jahre zurück, grau, teilweise unbeschichtet

Ansichten

1 Westen

2 Nord-Osten

3 Süden – Detail

4 Norden – Detail

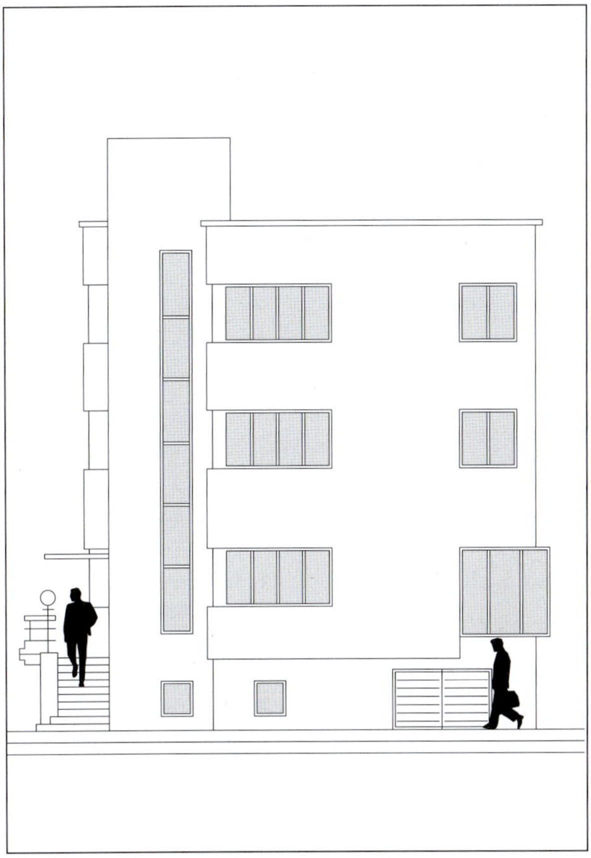

1 *Ansichtsplan der Ostfassade*

Institut für Denkmalschutz
und Denkmalpflege **ESSEN**

Adresse
Stadthaus
Kennedyplatz 6

Postanschrift
45121 Essen

Sprechzeiten/
Öffnungszeiten
Mo, Mi, Fr 8^{00} – 12^{00} Uhr
Do 15^{00} – 18^{00} Uhr

Denkmalschutz und
Denkmalpflege Innenstadt
Peter Mannefeld
Tel : 0201 88-61801
Fax : 0201 88-61805
denkmalschutz@amt61.essen.de

Institut für Denkmalschutz und Denkmalpflege • Kennedyplatz 6 • 45121 Essen

Malerbetrieb Roth
Herrn Michael Roth
Gewerbepark 136
45131 Essen

Sehr geehrter Herr Roth, 29.11.XXXX

Bezug nehmend auf Ihr Schreiben vom 23.11.XXXX kann ich Ihnen folgende Informationen zur Verfügung stellen:

Geplant und gebaut wurde das Haus *Am Wiesental 15* 1931. Durch die großen Zerstörungen während des 2. Weltkriegs blieb kaum originale Bausubstanz erhalten. 1952 wurde es nach Vorlagen aus dem Jahre 1931 wieder aufgebaut. Die Farbgestaltung unterliegt derzeit keinem Gebrauchsmusterschutz mehr. Als einzige Richtlinie hat der zuständige Landeskonservator ein Farbkonzept im Sinne der Bauhausarchitektur für das Haus Am Wiesental 15 festgesetzt.

Für weitere Informationen stehe ich Ihnen gern zur Verfügung.

Mit freundlichem Gruß

P. Mannefeld

ANLAGEN:
4 Ansichtspläne

2 *Schreiben des Denkmalamts Essen*

3 *Gebäudeumfeld 1*

4 *Gebäudeumfeld 2*

Lernsituation

Farb- und Materialkonzept für eine Fassade entwickeln und durchführen

1. Informieren

Sammeln Sie im Team die vorgegebenen Informationen und werten Sie diese nach folgendem Prozess aus:

- Fertigen Sie eine Bestandsaufnahme an, die Sie aus den Informationen des Kundenauftrags, dem Bildmaterial, den räumlichen Darstellungen und den Informationen des Denkmalamts Essen entwickeln können.
- Informieren Sie sich anhand des Baujahrs über die Epoche, aus der das Gebäude stammt.
- Recherchieren Sie mithilfe verschiedener Bücher, Broschüren, des Internets oder betrieblicher Informationen, welche Aspekte der Fassadengestaltung für die Erstellung des Farbkonzepts notwendig sind (siehe S. 309, S. 316/317).

2. Planen

- Entwickeln Sie im Team aus Ihrer Gebäudeanalyse eine Liste von Faktoren, die Ihre Farbwahl einschränken bzw. unterstützen.
- Erstellen Sie mit dem Computer nach dem Ansichtsplan (Ostfassade) eine Vorlage für den Farbplan, der aus einer vereinfachten Gebäudeansicht und einer einfachen tabellarischen Farbübersicht besteht. Drucken bzw. kopieren Sie diesen mehrfach in der Größe DIN A3.
- Alternativ können Sie auch eine technische Zeichnung anfertigen, die als Grundlage für Ihren Farb- und Materialplan dient.
- Erstellen Sie eine einfache tabellarische Farbübersicht für erste Ideen, die Ihnen einen Überblick über die zu gestaltenden Fassadenflächen und Fassadendetails gibt.

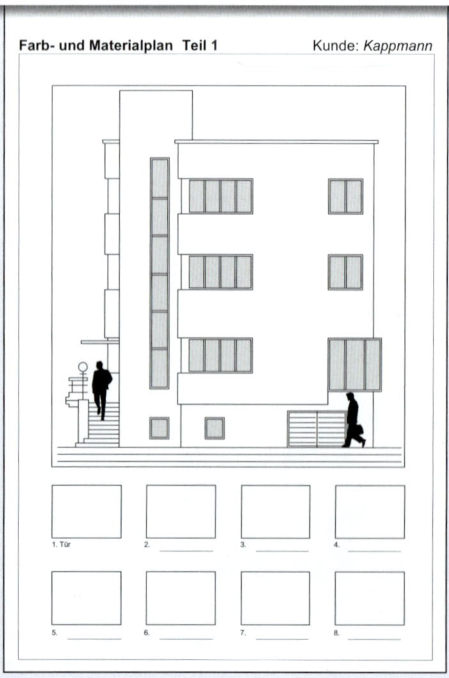

Farb- und Materialplan

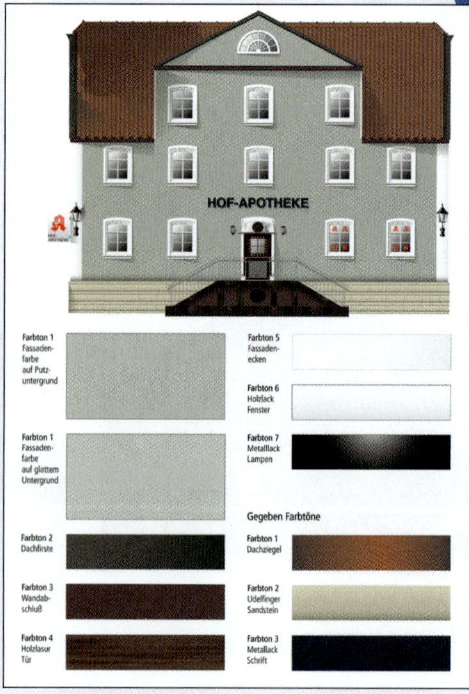

Beispiel für ausgearbeiteten Farbplan

6. Bewerten

Vor dem Kundengespräch

Überprüfen Sie im Team Ihre Arbeitsergebnisse, damit Sie die Qualität Ihrer Arbeit einschätzen und sichern können:

- Vergleichen Sie Ihre Farbvorschläge mit der einschränkenden und unterstützenden Faktoren.
- Überprüfen Sie Ihre Farbvorschläge: Haben Sie die gewünschte Wirkung auf den Kunden durch Ihr Farbkonzept, Ihren Farbplan erreicht?
- Kontrollieren Sie Ihre Farbpläne hinsichtlich der Farbwirkungen der jeweiligen Fassadenflächen.
- Kontrollieren Sie Ihre Farbpläne auf Mängel hinsichtlich technischer Maßgenauigkeit und Sauberkeit.
- Falls Sie oder Ihr Team Mängel finden, überarbeiten Sie sie, damit der Kunde ein qualitativ hochwertiges Arbeitsergebnis bekommt.
- Halten Sie Ihre Entwürfe, Farbtonkarten, Produktinformationen usw. für das Kundengespräch vollständig in einer sauberen Mappe bereit.

Kundengespräch durchführen

- Präsentieren und begründen Sie mit Ihrem Team dem Kunden (Simulation im Klassenverband) das Farbkonzept Ihrer Gruppe.
- Analysieren Sie im Team das Simulationsgespräch getrennt nach Inhalt und Gesprächsverlauf (Mimik, Handbewegungen).
- Dokumentieren Sie, wie Sie mit Ihrem Team bei der Schlussabnahme dem Kunden Ihre Arbeit präsentieren möchten.

5. Kontrollieren

- Überlegen Sie im Klassenverband, ob Ihre gestalterischen Lösungen den Wünschen des Kunden und den Vorgaben des Denkmalamts entsprechend durchführbar sind.
- Nehmen Sie Anregungen und Kritik aus den Präsentationen und Bewertungen der anderen Teams auf.
- Überarbeiten Sie Ihre Farbkonzepte/Farbpläne nach den Anregungen, Kritiken und Bewertungen der anderen Teams für das Kundengespräch.

4. Ausführen

- Erstellen Sie zwei verschiedene Farbpläne für diese Fassade und benutzen Sie dafür Ihre Computervorlagen.
- Legen Sie die Flächen der Gebäudeansicht und die Flächen der tabellarischen Farbübersicht farbig aus. Berücksichtigen Sie dabei durch größere und kleinere Tabellenfelder die wirkliche Größe der Farbflächen an der Fassade.
- Erstellen Sie am Computer eine Dokumentation über die Entwicklung der Farbentwürfe. Schreiben Sie dazu eine kurze Stellungnahme, die Ihnen als Argumentationshilfe für das Kundengespräch dient.
- Diskutieren Sie im Team Ihre Farb- und Materialpläne, um evtl. Mängel zu beseitigen, und wählen Sie anschließend im Team einen der zwei Entwürfe aus, den Sie im nächsten Schritt als Ergebnis präsentieren. Der zweite Entwurf dient Ihnen als Alternative im Kundengespräch.
- Präsentieren Sie Ihre beiden Farbkonzepte/Farbpläne den anderen Gruppen der Klasse.

3. Entscheiden

- Entwickeln Sie im Team mehrere verschiedene Farbkonzepte für diese Fassade mithilfe von Farbtonkarten und Produktinformationen. Entscheiden Sie sich für zwei Farbkonzepte.
- Legen Sie, basierend auf Ihren Ideen, den gegebenen Informationen und der Bauzeichnung, zwei Farbkonzepte für die Fassade an.

10 Fassadengestaltung

10.1 Fassadengestaltung

1 Neue Farbgestaltung, Berlin-Kreuzberg

Die Fassade ist das Aushängeschild eines Bauwerks. Jeder Passant wird bewusst oder unbewusst eine Wertung der Fassadengestaltung vornehmen. Es ist selten, dass jemand keine Meinung zu der Farbgestaltung einer spezifischen Fassade hat.

2 Neugestaltung einer Fassade in Berlin-Kreuzberg

Die Farbgestaltung einer Fassade gibt nicht nur Informationen über die Epoche der Erbauung, sondern auch über den Besitzer: Hat er sich für ein Farbkonzept entschieden, was nicht den Zeitgeist trifft oder sich gerade zu sehr am Trend orientiert, so muss er mit dieser Farbkonzeption leben – tagtäglich!

Die Farbgestaltung von Fassaden ist grundsätzlich eine schwierige Angelegenheit. Ist man sich unsicher, sollte man einen kompetenten Maler und Lackierer oder Farbberater zurate ziehen.

Die Wirkung farbiger Fassaden wird z. B. bestimmt durch:
- ihre Dimension in sich, d. h. durch die Ausmaße, die Größe des Baukörpers
- ihre Dimension im baulichen Kontext, d. h. in Verbindung mit den Umgebungsgebäuden
- Anordnung, Größe und Proportion von Fenstern, Türen usw.
- bauliche Gliederungselemente, wie Gesimse o. Ä.
- die Textur der verwendeten Oberflächenmaterialien, d. h., die Strukturbeschaffenheit der Materialoberfläche
- unterschiedliche Lichtverhältnisse (Licht- und Schattenspiel) aufgrund von Tages- oder Jahreszeit

Schwierig ist die Planung von Fassadengestaltungen, da die Farbwirkung auf großen Flächen im Vorfeld nicht genau einzuschätzen ist und zum anderen jeder Betrachter die Wirkung von Farben anders empfindet.

Die „richtige" Farbe für eine bestimmte Fassade zu finden ist von vielen Faktoren abhängig und natürlich nicht zuletzt vom Geschmack.

Da gerade bei der Farbwahl meist emotionale oder persönliche Gründe die Entscheidung stark beeinflussen, ist es Aufgabe des Malers und Lackierers, den Auftraggeber bei der Wahl der „richtigen" Farbe zu unterstützen (siehe auch S. 308 Farbtonkarte).

Trotz Voransichten moderner Computersimulationen oder farbgetreuer Farb- und Materialpläne ist die Farbwirkung auf einer Fassadenfläche schwer einzuschätzen. Selbst eine professionelle Computerdarstellung vermag nicht die verschiedenen Wechselwirkungen des Licht- und Schattenspiels mit dem Baukörper wiederzugeben. Farbproben können nur auf kleinen Flächen angelegt werden.

10.1.1 Aspekte eines Farbkonzepts

Jede Epoche hat eine Palette bestimmter Farben, die zum jeweiligen Zeitpunkt als „modern" bezeichnet wurden.

Interessanterweise haben intensive klare Farbtöne einen wesentlich kürzeren Verwendungszeitraum, bevor sie als unmodern bezeichnet werden, als gedeckte oder pastellartige Farbtöne, die als unauffällig, oder zurückhaltend eingestuft werden.

1 Gedeckte Farben für Gründerzeithäuser

Welche nun die „richtige" oder „falsche" Farbkomposition ist, ist eine Frage des Standpunkts. Zur Erstellung eines Farbkonzepts muss der Maler und Lackierer verschiedene Faktoren analysieren: Kundenwünsche, bauliche Aspekte der Fassade oder bauliche Aspekte des Umfelds.

2 Farben gleicher Helligkeit und Sättigung können harmonieren

Fassaden haben oft vorgegebene Farbtöne, die bestehen bleiben sollen oder müssen, z. B. aufgrund der Vorgaben des Denkmalschutzes.

Zusätzlich werden die einzelnen Fassadenelemente, wie Wandflächen, Gesimse, Ziergiebel u. Ä., in der Farbkonzeption berücksichtigt.
Neben der formalen Analyse des Baukörpers muss der Maler und Lackierer die Wirkung von Farben an einer Fassade einschätzen können.

Farben verändern die Dimensionen eines Baukörpers, sie können Nähe, Ferne oder Tiefe erzeugen oder je nach Perspektive farbliche Schwerpunkte setzen.

3 Flächige Farbgestaltung auf Fassaden mit Vertikalstruktur, Paris

Kompositionsprinzip

Ergänzend zur Analyse des Bauwerks und der angestrebten Farbwirkung entwickelt der Maler und Lackierer ein Kompositionsprinzip.

Kompositionsprinzip	Beschreibung	Abbildung
Einfarbigkeit	**ein Farbton für die gesamte Fassade**	
Differenzierte Einfarbigkeit	**ein Basisfarbton mit verschiedenen Aufhellungen, Abdunklungen oder Vergrauungen**	
Kontrastierende Farbigkeit	**die Fassade wird mit verschiedenen Farbtönen gestaltet**	

Kategorien von Farbtönen:

• klar • pastellartig • diffus	• dunkel • hell • strahlend • „knallig"	 *4 Intensiver Rotton an einem Barockgebäude*

Bauwerksanalyse für die Farbgestaltung

1. Analyse des Kunden bzw. Auftraggebers	Leitfragen
Kunde/Auftraggeber: Architekt, Planer usw.	• Ist der Kunde eine Privatperson, eine Firma, ein öffentlicher Träger?
Kundenwünsche/Kundenideen	• Welche gestalterische Richtung soll angestrebt werden: edel, exklusiv, schlicht, repräsentativ, schmuckvoll, auffällig usw.?
Preisvorstellungen/Preisstruktur	• Soll bzw. darf die Gestaltung hochpreisig sein oder ist eher ein niedriges Preisniveau anzusetzen?

2. Umfeldanalyse	Leitfragen	Bildbeispiele
Lage des Gebäudes	• Hat das Gebäude eine Stadtlage, Landlage, Hanglage, liegt es in einem Industriegebiet usw.? • Welche Lichtverhältnisse ergeben sich aus der Lage des Gebäudes?	
Gebäudeeinbindung	• Handelt es sich um ein frei stehendes Gebäude, Reihenhaus, Häuserzeile usw.?	
Gebäudekontext (siehe S. 375–377)	• Welchen Baustil, welche Dachformen und welche Farbkompositionen haben die angrenzenden Gebäude? • Wie kann die Fassade in das bauliche Umfeld farblich eingebunden werden? • Wie sind Gestaltung und Funktion des Gebäudes zu sehen im baulichen Umfeld der Siedlung, des Straßenzugs? • Wie wirkt sich die angrenzende Vegetation (z. B. hohe Bäume, Hecken usw.) aus?	

3. Gebäudeanalyse	Leitfragen	Bildbeispiele
Baujahr/Baustil	• Welche Farbzwänge ergeben sich aus dem Baujahr des Objekts?	
Baurechtliche Vorgaben	• Gibt es bindende Bebauungspläne, Vorgaben des Denkmalamts oder anderer städtischer Ämter?	
Art des Gebäudes	• Handelt es sich um ein privat genutztes Haus, ein historisches Mehrfamilienhaus?	
Standort	• Wo steht das Gebäude? • Wie sieht das Umfeld aus?	
Funktion/Nutzung	• Welche Funktion/Nutzung hat das Gebäude? • Wird es öffentlich, privat, gewerblich genutzt?	

4. Fassadenanalyse	Leitfragen	Bildbeispiele
Form der Fassade/ Dimensionen (Proportionen) der Fassade	• Welche geometrische Grundform und welche Dimensionen (Höhe, Breite) hat die Fassadensilhouette (Umriss, Dachform)?	 Auch Formen sind Mittel für die Fassadengestaltung, Shanghai
Fassaden-gliederung und Formwirkung	• Welche gestalterische Struktur hat die Fassade durch die Anordnung ihrer Fassadenelemente auf der Fassadenfläche?	
	• Vertikalwirkung • Horizontalwirkung • überlagert • leicht – schwer • transparent – massiv • ruhig – unruhig • verschachtelt – gliedernd • symmetrisch – asymmetrisch	 Gliedernde Fassadenelemente
Fassaden-elemente/ Fassadendetails	• Welche Fassadenelemente muss man berücksichtigen: Fenster, Türen, Gesimse, Balustraden usw.?	
Fassaden-werkstoffe	• Aus welchem Material ist die Fassadenfläche? • Welche Oberflächenstruktur/-textur hat das Material? • Welcher visuelle Eindruck wird dadurch erzeugt: strukturiert, glatt, rau, matt usw.?	Verschiedene Fassadenelemente

5. Farbanalyse	Leitfragen	Bildbeispiele
Farbvorgaben	• Welche Farbtöne sind vorgegeben und unveränderlich? • Welche Farbtöne dürfen verändert werden?	
	• Welche Werkstoffe / Materialien (Natursteine, Ziegel, Klinker, Blender, …) dürfen nicht farbig gestaltet werden?	
	• Welchen Farbton haben die Dachziegel?	Kompositionsprinzip differenzierte Einfarbigkeit
Kompositions-prinzip	• Welches Kompositionsprinzip hat das Gebäude: Einfarbigkeit, differenzierte Einfarbigkeit oder kontrastierende Farbigkeit?	
Farbtöne	• Welche Farbtöne wurden verwendet: klare, pastellartige, diffuse, dunkle, helle, strahlende oder „knallige“ Farbtöne?	Verschiedene Pastellfarbtöne
Farb- und Materialwirkung	• Welche Wirkung sollte durch die Farbkomposition erzeugt werden (Nähe, Ferne, Tiefe, Sichtachsen/Perspektive)? • Welche Farben werden als Dominante, Subdominante, Akzent verwendet? • Welche Wirkung ergibt sich aus Materialstruktur/-textur und einem Farbton?	 Fassade mit Dominanzfarbe, Subdominanzfarbe und einem dezenten Akzentfarbton

10.1.2 Die Farbgestaltung von Fassadenflächen

Fassadenelemente wie Fenster, Türen, Fensterbekleidungen, Balkone, Lisenen, Gurte, Gesimse, Ziergiebel, Sockel, Bossenwerk u. Ä. haben heute keine oder kaum noch architektonisch-konstruktive Funktionen.
Sie sind inzwischen reine Dekoration, darüber hinaus dienen sie teilweise bei der Fassadengestaltung als visuelles Gliederungsmittel.

1 *Strenge geometrische Formen als Dekor und als Hilfsmittel zur Fassadengliederung*

Die Elemente einer Fassade bestehen immer aus einfachen geometrischen Formen:

- Quadrat
- Rechteck
- Dreieck
- Kreis
- Halbkreis
- usw.

2 *Rechtecke als Gestaltungselement einer Fassade*

Fassadengliederungen

Gliederungsart	Beispiele
horizontal	Sockel, Gurtbänder, Gesimse, Friese
vertikal	Pilaster, Kannelierungen, Säulen, Lisenen

3 *Visuelle Fassadengliederung*

4 *Horizontale und vertikale Fassadengliederung mit einfarbiger Komposition*

Man unterscheidet zwei Möglichkeiten, eine Fassade durch Farbe und Formen (Fassadenelemente) zu gliedern: **horizontal** und **vertikal.**

- Beispielsweise erzeugt das Quadermauerwerk oder -bossenwerk und deren Fugenbild eine solide Horizontalwirkung von Fassadenwänden und speziell des Sockels.
- Fenster, Fensterbänke und -stürze, Faschen und Rahmen sowie Türen werden gezielt zur Gliederung einer Fassade eingesetzt.
- Horizontale Gliederungen, werden sie zusätzlich farblich mittels dunkler Farbklänge verstärkt, wirken massiv und schwer. Vertikale Fassadengliederungen vermitteln dem Betrachter aufstrebende Tendenzen und Leichtigkeit.

- Seit der Antike hat das architektonische Prinzip von Last und Stütze nicht an Aktualität verloren. Dieses Konstruktionsprinzip sollte in der Farb- und Materialkonzeption stets beibehalten werden.

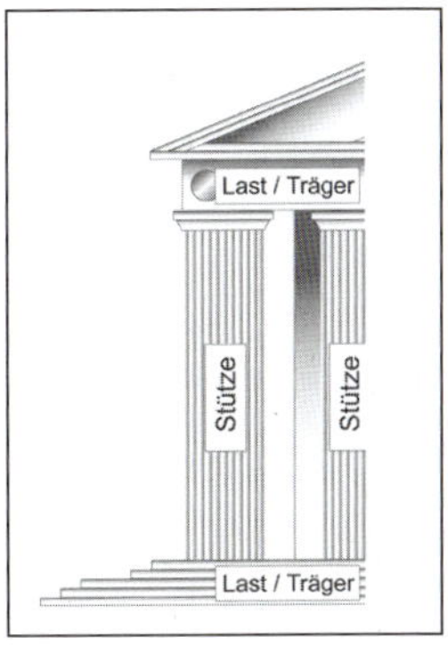

5 Prinzip von Last und Stütze

Regeln für die Farbgestaltung von Fassadenflächen

In jeder Epoche und in jedem Kulturkreis gab es mehr oder weniger festgeschriebene Farbharmonien, z. B. die Gelb-Grau- oder Rosa-Grau-Kombinationen von historischen Gebäuden.
Heute gibt es hinsichtlich der Verwendung von Farbtönen so gut wie keine Einschränkungen mehr.

1 Die „klassische" Gelb-Grau-Farbkombination eines historischen Gebäudes

Mögliche Regeln für die Farbgestaltung von Fassadenflächen sind:

- Gliedernde Fassadenelemente sollten farblich betont oder abgesetzt werden.
- Je größer die Fläche, desto intensiver wirken die Farben.
- Je heller oder vergrauter die Farbklänge sind, umso „zurückhaltender" wirkt das Gebäude.
- Bauteile, die statische Lastträger sind, werden in der Regel farblich abgesetzt, um ihre architektonische Funktion hervorzuheben.
- Der Sockel eines Gebäudes sollte entweder dunkel gestrichen sein, um so den Belastungscharakter herauszustellen und damit visuelle Standfestigkeit, Ruhe und Gesetztheit auszudrücken. Oder die Farbigkeit des Sockels ordnet sich den Fassadenfarben unter, um weniger ins visuelle Gewicht zu fallen (gleicher Farbton für Fassadenfläche und Sockel).

2 Horizontales Gestaltungselement: Die Farbe Grau unterstützt die Wirkung des Sockels

- Eine neue, moderne Farbgestaltung kann den ursprünglichen visuellen Charakter und Stil eines Gebäudes völlig verändern.
- Viele verschiedene Farbtöne überfrachten die architektonischen Feinheiten eines Gebäudes und können die Einheit von Farbgestaltung und baulicher Formgebung zerstören.
- Das Farbkonzept und die Funktion des Bauwerks sollte eine in sich geschlossene Einheit bilden.
- Farbliche Detaillösungen müssen Bestandteil eines farblichen Gesamtkonzepts sein.

Farbbeispiel: Verschiedene Farbentwürfe für ein Objekt

Reduziert man eine Fassade auf eine geometrische Fläche, so bleibt in den meisten Fällen ein Rechteck übrig. Dieses Rechteck kann auf verschiedene Weisen farblich gestaltet werden (Grafik 1–6):

Grafik 1

1. Das Farbkonzept sieht eine flächige Gestaltung mit einem einfarbigen Kompositionsprinzip vor.

Grafik 2

2. Das Farbkonzept sieht eine flächige Gestaltung mit einem differenzierten einfarbigen Kompositionsprinzip vor.

Grafik 3

3. Das Farbkonzept sieht eine vertikale Gestaltung mit einem differenzierten einfarbigen Kompositionsprinzip vor. Die vertikal ausgerichtete Farbgestaltung lässt das Gebäude schlanker erscheinen.

Grafik 4

4. Das Farbkonzept sieht eine vertikale Gestaltung mit einem kontrastierenden Kompositionsprinzip vor.

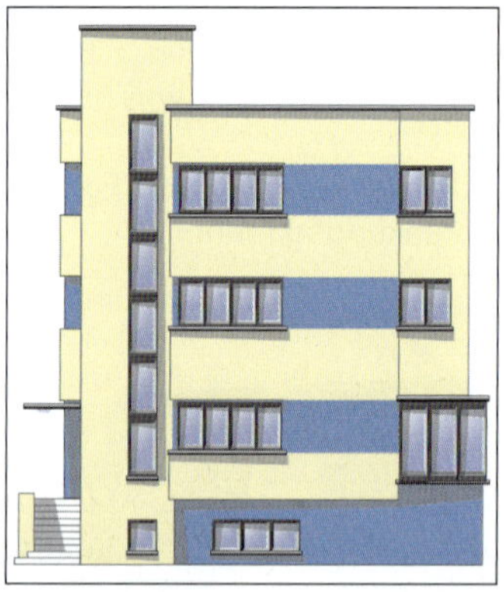

Grafik 5

5. Das Farbkonzept sieht eine horizontale Gestaltung mit einem differenzierten einfarbigen Kompositionsprinzip vor. Horizontal ausgerichtete Farbgestaltungen lassen Fassaden gedrungener bzw. flacher erscheinen.

Grafik 6

6. Das Farbkonzept sieht vertikale und horizontale Farbflächen mit einem farblich kontrastierenden Kompositionsprinzip vor. Eine klare visuelle Ausrichtung des Gebäudes wird damit verschleiert.

Alternative Farbgestaltungen für Fassadenflächen: Fassadenfolierungen

Aufwendig und sehr teuer sind Fassadenfolierungen. Die Folien müssen sehr witterungsresistent sein. Das bedeutet, dass sie sich nicht durch Feuchtigkeit oder Temperaturschwankungen anlösen lassen. Darüber hinaus müssen die Folien widerstandsfähig gegen mechanische Einflüsse sein. Den gleichen Sachwertschutz, wie ihn eine professionelle Beschichtung erfüllt, haben Folierungen (bisher) nicht.

1 *Folierte Fassade, New York*

2 *Folierte Fassade, Detail*

- Gestalterisch bieten Folierungen auf Fassadenflächen den Vorteil, dass der Bauherr die Farbe seiner Fassade schneller verändern kann und sich ausgefallenere Gestaltungsmöglichkeiten ergeben.
- Nachteil ist, dass der Arbeitsaufwand nicht wesentlich geringer ist als das Beschichten der Fassadenfläche.

Dennoch ist der Werkstoff Folie eine Alternative zur klassischen Fassadenbeschichtung.

10.1.3 Die Farbgestaltung von Fassadenelementen

Türen und Fenster

Die Gestaltung von Fassadenelementen, wie Türen, Fenstern, Laibungen, Faschen usw., verlangt ein gutes Gespür für Hell-dunkel-Kontraste.

- Helle Bauteile wirken auf dunkler Wandfläche größer als vergleichbare dunkel beschichtete Elemente auf heller Fläche. Helle Bauteile treten auf dunklen Fassadenflächen stärker hervor.

3 *Helle Bauteile treten hervor*

- Dunkel gestaltete Bauteile werden von dunklen Farbflächen geschluckt. Helle Bauteile in hellen Fassadenflächen wirken integriert.

4 *Kein Kontrast: hell auf hell, dunkel auf dunkel*

- Fenster und Türen erscheinen, sofern sie kein farbiges Glas besitzen, vorwiegend als graue oder graublau schimmernde Fläche. Fenster und Türen haben immer einen Rahmen und stellen somit zwei Komponenten dar, die bei der Farbgestaltung berücksichtigt werden müssen.

5 *Rahmen als zweite Komponente bei der Farbgestaltung*

- Fenster und Türrahmungen werden durch ihre Rahmenfarbe betont. Darüber hinaus können zusätzlich aufgebrachte Blend- oder Zierrahmen (Faschen) farbliche Akzente setzen oder die Farbgestaltung von Türen und Fenstern auflockern.

1 *Farbakzente durch Blend- und Zierrahmen*

- An historischen Fassaden wird das Gliederungssystem meist durch das Zusammenwirken aller Fassadenelemente gebildet. Lisenen, Gesimse, Ziergiebel, Fenster und Türen bilden dabei eine Einheit. Um diese Einheit zu erhalten, sollten diese Elemente im gleichen Farbton gestaltet werden.
- Muss oder soll das Gliederungssystem aufgelockert werden, können Türen und Fenster farbig gleich gestaltet werden, Lisenen und Gesimse ebenso.
- Dunkle Türen, besonders ohne Glas, wirken verschließend und abweisend, wohingegen hell beschichtete Türen einen freundlichen, offenen und einladenden Charakter haben.

2 *Dunkel beschichtete Türen weisen ab*

3 *Hell beschichtete Türen laden ein,*

- Blendläden (oder auch Fensterläden) sind visuelle Bestandteile von Fensterflächen und sollten deshalb in die Farbgestaltung der Fenster und Türen einbezogen werden.

4 *Blendläden sind Teil eines Fensters*

Die Farbgestaltung des Fassadensockels

Bei der Farbgestaltung des Sockels muss Rücksicht auf die visuelle Aufgabe dieses Bauteils genommen werden.

Neben seinen architektonischen Aufgaben soll ein Sockel gliedernd und abschließend wirken.

Besonderheit des Sockels ist seine entweder hervorstehende oder zurückliegende Bauart.

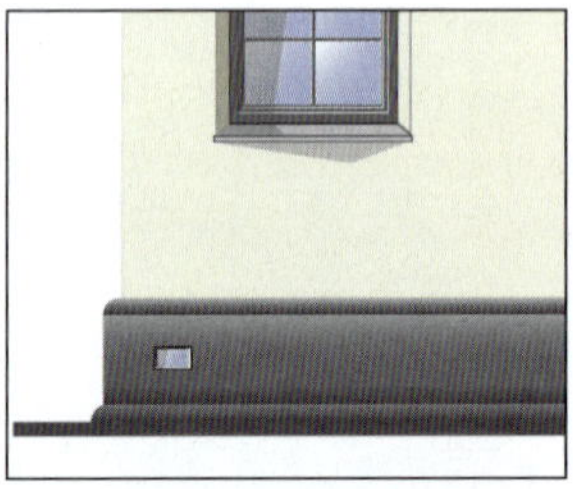

5 *Sockel hervorstehender Bauart*

6 *Sockel zurückliegender Bauart*

- Die Sockelfarbe sollte sich von den Farbtönen der übrigen Fassadenelemente absetzen. Um die visuelle Zugehörigkeit zum Haus bzw. zur Fassade zu gewährleisten, wird der Kontrast nicht zu stark gewählt.
- Wird dagegen der Kontrast zu gering gewählt, sind sich die Farbtöne also zu ähnlich, kann sich die architektonische und visuelle Wirkung des Sockels nicht entfalten.

Hervorstehende Sockel weisen zusätzlich das Phänomen auf, dass die Sockelkanten heller erscheinen als die Sockelflächen. Der Maler und Lackierer muss daher bei der Planung seines Farbkonzepts die architektonische Beschaffenheit des Sockels berücksichtigen.

Die Farbgestaltung von vorkragenden Fassadenelementen

Unter vorkragenden Fassadenelementen versteht man Bauteile, die horizontal über die Fassadenflächen hinausreichen, wie Erker, Balkone, Blendgiebel, Verdachungen und möglicherweise auch Gesimse.
Diese Bauteile sind flächengliedernde Fassadenelemente, die visuell nicht stark ins Gewicht fallen. Dennoch haben sie alle eins gemeinsam: Sie werfen Schatten auf die Fassadenfläche.

1 Schattenwirkung bei vorkragenden Bauteilen

10.1.4 Aufbau eines Farb- und Materialkonzepts

Ein Farb- und Materialkonzept besteht grundsätzlich aus dem Zusammenspiel von Farbgestaltung, Oberflächenstruktur und Materialwahl.

2 Hell-dunkel-Kontrast

- Materialien zur Beschichtung von Fassaden, z. B. Putze, erzeugen je nach Verarbeitung Oberflächenstrukturen. Diese treten bei wechselndem Licht- und Schattenspiel (besonders bei Streiflicht) sehr plastisch hervor.
- Stark strukturierte Oberflächen erreichen eine hohe Kontrastwirkung, wenn sie mit dunklen, glänzenden Beschichtungen überzogen werden.
- Besonders bei historischen Fassaden, deren charakteristisches Merkmal die Plastizität ist, sollten Material und Farbe zurückhaltend eingesetzt werden, um die Fassade nicht zu überfrachten.
- Die Farbplanung am Computer birgt die Schwierigkeit, dass die sogenannte Relativität von Farberscheinungen nicht simulierbar ist.

Relativität von Farberscheinungen: Phänomen, dass Farben auf jeden Betrachter unterschiedlich wirken. Es entsteht vornehmlich durch tageszeitlich bedingte Lichtveränderungen, durch verschiedene Standorte der Betrachter, durch verschiedene Material- und Oberflächenstrukturen und durch die Farben des Umfelds (Bauwerke, Bäume, Straßen usw.).

Besonders schwierig ist die Planung von sehr bunten Farbtönen. Auf kleinen Musterflächen wirken sie völlig anders als auf einer großen Fassadenfläche.
Die Erscheinung eines dunklen Bunttons auf großer Fläche lässt sich am besten mit einer Farbprobe auf einem schwarzen Untergrund simulieren.

3 Dunkle Farbprobe auf schwarzem Untergrund

4 Helle Farbprobe auf weißem Untergrund

Bei der Mustererstellung von helleren Bunttönen greift man eher auf einen weißen Untergrund zurück.

Grundsätzlich kann man Fassaden mit intensiven Farbklängen gestalten, solange diese mit dem Umfeld und der Fassadengliederung harmonieren.

5 Starke plastische Wirkung von strukturierten Flächen

Übersicht: Aufbau eines Farb- und Materialkonzepts

Arbeits-schritt	Beschreibung
1	**Baukörperanalyse** • Durchführen einer Bauwerksanalyse (siehe S. 366/367)
2	**Baukörper visualisieren** • Skizze • technische Zeichnung • Computerzeichnung
3	**Verschiedene Gestaltungsideen entwickeln** • übersichtliches Auflisten der Kundenwünsche • übersichtliches Auflisten der eingrenzenden Faktoren der Analyseergebnisse • erste Farbideen entwickeln mithilfe von Farbtonkarten, Farbatlanten, Materialproben, Bildbeispielen, Fachbüchern o. Ä. Als Hilfe können hier im Team Brainstorming-Methoden benutzt werden. • Zusammenführen der ersten Farb- und Materialideen mit den Analyseergebnissen • Grundfarbton/-töne, Kompositionsprinzipien mit Dominante, Subdominante und Akzent (siehe S. 195) festlegen • verschiedene tabellarische Farb- und Materialpläne anlegen, die das ungefähre Flächenverhältnis zwischen Dominanz-, Subdominanz- und Akzentfarbton visualisieren • verschiedene Farb- und Materialkonzepte auf die Baukörperzeichnungen übertragen
4	**Zielüberprüfung/mögliche Zwischenpräsentation** • Überprüfen aller Parameter: – Dominanz- und Subdominanzfarbtöne auf ihre Flächenwirkung – Akzentfarbtöne auf ihre Detailwirkung – Dominanz-, Subdominanz- und Akzentfarbtöne auf ihre gliedernde Wirkung (Vertikal-, Horizontalwirkung usw.) – Farbtöne auf Farbton, Helligkeitsgrad und Sättigungsgrad – Farbharmonie im Hinblick auf die Kontrastwirkung auf der Fläche – Farbharmonie im Hinblick auf Kundenvorstellung und -wünsche sowie die Ergebnisse der Bauwerksanalyse • sachlich begründbare Argumentationsstruktur für die Farbtonwahl erstellen • ggf. eine Zwischenpräsentation durchführen
5	**Farb- und Materialkonzept erstellen und visuell aufbereiten** • Entscheidung, welches Farb- und Materialkonzept als erste Wahl vorgestellt werden soll • alternatives Farb- und Materialkonzept • Erstellung des repräsentativen Gestaltungskonzepts (erste Wahl): Musterflächen rational, sauber und technisch maßgenau auslegen Sauberkeit ist das Aushängeschild des Malers und Lackierers! • alternatives Farb- und Materialkonzept anfertigen
6	**Präsentation beim Auftraggeber** • für das Kundengespräch, die Präsentation die Unterlagen, Musterflächen, Farbbeispiele und ggf. die Alternativen geordnet griffbereit haben • die im Arbeitsschritt 4 entwickelte Argumentationsstruktur zur Begründung der Farbtöne heranziehen
7	**Ergebnisse archivieren** • Musterflächen und Farb- und Materialpläne werden unbedingt archiviert • wird der Auftrag umgesetzt, werden von der fertigen Fassade zusätzlich Fotos gemacht, die man zusammen mit den Musterflächen und Farb- und Materialplänen anderen Auftraggebern als Referenz vorlegen kann

10.2 Die Gestaltung von Straßenzügen

Straßen sind lebendig, Straßen sind laut, Straßen sind meist schmutzig, Straßen verbinden Stadtteile. Entlang der Straßen leben, wohnen und arbeiten Menschen.

1 Historismus-Straßenzug mit offener Farbordnung

Die Bauwerke an einer Straßen können vielfältig sein:

- historisch gewachsene Wohnhäuser
- schnell errichtete Zweckbauten der Nachkriegszeit
- öffentliche Bauten (Museen, Gerichtsgebäude usw.)
- sakrale Bauten (Kirchen, Moscheen, Synagogen usw.)
- mehrgeschossige Wohnkomplexe
- moderne Reihenhaussiedlungen

Die Bebauung eines jeden Straßenzugs ist anders. Auch wenn sie sich manchmal ähneln, hat jeder Straßenzug seinen eigenen, ganz individuellen Charakter.

2 Häuser eines Straßenzugs mit Wohnhäusern aus dem gleichen historischen Kontext mit geschlossener Farbordnung

Die Aufgabe, einen Straßenzug farblich zu gestalten, ist wesentlich komplexer als die Gestaltung einer einzelnen Fassade. Dennoch ist der Weg ähnlich und verläuft über eine differenzierte Analyse der Gegebenheiten. Diese wird auf verschiedenen Ebenen durchgeführt.

Leitfragen zur Analyse von Straßenzügen:

Leitfragen	Beschreibung
1. In welchem Stadtteil liegt der Straßenzug?	• Die Analyse der Ortslage des Straßenzugs beinhaltet, die Straße im Stadtviertel zu lokalisieren und, sofern möglich, die städtebauliche Entwicklung der Bauwerke entlang der Straße zu recherchieren. • Das Katasteramt oder Denkmalamt der Stadt bzw. der Gemeinde helfen hier weiter.
2. Bestehen Unterschiede zwischen den Bauwerken oder sind sie baulich und visuell identisch?	• Besteht der Straßenzug z. B. aus Bauwerken einer historischen Epoche?
3. Wie sind die Gebäude zur Straße ausgerichtet?	• Die Flächen von schräg zur Straße stehenden Häusern können für den Betrachter verzerrt erscheinen. • Die Fluchten der sich durch die Perspektive verjüngenden Fassadenflächen schräg zur Straße stehender Häuser müssen in die Farbplanung mit einbezogen werden.
4. Welche Gebäudetypen befinden sich im Straßenzug?	• private Einfamilienhäuser • Mehrfamilienhäuser • Doppelhäuser • Reihenhäuser • mehrstöckige Wohnhäuser • Bürogebäude • Wohn- und Geschäftshäuser • Stilfassaden • u. a.
5. Über welchen historischen Kontext verfügen die Bauwerke?	• Die Bestimmung der geschichtlichen Bauperiode der Bauwerke (siehe S. 366) und die Bestimmung des historischen Farbkonzepts und Gliederungssystems ist zentraler Aspekt der Analyse. Dieser Punkt ist nicht nur für die einzelne Fassade oder das Erscheinungsbild des Straßenzugs wichtig, sondern auch für die gestalterische Ausprägung einer ganzen Stadt. • Jede Stadt hat ihr Gesicht, ihren ganz besonderen Charakter. • Jedes Viertel, jeder Straßenzug und jedes einzelne Bauwerk trägt als Baustein zum Gesamteindruck der Stadt bei. • Die Erhaltung dieses Charakters verlangt von neuen Farbkonzepten eine besonders feinfühlige Integration in bestehende, historisch gewachsene Fassadengestaltungen einer ganzen Stadt.
6. In welchem architektonischen Stil sind die Bauwerke derzeit gestaltet?	• Sind es reich verzierte Gründerzeithäuser oder minimalistische Bungalows o. Ä.? • Welche Gliederung und Gestaltungsprinzipien weisen die einzelnen Bauwerke derzeit auf? • Welche Silhouette bildet der gesamte Gebäudekomplex? • Besitzen die einzelnen Häuser eine vertikale oder horizontale Gliederung bzw. Ausrichtung?

Hat man all diese Fragen geklärt und die Informationen und Rechercheergebnisse strukturiert, gilt es, den umgekehrten Weg einzuschlagen und sich mit den Farbkonzepten vom Einzelhaus hin zur Gesamtbebauung zu bewegen.

Farbkonzept der Gesamtbebauung

1 Straßenzeile vor der Neugestaltung

2 Farbentwurf per PC (erstellt durch das Farbstudio der Fa. Brillux)

Im nächsten Schritt muss geklärt werden, welches Ziel die neue Farbgestaltung erfüllen soll. Grundsätzlich unterscheidet man drei mögliche Richtungen:

1. Die Bebauung des Straßenzugs soll durch die neue Farbgestaltung einen geschlossenen visuellen Farbkontext erhalten.
2. Die Bebauung des Straßenzugs soll durch die neue Farbgestaltung einen visuell aufgelockerten Farbkontext bekommen.
3. Die Bebauung des Straßenzugs soll durch die neue Farbgestaltung einen auflösenden Farbkontext bekommen.

Leitfragen zur Lageanalyse eines Bauwerks im Straßenzug

Ermitteln Sie immer das Gebäude des Straßenzugs, welches im Bebauungskontext den „wichtigsten" Platz einnimmt!

Der „wichtigste" Platz eines Bauwerks innerhalb der Bebauung eines Straßenzugs definiert sich durch verschiedene Faktoren:

- Wird die Lage des Bauwerks/des Gebäudekomplexes von der Straßenführung betont?
- Liegt das Gebäude/der Gebäudekomplex gut sichtbar im Gebäudekontext?
- Wird das Gebäude/der Gebäudekomplex durch Begrünung, Bäume oder andere Gebäude teilweise verdeckt oder versteckt?
- Fällt Licht und Schatten durch Bäume oder andere Gebäude auf den Baukörper/den Gebäudekomplex?
- Steht das Bauwerk/der Gebäudekomplex frei oder ist es/er in einer geschlossenen Gebäudeordnung verankert?
- Weisen architektonische Elemente, z. B. richtungsweisende Mauern, auf das Bauwerk/den Gebäudekomplex hin (sogenannte Fluchtlinien)?
- Hat das Bauwerk/der Gebäudekomplex auffällige historische Gliederungselemente wie Lisenen oder Gurtbänder?
- Wurden die Fassaden mit auffälligen Materialien gestaltet?
- Wie groß sind die zu gestaltenden Flächen?
- Welche Funktionalität hat das Bauwerk/der Gebäudekomplex?

3 Gründerzeitfassaden ohne ein gemeinsames Farbkonzept

1 *Einzeln für sich gesehen: ein geschlossenes Farbkonzept*

2 *Einzeln für sich gesehen: ein geschlossenes Farbkonzept*

3 *Die unterschiedlichen Rottöne und die Dachfarben brechen das Harmoniekonzept der Straßenzeile*

4 *Ein architektonisches Individuum*

5 *Ein architektonisches Individuum*

6 *Bewusste Gestaltung einer Straßenzeile?*

10.3 Stilkunde

Stilkunde: Für den Maler und Lackierer umfasst dieser Begriff das Wissen über die Entwicklung der verschiedenen schöpferisch-gestalterischen Ausdrucksformen in den Bereichen Form-, Farb-, Schrift- und Materialgestaltung in Bezug auf die Bauformenlehre.

Professionelle stilkundliche Beratung von Bauherren, Architekten, Restauratoren und Mitarbeitern von Planungsbüros sowie von den verschiedenen Baubehörden ist möglich durch fundiertes und kompetentes stilgeschichtliches Wissen.

Schwerpunkt	Aspekte
Bauformenlehre	• Profanbauten, z. B. Verwaltungs-, Polizei-, Gerichtsgebäude, Museen • Sakralbauten, z. B. Kirchen, Moscheen, Synagogen • Baukörperformen und -konstruktionen • Fassadenformen • Fassadengliederungen • Fassadenelemente
Innenraumgestaltung	• Profanräume, z. B. Gerichtssäle, Ausstellungsräume • Sakralräume, z. B. Gebetsräume am Flughafen • Wohnformen • Möbelformen • Wandbeläge und Tapeten • Farbgestaltung • Materialgestaltung
Schrift- und Beschriftungslehre	• Schriftentwicklung • Schriftarten und Kategorien • Schriftgestaltung auf der Fläche • Beschriftungstechnik
Ornamentkunde	• Erscheinungsformen von Ornamenten • profane Verwendung von Ornamenten • sakrale Verwendung von Ornamenten
Skulpturkunde	• Erscheinungsformen der Skulptur
Malerei	• Erscheinungsformen Malerei

Die Erscheinungs- und Ausdrucksformen des heutigen Bauens und Wohnens sind eine Konsequenz aus den wechselseitigen Verflechtungen historischer Entwicklungen und Veränderungen in den Bereichen Religion, Politik, Technik, Wissenschaft und Kunst. Die Gründe, die diese Veränderungen auslösen oder sie im Laufe der menschlichen Entwicklung verursacht haben, sind vielseitig und überlagert von vielen historischen Einflüssen.
Sichtbar werden diese Veränderungen und Entwicklungen u. a. durch die jeweiligen kulturellen Leistungen der Architektur, der Bildhauerei, der Malerei, der Musik, der Literatur, der Produktentwicklung und Produktformung. Sie öffnen den Blick zurück auf die schöpferischen Entwicklungen und ermöglichen ein aufmerksames Verständnis für derzeitige kulturelle Tendenzen und Ausdrucksformen.

Stilepoche: Entstehen während einer historischen Zeitphase markante Bauformen mit gleichen oder ähnlichen Elementen, so wird dieser Zeitabschnitt rückwirkend als eine Stilepoche, z. B. Barock, bezeichnet.

Geografisch gesehen, sind die Erscheinungsformen einer Stilepoche nicht identisch, allenfalls ähnlich. Beispielsweise sind die Ausdrucksformen des französischen Barock sehr verschieden zu denen des norddeutschen Barock. Mögliche Gründe dafür:
- nur langsame Ausbreitung der Formenlehre aufgrund mangelnder Mobilität der Menschen oder
- regional unterschiedliche ästhetische Vorstellungen oder
- schlicht der Mangel an den entsprechenden Baumaterialien und kompetenten Handwerkern.

Da Epochen erst rückblickend regional und überregional gekennzeichnet werden, lässt sich keine absolut exakte zeitliche Einteilung vornehmen.
Wenn man von einer bestimmten Stilepoche spricht, z. B. dem Barock, dann wird damit ein historischer Zeitabschnitt bezeichnet, dessen Anfang und Ende in jedem Land Mitteleuropas fließend ist.

Darüber hinaus beziehen sich die allgemein gängigen Epochenbegriffe, wie Renaissance u. Ä., geografisch nur auf Mitteleuropa.

Zeitalter	Stilepoche	ungefähre Dauer
Orientalische Antike	mesopotamische Epoche	ca. 30.–16. Jh. v. Chr.
	ägyptische Epoche	ca. 27.–3. Jh. v. Chr.
Europäische Antike	griechische Epoche	ca. 12.–2. Jh. v. Chr.
	römische Epoche	ca. 7. Jh. v. Chr.–5. Jh.
	frühchristlich byzantinisch	ca. 27 v. Chr.–ca. 1040
Mittelalter	Romanik	ca. 1020–1250
	Gotik	ca. 1235–1520
Beginnende Neuzeit	Renaissance	ca. 1420–1600
	Barock	ca. 1570–1770
	Rokoko	ca. 1720–1770
Neuzeit	Klassizismus	ca. 1755–1830
	Historismus/ Gründerzeit	ca. 1820–1910/40 ca. 1870–1920
	Jugendstil	ca. 1890–1910
	Moderne	ca. 1919–1933
	Architektur in der NS-Diktatur	ca. 1933–1945
	Nachkriegsmoderne	ca. 1945–1977
	Postmoderne: • Dekonstruktivismus • Minimalismus • Hightech	ab ca. 1975

Weltweit hat es zu jeder Zeit in allen Teilen der Erde neue Hochkulturen, gestalterische Blütezeiten oder den Niedergang spezieller Baustile und künstlerischer Ausdrucksformen gegeben.

1 Taj Mahal, Indien, ca. 1631–1648

2 Angkor Wat, Ream Reap, Kambodscha, ca. 960–1000 (Bauphase bis heute nicht endgültig geklärt)

3 Yonghe-Tempel, Peking, China, 1694

4 Halle der höchsten Harmonie, Verbotene Stadt, Peking, China, 1406–1420

5 Fensterdetail, Sandstein, Mehrangar-Festung, Jodhpur Indien (Baubeginn vermutlich 1459)

Antike: Griechische Epoche (ca. 12.–2. Jh. v. Chr.)

Epochenbeschreibung
- Die erste europäische Hochkultur entwickelte sich in Troja, auf der Insel Kreta, den ägäischen Inseln und dem griechischen Festland.
- Beeinflusst wurde sie während der Bronzezeit von 2600 bis 1150 Jahre v. Chr. durch die bereits bestehenden Reiche in Mesopotamien und Ägypten. Bereits während des Alten Reichs (2700–2100 v. Chr.) gingen die Ägypter vom Lehmziegelbau zum Steinbau über. Beispiel: die Pyramiden von Gizeh.
- Die beiden Hauptmächte der Antike, Griechen und Römer, waren die Erben dieser ersten Hochkulturen.

Tempel mit dorischer Ordnung

Bauformen
Schwerpunkt griechischen Bauens lag auf dem Tempelbau. Die Maßverhältnisse innerhalb eines Gebäudes sowie die Formen der Ornamente, Kapitelle und Säulen wurden in Ordnungen festgelegt. Dadurch lassen sich diese bestimmten Stilrichtungen und Zeitepochen zuordnen:
- dorische Ordnung
- attisch-ionische Ordnung (ionische Ordnung genannt)
- korinthische Ordnung

Merkmale des griechischen Tempelbaus:
- Typische Gebäudeform mit Giebeldreieck, Gebälk, Säulenvorbau oder Säulenkranz.
- Zunächst erhielt lediglich die Frontansicht eine Säulenreihe, erst später umgab man die Gebäude mit einem Säulenkranz.
- Einfache Gebäude erbaute man aus Holz oder Ziegel-Mörtel-Mauerwerk.
- Zum Bau von Palästen oder Tempeln verwendete man behauenen Stein.

Bestandteil der drei Ordnungsprinzipien des griechischen Bauens waren drei Säulentypen:
- dorische Säule: Sie ist die älteste Säule. Sie steht mit dem Säulenschaft direkt auf dem festen Unterbau und besitzt ein einfaches Blockkapitell.
- ionische Säule: Sie steht bereits auf einer ausgeprägten Basis und schließt mit einem Volutenkapitell ab.
- korinthische Säule: In der klassischen Epoche des 5. und 4. Jh. v. Chr. vermischen sich die Stile. Die korinthische Säule ist schlanker. Die Kapitelle werden von Akanthusmotiven bestimmt.

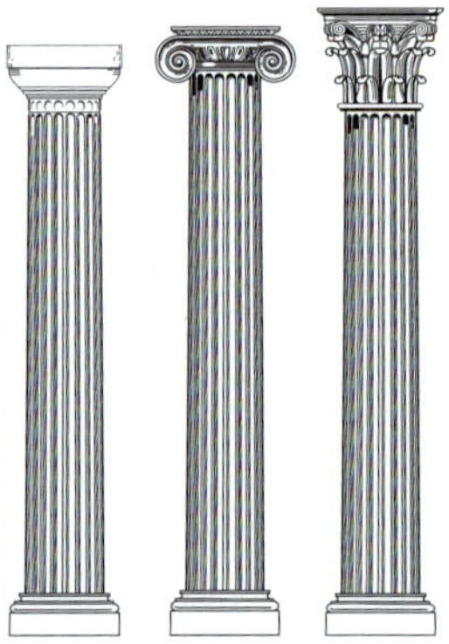

Säulenordnungen:
dorisch ionisch korinthisch

Farbe am Bauwerk
- Lange hielt sich die Ansicht, dass Bauwerke der griechischen Antike bewusst mit weißem Marmor gebaut wurden.
- Auch wenn heute kaum ein antikes griechisches Gebäude in seiner einstigen Farbpracht erhalten ist, kann man davon ausgehen, dass die Bauwerke der griechischen Epoche sehr farbig gestaltet waren.
- Moderne Techniken, wie UV-Fluoreszenzfotografie, können heute nachweisen, dass die Griechen Naturpigmente oder Farbstoffe aus Pflanzen- und Tierextrakten bis hin zu Ruß verwendeten, um Fassaden, Tempel und auch Skulpturen mehrfarbig (polychrom) zu gestalten.

Geometrische Ornamentformen

Ornamentik
- In der griechischen Epoche kristallisierten sich zwei Ornamentformen heraus: geometrische Ornamentformen und naturalistische Ornamentformen.
- Neben ihren dekorativen Aufgaben sollten Ornamente auch funktionelle Fassadenelemente kaschieren, z. B. das Sima (Rinnleiste an Gesimsen).
- Geometrische Ornamentformen sind sehr mathematisch-konstruktiv gestaltet und basieren auf Netzsystemen. Unter Netzsystemen versteht man ein Linienraster, das bei der Konstruktion von Bändermotiven eingesetzt wird.
- Naturalistische Ornamentformen orientieren sich an der Natur und bestehen überwiegend aus stilisierten Ranken-, Blatt- oder Blütenformationen. Neben den pflanzlichen Ornamentformen wurden auch Tierformen oder auch Fabelwesen benutzt.

Naturalistische Ornamentformen

Bekannte Bauwerke
- Akropolis von Athen mit Parthenontempel
- Altar von Pergamon
- Markttor von Milet
- Theater von Epidaurus

Zeitleiste	frühe Bronzezeit ca. 2600–2000 v. Chr.	mittlere Bronzezeit ca. 2000–1600 v. Chr.	archaische Zeit ca. 700–500 v. Chr.	klassische Zeit ca. 500–330 v. Chr.	Hellenismus ca. 330 v. Chr.–100 n. Chr.

Antike: Römische Epoche (ca. 12.–2. Jh. v. Chr.)

Epochenbeschreibung

- Reger Handel im Mittelmeerraum schuf einen umfangreichen kulturellen Austausch zwischen den griechischen Stadtstaaten und den römischen Städten. Damit erklärt sich, dass die Römer Stilmerkmale der Griechen übernahmen und zum Teil weiterentwickelten.
- Neben den griechischen Bautraditionen beeinflussten die Baumeister der Etrusker (Name für ein Volk, das im nördlichen Teil Italiens lebte, der heutigen Provinz Toskana und Umbrien) entscheidend die römische Baukunst.
- Im Gegensatz zu den Griechen waren die römischen Baumeister pragmatischer eingestellt, sodass sie eher an einer technischen Bauleistung interessiert waren und die gestalterischen Elemente von den Griechen übernahmen.
- Durch die konsequente Nutzung von Rundbogen und Gewölbe war es den Römern möglich, Bauwerke mit kolossalen Ausmaßen zu errichten.

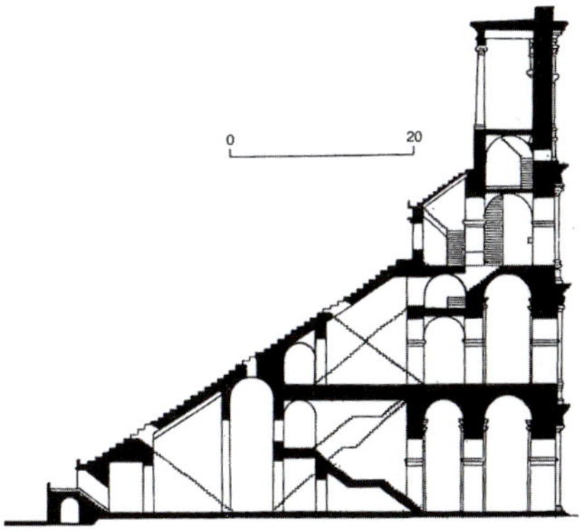

Querschnitt Kolosseum, Rom

Bauprinzipien

- Das griechische Bauprinzip beruhte auf dem Prinzip von Last und Stütze (Säule und Gebälk). Im Gegensatz dazu orientierte sich das römische Bauprinzip eher an geschlossenen Wänden als Träger für Gewölbeschub und Dachlast als an Säulen.
- Durch die Einführung des Gewölbes hatte die griechische Säule bei Großbauten ihre Funktion als Stütze weitgehend eingebüßt. Säulen wurden in der Folge als Halbsäulen (Blendsäule) dem Mauerwerk vorgesetzt, unterstützten das Mauerwerk statisch und dienten gleichzeitig als Dekorationselement. Bei Pfeilern und Stützen diente die Blendsäule nur noch als Dekoration, als statische Unterstützung oder wurde in Verbindung mit einem Rundbogen verwendet. Bevorzugt verwendeten die Römer die korinthische Säulenordnung oder das Kompositkapitell. Dabei kombinierten die Römer das ionische und korinthische Kapitell.
- Mauerwerk wird unterteilt in Füllmauerwerk und Sicht- (Stuck) oder Blendmauerwerk (Marmor). Die eigentlich tragende Wand wurde aus einer Schalung Ziegel gebaut, deren Innenraum mit einer Art Beton, Opus caementitium, verfüllt wurde. Das Opus caementitium bestand aus einer betonartigen Masse von Mörtel und Bruchsteinsplittern. Zur Dekoration wurde weißer oder farbig gestalteter Marmor vorgeblendet (Marmorinkrustration). Diese Marmorverblendungen sind überaus plastisch ornamentiert.
- Die Römer perfektionierten Bogen-, Gewölbe- und Kuppelbau aus den Grundüberlegungen der Griechen und Etrusker. Durch die Aneinanderreihung von Bögen entstand ein Tonnengewölbe, das oben mit einem keilförmigen Schlussstein abschloss. Das Kreuzgewölbe bildete sich aus zwei rechtwinklig zueinanderstehenden Tonnenbögen. Auch den Kuppelbau beherrschten die Römer. Die Kuppel des Pantheon (Baubeginn 118 n. Chr.) besitzt einen Durchmesser von 43,30 m.
- Die Römer waren so in der Lage, Theater, Aquädukte (Wasserleitungen) und andere Prachtbauten zu konstruieren und zu bauen. Das Kolosseum z. B., mit einem Umfang von 527 m und über 50 m Höhe, bot mehr als 50000 Zuschauern Platz. Zum Schutz gegen starke Sonneneinstrahlung konnte über das Amphitheater ein Dach aus Segeltuch gespannt werden.

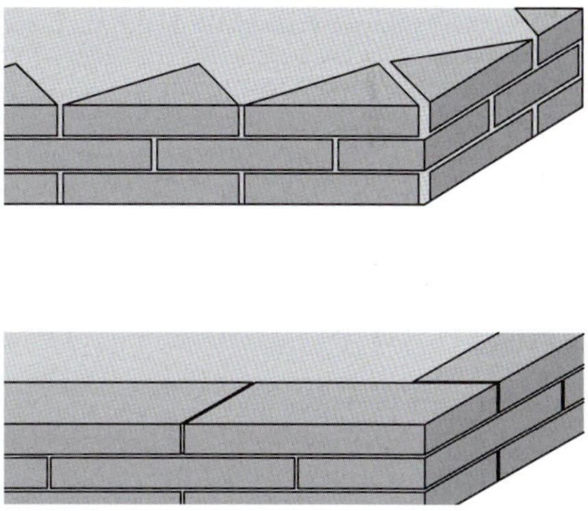

Römisches Mauerwerk

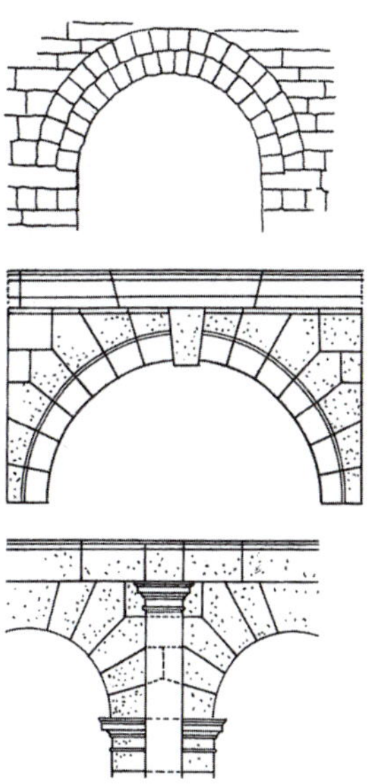

Römische Bogentypen

Zeitleiste	römische Frühzeit ca. 1000–600 v. Chr.	etruskischer Einfluss ca. 800–600 v. Chr.	römische Republik ca. 500–27 v. Chr.	römisches Kaiserreich ca. 27 v. Chr.–5. Jh. n. Chr.	Völkerwanderung ca. 2. Jh.–8. Jh.

Antike: Römische Epoche (Fortsetzung)

Farbe am Bauwerk

- Die Häuser reicher Bürger waren außen meist schlicht, innen dafür oft umso prunkvoller. Die Wände waren mit farbenprächtigen Fresken oder Enkaustik (Wachsmalerei) geschmückt. Figürliche Darstellungen gehörten ebenso zu den Gestaltungselementen wie fantasievolle Laub- und Fruchtgirlanden.
- Mit eingefärbtem Gips imitierte man die reichen Verzierungen der hellenistischen Häuser des östlichen Mittelmeerraums, deren Wände mit Marmorplatten bedeckt waren. Funde in römischen Ruinen von Pompeji und Herculaneum haben gezeigt, dass die Römer Farbe bewusst als Gestaltungsmittel für Fassaden und besonders für Innenräume einsetzten.
- Gerne wurden Architekturmotive in Wandnischen oder auch einfache geometrische Architekturperspektiven appliziert. Neben den architektonischen Wandmalereien wurden aber auch florale oder geometrische Ornamente auf Wände gemalt.

Römisches Fresko

Freskotechnik

- Bei der Freskotechnik werden mit gesumpften Pigmenten Bilder oder Dekorationen in feuchten Kalkputz gemalt.
- Der Untergrund wird mit einem groben Putz vorbereitet. Darauf wird ein dünner, feiner Putz als eigentlicher Malgrund aufgetragen. Bei der Kalksteinbildung umschließt eine Sinterhaut (Einsinterung) dauerhaft die Pigmente.
- Dieser Vorgang erfordert, dass in den frischen Putz gemalt wird. Deshalb darf nur so viel Putz aufgetragen werden, wie an einem Tag vollständig bemalt werden kann.
- Beim Trocknungsvorgang werden die Pigmente dauerhaft in den Putz eingeschlossen.

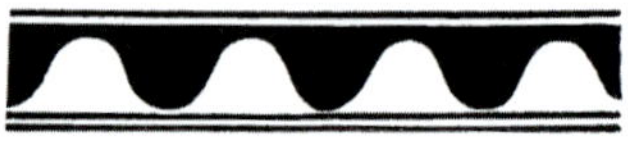

Römisches Wellenband

Mosaik

- Die Römer hatten eine besondere Vorliebe für Mosaiken. Mosaiken sind Wand-, Boden- oder Deckenbilder, deren Motive aus kleinen, flachen, farbigen und verschieden geformten Steinplättchen bestehen.
- Die Steinplättchen wurden in eine dreifach aufgezogene Mörtelmasse eingebettet und so entstanden dauerhaft stabile Wand-, Decken- und Bodendekorationen.
- Die Motive römischer Mosaiken reichen von einfacher Ornamentik bis hin zu szenischen Darstellungen.

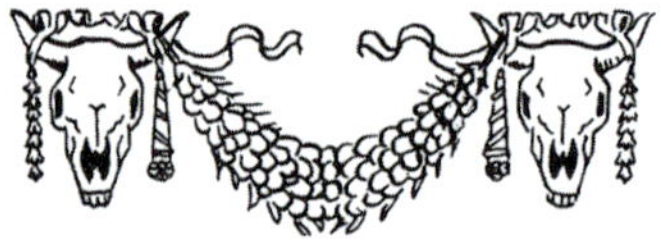

Bukranionfries

Ornamentik

- Die Römer übernahmen die griechischen Ornamentformen. Während die Griechen eher sparsam mit den dekorativen Elementen umgingen, verwendeten die Römer Ornamente übermäßig viel.
- Wurden in Griechenland die Ornamente vielfach noch aufgemalt, formten die Römer alles plastisch.

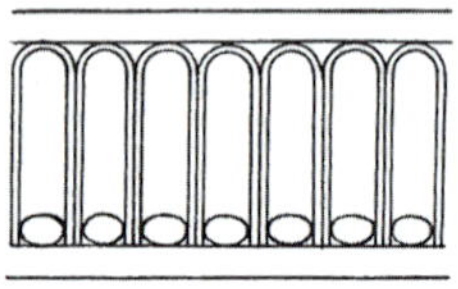

Zungenblattfries

Gestalterisches Prinzip

- Die Römer verwendeten den Goldenen Schnitt, um ihren Bauwerken ein harmonisches Verhältnis von größeren Flächen (Major) zu kleineren Flächen (Minor) zu geben.
- Konstruktionsprinzip des Goldenen Schnitts, siehe S. 203.

Bekannte Bauwerke

- Porta Nigra in Trier
- römische Aquädukte, z. B. Pont du Gard
- Limes – Saalburg bei Frankfurt a. M.
- Triumphbogen des Titus – Forum Romanum
- Basilika des Maxentius – Forum Romanum

Zeitleiste	römische Frühzeit ca. 1000–600 v. Chr.	etruskischer Einfluss ca. 800–600 v. Chr.	römische Republik ca. 500–27 v. Chr.	römisches Kaiserreich ca. 27 v. Chr.–5. Jh. n. Chr.	Völkerwanderung ca. 2. Jh.–8. Jh.

Antike: Frühchristlich-byzantinische Baukunst (ca. 27 v. Chr. – 1040)

Epochenbeschreibung

- Mit der Verlagerung des Machtzentrums nach Byzanz (Konstantinopel), Plünderungen und Zerstörungen durch Vandalen während der Völkerwanderungen und letztlich aufgrund der Teilung in Ost- und Westrom zerbrach das Römische Reich.
- In der merowingischen und karolingischen Periode verschmolzen nach dem Zusammenbruch des Römischen Reichs römische Kultur mit frühchristlicher Zivilisation und Germanentum zu einem „abendländischen Kulturkreis" – das Reich Karls des Großen (747/48 – 814).
- Die Einheit von christlicher Kirche und Staat bildete den Mittelpunkt der neuen Reichsidee.
- Die auf Holzbau spezialisierten Germanen und Franken waren im Städtebau längst nicht so bewandert wie die antiken Baumeister des Mittelmeerraums. Weil große Städte in Nord- und Mitteleuropa fehlten, gab es keinen Bedarf an städtischen Profanbauten.
- So verwundert es nicht, dass der Kirchenbau im Zentrum der frühchristlich-byzantinischen Architektur stand. Erst in der karolingischen Periode begann der Bau von Profanbauten (weltliche Bauten), wie die kaiserlichen Pfalzen Karls des Großen.

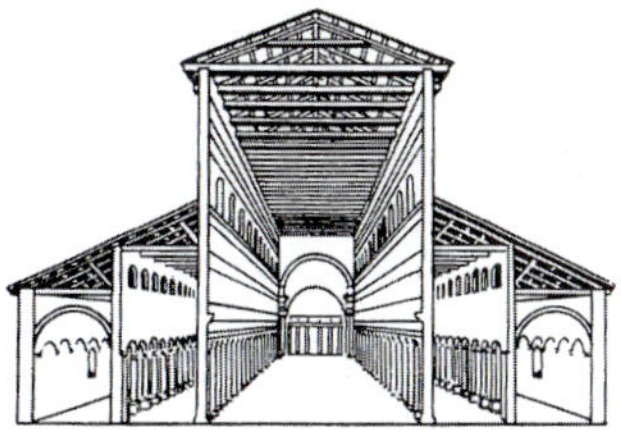

Querschnitt Alt Sankt Peter, Rom

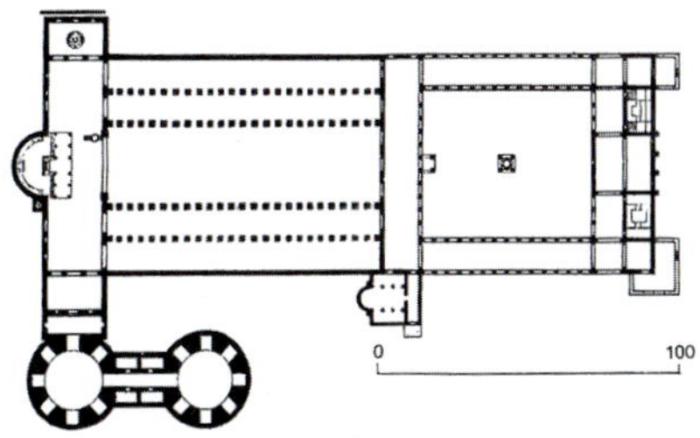

Grundriss Alt Sankt Peter, Rom

Frühchristliche Bauprinzipien

- Der klassische römische Tempelbau wurde vom frühchristlichen Kirchenbau abgelöst. Frühchristliche Kirchen entstanden aus dem System der römischen Marktbasilika, z. B. Alt St. Peter in Rom.
- Die Gebäude bestanden aus 3 – 5 Langschiffen mit einem Querschiff als Gebäudeabschluss (T-förmiger Grundriss) und einer Apsis. Durch abgestufte Pultdächer wurden die Seitenschiffe vom Hauptschiff optisch getrennt.
- Frühchristliche Baumeister verzichteten auf die römischen Gewölbedecken und arbeiteten mit kassettierten Flachdecken oder dem offenen Dachgebälk.
- Verwendung fanden weiterhin Architrav (Querbalken, der auf den Säulen oder Wänden aufliegt und die Last des Daches oder eines Giebels trägt) oder Archivolten (Profilierungen am Bogenfeld über Portalen).
- Säulen wurden weiterhin nach korinthischer Ordnung angefertigt, allerdings verwendete man Korbkapitelle, deren plastische Ornamente gröber gearbeitet waren.
- Man verwendete kleine, unverglaste Fenster, deren Lichtöffnungen vielfach mit Stoff verhängt oder mit dünnem Marmor oder Alabaster gefüllt waren.
- Im 6. Jh. wurde die Pendentifkuppel entwickelt. Der Begriff Pendentif bezeichnet eine dreieckige Bogenfläche, die eine quadratische Bodenfläche mit dem runden Grundriss einer darüber befindlichen Kuppel verbindet.
- Die Pendentifkuppel wurde zum krönenden Mittelpunkt byzantinischer Baukunst, z. B. die Hagia Sophia, Istanbul.

System Pendentifkuppel

Farbe am Bauwerk

- Kirchen wurden bevorzugt prächtig ausgestaltet mit Mosaiken, Wandmalereien oder Marmorinkrustationen.

Flechtbandfries

Ornamentik

- Durch die einsetzenden Völkerwanderungen verschmolzen die verschiedensten kulturellen Strömungen Europas miteinander.
- Bis zum 7. Jh. mischten sich römische (italienische), iberische (spanische), keltische (nordeuropäische, englische, irische), gotische (osteuropäische), germanische (mitteleuropäische, deutsche) und Vandalenstämme (osteuropäische). Die Kombination der verschiedenen Kulturen führte zu einer Vielzahl an Ornamenten, die gestalterisch den Weg für die Romanik zeigten.

Flechtbandfries keltischen Ursprungs

Bekannte Bauwerke

- Grabmal Theoderichs, Ravenna
- Demetrius Basilika, Saloniki
- San Lorenzo Maggiore, Mailand
- San Stefano Rotondo, Rom
- San Paolo fuori le mura, Rom

Zeitleiste	frühchristlich-byzantinisch ca. 27 v. Chr. – 476 n. Chr.	merowingisch 480 n. Chr. – 750 n. Chr.	karolingisch 750 n. Chr. – 930 n. Chr.	ottonisch (vorromanisch) 919 n. Chr. – 1040 n. Chr

Mittelalter: Romanik (ca. 1020–1250)

Epochenbeschreibung

- Nach dem Zerfall des Römischen Weltreichs erschuf Karl der Große nördlich der Alpen ein Reich, das sich über ganz Europa erstreckte. Er bündelte Religion und Staatsmacht, sodass christliche Vorstellungen alle Lebensbereiche durchdrangen und der Sakralbau in den Vordergrund fast aller Bautätigkeiten rückte. Übertroffen werden die Kirchen und Klöster nur noch von den kaiserlichen Residenzen, den Kaiserpfalzen.
- Der Einfluss der erhaltenen Bauwerke aus römischer Zeit ist zwar bei den mönchischen Baumeistern der frühchristlichen Kirchen deutlich zu erkennen, dennoch etablierte sich ein stark nordeuropäisch geprägter Baustil. Mönche übernahmen die Bauverwaltung, Handwerker die eigentlichen Bauleistungen. Vorläufer der Bauhütten entstehen.
- Obwohl jeder Baumeister seinem Bauwerk einen eigenen Charakter zu geben versuchte, zeigten alle Bauwerke Verbundenheit mit der christlichen Idee und den Traditionen römischer Steinbauweise.
- Lange Zeit ähnelten sich Kirchen (Sakralbauten) und z. B. Ritterburgen (Profanbauten, weltliche Bauten). Im Verlauf der Romanik kam es jedoch zur gestalterischen Trennung zwischen Sakral- und Profanbauten. Im Kloster Cluny versuchten die Baumeister mit architektonischen Mitteln, den Bau der Klosteranlage von weltlichen Residenzbauten abzusetzen.
- Romanische Kirchen wurden in West-Ost-Ausrichtung gebaut, das Langschiff symbolisiert den Lebensweg des Diesseits zum himmlischen Jenseits, das vom Altar im Vierungsquadrat dargestellt wird.
- Der romanische Baustil lässt sich in Frühromanik, Hochromanik und Spätromanik unterteilen. Die erste frühromanische Kirche in Deutschland befindet sich auf der Insel Reichenau im Bodensee.

Sankt Georg, Reichenau (Bodensee)

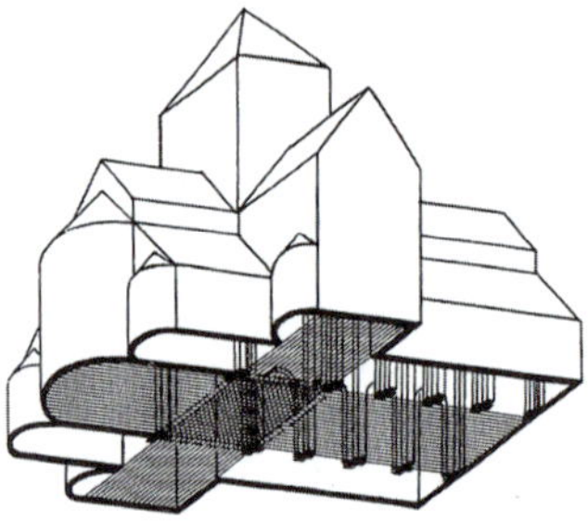

Romanische Kirche: gebundenes System

Bauprinzipien

- Romanische Kirchen haben einen kreuzförmigen Grundriss.
- Romanische Kirchen sind klar in Längs- und Querschiff, Vierung, Chor und Apsis gegliedert. Neben dem hohen Mittelschiff können niedrigere Seitenschiffe angeordnet sein, die mit einem Satteldach abschließen.
- Als Vierung bezeichnet man den quadratischen Raum, in dem sich Längs- und Querschiff kreuzen. Nach ihrer Größe richten sich die Maße der Kirche.
- Mit ihrem wuchtig massiven Mauerwerk, das erstmals aus Quadern und nicht mehr aus Bruchsteinen gebaut war, und den schwer und gedrungen wirkenden Türmen strahlen romanische Bauwerke eine in sich ruhende Kraft aus.
- Die Wand wurde nach einem Ordnungssystem entworfen, die Fensteröffnungen darin waren relativ klein.
- Charakteristisch für diese Bauweise ist ihre einfache Gliederung in Quadrat, Kreis und Halbkreis. Der Rundbogen beherrscht Gewölbe, Portale, Tür- und Fensteröffnungen. Er diente als belebendes Schmuckelement in der Wandgestaltung.
- In der Hochromanik lösten überwölbte Bauten die Flachdecken ab. Tonnengewölbe, Rundkuppeln, Kreuzgrat- und Kreuzrippengewölbe erweiterten die Gestaltungsformen. Außen wurden die Kirchen mit Türmen bereichert. Beispiele hierfür sind der Chor- und Vierungsturm. Die Türme erhielten entweder Pyramiden- oder Kegeldächer, die in der Spätromanik durch Zelt-, Rauten- und Faltformen variiert wurden.
- Lisenen und Blendarkaden wurden im Außenbereich als Dekoration und statische Unterstützung eingesetzt.
- Das Portal mit einfacher Laibung wurde durch ein schräg eingesetztes Portal mit Gewände, bestehend aus Säulen und Nischen, ersetzt.

Gewände-Säulenportal

Kapitellformen

- Die häufigste Kapitellform war das bereits in frühchristlicher Zeit verwendete Würfelkapitell. Dieses wurde auch mit halbrunden Scheiben, Palmetten und Figuren verziert sowie als Kelchblock- oder Faltenkapitell ausgebildet.
- Ziegelsteinkapitelle sind typische Schmuckelemente der norddeutschen Backsteinromanik.

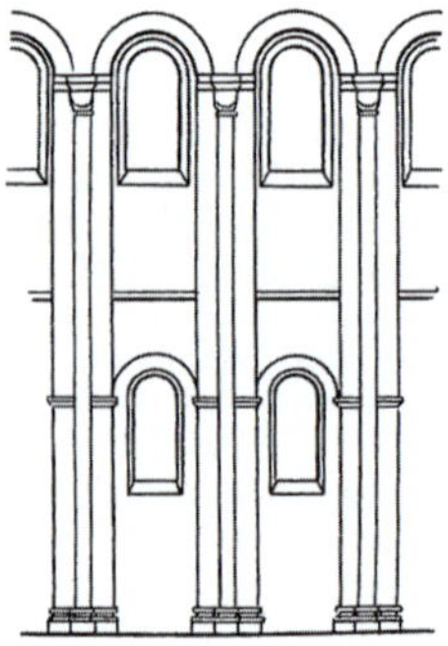

Wandaufbau, Dom zu Speyer

Zeitleiste	Frühromanik ca. 1020–1100	Hochromanik ca. 1100–1200	Spätromanik ca. 1200–1250

Mittelalter: Romanik (ca. 1020–1250) (Fortsetzung)

Kunst
- Die romanische Kunst fällt durch ihre Einfachheit und Strenge auf. In der Malerei und Plastik stand nicht die genaue Abbildung im Vordergrund, sondern deren symbolischer Charakter.
- Meist sollten Glaubensinhalte oder Ideale ausgedrückt und böse Mächte ferngehalten werden.

Radfenster

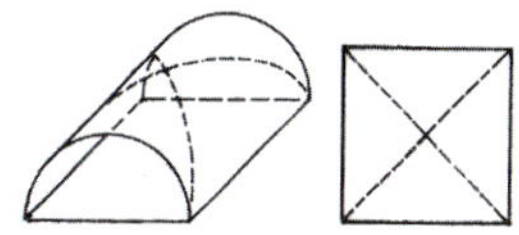
Rundes Tonnengewölbe

Ornamentik
- Filigran ausgearbeitete plastische Friese, geometrischer oder auch naturalistischer Art, zieren die Bauten der Romanik. Dabei gibt es römisch-griechische Mäanderbänder, keltisch beeinflusste Diamantfriese oder verschiedene Arten der Rundbogenfriese.

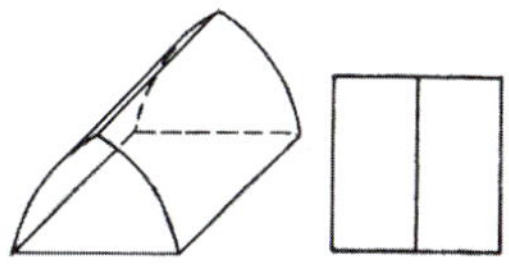
Spitzes Tonnengewölbe

Innenräume
- Die Wandflächen, Gewölbe und die flachen Holzdecken wurden teilweise oder vollständig bemalt. Vereinzelt trifft man bereits auf Tafelbilder und Glasmalerei.
- Auf Putz bediente man sich der Freskenmalerei.
- Die Bilder mit Motiven aus dem Alten oder Neuen Testament sowie aus Heiligenlegeden wurden häufig zu ganzen Zyklen aneinandergereiht.

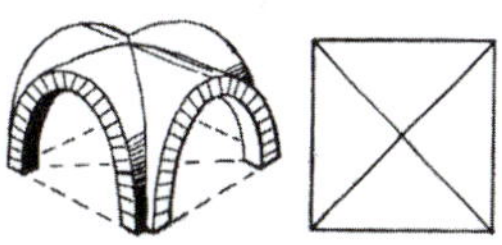
Kreuzgratgewölbe

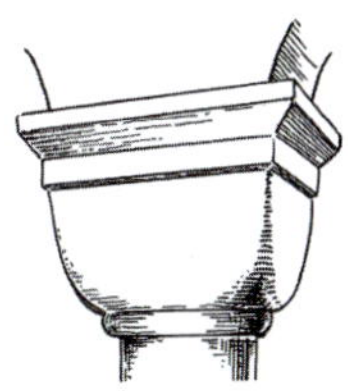
Romanisches Würfelkapitell

Bekannte Bauwerke
- Kaiserdome in Mainz, Speyer und Worms
- Dome in Trier, Bamberg und Quedlinburg
- Klöster Alpirsbach, Hirsau und Maulbronn
- St. Remi, Reims, Frankreich
- Kloster Cluny, Frankreich
- St. Marco, Venedig

Exkurs: Historische Informationen zum Malerhandwerk

Frühe Lackherstellung
- Die Verwendung von lackartigen Substanzen war schon im Altertum bekannt. Beispielsweise balsamierten die Ägypter die Leichen ihrer Könige in Harzlösungen ein. So blieben sie als Mumien bis heute erhalten.
- Frühe asiatische Lackmalereien wurden mit dem milchigen Saft des Lackbaums erstellt, der in Japan heimisch ist. Das Wort Lack stammt vermutlich aus dem altindischen Begriff Laksha und bedeutet Hunderttausend, womit die unzähligen Lackschildläuse gemeint sind, die in Südostasien auf Bäumen leben. Ihre Ausscheidungen bilden an den Ästen Verkrustungen, die als Rohschellack dienen.
- Bis Mitte des 20. Jh. bildeten Naturharze und Öle die Grundstoffe der Lackherstellung. Heute werden an ihrer Stelle fast ausschließlich Kunstharze verwendet. Neben den lösemittelverdünnbaren Lacken stehen heute immer mehr wasserverdünnbare Lacke zur Verfügung.

Kaseinfarben
- Schon in der Antike waren Kalkkaseinfarben bekannt. Kasein bildet sich auf natürliche Weise bei sauer gewordener Milch. Es ist ihr wichtigster Eiweißstoff. Dieser Prozess kann auch durch Säuerung der Milch erzeugt werden.
- Das so entstandene Kasein ist wasserunlöslich. Durch Alkalien wie Kalilauge, Natronlauge, Borax, Kalk u.a. wird das wasserunlösliche Kasein aufgeschlossen und in wasserlösliches umgewandelt.
- In Verbindung mit Kalk wurden die sogenannten Kalkkaseinfarben zur Beschichtung von trockenen Putzen verwendet. Kalkkasein wurde als sehr beständiges Bindemittel geschätzt und deshalb vielfach zur Wandmalerei oder zur Bemalung einfacher Holzmöbel eingesetzt.
- Kaseinfarben werden fast ausschließlich als Malfarben und in der Denkmalpflege für Decken- und Wandmalereien eingesetzt.

Glasmalerei – Überblick
- Die klassische Glasmalerei wird industriell oder handwerklich vom Glasmaler, einem eigenständigen Beruf, ausgeführt.
- Zum Malen verwendet der Glasmaler Schmelzfarben, die zum Teil erst beim Einbrennen bei ca. 600 °C ihre endgültige Farbe erhalten.
- Die Schmelzfarben benötigen kein Bindemittel, sie verschmelzen mit dem Glas beim Brennen.
- Bei der bunten Glasmalerei legt man auf der Innenseite des Glases die Konturen in Schwarz an, auf der Außenseite wird die Farbe aufgetragen.
- Die Schwarzlotmalerei führt man ausschließlich mit Eisen- bzw. Kupferoxidfarben aus, dem sogenannten Schwarzlot.
- Bei der Glaskaltmalerei trägt man Wasserglasfarben als Hintergrundmalerei auf. Wasserglas ätzt das Glas an und sorgt so für die notwendige Haftung der Farben. Diese Malerei findet hauptsächlich bei der Herstellung von Leuchtschildern ihre Anwendung.

Zeitleiste	Frühromanik ca. 1020–1100	Hochromanik ca. 1100–1200	Spätromanik ca. 1200–1250

Mittelalter: Gotik (ca. 1235–1520)

Epochenbeschreibung

- Die Gotik war eine Zeit der Umbrüche und gesellschaftlichen Veränderungen, begleitet von einem starken Bevölkerungswachstum im 12. und 13. Jh. Im ländlichen Raum stand die Kultivierung und Gewinnung von Neuland im Vordergrund.
- Eine verstärkte Abhängigkeit von Grund- und Lehensherren führte großenteils zur Leibeigenschaft der bäuerlichen Bevölkerung. Gleichzeitig entwickelten sich vor allem an den Handelsstraßen und Seehäfen Städte mit einer freien Bürgerschaft, die durch Zünfte und Gilden geprägt waren und es zum Teil zu bedeutendem Wohlstand brachten.
- Die Auseinandersetzungen um die weltliche Macht zwischen Papst und Kaiser ließen die Städte erstarken. Die großen gotischen Kathedralen standen im Zentrum der Stadt. Das Streben nach Höhe (symbolisch für die Hinwendung zum Göttlichen) und einem lichtdurchfluteten Innenraum wurde mit dem Bau der Kathedrale Notre Dame in Paris zum gotischen Bauprinzip.
- Als eigenständige Stilepoche begann die Gotik in Frankreich mit dem Bau der Abteikirche St. Denis um 1130. Von Frankreich aus verbreitete sich die Gotik fast in ganz Europa. Die Architektur der Gotik wird durch Spitzbögen, hoch aufragende Türme, reiche Fassadengestaltung und große, mit Maßwerk gegliederte Fenster beherrscht.
- In Regionen, die über keine Sand- oder Kalksteinvorkommen verfügten, wurde mit regionalen Materialien gebaut. Besonders in der nördlichen Küstenregion Europas wurden die Bauwerke mit Brandziegeln gebaut. Diese Form des Bauens wird heute mit dem Begriff Backsteingotik bezeichnet.

Notre Dame, Paris

Wandgliederung von Notre Dame, Paris

Bauprinzipien

- Bei der Gestaltung des Innenraums stand jetzt die ganzheitliche Wirkung im Vordergrund, nicht mehr die strenge Gliederung der Romanik. Dabei wich man von der quadratischen Wiederholung der Vierung ab und überspannte auch rechteckige und dreieckige Grundflächen mit hohen Gewölben.
- Um einen einheitlichen Raumeindruck zu erzielen, wurden die Querschiffe verkürzt und die Seitenschiffe erhöht. Dadurch entstand der gleichmäßig lichtdurchflutete Raum einer Hallenkirche, wie sie vor allem in Norddeutschland zu finden ist.
- Der romanische Rundbogen wurde durch den Spitzbogen abgelöst, der zu einem der wichtigsten Merkmale gotischen Bauens wurde.
- Um lichtdurchflutete Innenräume zu bauen, verloren die Wände ihre tragende Bedeutung und konnten feingliedriger mit Maßwerkornamenten verziert werden. Erst durch den Einsatz von Spitzbogen, Maßwerk und Kreuzrippengewölbe wurden die neue Gestaltung der Innenräume und der Aufbruch der Fassade durch große Rosen- und Spitzbogenfenster möglich.
- Da die sehr hohen, von vielen Fenstern durchbrochenen Wände den Gewölbeschub statisch nicht ableiten konnten, entwickelten die gotischen Baumeister das System von Strebebogen und Strebepfeilern. Am oberen Wandabschluss der Außenmauer verband ein gemauerter Steinbogen (Strebebogen) die Wand mit einem Pfeiler (Strebepfeiler), der der Wandfläche außen vorgesetzt wurde. Über das Strebewerksystem stützen Strebebogen und Strebepfeiler den Gewölbeschub der Kreuzrippengewölbe statisch ab.
- Während die Frühgotik noch kein außen liegendes Strebewerk kannte, wurde dies, vor allem in der französischen Hochgotik, ein wichtiges Stilelement.
- Fialen (Spitztürmchen) und Wimperge (Blendmaßwerk) dienten zur Verzierung der Bauwerke. Wimperge schmückten Portale, Fenster und Wände.
- Portale wurden häufig mit plastischen Figuren ausgestaltet.
- Giebel und Türme wurden mit Krabben (stilisiertem Blattwerk) verziert, ihre Spitze schloss meist mit einer Kreuzblume ab.

Spitzbogenfries aus Backstein

Strebewerk

Maßwerk

- Für die Gotik typisch ist die mit dem Zirkel „gemessene" genaue Steinmetzarbeit (Bauornament), die als Maßwerk bezeichnet wird. Mit dem Stabwerk verbunden, schmückt es Fenster, Fensterrosen, Brüstungen, Turmdächer und Wimperge. Auch für Ornamente und Möbel nutzte man diese Form der Verzierung. Als Grundform gilt der Drei- bis Sechspass, Blatt- und Fischblasenformen folgten später.

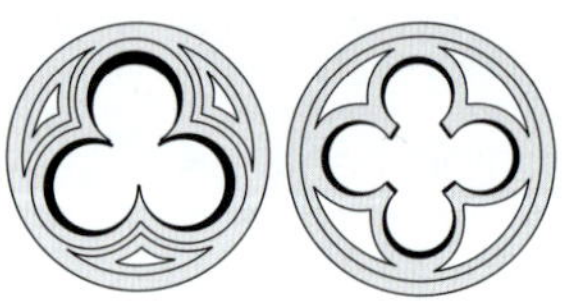
Gotischer Dreipass und Vierpass, Teil des Maßwerks

Zeitleiste	Frühgotik ca. 1235–1250	Hochgotik ca. 1250–1350	Spätgotik ca. 1350–1520

Mittelalter: Gotik (Fortsetzung)

Gewölbe
- In der Gotik wurden verschiedenste Gewölbearten entwickelt: Schlinggewölbe, Netzgewölbe, Trichtergewölbe, Fächergewölbe und das häufig verwendete Kreuzrippengewölbe.
- Vier- oder sechsteiliges Kreuzrippengewölbe bestand aus verschiedenen Spitzbögen, die in der Spitze von einem Schlussstein gehalten wurden.
- Der Gewölbeschub wurde über die Rippen des Gewölbes in das Strebewerk abgeleitet.

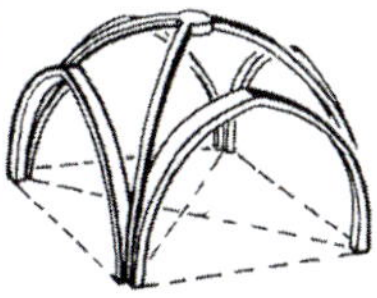
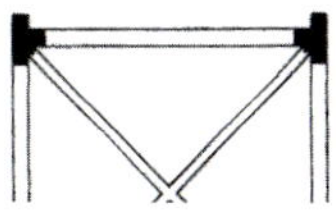

Kreuzrippengewölbe

Kapitellformen
- Kapitelle und Schlusssteine der Gewölbe wurden ebenfalls mit hoher Kunstfertigkeit verziert. Angeregt durch Motive aus der Natur, entstanden Knospen-, Blatt-, Weinlaub- und Kelchkapitelle.

Ornamentik
- Geometrische und naturalistische Ornamentik, gemalt oder plastisch, erfreute sich bei den gotischen Baumeistern großer Beliebtheit. Aber auch Figuren wie Wasserspeier in Form von Fabelwesen oder Chimären fanden Verwendung.
- Die Gewände der Portale wurden aufwendig mit Gewändefiguren versehen.

Sterngewölbe

Sakrale Innenräume
- Die Auflösung der Wandflächen durch hohe schlanke Spitzbogenfenster führte dazu, dass die dekorative Ausgestaltung sakraler Räume auf andere Flächen verlegt werden musste: Es gab einfach zu wenig Wandfläche.
- So begann man, die Glasfenster bunt zu bemalen, was zur Blüte der Glasmalerei führte.
- Die Buntheit und Kunstfertigkeit der Glasmalerei beherrschte den Innenraum sowohl in Kirchen als auch in weltlichen Gebäuden. Das vom Sonnenlicht durchstrahlte Glasfenster erzeugte eine bisher nicht gekannte Leuchtkraft.
- An die Stelle der Wandmalerei traten zunehmend Tafelbilder. Die Wandmalerei beschränkte sich meist auf die farbige Gestaltung der Bündelpfeiler, Gewölbekappen und Schlusssteine.
- Die gotische Plastik zeichnet sich durch die Feinheit der Figuren in Körperhaltung und Bewegung aus. Gefühl und Ausdruck werden betont.
- Vielfach werden die Plastiken reich verziert, bemalt oder vergoldet.

Fächergewölbe

Bekannte sakrale Bauwerke
- Kathedralen in Chartres und Reims
- Dome in Köln, Magdeburg und Mailand
- Westminster Abbey
- Münster in Freiburg, Straßburg und Ulm

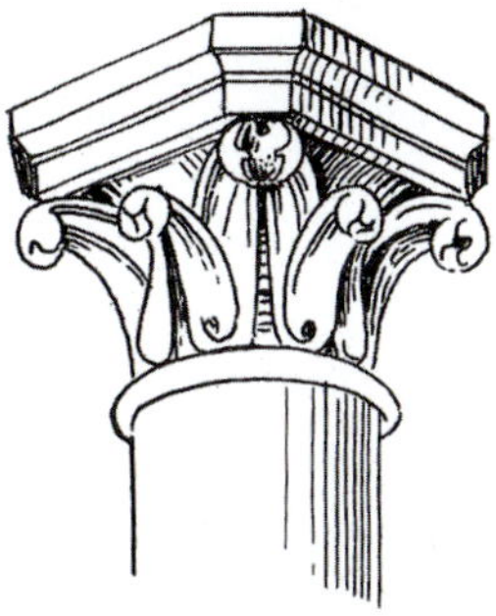

Knollenkapitell, frühgotisch

Profanbauten
- Im Gegensatz zu den überaus reich dekorierten und schlanken Bausystemen der gotischen Kathedralen erscheinen die gotischen Profanbauten eher schwerfällig. Nur wenige Repräsentationsbauten haben bauliche Details, die sich in sakralen Bauwerken finden.
- Die Burgen der gehobenen Schicht sind massiv und eher abweisend gestaltet. Bürgerhäuser sind allenfalls als einfache Fachwerkkonstruktionen anzusehen.
- Seit dem frühen 13. bis ins späte 17. Jh. prägte der Fachwerkbau das Bild der Städte. Rathäuser, Kaufhallen, Bürgerhäuser usw. wurden in Fachwerk ausgeführt.
- Das Fachwerkhaus besteht aus einem hölzernen Skelett, dessen Fächer (Gefache) mit Stroh und Lehm oder mit Backsteinen verfüllt werden. Die Blütezeit der Fachwerkhäuser, obwohl schon seit dem 1. Jh. bekannt, liegt im 16. Jh. Durch ihre unterschiedliche Gestaltung lassen sich Fachwerke bestimmten Regionen zuordnen.

Wasserspeier

Bekannte profane Bauwerke
- Rathäuser in Münster, Lübeck und Frankfurt a. d. O.

Zeitleiste	Frühgotik	Hochgotik	Spätgotik
	ca. 1235–1250	ca. 1250–1350	ca. 1350–1520

Beginnende Neuzeit: Renaissance (ca. 1420–1600)

Epochenbeschreibung

- Der neue Stil hatte seinen Ursprung im Florenz des ausgehenden 14. Jh. Die Denkweise des Mittelalters wurde zunehmend als „barbarisch" bzw. gotisch empfunden. Aus dieser wenig schmeichelhaften Rückschau erhielt die Gotik ihren Namen.
- Die Renaissance war zunächst ein geistiger Aufbruch, der rasch das Denken in Europa erfasste. Die Vorstellung, dass der Mensch das Maß aller Dinge sei, verdrängte die religiöse Enge des Mittelalters. Die Kirche verlor an Einfluss und die Gesellschaft zeichnete sich durch kritische und selbstbewusste Menschen aus.
- Reger internationaler Handel ließ eine einflussreiche Bürgerschicht entstehen. Neue Erkenntnisse führten zu den Gesetzmäßigkeiten der Natur, die Kopernikus, Galilei, Kepler u. a. entdeckten. Die Vorstellung der Erde als Kugel reizte, die Welt zu umsegeln. So fand Kolumbus den Weg nach Amerika. Die Erfindung des Buchdrucks durch Johannes Gutenberg revolutionierte den Austausch von Informationen. Mit der Renaissance beginnt die Neuzeit, die uns bis heute in unserem Denken prägt.

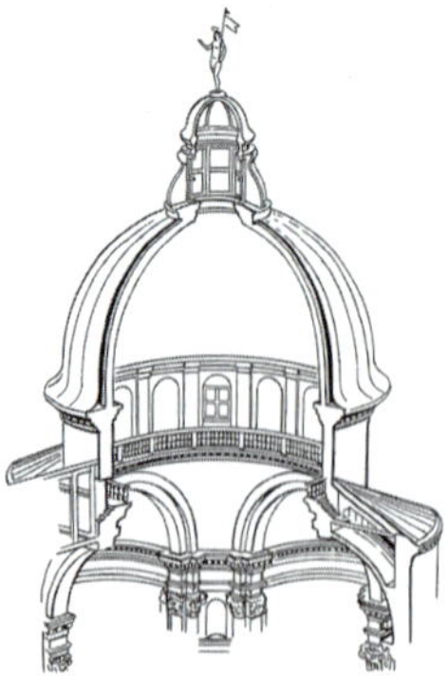

Renaissancekuppel

Renaissancekapitell

Stilmerkmale

- Sakralbauten stehen nicht mehr ausschließlich im Zentrum der Bautätigkeit. Während die Renaissance in Italien streng antiken Vorbildern folgte, entwickelte sie im nördlichen Europa einen eigenen Charakter. Die Verbindungen mit spätgotischen Stilelementen sind vielerorts unverkennbar. So zeigt beispielsweise das Knochenhauer-Amtshaus in Hildesheim noch die Züge eines gotischen Fachwerks. Das nach griechisch-römischen Gesichtspunkten klar waagerecht gegliederte Augsburger Rathaus besitzt Türme mit Hauben, die an den spätgotischen Kielbogen erinnern.
- Profanbauten werden meist in Form von Palästen (ital.: Palazzo) gebaut, während bei den Sakralbauten der Zentralbau mit darüber befindlicher Kuppel vorherrscht.
- In der italienischen Renaissance ist der Palast Ausdruck der vornehmen Lebensart eines durch Handel wohlhabend gewordenen Bürgertums.
- Der Rückgriff auf antike Vorbilder ist den Gebäuden deutlich anzusehen: Stilelemente des klassischen Altertums, wie Giebeldreieck, Rundbogen, Säulen- und Kapitellformen, erscheinen wieder als Dekoration für die Fassade in den Gebäuden, ergänzt durch strenge Symmetrie und klare Gliederung.
- Die Kenntnis der genauen Proportionen und die natürliche Wiedergabe waren Anliegen der Architektur und Bildhauerei. Symmetrie und Harmonie waren das Idealprinzip des Bauens. In der Skulptur wurden Geist und Schönheit des Menschen verherrlicht. Der vollkommene menschliche Körper wurde zum Ideal der humanistischen Denkweise.
- Ein weiteres Stilmerkmal ist die Perspektive. Die horizontalen Linien treffen sich im Fluchtpunkt.
- Das Gesamtbauwerk stellt eine architektonische Einheit dar. Nichts kann hinzugefügt oder weggenommen werden, ohne den Gesamteindruck zu stören.
- In Kirchen wurde das Mittelschiff häufig mit einer Kassettendecke abgeschlossen. Eine zentrale Kuppel im Kreuzungspunkt von Haupt- und Seitenschiff verbindet diese mit dem Chor.

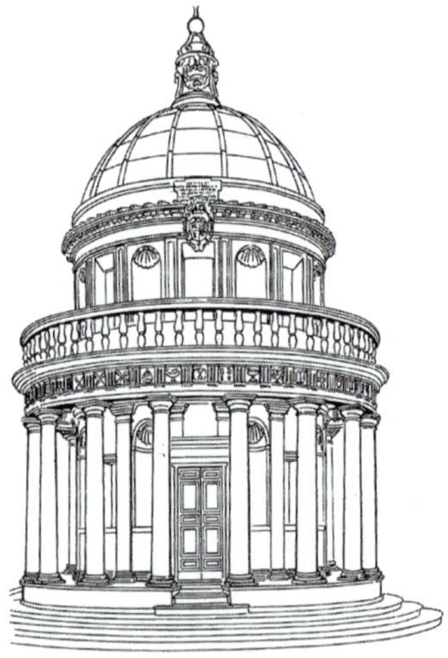

Überkuppelter Zentralbau in der Renaissance, Tempietto di S. Pietro, Montorio

Bauprinzipien

- Die Zentralbauweise (überkuppelter symmetrischer Grundriss) für Sakralbauten wurde ein „Muss" für die Baumeister der Renaissance.
- Die offene sakrale Wandgliederung der Gotik (hohe Fenster) wurde geschlossen und erhielt einen massiveren Charakter.
- Rundbögen verdrängten den Spitzbogen und das mit Holzkassetten klar gegliederte Tonnengewölbe löste das gotische Kreuzrippengewölbe ab. Gotische Elemente waren in der Renaissance verpönt.
- Fassaden wurden architektonisch gegliedert. Durch z. B. Säulen, verschiedene Ziergiebelarten, Gesimse oder Fensterformen/Fensterordnungen erhielt jedes Fassadenelement eine klare Aufgabe.
- Fenster wurden in der Frühphase der Renaissance wieder mit Rundbögen gebaut und bekamen später einen waagerechten Türsturz.

Fassade und Schnitt Palazzo Strozzi, Florenz

Zeitleiste	Frührenaissance ca. 1420–1510	Hochrenaissance und Manierismus ca. 1510–1590	Spätrenaissance ca. 1590–1660

Beginnende Neuzeit: Renaissance (Fortsetzung)

Bauprinzipien
- Die antike Säulenordnung wurde wieder verwendet. Säulen und Pilaster sind Bestandteile der Fassadengliederung. Als Pilaster bezeichnet man Halbsäulen, die eine Basis und Kapitelle besitzen und zur Gliederung fest in die Fassadenfläche eingebunden sind. Segmentbogen- oder Dreiecksgiebel überspannen häufig Portale, Türen, Fenster und Nischen.
- Neu waren Balustraden, die meist auf gedrungenen, stark profilierten Säulen ruhen. Sie dienen als Brüstungen oder Geländer für Balkone, Treppenhäuser und Dächer.
- Fassadenseiten wurden mit Bossenwerk verstärkt, teils als reine Dekoration, teils aus architektonisch-statischer Notwendigkeit. Oft wurden für das Bossenwerk Rustikaquader oder Diamantquader verwendet.
- Profanbauten wurden auf einem rechteckigen Grundriss als blockhafte dreigeschossige Gebäude mit Innenhof gebaut, deren Außenfassade klar gegliedert ist.

Portalform deutsche Renaissance

Portale
- Portale von Sakral- oder auch Profanbauten wurden mit Ziergiebeln (Dreiecksgiebel, Segmentgiebel usw.) versehen, der Eingang selbst erhielt wieder einen Rundbogen.
- Die Laibungen der Portale waren in der Frührenaissance mit Pilastern, später mit kannelierten Halb- oder Rundsäulen gesäumt.
- Anstelle des gotischen Gewändes traten Flachreliefs oder Figurennischen.
- Den Türsturz zierten gekröpfte Gesimse mit Figurenreliefs.
- Vermehrt tauchten Kassettenornamente auf.

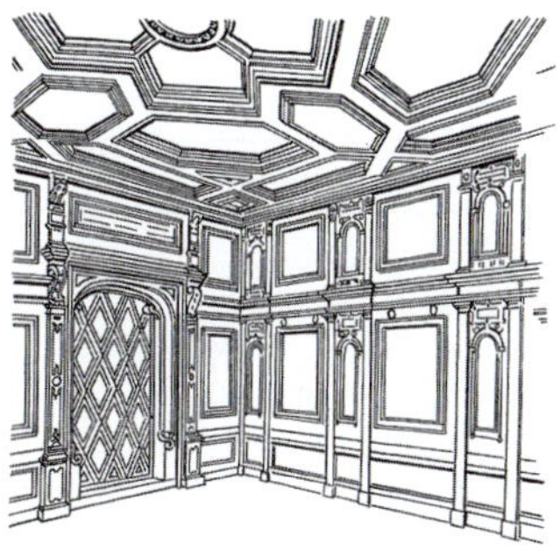
Kassettendecke und Wandvertäfelung

Profane Innenräume
- Innenräume wurden mit Holzvertäfelungen und kassettierten Holzdecken versehen.
- Die mathematische Strenge der Kassetten wurde vielfach durch Dekorationen gebrochen.
- Mit Zahnschnittornamenten, floralen Ornamenten und Mustern (antike Palmettenfriese) dekorierte man die Holzflächen.
- Maskarone, Roll- und Beschlagwerk wurden gängige Dekorationsdetails in der europäischen Spätrenaissance.
- Bei der Verzierung von Wänden begannen Wandbespannungen und Tapeten eine Rolle zu spielen. Erste geprägte, vergoldete, versilberte oder farbig bemalte Ledertapeten (Spanischleder) fanden Verwendung.

Labyrinth als Deckendekoration

Kunst
- Das Gemälde stellte ein eigenständiges Kunstwerk dar, das sich nicht mehr dem architektonischen Rahmen unterordnete. Die Kunst der vollendeten räumlichen Darstellung, verbunden mit einer ausdrucksstarken, wirklichkeitsnahen Plastizität und Körperlichkeit, wurde meisterhaft beherrscht.
- Die „Entdeckung" des perspektivischen Sehens revolutionierte die von christlichen Dogmen geprägte Malerei.
- Neben dem Fresko kamen, von den Niederlanden ausgehend, die Ölfarbe und die Verwendung von Leinwand als Malgrund in Gebrauch.
- Die Porträtmalerei brachte die Eigenart und individuelle Persönlichkeit zur Geltung. Die Maler verzichteten oft auf die Herausarbeitung des Hintergrunds und hoben so den Körper vor dem einfarbig dunklen Hintergrund hervor. Die Ölmalerei ermöglichte sanfte Übergänge. Im Spiel von Licht und Schatten wurde eine bisher nicht gekannte plastische Wirkung erzielt.
- Die Renaissance wurde geprägt durch eine Vielzahl genialer Maler wie Botticelli, Mantegna, Leonardo da Vinci, Tizian, Michelangelo, Raffael, v. Eyck, Dürer, Cranach, Holbein.

Prinzip des perspektivischen Sehens

Bekannte Bauwerke
- Dom in Florenz
- Palazzo Strozzi, Florenz
- Palazzo Farnese in Rom
- Kuppel von St. Peter in Rom
- Gewandhaus in Braunschweig

Zeitleiste	Frührenaissance ca. 1420–1510	Hochrenaissance und Manierismus ca. 1510–1590	Spätrenaissance ca. 1590–1660

Beginnende Neuzeit: Barock (ca. 1570–1770)

Epochenbeschreibung

- Die Wurzeln des Barock liegen im päpstlichen Rom des 17. Jh. Von dort aus erfasste der neue Stil das übrige Europa und die europäischen Kolonien in Amerika und Indien.
- Die Auseinandersetzung mit dem Protestantismus hatte das Papsttum gestärkt. In der Macht- und Prachtentfaltung barocker Bauwerke sollte die Majestät des christlichen Glaubens zum Ausdruck gebracht und erneuert werden. Verbreitet durch die Bewegung der Gegenreformation prägte der Barock den Bau von Kirchen und Klöstern vor allem im Donauraum.
- Während im Dreißigjährigen Krieg Deutschland verwüstet und politisch geschwächt wurde, erreichte der Absolutismus unter Ludwig XIV. von Frankreich seine Blütezeit. Die auf das Gottesgnadentum gestützte Herrschaft fand im Barock das geeignete Ausdrucksmittel. Absolutistische Herrscher, Bischöfe, Fürsten, Äbte begannen ihre Macht und Autorität durch die Dimensionen und die dekorative Pracht ihrer Repräsentationsbauten zu demonstrieren.
- Ausgehend vom Schloss mit Garten und Park wurde die Stadtplanung als Gesamtwerk begriffen. Alle Segmente der barocken Kunst und Kultur (Malerei, Bildhauerei, Mode, Möbelbau, Musik, Literatur usw.) wurden der Architektur als Königsdisziplin untergeordnet. Auch wenn der Barock in allen europäischen Ländern versetzt stattfand, ist allen eines gemein: Barock ist ein gemeinsamer Begriff für überladen, außergewöhnlich, prachtvoll und extravagant.
- Der Begriff Barock kommt vom portugiesischen Wort barucca und bedeutet frei übersetzt unregelmäßige Perle.

Schloss Versailles

Ochsenauge

Stilmerkmale

- Im Gegensatz zur klar gegliederten und ausgewogenen Renaissance, verkörpert der Barock eine innere Spannung und Bewegung.
- Die barocken Baumeister verstanden ihr Bauwerk als Gesamtkunstwerk, dem sich die einzelnen Disziplinen, wie Malerei oder Bildhauerei, unterordnen oder einfügen mussten. Dreidimensionale Stuckplastiken gingen in gemalte Figuren über.
- Barocke Baumeister entwickelten die Kolossalordnung, die besagt, dass Säulenordnungen (ionische, dorische oder korinthische Säulenordnungen) sich über die verschiedenen Geschosse eines Bauwerks fortsetzen.
- Bei der Renaissance stand die Vernunft im Mittelpunkt. Der Barock wandte sich dagegen an das Gefühl und die Fantasie.
- Der überschwängliche Stil mit seiner komplizierten Formgebung und ungezügelten Bewegung drückt sich besonders bei der Innenraumgestaltung aus.
- Eine Überfülle an Formen und Prunk beherrscht die Räume.

Kolossalordnung, Invalidendom, Paris

Bauprinzipien

- Die klare harmonische Linienführung von Renaissancegebäuden wurde von reich dekorierten, dynamisch gestalteten Fassaden abgelöst, was sich zuweilen sogar in Form geschwungener Mauern darstellte.
- Ziel allen baulichen Strebens war die Repräsentation.
- Stuck, Marmor und Gold umschlossen farbenprächtige Deckengemälde. Gewundene Säulen, komplizierte Kurven, Kreise und Ellipsen dominierten die Raumgestaltung, da sie Bewegung ausdrücken und so die Spannung steigern konnten.
- Die Außenfassaden wurden durch geschwungene Formen wie Voluten und vorgezogene Gebäudeteile (Risalite) im Bereich der Portale aufgelockert (Bewegungseffekt). Zwiebelhauben zieren Türme, Kuppeln schließen mit Laternen ab. Giebelformen über Portalen, Nischen und Fenstern sind häufig gesprengt oder verkröpft.
- An Fassaden wurden dekorative Elemente, wie Pilaster, Halbsäulen, Giebelformen über Portalen, Nischen und Fenstern, meist auf die Mitte des Bauwerks ausgerichtet.

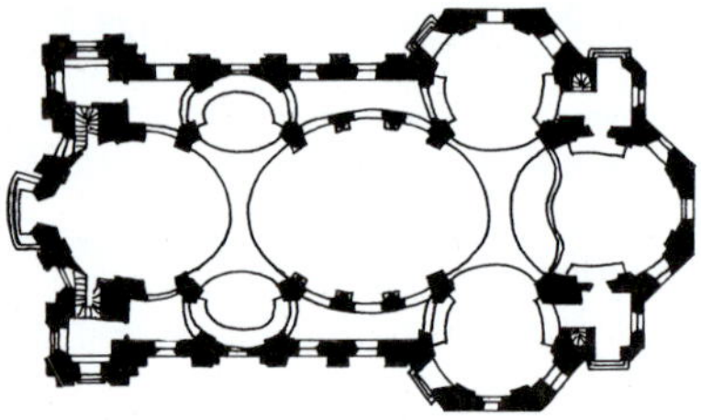

Grundriss Barockkirche, Vierzehnheiligen, Bad Staffelstein

Zeitleiste	Frühbarock ca. 1570–1630	Hochbarock ca. 1600–1680	Spätbarock ca. 1680–1770	Rokoko ca. 1735–1780

Beginnende Neuzeit: Barock (Fortsetzung)

Bauprinzipien
- Plastische Ornamente, Medaillons, Muscheln und Putten aus Stuck verzieren die Wände. Jeder Dekoration wurde ein erhöhter Symbolcharakter zugesprochen, der mitunter in den Bereich der Mystik reichte.
- Das Bewegungsprinzip wurde besonders in dekorativen Elementen wie Voluten, Wappen und Rollwerk herausgearbeitet.
- Der Lichteinfall wurde genau berechnet, Licht und Schatten unterlagen genauen Konstruktionen von Einfallsort und Einfallswinkel. Die „richtige" Wirkung wird angestrebt, z. B. das Erscheinungsbild der Textur eines Materials, die Wirkung einer Imitationstechnik oder Kontraste von Farbe und Material.

Barockes Portal

Fenster
- Die Rechteck- und Rundbogenfenster der Renaissance wurden beibehalten und reich verziert.
- Pilaster, oder Halbsäulen umgaben Fenster, Ziergiebel oder aufwendige Giebelverdachungen wurden oberhalb der Fenster angebracht.
- Zu diesen Formen wurden ovale und geschwungene Fensterformen etabliert. Ovale oder elliptische Fenster werden Ochsenauge genannt.

Gemalte Innenkuppel, Peterskirche, Wien

Profane Innenräume
Barocke Innenräume wurden ebenfalls mit Prunk überladen:
- Illusionsmalerei, Gobelins, kunstvolle farbige Seidengewebe, vergoldete oder geprägte Ledertapeten sowie aufwendige Holzvertäfelungen zierten die Wände in den repräsentativen Palästen, Fürstenhäusern oder den Bürgerhäusern der reichen Kaufleute.
- Die Wandbespannungen waren mit großen stilisierten Akanthusblättern gemustert.
- Wandabschlüsse wurden mit Stuckprofilen versehen, Dekorationen aus Stuck oder Illusionsmalereien zierten Deckenflächen.
- Das Fenster selbst wurde zum Dekorationsobjekt. Vergoldete geschwungene Holzschnitzereien zierten den Fenstersturz, umgeben von Schals aus Samt oder Brokat, die von Raffschnüren und Quasten gehalten wurden.
- Spiegel wurden bewusst als Dekorationsmittel eingesetzt, um in den Räumen die Wirkung von Unendlichkeit zu erzeugen.
- Oft brachte die Prunksucht die Bauherren in finanzielle Bedrängnis und führte zur Imitation von „kostbaren" Materialoberflächen: Bronzierung nahm man als Goldersatz, die Stucco-lustro-Technik wird als Marmorersatz verwendet.

Deckenbemalung Tonnengewölbe der österreichischen Nationalbibliothek mit Wappen, Kartuschen, Rollwerk, Himmelsunendlichkeit, Wien

Kunst
Im Barock entwickelt die Malerei eine bisher nicht gekannte Vielfalt:
- Unabhängig von der Architektur schufen die niederländischen Meister wie Hals, Rembrandt, Rubens und Vermeer unvergängliche Werke der Ölmalerei. Sie fanden ihre Motive im Porträt, Stillleben und Landschaftsbild sowie in Szenen aus dem Alltagsleben, dem sogenannten Genrebild.
- In enger Verbindung zur Architektur dagegen standen illusionistische Deckengemälde in Kirchen und Palästen. Illusionistische Malerei zielte auf die Darstellung tiefer Räumlichkeit und bewusster Dreidimensionalität auf einer zweidimensionalen Fläche (meist glatte Tonnengewölbe oder Kuppelgewölbe) ab. Erreicht werden sollte der Eindruck von Unendlichkeit durch die Kombination von Motiv, Perspektive und dem kontrastierenden Licht- und Schattenspiel. Die Kalk-Kasein-Technik ermöglichte Gemälde mit leuchtender Farbenpracht.

Stucco lustro, Basilika Vierzehnheiligen, Bad Staffelstein

Bekannte Bauwerke
- **Schlösser:** Versailles, Karlsruhe, Sanssouci
- **Klöster:** Ettal, Melk, Weingarten, Neresheim
- **Kirchen:** Frauenkirche, Dresden, Kathedrale Santiago de Compostela
- **Plätze:** Zwinger in Dresden, Piazza Navona und Petersplatz mit Kolonnaden in Rom

Zeitleiste	Frühbarock ca. 1570–1630	Hochbarock ca. 1600–1680	Spätbarock ca. 1680–1770	Rokoko ca. 1735–1780

Exkurs: Manierismus

- Parallel zur Spätrenaissance entwickelte sich eine gestalterische Strömung, die Manierismus genannt wird.
- Es standen weniger die Bauprinzipien im Blickpunkt des Manierismus, vielmehr wurde die Dekoration zum Hauptmerkmal dieser Epoche.
- Plastische Girlanden aus vegetativen und floralen Formen, Früchten, Figuren (wie Eroten und Putten), Gesimse und Balustraden brachen die klaren Fassadeneinteilungen auf.
- Besonders in der Malerei, ausgehend von den Niederlanden, wurden neue Ornamentformen wie Beschlag und Rollwerk, Muschelwerk, Zierobelisken usw. entwickelt und auch architektonisch verbreitet.

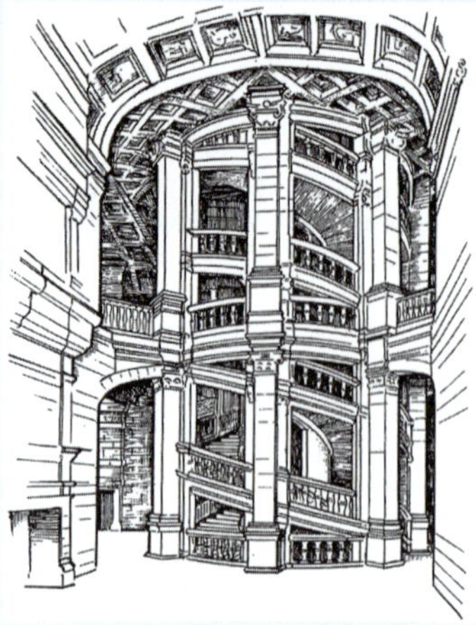

Doppelläufige Wendeltreppe, Chambord (Loire), Frankreich

Beginnende Neuzeit: Rokoko (ca. 1735–1770)

Epochenbeschreibung

- Parallel zum Spätbarock wird dieser Zeitabschnitt aufgrund seiner anmutigen, verspielten Art als Rokoko (abgeleitet vom französischen Wort Rocaille – Muschelwerk) bezeichnet.
- In der Innenarchitektur werden die Stilmerkmale des Rokoko besonders deutlich. Die Raumgestaltung wurde durch die Dekoration bestimmt. Das vergoldete Zierwerk bildete mit den fein gearbeiteten Möbeln und der Kleidung eine höfische Kunstwelt. Feingliedrige Stuckarbeiten wie die abgebildeten Palmwedel mit plastischen Rosengirlanden spielen im Rokoko eine bedeutende Rolle. Ein beliebtes Motiv war die Rocaille.
- Mit Stuck stellte man plastische Ornamente wie Muscheln, Blüten, Blätter, Früchte, Köpfe und Figuren her. In den Stuckarbeiten verbanden sich Natur- und Kunstformen zu einer Einheit.
- Im Barock und Rokoko wurden die Zierformen der Architektur auf die Bauteile, Möbel und Geräte übertragen. Schränke und Truhen erhielten Einlegearbeiten aus edlen Furnieren, Elfenbein oder Zinn. Die aufkommende Technik des Polierens verlieh den prunkvollen Möbeln eine glänzende Oberfläche. Von besonderer Kunstfertigkeit und handwerklichem Können zeugen im Barock Schmiedearbeiten mit dekorativen, feingliedrigen Ornamenten.
- Nachdem Johann Friedrich Böttger am sächsischen Hof in Dresden 1708 beim Versuch, Gold herzustellen, die Rezeptur für das weiße europäische Hartporzellan (weißes Gold) fand, wurde 1710 in Meißen die berühmte Porzellanmanufaktur gegründet. Das Porzellan eignete sich besonders, die kunstvollen Formen und Figuren des Rokoko auszudrücken.

Vergoldete Holzrocaillen

Bekannte Bauwerke

- Schloss Sanssouci, Potsdam
- Schloss Solitude, Stuttgart
- Schloss Augustusburg, Brühl

Palmenzimmer in Schloss Solitude

Zeitleiste	Spätbarock ca. 1680–1770	Rokoko ca. 1735–1780	Klassizismus ca. 1755–1830

Neuzeit: Klassizismus (ca. 1755–1830)

Epochenbeschreibung
- Mit der von England ausgehenden industriellen Revolution, dem Erfindergeist und wissenschaftlichen Forscherdrang, setzten sich die Ideen der Aufklärung im 18. Jh. immer stärker durch.
- Die Forderung nach demokratischer Mitwirkung und persönlicher Freiheit führten 1776 zur amerikanischen Unabhängigkeitserklärung und letztlich 1789 zur Französischen Revolution. Mit den Grundgedanken von Freiheit, Gleichheit, Brüderlichkeit ließ sich die Denkweise des Barock nicht mehr in Einklang bringen.
- In der Wende zum Einfachen, Klaren und Wahren suchte man erneut die Orientierung am griechischen und römischen Vorbild. Hiervon leitet sich auch der Name des Klassizismus ab, ein Baustil der Zeit von 1770 bis 1860.

Neue Wache, Berlin

Stilmerkmale
- Nach der französischen Revolution ging die stilgebende Schicht des Barock, bestehend aus Adel und Klerus, verloren. Repräsentative Profan- und Sakralbauten verloren ihre Bedeutung.
- Nach dem Vorbild römischer Kaiser ließ Napoleon 1806 zur Erinnerung an die Schlachten der großen Armee den Triumphbogen in Paris errichten.
- Während man in Frankreich das römische Vorbild stärker bevorzugte, was der Arc de Triomphe verdeutlicht, hielten sich die Deutschen mit Vorliebe an ein idealisiertes Griechentum. Beim Brandenburger Tor, Schauspielhaus am Gendarmenmarkt und der Neuen Wache in Berlin steht allein die griechische Tempelbauweise im Vordergrund.
- Die strenge Ordnung, in der nur Geraden und Kreise ihre Berechtigung hatten, führte bald zu einer Erstarrung des klassizistischen Baustils.

Gendarmenmarkt, Berlin

Antenkapitell

Bauprinzipien
- Die klassizistischen Baumeister verwendeten die Tempelstirnwand der griechischen und römischen Antike, doch die klassizistischen Baukörper sind massiger und größer.
- Über Portalen, Türen oder Fenstern wird der Dreiecksgiebel verwendet.
- Die Baukörper werden von einfachen geometrischen Körpern, wie Zylinder und Kuben, abgeleitet.
- Neben ihren dekorativen Aufgaben bekamen Säulenordnungen wieder statische Funktionalität (antikes System von Last und Stütze).
- Dekorative Elemente wie plastische Girlanden (Feston), Palmblätter, Palmettenfriese, Mäanderbänder, Blattkränze und Girlanden waren beliebte Schmuckelemente, wurden jedoch sparsamer eingesetzt als im Barock.
- Bevorzugte Farben an verputzten Fassaden waren helle Gelb-, Rosa-, Grün- oder Blautöne, die mit Grau und Weiß kombiniert wurden.
- Für die Epoche des Klassizismus gilt eine allgemeine architektonische Orientierung an antiken Bauprinzipien. Dabei suchten sich die Baumeister ihre Ideen gleichermaßen aus römischen wie griechischen Baukonzepten.

Klassizistisches Girlandenornament (Feston)

Innenräume
- Im Klassizismus offenbart sich ein eklektizistisches System: eine an die Antike angelehnte Bauweise der Fassade; im Innenraum dagegen moderne Lebensstrukturen integriert: Glasfenster, Gardinen, Heizsysteme.
- Als Fensterdekorationen wurden Brokate, Samt- oder Damaststoffe verwendet, gemustert (mit Girlanden oder floralen Rankenmustern) oder gestreift.
- Farben im Innenraum spiegeln weitgehend die Farben an den Fassaden wider: helle Gelb-, Rosa-, Violett- oder Blautöne.

Klassizistischer Innenraum

Plastik und Malerei
- Die Steinbildhauerei und die Bronzeplastik orientierten sich am antiken Vorbild.
- Auch in der Malerei fanden sich zunächst die Motive der griechischen Mythologie wieder. Doch die Übergänge zur Romantik und zum Historismus und Realismus sind fließend. Neben der Historienmalerei kam auch die Portraitmalerei groß in Mode.

Medea, Anselm Feuerbach, 1870

Bekannte Bauwerke
- Glyptothek, München
- Neue Eremitage, St. Petersburg
- Jenischhaus, Hamburg

Zeitleiste	Klassizismus ca. 1755–1830	Historismus ca. 1820–1910	Gründerzeit ca. 1870–1920

Exkurs: Biedermeier (ca. 19815–1850)

Beschreibung
- Der Begriff Biedermeier stammte aus einer satirischen Münchener Zeitung (den Fliegenden Blättern) und wird heute noch als Synonym für Kleinbürgerlichkeit (einfältig, einfach, wenig gebildet) verwendet. Victor v. Scheffel prägte diesen Begriff aus den zwei fiktiven Personen Biedermann und Bummelmeier, mit deren Hilfe er den deutschen Kleinbürger charakterisierte.
- Biedermeier bezeichnet heute einen deutschen Wohn-, Mode- und Malereistil, der sich ungefähr zwischen 1815 und 1850 einordnen lässt. Einen eigenständigen Baustil Biedermeier gibt es nicht, Biedermeier bezeichnet überwiegend Mode.
- Nach den kriegerischen Zeiten Napoleons wollten die Bürger Zurückgezogenheit, Ruhe und Behaglichkeit in ihrem privaten häuslichen Bereich. Ziel war ein zweckmäßiges und bequemes Wohnen, das den repräsentativen Ausrichtungen des adeligen Bauens und Wohnens entgegenstand. Die zweckmäßig schlichte Wohnungseinrichtung strahlte eine behagliche Gemütlichkeit und Enge aus, die den Rückzug ins private Glück trotz wirtschaftlicher Not erlaubte.

Ornamentik
- Biedermeierornamentik besteht zum größten Teil aus floralen Mustern, wie kleinen Blumen, Blumensträußen, Blumenkränzen, oder auch aus romantisch-mystischen Mustern wie Füllhörnern, Lyren (Musikinstrument) oder Tiermustern. Linear oder geschwungen gestreifte Möbel- und Dekorationsbezugsstoffe oder Tapeten waren in großer Mode.
- Tapeten wurden mit zierlichen Blumenmustern, Medaillons oder Blumenkränzen erstmalig industriell bedruckt und als Rollenware produziert und verarbeitet. Fußböden der Bürgerhäuser wurden mit Parkett oder geblümt gemusterten Teppichen belegt. Ziel der Innenraumgestaltung in dieser Epoche war eine behagliche Wohnatmosphäre.
- Fensterdekorationen wurden fantasievoll mit Bögen, Schärpen und Rosetten angelegt. Decken wurden als Kontrast zu den farbig gemusterten Tapeten weiß gestrichen und mit Stuckdekor versehen.

Malerei
Besonders in der Malerei tritt das bürgerliche Lebensgefühl des Biedermeier zutage.

Neuzeit: Historismus (ca. 1820–1910), Gründerzeit (ca. 1870–1920)

Epochenbeschreibung
- Die industrielle Entwicklung des 19. Jh. empfanden viele als einen Verlust an Werten. In Deutschland beklagte man zudem die fehlende nationale Einheit.
- Im rückwärtsgewandten Blick erschienen frühere Epochen vorbildhaft und bestärkten einen gefühlsbetonten nationalen Erweckungsgeist, der mit verhängnisvollem Pathos überlagert wurde. Das zur Reichsgründung 1871 errichtete Niederwalddenkmal bei Rüdesheim und das Völkerschlachtdenkmal bei Leipzig 1913 sind hierfür Beispiele.
- Die vom Historismus ausgehende Kraft fand in der Entstehung des Deutschen Reichs 1871 ihre scheinbare Bestätigung. Das Reichstagsgebäude in Berlin verbindet die Stilelemente der Vergangenheit zu einem Gesamteindruck. Unvollendete gotische Bauwerke, wie der Kölner Dom und das Ulmer Münster, wurden im alten Stil fertiggestellt.
- Aufgrund der zunehmenden Industrialisierung bezeichnet man die Zeit des ausgehenden 19. und beginnenden 20. Jh. auch als Gründerjahre.
- Stahlkonstruktionen gewannen als Baumaterial von Hallen, Brücken und Türmen zunehmende Bedeutung. Der Eiffelturm, zur ersten Weltausstellung von 1889 gebaut, ist ein Wahrzeichen dieser Zeit.
- Während im Klassizismus eine eigene Formensprache entwickelt wird, konzentrieren sich die Architekten des Historismus auf das Kopieren, Kombinieren oder Imitieren bestehender Stilelemente und Bauformen.
- Die sogenannte Gründerzeit ist Teil dieser historistischen Bauepoche. Der Begriff leitet sich von der Gründung des Deutschen Reichs (1871) ab und diese Epoche wird lediglich in Deutschland so bezeichnet. In dieser Zeit führt die Aufhebung der Zünfte zur Neugründung vieler Unternehmen und damit zu wachsendem Reichtum und sich ausweitendem Handel.

Neogotischer Bischofspalast, Astorga, Antonio Gaudi, 1889

Neorenaissance, Flatiron-Builiding New York City, 1902

Zeitleiste	Klassizismus ca. 1755–1830	Historismus ca. 1820–1910	Gründerzeit ca. 1870–1920

Neuzeit: Historismus, Gründerzeit (Fortsetzung)

Stilmerkmale
- Die Stilmerkmale der Romanik bis zum Barock wurden einfach übernommen und nachgebaut. Besonders beliebt war die Gotik, sie wurde geradezu neu entdeckt. Vor allem öffentliche, aber auch private Gebäude wurden im neugotischen Stil errichtet.
- Diese Baustile werden als Neogotik, Neoromanik, Neorenaissance, Neobarock usw. bezeichnet.
- Ziel war es, Gefühl, Ausdruck und den Geist der nachgeahmten Zeit durch die Verwendung der jeweiligen Bauprinzipien, Dekorationen und Ornamentik wiederzubeleben.
- Bei der handwerklichen Ausführung, wie Steinmetz-, Beschichtungs-, Vergoldungs- oder Metallarbeiten, wurde Wert auf absolute Perfektion gelegt.
- Die Verbindung von Baustilimitationen mit modernem Gebäudezweck und zeitgemäßer Wohntechnik, wie Glasfenster, Wasserversorgung, Heizsysteme, führten oft zu seltsam anmutenden Ergebnissen.
- Der technische Fortschritt führte, neben neuen gestalterischen Entwicklungen, auch zu neuen Anforderungen des Bauens. Der Bau von profanen und sakralen Repräsentationsobjekten wurde von der Notwendigkeit verdrängt, industrielle Großanlagen, Verwaltungsbauten und vor allen Dingen bezahlbaren Wohnraum zu schaffen.
- Beton, Stahl und Glas wurden als preisgünstige Baustoffe eingesetzt. Technisch konnten Fertigteile hergestellt werden, deren Einsatz zu schmucklosen Zweckbauten führte.

Neobarocker gesprengter Wellengiebel mit neobarockem Auge

Neobarocker Wellengiebel mit neoklassizistischem Feston

Innenräume
- Im Innenraum wurde der Stilpluralismus ebenso übernommen wie an Fassaden. Alle möglichen historisierenden Dekorationen fanden sich im Innenraum wieder. Manuelle Handwerkskunst wurde von industriellen Produkten abgelöst.
- Rollentapeten und industriell gewebte Teppiche wurden mit wiederkehrenden Mustern produziert und verarbeitet. Das „liebliche Biedermeierblümchen" wurde verbannt und durch kräftig-farbigen Samt oder großgemusterten Blumendruck ersetzt.
- Holzvertäfelungen und hölzerne Kassettendecken galten als modern.

Malerei im 19. Jahrhundert
- Die Romantik vermittelte eine gefühlsbetonte, verklärte Stimmung. Sie kommt in Landschaftsbildern von Caspar David Friedrich und William Turner besonders zum Ausdruck.
- Der Realismus stellte die Dinge dar, wie sie waren. Die harte Arbeit im „Eisenwalzwerk" von Adolph von Menzel verdeutlicht dies eindrücklich.
- Auch die Impressionisten wollten eine völlig objektive Welt wiedergeben. Sie versuchten, das natürliche Licht einzufangen, indem sie die Farben in kleinen Farbflecken auftrugen, wobei sich diese in einem bestimmten Abstand optisch vermischten. Bekannte Impressionisten sind Monet, Renoir, Cézanne und Degas.

Neugotische Staatsoper, Wien

Bekannte Bauwerke
- Semperoper, Dresden
- Votivkirche, Wien
- Schloss Drachenburg, Königswinter

Zeitleiste	Klassizismus ca. 1755–1830	Historismus ca. 1820–1910	Gründerzeit ca. 1870–1920

Neuzeit: Jugendstil (ca. 1890–1910)

Epochenbeschreibung
- Die ersten Weltausstellungen in Wien (1873) und Paris (1878) zeigten die neuesten technischen Errungenschaften und kündigten die sachlich-schlichten Architekturströmungen des 20. Jh. an. Zusätzlich führten die sozialen und kulturellen Auswirkungen der gewaltigen Industrialisierungsprozesse in der zweiten Hälfte des 19. Jh. zur bürgerlichen Alltagsflucht in die eigene behagliche Gemütlichkeit. Das eigene Heim wurde „schön" eingerichtet, die ästhetische Qualität der Einrichtungselemente stellte sich jedoch als massenhaft produzierter Industriekitsch dar.
- Der Jugendstil entstand am Ende des 19. Jh. als konsequente ästhetische Gegenströmung zur sinnentleerten Massenproduktion und zur bloßen Nachahmung eines erstarrten Historismus. Der Jugendstil wollte dem Leben wahre Schönheit und Stil verleihen und deshalb suchten die Künstler nach neuen ästhetischen Ausdrucksformen.
- Der neue Stil umfasste von der Architektur, dem Kunstgewerbe (Tapetenherstellung, Gewebe- und Dekorationsgestaltung, feine Schmiedearbeiten, Metallarbeiten, Möbelbau, Produkte des grafischen Gewerbes usw.) über die Malerei, Glaskunst, Plastik und Literatur alle Bereiche der Kunst.
- Konservative Bürger bewerteten die neuen sinnlichen Gestaltungsformen als Sittenverfall und Dekadenz.
- Nach dem 1. Weltkrieg wurde der romantische Jugendstil vom sachlichen
  Art déco und der Neuen Sachlichkeit (auch Funktionalismus genannt) abgelöst. Dennoch fanden sich Jugendstileinflüsse auch an späteren sachlichen Bauten wieder, z. B. der Einsteinturm von Mendelsohn.
- Der Jugendstil wollte die Kunst im Alltag erlebbar machen. Seine Bezeichnung stammt von der in München 1896 gegründeten Zeitschrift Jugend. Ähnliche Tendenzen zeigen sich in Frankreich (Bezeichnung: art noveau), England (Bezeichnung: modern style), Italien (Bezeichnung: stile floreale) und Österreich (Bezeichnung: Secession).

Jugendstilfassade

Fassadendetail Jugendstil

Stilmerkmale
- Darstellung von Sinnlichkeit (mitunter bis hin zur versteckten Erotik) in Form von bewegten Frauendarstellungen in wie Blüten geschwungenen Gewändern.
- Bewegung, Schwung, Dynamik charakterisierten den Aufbruch der neuen Kunst und verdeutlichten die Trennung von der bisherigen Kunstrichtung.
- Die neuen Formen und Ornamente wurden der Pflanzen- und Tierwelt (z. B. Schwäne, Kraniche) entlehnt. Flache Reliefornamente mit stilisierten Ranken-, Blatt- und Blütenmotiven waren im Jugendstil vorherrschend. Entsprechend wurde der Jugendstil auch als floraler Stil bezeichnet.
- Fassaden sind an der sanft geschwungenen Linienführung der Giebel, Gauben und dekorativen Fassadenelementen zu erkennen.

Jugendstilillustration, Peter Behrens, 1897

Innenräume
- Wände wurden mit floral gemusterten Tapeten bekleidet.
- Grüne Farbklänge dominierten die Innenraumgestaltung.
- Für Bodenbeläge verwendete man floral gemusterte Teppiche und Linoleum.

Bekannte Bauwerke
- Secessionsgebäude, Wien
- Kirche Sagrada Familia, von Gaudi, Barcelona
- Stadtbahnstation Karlsplatz, Wien
- Hochzeitsturm, Darmstadt

Jugendstilornament

Zeitleiste	Gründerzeit ca. 1870–1920	Jugendstil ca. 1890–1910	Bauhaus ca. 1919–1936

Neuzeit: Bauhaus (ca. 1919–1936)

Epochenbeschreibung

- Die Verbindung von Kunst und Handwerk führte Mitte des 19. Jh. in England zu Kunstgewerbeschulen, die den Stil der Gewerbeproduktion prägten und ihren weltweiten Erfolg begründeten. Nach diesem Vorbild wurden die preußischen Kunstgewerbeschulen um Werkstätten erweitert und moderne Künstler berufen, die sich auch dem Bedarf der Industrie stellten.
- Nationale, kulturelle und wirtschaftliche Überlegungen führten 1907 zum Deutschen Werkbund mit dem Ziel höchster Qualitätsarbeit. Ein einheitliches Erscheinungsbild von Produktion, Architektur und Design wurde propagiert.
- Das 1919 von Walter Gropius in Weimar gegründete Bauhaus setzte sich zum Ziel, den neuen Bau der Zukunft zu schaffen, der alles in einer Gestalt ist: Architektur, Plastik und Malerei.
- Ab 1925 wurde das Bauhaus von Weimar nach Dessau verlegt und bezog ein neues, von Walter Gropius geplantes Gebäude. Die Bauhausarbeit in Dessau konzentrierte sich auf das Industriedesign.

Bauhausgebäude Weimar, Entwurf Henry van de Velde

Stilmerkmale

- Formgebung war auf schliche, nüchterne und zweckorientierte Bauweise ausgerichtet. Im Verzicht auf jegliche Ornamentik beherrschte allein die Funktion das Gebäude. Diese Epoche des Bauens wird auch als Neue Sachlichkeit bezeichnet.
- Das freitragende Stahlskelett und der von großen Glasflächen lichtdurchflutete Raum wurden zum Vorbild der modernen Architektur.
- Die Form der Baukörper wurde als schmuckloser Kubus (Würfel) oder eine geometrische Variation davon geplant.
- Die Architektur des Bauhauses wurde von Stahl, Beton und Glas beherrscht. Funktion und Zweck bestimmten die Form.
- Die Verwendung der Stahlskelettbauweise erlaubte, höhere Objekte zu bauen, was die Geburtsstunde der Wolkenkratzer war. Tragende Wände wurden durch H- oder T-Träger aus Stahl ersetzt. Glas und Leichtbauwände wurden beliebtes Baumaterial.
- Kunststoff, als synthetisch hergestelltes Industrieprodukt, fand Einzug in die Materialpalette der Architekten.
- Funktion, Gebäude, Raum und Einrichtung bildeten ein Einheitskunstwerk.

Bauhaus Dessau, Entwurf Walter Gropius, 1925

Farbe

- Zu Beginn des 20. Jh. lösten sich Architekten und Künstler von den klassischen Farbkombinationen der vergangenen Epochen, wie dem Gelb-Grau- oder dem Gelb-Weiß-Schema des Klassizismus.
- Der Farbklang der Primärfarben Gelb, Rot und Blau wird in den unterschiedlichsten Variationen verwendet. Die holländische Künstlergruppe De Stijl lieferte durch ihre starke Verwendung der bunten Grundfarben und der unbunten Töne Weiß, Schwarz und Grau die Vorlage für Architekten, Künstler und Gestalter der Bauhausgeneration.
- Die Reduktion auf wenige geometrische Grundformen in Kombination mit klaren Farbklängen galt als bevorzugtes Schönheitsideal für jegliche gestalterische Darstellung.
- Klare Farben standen im Gegensatz zu den eher gesetzten, erdigen Farbklängen der vergangenen Stilepochen.

Hochhaus an der Friedrichstraße, Modell nach Entwurf von Ludwig Mies van der Rohe, Berlin 1921

Farbe Blau

- Intensive, leuchtende Farbtöne betonten die sehr flächig gehaltenen Gestaltungskonzepte von Architektur und Kunst.
- Der Farbe Blau wurde eine besondere Rolle zugewiesen. Ein Blau mit sehr großer Farbtiefe kann, abhängig vom Oberflächenmaterial der Umgebungsfarben, intensive Kontraste erzeugen. Blau gilt als mystisch. Bei Aufhellung mit Weiß verliert Blau seine Tiefe und damit seinen geheimnisvollen Charakter.

Farbe Rot

- Während Blau durch Aufhellung mit Weiß an Tiefe und Klarheit verliert, entwickelt Rot hingegen durch die Aufhellung mit Weiß eine neue Farbe – Rosa (Hellblau bleibt immer ein oberflächlicher „Verwandter" von tiefem Blau).

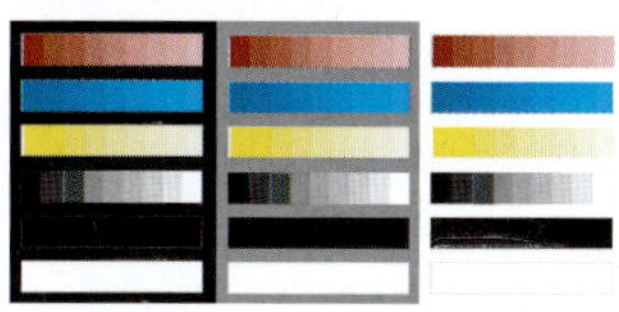

Farbtonleitern, der Primärfarben und unbunten Farbtöne Weiß und Schwarz

Zeitleiste	Jugendstil ca. 1890–1910	Bauhaus ca. 1919–1936	Nachkriegsmoderne ca. 1945–ca. 1977

Neuzeit: Bauhaus (Fortsetzung)

Farbe Gelb

- Im Gegensatz zu der neuen Idee, die Primärfarben Blau und Rot für die Fassadengestaltung zu verwenden, hatte die Farbe Gelb eine lange Verwendungstradition. Gelb in seiner Helligkeit und Wärme und darüber hinaus in Verwandtschaft mit Weiß hatte zu allen Epochen für den Betrachter die Attribute von Wärme und Leichtigkeit (vor allem mit Weiß aufgehellt).
- Ist der Gelbton zu intensiv, verliert er schnell seinen warmen, hellen, freundlichen Charakter und bekommt eine kalte, aggressive Note.
- In Kombination mit den unbunten Farbtönen Schwarz, Weiß und Grau entwickelte sich ein Farbschema, das bis heute verwendet wird. Obwohl dieses Farbschema anfangs in der Fassadengestaltung vielfach Anwendung fand, trat der Farbklang der sechs Farben Rot, Blau, Gelb, Weiß, Grau und Schwarz überwiegend nur als farbliche Akzentuierung der Fassadenflächen auf. Bunte und unbunte Farbtöne bzw. Farbklänge wurden dezent eingesetzt und bekamen Gliederungsfunktion.
- Da besonders in der Bauhausperiode Fassadenflächen aus verschachtelten Kuben bestanden, unterstützten schmale Farbbänder oder -flächen das bauliche Gliederungssystem der Architekten. Neutrale oder zurückhaltende Grau- und Weißtöne wurden für die größten Kubusflächen verwendet.

Expressionistischer Einsteinturm Potsdam, Entwurf Erich Mendelsohn, 1922

Rietfeld-Schröder-Haus, Utrecht

Innenräume

- Nach der Bauhausphilosophie wurden Innenräume streng, sachlich und praktikabel eingerichtet und gestaltet.
- Tapeten setzte man zunächst gar nicht ein, später entwickelten die Bauhausdesigner in Kooperation mit der Fa. Rasch die Bauhaustapeten.
- Der überwiegende Teil der Wände war glatt verputzt und wurde nach genauestem Farbkonzept farbig gestaltet.
- Böden wurden mit Teppichen ausgelegt und die stoff- und gewebebasierten Fensterdekorationen verschwanden fast ganz, um der Forderung nach räumlicher Lichtdurchflutung nachzukommen.
- Im Gegensatz zu den eher zurückhaltenden Farbakzenten der Fassadengestaltung experimentierte man im Innenraum verstärkt mit bunten und unbunten Farben.
- Farben im Innenraum waren immer Akzentuierungen, die sich dem Gesamtbild unterordnen mussten.

Farbkonzept in einem Studentenwohnheim, Freiburg

Auswirkungen

- Die Ideen des Bauhauses hatten maßgebenden Einfluss auf den Expressionismus und die moderne Kunst unserer Zeit. Der Architekt Erich Mendelsohn entwirft 1919 den „Einsteinturm" und berücksichtigt bei seinen Planungen den noch wenig verwendeten Baustoff Beton (aus Geldmangel musste er auf traditionellere Baustoffe zurückgreifen). Als Symbol expressionistischer Architektur gefeiert, sind die Jugendstilelemente unübersehbar.
- Große Architekten, Maler und Gebrauchsgrafiker waren eng mit dem Bauhaus verbunden. Zu ihnen zählen Walter Gropius, Adolf Meyer, Mies van der Rohe, Le Corbusier, Paul Klee, Johannes Itten, Lyonel Feininger, Oskar Schlemmer, Wassily Kandinsky, Marcel Breuer, Gerrit Rietveld u.v.a.
- Die Neue Sachlichkeit setzte sich weltweit durch und wurde in den 40er-Jahren als International Style bezeichnet, der sich besonders in den Häuserschluchten und der Skyline von New York City widerspiegelt.
- Führende Architekten der Moderne wurden durch das Bauhaus geprägt, und mit Brasilia wurde eine ganze Hauptstadt in diesem Stil geschaffen. Der Architekt, Oskar Niemeyer, schuf u. a. auch das UN-Gebäude in New York.
- Wie modern die Gebrauchsdesigner am Bauhaus dachten, zeigt die abgebildete Tischlampe, die für ihre gute Form noch 1982 prämiert wurde.
- Zusammen mit Klee, Kandinsky und Jawlensky gründete Feininger die Gruppe „Blaue Vier". Kandinskys Bild Fröhlicher Aufstieg zeigt das experimentelle, abstrakte Gestalten am Bauhaus. Es zählt zur konstruktivistischen Phase (mit Zirkel und Lineal konstruiert) von Kandinsky.

Treppenaufgang im Kandinsky-Haus, Dessau

Bekannte Bauwerke

- Meisterhäuser in Dessau
- Weißenhofsiedlung in Stuttgart
- Bauhausgebäude in Dessau

Zeitleiste	Jugendstil ca. 1890–1910	Bauhaus ca. 1919–1936	Nachkriegsmoderne ca. 1945–ca. 1977

Exkurs: Nationalsozialistische Architektur (1933–1945)

Beschreibung

- Bereits 1932, noch vor der Machtübernahme der Nationalsozialisten in Deutschland, wurde das Bauhaus auf Betreiben der nationalsozialistischen Mehrheit im Stadtrat von Dessau aufgelöst. Die richtungsweisende Kunst des Bauhauses galt nunmehr als entartet und bolschewistisch. Die Künstler und Architekten waren gezwungen, Deutschland zu verlassen. Viele wanderten in die USA oder ins benachbarte Ausland aus. Walter Gropius, und Ludwig Mies van der Rohe z. B. lehrten an renommierten Architekturinstituten in den USA und verbreiteten ihre Architekturideen, die weltweit Architekten aller Nationalitäten beeinflussten.
- Kunst und Architektur hatten sich der Ideologie unterzuordnen. Die Bauten des „Führers" dienten in München, Nürnberg und Berlin als Kulissen für Massenaufmärsche, wie die riesige Tribüne auf dem Zeppelinfeld in Nürnberg, oder zur Machtdemonstration, wie die Reichskanzlei in Berlin.
- Wie maßlos die NS-Pläne waren, zeigt das Vorhaben, in Berlin Platz für die neue Reichshauptstadt Germania zu schaffen, in deren Mitte eine gigantische Kuppelhalle stehen sollte.
- Für den Bereich des Wohnungsbaus wurde der Heimatschutzstil entwickelt, der kriegswichtige Baustoffe wie Stahl und Beton schonte. Der Ausbau des Autobahnnetzes zählt ebenso zu den NS-Bauwerken wie die Konzentrationslager.
- Während des 2. Weltkriegs wird in Mitteleuropa die historisch gewachsene Bausubstanz nahezu aller großen Städte zerstört.

Modell der geplanten Kuppelhalle im Zentrum der neuen Reichshauptstadt. Zum Vergleich im Vordergrund das Brandenburger Tor

Olympiastadion Berlin, 1936

Neuzeit: Nachkriegsmoderne (1945–ca. 1977)

Epochenbeschreibung

- Bedingt durch die großen Zerstörungen, die der 2. Weltkrieg hinterlassen hatte, prägte eine möglichst einfache und kostensparende Bauweise den Wiederaufbau der Städte bis in die Sechzigerjahre. Zunächst musste man sich für einen Weg der baulichen Neugestaltung der zerstörten Städte entscheiden:
  1. alle historischen Bauobjekte, Ruinen und historischen Gebäude abreißen
  2. preisgünstige neue Wohngebiete (Hochhäuser in Trabantenstädten) planen und konstruieren
  3. historische Bausubstanz rekonstruieren
  4. historische und neue Bausubstanz kombinieren
- Durch den Zwang, schnell große Mengen von preisgünstigem Wohnraum zu schaffen, entstanden in vielen Städten städtebauliche Fehler, die bis heute die Bautätigkeit in vielen Kommunen beeinträchtigen oder für viel Geld beseitigt werden müssen.
- Die Stahlbetonbauweise blieb weiterhin führend. Nicht nur die Architekten der großen Repräsentationsbauten in der Nachkriegsphase, wie Mies van der Rohe mit der Neuen Nationalgalerie in Berlin, bedienten sich der Stahlbetonarchitektur. Neubauten in Innenstädten und große Wohnbauprojekte errichtete man ebenfalls mit Beton und Stahl. Ihre fast ausschließlich funktional geprägte Bauweise wurde zunehmend als uniform und stumpfsinnig kritisiert, die den Menschen jede Identifikation nehme.

Neue Reichskanzlei, Berlin, 1939

Olympiastadion Berlin, 1936

Zeitleiste	Bauhaus ca. 1919–1936	Nachkriegsmoderne ca. 1945–ca. 1977	Postmoderne ab ca. 1975

Exkurs: Malerei im 20. Jahrhundert

Die Vielzahl von Strömungen und Stilunterscheidungen lässt sich an dieser Stelle nur in einer unvollständigen Übersicht stichwortartig darstellen. Wer darüber hinaus Fachkenntnisse erwerben will, kann sich diese in Ausstellungen, Museen, mithilfe weiterführender Fachliteratur oder des Internets aneignen.
Die aufgelisteten Stilrichtungen können durch die Zeiträume nur bedingt eingegrenzt werden. Die Zeitangaben sollen die Zuordnung zu einer Stilrichtung erleichtern.

- Expressionismus (1900–1920)
- Kubismus (1905–1925)
- Futurismus (1910–1915)
- Dadaismus (1916–1925)
- Konstruktivismus (1913–1933)
- Realismus (1921–heute)
- Surrealismus (1924–heute)
- Blut- und Boden- bzw. NS-Kunst (1933–1945)
- Informel (1945–1960)
- Pop Art (1958–1975)
- Op Art (1960–1975)
- Konzeptkunst (1966–1980)
- Neoexpressionismus (1980–heute)
- Digital Arts

Pop Art

Neuzeit: Postmoderne (ab ca. 1975)

Epochenbeschreibung

- Die postmoderne Architektur wendet sich gegen die rein modernistisch-funktional geprägten Bauformen aus Glas, Beton und Stahl, indem Elemente der klassischen Antike wieder aufgegriffen und in einen gegenwartsbezogenen Zusammenhang gestellt werden. Diese Strömung erfasste alle gestaltenden Bereiche wie Architektur, Möbeldesign, Farb- und Innenraumgestaltung usw.
- Eine einheitliche Stilrichtung ist nicht mehr festzustellen, die Mischung unterschiedlicher Gestaltungskombinationen führt zur Existenz verschiedenster gestalterischer Ausdrucksformen nebeneinander.
- Architekten greifen in den letzten 40 Jahren z. B. auf verschiedenste Konstruktionsideen zurück, die mit technisch hoch entwickelten Baustoffen neue unterschiedlichste Architekturströmungen ermöglichen: technisch-funktionelle Hightech-Bauten, avantgardistische Bauten des Dekonstruktivismus, umweltverträgliches Bauen nach ökologischen Aspekten, Minimalismus, Bauten mit klassischen Tendenzen der Antike.

Wohnanlage „Habitat '67", Entwurf Moshe Safdie, Weltausstellung 1967, Montreal

Brasilianischer Nationalkongress, Brasilia, Entwurf Oscar Niemeyer, 1958–1960

Architektur

- Ein gutes Beispiel für ein postmodernes Bauwerk ist die Neue Staatsgalerie von J. Stirling in Stuttgart, 1984 eröffnet.
- Die Fassaden, Säulen und runden Innenhöfe sind in Naturstein ausgeführt, nehmen die Formensprache der Antike zum Teil wieder auf und brechen mit den klaren und sachlichen Formen der Moderne. Postmoderne Architektur bedeutet nicht bloße Nachahmung oder einen Rückfall in vergangene Zeiten.
- Stirlings Entwurf verbindet die klassische Museumsarchitektur mit der Gegenwart. Dass sich die Formensprache der Architektur und Kunst in Verbindung oder im Gegensatz zu ihrer Zeit immer wieder anpasst oder verändert, zeigt das Beispiel.

Beispiele für Architekturströmungen Dekonstruktivismus

- Technischer Wandel und fortschreitende Globalisierung führten in den letzten Jahrzehnten zu einschneidenden Veränderungen in allen gesellschaftlichen Lebensbereichen. Rasanter Fortschritt der Computertechnologie eröffnete und eröffnet neue Möglichkeiten, die sich auch besonders auf die architektonischen Ausdrucksformen auswirken.

Guggenheim – Museum Bilbao, Eingang mit historischer Bausubstanz, Entwurf Frank O. Gehry, 1997

Zeitleiste	Bauhaus ca. 1919–1936	Nachkriegsmoderne ca. 1945–ca. 1977	Postmoderne ab ca. 1975

Neuzeit: Postmoderne (Fortsetzung)

- Waren Architekten seit Beginn der Baukunst an den rechten Winkel und die Wirkungsgesetze der Geometrie gebunden, so ergaben sich in den 90er-Jahren neue technische Möglichkeiten: Computersoftware und modernste CNC-Technik ermöglichten bis dahin undenkbare Ausdrucksformen. So entstand eine Architekturströmung, deren Ziel es war, mit dem Gedanken des ganzheitlichen Bauens zu brechen. Das Zerlegen, Aufbrechen oder Fragmentieren und anschließendes Neukombinieren der gewonnenen Neuformen wurde zum Ziel der Dekonstruktivisten.
- Architekten wie Frank Owen Gehry, Daniel Libeskind oder die in Bagdad geborene Zaha Hadid wurden zu den führenden Vertretern dieser Architekturströmung und wagten den Sprung aus den statischen Zwängen des Bauens.
- Rund um den Globus entstanden traditions- und gesellschaftsunabhängige Bauwerke, deren Kennzeichen asymmetrisch angeordnete Wände und Säulen, disharmonierende Farbkonzepte, wahllos angeordnete Fenster auf Fassaden und Innenwänden und experimentelle Materialkompositionen sind.
- Die als dekonstruktivistisch bezeichnete Architektur geht vom Zweck des Gebäudes aus.

Minimalistische Avantgarde-Architektur der Jahrtausendwende, Arles

Minimalismus

- Parallel zum Dekonstruktivismus entstand Mitte der 80er-Jahre der Minimalismus. Eine Bauweise, deren Kennzeichen der Versuch ist, Baukörper, Gebäudekonstruktion und dekorative Elemente so weit wie möglich zu reduzieren.
- Im Gegensatz zur bewusst gewählten disharmonischen Farb- und Materialästhetik der Dekonstruktivisten, legten die Minimalisten großen Wert auf ausgesuchte Baumaterialien und deren sorgfältige Verarbeitung.
- Seit 2000 entstehen in Berlin-Mitte minimalistische Bauten, deren klare Struktur und bewusst gewählten schmucklosen Baustoffe einen ruhigen, zeitlosen Gegenpol zu der fragmentierten Architektur der Dekonstruktivisten bilden.

Hightech-Architektur und Ausblick

- Derzeit werden in allen bedeutenden Wirtschaftszentren rund um den Globus architektonische Meilensteine gesetzt. Mithilfe der Computertechnologie und den Baumaterialien Beton, Stahl, Glas und Kunststoff werden die Projekte immer größer, höher und statisch immer ausgefallener. Besonders in China wird massiv in rekordverdächtigen Höhen gebaut.
- Im Hinblick auf zukünftige Architekturströmungen lässt sich grundsätzlich noch keine klare Richtung im Bereich der Baustile erkennen. Erst in ein paar Jahren wird sich aus der Rückschau heraus vielleicht eine Hauptttendenz aus den verschiedenen Architekturströmungen definieren lassen.
- Gleiches gilt für alle anderen Segmente des Gestaltens:
Farbe und Form in der Innenraumgestaltung, freie Kunst, digitale und analoge Fotografie sowie die verschiedenen Designströmungen.

Jin Mao Tower (1999, 421 m), Shanghai
World Financial Center (2008, 492 m), Shanghai

Innenräume

- Die klassische räumliche Begrenzung mit vier Wänden wird nur noch in wenigen Fällen gebaut.
- Offenes Wohnen (fast im Stile Mies van der Rohes) ist in Mode.
- Gestalterische Gesamtkonzepte, verschiedene Techniken (siehe S. 328–358) oder moderne Tapeten sind beliebt.
- Schneller Trendwechsel im Bereich Wandgestaltung, Interieur und Innenraumaccessoires ist Synonym für die 2000er-Jahre.

Zeitleiste	**Bauhaus ca. 1919–1936**	**Nachkriegsmoderne ca. 1945–ca. 1977**	**Postmoderne ab ca. 1975**

Aufgaben

1. Beschreiben Sie den Aufbau eines Farb- und Materialkonzepts.
2. Worauf müssen Sie bei der Gestaltung von Sockelflächen achten?
3. Nennen Sie die verschiedenen gliedernden Bauelemente einer Fassade.
4. Beschreiben Sie die verschiedene Wirkungen, die Farben an einer Fassade erzeugen können.
5. Nennen Sie verschiedene Kompositionsprinzipien für die Farbgestaltung von Fassaden.
6. Nennen Sie mögliche Regeln für die Fassadengestaltung.
7. Wodurch werden Stilrichtungen geprägt?
8. Welche Gründe können Stiländerungen bewirken? Nennen Sie hierzu Beispiele.
9. Welche Schlüsse lassen sich aus den verschiedenen Säulenformen griechischer Tempel ziehen?
10. Nennen Sie vier griechische Bauwerke.
11. Welche Stilmerkmale kennzeichnen römische Bauwerke?
12. Woran ist der römische Einfluss auf die europäische Kultur bis heute erkennbar?
13. Warum befassten sich romanische Baumeister vor allem mit dem Bau von Kirchen?
14. Welche Rolle spielt die Vierung im romanischen Kirchenbau?
15. Wie wurden Fresken hergestellt?
16. Nennen Sie vier romanische Bauwerke und erklären Sie die Merkmale dieses Baustils.
17. Welche Umbrüche begleiteten den Wechsel vom romanischen zum gotischen Stil?
18. Nennen Sie wichtige Stilmerkmale der gotischen Bauweise.
19. Wodurch entsteht in gotischen Kathedralen ein einheitlicher Gesamteindruck?
20. Welche Bedeutung haben Strebwerk und Kreuzrippengewölbe in gotischen Kirchen?
21. Nennen Sie Schmuckelemente, mit denen gotische Bauwerke verziert wurden.
22. Erklären Sie den Begriff Maßwerk.
23. Woran lässt sich gotische Kunst erkennen?
24. Wie und wo entstand die Renaissance?
25. Auf welche Vorbilder griff die Renaissance zurück?
26. Woran können Bauwerke der Renaissance erkannt werden?
27. Nennen Sie vier beliebte Bauelemente der Renaissance.
28. Welche Bedeutung hatte die Malerei in der Renaissance?
29. Wie erklärt es sich, dass der Barock der erste weltweite Stil war?
30. Wodurch unterscheiden sich Bauwerke des Barock von denen der Renaissance?
31. Beschreiben Sie die Merkmale des Barock und Rokoko.
32. Definieren Sie, woran sich moderne Stilrichtungen erkennen lassen.
33. Begründen Sie die folgende Aussage: Das Bauhaus hat für die Moderne eine überragende Bedeutung.
34. Welche Stilrichtungen bestimmen die heutige Architektur?
35. Erklären Sie, was man unter postmoderner Architektur versteht.
36. Beschreiben Sie die Stilmerkmale dekonstruktivistischer Bauten.

Kundenauftrag

Parkhausgesellschaft mbH
Dortmund

Parkhausgesellschaft mbH, Bahnhofstr. 2, 44137 Dortmund

Malerbetrieb Roth GmbH
Gewerbepark 136
45131 Essen

Bahnhofstraße 2, 44137 Dortmund
Fon 0231/345678-0
Fax 0231/345678-10
Mail info@parkhausgesellschaft.de

Dortmund, 16.04.20xx

BV Parkhaus DO Innenstadt, Sanierung Pakdeckbeschichtung

Sehr geehrter Herr Roth,

im o.g. Objekt beauftragen wir Sie mit folgenden Arbeiten:

- Sanierung der Parkdeckbeschichtung auf Ebene 1
- Sanierung der Gehwegstreifen auf Ebene 1
- Erneuerung der Markierungsstreifen auf Ebene 1
- Einbringen einer geeigneten hydraulikölbeständigen Beschichtung in der Aufzugsunterfahrt

Die Beauftragung versteht sich inkl. aller erforderlichen Reinigungs- und Vorarbeiten.

Als Vertragsgrundlage gilt die VOB DIN 18363 in der jeweils aktuellen Fassung.

Mit freundlichen Grüßen

A. Müller

Objektbeschreibung

Der Parkhausbetreiber beauftragt die Firma Roth mit der Sanierung eines Parkdecks mit vier Teilleistungen.

1. Sanierung der Parkdeckbeschichtung
2. Sanierung der Gehwegstreifen
3. Erneuerung der Fahrbahnmarkierungen
4. Ölfeste Beschichtung der Aufzugsunterfahrt

Teilleistung 1

Vorhandener beschichteter Gussasphalt mit Reparaturstellen in der Fahrbahndecke und abgenutzter Altbeschichtung.

Die gesamte Fahrbahndecke muss mit einem Kugelstrahlgerät gereinigt und aufgeraut werden. Danach soll eine geeignete Beschichtung neu aufgetragen werden: Farbton RAL 7030 Steingrau.

1 Abgenutzte Fahrbahndecke

2 Ausbruchstellen im Estrich

Teilleistung 2

Sanierung der farbigen Beschichtung auf den Gehwegstreifen an den Rampen des Parkdecks.

Der nicht tragfähige Anstrich muss entfernt und der Gehwegstreifen mit Reparaturmörtel saniert werden. Neue Beschichtung: Farbton RAL 1003 Signalgelb.

3 Gehwegstreifen

Teilleistung 3

Erneuerung der Fahrbahnmarkierungen und Begrenzungsstreifen der Stellplätze.

Nach erfolgter Beschichtung der Fahrbahndecke müssen die Richtungspfeile und Fahrbahnmarkierungen sowie die einzelnen Stellplätze neu eingemessen und mit Straßenmarkierungsfarbe Weiß wieder kenntlich gemacht werden.

4 Fahrbahnmarkierungen

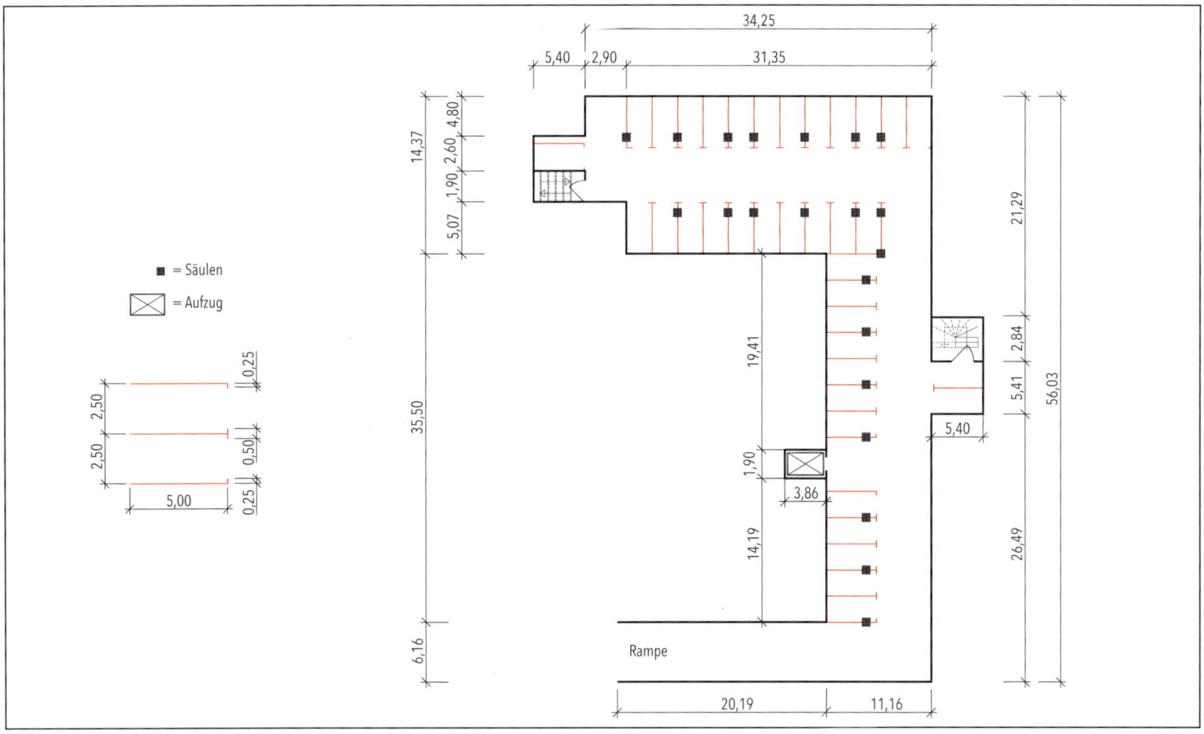

1 *Grundriss des Parkdecks*

Teilleistung 4

Der neue Aufzug im Treppenhaus muss vor Inbetriebnahme eine hydraulikölbeständige Beschichtung mit umlaufendem Sockel in 20 cm Höhe bekommen. Zudem ist im Randbereich vor der Beschichtung eine Hohlkehle auszubilden.

2 *Aufzugsunterfahrt, Neubau*

3 *Einfahrt ins Parkhaus*

Lernsituation

Sanierung von Parkdeckbeschichtung und Gehwegstreifen, Erneuerung der Fahrbahnmarkierungen, ölfeste Beschichtung in Aufzugsunterfahrt aufbringen

1. Informieren

- In der Objektbeschreibung wird auf verschiedene Mängel und Fehler in der bestehenden Beschichtung hingewiesen. Sammeln Sie aus unterschiedlichen Quellen Informationen über:
  - Gussasphalt und Fließestriche
  - Ausbesserungsmörtel für Betonteile
  - Beschichtungen für industrielle Nutzung bei hoher Belastung durch Druck und Reifenabrieb
  - Rutschfestigkeit von Beschichtungen bei Nässe
  - Beständigkeit von Ölwannenbeschichtungen, insbesondere gegen Hydrauliköl
  - Gebrauch von Kugelstrahlgeräten
  - Entsorgung des Strahlguts
  - Arbeitsschutzmaßnahmen
- Bringen Sie in Erfahrung, ob Sie eine Beton-Schönheitsreparatur an den Gehwegstreifen auch ohne den SIVV-Schein nach DIN 18349 ausführen dürfen.

2. Planen

- Klären Sie mit dem Parkhausbetreiber, in welchem Zeitraum das Parkdeck gesperrt werden kann, damit es während der Ausführung der Arbeiten leer ist.
- Planen Sie Staubschutzmaßnahmen für bestehende Öffnungen und Abdichtungen für Türen, z. B. zum Treppenhaus, um die Staubbelastung während des Kugelstrahlens so gering wie möglich zu halten.
- Tragen Sie in einem Grundrissplan des Parkdecks die genauen Positionen für die Fahrbahnmarkierungen, Richtungspfeile und Parkbuchten ein.
- Überlegen Sie, welchen Energieanschluss Ihr Kugelstrahlgerät benötigt.
- Welcher Reparaturmörtel (PCC I oder PCC II) ist für die Beton-Schönheitsreparatur an den Gehwegstreifen geeignet?
- Erörtern Sie im Team, ob es sinnvoll ist, die Ränder des Bordsteins mit einer fluoreszierenden Farbe zu markieren.
- Erarbeiten Sie im Team, warum die Ausbildung einer Hohlkehle in der Aufzugsunterfahrt am Übergang Wand/Boden sinnvoll ist.

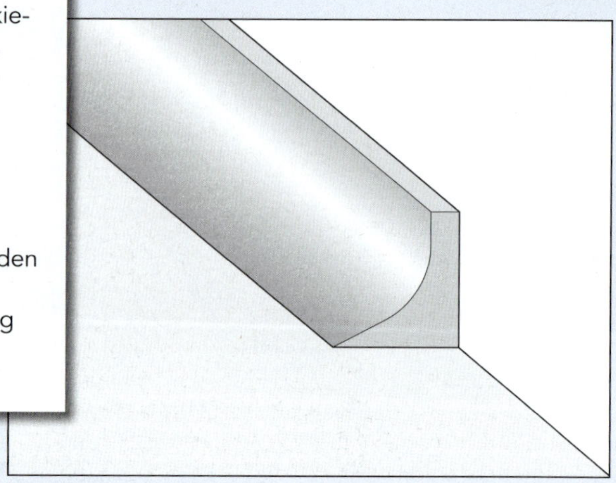

Hohlkehle

6. Bewerten

Der Parkhausbetreiber möchte nach erfolgter Sanierung von Ihnen wissen, wie Sie die Sanierung durchgeführt haben.
Bereiten Sie sich auf ein Kundengespräch vor, in dem Sie dem Kunden kurz, aber präzise Einblick gewähren in:

- Untergrundprüfungen
- einzelne Arbeitsprozesse
- verwendete Materialien
- Nutzungsklassen der Beschichtungssysteme nach Abriebfestigkeit, Ölbeständigkeit, Rutschfestigkeit

5. Kontrollieren

- Überlegen Sie gemeinsam im Klassenverband, welche der angebotenen Lösungen die bestmögliche ist, und begründen Sie diese Entscheidung.
- Nehmen Sie kritische Anregungen und Korrekturen aus den anderen Präsentationen positiv auf.

Markierung Fahrtrichtung und Parkbuchten

4. Ausführen

- Erarbeiten Sie mit Ihrem Team aus allen verfügbaren Informationen und Praxismerkblättern ein Sanierungskonzept für das Parkdeck.
- Vergleichen Sie Ihre Ergebnisse mit denen aus den anderen Arbeitsgruppen Ihres Klassenverbands.
- Präsentieren und begründen Sie mit Ihrem Team Ihr Sanierungskonzept.

3. Entscheiden

- Wählen Sie ein Anstrichsystem für die geforderte Beanspruchung des Parkdecks aus und begründen Sie diese Wahl.
- Legen Sie die nach DIN 51 131 geforderte Rutschhemmklasse (R9 bis R13) für Verkehrswege ohne direkten Witterungseinfluss fest.
- Überlegen Sie, ob in die Straßenmarkierungsstreifen Reflektionsmittel eingestreut werden müssen, und begründen Sie Ihre Entscheidung.
- Listen Sie die Hilfsmittel auf, mit denen sich eine Hohlkehle herstellen lässt.
- Suchen Sie aus den möglichen Bodenbeschichtungen für Ölwannen diejenigen heraus, die speziell auch für Hydrauliköle zugelassen sind.

11 Objekte instand setzen

11.1 Beschichtung von Industrieböden

Wenn ein Kundenauftrag lautet, dass Industrieböden zu beschichten sind, müssen zunächst einige Aspekte geklärt werden, bevor die Entscheidung für ein geeignetes Beschichtungssystem fallen kann:
- Welche Art von Estrich wurde verarbeitet?
- Bei neu verlegten Estrichen: Wie hoch ist die Ausgleichsfeuchtigkeit bzw. Restfeuchte?
- Hat der Estrich eine alte Beschichtung?
- Welche Beanspruchungsgruppe hat der Estrich und muss demzufolge auch die Beschichtung haben?
- Muss mit Witterungseinflüssen gerechnet werden?
- Wie groß ist die Rutschgefahr?
- Gegen welche Substanzen muss die neue Beschichtung beständig sein?

Die Klärung dieser Fragen wird sinnvollerweise dokumentiert.

11.1.1 Bestimmung der Estrichgüte und seiner Beschaffenheit

Art und Güte des Estrichs lassen sich nur durch eine Befragung des Betriebs klären, der den Estrich verlegt hat. Ob ein Estrich bereits belegt werden kann, ist abhängig von seiner Restfeuchte.

CM-Messung: Die Restfeuchtemessung wird mit der Kalziumkarbid-Methode (CM-Messung) nach DIN 18560 „Estriche im Bauwesen" durchgeführt.

Bei diesem Verfahren wird die Estrichprobe gewogen und danach in einen Druckbehälter eingeführt, in dem sich Stahlkugeln sowie eine Glasampulle mit Kalziumkarbid befinden. Alles wird im verschlossenen Behälter zerkleinert und vermischt. Das enthaltene Wasser bildet mit Kalziumkarbid nach folgender Gleichung Azetylen:

$$CaC_2 + 2\,H_2O \longrightarrow Ca(OH)_2 + C_2H_2$$

Die Menge des Azetylens wird durch Messung des Druckanstiegs über ein Manometer bestimmt und ist das Maß für die Menge an zuvor enthaltenem Wasser.
Die Beanspruchungsgruppe des Estrichs und dessen Beschichtung wird ebenfalls in der DIN 18560 definiert.

Beanspruchungsgruppe	Art der Bereifung des Flurförderzeugs	Beispiele: Arbeitsabläufe, Fußgängerverkehr
I (schwer)	Stahl Polyamid	• Bearbeiten, Schleifen und Kollern von Metallteilen • Absetzen von Gütern mit Metallgabeln • Fußgängerverkehr mit mehr als 1 000 Personen/Tag
II (mittel)	Urethan Vulkollan Gummi	• Schleifen und Kollern von Holz, Papierrollen und Kunststoffteilen Fußgängerverkehr von 100 bis 1 000 Personen/Tag
III (leicht)	Luftreifen	• Montage auf Tischen • Fußgängerverkehr bis 100 Personen/Tag

Die Härteklasse des Estrichs wurde früher in der DIN 13813 geregelt. Seit September 2009 ist sie in die DIN 18560 integriert.

Estrichart	Biegezugfestigkeitsklasse bzw. Härteklasse
Kalziumsulfatfließestrich	F4 / F5 / F7
Kalziumsulfatestrich	F4 / F5 / F7
Gussasphaltestrich	IC10
Kunstharzestrich	F7 / F10
Magnesiaestrich	F4 / F5 / F7
Zementestrich	F4 / F5

11.1.2 Bestimmung der Witterungseinflüsse

Zur Bestimmung der Witterungseinflüsse gibt es kein Regelwerk. Bei einer Ortsbesichtigung wird erkundet, welche Teilbereiche der direkten Bewitterung ausgesetzt sind und welche nicht.
Bei einem Parkhaus sind folgende Fragen zu klären:
- Sind die Parkdecks offen oder geschlossen?
- Ist die Einfahrtrampe offen oder überdacht?
- Werden die Gehwegstreifen bewittert?

Auch wenn in einem geschlossenen Parkhaus keine Gefahr durch direkten Witterungseinfluss besteht, gibt es dennoch einige Aspekte, die berücksichtigt werden müssen.
- Einfahrende Fahrzeuge bringen vor allem in der Winterzeit einige Substanzen mit, die eine Belastung für die Oberfläche darstellen. Das ist vor allem Nässe durch Regen oder abtauenden Schnee – und damit verbunden oft auch Rückstände von Tausalzen. Außerdem ist mit Rollsplit im Reifenprofil zu rechnen.
- Durch das Abtropfen am Motorraum können sich Benzin- oder Ölpfützen bilden.
- Mechanische Belastung entsteht bei trockenem Wetter durch den Gummiabrieb der Reifen.

11.1.3 Rutschgefahrgruppen

In der DIN 51130 „Prüfung der Rutschhemmung von Bodenbelägen im Betriebszustand" sind Methoden zur Prüfung der Rutschfestigkeit von Bodenbelägen festgelegt. Diese Bodenbeläge können unbehandelte Estriche, Straßenbeläge, Fliesen oder auch Beschichtungen sein. Allerdings gibt diese DIN keine Bewertung oder Empfehlung für eine weitere Behandlung ab.
Diese Aufgabe übernimmt die Berufsgenossenschaft (BG) und legt in einem umfangreichen Regelwerk für alle möglichen Gewerke und Anforderungen die Rutschgefahrgruppen fest.

Die Regelungen der BGs bzw. der gesetzlichen Unfallversicherung haben den Status von erweiterten Versicherungsbedingungen und sind somit zunächst eine rein deutsche Angelegenheit. Sie dienen der Umsetzung des deutschen Arbeitsschutzgesetzes und bieten den Arbeitgebern, den Beschäftigten und auch den Bürgern allgemein Rechtssicherheit und Schutz.

Auszug aus den Rutschgefahrgruppen (R-Gruppen) nach BGR 181 (Berufsgenossenschaftliche Regeln):

Nummer	Arbeitsräume, Arbeitsbereiche, betriebliche Verkehrsbereiche	R-Gruppe
26	**Feuerwehrhäuser**	
26.1	Fahrzeug-Stellplätze	R 12
26.2	Räume für Schlauchpflegeeinrichtungen	R 12
27	**Geldinstitute**	
27.1	Schalterräume	R 9
28	**Parkbereiche**	
28.1	Garagen, Hoch- und Tiefgaragen ohne Witterungseinfluss	R 10
28.2	Garagen, Hoch- und Tiefgaragen mit Witterungseinfluss	R 11
28.3	Parkflächen im Freien	R 11
29	**Schulen und Kindergärten**	
29.1	Eingangsbereiche, Flure, Pausenhallen	R 9
29.2	Klassenräume, Gruppenräume	R 9
29.3	Treppen	R 9
29.4	Toiletten, Waschräume	R 10
29.5	Lehrküchen in Schulen	R 10
29.6	Küchen in Kindergärten	R 10
29.7	Maschinenräume für Holzbearbeitung	R 10
29.8	Fachräume für Werken	R 10
29.9	Pausenhöfe	R 11
30	**Betriebliche Verkehrswege in Außenbereichen**	
30.1	Gehwege	R 11
30.2	Laderampen	
30.2.1	überdacht	R 11
30.2.2	nicht überdacht	R 12
30.3	Schrägrampen (z. B. für Rollstühle, Ladebrücken)	R 12
30.4.1	Betankungsbereiche	R 12
30.4.2	Betankungsbereiche überdacht	R 11

R 9 fordert die geringste Standsicherheit. Die Rutschklasse R 13 mit der höchsten Standsicherheit findet man fast ausschließlich in den lebensmittelverarbeitenden Bereichen wie Fleischereien, Schlachthäusern, Fettschmelzen, in der Fischverarbeitung, bei der Mayonnaiseherstellung, also überall dort, wo erhöhte Rutschgefahr durch Öle und Fette besteht.
Die Rutschfestigkeit von Beschichtungen kann bereits werkseitig eingestellt sein durch einen hohen Anteil von Weichmachern oder durch den Mattierungsgrad. In den Praxismerkblättern oder auch Produktdatenblättern für industrielle Bodenbeschichtungen sollte dies vermerkt sein.
Andererseits hat der verarbeitende Betrieb noch die Möglichkeit, durch Zugabe von Feststoffen die Rutschfestigkeit zu erhöhen. Solche Feststoffe können sein:

- Granulate
- Quarzsand
- feine Glasperlen
- Einstreuchips

11.1.4 Öl- und Laugenbeständigkeit

Je nach Beanspruchung müssen Beschichtungen beständig sein gegen Flüssigkeiten und Chemikalien.

ISO 2812 Beschichtungsstoffe – Bestimmung der Beständigkeit gegen Flüssigkeiten Teil 4
Tropf-/Fleckverfahren: europäische Prüfnorm, nach der eine Beschichtung auf Verträglichkeit mit verschiedenen Chemikalien getestet werden kann.

In diesem Tropf-/Fleckverfahren wird eine Beschichtung waagerecht mit einer Substanz über einen festgelegten Zeitraum beträufelt und danach gereinigt. Wenn es dabei keine Veränderungen gegeben hat, wird die Beständigkeit zertifiziert.
Mögliche Veränderungen der Beschichtung bei Unverträglichkeit mit Flüssigkeiten und Chemikalien:

- Verfärbungen
- Veränderung des Glanzgrades
- Erweichung
- Quellung
- Ablösung vom Untergrund
- Blasenbildung

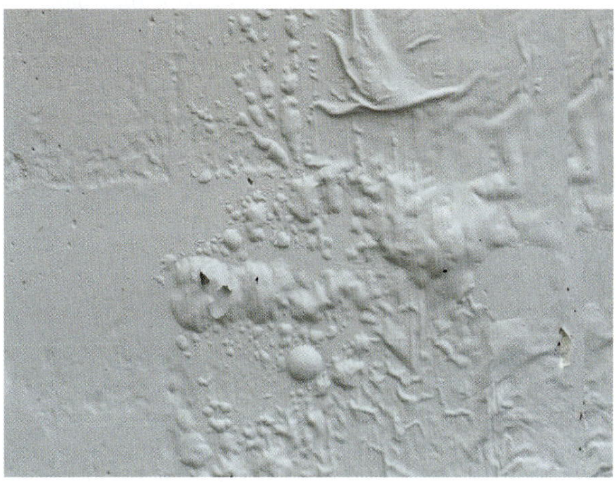

1 Blasenbildung bei einer Beschichtung

11.1.5 Vor der Neubeschichtung: Untergrund prüfen!

Das bekannte Sprichwort „Die Kette ist nur so stark wie ihr schwächstes Glied" lässt sich unverändert auch auf Beschichtungssysteme für die verschiedensten Untergründe anwenden – ob alt oder neu.
Wenn der Untergrund nicht frei von Trennmitteln, Rückständen oder Fehlern ist, kann auch das beste Anstrichsystem die werkseitig zugesicherten Eigenschaften nicht einhalten.

Daher ist es unerlässlich, den zu beschichtenden Untergrund sehr sorgfältig zu prüfen und eventuelle Schadstellen vorab auszubessern. Untergrundmängel im Parkhaus können sein:

- Staub und Schmutz
- Feuchtigkeit
- Öl und Benzin
- Gummiabrieb von Reifen
- Salzausblühungen, Tausalze
- sich lösende Altbeschichtung
- Risse
- Putz- oder Estrichabplatzungen
- Trennmittel wie Schalölrückstände
- Silikondichtstoffe

11.1.6 Untergrundvorbereitung

Unabhängig vom Zustand des bestehenden Untergrunds gibt jeder Hersteller in seinen Praxismerkblättern die Empfehlung, den zu beschichtenden Untergrund mit einem Kugelstrahlgerät gründlich zu reinigen und vorzubereiten.
Kugelstrahlen ist eine Oberflächenbehandlung. Dabei werden mittels Schleuderrad-, Druckluft- oder Injektor-Strahlanlagen kleine Strahlmittelkörner mit hoher Geschwindigkeit gegen die zu behandelnde Oberfläche (Strahlgut) geschleudert.
Bedingt durch die hohe Geschwindigkeit und den hohen Luftdruck (bis ca. 10 bar, normalerweise 2-5 bar) in der Leitung wird das Strahlmittel beschleunigt und zum Aufprall auf die zu bearbeitende Oberfläche (Strahlgut) gebracht. Dadurch werden künstlich Fehler (Fehlstellen) ins Atomgitter eingebracht, die eine Volumenvergrößerung hervorrufen und zugleich alte Beschichtungen abplatzen lassen.
Kein anderer Reinigungsvorgang entfernt so zuverlässig alle Arten von Verunreinigungen und Anstrichreste. Mit diesem Verfahren lässt sich eine Oberfläche herstellen, die einem neuen Estrich oder Putz sehr ähnlich ist.

1 Kugelstrahlgerät

Nach der gründlichen Reinigung des Untergrunds wird überprüft, ob Estrichablösungen oder Hohlstellen zu erkennen sind. Die Reparatur solcher Fehlstellen wird aus Gründen der Gewährleistung (siehe S. 64) nicht vom Malerbetrieb ausgeführt. Die Verlegung von Estrichen ist ein eigenes Gewerk.
Risse im Estrich (auch „Scheinfugen" genannt) stellen nicht nur einen optischen Mangel dar. Sie müssen vor einer Beschichtung in jedem Fall beseitigt werden.

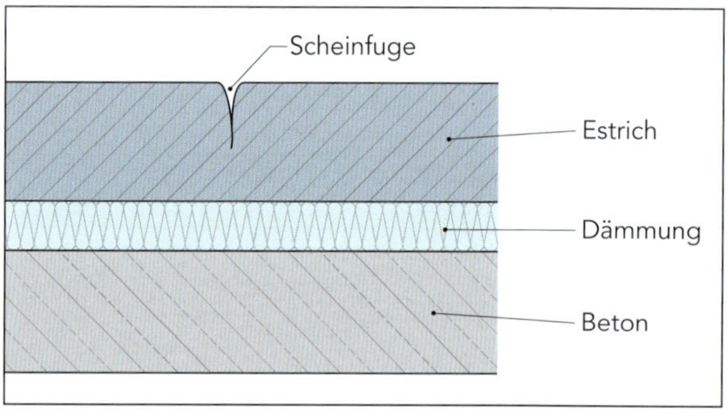

2 Scheinfuge

Scheinfugen müssen kraftschlüssig durch Vergießen mit Kunstharz geschlossen werden (DIN 18560 Teil 2, Punkt 5.3.3).

Kraftschlüssige Verbindung von Rissen im Estrich:

- Risse aufweiten und säubern
- Estrich in regelmäßigen Abständen quer zum Riss mit einer Trennscheibe einschneiden
- Estrichklammern in die Querfugen einlegen
- Risse und Fugen mit zweikomponentigem Gießharz verfüllen

Das Gießharz verfüllt die Risse dauerhaft und sicher. Die Estrichklammern bewirken eine physikalische Verteilung der Zugkräfte, sodass sich der Riss nicht mehr in seiner Breite ausdehnen kann.

11.1.7 Beschichtungssysteme für Industriebodenflächen

Bei der Vielfalt an Untergründen und der vorgesehenen Nutzung der Bodenflächen gibt es auch eine große Vielfalt an Beschichtungssystemen. Im Wesentlichen unterscheidet man drei Gruppen von Bindemitteln, die bei Industriebodenflächen und im gewerblichen Bereich eingesetzt werden:

- Epoxidharzbeschichtungen (EP), 1K oder 2K
- Polyurethanbeschichtungen (PUR), 1K oder 2K
- Dispersionsanstriche auf Arylatbasis, einkomponentig (1K) – Acrylat-Bodensiegel sind eher im gewerblichen und privaten Bereich von Bedeutung, da nicht hoch belastbar

Diese Beschichtungssysteme können – vor allem bei Industrieböden – noch mit Zuschlagstoffen ausgerüstet sein, um die im industriellen Einsatz speziell benötigten Eigenschaften zu erzielen.

- Karbonfasern zur Erhöhung der Reißfestigkeit
- Siliziumkarbid zur Erhöhung des Härtegrads
- Mikroglasperlen für die Rutschhemmung

Acrylat-Bodensiegel: Dieser Beschichtungstyp kommt zumeist bei gering belasteten Bodenflächen vor, die nicht befahren werden und keiner dauerhaften Belastung durch Nässe ausgesetzt sind. Anwendung findet dieser Typ in Räumen mit normaler Gehbelastung und in Ölauffangwannen.

Epoxidharz- und Polyurethanbeschichtungen: Je nach Ausrüstung und Herstellerangaben ist diese Gruppe von Beschichtungssystemen geeignet für Bodenflächen mit mittlerer Belastung wie Lagerräume, Fahrzeughallen, Werkstätten, oder auch mit hoher bis extremer Belastung wie Verbrauchermärkte, Produktionshallen mit Staplerverkehr, Verladerampen usw.
Welches Produkt sich für welchen Einsatz eignet, lässt sich nur anhand der Technischen Merkblätter und der zugesicherten Eigenschaften bestimmen. In der Regel wird ein Betrieb, der mit einer Beschichtung eines Industriebodens beauftragt wird, immer auch den Hersteller kontaktieren und mit ihm den richtigen Aufbau der Beschichtung sowie die notwendigen Vorarbeiten erörtern. Daraus geht eine Beschichtungsempfehlung seitens des Herstellers hervor, der dann auch für die zugesicherten Eigenschaften der Produkte haftet. Das setzt voraus, dass der ausführende Betrieb auch wirklich alle Arbeitsschritte in der richtigen Reihenfolge eingehalten hat. Außerdem muss er sicherstellen, dass die vorgegebenen Materialverbrauchsmengen wirklich erreicht werden.

BautenschutzBasics

Beschichtungsaufbau

Grundbeschichtung
Auftragsverfahren: Auf die Fläche gießen, mit Gummirakelgleichmäßig verteilen. Mit mittelfloriger Walze od. Versiegelerbürste nacharbeiten.
Disboxid 420 E.MI Primer,
ca. 200–400 g/m²,
ggf. Kratzspachtelung

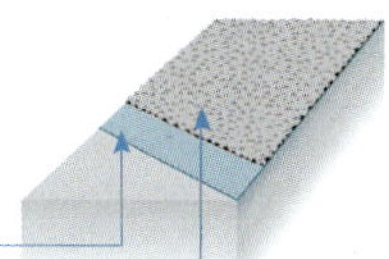

Beschichtung
Auftragsverfahren: Mit Edelstahl-Glättkelle dünn auftragen und scharf über das Korn abziehen. Mit grober Moltoprenwalze im Kreuzgang abrollen.
Disboxid 467 E.MI Hartkornschicht, ca. 600 g/m²

Verarbeitungs-temperatur	Werkstoff-, Umluft- und Untergrundtemperatur mind. 10 °C, max. 30 °C. Relative Luftfeuchtigkeit < 80 %. Untergrundtemperatur mind. 3 °C über Taupunkttemperatur.
Trockenzeit	Bei 20° C und 60 % rel. Luftfeuchtigkeit: nach ca. 1 T ag begehbar, nach ca. 3 Tagen mechanisch belastbar, nach ca. 7 Tagen völlig ausgehärtet. Bei niedrigen Temperaturen entsprechend länger. Während des Aushärtungsprozesses (ca. 16 Std. bei 20 °C) aufgetragenes Material vor Feuchtig keit schützen, da sonst Oberflächenstörungen und Haftungsminderungen auftreten können.

1 Herstellervorgabe zum Beschichtungsaufbau für ein Parkdeck

11.2 Betonsanierung

Beton ist ein künstlich hergestellter Stein, der seit dem 20. Jh. aus der Baugeschichte nicht mehr wegzudenken ist. Viele Bauwerke wären ohne Beton gar nicht möglich.

Beton besteht nach DIN 1045 aus drei wesentlichen Stoffen:

- Bindemittel (Zement)
- Gesteinskörnungen (Kies, Sand)
- Wasser (früher: Anmachwasser)

11.2.1 Betonarten und Bezeichnungen

Je nach Herstellung und Verwendungszweck gibt es eine Vielzahl von Betonarten und zugehörige Bezeichnungen. Spezielle Sorten wie Unterwasserbeton, der hauptsächlich für Unterwasserfundamente eingesetzt wird, sind für Malerbetriebe kein Betätigungsfeld. Die für den Maler wichtigsten Begriffe betreffen den Hochbau.
Die Bezeichnung der Betonsorte lässt oft erkennen, wie und wo er hergestellt wurde, wie die Oberflächen beschaffen sind oder auch welche Funktion der Beton haben soll.

Übersicht Betonarten/-bezeichnungen:

Betonart	Begriffserläuterung	Verwendung
Transport-beton	Frischbeton, per Lkw in Betonmischern angeliefert	alle Formen von Bauteilen
Ortbeton	Frischbeton, vor Ort auf der Baustelle gemischt und gegossen	alle Formen von Bauteilen, lokale Produktion
Schalbeton	in Stützformen aus Holz (Verschalung) gegossen; Holzstruktur nach Erhärtung sichtbar	Rohbauwände und -decken, Stütz-säulen, Tunnel-gewölbe
Fertigbeton	werkseitig produzierte Fertigteile	vorgefertigte Bauelemente
Stahlbeton	mit Bewehrungsstahl zur Aufnahme von Zugkräften	statisch tragende Bauteile
Spannbeton	Stahlbeton, dessen Stahleinlage beim Gießen unter Spannung steht	Brücken, Decken von Hallen
Sichtbeton	unbehandelte Betonflächen, unabhängig von Form und Verwendung	architektonisches Stilmerkmal
Struktur-beton	profilierte Oberfläche, erzielt durch Nachbehandlung wie Flamm- oder Sandstrahlen, besondere Schalung	Gestaltungs-element
Filigran-beton	sehr feine und glatte Oberfläche	Fertigbauteile für Geschossdecken
Waschbeton	Freilegung der Kieselsteine durch Auswaschen des Bindemittels an der Oberfläche	Gehwegplatten, Fassaden-verkleidungen
Porenbeton	aufgeblähter Kalkzementmörtel, bessere Wärmedämmung als Normalbeton	großformatige Leichtbausteine
Konkret-beton	(von engl.: concrete) Zusatz von Splitt und Schutt, dadurch wasserdurchlässig	mindere Qualität, heute nicht mehr gebräuchlich
Estrichbeton	nicht normierte Bezeichnung, wird als Sackware vor Ort verarbeitet	Fundamente, Estriche

11.2.2 Beurteilung von Betonschäden

In der betrieblichen Praxis müssen Schäden am Beton erkannt und geprüft werden, um beurteilen zu können, ob es sich

- nur um oberflächlich optische Schäden handelt, also um kleinere Schäden, die mit einer kosmetischen Behandlung bearbeitet werden können, oder
- um strukturelle Schäden, die das Bauteil in seiner Standsicherheit gefährden.

Im BFS-Merkblatt Nr. 1 „Schutz und Instandsetzung von Betonaußenflächen im Hochbau" gibt es eine ausführliche Tabelle (siehe S. 417) mit gängigen Prüfmethoden und Erkennungsmerkmalen von Schäden sowie mit empfohlenen Maßnahmen zu deren Beseitigung. Im selben Merkblatt wird die mögliche Annahme und Ausführung von Betonsanierungsarbeiten durch Handwerksbetriebe allerdings eingeschränkt.

Dort heißt es:

„Stellt sich heraus, dass die Standsicherheit der Betonbauteile gefährdet ist, gelten die weitergehenden Regelungen der DAfStb-Richtlinie – Schutz- und Instandsetzung von Betonbauteilen, Teile 1 bis 4 – für die Prüfung und Planung der Instandsetzung sowie deren Qualitätssicherung der Ausführung."

Die Richtlinien des DAfStb (Deutscher Ausschuss für Stahlbeton) haben für das Gewerk der Betonbauer dieselbe Bedeutung wie die Merkblätter des Bundesausschusses Farbe und Sachwertschutz (BFS) für das Malerhandwerk:

DAfStb und BFS sind sogenannte „Anerkannte Regeln der Technik".

Die DAfStb-Richtlinie regelt unter anderem die Anforderung an die Betriebe zur Prüfung und Ausführung von Instandsetzungsmaßnahmen. Dies kann also bedeuten, dass ein Malerbetrieb ohne entsprechende Qualifikation gar nicht sanieren darf! Der entscheidende Punkt dabei ist die Einschätzung, ob die Standsicherheit gefährdet ist oder nicht.

Im Zweifel ist von der Ausführung einer Sanierung ohne SIVV-Schein abzuraten.

SIVV-Schein: Schützen, Instandsetzen, Verbinden und Verstärken von Betonbauteilen.

Der SIVV-Schein wird als Fortbildungsmaßnahme von verschiedenen privaten und öffentlichen Trägern in Form von mehrtägigen Lehrgängen mit abschließender Prüfung angeboten. Der SIVV-Befähigungsnachweis wird im Hinblick auf eine Qualitätssicherung von öffentlichen, aber auch zunehmend von privaten Auftraggebern verlangt. Es besteht die bauaufsichtliche Pflicht zur Nachschulung im Abstand von drei Jahren.
Nun bezieht sich das BFS-Merkblatt Nr. 1 ausdrücklich auf Betonaußenflächen. Und der SIVV-Schein wird gefordert bei Arbeiten am Stahlbeton. Das bedeutet aber auch, dass für den Maler und Lackierer Sanierungen an Außenteilen ohne Bewehrungsstahl möglich sind, da diese zumeist keine statisch relevante Funktion haben (z. B.Stützmauern an Kellerabgängen, Kellertreppen oder Gehwegstreifen).

Innenwände mit Stahleinlagen sind zwar tragende Bauteile, da sie aber nicht der Bewitterung ausgesetzt sind und die Gefahr von weitergehenden Bauschäden relativ gering ist, wäre eine Sanierung durch den Malerfachbetrieb auch ohne SIVV-Schein möglich.

11.2.3 Betonausbruchstellen nachbessern

Die Instandsetzung von Betonausbrüchen mit Stahleinlage erfolgt in vier Arbeitsschritten:

Haftschlämme auftragen: Kunststoffmodifizierte Zementschlämme wird mit einem Pinsel oder Flächenstreicher auf die Ausbruchstelle satt aufgetragen.
Ausbruchstelle verfüllen: Mit einem Beton-Zementmörtel mit Kunststoffzusatz (PCC = Polymer-Cement-Concrete) wird die Ausbruchstelle verfüllt. PCC-Mörtel sind in zwei Gruppen erhältlich:
- PCC I für waagerechte und schwach geneigte Flächen
- PCC II für beliebige Flächen, auch über Kopf

Planspachtelung: Der Mörtel wird mit Filzbrett abgeglättet oder mit geeigneter Spachtelmasse eingeebnet, ggf. wird die vorhandene Betonstruktur nachmodelliert.
Schutzbeschichtung aufbringen: Nach dem BFS-Merkblatt Nr. 1 werden an die Systeme der Beton-Schutzbeschichtungen drei Mindestanforderungen gestellt, die der Hersteller des Systems zuzusichern hat:
- Diffusionswiderstand gegen Kohlenstoffdioxid: vergleichbare Luftschichtdicke sd-Wert größer 50 m
- Widerstand gegen Wasserdampfdiffusion: vergleichbare Luftschichtdicke sd-Wert kleiner 4 m
- Eignung zur Rissüberbrückung für vorhandene Risse bis 0,15 mm

Die gebräuchlichsten Beschichtungssysteme basieren auf
- Kunststoffdispersionen (siehe S. 120, 121),
- Reaktionsharze (EP, PU, Acrylat, siehe S. 150, 411),
- Polymerisatharze, gelöst (siehe S. 211).

11.3 Ölwannenbeschichtungen

Nach dem deutschen Wasserhaushaltsgesetz (WHG) müssen alle flüssigen Stoffe, die auf keinen Fall in unser Grundwasser gelangen dürfen, in einer Auffangwanne gesichert sein. Eine solche Auffangwanne kann aus Metall oder Kunststoff hergestellt sein oder als Beschichtung auf den Estrich oder Beton aufgebracht werden.

11.3.1 Voraussetzungen für Ölwannenbeschichtungen

Soll eine Ölwannenbeschichtung auf Estrich aufgebracht werden, sind folgende Informationen erforderlich:
- Wie ist der Estrich beschaffen?
- Ist die Fuge Boden-Wand abzudichten?
- Welches Volumen (in Litern) muss die Wanne haben?
- Welche Art von Öl soll aufgefangen werden?

Der Estrich muss sauber, trocken, fest und frei von Trennmitteln sein. Altbeschichtungen sind gegebenenfalls zu entfernen. Dehnungsfugen im Estrich sind nicht zulässig! Die Anschlussfuge vom Boden zur Wand stellt eine mögliche Schwachstelle dar. Es reicht nicht aus, diese mit einem dauerelastischen Material abzudichten. Vorgeschrieben ist nach der DIN 18540 die Ausbildung einer Hohlkehle, um den physikalischen Druck zu mindern, der auf einer Ecke lastet.
Die Ausbildung kann der Maler und Lackierer mit einem Zementmörtel selbst vornehmen. Die Herstellung der Rundung erfolgt mit einfachen Hilfsmitteln, z. B. mit einem zurechtgeschnittenen Plastikdeckel eines Farbeimers, oder auch mit dem Boden einer runden Glasflasche. Alternativ gibt es bereits vorgefertigte Hohlkehlenelemente, die mit einem Epoxidharz verklebt werden.

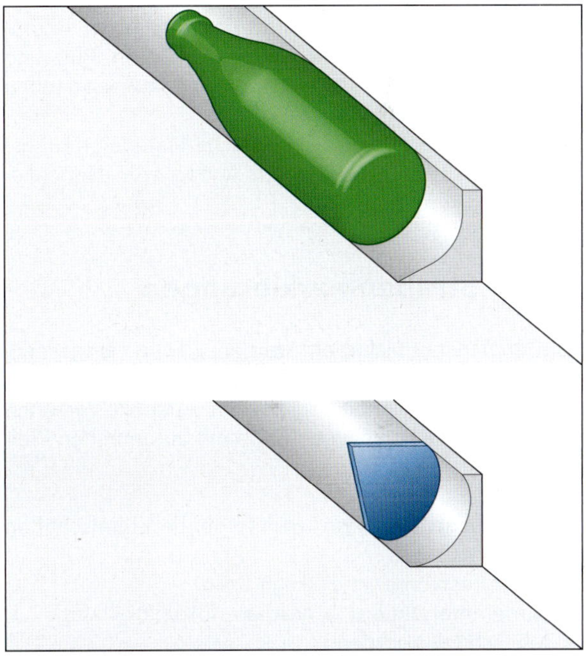

1 Möglichkeiten zur Ausbildung einer Hohlkehle

Die Höhe des Sockels richtet sich nach dem Litervolumen des aufzufangenden Öls. Dazu ist beim Hersteller zu erfragen, wie viel Öl im gesamten Hydrauliksystem z. B.eines Aufzugs ist oder wie viel Öl in einem Tank sein wird.
Mit dieser Angabe kann nun aufgrund des Grundmaßes der Estrichfläche die Mindesthöhe des Sockels errechnet werden. Der Sockel wird sicherheitshalber 10 cm höher angesetzt als errechnet.
Die Farbhersteller lassen ihre Produkte auf Verträglichkeit mit den verschiedensten Ölen testen und zertifizieren. Aufgrund der Produkthaftung hat der Maler und Lackierer als Verarbeiter dann auch die nötige Sicherheit, das richtige Material anhand der zugesicherten Eigenschaften auszuwählen.

11.3.2 Ölsorten und -arten

In den Technischen Merkblättern der Hersteller von Ölwannenbeschichtungssystemen steht klar definiert, gegen welche Art von Öl die jeweilige Beschichtung beständig ist.

Nicht jede Beschichtung ist für alle Ölsorten geeignet!

Das Prüfverfahren erstreckt sich auf folgende Ölsorten:
- Heizöl
- Motoren- und Getriebeöl (ungebraucht)
- Dieselkraftstoff
- Biodiesel (Rapsöl)
- Transformatorenöl (Isolieröl)
- Hydrauliköl

Die Prüfung und Zertifizierung erfolgt nach der Bauregelliste A, Teil 2, „Beschichtungen für Beton, Putz und Estrichflächen von Auffangwannen und Auffangräumen in Gebäuden und im Freien".
In elf Bundesländern gibt es staatliche Materialprüfungsämter, die solche Produkte auf Antrag vom Hersteller prüfen und zertifizieren.

11.4 Straßenmarkierungen

Straßenmarkierungsfarben werden häufig eingesetzt, um Straßenbegrenzungen, Parkplatzbuchten oder Halteverbotszonen kenntlich zu machen. Auch die Verkehrsführung, z. B. in Parkhäusern, wird mit aufgemalten Pfeilen signalisiert.

Straßenmarkierungsfarbe weist folgende Eigenschaften und Merkmale auf:
- hoher Festkörperanteil (High Solid)
- Bindemittel zumeist Acrylatharz, lösemittelhaltig
- sehr schnell trocknend
- hoch abrieb- und reifenfest
- witterungsbeständig für Außeneinsatz
- asphaltbeständige Pigmente
- lichtreflektierend beim Einsatz auf Straßen

In der Regel bieten die Lieferanten Nachstreumittel (kleine Glaskügelchen) als Zusatzartikel für ihre Farben an, um das Reflektionsvermögen ihrer Beschichtung zu erhöhen. Diese Glasperlen werden in die noch nasse, frische Beschichtung eingestreut.

11.4.1 Farbtöne

Im öffentliche Straßenverkehr sind einige Farbtöne vorgeschrieben, die in der RAL-Farbtonkarte mit dem Wort „Verkehrs..." beginnen. Nur in diesen Farbtönen sind dann auch die Straßenmarkierungsfarben lieferbar. Sondertöne sind in der Regel nicht zu bestellen.
- RAL 1023 Verkehrsgelb
- RAL 3020 Verkehrsrot
- RAL 5017 Verkehrsblau
- RAL 6024 Verkehrsgrün
- RAL 9016 Verkehrsweiß
- RAL 9017 Verkehrsschwarz

11.4.2 Applikationsverfahren

Die Markierungsfarben lassen sich streichen, rollen oder spritzen. Sie werden in Metallgebinden verkauft und es gibt sie auch in Sprühdosen.
Linien werden mit Kreide auf der Straße angezeichnet und dann entweder beidseitig abgeklebt und zugerollt oder mithilfe eines Markierungsgerätes und der Sprühdose auf die Straße gebracht. Der Abzugshebel für die Dose befindet sich dabei oben im Führungsgriff des Geräts. Diese Methode ist für viele, lange und gleichbleibend breite Linien die wohl rationellste Art der Beschichtung.

1 Markierungsgerät

Richtungspfeile, Verkehrszeichen und Hinweise gibt es als fertige Schablonen zum Streichen oder Spritzen.

1 Schablone

Einige, auch mehrfarbige Verkehrsschilder gibt es vorgefertigt mit einer Teerrückseite zum thermoplastischen Aufbrennen auf den Asphalt. Es ist dasselbe Verfahren, das auch die Dachdecker für Ihre Schweißbahnen benutzen.

2 Verkehrsschild zum thermoplastischen Ausbrennen

Dann gibt es noch selbstklebende Fahrbahnmarkierungen als Rollenware, die häufig als Begrenzungslinien in Lagerhallen mit Staplerverkehr eingesetzt werden.

3 Selbstklebende Markierbänder zur Fahrbahnmarkierung

11.5 Signalfarben

Signalfarben haben ihrem Wortsinn nach die Aufgabe, eine Signalwirkung oder Warnung deutlich zu machen. Aus dem Straßenverkehr wissen wir beispielsweise, dass Rot ein Verbotsschild ist und Blau ein Gebotsschild. Ebenfalls in Blau werden in Deutschland die Autobahnen markiert. Gelb kennzeichnet Ortschaften und Landstraßen. Rote und weiße Streifen kennzeichnen Bahnschranken.

Auch Fahrzeuge, die im Straßenverkehr schnell erkannt werden sollen, haben ihre zugeordneten Farben.

- Taxis: RAL 1015 Hellelfenbein
- Polizei: RAL 5017 Verkehrsblau mit Silber
- Feuerwehr: RAL 3000 Feuerrot oder RAL 3024 Leuchtrot
- Rettungsfahrzeuge: RAL 3024 Leuchtrot
- Straßenbetriebsfahrzeuge: RAL 2011 Tieforange
- Krankenwagen: RAL 3003 Rubinrot
- ADAC: RAL 1021 Rapsgelb
- Deutsche Post: RAL 1032 Ginstergelb

11.5.1 Signalfarben an und in Bauwerken

Auch am Bau begegnen uns ständig Farben, die uns warnen oder etwas signalisieren sollen:

- In Parkhäusern z. B.sind aus dem Straßenverkehr bekannte Verkehrsschilder anzutreffen.
- Stufen oder niedrige Durchgänge, an denen man sich den Kopf stoßen könnte, werden mit schwarz-gelben Streifen gekennzeichnet.

Neben den Signalfarben für die Verkehrssicherheit hat die Kennzeichnung von Rohrleitungen besondere Bedeutung. Die Farbe zeigt an, welche Art von Flüssigkeiten oder Gasen durch sie hindurchläuft.

Farbkennzeichnung von Rohrleitungen nach DIN 2403:

brennbare Gase: Azetylen, Butan, Erdgas, Propangas, Treibgas, Wasserstoff	Gelb RAL 1021 (gelb/rot)
Säuren: Blausäure, Essigsäure, Salzsäure, Schwefelsäure	Orange RAL 2000
Wasserdampf: Fernwärme, Heizwärme, Kondensat	Rot RAL 3000
Warmwasser (SANITÄR)	Rot RAL 3000 (SANITÄR)
Zirkulationsleitung (SANITÄR)	Rot gestichelt RAL 3000 (SANITÄR)
Wasser: Frischwasser, Abwasser, Seewasser, Heißwasser, Kühlwasser	Grün RAL 6018
Regenwasser nutzbar (SANITÄR)	Grün RAL 6018 (SANITÄR)
brennbare Flüssigkeiten: Azeton, Alkohol, Kraftstoff, Benzin, Diesel, Heizöl	Braun RAL 8001 (braun/rot)
Laugen: Ätznatron, Ammoniak, Kali, Natron, Soda, Waschlauge	Violett RAL 4001
Sauerstoff	Blau RAL 5015
Kaltwasser (SANITÄR)	Blau RAL 5015 (SANITÄR)
Luft: Druckluft, Heißluft, Pressluft, Umluft, Zuluft, Vakuum	Grau RAL 7001
nicht brennbare Gase: Kohlensäure, Stickstoff, Chlor, Edelgas, Argon, Helium, Ozon, Schutzgas	Schwarz RAL 9005 (gelb/schwarz)
nicht brennbare Flüssigkeiten: Wein, Bier, Milch, Desinfektionsmittel	Schwarz RAL 9005 (braun/schwarz)
Schmutzwasser (SANITÄR)	Schwarz RAL 9005 (SANITÄR)
Regenwasser verschmutzt (SANITÄR)	Schwarz gestrichelt RAL 9005 (SANITÄR)
Mischabwasser (SANITÄR)	Schwarz Strich-Punkt-Linie RAL 9005 (SANITÄR)

11.5.2 Leuchtfarben

Der Einsatz von Leuchtfarben verstärkt die Signalwirkung von Farben deutlich. Die Leuchtwirkung wird durch die Zugabe von speziellen Leuchtpigmenten erzielt, unabhängig vom Bindemittel.
Leuchtfarbe ist eine Beschichtung, deren Pigmente mehr sichtbares Licht abgeben, als von außen einfällt. Die dafür erforderliche Energie kann auf drei Arten bereitgestellt werden.

Tagesleuchtfarbe: Unsichtbares UV-Licht wird in sichtbares Licht umgewandelt.
Nachleuchtfarbe: Bei Bestrahlung bzw. Beleuchtung aufgenommene Energie wird zeitverzögert abgegeben.
Radioaktive Leuchtfarbe: Energie stammt aus dem radioaktiven Zerfall einer Substanz.

Tagesleuchtfarben

Tagesleuchtfarben werden auch Neonfarben oder fluoreszierende Farben genannt. Sie wandeln den blauvioletten und teilweise den UV-Bereich des Tageslichts in Licht größerer Wellenlänge um (blaugrün, gelb, rot). Vor allem die Gelb- und Rottöne werden dabei vom Auge bei gleicher Lichtstärke als wesentlich heller wahrgenommen.

In der RAL-Farbtonkarte sind definierte Tagesleuchtfarben enthalten, die mit der Vorsilbe „Leucht…" beginnen:

- RAL 1026 Leuchtgelb
- RAL 2005 Leuchtorange
- RAL 2007 Leuchthellorange
- RAL 3024 Leuchtrot
- RAL 3026 Leuchthellrot

Anwendungsgebiete:

- Einsatzfahrzeuge von Feuerwehr und Rettungsdiensten
- Warnwesten
- Verkehrsschilder ohne Reflektoren
- Kennzeichnung von Gehwegen und Pfeilern in Parkhäusern
- Showeffekte in Diskotheken und Theatern (unter UV-A-Strahlung – Schwarzlicht – werden optische Aufheller z. B.in weißer Kleidung oder Papier besonders angeregt)

Nachleuchtfarben

Nachleuchtfarben werden auch phosphoreszierende Farben genannt. Sie speichern einfallendes Licht (Anregungsenergie) und geben diese Energie bei ausbleibender Energiezufuhr zeitversetzt wieder ab. Anwendungsgebiete:

- Markierung von Notausgängen und Fluchtwegen
- Schmuck- und Dekorationsgegenstände
- früher: Wandbeschichtungen in Bunkern

Radioaktive Leuchtfarben

Radioaktive Leuchtfarben bestehen aus einer radioaktiven Substanz wie Radiumsalz oder einer Tritiumverbindung, die eine schwache Alpha- oder Betastrahlung abgeben. Diese Strahlung mit geringer Reichweite regt wiederum eine fluoreszierende Substanz wie Zinksulfid zum Leuchten an. Ein zusätzlicher transparenter Schutzüberzug soll die Strahlungsgefahr vom Menschen abhalten.
Bei dieser Art von Leuchtfarben wird keine weitere Lichtquelle benötigt. Daher wurde dieser Typ lange Zeit in militärischen Anlagen zur Kennzeichnung von Schaltern und Bedienelementen verwendet.

Aufgaben

1. Welche Beanspruchungsgruppe hat ein Estrich in einer Tiefgarage?
2. Mit welchem Verfahren wird die Restfeuchte bzw. Haushaltsfeuchte im Estrich gemessen?
3. Was versteht man unter einer Rutschgefahrgruppe (R-Gruppe)?
4. Welche R-Gruppe müssen Parkbereiche ohne Witterungseinfluss haben, um als verkehrssicher zu gelten?
5. Welche R-Gruppe müssen Schrägrampen im Außenbereich aufweisen?
6. Welche Schäden können sich in einer Beschichtung zeigen, wenn das Anstrichmittel mit Flüssigkeiten und Chemikalien unverträglich ist?
7. Mit welcher Technik wird eine Bodenfläche mit Altbeschichtung sicher und rationell für eine Neubeschichtung vorbereitet?
8. Beschreiben Sie das Vorgehen bei einer kraftschlüssigen Verbindung von Fugen im Estrich.
9. Begründen Sie, ob man einen einkomponentigen Acrylat-Bodensiegel als dauerhafte Beschichtung für befahrene Verkehrsbereiche einsetzen kann oder nicht.
10. Aus welchen drei wesentlichen Stoffen besteht der künstliche Baustoff Beton?
11. Welche Betonart wird für Fußböden verwendet?
12. Was versteht man unter dem Begriff „Standsicherheit"?
13. Welche Zusatzqualifikation muss ein Betrieb haben, um Schäden an Stahlbetonbauteilen ausführen zu dürfen, die die Standsicherheit gefährden?
14. Ab welchem ph-Wert beginnt die Bewehrung im Stahlbeton zu korrodieren?
15. Beschreiben Sie mögliche Maßnahmen zur Säuberung von Betonschäden, verursacht durch lose Teile und mehlende Flächen.
16. Erklären Sie, warum Sinterschichten ein Problem bei nachfolgenden Beschichtungen darstellen. Wie sind diese vorzubehandeln?
17. Wie und womit überprüfen Sie die Tragfähigkeit vorhandener Altbeschichtungen?
18. Wann müssen Poren, Lunker und Kiesnester in der Oberfläche unbedingt verfüllt werden?
19. Beschreiben Sie die Reparatur von Betonausbrüchen an Bauteilen ohne Stahleinlage.
20. Welche drei Merkmale muss eine Beton-Schutzbeschichtung mindestens besitzen?
21. Welches Gesetz verlangt eine Ölwannenbeschichtung und aus welchem Grund?
22. Wie muss die Anschlussfuge Boden/Wand ausgebildet werden?
23. Begründen Sie, ob ein Estrich, der als Auffangwanne vorgesehen ist, eine Dehnfuge haben darf bzw. ob nicht.
24. Welche Ölwannenbeschichtungen sind auch für Hydrauliköle geeignet und zugelassen?
25. Welche Ämter überprüfen die Eignung von Beschichtungen für Estrichflächen von Auffangwannen?
26. Welche Eigenschaften sollte eine Straßenmarkierungsfarbe haben?
27. Welche Verkehrsfarbtöne nach der RAL-Farbtonkarte sind bei Markierungsarbeiten vorgeschrieben?
28. Mit welchem Verfahren lassen sich lange Markierungslinien rationell auf den Boden aufbringen?
29. Mehrfarbige Verkehrszeichen gibt es oberflächenfertig als Schablonen. Wie werden sie auf der Straße fixiert?
30. Benennen Sie einige aus dem Straßenverkehr bekannte RAL-Farbtöne und ordnen Sie diese den Einsatzfahrzeugen zu.
31. Mit welchen Farbtönen müssen Rohrleitungen mit folgenden Inhaltsstoffen gekennzeichnet sein?
    a) brennbare Gase
    b) nicht brennbare Gase
    c) brennbare Flüssigkeiten
    d) Warmwasser
    e) Kaltwasser
    f) Sauerstoff
32. Beschreiben Sie die Funktionsweise der drei Arten von Leuchtfarben.
33. Unter welchen Begriffen sind die Tagesleuchtfarben auch bekannt?
34. Welche beiden RAL-Farbtöne werden üblicherweise für Warnwesten verwendet, die jeder Halter eines Kraftfahrzeugs mit sich führen muss?

Mathematik

1. *Wie viele Gebinde Farbe werden zur Endbeschichtung des Parkdecks mit einer 2-K-Epoxidflüssigharz-Beschichtung benötigt?*
   - *Grundfläche: Berechnung anhand des Plans S. 405.*
   - *Verbrauch: 600 g pro qm*
   - *lieferbare Gebindegrößen: 15 kg und 40 kg (inkl. Härter)*
2. *Im gesamten Kreislaufsystem eines Aufzugs befinden sich 120 Liter Hydrauliköl. Die Grundfläche vom Boden des Aufzugsschachts beträgt 2,00 x 2,00 m.*
   Wie hoch muss der Sockel der Auffangwanne sein, wenn er alles Öl aufnehmen müsste, zuzüglich 10 cm Sicherheitshöhe?
3. *Wie viele Meter Markierungslinien müssen für die Kennzeichnung der Stellplätze eingebracht werden?*
   - *Anzahl der Linien: siehe Plan S. 405*
   - *Beachten Sie: In der Einfahrt der Stellplätze sind jeweils rechts und links kurze Querlinien von 50 cm aufgemalt.*

Kundenauftrag

Praxis für Physiotherapie
peter voß + team

Emilienstraße 3
45141 Essen
Tel.: 0201 693-215
Fax: 0201 693-233
E-Mail: physio@essen.de

Malerbetrieb Roth
Gewerbepark 136
45131 Essen
Tel.: 0201 4867-12
Fax: 0201 4867-14
E-Mail: info@Malerbetrieb-Roth.de

Bitte um Gestaltungsvorschläge für die Praxis 16.05.20xx

Sehr geehrter Herr Roth,
sehr geehrte Damen und Herren,

meine Krankengymnastikpraxis in Essen ist vor kurzer Zeit renoviert und neu gestaltet worden. Damit sich unsere Patientinnen und Patienten leichter orientieren können, benötigen wir im Flurbereich allerdings noch ein Leitsystem, welches die einzelnen Anwendungsbereiche unserer Praxis ausweist. Ich wünsche mir für jeden Anwendungsbereich ein individuelles Zeichen, das als Leitsymbol dient.
Außerdem möchte ich, dass vor jedem Anwendungsbereich der jeweilige Name angebracht ist. Die gewählte Schriftart soll in der Praxis einheitlich verwendet werden.
Wir stellen uns eine sportlich-schlichte und moderne Schrift vor, die sich harmonisch in das Gesamtbild der Praxis einfügt.

Wir bieten unseren Patientinnen und Patienten folgende Anwendungsbereiche an:
1. Massage
2. Training
3. Behandlung

Es wäre schön, wenn Sie uns Ihre Ideen in einem Gespräch in unserer Praxis vorstellen würden. Dabei freut es uns zu erfahren, was Sie sich bei der Entwicklung der Zeichen und der Schrift gedacht haben. Vielleicht ist es auch möglich, dass Sie Arbeitsproben von Ihren Entwürfen mitbringen.

Mit freundlichen Grüßen

Peter Voß

Objektbeschreibung

Wände
- gebogene Wände
- quarzgefüllter, feiner Streichputz, im Kreuzschlag aufgetragen

Beleuchtung
- indirekte Beleuchtung an der Decke und Wandstrahler

Fußboden
- Laminatboden in Anthrazit-Grün

Fenster
- neu aus Kunststoff in RAL 9010 Reinweiß

Türen
- weiß lackiert in den Maßen 100 x 80 cm
- 6 Türen

Behandlungszimmer
- Behandlung 2 x
- Massage 1 x
- Training 1 x

Ausstattung
- farbige Stühle im Flur als Wartebereich für die Patienten
- Empfangstresen in Ahornoptik

1 Empfangstresen

2 Flurbereich mit dem Therapieräumen 1, 2, 3

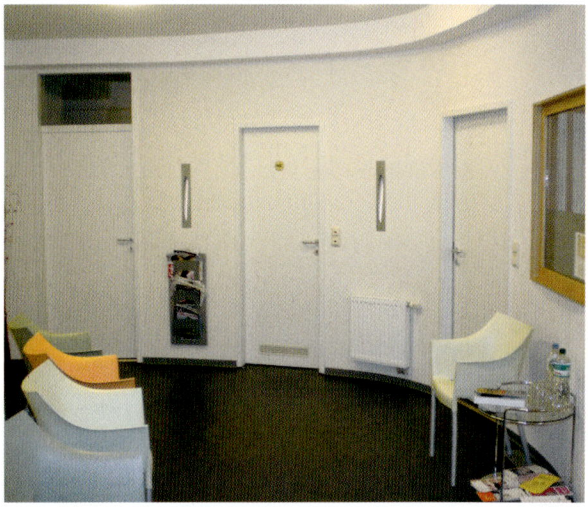

3 Flurbereich mit WC und Vorbereitungsraum

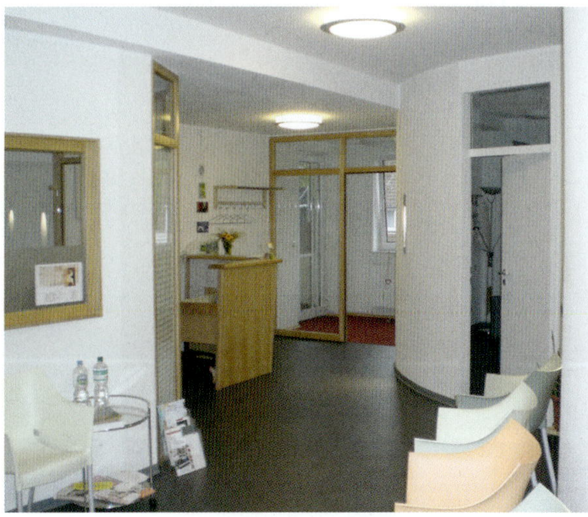

4 Flurbereich aus Sicht der Therapieräume

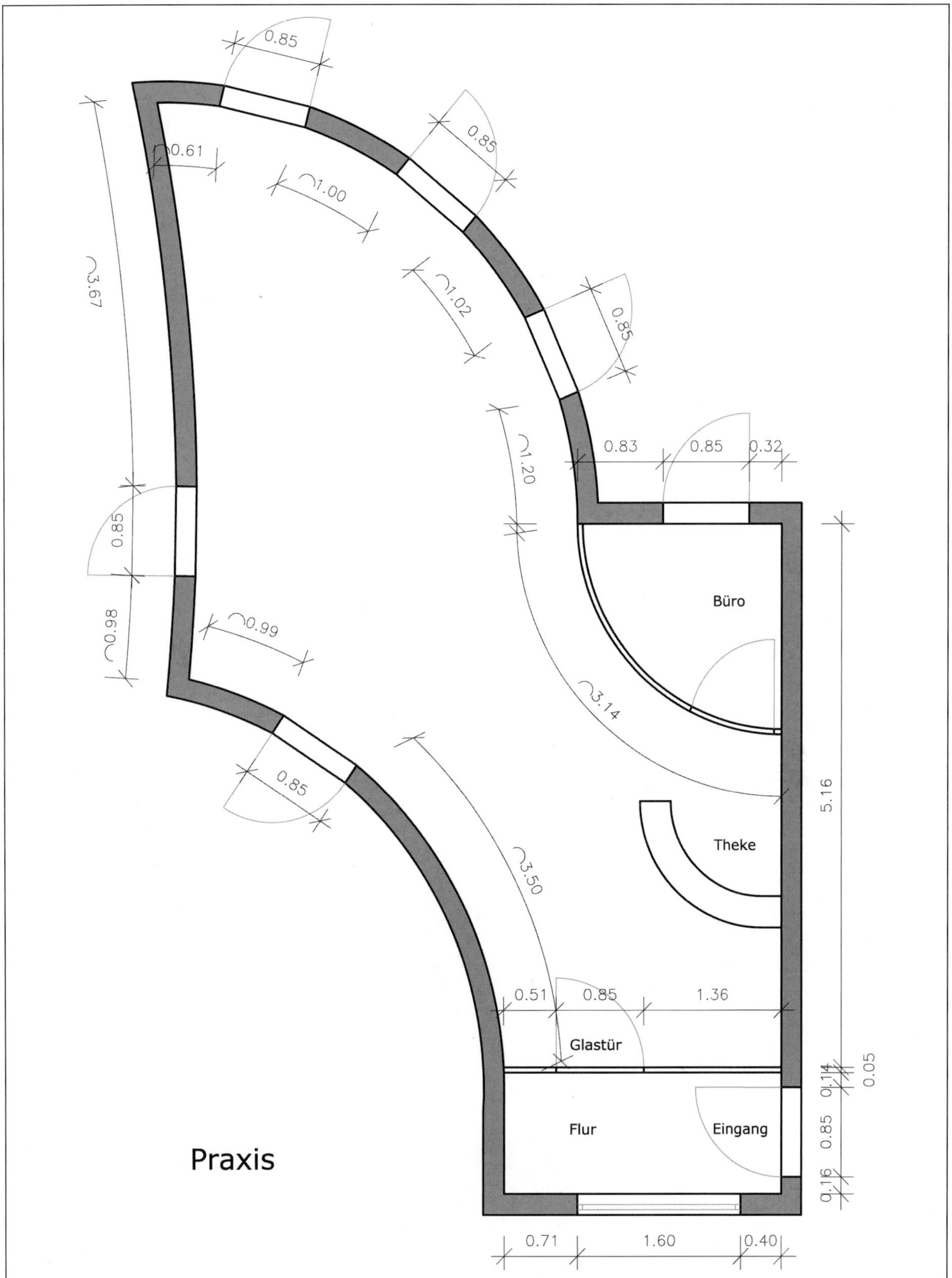

1 Grundrisszeichnung

Lernsituation

Auswahl von Schrift und Entwicklung von Leitsymbolen für ein Leitsystem

1. Informieren
- Informieren Sie sich in diesem Kapitel über folgende Themen:
  – das Zeichen als Informationsträger
  – Gestaltung mit Schrift
- Recherchieren Sie die Fachinformationen aus dem Lernfeld 4:
  – Konstruktion von Schrift
  – Klassifizierung von Schrift
- Informieren Sie sich über die Geschichte der Schrift im Lernfeld 10.

2. Planen
- Verschaffen Sie sich einen Eindruck von den entsprechenden Räumlichkeiten und halten Sie besondere Gegebenheiten schriftlich fest:
  – Welche Farbgestaltung besteht bereits und darf möglicherweise nicht geändert werden?
  – Welche auffälligen, prägnanten Gestaltungselemente herrschen vor, die bei der Planung mit einbezogen werden müssen?
- Analysieren Sie den Kundenauftrag und erstellen Sie eine Mindmap, in der Sie die Wünsche des Kunden strukturieren.

Farbvorgaben durch vorhandene Einrichtung

3. Entscheiden
- Legen Sie fest, wie Sie dem Kunden Ihre Ergebnisse präsentieren wollen.
- Erstellen Sie einen Farb- und Materialplan (siehe S. 287).

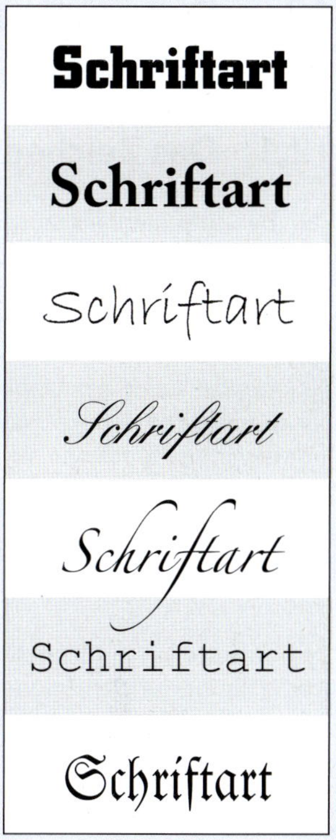

6. Bewerten

Informieren Sie sich über den Ablauf des Kundengesprächs und bereiten Sie sich darauf vor:

- Fertigen Sie Notizen zu den einzelnen Gesprächsphasen an und überlegen Sie sich wichtige Punkte für das Gespräch, Übergänge der Gesprächsphasen u. Ä.
- Bereiten Sie sich auf mögliche Fragen des Kunden vor, indem Sie Begründungen für Ihre Gestaltungsideen vorbereiten. Hierbei helfen Ihnen die Leitfragen aus der Ausführungsphase.

5. Kontrollieren

Zur Vorbereitung auf das Kundengespräch kontrollieren Sie Ihre Arbeiten auf Sorgfältigkeit und Vollständigkeit. Zur Kontrolle helfen Ihnen dabei folgende Fragen:

- Haben Sie alle Wünsche des Kunden berücksichtigt (siehe Kundenauftrag)?
- Sind Ihre Ergebnisse entsprechend Ihrer Planung richtig sortiert und für das Kundengespräch vorbereitet?
- Sind alle Bereiche sorgfältig erstellt oder müssen einzelne Bereiche noch nach- bzw. ausgebessert werden?

4. Ausführen

Zeichenentwurf

Fertigen Sie erste Entwürfe für die Zeichen an. Beachten Sie bei Ihren Entwürfen folgende Fragestellungen:

- Ist Ihr Zeichen bei spontaner Betrachtung ein Blickfang und leicht zu erkennen?
- Sind bei dem Zeichen passende Farben verwendet worden, die sich an das Gesamtkonzept der Praxis anpassen?
- Ist das Zeichen zeitgemäß, aber keine modische Erscheinung?
- Sagt das Zeichen etwas über die angebotene Leistung aus?

Schriftentwurf

Fertigen Sie erste Schriftentwürfe an. Beachten Sie bei Ihrer Schriftentwicklung folgende Fragestellungen:

- Sind das Zeichen und die Schrift aufeinander abgestimmt und stehen sie harmonisch nebeneinander?
- Passt der Schriftcharakter zur Praxis und entsprichter dem Wunsch des Kunden?
- Transportieren Sie mit der Schrift das, was Sie in der Informationsphase analysiert haben?
- Ist die Schrift, auch aus der Entfernung, gut lesbar?

12 Dekorative und kommunikative Gestaltungen

12.1 Das Zeichen

„Ein Bild sagt mehr als tausend Worte". Dieses Zitat umschreibt die schnelle Aufnahme von Informationen über ein Bild. Ein Blick gibt dem Gehirn in kürzester Zeit Informationen, die in Schriftform mehrere Zeilen benötigt hätten. Das Auge erkennt sofort Form und Farbe und gleichzeitig sucht das Gehirn nach einer Wiedererkennung, nach etwas Bekanntem. So erkennen wir Dinge, indem wir uns wieder an sie erinnern.

12.1.1 Die Unterscheidung verschiedener Zeichen

Symbole stellen ein Sinnbild für etwas dar. So steht die weiße Taube für den Frieden, obwohl sie doch eigentlich ein Vogel ist. Hinter einem Symbol steht immer eine Geschichte, die man kennen muss, um das Symbol als solches zu verstehen.

1 Das Herz steht für die Liebe und das vierblättrige Kleeblatt für das Glück

Zeichen umschreiben einen großen Bereich. Sie geben stark vereinfacht Merkmale wieder. Dabei kann es sich um Gegenstände handeln, die wir kennen, z. B. stehen Messer und Gabel für Essen, ein Bett für Schlafen. Es können aber auch ungegenständliche Zeichen sein, deren Bedeutung man wissen muss, z. B. Flaggen und Verkehrszeichen.

2 Warnung vor giftigen Stoffen

3 Erste Hilfe

Piktogramme sind spezielle Zeichen, die Informationen durch grafische Vereinfachung übermitteln. Sie sind international bekannt und tragen, z. B. an Flughäfen, Bahnhöfen oder im Straßenverkehr, zur Orientierung bei.

Möchte man über ein Zeichen kommunizieren, so muss es einprägsam und leicht verständlich gestaltet sein.

4 Piktogramme

Eine weitere Wirkung verschiedener Zeichen ist die hohe Wiedererkennbarkeit. Der Umgang mit ihm wird vertraut und neue Erfahrungen im Zusammenhang mit ihm werden abgespeichert. Dieses Phänomen nutzen Firmenzeichen für sich aus. Dabei werden meist Bildzeichen (Signets) oder Wortzeichen (Logos) gewählt, um immer wieder und in unterschiedlichen Zusammenhängen an das Unternehmen zu erinnern. So begegnen einem diese Firmenzeichen in der Werbung, auf Produkten, Firmenunterlagen, Internetauftritten usw.

5 Zeichen zweier Gastronomiebetriebe, die auf Buchstaben basieren (Himmel und Hölle)

12.1.2 Syntaktik und Semantik

Ein Zeichen enthält immer zwei Informationsebenen:
- Syntaktik
- Semantik

Syntaktik umschreibt Form und Anordnung des Zeichens. Sie untersucht die Frage, wie etwas dargestellt wird, in Anordnung, Farbe und Beschaffenheit.

Der Gestalter fragt sich in diesem Schritt, ob Formen und Farben hier zusammenpassen und insgesamt eine harmonische oder eine bewusst kontrastierende Wirkung erzielt wurde (siehe S. 192 Symbolbedeutung der Farben, S. 198–200 Formenlehre).

Semantik beschäftigt sich mit der Frage, welche Bedeutung bzw. Aussage ein Zeichen hat.

Zeichen stehen immer für etwas: einen Ort, einen Gegenstand oder eine Emotion. Sie beinhalten in einer bestimmten Situation eine gezielte Information. Der gestreckte Daumen in die Höhe kann in der einen Situation ein Lob oder ein gutes Zeichen sein, am Straßenrand bittet ein Anhalter damit darum, mitgenommen zu werden.

Die gemeinsame Interpretation von Form und Farbe (Syntaktik) lässt eine genaue Aussage (Semantik) eines Zeichens erkennen.

12.1.3 Entwicklung eines Zeichens

Ein Zeichen ist erst dann erfolgreich eingesetzt, wenn es auch vom Betrachter verstanden wird. Bei der Entwicklung eines Zeichens wird daher unbedingt darauf geachtet, dass die Information, die in Form eines Zeichens verschlüsselt wird, auch vom Betrachter entschlüsselt werden kann.
Nur ein gemeinsamer Code zwischen Sender und Empfänger lässt den Empfänger das Codierte verstehen. In diesem Zusammenhang bedeutet dies:

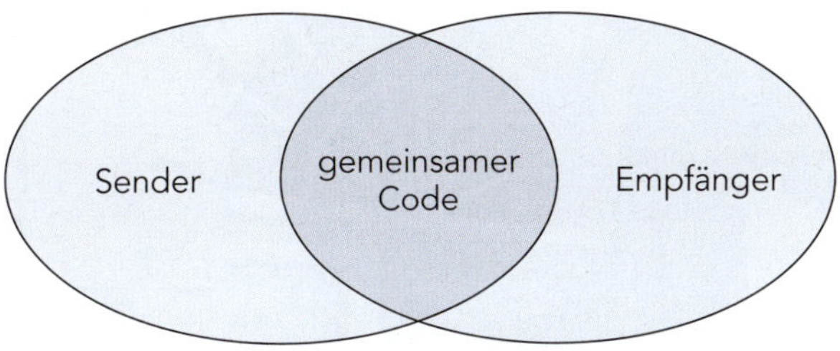

Gibt es keinen gemeinsamen Code zwischen Gestalter und Betrachter des Zeichens, kann die Information des Zeichens vom Betrachter nicht verstanden werden.

Die Entwicklung eines Zeichens erfolgt in drei Schritten:

Schritt 1: Was soll das Zeichen aussagen?
Das Zeichen soll eine bestimmte Information transportieren, die unmissverständlich ausgedrückt wird. Daher wird im ersten Schritt klar formuliert, was dargestellt werden soll. Es können über ein Brainstorming zunächst Stichpunkte festgehalten werden, welche Möglichkeiten zur Verfügung stehen (siehe S. 6). Es können z. B. Gegenstände oder grafische Ausdrücke einer bestimmten Bewegung oder einer Emotion gesammelt werden. Einen großen Ideenfundus enthält das Internet auf der Suche nach Vorlagen und Ideen zu einem bestimmten Bereich. Anschließend werden die Inhalte sortiert, sodass die beste Möglichkeit ganz oben auf der Liste steht.

1 Verschiedene Bilder können als Vorlage dienen

Schritt 2: Welche Form soll das Zeichen haben?
Die Form des Zeichens richtet sich nach dem Ergebnis aus dem Schritt 1. Grundsätzlich muss die Darstellung der Nachricht schnell wiedererkennbar und damit einfach sein, sodass der Betrachter sie nicht lange entschlüsseln muss.
Hierzu wendet man das Stilmittel der Stilisierung (Vereinfachung) an. Es wird die einfachste Form gewählt, die Information auszudrücken. Dazu werden unwesentliche Elemente einer Form weggelassen, um das Wesentliche auszudrücken. Schwierig ist zu erreichen, dass nach dem Stilisierungsprozess die Erkennbarkeit des Zeichens nicht leidet.
Eine stark vereinfachte Form hat den Vorteil, dass sie auch durch einen schnellen Blick erkannt werden kann und damit auch eine schnellere Wiedererkennung erfährt.
Ein Zeichen muss aus größerer Entfernung erkennbar sein. Zur Überprüfung werden die Zeichnungen aus einem bestimmten Abstand betrachtet.

2 Entwicklung eines Markenzeichens

Schritt 3: Passt die Syntaktik des Zeichens zu der Semantik?
In diesem Schritt wird überprüft, ob Form und Farbe dem Inhalt entsprechen und auch von anderen so wahrgenommen werden. Hierzu gibt man das Zeichen an einen unabhängigen Betrachter und lässt ihn die Aussage zu dem Zeichen herausfinden.
Durch gezielte Fragen nach der Aussage und Bedeutung des Zeichens kann man Missverständnisse aufdecken und sein Zeichen entsprechend verändern.

12.2 Gestalten mit Schrift

12.2.1 Schrift dient der Kommunikation

Schrift wird benutzt, um Informationen, Gedanken oder Wissen festzuhalten oder weiterzugeben.

Schrift begegnet uns daher immer wieder in vielfältiger Art und Weise: in der Werbung, auf Verkehrsschildern, in Büchern und Zeitschriften, auf Plakaten, Faltblättern usw. Eine weitere Kommunikationsebene erreicht die Schrift über ihren Ausdruck, der über das Schriftbild, also das Aussehen der Schrift, transportiert wird. Das Bild der Schrift wird immer an den Zweck der Information angepasst:

- Lange Texte, die wichtige Informationen enthalten, werden in einer leicht lesbaren Schrift verfasst, die nicht vom Inhalt der Information ablenkt.
- In Überschriften oder bei Slogans hingegen werden auffällige oder ausgefallene Schriften gewählt, weil sie als „Hingucker" dienen und die Aufmerksamkeit darauf lenken sollen.

Unterschiedliche Schriftbilder entstehen auch aufgrund der gewählten Herstellung: Schreiben, Malen, Konstruieren, Verwendung selbstklebender Buchstaben, Schablonieren, Prägen, Stempeln, Drucken, Übertragen u. v. m.

12.2.2 Grundformen der Schrift

Alle Buchstaben unseres Alphabets lassen sich aus den Grundformen

- Kreis,
- Dreieck,
- Rechteck

bilden. Als Konstruktionshilfe dienen das Geodreieck und der Zirkel.

1 Konstruktion von Buchstaben aus den Grundformen

Diese Grundformen finden Anwendung in der Capitalis Monumentalis, die bereits im 3. Jh. vor Chr. zum Schreiben verwendet wurde. Diese Schrift bestand zu diesem Zeitpunkt nur aus Großbuchstaben (Versalien).

2 Verwendung der Capitalis Monumentalis an einem Torbogen

3 Verwendung der Capitalis bei einer Chocolatérie

Nach weiteren Veränderungen bis zum 8. Jh. entwickelten sich zu den Großbuchstaben die Kleinbuchstaben (Minuskel). Seitdem gilt diese Schrift als die Grundlage aller anderen Schriften unserer heutigen Zeit.
Eine Abwandlung dieser Grundformen finden wir in verschiedenen Schriftschnitten, z. B. kursiv, fett, halbfett und schmal (siehe S. 430). Diese entstehen dadurch, dass entweder die Strichstärken verändert werden oder indem die Grundformen schräg gestellt, zusammengepresst oder auseinandergezogen werden.

12.2.3 Wahl der Schriftart

Bei der Auswahl der richtigen Schriftart orientiert sich der Gestalter an folgenden Bezugspunkten:

- Zielgruppe
- Textaussage
- Untergrundformat
- Farbwahl
- Leseabstand
- Schnelligkeit, in der die Schrift gelesen wird

Die Schriftgestaltung orientiert sich immer daran, welchem Zweck das geschriebene Wort dienen soll.

Eine vorgegebene Auswahl an Schriftarten bietet die DIN 16518, die eine Klassifizierung der verschiedenen Schriftarten festlegt (siehe S. 200). Dabei sollte ein Zusammenhang zwischen Information und Schriftbild entstehen.

Blumen	Blumen
Blumen	Blumen

1 Welche Schriftart halten Sie für einen Blumenladen geeignet?

Schriftart	Wirkung
Schriftart	technisch, robust
Schriftart	konservativ
Schriftart	sportlich
Schriftart	elegant, romantisch
Schriftart	elegant, modern
Schriftart	intellektuell
Schriftart	altertümlich

2 Jede Schriftart hat ihren eigenen Ausdruck

Bei der Gestaltung von Schrift an Objekten mit einem besonderen historischen Hintergrund ist das Wissen um die geschichtlichen Zusammenhänge auch heute noch die fachliche Grundlage jedes Schriftgestalters.

3 Schrift an einer Schule, erbaut 1914–1916

Häufig wird über historische Merkmale nur wenig in Büchern berichtet und auch die Schriftauswahl ist in einigen Bereichen sehr begrenzt. Dies hat zur Folge, dass der Maler selbst eine passende Schrift entwerfen muss, die zum gegebenen Objekt passt. Sinnvoll ist, sich Hilfe von Fachleuten für Denkmalpflege zu holen.

4 Anpassung der Schrift an den historischen Hintergrund der Fassade

12.2.4 Gestaltung von Schrift

Die Grundfrage bei der Gestaltung von Schrift lautet: Wer liest was wie?

1 Das Werbeplakat richtet sich an junge Menschen, die mit dem Auto an dem Plakat vorbeifahren. Die gewählte Schriftart ist passend zur Botschaft gewählt und gut bei schneller Geschwindigkeit lesbar.

2 Die Schriftart verrät das Angebot des Hauses

3 Die Schriftart weist auf den Stil des Bekleidungsgeschäfts hin

4 Die gewählte Schriftart verrät das Gründungsjahr des Antiquariats

5 Die Schriftwahl spiegelt die Tradition des Familienbetriebs wider

Regeln zur Schriftgestaltung

Größenabstufungen

Um Wichtiges von Unwichtigem auf einen Blick zu unterscheiden, nutzt man die Kombination unterschiedlicher Schriftgrößen. Dabei muss ein deutlicher Unterschied der Schriftgrößen erkennbar sein. Um eine Ordnung und Struktur beizubehalten, werden nicht mehr als zwei oder drei Größenabstufungen vorgenommen.

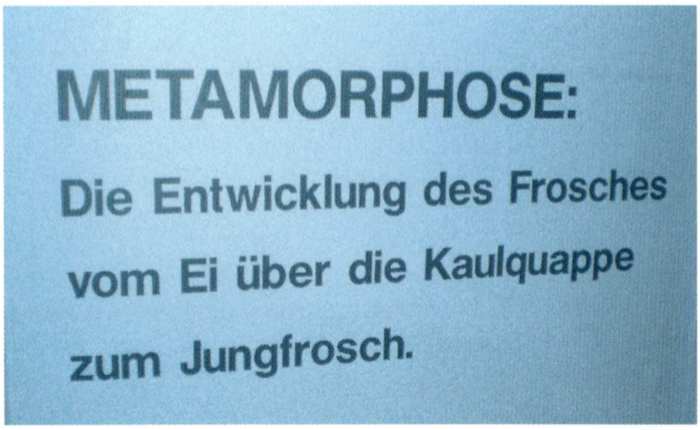

6 Überschriften und Textteile werden durch Größenabstufungen unterschieden. Zusätzlich kann die Überschrift durch Versalien (Großbuchstaben) hervorgehoben werden.

Schriftschnitte

Zur Variation einer Schriftart, zur Gliederung von Textpassagen und zur Hervorhebung einzelner Wörter eignen sich Schriftschnitte innerhalb einer Schriftart:

- gerade oder *kursiv*
- schmal oder g e s p e r r t
- **fett** oder halbfett

Die Kombination verschiedener Möglichkeiten erweitert das Spektrum. Allerdings ist darauf zu achten, dass die Gestaltung an sich nicht von der Information des Geschriebenen ablenkt und insgesamt nicht überladen wirkt. Eine ausladende Gestaltung bringt nichts, wenn sie den eigentlichen Zweck der Schrift in den Hintergrund rückt. Grundsätzlich verwendet man in einem Schriftstück daher nicht mehr als drei Möglichkeiten.

7 Die Schriftart spiegelt das Niveau des Schuhgeschäfts wider

Schriftmischungen
Die Kombination verschiedener Schriftarten ist gelungen, wenn diese in ihrem Schriftcharakter einen besonders großen Unterschied darstellen und sich auf den ersten Blick klar voneinander abheben.

1 Einge gelungene Schriftmischung

Eine einfache Unterscheidung ergeben die Serifen („Füßchen" an den Buchstaben). Serifenschriften und serifenlose Schriften lassen sich in der Regel problemlos kombinieren. Auch hier gilt: Weniger ist mehr!

12.2.5 Text anordnen

Waagerechte Anordnung
Auf waagerechten Flächen bieten sich drei verschiedene Anordnungsmöglichkeiten an:

2 Linksbündige Anordnung der Schrift auf einer Werbefläche

3 Zentrierte Anordnung der Schrift auf einer Werbefläche

4 Rechtsbündige Anordnung der Schrift auf einer Werbefläche

Senkrechte Anordnung
Findet man eine ausreichend hohe Fläche zur Beschriftung vor, so bietet sich die senkrechte Anordnung an.

5 Die senkrechte Anordnung von Schrift an einer schmalen Wandseite

Diagonale Anordnung
In besonderen Fällen kann die Schrift diagonal angeordnet werden – meistens in den Fällen, wo z. B. Firmenschriftzüge bereits schräg angeordnet sind. Da das Auge eine senkrechte oder waagerechte Ordnung bevorzugt, wird die diagonale Anordnung nur in Ausnahmefällen gewählt.

6 Die diagonale Anordnung signalisiert einen lebendigen Kindergarten

Bogenförmige Anordnung
Die bogenförmige Anordnung findet meist über Türen, Toren oder Fenstern ihre Anwendung.

7 Die bogenförmige Anordnung von Schrift erfordert eine sorgfältige Anordnung der Buchstaben

Verwenden Sie nicht mehr als zwei verschiedene Anordnungen auf einer Fläche.

Kontraste erzeugen Spannung
Kontraste erzeugen Spannung, die Aufmerksamkeit auf sich zieht. Kontraste erzeugt man zum Beispiel durch die Kombination von:

groß – klein
gerade – *schräg*
horizontal – vertikal
schmal – **breit**
dick – dünn

1 *Der Horizontal-vertikal-Kontrast weckt die Aufmerksamkeit der Passanten*

12.2.6 Lesbarkeit von Schrift

Optischer Ausgleich
Jeder einzelne Buchstabe hat aufgrund seiner Form einen anderen Weißraum um sich herum. Das „L" aus der Abbildung des Worts COLA zeigt deutlich mehr Weißraum um sich herum als das O, welches den Weißraum um sich herum ausfüllt (siehe S. 426). Wenn alle Buchstaben immer den gleichen Abstand hätten, würde das Schriftbild auf uns unharmonisch und „löchrig" wirken. Um ein harmonisches Schriftbild herzustellen, müssen die einzelnen Buchstaben einen unterschiedlichen Abstand zueinander haben.

Dies kann der Gestalter über Berechnungen erreichen, aber auch über seinen eigenen Blick entscheiden. Hierzu schneidet er sich die einzelnen Buchstaben aus und legt sie zu Worten nebeneinander. Für die letzte Kontrolle hilft es, die Schrift auf den Kopf zu drehen. So fängt der Gestalter nicht an, das Wort zu lesen, sondern konzentriert sich nur auf den optischen Ausgleich der Buchstaben.

Der Buchstabenabstand hängt von dem Weißraum zwischen den Buchstaben ab. Dieser richtet sich nach der Buchstabenform und danach, ob ein Buchstabe einseitig (z. B. L, P) oder zweiseitig (z. B. T, Y, A) geöffnet ist.

Es lassen sich verschiedene Buchstabenabstände unterscheiden. Die Abstände nehmen von 1 bis 8 ab:

Beschreibung	Beispiel	Abstand
1. Der Abstand zwischen zwei Senkrechten ist der größtmögliche zwischen zwei Buchstaben.	HIE	1,5
2. Eine Senkrechte neben einer Teilrundung bedingt einen engeren Abstand.	NUP	1,25
3. Eine Senkrechte mit einer Vollrundung oder zwei Teilrundungen erfordert einen dichteren Abstand.	HOL	1
4. Drei Teilrundungen (oder Teil- und Vollrundungen) bilden eine noch engere Verbindung.	JOU	0,75
5. Zwei Vollrundungen müssen noch enger aneinanderrücken, um den optischen Ausgleich herzustellen.	DCO	0,75
6. Typische Lückenreißer (wie zweiseitig geöffnete Buchstaben) stehen fast zusammen, um Löcher im Schriftbild zu vermeiden.	LU	0,5
7. Wenn Buchstabenöffnungen sich ineinanderfügen, entfällt der Abstand.	TO KO	0
8. Bei diesen Verbindungen kommt es zu Unterschneidungen, um die einzelnen Buchstaben als ausgeglichen zu empfinden.	LTA	-0,5

Heutzutage werden die Schriften meistens dem Computer entnommen und nach Belieben eingesetzt. Dabei errechnet der Computer die Buchstabenabstände und lässt meist ein harmonisches Schriftbild entstehen. Allerdings sollten die Abstände kontrolliert und ggf. nachbearbeitet werden.

Weitere Regeln zur Lesbarkeit von Schrift
- Großbuchstaben sind nur für einzelne Begriffe sinnvoll, da sie im Allgemeinen schlechter zu lesen sind als Groß- und Kleinbuchstaben gemischt.
- Bei der Flächengliederung durch Schrift sollte der Schwerpunkt in der oberen Hälfte der zu beschreibenden Fläche liegen.
- Blickrichtungen von Personen und der Verlauf der Schrift lenken das Auge des Betrachters. Ordnen Sie die Schriften und Elemente im Bild nach der gewünschten Aussage und Wichtigkeit an.
- Der Leseabstand und der Blickwinkel des Betrachters müssen berücksichtigt werden. So kann die Lesbarkeit durch die Größe oder die Stellung der einzelnen Buchstaben (siehe Schriftschnitte S. 428) positiv verändert werden.

Die Meisterschaft in der Schriftgestaltung liegt in der Beschränkung. Fast immer führt die einfachste und klarste Lösung zum Erfolg.

1 Verschiedene Lösungen zur gleichen Aufgabenstellung

1. Zielgruppe					
jung	alt	Geschlecht	Bildungsniveau	Freizeitverhalten	Lifestyle
2. Textaussage					
konservativ	trendig	elegant	rustikal	sportlich	intellektuell
technisch	organisch	aggressiv	romantisch	wertvoll	preiswert
3. Untergrundformat					
Hochformat			Querformat		
4. Textanordnung					
waagerecht	senkrecht	diagonal	bogenförmig		
5. Hervorhebungen					
Schriftgröße	Schriftschnitt	Schriftmischung			
6. Farbwahl					
kontrastreich			harmonisch		
7. Leseabstand			**8. Lesegeschwindigkeit**		
nah	fern		schnell	langsam	

2 Analysebogen zur Vorbereitung einer Schriftentwicklung

12.2.7 Schrift am Objekt

Auch bei der Beschriftung von Objekten müssen Information und Gestaltung aufeinander abgestimmt werden. Hinzu kommt die Anpassung an die Umgebung. Eine erste Orientierung zur Schriftgestaltung bietet daher der Schriftträger oder der Zusammenhang, in dem Schrift platziert werden soll. So sind z. B. Fassaden historisch gebunden, und an einem Fahrzeug entscheidet die Karosserieform mit. Die optimale Gestaltung mit Schrift ist immer dann erreicht, wenn der Schriftcharakter z. B. dem Stil des Hauses angepasst ist und sich nach Größe und Farbe in die Fassade integriert.

3 Der Schriftstil passt sich dem Stil des Gebäudes an

4 Verwendung der Capitalis Monumentalis am Münsteraner Landesmuseum

5 Anpassung der Schrift an den Stil einer sachlichen Fassade

Schriftgestaltung am Bau

Die Schriftgestaltung an Fassaden bleibt meist über eine lange Zeit erhalten. Diese Grundregeln sind daher zu beachten:

- Der Baustil des Gebäudes muss berücksichtigt werden und damit die Stilmerkmale der Architektur und der Schriftgestaltung (siehe Lernfeld 10).
- Die Schrift muss Bestandteil der Fassade sein. Sie darf diese nicht dominieren oder zerstören. Die Schrift wird in Farbe und Material an die Fassade angepasst.
- Die Größe der Schrift muss den Größenverhältnissen der Fassade und der Umgebung entsprechen.
- Die Schrift braucht Raum, um zu wirken. Sie sollte nicht in Friese oder Bänder gezwängt werden, in denen sie sich nicht entfalten kann. Eine angemessene Fläche um die Schrift herum lässt sie stärker zur Geltung kommen.

Auch darf die Schrift nicht auf der Dachkante stehen. Dort platzierte Schrift ist schwer zu lesen, weil der Betrachter beim Lesen gleichzeitig in den Himmel schauen muss.

- Schrift sollte immer im Sichtbereich des Betrachters angebracht werden. In Schaufenstern ist dies meist im oberen Drittel des Glases oder auf den Markisen. Außerdem sollte der Blick zur Schrift nicht durch Bäume, Verkehrsschilder o.Ä. verstellt sein.
- Besteht ein Gegensatz zwischen der Statik der Architektur und der kursiven Lage der Buchstaben, so sollte die Schrift auf einem von der Fassade getrennten Schriftträger aufgebracht werden.

12.2.8 Anwendung geschriebener Schrift

Das freie Schreiben ist die hohe Schule der Schriftanwendung überhaupt. Dabei sind ein sicheres Formempfinden, eine ruhige Hand und viel Übung erforderlich, um die Gestaltung mit geschriebener Schrift zu beherrschen. Eine große Schwierigkeit besteht darin, die bisherige Schreibgewohnheit zu überbrücken und sich an eine exakte Schreibvorlage zu halten. Dies fällt leichter, wenn man sich vor dem Schreiben den besonderen Charakter der zu schreibenden Schrift verinnerlicht – z. B. eher kursiv gelagert oder die Buchstabenform an den Grundformen orientiert.

Man beginnt dabei immer mit Vorübungen, die durch rhythmisch wiederkehrende Formen (z. B. Kreise, Linien, Schwünge) die Vorstufe zu einem flüssigen und gleichmäßigen Schreiben darstellen.

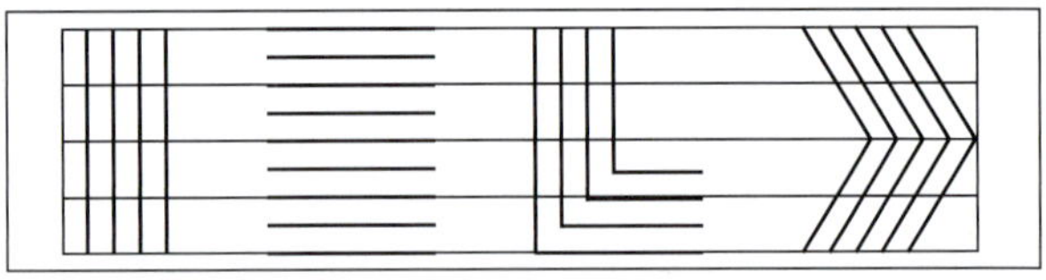

4 Zeichenübungen für gerade Linien

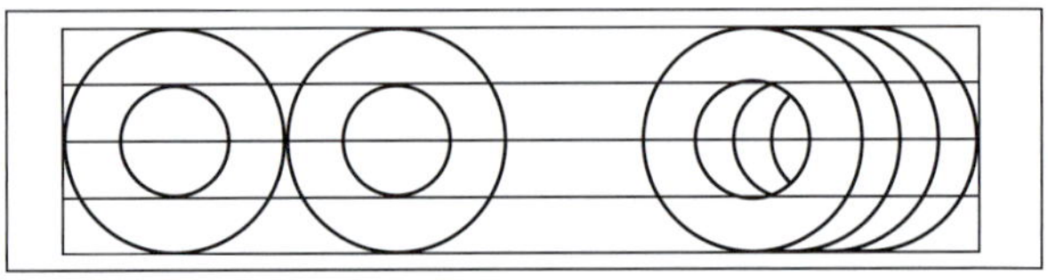

5 Zeichenübungen für geschwungene Linien

Schriftbeispiele

1 Schriftgestaltung am Rietveld-Schröderhuis in Utrecht

2 Schriftgestaltung um die Frauenkirche in Dresden

3 Die Kombination eines alten Gebäudes mit einer modernen Schriftgestaltung unter Berücksichtigung der Funktion des Gebäudes

Es ist darauf zu achten, die Feder oder den Pinsel stets nur zu ziehen, denn schieben lassen sie sich nicht. Des Weiteren ist die richtige Arm-, Hand- und Ellenbogenbewegung entscheidend. Es sollten freie Bewegungen sein, in denen man sich nicht eingeengt fühlt. Als Hilfsmittel kann dazu eine Malerbrücke oder ein Malstock eingesetzt werden, um eine freie Führung des Arms zu ermöglichen. Allerdings muss der Umgang mit diesen Werkzeugen geübt werden, damit auch große Buchstaben mit Präzision und Sauberkeit geschrieben werden können.

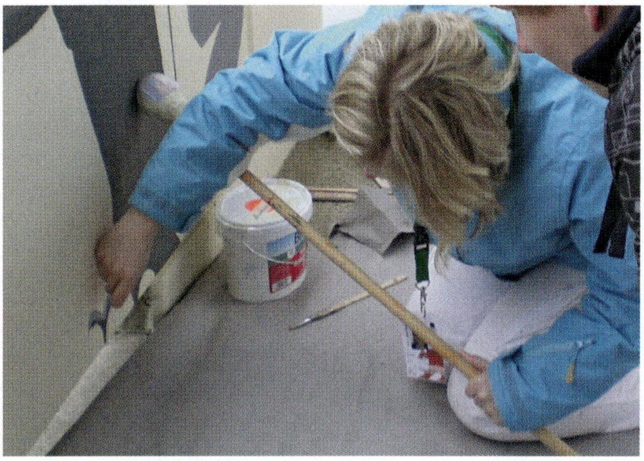

1 Zeichnen mithilfe einer Malerbrücke

Für erste Schriftübungen bietet sich eine einfache Druckschrift an, da hier jeder Buchstabe auf die drei Grundformen (siehe S. 426 zurückzuführen ist und sie damit die Grundform für alle weiteren Schriften darstellt.

2 Malstock

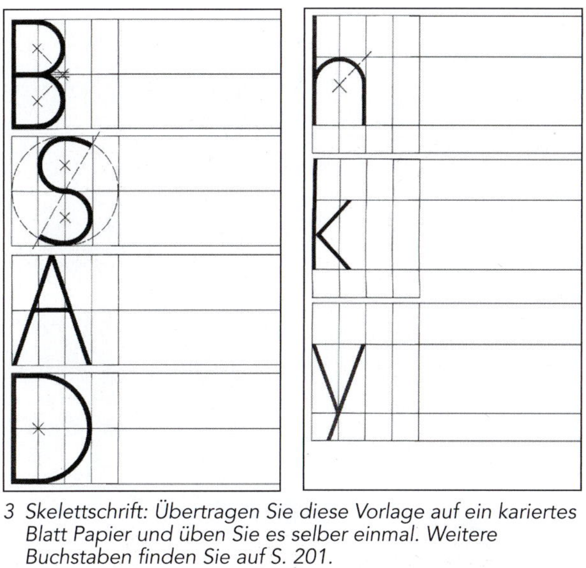

3 Skelettschrift: Übertragen Sie diese Vorlage auf ein kariertes Blatt Papier und üben Sie es selber einmal. Weitere Buchstaben finden Sie auf S. 201.

Nachdem die einfach geschriebenen Druckbuchstaben beherrscht werden, können diese variiert werden. Voraussetzung hierfür ist allerdings die Liebe zum Detail der Schrift und auch zur Sauberkeit. Anregungen hierzu: S. 427/428.

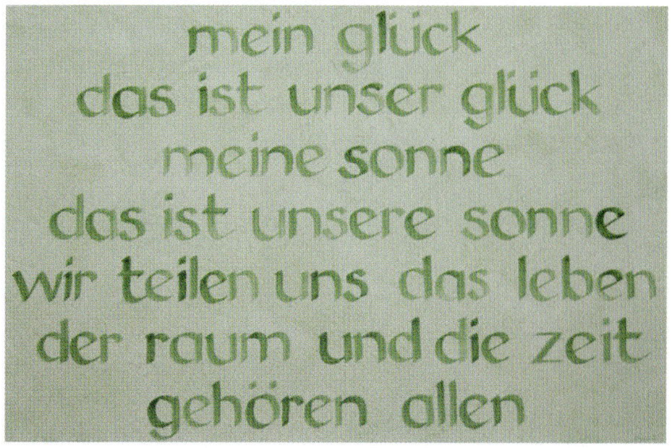

4 Mit einer Feder geschriebene Druckschrift

Unabhängig davon, ob die Schriftstärke variiert, neue Buchstabenformen entwickelt oder unterschiedliche Schriftschnitte Anwendung finden, immer wiederkehrende Buchstaben sollten immer gleich aussehen.

12.2.9 Anwendung von Schriftfolien

Heutzutage wird Schrift meist durch eine selbstklebende Folie und mithilfe einer Übertragungsfolie aufgebracht. Es handelt sich um eine Art Aufkleber, bestehend aus einer Trägerfolie und einer Klebefolie, aus dem die gewünschte Form geschnitten wird. Dabei können sowohl Computerschriften von einem Plotter als auch ein individueller Entwurf mit einem Cutter- oder Schabloniermesser geschnitten werden.
Der Schneideplotter schneidet Schriften, technische Zeichnungen und Grafiken in die Klebefolie ein, ohne dabei das Trägerpapier zu verletzen. Schneideplotter gehören zum Profibedarf in Druckereien und Werbeagenturen. Die technische Aufbereitung der Daten für den Druck übernehmen Grafiker, die sich mit den erforderlichen Computerprogrammen auskennen.

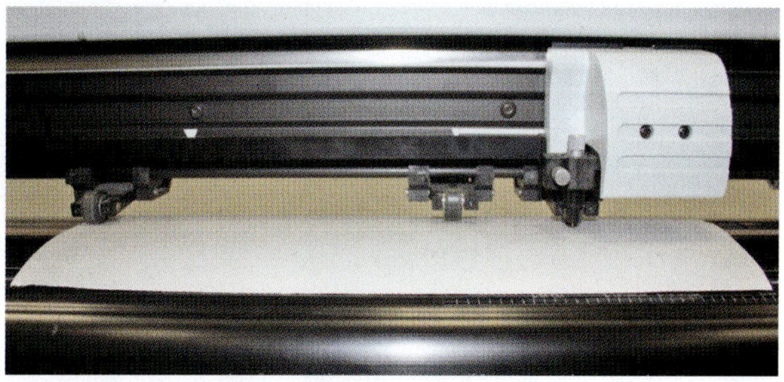

5 Eine Nadel schneidet die gewünschte Form in die Folie. Trägerpapier bleibt dabei unversehrt.

Montage und farbiges Auslegen von Selbstklebebuchstaben

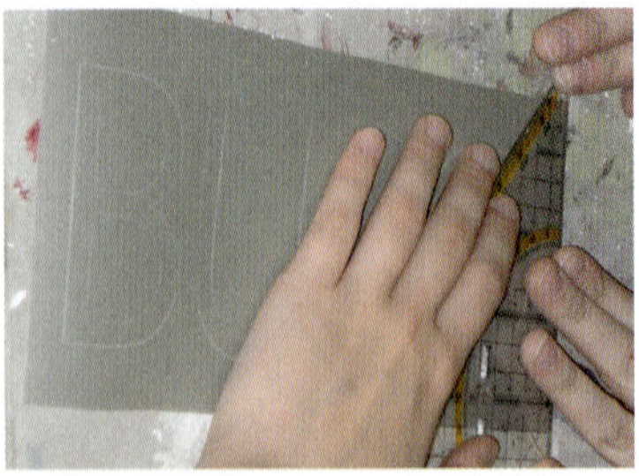

Schritt 1: Die ausgeplottete Schrift wird in eine saubere Form geschnitten und gerade auf den Untergrund aufgelegt.

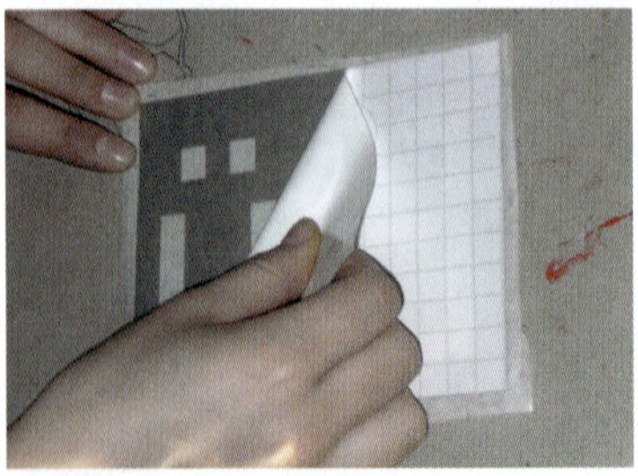

Schritt 2: Eine Übertragungsfolie wird aufgetragen. Diese nur leicht haftende Folie hilft, die Klebefolie von dem Trägerpapier zu lösen, ohne dass sich diese dabei verzieht. Dazu wird die Übertragungsfolie auf die Oberseite der Klebefolie blasenfrei aufgeklebt.

Schritt 3: Jetzt kann das Trägerpapier des Aufklebers abgezogen werden. Da mit einer Negativform gearbeitet wird, werden die Aufkleberteile mit dem Trägerpapier abgezogen, welche später farbig ausgelegt werden sollen.

Schritt 4: Zur richtigen Platzierung des Aufklebers können Hilfslinien gezogen werden. Die Klebefolie wird jetzt mithilfe eines Rakels auf den Untergrund geklebt. Dabei müssen unbedingt Luftblasen an den Kanten der Schrift vermieden werden, weil später Farbe in die Blasen kaufen kann. Hierfür ist ein glatter Untergrund erforderlich.

Schritt 5: Nachdem die Übertragungsfolie abgezogen wurde, kann die Klebefolie jetzt mit der gewünschten Farbe ausgelegt werden. In Zweifelsfällen können die Ränder des Motivs mit der Untergrundfarbe vorgelegt werden, sodass die Motivfarbe nicht mehr aus dem Motiv herauslaufen kann.

Schritt 6: Die Farbe sollte einen kurzen Moment anziehen. Erst wenn die Farbe nicht mehr überläuft, aber noch nicht durchgetrocknet ist, kann der Aufkleber abgezogen werden. Hierbai kann wieder ein Cutter- oder Schablioniermesser helfen, einen Anfang auf dem Aufkleber zu finden. Anschließend wird die Folie scharf über die Schräge abgezogen.

1 Eine goldene Schrift zeigt den Namen des Geschäfts

12.2.10 Übertragung eines Zeichens

Die Übertragung eines Zeichens, z. B. auf eine Tür, erfolgt meist über eine Klebefolie, die auf dem Zeichenträger farbig ausgelegt wird.

- Bereiten Sie das Zeichen so vor, dass die einzelnen Flächen durch einen Steg miteinander verbunden sind. Damit ist auch die Übertragung durch eine Klebefolie und das anschließende Auslegen durch Farbe möglich.
- Sollen die unterschiedlich farbigen Flächen direkt ineinander übergehen, so müssen für jede Farbe einzelne Folien gefertigt werden. Diese werden dann nacheinander geklebt und mit unterschiedlichen Farben ausgelegt.
- Das fertige Zeichen wird auf eine Klebefolie übertragen. Dies kann z. B. durch Kohlepapier erfolgen oder durch Auflegen auf eine Lichtquelle, z. B. des Overheadprojektors.
- Anschließend werden die Zeichen mithilfe eines Schablonier- oder Cuttermessers ausgeschnitten. Jetzt erfolgen die gleichen Schritte wie auf S. 434 beschrieben.

Ist es nicht möglich, ein Zeichen durch eine Klebefolie aufzubringen, so muss es mit dem Pinsel aus freier Hand auf dem Zeichenträger ausgemalt werden. Das Zeichen wird vorher auf eine Folie gezeichnet. Diese Umrisse können anschließend mit einem Overheadprojektor auf den Zeichenträger projiziert und mit einem Bleistift nachgezogen werden. Anschließend wird mithilfe eines kleinen Pinsels das Zeichen passend zum Entwurf farbig ausgelegt.

Aufgaben

1. *Erstellen Sie eine Musterplatte mit einem Schriftzug für das Blumengeschäft „Florale".*
   a) Legen Sie einen Beobachtungsbogen für Ihre weiteren Tätigkeiten an. Halten Sie darin später Ihre einzelnen Arbeitsschritte und auftretende Probleme fest. Anhand dieses Bogens können Sie im Anschluss an die Übung Ihre Vorgehensweise bewerten und Fehlerquellen erkennen. Füllen Sie den Bogen während des Arbeitsvorgangs aus.
   b) Entwerfen Sie einen Schriftzug und zeichnen Sie ihn auf Papier.
   c) Übertragen Sie diesen Schriftzug von Papier auf eine geeignete Klebefolie und schneiden Sie ihn mit einem Skalpell aus.
   d) Übertragen Sie den Schriftzug mithilfe einer Übertragungsfolie auf Ihre Musterplatte.
   e) Legen Sie den Schriftzug gemäß Ihrer Planung farbig aus.
   f) Überprüfen Sie Ihre Musterplatte auf Sauberkeit, technische Durchführung und Tragfähigkeit des Entwurfs. Benennen Sie Ihre Fehler und halten Sie schriftlich fest, was Sie bei der nächsten Schriftgestaltung anders machen müssen.
2. *Gleichen Sie die Buchstabenabstände Ihres Namens aus.*
   a) Drucken Sie die einzelnen Buchstaben Ihres Namens in einer selbst gewählten Schrift und in einer Buchstabengröße von 5 cm aus.
   b) Schneiden Sie die Buchstaben einzeln aus, möglichst eng am Rand des Buchstaben.
   c) Ziehen Sie auf einem breitformatigen Blatt Papier mittig eine Schriftlinie.
   d) Ordnen Sie die Buchstaben mit einem geeigneten Abstand auf der Linie an. Nehmen Sie dann einen möglichst weiten Abstand von Ihrer Arbeitsfläche und konzentrieren Sie sich auf die Zwischenräume. Drehen Sie ggf. auch Ihr Blatt Papier um.
   e) Kleben Sie Ihre Buchstaben auf und vergleichen Sie die Ergebnisse mit denen Ihres Klassenkameraden.
3. *Gestalten Sie Ihren Namen mit unterschiedlichem Ausdruck. Recherchieren Sie hierfür zunächst verschiedene Schriftarten im Internet. Entwickeln Sie auf diesen Ergebnissen eine eigene Schriftart und zeichnen Sie die Ergebnisse gegenüberliegend auf ein Blatt Papier:*
   a) elegant – rustikal
   b) sportlich – intellektuell
   c) aggressiv – romantisch
   Vergleichen Sie Ihre Ergebnisse im Klassenverband und halten Sie Ihre Beobachtungen schriftlich fest.
4. *Drucken Sie jeweils ein Schriftbeispiel für folgende Geschäfte aus:*
   Fitness-Center, Blumenladen, Computerhandel, Touristik, Bäckerei, Techno-Club, Gebäudereinigung
   a) Schreiben Sie zu jedem Geschäft passende Adjektive auf, die Sie mit der Schriftgestaltung ausdrücken wollen.
   b) Suchen Sie mithilfe des Computers passende Schriften für unterschiedliche Geschäfte heraus.
   c) Drucken Sie Ihre Ergebnisse aus.
   d) Vergleichen Sie Ihre Ergebnisse mit Ihrem Sitznachbarn und diskutieren Sie gute und weniger gute Ergebnisse.

5. *Entwickeln Sie aus einer Zeichnung ein Zeichen, um die gestalterische Möglichkeit der Abstraktion kennenzulernen.*
   a) Nehmen Sie ein Objekt aus Ihrer Umgebung als Modell und versuchen Sie es zu zeichnen. Verlieren Sie sich dabei nicht im Detail, sondern versuchen Sie, die Form und die markanten Merkmale zu erfassen.
   b) Reduzieren Sie jetzt Ihre Zeichnung auf das Wesentliche. Sie können dazu die gezeichnete Form mithilfe von Flächen oder Linien umsetzen.
   c) Besprechen Sie Ihr Ergebnis mit Mitschülern, denen vielleicht noch weitere Möglichkeiten der Abstraktion einfallen.

6. *Entwickeln Sie ein Orientierungssystem für ein Geschäft für Malerbedarf.*
   Die Abteilungen sind:
   a) Farben und Lacke
   b) Werkzeuge
   c) Sicherheit
   d) Tapeten
   e) Beratung
   f) Farbstudio
   Versuchen Sie dabei, einen einheitlichen Stil für die einzelnen Zeichen zu finden, indem Sie ausschließlich mit den einfachen geometrischen Grundformen (Kreis, Quadrat, Dreieck) arbeiten. Sie können dies zusätzlich über gleiche oder unterschiedliche Linien, farbige und nicht farbige Flächen oder über eckige oder runde Formen erreichen.

Mathematik

1. *Ein Büro wird renoviert und mit Dispersionsfarbe einfach gestrichen. Kalkulieren Sie die Kosten für diesen Auftrag:*

Arbeitszeit: 8 Stunden
Stundenlohn: 13,40 €
Lohngemeinkosten: 120 %
Werkstoffverbrauch: 135 ml/m²
Werkstoffpreis: 6,20 €/l
Beschichtungsfläche: 135,3 m²
Materialgemeinkosten: 28 %
Wagnis und Gewinn: 10 %
Mehrwertsteuer

2. *Der Fußboden eines Büroraums wird entfernt und anschließend neu mit Nadelfilz ausgelegt. Berechnen Sie die Kosten mithilfe der Zuschlagskalkulation:*

Arbeitszeit: 10 Stunden
Stundenlohn: 13,40 €
Lohngemeinkosten: 110 %
Maschinenkosten: 55,30 €
Bodenfläche: 36,5 m2
Kosten Nadelfilz: 18,95 €
Ausgleichsmasse: 3,41 €/m2
Materialgemeinkosten: 10 %
Gewinn und Wagnis: 10 %
Mehrwertsteuer

3. *Eine Fassadenfläche mit den Maßen 9 m x 2,52 m, 4 Fenstern (2 x 0,51 m x 0,8 m und 2 x 1,01 m x 1,17 m) wird mit Acryl-Fassadenfarbe beschichtet.*

Arbeitszeit: 13 Stunden
Stundenlohn: 13,60 €
Lohngemeinkosten: 90 %
Maschinenkosten: 189,70 €
Werkstoffverbrauch: 170 ml/ m²
Werkstoffpreis: 16,74 €/m²
Wagnis und Gewinn: 15 %
Mehrwertsteuer
Skonto: 3 %

Berechnen Sie die entstandenen Kosten.

Lernfeldübergreifende Anhänge

Glossar

A

Abbeizfluid *(liquid stripper)*: Mit lösemittelhaltigem Abbeizfluid lassen sich alte Anstrichstoffe entfernen.
→ Untergrundvorbereitung, Entschichtung, S. 237

Ablaugemittel *(saponifying paint remover)*: Öl-, Öllack- und Alkydharzbeschichtungen können mit einem Ablaugemittel auf Basis von Natron- oder Kalilauge entfernt werden.
→ Untergrundvorbereitung, Entschichtung, S. 55

abrasiv *(abrasive)*: abtragend
→ Untergrundvorbereitung, Entschichtung, S. 233

Abrissprobe *(peeling test)*: siehe Klebebandtest
→ Untergrundprüfung, S. 99

Abseitenwand *(jamb wall, knee wall)*: siehe Drempel
→ Trockenbau, S. 274

absorbieren, Absorption *(absorb, absorption)*: Dunkle Oberflächen „verschlucken" Licht. Das Gegenteil ist reflektieren.
→ Physikalische Grundlagen, S. 34

Abwicklung *(developed view)*: Um alle Flächen einer Fassade auf Papier darstellen zu können, werden sie in der Bauzeichnung aneinandergereiht dargestellt.
→ Mathematische Grundlagen, S. 111, 202

abwittern *(weathering)*: Die Oberfläche eines Bauteils wird durch die Witterung angegriffen. Der Regen reagiert dabei chemisch mit dem Untergrund, sodass Beschichtungen abblättern, Putze sanden oder Metalle korrodieren. Siehe auch Verwitterung.
→ Chemische Grundlagen, Untergrundprüfung, mineralische Untergründe, S. 210, 222

Acrylat, Polymethylmethacrylat (PMMA) *(acrylate, polymethylmethacrylate)*: Polymethylmethacrylat ist besser bekannt unter dem Namen „Plexiglas". Der harte thermoplastische Kunststoff wird aber auch als Bindemittel in lösemittelhaltigen Grundierungen, Lacken oder Klebstoffen verwendet, weil er beständig gegen Witterungseinflüsse, Säuren und schwache Laugen ist.
→ Chemische Grundlagen, Faserzementplatten beschichten, Natursteine konservieren, S. 131, 146 f., 248

Acrylatdispersion *(acrylic dispersion)*: Das Bindemittel Acrylatdispersion wird für Beschichtungs- und Klebstoffe auf Wasserbasis eingesetzt, z. B. für die Beschichtung von Holz und Holzwerkstoffen oder Kunststoffen.Die Grundlage für Acrylatdispersion ist Kunstharz. Holzbeschichtung im Außenbereich, Kunststoffuntergründe beschichten, chemische Grundlagen, S. 146 f.

Acrylatdispersionslack *(acrylic dispersion varnish, paint)*: Als Bindemittel für diesen Beschichtungsstoff dient Acrylatdispersion.
→ Chemische Grundlagen, S. 146 f.

Acrylharz *(acrylic resin)*: Das künstlich hergestellte Bindemittel für viele Anstrich-, Kleb- und Dichtstoffe ist lange haltbar und gut witterungsbeständig.
→ Chemische Grundlagen, S. 211

Additive *(additives, addition agents)*: Diese Zusatzstoffe verbessern die Eigenschaften von Beschichtungsstoffen.
→ Bestandteile von Beschichtungsstoffen und Putzen, S. 22, 210

additive Farbmischung *(additive colour mixing)*: Man mischt bei der additiven Farbmischung Licht von unterschiedlichen farbigen Lichtquellen, z. B. beim Monitor eines Computers. Im Gegensatz zur subtraktiven Farbmischung kommt bei der additiven Farbmischung immer mehr Licht verschiedener Wellenlänge hinzu. Die neuen Farben werden dadurch heller. Alle Lichtfarben zusammen ergeben Weiß.
→ Gestaltung, physikalische Grundlagen, S. 37

Adhäsionskraft *(adhesion, adhesive force)*: Die „Anhaftkraft" bezeichnet die Kraft, die zwischen zwei Körpern wirkt, z. B. die Haftfähigkeit einer Beschichtung auf dem Untergrund.
→ Physikalische Grundlagen, S. 19 ff

Akanthusblatt *(acanthus leaf)*: An den Kapitellen korinthischer Säulen findet man oft Akanthusblätter als Ornamente. Dazu werden Blätter der distelartigen Akanthus-Pflanze nachgebildet.
→ Architekturgeschichte, Stilepochen, S. 391

Akzentfarbe, Akzent *(accent colour, eye-catcher)*: Farbtöne, die zur Farbgestaltung kontrastieren, werden nur auf kleinen Flächen als Hervorhebung oder „Hingucker" verwendet.
→ Farbkontraste, Farbgestaltung, S. 195, 316

Alabaster *(alabaster)*: Das Gestein Alabaster ist ein harter Gips, der im Aussehen Marmor ähnelt. Alabaster wurde z. B. für Reliefs, Skulpturen oder Bildhauerarbeiten in Innenräumen verwendet. Wie alle Gipse ist Alabaster schlecht wetterbeständig.
→ Architekturgeschichte, Stilepochen, S. 383

Algizid *(algicide)*: Algizide sind giftig und töten Algen ab. Sie werden z. B. einigen Fassadenbeschichtungsstoffen zugesetzt.
→ Bestandteile von Beschichtungsstoffen

alkalienbeständig, alkalibeständig *(alkali-proof, alkali-resistant)*: Alkalienbeständige Beschichtungen werden durch alkalische Stoffe nicht zerstört.
→ Chemische Grundlagen, S. 44, 131

alkalisch, Alkalien, Alkalität *(alkaline, alkalis, alkalinity)*: Alkalien haben einen ph-Wert, der höher als 7,5 ist. Starke Alkalien wirken ätzend. Mit Säuren bilden sie Salze, mit Fetten Seifen.
→ Chemische Grundlagen, S. 44, 55

Alkalitätsprüfung *(alkalinity test)*: Alkalische Untergründe färben Lackmuspapier blau.
→ Untergrundprüfung, S. 118

Alkydharz *(alkyd resin)*: Alkydharze dienen als Bindemittel für Lacke. Sie werden künstlich aus Alkohol, Carbonsäure und Fettsäure hergestellt. Je nach Fettsäureanteil nennt man die Alkydharzlacke kurz-, mittel- oder langölig. Aus mittel- und langöligen Alkydharzen werden Lacke auf Lösemittel- oder Wasserbasis für das Malerhandwerk produziert. Diese trocknen, indem sie Sauerstoff aus der Luft einbinden (siehe auch Oxidation). Kurzölige Alkydharze verwendet man in der Industrie für Einbrennlacke.
→ Bestandteile von Beschichtungsstoffen, chemische Grundlagen, S. 214

Alkydharzlack *(alkyd resin varnish)*: siehe Alkydharz
→ Beschichtungsstoffe, S. 214

ammoniakhaltige Netzmittelwäsche *(rinsing with ammoniacal wetting agent)*: Beim gängigsten Reinigungsverfahren für alte und neue Zinkuntergründe benötigt man auf 10 l Wasser 0,5 l Salmiakgeist (25-prozentig) und 1 Kronkorken Netzmittel, z. B. Spülmittel. Man reinigt die Oberfläche mit einem Schleifpad oder Kunststoffschleifvlies, lässt ca. 10 Minuten einwirken, reinigt erneut bis Schaum entsteht und spült mit klarem Wasser nach.
→ Vorbehandlung metallischer Untergründe, S. 101

Ampere (A) *(ampere)*: Elektische Stromstärke (*I*) wird in der Si-Einheit Ampere (A) gemessen (benannt nach dem französischen Wissenschaftler André-Marie Ampère, der mit elektrischem Strom experimentierte, als dieser gerade entdeckt war). Strommessgeräte messen, wie viel Strom durch einen elektrischen Leiter fließt; sie heißen auch Amperemeter. Die Stromstärke steht mit der Spannung, der Leistung und dem Widerstand in Verbindung. Siehe Volt, Watt, Ohm.
→ Physikalische Grundlagen, S. 17

Analyse *(analysis)*: 1) Bei einer chemischen Analyse wird bestimmt, aus welchen Elementen zusammengesetzte Stoffe bestehen und wie viel Masse die Einzelbestandteile ausmachen. 2) Allgemein versteht man unter einer Analyse (griech. „Auflösung") die Zerlegung eines Ganzen in seine Einzelbestandteile, z. B. die Analyse der Marktlage oder eines literarischen Textes.
→ Chemische Grundlagen, Gestaltung, S. 52, 304, 366, 375 f.

Anlaugemittel *(leaching agent)*: Anlaugemittel sind alkalische Produkte zum Anlaugen.
→ Lösende Verfahren zur Fassadenreinigung, Untergrundvorbereitung, S. 235

anlaugen *(apply leaching agents)*: Beim Anlaugen wird der Untergrund mithilfe einer Lauge von Verschmutzungen, Ruß und Fetten befreit. Die Haftung der nachfolgenden Beschichtung wird verbessert, weil sich die Oberfläche anrauht.
→ Lösende Verfahren zur Fassadenreinigung, Untergrundvorbereitung, S. 235

ansatzfrei *(seamless, free-match)*: Beim Zuschneiden und Kleben ansatzfreier Tapeten muss auf keine Tapetenmuster geachtet werden.
→ Wandbekleidungen, S. 164, 294

Ansetzbinder *(bonding agents, adhesive binders)*: Ansetzbinder werden verwendet, um Gipskartonplatten auf Putz zu kleben. Sie werden mit Wasser angerührt und in Form von Batzen auf der Rückseite der zu verklebenden Platte aufgebracht. Danach drückt man die Gipskartonplatte auf den trockenen, ebenen und tragfähigen Untergrund.
→ Trockenbau, Befestigen von Gipskartonplatten, S. 265

Antischaummittel *(antifoam agents)*: Antischaummittel befinden sich als Additive in vielen Beschichtungsstoffen. Schaumverhütungsmittel beschleunigen das Aufsteigen von Bläschen und deren Zerplatzen an der Oberfläche eines frisch aufgetragenen Lacks, um eine bessere Oberflächenqualität zu erzielen. Entschäumer zerstören Schaum, der z. B. beim Aufrühren einer Dispersionsfarbe entsteht.
→ Bestandteile von Beschichtungsstoffen, Kunststoffdispersion, S. 121

Antistatika *(antistatic agents)*: Die bei der Kunststoffherstellung zugesetzten Hilfsmittel verhindern, dass sich die Werkstoffe statisch (elektrisch) aufladen.
→ Kunststoffherstellung, S. 149

applizieren *(apply)*: etwas auftragen, z. B. einen Beschichtungsstoff oder eine Schrift
→ Beschichtungsverfahren, S. 245

Arbeiten des Holzes *(swelling and contracting, "working")*: Das Arbeiten des Holzes umfasst das Quellen und Schwinden.
→ Holzuntergründe beschichten, Holzwerkstoffe, S. 252

Arbeitsplatzgrenzwerte (AGW) *(occupational exposure limits)*: Arbeitsplatzgrenzwerte geben Höchstwerte von Konzentrationen an, bei denen noch mit einem Gefahrstoff gearbeitet werden kann, ohne dass mit gesundheitlichen Schäden zu rechnen ist. Beschäftigte werden vor Gefahrstoffen geschützt; für den Maler sind z. B. die AGW für Lösemittel besonders wichtig.
→ Arbeitssicherheit und Gesundheitsschutz, S. 133

Armierung *(reinforcement)*: 1) Armierungsmassen oder reißfeste Armierungsgewebe verteilen die Kräfte auf einer Wand, die z. B. durch Risse auftreten. Sie verhindern, dass die Beschichtung reißt. Armierungsmassen sind plastoelastisch und z. T. faserverstärkt. Wärmedämmverbundsysteme werden generell durch ein Armierungsgewebe verstärkt. 2) Armierungsgitter oder Armierungsgeflechte aus Stahl (auch Bewehrungen genannt) werden zusammen mit Beton verarbeitet. Der sehr druckfeste Beton kann somit auch Zugbelastungen ausgesetzt werden.
→ Rissanierung, Wärmedämmung, Untergrundvorbereitung, Tapezieren, Betonsanierung, S. 119, 130 f., 208 f., 244 ff.

Asbest, Asbestfasern *(asbestos, asbestos fibres)*: Weil sie nicht brennbar sind, wurden Asbestfasern früher für Faserzementplatten verwendet. Die sehr kurzen Fasern können von der menschlichen Immunabwehr nicht zerstört werden und sind deshalb beim Einatmen hochgradig krebserregend. Die Sanierung von asbesthaltigen Gebäuden darf nur von geschulten Fachkräften unter hohen Sicherheitsbestimmungen durchgeführt werden.
→ Bauplatten, mineralische Untergründe, Arbeitssicherheit und Gesundheitsschutz, S. 131

asphaltbeständig, Asphaltbeständigkeit *(asphalt-proof, asphalt-resistance)*: Asphalt besteht zu ca. 95 % aus Zuschlagstoffen. Die restlichen ca. 5 % macht das hydrophobe (wasserabweisende) Bindemittel Bitumen aus, das aus Erdöl hergestellt wird. Im Straßenbau verwendete Farben dürfen nicht vom Asphalt angegriffen werden.
→ Spezialbeschichtungen, S. 414

ästhetische Eigenschaften, Ästhetik *(aesthetic qualities, aesthetic appeal)*: Die ästhetischen Eigenschaften eines Gegenstands, z. B. das Aussehen oder die Haptik, sind vom Menschen wahrnehmbar. Ob ein Objekt als ästhetisch, also schön oder ansprechend, empfunden wird, hängt oftmals vom kulturellen Zusammenhang ab.
→ Gestaltung, S. 82

Atmosphäre *(atmosphere)*: Atmosphäre im Zusammenhang mit dem Arbeitsbereich des Malers und Lackierers: Die Gestaltung von Innenräumen erzeugt bei den Personen im Raum Gefühle und damit eine bestimmte Stimmung (Atmosphäre).
→ Innenraumgestaltung, S. 317 f.

Atom *(atom)*: Das Wort Atom stammt vom griech. átomos „das Unteilbare". Tatsächlich bestehen diese kleinsten Teilchen eines Stoffes aus dem Atomkern, um den herum sich mehrere negativ geladene Elektronen befinden. Der Atomkern besitzt je gleich viele positiv geladene Protonen und neutrale Neutronen wie Elektronen vorhanden sind. Die chemischen Elemente unterscheiden sich durch die für sie typische Anzahl an Teilchen im Atomkern. Atome sind grundsätzlich elektrisch neutral, da sie gleich viele negativ und positiv geladene Teilchen besitzen. Verlieren sie Elektronen oder nehmen sie welche auf, nennt man sie Ionen. Die Elektronen sind wesentlich kleiner als der Atomkern, um den herum sie sich sehr schnell bewegen. Dazwischen befindet sich nichts. Atome sind mit bloßem Auge nicht zu erkennen.
→ Chemische Grundlagen, physikalische Grundlagen, S. 49 f.

ätzend *(caustic, corrosive)*: Ätzende Flüssigkeiten zerstören pflanzliche und tierische Stoffe, wie beispielsweise die menschliche Haut.
→ Arbeitssicherheit und Gesundheitsschutz, chemische Grundlagen, S. 132

Augenschein *(visual inspection)*: Bei dieser Untergrundprüfmethode sind mögliche Schäden mit bloßem Auge erkennbar.
→ Untergrundprüfung, S. 93, 117 f. 140, 149

ausschattieren *(matching the shades)*: siehe Fächerprobe
→ Tapezieren, Wandbeläge, S. 119

auswaschen, Auswaschung *(wash out, leaching, leach)*: Durch Witterungseinflüsse werden Bestandteile einer Beschichtung gelöst und vom Regenwasser ausgewaschen.
→ Untergrundprüfung, Untergrundmängel, S. 215

Azeton *(acetone)*: Das farblose, leicht entflammbare Lösemittel ist mit Wasser und anderen Lösemitteln mischbar. Es wird besonders für Reinigungszwecke eingesetzt. Man sollte die Haut gut schützen und das Einatmen vermeiden.
→ Lösemittel, Holzuntergründe beschichten, chemische Grundlagen, S. 133

B

Band *(strip)*: 1) Linien, die einige Zentimeter breit sind, werden im Malerhandwerk als Bänder bezeichnet. 2) Ein Bandornament wird auch kurz Band genannt.
→ Beschichtungsverfahren, Gestaltung, S. 163, 199

Bandornament *(strip ornament, repetitive pattern)*: Verzierungen an Wänden, Decken, Säulen usw. bilden oftmals ein fortlaufendes Band. Dabei können die unterschiedlichsten Motive verwendet werden, z. B. geometrische, pflanzliche oder geflochtene Formen.
→ Gestaltung, S. 380

Base *(base)*: siehe Lauge
→ Chemische Grundlagen, S. 54

Bauplatte *(construction panel, construction board)*: Bauplatten werden industriell hergestellt und auf der Baustelle weiterverarbeitet, z. B. Gips-Bauplatten, Faserzementplatten, Planbauplatten aus Porenbeton oder beschichtete Polystyrol-Hartschaumplatten.
→ Bauplatten für den Außenbereich, Trockenbau, S. 131, 264

Bauregelliste *(building rules list)*: Das Deutsche Institut für Bautechnik (DIBt) gibt die Bauregellisten A, B und C herauS. In den Bauregellisten sind, nach Gewerken geordnet, Werkstoffe und Baumaterialien aufgeführt, die am Bau verwendet werden. Dazu wird angegeben, welche technischen Regeln oder Normen beim Umgang damit einzuhalten sind.
→ Spezialbeschichtungen, S. 414

Behelfsgerüst *(makeshift scaffolding)*: Es ist nicht zulässig, aus Leitern und einer Bohle eine Art Gerüst zu bauen.
→ Arbeitssicherheit und Gesundheitsschutz, Gerüstarbeiten, S. 114

Beleuchtung *(lighting)*: Die Lichtquellen in einem Raum, z. B. Decken- oder Stehlampen, beeinflussen die Lichtverhältnisse.
→ Innenraumgestaltung, S. 196, 305

Belichtung *(illumination)*: Anstrahlung durch Licht
→ Innenraumgestaltung, S. 305

Benetzprobe *(moistening test, wetting test)*: Gleichmäßiges bzw. ungleichmäßiges Saugen eines Untergrunds sowie Haarrisse werden durch Nassmachen mit Wasser sichtbar.
→ Untergrundprüfung, S. 117

Benetzung, Benetzbarkeit *(wetting, wettability)*: Je nach Oberflächenbeschaffenheit eines Stoffs kann sich eine Flüssigkeit darauf gut oder schlecht ausbreiten. Eine Oberfläche lässt sich vollständig benetzen, wenn innerhalb des Flüssigkeitstropfens die Adhäsionskräfte größer sind als die Kohäsionskräfte. Durch Tenside, z. B. Spülmittel, wird die Benetzbarkeit erhöht.
→ Physikalische Grundlagen, S. 20

Benzol *(benzene, benzole)*: Das Lösemittel Benzol gehört zu den aromatischen Kohlenwasserstoffen. Es wird nur noch selten verwendet, da es sehr krebserregend ist.
→ Abbeizen mit Abbeizfluiden, chemische Grundlagen, S. 56, 237

Beschlagwerk *(strapwork)*: Dieses Ornament der Renaissance ist ähnlich wie ein Relief leicht plastisch hervorgehoben. Wie das Rollwerk ist es bandartig angeordnet. Das Beschlagwerk soll an Beschläge aus Metall erinnern, zu denen auch nachgeahmte Nagelköpfe gehören.
→ Architekturgeschichte, Stilepochen, Renaissance, S. 389

Beton *(concrete)*: Der sehr häufig eingesetzte Baustoff aus Zement, Zugabewasser und Gesteinskörnungen kann hohe Druckkräfte aufnehmen.
→ Beton, mineralische Untergründe, S. 130 ff., 208 ff.

Betondeckung *(concrete convering)*: Damit der Bewehrungsstahl in einer Stahlbetonkonstruktion gegen Karbonatisierung geschützt ist und gut in den Beton eingebunden wird, muss er ausreichend mit Beton überdeckt sein. Die Dicke dieser Betonüberdeckung hängt von der Dicke des eingebrachten Stahls ab.
→ Beton, S. 208

Bewehrung *(reinforcement)*: siehe Armierung
→ Rissanierung, Wärmedämmung, Untergrundvorbereitung, Betonsanierung, S. 130, 266

BFS-Merkblatt *(BFS leaflet)*: Die Merkblätter des **B**undesausschusses **F**arbe und **S**achwertschutz beinhalten Richtlinien, wie Tätigkeiten im Maler- und Lackiererhandwerk dem Stand der Technik entsprechend auszuführen sind.
→ Grundlagen des Malerhandwerks, S. 64

BGI, BG-Informationen *(trade association information)*: Die **B**erufs**g**enossenschaften geben **I**nformationsschriften zu einzelnen Themen der Arbeitssicherheit heraus.
→ Arbeitssicherheit und Gesundheitsschutz, S. 114

Berufsgenossenschaftliche Regeln (BGR) *(occupational health and safety rules)*: Die **B**erufs**g**enossenschaftlichen **R**egeln ergänzen die BGV für Arbeitssicherheit und Gesundheitsschutz.
→ Arbeitssicherheit und Gesundheitsschutz, S. 223

Berufsgenossenschaftliche Vorschriften für Arbeitssicherheit und Unfallschutz (BGV) *(trade association occupational health and safety regulations)*: Die **B**erufs**g**enossenschaftlichen **V**orschriften für Arbeitssicherheit und Gesundheitsschutz regeln die verbindlichen Pflichten zu Arbeitssicherheit und Gesundheitsschutz am Arbeitsplatz.
→ Arbeitssicherheit und Gesundheitsschutz

Biegefestigkeit *(bending strength)*: Die Biegefestigkeit gibt an, wie weit ein Werkstoff gebogen werden kann, bis er bricht.
→ Physikalische Grundlagen, S. 275

Bindemittel *(vehicle, binder)*: Das Bindemittel hält die Bestandteile eines Beschichtungsstoffs zusammen und sorgt für die Haftung auf dem Untergrund.
→ Bestandteile von Beschichtungsstoffen und Putzen, S. 22, 115

Biologischer Grenzwert (BGW) *(biological limit values)*: Anhand von medizinischen Untersuchungen des Bluts lässt sich feststellen, durch welche Konzentration eines Gefahrstoffs der Körper noch nicht geschädigt wird. Die so ermittelten Grenzwerte sind in der *TRGS* 903 festgehalten.
→ Arbeitssicherheit und Gesundheitsschutz, S. 133

Biozid *(biocide)*: Biozide sind Gifte, die gegen schädliche Organismen eingesetzt werden, z. B. gegen Insekten, Pilze oder Bakterien. Sie kommen z. B. in Holzschutzmitteln vor. Zu den Bioziden gehören Insektizide, Fungizide und Algizide.
→ Chemischer Holzschutz, Bestandteile von Beschichtungsstoffen, S. 143

Bläue, Bläuepilz *(blueness, blue stain fungus)*: Der Bläuepilz hinterlässt auf der Oberfläche von Splintholz dunkle Flecken und sorgt dafür, dass deutlich mehr Wasser vom Holz aufgenommen werden kann. Der Pilz greift die Festigkeit des Materials nicht an, kann aber die Optik und Tragfähigkeit der Beschichtung beeinträchtigen.
→ Holzschädlinge, Untergrundprüfung, S. 139

Blendläden *(blinds, shutters)*: siehe Fensterläden
→ Fassadenelemente, S. 372

Blindniete *(blind rivet)*: Durch Blindnieten (auch POP-Nieten genannt) lassen sich zwei Bauteile miteinander verbinden, wenn diese nur von einer Seite zu erreichen sind, z. B. Profile im Trockenbau. Man benötigt eine spezielle Blindnietenzange.
→ Trockenbau, Verarbeiten von Gipsplatten, S. 268

Bodenbelag *(flooring, floor covering)*: Ein Bodenbelag ist meist vollflächig auf dem Boden fest installiert, z. B. Teppichboden oder Laminat.
→ Bodenbeläge, S. 296 ff.

Bosse, Bossenwerk *(rusticated ashlar, rustication)*: Bossenwerk zählt zu den Fassadenelementen. Es handelt sich um Mauerwerk aus Natursteinblöcken, deren Vorderseite nur grob behauen (bossiert) ist. Das überstehende Material des Steins innerhalb einer Mauer heißt Bosse. Bossen findet man auf der gesamten Fassade oder nur auf dem Sockel, einer Lisene oder an Wandecken.
→ Fassadenelemente, S. 368

Braunfäule *(brown rot)*: Pilze zerstören die Zellulose von Holz. Dabei entsteht eine Struktur mit vielen Querrissen, der sogenannte Würfelbruch. Das Holz verfärbt sich braun.
→ Holzschädlinge, Holzuntergründe, S. 139

Breitenklasse *(width class)*: Gerüstfelder werden in Breiten zwischen 0,6 m und 2,4 m aufgebaut. Die Breite der Gerüstlage wird mithilfe der Breitenklasse angegeben.
→ Gerüstarbeiten, S. 224

Buchstabenabstand *(letter spacing)*: siehe Laufweite
→ Schrift, S. 430

C

Carbonsäure *(carboxylic acid)*: Zu diesen organischen Säuren zählen viele in der Natur vorkommende Säuren, z. B. Zitronensäure, Essigsäure, Oxalsäure oder in Naturharzen vorkommende Harzsäuren. Sie besitzen eine oder mehrere Carboxylgruppen (COOH). Ihre Eigenschaften werden durch die übrige chemische Struktur, den sog. Säurerest, bestimmt.
→ Chemische Grundlagen, Herstellung Alkydharz, S. 57

Carboxylgruppe *(carboxyl group)*: Die Carboxylgruppe (-COOH) ist ein wichtiger chemischer Bestandteil einer Carbonsäure. Sie besteht aus einem Kohlenstoffatom (C), an das über eine Doppelbindung ein Sauerstoffatom (O) und über eine Einfachbindung eine Hydroxylgruppe (-OH) gebunden ist.
→ Chemische Grundlagen, Herstellung Alkydharz

CE-Kennzeichnung (CE marking, CE label): Die CE-Kennzeichnung auf einem Produkt bedeutet, dass das Produkt alle EU-weit gültigen technischen Anforderungen erfüllt.
→ Normen und Kennzeichnungen, S. 265, 297

Chemie *(chemistry)*: Das griech. Wort chemeia bedeutet „Stoffumwandlung". Bei einer chemischen Reaktion verändern sich die Eigenschaften der beteiligten Stoffe.
→ Chemische Grundlagen, S. 49 ff.

chemische Eigenschaften *(chemical properties)*: Die chemischen Eigenschaften geben an, wie sich ein Stoff bei chemischen Reaktionen verhält, z. B. seine Reaktionsfreudigkeit. Wenn ein Stoff chemisch reagiert, verändert er seine Eigenschaften. Deshalb ist es für den Maler häufig wichtig zu wissen, ob ein Material z. B. beständig gegen Korrosion, Laugen oder Säuren ist.
→ Chemische Grundlagen

chemische Reaktion *(chemical reaction)*: Wenn Stoffe chemisch reagieren, verändern sie ihre Eigenschaften. Es entstehen neue Stoffe mit anderen Eigenschaften, z. B. bei der Eisenkorrosion: Rost sieht anders aus und hat andere Eigenschaften als Eisen.
→ Chemische Grundlagen, S. 53

Chlorkautschuklack *(chlorinated rubber paint)*: Damit Kautschuk als Bindemittel eingesetzt werden kann, muss er zuvor mit Chlor reagieren. Chlorkautschuklacke benötigen Weichmacher, um verstreichbar zu sein. Sie werden zur Beschichtung von Schwimmbecken oder zur Straßenmarkierung und im Korrosionsschutz eingesetzt.
→ Lacke auf Kunststoffbasis, Bestandteile von Beschichtungsstoffen, S. 100, 210

Chlorkohlenwasserstoffe (CKWs) *(chlorinated hydrocarbons)*: Die chemischen Verbindungen der CKWs gehören zu den Halogenkohlenwasserstoffen. Sie werden u. a. als Löse- und Flammschutzmittel verwendet, sie sind in Insektiziden enthalten und werden zur Herstellung einiger Kunststoffe benötigt. CKWs sind hochgradig krebserregend, gesundheits- und umweltschädlich.
→ Abbeizen mit Abbeizfluiden, Arbeitssicherheit und Gesundheitsschutz, chemische Grundlagen, S. 237

CM-Messung *(calcium carbide measurement)*: Bei der Calciumcarbid-Methode (CM-Messung) wird der Feuchtigkeitsgehalt von Estrich oder Frischbeton bestimmt. Dazu wird eine Probe in einen speziellen Druckbehälter gegeben, in dem sich auch Calciumcarbid und Stahlkugeln befinden. Durch Schütteln zerkleinert man die Probe. Das Wasser im Estrich reagiert mit der Chemikalie, dabei entsteht ein Gas, das den Druck im Messbehälter ansteigen lässt. Dieser Druck ist an einem Manometer abzulesen und lässt Rückschlüsse auf die Wassermenge zu. Viele Experten halten die CM-Messung für zu ungenau.
→ Untergrundprüfung, Beton, Bodenbeschichtung, S. 408

Copolymer *(copolymer)*: Um die Eigenschaften von Kunststoffen zu verbessern, setzt man kleine Teile (Monomere) mehrerer Kunststoffarten zu Copolymeren zusammen. Beispiele: Acrylnitril-Butadien-Styrol (ABS), das man für Kantenumleimer oder Gehäuse von Elektrogeräten verwendet, oder vielfältige Butadien-Styrol-Kombinationen, die als Bindemittel für Beschichtungsstoffe und Kleber dienen.
→ Holzbeschichtung im Außenbereich, Betoninstandsetzung, chemische Grundlagen, S. 211

D

Dachshaarvertreiber *(badger hair spreader)*: siehe vertreiben
→ Dekorative Techniken, Beschichtungsverfahren, S. 159

Darrmasse *(perfectly dry mass)*: Die Darrmasse wird ermittelt, indem ein Holzstück im Darrofen bei 103 °C so lange getrocknet wird, bis sich sein Gewicht nicht mehr verringert, es also 0 % Holzfeuchte besitzt. Holzuntergründe, S. 141

Decopaint-Richtlinie *(Decopaint directive)*: siehe VOC-Richtlinie
→ Arbeitssicherheit und Gesundheitsschutz, Normen, S. 59

Dehnungsfuge *(expansion joint)*: In Bauwerken können Spannungen entstehen, wenn Baustoffe aufgrund von Temperaturschwankungen arbeiten. Aus diesem Grund wird eine Dehnungsfuge eingebaut, die dem Bauteil Raum zum Ausdehnen lässt.
→ Beton, Boden, S. 303, 413

Deutscher Ausschuss für Stahlbeton (DAfStb) *(German Committee for Reinforced Concrete)*: Der Deutsche Ausschuss für Stahlbeton (DAfStb) ist ein Fachgremium, bestehend aus Technikern und Wissenschaftlern, die den Betonbau fördern möchten.
→ Beton, S. 412

Diamantquader *(diamond ashlar, diamond-point stone)*: Während beim typischen Bossenwerk der Naturstein einer Fassade nur grob behauen wird, wird er beim Diamantquader in Form geschlagen. Ähnlich wie beim Schliff eines Diamanten entsteht die Form einer Pyramide oder eines Walmdachs. Diamantquader findet man oftmals im Wechsel mit anderem Bossenwerk.
→ Architekturgeschichte, Stilepochen, S. 389

Dichte *(density)*: Bei der Dichte (ρ) wird das Verhältnis der Masse eines Stoffs zu seinem Volumen ausgedrückt, also z. B. in g pro cm^3. Metalle haben eine hohe Dichte, Wärmedämmstoffe dagegen eine sehr geringe. Ein Würfel Eisen ist daher viel schwerer als ein gleich großer Würfel Polystyrol. Von der Dichte eines Stoffs hängen andere Eigenschaften ab, z. B. seine Wärmeleitfähigkeit oder die Entmischbarkeit bei Kunststoffdispersionen.
→ Physikalische Grundlagen, Wärmedämmung, Wärmedämmstoffe, Kunststoffdispersion, S. 17 f., 27

Dickschichtfüller *(high-build primer/filler)*: Dieser Füller lässt sich in hohen Schichtdicken spritzen.
→ Untergrundvorbereitung, metallische Untergründe, S. 100, 213

Dickschichtlasur *(high-build scumble)*: siehe Lasur
→ Beschichtungsstoffe, S. 143

diffundieren, Diffusion *(diffuse, diffusion)*: Gasförmige Moleküle, z. B. Wasserdampf, strömen durch Bauteile wie das Mauerwerk. Dieser physikalische Vorgang läuft von allein ab mit dem Ziel, dass sich innen und außen gleich viele Gasmoleküle befinden. Das Wort kommt von lat. diffundere: durchdringen.
→ Physikalische Grundlagen, Wasserdampfdiffusion, S. 24

Dimension *(dimension)*: Die Dimension eines Körpers gibt seine Abmessung in Höhe, Breite und Tiefe an.
→ Fassadengestaltung, S. 365

DIN *(German institute for standardisation)*: Das Deutsche Institut für Normung gibt die anerkannten Regeln der Technik in Form von DIN-Normen heraus.
→ Normen und Kennzeichnungen, S. 63

DIN EN *(European standard)*: Europäische Norm
→ Normen und Kennzeichnungen

DIN EN ISO *(globally valid standard)*: weltweit gültige Norm
→ Normen und Kennzeichnungen

Dioxin *(dioxin)*: Dioxine entstehen, wenn Kohlenwasserstoff-Verbindungen oxidieren und dabei Chlor beteiligt ist, also beispielsweise beim Brand von PVC-Bodenbelägen. Dioxine lagern sich in Böden an und gelangen über die Nahrungskette in den Körper von Mensch und Tier, wo sie besonders die Leber schädigen.
→ Arbeitssicherheit und Gesundheitsschutz, chemische Grundlagen, S. 134

Diphenylolpropan *(diphenylol propane)*: Diphenylolpropan und Epichlorhydrin werden als Ausgangsstoffe bei der Herstellung von Epoxidharz verwendet.
→ Bestandteile von Beschichtungsstoffen, Epoxidharz, 2-K-Beschichtungsstoffe, S. 213

Dispergiermittel *(dispersing agent)*: Dispergiermittel werden Dispersionen zugegeben, damit sich die Bestandteile gut durchmischen und nicht wieder entmischen.
→ Bestandteile von Beschichtungsstoffen, S. 20

Dispersion *(dispersion)*: In einer Dispersion sind zwei oder mehr Stoffe miteinander vermischt, die eigentlich nicht mischbar sind. In einer Emulsion sind zwei flüssige Bestandteile miteinander vermischt, z. B. Öl und Wasser. In der Suspension sind feste Teilchen in einer Flüssigkeit verteilt, z. B. bei Anstrichstoffen. Damit sich die Stoffe nicht wieder voneinander trennen, werden Additive, z. B. Dispergiermittel, Thixotropiermittel oder Emulgatoren, zugegeben.
→ Bestandteile von Beschichtungsstoffen, physikalische Grundlagen, S. 49, 120 ff.

Dispersionsfarbe *(dispersion paint, emulsion paint)*: siehe Kunststoffdispersionsfarbe
→ Beschichtungsstoffe, S. 18, 251

Dominante *(dominant)*: Bei einer farblichen Gestaltung prägt die Farbe, welche die größte Farbfläche einnimmt, den Eindruck am stärksten - sie ist dominant.
→ Farbkontraste, Farbgestaltung, S. 195, 316

Doppelbindung *(double bond)*: In einem Molekül mit Doppelbindung hängen zwei Atome durch zwei Elektronenpaare aneinander. Schematisch wird dies durch zwei Striche zwischen den Atomabkürzungen dargestellt, z. B. C=C. Bei vielen wichtigen chemischen Reaktionen werden Doppelbindungen getrennt und einfache Bindungen zu anderen Atomen hergestellt. Bei der Polymerisation können so beispielsweise lange Kettenmoleküle hergestellt werden.
→ Polymerisation, Kunststoffherstellung, chemische Grundlagen, S. 211

Drempel *(eaves storage space)*: Durch einen Drempel wird der bewohnbare Dachraum besser genutzt. Dazu zieht man eine Trockenbauwand („Abseitenwand") so vor die Dachschräge, dass mehr nutzbare, gerade Wandfläche unter der Schräge entsteht. Der Hohlraum hinter der Wand heißt Drempel und kann als Abstellfläche verwendet werden.
→ Dachgeschossausbau, Trockenbau, S. 261

Druck *(pressure)*: Druck bezeichnet eine Kraft, die senkrecht auf eine Fläche einwirkt. Durch sie wird ein Baustoff gestaucht.
→ Physikalische Grundlagen, S. 17, 25

Druckfestigkeit *(compression resistance)*: Stoffe mit einer hohen Druckfestigkeit zeichnen sich durch ihre Widerstandsfähigkeit gegen Druck aus.
→ Physikalische Grundlagen, Beton, S. 246

dtex (dtex, decitex): dtex (Dezitex) beschreibt, wie viel Gramm 10 000 m eines Filamentgarns wiegen. 50 dtex bedeutet, dass 10 000 m Garn 50 g wiegen.
→ Normen und Kennzeichnungen, S. 169

Duktilität, duktil (ductility, ductile): Duktile Baustoffe kann man plastisch verformen, ohne sie dabei zu zerreißen. Sie lassen sich gut schmieden und biegen. Gold ist ein besonders duktiles Metall. Die Duktilität ist nicht von der Härte eines Werkstoffs abhängig. Das Gegenteil von Duktilität ist Sprödigkeit.
→ Physikalische Grundlagen

Dünnschichtlasur *(thin-layer varnish)*: siehe Lasur
→ Beschichtungsstoffe, S. 143

Duromere *(duromers)*: Diese Kunststoffe werden mithilfe von Hitze gehärtet und lassen sich danach durch Wärme nicht mehr weich machen. Kunstharze dieser Kunststoffgruppe werden beispielsweise als Bindemittel für 2-K-Lacke eingesetzt, z. B. Polyurethan (PUR) oder Epoxid (EP).
→ Kunststoffuntergründe, S. 148 f.

Duroplaste *(thermosetting resins)*: siehe Duromere
→ Kunststoffuntergründe, S. 148

E

egalisieren *(level out, smooth out)*: Durch Egalisieren wird eine ungleichmäßige Oberfläche bearbeitet, sodass sie gleichmäßig wird: Unebenheiten beseitigen durch Spachteln oder Schleifen; ungleichmäßiges Saugen von Putz ausgleichen durch Behandlung mit Tiefgrund.
→ Untergrundvorbereitung, Schleifen, Vorbehandeln von Putz und Neuputzstellen, S. 238

Einbrennlack (stove enamel, baking varnish): Einbrennlacke erhärten unter Einwirkung von Hitze. Sie werden meist in der Industrie verwendet.
→ Beschichtungsstoffe, S. 214

Eklektizismus *(eclecticism)*: Der Begriff Elektizismus wird alternativ für die Stilepoche Historismus verwendet. Gemeint ist mit dem Begriff die Mischung verschiedener architektonischer Elemente, die typisch für unterschiedliche historische Stile waren. So enthält z. B. das berühmte eklektizistische Schloss Neuschwanstein neben neoromanischen Elemten auch Formen der Gotik, des Jugenstils und der byzantinischen Kunst.
→ Architekturgeschichte, Stilepochen, Historismus, S. 393

elastischer Bodenbelag *(elastic floor covering)*: Elastische Bodenbeläge, wie Linoleum, Kork oder Kunststoffbeläge, geben beim Begehen etwas nach und besitzen eine glatte Oberfläche. Sie werden verklebt und können leicht gereinigt werden. Durch spezielle Ausrüstungen, z. B. antistatisch, werden insbesondere bei Kunststoffbelägen unterschiedliche Eigenschaften erreicht.
→ Bodenbeläge, S. 298 f.

Elastizität, elastisch *(elasticity, elastic)*: Elastische Stoffe besitzen die Eigenschaft, bei Krafteinwirkung ihre Form zu verändern und anschließend wieder in die Ausgangsform zurückzugehen, z. B. Silikondichtstoffe, Gummibänder (reversible Verformung).
→ Physikalische Grundlagen, Dichtstoffe, S. 26

Elastomere *(elastomers)*: Diese Kunststoffe können ihre Form verändern und gehen danach in die Ausgangsform zurück. Man verwendet z. B. künstlichen Kautschuk als Bindemittel für Latexfar-

ben. Die Beschichtung von Elastomeren, z. B. Dichtungen, ist problematisch.
→ Kunststoffuntergründe, S. 149

Elastoplaste *(elastoplastic materials)*: siehe Elastomere
→ Kunststoffuntergründe

elastoplastisch *(elastic-plastic, elastoplastic)*: Die Eigenschaften elastoplastischer Dichtstoffe liegen zwischen elastisch und plastisch. Tendenziell sind sie eher elastisch.
→ Dichtstoffe, physikalische Grundlagen, S. 242

elektrische Kapazität C *(electrical capacitance C)*: Die elektrische Kapazität ist die Fähigkeit eines Materials, elektrische Energie zu speichern. Man verwendet die Einheit Farad (F).
→ Holzfeuchtemessung, Holzuntergründe, S. 141

elektrischer Widerstand R *(electrical resistance R)*: Der elektrische Widerstand macht eine Aussage darüber, ob ein Material elektischen Strom gut oder schlecht leitet. Er gibt in Ohm (Ω) an, wie viel elektrische Spannung benötigt wird, um eine bestimmte Stromstärke durch das elektrisch leitfähige Material (d. h. den Widerstand) fließen zu lassen. Ein hoher Widerstand bedeutet eine schlechte elektrische Leitung. Trockenes Holz leitet z. B. schlechter als nasses.
→ Holzfeuchtemessung, physikalische Grundlagen, S. 17

elektrochemische Korrosion *(electrochemical corrosion)*: Wenn zwei verschiedene Metalle über eine elektrisch leitende Flüssigkeit (z. B. Salzwasser, Regen) in Verbindung stehen, wird das unedlere Metall zerstört und das edlere geschützt. Zink „opfert" sich z. B., um Eisenmetall zu schützen.
→ Verzinkung, metallische Untergründe, S. 85

Elektrolyt *(electrolyte)*: Elektrolyte sind ist elektrisch leitfähige Stoffe, weil sie ganz oder teilweise aus Ionen, also aus elektrisch geladenen Teilchen, bestehen. Salzlösungen und Säuren sind leitfähig. Sie ermöglichen einen Elektronenfluss zwischen zwei unterschiedlichen Metallen.
→ Chemische Grundlagen, physikalische Grundlagen, S. 85

eloxiert *(anodized)*: Auf Aluminium hat sich durch Oxidieren eine Schutzschicht gebildet.
→ Metallische Untergründe, chemische Grundlagen, S. 105

Empathie *(empathy)*: Fähigkeit, sich in einen anderen Menschen einzufühlen.
→ Kundenempathie, Umgang mit Kunden, S. 317

Emulgator *(emulsifiers)*: Zwei eigentlich nicht miteinander mischbare Stoffe, z. B. Öl und Wasser, können mithilfe von Emulgatoren dauerhaft vermischt werden.
→ Kunststoffdispersion, Emulsion, Suspension, S. 121

Emulsion *(emulsion)*: Zwei eigentlich nicht miteinander mischbare Flüssigkeiten, wie z. B. Öl und Wasser, werden mithilfe von Emulgatoren dauerhaft vermischt. Die Mischung heißt Emulsion.
→ Beschichtungsstoffe, physikalische Grundlagen, S. 55

Energieeinsparverordnung (EnEV) (energy efficiency ordinance): Die Energieeinsparverordnung (EnEV) gibt den zulässigen Energiebedarf von neuen Gebäuden und bei Sanierungen bestehender Gebäude vor. Als rechtliche Grundlage dient das Energieeinsparungsgesetz, das zum Ziel hat, in Gebäuden nicht mehr Energie zu verbrauchen als notwendig ist. Die meiste Energie wird in Haushalten für Heizung und Warmwasser verbraucht. Wärmedämmmaßnahmen und moderne Heizsysteme helfen beim Sparen von Energie und werden staatlich gefördert.
→ Wärmedämmung, Normen, S. 29, 280

Epichlorhydrin *(epichlorhydrin)*: Bei der Herstellung von Expoxidharzlack (EP-Lack) sowie einigen 2-K-Klebern und Insektiziden bildet Epichlorhydrin einen der Ausgangsstoffe. Die farblose, süßlich riechende Flüssigkeit ist leicht entzündlich, krebserregend und giftig.
→ Bestandteile von Beschichtungsstoffen, chemische Grundlagen, S. 213

Epoxidharz *(epoxy resin)*: Das künstlich hergestellte Harz dient als Bindemittel für sehr belastbare, meist zweikomponentige Lacke und Kleber.
→ Bestandteile von Beschichtungsstoffen, chemische Grundlagen, S. 213

Erneuerungsbeschichtung *(renewal coating)*: Nicht mehr tragfähige Anstriche und Lackierungen werden vollständig abgetragen, ein komplett neuer Anstrichaufbau wird aufgetragen.
→ Grundlagen des Malerhandwerks, S. 222

Erosion *(erosion)*: Bei der Erosion wird die Oberfläche von Gestein z. B. durch Windeinwirkung oder abfließendes Wasser abgetragen.
→ Natursteinmauerwerk imprägnieren, S. 248

Erstbeschichtung *(initial coating)*: Bei der ersten Beschichtung auf einem Untergrund muss ein vollständiger Anstrichaufbau appliziert werden.
→ Grundlagen des Malerhandwerks, S. 95, 146f.

Erz *(ore)*: Dieses in der Natur vorkommende Materialgemenge kann zum Werkstoff Eisen verarbeitet werden.
→ Chemische Grundlagen, metallische Untergründe, S. 84

Ester *(ester)*: Reagiert eine Säure mit einem Alkohol, entsteht ein Ester. Man erkennt Ester an der Endung -at oder -ester. Die farblosen, fruchtig riechenden Flüssigkeiten werden als Lösemittel oder in der Nahrungsindustrie als Aromastoffe verwendet. Werden Ester chemisch gespalten, spricht man von Verseifen.
→ Chemische Grundlagen, S. 210

Ether *(ethers)*: Ether sind organische Substanzen, die leicht flüchtig sind, also schnell verdunsten. In Wasser lassen sie sich nicht lösen. Wenn sie länger an der Luft stehen oder mit Sauerstoff in Kontakt kommen, reagieren sie zu hochexplosiven Peroxiden. Die Ether sind an ihrem typischen Geruch zu erkennen, der betäubende Wirkung hat. Sie kommen in vielen Lösemitteln vor oder werden als Polyether zu Polyurethan weiterverarbeitet.
→ Chemische Grundlagen, S. 57

Europarolle *(European standard wallpaper roll)*: Das Rollenformat einer Europarolle beträgt immer 10,05 m x 0,53 m.
→ Tapezieren, Wandbeläge, S. 291

expandiertes Polystyrol (EPS) *(expanded polysterene, EPS)*: Expandierter Polystyrolschaum (EPS) ist ein harter Dämmstoff mit geschlossenzelliger Struktur, der aus verschweißtem, geblähtem Polystyrol hergestellt wird. EPS gehört unter den synthetischen (künstlich hergestellten) organischen Dämmstoffen zur Gruppe der Schaumkunststoffe. Die Dämmwirkung wird durch den Einschluss von Luft in den aufgeblähten Kügelchen erzeugt. Dämmstoffe aus EPS haben einen Marktanteil von ca. 85 % am Dämmstoffmarkt in Deutschland. Man verwendet sie meist für Dämmung von Wänden, Decken und Dächern. Bei Dämmstoffen aus Polystyrol wird als Flammschutzmittel Hexabromcyclododecan (HBCD) eingesetzt. Diese Chemikalie ist in der Umwelt nicht leicht abbaubar, reichert sich in Lebewesen als Schadstoff an und ist giftig für Mensch und Natur. Nach der Nutzung wird EPS in einer Verbrennungsanlage kontrolliert verbrannt, die entstehenden Reste werden als Sondermüll deponiert. EPS ist erhältlich in Form von Platten (d = 10–300 mm) mit unterschiedlichen Kantenausbildungen (glatt, Stufen- oder Hakenfalz) und Profilierungen, Bahnen (Bandware) sowie als Formteile.
→ Wärmedämmung, S. 281

Expositionsklasse *(exposure class)*: Die Expositionsklasse gibt an, gegen welche chemischen und physikalischen Einwirkungen ein Betonbauteil Widerstandsfähigkeit besitzt. Man unterscheidet folgende Einwirkungen: Karbonatisierung (C), Streusalz (D), Meereswasser (S), Frost (F), chemische Einwirkungen (A), mechanische Einwirkungen (M) sowie kein Risiko (0).
→ Beton, S. 130

F

Fächerprobe *(fanning out test)*: Um festzustellen, ob die Farbtöne verschiedener Tapetenrollen voneinander abweichen, werden diese etwas abgerollt und nebeneinander verglichen.
→ Tapezieren, Wandbeläge, S. 119, 292

Falz *(rabbet, rebate)*: siehe Fensterfalz
→ Fassadenelemente, S. 253f.

Faraday'scher Käfig *(Faraday cage, Faraday shield)*: Die von allen Seiten geschlossene Hülle aus einem elektrisch leitenden Material, z. B. Draht oder Blech, wirkt als elektrische Abschirmung. Kommt der Faraday'sche Käfig mit einem elektrischen Feld in Kontakt, bleibt der innere Bereich frei von elektrischer Energie. Trifft beispielsweise ein Blitz (elektrische Energie) auf ein Auto, einen Zug oder ein Flugzeug (Faraday'scher Käfig), sind die Menschen im Inneren geschützt.
→ Elektrostatisches Lackieren, Beschichtungsverfahren, S. 182

Farb- und Materialplan *(scheme of shades and materials)*: Im Farb- und Materialplan werden alle in einer Raumgestaltung verwendeten Farbtöne und Materialien als Muster zur besseren Anschaulichkeit zusammengetragen.
→ Innenraumgestaltung, S. 316f., 364

Farbe *(colour, shade)*: 1) Farbe/Farbton: Die Oberfläche eines Gegenstandes remittiert auftreffende Lichtstrahlen, die Wahrnehmnung eines Farbtons entsteht im Auge. 2) Farbe/Beschichtungsstoff: Beschichtungsstoffe für Wände heißen umgangssprachlich Farben.
→ Grundlagen des Malerhandwerks, S. 34f.

Farbe-an-sich-Kontrast *(colour-in-itself contrast)*: Mehrere bunte Farben mit hoher Leuchtkraft stehen zueinander im Farbe-an-sich-Kontrast.
→ Farbkontraste, Gestaltung, S. 194

Farbharmonie *(harm y of colours)*: Menschen möchten Farben in Räumen als angenehm (harmonisch) wahrnehmen, um sich gut zu fühlen. Für eine harmonische Farbgestaltung wählt der Maler Farben gleicher Helligkeit, gleicher Sättigung oder monochrome Farben.
→ Farbgestaltung, S. 195

Farbkonzept *(colour scheme)*: Werden in einem Raum oder an einer Fassade mehrere Farben miteinander kombiniert, müssen sie fachmännisch aufeinander abgestimmt werden, um eine gemeinsame Wirkung zu erzeugen. Abhängig davon, welche Wirkung entstehen soll, entwickelt der Maler vor Beginn der Arbeiten ein Farbkonzept, das er mit dem Kunden abspricht.
→ Farbgestaltung, S. 364 ff.

Farbmischanlage *(paint mixing facility)*: Farbmischanlagen färben mithilfe eines Computers Basisfarben mit Farbpasten in einem gewünschten Farbton genau ein.
→ Farbmischung, S. 40

Farbmischung *(colour mixture)*: Viele Farbtöne entstehen durch Mischung von Farben. Man unterscheidet die additive Fabmischung, bei der Lichtfarben gemischt werden, sowie die subtraktive Farbmischung von Pigmentfarben.
→ Physikalische Grundlagen, Gestaltung, S. 37

Farbplanung *(colour scheme)*: Sollen Räume oder Fassaden neu gestaltet werden, erstellt der Maler vorab ein Farbkonzept. Die Übersicht der verwendeten Farbtöne mit Angaben zu den Flächenanteilen wird in einem Farbplan festgehalten. Oft wird der Farbplan mit einem Materialplan kombiniert, um dem Kunden einen ganzheitlichen Eindruck der Planung zu verschaffen.
→ Farbgestaltung, S. 373

Farbtemperatur *(colour temperature)*: Farbtöne erzeugen beim Menschen unterschiedliche Temperaturwahrnehmungen. Ein Raum in Rotorange wird z. B. eher als warm, in Blaugrün als kalt empfunden, selbst wenn die gemessene Temeratur dieselbe ist.
→ Farbgestaltung, S. 304

Farbtiefe *(colour depth)*: Farbtöne werden unterschiedlich intensiv wahrgenommen. Gesättigte Töne besitzen eine großen Farbtiefe, bei zunehmender Helligkeit nimmt das Gefühl der Farbtiefe ab.
→ Dekorative Techniken, Gestaltung

Farbton *(colour, shade)*: Die Farbinformation, die das Auge wahrnimmt, ist der Farbton, also z. B. Grün, Gelb oder Blau.
→ Gestaltung, S. 34, 40

Faserzement *(fibre cement)*: Aus Zement und zugfesten Fasern werden sehr haltbare, nicht brennbare Platten hergestellt, die außen z. B. als Fassadenverkleidungen oder Dachuntersichten, innen als Feuerschutz- oder Nassraumkonstruktionen verwendet werden.
→ Mineralische Untergründe, S. 131

Fassade *(façade, front)*: Die vordere Außenseite eines Gebäudes liegt meist an der Straße. Die Wirkung der Fassade wird bestimmt durch die Form und das Material der Wandflächen, ihre Größe, Öffnungen (Fenster, Türen), Anbauten (z. B. Balkone) sowie dekorative Elemente (z. B. Malerei, Lisenen, Gesimse, Ziergiebel, Sockel, Bossenwerk).
→ Fassadenelemente, Fassadengestaltung, S. 364 ff.

Fassadenelement *(façade element)*: Eine Fassade setzt sich aus mehreren Teilen (Elementen) zusammen. Einige haben funktionellen Charakter, z. B. Türen oder Fenster, andere sind dekorativ.
→ Fassadenelemente, Fassadengestaltung, S. 368 ff.

Fassadenfolierung *(film coating of a façade)*: Alternativ zu einer Beschichtung kann eine Fassade auch durch das Aufbringen einer speziellen Folie geschützt werden. Diese Technik ist aber noch nicht so weit entwickelt, dass sie einen besseren Schutz bietet als eine klassische Beschichtung. Es sind jedoch vielfältige Gestaltungsmöglichkeiten gegeben.
→ Fassadengestaltung, S. 371

Fensterfalz *(window rabbet, rebate)*: Die Fläche, an der sich Fensterrahmen und -flügel berühren (Fensterfalz), ist abgewinkelt, damit keine Luft hindurchziehen kann. Moderne Fenster besitzen hier eine zusätzliche Gummidichtung.
→ Fassadenelemente, S. 253 f.

Fensterläden *(window shutters)*: Fensterläden dienen als Wetter-, Sicht- oder Sonnenschutz für Fenster. Die klappbaren Elemente werden außen angebracht und prägen das Aussehen der Fassade. Sie sind oftmals aus Holz oder Kunststoff.
→ Fassadenelemente, S. 372

Festigkeit *(strength)*: Die Festigkeit gibt an, wie mechanisch belastbar ein Werkstoff ist, bevor er verformt wird oder bricht. Man unterscheidet Zug-, Druck-, Scher-, Biege- und Torsionsfestigkeit.
→ Physikalische Grundlagen, S. 25 f.

Festigkeitsklassen *(strength categories, property classes)*: Die Festigkeitsklasse trifft eine Aussage über die Festigkeit von Baustoffen. 1) Die Druckfestigkeit von Beton wird durch seine Festigkeitsklasse wiedergegeben. Je höher die Festigkeitsklasse, desto geringer der Verschleiß . 2) Die Festigkeitsklasse von Schnitt- und Brettschichthölzern, die im Bauwesen verwendet werden, macht Angaben über die statischen Eigenschaften des Materials. Je höher die Zahl, desto fester ist das Holz.
→ Beton, Holzuntergründe, S. 130

Fettsäure *(fatty acid)*: Fettsäuren machen den Hauptbestandteil von Fetten und Ölen aus. Im Malerhandwerk kommen neben Schmierfetten auch viele Öle zum Einsatz, z. B. in Ölfarben, in der Alkydharz- oder Linoleumherstellung. Chemisch zählen die Fettsäuren zu den Carbonsäuren. Sie verfügen über eine Carboxylgruppe, die mit einer unterschiedlich langen Kohlenstoffkette (aus 4 bis 24 Atomen) verbunden ist. Abhängig von der Anzahl der vorhandenen Doppelbindungen und der damit verbundenen Reaktionsfreudigkeit unterscheidet man gesättigte Fettsäuren (meist tierische Fette) und ungesättigte Fettsäuren (meist pflanzliche Öle).
→ Chemische Grundlagen, Herstellung Alkydharz, S. 55, 214

Figurennische *(wall recess for statuettes)*: Vertiefungen in einer Wand oder Mauer wurden in der Renaissance gerne dekoriert, oftmals mit passend angefertigten Skulpturen.
→ Architekturgeschichte, Stilepochen, S. 389

Filamentgarn *(filament yarn)*: Fasern von sehr großer, fast unbegrenzter Länge (Filamente) werden künstlich hergestellt, z. B. Polyamidfasern (Nylon). Aus ihnen wird das sehr leichte Filamentgarn hergestellt, dessen Gewicht man in dtex angibt.
→ Materialien und Werkstoffe, S. 169

Filmbildungshilfsmittel *(film formation additive)*: Schwer flüchtige Lösemittel sorgen dafür, dass die Bindemittel von Kunststoffdispersionen klebrig werden und beim Trocknen zu einem Film zusammenfließen.
→ Kunststoffdispersion, Kalter Fluss, Bestandteile von Beschichtungsstoffen, S. 121

Firnis *(oleo-resinous varnish)*: Firnisse sind unpigmentierte Überzüge, meist auf Basis von Öl und/oder Harzlösungen, z. B. Leinöl oder Schellack. In der Ölmalerei verleihen sie den Gemälden einen gleichmäßigen Glanz. Im traditionellen Malerhandwerk wurde Firnis als Schutz z. B. für Holz verwendet und stellt damit einen Vorläufer des heutigen Lacks dar.
→ Bestandteile von Beschichtungsstoffen, S. 321

Fixativ *(fixative)*: Kaliwasserglas, das auch Fixativ genannt wird, dient als Bindemittel für Silikatfarben. Bei seiner Herstellung werden Pottasche und Quarzsand bei 1400 bis 1500 °C verschmolzen. Es entsteht eine Masse, die an Glas erinnert. Setzt man dieser Masse unter Druck Wasser zu, entsteht das flüssige, farblose und hoch alkalische Fixativ. Es kann vor einem Silikatfarbenanstrich auch verdünnt als Tiefengrundierung eingesetzt werden.
→ Silikatfarben, Beschichtungsstoffe, S. 239

Flachrelief *(bas-relief)*: siehe Relief
→ Architekturgeschichte, Stilepochen, S. 389

Fladerschnitt, Fladerung *(tangential plain sawn section, tangential grain structure)*: Der Tangentialschnitt heißt auch Fladerschnitt, weil er durch die Fladerung gekennzeichnet ist. Diese flammenähnliche Optik des Holzes entsteht durch den Schnitt entlang der Jahrringgrenzen.
→ Holzuntergründe, S. 136

Flammschutzsalze *(flame-proofing salts)*: Flammschutzsalze verzögern das Brennen von Holz und anderen brennbaren Materialien.
→ Holzuntergründe, S. 121

flexibel *(flexible, supple)*: Flexible Stoffe sind biegsam.
→ Physikalische Grundlagen, S. 230

Floatglas *(float glass)*: Flache Glasscheiben mit hoher Qualität werden im Floatglas-Verfahren produziert. Das flüssige Glas fließt dabei in eine Kammer mit flüssigem Zinn. Darauf kann es sich vollkommen eben und gleichmäßig ausbreiten. Wenn das Glas fest wird, zieht man es auf ein Band, das man durch einen Kühlkanal laufen lässt. Im Anschluss wird das Glasband in einzelne Scheiben geschnitten.
→ Glas, Materialien und Werkstoffe, S. 275

Flor *(pile)*: Alle aufrecht stehenden Fasern eines (Boden-)Belags bilden zusammen den Flor.
→ Bodenbeläge, Materialien und Werkstoffe, S. 164, 301

fluoreszierende Farbe *(fluorescent paint)*: Das reflektierte Licht fluoreszierender Farben wird vom Auge heller wahrgenommen. Man nennt sie auch Tagesleuchtfarben. Im Gegensatz zu phosphorisierenden Farben können die fluoreszierenden nicht nachleuchten.
→ Spezialbeschichtungen, S. 416

fluatieren *(apply fluate, fluosilicate)*: Um die Alkalität von Untergründen zu neutralisieren, werden sie mit Säuren behandelt. Auf diese

Weise wird z. B. die Saugfähigkeit mineralischer Untergründe ausgeglichen.
→ Untergrundvorbereitung, Tapezieren, S. 241

Flügel *(casement, sash)*: Der bewegliche Teil von Türen oder Fenstern ist der Flügel. Meist sind die Elemente einflügelig oder zweiflügelig.
→ Türen und Fenster beschichten, Fassadenelemente, S. 254

Formtrennmittel *(mould release agents)*: Kunststoffbauteile lassen sich bei ihrer Herstellung durch Formtrennmittel, z. B. Silikonöl, besser aus der Form lösen.
→ Kunststoffuntergründe, S. 150

Frost *(frost)*: Frost heißen Temperaturen unter dem Gefrierpunkt (0 °C). Durch Frost kann es zu Bauwerksschäden kommen.
→ Witterung, Untergrundmängel, S. 21

Fruchtkörper *(fruiting body)*: Ein Pilz besteht aus seinem an der Oberfläche sichtbaren Fruchtkörper und dem im Untergrund befindlichen Mycel aus fadenförmigen Zellen.
→ Holzschädlinge, Holzuntergründe, S. 139

Füller *(filler)*: Bei der Lackierung von Metalloberflächen dient ein Füller dazu, kleinere bis mittelgroße Unebenheiten, z. B. Kratzer, auszugleichen. Man trägt im Spritzverfahren so viel Füller auf, dass die Oberfläche nach dem Schleifen glatt und eben ist. Eine Grundierung ist bei tragfähigen und angeschliffenen Altlackierungen in der Regel nicht notwendig. Füller funktionieren auf Acrylbasis. Damit unterscheiden sie sich von Spritzspachtel, der auf Polyesterbasis hergestellt ist.
→ Bestandteile von Beschichtungsstoffen, S. 99 f.

Fungizid *(fungicide)*: Um der Schimmelpilzbildung vorzubeugen, werden einigen Beschichtungsstoffen Giftstoffe zugegeben, die gezielt gegen Pilze wirken. Maßnahmen des Gesundheits- und Umweltschutzes sind unbedingt einzuhalten.
→ Beschichtung von Holz im Außenbereich, Holzuntergründe, Bestandteile von Beschichtungsstoffen, S. 228

Furnier *(veneer)*: Die Oberflächen von Möbeln oder Türen aus Holzwerkstoffen werden durch dünne Schichten eines Holzes oder Kunststoffs verschönert. Furniere sind 0,3 bis 6 mm dünne Schichten. Man muss aufpassen, dass man sie beim Anrauen vor einer Beschichtung nicht durchschleift.
→ Schleifen, Holzuntergründe, S. 135

G

Gaze *(gauze)*: Das gitterartige Gewebe wird z. B. für Bewehrungsstreifen beim Verspachteln von Trockenbauplatten verwendet.
→ Trockenbau, Verarbeiten von Gipsplatten, S. 266

Gefahrstoffverordnung (GefStoffV) *(hazardous substances ordinance)*: Die Gefahrstoffverordnung dient dem Schutz des Menschen und der Umwelt vor schädlichen Einwirkungen durch hochentzündliche, explosionsgefährliche, ätzende oder biozide Stoffe. Sie regelt den Umgang mit diesen Stoffen bei der Bereitstellung und bei der Verarbeitung. Sicherheitshinweise sind z. B. auf dem Sicherheitsdatenblatt zu lesen.
→ Arbeitssicherheit und Gesundheitsschutz, Normen, S. 60

gefüllt *(filled)*: Gefüllte Beschichtungsstoffe besitzen einen hohen Anteil an Füllstoffen, um eine hohe Schichtdicke zu erzielen.
→ Bestandteile von Beschichtungsstoffen, S. 180

Gegenfarbe *(contrast colour)*: siehe Komplementärfarbe
→ Farbmischung, Farbkontraste, S. 38

gelöschter Kalk *(slaked lime, calcium hydroxide)*: Kalziumhydroxid (gelöschter Kalk) ist Bestandteil von Mörtel. Das farblose Pulver reagiert in Wasser gelöst stark alkalisch. Kalziumhydroxid ist Bestandteil des Kalkkreislaufs. Es entsteht unter starker Wärmeentwicklung, indem Kalziumoxid mit Wasser versetzt wird. Beim Abbinden gibt der gelöschte Kalk das Wasser wieder ab und wird durch CO_2-Aufnahme zu festem Kalziumkarbonat.
→ Betonherstellung, mineralische Untergründe, Kalkkreislauf, S. 54, 116

genormt *(standard, standardized)*: siehe Norm
→ Normen und Kennzeichnungen

gerader Ansatz *(straight match, straight pattern repeat)*: Beim Schneiden und Kleben von Tapeten mit geradem Ansatz muss auf das Muster geachtet werden, das auf derselben Höhe bei der nächsten Bahn weiterläuft.
→ Wandbekleidungen, S. 290

Gerbsäure, Gerbstoffe *(tannic acid, tanning agents)*: Gerbstoffe sind natürliche Bestandteile von Holz und anderen Pflanzen, die viele ungesättigte Fettsäuren besitzen und damit das Holz vor Schädlingen schützen. Beim Überstreichen können sie zu Verfärbungen führen. Gerbstoffe werden z. B. genutzt, um Leder zu gerben (die Haut haltbar zu machen), sind aber auch Bestandteil vieler Medikamente. Beim Verzehr hinterlassen sie einen bitteren, z. T. unangenehmen Geschmack.
→ Holzuntergründe, S. 140

gesättigter Polyesterharzlack, SP-Lack *(saturated polyester resin enamel)*: Zu den gesättigten Polyesterharzlacken zählen bekannte und viel verwendete Lacke wie Polyurethanharzlacke (PUR-Lacke).
→ Beschichtungsstoffe, S. 211

gescheckter Nagekäfer *(checkered deathwatch beetle)*: Der 4,5 bis 9 mm lange gescheckte Nagekäfer greift insbesondere Holzfachwerk und Gebälk aus Laub- und Nadelhölzern an, die bereits von Pilzen befallen sind. Die Insekten legen ihre Larven im Holz ab und nutzen es zum Überwintern. Man erkennt den Befall anhand der relativ großen ovalen Löcher im Holz sowie an hinterlassenem Kot. Männchen und Weibchen verständigen sich über Klopfsignale, die an Uhrenticken erinnern, weshalb die Insektenart auch unter dem Namen Totenuhr bekannt ist. Bei der Bekämpfung muss nicht nur der Käfer durch Insektizide getötet, sondern auch die Ursache für den Pilzbefall abgestellt werden.
→ Holzschädlinge, Holzuntergründe, S. 140

Gesims, Sims *(cornice, ledge)*: Um eine Fassade horizontal zu gliedern und die einzelnen Etagen zu betonen, lässt man in der Architektur schmale, dekorative Streifen hervorragen.
→ Fassadenelemente, S. 364

Gestaltungskonzept (design concept): Umfassender Plan für die Gestaltung eines Innenraums oder einer Fassade.
→ Innenraumgestaltung, Fassadenelemente, S. 317, 374

Gestaltungstrend *(design trend)*: Die Gestaltung entspricht dem aktuellen modischen Geschmack, der sich ändern kann.
→ Innenraumgestaltung, Fassadenelemente, S. 319

gestürztes Verkleben *(rotated pasting)*: Bei einigen Tapeten wird jede zweite Bahn um 180° gedreht geklebt.
→ Tapezieren, Wandbeläge, S. 119, 291

Gewände *(jamb)*: Tür- oder Fensteröffnungen an romanischen und gotischen Kirchen werden oftmals schräg eingesetzt und mit Säulen oder Halbsäulen im Wechsel mit Nischen verziert. Dieser Bereich heißt Gewände.
→ Architekturgeschichte, Stilepochen, S. 387

gewirkt, wirken (knitted, knit): Gewirkte Bodenbeläge sind flach und besitzen keinen Flor.
→ Bodenbeläge, S. 288

gezogenes Flachglas *(drawn flat glass)*: Um flache Glasscheiben herzustellen, wurde im ursprünglichen Herstellungsverfahren die Glasschmelze zu Scheiben gezogen. Dabei können Streifen, Blasen oder kleine Einschlüsse entstehen. Gezogenes Glas wird bei Restaurierungen oder Kunstverglasungen eingesetzt. Seit den 1950er-Jahren werden 95 % der Glasscheiben als Floatglas produziert.
→ Glas, Materialien und Werkstoffe, S. 275

gezwirnte Fasern (twisted fibres): siehe Zwirn
→ Materialien und Werkstoffe, S. 164 ff.

Giebel *(gable)*: Die obere, meist dreieckige Wandfläche eines Gebäudes heißt dort, wo sie mit dem Dach abschließt, Giebel. In der Architektur ist mit Giebel z. T. auch die Giebelwand gemeint, also die gesamte Schmalseite des Gebäudes bis zum Boden. Bei historischen Gebäuden, die mit der Giebelseite zur Straße zeigen, werden die Giebel oftmals aufwendig verziert, z. B. der von der norddeutschen Backsteingotik bekannte Treppengiebel. Die dreieckigen oder ovalen schmückenden Aufsätze von Fenstern, Türen oder Portalen werden auch als Ziergiebel bezeichnet.
→ Fassadenelemente, S. 396

Giebelverdachung *(gable pediment)*: siehe Verdachung
→ Architekturgeschichte, Stilepochen, S. 391

Gießharz *(casting resin)*: Gießharze sind Kunstharze, die flüssig verarbeitet werden. Im Malerhandwerk werden meistens zweikomponentige Gießharze eingesetzt, um beispielsweise sehr strapazierfähige Bodenbeschichtungen herzustellen.
→ Bodenbeschichtung, S. 213

Gilde *(guild)*: Während sich die Handwerker im Mittelalter in Zünften organisierten, taten sich die Händler in ähnlich organisierten Gilden zusammen. Alle Kaufleute einer Stadt bildeten eine Gilde. Handelsreisende Kaufleute schlossen sich zur Hanse zusammen, die an Nord- und Ostsee viel Einfluss besaß.
→ Architekturgeschichte, Stilepochen, S. 386

Glanzgrad *(gloss level)*: Deckende Lacke unterscheiden sich in ihrem Glanzgrad je nach ihrer Reflexion des einfallenden Lichts. Nach EN ISO 2813 werden drei Glanzgrade unterschieden: G1 = glänzend; G2 = mittlerer Glanz; G3 = matt. Im Handel sind dar-

überhinaus die Bezeichnungen hochglänzend, seidenglänzend, seidenmatt und stumpfmatt gebräuchlich.
→ Beschichtungsstoffe, S. 99

Glas *(glass)*: Der wesentliche Bestandteil von Glas ist Sand, chemisch Siliziumdioxid (S_iO_2). Je nach Glasart gibt man u. a. Natriumoxid, Calciumoxid, Kaliumoxid, Bortrioxid oder Bariumoxid zu. In speziellen Öfen werden die Bestandteile bei Temperaturen von über 1000 °C geschmolzen. Anschließend erhitzt man sie auf bis zu 1550 °C, um Verunreinigungen zu beseitigen. Nun kann man die Schmelze auf eine Temperatur von 900 bis 1200 °C abkühlen und durch Gießen, Pressen, Walzen, Ziehen oder Blasen in die spätere Form bringen. Bei dem erkalteten Glas handelt es sich nicht um ein Kristall, sondern um eine eingefrorene Flüssigkeit.
→ Glas, Materialien und Werkstoffe, S. 254, 275

Glättungsmittel *(smoothing agents)*: 1) Mit Glättungsmitteln werden Unebenheiten in Oberflächen beseitigt, indem sie entweder mit Schleifmitteln eben gemacht oder mit Füllmitteln ausgeglichen werden. 2) Um Blasen und Unebenheiten auf der Oberfläche eines Kunststoffs zu vermeiden, gibt man bei der Produktion ein Glättungsmittel hinzu.
→ Herstellung von Kunststoffen, Kunststoffuntergründe, S. 150

Goldener Schnitt *(golden section, golden ratio)*: Um eine harmonische Wirkung zu erzeugen, werden Strecken in bestimmten Verhältnissen aufgeteilt und gestaltet. Das Teilungsverhältnis des Goldenen Schnitts findet sich bereits in der Antike. Die kleinere Strecke hat zur größeren Strecke dasselbe Verhältnis wie die größere Strecke zur Gesamtstrecke.
→ Proportionslehre, Gestaltung, S. 203

Groteske *(grotesque)*: serifenlose Schrift
→ Schrift

Grundlinie (Schrift) *(baseline (typeface))*: Bei der Konstruktion einer Schriftart stehen alle Buchstaben auf derselben Höhe einer gedachten Grundlinie.
→ Schrift

GS-Zeichen *(approved safety mark)*: Das deutsche Siegel „Geprüfte Sicherheit" zeigt, dass ein Produkt die Sicherheit und Gesundheit von Personen bei der Verwendung gewährleistet. Dazu wird das Produkt bei einer zugelassenen Prüfstelle getestet. Das GS-Zeichen ist eine freiwillige Kennzeichnung, welche die CE-Kennzeichnung ergänzt.
→ Leitern, Normen und Kennzeichnungen, S. 114

H

Haftfestigkeit, haftfest *(adhesion strength, adhesive)*: Damit eine Beschichtung ihre volle Schutzfunktion erfüllen kann, muss sie auf dem Untergrund haften. Nicht mehr haftfeste Altbeschichtungen müssen vor einer neuen Beschichtung restlos entfernt werden.
→ Untergrundprüfung, Tapezieren, S. 26

Halblinie *(half-line)*: Mit Malstock und Pinsel gezogene Linien von ca. 1 cm Stärke werden im traditionellen Malerhandwerk als Halblinie bezeichnet.
→ Beschichtungsverfahren

Halogen *(halogen)*: Zur Gruppe der Halogene gehören chemische Elemente wie Fluor, Chlor, Brom oder Iod. Diese Nichtmetalle reagieren mit Metallen zu Salzen, z. B. reagieren Natrium (Na) und Chlor (Cl) zu Kochsalz (Natriumchlorid, NaCl). Mit Wasserstoff reagieren Halogene zu Halogenwasserstoffen. Werden diese in Wasser gelöst, entstehen z. T. starke Säuren, z. B. Salzsäure (HCl) oder Flusssäure (HF), welche zum Fluatieren verwendet wird.
→ Chemische Grundlagen, S. 51

Hammerschlageffekt *(hammer stroke effect)*: Nach der Erhärtung eines Lacks, der Aluminiumpigmente enthält, entsteht der Eindruck, man habe eine Metalloberfläche gleichmäßig mit Hammerschlägen bearbeitet. Der Effekt wird durch beigemengte Silikonöle hervorgerufen, die gewollt den Trocknungsablauf stören.
→ Sondereffekt Kunststoffbeschichtung, Beschichtungsstoffe, S. 45, 148

Haptik *(surface feel)*: Die Haptik sagt aus, wie sich die Oberfläche eines Materials anfühlt.
→ Gestaltung

Härte *(hardness)*: Stoffe mit großer Härte setzen dem Eindringen eines anderen Stoffs einen hohen Widerstand entgegen. Bei Beschichtungen hängt es von der Härte ab, wie abrieb- und kratzbeständig ein Lack ist. Harte Stoffe sind meist sehr spröde, d. h., sie lassen sich kaum verformen und brechen leicht.
→ Lackierungen, Beschichtungsverfahren, S. 25

Harz *(resin)*: Aus Harzen lassen sich Bindemittel für Lacke und Lösemittel gewinnen. Natürliche Harze werden von einigen Baumarten abgesondert, um Wunden am Baum zu verschließen. Man verwendet Harze lebendiger oder bereits gestorbener Bäume, z. B. Terpentin oder Kopal. Auch einige Tierarten sondern Harze ab, z. B. Schellack von der Lackschildlaus. Aus fossilien Rohstoffen lassen sich künstliche Harze herstellen, z. B. Acrylharz oder Epoxidharz.
→ Holzuntergründe, Untergrundmängel

Harzgallen *(resin galls)*: Innerhalb eines Jahrrings bilden sich bei harzreichen Baumarten Hohlräume, in denen sich flüssiges und festes Harz sammelt. Harzgallen dürfen nicht überstrichen werden, da sie durchschlagen können.
→ Holzuntergründe, Untergrundmängel, S. 137

HDF-Platte *(HDF board)*: Die hochdichte Faserplatte besteht aus sehr feinen, gepressten Fasern. Sie verfügt über ein gleichmäßiges Oberflächenbild und wird gerne für Laminat verwendet, da auch dünne Platten eine hohe Belastung aushalten.
→ Holzwerkstoffe, S. 303

Heizwert *(heating value)*: Bei der Verbrennung von Stoffen wird Wärme freigesetzt. Der Heizwert gibt die Menge der möglich frei werdenden Wärme an, ohne die Kondensationswärme. Der Heizwert ist nicht zu verwechseln mit dem Brennwert, bei dem die Kondensationswärme eingerechnet wird. Brandschutzsalze senken den Heizwert der im Holz enthaltenen Gase, um das Ausbreiten eines Feuers zu verzögern.
→ Physikalische Grundlagen, Brandschutzsalze, S. 215

Hell-dunkel-Kontrast *(light-dark contrast, chiaroscuro)*: Unterscheiden sich zwei Farben stark durch ihre Helligkeit, lassen sich Konturen besonders gut erkennen. Der Hell-dunkel-Kontrast wird besonders dazu eingesetzt, Schrift gut lesbar zu machen oder um bessere räumliche Wirkung zu erzielen.
→ Farbkontraste, Schrift, Illusionsmalerei, Gestaltung, S. 194

Helligkeit (Farbe), Hellbezugswert (HBW) *(luminosity (colour), lightness value)*: Die Helligkeit einer Farbe wird durch ihren Hellbezugswert (HBW) in Prozent angegeben. Helle Farben reflektieren viel Licht, dunkle Farben absorbieren viel Licht: Hellbezugswert weiß = 100 %, schwarz = 0 %.
→ Physikalische Grundlagen, Gestaltung, S. 40

High Solid *(high-solid)*: Lacke, die unter der Bezeichnung High Solid gehandelt werden, besitzen einen sehr hohen nichtflüchtigen Anteil (nfA) und nur einen geringen Anteil an VOCs. Durch den Festkörperanteil von oftmals mehr als 75 % lassen sich hohe Trockenschichtdicken aufbauen bei einer relativ geringen Belastung durch organische Lösemittel. Die Verarbeitung ist etwas anspruchsvoller als bei anderen Beschichtungssystemen mit geringerem nfA.
→ Beschichtungsstoffe, Holzschutzmaßnahmen, S. 414

Hinterlüftung *(rear ventilation)*: Eine Hinterlüftung ermöglicht das Trocknen von Kondensationsfeuchtigkeit durch einen Luftstrom. Bei einer hinterlüfteten Fassade wird beispielsweise eine Fassadenbekleidung auf einer Unterkonstruktion vor die ggf. gedämmte Außenwand gesetzt. Die Unterkonstruktion lässt Luft zwischen der Bekleidung und der Wand strömen, welche die im Mauerwerk vorhandene Feuchtigkeit aufnimmt und fortträgt.
→ Wärmedämmung, Fassade, S. 21

Hirnschnitt *(grain cut, cut against the grain)*: siehe Querschnitt
→ Holzuntergründe, S. 136

Hohlkehle *(1) chamfer, 2) cavetto, 3) gorge)*: 1) Der Punkt, an dem die Kellerwand auf die Bodenplatte trifft, heißt im Bauwesen Hohlkehle. Hier muss der verwendete Mörtel sehr dicht sein, damit kein Wasser eindringen kann. 2) Um eine Fläche, z. B. eine Fassade oder ein Fenster, zu gliedern oder zu verzieren, verwendet man leicht konkave (nach innen gewölbte), rinnenförmige Vertiefungen (Hohlkehlen). 3) In Räumen, die besonders gründlich gereinigt werden, z. B. in Krankenhäusern, wird der Bodenbelag an der Wand um einige Zentimeter nach oben gezogen. Der Anschlussbereich zur Wand kann als nach innen gewölbte Hohlkehle ausgeführt werden.
→ Architektur, Fassadenelemente, Boden, S. 413

Holzböden *(wooden floors)*: Bodenbeläge aus Holz
→ Holzuntergründe, Bodenbeläge, S. 302 f.

Holzfeuchte *(wood moisture)*: Um Holz bearbeiten bzw. beschichten zu können, darf der Wasseranteil in den Zellen einen bestimmten Prozentwert, z. B. 15 % für Holz im Innenraum, nicht überschreiten.
→ Holzuntergründe, Untergrundmängel, S. 141

Holzwerkstoff *(wood-based material)*: Aus minderwertigen Hölzern oder Holzabfällen werden durch Pressen verschiedene Platten oder Formteile hergestellt. Meist werden Bindemittel und Additive zugegeben, sodass Holzwerkstoffe häufig sehr unterschiedliche Eigenschaften im Vergleich zum Vollholz haben. Die wichtigsten Holzwerkstoffe sind Sperrholzplatten (z. B. Tischler-, Multiplex-, Siebdruckplatte), Spanplatten, Faserplatten (z. B. MDF), Leimholzplatten und Verbundwerkstoffe aus mehreren Materialien.
→ Holzwerkstoffe, S. 137 ff.

Hubarbeitsbühne *(mobile elevating work platform)*: Hubarbeitsbühnen befinden sich auf einem Fahrzeug oder Anhänger. Zum Arbeiten in der Höhe werden sie ausgefahren.
→ Gerüstarbeiten, S. 226f.

hydraulisch *(hydraulic)*: 1) Einige Arbeitsgeräte arbeiten hydraulisch, indem sie mithilfe einer Flüssigkeit, die in einem System aus Kolben und Kolbenstangen unter Druck steht, Kraft übertragen, z. B. bei Hubarbeitsbühnen. 2) Die Aushärtung einiger Mörtel erfolgt hydraulisch, d. h., sie härten nicht nur an der Luft, sondern auch unter Wasser.
→ Gerüstarbeiten, Betonsanierung, Estrich, S. 116, 178

hydraulischer Kalk *(hydraulic lime)*: Mörtel, die diesen gebrannten Kalk als Bindemittel enthalten, härten auch unter Wasser und ergeben einen harten Putz.
→ Putze, mineralische Untergründe, S. 116

hydrophil *(hydrophilic)*: Hydrophile Stoffe haben eine starke Neigung, Wasser anzuziehen oder zu binden.
→ Physikalische Grundlagen, S. 43, 252

hydrophob *(hydrophobic)*: Hydrophobe Stoffe sind Wasser abweisend. Das Wasser perlt an ihnen ab.
→ Physikalische Grundlagen, S. 43, 252

Hydrophobiermittel *(moisture repellent agent)*: Durch den Einsatz von Hydrophobiermitteln wird erreicht, dass Wasser an einer Oberfläche abperlt und, z. B. von porösen Baustoffen, deutlich weniger Wasser aufgenommen werden kann. Auf diese Weise werden Feuchteschäden verhindert. Die Baustoffe bleiben diffusionsoffen. Meist enthalten Hydrophobiermittel Silikone. Sie dringen tief ein und trocknen nicht sichtbar auf. Siehe auch Imprägniermittel.
→ Natursteinmauerwerk imprägnieren, Beschichtungsstoffe, S. 228

Hydroxylgruppe *(hydroxyl group)*: Die Hydroxylgruppe mit dem chemischen Zeichen -OH besteht aus einem Sauerstoffmolekül (O) und einem Wasserstoffmolekül (H). Sie tritt bei Alkoholen und Phenolen auf, die u. a. eine wichtige Bedeutung in der Herstellung von Kunststoffen und Kunstharzen haben. Die Hydroxylgruppe bestimmt die Eigenschaften eines Stoffs und sein chemisches Reaktionsverhalten.
→ Chemische Grundlagen, Kunststoffherstellung, Herstellung Alkydharzlack

hygroskopisch *(hygroscopic)*: Hygroskopische Stoffe ziehen Wasser an.
→ Chemische Grundlagen

Hyphen *(hyphae)*: Bei ihrer Ausbreitung bilden Pilzsporen fadenförmige Zellen aus, die Hyphen. Alle Hyphen bilden zusammen das Mycel.
→ Holzschädlinge, Holzuntergründe, S. 139

I

Imitation, imitieren *(imitation, imitate)*: Durch verschiedene Techniken ahmt der Maler wertvolle Materialien nach. Z. B. war Marmorimitation auf Holz im Mittelalter beliebt, da sich viele Auftraggeber den kostbaren Stein nicht leisten konnten.
→ Dekorative Techniken, Gestaltung, S. 319

imprägnieren *(impregnate, waterproof)*: Durch Imprägnieren schützt man Baustoffe vor Feuchteschäden. Holz wird durch Tauchen, Spritzen oder Kesseldruckimprägnierung bereits vor dem Einbau geschützt. Beton-, Ziegel- oder Natursteinoberflächen erhalten eine Wasser abweisende Oberflächenbehandlung.
→ Natursteinmauerwerk imprägnieren, Beschichtungsverfahren, S. 239f.

Imprägniermittel *(impregnating agent)*: Als Imprägniermittel kommen im Malerhandwerk in der Regel Silicium-Verbindungen zum Einsatz. Man unterscheidet die sehr kleinen Silane mit einer hohen Eindringtiefe, die mittleren Siloxane und die aus vielen Molekülen bestehenden Silikonharze, die nur eine geringe Eindringtiefe besitzen. Imprägniermittel sind auf Lösemittelbasis und werden im Flutverfahren oder mehrmals nass in nass aufgebracht.
→ Natursteinmauerwerk imprägnieren, Beschichtungsstoffe, S. 239f.

Inkrustation *(incrustation)*: Um Kosten zu sparen, wurden schon früh in der Baugeschichte günstige Baumaterialien für die Baukörper verwendet und mit edlen Materialien verblendet. Unter Inkrustation versteht man die Verkleidung (lat. „crusta“: Schale) mit dünnen Marmorplatten.
→ Architekturgeschichte, Stilkunde, S. 283

Instandhaltungsintervall *(maintenance interval)*: In den BFS-Merkblättern werden Zeiträume empfohlen, in denen Überholungsbeschichtungen auszuführen sind, damit die Oberflächen ihre Schutzfunktion behalten.
→ Normen und Kennzeichnungen, Grundlagen des Malerhandwerks, Holzuntergründe

Interpretation, interpretieren *(interpretation, interpret)*: Der Maler richtet sich bei der Gestaltung einer Oberfläche an einem Material aus, ohne dies vollständig nachzuahmen – siehe Imitation.
→ Dekorative Techniken, Gestaltung, S. 319

Ion *(ion)*: Hat ein Atom oder Molekül mehr oder weniger Elektronen → als im Normalzustand, wird es zu einem elektrisch leitenden Ion. Kationen sind positiv gelanden, sie haben Elektronen abgegeben. Anionen sind negativ geladen, sie haben Elektronen dazubekommen. Chemische Grundlagen, S. 51

irreversibel *(irreversible)*: nicht mehr rückgangig zu machen
→ Physikalische Grundlagen, S. 121

J

Jahrring *(annual ring)*: Die ringförmige Maserung, die im Holzquerschnitt zu erkennen ist, besteht aus dem hellen Frühholz und dem dunkleren Spätholz. In der Wachstumsphase vom Austreiben bis zum Fallen der Blätter entsteht eine lockere Zellstruktur, durch die der Baum Wasser und Nährstoffe aus der Wurzel nach oben transportiert (Frühholz). In der Ruhephase im Winter bildet der Baum verstärkt Lignin, das ihm Festigkeit gibt (Spätholz).
→ Holzuntergründe, S. 136f.

K

Kaliwasserglas *(potassium silicate)*: siehe Fixativ
→ Bestandteile von Beschichtungsstoffen, Silikatfarbe, S. 251

Kalzinieren *(calcination)*: Beim Kalzinieren werden Stoffe gebrannt, um ihnen Wasser zu entziehen, sie zu verfärben oder sie zu zersetzen. Das Kalkbrennen gehört beispielsweise zum Kalkkreislauf. Auch bei der Herstellung von Zement oder Korund kommt diese Technik zum Einsatz.
→ Kalkkreislauf, Schleifmittel, S. 104

Kalkhydrat *(lime hydrate)*: Gebrannter Kalk und Wasser reagieren zu Kalkhydrat (Kalziumhydroxid $Ca(OH)_2$), auch gelöschter Kalk genannt. Bei der industriellen Mörtelherstellung wird Kalkhydrat mit Wasserdampf als trockenes Pulver produziert. Im Beton entsteht es während der Erhärtung und schützt wegen seiner starken Alkalität die Stahlbewehrung vor dem Rosten.
→ Putz, Betonerhärtung, mineralische Untergründe, S. 117

Kalkstein *(limestone)*: Kalkstein (Kalziumkarbonat, $Ca(CO)_3$) kommt in der Natur als Stein vor, z. B. Kreide oder Marmor, oder entsteht bei chemischen Reaktionen, z. B. bei der Karbonatisierung.
→ Betonerhärtung, mineralische Untergründe, S. 116, 131

kalter Fluss *(cold flow)*: Kunststoffdispersionen trocknen physikalisch, indem die Kunststoffteilchen (Bindemittel) zusammenfließen und Wasser verdunstet. Nach der Trocknung kann die Schicht durch Wasser nicht wieder angelöst werden.
→ Trocknung einer Kunststoffdispersionsfarbe, S. 121

Kaltumformung *(cold forming)*: Bei der Kaltumformung soll ein Metall in eine bestimmte Form gebracht werden, ohne es zu erhitzen, z. B. beim Walzen von Stahl.
→ Metallische Untergründe, S. 84

Kaltverformung *(cold working)*: Bei der Kaltverformung wird ein Metall ohne Erwärmung ungewollt plastisch verformt, so entsteht z. B. beim Aufprall eines Autos eine Beule.
→ Metallische Untergründe, S. 106

Kalt-warm-Kontrast (cold-warm contrast): Farben werden von Menschen als kalt oder warm empfunden. Einen starken Kalt-warm-Kontrast bilden z. B. Blaugrün (kalt) und Rotorange (warm).
→ Farbkontraste, Gestaltung, S. 194

Kalziumsilikathydrat *(calcium silicate hydrate)*: Bei der Erhärtung von Zement wachsen faserförmige Kristalle aus Kalziumsilikathydrat. Sie sogen für die Festigkeit des Baustoffs.
→ Betonerhärtung, chemische Grundlagen, mineralische Untergründe, S. 130

Kambium *(cambium)*: Zwischen der Rinde und dem Splintholz befindet sich im Holzquerschnitt das Kambium. Hier wächst der Baum im Umfang.
→ Holzuntergründe, S. 136

Kantenflucht *(edge loss)*: An scharfen Bauteilkanten ist eine niedrigere Schichtdicke im Vergleich zur restlichen Lackierung zu erkennen. Der noch nicht getrocknete Beschichtungsstoff zieht sich aufgrund seiner Oberflächenspannung im Randbereich zurück, also auch an den Kanten. So sind die häufig besonders gefährdeten Kanten weniger geschützt. Durch Abrunden der Kanten lässt sich das Abreißen des Beschichtungsfilms vermeiden, sodass eine gleich hohe Schichtdicke appliziert werden kann.
→ Oberflächenspannung, Holzschutz, Fenster beschichten, Holzuntergründe, S. 20, 142

Kapillare *(capillaries)*: 1) Bei porösen Baustoffen, wie Holz oder Putz, wirken die Poren wie sehr feine Röhrchen mit geringem Innendurchmesser. Sie verursachen die Saugwirkung poröser Materialien.

2) Im Baum sorgen die Kapillaren für den Nährstofftransport. Siehe Kapillarität.
→ Physikalische Grundlagen, Holzuntergründe, mineralische Untergründe, Putz, S. 20

Kapillarität, Kapillarwirkung *(capillarity)*: Kapillarität ist der physikalische Effekt, dass eine Flüssigkeit in einer engen Röhre steigt. Je enger die Röhre, desto höher steigt dabei die Flüssigkeit. Der Effekt wird dadurch hervorgerufen, dass die Haftung zwischen Flüssigkeit und Innenseite des Röhrchens (Adhäsionskraft) höher ist als die Kräfte, die innerhalb der Flüssigkeit wirken (Kohäsionskraft). Die Kapillarität bewirkt beispielsweise, dass poröse Untergründe saugen oder ein Pinsel Farbe aufnehmen kann.
→ Physikalische Grundlagen, Holzuntergründe, mineralische Untergründe, Putz, Risssanierung, Wärmedämmung, S. 20f.

Karbonatisierung *(carbonation)*: Das im Beton enthaltene alkalische Kalziumhydroxid („gelöschter Kalk") reagiert mit dem Kohlenstoffdioxid (CO_2) der Luft zu Kalkstein und Wasser. Einerseits wird der Beton durch diese Reaktion fester, andererseits nimmt seine Alkalität ab. Dadurch ist Stahlbeton weniger vor Korrosion geschützt.
→ Beton, chemische Grundlagen, mineralische Untergründe, S. 116

Kasein *(casein)*: Kasein ist ein Eiweiß in Milch. Kasein, das mit einem alkalischen Mittel wie gelöschtem Kalk, Borax oder Ammoniumcarbonat behandelt wurde, dient als Bindemittel für Kaseinfarbe.
→ Kunststoffe, Kaseinfarbe, S. 385

Kassettendecke *(coffered ceiling)*: Die Decke eines Raums wird mit → vertieften Feldern (Kassetten) versehen. In historischen Gebäuden findet man oftmals aufwendig verzierte Holzkassetten. Moderne System-Kassettendecken besitzen meist funktionellen Charakter, z. B. Gipsplatten zum Schallschutz.
→ Decken beschichten, Holzuntergründe, mineralische Untergründe, S. 395

Kautschuk *(caoutchouc, rubber)*: Die Rinde des Kautschukbaums sondert beim Anritzen einen weißen Saft ab, das Latex. Aus Latex lässt sich durch Zugabe von Schwefel Gummi herstellen (Vulkanisation). Da man z. B. für Autoreifen oder Latexfarben eine große Menge Kautschuk benötigt, wird dieser meistens aus einer Mischung verschiedener Kunststoffe künstlich hergestellt.
→ Bestandteile von Beschichtungsstoffen, Kunststoffe, Latexfarbe, S. 147

Kehlbalken *(collar beams)*: Sparrendächer bestehen aus mehreren Dreieckskonstruktionen, die in einem Abstand von ca. 80 cm angeordnet und auf der Außenseite mit Dachlatten genagelt werden. Ein Dreieck besteht dabei aus je zwei schrägen Sparren und einem Dachbalken darunter. Diese Konstruktion ist bis zu einer Spannweite von 5 m machbar. Bei größeren Dachstühlen werden die Sparren durch einen horizontalen Kehlbalken gegen Durchbiegung ausgesteift. Kehlbalken können auch eine Zwischendecke tragen.
→ Dachgeschossausbau, S. 272f.

Kesseldruckimprägnierung *(vacuum/pressure impregnation)*: Häufig wird im Außenbereich verwendetes Holz bereits vor dem Einbau vom Produzenten mit Holzschutzmitteln behandelt. Die Kesseldruckimprägnierung sorgt für eine sehr gleichmäßige Verteilung des Holzschutzmittels. Dem Holz wird im Kessel mithilfe eines Vakuums die Luft entzogen, danach wird der Imprägnierkessel mit dem Biozid gefüllt, erwärmt und für mehrere Stunden unter Druck gesetzt.
→ Holzschutz, Brandschutzsalze, Holzuntergründe

Kerbrisse *(notch cracks)*: Kerbrisse verlaufen in der Regel diagonal. Sie gehen häufig von den Ecken von Mauerwerksöffnungen aus und verlaufen durch den Putz. Ihre Ursache sind meist Scherspannungen. Mineralische Untergründe, Risssanierung, Untergrundmängel, S. 243

Kernholz *(heartwood)*: Im Querschnitt vieler Holzarten ist im Inneren das dunkle Kernholz, im äußeren Bereich das helle Splintholz zu erkennen. Das Kernholz ist bereits abgestorben und sorgt für die Festigkeit des Stamms.
→ Holzuntergründe, S. 136

Kettendübel *(chain dowels)*: Astlöcher werden im Holz durch Dübel verschlossen. Überlappen sich die Dübel, spricht man von Kettendübeln. Sie sind nur wenig belastbar und sollten vor einer Beschichtung vom Tischler gegen intaktes Holz ausgetauscht werden.
→ Holzuntergründe, Untergrundmängel, S. 137

Kettenmoleküle, Molekülkette *(chain molecules)*: Eine große Zahl von Molekülen, die durch eine chemische Bindung zusammenhängen, bilden als Kettenmolekül die Grundlage für zahlreiche Kunststoffarten.
→ Kunststoffuntergründe, Kunststoffe, S. 56

Kilowattstunde (kWh) *(kilowatt-hour)*: In der Einheit Watt (W) gibt man die elektrische Leistung eines Geräts an. Wenn ein Gerät beispielsweise mit einer Leistung von 1000 Watt eine Stunde lang arbeitet, wird eine Kilowattstunde (kWh) Strom verbraucht. Dasselbe gilt für ein Gerät mit 500 Watt in 2 Stunden usw.
→ Physikalische Grundlagen

Klebebandtest *(adhesive tape test)*: Die Haftfestigkeit eines Untergrunds wird durch Andrücken und ruckartiges Abreißen eines Klebebands geprüft.
→ Untergrundprüfung, S. 93

Kleber *(adhesives, glues, cementing agents)*: Gebrauchsfertige Klebstoffe gibt es im Handel auf Wasser- und Lösemittelbasis. Man verwendet sie, um beispielsweise Wandbelege, Bodenbeläge oder Sockelleisten zu befestigen.
→ Wandbeläge, Bodenbeläge, S. 147, 292f.

Kleister *(paste)*: Der Tapetenklebstoff auf Stärkebasis muss vor Gebrauch mit Wasser angerührt werden.
→ Wandbeläge, S. 119f., 292 f.

Klischee *(cliché, stereotype)*: In der Gesellschaft bestehen über einen längeren Zeitraum geprägte Vorstellungen, die von vielen unbedacht übernommen werden und das eigene Urteil beeinflussen können, z. B. Verallgemeinerungen wie „die Deutschen sind sehr ordentlich". In der Gestaltung wirken Klischees in Gedankenverknüpfungen wie Südsee ist gleich Strand und Palmen.
→ Innenraumgestaltung, S. 317f.

Klopfprobe *(tapping test)*: Durch Klopfen lassen sich Hohlstellen unter dem Putz finden.
→ Untergrundprüfung, S. 117

koagulieren *(coagulate)*: Bei Beschichtungstoffen wird durch spezielle Additive dafür gesorgt, dass die Bindemittelteilchen nicht vor dem Anstreichen im Behälter zusammenfließen und sich verbinden (koagulieren).
→ Trocknung von Beschichtungsstoffen

Koaguliermittel *(coagulant)*: Bei der Beseitigung von Lack- oder Farbresten sorgen Koaguliermittel dafür, dass die Bindemittel zusammenfließen (koagulieren) und somit fest werden. Auf diese Weise können die Reste mit dem Gewerbemüll entsorgt werden.
→ Entsorgung von Beschichtungsstoffen, S. 170

Kohäsionskraft *(cohesive force, coherence)*: Die „Zusammenhangskraft" wirkt zwischen den Teilchen eines Körpers. Sie bedingt beispielsweise die Fließeigenschaften eines Beschichtungsstoffs.
→ Physikalische Grundlagen, S. 20f.

Kohlensäure *(carbonic acid)*: Wird CO_2 (Kohlenstoffdioxid) in Wasser gelöst, entsteht Kohlensäure.
→ Chemische Grundlagen, S. 54

Kohlenstoffdioxid (CO_2) *(carbon dioxide, carbonic acid gas)*: Kohlenstoffdioxid gehört zu den wichtigsten Gasen. Es entsteht bei der Atmung sowie bei der Verbrennung von kohlenstoffhaltigen Stoffen und trägt damit zur globalen Erwärmung bei. Kohlendioxid ist als Bestandteil der Luft an vielen alltäglichen chemischen Reaktionen beteiligt. In Wasser gelöst, kennt man es als Kohlensäure.
→ Chemische Grundlagen, S. 116

Kohlenwasserstoffe *(hydrocarbons)*: Kohlenwasserstoffe sind chemische Verbindungen zwischen Kohlenstoff (C) und Wasserstoff (H). Sie werden meist aus fossilen Stoffen, wie Erdöl oder Kohle, gewonnen und treten in vielfältigen Verbindungen auf, z. B. Lösemittel auf Kohlenwasserstoff-Basis.
→ Chemische Grundlagen, S. 56f.

Kolophonium *(colophony, natural resin)*: Das relativ spröde Naturharz Kolophonium wird zur Lackherstellung verwendet. Ferner eignet es sich in Farben als Sikkativ zum Beschleunigen des Trocknungsprozesses. Darüber hinaus wird Kolophonium als Rohstoff für die Herstellung von Klebstoffen und Alkydharzen verwendet.
→ Lacke auf Kunststoffbasis, Bestandteile von Beschichtungsstoffen, S. 210

Komplementärfarben *(complementary colours)*: Farben, die sich im Farbkreis genau gegenüberliegen, sind die Gegen- oder Komplementärfarben, z. B. Blau und Orange. Siehe Komplementärkontrast.
→ Gestaltung, S. 38

Komplementärkontrast *(complementary contrast)*: Beim Komplementärkontrast sind die drei Primärfarben Rot, Gelb und Blau beteiligt. Eine Primärfarbe bildet mit der Mischfarbe aus den beiden anderen Primärfarben einen Komplementärkontrast, z. B. Rot und Grün.
→ Farbkontraste, Gestaltung, S. 193

Kompositionskonzept *(composition concept)*: Gestaltungskonzept, bei dem mehrere Farben oder Formen miteinander harmonisch in Verbindung gebracht (komponiert) werden.
→ Farbgestaltung

Kondensationswärme *(condensation heat)*: Wenn ein Stoff vom flüssigen in den gasförmigen Zustand übergeht, benötigt er dafür

Energie in Form von Wärme. Dieselbe Menge Wärme gibt er als Kondensationswärme wieder ab, wenn er vom gasförmigen Zustand in den flüssigen zurückgeht.
→ Physikalische Grundlagen

konisch *(conical, cone-shaped)*: kegelförmig, spitz zulaufend
→ Tapezierwerkzeuge, S. 120

Konservierungsmittel *(preserving agent)*: Konservierungsmittel machen einen Beschichtungsstoff länger haltbar.
→ Kunststoffdispersion, Bestandteile von Beschichtungsstoffen, S. 121

Kontrasttiefe *(contrast depth)*: Ein starker Hell-dunkel-Kontrast erzeugt eine dreidimensionale Tiefenwirkung beim Betrachter.
→ Dekorative Techniken, Gestaltung, S. 328

Kontur *(contour, outline)*: Umriss
→ Gestaltung, S. 340

Konzept, konzeptionieren *(concept, design, to conceive, to design)*: siehe Gestaltungskonzept
→ Gestaltung, S. 317, 374

Korngrenzen *(grain boundaries)*: Beim Erstarren geschmolzener Metalle ordnen sich die Atome in Gittern an. Mehrere Atome bilden eine Elementarzelle. Aus mehreren Elementarzellen bildet sich ein fester Keim. Die einzelnen Keime sind in unterschiedliche Richtungen ausgerichtet. Eine Korngrenze entsteht dort, wo Keime mit unterschiedlicher Orientierung zusammentreffen. Man spricht von Gitterfehlern metallischer Werkstoffe. Diese sind gewollt, denn sie beeinflussen die spezifischen technologischen Eigenschaften eines Metalls, z. B. die Zähigkeit. Bei verzinkten Stahloberflächen sind die Korngrenzen mit dem bloßen Auge erkennbar.
→ Metallische Untergründe, S. 85

Korngröße *(grain size, grading)*: Gesteine werden anhand ihrer Größe eingeteilt. Bei sehr feinem Gestein sind einzelne Körner nicht erkennbar, man spricht von Ton und Schluff. Danach teilt man Gesteine von Feinsand über Kies bis zu Steinen ein. Sand und Feinkies mit einer Korngröße bis zu 4 mm verwendet man für Mörtel, Kies bis 45 mm Korngröße kommt in Beton vor.
→ Putz, Beton, S. 130

Körperfarben *(mineral colours, surface colours)*: Farben enthalten Pigmente, die durch den reflektierenden Anteil des Lichts farbig erscheinen. Diesen Farbeindruck nennt man Körperfarben. Die Farbmischung läuft subtraktiv ab, siehe subtraktive Farbmischung.
→ Physikalische Grundlagen, Gestaltung, S. 37

Körperschluss *(fault to frame)*: Es kommt zu einem Körperschluss, wenn zwischen Körper und aktiven Teilen eines elektrischen Geräts aufgrund mangelnder Isolation eine Strom leitende Verbindung entsteht.
→ Arbeit mit elektrischen Geräten, Arbeitssicherheit und Gesundheitsschutz, S. 81

Korrosion, korrodieren *(corrosion, corrode)*: Werkstoffe korrodieren, wenn sie mit ihrer Umgebung reagieren, z. B. mit dem Sauerstoff der Luft (Oxidation) oder mit Schadstoffen im Regen. Insbesondere Metalle und Beton müssen durch Beschichtungen vor Korrosion geschützt werden.
→ Metallische Untergründe, chemische Grundlagen, S. 85 ff.

Korrosivitätskategorien *(corrosiveness categories)*: Die Korrosivitätskategorie gibt an, wie gut ein Lack eine metallische Oberfläche vor Korrosion schützt. Die geringste Korrosivitätskategorie C1 ist für nahezu belastungsfreie Umgebungen geeignet, z. B. Innenräume. Die höchste Kategorie C5 kann bei hoher Salzbelastung, z. B. im Offshorebereich, eingesetzt werden.
→ Korrosionsschutz, metallische Untergründe, S. 89

Korund *(corundum, aluminous abrasive)*: Korund wird als verschleißfestes Schleifkorn für harte Untergründe, z. B. Metall, verwendet. Es besteht aus Aluminiumoxid.
→ Schleifen, Untergrundvorbereitung, S. 25, 228

Kratzprobe *(scratch test)*: Durch Kratzen mit einem harten Gegenstand wird die Haftfestigkeit eines Untergrunds geprüft.
→ Untergrundprüfung, S. 93

Kristallbildung, Kristallisation *(crystallization)*: Beton erhärtet dadurch, dass sich Kristalle bilden und sich ineinander verzahnen. Dabei ordnen sich die Atome der beteilgten Bestandteile Zement und Wasser in festen, gleichmäßigen Strukturen an.
→ Erhärtung von Beton, Ursachen für Betonschäden, Herstellungsmängel, S. 208

Kubus (Mehrzahl: Kuben) *(cube)*: Würfel
→ Mathematische Grundlagen, Architekturgeschichte, Stilepochen, Bauhaus, S. 397

Kugelstrahlen *(shot-peening)*: Um Altanstriche oder Zementschlämme von einem Fußboden zu entfernen, verwendet man spezielle Strahlmaschinen, die Stahlkugeln mit hoher Geschwindigkeit auf den Untergrund schießen. Dadurch wird die Oberfläche zerstört. Die Kugeln werden eingesaugt und größtenteils wiederverwendet. Der Vorteil des Kugelstrahlens ist das staubfreie Arbeiten, da die Maschinen über eine Absaugung verfügen. Die Nachteile des Verfahrens sind, dass nur eine geringe Schichtdicke abgetragen werden kann und dass die Oberfläche rau ist und nach dem Strahlen gespachtelt werden muss. Als Alternativen bieten sich das Schleifen und Fräsen an.
→ Entschichtungsverfahren, Bodenbeschichtung, Estrich, S. 233, 410

Kultur, kulturell *(culture, cultural)*: Kultur bezeichnet die Gesamtheit der Errungenschaften der menschlichen Zivilisation. Der Begriff stammt von lat. „cultura", was übersetzt werden kann mit „Pflege, Bearbeitung und Ackerbau". Es geht also um Dinge oder Ideen, die der Mensch hervorgebracht hat, im Gegensatz zu dem, was man unverändert in der Natur vorfindet. Dazu gehören ursprünglich Jagd, Kleidung oder Werkzeuge, aber auch Organisation gemeinschaftlichen Lebens durch Sitten und Gebräuche. Durch ihre Kultur und die damit verbundenen Traditionen fühlen sich Menschen einer Region oder Nation zugehörig. Im engeren Sinn meint Kultur Kunst, Theater, Literatur, Musik, Film und Architektur.
→ Architekturgeschichte, Stilkunde, S. 369

Kundenempathie *(ability to understand customers' ideas)*: Der Maler benötigt im Kundengespräch Einfühlungsvermögen in die Wünsche und Bedürfnisse des Kunden.
→ Kundengespräche führen, Innenraumgestaltung, S. 317

kundenorientiert *(customer-oriented)*: Der Maler richtet sich bei der Beratung eines Kunden nach dessen Wünschen und Bedürfnissen, nicht nach seinen eigenen Vorstellungen.
→ Kundengespräche führen, Innenraumgestaltung, S. 317

Kunstharzkleber *(synthetic resin adhesive)*: Zweikomponentige Kleber, die Kunstharze wie Epoxid- oder Polyurethanharze als Bindemittel verwenden, zeichnen sich durch sehr hohe Klebkraft auch auf glatten Untergründen aus. Durch ihren oftmals hohen Lösemittelanteil sind sie umwelt- und gesundheitsschädlich.
→ Materialien und Werkstoffe

Kunststoffdispersion *(synthetic dispersion)*: Für diese Bindemittel werden Kunststoffteilchen in Wasser fein verteilt (dispergiert). Die künstlich hergestellten Harze Polyvinylacetat (PVAC), Polyvinylpropionat (PVP), Acrylate und Styrol-Butadien (künstliches Latex) sind die wichtigsten Kunststoffdispersionen.
→ Beschichtungsstoffe, S. 120 ff.

Kunststoffdispersionsfarbe *(synthetic dispersion paint, latex paint)*: Die am häufigsten verwendete Farbe ist wasserverdünnbar. Ihr Bindemittel Kunststoffdispersion trocknet im Kalten Fluss.
→ Beschichtungsstoffe, S. 251

Kuppel *(dome, cupola)*: Eine Kuppel ist ein halbrundes oder glockenförmiges Gewölbe, das über einem runden oder quadratischen Raum erbaut ist. Im obersten Punkt befindet sich oftmals eine Öffnung oder ein kleiner Aufbau, um Licht hereizulassen.
→ Architekturgeschichte, Stilkunde, S. 391

L

Lastklasse *(load class)*: Arbeitsgerüste werden in sechs Lastklassen eingeteilt, abhängig davon, wie große Lasten sie gleichmäßig verteilt aufnehmen können. Lastklasse 1 ist die geringste Klasse mit einer Lastaufnahme von maximal 0,75 kN/m², ein Gerüst mit Lastklasse 6 hält maximal 6,00 kN/m² aus.
→ Gerüste, S. 224

Lasur *(glaze, stain, scumble)*: Eine Lasur soll einen Untergrund nicht vollständig abdecken, sondern ihn noch teilweise durchscheinen lassen. Lasuren werden gerne für Holzbeschichtungen verwendet. Sie wurden ursprünglich in hochviskose Dickschicht- und niedrigviskose Dünnschichtlasuren unterteilt. Heutzutage sind vor allem Mittelschichtlasuren in Handel erhältlich, die leichter zu verarbeiten sind als Dickschichtlasuren, aber länger halten als Dünnschichtlasuren. Je nach Verwendungszweck werden Lasuren auf Lösemittel- oder Wasserbasis verwendet. High-Solid-Lasuren kommen mit einem geringen Lösemittelanteil aus.
→ Holzuntergründe, S. 145

Latex *(latex)*: siehe Kautschuk Latexfarben sind hochwertige Kunststoffdispersionsfarben.
→ Bestandteile von Beschichtungsstoffen, S. 251

Laufweite (Schrift) *(tracking (font))*: Jede Schriftart besitzt ihre typische Laufweite, nämlich die jeweilige Breite der einzelnen Buchstaben sowie den Abstand dazwischen.
→ Schrift

Lauge *(lye, alkaline solution)*: Die ätzenden Flüssigkeiten entstehen durch Reaktion eines Metalloxids mit Wasser. Ihr pH-Wert liegt zwischen 7 und 14.
→ Chemische Grundlagen, S. 54 f.

Leimfarben *(glue-bound distempers)*: Die Farbe aus pflanzlichem Leim, Pigmenten und Wasser ist durch Wasser wieder anlösbar. Deshalb muss ein Anstrich vor einer erneuten Beschichtung abgewaschen werden.
→ Beschichtungsstoffe, S. 162

Leistungsbeschreibung *(specification of services)*: Die Leistungsbeschreibung hält alle bei einem Kundenauftrag zu verrichtenden Arbeiten schriftlich fest.
→ Kundenauftrag, Grundlagen des Malerhandwerks, S. 69

Lichtfarben *(light colours)*: Lichtfarben entstehen durch Zerlegung des Lichts. Praktische Anwendung finden sie bei farbiger Beleuchtung oder bei einem Computermonitor. Mischt man alle Lichtfarben, ergibt sich weißes, nicht sichtbares Licht.
→ Physikalische Grundlagen, S. 37

Lignin *(lignin)*: Der Holzbestandteil Lignin ist für die Festigkeit des Werkstoffs zuständig. UV-Strahlung zerstört Lignin, durch Regenwasser wird es ausgewaschen, sodass es zur Vergrauung des Holzes kommt. Auch Mikroorganismen zerstören Lignin. Dadurch ist die Haftfestigkeit einer Beschichtung nicht mehr gewährleitet.
→ Holzuntergründe, S. 136

Lisene *(pilaster strips)*: Diese senkrecht ausgerichteten, flachen und pfeilerähnlich gemauerten Streifen gehören zu den Fassadenelementen.
→ Fassadenelemente, S. 368

Lösemittel *(solvents)*: Lösemittel können Stoffe lösen oder verdünnen, ohne diese chemisch zu verändern. Als Lösemittel kommen Wasser oder flüchtige organische Sustanzen (VOC) zum Einsatz.
→ Bestandteile von Beschichtungsstoffen, S. 22

lösemittelhaltig *(solvent-based)*: Beschichtungsstoffe, die leicht flüchtige Lösemittel enthalten, zeichnen sich durch den starken Geruch nach dem Auftragen aus. Sie sind umwelt- und gesundheitsschädlich und laut VOC-Richtlinie zu vermeiden.
→ Bestandteile von Beschichtungsstoffen, S. 170

Lösungsdruck *(solution pressure)*: Metalle (aber auch manche Nichtmetalle, z. B. Wasserstoff) haben eine mehr oder weniger hohe Neigung, in Elektrolyten als Ionen in Lösung zu gehen: unedles Metall (z. B. Eisen) stärker als edles Metall (z. B. Gold).
→ Chemische Grundlagen, S. 86

Lot *(plumb bob, plummet)*: Ein schweres Metallstück an einer Schnur sorgt dafür, dass diese sich genau senkrecht (lotrecht) ausrichtet. So kann die erste Bahn für das Tapezieren markiert werden. Ein modernes Lot funktioniert mit einem Laser.
→ Tapezieren, Wandbeläge, S. 120

Luftkalk *(air hardening lime)*: Gebrannter Kalk als Bindemittel von Mörtel erhärtet durch eine chemische Reaktion des Zugabewassers mit dem Kohlenstoffdioxid der Luft.
→ Putz, mineralische Untergründe, S. 116

M

Malerbrücke *(mahlstick)*: siehe Malstock
→ Schrift, kreative Techniken, S. 433

Malerlineal *(painter's ruler)*: Ein langes Holzlineal hilft dem Maler beim Ziehen von Strichen.
→ Werkzeuge, Beschichtungsverfahren, S. 163

Malstock *(mahlstick)*: Auf das Ende dieses langen Stocks stützt der Maler seine Hand, damit er damit ganz ruhig einen Pinsel führen kann, z. B. beim Applizieren von Schrift.
→ Schrift, Beschichtungsverfahren, S. 163

Markierband *(marking tape)*: Markierbänder sind selbstklebende Markierungslinien. Als kurzfristige Maßnahme werden sie z. B. an Baustelleneinrichtungen des Straßenbaus verwendet. Dauerhaft werden Markierbänder auf Industrieböden eingesetzt, z. B. in Lagerhallen: Markierung von Stellplätzen für Paletten, von sicheren Fußwegen abseits der Gabelstaplerwege u. Ä.
→ Spezialbeschichtungen, Straßenmarkierungen, S. 415

Markstrahlen *(medullary rays)*: Die Markstrahlen transportieren die in den Blättern produzierte Glukose vom Bast in die Mitte des Baums. Sie sind also für die Ernährung des Baums sehr wichtig. Man sieht sie als helle Streifen im Holz, die im Querschnitt von außen nach innen laufen.
→ Holzuntergründe, S. 137

Marmorinkrustation *(marble incrustation)*: siehe Inkrustation
→ Architekturgeschichte, Stilkunde, S. 381

maßhaltig, Maßhaltigkeit *(dimensionally stable, dimensional stability)*: Die Maßhaltigkeit eines Holzbaustoffs gibt Auskunft darüber, wie stark er quellen und schwinden darf, ohne dass dadurch seine Funktion beeinträchtigt wird. Aufgrund der erforderlichen Maßhaltigkeit muss der Maler einen geeigneten Beschichtungsstoff auswählen. Bei maßhaltigen Holzbauteilen, z. B. Türen oder Fenstern, sind Maßänderungen nur in sehr geringem Umfang zugelassen. Begrenzt maßhaltige Bauteile dürfen in einem festgelegten Umfang quellen und schwinden, z. B. Dachuntersichten oder Fensterläden. Bei nicht maßhaltigen Bauteilen stört das Arbeiten ihre Funktion nicht, z. B. bei Zäunen oder Verbretterungen.
→ Holzuntergründe, Holzfenster beschichten, S. 142, 252

Maßstab *(scale)*: Der Maßstab einer technischen Zeichnung gibt das Verhältnis zwischen gezeichneter Länge und Länge in der Wirklichkeit an. Beim Maßstab 1 : 25 entspricht beispielsweise 1 cm in der Zeichnung 25 cm in der Realität.
→ Mathematische Grundlagen, S. 202

Materialermüdung *(material fatigue)*: Werkstoffe stehen oft unter dauerhaften Belastungen ihrer Umgebung. Sie sind z. B. ständigen Witterungseinflüssen, wechselnden Temperaturen, UV-Strahlung oder mechanischen Belastungen ausgesetzt. Diese Einflüsse schädigen das Bauteil, sodass sich die Werkstoffeigenschaften verschlechtern, bis das Bauteil nicht mehr nutzbar ist. Typische Ermüdungserscheinungen sind Rissbildung oder Sprödigkeit.
→ Physikalische Grundlagen, S. 85

Materialplan *(list of materials)*: Sollen Räume oder Fassaden neu gestalten werden, erstellt der Maler vorab ein Farbkonzept. Der Farbplan wird mit einem Materialplan kombiniert, um dem Kunden einen ganzheitlichen Eindruck der Planung zu verschaffen. Im Materialplan sind alle verwendeten Materialien aufgelistet und ggf. als Materialprobe ergänzt, z. B. Stoffmuster für Polsterungen und Gardinen im Raum.
→ Farbgestaltung, S. 317

Materialprüfungsamt *(public material testing laboratory)*: In einem Materialprüfungsamt werden Werkstoffe und Baustoffe geprüft. Zum Beispiel werden dort neue Materialien untersucht, bevor sie auf den Markt kommen. Die Materialprüfungsämter verfügen über spezielle technische Einrichtungen, mit denen sie z. B. komplexe Versuche zum Brandverhalten von Materialien durchführen können.
→ Prüfung, Zertifizierung, S. 414

MDF-Platte *(medium-density fibreboard, MDF board)*: Mitteldichte Faserplatten bestehen aus sehr feinen, gepressten Fasern. Sie verfügen über ein gleichmäßiges Oberflächenbild und werden u. a. für Möbel, Laminat, Musterplatten und im Innenausbau verwendet.
→ Holzwerkstoffe, S. 138

Mechanik, mechanisch *(mechanics, mechanical)*: Dieses Teilgebiet der Physik beschäftigt sich damit, wie sich Körper (im physikalischen Sinn) bewegen, welche Kräfte dabei auf sie einwirken und welche Kräfte sie dabei selbst ausüben. Reibung ist eine typische mechanische Beanspruchung, die z. B. beim Laufen auf einem Fußbodenbelag auftritt. Bei einer mechanischen Entschichtung wird ein Anstrich mithilfe eines Schleifmittels und mit Bewegung entfernt.
→ Physikalische Grundlagen

mechanische Eigenschaften *(mechanical properties)*: Die mechanischen Eigenschaften eines Stoffs geben an, wie belastbar er ist. Zu den mechanischen Eigenschaften zählen die Elastizität, Festigkeit oder Härte.
→ Physikalische Grundlagen

mechanische Schlagbelastung *(mechanical impact load)*: Wird ein Werkstoff punktuell belastet, z. B. durch einen Schlag, verschleißt er schneller. Wärmedämmverbundsysteme müssen u. a. widerstandsfähig sein gegen mechanische Schlagbelastung, die beispielsweise auftreten kann, wenn ein Fußball mit Wucht gegen einen Punkt an der Fassade prallt.
→ Wärmedämmung, physikalische Grundlagen, S. 26

mechanischer Abrieb *(abrasion, abrasive wear)*: Wenn zwei Werkstoffe aneinander reiben, entsteht Abrieb, auch abrasiver Verschleiß genannt. Um den mechanischen Abrieb bei Maschinen zu vermeiden, werden Schmierstoffe eingesetzt. Durch mechanische Belastung verschlissene Beschichtungen benötigen einen Überholungsanstrich.
→ Physikalische Grundlagen, S. 26

mehrwertige Alkohole *(polyhydric alcohols)*: Mehrwertige Alkohole verfügen über mindestens zwei Hydroxylgruppen im Molekül. Sie werden z. B. zur Herstellung von Alkydharzlacken benötigt.
→ Chemische Grundlagen, Herstellung von Alkydharzlacken, S. 214

Metallbedampfung *(metallising, metal vapourisation)*: Isolierglas für Fenster ist mit Edelgasen gefüllt, die sehr gute Dämmeigenschaften besitzen. Durch eine zusätzliche Bedampfung des Glases mit einer sehr dünnen, nicht sichtbaren Metallschicht (ca. 10 nm) wird

zusätzlich die infrarote Wärmestrahlung reflektiert und Innenräume heizen durch Sonneneinstrahlung weniger auf.
→ Isolierglas, Materialien und Werkstoffe, S. 275

Metalliceffekt *(metallic effect)*: Der Glanz dieser Lacke erinnert an das Schimmern von Metall. Der Effekt entsteht durch Zugabe feinster Metallblättchen, z. B. Aluminium, Kupfer oder Zink.
→ Beschichtungsstoffe, Sondereffekte Kunststoffbeschichtung, S. 148

Mikroorganismen *(microorganisms)*: Mikroorganismen sind Kleinstlebewesen, die mit dem Auge nicht zu erkennen sind, z. B. Bakterien, Schimmelpilzsporen oder Viren.
→ Holzuntergründe, Gesundheitsschutz beim Schleifen, Holzschutz, S. 90

Mineralfaser *(mineral fibre)*: Im Baugewerbe kommen Mineralfasern als Dämmstoff oder als Material in Gipsverbundplatten vor. Die anorganischen Fasern haben eine natürliche oder künstliche Herkunft. Zu den Mineralfasern gehört neben der Glas- auch die Steinwolle. Bis 2006 waren viele Mineralfasern wie Asbest oder Mineralwolle aufgrund ihrer Faserstruktur lungengängig und damit krebserregend. Werden diese Materialien zurückgebaut, sind die TRGS zu beachten.
→ Wärmedämmung, Gipsverbundplatten, S. 29

mineralisch *(mineral)*: Mineralische Baustoffe haben ihren Ursprung in verschiedenen Gesteinen, z. B. Kalkstein.
→ Chemische Grundlagen, S. 49

Mischpolymerisate *(copolymers)*: siehe Copolymer
→ Chemische Grundlagen, Beschichtungssysteme für Holz im Außenbereich, S. 146

Mittelschichtlasur *(intermediate coating glaze)*: siehe Lasur
→ Beschichtungsstoffe

Molekül *(molecule)*: Ein Molekül besteht aus zwei oder mehr Atomen.
→ Chemische Grundlagen, S. 18, 49 ff.

monochrom (Farbe) *(monochrome (colour))*: Ein Ausgangsfarbton wird mehrfach durch Weiß oder Schwarz gebrochen. Die Farbtöne, die bei diesem Vorgang entstehen, bilden eine harmonische, monochrome Farbreihe.
→ Farbmischung, Farbharmonie, S. 195

Mörtel *(mortar)*: Der Baustoff Mörtel wird für Putze und zum Mauern von Steinen verwendet. Ein Bindemittel wird mit Gesteinskörnungen (Sand, Feinkies), ggf. Zusatzstoffen und Wasser, zu einer breiähnlichen Masse vermischt. Als mineralische Bindemittel kommen Kalk, Zement, Gips, Anhydrit, Magnesit oder Lehm infrage. Kunststoffdispersion dient als organisches Bindemittel. Mörtel erhärtet durch chemische Reaktion, nur organischer und Lehm-Mörtel erhärten durch physikalische Trocknung.
→ Mineralische Untergründe, S. 116

Mörtelgruppe *(mortar group)*: Putzmörtel werden nach ihrem Verwendungszweck unterteilt: Normalputzmörtel (GP), Leichtputzmörtel (LW), Edelputzmörtel (CR), Einlagenputzmörtel für außen (OC), Sanierputzmörtel (R) sowie Wärmedämmputzmörtel (T). Siehe Putzmörtelgruppe.
→ Putz, mineralische Untergründe, S. 117, 283

Multiplexplatte *(multiplex board)*: Dieser Holzwerkstoff besteht aus einer ungeraden Anzahl gleich dicker, kreuzweise verleimter Furnierschichten. Er gehört zu den Sperrhölzern, bei denen sich die einzelnen Lagen durch das rechtwinklige Verbinden gegenseitig absperren, d. h. am Arbeiten hindern.
→ Holzwerkstoffe, S. 138

Myzel *(mycelium)*: Ein Pilz besteht aus seinem an der Oberfläche sichtbaren Fruchtkörper und dem im Untergrund befindlichen Myzel aus fadenförmigen Zellen.
→ Holzschädlinge, Holzuntergründe, S. 139

N

Nachleuchtfarben *(afterglow paints)*: siehe phosphoreszierende Farben
→ Pezialbeschichtungen, S. 416

Nassabriebklasse *(wet abrasion class)*: Die Eigenschaften von Beschichtungsstoffen werden in DIN EN 13 300 geregelt. Eine Innenfarbe, die gegen wiederholtes Reinigen sehr beständig ist, gehört zur Nassabriebklasse 1. Die schlechteste Einstufung ist Nassabriebklasse 5.
→ Beschichtung im Innenraum, Kunststoffdispersionsfarbe

Nassschichtdicke (wet film thickness): Die Nassschichtdicke ist die Schichtdicke einer frisch applizierten Beschichtung vor der Trocknung.
→ Beschichtung im Innenraum, Kunststoffdispersionsfarbe, S. 94

naturalistisch *(naturalistic)*: naturgetreu, wie in der Natur
→ Architekturgeschichte, Stilkunde, S. 380

NCS *(Natural Colour System)*: Das in Europa gängige Farbordnungssystem basiert auf einem 40-teiligen Farbkreis. Farbtöne werden in ihrer genauen Sättigung angegeben.
→ Farbsysteme, S. 39

Nebelgang *(preparatory spraying operation)*: siehe Vornebeln
→ Beschichtungsverfahren

Neonfarbe *(neon colour)*: siehe fluoreszierende Farbe
→ Spezialbeschichtungen, S. 416

neutralisieren, Neutralisation *(neutralise, neutralisation)*: Wenn eine Lauge chemisch mit einer Säure reagiert, heben sie ihren pH-Wert gegenseitig auf. Dabei entstehen Salze und Wasser. Ein pH-Wert von 7 ist neutral.
→ Chemische Grundlagen, S. 55

Niederspannung *(low voltage)*: Bei der Weiterleitung von Strom durch Stromnetze unterscheidet man zwei Ebenen: Die Niederspannung beträgt höchstens 1000 Volt, in Deutschland 230 bis 400 Volt. Durch dieses Netz werden Haushalte, kleine und mittelständische Betriebe versorgt. Das Netz der Hochspannung (über 1000 Volt) versorgt Großbetriebe und Städte.
→ Physikalische Grundlagen, Elektrizität, S. 81

Nitrokombinationslack *(nitro combination lacquer)*: In der Möbelherstellung werden Zellulosenitratlacke verwendet, denen bis zu 50 % Alkydharz zugegeben wird.
→ Beschichtungsstoffe, S. 100

Nitrolack *(nitrocellulose paint)*: siehe Zellulosenitratlacke
→ Beschichtungsstoffe, S. 162

Nitrotest *(nitro test)*: Mit dem Nitrotest lässt sich die Bindemittelart
→ der Altbeschichtung herausfinden. Dazu wird der Untergrund mit Nitroverdünnung benetzt. Löst sich der Altanstrich stark, ist er physikalisch trocknend, z. B. auf Kunststoffdispersions- oder Polymerisatharzbasis. Chemisch härtende Systeme, z. B. Alkydharz-, Öl- oder 2-K-Lacke, lösen sich nicht oder kaum.
→ Holzuntergründe, Holzfenster beschichten, Untergrundprüfung

Nitroverdünnung *(nitro-cellulose combination thinner)*: Das Lösemittelgemisch Nitroverdünnung wird insbesondere für das Verarbeiten von Nitrolacken und das Entfernen hartnäckiger Lackverschmutzungen eingesetzt. Es ist feuergefährlich und gesundheitsschädlich.
→ Holzuntergründe, Bestandteile von Beschichtungsstoffen, S. 160

Norm, genormt, normieren *(standard, standardised, standardise)*: Normen für die Herstellung von Produkten und die Durchführung von Arbeitsverfahren werden verbindlich festgelegt. Beispiele: DIN 18363 macht Vorgaben zu Aufmaß und Abrechnung von Maler- und Lackierarbeiten, alle Normzargen haben dieselbe Größe.
Normen, Türen und Fenster beschichten, S. 5, 63

Nut und Feder *(tongue and groove)*: Mit dieser Verbindung halten Bretter aus Holz, Holzwerkstoffen oder Kunststoffen zusammen. Eine Wölbung (Feder) an der einen Brettlängsseite wird in eine passende Vertiefung (Nut) des nächsten Bretts gesteckt, sodass sich aus einer Vielzahl von Brettern eine ebene Fläche herstellen lässt, z. B. bei einer Vertäfelung oder bei einem Laminatboden.
→ Holzuntergründe, Holzwerkstoffe, Bodenbeläge, S. 303

O

Oberflächentextur *(surface texture)*: Erscheinungsbild einer Oberfläche
→ Innenraumgestaltung, S. 319

Ohm (R), Ω *(ohm)*: Elektrischer Widerstand (*R*) wird in der Si-Einheit Ohm (Ω) gemessen. Der deutsche Physiker Georg Simon Ohm erkannte 1826, dass sich der Widerstand (*R*) berechnen lässt, indem man die Spannung *U* (in Volt) durch die Stromstärke *I* (in Ampere) dividiert. Der elektrische Widerstand ist überall dort wichtig, wo Strom kontrolliert durch enge Leitungen geschickt wird, z. B. bei einer Glühbirne oder einem Heißluftfön. Vor dem Widerstand „stauen" sich die Elektronen, das führt dazu, dass sich die Leitung erhitzt und so Wärme oder sogar Licht abgeben kann.
→ Physikalische Grundlagen, Elektrizität, S. 17

optischer Ausgleich (Schrift) *(optical compensation (typeface))*: Der optische Ausgleich sorgt für die bessere Lesbarkeit einer Schrift. Die Laufweite einer Schrift wird so bemessen, dass beim Betrachten weder zu große Lücken noch Stauchungen zwischen den Zeichen entstehen.
→ Schrift, S. 430

organisch *(organic)*: Organische Stoffe enthalten Kohlenstoffverbindungen. Organisch sind auch pflanzliche und tierische Farbstoffe. Fossile Rohstoffe (z. B. Erdöl) sind ebenfalls organische Stoffe, genau wie die Produkte, die aus ihnen gewonnen werden. Dazu gehören z. B. Kunststoffdispersion, Kunstharze, Lösemittel oder Polystyrol.
→ Chemische Grundlagen, S. 49

Organismus (Mehrzahl: Organismen) *(organism, organisms)*: Alle Lebewesen, also Pflanzen, Tiere und Menschen, sind Organismen.
→ Chemische Grundlagen, Biologie, Arbeitssicherheit und Gesundheitsschutz, S. 132

Ornament *(ornament)*: Ornamente verzieren Gegenstände oder Räume durch Motive, die sich wiederholen, z. B. Rankenmuster.
→ Gestaltung, S. 200

OSB-Platte *(oriented strand board)*: Lange Holzspäne werden in eine Richtung ausgerichtet und mit Leim und Druck zu dem Holzwerkstoff OSB (oriented strand board) verpresst. Man verwendet OSB-Platten z. B. als Verlegeplatten.
→ Holzwerkstoffe, S. 137

Osmose *(osmosis)*: Osmose nennt man die gerichtete Wanderung von Molekülen durch eine halbdurchlässige (semipermeable, nur für einige Stoffe durchlässige) Membran (dünne Schicht, Zellwand).
→ Die Flüssigkeiten auf den beiden Seiten der Membran haben das Bestreben, einen Konzentrationsausgleich herzustellen. Der Konzentrationsunterschied drückt die Moleküle durch die Membran (griech. osmos: stoßen, schieben). Dieser Ausgleich läuft so lange, bis die Konzentration auf beiden Seiten der Schicht gleich ist.
→ Physikalische Grundlagen, S. 24 f., 101

osmotischer Druck (osmotic pressure): Osmose ist ein möglicher Grund für abplatzende Beschichtungen oder Blasenbildung auf Metallen. Wasserdampf gelangt durch die Beschichtung (halbdurchlässige Membran) und verdunstet im Regelfall wieder. Befinden sich auf der Metalloberfläche jedoch Salze, z. B. Handschweißreste, die nicht durch die Beschichtung diffundieren können, entsteht ein Druck, der den Lack zum Platzen bringt.
→ Physikalische Grundlagen, S. 25, 101

Oxalsäure (oxalic acid): Oxalsäure ($C_2H_2O_4$) ist eine schwache Säure, die auch in der Natur vorkommt, z. B. in Rhabarber. Sie wird zum Entfernen von Rost oder zum Bleichen von Holz verwendet.
→ Chemische Grundlagen, metallische Untergründe, S. 238

Oxid, oxidieren (oxide, oxidise): Oxide entstehen, wenn brennbare Stoffe chemisch mit Sauerstoff reagieren. Man unterscheidet Metall- und Nichtmetalloxide. Ein bekanntes Metalloxid ist Eisenoxid, besser bekannt als Rost. Viele Pigmente sind Metalloxide. Oxide unedler Metalle reagieren mit Wasser zu Laugen und werden als Hydroxide bezeichnet. Nichtmetalloxide reagieren mit Wasser zu Säuren. Ein Beispiel ist Kohlenstoffdioxid, das mit Wasser zu Kohlensäure wird.
→ Chemische Grundlagen, S. 53

Oxidation (oxidation): Die Oxidation ist eine chemische Reaktion, bei der ein Oxid entsteht.
→ Chemische Grundlagen, Abbeizen mit Abbeizfluiden, S. 53

P

Paneel (panel): Wand- oder Deckenbekleidung, in der Regel aus Holz bzw. furnierten Platten
→ Wandbekleidungen

Paraffine *(paraffins)*: Die künstlich hergestellten Wachse werden vielfältig eingesetzt. Man kennt sie z. B. als Petroleum oder Bestandteil von Hautcremes (Vaseline).
→ Bestandteil von Schleifmitteln, S. 237

Passivierung *(passivation)*: Eine Schutzschicht auf einem unedlen Metall verlangsamt oder verhindert die Korrosion. Dazu werden die Metalle chemisch vorbehandelt, sodass sich eine feste Schicht aus Oxiden oder Hydroxiden des Metalls bildet. Passivierungen entstehen auch von selbst, z. B. die grüne Patinabildung auf Kupfer.
Metallische Untergründe, chemische Grundlagen, S. 90

PCC-Zementmörtel, Reparaturmörtel *(polymer cement concrete, repair mortar)*: PCC-Zementmörtel (PCC: **P**olymer **C**ement **C**oncrete) werden insbesondere für Ausbesserungen und Instandsetzungen von Beton, aber auch zur Herstellung von Verbundestrichen verwendet. In der Regel ist dieser Trockenmörtel bereits mit speziellen Kunststoffen (Polymeren), hydraulischen Bindemitteln, mineralischen Zuschlägen und speziellen Additiven ab Werk gemischt.
→ Beton, Betonsanierung, Estrich, S. 413

Pendentifkuppel *(pendentive dome)*: Pendentifkuppeln sind typisch für die byzantinische Baukunst ab dem 6. Jahrhundert. Im Übergang zwischen dem quadratischen Grundriss des Gebäudes und dem runden Grundriss der aufgesetzten Kuppel sieht man innen dreieckige Formen, die sog. Pendentife. Sie werden durch Malereien oder Reliefs verziert.
→ Architekturgeschichte, Stilkunde, S. 383

Perlglanzeffekt *(pearlescent effect)*: Um das Schimmern des Perlglanzeffekts zu erzielen, gibt man Lacken blättchenförmige Pigmente hinzu, die mit Metallen bedampft wurden.
→ Beschichtungsstoffe, Sondereffekt Kunststoffbeschichtung, S. 45

Phosphatierungsmittel *(phosphatising agent)*: Phosphatierungsmittel verbessern die Haftung und Korrosionsschutzwirkung von Beschichtungen auf Metallen. Die starken Säuren werden dazu auf das blanke Metall aufgetragen.
→ Metallische Oberflächen

pH-Wert *(pH value)*: Durch den pH-Wert wird angegeben, ob ein Stoff chemisch im sauren oder basischen Bereich anzusiedeln ist. Eine starke Säure hat einen pH-Wert von 0, eine starke Base (Lauge) 14. Destilliertes Wasser ist chemisch neutral mit einem pH-Wert von 7.
→ Chemische Grundlagen, S. 54 f.

phosphoreszierende Farbe *(phosphorescing paint)*: Phosphorisierende Farben geben im Dunkeln noch lange Zeit, nachdem sie angeleuchtet wurden, Licht ab. Sie werden z. B. für Notausgänge verwendet.
→ Spezialbeschichtungen, S. 416

physikalische Eigenschaften *(physical properties)*: Die physikalischen Eigenschaften eines Stoffs können gemessen oder im Experiment ermittelt werden, ohne dass sich der Stoff dabei verändert. Zu den physikalischen Eigenschaften gehören beispielsweise Farbe, Wärmeleitfähigkeit oder Viskosität eines Stoffs. Physikalische Eigenschaften sind stoffspezifisch, d. h., sie sind für einen bestimmten Stoff kennzeichnend.
→ Physikalische Grundlagen, S. 16 ff.

physikalische Trocknung *(physical drying)*: Das Lösemittel eines Beschichtungsstoffs verdunstet, während das Bindemittel einen harten Film bildet.
→ Physikalische Grundlagen, Trocknung von Beschichtungsstoffen, S. 210

physikalisch, physikalischer Vorgang *(physical, physical process)*: Bei einem physikalischen Vorgang wird die äußere Form eines Stoffs oder sein Aggregatzustand verändert, z. B. durch Trocknen, Schmelzen oder Verdampfen.
→ Physikalische Grundlagen, S. 16

Pigment-Volumen-Konzentration (PVK) *(pigment volume concentration)*: Die **P**igment-**V**olumen-**K**onzentration (PVK) gibt von einem Beschichtungsstoff das Verhältnis aller festen Teilchen (z. B. Pigmente, Füllstoffe) zu den flüchtigen Teilen (Bindemittel) an. Anhand der PVK lassen sich Eigenschaften von Beschichtungsstoffen ablesen.
→ Beschichtungsstoffe, S. 43

Piktogramm *(pictograph)*: Vereinfachte grafische Darstellungen informieren den Betrachter unabhängig von Sprache oder Schrift, z. B. Gefahrensymbole, Verkehrszeichen.
→ Arbeitssicherheit und Gesundheitsschutz, Einsatz von Zeichen, S. 424

Pilaster *(pilaster)*: Pilaster gehören zu den senkrechten Fassadenelementen. Die flachen, aus der Wand hervortretenden Pfeiler besitzen wie Säulen eine Basis und ein Kapitell.
→ Architekturgeschichte, Stilkunde, S. 368

plastoelastisch *(plastoelastic)*: Plastisch-elastische Materialien (teilweise auch elastoplastisch genannt) liegen in ihren Eigenschaften zwischen den elastischen und plastischen Materialien. Sie sind formbar und gehen anschließend nicht vollständig in die Ursprungsform zurück.
→ Physikalische Grundlagen, Dichtstoffe, S. 242

Plastizität, plastisch *(plasticity, plastic)*: Plastische Stoffe lassen sich verformen und behalten danach die neue Form bei (irreversible Verformung).
→ Physikalische Grundlagen, S. 82, 242

Plastomere *(plastomers)*: siehe Thermoplaste
→ Kunststoffuntergründe, Kunststoffe, S. 148 f.

Polyaddition, Additionspolymerisation *(polyaddition, addition polymerisation)*: Bei dieser Herstellungsweise von Kunststoffen werden viele kleine, reaktionsfähige Moleküle (Monomere) zu langen Molekülketten (Polymeren) verbunden (addiert). Dabei entsteht im Gegensatz zur Polykondensation kein Wasser. Aus Styrol, das in Teer und Erdöl vorkommt, lässt sich beispielsweise durch Polyaddition der Kunststoff Polystyrol herstellen.
→ Kunststoffe, Trocknung von Beschichtungsstoffen, 2-K-Lacke, S. 211

Polyamide (PA) *(polyamides)*: Aus diesen thermoplastischen Kunststoffen werden meistens Fasern hergestellt, die z. B. als Nylon, Kevlar oder Cordura im Handel sind. Man verwendet sie u. a. für Kleidung oder Teppichböden. Da der Kunststoff sehr abriebfest ist, werden auch feste Materialien wie Dübel oder Kabelbinder daraus gefertigt. Polyamide besitzen eine gute chemische Beständigkeit gegenüber organischen Lösemitteln, werden jedoch von Säuren angegriffen.
→ Kunststoffe, Lacke auf Kunststoffbasis, Bestandteile von Beschichtungsstoffen, S. 213, 301

Polyamine *(polyamines)*: Diese organischen Verbindungen kommen als Härter von Epoxidharzen und zur Herstellung von Polyamiden zum Einsatz. Sie verfügen über mehrere Aminogruppen, bestehend aus Stickstoff (N) und Wasserstoff (H).
→ Lacke auf Kunststoffbasis, Bestandteile von Beschichtungsstoffen, S. 213

polychloriertes Biphenylen (PCB) *(polychlorinated biphenylene)*: Die sehr giftigen und krebserregenden Chemikalien (Chlor-Kohlenwasserstoff-Verbindungen) wurden früher z. B. als Weichmacher in Lacken und Kunststoffen verwendet und sind heute verboten.
→ Arbeitssicherheit und Gesundheitsschutz, Konzentrationsangabe ppb, S. 134

polychloriertes Dioxin *(polychlorinated dioxin)*: siehe Dioxin
→ Arbeitssicherheit und Gesundheitsschutz, Konzentrationsangabe ppt, S. 134

Polyester *(polyester)*: Unter der Bezeichnung Polyester werden Kunststoffe zusammengefasst, die eine Esterbindung besitzen. Dazu zählen beispielsweise das für Getränkeflaschen verwendete PET (Polyethylenterephthalat) oder das Kunstglas Polycarbonat (PC). Polyester werden durch Polykondensation hergestellt.
→ Bestandteile von Beschichtungsstoffen, Kunststoffe, S. 148

Polyether *(polyether)*: Ether, die zu langen Ketten verbunden werden, nennt man Polyether.
→ Herstellung Polyurethan, Polyurethanlack, Kunststoffe, S. 212

Polyethylen (PE) *(polyethylene, polythene)*: Der preiswerte und häufig verwendete Kunststoff PE zählt zu den Thermoplasten. Er kann nur sehr schlecht beschichtet werden. Aus PE werden z. B. Plastiktüten oder Rohre hergestellt.
→ Kunststoffarten, Beschichtung von Kunststoffen, S. 148

Polyisocyanate *(polyisocyanates)*: Diese sehr reaktionsfreudigen organischen Stoffe bilden einen wichtigen Grundstoff zur Herstellung von Polyurethan (PUR). Sie sind dafür verantwortlich, dass langkettige, hochbeständige PUR-Polymere entstehen können. Verschiedene Polyisocyanat-Typen sorgen dafür, dass ein elastisches oder hartes Produkt entsteht.
→ Kunststoffe, Herstellung Polyurethan, Polyurethanlack, S. 212f.

Polykondensation, Kondensationspolymerisation *(polycondensation, condensation polymerisation)*: Bei der Polykondensation, einem Verfahren zur Herstellung von Kunststoffen, reagieren zwei Stoffe miteinander. Es entsteht neben einem Kunststoff auch ein weiteres Produkt, häufig Wasser. Polyester, Polyamide und Polycarbonate werden durch Polykondensation hergestellt.
→ Herstellung von Kunststoffen, 2-K-Lacke, Trocknung von Beschichtungsstoffen, S. 211

Polymerisatharz *(polymerisation resin)*: Die künstlichen Polymerisatharze entstehen durch Polymerisation. Sie sind vielseitig einsetzbar als Bindemittel für Anstrichstoffe, Spachtelmassen, Kleber und Dichtstoffe, z. B. Acrylharz.
→ Lacke auf Kunststoffbasis, Bestandteile von Beschichtungsstoffen, S. 251

Polymerisatharzlacke *(polymerisation resin varnishes)*: Polymerisatharzlacke sind Beschichtungsstoffe auf Basis von Kunstharzen, die durch Polymerisation trocknen bzw. erhärten. Sie lassen sich vielseitig einsetzen. Zu den Polymerisatharzlacken zählen u. a. Acylharz-, Polymethylmetaacrylat-, Polyvinylchlorid und Polyvinylacetatlacke.
→ Lacke auf Kunststoffbasis, Bestandteile von Beschichtungsstoffen, S. 211

Polymerisation, Polymer *(polymerisation, polymer)*: Bei Kunststoffen, deren Namen mit „Poly" beginnen, werden viele kurze Moleküle zu langen Ketten (Polymeren) verbunden. Man unterscheidet dabei die Polyaddition und die Polykondensation.
→ Herstellung von Kunststoffen, S. 211

Polymethylmethacrylatlacke (PMmA) *(polymethylmethacrylate varnishes)*: Polymethylmethacrylatlacke (PMmA) kommen für chemikalienfeste Beschichtungen auf Metall oder als Überzugslacke auf Dispersionsanstrichen infrage. Ihr Bindemittel ist eine Kombination aus Acrylharzen und Polyvinylchlorid (PVC). Siehe auch Acrylat.
→ Lacke auf Kunststoffbasis, Bestandteile von Beschichtungsstoffen, S. 148

Polystyroldämmstoff *(expanded polysterene insulating material)*: Man unterscheidet die gewöhnlichen EPS-Dämmstoffplatten (expandiertes Polystyrol) und die besonders druckbelastbaren XPS-Dämmstoffplatten (extrudiertes Polystyrol), die bei Perimeterdämmung zum Einsatz kommen.
→ Wärmedämmung, Gipsverbundplatten, S. 280f.

Polyurethan (PU, PUR) *(polyurethane)*: Der vielseitig verwendbare Kunststoff dient als Bindemittel für Lacke und Klebstoffe. Er wird geschäumt als Weichschaum bzw. harter Bauschaum oder Dämmstoff eingesetzt. Ebenso findet man Polyurethan in Dichtungsmassen, Folien oder elastischen Fasern. Er entsteht durch eine Polyadditionsreaktion von Polyisocyanat mit einem Dialkohol, Polyether oder Polyester.
→ Lacke auf Kunststoffbasis, Bestandteile von Beschichtungsstoffen, 2-K-Lacke, S. 148

Polyurethanharzlack, Polyurethanlack, PUR-Lack, PU-Lacke *(polyurethane resin varnishes)*: PUR-Beschichtungen weisen eine hohe Härte und Abriebfestigkeit bei gleichzeitig guter Elastizität und hohem Glanz auf. Sie sind hoch feuchtigkeits-, witterungs-, lösemittel- und chemikalienbeständig und werden z. B. für Versiegelungen von Holzfußböden verwendet. Im Handel sind sie als 1-K-System oder als 2-K-System erhältlich. Bei den 1-K-Systemen reagiert der Lack mit Luftfeuchtigkeit. 2-K-Systeme bestehen aus Stammlack und Härter, die nach dem Anmischen chemisch reagieren. Lacke auf Kunststoffbasis, Bestandteile von Beschichtungsstoffen, 2-K-Lacke, S. 212

Polyvinylacetat (PVAC) *(polyvinyl acetate)*: Der Kunststoff PVAC ist u. a. als Klebemittel für Holz, Papier, Textilien und Keramik gebräuchlich. Darüber hinaus bildet er das Bindemittel für PVAC-Lacke, Grundierungen für mineralische Untergründe sowie Absperrmittel für durchschlagende Bitumen-, Teer-, Wasser- und Nikotinflecke.
→ Absperren, Lacke auf Kunststoffbasis, Klebemittel, Bestandteile von Beschichtungsstoffen, S. 148

Polyvinylacetatlack, PVAC-Lack *(polyvinyl acetate varnish)*: PVAC-Lacke dienen vor allem zum Beschichten von Leichtmetallen und als hitzbeständige Aluminiumlackfarben.
→ Lacke auf Kunststoffbasis, Bestandteile von Beschichtungsstoffen, S. 211

Polyvinylchlorid (PVC) *(polyvinyl chloride)*: Der steife Kunststoff PVC ist sehr beständig gegen Chemikalien, nicht jedoch gegen Witterungseinflüsse, Hitze und Alterung. Durch die Zugabe von Weichmachern entsteht Weich-PVC. Man verwendet PVC z. B. für Fensterrahmen, Verpackungen, Bodenbeläge, Folien oder Klebebänder. Bei der Herstellung reagiert in einem ersten Schritt Ethan (aus Erdöl) mit Chlorwasserstoff. Dieses stark ätzende Gas entweicht auch beim Verbrennen von PVC. Im zweiten Herstellungsschritt wird das entstandene Gas Vinylchlorid durch Polymerisation zu PVC umgewandelt. Vinylchlorid gilt als krebserregend und erbgutverändernd, weshalb PVC z. T. durch weniger problematische Kunststoffe ersetzt wird.
→ Herstellung von Kunststoffen, Arbeitssicherheit und Gesundheitsschutz, S. 148

Polyvinylchloridlack, PVC-Lack *(polyvinyl chloride varnish)*: PVC-Lacke werden dort verwendet, wo Treibstoff- oder Chemikalienbeständigkeit erfordert wird, aber die Beschichtung vor Witterung geschützt ist. Die zähen Lacke werden sehr hart, der Anstrichfilm ist schwer entflammbar. Weichmacherwanderung und das Austreten von Chlorgas können Probleme verursachen. Meist findet der Maler PVC als eines von mehreren Bindemitteln in Mischpolymerisatharzlacken, die z. B. als Korrosionsschutz auf Metallen oder auf alkalischen Untergründen wie Beton eingesetzt werden.
→ Lacke auf Kunststoffbasis, Bestandteile von Beschichtungsstoffen, S. 100

Primer *(primer, priming paint)*: Als erste dünne Grundbeschichtung werden insbesondere auf Metall- oder Kunststoffuntergründen zur Haftvermittlung Primer eingesetzt.
→ Beschichtungsverfahren, S. 99f.

Produktsicherheitsgesetz *(product safety law)*: Produkte, die in Deutschland erworben werden können, dürfen laut Produktsicherheitsgesetz (ProdSG) die Sicherheit und Gesundheit von Personen nicht gefährden.
→ Arbeitssicherheit und Gesundheitsschutz, Unfallverhütung, Leitern, S. 114

Profanbau *(profane building, secular building)*: In der Baugeschichte nennt man nicht kirchliche Gebäude, die für öffentliche Zwecke genutzt werden, Profanbauten, z. B. Rathäuser, Gerichte oder Bibliotheken. Das Gegenteil ist der Sakralbau.
→ Architekturgeschichte, Stilkunde, S. 378

Proportion (proportion): Die Proportion gibt das Größenverhältnis verschiedener Teile zueinander an, die zusammen ein Ganzes bilden. Damit ein harmonisches Gesamtbild entsteht, müssen die einzelnen Gestaltungselemente in ihrer Länge, Breite und Tiefe aufeinander abgestimmt sein. Ausschlaggebend ist dabei die Wirkung eines Gestaltungselements im Zusammenhang mit den anderen Elementen. Eine in der Architektur häufig verwendete Proportion ist der Goldene Schnitt.
→ Gestaltung, S. 202f.

Proportion, proportional (Schrift) *(proportion, proportional (typeface))*: Bei proportionalen Schriftarten hat jeder Buchstabe → eine individuelle Breite, „i" ist beispielsweise schmaler als „w". Antiproportionale Schriftarten mit gleich breiten Buchstaben, wie **Courier**, wurden u. a. für Schreibmaschinen erfunden. Sie werden heute noch für maschinell lesbare Texte verwendet.
→ Schrift

Pulverbeschichtung *(powder coating)*: Bei diesem Beschichtungsverfahren werden elektrisch leitfähige Werkstoffe mit Lacken in Pulverform beschichtet. Das Pulver wird dazu z. B. elektrostatisch → auf den Untergrund aufgebracht und danach bei 140 bis 200 °C eingebrannt. Man kann auch das Werkstück erhitzen und in spezielles Pulver tauchen. Die Vorteile des Einbrennens sind, dass der Lack besonders dauerhaft am Werkstück haftet, die Beschichtung sehr gleichmäßig und dicht wird und keine Lösemittel benötigt werden. Das Bindemittel der Pulverlacke ist meistens ein Polyurethan-, Epoxid- oder Polyesterharz.
→ Beschichtungsverfahren, S. 158, 182 f.

Putzmörtelgruppe *(plaster mortar group)*: Mineralische Putze wurden nach der DIN V 18550 in vier Mörtelgruppen „P I" bis „P IV" eingeteilt. An den Putzmörtelgruppen kann man ablesen, welche Bindemittel enthalten sind, wie das Mischungsverhältnis von Bindemittel zu Gesteinskörnung ist und welche Eigenschaften daraus resultieren. P I: Kalkputze sind nicht sehr abriebfest und werden eher im Innenraum verwendet; P II: Kalk-Zement-Putze eignen sich durch das Bindemittelgemisch gut als Fassadenputze; P III: Zementputze sind sehr dicht und spröde und werden gerne im Bereich von Sockel und Kelleraußenwand eingesetzt; P IV: Gipsputze können nur im Innenbereich verwendet werden.
→ Putz, mineralische Untergründe, S. 117

Q

Qualitätskontrast *(quality contrast)*: Eine Zusammenstellung reiner (gesättigter) und gebrochener (ungesättigter) Farben bildet einen Qualitätskontrast.
→ Farbkontraste, S. 195

Quantitätskontrast *(quantity contrast)*: Verschiedenfarbige Flächen in sehr unterschiedlicher Größe stehen in einem Quantitätskontrast.
→ Farbkontraste, S. 195

quellen *(swelling)*: Durch die Aufnahme von Wasser in die Zellen des Holzes vergrößert sich das Volumen.
→ Holzuntergründe, S. 135

Querschnitt (Baum) *(perpendicular-to-the-grain section (tree))*:
→ Im Querschnitt (auch Hirnschnitt genannt) des Baums lassen sich → die Jahrringe, die Markstrahlen sowie das Früh- und Spätholz erkennen.
→ Holzuntergründe, S. 136

R

Radialschnitt *(radial section)*: Die Jahrringe des Holzes sieht man beim Radialschnitt als nebeneinanderliegende Linien.
→ Holzuntergründe, S. 136

RAL *(German board standardising terms of delivery and quality control)*: Die neutrale und unabhängige Institution RAL vergibt das RAL-Gütezeichen für Produkte und Dienstleistungen, die vorher festgelegten, objektiven Kriterien entsprechen. Auf diese Weise erkennen Verbraucher, dass z. B. Tapeten mit RAL-Kennzeichen eine gleichbleibende und geprüfte Qualität besitzen, egal, von welchem Hersteller sie stammen.
→ Farbsysteme, Normen und Kennzeichnungen, S. 40

RAL-Farben *(RAL colours)*: Alle Farbtöne dieses genormten Farbsystems mit derselben Nummer sind bei allen Herstellern genau gleich.
→ Farbsysteme, Normen und Kennzeichnungen, S. 40, 414

Rapport *(repeating pattern)*: Ein Muster einer Tapete oder eines Stoffs, das sich wiederholt.
→ Tapezieren, Wandbeläge, S. 119, 294

Raumteil *(dosing unit)*: Um z. B. einen Putz dem Mischungsverhältnis entsprechend fachgerecht anzumischen, muss zum Abmessen aller Bestandteile dasselbe Messgerät verwendet werden, egal ob Becher, Eimer oder Wanne.
→ Mischungsverhältnis Putz, mineralische Untergründe, S. 115

reflektieren, Reflexion *(reflect, reflection)*: Nicht schwarze (helle) Oberflächen werfen auftreffendes Licht zurück. Schwarze Flächen reflektieren kein Licht.
→ Physikalische Grundlagen, S. 34

Reibeprobe *(rubbing test)*: Durch Reiben mit der Hand wird die Haftfestiggkeit eines Untergrunds geprüft.
→ Untergrundprüfung, S. 117

Relief *(relief, embossment)*: In der Architektur findet man als Wandverzierungen einzelne Figuren oder ganze Bildfolgen, die aus einer Steinplatte oder einem Steinblock herausgemeißelt wurden. Im Gegensatz zu Skulpturen sind diese Reliefs eher zweidimensionale Kunstwerke. Dabei hängt es davon ab, wie stark die gemeißelten Formen aus dem Stein herausragen, ob man sie Flachrelief (auch Basrelief), Halbrelief oder Hochrelief nennt. Antike Reliefs wurden nach Abschluss der Steinmetzarbeiten farbig gestaltet.
→ Architekturgeschichte, Stilkunde, S. 350

remittieren, Remission *(remit, remission)*: Farbige Oberflächen reflektieren einen bestimmten Teil des Lichts, der vom Auge als Farbe wahrgenommen wird. Der Rest des Lichts wird absorbiert.
→ Physikalische Grundlagen

Ressource *(resource)*: Ressourcen (von frz. ressource: Quelle) sind Mittel, mit deren Hilfe Menschen etwas machen können. Das können natürliche Rohstoffe sein, die als Nahrung oder Treibstoff Verwendung finden. Ebenso gelten Geldmittel und Personen bzw. deren Arbeitskraft oder Ideen als Ressourcen. Im Umweltschutz wird über schwindende natürliche Ressourcen diskutiert, dazu gehören neben Erdöl, Ergas und anderen Bodenschätzen auch Wälder, Seen und Flüsse, die durch Industriegifte und den Klimawandel gefährdet sind. Umweltschutz, S. 58

reversibel *(reversible)*: Veränderung kann wieder rückgängig gemacht werden.
→ Physikalische Grundlagen, S. 18

Ritzer *(rigger)*: Wenige Millimeter feine Linien (Ritzer) werden mit dem gleichnamigen Pinsel gezogen.
→ Beschichtungsverfahren, S. 163

Rollwerk (scrollwork): In der Renaissance findet man als dekoratives Element oftmals das Rollwerk, eine Zierform, die einem aufgerollten und verschlungenen Band ähnelt. Man findet es oftmal kombiniert mit Beschlagwerk.
→ Architekturgeschichte, Stilkunde, Renaissance, S. 391 f.

Rustikaquader, Rustika *(rusticated ashlar, rustication)*: Grob behauenes Mauerwerk aus Steinquadern heißt Bossenwerk oder Rustika (von lat. rustika: ländlich).
→ Architekturgeschichte, Stilkunde, S. 389

Rutschgefahrgruppen *(slip hazard groups)*: Überall dort, wo Arbeitnehmer ausrutschen könnten, weil sie mit Ölen, Fetten oder anderen schmierende Stoffen zu tun haben, wird ihr Arbeitsplatz einer Rutschgefahrgruppe zugeordnet. Die Bewertungsgruppe R 9 stellt die geringsten und R 13 die höchsten Anforderungen an die Rutschhemmung eines Bodenbelags für diesen Arbeitsbereich. Grundlage ist die BGR 181.
→ Bodenbeläge, Bodenbeschichtung, S. 409

S

Sakralbau *(sacral building)*: Sakralbauten werden für „heilige" (lat. sacer) Zwecke verwendet, z. B. Kirchen.
→ Architekturgeschichte, Stilkunde, S. 378

Salmiakgeist *(salmiak, sal ammoniac)*: Das stechend riechende Gas Ammoniak findet man in wässriger Lösung im Handel unter dem Namen Salmiak. Es wird für die ammoniakalische Netzmittelwäsche oder zum Nachwaschen verwendet.
→ Ammoniakalische Netzmittelwäsche , lösende Verfahren zur Fassadenreinigung, Untergrundvorbereitung, metallische Untergründe, S. 101

Sättigung (Farbe), gesättigt *(saturation (colour), saturated)*: Gesättigte Farben sind rein, also ohne Zumischung von Weiß, Schwarz oder einem anderen Ton. Ungesättigte, gebrochene Farben wirken matt, stumpf oder trüb.
→ Physikalische Grundlagen, S. 195

Säure *(acid)*: Ätzende Säuren entstehen durch chemische Reaktion von Nichtmetalloxiden mit Wasser. Ihr pH-Wert liegt zwischen 0 und 7.
→ Chemische Grundlagen, S. 54 f.

säurehärtender Lack, SH-Lack *(acid-hardening varnish)*: Säurehärtende Lacke (SH-Lacke) eignen sich für farblose und farbige Lackierungen von Holz, z. B. Büromöbeln, oder als Haftgrundierungen oder Einbrennlacke für Kühlschränke etc. Sie trocknen sehr hart auf und sind widerstandsfähig gegen Wasser, Chemikalien und Lösemittel. Als Bindemittel kommen in Lösemittel gelöstes Phenol-, Harnstoff-oder Melaminharz zum Einsatz, die durch Polykondensation zu einem Duroplast vernetzt werden. Diese Reaktion kann durch eine Säure oder durch Erwärmung in Gang gebracht werden. Da bei der Filmbildung das stark krebserregende Formaldehyd freigesetzt wird, ist der Einsatz säurehärtender Lacke stark zurückgegangen.
→ Lacke auf Kunststoffbasis, Beschichtungsstoffe, S. 145

saurer Regen *(acid rain)*: In Abgasen kommen viele Gase vor, die für die Umwelt problematisch sind. Stickstoffmonoxid (NO) und Schwefeldioxid (SO_2) bilden in Verbindung mit Wasser schweflige Säure (H_2SO_3). Stickstoffdioxid (NO_2) reagiert mit Wasser zu Salpetersäure (HNO_3). Dadurch wird der pH-Wert des Regens herabgesetzt, was z. B. die Pflanzenwelt und Gewässer schädigt.
→ Witterung, Umweltschutz, Untergrundmängel, S. 44, 239

Schwarzlicht *(black light)*: Schwarzlicht kennt man z. B. aus Diskotheken. Es ist UV-A-Licht in einem Bereich, den man selbst nicht sehen kann. Allerdings leuchten alle weißen Gegenstände in Schwarzlicht hell auf.
→ Spezialbeschichtungen, S. 416

Scheinfuge *(dummy joint, contraction joint)*: 1) Damit beim Abbinden und Begehen von Estrich keine Risse entstehen, setzt man Scheinfugen als vorgegebene Risse bzw. Sollbruchstellen. Dazu wird der Estrich an einer festgelegten Stelle vor dem vollständigen Erhärten an der Oberfläche eingekerbt. 2) Scheinfugen sind ein architektonisches Gestaltungsmittel. Die Fugen können aufgemalt oder, bei Beton, durch die Schalung vorgegeben werden.
→ Bodenbeschichtung, Estrich, Fassadenelemente, S. 410

Schellack *(schellac)*: Das Naturharz Schellack wurde im traditionellen Malerhandwerk für Lacke, Firnisse, Kitte, Polituren und als Absperrmittel verwendet. Es besteht aus Ausscheidungen der Lackschildlaus, die von Bäumen gekratzt, gereinigt und weiterverarbeitet werden. Um es als Bindemittel zu verwenden, wird es in Spiritus gelöst.
→ Lacke auf Kunststoffbasis, Bestandteile von Beschichtungsstoffen, S. 162

Scherfestigkeit *(shearing strength)*: Ein Werkstoff mit einer hohen Scherfestigkeit ist widerstandsfähig gegen Scherkräfte.
→ Physikalische Grundlagen

Scherkraft, Scherspannung *(shear force, shearing strain)*: Die Scherkraft wirkt parallel auf eine Fläche ein und verformt diese, im Gegensatz zur Zugkraft (Auseinanderziehen) oder Druckkraft (Zusammendrücken). Um die an einer Fassade auftretenden Kräfte aufzunehmen, wird beispielsweise eine Armierung verarbeitet.
→ Physikalische Grundlagen, S. 26

Schlussbeschichtung *(top coat)*: Letzte Schicht eines Beschichtungsaufbaus.
→ Beschichtungsverfahren, Grundlagen des Malerhandwerks, S. 146 f.

Schnittprobe *(cutting test)*: Durch Einschneiden einer Altbeschichtung wird ihre Haftfestigkeit geprüft.
→ Untergrundprüfung, S. 117

Schriftart *(font)*: Buchstaben, Ziffern und Sonderzeichen, die grafisch gleich gestaltet sind, gehören zur selben Schriftart. Die wesentlichen Merkmale des Schriftbilds unterschiedlicher Schriftarten sind die Verwendung von Serifen, die Höhe der Grundlinie, die Laufweite und die Proportion. Bekannte historische Schriftarten sind z. B. Fraktur oder Antiqua. Beim Schreiben mit dem Computer werden häufig Calibri, Arial oder Times New Roman eingesetzt.
→ Schrift, S. 200, 427 ff.

Schriftbild *(typeface)*: Aussehen einer Schrift, siehe Schriftart
→ Schrift, S. 426 ff.

Schwermetall *(heavy metal)*: Schwermetalle sind giftig, weil der Körper sie nicht ausscheiden oder abbauen kann. Blei-, chrom- u. cadmiumhaltige Pigmente zählen dazu.
→ Arbeitssicherheit und Gesundheitsschutz, S. 83

Schwinden (shrinking, contracting): Durch Abgabe von Wasser verringert sich das Maß von Holz oder Holzwerkstoffen. Ist das Bauteil zuvor aufgequollen, wird dabei meist nicht die ursprüngliche Form wieder eingenommen. Das Gegenteil von Schwinden ist Quellen.
→ Holzuntergründe, Arbeiten des Holzes, S. 135

sd-Wert *(water vapour diffusion resistance factor)*: Die Wasserdampf-Diffusionswiderstandszahl (sd-Wert) gibt in Meter an, um wie viel mal größer der Widerstand eines Stoffs gegen diffundierenden Wasserdampf ist als eine gleich dicke Luftschicht. Je kleiner der sd-Wert ist, desto besser ist die Wasserdampfdurchlässigkeit eines Baustoffs oder einer Beschichtung. Ab einem sd-Wert von 2,0 m oder mehr wird eine Beschichtung als wasserdampfdicht eingestuft. Wasserdampfdiffusion, Wärmedämmung, physikalische Grundlagen, S. 250

Seife (chemisch) *(soap)*: 1) Tenside, zu denen die Seifen zählen, setzen die Oberflächenspannung des Wassers herab und erhöhen dadurch die benetzende Wirkung (Benetzung). 2) Eine Seife entsteht als chemisches Produkt beim Verseifen.
→ Chemische Grundlagen, S. 55

Seitenvergleich *(comparison of borders)*: Beim Seitenvergleich werden Tapetenrollen auf Unterschiede zwischen linkem und rechtem Seitenrand geprüft.
→ Tapezieren, Wandbeläge, S. 119

Semantik *(semantics)*: Bedeutung von Zeichen
→ Verwendung von Zeichen, S. 424 f.

Serife *(serifs)*: An den kleinen „Füßchen" der Buchstaben einer Schriftart kann sich das Auge beim Lesen von gedruckten Texten orientieren. Serifen-Schriften sind z. B. Antiqua oder Times New Roman. Serifenlose Schriften, die Grotesken, können am Computermonitor besser erkannt werden, z. B. Calibri oder Arial.
→ Schrift, S. 429

Sicherheitsdatenblatt *(safety data sheet)*: Das Sicherheitsdatenblatt enthält alle Informationen, die benötigt werden, um mit einem Stoff so umzugehen, dass Arbeitssicherheit sowie Schutz der Gesundheit und Umwelt gewährleistet sind.
→ Arbeitssicherheit und Gesundheitsschutz, Normen und Kennzeichnungen, S. 132

Sichtbeton *(exposed concrete, fair-faced concrete)*: Die Abdrücke der Holzverschalung sind noch auf der Betonwand zu sehen. Sichtbeton wird absichtlich nicht deckend beschichtet oder auf andere Weise, z. B. durch eine Verkleidung, optisch verändert.
→ Mineralische Untergründe, Gestaltung, S. 130

Siebdruckplatte *(textured coated board)*: Siebdruckplatten werden wie Multiplexplatten kreuzweise verleimt, sind aber zusätzlich wasserfest ausgerüstet, sodass sie erhöhten Ansprüchen gerecht werden.
→ Holzwerkstoffe, S. 138

SI-Einheit *(SI unit)*: SI-Einheiten sind ein weltweit weitverbreitetes System, mit dem physikalische Größen angegeben werden. Die bekanntesten SI-Einheiten sind Meter (m) für Längenmaße, Kilogramm (kg) für Masse oder Newton (N) für Kraft.
→ Physikalische Grundlagen, Normen und Kennzeichnungen, S. 16 f.

Sikkativ *(siccative, drying agent)*: Diese Additive werden ölhaltigen Beschichtungsstoffen zugesetzt, um deren Trocknung zu beschleunigen.
→ Bestandteile von Beschichtungsstoffen, S. 53

Silan *(silane, hydrosilicon)*: Silane sind sehr kleinteilige Silizium-Verbindungen. Sie reagieren nach ihrer Verarbeitung chemisch zu wasserabweisenden Silikonen, weshalb sie zum Imprägnieren verwendet werden. Silane dringen gut in dichte Baustoffe wie Beton ein, sind alkalibeständig, verflüchtigen sich aber sehr schnell in der Luft.
→ Imprägniermittel, Bestandteile von Beschichtungsstoffen, S. 239

Silhouette *(silhouette, outline)*: Das französische Wort Silhouette bezeichnet den Umriss eines Objekts, z. B. eines Gebäudes, den man als Linie darstellen kann. Setzt er sich dunkel von einem Hintergrund ab, spricht man von einem Schattenriss.
→ Fassadensilhouette, Fassade, S. 375

Silikat *(silicate)*: Die Salze von verschiedenen Kieselsäuren werden zur Herstellung von Wasserglas (Fixativ) benötigt.
→ Silikatfarben, Beschichtungsstoffe, S. 162, 251

Silikon *(silicon(e), polysiloxane)*: Aus Verbindungen von Silizium mit Sauerstoff wird das Wasser abweisende und sehr beständige Silikon künstlich hergestellt. Man kennt es z. B. als Dichtstoff, Silikonöl (z. B. Gleitspray) sowie als Entschäumer (Additiv) oder Bindemittel (Silikonharz) in Beschichtungsstoffen.
→ Bestandteile von Beschichtungsstoffen, S. 148

Silikonharz *(silicone resin)*: Silikonharze sind Silizium-Verbindungen aus mehreren Siloxanen. Sie werden aufgrund ihrer Wasser abweisenden Eigenschaften als Imprägniermittel auf trockenen, saugfähigen Untergründen, z. B. Sandstein, verwendet. In Silikonharzemulsionsfarben und -putzen dienen sie als Bindemittel.
→ Imprägniermittel, Bestandteile von Beschichtungsstoffen, S. 239, 251

Silizium *(silicium)*: Das chemische Element Silizium (Si) kommt in vielen wichtigen Baumaterialien vor, z. B. Quarzsand, Lehm oder Zement. Silizium ist wichtiger Bestandteil von Produkten wie Glas, Porzellan, Silikon oder Computerchips.
→ Bestandteile von Beschichtungsstoffen, chemische Grundlagen, S. 32

Silo *(silo, bin)*: Mit fertigem Trockenputz gefüllte Silos rentieren sich bei großen Verputzarbeiten. Die gewünschte Menge Putz wird frisch und in gleichbleibender Qualität maschinell angemischt.
→ Putz, mineralische Untergründe, S. 115

Siloxan *(siloxane)*: Siloxane sind Silizium-Verbindungen aus mehreren Silanen. Sie reagieren nach ihrer Verarbeitung chemisch zu Wasser abweisenden Silikonen, weshalb sie zum Imprägnieren verwendet werden. Siloxane dringen gut in saugende, auch etwas feuchte Baustoffe ein. Sie sind alkalibeständig.
→ Imprägniermittel, Bestandteile von Beschichtungsstoffen, S. 239

Sims *(ledge, moulding)*: siehe Gesims
→ Fassadenelemente, S. 364

Simultankontrast *(simultaneous contrast)*: Der Simultankontrast entsteht dadurch, dass sich zwei nebeneinander befindliche Farben gegenseitig in ihrerm Erscheinen beeinflussen. Die Wirkung der Farbe verändert sich.
→ Farbkontraste, Farbgestaltung, S. 193

Sinterschicht (sinter coat, caked coat): Diese Bindemittelanreicherungen an der Oberfläche müssen vor einer Neubeschichtung mechanisch entfernt werden, da sie aufgrund ihrer glatten, glänzenden und wenig saugfähigen Oberfläche keine Haftung bieten.
→ Untergrundmängel, S. 233 f.

SIVV-Schein *(SIVV certificate)*: Der SIVV-Schein wird von öffentlichen und einigen privaten Auftraggebern verlangt. Er ist ein Befähigungsnachweis zum Schützen, Instandsetzen, Verbinden und Verstärken von Betonbauteilen. Für den Schein legen Beton- und Stahlbetonbauer, Maurer oder spezialisierte Maler eine Prüfung ab.
→ Beton, Betonsanierung, S. 412

Skelettbauweise *(skeleton construction)*: Bei der Skelettbauweise tragen Stützen die Lasten eines Gebäudes. Zwischenräume und Fassaden werden nicht tragend ausgeführt. Wolkenkratzer z. B. werden auf diese Weise gebaut.
→ Architekturgeschichte, Stilkunde, Bauhaus, S. 397

Skulptur *(sculpture)*: Bildhauer erschaffen Skulpturen, indem sie dreidimensionale Kunstwerke aus einem Stein heraushauen.
→ Architekturgeschichte, Stilkunde, S. 378

Sockel *(plinth, base)*: Der untere, etwas abgesetzte Teil eines Gebäudes oder einer Säule heißt Sockel. Er ist durch Spritzwasser größeren Belastungen ausgesetzt als der Rest. Aus diesem Grund wird er meist Wasser abweisend ausgerüstet. Außerdem wird der Sockel in der Regel dunkler gestrichen, damit Verschmutzungen weniger sichtbar werden und um ein Gebäude stabil wirken zu lassen.
→ Fassadenelemente, S. 196, 368

Spanischleder *(Peaux d'Espagne)*: Die ersten tapetenähnlichen Wandbelagsstoffe waren in der Renaissance handbemalte, geprägte, versilberte oder vergoldete Lederstücke.
→ Architekturgeschichte, Stilepochen, Renaissance, S. 389

Spannbeton *(prestressed reinforced concrete)*: Spannbeton hält Zugkräfte besonders gut aus, da die Armierung vor dem Einlegen vorgespannt wird. Er wird z. B. für Fertigdecken oder im Brückenbau verwendet.
→ Beton, mineralische Untergründe, S. 130

Spationieren *(spacing)*: siehe optischer Ausgleich
→ Schrift, S. 430

Sperrgrund *(sealing primer)*: Um das Durchschlagen von Holzinhaltsstoffen, Nikotin- oder Wasserflecken usw. zu vermeiden, werden Flächen mit Sperrgrund isoliert.
→ Wachsbehandlung des Holzes, Holzuntergründe, Absperrmittel, S. 240

Spiegelschnitt *(radial cut, rift cut)*: Im Radialschnitt (auch Spiegelschnitt genannt) verarbeitetes Holz weist z. T. hell glänzende Flecke auf, die Spiegel genannt werden. Dabei handelt es sich um die aufgetrennten Markstrahlen des Baums.
→ Holzuntergründe, S. 136

Spinnfasergarn *(textile fibre thread, yarn)*: Um Spinnfasergarn herzustellen, werden kurze textile Fasern, z. B. Schafwolle, durch Drehen (Spinnen) zu einem Garn verfestigt. Das Gewicht wird in tex angegeben.
→ Materialien und Werkstoffe

Splintholz *(alburnum)*: Im Querschnitt vieler Holzarten ist im äußeren Bereich das helle Splintholz, im Inneren das dunkle Kernholz zu erkennen. Das Splintholz ist jung und leitet durch seine Kapillaren aktiv Nährstoffe und Wasser von den Wurzeln nach oben. Wird es älter, verkernt es, d. h., es wird zu Kernholz.
→ Holzuntergründe, S. 135

Splintholzkäfer *(bark beetle)*: Splintholzkäfer greifen das nährstoffreiche Splintholz von Laubhölzern an. Sie sind 3 bis 5 mm lang und haben eine rote bis dunkelbraune Farbe. Sie legen ihre weißen, bis zu 5 mm langen Larven in Hölzern mit großen Poren, Rissen oder alten Fluglöchern ab, wo sie sich bis zum Schlüpfen Gänge durch das Holz fressen. Den Befall, z. B. von Treppengeländern oder Holzfußböden, erkennt man an den Ausfluglöchern mit 1 bis 2 mm Durchmesser sowie am Bohrmehl. Splintholzkäfer werden mithilfe von Insektiziden bekämpft.
→ Holzuntergründe, Holzschädlinge, S. 140

Sporen *(spores)*: Pilze vermehren sich über Sporen, die wegen ihrer geringen Größe vom menschlichen Auge nicht erkennbar sind und sich leicht in der Umgebung verteilen. Um einen neuen Pilz zu bilden, benötigt die Spore ideale Wachstumsbedingungen: Nährstoffe, Feuchtigkeit und eine geeignete Umgebungstemperatur.
Holzuntergründe, Holzschädlinge, S. 139

Sprödigkeit, spröde *(brittleness, brittle)*: Spröde Materialien können sich kaum plastisch verformen. Sie brechen leicht und meist plötzlich, z. B. Glas oder einige Kunststoffe. Das Gegenteil von Sprödigkeit bei Metallen ist Duktilität.
→ Physikalische Grundlagen, S. 26

Stabilisatoren *(stabilisers, stabilising agents)*: Damit die Kunststoffdispersionsteilchen nicht schon vor dem Farbauftrag zusammenfließen (koagulieren), werden Stabilisatoren zugegeben.
→ Kunststoffdispersion, Bestandteile von Beschichtungsstoffen, S. 121

Stahlarmierung *(steel reinforcement)*: siehe Armierung
→ Beton, mineralische Untergründe, Betonsanierung, S. 130

Stahlbeton *(reinforced concrete)*: Durch das Einlegen von Stahl in Beton wird der sehr druckfeste Baustoff zusätzlich zugfest. Siehe Armierung.
→ Beton, mineralische Untergründe, Betonsanierung, S. 130

Standzeit *(tool life)*: Während der Standzeit kann mit einem Werkzeug, Hilfsmittel oder Werkstoff gearbeitet werden. Die Standzeit ist begrenzt durch Zeit für Reinigung oder Erneuerung.
→ Standzeit des Schleifmittels, Untergrundvorbereitung, S. 231

Stilisierung, stilisieren *(stylisation, stylise)*: Bei stilisierten Darstellungen werden nur die wesentlichen Merkmale der natürlichen Vorlage übertragen. In der Architektur vieler Stilepochen werden beispielsweise vereinfachte (stilisierte) Blüten- oder Blätterformen als Ornamente verwendet.
→ Architekturgeschichte, Stilkunde, S. 425

Stilpluralismus *(pluralism of architectural styles)*: In der Vergangenheit baute man innerhalb einer Architekturepoche nicht ausschließlich in einem Baustil. Stattdessen kam es vor, dass die Menschen mehrere Stile gleichzeitig als modern empfanden. In der Epoche des Historismus um die Jahrhundertwende vom 19. zum 20. Jahrhundert mischte man besonders gerne unterschiedliche Stile miteinander.
→ Architekturgeschichte, Stilkunde, Historismus, S. 395

Straßenmarkierung *(road marking)*: Straßenmarkierungen sind farbige Flächen auf der Straße, die der Lenkung des Verkehrs dienen. Sie werden mit Straßenmarkierungsfarbe direkt auf die Fahrbahn aufgebracht.
→ Spezialbeschichtungen, S. 414 f.

Streuung (Verteilung) *(dispersion (distribution))*: Objekte können in unterschiedlicher Weise über eine Fläche verteilt werden. Bei der Streuung ist die Verteilung gleichmäßig, auch wenn die einzelnen Objekte nicht unbedingt regelmäßig dicht beeinanderliegen. Streuung kommt im technischen Bereich vor, z. B. die Verteilung der Schleifkörner auf dem Träger. Ferner dient Streuung als Gestaltungsprinzip in der Formanordnung.
→ Streuung des Schleifkorns, Untergrundvorbereitung, gestalterische Anordnung von Formen, S. 229

Strich, Strichzieher *(line, line drawing brush)*: Um Linien zu ziehen, verwendet der Maler ein Malerlineal oder einen Malstock und einen Pinsel (Strichzieher) in passender Form und Größe.
→ Beschichtungsverfahren, S. 163

Stuccolustro *(stuccolustro)*: Mit der mineralischen Spachtelmasse Stuccolustro, die Kalk und Marmormehl enthält, lassen sich hochwertige Glättetechniken herstellen.
→ Dekorative Techniken, Gestaltung, Qualitätsstufe 4, S. 271

Styrol *(styrol, sterene)*: Das aus Erdöl oder Steinkohlenteer gewonnene Styrol dient zur Herstellung verschiedener Kunststoffe wie Polystyrol (PS), Polyester oder Acrylnitril-Butadien-Styrol (ABS). Die farblose, leicht süßlich riechende Flüssigkeit gehört zu den aromatischen Kohlenwasserstoffen und ist entzündlich sowie gesundheitsschädlich.
→ Lacke auf Kunststoffbasis, Wärmedämmmaterialien, Kunststoffherstellung

Subdominante *(minor dominant)*: Bei einer farblichen Gestaltung ordnet sich die Subdominante der hauptsächlich verwendeten Farbe (Dominante) unter. Sie nimmt eine kleinere Fläche ein und erweckt zusammen mit der Dominante einen harmonischen Eindruck.
→ Farbkontraste, Farbgestaltung, S. 195, 316

subtraktive Farbmischung *(subtractive colour mixture)*: Mischt man unterschiedliche Malerfarben (Körperfarben), werden diese immer dunkler, je mehr Töne man hinzugibt. Da die Helligkeit abnimmt, spricht man von subtraktiver Farbmischung. Die Primärfarben der subtraktiven Farbmischung sind Gelb (Yellow), Cyanblau und Magentarot. Mischt man diese drei Primärfarben zusammen, ergibt sich Schwarz.
→ Physikalische Grundlagen, S. 37

Suspension *(suspension)*: Nicht lösliche, feste Stoffe werden mithilfe von Emulgatoren mit einer Flüssigkeit dauerhaft vermischt, ohne sich wieder abzusetzen.
→ Kunststoffdispersion

Sweepen *(sweeping)*: Feuerverzinkte Bauteile werden vor der Beschichtung mit einem nicht metallischen, kantigen Strahlmittel vorbehandelt. Beim materialfreundlichen Sweepen erfolgt das Strahlen mit weniger Druck als bei üblichen Verfahren.
→ Vorbehandlung von Metall, S. 101

Symbol *(symbol)*: Ein Bildzeichen steht als Sinnbild für einen Themenbereich, der dem Betrachter bekannt ist. Die fünf olympischen Ringe z. B. stehen als Symbole für die fünf Kontinente.
→ Gestaltung, S. 424

Synergieeffekt *(synergism, synergetic effect)*: Die Wirkung von zwei Stoffen verstärkt sich, wenn sie gemeinsam verwendet werden. Z. B. ist der Schutzeffekt von Eisen nicht nur doppelt, sondern 2,5- bis 3-mal so hoch, wenn man es verzinkt und zusätzlich beschichtet.
→ Metallische Untergründe, Verzinkung

Syntaktik *(syntactics)*: Form, Farbe und Anordnung von Zeichen
→ Verwendung von Zeichen, S. 424 f.

Synthese *(synthesis)*: 1) Synthese ist der Vorgang, bei dem aus Elementen eine chemische Verbindung, also ein neuer Stoff hergestellt wird (griech. synthesis: Zusammensetzung). 2) Bei Argumentationen spricht man von Synthese, wenn der Widerspruch einer Behauptung (These) und einer Gegenbehauptung (Antithese) aufgehoben wird, ähnlich einem Kompromiss.
→ Chemische Grundlagen, Umgang mit Kunden, S. 52

T

Tagesleuchtfarbe *(fluorescent paint)*: siehe fluoreszierende Farbe
→ Spezialbeschichtungen, S. 416

Tangentialschnitt *(tangential cutting)*: Das Holz wird beim Tangentialschnitt längs zum Stamm und außerhalb der Mitte entlang eines Jahrrings geschnitten.
→ Holzuntergründe, S. 136

Tapetengrund *(wallpaper primer)*: Damit der Untergrund gleichmäßig saugt, haftfähig ist und nicht durch eine Tapete scheint, wird mit einer speziellen, pigmentierten Dispersionsfarbe vorgestrichen.
→ Wandbekleidungen

Tapetenkennzeichen *(wallpaper graphic symbols)*: In DIN EN 235 sind verbindliche Piktogramme festgelegt, die Verarbeitungseigenschaften von Tapeten kennzeichnen.
→ Wandbekleidungen, S. 290 f.

Tapetenunterlagsstoffe *(wallpaper lining materials)*: Tapetenunterlagsstoffe schaffen einen gleichmäßig hellen und saugenden Untergrund, der für das Anbringen einer hochwertigen Tapete notwendig ist. Da sie auch das spätere Entfernen des Wandbelags erleichtern, sind sie u. a. unter der Bezeichnung Wechselgrund im Handel erhältlich. Es gibt sie z. B. als Bahnenwahre (Rollenmakulatur) oder zum Rollen (Streichmakulatur).
→ Wandbekleidungen, S. 292 f.

Technische Regeln für brennbare Stoffe (TRbF) *(technical regulations for flammable substances)*: In den Technischen Regeln für brennbare Stoffe (TRbF) wird der Umgang mit brennbaren Stoffen erläutert, z. B. die Lagerung lösemittelhaltiger Stoffe.
→ Arbeitssicherheit und Gesundheitsschutz, Normen und Kennzeichnungen, S. 134

Technische Regeln für Gefahrstoffe (TRGS) *(technical rules for hazardous substances)*: Die Technischen Regeln für Gefahrstoffe (TRGS) informieren über den Umgang mit Gefahrstoffen auf Grundlage der gültigen Gesetze und Verordnungen, z. B. der Gefahrstoffverordnung (GefStoffV).
→ Arbeitssicherheit und Gesundheitsschutz, S. 60

Teilarmierung *(partial reinforcement)*: Bei der Teilarmierung wird ein Objekt nur auf einer Teilfläche, z. B. entlang eines Rissverlaufs, durch eine Armierung verstärkt.
→ Risssanierung, mineralische Untergründe, S. 245

Terpentin *(turpentine)*: Terpentin ist ein natürlich vorkommendes Gemisch aus Harz und ätherischen (riechenden) Ölen verschiedener Kiefern. Das daraus gewonnene Terpentinöl wurde als Lösemittel älterer Lacke verwendet. Es ist brennbar, umweltschädlich und reizt die Haut und Atmungsorgane stark, weshalb man heute Terpentinersatz verwendet.
→ Holzuntergründe, S. 214

tex *(tex)*: Das Gewicht von Spinnfasergarnen wird international in tex angegeben. 50 tex entsprechen 1000 m Garn, die 50 g wiegen. Vgl. dtex bei Filamentgarn.
→ Normen und Kennzeichnungen

textile Bodenbeläge *(textile floor coverings)*: Textile Bodenbeläge bestehen aus einem Rücken und einer Oberfläche aus Fasern. Der Rücken aus Kunststoff oder Gewebe sorgt für den Zusammenhalt und die Stabilität des Bodenbelags. Die Oberfläche ist aus verspinnbarem Material (textil) hergestellt, also gewebt oder gewirkt.
→ Bodenbeläge, S. 300 ff.

thermisch, Thermo- *(thermic, thermo …)*: Ausdrücke, in denen thermisch oder Thermo vorkommen, haben mit Wärme zu tun.
→ Physikalische Grundlagen, S. 27

Thermoformen *(thermoforming)*: Folien und Platten aus themoplastischen Kunststoffen können mithilfe von Wärme und Stanzformen plastisch verformt werden, z. B. bei der Herstellung von Joghurtbechern oder von Fertigteilen in der Kfz-Produktion.
→ Herstellung von Kunststoffen

Thermoplaste *(thermoplasts)*: Diese Kunststoffe lassen sich unter Einwirkung von Wärme reversibel verformen und schweißen.
→ Kunststoffe, S. 148

Thixotropie, thixotrop *(thixotropy, thixotrope)*: Thixotrope
→ Beschichtungsstoffe sind im Topf gelartig. Werden sie jedoch beim Applizieren bewegt, nimmt ihre Viskosität ab. Um die thixotrope Wirkung zu erzielen, setzt man Additive auf Kieselsäurebasis, Polyamide oder bestimmte Pigmente zu. Das Wort Thixotropie setzt sich aus griech. thixis und trepein zusammen: „Wechsel durch Berührung".
→ Lacke auf Kunststoffbasis, Eigenschaften von Beschichtungsstoffen, S. 23

Tiefziehen *(deep-drawing)*: Beim Tiefziehen werden Bleche plastisch verformt, z. B. bei der Herstellung von Getränkedosen. Das Tiefziehen verringert die Festigkeit des Metalls. Das Verformen von Kunststoffen mit ähnlichen Methoden nennt man Thermoformen.
→ Herstellung von Kunststoffen, S. 106

Topfzeit *(potlife, can time)*: Bei 2-K-Materialien reagieren Stamm und Härter sofort nach dem Anmischen chemisch miteinander. Innerhalb der angegebenen Topfzeit muss der angemischte Stoff verarbeitet werden, damit er nicht im Topf erhärtet.
→ Lacke auf Kunststoffbasis, 2-K-Lacke, S. 213

Tordieren, Torsionskraft *(torsion)*: Bei der Torsion wird ein Werkstoff in zwei Richtungen gegenläufig verdreht.
→ Physikalische Grundlagen, S. 26

Torsionsfestigkeit *(torsional strength)*: Die Torsionsfestigkeit gibt an, wie widerstandsfähig ein Werkstoff gegen Verdrehen (Torsion) ist.
→ Physikalische Grundlagen

Trabantenstadt *(satellite town)*: Eine Trabantenstadt liegt in der Nähe einer großen Stadt, in die viele zum Arbeiten pendeln. Man nennt sie auch Schlaf- oder Satellitenstadt, da der Wohnort selbst nur wenige Freizeit- und Kulturangebote bietet.
→ Architekturgeschichte, Stilepochen, S. 399

Tragfähigkeit, tragfähig *(soundness of substrate material; sound, compatible)*: Auf einem tragfähigen Altanstrich sind die Haftung und Verträglichkeit mit einer nachfogenden Beschichtung gegeben.
→ Tragfähigkeit von Altanstrichen, Lackierungen, Untergrundprüfung, S. 93

Treiben *(beating out, chasing, embossing)*: Treiben ist eine künstlerische Metallbearbeitungstechnik, die besonders für Silber, Gold und Kupfer geeignet ist. Dabei werden die Metalle meist als Bleche von einem Kunstschmied kalt oder warm umgeformt.
→ Metallische Untergründe, Metallbearbeitung, S. 106

Treibhauseffekt *(greenhouse effect)*: Die auf die Erde eintreffende Sonnenstrahlung wird zum Teil als Wärme absorbiert, zum Teil reflektiert. Die Erdatmosphäre, eine 100 Kilometer dicke Gasschicht, die den Planeten umgibt, sorgt wie das Dach eines Treibhauses dafür, dass von der Erde zurückgeworfene Strahlung erneut reflektiert wird und zurück zur Erde gelangt. Dort erzeugt sie eine weitere Erwärmung. Dieser natürliche Treibhauseffekt sorgt dafür, dass die Erde für Lebewesen bewohnbar ist. Durch die Industrialisierung werden vermehrt Treibhausgase, insbesondere CO_2, ausgestoßen. Die Treibhausgase verdichten die Gasschicht der Atmosphäre und sorgen somit dafür, dass durch sie immer mehr Strahlung zur Erde reflektiert wird und sich das Klima erwärmt. Da dies weitreichende Folgen für das Leben auf diesem Planeten hat, z. B. das Abschmelzen der Polkappen und der damit verbundene Anstieg des Meeresspiegels, haben sich die Regierungen vieler Nationen dazu verpflichtet, weniger CO_2 zu produzieren.
→ Klimaschutz, Wärmedämmung, S. 61, 280

Treibmittel, Treibgas *(gas-forming agent, fuel gas)*: Treibmittel sind Gase oder aber Flüssigkeiten, die im Produktionsprozess zu Gasen werden. Sie werden einigen Baustoffen bei der Her-stellung

zugegeben, um sie porös zu machen. In Spraydosen sorgen sie dafür, dass der Beschichtungsstoff aus der Dose gefördert wird.
→ Spraydosen, Bestandteile von Beschichtungsstoffen, S. 183

Trend *(trend)*: siehe Gestaltungstrend
→ Innenraumgestaltung, S. 319

Trenntransformator *(isolation transformer)*: Trenntransformatoren verringern die Gefahr eines Stromschlags, wenn bei bestimmten Tätigkeiten die Möglichkeit besteht, dass Menschen in Kontakt mit Strom kommen, z. B. bei Arbeiten mit Wasser und Strom. Siehe auch Körperschluss.
→ Gesundheitsschutz beim Schleifen, S. 81, 232

Trockenschichtdicke *(dry coat thickness)*: Die Trockenschichtdicke ist die Schichtdicke einer getrockneten Beschichtung. Vgl. Nassschichtdicke.
→ Trocknung von Beschichtungsstoffen, S. 94

U

Überholungsbeschichtung *(reconditioning coat)*: Um den Schutz und die Optik einer vorhandenen Beschichtung mit Verschleißmängeln zu verbessern, wird mindestens eine neue Schicht aufgetragen. Untergrundfehler werden bei Bedarf vorher instand gesetzt.
→ Grundlagen des Malerhandwerks, Beschichtungsverfahren, S. 222

unbewehrter Beton *(plain concrete, nonreinforced concrete)*: Unbewehrter Beton bricht bei statischer Belastung schneller als Beton mit Bewehrung (Armierung).
→ Mineralische Untergründe, S. 130

Unfallverhütungsvorschriften (UVV) *(accident prevention regulations)*: Unternehmen und Arbeitnehmer sind über die gesetzliche Unfallversicherung verpflichtet, bestimmte Regeln zu Arbeitssicherheit und Gesundheitsschutz einzuhalten. Die Unfallverhütungsvorschriften heißen seit 2000 Berufsgenossenschaftliche Vorschriften für Arbeitssicherheit und Gesundheitsschutz (BGV).
→ Arbeitssicherheit und Gesundheitsschutz, S. 114

ungesättigte Polyester (UP) *(unsaturated polyesters)*: Ungesättigte Polyester dienen als Stammlack für Gießharze, Spachtelmassen und ungesättigte Polyesterharzlacke. Sie werden durch Polykondensation aus Alkohol (Glycol) und Dicarbonsäuren (z. B. Phthalsäuren) hergestellt.
→ 2-K-Lacke, Bestandteile von Beschichtungsstoffen, S. 148

ungesättigter Polyesterharzlack (UP-Lacke) *(unsaturated polyester resin varnish, UP varnishes)*: Ungesättigte Polyesterharzlacke (UP-Lacke) werden zur Beschichtung von Holz- und Metalluntergründen eingesetzt. Sie bestehen aus zwei Komponenten, dem Stammlack und dem Härter, die getrennt geliefert und erst kurz vor der Verarbeitung vermischt werden. Für den Stammlack wird ungesättigter Polyester in Styrol gelöst und ggf. mit Pigmenten versetzt. Als Härter dienen reaktionsfreudige Sauerstoffverbindungen (Peroxide), die eine Polymerisation (Vernetzung von Styrol und UP) auslösen. UP-Lacke lassen sich in hohen Schichtdicken auftragen. Sie sind widerstandsfähig gegen Wasser, Lösemittel, Chemikalien und Abrieb. Wegen der kurzen Topfzeit von 20 bis 30 Min. werden sie am besten im Spritzverfahren verarbeitet. Da die UP-Lacke einen hohen Weichmacher- und Lösemittelanteil im Härter, giftiges Styrol sowie ätzendes und explosionsgefährliches Peroxid besitzen, sind sie sehr umwelt-und gesundheitsschädlich.
→ Lacke auf Kunststoffbasis, 2-K-Lacke, Bestandteile von Beschichtungsstoffen, S. 211

Urethan-Alkydharz *(urethane alkyde resin)*: Das Bindemittel Urethan-Alkydharz wird für Holzuntergründe mit hoher mechanischer Beanspruchung verwendet, z. B. für Parkett oder im Bootsbau, da es sehr hart wird, abriebfest und beständig ist. Es weist eine höhere Viskosität als Alkydharz auf.
→ Holzbeschichtung im Außenbereich, Bestandteile von Beschichtungsstoffen, S. 146

UV-A-Strahlung, UV-A-Licht *(UV-A radiation, UV-A light)*: UV-A-Strahlung ist ein vom menschlichen Auge nicht sichtbarer Bereich der Sonnenstrahlung (Wellenlänge 400–315 nm). In der Diskothek ist UV-A-Strahlung als Schwarzlicht bekannt. UV-A-Strahlung ist die am wenigsten energiereiche UV-Strahlung, kann aber trotzdem zu Schäden führen.
→ Spezialbeschichtungen, physikalische Grundlagen, S. 416

UV-beständig *(UV resistant)*: Ein UV-beständiger Werkstoff hält UV-Strahlung über einen längeren Zeitraum ohne Schädigung aus.
→ Witterung, Eigenschaften von Beschichtungsstoffen, S. 210

UV-Strahlung *(UV radiation)*: Die kurzwellige ultraviolette Strahlung ist für den Menschen nicht sichtbar. Organische Stoffe können auf Dauer durch UV-Strahlung geschädigt werden, z. B. Sonnenbrand auf menschlicher Haut, Verspröden von Kunststoffen oder Ausbleichen organischer Farben.
→ Physikalische Grundlagen, S. 58

V

ventilierend, ventilierende Beschichtung *(permeable to moisture, breathable coating)*: Ventilierende („atmende") Beschichtungssysteme ermöglichen einen begrenzten Feuchtigkeitsaustausch zwischen Untergrund und Umgebung . Sie werden besonders zur Beschichtung maßhaltiger Holzbauteile, z. B. von Holzfenstern, eingesetzt.
→ Holzfenster beschichten, Holzuntergründe, Eigenschaften von Beschichtungsstoffen, S. 141

Verband der Berufsgenossenschaften (VBG) *(federation of employer's liability insurance associations)*: Der VBG ist der Träger der gesetzlichen Unfallversicherung. Seine Aufgaben sind nach dem Sozialgesetzbuch geregelt. Dazu gehört es, Arbeits- und Wegeunfälle, Berufskrankheiten und arbeitsbedingte Gesundheitsgefahren insbesondere durch vorbeigende Maßnahmen zu verhüten und sich um Beschäftigte zu kümmern, denen ein Unfall passiert ist.
→ Arbeitssicherheit und Gesundheitsschutz, S. 114

Verdachung *(pediment)*: Verdachungen schützen oder verzieren Maueröffnungen, Gesimse oder Giebel. Besonders in der Renaissance und im Barock setzte man Verdachungen als Ziergiebel in zahlreichen Formen ein, um Fassaden zu gestalten, z. B. als Dreiecksgiebel, Segmentgiebel, gesprengten Giebel oder Volutengiebel.
→ Architekturgeschichte, Stilepochen, S. 373

verdampfen, verdunsten, verflüchtigen *(evaporate, volatilize)*: Beim Verdampfen (Verdunsten/Verflüchtigen) gehen flüssige Stoffe in den gasförmigen Zustand über. Trocknet ein Beschichtungsstoff physikalisch, verdunstet dabei das Lösemittel.
→ Physikalische Grundlagen, S. 210

Verformbarkeit *(ductility, deformability)*: Die Verformbarkeit gibt an, inwieweit man die Form eines Werkstoffs verändern kann. Man unterscheidet plastische, elastische und plastisch-elastische Verformung.
→ Physikalische Grundlagen, S. 26

Verjährungsfrist *(period of limitation)*: Bis zur Verjährung gelten von einem Ereignis an unterschiedliche Fristen. Mit Eintritt der Verjährung erlischt ein bestimmter rechtlicher Anspruch.
→ Grundlagen des Malerhandwerks, Recht, S. 222

Verschlichten *(smooth out)*: Um eine glatte und ansatzfreie Beschichtungsoberfläche zu erhalten, wird der Beschichtungsfilm nach dem Auftrag durch regelmäßige Pinselstriche oder leichtes Walzen gleichmäßig gemacht (verschlichtet).
→ Beschichtungsverfahren, S. 163

Verschleiß *(wear)*: Mechanische, thermische und chemische Beanspruchungen begünstigen den Verschleiß eines Werkstoffs, d. h., er wird an der Oberfläche abgenutzt. Der Verschleiß führt dazu, dass ein Bauteil nicht mehr voll funktionsfähig ist und/oder ausgetauscht werden muss. Beschichtungen müssen je nach Beanspruchung in bestimmten Instandhaltungsintervallen erneuert werden, damit sie ihre Schutzfunktion beibehalten.
→ Physikalische Grundlagen, S. 85

Verseifen *(saponifying)*: Ester entstehen aus einer chemischen Verbindung von Alkohol und Säure. Beim Verseifen wird diese Verbindung mithilfe einer Lauge wieder getrennt in Alkohol und das Salz der Säure.
→ Chemische Grundlagen, S. 91

versetzter Ansatz *(offset match)*: Beim Schneiden und Kleben von Tapeten mit versetztem Ansatz muss auf das Muster geachtet werden, das auf unterschiedlicher Höhe auf der nächsten Bahn weiterläuft. Die Angabe der Rapporthöhe spielt hier eine wichtige Rolle.
→ Wandbekleidungen, S. 290, 294

vertreiben *(to spread, to grain)*: Für das Maserieren ist ein spezieller Pinsel erforderlich, der Dachshaarvertreiber. Mit ihm wird die als Holzmaserung aufgetragene Farbe nach außen gezogen (vertrieben), um die Faserstruktur des Holzes zu imitieren.
→ Dekorative Techniken, Beschichtungsverfahren, S. 163

Verwitterung, verwittern *(weathering, to weather)*: Mineralische Baustoffe zersetzen sich durch Umweltbelastungen wie UV-Strahlung, Wind, Frost, Regen oder Luftverschmutzung. Kalkhaltige Werkstoffe werden z. B. durch sauren Regen zerstört, oder das im Holz enthaltene Lignin wird abgebaut, sodass es zu Vergrauung kommt.
→ Witterung, Untergrundmängel, S. 105, 135, 248

Vinyltapetenkleber *(vinyl wallpaper glue)*: Vinyltapeten sind beim späteren Abziehen spaltbar, d. h., die Tapetenrückseite verbleibt an

der Wand. Um diesen Vorteil zu nutzen, verwendet man einen Kleister mit verstärkter Klebekraft.
→ Tapezieren, Wandbeläge, S. 292

Viskosität (viscosity, viscousness): Die Viskosität charakterisiert das Fließverhalten einer Flüssigkeit. Hochviskose Stoffe sind zähflüssig, niedrigviskose Stoffe sind dünnflüssig.
→ Eigenschaften von Beschichtungsstoffen, S. 22f.

Visualisierung, visualisieren *(visualisation, visualise, illustrate)*: Veranschaulichung, veranschaulichen
→ Gestaltung, S. 317

visuell-ästhetisch *(visually aesthetic)*: Ein Betrachter empfindet bzw. bewertet das Gesehene als ansprechend, als schön.
→ Gestaltung

visuelles Gliederungsmittel (means of visual structuring): Flächen lassen sich auf unterschiedliche Weise gestalten. Visuelle Gliederungsmittel schaffen eine sichtbare Aufteilung der Fläche, z. B. werden Fassaden durch Gesimse horizontal in sichtbare Einheiten gegliedert.
→ Gestaltung, S. 368

VOB *(German construction tendering and contract regulations)*: Die dreiteilige Vergabe- und Vertragsordnung für Bauleistungen (VOB) regelt in Deutschland den Inhalt von Verträgen im Bauwesen und die Vergabe von Bauaufträgen durch die öffentliche Hand. Teil C umfasst die gültigen DIN-Normen für die einzelnen Gewerke, wie die DIN 18363 für Maler- und Lackierarbeiten.
→ Normen und Kennzeichnungen, S. 62ff.

VOC *(volatile organic compounds)*: Lösemittel gehören zu den flüchtigen organischen Verbindungen (engl.: volatile organic compounds), also zu den sehr leicht verdampfenden Stoffen. Sie wirken sich sowohl kurzfristig als auch langfristig negativ auf die Gesundheit des Menschen und auf die Umwelt aus.
→ Bestandteile von Beschichtungsstoffen, Lösemittel, S. 59

VOC-Lack *(paint corresponding to the Volatile Organic Compound emission directive)*: Dieser Lack hält sich an die VOC-Richtlinie.
→ Bestandteile von Beschichtungsstoffen, Lösemittel

VOC-(Anlagen)-Richtlinie *(VOC directive, Decopaint directive)*: Die VOC-Richtlinie (ChemVOCFarbV) regelt, wie viel Lösemittel in chemischen Produkten, z. B. Lacken oder Reinigungsmitteln, enthalten sein darf. Auf europäischer Ebene heißt sie „Decopaint-Richtlinie".
→ Normen und Kennzeichnungen, Bestandteile von Beschichtungsstoffen, Lösemittel, S. 59

Vollholz *(solid wood)*: Um natürliches Holz von Holzwerkstoffen zu unterscheiden, wird es oft als Vollholz bezeichnet.
→ Holzuntergründe, Holzwerkstoffe, S. 135, 302

Volt (V) *(volt)*: Die Si-Einheit Volt (V) wurde nach dem ital. Physiker Alessandro Volta benannt. Sie gibt die Spannung elektrischen Stroms (*U*) an. Elektrische Leistung *P* (in Watt) wird berechnet durch Stromstärke *I* (in Ampere) mal Spannung *U* (in Volt). Alessandro Volta entwickelte um 1800 die Volta'sche Säule, ein physikalisches Experiment, nach dessen Prinzip auch heute noch moderne Batterien funktionieren: In einem Elektrolyt befinden sich Plättchen von zwei unterschiedlichen Metallen. Das edlere Metall nimmt Elektronen des unedleren Metalls auf: Strom fließt, sobald die Metallplättchen über den Elektrolyten verbunden werden.
→ Physikalische Grundlagen, Elektrizität, S. 17, 32

Volute *(scroll)*: In der Architektur werden als dekoratives Element spiralförmige Schneckenformen (von lat. voluta: Schnecke) eingesetzt. Sie verzieren z. B. Säulen oder Ornamente.
→ Architekturgeschichte, Stilkunde, S. 390

vornebeln *(preparatory spraying)*: Bei diesem Spritzgang wird der Abzugsbügel der Spritzpistole nicht ganz durchgezogen. Bei wasserbasierten Lacken wird als Erstes vorgenebelt, um Läufer zu vermeiden. Bei Effekt- und Metalliclacken wird oftmals als letzter Gang ein Nebelgang eingesetzt.
→ Beschichtungsverfahren, Spritztechnik, S. 185

Vulkanfiber *(vulcanised fibre)*: Durch Tränken von Fasern in Zinkchlorid lässt sich Vulkanfiber herstellen. Dieses Material gehört zu den ältesten Kunststoffen und wird heute u. a. für Dichtungsringe verwendet.
→ Kunststoffe, S. 147

W

Wandbekleidungen *(wall facings and panellings)*: Durch Wandbekleidungen werden Wände verschönert. Man unterscheidet fertige Wandbekleidungen, wie Tapete, und Wandbekleidungen, die nach dem Anbringen noch beschichtet werden müssen, z. B. Rau- oder Glasfaser.
→ Wandbekleidungen, S. 288ff.

Wärmedurchgangskoeffizient (U), U-Wert *(thermal transmittance, heat transition coefficient, U-value)*: Der U-Wert gibt als Kenngröße an, wie viel Wärme ein Bauteil, z. B. eine Außenwand oder ein Fenster, verliert. Anhand der Zahl lässt sich leicht erkennen, ob gesetzlich vorgegebene Werte eingehalten werden: Je niedriger der U-Wert, desto besser ist die Dämmung. Der U-Wert ist physikalisch gesehen der Kehrwert des Wärmedurchgangswiderstands: $U = 1/RT$. In W/m²*K wird die Wärmemenge angegeben, die pro Stunde durch 1 m² eines Bauteils strömt, wenn von der einen zur anderen Seite ein Temperaturunterschied von 1 K herrscht.
→ Wärmedämmung, physikalische Grundlagen, S. 29

Wärmedurchgangswiderstand (RT) *(total thermal resistance)*: Der gesamte Widerstand, den alle Bauteile zusammen mit den Wandoberflächen der Wärmeströmung entgegensetzen, wird zu RT zusammengerechnet, z. B. $RT = Rsi + R1 + R2 + R3 + \ldots + Rse$.
→ Wärmedämmung, physikalische Grundlagen

Wärmedurchlass-Widerstand (R) *(heat transfer resistance)*: Jeder Baustoff hält die Wärme gut oder schlecht davon ab, hindurchzuströmen. Der Wärmedurchlass-Widerstand ist damit der Kehrwert zur Wärmeleitfähigkeit und wird in m²*K/W ausgedrückt. Um *R* zu berechnen, setzt man die Schichtdicke des Stoffs in m ins Verhältnis zu seiner Wärmeleitfähigkeit. Um den Wärmedurchlasswiderstand mehrerer hintereinanderliegenden Schichten herauszufinden, rechnet man deren Werte zusammen, z. B. bei drei Schichten: $R = R1 + R2 + R3$.
→ Wärmedämmung, physikalische Grundlagen, S. 29

Wärmeleitfähigkeit (Lambda) *(thermal conductivity, lambda)*: Die Wärmeleitfähigkeit eines Stoffs gibt eine Wärmemenge in W/m*K an, die pro Stunde durch einen m² dieses Stoffs strömt. Dazu wird ein 1 m langes Stück des Stoffs untersucht, bei dem von vorne nach hinten 1 K Temperaturunterschied herrscht. Die Werte findet man in Tabellenbüchern. Dichte Stoffe, z. B. Metalle, weisen eine hohe Wärmeleitfähigkeit auf, leichte Stoffe mit vielen kleinen Poren, z. B. Polystyrol, leiten die Wärme schlecht und sind deshalb gut als Dämmstoffe geeignet.
→ Wärmedämmung, physikalische Grundlagen, S. 29

Wärmeübergangswiderstand (Rsi) (Rse) *(heat transmission resistance)*: Die Wandoberflächen innen und außen setzen dem Fluss der Wärme Widerstände entgegen, die in der U-Wert-Berechnung berücksichtigt werden müssen. Die Werte *R*si und *R*se sind festgelegt und können in Tabellenbüchern nachgelesen werden.
→ Wärmedämmung, physikalische Grundlagen

Waschbeton *(exposed aggregate concrete)*: Um eine dekorative Wirkung zu erzielen, wird bei dieser Sichtbetonart die oberste *Beton*schicht abgewaschen, sodass die enthaltenen Kieselsteine sichtbar werden.
→ Beton, S. 130

Wash-Primer *(wash primer)*: Washprimer werden bei Metallbeschichtungen als haftvermittelnde Grundierung eingesetzt.
→ Metallische Untergründe, Beschichtungsstoffe, S. 102

Wasserdampfdurchlässigkeit *(water vapour permeability)*: Um Feuchteschäden zu vermeiden, ist es wichtig, dass Wasser in Dampfform aus einem Bauteil bzw. einer Beschichtungsschicht entweichen kann. Dazu ist eine hohe Wasserdampfdurchlässigkeit notwendig.
→ Diffusion, physikalische Grundlagen, S. 24

Wasserglas *(water glass)*: Wasserglas ist das Kurzwort für Kaliwasserglas, siehe Fixativ.
→ Silikatfarben, Bestandteile von Beschichtungsstoffen, S. 239

Wasserhaushaltsgesetz (WHG) *(Water Resources Act)*: Flüsse, Seen, Grundwasser und Meere gehören der Allgemeinheit. Da die Gewässer die Lebensgrundlage des Menschen darstellen und vielen Tieren und Pflanzen als Lebensraum dienen, werden sie per Gesetz geschützt. Im Wasserhaushaltsgesetz (WHG) wird beschrieben, wie z. B. mit Abwasser zu verfahren ist.
→ Entschichtung, Betoninstandsetzung, S. 60

Wasserstoffperoxid *(hydrogen peroxide)*: Die schwache Säure (H_2O_2) wird als Bleich- und Desinfektionsmittel eingesetzt.
→ Abbeizen mit Laugen, Bleichen, S. 54

Watt (W) *(watt)*: Die elektrische Leistung eines Geräts (*P*) wird in der Si-Einheit Watt (W) angegeben. Sie errechnet sich aus der Stromstärke *I* (in Ampere) multipliziert mit der Spannung *U* (in Volt). Der Verbrauch von Geräten wird in Kilowattstunden (kWh) angegeben. Der englische Wissenschaftler James Watt lebte um das Jahr 1800. Er ist besonders bekannt durch seine Weiterentwicklung der Dampfmaschine, mit der erste Autos, Schiffe und Fabriken angetrieben wurden und die einen wichtigen Meilenstein in der Entwicklung der modernen Technik darstellt.
→ Physikalische Grundlagen, Elektrizität, S. 33

Wechselstrom *(alternating current, A.C.)*: Wechselstrom ändert in gleichmäßigen Abständen seine Richtung (Polarität). Wechselstrom

hat den Vorteil, dass seine Spannung kostengünstig geändert und er über Hochspannungsleitungen auch über weite Entfernungen ohne wesentlichen Energieverlust transportiert werden kann. Das Haushaltsstromnetz mit 230 Volt arbeitet mit Wechselstrom.
→ Physikalische Grundlagen, Elektrizität, S. 81

weichen *(soak)*: Vor dem Anbringen von Papiertapeten muss der aufgetragene Kleister einige Minuten einwirken, damit sich das Papier in Länge und Breite ausdehnen kann. Ohne dieses bei allen Bahnen gleichmäßige Weichen würde sich die Tapete auf der Wand ausdehnen, was zur Bildung von Falten, Blasen oder ungleichmäßigen Ansätzen führen kann.
→ Tapezieren, Wandbeläge, S. 119

Weichmacher *(plasticizers)*: Produkte aus Kunststoff benötigen Weichmacher, um dauerhaft flexibel und elastisch zu sein. Weichmacher stehen im Verdacht, gesundheitsschädlich zu sein.
→ Kunststoffdispersion, Kunststoffuntergründe, S. 121

Weichmacherflucht *(plasticizer migration)*: Produkte, die Weichmacher enthalten, verlieren beim Altern diese Weichmacher. Die Folgen sind beispielsweise Versprödung oder Vergilbung von Kunststoffbauteilen.
→ Kunststoffuntergründe, Untergrundmängel, S. 26

Werkmörtel *(ready-mixed mortar)*: Die Fertigmischung für Putz wird bereits so geliefert, dass auf der Baustelle nur noch Wasser zugegeben werden muss. Aus diese Weise ist eine gleichbleibende Qualität gewährleistet.
→ Putz, mineralische Untergründe, S. 115 f.

W-Wert, Wasseraufnahme-Wert *(water absorption value)*: Der Wasseraufnahme-Wert gibt in Litern an, wie viel Wasser eine 1 m^2 große Fläche in einer bestimmten Zeit saugen kann. Je kleiner der w-Wert, desto besser schützt eine Fassadenfarbe gegen Schlagregen. Fassadenfarbe, Eigenschaften von Beschichtungsstoffen, S. 247

W/Z-Wert, Wasser-Zement-Wert *(water-cement ratio)*: Der Wasser-Zement-Wert gibt an, wie viel Zugabewasser und Bindemittel (Mischung aus Zement und Zusatzstoffen) im Beton enthalten sind.
→ Beton, S. 130

X

Xylol *(xylene, xylol)*: Die giftigen und gesundheitsschädlichen Xylole kommen im Malerhandwerk in Lösemitteln und Klebstoffen vor. Sie gehören zu den stark riechenden aromatischen Kohlenwasserstoffen.
→ Arbeitssicherheit und Gesundheitsschutz, Lösemittel, S. 133

Z

Zähigkeit, zäh *(toughness, tensile ductility, tough, ductile)*: Zähe Materialien können sich plastisch verformen („verbiegen") und sind damit widerstandsfähig gegen Bruch, wie beispielsweise viele Metalle. Das Gegenteil dazu stellt die Sprödigkeit dar.
→ Physikalische Grundlagen, S. 22, 82

Zarge *(frame, case)*: Im fest stehenden Teil einer Tür oder eines Fensters wird der bewegliche Teil, das Blatt, eingehängt.
→ Türen und Fenster beschichten, Fassadenelemente, S. 63

Zeichen *(sign, signal)*: Zeichen machen den Betrachter auf etwas aufmerksam, z. B. Warnzeichen, Verkehrszeichen.
→ Gestaltung, S. 81 f.

Zeichen (Schrift) *(character (font))*: Eine einzelne grafische Einheit ist beispielsweise ein Buchstabe oder ein Satzzeichen.
→ Gestaltung, Schrift, S. 424 f.

Zellulose *(cellulose)*: Der Hauptbestandteil pflanzlicher Zellwände sorgt für ihre Festigkeit. Zellulose wird u. a. für die Herstellung von Tapetenkleister und Papier verwendet.
→ Holzuntergründe, S. 136

Zellulosenitrat *(cellulose nitrate, nitrocellulose)*: Das Bindemittel für Nitrolacke und schnell trocknende Grundierungen wird gewonnen, indem man Zellulose in einem Gemisch aus Salpeter- und Schwefelsäure, der sogenannten Nitriersäure, löst.
→ Holzuntergründe, Bestandteile von Beschichtungsstoffen, S. 211

Zellulosenitratlacke, Nitrozelluloselacke, Nitrolacke *(nitrocellulose paints, nitro varnishes)*: Aufgrund des hohen Lösemittelanteils trocknen diese Lacke besonders schnell. Sie sind aber fast nicht mehr gebräuchlich. Stattdessen kommen Nitrokombinatioslacke zum Einsatz. Die dünne, spröde Lackschicht kann mit Nitroverdünnung wieder angelöst werden.
→ Bestandteile von Beschichtungsstoffen

Zellwände *(cell walls)*: Die Zellwand umhüllt, stabilisiert und schützt eine Zelle. In der Zelle finden die Stoffwechselprozesse statt, aufgrund derer das Leben ermöglicht wird.
→ Holzuntergründe, Arbeiten des Holzes, Holzschädlinge, S. 136

Zement *(cement)*: Das mineralische Bindemittel für Mörtel und Beton erhärtet chemisch sowohl an der Luft als auch durch Einbinden des Zugabewassers. Zement wird aus Kalkstein und Ton hergestellt. Er ist alkalisch.
→ Mineralische Untergründe, S. 116, 130

zementecht *(cement-compatible, cement-resistant)*: Zementechte Bindemittel und Pigmente halten die hohe Alkalität des Zementuntergrunds aus.
→ Anstrichstoffe für Faserzementplatten, Eigenschaften von Beschichtungsstoffen, S. 44

Zementleim *(cement paste)*: Der Zementleim, ein Gemisch aus Zement, Gesteinskörnungen und Zugabewasser, beginnt nach dem Anmischen nach einer bis drei Stunden zu erhärten.
→ Beton, S. 130

Ziergiebel *(pediment, parapet, decorative gable)*: siehe Giebel
→ Fassadenelemente, S. 368

Zierprofil *(moulding, decorative profile)*: Die dreidimensionale Dekoration aus Stuck oder Hartschaum wird als Sockelprofil, Wandprofil oder Deckenabschluss verwendet.
→ Fassadenelemente, S. 295 f.

Zinkblume *(flowers of zinc, zinc bloom, zinc spangle)*: Das typische Aussehen von verzinkten Oberflächen: metallisch glänzende, unregelmäßige Flächen in verschiedenen Glanzgraden.
→ Metallische Untergründe, Zink, S. 103

Zinksalz *(zinc salt)*: Zinksalz entsteht, wenn eine Säure (z. B. von Chemiegasen verunreinigter saurer Regen) auf einen Zinkuntergrund trifft. Zinksalze sind hygroskopisch, d. h., sie ziehen Wasser an.
→ Metallische Untergründe, Zink, S. 25, 101

Zoll (Längeneinheit) *(inch)*: 1 Zoll = 1″= 2,54 cm
→ Normen und Kennzeichnungen, S. 160

Zugfestigkeit *(tensile strength)*: Stoffe mit einer hohen Zugfestigkeit besitzen die Eigenschaft, große Zugkräfte übertragen zu können, z. B. Stahlarmierungen in einer Stahlbetonbrücke.
→ Physikalische Grundlagen, S. 130

Zugkraft, Zugbelastung *(tensile force, tensile load)*: Durch die Zugkraft wird ein Körper auseinandergezogen.
→ Physikalische Grundlagen, S. 26, 130

Zunder *(scales)*: Bei der Bearbeitung von Stahl bei Temperaturen über 560 °C, z. B. Warmwalzen, entstehen diese Oxidschichten. Sie müssen vor der Beschichtung entfernt werden, um eine gute Haftung zu ermöglichen.
→ Chemische Grundlagen, metallische Untergründe, S. 88

Zunft (guild): Im Mittelalter waren die Handwerker in Zünften organisiert. Die Zünfte waren einflussreich und regelten das Arbeitsleben eines Gewerks in einem Ort (Zunft bedeutet im Mittelhochdeutschen „Regel"). Sie ließen z. B. nur eine bestimmte Anzahl von Vertretern eines Berufs zu, schrieben Ausbildungsinhalte vor oder legten zulässige Betriebsgrößen, den Rohstoffbezug oder die Arbeitszeit fest. Die Berufswahl im Mittelalter war meist nicht freiwillig, denn die Zugehörigkeit zu einer Zunft wurde von Generation zu Generation vererbt. Wenn jemand krank wurde oder starb, halfen sich die Zunftmitglieder untereinander.
→ Architekturgeschichte, Stilkunde, S. 386

Zusatzstoff *(agent, additive)*: siehe Additiv
→ Bestandteile von Beschichtungsstoffen und Putzen, S. 22, 115

Zuschlagstoff *(aggregate)*: Zuschlagstoffe können Beschichtungsstoffen, wie Farben oder Putzen, zugegeben werden. Zuschlagstoffe dienen zur Erhöhung des Volumens (Füllstoff) oder zur Einsparung von teurem Bindemittel (Magerungsmittel). Bei Putzen bzw. Mörtel und Beton werden Gesteinskörnungen als Zuschlagstoffe verwendet.
→ Bestandteile von Beschichtungsstoffen und Putzen

Zweikomponentenlacke, 2-K-Lacke *(two-component varnishes, dual-component paints)*: Der Stamm- oder Basislack eines Zweikomponentenlacks reagiert mit dem dazugehörigen Härter chemisch, sobald die beiden Komponenten vermischt sind.
→ Beschichtungsstoffe, S. 212

Zwirn *(thread, twine)*: Zwirne sind Fäden, die aus mehreren einzelnen Fäden oder Fasern zusammengedreht werden. Sie können auch aus mehreren Zwirnen hergestellt werden.
→ Materialien und Werkstoffe

Zwischenbeschichtung *(intermediate coat)*: In einem vollständigen Beschichtungsaufbau erfolgen, je nach System, zwischen der Grund- und der Schlussbeschichtung ein bis zwei Zwischenbeschichtungen.
→ Grundlagen des Malerhandwerks, Beschichtungsverfahren, S. 146

Sachwortverzeichnis

T

U

V

Bildquellenverzeichnis

Autoren und Verlag danken den genannten Firmen, Institutionen und Privatpersonen für die Überlassung von Vorlagen und Abdruckgenehmigungen zu folgenden Abbildungen

123RF GmbH, Nidderau: Seite 409 (1©photodee)
3M Deutschland GmbH, Neuss: Seiten 229 (4), 230 (2, 3)
A.S. Création Tapeten AG, Gummersbach: Seiten 198 (3), 199 (4b), 288 (1,2, 3), 291 (1)
Agglo + Naturstein Naumann GmbH & Co. KG, Ottendorf-Okrilla: Seite 47 (8)
AkzoNobel Deco GmbH, Köln: Seite 145 (1)
Ammerland-Farben Wilfried Tebje, Bad Zwischenahn: Seite 148 (1)
Arte nv, Zenhoven Belgien: Seite 289 (1)
as-illustration, Rimpar: Seiten 16 (1), 17 (1), 18 (1, 2), 19 (2), 20 (1, 2, 3, 4), 21 (1), 22 (1, 4), 23 (1, 2, 3), 24 (1, 2), 25 (1, 2), 26 (1), 28 (1, 2a–c), 29 (1), 30 (2, 3, 4), 31 (1, 3), 32 (1), 33 (1), 34 (1,2,3), 35 (1, 2, 3, 5, 36 (1, 2, 3), 37 (1, 2), 38 (1), 39 (1), 42 (1), 50 (1, 2), 51 (1), 52 (1, 2), 53 (1), 58 (1), 92 (1), 93 (1,2,3) , 94 (2), 95 (1b, 2, 3), 99 (1, 2), 101 (2), 105 (1), 111 (2), 115 (1), 116 (1, 2), 119 (1, 2, 3), 120 (1, 2, 3), 121 (1, 2, 3), 136 (2), 141 (1, 3), 142 (1), 146 (1), 155 (1, 2), 158 (1, 2, 3), 162 (1, 2, 3, 4), 163 (1, 2, 3, 4, 6c), 172 (9), 176 (1), 177 (1), 180 (2, 3, 5), 182 (1), 185 (1, 2), 209 (links oben und unten), 210 (1), 211 (Tabelle 1), 215 (1), 223 (1), 225 (2, 4c), 232 (7, 8, 9, 10, 11, 12), 236 (1, 2a), 238 (1), 239 (1, 2), 240 (1), 241 (1), 242 (1), 243 (1, 3), 246 (2), 249 (7), 256 (1, 2b), 265 (4), 272 (1), 279 (1), 281 (1, 2), 299 (a-g), 301 (1, 3, 5, 7), 305 (1), 328 (1, 2, 3, 4, 5), 329 (1, 2, 3, 4, 5, 6, 7), 330 (1, 2, 3, 4, 5), 331 (1, 2, 3, 4, 5, 6), 332 (1, 2, 3, 4, 5, 6), 333 (1, 2, 3, 4), 334 (1, 2, 3, 4, 5, 6), 335 (1, 2, 3, 4), 336 (1, 2, 3, 4, 5, 6, 7), 337 (2, 3, 4, 5), 338 (1, 2, 3, 5, 6, 7, 8), 339 (1, 2, 3), 340 (1, 2, 3, 4, 5, 6), 341 (1, 2, 3, 4), 342 (1, 2, 3, 4, 5, 6, 8, 9, 10), 343 (1, 2, 3), 344 (4, 5), 345 (1, 2, 3), 348 (1, 2, 3, 4, 5, 6), 349 (2, 3, 4), 350 (1, 2, 3, 4, 5, 6), 353 (3, 4, 5, 6, 7, 8, 9, 10), 354 (1, 2, 3), 381 (2a), 405 (1), 406 (1), 410 (2), 413 (1), vorderer Vorsatz (1–4, 7, 8b, 10)
Associated Weavers Europe NV/SA, Ronse Belgien: Seite 301 (2)
Atelier für Kunst und Gestaltung Raphael Kolley, Glonn: Seiten 340 (7), 349 (1)
Bauhaus-Universität Weimar, Weimar: Seite 397 (1)
Baumit GmbH, Bad Hindelang: Seite 329 (8)
Berlin-Bau.de Bebo Berlin GmbH, Berlin: Seite 237 (2)
Gustav Bertram GmbH, Hannover: Seite 227 (1)
BG BAU - GISBAU, Frankfurt/ Main: Seite 186 (4)
BHK Holz- und Kunststoff KG H. Kottmann, Büren: Seite 303 (2)
Bianas AG, Diepflingen: Seite 233 (4a)
Biberger, Stefan Schreinermeister, Egling bei Wolfrathshausen: Seite 263 (1)
Bisotherm GmbH, Mühlheim Kärlich: Seite 247 (3)
Blastrac Deutschland, Köln: Seite 410 (1)
Bohle AG, Haan: Seite 171 (9, 10)
Bonum Werkzeuge GmbH, Traunstein: Seite 233 (1, 3, 4b
Robert Bosch GmbH, Stuttgart: Seiten 032 (2b+d), 232 (2, 3, 4)
Bosch Thermotechnik GmbH Buderus Deutschland, Wetzlar: Seite 104 (1)
bpk / Hamburger Kunsthalle (Fotografin ElkeWalford, Hamburg): Seite 396 (3)
bpk / Kupferstichkabinett, Staatliche Museen zu Berlin / Jörg P. Anders: Seite 389 (4)
bpk / Bayerische Staatsgemäldesammlungen: Seite 393 (6)
bpk / Scala: Seite 382 (1)
Brillux GmbH & Co. KG, Münster : Seiten 1 (4), 40 (1), 96 (1), 97 (1, 3, 4), 114 (1, 2, 3), 160 (1, 2, 3, 4, 5, 6), 161 (7, 8, 9), 163 (5, 6a, 6b, 6d, 6e), 164 (1, 2, 3, 4), 165 (1, 2, 3, 4, 5, 6), 166 (1, 2, 3, 4, 6, 7), 167 (1), 170 (5, 6), 171 (1, 2, 3, 4, 5, 6, 7, 11, 12, 13, 14, 15, 16), 172 (1, 2, 4, 5, 6, 7, 8, 10, 11, 12, 13, 14, 15), 197 (4, 5, 6), 211 (1), 214 (1), 293 (1, 2), 295 (1a-k, 2, 3, 4), 296 (1, 2), 299 (1, 2), 302 (1, 2, 4), 303 (3), 304 (1, 2, 3), 308 (4), 316 (2), 318 (1, 2), 319 (1, 3), 322 (1, 2, 5), 328 (6), 332 (7), 333 (6), 341 (5), 342 (7), 344 (1), 350 (7), 353 (1, 2), 376 (2), 397 (3), 433 (2)
Bundesarchiv Bild 146-1973-031-43: Seite 399 (2)
Bundesarchiv Bild 146-1988-092-32: Seite 399 (3©Obigt, W)
CAPAROL Farben Lacke Bautenschutz GmbH, Ober-Ramstadt: Seite 282 (5)
Car Repair Online Products, NL-Rotterdam: Seite 183 (1)
Carblast Fahrzeugchnik GmbH Entlackungsfabrik GmbH, Welzheim: Seite 98 (6)
Chemische Werke Kluthe GmbH, Oberhausen: Seite 49 (1a)
CLAYTEC e. K., Viersen: Seite 266 (3)
Collini Holding AG, Hohenems: Seite 103 (1)
Colorus GmbH / 1a Malerwerkzeuge, Amtzell: Seiten 167 (4, 5, 6, 7, 8, 9, 01, 11, 12, 13, 14, 15, 16, 17, 18, 19), 168 (1, 2, 3, 4, 5, 6, 7, 8, 9, 10, 11, 12, 13. 14, 15, 16)
conluto® Vielfalt aus Lehm, Blomberg-Istrup: Seite 266 (2)
Corbis GmbH, Düsseldorf: Seite 390 (1©Rudy Sulgan)
cortex korkvertriebs gmbh, Nürnberg: Seite 298 (2)
DESIMA GERMAN WALLCOVERINGS, Salem: Seite 288 (4)
DESOWAG GmbH, Düsseldorf: Seiten 139 (1, 2, 3), 140 (1, 2)
Deutscher Verkehrssicherheitsrat (DVR), Bonn: Seite 428 (1)
Deutsches Rotes Kreuz Ortsverein Siegburg e.V., Kindertagesstätt Schatzinsel, Siegburg: Seite 191 (1)"
Deutsches Tapeten-Institut GmbH, Düsseldorf: Seite, 294 (1, 2, 3), 318 (3)
Diaarchiv Kurt Seeger, Kirchheim: Seite 53 (3), 91 (2)
DICTUM GmbH, Metten: Seite 97 (2), 233 (2)
DieBo GmbH & Co. KG, Gröditz: Seite 288 (5)
Dimu Dieter Muthmann GmbH, Berlin: Seite 97 (5, 7)
DISBON GmbH, Ober-Ramstadt: Seiten 208 (1), 411 (1)
dpa-Picture-Alliance GmbH, Frankfurt a. M.: Seite 30 (1b)
Dura Teppichwerke GmbH, Fulda: Seite 301 (8)
Oliver Eckstein Maler- und Lackierermeister, Gebäudeenergieberater, Bad Lauterberg: Seite 330 (6)
Bernd Ehrhardt, Sachverständigen-Ingenieurbüro, Speyer: Seite 118 (1), vorderer Vorsatz (6)
Eisenwerk Würth GmbH, Bad Friedrichshall: Seite 98 (2)
Erfurt & Sohn KG, Wuppertal: Seite 289 (4)
ERICHSEN GmbH & Co. KG, Hemer: Seite 95 (1a, 4), vorderer Vorsatz (7a, 8)
Erismann & Cie. GmbH Tapetenfabrik, Breisach: Seite 197 (1)
Erzbistum Freiburg / Norbert Kebekus: Seite 384 (1)
ETV GmbH, Gelnhausen: Seite 197 (2)
R. Evers, www.maerklin-keller.de: Seite 88 (4)
EVONIK Industries AG, STOKO® Professional Skin Care, Krefeld: Seite 132 (3)
F1online digitale Bildagentur GmbH, Frankfurt/Main: Seite 233 (1©Body Age)
Falch Hochdrucksysteme GmbH, Merklingen: Seite 227 (2)
FARBTONWERT Inh. Dipl.-Farb-Designer Stefan Seelandt, Dülmen-Buldern: Seite 339 (4)
Feldhaus Klinker, Bad Laer: Seite 247 (6)
Helmut Feldtmann KG, Buchholz: Seiten 132 (1, 2, 4, 5, 6)
Festo Tooltechnic GmbH & Co., Esslingen: Seiten 231 (3), 232 (5)
Flughafen Berlin Brandenburg GmbH: Seite 424/4
Fotolia Deutschland, Berlin, © www.fotolia.de: Seiten 30 (1a© ThKatz), 30 (1c© Bernard GIRARDIN), 38 (1© Peter Hermes Furian), 55 (1© Sabine), 106 (1© Digitalpress), 111 (1© Matthias Buehner), 112 (1© auremar), 113 (1© Friedberg), 212 (1© bravajulia), 224 (2© fefufoto), 242 (2© Fotolia RAW), 247 (1© A_Bruno), 289 (3© Tiler84, © Miredi), 289 (6© Andreas Mueller), 296 (3© pics721), 380 (2©.scusi), 393 (2© Cardaf), 400 (1© loft3), 400 (2© swoodie), 405 (3© spuno), 424 (1a© yasnaten), 424 (1b© aleksangel), vorderer Vorsatz (5© Sabine)
Friess-Techno-Profi GmbH, Essen: Seiten 171 (8), 172 (3)
GEBOL Handelsgesellschaft m.b.H., Enns: Seiten 232 (1), 344 (3)
Gebr. Sonntag GmbH & Co. KG, Lindlar: Seite 225 (1)
J. J. GERSTENDÖRFER GmbH & Co. KG Blattgoldfabrik, Rohr-Gustenfelden: Seiten 161 (1, 2, 3, 4, 5, 6), 322 (3, 4, 6, 7, 8), 323 (1)
Gerüstbau Strixner GmbH, Olching: Seite 225 (5)
Goruma, Berlin www.goruma.de: Seite 399 (4)
H+H Deutschland GmbH, Wittenborn: Seite 247 (4)
Hagedorn, Verena, Münster: Seite 345 (4)
Heidsick, Erich, Hamburg: Seite 136 (1)
Henke, Lucie, Essen: Seite 433 (4)
Rudolf Hensel GmbH | Lack- und Farbenfabrik, Börnsen: Seite 215 (2)

HOCHTIEF Aktiengesellschaft, Essen: Seite 397 (4)
Holz, Ricarda, Nordwalde: Seite 427 (3)
Klaus Holzberg Bauen und Sanieren mit der Natur, Schöneck: Seite 319 (4)
Holzmann-Bauberatung, Sachverständigen- und Ingenieurbüro, Welden bei Augsburg: Seite 246 (1)
HOPF KUNSTSTOFFTECHNIK GMBH, Besigheim-Ottmarsheim: Seite 60 (1)
HORNBACH-Baumarkt-AG, Bornheim: Seite 60 (2)
IFR Sachverständigenbürogesellschaft für Fußbodentechnik und Raumausstattung mbH, Köln: Seite 173 (1)
Igor Jablunowskij, Wandmaler und Künstler, www.wandmalerei-art.de: Seite 352 (1, 3, 7)
Ingenieurbüro Fleischer & Sauter, Heidenheim: Seite 207 (1)
Institut für Lacke und Farben e.V., Magdeburg: Seite 94 (3)
iStockphoto, Berlin: Seite 208 (2)
JAB Josef Anstoetz KG, Bielefeld: Seite 297 (1)
Josefskapellchen, Monschau-Mützenich, www.josefskapellchen.de: Seite 21 (2)
Wilhelm Kaufmann, Norderstedt: Seite 237 (1)
Kayser-Werk GmbH, Fulda: Seite 98 (5)
WILHELM KELLER GmbH & Co. KG, Nehren: Seite 174 (1)
Knauf Gesellschaft m.b.H., Wien: Seite 268 (1)
Knauf Gips KG, Iphofen: Seiten 167 (2), 265 (2, 3), 266 (1), 267 (6), 268 (2, 3, 5), 269 (1, 4), 270 (1, 2), 271 (1, 2), 272 (3), 273 (4), 274 (1, 2, 3), 277 (2, 3), 282 (1, 2, 3, 4)
Knauf Insulation GmbH, Simbach am Inn: Seite 272 (2)
Dr. Wilfried Koch, Rietberg: Seiten 380 (3a+b, 4, 5, 6, 7), 381 (1, 3a–c), 382 (2, 3, 4), 383 (1, 2, 3, 4, 5), 384 (2, 3), 385 (1, 2, 3, 4, 5), 386 (2), 387 (1, 4), 388 (1, 2, 3, 4), 389 (1, 2, 3), 391 (1), 392 (1), 393 (5)
Manfred Kopka, Bochum: Seite 380 (1)
Kuhmichel Abrasiv GmbH, Ratingen: Seite 98 (3)
Landesarchiv Berlin. Berlin: Seite 393 (1)
Landesmedienzentrum Baden-Württemberg, Stuttgart: Seite 392 (1)
Lanzhammer, Carmen, Mühlheim an der Ruhr: Seite 1 (1)
Wilhelm Layher GmbH & Co. KG, Güglingen: Seite 223 (2), 225 (4a + b)
lehmorange, Altenstadt a.d. WN: Seite 266 (4)
Leister AG, Kägiswil/Schweiz: Seite 299 (3, 4)
Linde AG Gases Division Germany, Pullach: Seite 235 (2)
LUGATO GmbH & Co. KG, Barsbüttel: Seite 245 (1)
Malerbetrieb Dirk Borsch, Alfter: Seite 60 (3)
MeisterWerke Schulte GmbH, Rüthen-Meiste: Seite 303 (1)
MENNEKES Elektrotechnik GmbH & Co. KG, Kirchhundem: Seite 32 (2f + g)
Metabowerke GmbH, Nürtingen: Seite 97 (8), 232 (6)
Marianne Moll, Gelterkinden, Schweiz: Seite 333 (7)
Moniteurs GmbH Kommunikationsdesign, Berlin: Seite 424 (4)
MORAVIA GmbH, Wiesbaden: Seite 415 (3)
Muehlhan AG, Hamburg: Seite 97 (9), 98 (1)
Müller + Baum GmbH & Co. KG, Sundern (Hachen): Seite 225 (3b)
NCS – Natural Colour System ®© www.ncscolour.com Seite 39 (2, 3)
Bernhard Nießing GmbH&Co.KG, Borken-Gemenwirthe: Seite 49 (1c)
nora systems GmbH, Weinheim: Seite 298 (3)
Olbrich Industriebedarf, www.Olbrich-Industriebedarf.de, Beckum: Seite 97 (6)
OSCAR WEIL GmbH, Lahr: Seite 230 (6)
PCE Deutschland GmbH, Meschede: Seiten 22 (2), 141 (2a + b)
PEKA Pinselfabrik AG, CH-Ebnat Kappel: Seite 170 (4)
PENNER Bau, Gifhorn: Seite 248 (2)
pixelio media gmbh, www.pixelio.de München: Seite 249 (1©Zaubervogel), (2©Thomas Max Müller), (3©Joachim Reisig), (4©Ilse Dunkel (ille)), (5©Rudolpho Duba), (6©Rudolpho Duba)
RAL Deutsches Institut für Gütesicherung und Kennzeichnung e.V., Sankt Augustin: Seite 290 (1)
Rasch Textil GmbH & Co. KG, Bramsche: Seiten 197 (3), 199 (4a)
Rausch, Patrizia, St. Johann, www.albtraum-haus.de: Seite 21 (4)
Remmers Baustofftechnik GmbH , Löningen: Seite 213 (1)
RHEOTEST Medingen GmbH, Ottendorf-Okrilla / bei Dresden: Seite 22 (3)
Julia Rinck (Foto), www.buntpapier.org: Seite 333 (7)
Roll GmbH, Sonnenbühl: Seite 302 (5)
ROTWEISS Produkte, Wasserburg: Seiten 229 (5), 231 (2)
RS Farbroller, Baienfurt-Niederbiegen: Seite 166 (5)
Saint-Gobain Weber GmbH, Düsseldorf: Seite 245 (2)
SATA GmbH & Co. KG, Kornwestheim: Seiten 173 (3), 174 (3), 175 (1, 2), 176 (3), 177 (2), 178 (alle), 179 (Tabelle 1), 186 (1, 2, 3)
ScieTEX RME GmbH, Naumburg/Saale: Seite 103 (3)
Shutterstock Images LLC, New York, USA: Seiten 49 (1b©Tom Grundy), 53 (2©wang song), 59 (1a©lamnao), 60 (4©Quang Ho), 298 (1©Aksenenko Olga), 398 (1©Claudio Divizia)
Sika Deutschland GmbH, Vaihingen/Enz: Seite 91 (1a + b)
Paul Sommer Steinbearbeitungswerkzeuge Inh. Tino Schönfeld, Löbau: Seite 231 (1)
Sondermann Malerwerkstätten GmbH, Essen: Seiten 337 (1), 338 (4)
Herbert Stamm KG Kunststoff Apparatebau, Solingen: Seite 170 (3
STEINEL Vertrieb GmbH, Herzebrock-Clarholz: Seite 235 (1)
Sto SE & Co. KGaA, Stühlingen: Seiten 170 (1), 289 (5)
StoCretec GmbH, Kriftel: Seite 209 (1, 2)
STORCH Malerwerkzeuge & Profigeräte GmbH, Wuppertal: Seiten 170 (2), 344 (2)
STRATEC GmbH, Hemer: Seite 98 (4)
Team Direkt GmbH - Abdecken und Schützen: Seite 59 (1b), 132 (7)
Stephan, Thomas Maler- und Lackierermeister, Innungsmitglied, Olching: Seite 331 (7)
Thomson Reuters (Markets) Deutschland GmbH, Frankfurt: Seite 400 (3© Ricardo Moraes)
TRIUSO Qualitätswerkzeuge, Buchbach: Seite 268 (4)
Trotec GmbH & Co. KG Heinsberg: Seite 296 (4)
TTS Tooltechnik Systems Deutschland GmbH, Wendlingen: Seite 96 (2)
Uelze Stuck- und Putzrestaurierung GmbH, Dresden: Seite 312 (5a–c)
Ullstein Bild, Berlin: Seite 399 (1)
Umweltbundesamt, Dessau-Roßlau: Seite 61 (1, 2)
UNIKA Kalksandstein GmbH, Rodgau: Seite 247 (2, 7)
Ralf Utsch e.K, Siegen: Seite 104 (2)
VDE Prüf- und Zertifizierungsinstitut GmbH, Offenbach: Seite 81 (3,4)
VG Bild Kunst, Bonn 2014: Seite 203 (4)
J. Wagner GmbH, Markdorf: Seiten 174 (2), 179 (1), 180 (1, 4)
Wensel, Stefan, Münster: Seite 1 (5)
Wienerberger GmbH, Hannover: Seite 247 (5)
Wistoba Pinselfabrik Wilhelm Stollberg GmbH & Co. KG, Bad Lauterberg: Seite 166 (8), 167 (3)
Witte GmbH + Co. KG Technik für Bodenleger, Beckum: Seite 302 (3)
Wolfcraft GmbH, Kempenich: Seite 230 (1, 4, 5)
Joachim Würstl, Malermeister, staatl. gepr. Gestalter, Betriebswirt (GA), VS-Marbach: Seite 343 (4)
Adolf Würth GmbH & Co. KG, Künzelsau-Gaisbach: Seite 98 (7)
www.wikimedia.org: Seite 103 (2©TMg)
Zehntner GmbH Testing Instruments, CH-Sissbach: Seite 094 (1)
Zufor GmbH, Nürnberg: Seite 414 (1), 415 (1, 2)

Wir danken den folgenden Firmen und Institutionen für die Genehmigung, dass wir ihre Merkblätter in unseren OR-Codes verwenden dürfen:
AURO Pflanzenchemie AG, Braunschweig
CAPAROL Farben Lacke Bautenschutz GmbH, Ober-Ramstadt
Industrieverband Klebstoffe e.V., Düsseldorf
KREIDEZEIT Naturfarben GmbH, Sehlem

Formelsammlung Mathematik

Prozentrechnung

$$p = \frac{PW \cdot 100}{GW}\,\%$$

PW = Prozentwert
GW = Grundwert
p = Prozentsatz in %

Zinsrechnung

$$p = \frac{Z \cdot 100}{K \cdot t}\,\% \qquad p = \frac{Z \cdot 100}{K \cdot p} \qquad p = \frac{K \cdot p \cdot t}{100}$$

Z = Zins in €
K = Kapital in €
p = Prozentsatz in %

$$t = \text{Zeit}\left[\frac{\text{Tage}}{360} \text{ oder } \frac{\text{Monate}}{12}\right]$$

Flächenberechnung

Quadrat

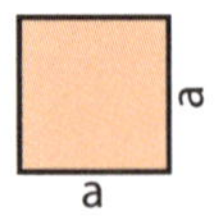

$A = a \cdot a = a^2$
$U = 4 \cdot a$

Rechteck – Parallelogramm

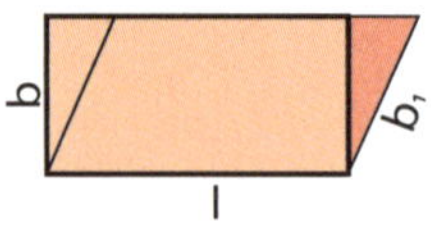

$A = l \cdot b$
$U = 2 \cdot (l + b_1)$

Dreieck

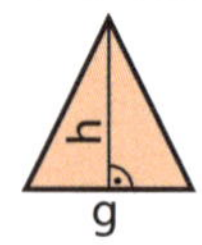

$A = \frac{g \cdot h}{2}$
$U = a + b + c$

Trapez

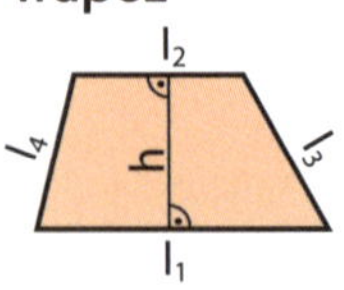

$A = \frac{l_1 + l_2}{2} \cdot h$
$U = l_1 + l_2 + l_3 + l_4$

Kreis

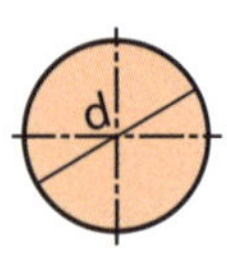

$A = \frac{d^2 \cdot \pi}{4}$
$U = d \cdot \pi$

Kreisring

$A = \frac{(D^2 - d^2) \cdot \pi}{360°}$
$U_i = d \cdot \pi_i \quad U_a = D \cdot \pi$

U_i = Umfang innen
U_a = Umfang außen

Ellipse

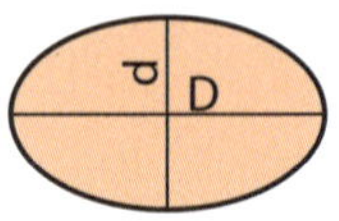

$A = \frac{D \cdot d \cdot \pi}{4}$
$U \approx \frac{(D + d) \cdot \pi}{2}$

Kreisausschnitt

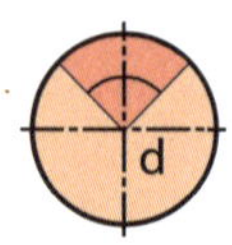

$A = \frac{d^2 \cdot \pi \cdot \alpha}{4 \cdot 360°}$
$U = d + \frac{d \cdot \pi \cdot \alpha}{360°}$

Kreisabschnitt

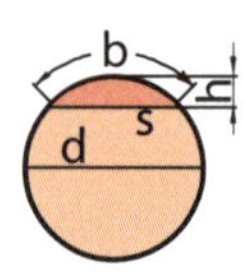

$A \approx \frac{2 \cdot s \cdot h}{3}$
$U = b + s$
$b = \frac{d \cdot \pi \cdot \alpha}{360°}$

b = Bogenlänge
h = Höhe des Kreisabschnitts
s = Sehnenlänge

Körperberechnung

Prismen

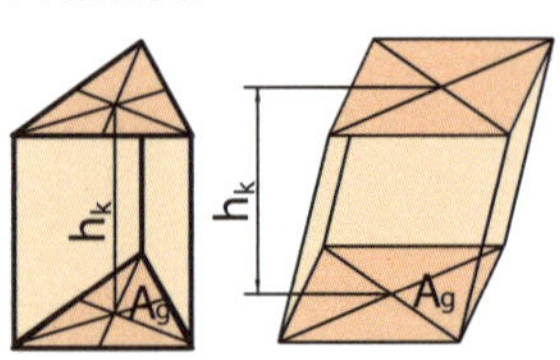

$V = A_g \cdot h_k$
$M = U_g \cdot h_k$
$O = 2 \cdot A_g + M$

Zylinder

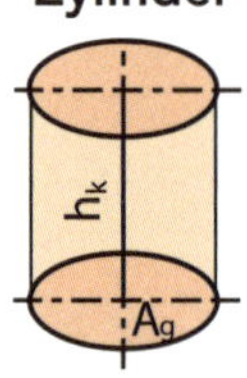

$V = \frac{d^2 \cdot \pi}{4} \cdot h$
$M = d \cdot \pi \cdot h$
$O = 2 \cdot A_g + M$

Kugel

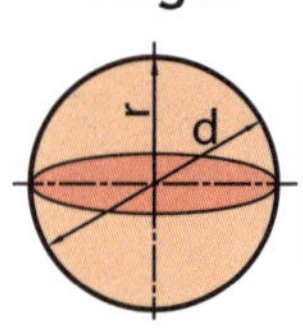

$V = \frac{d^3 \cdot \pi}{6} = \frac{4 \cdot r^3 \cdot \pi}{3}$
$O = d^2 \cdot \pi = 4 \cdot r^2 \cdot \pi$

Spitze Körper

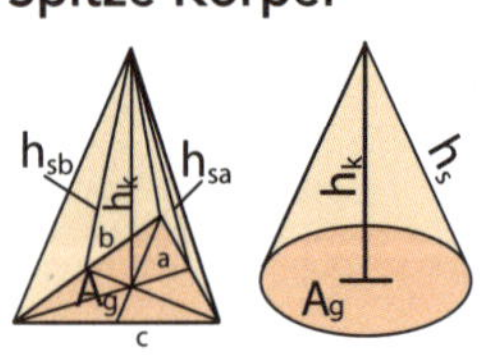

$V = \frac{A_g \cdot h_k}{3}$
$M = \frac{U \cdot h_s}{2}$
$O = A_g + M$

Stumpfe Körper

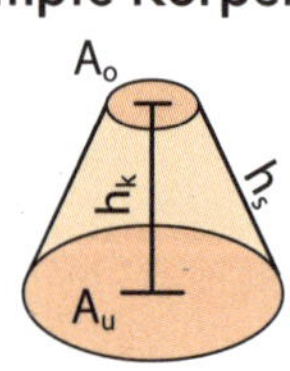

$V = \frac{A_u + A_o}{2} \cdot h_k$
$M = \frac{U_u + U_o}{2} \cdot h_s$
$O = A_u + A_o + M$

Halbkugel

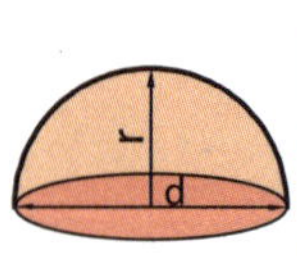

$V = \frac{d^3 \cdot \pi}{12} = \frac{4 \cdot r^3 \cdot \pi}{6}$
$O = \frac{3 \cdot d^2 \cdot \pi}{4} = 3 \cdot r^2 \cdot \pi$

Erklärungen

A_g = Grundfläche
A_o = obere Fläche
A_u = untere Fläche
U_o = oberer Umfang
U_u = unterer Umfang
h_k = Höhe des Körpers
h_s = Höhe auf der Seite
V = Volumen/Rauminhalt
M = Mantelfläche
O = Oberfläche